제7판

재난관리론

채 진 지음

도서출판 동화기술

머리말

현대사회는 사회체계의 복잡성이 증가하고 산업화가 진행됨에 따라 위험도 함께 증가하고 있다. 사회가 발전하고 사회체계가 복잡해짐에 따라 동시적으로 위험이 증가하는 사회, 생활 자체가 항상 위험에 둘러싸여 있는 사회, 위험의 생활화가 일상적이고 정상적인 것으로 보이는 사회를 위험사회라고 볼 수 있다. 안전을 위협하는 위험, 건강을 위협하는 위험, 풍요를 위협하는 위험 등을 위험으로만 보기 때문에 위험사회와 위험을 부정적으로 인식하려는 경향이 있다. 따라서 위험이 없으면 안전이 있을 수 없음으로 안전과 위험은 서로 배타적이기 보다는 상대적인 것으로 이해되어야 한다. 결국, 우리가 살고 있는 사회는 안전사회를 추구하는 동시에 위험사회로 볼 수 있다. 위험사회는 곧, 안전한 사회를 추구하는 동시에 좀 더 발전된 사회를 만들기 위한 또 다른 사회의 모습으로 볼 수 있다.

사회가 발전함에 따라 새로운 개념의 재난이 등장하게 되었고, 재난의 환경은 급격하고, 다양하게 변화하고 있으며 대처를 어렵게 하고 있다. 이러한 복합재난과 신재난에 효과적으로 대응할 수 있는 재난대응체계가 필요하다. 재난현장에는 다양한 기관·단체가 참여하고 있지만 재난대응 과정에서 다조직의 협력 부족 등 체계적인 재난대응체계를 확립하는데 많은 어려움이 있다. 재난은 그 특성상 초기 대응에 실패할 경우 많은 인명과 재산피해를 가져올 수 있어 재난대응체계 확립이 매우 중요하다.

정부는 효과적인 재난 대응을 위해 2014년 4월 16일 세월호 참사를 계기로 재난관리 시스템에 문제가 있다는 사회적 지적에 따라 육상재난과 해상재난을 통합적으로 관리하기 위하여 2014년 11월 19일 국민안전처를 출범시켰으며, 2017년 7월 26일 문재인정부의 출범과 함께 육상재난의 대응전문기관인 소방청을 독립시켰다. 또한 각종 재난으로부터 국민의 생명·신체 및 재산을 보호하기 위하여 「재난 및 안전관리기본법」을 개정하는 등 재난대응에 다각적인 노력을 기울이고 있다. 이 책은 재난에 대한 올바른 이해와 재난관리에 대한 이론을 소개하여 우리나라 재난관리 발전에 기여하고, 많은 수험생들이 재난관리에 대해 정확하게 이해함으로써 시험대비에 도움이 되고자 한다.

이 책은 저자가 26년 동안 재난현장의 경험과 석·박사과정에서 연구했던 내용을 중심으로 구성하였다. 이 책은 다음과 같이 크게 세 부분으로 구성되어 있다.

첫째, 위험사회와 재난, 재난의 유형분류, 재난관리의 제이론 등을 정리하였다.

둘째, 우리나라와 외국의 재난관리의 체계를 살펴보았다.

셋째, 재난관련법령, 즉 「재난 및 안전관리기본법」, 「자연재해대책법」, 「긴급구조대응활동 및 현장지휘에 관한 규칙」, 「재해경감을 위한 기업의 자율활동 지원에 관한 법률」, 「지진·화산재해대책법」, 「재해구호법」 등의 내용을 정리하였다.

각 장마다 적중예상문제를 출제하여 방재안전직렬, 소방안전교육사, 소방공무원 등 수험생들의 이해를 돕는데 도움이 되었으면 한다.

끝으로 이 책이 출간될 수 있도록 도와주신 도서출판 동화기술 이재영 상무님께 진심으로 감사드린다. 교정과 편집 과정에서 수고해주신 김경애 여사님께도 이 자리를 빌려 감사의 말씀을 드린다.

목차

CHAPTER _01

위험사회와 재난의 이해

제1절

위험사회와 재난

1 위험과 위험사회의 의미

오늘날까지 인류의 역사는 인간의 생존을 위협해 온 위기 극복의 역사와 더불어 진행되어 왔다고 볼 수 있다. 그리고 현대 사회 역시 위험사회로 불리는 것처럼 개인은 물론 조직과 사회, 국가까지도 항상 위기와 공존하면서 살고 있다. 또한 인류의 미래는 잠재적이거나 현시적으로 위협하는 위기관리의 역사로 규정될 것으로 예측할 수 있다. 그렇기 때문에 인류의 과거, 현재, 미래는 인간의 생존에 대해 끊임없이 위협하고 도전하는 위기로 가득 찬 위험사회의 역사로 보인다.

인류 역사에 있었던 모든 개인이나 조직, 사회, 국가는 각종 위기로부터 자유로울 수 없었던 것임에 틀림없다. 비록 위기로부터 벗어나 자유로웠던 것처럼 보이는 시대나 사회, 조직, 개인이 있었다 할지라도, 그것은 다만 눈앞에 보이는 현시적이고 가시적인 위기가 없었던 것일 뿐이며, 눈에 보이지 않는 잠재적인 위기는 끊임없이 진행되고 있었던 것이다. 따라서 위기의 출현 여부에 관계없이 위험사회의 속성은 여전히 유지되고 있는 것으로 보인다.

위험사회(risk society : Riskikogesellschaft)의 본질적인 속성인 위험은 그것이 이미 어떤 피해와 영향을 끼쳤다고 해서 위험 자체가 사라지는 것은 아니다. 이미 발생한 위험의 파괴적인 결과와 앞으로 발생 가능한 위험의 잠재적인 요소 사이에는 명백한 차이가 있는 것이다. 위험은 본질적으로 미래의 요소를 표현하고 있는 것이기도 하다. 위험은 아직 일어나지 않았지만 점차 다가오고 있는 재난과 관련이 있다. 즉, 위험이라는 것은 본래 오늘 현재를 의미하는 것인 동시, 째깍 째깍 소리를 내는 시한폭탄처럼 예방되어야만 하는 미래를 의미하는 것이기 때문이다(Beck, 1992 : 33).

위험은 바람직스럽지 못한 결과가 발생할 수 있는 불확실한 상황(uncertain situation)으로 정의될 수 있다. 그런데 현대 사회에서는 사회 체계의 복잡성이 증가하는 근대화가 진행됨에 따라 위험의 증가도 함께 나타난다(Bax, Steijn & De Witte, 1998 : 177). 이처럼 사회가 발전하고 체계가 복잡해짐에 따라 동시적으로 위험이 증가하는 사회, 생활 자체가 항상 위험에 둘러싸여 있는 사회, 위험의 생활화가 일상적이고 정상적인 것으로 보이는 사회를 우리는 위험사회라고 볼 수 있다.

위험사회와 위험은 부정적인 것으로 인식되는 경향이 강하다. 안전을 위협하는 위험, 건강을 위협하는 위험, 풍요를 위협하는 위험으로만 보기 때문이다. 그러나 위험이 없으면 안전이란 있을 수 없는 것이다. 그러므로 안전과 위험은 서로 배타적인 것이기 보다는 서로 상대적인 것으로 이해해야 한다. 많은 경우 안전과 위험은 동일한 사물과 행위에서 공존하고 있음을 알아야 한다. 예를 들면, 산모에 대한 위험이 없다면 아기는 태어날 수 없으며, 헤아릴 수 없는 수많은 위험에 직면하지 않고는 성인이 될 수 없기 때문이다(Wildavsky, 1988 : 1-3). 그러므로 무작정 위험을 피하는 방법을 찾기보다는 나쁜 것을 줄이고 좋은 것을 더 많이 얻기 위해 위험을 활용하는 방법을 찾는 것이 요구된다고 볼 수 있다.

결국, 우리가 살고 있는 사회는 안전사회를 추구하는 위험사회로 볼 수 있다. 이는 벡(Beck, 1992)이 주장하는 바와 같이 역사상 가장 풍요한 사회를 만들어 놓은 근대 사회 자체를 파괴적인 재앙의 근원이 되는 사회로서만 바라볼 것은 아니라는 점이다. 위험사회는 곧 안전사회를 추구하는 것인 동시에 좀 더 발전된 사회를 만들기 위한 또 다른 사회의 모습으로 볼 수 있음을 의미하는 것으로 이해할 수 있기 때문이다.

2 위험사회와 불확실성

인류는 더욱 발전되고 풍요로운 사회를 만들기 위해 끊임없이 노력해 왔다. 사회 구성원들은 발전과 풍요를 위해 노력하는 과정에서 발생하는 위험에 대해 두려움을 갖는 동시에 위험을 감수하고 기꺼이 받아들이기까지 해 왔다. 따라서 위험이라는 것은 사회적 의미를 지닐 때 비로소 그 실체를 파악할 수 있게 된다. 그렇기 때문에 위험의 외연 확장은 사회의 외연 확장과 더불어 함께 이루어져 왔다고 볼 수 있다. 가족 중심의 사회에서 인식하는 위험의 종류와 정도는 조직이나 지역 중심의 사회에서 인식하는 위험의 종류나 정도와는 차이가 있게 된다. 더욱이 오늘날과 같은 지구촌(global village) 시대에 이르러서는 우리가 인식하게 되는 위험의 종류와 심각성 등은 과거와 비교할 수 없을 정도로 다양해지고 커졌다.

이러한 사회적 위험에 대한 연구는 **위험과 재난**이라는 두 가지 관점에서 가장 잘 이해할 수 있다. 재난은 '만약에' 라는 관점에서 보면 사회적 발전의 시간적 측면을 말한다. 따라서 위험은 현시적으로 나타난 재난의 잠재적인 형태라고 볼 수 있다(Friedman, 1987 : 67). 그렇기 때문에 위험은 인간의 생활과 함께 존재하며, 개인뿐만 아니라 기업, 국가와 같은 집합적 존재의 경우에도 위험은 늘 함께하고 있다. 개인의 가정이나 기업, 그리고 국가에는 언제나 갖가지 무수한 위험이 도사리고 있다. 가정에서는 질병, 부상, 도난, 각종 인적재난 사고, 자연재난 등의 위험이 있고, 기업에는 화재, 폭발, 산업재해 등의 위험이 내재한다. 그리고 국가에는 국유재산의 손상 및 멸실, 국민의 권리 침해 위험, 쿠데타, 혁명, 전쟁 등의 위험이 상존한다.

이 같은 불의의 중대한 손실을 야기하는 위험에 대해서 누구나 적극적이고 긍정적으로 생각하고 싶어 하지 않기 때문에 자칫하면 소홀히 지나쳐 버리기 쉽다. 그럼에도 불구하고 위험은 인간이 추구하는 문명의 발달과 더불어 그 규모와 종류가 커지고 다양해져 온 것이 사실이다. 산업화가 성공적으로 진행되고 기술이 발달할수록, 사회는 더 복잡해지고 사회적 상호의존성은 더 커진다.

위험은 현대 과학으로도 측정하기 어려운 불확실성이 내재되어 있으나 그렇다고 불확실성 그 자체를 위험으로 간주할 수도 없다(안형기, 2002 : 70). 다만, 복잡성과 상호의존성이 커질수록 불확실성도 확장된다. 불확실성이 크다는 의미는 문제 해결이 더 어려워지는 한편, 위험이 증가하는 것으로 볼 수 있다(김영평, 1995 : 180). 이 같은 불확실성은 몇몇 상황에서는 줄어들 수 있다 할지라도, 약간의 불확실성은 항상 보편적으로 존재하기 때문에, 불확실성이 완전히 제거될 수는 없다(Boulding, 1982 : 15-17; Wildavsky, 1988 : 4).

불확실성(uncertainty)은 미래에 무엇이 발생할지를 정확하게 예측하지 못하는 것이라고 정의할 수 있다(Milliken, 1987 : 36). 인간의 모든 행동과 계획은 항상 불확실성을 내포하고 있기 때문에 어느 정도 위험을 수반하게 된다(Kinchin, 1982 : 3; Gherardi, Nicolini & Odella, 1998 : 202). 대부분의 경우 사람들은 위험한 물건, 행동, 일들이 별도로 존재하는 것처럼 생각하는 경향이 있다. "이것은 안전하고 저것은 위험한 것이다"라고 이분법적으로 생각할 수 있다. 그러나 위험은 언제 어느 곳에서나 존재한다. 실제로 위험하지 않은 것은 아무것도 없다고 할 만큼 위험의 종류도 거의 무한하다고 볼 수 있다. 자동차·선박, 비행기 등 교통수단의 이용에 따르는 위험, 환경오염으로 인한 위험, 원자력 위험, 산업재해, 화학물질로 인한 위험, 건축물 등 구조물의 붕괴 위험, 화재로 인한 위험 등 위험의 종류도 대단히 많다. 그리고 이러한 각각의 위험 속에는 다시 헤아릴 수도 없을 정도의 수많은 위험 요소들이 존재한다(최병선, 1994 : 32).

3 위험의 불확실성과 대응전략

위험의 개념은 손실을 입을 가능성을 의미한다. 그러나 그 손실의 크기와 발생 정도는 불확실하다. 이 같은 불확실성은 그야말로 위험의 의미에서 핵심적인 요소이다(French, 1991 : 130). 예를 들어, 어떤 손실이 발생할 것이 확실하다면, 많은 경우 위험이 없다고도 이야기될 수 있기 때문이다.

불확실성은 어느 시대에서나 존재해 왔으나 오늘날 그것이 더욱 강하게 의식되고 있다. 이것은 오늘날의 사회적·경제적 변화의 예측이 대단히 곤란하여 장래의 예견 가능성이 극히 한정되어 있기 때문이다. 현재의 사회적·경제적 변화의 급속화와 다양화로 인해 과거, 현재, 미래로의 안정적 연속성이 보장되지 않고 있다는 것이다. 결국, 미래에는 도대체 무엇이 일어날 것인지를 알 수 없다. 우리가 영위하고 있는 생활 속에는 항상 무엇인가의 형태로 불확실성이 존재한다. 이들 불확실성은 다양한 개념으로 이해될 수 있지만 많은 경우 위험이라는 개념으로 파악된다. 이러한 불확실성에 대응하기 위해 사람들은 불확실성의 근원인 환경을 분석하고 그 변화를 예측하여 미래를 통제하려고 노력한다. 즉, 사람들은 목적 달성에 저해 요인이 되고 있는 불확실성을 통제하기 위해 계획적 행동과 관리 활동을 시작하는 것이다(龜井利明, 1989 : 21).

(1) 예방과 복원

이와 같이 불확실성을 다루는 것은 위험을 평가할 때 직면하게 되는 주요 기술적인 쟁점들 중의 하나이다. 여기서는 위험에 내재하는 본질적 속성인 불확실성과 관련하여 위험을 관리하기 위한 전략으로 예방전략과 복원전략을 들 수 있다(wildavsky, 1988 : 75).

먼저, **위험에 대한 예방**(anticipation)**전략**은 예측 가능한 실패나 위험으로부터 체계를 사전에 보호하기 위한 전략을 의미한다. 위험은 아직 발생하지는 않았지만 여전히 위협적인 요소들과 밀접한 관계를 지니는 것이기 때문에, 이러한 의미에서 위험은 예방되어야만 하는 미래를 의미한다고 볼 수 있다(Beck, 1992 : 33). 특히, 위험을 손실 가능성, 피해 가능성, 파멸 가능성이라는 차원에서 보는 경우에는 더욱 그러하다(Webster's Third New International Dictionary, 1977 : 1961).

그러나 미래는 여전히 다양한 재난과 관련하여 불확실성을 지니기 때문에, 이 같은 예방 전략은 매우 조심스럽게 활용되어야 한다(Wildavsky, 1988 : 80). 위험 대응전략으로서 예방 전략은 잠재적 또는 가상적 위험을 예측하고 이를 사전에 방지하기 위해 예방 노력을 기울이는 것을 말한다(최병선, 1994 : 34-37).

예방전략은 ① 어떤 물건이나 시설 또는 기술에 내재되어 있는 잠재적 위험 또는 가상적 위험을 미리 정확하게 예견할 수 있고, ② 그 위험을 예방할 수 있는 방법이 있고 또한 그것을 알고 있으며, ③ 그 위험을 예방하는 것이 사회적으로 득이 될 것이 확실하다는 전제하에서 가장 바람직한 위험 대응 전략이다. 따라서 예방전략 성패의 관건은 위험 요인과 상황에 대한 정확한 정보의 확보 여부에 달려 있다.

다음으로, **위험에 대한 복원**(resilience)**전략**은 위험이 실제로 발생했을 때에 사전에 예상치 못한 위험에 대응할 수 있는 능력을 증가시키려는 전략을 의미한다. 그러므로 상당한 정도의 불확실성이 있는 경우에는 복원전략이 좀 더 선호되는 한편, 위험과 관련된 효과적인 조치에 대한 지식이 결여되어 있고, 변화에 대한 예측이 어려운 경우에도 복원전략이 강조된다(wildavsky, 1988 : 80, 123). 즉, 위험 대응전략으로서 복원전략은 미리 예견하지 못한 그러나 실제적으로 발생한 위험을 사후적으로 좀 더 효과적으로 다룰 수 있는 능력의 신장에 중점을 둔다(최병선, 1994 : 39).

그러므로 **복원전략**은 ① 가상적 위험이 아니라 실제화 된 위험을 대상으로 삼으며, ② 예견하지 못한 또는 예견할 수 없는 위험(unanticipated or unexpected danger)에 대한 시행착오적 접근을 강조하고, ③ 실제로 나타난 위험에 사후적으로 대처하는 과정에서 얻게 되는 경험과 학습을 통해 인간의 위험에 대한 대응 능력을 전반적으로 향상시키는데 관심을 기울인다. 따라서 위험관리에서 예방전략 보다는 복원전략의 현실적 중요성이 높다고도 볼 수 있다.

위험은 그 본질적 속성으로 불확실성을 내포하고 있으며, 불확실성을 감소시키기 위한 노력과 더불어, 불확실성의 증가로 말미암아 위험의 증가 현상이 나타나게 된다. 이러한 위험의 증가에 대한 관리전략으로는 예방 전략과 복원전략을 제시할 수 있으며, 이들 전략들은 모두 위험으로부터 인간의 생명과 재산을 보호하는 데 중요한 역할을 한다. 인간을 위협할 수 있는 위험과 위험요소들을 모두 예측할 수 있다는 입장에서 예방 전략만이 중요하다고 할 수 없다. 또한, 똑같은 논리로 위험의 본질적 속성인 불확실성으로 인해 위험을 예방하는 것이 불가능하기 때문에 위험발생 이후의 사후적인 복원전략만을 중요하다고 할 수 없다. 즉, 인간을 위협하는 위험을 관리하기 위해서는 예방 전략과 복원전략 모두에 대한 깊은 이해와 책임 있는 대응 노력이 필요하다.

(2) 예방, 대비, 대응, 복구

예방전략과 복원전략은 기본적으로 위험 발생 여부를 기준으로 하여 위험이 발생하기 이전과 이후로 나눌 수 있다. 이러한 예방전략과 복원전략을 기본 틀로 하여 위험에 대해 구체적으로 대응하기 위한 전략으로는 예방, 대비, 대응, 복구를 들 수 있다. 이들은 시간적 차원에서 구분된 것으로서 재난발생을 기준으로 하여 위기가 발생하기 이전의 예방단계, 대비단계, 그리고 재난이 발생한 이후의 대응단계, 복구단계로 구분된다(McLoughlin, 1985 : 166; Clary, 1985 : 20; Petak, 1985 : 3; Drab다, 1985 : 85; 이재은, 2002 : 169-170).

먼저, **예방(mitigation)단계**는 재난이 실제로 발생하기 전에 재난촉발 요인을 제거하거나 재난요인이 표출되지 않도록 억제 또는 예방하는 활동 단계를 의미한다. 즉, 위험을 감소시키기 위한 계획을 결정하고 집행한다. 예방단계는 각종 재난으로부터 인간의 생명과 재산에 대한 위험 정도를 감소시키려는 장기적인 내용으로 이루어져 있다. 예를 들면, 재해 영향의 예측 및 평가, 재난으로 인한 피해 영향을 감소시키기 위한 강제적인 규제 방안의 마련, 안전기준의 설정 등이 있다.

둘째, **대비(preparedness)단계**는 재난발생 시의 대응 활동을 사전에 준비하기 위한 대응능력 개발 활동 단계를 말한다. 구체적으로는 중요 자원들을 확인하고 지역 내외에 있는 대응기관들의 사전 동의를 구하며, 위기의 손실을 줄이고 생명을 보호할 대응자들을 훈련시키며 대응계획을 개발하는 것이라고 할 수 있다. 또한 재난을 관리하는데 필요한 계획이나 경보체계(warning system)및 다른 수단들을 준비하는 것이다. 대비단계는 대응기관들 사이의 사전 훈련 및 협조 체제의 유지, 대응 자원의 확보 및 비축, 경보 체제의 구축 등이 있다.

셋째, **대응(response)단계**는 재난이 발생한 경우 재난관리 기관들의 각종 임무 및 기능을 실제 적용하는 활동 단계이다. 대응은 예방, 대비 단계의 활동과 연계하여 제2의 손실 발생 가능성을 줄이고, 복구단계에서 발생할 수 있는 문제들을 최소화시키는 활동을 의미한다. 따라서 대응은 예방이나 준비와 독립되어 있는 것이 아니라 상호 밀접하게 연계되어 있다. 그러므로 재난에 대한 대응은 인적재난, 자연재난, 사회재난을 막론하고 전체적인 차원에서 재난을 파악하고 대처하기 위한 능력을 개발하는 것이 필요하다. 구체적인 활동의 예를 들면, 재난 피해자의 보호 및 구호조치, 피해 상황 파악 및 응급 복구, 희생자 탐색구조와 응급의료 지원, 재난 피해자 수용시설의 확보 및 관리, 긴급 복구 계획의 수립 등을 들 수 있다.

마지막으로, **복구(recovery)단계**는 피해 지역이 재난발생 직후부터 재난발생 이전 상태로 회복될 때까지의 장기적인 활동 과정이다. 즉, 초기 재난상황으로부터 정상 상태로 돌아올 때까지 지원을 제공하는 지속적인 활동을 의미한다. 예방, 대비, 대응 단계는 재난의 종류별로 약간 상이한 활동이 요구되는 반면에, 복구단계는 재난의 종류와 관계없이 동일한 활동의 수행이 요구되기 때문이다. 구체적인 복구 활동에는 중장기 복구계획 수립 및 복구의 우선순위 결정, 복구 장비 및 복구 예산 확보 방안 마련, 복구 지원을 위한 관계 기관들과의 협조, 피해 상황의 집계, 긴급 지원 물품의 제공, 재난발생 원인 및 문제점 조사, 개선안의 마련 및 유사 재난 재발 방지책 마련 등이 있다.

4 위험사회와 정부의 재난관리 필요성

정부 재난관리 차원에서는 재난을 "체계의 존립을 위태롭게 하면서 그 구성원의 건강·생명과 재산에 손상을 줄 수 있는 사건이나 상황"으로 정의할 수 있다. 이 같은 재난정의는 재난을 관리 대상으로 설정하는 것을 전제로 삼는 것이다. 또한 재난에 대한 예방·대비 및 사후 대응이 가능한 것으로서, 재난발생 예측 역시 인간의 노력 여하에 따라 결정된다고 본다. 특히 홍수나 가뭄 등 자연재난은 주기적·반복적으로 발생한다는 관점에서 시기적으로 어느 정도 예측 가능하다는 입장이 견지되어 왔고(심재현, 1995 : 92), 인적재난 역시 불확실성을 지니고 있지만 과거의 경험을 통해 예견·예측이 가능한 것으로 볼 수 있다(Kasperson & Pijawka, 1985 : 8; 정흥수, 1994 : 51). 따라서 재난예방은 재난이 발생하기 이전의 충분한 진단 노력과 준비가 있을 경우에는 가능한 것으로 판단할 수 있다.

그렇다면 왜 정부가 재난관리에 개입해야만 하는가? **정부가 개입해야 하는 이유**는 첫째, 슈나이더(Schneider, 1995 : 18)가 지적하고 있는 것과 같이 재난은 잠재적으로 심각한 사회적 문제들을 야기하기 때문이다. 즉, 재난의 경제적·물리적·정서적 비용이 너무 크기 때문에 국가는 재난관리를 무시하거나 간과할 수 없으며 이를 예방하고 준비하며 대응할 책임을 져야만 한다.

둘째, 재난은 매우 '정치적(politicized)' 쟁점이 되기 때문이다(Schneider, 1995 : 18). 재난은 정치인들로 하여금 시민의 욕구에 적극적으로 대응하게 함으로써 재난 자체가 정치적 쟁점으로 전환된다는 것이다.

셋째, 그 동안 홍수, 태풍, 지진, 해일, 화산 폭발, 가뭄 등과 같은 자연재난만이 재난으로 인식되어 왔었다. 그러나 점차 과학·기술의 발전과 함께 나타나고 있는 구조물 붕괴, 오존층 파괴, 대기오염, 수질오염, 해양오염, 가스 폭발, 유해 물질의 유출 등과 같은 인적재난과 더불어 전쟁, 테러, 폭동, 학살 등과 같은 사회재난 역시 자연재난과 함께 인류의 생명과 재산을 위협하는 재난으로 인식되고 있다. 자연재난을 비롯한 재난들은 종종 민간 영역의 해결 능력을 벗어나는 문제 들을 야기한다(Schneider, 1995 : 18). 그러므로 이들을 다루려는 노력은 공공 성격이나 집합적 특성을 지니게 된다.

넷째, 정부의 가장 중요한 주요 기능은 생명과 재산을 보호하는 것이다. 결과적으로 정부는 재난관리를 정부 활동의 중심부에 놓아야 한다. 또한 재난상황 자체는 공중의 관심을 끌 수 있는 주제인 동시에 현 정부 권한의 합법적 영역 내에서의 문제로 인식되고 있다(Cigler, 1988 : 7-8).

다섯째, 재난관리의 단계, 즉 예방, 대비, 대응, 복구의 과정에는 많은 자원과 인력의 동원이 필요하다. 그런데 정부야 말로 이러한 자원 동원 능력을 지니고 있으며, 합법적인 물리적 강제력을 지니고 있기 때문에 재난관리 과정에 정부가 개입해야만 한다는 것이다(김형렬, 1997 : 401).

여섯째, 사회적·경제적 변화와 기술 발전이 가속화되고 환경의 불확실성이 더욱 심화될 미래에는 예측하기 힘든 새로운 유형의 재난이 더욱 빈번하게 출현하는 한편, 더더욱 재난의 심각성이 증대될 것이다.

일곱째, 안전은 하나의 중요한 사회적 자산이다. 그것의 파괴는 공동체 구성원 모두의 손실로 이어진다. 따라서 안전은 공익성을 지니게 되고 안전은 개인 누구나 파괴할 수 있는 잠재력을 가지고 있는 공동자산이기 때문이다(김영평, 1994 : 14).

5 위험사회와 재난관리의 공공재적 성격

시장의 실패 또는 시장 기능의 실패 현상 때문에 시장이 효율성을 상실하고 이로 인해 이상적인 상황을 달성하지 못하게 되는 경우에는 시장에서의 정부활동의 가능성이나 규제의 보편화가 정당화된다(김영훈, 1987 : 30; 소병희, 1993 : 18-20). 정부 관료제 조직으로 해결하기에 적절한 문제라 함은 목표에 대한 정치적 합의가 이루어져야 하는 동시에 사경제 시장에서 해결할 수 없는 시장실패여야 한다.

시장실패 현상이 나타나게 되는 원인에는 불완전 경쟁, 정보의 불확실성, 불완전한 시장, 외부효과, 공공재, 실업 등이 있다(Stiglitz, 1986 : 84-93). 그러나 이들 다양한 원인 중에서 국민의 생명과 재산, 건강을 보호하기 위한 서비스를 시장보다는 정부가 제공하는 직접적인 이유로는 외부 효과(externalities)의 존재, 공공재(public goods), 그리고 불완전한 정보(imperfect information)를 들 수 있다. 즉, 이들 이유로 말미암아 정부는 재난관리 서비스의 제공을 시장 기능에 맡기기 보다는 규제나 직접적인 활동을 통해 수행하고자 한다. **재난관리 서비스 제공과 관련하여 정부가 개입하게 되는 이유**를 구체적으로 살펴보면 다음과 같다.

첫째, **외부 효과의 문제**이다. 한 사람이나 집단이 제3자에게 의도하지 않은 혜택이나 손해를 가져다주면서도 이에 대한 대가를 받지도 지불하지도 않을 경우 외부 효과가 존재하게 된다. 외부 효과가 존재할 때는 외부 효과의 개입으로 말미암아 사회적인 관점에서 계산된 비용(또는 편익)과 개인적인 관점에서 계산된 비용(또는 편익)이 서로 달라지기 때문에 시장은 자원을 효율적으로 배분하지 못하게 되어 정부의 경제적 활동이 정당화된다(Needham, 1983 : 11-13; Rhoads, 1985 : 67; Head, 1990 : 81). 이 같은 외부 효과가 존재하는 기본적인 이유는 기술적인 데에서 찾을 수 있다(Heilbroner & Thurow, 1994 : 190). 예를 들면, 건설 회사가 안전한 건축물을 만들 때 그것이 어느 정도 안전한 것인지 혹은 어떤 공법을 사용해야 안전한지 등에 대한 기술적인 기준이나 건축 공법이 완전하기 않은 상태 때문에 또는 건축 과정상의 실수나 비용 절감 시도 하에서 신기술 적용으로 인해 건축물이 붕괴되어 사상자가 발생했다면 이는 의도성 여부를 떠나 기술적인 문제로부터 사회적 손실, 즉 부정적 외부 효과(negative externalities)를 발생시킨 것이다. 따라서 이 같은 외부 효과의 존재로 시장은 안전관리 서비스 제공에 실패하게 되고 이로 인해 정부의 규제나 직접적인 활동이 정당화된다.

둘째, **재난관리가 지니는 공공재적 성격**이다. 정부가 시장에 개입하는 또 다른 이유 중 하나는 시장의 보이지 않는 손에 의해서는 공공재가 전혀 공급되지 않거나 혹은 충분한 양이 공급되지 못한다는 점이다(Rhoads, 1985 : 66; 김동건 외, 1986 : 99-102). 즉, 공공재는 소비 면에서 비경합성(nonrivalness)과 배제 불가능성(nonexcludability)을 특징으로 지니기 때문에 공공재의 공급에서 가격은 의미를 지니지 못하며, 이에 따라 공공재가 존재할 경우 시장에 의한 자원의 배분은 비효율적인 것이 되거나 심지어 공급이 되지 못하는 경우가 나타난다. 이는 시장이 기능하기 위해서는 무엇보다도 가격이 존재해야 하는데, 공공재의 경우에는 위의 두 가지 특성 때문에 가격을 매길 수도 없고 매기는 것조차 바람직하지 않다. 예를 들면, 강물이 범람하는 것을 막기 위해 제방을 높이 쌓는다고 하면, 한 사람이 추가로 그 소비에 참여한다고 해도 타인들의 소비행위에 전혀 영향을 미치지 않을 것이며 또한 그 사람을 소비로부터 배제시킬 수도 없다. 다시 말하면, 사람들은 제방을 쌓는 데 드는 비용은 전혀 부담하지 않고 남들이 생산해 놓으면 이에 편승하여 소비하려고 하는 무임승차자(free rider)의 행태를 보일 것이다. 이처럼 재난관리는 소비에서의 비경합성과 배제 불가능성이라는 두 가지 기준을 만족시키는 순수 공공재적 성격과 지역 공공재(local public goods)적 성격을 지니는 한편, 그 성격상 개별경제 행위주체의 결정에 의해 제공될 수 없고 집합적 의사결정(collective decisions)에 의해서만 제공될 수 있기 때문에(Heilbroner & Thurow, 1994 : 187), 집합적 수혜자인 시민들은 공공재로서의 재난관리 서비스 제공에 대한 정부의 개입이나 직접적인 활동을 수용하게 된다.

셋째, **불완전한 정보의 문제**이다. 정보의 불확실성(uncertainty) 또는 위험의 존재로 인해 시장 기능이 실패함으로써 정부 개입이나 활동이 정당화될 수 있다. 이는 불확실성이나 위험이 존재하는 경우에는 자원 배분에 대한 합리적 판단이 어렵기 때문이다(Pate-Cornell, 1987 : 246). 예를 들면, 기업가가 투자에 대한 결정을 내릴 때 미래의 수익성을 알 수 없기 때문에 비효율적인 투자를 하게 될 수 있다. 안전관리면에서 건축업자는 자신이 정당한 공정이나 공법으로 건축을 했을 때 어느 정도 수익이 보장될 수 있는지의 여부를 확신하지 못하거나, 부실 공사를 함에도 불구하고 건물이 일정 기간 내에 붕괴할 가능성이 없다는 주관적 판단을 내리는 경우에는 부실 공사를 하게 되는 유인을 얻을 수 있다. 이와 동시에 건축업자는 자신의 불확실성을 회피하기 위해 정보를 수집함으로써 다른 경제 주체와 차별적인 정보를 지니게 되고, 이로부터 도덕적 해이(moral hazard) 현상이 나타날 수 있다(Arrow, 1990 : 242-252). 이와 같이 일상생활에서 필연적으로 부딪치게 되는 정보의 불확실성 내지 정보의 차별성 역시 자원 배분의 비효율성을 가져오게 되어 시장의 실패를 가져오고 이를 방지하기 위한 정부의 개입이나 활동의 필요성이 제기된다. 이러한 맥락에서 위기(crisis)나 위험(risk)의 개념이 지니는 가장 주된 내재적 속성인 불확실성과 복잡성(complexity)으로 인해 어떤 조직도 문제에 대한 책임을 지지 않는 결과를 가져오기 때문에(Cigler, 1988 : 14; Rosenthal & Pijnenburg, 1991 : 3; 최병선, 1994 : 29), 정부가 안전관리 또는 재난관리 서비스를 제공하는 것이 정당화될 수 있게 된다.

이러한 측면에서 재난관리 서비스의 공공재적 성격이 강조되고 있으며, 자연재난이든 인적재난이든지 간에 재난에 미치는 영향의 범위에 따라 하위 지방정부로부터 상위 중앙정부까지 인식의 정도가 달리 나타나게 된다. 그러나 재난관리 서비스의 제공은 지방정부의 공식적인 정책의제들 사이에서는 낮은 순위를 지니고 있다. 또한 각종 재난이 미치는 범위가 우리가 살고 있는 땅, 우리가 마시는 물, 우리가 환경 속에서 호흡하는 공기뿐만 아니라 개인의 물질적 소유에 이르기까지 영향을 미친다는 것을 고려하면, 재난관리는 국가적인 문제라고 할 수 있다(Cigler, 1988 : 10). 따라서 재난관리 서비스에 대한 지방정부의 관심과 노력도 중요하지만, 국가적 차원에서 중앙정부의 재난관리 노력과 관심 역시 더욱 중요하다.

6 한국의 위험사회의 속성

위험은 이미 그 결과가 나타났고 피해가 발생했다고 해서 없어지는 것은 아니다. 이미 발생한 위험의 파괴적인 결과와 위험의 잠재적인 요소 사이에는 분명한 차이점이 있다. 현대사회에 들어 전통적인 자연재난은 감소하는 반면 사회적 재난의 위험은 증가하고 있다. 새로운 형태의 위험이 우리 사회를 위협하고 있다.

개발도상국가의 경우 위험을 피하는 것도 중요하지만 가난으로부터 벗어나는 것이 더 중요하기 때문에 위험을 감수하면서 경제적 풍요를 추구하는 것을 비난만 할 수 없다. 빈곤국가의 경우 생존을 위해 오염물질을 수입할 수밖에 없고, 경제성장을 이룬 국가들조차도 산업화의 위험성을 알면서도 위험사회로의 달콤한 유혹에 빠진다.

우리나라의 경우 급속한 산업화와 경제성장을 추진하는 성장 위주의 정책에서 효율성 추구에만 관심을 집중함으로써 우리사회에서 발생하고 있는 대부분의 재난은 급속한 산업화에 대한 우리의 부정적인 인식, 이해부족에서 기인했다고 평가한다. 최근 30년 사이 우리나라에서 발생한 성수대교 붕괴, 삼풍백화점 붕괴, 서해대교 안개로 인한 추돌사고, 대구 공사장 가스폭발, 아현동 도시가스 폭발, 대구 지하철 화재 사고 재난 등은 근대화에 수반되는 위험과 전근대적인 의식과 근대적 물질문명의 결합을 통한 위험이 동시적으로 나타난 결과이다. 한국적 위험 특성을 고려한 위험사회론은 근대화된 사회에서 나타난 위험, 근대화되지 못한 사회에서 나타난 위험(한국사회에 나타난 위험을 "이중적 위험"이라 한다.), 위험에 대한 무관심이나 잘못된 인식에서 비롯된 위험에 대해 관심과 주의를 기울이고 초점을 두어야 한다.

한국사회는 그동안 수많은 위험 발생으로 인해 엄청난 사회적 비용 지출과 국가와 사회 운영시스템에 대한 신뢰 손실, 정부의 정당성 손실 등을 경험했다. 따라서 한국사회가 지닌 특수한 위험사회 성격에 대한 올바른 인식이 요구된다.

(1) 자연재난에 의한 위험사회 속성

우리나라에서 발생하는 자연재난은 98%가 홍수 등 물과 관련된 기상재난 성격을 지니고 있는데, 이는 반도국가로서 해양성 기후와 대륙성 기후의 영향을 동시에 받고 있기 때문이다. 자연재난 피해는 인구증가와 도시화 현상, 개발사업 등으로 점점 더 커지고 있고, 자연재난은 지리적, 기상학적 특성으로 인해 매년 주기적으로 태풍, 홍수 등과 같은 자연재난 때문에 많은 피해를 입고 있다. 자연재난은 예측이 가능하기 때문에 사전에 예방이 가능하다.

- 폭풍 : 7월, 8월, 9월을 제외한 1월부터 6월까지와 10월부터 12월까지 발생
- 폭설 : 1월, 2월, 3월, 11월, 12월에 집중적으로 나타남
- 호우 : 5월부터 9월까지의 기간 동안 주로 발생
- 태풍 : 7월, 8월, 9월의 3개월 동안 집중적으로 발생

최근 지진의 발생 및 관측 횟수가 빠른 속도로 증가했다. 연약지반에 대한 개발과 매립지역 개발이 활발해지고, 지하구조물 및 공업단지, 화학공장, 대형구조물(댐, 고층건물 등), 핵폐기물 매립장, 원자력발전소 등이 건설되고 있는 상황으로 미루어 볼 때 강도가 크지 않은 지진에도 그 피해가 심각하게 타나날 수도 있다.

(2) 인적재난에 의한 위험사회 속성

우리나라는 1960년대부터 고도의 경제성장으로 서울을 비롯한 주요 도시의 급속한 도시화 현상으로 대형구조물 등이 국토 곳곳에 들어섰다. 급속한 경제성장 이면에는 졸속 개발의 부정적 모습과 함께 구조적 위험 요소가 내재, 안전에 대한 무관심과 인색한 투자는 구조적인 위험의 원인이다. 기업, 정부, 국민 모두가 안전에 대한 투자는 비용이라는 부정적인 인식이 팽배해있다.

- 서해 페리호 침몰사건(1993.10.10) : 사망 292명
- 성수대교 붕괴(1994.10.21) : 사망 32명, 부상 176명
- 충주호 유람선 침몰(1994.10.24 16:15) : 사망 21명, 실종 10명
- 아현동 가스폭발(1994.12.7) : 사망 12명, 부상 101명
- 대구 지하철공사장 가스폭발(1995.4.28) : 사망 101명, 부상 176명
- 삼풍백화점 붕괴사고(1995.6.29) : 사망 501명, 부상 937명
- 대구 지하철 화재(2003.2.20) : 사망 192명, 부상 148명

① 인적재난의 특징

- 관리 및 운영주체의 인식과 관심 부족의 결과
- 관할 기관의 감독 및 통제 부실, 담당공무원의 부정부패 행위 개입
- 사회 전체 만연된 안전의식 결여, 부실과 부정에 대한 관용
- 원칙 경시(감독 소홀, 유지·보수 및 사후관리 소홀)

(3) 사회재난에 의한 위험사회 속성

우리나라 사회적 재난은 예방, 대비, 대응, 복구단계라는 관리체계에 의한 접근보다 사건이나 사고로 취급하고 정치적·군사적 대응이나 사법적 처리에 치중하는 경향이다. 대부분 사회적 재난은 사전정보 수집과 분석으로부터 시작하는 예방, 대비, 대응, 복구와 같이 일련의 단계에 걸친 재난관리과정 모형에 의한 관리가 가능하다. 사회적 재난은 사회적 현상이라고 간주하고 관련된 개별조직, 해당기업·정부기관에서 관리하였으나, 2001년 9.11테러 이후 미국을 비롯한 세계 각국은 테러를 비롯한 각종 사회적 재난에 대한 관심이 고조된다.

① 사회적 재난의 특징

- 자연재난과 인적재난에 의해서도 발생하는 복합재난 성격
- 고의성·의도성, 즉 종교적·정치적·이념적인 목적달성을 위함
- 산업화, 도시화 등 사회의 고도화가 진행될수록 사회적 재난 취약성 증가

- 금융, 교통, 수송, 전기, 정보통신 등 일상생활과 관련된 필수 기반시설에 발생
- 사회적 재난관리는 정부뿐만 아니라 민간 기업, 시민사회 등 모든 행위자들이 참여할 때 효과성 확보
- 국가핵심시설, 정부서비스, 국가정체성과 관련된 대상에 대해서도 관리방안의 수립 요구
  - 2003년 3월 중국 베이징(北京), 광동성, 홍콩 전염병 사스(SARS)
  - 2003년 5월 포항, 마산 화물노조 파업에 의한 물류대란
  - 1995년 4월 19일 미국 오클라호마시티 관공서 건물 폭탄테러
  - 1995년 12월 27일 한파에 의한 유라시아 대륙 독감·폐렴 등 호흡기 질환 발생 (카자흐스탄 726명 디프테리아환자 중 51명 사망)
  - 1995년 11월 4일 라빈(Yitzhak Rabin)이스라엘 총리 극우파에 의해 암살
  - 2001년 9월 11일 뉴욕 세계무역센터(WCT)빌딩 테러 사망 2,795명

(4) 위험사회와 위험에 대한 인식

우리사회는 언제 어디서든 대형사고가 발생할 가능성을 안고 있는 고위험사회(high risk society)라고 경고하는데 많은 학자들이 동의한다. 재난이나 위험의 본질은 물리적 결과가 아니라 사회적 결과에 있다. 따라서 합리적이고 바람직한 재난관리 정책의 수립과 집행을 위해서는 사실적이고, 객관적인 자료의 수집과 분석이 있어야 한다.

7 우리나라의 위험사회에서 나타나는 대형재난

연도	주요 대형재난
1993년	서해훼리호 침몰 일시 : 1993년 10월 10일 오전 10시경 내용 : 전북 부안군 위도 앞 북서쪽 3 km 해상 침몰 피해 : 사망 292명 원인 : 강풍과 악천후에도 불구하고 정원을 초과하여 출항
1994년	**성수대교 붕괴** 일시 : 1994년 10월 21일 오전 7시 40분경 내용 : 상부트러스가 제대로 연결되지 않아 무너진 사고 피해 : 사망 32명, 부상 17명 원인 : 설계, 시공, 감리, 유지관리의 부실 복합 요인

연도	주요 대형재난
1994년	**아현동 가스폭발** 일시 : 1994년 12월 7일 오후 2시 52분경 내용 : 계량기 점검시 방출된 가스가 모닥불 불씨에 점화되어 폭발 피해 : 사망 12명, 부상 101명, 건물 145동 파손 원인 : 작업절차 미준수 및 안전관리감독자 배치하지 않음
1995년	**대구 지하철 공사장 가스폭발** 일시 : 1995년 4월 28일 오전 7시 50분경 내용 : 대구지하철 1호선 공사장에서 도시가스 폭발 피해 : 사망 101명, 부상 117명 원인 : 인근 신축 백화점 공사 중 파손된 가스관에서 새어 나온 가스가 지하철 공사장으로 유입되어 폭발
1995년	**삼풍백화점 붕괴** 일시 : 1995년 6월 29일 오후 5시 57분경 내용 : 삼풍백화점 1동 붕괴 피해 : 사망 192명, 실종 6명, 부상 937명 원인 : 설계, 시공, 유지관리의 총체적 부실
2002년	**태풍 루사** 일시 : 2002년 8월 31일 내용 : 제15호 태풍 루사로 인해 한반도에 막대한 피해 피해 : 246명 사망 및 실종, 이재민 65,085명 발생, 재산피해 51,479억
2003년	**대구지하철 화재** 일시 : 2003년 2월 18일 오전 9시 53분경 내용 : 대구지하철 중앙역에서 방화로 일어난 화재 피해 : 사망 192명, 실종 21명, 부상 151명
	태풍 매미 일시 : 2003년 9월 12일 내용 : 수도권을 제외한 14개 도시 피해 피해 : 131명 사망 및 실종, 이재민 61,844명 발생, 재산피해 4조 7,810억
2014년	**세월호 침몰** 일시 : 2014년 4월 16일 오전 8시 49분 경 내용 : 전남 진도군 조도면 병풍도 북쪽 3 km 해상 침몰 피해 : 사망 295명, 실종 9명 원인 : 초기대응 미흡과 대형재난 대응책 미비, 위기관리능력 부재 등 총체적인 재난관리 미흡
2015	**중동호흡기증후군(MERS)** 일시 : 2015년 5월 20일 내용 : 중동을 여행한 60대에 의해 발생 피해 : 감염 186명, 사망 36명 경과 : 환자발생부터 종식 선언까지 62일

제 2 절

재난의 개념

1 재난의 개념 정의

재난의 개념은 매우 다양하게 정의되고 있다. 재난(disaster)에 대한 어원 'dis'는 어원상 '분리, 파괴, 불일치'를 의미하고, 'aster'는 라틴어로 'astrum 또는 star(별)'을 의미하므로 결국 재난은 "별(star)의 배열이 맞지 않아 생기는 하나의 재앙(calamity)"이라고 인식했다. 재난은 "하늘에서 비롯된 것으로 인간의 통제가 불가능한 해로운 영향"으로 인식했지만 시대와 사회 환경의 변화에 따라 재난의 정의도 점차적으로 확대·적용하게 되었다.

터너(Turner, 1978)는 ① 재난은 큰 규모의 사고, ② 피해가 많은 사고, ③ 공식적인 사고, ④ 비일상적이며, 예기치 못한 사고와 같은 특징을 갖는다고 했다.

콰란텔리(Quarantelli, 1998) 등은 "What is a Disaster?"의 저서에서 재난의 사회적 특성을 강조했다. 그는 재난은 근본적으로 사회적으로 조성된것이고, 일부는 물리적인 사건이며, 또한 사회적 조성과 물리적 현상의 조합으로 발생된다고 보았다. 또한 재난 이후 사람들의 행동 중 패닉, 절망이나 소극적인 행동, 반사회적 행동들은 재난상황에 관한 연구결과 일반적으로 알려진 소문과 다르게 사람들은 행동하는 것으로 결론을 도출한 바 있다. 한편, 재난은 능력을 초과한 위기상황으로 정의하고 있다. 즉, 재난의 기준은 국가나 지역사회의 대처능력 수준에 따라 재난이 될 수도 안 될 수도 있다는 것이다.

길버트(Gilbert, 1998)는 재난에 대한 수많은 이론적 접근을 세 가지 주요 패러다임으로 분류한 바 있다(① 유사 전쟁모형, ② 사회적 취약성 모형, ③ 불확실성 모형). 먼저 재난은 전쟁과 유사하고, 재난은 외부요인의 탓이며, 인간사회는 이러한 외부요인의 공격에 대해 지구적으로 대응하는 주체들이라는 것이다. 또한 재난은 사회적 취약성의 표현으로 재난은 지역사회에 깔려있는 내적, 사회적 과정의 결과라는 것이다. 나아가 재난은 불확실한 상태로 진입을 의미하고, 재난의 실체나 가상을 정의하는 것의 불가능하며, 특히 사람들의 저신적 틀은 재난을 경험한 이후 그 실체를 안다고 하였다(정병도, 2015).

미국의 연방위기관리청(Federal Emergency Management Agency : FEMA)은 "재난은 통상 사망과 상해, 재산피해를 가져오고 또한 일상적인 절차나 정부의 차원으로 관리할 수 없는 심각하고 규모가 큰 사건, 돌발적으로 일어나기 때문에 정부와 민간조직이 복구를 신속하게 하고자 할 때 즉각적이고, 효과적으로 대처해야 하는 사건"을 말한다.

일본의 재해대책기본법 제2조제1항은 "재해를 태풍, 호우, 폭설, 홍수, 해일, 지진, 쓰나미(지진해일), 화산폭발, 그 밖의 이상한 자연현상 또는 대규모 화재, 폭발 기타의 원인에 의해 생기는 피해"를 말한다.

Fritz(1961)는 "재난은 어떤 사회조직에 심한 피해를 입혀서 그 사회구성원이나 물리적 시설의 손실로 인하여 사회구조가 혼란되어 그 사회의 본질적인 기능수행이 어려운 사건으로서, 통제가 불가능하며, 시공간상에 집중적으로 나타나는 위협적 사건"이라고 정의하고 있다.

유엔개발계획(UNDP)은 "재난을 사회의 기본조직 및 정상기능을 와해시키는 갑작스러운 사건이나 큰 재난으로서 재난의 영향을 받는 사회가 외부의 도움 없이 극복할 수 없고, 정상적인 능력으로 처리할 수 있는 범위를 벗어나는 재산, 간접사회시설, 생활수단의 피해를 일으키는 단일 또는 일련의 사건"이다.

우리나라의 「재난 및 안전관리 기본법」은 "재난"이란 "국민의 생명·신체·재산과 국가에 피해를 주거나 줄 수 있는 것"으로 정의하고, **자연재난과 사회재난**으로 유형을 구분하여 규정하고 있다.

자연재난이란 태풍, 홍수, 호우(豪雨), 강풍, 풍랑, 해일(海溢), 대설, 한파, 낙뢰, 가뭄, 폭염, 지진, 황사(黃砂), 조류(藻類) 대발생, 조수(潮水), 화산활동, 소행성·유성체 등 자연우주물체의 추락·충돌, 그 밖에 이에 준하는 자연현상으로 인하여 발생하는 재해를 말한다.

사회재난은 화재·붕괴·폭발·교통사고(항공사고 및 해상사고를 포함한다)·화생방 사고·환경오염 사고 등으로 인하여 발생하는 대통령령으로 정하는 규모 이상의 피해와 국가핵심기반의 마비, 「감염병의 예방 및 관리에 관한 법률」에 따른 감염병 또는 「가축전염병예방법」에 따른 가축전염병의 확산, 「미세먼지 저감 및 관리에 관한 특별법」에 따른 미세먼지 등으로 인한 피해를 말한다.

2 재난관련 유사개념

(1) 위기

일반적으로 **위기**(crisis)는 사전적 의미로 "중요한 변화가 절박하게 요구되는 불안정한 상태이거나 혹은 하나의 사건 또는 행동과정이 계속 진행되어야 하는지 아니면, 수정 또는 종결되어야 하는지의 여부가 결정되는 순간으로서의 **전환점**(turning point)"이라고 폭 넓게 정의되고 있다(Webster's Dictionary 참조). 위기의 어원은 어떤 판단, 결단, 선택 등을 의미하는 그리스어 'krisis'에서 비롯되었다.

이재은(2012)은 학문적 차원에서 위기는 자연현상이나 인간의 실수나 고의, 사회적 상황으로부터 피해를 받는 사회 체계의 범위가 지역사회 이상이면서 체계의 존립이나 구성원의 생명·건강·

재산에 위해를 가하는 사건이나 상황으로 정의한다. 현대사회에서는 위기의 개념을 다양하고 폭넓게 사용하고 있지만, 위기는 협의의 개념인 위기로서 재난과 같은 개념을 의미하기도 한다(송윤석 외, 2009).

(2) 위험

위험은 바람직하지 않은 결과가 발생할 수 있는 불확실한 상황(uncertain situation)으로서, 사회체계의 복잡성이 증가함에 따라 위험의 증가도 함께 나타난다. 위험은 본질적으로 아직 발생하지 않았지만 위협이 되고 있는 파멸과 관련이 있다.

※ 재난의 개념상 위험도(Risk)

$$\text{위험도(Risk)} = \frac{\text{위험요인(Hazard)} \times \text{취약성(Vulnerability)}}{\text{재난관리(Disaster Management)}}$$

(3) 재앙

재앙은 "뜻하지 아니하게 생긴 불행한 변고. 또는 천재지변으로 인한 불행한 사고"라고 정의하고 있다. 재난보다도 재앙의 개념은 피해 영향과 충격이 보다 큰 것을 의미한다.

전체 주거지의 전부나 대부분의 영향을 받고, 거의 모든 위기관리조직의 시설과 작전기지가 직접적으로 타격을 받으며, 지역사회의 정상적이고 일상적인 기능의 대부분이 같은 시간에 돌연히 중단되는 것이다.

(4) 재해

재해는 "재난으로 말미암아 받는 피해. 즉 지진, 태풍, 홍수, 가뭄, 해일, 화재, 전염병 등 재난에 의하여 받게 되는 피해"를 말한다.

「자연재해대책법」 제2조(정의) "재해란 「재난 및 안전관리 기본법」 제3조제1호에 따른 재난으로 인하여 발생하는 피해를 말한다."라고 정의하고 있다. 「재해경감을 위한 기업의 자율활동 지원에 관한 법률」 제2조(정의) "재해란 재난으로 인하여 발생하는 피해를 말한다."라고 정의하고 있다. 일부 학자들 사이에서 재해가 재난의 범위보다 넓은 의미라고 주장하지만 「자연재해대책법」과 「재해경감을 위한 기업의 자율활동 지원에 관한 법률」 제2조(정의)에서 이러한 주장에 대해 명확하게 정리하였다.

제3절 재난의 특성

재난은 다양한 특성을 지니고 있으며, 학자마다 다양한 재난의 특성을 제시하고 있다. Comfort (1988)는 재난의 특성으로 불확실성, 상호작용성, 복잡성 등 3가지를 강조하고 있다. 김주찬·김태윤(2002)은 재난의 특성을 불확실성, 복잡성을 들고 있으며, Turner (1978)는 재난의 비가시적 특성을 나타내는 누적성을 추가하고, 그 누적성에서 비롯된 인지성을 조금 더 세분하였다(송윤석, 2009). 따라서 이러한 다양한 재난의 특성을 고려하여 재난관리체계를 구축해야 한다.

1 누적성

재난은 뜻밖의 사고(bolts from the blue)라는 시각이 아니라 누적성(cumulativity)이라는 배양(incubation)과정의 시각에서 인식한 터너(Turner, 1978)가 밝힌 바와 같이 재난은 가시적 발생, 오랜 시간 동안 누적되어 온 위험요인들이 특정한 시점에서 표출된 결과이다. 즉, 비가시적으로 누적되고 있는 위험 발발 요인이 재난을 발생시키는 중요한 요인이다. 누적성은 비가시적으로 누적되고 있는 위험발생 요인이 재난을 발생시키는 중요한 요인이고, 단순히 재난의 발생에만 적용하는 것이 아니라 전개과정에서도 작용할 수 있다.

터너의 MMD (Man-Made Disaster) 모형에 의하면 기술적·사회적·제도적·행정적 장치들이 재난을 발생시키게 된다. 삼풍백화점 붕괴와 성수대교 붕괴 등 인적재난의 대부분은 이러한 예가 될 것이다. 또한 비가시적으로 누적되고 있는 위험 발발 요인은 단순히 재난의 발생에만 작용하는 것은 아니며 전개 과정에서도 작용할 수 있다. 예를 들어, 전형적인 자연재난인 지진이나 태풍의 경우에도 그 피해는 자연재난의 강도와 규모 등 그 자체에만 의존하는 것이 아니라 예측 능력의 부족, 관리 체계의 구조적인 결함, 재난에 대한 개인과 조직의 타성에 기인한 재난에 대한 낮은 수준의 인지도 등에 의존하게 된다.

2 불확실성

재난의 불확실성(uncertainty)은 거의 모든 문헌에서 확인된다. 우선 재난에 대한 기존의 분명한 특성이 변할 수도 있고 그에 따라 재난관리 조직도 정상적인 대응의 단순한 확대를 넘어선 선례가 없는 조치들을 취할 수밖에 없게 될지도 모른다. 따라서 재난은 선형적(linear)·기계적(mechanical)인 과정만 따르는 것이 아니라 비선형적(non-linear)·유기적 혹은 진화적(evolutionary)인 과정을 따를 수도 있다(Hills, 1998).

미국 내의 위험에 대한 대응에서 나타나는 특성을 네 가지로 분류한 드라벡(Drabek, 1985)에 따르면, 비교적 분권화가 잘 이루어진 미국의 경우 지방정부의 역할이 중요하고(localism) 불확실성으로 인하여 표준화가 어렵다. 즉, 연방·주·시정부에 따라 대응의 양상이 다르며, 또한 각각의 정부가 재난에 대하여 계획을 세우나 매년 이를 점검하지는 못한다. 또한 다양한 기관(unit diversity)이 참여하게 된다. 즉, 재난이 발생하면 소방기관, 군·경찰, 법집행기관과 같은 다른 공공기관뿐만 아니라 자원집단들도 참여하게 되고 그에 따라 재난 발생 전의 재난관리 조직의 권한과 범위를 넘어선 대안적인 역할 정의(the alternative role definition)가 요구된다. 그리고 이러한 특성으로 인한 파편화(fragmentation)의 특징이 있다. 즉, 수직적·수평적으로 파편화가 발생한다. 그에 따라 재난관리 조직은 많은 잠재적인 긴장을 내재하게 되고 참여한 많은 기관과의 협력이 어렵게 된다.

국내 문헌 역시 불확실성을 재난의 주요한 특성으로 들고 있다. "재난관리 조직의 경계성"(김영평, 1994), "위험의 가장 주된 내재적 속성 혹은 인간의 예측 능력의 한계"(최병선, 1994), "위험의 사전적(辭典的) 의미로서의 불확실성"(정익재, 1994), "위기 발생의 예측 불가능성"(이재은, 2000) 등이 그것이다. 복잡성과 상호의존성이 클수록 불확실성이 확장되고, 불확실성이 크다는 의미는 문제해결이 어려워지고 위험이 증가한다(김영평, 1995:180).

불확실성은 누적성이나 복잡성과 달리 재난의 모든 과정에 걸쳐 나타난다. 즉, 재난발생 전의 경우 비가시적 요인들은 누적되고 배양되면서 발생 가능성이 커지는데, 다양한 재난 발생요인 간의 상호작용은 예측할 수 없고, 재난 자체가 어디서 발생할지 정확하게 예측할 수도 없게 된다. 재난 발생 후의 경우엔 위험 자체가 기존의 기술적·사회적 장치와 맞물려 어떻게 전개될지 알 수 없을 뿐만 아니라 재난관리 조직 외의 다른 기관들의 참여로 인하여 기관간의 권한과 범위 설정이 새로이 요구되고, 그에 따라 재난의 대응·복구 단계의 진행방향을 정확하게 예측할 수 없게 된다. 결국 불확실성은 재난발생 전에는 누적성과 발생 후에는 복잡성과 함께 작용하면서 재난상황을 특징짓게 된다.

3 복잡성

복잡성(complexity)은 재난 자체의 복잡성과 재난의 발생 후에 관련된 기관들 간의 관계에서 야기되는 복잡성으로 나눠서 살펴볼 수 있다. 우선 재난 자체의 복잡성의 경우 세 가지 측면에서 볼 수 있다. 재난의 강도, 규모, 그리고 최초 재난과 관련된 다른 재난의 발생이 그것이다(Hills, 1998). 예를 들어, 지진의 경우 지진의 강도와 규모뿐만 아니라 지진으로 인한 전염병의 창궐 같은 것을 생각해 볼 수 있을 것이다. 이러한 재난의 복잡성의 원인 중의 하나는 재난이 상호작용성을 지니기 때문이다. 재난의 발발은 대체로 단일한 원인에 기인하지 않는다. 물론 어떤 특정한 결정적인 원인이 있다고 하더라도 그것은 또 다른 요인들과 재난의 발생에 상호 상승작용을 하게 되는 것이다. 그리고 재난의 발생 이후에도 재난은 피해 주민의 반응, 피해지역의 기반시설 등의 요인들과 계속된 상호작용을 동반하면서 진행된다.

결국 이러한 상호작용에 의하여 총체적으로 재난의 피해 강도와 범위가 정해지는 것이다. 이는 재난이 발생한 후에는 과거 재난의 경험에서 이해할 수 있는 그런 전통적인 재난이 아니라 새로운 형태 혹은 새로운 지리적 위치에서 예기치 못한 일련의 재난이 이어질 수도 있다는 것을 의미한다. 예를 들어, 어떤 자연재난은 국제정치적 위기를 야기할 수도 있고, 민족적 갈등을 야기할 수도 있다. 이에 따라 복구 단계(recovery)는 인식 가능한 어떤 현존 질서에로의 복구라기보다는 단지 어떤 안정적인 형태를 의미하게 된다. 특히 재난 복구 과정에서 원상태로의 완전한 복구가 어렵다는 점에서 재난은 비가역성을 가진다(Hills, 1998). 또한 각각의 재난은 서로 다르며(Gherardi et al., 1998) 그에 대한 대응 과정에서 조직 내의 갈등뿐만 아니라 조직 간의 갈등이 야기되기도 한다(Petak, 1985).

특히 사회적으로나 물리적 환경의 심대한 혹은 급격한 변화가 있을 때, 예를 들어 어떤 지역이 통신 수단이나 교통수단이 두절되어 고립되는 상황(the milling process) 속에서는 재난의 영향을 받은 주민들 간에는 새로운 상호작용이 발달하게 된다. 예를 들어 단순화 되고 불안전하며 심지어 부정확한 정보에 근거한 소문(rumour)속에서 주민들은 나름대로 특정한 것을 선택하게 되는 것이다. 이처럼 재난 상황 하에서는 기존의 관료적 규범(bureaucracy norms)과는 다른 비상적 규범(emergency norms)이 생기게 된다(Schneider, 1992).

재난의 발생 이후의 관련 **기관들 간의 관계에서 비롯되는 복잡성**은 두 가지 점에서 살펴볼 수 있다. 첫째, 재난 발생 이전(pre-disaster)과 비교할 때 재난 발생 이후(post-disaster)의 단계에서 재난관리 행정의 경계 자체가 확대된다(남궁근, 1995). 둘째, 재난 발생 이후의 단계에서는 기존의 재난관리 조직의 개입 범위가 축소된다(Drabㄷ, 1985). 따라서 재난의 예방단계에서와는 달리 복수의 기관이 참여하게 되고, 그에 따라 관련 기관들 간의 권한 설정, 역할분담, 조정의 문제가 야기된다.

4 상호작용성

재난의 상호작용성(Interation)이란 자연적, 기술적, 사회적으로 구분되는 재난들과, 재난의 원인이 되는 위험요인들이 단독적으로 진행되는 것이 아니라 상호간에 복잡하게 작용하면서 확대되거나 재발된다는 의미이다. 대부분의 재난은 2차적 위험이 촉발될 수 있다. 자연재난은 매우 복잡하고, 중복적이며, 급격하게 진행되기 때문에 2차, 3차적 위험을 유발하기도 한다. 특히 지진, 태풍, 홍수 같은 자연재난은 파생적인 인적재난을 유발한다. 예를 들어 재난관리자들은 지진이나 태풍이 올 때에도, 화재, 기름유출, 폭발사고와 같은 기술적 재난이나, 폭동과 같은 사회적인 재난을 대비할 필요가 있다. 즉 미래에는 자연적, 기술적 재난이 상호작용하는 복잡하고 중복적인 재난들이 발생할 가능성이 높다. 뿐만 아니라 오늘날 다양한 재난의 물리적 위험요인들은 지역사회가 가지고 있는 경제적, 사회적, 문화적, 제도적, 물리적 취약성들과 상호작용하면서 재난을 확대 유발할 수 있다.

5 인지성

인지적인 문제(perception)는 언어학적으로는 의미의 장(meaning field) 문제와 관련이 된다. 예를 들어 계단을 '비상계단(emergency stairs)'으로 이해하는 경우도 있지만 '단순한(service stairs)'으로 이해하는 경우도 있다. 그리고 동일한 재난을 재난관리자는 단순한 '기술적인 사고(technical incident)'로 여기는데 비하여 그 재난의 피해자들은 '대재앙(catastrophie)'으로 인식하는 것도 한 예가 될 수 있다. 씨랜드 화재사고에서 사고가 난 건물을 건물이 아닌 단지 비나 눈을 막아 주는 구조물 정도로 인식한 경우가 여기에 해당된다. 이처럼 언어에 내제된 모호성으로 인하여 재난의 배양(incubation) 과정에서 정보 수집과 의사소통의 어려움이 발생하게 되고, 그에 따라 재난의 발발 요인이 축적된다(Gherardi et al., 1998).

인지적인 차이는 두 가지 차원에서 파악될 수 있다. 우선 정치적인 면이 배제된 경우인데 일반적으로 공중(the poblic)은 재난에 대하여 시간과 효과의 측면에서 모두 제한적이고 피해 역시 쉽게 회복이 가능하며, 재난을 정의가 가능하며 통제가 가능하다고 본다. 즉, 공중의 재난에 대한 시각은 장기적인 시계가 부족한 것으로 평가된다(Hills, 1998). 이처럼 정치성이 배제된 경우의 인지적인 차이는 "재난의 객관적인 사실과 주관적인 인지의 불일치"(Petak, 1985), "객관적인(정량적) 차원과 주관적(정성적) 차원 간의 불일치"(정익재, 1994) 등으로 표현된다.

또한 재난은 기존의 어떤 공동체의 파괴를 야기하거나, 어떤 집단에게는 기회를 제공할 수 있으며, 전혀 다른 행동양식을 가진 이방인(outsiders)의 유입을 불러올 수도 있다. 이런 재난의 정치적인 면을 중시하여 정치성에 의한 인지적인 차이를 강조하는 입장도 있다. 예를 들어, 최병선(1994)은 정치성을 인정하여 재난의 일상성과 한정된 자원 배분의 효율성 간의 불일치에 기인한 위험인지는 절대적인 안정성이나 무해성을 기준으로 할 수 없고 기회 편익이나 사회적 순편익을 기준으로 할 수밖에 없다고 한다.

6 재난특성의 이해와 중요성

과거 전통적인 재난관리 연구에서는 재난이 가지고 있는 이러한 특성 요인들을 심각하게 고려하지 않았다. 과학기술에 대하여 지나치게 낙관적이었던 분위기로 인하여 국가재난관리체계의 구조도 '예측 가능한 재난 대응' 중심으로 짜였던 것이 사실이다. 그러나 현대의 고도 산업사회는 전통적인 시각에서 인지할 수 없는 새로운 사회적 위험을 내포하게 되었다.

그렇다면 누적성, 불확실성, 복잡성의 특징을 가지는 현대의 재난을 적절하게 관리해 나가기위해 필요한 관리 시스템은 어떠한 구조와 기능을 지니고 있어야 하는 것인지를 파악하기 위해서 재난관리에 대해 이론적 접근이 필요하다.

Chapter 1

적중예상문제

01 **현대사회와 위험에 관한 설명 중 가장 옳지 않은 것은?**

① 현대사회는 산업화가 진행됨에 따라 위험의 증가도 함께 증가하고 있다.
② 위험이 일상적이고 정상적인 것으로 보는 사회를 위험사회라고 한다.
③ 안전과 위험은 서로 상대적이기보다는 배타적인 것으로 이해되어야 한다.
④ 위험사회는 안전한 사회와 발전된 사회를 추구한다.

Solution 위험이 없으면 안전이 있을 수 없으므로 안전과 위험은 서로 배타적이기보다는 상대적인 것으로 이해되어야 한다.

02 **현대사회와 재난에 관한 설명 중 가장 옳지 않은 것은?**

① 현대사회는 전통적인 자연재난은 감소하는 반면 사회재난의 위험은 증가하고 있다.
② 우리나라는 성장위주의 정책과 안전관리 시스템의 구축을 동시에 추진하였다.
③ 우리나라의 재난은 산업화에 따른 위험의 부정적인 인식에서 기인다.
④ 우리나라의 재난은 위험에 대한 무관심이나 잘못된 인식에서 비롯되었다.

Solution 우리나라의 경우 급속한 산업화와 경제성장을 추진하는 성장위주의 정책에서 효율성 추구에만 관심이 집중되었고, 안전관리 시스템의 구축은 미흡하였다.

03 **재난에 관한 설명 중 가장 옳지 않은 것은?**

① 재난(disaster)에 대한 어원은 "별의 배열이 맞지 않아 생기는 하나의 재앙"이라고 인식했다.
② 미국의 FEMA는 재난은 일상적인 절차나 정부의 차원으로 관리할 수 없는 심각하고 규모가 큰 사건으로 정의하고 있다.
③ 일본의 「재해대책기본법」은 재난을 태풍, 호우, 폭설, 홍수, 해일, 지진, 쓰나미, 화산폭발 등 자연현상 또는 대규모 화재, 폭발의 원인에 의해 생기는 피해로 정의하고 있다.
④ 우리나라의 「재난 및 안전관리 기본법」은 재난을 사회의 기본조직 및 정상기능을 와해시키는 갑작스러운 사건으로 정의하고 있다.

Answer 01 ❸ 02 ❷ 03 ❹

Solution 우리나라의 「재난 및 안전관리 기본법」은 '재난'이란 국민의 생명·신체·재산과 국가에 피해를 주거나 줄 수 있는 것으로 정의하고, 자연재난과 사회재난으로 유형을 구분하여 규정하고 있다.

04 현대사회의 재난에 관한 설명으로 가장 옳지 않은 것은?

① 재난의 개념은 시대와 사회에 따라 변화할 수 있다.
② 재난을 분류할 때 가장 많이 채택하는 재난분류기준은 발생장소이다.
③ 자연재난과 사회재난의 상호복합적인 작용에 의한 재난이 증가하고 있다.
④ 재난관리에서 인적·물적 피해 등 인간 활동에 미치는 영향이 전혀 없다면 재난으로 보지 않는다.

Solution 재난의 분류는 발생원인, 발생장소, 재난의 대상, 재난의 영향, 재난의 진행속도 등 다양하게 분류 된다. 재난의 발생 원인에 의한 분류는 자연재난과 인적 재난으로 분류하고, 발생장소에 따라 육상재난, 해상재난, 광역재난, 국지재난 등으로 분류한다. 재난을 분류할 때 가장 많이 채택하는 재난분류기준은 발생원인과 재난현상이라고 할 수 있다.

05 재난과 유사한 용어에 관한 설명으로 가장 옳지 않은 것은?

① 위기는 사전적 의미로 중요한 변화가 절박하게 요구되는 불안정한 상태를 말한다.
② 위험은 바람직하지 않은 결과가 발생할 수 있는 불확실한 상황을 말한다.
③ 재앙은 뜻하지 아니하게 생긴 불행한 변고. 또는 천재지변으로 인한 불행한 사고를 말한다.
④ 재해는 재난의 범위보다 넓은 의미를 말한다.

Solution 「자연재해대책법」 제2조(정의) "재해란 「재난 및 안전관리 기본법」 제3조제1호에 따른 재난으로 인하여 발생하는 피해를 말한다."라고 정의하고 있다. 「재해경감을 위한 기업의 자율활동 지원에 관한 법률」 제2조(정의) "재해란 재난으로 인하여 발생하는 피해를 말한다."라고 정의하고 있다.

06 다음 중 재난의 특성으로 볼 수 없는 것은?

① 일반성 ② 인지성 ③ 복잡성 ④ 누적성

Solution 재난의 특성 불확실성, 인지성, 복잡성, 누적성, 상호작용성 등을 들 수 있다.

Answer 04 ❷ 05 ❹ 06 ❶

07 **다음 중 재난의 특성에 관한 설명으로 가장 옳지 않은 것은?**

① 재난은 어느 시점에 발생하지 않는다.
② 재난은 정형적으로 발전하지 않고, 불확실하다.
③ 재난은 단일의 원인으로 발생한 것이 일반적이다.
④ 재난은 상호작용성의 특징을 갖고 있다.

Solution 재난은 단일의 원인으로 발생하지 않고, 다양한 원인이 상호작용하여 피해의 범위와 강도를 키운다.

08 **재난의 특성 중 복잡성을 설명하는 요소가 아닌 것은?**

① 재난의 강도　② 재난대응　③ 재난의 규모　④ 재난의 파급효과

Solution 재난 자체의 복잡성은 재난의 강도, 재난의 규모, 최초의 재난과 관련된 다른 재난(2차 재난, 파급효과)이다.

09 **다음 중 재난의 특성에 관한 설명으로 가장 옳지 않은 것은?**

① 누적성은 터너(Turner)의 재난배양이론과 관련이 있다.
② 인지성은 위험을 대하는 인지적 차이, 즉 객관적 사실과 주관적인 인지의 불일치에서 온다.
③ 복잡성은 재난관련 기관들 간의 권한설정, 역할 분담, 조정의 문제를 해결해준다.
④ 불확실성은 재난발생 전에 누적성과 발생 후에는 복잡성과 함께 작용하면서 재난상황을 특징짓게 된다.

Solution 복잡성은 재난관련 기관들 간의 권한설정, 역할 분담, 조정의 문제가 야기된다.

10 **다음 중 재난 발생 후에 관련 기관들 간의 관계에서 야기되는 복잡성에 관한 설명으로 가장 옳지 않은 것은?**

① 재난발생 이후에 재난관리행정의 경계가 단순화된다.
② 재난발생 이후의 단계에서 기존의 재난관리 조직의 개입 범위가 축소된다.
③ 재난발생 이후에는 기존의 관료적 규범과는 다른 새로운 규범이 생기게 된다.
④ 재난발생 이후에는 관련기관의 역할이 모호해진다.

Solution 재난발생 이후에 재난관리행정의 경계가 확장되는 경향이 있다.

Answer 07 ❸ 08 ❷ 09 ❸ 10 ❶

11 **다음 〈보기〉의 설명과 관련이 있는 재난의 특성으로 옳은 것은?**

> 재난은 뜻밖의 사고라는 시각이 아니라 재난배양 과정에서 발생한다는 것을 인식한 터너(Turner)는 MMD(Man–Made Disaster)모형에 의하면 기술적·사회적·제도적·행정적 장치들이 재난을 발생시키게 된다.

① 일반성　② 인지성　③ 복잡성　④ 누적성

Solution 누적성은 비가시적으로 누적되고 있는 위험발생 요인이 재난을 발생시키는 중요한 요인이고, 단순히 재난의 발생에만 적용하는 것이 아니라 전개과정에서도 작용할 수 있다.

12 **다음 중 재난의 특성에 관한 설명으로 가장 옳지 않은 것은?**

① 누적성은 재난은 뜻밖의 사고라는 시각이 아니라 재난배양 과정에서 발생한다.
② 인지성은 위험에 대한 객관적 인지와 주관적인 사실의 불일치로 표현된다.
③ 복잡성은 재난관련 기관들 간의 권한설정, 역할 분담, 조정의 문제가 야기된다.
④ 불확실성은 재난 발생 후 기관간의 권한과 범위 설정이 새로이 요구된다.

Solution 인지성은 위험을 대하는 인지적 차이, 즉 객관적 사실과 주관적인 인지의 불일치에서 온다.

13 **다음 중 정부의 재난관리 필요성에 관한 설명으로 옳지 않은 것은?**

① 재난은 경제적, 물리적, 심리적 비용이 너무 크기 때문에 국가는 재난관리를 간과할 수 없으며 재난을 예방하고 준비해야 할 책임이 있다.
② 재난은 민간의 해결능력을 벗어나는 문제들을 야기하기 때문에 정부중심의 재난관리가 필요하다.
③ 정부는 재난관리 자원동원 능력을 지니고 있으며, 합법적인 물리적 강제력을 지니고 있기 때문에 재난관리 과정에 정부가 개입해야 한다.
④ 재난환경의 불확실성이 심화될 예측하기 힘든 새로운 유형의 재난이 출현하고, 재난의 심각성이 증대하기 때문에 재난관리 과정에 정부가 개입해야 한다.

Solution 재난관리는 정부뿐만 아니라 기업, 민간단체 등 재난관리 거버넌스가 필요하다.

Answer 11 ④ 12 ② 13 ②

14 **우리나라에서 발생한 재난들을 발생순으로 바르게 나열한 것은?**

① 성수대교 붕괴 → 삼풍백화점 붕괴 → 태풍 루사(RUSA) → 태풍 매미(MAEMI) → 대구지하철 화재

② 삼풍백화점 붕괴 → 성수대교 붕괴 → 태풍 매미(MAEMI) → 태풍 루사(RUSA) → 대구지하철 화재

③ 성수대교 붕괴 → 삼풍백화점 붕괴 → 태풍 루사(RUSA) → 대구지하철 화재 → 태풍 매미(MAEMI)

④ 삼풍백화점 붕괴 → 성수대교 붕괴 → 태풍 루사(RUSA) → 대구지하철 화재 → 태풍 매미(MAEMI)

Solution ① 성수대교 붕괴 : 1994. 10. 21 ② 삼풍백화점 붕괴 : 1995 6. 28 ③ 태풍 루사(RUSA) : 2002. 8 ④ 태풍 매미(MAEMI) : 2003. 9 ⑤ 대구지하철 화재 : 2003. 2. 18

Answer 14 ❸

CHAPTER _02

재난의 유형분류

제 1 절 학자들의 재난 분류

재난의 분류는 발생원인, 발생장소, 재난의 대상, 재난의 영향, 재난의 진행속도 등 다양하게 분류 된다. 재난의 발생 원인에 의한 분류는 자연재난과 인적재난으로 분류하고, 발생장소에 따라 육상재난, 해상재난, 광역재난, 국지재난 등으로 분류한다. 또한 피해속도에 의한 만성재난과 급성재난으로 분류한다. 재난의 피해규모에 따른 분류는 개인적 재난과 사회적 재난으로 분류할 수 있다.

1 존스의 분류

존스(David K. C. Jones, 1996)는 재난을 재난의 발생 원인과 재난현상에 따라 자연재난, 준자연재난, 인적재난으로 대분류하였다. 자연재난은 지구물리학적 재난, 생물학적 재난으로 구분하였다.

이러한 존스의 재난분류는 장기간에 걸쳐 발생되는 완만한 환경변화 현상인 공해, 온난화, 염수화, 토질침식 등을 재난에 포함시키고 있으므로 재난관리 측면에서 볼 때 일반행정관리 분야까지도 포함하고 있어 이를 재난관리 분야에 적용시키기에는 너무 광범위하다는 문제점이 있다.

<table>
<tr><th colspan="6">재난</th></tr>
<tr><th colspan="4">자연재난</th><th>준자연재난</th><th>인적재난</th></tr>
<tr><td colspan="3">지구물리학적 재난</td><td>생물학적 재난</td><td rowspan="3">스모그 현상
온난화 현상
사막화 현상
염수화 현상
눈사태
산성화
홍수
토양침식 등</td><td rowspan="3">공해
광화학 연무
폭동
교통사고
폭발사고
전쟁 등</td></tr>
<tr><td>지질학적 재난</td><td>지형학적 재난</td><td>기상학적 재난</td><td rowspan="2">세균 질병,
유독식물,
유독동물 등</td></tr>
<tr><td>지진
화산
쓰나미 등</td><td>산사태
염수토양 등</td><td>안개, 눈,
해일, 번개,
토네이도,
폭풍, 태풍,
이상기온
가뭄 등</td></tr>
</table>

그림 2-1 존스의 재난 분류

2 아네스의 분류

아네스(Br. J. Anesth)는 자연재난을 **기후성 재난과 지진성 재난**으로 분류하고, 인적 재난은 고의성 유·무에 따라 교통사고, 산업사고, 기계시설물사고, 폭발사고, 생물학적 사고, 화재사고, 화학적 사고, 방사능 사고, 환경오염 등의 사고성 재난과 테러·폭동·전쟁을 계획적 재난으로 분류하고 있다.

아네스(Anesth)의 재난분류는 미국의 지역재난계획에서 주로 원용하고 있으며, 존스(Jones)의 재난 분류에 포함된 대기오염, 수질오염 등과 같이 장시간에 걸쳐 완만하게 진행되고, 인명피해를 발생시키지 않는 일반행정 관리 분야를 제외하고 있다는 점이 특징이다.

대분류	세분류	재난의 종류
자연재난	기후성 재난	태풍·수해·설해
	지진성 재난	지진·화산폭발·해일
인적재난	사고성 재난	• 교통사고(자동차·철도·항공·선박사고) • 산업사고(건축물 붕괴), 기계시설물 사고 • 폭발사고(갱도·가스·화학·폭발물) • 생물학적 사고(박테리아·바이러스·독혈증·기타질병) • 화재사고 • 화학적사고(부식성 물질·유독물질) • 방사능사고, 환경오염(대기·토질·수질 등)
	계획적 재난	테러·폭동·전쟁

그림 2-2 아네스의 재난 분류

제 2 절

실정법상의 재난 분류

재난의 실정법상 유형은 「재난 및 안전관리 기본법」 제3조제1호에서 규정하고 있다. "재난"이란 국민의 생명·신체·재산과 국가에 피해를 주거나 줄 수 있는 것으로서 다음 각 목의 것을 말한다.

① 자연재난

태풍, 홍수, 호우(豪雨), 강풍, 풍랑, 해일(海溢), 대설, 한파, 낙뢰, 가뭄, 폭염, 지진, 황사(黃砂), 조류(藻類) 대발생, 조수(潮水), 화산활동, 「우주개발 진흥법」에 따른 자연우주물체의 추락·충돌, 그 밖에 이에 준하는 자연현상으로 인하여 발생하는 재해를 말한다.

② 사회재난

화재·붕괴·폭발·교통사고(항공사고 및 해상사고를 포함한다)·화생방사고·환경오염사고·다중운집인파사고 등으로 인하여 발생하는 대통령령으로 정하는 규모 이상의 피해와 국가핵심기반의 마비, 「감염병의 예방 및 관리에 관한 법률」에 따른 감염병 또는 「가축전염병예방법」에 따른 가축전염병의 확산, 「미세먼지 저감 및 관리에 관한 특별법」에 따른 미세먼지, 「우주개발 진흥법」에 따른 인공우주물체의 추락·충돌 등으로 인한 피해를 말한다.

③ 해외재난

대한민국의 영역 밖에서 대한민국 국민의 생명·신체 및 재산에 피해를 주거나 줄 수 있는 재난으로서 정부차원에서 대처할 필요가 있는 재난을 말한다.

1 자연재난

태풍, 홍수, 호우(豪雨), 강풍, 풍랑, 해일(海溢), 대설, 한파, 낙뢰, 가뭄, 폭염, 지진, 황사(黃砂), 조류(藻類) 대발생, 조수(潮水), 화산활동, 소행성·유성체 등 자연우주물체의 추락·충돌, 그 밖에 이에 준하는 자연현상으로 인하여 발생하는 재해 자연재난은 인간의 힘으로 완전히 근절시킬 수 없는 불가항력적인 요소를 지니고 있다. 그러나 자연재난 방지를 위한 시설물의 설계와 시공, 사전예방조치 및 자연재난 발생 시 신속한 복구 대책 수립 등으로 어느 정도 자연재난으로 인한 피해를 줄일 수 있다.

(1) 태풍

태풍은 적도 부근 해상(북위 32~40°, 동경 120~138°)에서 열대성 저기압 중에서 중심 최대 풍속 17 m/s 이상 되는 열대성 폭풍을 말하며, 지구 곳곳에서 발생하는데 발생장소에 따라 명칭을 각각 달리하고 있다.

태풍의 크기는 풍속 15 m/s 이상이 미치는 영역에 따라 소형, 중형, 대형, 초대형으로 분류한다. 태풍의 강도는 중심기압보다 중심최대풍속을 기준으로 약, 중, 강, 매우 강으로 분류한다.

일반적으로 태풍이 발생하려면 열대 해역에서 해수면온도가 보통 27℃ 이상이어야 한다. 또한 공기의 소용돌이가 있어야 하므로 적도 부근에서는 발생하지 않고, 남·북위 5° 이상에서 발생한다. 계절별로는 7~10월 사이에 많이 발생한다. 태풍의 수명은 발생부터 소멸까지 1주일에서 1개월 정도이다. 태풍이 접근하면 폭풍과 호우로 수목이 꺾이고, 건물이 무너지며, 통신 두절과 정전이 발생하고, 하천이 범람하는 등 막대한 피해가 일어난다. 그러나 태풍이 늘 해로운 것만은 아니다. 태풍은 중요한 수자원의 공급원으로서 물 부족 현상을 해소시키기 때문이다. 또한 저위도 지방에 축적된 대기 중의 에너지를 고위도 지방으로 운반하여 지구상의 남북의 온도 균형을 유지시켜 주고, 해수를 뒤섞어 순환시킴으로써 바다 생태계를 활성화시키는 역할을 한다.

태풍주의보는 태풍으로 인하여 강풍, 풍랑, 호우현상 등이 주의보 기준에 도달할 것으로 예상될 때, 태풍경보는 풍속이 17 m/s 이상 또는 강수량이 100 mm 이상 예상될 때 기상청에서 발표한다.

표 2-1 발생장소에 따른 열대성 저기압의 영향

명칭	발생장소
태풍(Typhoon)	북태평양 서부
사이클론(Cyclone)	인도양, 아라비아해, 뱅골만
허리케인(Hurricane)	북대서양, 카리브해, 멕시코만, 북태평양 동부
윌리윌리(Willy Willy)	남태평양, 호주 북동부 및 북서부

표 2-2 강도에 따른 태풍의 분류

구분	내용
태풍정보	태풍의 중심이 20°N, 140°E 북서구역에 위치하고 일반 국민에게 태풍에 대한 동향이나 주의 등을 환기시킬 필요가 있을 때
태풍주의보	태풍으로 인하여 강풍, 풍랑, 호우, 폭풍해일 현상 등이 주의보 기준에 도달할 것으로 예상될 때
태풍경보	태풍으로 인하여 다음 중 어느 하나에 해당하는 경우 ① 강풍(또는 풍랑) 경보 기준에 도달할 것으로 예상될 때 ② 총 강우량이 200 mm 이상 예상될 때 ③ 폭풍해일 경보 기준에 도달할 것으로 예상될 때

우리나라는 여름철(7~9월)에 주로 태풍에 의한 피해가 많이 발생하고 있다. 한 해 3개 정도의 태풍이 우리나라에 영향을 주며, 8월, 7월, 9월 순으로 자주 발생하여 영향을 미친다. 7월, 8월, 9월 3개월 동안에 영향을 미치는 태풍 수는 전체의 91%이며, 아주 드물게 6월, 10월에도 영향을 미치는 경우도 있다.

(2) 홍수

홍수는 강의 물이 불어 범람하는 현상을 말하며, 홍수에는 하천홍수(river flood), 돌발홍수(flash flood), 해안홍수(coastal flood), 도시홍수 (urban flood)와 같은 네 가지의 형태가 있다.

첫째, 하천홍수는 장마철 집중호우로 설계빈도를 초과하는 수량(水量)이 둑을 월류하여 발생한다.

둘째, 돌발홍수는 일반적으로 폭우로부터 기인하는데 보통 밤 동안에 과도한 강우가 강물을 수시간 내에 제방위로 월류시켜 발생한다.

셋째, 해안홍수는 강한 해안의 바람으로 인해 발생한다. 태풍과 같은 낮은 대기압력은 국부적으로 해 안의 저지대 높이보다 바닷물의 높이를 높여 해일을 발생시킨다.

넷째, 도시홍수는 목초지와 숲이 도로와 주차장으로 전환된 경우 강우를 흡수할 능력이 손실되므로 발생하게 된다.

한반도의 홍수 발생 원인을 살펴보면 장마전선의 북진과 이 전선을 지나가는 저기압, 태풍, 중국 화북(화이베)지방·양쯔강·동중국해에서 이동해 오는 저기압, 여름철 남동계절풍과 뇌우성 집중호우 등이다. 홍수 때의 유수는 큰 파괴력을 가지고 있어 많은 재난의 피해를 발생시킨다. 홍수의 발생은 자연적 조건뿐만 아니라 하천관리 등 인적 조건에 의해서도 크게 좌우된다.

① 우리나라의 홍수 발생원인

- 장마전선의 북상과 이 전선을 지나가는 저기압
- 여름철, 특히 7~9월 초 한반도에 영향을 주는 태풍
- 중국 화북(화이베) 지방·양쯔강·동중국해에서 이동해 오는 저기압
- 여름철 남동계절풍과 뇌우성 집중호우 등

홍수 예방을 위해서는 계획적인 산림, 초지 조성 등의 장기적인 대책을 세워야 한다. 삼림이나 풀로 지면을 덮으면 빗방울의 지면 타격력을 줄일 수 있기 때문에 지중 침투가 좋아져서 지표 유거수(빗물 중에 활용되지 못하고 흘려보내는 물)가 줄고, 고이는 유거수 중에 토사 함유량이 줄게 되어 홍수 예방에 큰 도움이 된다. 그 밖의 홍수 대책으로는 홍수예보를 이용해서 응급조치를 하는 대책 등을 들 수 있다.

(3) 호우(豪雨)

일반적으로 큰 비와 같은 뜻으로 사용되며, 특히 짧은 시간에 많은 양이 내리는 비를 가리키는 일이 많다. 그러나 기상학적으로 강우량·강우강도·강우시간 등에 의한 명확한 정의는 없으나, 각각의 강우 기후기구에서 평균적인 강우량보다 훨씬 많은 비가 내릴 때 사용하고, 집중호우(severe rain storm)와 구별되어 사용된다. 집중호우는 짧은 시간에 좁은 지역에서 많은 양의 비가 내리는 현상으로 시간과 공간적 집중성이 매우 강한 비를 의미한다. 집중호우에 대한 명확한 정의는 없으나, 일반적으로 한 시간에 30 mm 이상이나 하루에 80 mm 이상의 비가 내릴 때 또는 연 강수량의 10%에 상당하는 비가 하루에 내리는 정도를 말한다. 호우주의보는 12시간 강우량이 80 mm 이상 예상될 때, 호우경보는 12시간 강우량이 150 mm 이상 예상될 때 기상청에서 발표한다.

한반도의 호우는 주로 여름철 장마전선에서 나타나는 경우가 많고, 태풍 내습시에도 호우를 동반한다. 또한 봄철에 발달한 저기압이 한반도를 통과할 때도 많은 비가 오는 경우가 많다. 세계의 기록적인 호우는 인도의 체라푼지에서 1876년 6월 14일 24시간 동안에 1,036 mm의 강우가 있었고, 필리핀의 바기오에서는 1911년 7월 14~15일의 24시간 동안에 1,168.1 mm의 강우가 있었다. 단시간의 기록적인 예는 영국 랭커셔의 프레스턴에서 1893년 8월 10일 단 5분간에 50.6 mm의 기록적인 집중호우가 있었고, 또한 1시간의 기록으로는 1819년 7월 26일 미국 뉴욕주 캐츠킬에서 254.0 mm의 강우가 관측되었다.

표 2-3 호우 특보

주의보	경보
• 3시간 강우량이 60 mm 이상 예상될 때 • 12시간 강우량이 110 mm 이상 예상될 때	• 3시간 강우량이 90 mm 이상 예상될 때 • 12시간 강우량이 180 mm 이상 예상될 때

(4) 강풍

강풍(强風, gale)은 10분간 평균 풍속이 초속 14 m (28 kt) 이상인 바람을 말한다. 이 풍속은 보퍼트 풍력계급표(Beaufort wind scale)에서 7 이상으로서, 수목 전체가 흔들리고 해상에서의 파도는 대략 5.5~7.5 m이며, 바람을 안고 걷기가 힘들게 된다. 이 풍속은 기상청에서 발표하는 폭풍주의보의 최저 기준 풍속이다.

2010년 태풍 곤파스(KOMPASU)는 9월 1일 이어도에 45.1 m/s 접근하여 우리나라 수도권을 강타하며 큰 피해를 입힌 태풍이다. 또한 우리나라가 태풍 진행 방향의 오른쪽인 위험 반원에 위치하면서 고산, 홍도, 수원, 서산, 김포공항, 중랑구, 설악산, 홍천 등 관측 개시 이래 최대 순간 풍속 값을 경신하며 강한 바람으로 인한 피해가 컸다. 태풍이 서해안을 지나감에 따라 우리나라가

위험지역에 속하면서 서울, 경기도, 충청남도, 강원도, 전라도, 제주도 등 주로 태풍의 진로 오른쪽 좁은 지역에서 강한 바람으로 인한 피해가 컸다. 태풍 7호 곤파스 이동에 따른 일 최대 풍속은 9월1일 14시 20분에 이어도 지역에서 30.6 m/s, 최대 순간 풍속은 45.1 m/s이었으며, 9월 1일 19시 50분 고산지역에서 21.6 m/s, 최대 순간 풍속은 28.7 m/s이었고, 9월 2일 6시 49분에는 서울(구로) 지역에서 최대 풍속이 18 m/s, 최대 순간 풍속은 서울 중랑구에서 6시 31분 29.5 m/s이었으며, 9월 2일 오전 10시 50분에는 강원도 고성군 앞바다로 진출하였다.

표 2-4 강풍 특보

구분		주의보	경보
강풍	육상	풍속 50.4 km/h (14 m/s) 이상 또는 순간풍속 72.0 km/h (20 m/s) 이상이 예상될 때	풍속 75.6 km/h (21 m/s) 이상 또는 순간풍속 93.6 km/h (26 m/s) 이상이 예상될 때
	산지	풍속 61.2 km/h (17 m/s) 이상 또는 순간풍속 90.0 km/h (25 m/s) 이상이 예상될 때	풍속 86.4 km/h (24 m/s) 이상 또는 순간풍속 108.0 km/h (30 m/s) 이상이 예상될 때

(5) 풍랑

풍랑(風浪)은 해상에서 바람에 의하여 일어나는 파도이다. 이에 비하여 그 장소에 바람이 없어도 멀리서 전해 오는 것은 너울이라 한다. 이 둘을 비교하면 풍랑은 마루가 뾰족하고 파장과 주기는 비교적 짧지만, 너울은 파의 마루가 완만하게 보이고 파장은 수십 m, 길 때는 100 m에 달하고, 주기도 풍랑의 짧은 것이 2초 정도인데 비하여 너울은 가장 짧은 것이 5~6초이다.

표 2-5 풍랑 특보

주의보	경보
해상에서 풍속 50.4 km/h (14 m/s) 이상이 3시간 이상 지속되거나 유의파고가 3 m 이상이 예상될 때	해상에서 풍속 75.6 km/h (21 m/s) 이상이 3시간 이상 지속되거나 유의파고가 5 m 이상이 예상될 때

(6) 해일(海溢)

해일(海溢)은 폭풍·지진·화산폭발, 단층운동 등이 원인이 되어 바다의 큰 물결이 육지로 갑자기 넘쳐 들어오는 자연 현상이다. 지진해일의 전파속도는 바다의 깊이가 깊을수록 빠르고 얕을수록 느리다.

지진해일의 발생과정은 ① 해저 지진으로 단층발생, 지반 융기 및 침하 등으로 파도가 발생한다. ② 파도가 빠른 속도로 퍼져나간다. ③ 해변가에 썰물 현상이 일어난다. ④ 파도는 해변가에 다다

클수록 해일로 발달한다. 폭풍에 의한 해일은 태풍·강풍·강풍고조(强風高潮) 등이 원인이 되어 발생한다. 해저 지진이나 화산 폭발에 의한 해일은 쓰나미(津波, tsunami)라고 하는데, 전파 속도가 빠르고 파장과 존속기간이 길어 광범위하게 피해를 준다. 우리나라에서 발생하는 해일은 대부분 폭풍에 의한 것이며, 지진에 의한 해일도 몇 차례 있었다.

(7) 대설

대설(大雪)은 짧은 시간에 많은 양의 눈이 오는 기상 현상으로, 자연재해에 속하며 각종 피해를 유발한다. 우리나라는 겨울철(11~3월)에 시베리아의 찬 대륙성 고기압이 우리나라로 확장되면서 강한 북서 계절풍이 되어 강한 바람과 한파의 피해가 자주 나타나고, 찬 대륙성 고기압이 따뜻한 서해 해상 또는 동해 해상을 지나면서 습윤해지고 이 습윤해진 공기가 지형의 영향을 받아 서해안과 영동지방에 대설, 폭풍설 등의 재해를 발생시킨다.

이 중 대설에 의한 피해는

- 눈이 많이 쌓여서 발생하는 적설 피해
- 눈의 압력에 의하여 발생하는 설압 피해
- 쌓인 눈이 가파른 경사면에서 미끄러져 발생하는 눈사태 피해
- 젖은 눈이 송전선이나 기타 가설물에 부착되어 발생하는 착설 피해
- 도로 빙판화에 따른 교통사고 피해
- 대설 발생 후 관리 소홀로 인한 피해 등 크게 여섯 가지로 나눌 수 있다.

우리나라의 경우, 대설주의보는 24시간 신적설이 5 cm 이상 예상될 때 발령되고, 대설경보는 24시간에 신적설이 20 cm 이상, 산지의 경우에는 30 cm 이상이 예상될 때 발령된다.

표 2-6 대설 특보

주의보	경보
24시간 신적설량이 5 cm 이상 예상될 때	24시간 신적설량이 20 cm 이상 예상될 때 다만, 산지는 24시간 신적설량이 30 cm 이상 예상될 때

최근의 이상 기후로 인하여 우리나라에서도 잦은 한파와 기록적인 대설이 발생하고 있다. 특히 예보 적설량을 초과하는 기습 강설이 자주 발생하고 있으며, 지난 2010년 1월 3일에는 서울, 경기, 충청, 강원, 경북 북부에 평균 2.7 cm의 적설이, 많은 곳은 10 cm의 적설이 있을 것으로 예보되었으나, 실제로는 1월 4일 서울에서 73년 만에 최대 기록인 25.8 cm의 적설이 발생하였다. 또한 2011년 2월 11~14일 동안에는 강원 삼척시에 110 cm가 넘는 기록적인 강설이 내려 도시 기능이

마비되고, 학교는 임시로 휴교하였으며, 중앙시장의 비가림 지붕이 붕괴되고, 7번 국도에 고립되었던 차량들이 22시간 만에 대피하는 등 막대한 피해가 발생하였다.

또한, 대기대순환 패턴 때문에 2009년 11월~2010년 1월 사이 북반구 중위도에 있는 동아시아, 유럽, 북미에 한기가 자주 남하하여 기록적인 폭설과 한파가 있었다.

표 2-7 폭설 및 대설로 인한 특별재난지역 선포현황

기간	원인	지역	피해액
2004.3.4~3.5	폭설	충청·호남	6,734억 원
2005.12.3~12.5	대설	호남	5,206억 원
2010.12.29~2011.1.1	대설	강원·경북	380억 원
2011.2.11~2.14	폭설	강원·경북·울산	360억 원

(8) 한파

한파(寒波, Cold Wave)란 저온의 한랭기단이 위도가 낮은 지방으로 몰아 닥쳐 급격히 기온이 떨어지는 현상이다.

한파의 원인은 일반적으로 겨울철 추위는 러시아의 바이칼호 주변에서 형성되는 대륙고기압이 우리나라로 확장해 오면서 발생한다. 겨울철에는 주로 서고동저형의 기압배치가 형성되는데 일반적으로 대륙고기압은 1주일 정도 주기로 확장하며, 차가운 북서계절풍을 동반하는 것이 특징이다.

표 2-8 한파특보

주의보	경보
10~4월에 다음 중 하나에 해당하는 경우 ① 아침 최저기온이 전날보다 10℃ 이상 하강하여 3℃ 이하이고 평년값보다 3℃가 낮을 것으로 예상될 때 ② 아침 최저기온이 －12℃ 이하가 2일 이상 지속될 것이 예상될 때 ③ 급격한 저온현상으로 중대한 피해가 예상될 때	10~4월에 다음 중 하나에 해당하는 경우 ① 아침 최저기온이 전날보다 15℃ 이상 하강하여 3℃ 이하이고 평년값보다 3℃가 낮을 것으로 예상될 때 ② 아침 최저기온이 －15℃ 이하가 2일 이상 지속될 것이 예상될 때 ③ 급격한 저온현상으로 광범위한 지역에서 중대한 피해가 예상될 때

(9) 낙뢰

낙뢰란 번개의 종류 가운데 구름과 대지 사이에서 발생하는 방전 현상을 말한다. 흔히 벼락 혹은 대지 방전이라고 불린다.

낙뢰의 종류는 열뢰, 계뢰, 전도뢰 등이다. ① **열뢰**(熱雷)는 지표면이 강한 햇빛으로 데워져 대기 하층의 기온 감률(減率)이 100 m에 대해 섭씨 1° 이상 커지며, 격렬한 상승기류를 생기게 하는 낙뢰이다. 여름철 오후에 육지, 특히 산간에서 가장 많이 발생하는데, 이 경우 상공에 차가운 공기가 들어오면 대기 상태가 한층 불안정해지며 강한 열뢰가 된다. ② **계뢰**(界雷)는 한랭전선이 발달한 곳에서 적란운이 발생하여 일어나는 낙뢰이다. 드물게 온난전선의 전선면을 따라 상승해 가는 따뜻한 공기가 불안정해질 때 계뢰가 발생하는 경우도 있다. 일반적으로 전선 가까이에서 발생하는 낙뢰를 말하는데, 이런 경우 지표면의 가열이 있으면 대기의 상태가 한층 불안정해져서 대규모 낙뢰가 발생한다. 이를 열계뢰라고 한다. ③ **전도뢰**(顚倒雷, 불안정낙뢰)는 단순히 강한 차가운 공기가 흘러들어 대기의 상태가 불안정해져서 일어나는 낙뢰이다.

낙뢰의 전기는 적란운 가운데는 온도가 −10℃ 정도인 곳을 중심으로 전하 분리가 일어나 적란운 상부에는 양전하(陽電荷)가 모이며, 적란운 하부에는 음전하(陰電荷)가 모인다. 그러나 구름 아랫부분의 일부에 양전하가 모여 있는 곳이 있다. 뇌운 안에서 어떻게 이러한 전하의 분리가 일어나는지에 대해서는 19세기 말부터 현재에 이르기까지 여러 가지 학설이 제기되고 있는데, 아직 정확히 밝혀진 것이 없다.

낙뢰발생 조건은 적란운 안에 물방울과 빙정이 공존하여 비가 내려야 한다. 낙뢰는 적란운의 꼭대기가 −20℃ 정도까지 도달했을 때 일어난다는 통계 결과도 있다. 또한 적란운이 발달하려면 대기가 상당히 두꺼운 층에 걸쳐 불안정해야 하며, 더욱이 수증기의 보급이 적당히 있어야 한다. 산악 지대에서 낙뢰가 발생하기 쉬운 것은 지형에 의해 상승 기류의 계기가 만들어지기 때문이다(위키백과).

(10) 가뭄

가뭄은 다른 재해와 비교할 때 시점과 종점이 모호하고, 진행 속도가 느리지만 장기간 지속되는 특징을 가지고 있다. 가뭄은 커다란 경제적 손실을 유발하지만, 강우에 의하여 일시에 해소되고 가시적 피해모습이 지속되지 않음으로 인하여 재난으로서의 인식은 지속되지 않는다. 가뭄이란 어느 지역의 인간 생활 및 사회경제 활동이나 동식물 생육에 피해를 가져올 정도로 강수량 부족이 장기화 되는 비정상적인 기상 수문적 현상을 의미한다.

가뭄은 사전적으로 “계속하여 비가 내리지 않아 메마른 날씨”로 정의되지만, 법률적 정의와 기준은 없다. 현행 재난 및 안전관리 기본법, 자연재해대책법 등에서는 가뭄을 자연재난으로 간주하고 있지만, 어떠한 상황이 가뭄인지에 대한 명확한 기준은 제시되어 있지 않다.

과거 가뭄 발생 여부 및 지속 시간을 무강수(無降水) 계속 일수(기상학적 가뭄)로 판단하였으나, 최근에는 물 부족량 정도의 지속 기간, 용수 공급 용이성 등 사회·경제적 여건에 따라 판단되는 상대적 개념이며, 영향을 받는 대상의 이해관계에 따라 체감 기상학적 가뭄이외에 대기가뭄, 농업

가뭄, 수문 측면, 사회경제 측면에서 살펴볼 수 있다. 기상 측면의 가뭄은 강수량 부족 정도와 그 지속 기간에 따라 평년값과 비교하여 작은 경우를 의미한다. 농업 측면의 가뭄은 농작물의 성장 단계와 토양 깊이에 따라 필요한 수분량이 부족한 경우를 의미한다, 수문 측면의 가뭄은 강수의 부족으로 지표수 및 지하수 양이 줄어드는 경우를 의미한다. 사회경제 측면의 가뭄은 기상 및 수문 측면의 가뭄과 연관되어 물 부족 때문에 용수 및 전력 공급에 차질이 발생하여 인간의 경제활동에 피해를 주는 경우를 의미한다. 구체적으로 살펴보면 가뭄의 종류는 다음과 같다.

① 기후학적 가뭄

사용 가능한 물로 전환된 강수량이 기후학적 평균에 미달하는 것을 말한다. 기후학적 평균이 계절별로 다르고 또 날짜별로 다르며, 지역별로도 다른데 각기 해당지역, 해당 날짜의 평균치와 비교하여 수치로 나타낸다. 가뭄지수 중 EDI (Effective Drought Index; Byun and Wilhite 1999), SPI (Standardized Precipitation Index; McKee et al. 1993, 1995)는 여기에 속하며 부족 정도를 표준화된 지수로 나타낸다.

② 기상학적 가뭄

강수량을 중시한다는 점에서 기후학적 가뭄과 같으나 강수량 외에 증발량, 증산량 등을 고려한다는 점에서 차이가 있다. 증발량, 증산량 등은 같은 지역이라면 계절별 평균이 크게 변하지 않기 때문에 큰 기후변동이 생기기 전에는 무의미한 계산이라고도 할 수 있다. 더구나 이 자료는 장기간에 걸친 조사 자료가 없어서 추측하여 계산하는 경우가 많다. 그래서 아직은 실효성이 적다. PDSI (Palmer Drought Severity Index; Palmer 1965)는 여기에 속한다.

③ 농업적 가뭄

특농작물 성장에 필요한 토양수분이 확보되지 못하는 것을 말하므로 오로지 토양수분에만 의존하여 결정된다. 농작물의 종류와 성장 정도에 따라 필요한 수분이 다르므로 각종 농작물마다 다른 임계값을 가져야 하나, 실제로 농작물마다 별도로 계산한 경우는 별로 없다. 이를 판단하는 지표로는 Soil Moisture Drought Index (SMDI; Hollinger et al. 1993)라는 것이 있다.

④ 수문학적 가뭄(=사회 경제적 가뭄)

흔히 단순한 물 부족 현상을 수문학적 가뭄이라 칭하기도 한다. 하천, 저수지, 지하수 등의 수위를 기준으로 정의하는 가뭄을 말한다. 강수량의 감소 외에도 지하수의 고갈, 용수 사용의 증가, 하천 유속의 증가 등이 원인이 될 수 있다는 점에서 큰 차이가 있다. 공급이 줄어서 부족하든, 소비가 늘어 부족하든, 물의 부족으로 불편이나 재해가 발생하면 가뭄으로 취급한다는 점에서 기후학적, 기상학적, 농업적 가뭄과 명확하게 다르다. 기후학적, 기상학적, 농업적 가뭄이 평균값에 대한 차이를 중시하는데 비해 수문학적 가뭄은 물 수요의 절대 값에 의존하여 결정된다. 따라서 수문학적 가뭄은 가뭄이라고 하기 보다는 그냥 물 부족이라 함이 타당하다.

표 2-9 가뭄의 전이과정

기상학적 가뭄		농업적 가뭄		수문학적 가뭄		사회경제적 가뭄
강수량 감소 증발산량 증가	⇒	토양 함수량 감소 작물 생산량 감소 동·식물 삶 영향	⇒	하천 유출 감소 저수지 등 유입량 감소	⇒	지역의 환경 및 경제영향

또한 기후 변화에 따라 가뭄의 빈도 및 강도가 높아지는 것으로 파악되고 있어 기후 변화에 따른 주요한 적응(adaptation)의 대상이 되고 있다. 2008년 늦가을부터 2009년 봄까지 강원도 일부지방에서 가뭄이 발생하여 태백지역에서는 87일 동안 제한급수가 실시되는 등 지역주민들이 겪은 고통은 상당하였다. 2009년 태백시에서 발간한 가뭄백서에 따르면, 가뭄으로 인한 피해액은 980억원에 달한다고 한다.

(11) 폭염

폭염은 열사병, 열경련 등의 온열질환을 유발할 수 있으며, 심하면 사망에 이르게 된다. 뿐만 아니라, 가축·수산물 폐사 등의 재산피해와 여름철 전력 급증 등으로 생활의 불편을 초래하기도 한다.

표 2-10 폭염특보

주의보	경보
일 최고기온 33℃ 이상인 상태가 2일 이상 지속될 것으로 예상될 때	일 최고기온 35℃ 이상인 상태가 2일 이상 지속될 것으로 예상될 때

(12) 지진

지진은 지각활동, 즉 지표면 하의 암반의 움직임과 파괴 등에 의하여 야기되는 지구의 급작스러운 움직임으로서, 지진은 건물과 교량의 붕괴, 통신의 두절, 전력의 차단을 일으키며 화재와 폭발, 산사태 등을 야기하기도 한다. 지진은 또한 해양에서 쓰나미라고 불리는 파(波)를 일으키기도 하며, 쓰나미는 원거리를 이동하여 해안에 치명적인 피해를 일으키지만, 아직 지진의 정확한 발생 시기와 규모를 예측하지 못하고 있는 실정이다.

우리나라는 세계에서 지진이 가장 많이 발생하는 일본, 필리핀, 뉴질랜드 등이 속하는 환태평양 지진대와 경계를 형성하고 있는 유라시아 지진대에 속하여 있다. 지진발생 추이를 살펴보면 1980년을 전후하여 강도 5 정도의 지진이 집중 발생하였으나, 1990년에 접어들면서 안정된 상태를 보였다가 1993년부터 다시 활성화 되면서 발생횟수도 증가 추세를 보이고 있다. 지진이란 지구 내부를 구성하고 있는 지하 5∼10 km의 암석지대가 어떤 힘의 작용으로 갑자기 파괴되는 단층운동에 의하여 그 여파가 사방으로 전달되는 진동 현상을 말한다. 지진의 약 19% 이상이 지각의 단층운동으로 일어나는 구조지진이며, 때로는 화산 폭발, 동굴 함몰 등으로 발생하는 경우도 있으나 그 수는 극히 적고 규모도 작다.

우리나라의 경우에는 환태평양 지진대를 벗어나긴 하였으나 지진 안전지대는 되지 못한다. 역사적으로 1,700여 회의 지진 발생 기록이 있고, 1978년 이후 2002년까지 규모 4 이상 5 이하의 지진이 27회 발생하였으며, 그중에서도 1978년 홍성지진(규모 5)과 1983년 동해안 북부지역에서 발생한 지진은 해일을 동반하여 건물·선박 등 상당한 재산 피해를 가져온 바 있다.

지금까지 우리나라의 지진 발생 분포지역을 보면 북부 서해안과 남부 서해안을 연결한 지대와 지리산·낙동강 유역을 중심으로 한 지역에서 자주 발생하고 있으나, 어떤 특정 지역이나 지구대를 중심으로 일어난다기보다는 전국 어디서나 발생할 개연성이 있다고 보아야 한다. 특히 해안지대는 해일을 동반하는 경우가 많아 유의해야 하며, 따라서 우리나라는 지진 안전지대라고 하는 일반적 인식은 잘못된 것이다(지진에 대한 자세한 내용은 "13장 1절 지진의 이해" 참조).

(13) 황사(黃砂)

황사는 주로 중국 북부나 몽골의 건조, 황토 지대에서 바람에 날려 올라간 미세한 모래먼지가 대기 중에 퍼져서 하늘을 덮었다가 서서히 강하하는 현상 또는 강하하는 흙먼지를 말한다. 보통 저기압의 활동이 왕성한 3∼5월에 많이 발생하며, 때로는 상공의 강한 서풍을 타고 우리나라를 거쳐 일본, 태평양, 북아메리카까지 날아간다. 황사 현상이 나타나면 태양은 빛이 가려져 심하면 황갈색으로 보이고, 흙먼지가 내려쌓이는 경우가 많이 있다. 즉, 황사는 봄철 중국 대륙이 가물 때 중국 북부의 고비사막, 타클라마사막 및 황하 상류의 광활한 황토 지대에 흙먼지가 강한 상승기류를 타고 3∼5 km 상공으로 날려 올라가 초속 30 m 정도의 편서풍을 타고와 우리나라에 떨어지는 현상이다.

일반적으로 황사로 인해 미세먼지(PM_{10}) 농도 10 $\mu g/m^3$ 이상일 때 황사라고 한다(국립기상과학원). 황사는 평상시에는 10∼50 $\mu g/m^3$인 먼지농도가 황사가 발생하면 100∼500 $\mu g/m^3$으로 증가하고, 황사의 주성분인 Si (규소), Al (알루미늄), Ca (칼슘), K (칼륨), Na (나트륨) 등의 농도가 상승한다.

표 2-11 황사강도 예보 기준

• 옅은 황사	: 황사로 인해 1시간 평균 미세먼지 농도가	400 $\mu g/m^3$ 미만 예상될 때
• 짙은 황사	: 황사로 인해 1시간 평균 미세먼지 농도가	400~800 $\mu g/m^3$ 정도 예상될 때
• 매우 짙은 황사	: 사로 인해 1시간 평균 미세먼지 농도가	800 $\mu g/m^3$ 이상 예상될 때

표 2-12 황사특보

주의보	경보
'황사주의보'는 '미세먼지경보'로 대체 (2017.1.13 시행)	황사로 인해 1시간 평균 미세먼지(PM_{10}) 농도 800 $\mu g/m^3$ 이상이 2시간 이상 지속될 것으로 예상될 때

① 황사의 영향

황사가 발생하면 시야가 흐려지고 하늘이 황갈색으로 변하며(시정 악화), 누런색의 고운 먼지가 인체와 물체에 쌓인다(건성침적). 황사는 입자의 크기가 20 μm 이하로 상층으로 상승하여 장거리 이동하면서 기상조건과 입자의 크기에 따라 점차적으로 침적하므로 입자의 크기나 종류에 따라 황사의 영향과 피해 양상도 다르게 나타날 수 있다. 우리나라의 경우 입자의 크기가 작은 미세입자에 의한 문제가 상대적으로 크게 작용하고 있으며 긍정적 영향과 부정적 영향을 동시에 가지고 있다.

- 부정적 영향
  - 태양 빛을 차단, 산란시킴(시정 악화)
  - 지구대기의 열 수지에 영향을 미침(복사열 흡수로 냉각 효과)
  - 구름 생성을 위한 응결핵 증가
  - 농작물, 활엽수의 숨 쉬는 구멍 막아 생육에 장애 일으킴
  - 호흡기관으로 깊숙이 침투함
  - 눈 질환 유발
  - 빨래, 음식물 등에 침강, 부착
  - 항공기 엔진 손상 및 이착륙시 시정악화로 인한 사고 발생 가능성
  - 반도체 등 정밀 기계 손상 가능성
- 긍정적 영향
  - 주로 알칼리성 성분이 많이 포함되어 있어 산성비 중화 작용
  - 산과 호수에 알칼리성분을 공급하여 토양과 호수의 산성화 방지

- 서해 등에 풍부한 미네랄 공급 및 정화 작용
- 해양 플랑크톤에 무기염류 제공(생물학적 생산력 증대)
- 토양 속 미생물에 의한 무기염 흡수 강화

(14) 조류

① 조류(藻類)

넓은 뜻으로는 수중에서 생육하며 동화색소를 가지고 독립영양생활을 하는 식물의 총칭이다. 물속이나 습한 곳에서 자라며 뿌리, 줄기, 잎이 구분되어 있지 않고 포자에 의해서 번식하는 것으로, 남조류의 세포수를 기준으로 경보를 발령한다. 일반적으로 녹조(綠藻)는 강, 호수에서, 적조(赤潮)는 바다에서 발생하는 조류현상이다.

② 녹조(綠藻)

부영양화된 효소 또는 유속이 느린 하천에서 녹조류와 남조류가 크게 늘어나 물빛이 녹색이 되는 현상이다. 녹조 발생 시, 수중생물이 죽어 생태계를 파괴하며, 유독남조류가 독소를 생산할 경우에는 동물 피해가 일어난다. 예방을 위해서 영양염류를 제거해야 한다.

③ 적조(赤潮)

적조현상(red-tide)이란 식물 플랑크톤의 대량 번식으로 바닷물의 색깔이 적색, 황색, 적갈색 등으로 변색되는 자연 현상을 말하는 것이었으나, 최근에는 적조로 인한 직·간접적 피해가 다발하고 있어 적조를 유해조류의 대번식(Harmful Algal Blooms : HAB)의 의미로 사용한다. 특히 해수의 온도가 상승하고 장마나 폭우로 인하여 바닷물에 영양염류가 많이 유입되면 어패류는 아가미가 막히거나 산소 부족으로 떼죽음을 당하기도 한다.

대책으로 ㉠ 황토를 사용한 적조 제거의 원리는 황토의 콜로이드 입자가 해수중의 영양물질, 적조성 플랑크톤을 응집, 침전시키는 성질을 이용하여 구제하는 방법이다. ㉡ 미생물을 이용한 적조의 제거방법은 미생물이 적조생물의 포식자이거나, 미생물에서 생산되는 효소가 적조 생물의 생장을 억제하여 구제하게 된다. ㉢ 바다에 공기를 불어넣거나 선박에 설치된 정화장치를 이용한 적조구제, 부유물질을 제거하는 장치를 이용한 적조구제 방법이 있다.

적조예보가 발령되면 양식장은 ㉠ 소규모 적조 시 어장유입 전에 황토살포, ㉡ 이동 가능한 양식물 및 시설을 안전해역으로 이동, ㉢ 적조생물의 진행상황에 따라 필요시 시설물 수층 조절, ㉣ 사료공급량 조절 또는 중단, ㉤ 선박(스크류) 활용 적조생물 분산 및 유입방지 등과 같이 관리한다.

적조는 적조생물의 증식에 필요한 물질들이 많이 녹아 있는 부영양수역에서 자주 발생하므로 먼저 어장의 부영양화가 얼마만큼 진행되었나 판정하고 부영양수역이라 판정되면 영양염류나 증식 촉진물질을 많이 함유한 산업배수나 가정하수의 유입을 철저히 규제하고 적정양식으로 자가 오염을 방지하여야 한다.

표 2-13 조류특보

가. 상수원 구간	
경보단계	발령·해제 기준
관심	2회 연속 채취 시 남조류 세포수가 1,000 세포/mL 이상 10,000 세포/mL 미만인 경우
경계	2회 연속 채취 시 남조류 세포수가 10,000 세포/mL 이상 1,000,000 세포/mL 미만인 경우
조류 대발생	2회 연속 채취 시 남조류 세포수가 1,000,000 세포/mL 이상인 경우
해제	2회 연속 채취 시 남조류 세포수가 1,000 세포/mL 미만인 경우
나. 친수활동 구간	
경보단계	발령·해제 기준
관심	2회 연속 채취 시 남조류 세포수가 20,000 세포/mL 이상 100,000 세포/mL 미만인 경우
경계	2회 연속 채취 시 남조류 세포수가 100,000 세포/mL 이상인 경우
해제	2회 연속 채취 시 남조류 세포수가 20,000 세포/mL 미만인 경우

(15) 우리나라 자연재난의 특징

최근 기후 변화에 따른 기상이변이 일상화되면서 자연재난으로 인한 피해 영역이 다양화되고 증가하는 추세이며, 이로 인하여 사회 전반에 미치는 영향 또한 매우 커지고 있다. 우리나라도 최근 10년간(2013~2022년) 연평균 29.8명의 인명피해와 3,194억 원의 재산 피해를 입었다. 최근 들어 6~10월경의 집중호우와 태풍의 발생 빈도 및 강우량의 규모가 급증하고 있는 등 최근 10년간 재난에 따른 피해액은 증가하는 추세이다.

표 2-14 자연재난 발생현황 [단위 : 명, 억 원]

구분	2013	2014	2015	2016	2017	2018	2019	2020	2021	2022
인명피해	4	2	0	7	7	53	48	75	42	64
재산피해	1,721	1,800	319	2,884	1,873	1,413	2,162	13,182	660	5,927

출처 : 행정안전부 「재해연보」

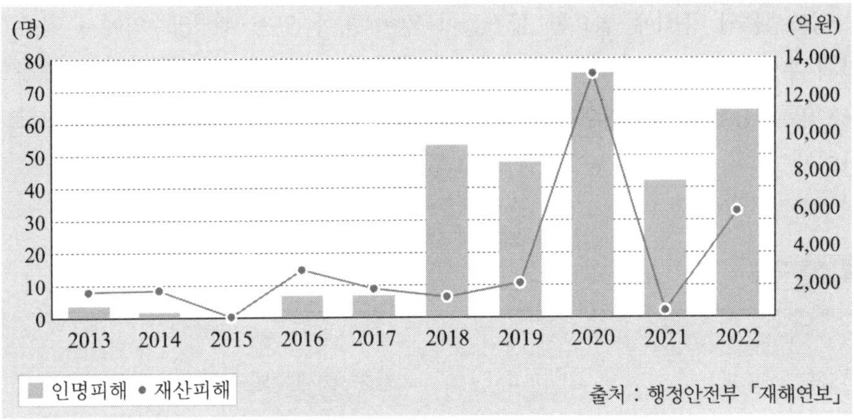

그림 2-3 자연재난 발생현황

행정안전부 자연재난통계 자료에 의하면, 우리나라의 최근 10년간 자연재해의 피해는 호우>태풍>기타>대설>지진>강풍>풍랑>우박>한파 순으로 나타났다.

자연재해의 유형에서는 강풍과 태풍, 한파의 발생 건수가 분석 기간 동안에는 감소하는 추세를 보이나, 대설은 오히려 증가하고 있음을 알 수 있다. 지난 31년 평균대설의 발생 건수는 2.0건이었으나, 최근 20년은 연평균 2.1건, 최근 10년은 연평균 2.2건, 그리고 최근 5년 동안에는 연평균 3.4건으로 지속적으로 발생빈도가 높아지는 추세이다.

표 2-15 기상예보의 종류

구분		예 보 기 간
단기예보	3시간	예보 시각부터 3시간 단위로 +24시까지
	일일	
중기예보	주간	예보 당일부터 3일간 예보 (1일 6시간 간격 4회 : 05:00, 11:00, 17:00, 23:00)
장기예보	1개월	일일예보기간 다음날부터 5일간의 예보 (매일 06:00, 18:00)
	3개월	1개월간의 날씨, 기온, 강수량 경향 전망 (매월 3, 13, 23일경 발표)
	6개월	3개월간의 월별 기온, 강수량 경향 전망 (매월 23일경 발표)

표 2-16 기상특보기준

명칭	주의보	경보
강풍	육상에서 풍속 50.4 km/h (14 m/s) 이상 또는 순간풍속 72.0 km/h (20 m/s) 이상이 예상될 때. 다만, 산지는 풍속 61.2 km/h (17 m/s) 이상 또는 순간풍속 90.0 km/h (25 m/s) 이상이 예상될 때	육상에서 풍속 75.6 km/h (21 m/s) 이상 또는 순간풍속 93.6 km/h (26 m/s) 이상이 예상될 때. 다만, 산지는 풍속 86.4 km/h (24 m/s) 이상 또는 순간풍속 108.0 km/h (30 m/s) 이상이 예상될 때
풍랑	해상에서 풍속 50.4 km/h (14 m/s) 이상이 3시간 이상 지속되거나 유의파고가 3 m 이상이 예상될 때	해상에서 풍속 75.6 km/h (21 m/s) 이상이 3시간 이상 지속되거나 유의파고가 5 m 이상이 예상될 때
호우	3시간 강우량이 60 mm 이상 예상되거나 12시간 강우량이 110 mm 이상 예상될 때	3시간 강우량이 90 mm 이상 예상되거나 12시간 강우량이 180 mm 이상 예상될 때
대설	24시간 신적설 5 cm 이상	24시간 신적설 20 cm 이상 산지 : 신적설 30 cm 이상
건조	실효습도 35% 이하 2일 이상 지속	실효습도 25% 이하 2일 이상 지속
폭풍해일	천문조, 폭풍, 저기압 등의 복합적인 영향으로 해수면이 상승하여 발효기준값 이상이 예상될 때. 다만, 발효기준값은 지역별로 별도지정	천문조, 폭풍, 저기압 등의 복합적인 영향으로 해수면이 상승하여 발효기준값 이상이 예상될 때. 다만, 발효기준값은 지역별로 별도지정
지진해일	규모 6.0 이상의 해저지진이 발생하여 우리나라 해안가에 지진해일 높이 0.5 m 이상 1.0 m 미만의지진해일 내습이 예상되는 경우	규모 6.0 이상의 해저지진이 발생하여 우리나라 해안가에 지진해일 높이 1.0 m 이상의 지진해일 내습이 예상되는 경우
한파	10~4월에 다음 중 하나에 해당하는 경우 ① 아침 최저기온이 전날보다 10℃ 이상 하강하여 3℃ 이하이고 평년값보다 3℃가 낮을 것으로 예상될 때 ② 아침 최저기온이 −12℃ 이하가 2일 이상 지속될 것이 예상될 때 ③ 급격한 저온현상으로 중대한 피해가 예상될 때	10~4월에 다음 중 하나에 해당하는 경우 ① 아침 최저기온이 전날보다 15℃ 이상 하강하여 3℃ 이하이고 평년값보다 3℃가 낮을 것으로 예상될 때 ② 아침 최저기온이 −15℃ 이하가 2일 이상 지속될 것이 예상될 때 ③ 급격한 저온현상으로 광범위한 지역에서 중대한 피해가 예상될 때
태풍	태풍으로 인하여 강풍, 풍랑, 호우, 폭풍해일 현상 등이 주의보 기준에 도달할 것으로 예상될 때	태풍으로 인하여 다음 중 어느 하나에 해당하는 경우 ① 강풍(또는 풍랑) 경보 기준에 도달할 것으로 예상될 때 ② 총 강우량이 200 mm 이상 예상될 때 ③ 폭풍해일 경보 기준에 도달할 것으로 예상될 때
황사	'황사주의보'는 '미세먼지경보'로 대체 (2017.1.13 시행)	황사로 인해 1시간 평균 미세먼지(PM_{10}) 농도 800 $\mu g/m^3$ 이상이 2시간 이상 지속될 것으로 예상될 때

폭염	폭염으로 인하여 다음 중 어느 하나에 해당하는 경우 ① 일 최고 체감온도 33℃ 이상이 2일 이상 지속될 것으로 예상될 때 ② 급격한 체감온도 상승 또는 폭염 장기화 등으로 중대한 피해가 예상될 때	폭염으로 인하여 다음 중 어느 하나에 해당하는 경우 ① 일 최고 체감온도 35℃ 이상이 2일 이상 지속될 것으로 예상될 때 ② 급격한 체감온도 상승 또는 폭염 장기화 등으로 광범위한 지역에서 중대한 피해가 예상될 때
화산재	우리나라에 화산재로 인한 피해가 예상되는 경우	우리나라에 화산재로 인한 심각한 피해가 예상되는 경우

2 사회재난

「재난 및 안전관리 기본법」에서는 자연재난과 사회재난으로 단순하게 분류하고 있지만, 많은 학자들은 인적재난과 사회재난을 구분하여 분류하고 있다. 따라서 이 책에서는 이해를 돕기 위해 사회재난을 인적재난과 사회재난으로 나누어 설명하겠다.

사회재난이란 화재·붕괴·폭발·교통사고·화생방사고·환경오염사고 등으로 인하여 발생하는 대통령령으로 정하는 규모 이상의 피해와 에너지·통신·교통·금융·의료·수도 등 국가기반체계의 마비, 「감염병의 예방 및 관리에 관한 법률」에 따른 감염병 또는 「가축전염병예방법」에 따른 가축전염병의 확산 등으로 인한 피해를 말한다.

(1) 인적재난

인적재난이란 화재·붕괴·폭발·교통사고·화생방사고·환경오염사고 등으로 인하여 발생하는 대통령령으로 정하는 규모 이상의 피해를 말한다.

① 화재

"화재"란 사람의 의도에 반하거나 고의에 의해 발생하는 연소 현상으로서 소화시설 등을 사용하여 소화할 필요가 있거나 또는 화학적인 폭발현상을 말한다(화재조사보고규정 제2조).

최근 사회구조는 산업의 발달과 함께 도시화, 고층화, 밀집화 되어 가고 있어 화재의 형태가 복잡하고 다양해지고 있으며, 화재로 인한 인명 및 재산 피해가 증가하고 있다. 화재는 활동 대상이 다양하고 연소의 형태도 가연물의 종류에 따라 다르며, 화재진압 및 인명구조 방법도 대상물에 따라 다양하다.

소방현장 활동에 장애가 되는 것이 연소 시 발생되는 유독가스 및 짙은 연기에 의한 소방관의 시계 불량을 들 수 있다. 화재는 초기 진압에 실패할 경우 연소 확대되어 많은 소방력이 필요하며, 건축물 붕괴 및 구조물 변형 등 2차 재난 발생 위험성이 높다. 화재 현장은 연기에 의한 시계 불량, 낙하물, 연장된 호스, 소화수에 의한 미끄러짐, 전기누전 등 다양한 장애가 산재되어 소방관의 안전사고 위험 요소가 많다.

내화건물 화재는 기밀성이 높아 농연 열기가 충만하기 때문에 소화활동 및 인명구조 활동이 곤란할 뿐만 아니라 유독가스에 의한 중독사 또는 산소 결핍에 의한 질식사 등 단시간에 많은 인명 피해가 발생하고 있다.

표 2-17 소화적응성에 따른 분류

구분	내용	표시색
일반화재	목재, 섬유, 고무, 플라스틱 등과 같은 일반 가연물의 화재를 말한다. 발생빈도나 피해액이 가장 큰 화재이다. 일반화재에 대한 소화기의 적응화재별 표시는 A로 표시한다.	백색
유류화재	인화성 액체(4류 위험물), 1종 가연물(락카퍼티, 고무풀), 2종 가연물(고체파라핀, 송지)이나 페인트 등의 화재를 말한다. 유류화재에 대한 소화기의 적응화재별 표시는 B로 표시한다.	황색
전기화재	전류가 흐르고 있는 전기설비에서 불이 난 경우의 화재를 말한다. 전기화재에 대한 소화기의 적응화재별 표시는 C로 표시한다.	청색
금속화재	나트륨, 칼륨, 마그네슘과 같은 가연성 금속의 화재를 말한다. 금속화재에 대한 소화기의 적응화재별 표시는 D로 표시하고 있으나 현재 국내의 규정에는 없다.	무색
가스화재	메탄, 에탄, 프로판, 암모니아, 아세틸렌, 수소 등의 가연성 가스의 화재를 말한다. 가스화재에 대한 소화기의 적응화재별 표시는 국제적으로 E로 표시하고 있으나 현재 국내에서는 유류화재(B급)에 준하여 사용하고 있다.	황색

표 2-18 화재의 처종에 따른 분류

구분	내용
건축·구조물 화재	건축물, 구조물 또는 그 수용물이 화재로 인하여 소손된 화재를 말한다.
자동차·철도차량 화재	자동차, 철도차량 및 피견인 차량 또는 그 적재물이 화재로 인하여 소손된 화재를 말한다.
위험물·가스제조소 등 화재	위험물제조소 등, 가스제조·저장·취급시설 등이 화재로 인하여 소손된 화재를 말한다.
선박·항공기 화재	선박, 항공기 또는 그 적재물이 소손된 화재를 말한다.
임야화재	산림, 야산, 들판의 수목, 잡초, 경작물 등이 소손된 화재를 말한다.
기타 화재	위의 각 호에 해당되지 않는 화재를 말한다.

표 2-19 화재의 소실정도에 따른 분류

구분	내용
전소	건물이 70% 이상 소실되었거나 그 미만이라도 잔존부분에 보수를 하여도 재사용이 불가능한 화재를 말한다.
반소	건물이 30% 이상 70% 미만이 소실된 화재를 말한다.
부분소	전소 또는 반소화재에 해당되지 아니하는 화재를 말한다.

표 2-20 긴급 상황보고 여부에 따른 분류

구분	내용
대형화재	인명피해가 사망 5명 이상이거나 사상사 10명 이상 발생화재 또는 재산피해 50억 원 이상 추정되는 화재를 말한다.
중요화재	관공서, 학교, 정부미도정공장, 문화재, 지하철, 지하구 등 공공건물 및 시설의 화재와 관광호텔, 고층건물, 지하상가, 시장, 백화점, 대량위험물을 제조·저장·취급하는 장소, 대형화재취약대상 및 화재경계지구의 화재, 그리고 이재민 100명 이상 발생화재를 말한다.
특수화재	철도, 항구에 매어둔 외항선, 항공기, 발전소 및 변전소의 화재와 특수사고, 방화 등 화재원인이 특이하다고 인정되는 화재, 그리고 외국공관 및 그 사택의 화재, 기타 대상이 특수하여 사회적 이목이 집중될 것으로 예상되는 화재를 말한다.

표 2-21 화재원인에 따른 분류

구분	내용
실 화	취급부주의나 사용·보관 등의 잘못으로 발생한 과실적(過失的) 화재를 말하는 것으로, 실화에는 중과실과 단순 실화인 경과실이 있다.
방 화	적극적이고 고의적인 생각과 행위로서 일부러 불을 질러 발생시킨 화재를 말한다.
자연발화	산화, 약품혼합, 마찰 등에 의해서 발화한 것과 스파크 또는 화염이 없는 상태에서 열기에 의해 발화된 연소를 말한다.
천재발화	지진, 낙뢰, 분화 등에 의해서 발화한 것을 말한다.
원인불명	위의 각 호 이외의 원인으로서 발화한 것을 말한다.

화재 발생 시 대피방법은 ㉠ 불을 발견하면 '불이야'하고 큰소리로 외쳐 다른 사람에게 알리고 화재경보 비상벨을 누른다. ㉡ 엘리베이터를 이용하지 말고 계단을 이용하되 아래층으로 대피가 불가능한 때에는 옥상으로 대피한다. ㉢ 불길 속을 통과할 때에는 물에 적신 담요나 수건 등으로 몸과 얼굴을 감싸준다. ㉣ 연기가 많을 때는 한 손으로는 코와 입을 젖은 수건 등으로 막고 낮은 자세로 이동한다. ㉤ 방문을 열기 전에 문손잡이를 만져 보았을 때 뜨겁지 않으면 문을 조심스럽

게 열고 밖으로 나간다. ㉥ 출구가 없으면 연기가 방 안에 들어오지 못하도록 물을 적셔 문틈을 옷이나 이불로 막고 구조를 기다린다.

고층건물에서 화재 발생 시 대피요령은 ㉠ 화재가 발생한 사무실에서 탈출할 때에는 문을 반드시 닫고 나와야 하며 탈출하면서 열린 문이 있으면 모두 닫는다. ㉡ 닫힌 문을 열 때에는 손등으로 문의 온도를 확인하고 뜨거우면 절대로 열지 말고 다른 비상통로를 이용한다. ㉢ 건물 밖으로 대피하지 못한 경우에는 밖으로 통하는 창문이 있는 방으로 들어가서 구조를 기다린다. ㉣ 방 안으로 연기가 들어오지 못하도록 문틈을 커튼 등으로 막고, 주위에 물이 있으면 옷에 물을 적셔 입과 코를 막고 숨을 쉰다. ㉤ 전화가 있다면 119로 전화하여 자신의 위치를 정확하게 알린다.

② 붕괴

붕괴란 각종 시설물(건축물, 교량, 육교 등)및 공장에서 시공 하자(瑕疵), 노후, 관리소홀, 지반약화, 안전 조치 불량 등으로 붕괴되어 인명과 재산 피해가 발생한 사고를 말한다.

붕괴사고의 일반적 특징은 다음과 같다. 첫째, 붕괴 사고의 양상은 각종 안전 수칙 위반 및 부실공사 등으로 인한 대형 공사장의 붕괴, 건물의 노후로 인한 붕괴, 가스, 폭발사고에 수반되는 2차적 붕괴의 양상을 띠고 있으며, 앞으로도 이러한 사고는 매년 늘어날 것으로 예상된다. 둘째, 대형공사장, 건물, 공작물 등의 붕괴 시 구조대가 보유하고 있는 구조 장비로서는 역부족으로 판단되므로 대형 중장비(기중기, 크레인, 굴착기 등)를 동원하여 합동작전을 행하여야 한다. 셋째, 인적이든, 자연적이든 대형 건축물의 붕괴는 수많은 인명 피해와 재산 피해를 동반하게 된다. 넷째, 대형 건축물 붕괴사고는 인명 검색 및 구조 활동에서 많은 인원 및 장비가 필요하고, 사고 수습기간이 길기 때문에 현장에 투입된 인원을 유효적절하게 교대 운용할 수 있도록 지휘관의 현명한 판단력이 요구되며, 붕괴에 의한 매몰자 구조는 구조작업이 어렵고 복잡한 상황 속에서 수행되며 장기간의 현장 활동 소요 시간이 필요하다.

붕괴시 행동요령으로 첫째, 건물 내부에 있을 때는 ㉠ 건물이 붕괴한 경우에는 당황하지 말고 주변을 살펴서 대피로를 찾는다. ㉡ 엘리베이터 홀, 계단실 등과 같이 견디는 힘이 강한 벽체가 있는 안전한 곳으로 임시 대피한다. ㉢ 부상자는 가능한 빨리 안전한 장소로 함께 탈출 후 응급처치를 실시한다. ㉣ 평소에 완강기, 밧줄(로프), 손전등 등 탈출에 필요한 물품이 있는 곳을 확인해 둔다.

둘째, 건물 외부에 있을 때는 ㉠ 건물 밖으로 나오면 추가붕괴와 가스폭발 등의 위험이 없는 안전한 지역으로 대피한다. ㉡ 붕괴건물 밖에 있는 주민들은 추가붕괴, 가스폭발, 화재 등의 위험이 있으니 피해가 없도록 사고현장에 접근하지 않는다. ㉢ 붕괴지역 주변을 보행할 때나 이동할 때에는 위험지역 또는 불안정한 물체에서 멀리 떨어지고, 유리파편 등에 다치지 않도록 가방, 방석, 책 등으로 머리를 보호한다.

셋째, 잔해에 깔려 있을 때는 ㉠ 불필요하게 체력을 소모하지 말고 가급적 편안한 자세로 구조를 요청한다. ㉡ 파이프 등을 규칙적으로 두드리거나 휴대전화로 119에 신고한다. ㉢ 잔해에 끼이면 혈액순환이 잘되게 수시로 손가락과 발가락을 움직인다.

Check point 〈삼풍백화점 붕괴〉

삼풍백화점 붕괴사고(三豊百貨店 崩壞 事故, 영어 : Sampoong Department Store Collapse)는 1995년 6월 29일 오후 5시 57분경 서울특별시 서초구 서초동에 있던 삼풍백화점이 붕괴된 사건으로, 건물이 무너지면서 1,445명의 종업원과 고객들이 다치거나 죽었으며, 주변 삼풍아파트, 서울고등법원, 우면로 등으로 파편이 튀어 주변을 지나던 행인 중에 부상자가 속출해 수많은 재산상, 인명상 피해를 끼쳤다. 그 후 119 구조대, 경찰, 서울특별시, 대한민국 국군, 정부, 국회까지 나서 범국민적인 구호 및 사후처리가 이어졌다.
사망자는 502명, 부상자는 937명이며 6명은 실종되었다. 피해액은 약 2,700여 억 원으로 추정된다. 피해자 중 최명석(崔明碩, 1975~)은 11일[1], 유지환(柳支丸, 1977~)은 13일[2], 박승현(朴昇賢, 1976~)은 17일[3] 동안 갇혀 있다가 극적으로 구조되었다. 생존자 중 유지환 양은 구조 직후 "지금 가장 먹고 싶은 게 무엇이냐?"라는 질문에 "냉커피가 마시고 싶다."라고 대답하여 이슈가 되기도 하였다. 현재 서초동 삼풍백화점 자리에는 주상복합 아파트인 대림 아크로비스타 주상복합 아파트가 2001년 착공되어 2004년 완공되었다.

※ 자료 : 위키백과

③ 폭발

도시가스사업법, 고압가스안전관리법, 에너지이용합리화법 등에서 정한 가스 및 에너지가 누출되어 폭발에 의하여 인명과 재산 피해가 발생한 사고를 말한다. 단, 가스에 의한 화재, 일산화탄소(CO)중독, 산소 결핍 등으로 인한 사고는 제외된다(재난연감, 2010 : 9). 피해 사례로는 아현동 가스 폭발사고(1994년 12월 7일)와 대구 도시가스 폭발사고(1995년 4월 28일), 부천 LPG가스 충전소 폭발사고(1998년 9월 11일) 등이 있다.

폭발사고 발생했을 때는 ㉠ 건물 안에서는 2차 폭발에 대비하여, 신속히 밖으로 대피한다. ㉡ 폭발사고 때는 굉음으로 청각 장애를 당할 수 있으므로, 귀를 막고 대피한다. ㉢ 폭발사고 시에는 멀리 떨어진 장소, 차폐 벽이 있는 장소 등 안전한 곳으로 신속히 대피한다. ㉣ 연기와 가스에 의한 질식 등에 대비 바람이 불어오는 방향으로 파편이나 낙하물에 주의하면서 대피한다. ㉤ 부상자는 즉시 안전한 장소로 먼저 옮긴 후에 응급조치한다. ㉥ 추가 폭발에 대비 전기 스위치와 화기사용 등을 금하고, 가스 중간밸브를 잠근 후 창문을 열어 자연환기를 시켜야 한다.

④ 교통사고

일반적(「도로교통법」 제54조 사고 발생 시의 조치)으로 도로상의 차의 교통으로 인하여 사람을 사상하거나 물건을 손괴한 사고를 말한다. 「도로교통법」상 교통사고는 도로에서 발생한 사고를 말하며, 교통사고처리특례법상 교통사고(제2조제2항)는 차의 교통으로 인하여 사람을 사상하거나 물건을 손괴하는 것을 말한다. 여기서 '차'라 함은 자동차, 건설기계, 원동기장치자전거, 자전거, 사람 또는 가축의 힘이나 그 밖의 동력에 의하여 도로에서 운전되는 것을 말한다. 다만, 철길이나 가설된 선에 의하여 운전되는 것, 유모차와 행정안전부령이 정하는 보행보조용 의자차를 제외한다(「도로교통법」 제2조).

- 교통사고 분류
  - 피해의 경중에 따라 사망(교통사고가 주 원인이 되어 72시간 내에 사망한 경우) 사고와 중상(의사의 진단결과 3주 이상의 치료를 요하는 부상)사고, 경상(5일 이상 3주 미만의 치료를 요하는 부상)사고, 부상신고(5일 미만의 치료를 요하는 부상) 및 물적피해(물건의 피해와 기타 재산상의 손해)사고로 구분되며,
  - 사고장소에 따라 ㉮ 노외교통사고(도로 외의 장소에서 발생한 사고), ㉯ 노상교통사고(차도 또는 도로상에서 주행 중인 차와 관계되어 발생한 사고)로 구분되고,
  - 사고종별에 따라 ㉮ 충돌사고(차 대 차, 차 대 사람, 차 대 물건, 차 대 기타 등 서로 부딪쳐서 발생한 사고), ㉯ 전복·전도사고(차 단독으로 뒤집혀 엎어지거나, 넘어진 상태의 사고), ㉰ 추락사고(차 단독으로 떨어진 <추락한> 사고로 충돌사고가 원인이 되어 추락한 경우는 제외), ㉱ 추돌사고(차 대 차 사고의 일종으로 앞에서 진행하는 차의 뒷부분을 뒤차의 앞부분으로 충돌하는 상태의 사고), ㉲ 접촉사고(차 대 차의 앞지르기, 교행 등으로 서로 접촉하여 일어난 사고)로 분류된다(교통사고처리지침). 교통사고는 발생원인이 다양하며, 사람, 차마, 도로환경이 각각 원인인 경우도 있으나 거의 이들 요인이 상호작용한 복합적 요인이 많은 것으로 분석된다. 그러나 사람이 원인인 사고에 비하여 차마 또는 도로환경적 요인에 의한 사고 발생 시에는 인명 피해가 크고, 치명적인 경향이 많다(경찰학사전). 교통사고는 자동차, 철도, 항공기, 선박 교통으로 인하여 인명과 재산 피해가 발생한 사고로, 피해 사례로는 구포 열차전복사고(1993년 3월), 서해 훼리호 침몰사고(1993년 10월), 아시아나 항공기 추락사고(1993년 7월) 등이 있다. 교통사고란 「도로교통법」 제2조에 규정하는 도로에서 자동차로 인하여 인명과 재산 피해가 발생한 사고를 말한다.

⑤ 환경오염사고

환경오염사고란 「환경정책기본법」에서 규정하는 환경이 오염되어 피해를 입은 사고를 말한다. 환경오염이라 함은 사업활동 기타 사람의 활동에 따라 발생되는 대기오염, 수질오염, 토양오염, 방사능오염, 소음·진동, 악취, 일조 방해 등이 사람의 건강이나 환경에 피해를 주는 상태를 말한다.

환경오염사고의 종류로는 대기 배출시설 등에서의 대기오염물질 다량 유출사고-VOC (휘발성 유기화합물), 광화학적 스모그, 악취, 유해가스 등 유해화학물질의 토양 및 공공수역 유출사고, 유류의 운송·유통·취급 과정에서의 유출사고, 공공수역에 수질오염물질의 다량 유출사고(폐수 배출시설에서의 폐수 무단 방류, 폐유, 용제, 중금속, 침출수 등의 공공수역 유출), 수온변화, 용존 산

소 부족 등 수질 악화에 의한 물고기 폐사, 환경 기초시설의 고장·파손·붕괴 등으로 폐기물 또는 오·폐수 등 오염물질의 다량 유출사고 등이 있다.

⑥ 해양사고

해양사고는 해상 또는 하천에서 선박 및 수상 레저기구 등의 침몰·좌초·전복·충돌·화재·기관고장·추락 등으로 인하여 사람의 생명·신체 및 선박·항공기·수상 레저기구 등의 안전이 위험에 처한 상태로 해양사고는 해양에서 발생한 다음 각 호에 해당하는 사고를 말한다.

- 선박의 구조·설비 또는 운용과 관련하여 사람이 사망·실종되거나 부상을 입은 사고
- 선박의 운용과 관련하여 선박 또는 육상·해양시설에 손상이 생긴 사고
- 선박이 실종·유기 되거나 행방불명된 사고
- 선박의 충돌·좌초·전복·침몰이 있거나 조종이 불가능하게 된 사고
- 선박의 운용과 관련하여 해양오염 피해가 발생한 사고

⑦ 산불

산불이란 산림이나 산림에 잇닿은 지역의 나무·풀·낙엽 등이 인위적으로나 자연적으로 발생한 불에 타는 것을 말한다(「산림보호법」). 또한 임목 및 지피물(地被物)이 불에 의하여 소실되는 것을 말한다. **산불의 종류**는 산불의 연소상태 및 연소부위에 따라서 **지표화**(surface fire), **수간화**(stem fire), **수관화**(crown fire), **지중화**(ground fire) 등 4종류로 분류할 수 있다.

㉠ 지표화(地表火, surface fire)는 지표에 쌓여 있는 낙엽과 지피물·지상관목층·갱신치수 등이 불에 타는 화재이며, 산불 중에서도 가장 흔히 일어나는 산불이다.

㉡ 수간화(樹幹火, stem fire)는 나무의 줄기(樹幹)가 타는 불이다.

㉢ 수관화(樹冠火, crown fire)는 나무의 수관에 불이 붙어서 수관에서 수관으로 번져 타는 불을 말한다.

㉣ 지중화(地中火)는 땅 속의 부식층(腐植層, Hesselman의 AF층)을 태우는 불이다.

산불이 주택가로 확산될 경우 대피요령 ㉠ 불씨가 집, 창고 등 시설물로 옮겨 붙지 못하도록 집 주위에 물을 뿌려주고, 문과 창문을 닫고 폭발성과 인화성이 높은 가스통, 휘발성 가연물질 등은 제거한다. ㉡ 인명피해가 발생되지 않도록 산불이 발생한 산과 연접·연결된 민가의 주민은 안전한 곳으로 대피해야 한다. ㉢ 주민대피령이 발령되면 공무원의 지시에 따라 신속히 대피해야 한다. ㉣ 산에서 멀리 떨어진 논, 밭, 학교, 공터, 마을회관 등 안전한 장소로 대피한다. ㉤ 혹시 대피하지 않은 사람이 있을 수 있으므로 옆집을 확인하고 위험상황을 알려준다. ㉥ 재난방송 등 산불상황을 알리는 사항에 집중하여 들어야 한다. ㉦ 산불 가해자를 인지하였을 경우 시·도, 시·군·구 산림부서, 산림관서, 경찰서 등에 신고해야 한다.

산불이 계속 번져서 위험에 처했을 경우 대처요령은 ㉠ 산불은 바람이 불어가는 쪽으로 번지게

되므로 바람 방향을 감안하여 산불의 진행경로에서 벗어나야 한다. ㉡ 대피장소는 불이 지나간 타버린 장소, 낮은 장소, 도로, 바위 뒤 등으로 정하고 산불보다 높은 장소를 피하고 불길로부터 멀리 떨어져야 한다. ㉢ 대피할 시간적인 여유가 없을 때는 낮은 지역을 찾아 낙엽이나 나뭇가지 등을 긁어낸 후 얼굴 등을 가리고 불길이 지나갈 때까지 엎드려 있어야 한다.

⑧ 우리나라의 인적재난의 특징

인적재난으로는 교통사고 발생률이 가장 높게 나타나고 있으며, 그 다음으로 화재발생, 해난, 폭발, 산불 등의 순으로 나타나고 있다. 최근 인적재난으로 인한 인명 피해는 줄어들고 있으나, 재산피해는 오히려 계속 증가하고 있는 추세이다. 2011년도 우리나라에서 발생된 재난사고는 총 286,851건으로 365,947명의 인명 피해(사망 6,709명, 부상 359,191명)가 발생하였다. 제주는 총 4,674건으로 5,465명의 인명 피해(사망 11명, 부상 5,347명)가 발생하였다.

(2) 사회재난

「재난 및 안전관리 기본법」에 의하면 사회재난이란 화재·붕괴·폭발·교통사고(항공 및 해상사고를 포함한다)·화생방사고·환경오염사고 등으로 인하여 발생하는 대통령령으로 정하는 규모 이상의 피해와 에너지·통신·교통·금융·의료·수도 등 국가기반체계의 마비, 「감염병의 예방 및 관리에 관한 법률」에 따른 감염병 또는 「가축전염병예방법」에 따른 가축전염병의 확산 등으로 인한 피해를 말한다.

화재·붕괴·폭발·교통사고(항공 및 해상사고를 포함한다)·화생방사고·환경오염사고는 앞에서 인적 재난으로 분류하여 설명하였으며, 여기서는 에너지·통신·교통·금융·의료·수도 등 국가기반체계의 마비, 「감염병의 예방 및 관리에 관한 법률」에 따른 감염병 또는 「가축전염병예방법」에 따른 가축전염병의 확산 등으로 인한 피해를 중심으로 살펴보겠다.

① 사회재난의 의의

사회재난의 요인은 인간이 발전시킨 국가·민족·종교·경제 등의 사회구조로 인한 집단적인 갈등이 재난을 초래하는 것을 말한다. 사회적 요인은 크게 폭발물·총격·인질·납치 등의 테러 요인과 폭동·불법 시위·불법 점거·불법집회 등 군중사고 요인, 컴퓨터 해킹 등 사이버 테러 요인, 그리고 병원체나 동·식물에 의한 보건·의료적 요인으로 구분할 수 있다. 이러한 사회재난은 "종교적·정치적·이념적인 목적을 달성하기 위하여 개인이나 집단이 인간의 생명과 재산을 위협하거나 사회질서를 파괴하기 위한 의도적·고의적인 범죄일 뿐만 아니라 인종적·종교적·지역적 이익을 위한 집단행동으로 인하여 발생하는 재난 상황"이라고 정의할 수 있다. 특히 우리나라는 남북한의 대치 상황으로 인하여 정치적·이념적 측면에서 목적을 달성하기 위한 사회재난이 발생할 가능성이 높은 동시에 안보재난이 곧 사회재난으로 전이될 수 있다.

우리나라는 현재 사회적 재난 요인이라는 용어에 대한 사회적 합의가 부족해 미국에서 개발된 '국가 기반 체계의 마비'라는 개념을 재난 및 안전관리 기본법에 반영해 사용하고 있는 중이다. 물론 엄밀히 따진다면 이 두 용어 사이에는 약간의 차이가 있지만 재난 요인과 재난의 유형을 분류하는 기준으로는 문제가 되지 않는다.

일부 선진국에서는 테러를 전통적인 국방의 문제로 보기도 하지만 9·11 테러 이후 재난관리 분야의 학계 흐름은 군의 대처를 요구하는 전통적인 국방의 문제에서 사회 안전행정의 문제로 재분류하고 있는 실정이다. 이러한 흐름을 선도하는 미국에서는 최근의 추세에 따라 국방부(National Communication System 등 일부 기능)·국무부·법무부·상무부·교통부·에너지부·보건복지부·농림부·재무부·예산처(GSA)에 포함되어 있던 대테러 관련 기능을 국토안보부로 이전하였으며, 캐나다, 독일, 스웨덴 등의 국가들도 이 개념을 도입하여 국가 행정체계를 재편하였다. 학자에 따라서는 보건·의료적 요인을 산불과 함께 자연적 요인으로 분류하거나 별도의 분야로 분류하기도 한다. 그러나 현재 다수의 재난관리 분야 학자들이 분류하는 기준을 적용하여 사회적 재난으로 분류한다.

② 사회재난의 특징

우리나라뿐만 아니라 미국을 비롯한 서구 국가들에서도 사회재난에 대한 집중적인 관심이 기울여진 것은 최근에 이르러서이다. 그 이전까지 사회재난은 일종의 사회적 현상의 일종으로 간주하고 주로 관련된 개별조직, 즉 해당 기업이나 정부기관에서 관리하는 것이 원칙이었다고 할 수 있다. 그러나 지난 2001년 미국 뉴욕의 세계무역센터(WTC) 건물에 대한 9·11 테러 이후 미국을 비롯한 세계 각국은 테러를 비롯한 각종 사회재난에 대한 관심이 높아졌다.

사회재난의 특징은 다음과 같다.

첫째, 사회재난은 사회현상에 의해서만 나타나기 보다는 자연재난과 인적재난에 의해서도 발생하는 복합재난의 성격이 있다. 즉, 사회재난은 사회구성원, 사회집단, 민족 간·인종 간·종교 간 관계 속에서 주로 발생한다. 이와 함께 사회재난은 자연재난과 인적재난으로부터 유발되는 한편, 사회재난으로 인하여 인적재난이 발생할 수도 있다.

둘째, 사회재난은 인간에 의하여 발생한다는 점에서는 인적재난과 유사한 점이 있으나, 인적재난이 기술적인 실수나 부주의, 무지·무관심에서 비롯되는 것인 반면에 사회재난은 고의성과 의도성, 즉 종교적·정치적·이념적인 목적달성을 지닌다는 점에서 차이가 있다.

셋째, 도시화, 세계화, 정보화, 고속화, 시설의 고밀도화, 산업의 첨단화 등 사회의 고도화가 진행될수록 사회재난에 대한 취약성이 증가하는 동시에 피해 규모의 대형화가 예상된다.

넷째, 금융, 교통·수송, 전기, 정보통신 등과 같이 일상생활에 필수적인 기반시설에 대한 침해나 사고는 그 자체가 사회재난으로 발전할 가능성이 매우 높다. 즉, 이러한 기반시설에 대한 보호 대책이나 복구계획이 없는 상태에서 발생하는 사회재난은 우리 사회 전반의 일상생활과 산업 활동을 마비시키는 심각한 영향을 주기 때문에 이에 대한 대비책을 마련하여야 한다.

다섯째, 사회재난의 관리에는 정부뿐만 아니라 민간 부문의 기업은 물론 시민사회의 각 개인과 단체를 포함한 모든 행위자들이 참여할 경우에만 그 효과성을 확보할 수 있다.

여섯째, 사회재난은 국가 핵심 기반 시설은 물론 일반국민, 정부 서비스, 국가 정체성과 관련된 대상에 대해서도 관리 방안의 수립이 요구된다. 오늘날 많은 사회재난의 사례가 발생함에도 불구하고 그 중요성을 인식하지 못하는 경우가 많이 있다. 또는 일부 중요성을 인정하는 경우에도 국가적으로 중요한 일부 시설에 대해서만 관심을 갖는 경우가 있으나, 일반 국민을 대상으로 하는 사회재난, 정부 서비스에 대한 사회재난, 국가정체성에 대한 사회재난 역시 중요한 부분인 것이다.

③ 사회재난의 종류

- **에너지 분야** : 전력망 유지 및 석유·가스공급에 필요한 생산부터 공급까지 계통상의 시설을 말하며 전기부문에는 발전소, 송·변전시설, 배전시설로 한국전력공사, 발전회사로 전력관리처에서 관리하고 있으며, 석유부문으로는 석유생산시설, 석유공사의 비축시설, 민간업체 저유시설로 한국석유공사에서 관리하고 있다. 가스부문에는 가스 생산기지, 가스공급사업소, 지역별 도시가스 사업자로 한국 가스공사에서 관리하고 있다.

  시간이 지나갈수록 산업의 발달과 더불어 에너지 소비량이 크게 증가하고 있다. 이러한 증가가 계속 이어짐은 결국 에너지는 우리의 삶에 없어서는 안 되는 것들 중 하나라는 것이다. 이러한 에너지 분야에 대해 물리적 파괴나 기술적 장애, 종사자의 운영중단·점거·방해, 수급차질 등으로 에너지공급 및 유통이 중단되거나 차질을 가져오는 상황이 발생 할 시에는 국가기반체계 재난으로 보고 있다.
- **정보·통신 분야** : 교환기 등 주요통신장비가 집중된 시설 및 정보통신서비스의 전국상황 감시시설로 통신망 및 통신시설로는 통신사별 망 관리센터로 KT를 포함한 통신사업자가 관리하고 국가기간망 및 주요 전산시스템은 국가기간망, 국가행정관련 주요 전산시스템으로 시스템의 소유 및 운영기관에서 관리하고 있다.

  UN 정보통신분야 전문기구인 국제전기통신연합은 전 세계 181개국을 대상으로 디지털기회지수(DOI : Digital Opportunity Index)를 측정한 결과 한국이 1위를 차지하였다. 현재 우리나라에서 정보 통신분야에 대한 파괴나 기술적 장애, 종사자의 운영중단·점거·방해 등으로 기능이 마비되거나 공공서비스 제공이 중단되는 상황이 발생할 경우 국가기반체계 재난으로 보고 있다.
- **교통·수송분야** : 인력수송과 물류기능을 담당하는 체계와 실제 운용하는데 필요한 교통·운송시설 및 이를 통제하는 시설로 도로부문에는 각 지역별 고속국도 관리본부는 한국도로공사에서 관리하고 화물부문에는 복합화물기지로 지방자치단체 및 건설교통부에서 관리하며 항공부문으로는 공항, 항로무선표지소, 항공교통관제소, 대한항공, 아시아나항공으로 서울지방항공

청, 부산지방항공청, 한국공항공사, 인천국제공항공사에서 관리, 항만부문은 무역항으로 해양수산부, 지방해양수산청, 부산항만공사, 한국컨테이너 부두공단에서 관리되고 철도부문에는 철도 운행에 필요한 주요 시설물을 건설교통부, 한국철도공사에서 관리하며 지하철 부문에는 지하철 운행에 필요한 주요시설물을 관리주체별로 구분하여 지하철공사에서 관리하고 있다.

이러한 교통·수송분야에 대한 재난이 발생할 시에는 수출 및 수입에 막대한 영향을 미치게 될 뿐만 아니라 산업시설과 관련하여 국가적으로 치명적인 타격을 입게 된다.

- **금융분야** : 은행 및 증권사를 운영하는데 필요한 시설이나 체계로 은행, 증권사, 증권예탁원, 증권거래소, 금융결제원, 증권전산원으로 금융감독위원회, 금융감독원에서 관리하게 되어있다.
- **산업분야** : 철강 등 원자재 생산시설과 주요산업시설이 밀집된 단지로 철강, 조선, 주요산업시설, 국가·외국인산업단지로 산업자원부에서 관리하고 있다.
- **보건·의료분야** : 응급의료서비스를 제공하는 시설과 이를 지원하는 혈액관리 업무를 담당하는 시설로 전염병 예방 및 관리를 위한 시설 및 체계로 의료서비스 및 혈액부문에는 종합병원, 혈액원에서 가축전염병은 하나의 관리체계로 인식하여 직접적인 대상시설은 없으며, 예방 및 치료를 위한 백신과 관련하여 백신제조업체를 선정, 백신제조업체 관리기관은 질병관리본부, 국립수의과학검역원, 지방자치단체에서 관리하고 있다.
- **원자력 분야** : 전력망 유지에 필요한 전력계통상의 시설과 원자력 기초연구시설로 원자력 발전소는 에너지-전기부문의 대상 중 발전소에 중복 포함되어 있으며 원자력 분야에서는 원자력 시설로서 한국수력원자력(주) 및 4개 지역본부에서 관리하고 있다.

  ※ 방사선비상이란 방사성물질 또는 방사선이 누출되거나 누출될 우려가 있어 긴급한 대응조치가 필요한 상황을 말한다.

구분	기준
백색비상	방사성물질의 밀봉상태의 손상 또는 원자력시설의 안전상태 유지를 위한 전원공급기능에 손상이 발생하거나 발생할 우려가 있는 등의 사고로서 방사성물질의 누출로 인한 방사선영향이 원자력시설의 건물 내에 국한될 것으로 예상되는 비상사태
청색비상	백색비상에서 안전상태로의 복구기능의 저하로 원자력시설의 주요 안전기능에 손상이 발생하거나 발생할 우려가 있는 등의 사고로서 방사성물질의 누출로 인한 방사선영향이 원자력시설 부지 내에 국한될 것으로 예상되는 비상사태
적색비상	노심의 손상 또는 용융 등으로 원자력시설의 최후방벽에 손상이 발생하거나 발생할 우려가 있는 사고로서 방사성물질의 누출로 인한 방사선영향이 원자력시설 부지 밖으로 미칠 것으로 예상되는 비상사태

- **건설·환경분야** : 건설·환경분야에서 건설부문은 국책건설사업의 관리를 목적으로 하므로 특별히 정해진 대상은 없으며 환경부문의 대상시설은 지역별로 지방자치단체에서 관리하고 생

활폐기물 처리를 위한 수집부터 소각·매립까지 계통상의 시설로 생활폐기물 수집운반업체, 소각시설, 매립시설로 수도권매립지관리공사에서 관리하고 있다.

- **식·용수분야** : 식수로는 광역상수도 정수장, 지역정수장으로 한국수자원공사 및 지방자치단체에서 관리하며 용수는 다목적댐으로 건설교통부, 한국수자원공사에서 관리하고 있다.
- **감염병** : 감염병이란 제1급감염병, 제2급감염병, 제3급감염병, 제4급감염병, 기생충감염병, 세계보건기구 감시대상 감염병, 생물테러감염병, 성매개감염병, 인수(人獸)공통감염병 및 의료관련 감염병을 말한다.

㉠ 제1급 감염병이란 생물테러감염병 또는 치명률이 높거나 집단 발생의 우려가 커서 발생 또는 유행 즉시 신고하여야 하고, 음압격리와 같은 높은 수준의 격리가 필요한 감염병으로서 다음의 감염병을 말한다. 다만, 갑작스러운 국내 유입 또는 유행이 예견되어 긴급한 예방·관리가 필요하여 질병관리청장이 보건복지부장관과 협의하여 지정하는 감염병을 포함한다.

제1급 감염병
에볼라바이러스병, 마버그열, 라싸열, 크리미안콩고출혈열, 남아메리카출혈열, 리프트밸리열, 두창, 페스트, 탄저, 보툴리눔독소증, 야토병, 신종감염병증후군, 중증급성호흡기증후군(SARS), 중동호흡기증후군(MERS), 동물인플루엔자 인체감염증, 신종인플루엔자, 디프테리아

㉡ 제2급 감염병이란 전파가능성을 고려하여 발생 또는 유행 시 24시간 이내에 신고하여야 하고, 격리가 필요한 다음의 감염병을 말한다. 다만, 갑작스러운 국내 유입 또는 유행이 예견되어 긴급한 예방·관리가 필요하여 질병관리청장이 보건복지부장관과 협의하여 지정하는 감염병을 포함한다.

제2급 감염병
결핵(結核), 수두(水痘), 홍역(紅疫), 콜레라, 장티푸스, 파라티푸스, 세균성이질, 장출혈성대장균감염증, A형간염, 백일해(百日咳), 유행성이하선염(流行性耳下腺炎), 풍진(風疹), 폴리오, 수막구균 감염증, b형헤모필루스인플루엔자, 폐렴구균 감염증, 한센병, 성홍열, 반코마이신내성황색포도알균(VRSA) 감염증, 카바페넴내성장내세균속균종(CRE) 감염증, E형간염

㉢ 제3급 감염병이란 그 발생을 계속 감시할 필요가 있어 발생 또는 유행 시 24시간 이내에 신고하여야 하는 다음의 감염병을 말한다. 다만, 갑작스러운 국내 유입 또는 유행이 예견되어 긴급한 예방·관리가 필요하여 질병관리청장이 보건복지부장관과 협의하여 지정하는 감염병을 포함한다.

제3급 감염병

파상풍(破傷風), B형간염, 일본뇌염, C형간염, 말라리아, 레지오넬라증, 비브리오패혈증, 발진티푸스, 발진열(發疹熱), 쯔쯔가무시증, 렙토스피라증, 브루셀라증, 공수병(恐水病), 신증후군출혈열(腎症侯群出血熱), 후천성면역결핍증(AIDS), 크로이츠펠트-야콥병(CJD) 및 변종크로이츠펠트-야콥병(vCJD), 황열, 뎅기열, 큐열(Q熱), 웨스트나일열, 라임병, 진드기매개뇌염, 유비저(類鼻疽), 치쿤구니야열, 중증열성혈소판감소증후군(SFTS), 지카바이러스 감염증

㉣ 제4급 감염병이란 제1급감염병부터 제3급감염병까지의 감염병 외에 유행 여부를 조사하기 위하여 표본감시 활동이 필요한 다음의 감염병을 말한다.

제4급 감염병

인플루엔자, 매독(梅毒), 회충증, 편충증, 요충증, 간흡충증, 폐흡충증, 장흡충증, 수족구병, 임질, 클라미디아감염증, 연성하감, 성기단순포진, 첨규콘딜롬, 반코마이신내성장알균(VRE) 감염증, 메티실린내성황색포도알균(MRSA) 감염증, 다제내성녹농균(MRPA) 감염증, 다제내성아시네토박터바우마니균(MRAB) 감염증, 장관감염증, 급성호흡기감염증, 해외유입기생충감염증, 엔테로바이러스감염증, 사람유두종바이러스 감염증

㉤ 기생충감염병이란 기생충에 감염되어 발생하는 감염병 중 질병관리청장이 고시하는 감염병을 말한다.

㉥ 세계보건기구 감시대상 감염병이란 세계보건기구가 국제공중보건의 비상사태에 대비하기 위하여 감시대상으로 정한 질환으로서 보건복지부장관이 고시하는 감염병을 말한다.

㉦ 생물테러감염병이란 고의 또는 테러 등을 목적으로 이용된 병원체에 의하여 발생된 감염병 중 보건복지부장관이 고시하는 감염병을 말한다.

㉧ 성매개감염병이란 성 접촉을 통하여 전파되는 감염병 중 보건복지부장관이 고시하는 감염병을 말한다.

㉨ 인수공통감염병이란 동물과 사람 간에 서로 전파되는 병원체에 의하여 발생되는 감염병 중 보건복지부장관이 고시하는 감염병을 말한다.

㉩ 의료관련감염병이란 환자나 임산부 등이 의료행위를 적용받는 과정에서 발생한 감염병으로서 감시활동이 필요하여 보건복지부장관이 고시하는 감염병을 말한다.

- **가축전염병** : 가축이란 소, 말, 당나귀, 노새, 면양·염소(유산양을 포함한다), 사슴, 돼지, 닭, 오리, 칠면조, 거위, 개, 토끼, 꿀벌 및 그 밖에 대통령령으로 정하는 동물을 말한다.

가축에 있어서의 감염증으로 한 개체로부터 다른 개체로 전파하는 성격을 가진 것을 가축전염병이라고 한다. 각종의 세균, 진균(곰팡이), 리케챠류, 바이러스, 원충이 병원이 된다. 특정한 지역에서 유행하는 경우와 세계적으로 유행하는 경우가 있다. 유행에는 병원체의 독력,

병원체의 축적, 감수성이 있는 숙주의 집합, 폭로된 숙주의 수, 숙주 집단에 있어서의 면역의 상태, 절족동물 등 전파에 관여하는 다른 생물, 기상, 지리 등의 환경요인, 교통 등의 사회적 요인이 관계한다. 또한 발생이 시간적, 지역적으로 지극히 한정되고 있고, 발생수도 소수인 경우도 있다.

제1종 가축전염병
우역, 우폐역, 구제역, 가성우역, 불루텅병, 리프트계곡열, 럼프스킨병, 양두, 수포성 구내염, 아프리카마역, 아프리카 돼지콜레라, 돼지콜레라, 돼지수포병, 뉴캣슬병, 가금인플루엔자, 기타 이에 준하는 질병으로서 농림부령이 정하는 가축의 전염성질병
제2종 가축전염병
탄저, 기종저, 부루세라병, 결핵병, 소해면상뇌증, 요네병, 비저, 말전염성빈혈, 말전염성동맥염, 돼지텃센병, 부저병, 구역, 돼지오제스키병, 광견병, 추백리, 기타 이에 준하는 질병으로서 농림부령이 정하는 가축의 전염성질병
제3종 가축전염병
소유행열, 소아카바네병, 닭마이코플라스마병, 저병원성 조류인플루엔자, 부저병(부저병) 및 그 밖에 이에 준하는 질병으로서 농림축산식품부령으로 정하는 가축의 전염성 질병

이외에 법률로 정해지고 있지 않은 다수의 가축전염병이 있다.

- **미세먼지** : 우리 눈에 보이지 않을 정도로 아주 가늘고 작은 먼지 입자를 말하는 것이다. 이런 미세먼지는 우리가 숨을 쉴 때 우리의 호흡 기관을 통해 들어가 폐 속으로 침투해서 폐의 기능을 떨어뜨리고, 여러 가지 병을 막아내는 힘인 면역 기능을 떨어뜨리고, 약하게 만든다.

표 2-22 미세먼지 경보기준

항목	주의보	경보
PM_{10}	기상조건 등을 고려하여, 해당 지역의 대기자동측정소 PM_{10} 시간평균농도가 150 $\mu g/m^3$ 이상 2시간 지속	기상조건 등을 고려하여, 해당 지역의 대기자동측정소 PM_{10} 시간평균농도가 300 $\mu g/m^3$ 이상 2시간 지속
$PM_{2.5}$	기상조건 등을 고려하여, 해당 지역의 대기자동측정소 $PM_{2.5}$ 시간평균농도가 75 $\mu g/m^3$ 이상 2시간 지속	기상조건 등을 고려하여, 해당 지역의 대기자동측정소 $PM_{2.5}$ 시간평균농도가 150 $\mu g/m^3$ 이상 2시간 지속

④ 사회재난의 경향

2001년 발생한 9·11 테러는 최근 전 세계 모든 국가의 국민들에게 가장 큰 충격을 준 사회재난의 대표적인 사례이다. 9·11테러는 항공기 4대를 이용한 자살 동시 다발 테러로서 순식간에 미국의 정치·군사·경제적 상징물들을 공격하였다. 2,749명이 사망하였고, 수천 명이 부상당하였으며, 약 950억 달러의 재산 피해가 있었다.

그러나 9·11테러의 피해는 단지 인명·시설 피해에 한정하지 않았다. 미국 보험정보연구원에 의하면 2001년 9·11테러의 인명·시설 피해와 항공기 보강상업이 차지하는 비중은 총 산업 피해 중 약 3분의 1 (37.8조)인 32%였다. 반면 기업활동 중단, 고용자 보상 등으로 인한 비시설적 손실과 보험 손실은 각각 34%를 점유하여 유형적 피해의 2배에 이르렀다.

지식기반 사회로의 고도화가 진전될수록 재난으로 인한 초기의 인명 손실과 시설피해, 사회혼란이 관련 산업부문으로 파급이 가속화되면서 재난 피해 규모는 더욱 확대될 것으로 예상된다. 따라서 사회재난에 대한 중요성은 향후 더욱 중요해질 것으로 예상되므로 사회재난에 대한 국가적 대책을 마련해야 한다.

3 해외재난

재난 및 안전관리 기본법 제3조 정의에서 “해외재난”이란 대한민국의 영역 밖에서 대한민국 국민의 생명·신체 및 재산에 피해를 주거나 줄 수 있는 재난으로서 정부차원에서 대처할 필요가 있는 재난을 말한다. 세계 주요 국가의 재난(한국방재학회, 2014; 36-38)의 개념은 다양하여 국가와 개인의 성장환경에 따라 상이하지만 다음과 같은 공통점을 갖고 있다.

- 인명과 재산에 상당한 손해가 발생하거나 시민생활에 큰 지장을 초래하는 것
- 갑자기 발생하는 것, 정확한 예지, 예측이 곤란한 것
- 비일상적이어서 발생빈도가 적고 평소 체험하지 않은 것이기 때문에 생활, 생산 활동 중 발생하면 대응이 어려운 것
- 피해형태가 다양하기 때문에 대응이 곤란함

이와 같은 재난은 그 형태에 따라 자연재난, 사회재난 등으로 분류될 수 있으며, 세계 주요 국가에서는 재난을 그 중요도에 따라 구분하고 그에 대한 대응을 수행하고 있다. 중요도 구분은 중심적 재난, 주요 재난, 주변적 재난 등으로 구분하며, 각국에서 다루고 있는 재난의 중요도는 다음 표와 같다. 대부분의 국가에서 자연재난을 가장 중요한 재난으로 인식하고 있으며, 일부 국가에서는 전쟁도 재난의 범주에 포함하고 있는 것을 볼 수 있다.

(1) 미국

전후 냉전시기에 핵공격에 대응하기 위해 민방위(Civil Defence)가 강화되어 있는 한편, 자연재난과 인적재난도 빈번하게 발생하기 때문에 폭넓은 대응이 가능하도록 체제를 개편하였다. 안전관리 전반에 대한 대응을 위해 1979년 연방재난관리청(FEMA : Federal Emergency Management Agency)을 설립하였으며, 2001년 9·11 테러 이후 해양경찰청과 연방재난관리청 등을 통합, 국토안보부(DHS : Department of Homeland Security)를 신설하여 미국 내 모든 재난을 통합 관리하고 있다. 미국은 최근 들어 특히 국방과 안전을 같은 개념으로 인식하는 경향이 있다.

표 2-23 세계 주요국가의 재난의 중요도

재난 국가구분	자연재난	사회재난	전쟁
미국	◎	◎	○
영국	○	◎	△
독일	○	◎	○
스위스	○	○	○
이탈리아	◎	○	×
뉴질랜드	◎	○	△
그리스	◎	×	×
일본	◎	△	×
멕시코	◎	△	×

◎ 중심적 재난 ○ 주요재난 △ 주변적재난 × 재난에 포함되지 않음

(2) 영국, 독일, 스위스

영국과 독일, 스위스에서는 전쟁에 동반하는 재난이 과거에 많았기 때문에 이에 대비하기 위해 체제를 정비하여 민방위가 국가의 주요 과제로 정립되어 있다. 자연재난은 홍수와 태풍이 없지는 않지만, 발생빈도가 적고 피해규모도 작기 때문에 반드시 주요과제로 인지되지 않고 있다. 이에 반해 인적재난은 북해 원유기지 사고, 원유유출, 원전사고, 비행기 사고 등의 반발로 큰 사회적 관심을 모으고 있으며, 이에 대한 대응이 사회적 과제로 인식되고 있다.

(3) 이탈리아, 그리스

남유럽의 이탈리아와 그리스는 지진 등의 자연재난이 많아 다른 유럽지역의 재난 개념과는 다소 상이한 특성을 보인다. 그리스에는 대도시에 내습한 대지진에 의해 지진재난의 관심이 높아져

지진이 재난개념의 중심이 되었으며, 이탈리아는 지진, 화산분화, 홍수 등의 자연재난에 더하여 최근 인적재난에 대한 관심도 높아지고 있다.

(4) 멕시코

멕시코는 재난의 개념에 전쟁이 포함되지 않고 있는데, 이는 초강대국 미국이 인접해있어 전쟁에 대한 긴장이 없다고 생각하는데 기인한다. 이에 반해 대기오염 등의 환경문제와 위생문제 등도 재난의 제도적인 테두리 안에 근거를 두고 있어 다른 국가와는 상이한 특성을 보인다. 또한, 지진에 대비하여 수도권 집중을 개선하고 도시계획 체계를 개선하는 등 노력을 기울이고 있다.

(5) 일본

일본에 있어서의 재난의 개념은 자연재난이 가장 큰 이슈이며, 특히 최근 지진과 홍수, 화산 등에 관심이 모아지고 있는데, 피해규모의 크기로부터 보면 거대한 지진재난은 일본에서 가장 염려하고 있는 재난이다. 사회재난이라는 용어는 일본에서는 그다지 사용되지 않으며 사고라는 표현을 주로 사용하고 있다. 일본인의 재난개념 속에는 전쟁과 인적재난과 같이 인간이 직접적으로 원인을 만든 재난을 자연재난과 구별하자는 경향이 있다.

제3절 재난의 유형 변화

앞으로의 재난은 자연재난, 인적재난, 사회재난 등과 같이 명확하게 구분되기보다는 복합재난의 성격이 강조될 것으로 전망한다. 이는 사회가 산업화와 도시화 및 지식정보화단계를 거쳐 변화 발전하면서 사회구조적인 변화는 물론이고 재난의 유형과 피해규모도 함께 변화를 거듭해왔다. 특히 재난의 유형 면에서는 자연재난 중심의 형태에서 과학기술 및 산업기술의 발전으로 인적재난의 빈도나 규모가 차지하는 비중이 증가하였다. 개방화·국제화 및 다원화가 촉진되면서 사회주체들 간의 첨예한 대립과정에서 사회재난의 발생도 빈번해졌다. 또한 오늘날 우리 사회가 경험하고 있는 재난은 과거 재난 발생 양상과는 다른 양상으로 발전하고 있고, 이러한 양상은 앞으로 재난이 빈번하고 다양한 모습으로 대두될 것이고, 복합적인 양상을 보일 것으로 보여 진다.

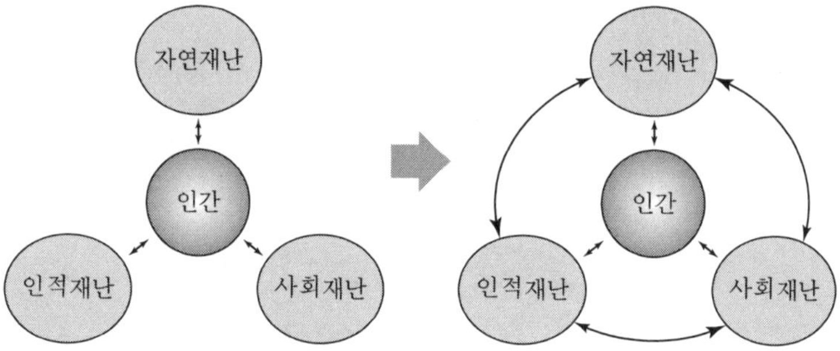

그림 2-4 복합재난으로의 변화

복합재난은 하나의 재난이 아닌 둘 이상의 재난이 동시에 하나의 장소 또는 대상물에서 발생하는 경우이다. 좁은 의미에서 둘 이상의 재난은 각각 다른 것을 의미하나 넓은 의미에서는 동일한 재난이라도 포함한다. 시간적으로는 하나의 대상에 재난이 동시에 오거나 또는 재난의 첫 번째 영향이 사라지거나 평상시 수준의 대응태세로 돌아지지 못한 상황에서 재차 두 번째의 재난이 도래하는 경우이다. 공간적으로는 국가, 지역, 사업장, 개인 등 그 공간적 범위는 여러 가지로 구분할 수 있으며 이는 재난이 영향을 미치는 하나의 대상물이 위치하거나 물리적으로 영향을 미치는 범위 내를 의미한다. 공간상 범위는 앞의 구분에 한정하는 것이 아니고 필요에 따라 그 범위는 달라질 수 있으며 국가 간에 영향을 미치는 경우와 같은 국제적인 경우도 포함한다.

복합재난의 요소로서 고려할 것은 동시성(同時性, Simultaneity)과 연속성(連續性, Continuity)의 두 가지 개념이다. 다시 말하면 복합이라는 의미는 재난이 동시에 오거나, 아니면 하나의 재난이 발생한 후 그와 관련된 영향으로 인하여 다시 재난이 발생하는 것을 의미한다.

표 2-24 복합재난

구분	내용
정의	• 둘 이상의 재난이 동시에 하나의 장소에서 발생
시간적 정의	• 둘 이상의 재난이 동시에 발생, 순차적으로 일어나지만 첫 번째 재난이 두 번째 재난에 영향을 미치는 재난
공간적 정의	• 하나의 재난이 국가, 지역에 영향을 미치는 다른 재난형태로 발전(테러, 전쟁, 전염병 등)

Chapter 2

적중예상문제

01 다음 중 재난의 유형분류에 관한 설명으로 가장 옳지 않은 것은?

① 재난의 분류는 발생원인, 발생장소, 재난의 대상, 재난의 영향, 재난의 진행속도 등 다양하게 분류된다.

② 존스(Jones)는 재난을 재난의 발생 원인과 재난현상에 따라 자연재난, 준자연재난, 인적재난으로 대분류하였다.

③ 아네스(Anesth)는 자연재난을 기후성 재난과 지진성 재난으로 분류하였다.

④ 「재난 및 안전관리 기본법」에서 재난을 자연재난, 인적재난, 사회재난으로 분류한다.

Solution 「재난 및 안전관리 기본법」에서 재난을 자연재난, 사회재난으로 분류한다.

02 아네스(Anesth)의 재난분류에 관한 설명으로 가장 옳지 않은 것은?

① 아네스(Anesth)의 재난분류는 미국의 지역재난계획에서 주로 원용하고 있다.

② 아네스(Anesth)는 인적재난을 사고성 재난과 계획성 재난으로 분류하였다.

③ 아네스(Anesth)의 재난분류는 장기간에 걸쳐 발생되는 완만한 환경변화까지 포함시키고 있다는 지적이 있다.

④ 아네스(Anesth)는 자연재난을 기후성 재난과 지진성 재난으로 분류하였다.

Solution 존스의 재난분류는 장기간에 걸쳐 발생되는 완만한 환경변화 현상인 공해, 온난화, 염수화, 토질침식 등을 재난에 포함시키고 있으므로 재난관리 측면에서 볼 때 일반행정관리 분야까지도 포함하고 있어 이를 재난관리 분야에 적용시키기에는 너무 광범위하다는 문제점이 있다.

03 존스(Jones)는 재난의 종류를 자연재난, 준자연재난, 인적재난으로 분류한다. 이에 대한 설명으로 옳지 않은 것은?

① 지구물리학적 재난에는 지형학적 재난이 포함되지 않는다.

② 지질학적 재난에는 지진, 화산, 쓰나미 등이 포함된다.

③ 생물학적 재난은 세균 질병과 유독 동·식물에 의한 재난을 말한다.

④ 인적재난에는 공해, 광화학연무, 폭동, 교통사고 등이 포함된다.

Answer 01 ❹ 02 ❸ 03 ❶

Solution 지구물리학적 재난은 지질학적 재난, 지형학적 재난, 기상학적 재난 등이 포함된다.

04 존스(Jones)에 의한 재난 분류에서 산사태가 속한 재난 유형은?

① 준자연재난　② 지질학적 재난
③ 지형학적 재난　④ 기상학적 재난

Solution 지형학적 재난에는 산사태, 염수토양이 포함된다.

05 존스(Jones)에 의한 재난 분류에서 자연재난에 속하지 않는 것은?

① 눈사태　② 염수토양　③ 쓰나미　④ 이상기온

Solution 눈사태를 준자연재난에 포함된다. 준자연재난은 스모그 현상, 온난화 현상, 사막화 현상, 염수화 현상, 눈사태, 산성화, 홍수, 토양침식 등이다.

06 다음 중 「재난 및 안전관리 기본법」상의 자연재난에 포함되지 않는 것은?

① 낙뢰　② 환경오염　③ 황사　④ 조류대 발생

Solution 자연재난은 태풍, 홍수, 호우(豪雨), 강풍, 풍랑, 해일(海溢), 대설, 한파, 낙뢰, 가뭄, 폭염, 지진, 황사(黃砂), 조류(藻類) 대발생, 조수(潮水), 화산활동, 소행성·유성체 등 자연우주물체의 추락·충돌, 그 밖에 이에 준하는 자연현상으로 인하여 발생하는 재해를 말한다. 환경오염은 사회재난에 속한다.

07 화재·붕괴·폭발·교통사고·화생방사고·환경오염사고 등과 에너지·통신·교통·금융·의료·수도 등 국가기반체계의 마비, 감염병, 가축전염병의 확산 등으로 인한 피해로 인한 재난은 무엇인가?

① 인적 재난　② 사회재난　③ 자연재난　④ 사고성 재난

Solution 화재·붕괴·폭발·교통사고·화생방사고·환경오염사고 등과 에너지·통신·교통·금융·의료·수도 등 국가기반체계의 마비, 감염병, 가축전염병의 확산 등으로 인한 피해로 인한 재난은 사회재난이다.

Answer 04 ❸ 05 ❶ 06 ❷ 07 ❷

08 다음 중 재난에 관한 설명으로 가장 옳은 것은?

① 우리나라의 「재난 및 안전관리 기본법」에서는 재난을 자연재난, 인적재난, 사회재난으로 분류하고 있다.

② 자연재난과 인적재난은 발생과정과 진행과정이 다르므로 대응체계도 다르다.

③ 폭설은 「재난 및 안전관리 기본법」의 자연재난에 포함된다.

④ 재난이란 국민의 생명·신체·재산과 국가에 피해를 주거나 줄 수 있는 것을 말한다.

Solution 우리나라의 「재난 및 안전관리 기본법」에서는 재난을 자연재난, 사회재난으로 분류하고 있고, 자연재난과 인적재난은 발생과정과 진행과정이 다르지만 대응체계는 동일하다. 폭설은 「재난 및 안전관리 기본법」의 자연재난에 포함되지 않는다.

09 다음 중 발생장소에 따른 열대성 저기압의 양향이 옳게 연결되지 않는 것은?

① 태풍(Typhoon) – 북태평양 서부

② 사이클론(Cyclone) – 인도양, 아라비아해, 뱅골만

③ 허리케인(Hurricane) – 북대서양, 카리브해, 북태평양 동부

④ 윌리윌리(Willy Willy) – 대서양 북동부 및 북서부

Solution 윌리윌리(Willy Willy) – 남태평양, 호주 북동부 및 북서부

10 다음 중 자연재난에 관한 설명으로 가장 옳지 않은 것은?

① 강풍은 10분간 평균 풍속이 초속 14 m 이상인 바람을 말한다.

② 호우는 대체로 일강우량이 120 mm 이상 비가 내릴 때를 말한다.

③ 태풍은 중심 최대 풍속 17 m/s 이상의 폭풍을 말한다.

④ 대설경보는 24시간에 신적설이 20 cm 이상이 예상될 때 발령된다.

Solution 호우는 대체로 일강우량이 80 mm 이상 비가 내릴 때를 말한다.

Answer 08 ❹ 09 ❹ 10 ❷

11 **다음 중 「재난 및 안전관리 기본법」의 '해외재난'에 관한 설명으로 가장 옳은 것은?**

① '해외재난'이란 대한민국의 영역 내외에서 대한민국 국민의 생명·신체 및 재산에 피해를 주거나 줄 수 있는 재난으로서 정부차원에서 대처할 필요가 있는 재난을 말한다.

② '해외재난'이란 대한민국의 영역 밖에서 대한민국 국민의 생명·신체 및 재산에 피해를 주거나 줄 수 있는 재난으로서 정부차원에서 대처할 필요가 있는 재난을 말한다.

③ '해외재난'이란 대한민국의 영역 내외에서 대한민국 국민의 생명·신체 및 재산에 피해를 줄 수 있는 재난으로서 정부차원에서 대처할 필요가 있는 재난을 말한다.

④ '해외재난'이란 대한민국의 영역 밖에서 대한민국 국민의 생명에 피해를 주거나 줄 수 있는 재난으로서 정부차원에서 대처할 필요가 있는 재난을 말한다.

Solution '해외재난'이란 대한민국의 영역 밖에서 대한민국 국민의 생명·신체 및 재산에 피해를 주거나 줄 수 있는 재난으로서 정부차원에서 대처할 필요가 있는 재난을 말한다.

12 **다음 중 우리나라의 자연재난의 특징에 관한 설명으로 가장 옳지 않은 것은?**

① 최근 기후 변화에 따른 기상이변이 일상화되면서 자연재난으로 인한 피해 영역이 다양화되고 증가하는 추세이다.

② 자연재난으로 인한 피해는 사회 전반에 미치는 영향 또한 매우 커지고 있다.

③ 최근 10년간 자연재난에 따른 피해액과 규모가 증가하는 추세이다

④ 자연재난은 사회재난과 비교할 때 비교적 장기적으로 지속되는 경향이 있다.

Solution

구분	자연재난	사회재난
예측가능성	어느 정도의 사전예측 가능	사전예측 불가능
상황의 전개	상황전환점이 존재	상황전환점이 불분명 상황개선이 어려운 경우도 있음
통제가능성	통제 불가능	통제 가능
영향의 범위	희생자에 직접적 영향	직·간접적 영향
지속성	일반적으로 단기적	단기적 혹은 장기적

13 **다음 중 「재난 및 안전관리 기본법」상의 사회재난에 포함되지 않은 것은?**

① 화생방사고　　② 환경오염
③ 가축전염병의 확산　　④ 테러

Answer 11 ❷ 12 ❹ 13 ❹

Solution 사회재난 : 화재·붕괴·폭발·교통사고(항공사고 및 해상사고를 포함한다)·화생방사고·환경오염사고 등으로 인하여 발생하는 대통령령으로 정하는 규모 이상의 피해와 에너지·통신·교통·금융·의료·수도 등 국가기반체계의 마비, 「감염병의 예방 및 관리에 관한 법률」에 따른 감염병 또는 「가축전염병예방법」에 따른 가축전염병의 확산 등으로 인한 피해를 말한다.

14 다음 중 사회재난의 특성에 관한 설명으로 가장 옳지 않은 것은?

① 사회재난은 사회현상에 의해서만 나타나기 보다는 자연재난과 인위재난에 의해서도 발생하는 복합재난의 성격이 있다.
② 사회의 고도화가 진행될수록 사회재난에 대한 취약성이 증가하는 동시에 피해 규모의 대형화가 예상된다.
③ 사회재난의 관리에는 중앙정부, 지방정부 등 정부의 활동이 강조되었을 경우에 그 효과성을 확보할 수 있다.
④ 사회재난은 국가 핵심 기반 시설은 물론 일반국민, 정부 서비스, 국가 정체성과 관련된 대상에 대해서도 관리 방안의 수립이 요구된다.

Solution 사회재난의 관리에는 정부뿐만 아니라 민간 부문의 기업은 물론 시민사회의 각 개인과 단체를 포함한 모든 행위자들이 참여할 경우에 그 효과성을 확보할 수 있다.

15 태풍의 크기는 풍속 ( )의 태풍반경에 따라 소형, 중형, 대형, 초대형으로 분류한다. 다음 중 괄호 안에 들어갈 내용으로 옳은 것은?

① 7 m/s ② 12 m/s ③ 15 m/s ④ 17 m/s

Solution 태풍의 크기는 풍속 15 m/s 이상이 미치는 영역에 따라 소형, 중형, 대형, 초대형으로 분류한다.

16 다음 중 우리나라의 홍수의 발생 원인으로 옳지 않은 것은?

① 장마전선의 북상과 이 전선을 지나가는 저기압이 원인이다.
② 여름철(7~9월) 한반도에 영향을 주는 태풍이 주요 원인이다.
③ 중국 화북(화이베) 지방·양쯔강·동중국해에서 이동해 오는 저기압이 원인이다.
④ 여름철 북서계절풍과 뇌우성 집중호우 등이 원인이다.

Solution 여름철 남동계절풍과 뇌우성 집중호우 등이 원인이다.

Answer 14 ❸ 15 ❸ 16 ❹

17 다음 중 기상청에서 '호우경보'를 발령하는 기준으로 옳은 것은?

① 12시간 강우량이 150 mm 이상 예상될 때
② 12시간 강우량이 180 mm 이상 예상될 때
③ 24시간 강우량이 150 mm 이상 예상될 때
④ 24시간 강우량이 180 mm 이상 예상될 때

Solution 호우주의보는 12시간 강우량이 80 mm 이상 예상될 때, 호우경보는 12시간 강우량이 150 mm 이상 예상될 때 기상청에서 발표한다.

18 다음 중 기상청에서 '대설경보'를 발령하는 기준으로 옳은 것은?

① 대설경보는 12시간에 신적설이 20 cm 이상, 산지의 경우에는 50 cm 이상이 예상될 때
② 대설경보는 12시간에 신적설이 20 cm 이상, 산지의 경우에는 30 cm 이상이 예상될 때
③ 대설경보는 24시간에 신적설이 20 cm 이상, 산지의 경우에는 50 cm 이상이 예상될 때
④ 대설경보는 24시간에 신적설이 20 cm 이상, 산지의 경우에는 30 cm 이상이 예상될 때

Solution 대설주의보는 24시간 신적설이 5 cm 이상 예상될 때 발령되고, 대설경보는 24시간에 신적설이 20 cm 이상, 산지의 경우에는 30 cm 이상이 예상될 때 발령된다.

19 다음 중 가뭄에 관한 설명으로 가장 옳지 않은 것은?

① 기상 측면의 가뭄은 강수량 부족 정도와 그 지속 기간에 따라 평년값과 비교하여 작은 경우를 의미한다.
② 농업 측면의 가뭄은 농작물의 성장 단계와 토양 깊이에 따라 작은 필요한 수분량이 부족한 경우를 의미한다.
③ 수문 측면의 가뭄은 강수의 부족으로 지표수 및 지하수 양이 줄어드는 경우를 의미한다.
④ 사회경제 측면의 가뭄은 기상 및 수문 측면의 가뭄과 관계없이 인간의 경제활동에 피해를 주는 경우를 의미한다.

Solution 사회경제 측면의 가뭄은 기상 및 수문 측면의 가뭄과 연관되어 물 부족 때문에 용수 및 전력 공급에 차질이 발생하여 인간의 경제활동에 피해를 주는 경우를 의미한다.

Answer 17 ❶ 18 ❹ 19 ❹

20 다음 중 사회재난에 관한 설명으로 옳지 않은 것은?

① 사회재난은 인간이 발전시킨 국가·민족·종교·경제 등의 사회구조로 인한 집단적인 갈등이 재난을 초래하는 것을 말한다.

② 사회재난은 종교적·정치적·이념적인 목적을 달성하기 위하여 개인이나 집단이 인간의 생명과 재산을 위협하거나 사회질서를 파괴한 것을 말한다.

③ 2001년 미국의 9·11 테러 이후 세계 각국은 테러를 비롯한 각종 사회재난에 대한 관심이 높아졌다.

④ 선진국에서는 테러를 전통적인 국방의 문제로 보지만 우리나라의 법에서는 사회적 재난으로 분류하고 있다.

Solution 「재난 및 안전관리 기본법」에 의하면 사회재난이란 화재·붕괴·폭발·교통사고·화생방사고·환경오염사고 등으로 인하여 발생하는 대통령령으로 정하는 규모 이상의 피해와 에너지·통신·교통·금융·의료·수도 등 국가기반체계의 마비, 「감염병의 예방 및 관리에 관한 법률」에 따른 감염병 또는 「가축전염병예방법」에 따른 가축전염병의 확산 등으로 인한 피해를 말한다. 기본법에서는 테러에 대한 언급이 없다.

21 최근 재난의 양상에 관한 설명으로 옳지 않은 것은?

① 재난은 자연재난, 인적재난, 사회재난 등과 같이 명확하게 구분되기보다는 복합재난의 성격이 강조될 것으로 전망한다.

② 과학기술 및 산업기술의 발전으로 사회재난의 빈도나 규모가 차지하는 비중이 감소할 것으로 전망한다.

③ 산업화와 도시화 및 지식정보화단계를 거쳐 변화 발전하면서 사회구조적인 변화는 물론이고 재난의 유형과 피해규모도 함께 변화를 거듭해 왔다.

④ 개방화·국제화 및 다원화가 촉진되면서 사회주체들 간의 첨예한 대립과정에서 사회재난의 발생도 빈번해졌다

Solution 재난의 유형 면에서는 자연재난 중심의 형태에서 과학기술 및 산업기술의 발전으로 사회재난의 빈도나 규모가 차지하는 비중이 증가할 것이다.

Answer 20 ❹ 21 ❷

22 다음 〈보기〉의 괄호 안에 들어갈 내용으로 옳은 것은?

( )은 하나의 재난이 아닌 둘 이상의 재난이 동시에 하나의 장소 또는 대상물에서 발생하는 경우이다. 좁은 의미에서 둘 이상의 재난은 각각 다른 것을 의미하나 넓은 의미에서는 동일한 재난이라도 포함한다.

① 복합재난 ② 사회재난 ③ 인적 재난 ④ 사고성 재난

Solution 〈보기〉의 내용은 복합재난에 대한 설명이다.

23 기상청에서 발령하는 특보 발표 기준으로 옳지 않은 것은?

① 풍랑경보－해상에서 21 m/s 이상이 3시간 이상 지속되거나 유의파고가 5 m 이상이 예상될 때
② 호우경보－6시간 강우량이 110 mm 이상 예상되거나 12시간 강우량이 150 mm 이상 예상될 때
③ 대설경보－대설경보는 24시간에 신적설이 10 cm 이상 예상될 때(단, 산지의 경우에는 30 cm 이상이 예상될 때)
④ 폭염경보－6~9월에 일 최고기온이 35℃ 이상인 상태가 2일 이상 지속될 것으로 예상될 때

Solution 대설경보 － 대설경보는 24시간에 신적설이 20 cm 이상 예상될 때(단, 산지의 경우에는 30 cm 이상이 예상될 때)

24 다음 중 해저의 갑작스런 융기 또는 침강에 따른 해수면 피해를 발생시키는 재난은?

① 태풍 ② 폭풍해일 ③ 지진 ④ 지진해일

Solution 지진해일(쓰나미)에 대한 설명이다.

25 「재난 및 안전관리 기본법」에서는 재난을 자연재난, 사회재난으로 분류하고 있다. 다음 중 사회재난의 종류로 열거하고 있지 않은 것은?

① 에너지, 통신 ② 교통, 금융
③ 의료, 수도 ④ 물류대란, 화생방사고

Answer 22 ❶ 23 ❸ 24 ❹ 25 ❹

Solution 사회재난은 화재·붕괴·폭발·교통사고·화생방사고·환경오염사고 등으로 인하여 발생하는 대통령령으로 정하는 규모 이상의 피해와 에너지·통신·교통·금융·의료·수도 등 국가기반체계의 마비, 「감염병의 예방 및 관리에 관한 법률」에 따른 감염병 또는 「가축전염병예방법」에 따른 가축전염병의 확산 등으로 인한 피해이다.

26 **다음의 예방대책과 가장 관계가 깊은 재난은?**

• 도시공간 확보 및 기능 분산	• 위험물저장시설의 방화능력 강화
• 자율방재조직의 강화	• 정전사태에 대비한 전력공급체계정비

① 화생방사고　② 환경오염사고　③ 테러　④ 지진

Solution 지진을 대비해서 도시공간 확보 및 기능 분산하고, 위험물저장시설의 방화능력 강화, 정전사태에 대비한 전력공급체계정비해야 한다.

27 **다음은 「재난 및 안전관리 기본법」상 자연재난에 대한 설명이다. (ㄱ)~(ㄷ)에 들어갈 내용으로 올바르게 나열한 것은?**

> 태풍, 홍수, 호우(豪雨), 강풍, (ㄱ), (ㄴ), (ㄷ), 낙뢰, 가뭄, 지진, 황사(黃砂), 조류(藻類) 대발생, 조수(潮水), 화산활동, 그 밖에 이에 준하는 자연현상으로 인하여 발생하는 재해

① ㄱ : 풍랑, ㄴ : 환경오염사고, ㄷ : 대설
② ㄱ : 붕괴, ㄴ : 폭풍, ㄷ : 해일
③ ㄱ : 풍랑, ㄴ : 해일, ㄷ : 대설
④ ㄱ : 붕괴, ㄴ : 해일, ㄷ : 폭염

Solution 자연재난은 태풍, 홍수, 호우(豪雨), 강풍, 풍랑, 해일(海溢), 대설, 낙뢰, 가뭄, 지진, 황사(黃砂), 조류(藻類) 대발생, 조수(潮水), 화산활동, 소행성·유성체 등 자연우주물체의 추락·충돌, 그 밖에 이에 준하는 자연현상으로 인하여 발생하는 재해를 말한다.

Answer 26 ④ 27 ③

28 다음 중 「재난 및 안전관리 기본법」상의 자연재난에 포함되지 않은 것은?

① 해일로 인한 피해
② 황사로 인한 피해
③ 가축전염병의 확산으로 인한 피해
④ 태풍으로 인한 피해

Solution 자연재난은 태풍, 홍수, 호우(豪雨), 강풍, 풍랑, 해일(海溢), 대설, 낙뢰, 가뭄, 지진, 황사(黃砂), 조류(藻類) 대발생, 조수(潮水), 화산활동, 소행성·유성체 등 자연우주물체의 추락·충돌, 그 밖에 이에 준하는 자연현상으로 인하여 발생하는 재해를 말한다. 가축전염병의 확산으로 인한 피해는 사회재난이다.

29 다음 중 「재난 및 안전관리 기본법」상의 재난의 정의 및 유형에 대한 설명으로 옳지 않은 것은?

① 재난관리를 위하여 필요한 재난상황 정보, 동원가능 자원정보, 시설물정보, 지리정보를 재난관리정보라 한다.
② 「감염병의 예방 및 관리에 관한 법률」에 따른 감염병도 재난의 일종이다.
③ 대한민국의 영역 밖에서 대한민국 국민의 생명·신체 및 재산에 피해를 주거나 줄 수 있는 재난으로서 정부차원에서 대처할 필요가 있는 재난을 해외재난이라고 한다.
④ 재난은 자연재난, 인적재난, 사회재난으로 구분한다.

Solution 「재난 및 안전관리 기본법」상의 재난분류를 자연재난, 사회재난으로 구분한다.

30 사회재난에 대한 설명으로 옳지 않은 것은?

① 환경오염사고는 환경정책기본법에서 규정하는 환경이 오염 되어 피해를 입는 사고를 말하며, 이때 환경에는 악취와 일조(日照)가 포함된다.
② 산불은 산림자원의 조성 및 관리에 관한 법률에서 정한 임야, 농지 및 초지에서 발생한 화재로 인해 산림과 인명 및 재산 피해가 나타난 경우를 말한다.
③ 폭발은 도시가스사업법 등에서 정한 가스 및 에너지가 누출되어 폭발에 의해 인명과 재산 피해가 발생한 사고를 말하며, 가스에 의한 화재, 일산화탄소(CO) 중독, 산소결핍 등으로 인한 사고는 제외한다.
④ 도로교통사고는 「도로교통법」에서 규정하는 도로에서 발생한 사고를 말하며, 경찰청의 도로교통사고 통계자료에는 철길 건널목 통과방법에 의한 사고도 포함되어 있다.

Answer 28 ③ 29 ④ 30 ②

Solution 산불이란 산림이나 산림에 잇닿은 지역의 나무·풀·낙엽 등이 인위적으로나 자연적으로 발생한 불에 타는 것을 말한다(「산림보호법」).

31 적조현상 발생 시 양식장에서의 대응대책으로 적절하지 않은 것은?

① 펌프를 이용하거나 액화산소 등을 공급하여 산소를 보충한다.
② 사료의 공급을 증가시켜 양식생물의 활성도를 높인다.
③ 양식생물은 분산수용하고 성어는 조기에 출하한다.
④ 양식장의 해수 교환 시 여과시설을 운영한다.

Solution 적조대책으로 ㉠ 황토를 사용한 적조 제거의 원리는 황토의 콜로이드 입자가 해수중의 영양물질, 적조성 플랑크톤을 응집, 침전시키는 성질을 이용하여 구제하는 방법이다. ㉡ 미생물을 이용한 적조의 제거방법은 미생물이 적조생물의 포식자이거나, 미생물에서 생산되는 효소가 적조 생물의 생장을 억제하여 구제하게 된다. ㉢ 바다에 공기를 불어넣거나 선박에 설치된 정화장치를 이용한 적조구제, 부유물질을 제거하는 장치를 이용한 적조구제 방법이 있다.

32 엘니뇨 현상에 대한 설명으로 옳지 않은 것은?

① 보통 주기가 일정하지 않고 2~8년 주기로 불규칙하게 발생 한다.
② 적도 무역풍이 평년보다 강해지면서 중앙태평양 지역에서 열대성 대류 활동이 활발해진다.
③ 동태평양 페루 연안의 수온이 상승하고 대류가 강화되어 잦은 호우가 발생한다.
④ 열대지역에서 중·고위도 지역까지 전 지구적 대기 순환에 영향을 준다.

Solution 동태평양을 비롯해서 중태평양에 이르는 넓은 범위에 걸쳐 비정상적으로 온도가 높아지는 현상을 말한다. 열대 태평양의 해수면온도 분포는 보통 서부가 고온이고, 동부 연안에서는 남쪽으로부터 한류(寒流)인 페루해류가 흘러 들어와서 저온이다. 또 중부에서 동부의 적도역에서는 용승이라고 불리는 현상에 의하여 찬물이 솟아올라 북쪽이나 남쪽에 비해 저온 상태를 유지한다. 열대 태평양에 있어서의 바람은 동쪽에서 서쪽으로 불므로 따뜻한 물층의 두께는 서부에서 두껍고, 동부에서 얇다. 해면 수위도 동부보다 서부 쪽이 높다. 그런데 이 무역풍이 어떤 원인으로 인해 약해지게 되면 서부의 따뜻한 물층은 보통 때보다 얇아지고, 동부의 따뜻한 물층은 보통 때보다 두꺼워진다. 이 때문에 용승이 약화되어 중부에서 동부의 열대 태평양의 해수면온도는 평년보다 높아진다. 이로 인해 서태평양 쪽 지역에서는 평소보다 비가 적게 내려 가뭄을 겪게 되고, 동태평양 쪽 지역에서는 많은 비가 내리는 등 이상기상 현상을 보이는 것이다. 그러나 어떤 원인에 의해 무역풍이 약해지는가 하는 것은 아직 밝혀지지 않았으며, 현재도 많은 연구가 진행 중에 있다.

Answer 31 ❷ 32 ❷

33 자연재해의 유형별 특징에 대한 설명으로 옳은 것은?

① 태풍은 열대성 고기압이 해상의 수증기를 포함한 수렴기류를 강제로 상승시켜, 수증기가 응결할 때 방출한 잠열로 세력이 계속 증가된다.

② 집중호우는 지형의 영향으로 국지성을 나타내는 경우가 많기 때문에 제트기류의 영향을 받지 않는다.

③ 장마전선은 북태평양 기단과 적도 기단 사이에 동서로 형성되는 불연속선이며, 주로 초여름에 발생된다.

④ 지진해일은 해저의 지진이나 화산활동에 의한 지층의 이동으로 발생하며, 수심이 얕아지면 전파속도는 늦어지고 파고는 높아진다.

Solution 태풍 : 열대성 저기압, 집중호우 : 제트기류의 영향 받음, 장마전선 : 북태평양고기압과 오호츠크해고기압 또는 북태평양고기압과 대륙고기압이 사이에 형성

34 자연재난과 관련한 설명으로 옳지 않은 것은?

① 조류경보는 클로로필−a의 농도와 남조류의 세포 수를 기준 으로 발령된다.

② 풍랑은 바람의 작용으로 해면에 생기는 파로서, 풍랑의 발달은 풍속, 취송거리 및 취송시간에 영향을 받는다.

③ 황사는 보통 입자의 크기가 200 μm 이하인 모래먼지를 말한다.

④ 대설주의보 발표기준은 24시간 신적설이 5 cm 이상 예상될 때이다.

Solution 일반적으로 황사로 인해 미세먼지(PM_{10}) 농도 10 $\mu g/m^3$ 이상일 때 황사라고 한다(국립기상과학원).

35 강풍주의보 발표기준으로 옳지 않은 것은?

① 육상에서 풍속 14 m/s 이상

② 산지에서 풍속 17 m/s 이상

③ 육상에서 순간풍속 17 m/s 이상

④ 산지에서 순간풍속 25 m/s 이상

Solution 강풍 특보

구분		주의보	경보
강풍	육상 풍속	14 m 또는 순간풍속 20 m/s 이상	21 m 또는 순간풍속 26 m/s 이상
	산지 풍속	17 m 또는 순간풍속 25 m/s 이상	24 m 또는 순간풍속 30 m/s 이상

Answer 33 ❹ 34 ❸ 35 ❸

36 아네스(Anesth)의 재난분류에 대한 설명으로 옳지 않은 것은?

① 재난은 자연재난과 인적재난으로 구분된다.
② 자연재난은 지구물리학적 재난과 생물학적 재난으로 구분된다.
③ 인적재난은 사고성 재난과 계획적 재난으로 구분된다.
④ 사고성 재난은 화학적 재난, 방사능 재난 등을 포함한다.

Solution 아네스(Anesth)의 재난분류

대분류	세분류	재난의 종류
자연재난	기후성 재난	태풍·수해·설해
	지진성 재난	지진·화산폭발·해일
인적재난	사고성 재난	• 교통사고 • 산업사고 • 폭발사고 • 생물학적 사고 • 화재사고 • 화학적사고 • 방사능사고, 환경오염
	계획적 재난	테러·폭동·전쟁

37 해일에 대한 설명으로 옳지 않은 것은?

① 폭풍해일은 태풍이나 저기압에 동반되며, 태풍이 강하고 해안의 수심이 낮을수록 커진다.
② 폭풍해일은 태풍의 이동속도가 느려지면 더 큰 피해를 줄 수 있다.
③ 지진해일은 해저에서의 지진이나 화산분출에 동반되며, 수 분에서 1~2시간의 주기범위를 가진다.
④ 지진해일의 전파속도는 바다의 깊이가 깊을수록 느리고 얕은 바다일수록 빠르다.

Solution 지진해일의 전파속도는 바다의 깊이가 깊을수록 빠르고 얕은 바다일수록 느리다.

38 재난의 특성에 대한 설명으로 옳지 않은 것은?

① 엘니뇨는 태평양상의 무역풍이 약화되면서 동태평양 페루 연안의 해수면 온도가 상승하는 현상을 말한다.
② 지구온난화를 초래하는 온실가스로서는 이산화탄소, 메탄, 아산화질소 등이 있다.
③ 홍수와 연관된 강우유출모델인 합리식으로 첨두유출량을 구할 수 있으며 주로 소하천 유역에 적용된다.
④ 황사는 아시아 대륙 중심부의 모래폭풍에서 유래하여 이동 과정에서 오염물질이 추가되기도 하며, $PM_{2.5}$를 이용하여 계측한다.

Answer 36 ❷ 37 ❹ 38 ❹

Solution 황사는 PM_{10}을 이용하여 계측한다.

39 「감염병의 예방 및 관리에 관한 법률」상 감염병에 대한 설명으로 옳지 않은 것은?

① 제1군 감염병이란 마시는 물 또는 식품을 매개로 발생하고 집단발생의 우려가 커서 발생 또는 유행 즉시 방역대책을 수립해야 하는 감염병으로, 콜레라가 이에 속한다.

② 제2군 감염병이란 기생충에 감염되어 발생하는 감염병으로 정기적인 조사를 통한 감시가 필요한 감염병이며 쯔쯔가무시증이 이에 속한다.

③ 제3군 감염병이란 간헐적으로 유행할 가능성이 있어 계속 그 발생을 감시하고 방역대책의 수립이 필요한 감염병으로, 말라리아가 이에 속한다.

④ 제4군 감염병이란 국내에서 새롭게 발생하였거나 발생할 우려가 있는 감염병 또는 국내유입이 우려되는 해외 유행 감염병으로, 중동호흡기증후군(MERS)이 이에 속한다.

Solution ① "감염병"이란 제1군감염병, 제2군감염병, 제3군감염병, 제4군감염병, 제5군감염병, 지정감염병, 세계보건기구 감시대상 감염병, 생물테러감염병, 성매개감염병, 인수(人獸)공통감염병 및 의료관련감염병을 말한다.
② "제1군감염병"이란 마시는 물 또는 식품을 매개로 발생하고 집단 발생의 우려가 커서 발생 또는 유행 즉시 방역대책을 수립하여야 하는 다음의 감염병을 말한다. 콜레라, 장티푸스, 파라티푸스, 세균성이질, 장출혈성대장균감염증, A형간염,
③ "제2군감염병"이란 예방접종을 통하여 예방 및 관리가 가능하여 국가예방접종사업의 대상이 되는 다음의 감염병을 말한다. 디프테리아, 백일해(百日咳), 파상풍(破傷風), 홍역(紅疫), 유행성이하선염(流行性耳下腺炎), 풍진(風疹), 폴리오, B형간염, 일본뇌염, 수두(水痘), b형헤모필루스인플루엔자, 폐렴구균
④ "제3군감염병"이란 간헐적으로 유행할 가능성이 있어 계속 그 발생을 감시하고 방역대책의 수립이 필요한 다음의 감염병을 말한다. 말라리아, 결핵(結核), 한센병, 성홍열(猩紅熱), 수막구균성수막염(髓膜球菌性髓膜炎), 레지오넬라증, 비브리오패혈증, 발진티푸스, 발진열(發疹熱), 쯔쯔가무시증, 렙토스피라증, 브루셀라증, 탄저(炭疽), 공수병(恐水病), 신증후군출혈열(腎症侯群出血熱), 인플루엔자, 후천성면역결핍증(AIDS), 매독(梅毒), 크로이츠펠트-야콥병(CJD) 및 변종크로이츠펠트-야콥병(vCJD),
⑤ "제4군감염병"이란 국내에서 새롭게 발생하였거나 발생할 우려가 있는 감염병 또는 국내 유입이 우려되는 해외 유행 감염병으로서 다음의 감염병을 말한다. 다만, 갑작스러운 국내 유입 또는 유행이 예견되어 긴급히 예방·관리가 필요하여 보건복지부장관이 지정하는 감염병을 포함한다. 페스트, 황열, 뎅기열, 바이러스성 출혈열, 두창, 보툴리눔독소증, 중증 급성호흡기 증후군(SARS), 동물인플루엔자 인체감염증, 신종인플루엔자, 야토병, 큐열(Q熱), 웨스트나일열, 신종감염병증후군, 라임병, 진드기매개뇌염, 유비저(類鼻疽), 치쿤구니야열, 중증열성혈소판감소증후군(SFTS), 중동 호흡기 증후군(MERS)

Answer 39 ❷

40 기상특보 발표기준의 해당범위에 대한 설명으로 옳지 않은 것은?

① 실효습도 35 % 이하가 24시간 이상 지속될 것으로 예상될 때 건조주의보를 발령한다.
② 6시간 강우량이 110 mm 이상 예상될 때 호우경보를 발령한다.
③ 산지는 24시간 신적설이 30 cm 이상이 예상될 때 대설경보를 발령한다.
④ 산지는 풍속 24 m/s 이상 또는 순간풍속이 30 m/s 이상이 예상될 때 강풍경보를 발령한다.

Solution 기상특보

명칭	주의보	경보
강풍	육상에서 풍속 50.4 km/h (14 m/s) 이상 또는 순간풍속 72.0 km/h (20 m/s) 이상이 예상될 때. 다만, 산지는 풍속 61.2 km/h (17 m/s) 이상 또는 순간풍속 90.0 km/h (25 m/s) 이상이 예상될 때	육상에서 풍속 75.6 km/h (21 m/s) 이상 또는 순간풍속 93.6 km/h (26 m/s) 이상이 예상될 때. 다만, 산지는 풍속 86.4 km/h (24 m/s) 이상 또는 순간풍속 108.0 km/h (30 m/s) 이상이 예상될 때
풍랑	해상에서 풍속 50.4 km/h (14 m/s) 이상이 3시간 이상 지속되거나 유의파고가 3 m 이상이 예상될 때	해상에서 풍속 75.6 km/h (21 m/s) 이상이 3시간 이상 지속되거나 유의파고가 5 m 이상이 예상될 때
호우	3시간 강우량이 60 mm 이상 예상되거나 12시간 강우량이 110 mm 이상 예상될 때	3시간 강우량이 90 mm 이상 예상되거나 12시간 강우량이 180 mm 이상 예상될 때
대설	24시간 신적설 5 cm 이상	24시간 신적설 20 cm 이상 산지 : 신적설 30 cm 이상
건조	실효습도 30% 이하 2일 이상 지속	실효습도 25% 이하 2일 이상 지속
폭풍해일	천문조, 폭풍, 저기압 등의 복합적인 영향으로 해수면이 상승하여 발효기준값 이상이 예상될 때. 다만, 발효기준값은 지역별로 별도지정	천문조, 폭풍, 저기압 등의 복합적인 영향으로 해수면이 상승하여 발효기준값 이상이 예상될 때. 다만, 발효기준값은 지역별로 별도지정
지진해일	규모 6.0 이상의 해저지진이 발생하여 우리나라 해안가에 지진해일 높이 0.5 m 이상 1.0 m 미만의지진해일 내습이 예상되는 경우	규모 6.0 이상의 해저지진이 발생하여 우리나라 해안가에 지진해일 높이 1.0 m 이상의 지진해일 내습이 예상되는 경우
한파	10～4월에 다음 중 하나에 해당하는 경우 ① 아침 최저기온이 전날보다 10℃ 이상 하강하여 3℃ 이하이고 평년값보다 3℃가 낮을 것으로 예상될 때 ② 아침 최저기온이 −12℃ 이하가 2일 이상 지속될 것이 예상될 때 ③ 급격한 저온현상으로 중대한 피해가 예상될 때	10～4월에 다음 중 하나에 해당하는 경우 ① 아침 최저기온이 전날보다 15℃ 이상 하강하여 3℃ 이하이고 평년값보다 3℃가 낮을 것으로 예상될 때 ② 아침 최저기온이 −15℃ 이하가 2일 이상 지속될 것이 예상될 때 ③ 급격한 저온현상으로 광범위한 지역에서 중대한 피해가 예상될 때
태풍	태풍으로 인하여 강풍, 풍랑, 호우, 폭풍해일 현상 등이 주의보 기준에 도달할 것으로 예상될 때	태풍으로 인하여 다음 중 어느 하나에 해당하는 경우 ① 강풍(또는 풍랑) 경보 기준에 도달할 것으로 예상될 때 ② 총 강우량이 200 mm 이상 예상될 때 ③ 폭풍해일 경보 기준에 도달할 것으로 예상될 때

Answer 40 ①

황사	‘황사주의보’는 ‘미세먼지경보’로 대체 (2017.1.13 시행)	황사로 인해 1시간 평균 미세먼지(PM_{10}) 농도 $800\ \mu g/m^3$ 이상이 2시간 이상 지속될 것으로 예상될 때
폭염	폭염으로 인하여 다음 중 어느 하나에 해당하는 경우 ① 일 최고 체감온도 33℃ 이상이 2일 이상 지속될 것으로 예상될 때 ② 급격한 체감온도 상승 또는 폭염 장기화 등으로 중대한 피해가 예상될 때	폭염으로 인하여 다음 중 어느 하나에 해당하는 경우 ① 일 최고 체감온도 35℃ 이상이 2일 이상 지속될 것으로 예상될 때 ② 급격한 체감온도 상승 또는 폭염 장기화 등으로 광범위한 지역에서 중대한 피해가 예상될 때
화산재	우리나라에 화산재로 인한 피해가 예상되는 경우	우리나라에 화산재로 인한 심각한 피해가 예상되는 경우

41 열대저기압에 대한 설명으로 옳지 않은 것은?

① 대한민국에 영향을 미치는 태풍은 진행방향의 왼쪽 반원이 오른쪽 반원에 비하여 풍속이 강하여 피해를 줄 위험이 크다.

② 인도양의 사이클론은 열대저기압의 일종이다.

③ 사피어－심프슨 등급(Saffir－Simpson Scale)은 허리케인의 상대적 강도(등급)를 구별하는 방법의 일종이다.

④ 대한민국에서는 일반적으로 최대풍속이 17 m/s 이상인 열대저기압을 태풍으로 부르고 있다.

Solution 태풍이 움직이는 진로의 오른쪽에 위치한 지역의 피해가 더 크다. 때문에 태풍 진로의 오른쪽을 위험반원, 왼쪽을 가항반원이라고 부른다. 그 이유는 바로 바람이다. 태풍의 위험반원은 반시계방향으로 부는 태풍 자체의 바람에 편서풍과 무역풍이 합쳐지면서 더욱 강한 바람이 만들어지기 때문이다. 이와 반대로 가항반원은 태풍 자체가 부는 방향과 편서풍, 무역풍의 방향이 반대여서 상대적으로 풍속이 약해진다.

42 자연재난 유형별 특징에 대한 설명으로 옳지 않은 것은?

① 집중호우는 상승기류에 큰 영향을 받는다.

② 황사의 주요 발원지는 중국과 몽골의 사막지대로 상공의 강한 편서풍을 타고 우리나라에 영향을 주고 있다.

③ 북반구 중위도에서 태풍 진행방향의 왼쪽은 태풍의 풍향과 이동방향이 비슷하여 풍속이 강해지면서 위험반원이 된다.

④ 해일은 폭풍·지진 등이 주된 원인이며, 해일이 육지로 다가오면서 해저수심이 얕아지면 전파 속도는 느려진다.

Answer 41 ❶ 42 ❸

Solution 태풍의 오른쪽이 피해가 큰 이유는 바람의 세기가 다르기 때문이다. 즉, 태풍의 위험반원은 반시계방향으로 부는 태풍 자체의 바람과 편서풍, 무역풍이 합쳐지면서 더욱 강한 바람이 만들어진다. 반대로 가항반원은 태풍의 바람과 편서풍, 무역풍의 방향이 반대가 되면서 서로 부딪혀 상대적으로 풍속이 약해지는 것이다.

43 지구온난화의 원인이 되는 온실가스에 해당하지 않는 것은?

① 이산화탄소 ② 메탄 ③ 이산화질소 ④ 염화불화탄소

Solution 지구온난화의 원인이 되는 온실가스는 이산화탄소(CO_2), 메탄(CH_4), 아산화질소(N_2O), 염화불화탄소(CFCs), 수소화불화탄소(HFC),과불화탄소(PFC), 육불화유황(SF_6), 오존(O_3), 수증기 등이다.

44 감염병의 예방 및 관리에 관한 법률 상 감염병 분류를 바르게 연결한 것은?

ㄱ. 중증 급성호흡기 증후군(SARS) ㄴ. 결핵
ㄷ. 일본뇌염 ㄹ. 장티푸스

	ㄱ	ㄴ	ㄷ	ㄹ
①	제4군	제2군	제3군	제1군
②	제4군	제2군	제1군	제3군
③	제4군	제3군	제1군	제2군
④	제4군	제3군	제2군	제1군

Solution "감염병"이란 제1급감염병, 제2급감염병, 제3급감염병, 제4급감염병, 기생충감염병, 세계보건기구 감시대상 감염병, 생물테러감염병, 성매개감염병, 인수(人獸)공통감염병 및 의료관련 감염병을 말한다.

① 제1급 감염병이란 생물테러감염병 또는 치명률이 높거나 집단 발생의 우려가 커서 발생 또는 유행 즉시 신고하여야 하고, 음압격리와 같은 높은 수준의 격리가 필요한 감염병으로서 다음 각 목의 감염병을 말한다. 다만, 갑작스러운 국내 유입 또는 유행이 예견되어 긴급한 예방·관리가 필요하여 질병관리청장이 보건복지부장관과 협의하여 지정하는 감염병을 포함한다. 에볼라바이러스병, 마버그열, 라싸열, 크리미안콩고출혈열, 남아메리카출혈열, 리프트밸리열, 두창, 페스트, 탄저, 보툴리눔독소증, 야토병, 신종감염병증후군, 중증급성호흡기증후군(SARS), 중동호흡기증후군(MERS), 동물인플루엔자 인체감염증, 신종인플루엔자, 디프테리아 등이다.

② 제2급 감염병이란 전파가능성을 고려하여 발생 또는 유행 시 24시간 이내에 신고하여야 하고, 격리가 필요한 다음 각 목의 감염병을 말한다. 다만, 갑작스러운 국내 유입 또는 유행이 예견되어 긴급한 예방·관리가 필요하여 질병관리청장이 보건복지부장관과 협의하여 지정하는 감염병을 포함한다. 결핵(結核), 수두(水痘), 홍역(紅疫), 콜레라, 장티푸스, 파라티푸스, 세균성이질, 장출혈성대장균감염증, A형간염, 백일해(百日咳), 유행성이하선염(流行性耳下腺炎), 풍진(風疹), 폴리오, 수막구균 감염증, b형헤모필루스인플루엔자, 폐렴구균 감염증, 한센병, 성홍열, 반코마이신내성황색포도알균(VRSA) 감염증, 카바페넴내성장내세균속균종(CRE) 감염증, E형간염 등이다.

③ 제3급 감염병이란 그 발생을 계속 감시할 필요가 있어 발생 또는 유행 시 24시간 이내에 신고하여야 하는 다음 각 목의 감염병을 말한다. 다만, 갑작스러운 국내 유입 또는 유행이 예견되어 긴급한 예방·관리가 필요하

Answer 43 ❸ 44 ❹

여 질병관리청장이 보건복지부장관과 협의하여 지정하는 감염병을 포함한다. 파상풍(破傷風), B형간염, 일본뇌염, C형간염, 말라리아, 레지오넬라증, 비브리오패혈증, 발진티푸스, 발진열(發疹熱), 쯔쯔가무시증, 렙토스피라증, 브루셀라증, 공수병(恐水病), 신증후군출혈열(腎症侯群出血熱), 후천성면역결핍증(AIDS), 크로이츠펠트-야콥병(CJD) 및 변종크로이츠펠트-야콥병(vCJD), 황열, 뎅기열, 큐열(Q熱), 웨스트나일열, 라임병, 진드기매개뇌염, 유비저(類鼻疽), 치쿤구니야열, 중증열성혈소판감소증후군(SFTS), 지카바이러스 감염증 등이다.

④ 제4급 감염병이란 제1급감염병부터 제3급감염병까지의 감염병 외에 유행 여부를 조사하기 위하여 표본감시 활동이 필요한 다음 각 목의 감염병을 말한다. 인플루엔자, 매독(梅毒), 회충증, 편충증, 요충증, 간흡충증, 폐흡충증, 장흡충증, 수족구병, 임질, 클라미디아감염증, 연성하감, 성기단순포진, 첨규콘딜롬, 반코마이신내성장알균(VRE) 감염증, 메티실린내성황색포도알균(MRSA) 감염증, 다제내성녹농균(MRPA) 감염증, 다제내성아시네토박터바우마니균(MRAB) 감염증, 장관감염증, 급성호흡기감염증, 해외유입기생충감염증, 엔테로바이러스감염증, 사람유두종바이러스 감염증 등이다.

45 다음에서 설명하는 것은?

> 단위시간 동안 내리는 강우량(mm/hr)을 말하는 것으로, 유역에서의 강우유출량 산정에 이용되며, Talbot형, Sherman형, Japanese형 등이 있다.

① 강우강도　② 강우지속기간　③ 유출수문곡선　④ 수위유량관계곡선

Solution 강우강도 : 비 또는 눈이 내리는 상태의 강도로써 단위시간 동안의 강우량

46 「원자력시설 등의 방호 및 방사능 방재 대책법 시행령」상 다음의 방사선비상에 해당하는 것은?

> 방사성물질의 밀봉상태의 손상 또는 원자력시설의 안전상태 유지를 위한 전원공급기능에 손상이 발생하거나 발생할 우려가 있는 등의 사고로서 방사성물질의 누출로 인한 방사선영향이 원자력시설의 건물 내에 국한될 것으로 예상되는 비상사태

① 백색비상　② 청색비상　③ 황색비상　④ 적색비상

Solution 방사선비상의 종류에 대한 기준

구분	기준
백색비상	방사성물질의 밀봉상태의 손상 또는 원자력시설의 안전상태 유지를 위한 전원공급기능에 손상이 발생하거나 발생할 우려가 있는 등의 사고로서 방사성물질의 누출로 인한 방사선영향이 원자력시설의 건물 내에 국한될 것으로 예상되는 비상사태

Answer 45 ❶ 46 ❶

청색비상	백색비상에서 안전상태로의 복구기능의 저하로 원자력시설의 주요 안전기능에 손상이 발생하거나 발생할 우려가 있는 등의 사고로서 방사성물질의 누출로 인한 방사선영향이 원자력시설 부지 내에 국한될 것으로 예상되는 비상사태
적색비상	노심의 손상 또는 용융 등으로 원자력시설의 최후방벽에 손상이 발생하거나 발생할 우려가 있는 사고로서 방사성물질의 누출로 인한 방사선영향이 원자력시설 부지 밖으로 미칠 것으로 예상되는 비상사태

47 다음 국가위기관리 관련 법령 중에서 성격이 가장 다른 하나는?

① 「국가안전보장 회의법」
② 「자연재해대책법」
③ 「재난 및 안전관리 기본법」
④ 「가축전염병 예방법」

Solution 「자연재해대책법」, 「재난 및 안전관리 기본법」, 「가축전염병 예방법」은 재난 및 안전관리 기본법에 근거를 두는 재난관련법이다. 「국가안전보장 회의법」은 헌법에 근거를 두고 국가안전보장회의의 구성과 직무범위, 그 밖에 필요한 사항을 규정함을 목적으로 한다.

48 「대기환경 보전법 시행규칙」상 미세먼지와 관련하여 $PM_{2.5}$ 주의보 발령기준은?

① 기상조건 등을 고려하여, 해당 지역의 대기자동측정소 $PM_{2.5}$ 시간평균농도가 80 $\mu g/m^3$ 이상 1시간 지속
② 기상조건 등을 고려하여, 해당 지역의 대기자동측정소 $PM_{2.5}$ 시간평균농도가 90 $\mu g/m^3$ 이상 1시간 지속
③ 기상조건 등을 고려하여, 해당 지역의 대기자동측정소 $PM_{2.5}$ 시간평균농도가 80 $\mu g/m^3$ 이상 2시간 지속
④ 기상조건 등을 고려하여, 해당 지역의 대기자동측정소 $PM_{2.5}$ 시간평균농도가 90 $\mu g/m^3$ 이상 2시간 지속

Solution 미세먼지 경보기준

항목	주의보	경보
PM_{10}	기상조건 등을 고려하여, 해당 지역의 대기자동측정소 PM_{10} 시간평균농도가 150 $\mu g/m^3$ 이상 2시간 지속	기상조건 등을 고려하여, 해당 지역의 대기자동측정소 PM_{10} 시간평균농도가 300 $\mu g/m^3$ 이상 2시간 지속
$PM_{2.5}$	기상조건 등을 고려하여, 해당 지역의 대기자동측정소 $PM_{2.5}$ 시간평균농도가 75 $\mu g/m^3$ 이상 2시간 지속	기상조건 등을 고려하여, 해당 지역의 대기자동측정소 $PM_{2.5}$ 시간평균농도가 150 $\mu g/m^3$ 이상 2시간 지속

Answer 47 ❶ 48 ❹

49 **황사가 미치는 영향에 대한 설명으로 옳지 않은 것은?**

① 황사비는 중금속 성분을 포함하여 산성을 띤다.
② 해양 플랑크톤에 무기 염류를 제공하여 생물학적 생산력을 높인다.
③ 농작물이나 활엽수의 성장을 방해한다.
④ 태양의 복사열을 흡수하면 냉각 효과를 일으켜, 지구 대기의 열 균형에 영향을 끼친다.

Solution 황사의 영향
(1) 부정적 영향
① 태양 빛을 차단, 산란시킴(시정 악화)
② 지구대기의 열 수지에 영향을 미침(복사열 흡수로 냉각 효과)
③ 구름 생성을 위한 응결핵 증가
④ 농작물, 활엽수의 숨 쉬는 구멍 막아 생육에 장애 일으킴
⑤ 호흡기관으로 깊숙이 침투함
⑥ 눈 질환 유발
⑦ 빨래, 음식물 등에 침강, 부착
⑧ 항공기 엔진 손상 및 이착륙시 시정악화로 인한 사고 발생 가능성
⑨ 반도체 등 정밀 기계 손상 가능성

(2) 긍정적 영향
① 주로 알칼리성 성분이 많이 포함되어 있어 산성비 중화 작용
② 산과 호수에 알칼리성분을 공급하여 토양과 호수의 산성화 방지
③ 서해 등에 풍부한 미네랄 공급 및 정화 작용
④ 해양 플랑크톤에 무기염류 제공(생물학적 생산력 증대)
⑤ 토양 속 미생물에 의한 무기염 흡수 강화

50 **「감염병의 예방 및 관리에 관한 법률」상 감염병 중 전염 속도가 빠른 감염병이지만 예방접종을 통해 예방할 수 있는 감염병으로 국가 예방접종사업의 대상이 되는 감염병에 해당하는 것은?**

① 유행성 이하선염
② 콜레라
③ 결핵
④ 페스트

Solution 예방접종을 통해 예방할 수 있는 감염병으로 국가 예방접종사업의 대상은 제2군감염병이다. 제2군감염병 : 디프테리아, 백일해(百日咳), 파상풍(破傷風), 홍역(紅疫), 유행성이하선염(流行性耳下腺炎), 풍진(風疹), 폴리오, B형간염, 일본뇌염, 수두(水痘), b형헤모필루스인플루엔자, 폐렴구균 등

Answer 49 ❶ 50 ❶

51 **기상학적 재해의 하나인 태풍에 대한 설명으로 가장 옳은 것은?**

① 열대성 저기압 중에서 중심 최대풍속이 초속 15 m 이상의 폭풍우를 동반하는 것이다.
② 풍속 15 m/s 이상의 반경이 700 km인 태풍은 대형 태풍에 해당한다.
③ 공기의 소용돌이가 있어야 하므로 남위 7°와 북위 7° 사이에서는 발생하지 않는다.
④ 태풍이 접근해 오면 기압이 상승하고 풍속도 점차 강해진다.

Solution 태풍은 적도 부근 해상(북위 32°~40°, 동경 120°~138°)에서 열대성 저기압 중에서 중심 최대 풍속 17 m/s 이상 되는 열대성 폭풍을 말하며, 지구 곳곳에서 발생하는데 발생장소에 따라 명칭을 각각 달리하고 있다. 태풍의 크기는 풍속 15 m/s 이상이 미치는 영역에 따라 소형, 중형, 대형, 초대형으로 분류한다. 태풍의 강도는 중심기압보다 중심최대풍속을 기준으로 약, 중, 강, 매우 강으로 분류한다. 일반적으로 태풍이 발생하려면 열대 해역에서 해수면온도가 보통 27℃ 이상이어야 한다. 또한 공기의 소용돌이가 있어야 하므로 적도 부근에서는 발생하지 않고, 남·북위 5° 이상에서 발생한다.

Answer 51 ②

CHAPTER _03

재난관리의 이해

제 1 절 재난관리의 의의

(1) 재난관리의 의의

관리적 차원에서 재난에 대한 연구는 1980년대 이전까지만 해도 거의 없었다. 우리나라에서는 1990년대 중반 이후 국가재난관리체계 확립의 필요성과 시급성이 절실하게 요구된 사건들이 집중적으로 발생함에 따라 본격적으로 연구가 시작되었다.

지금까지의 연구는 유형별 지니고 있는 특성에 의거하여 재난관리 방법을 모색해왔고, 주로 자연재난을 대상으로 해온 반면 인적재난과 사회재난에 대한 연구는 경시되었다.

오늘날 도시가 점점 더 복잡해지고 대형화되는 추세에 따라 인적재난, 사회재난의 발생이 증가하고 있으므로 국민의 안전권(safety right)을 보장하기 위해 모든 재난에 대한 관리와 연구의 노력이 필요하다.

① 재난관리가 지니고 있는 보편적, 일반적 성격

- 재난관리 책임에 있어 보편성과 일반성을 지닌다.
- 재난관리는 공공관리적 성격을 지닌다.
- 현대사회에서는 재난관리의 일상화가 요구된다.
- 재난관리는 인간 생명의 존엄성에 대한 존중을 전제 가치로 삼는다.
- 재난관리는 제학문적 성격(모든 학문분야의 종합적이고 총체적 동원)

② 재난관리에 대한 연구의 필요성

- 환경의 불확실성과 과학기술의 전문성·복잡성·다양성이 가속적으로 진행되고 있는 한편 재난 발생의 범위·영역·대상이 점차 확대됨에 따라 사회구성원의 생명과 재산을 보호하고 조직의 목표를 달성하기 위해 재난관리에 대한 체계적 연구가 필요하다.
- 지금까지 재난이 발생하면 비논리적, 감정적으로 대응하고, 사법처리가 재난관리의 전부인 것처럼 인식해왔다.
- 재난관리 능력 강화를 위해 재난관리에 대한 연구가 지속적으로 수행되어야 한다.

(2) 재난관리 정의

재난관리란 재난으로 인한 피해를 최소화하기 위하여 재난의 예방, 대비, 대응, 복구와 관련하여 행하는 모든 활동으로 정의된다.

첫째, 재난 및 안전관리 제1조(목적) "재난의 예방·대비·대응·복구와 안전문화 활동, 그 밖에 재난 및 안전관리에 필요한 사항을 규정함을 목적으로 한다."라고 규정하고 있으며, 제3조(정의)는 "재난관리"란 재난의 예방·대비·대응 및 복구를 위하여 하는 모든 활동을 말한다고 규정하고 있다.

둘째, 재난관리의 주무기관인 행정안전부 재난안전관리본부 조직을 통하여 간접적으로 확인할 수 있다. 행정안전부의 재난안전관리본부 조직을 재난관리의 예방, 대비, 대응, 복구의 과정에 의하여 설계되었음을 알 수 있다.

셋째, 재난관리를 연구하는 많은 학자들도 시간 국면에 따라 재난 발생 이전의 예방과 대비단계로 구분하고 있으며, 재난 발생 이후의 대응과 복구 단계로 구분하여 모형을 제시하고 있다.

재난관리의 각 단계, 즉 예방, 대비, 대응, 복구는 유기적으로 상호 보완적이어야 효과적인 재난관리를 할 수 있다.

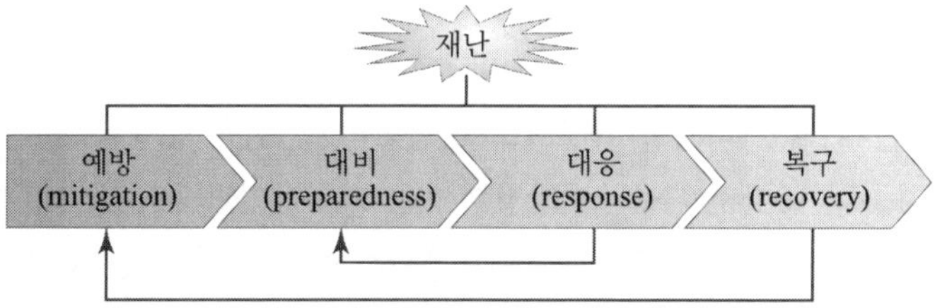

그림 3-1 재난관리 4단계

표 3-1 재난관리 단계별 주요 활동 내용

구분		주요 활동 내용
재난발생 이전 단계	예방	예방은 재난 발생을 사전에 억제하기 위한 일련의 활동이며, 구조적 경감활동과 비구조적 경감활동을 포함
	대비	대비는 실제 수행해야 할 제반 사항을 사전에 조직, 예산확보, 계획, 준비, 재난관리 시스템 구축, 교육, 훈련을 평가함으로서 실제 상황에서 신속하게 대응하기 위한 사전 준비활동
재난발생 이후 단계	대응	대응은 재난 발생 또는 발생 임박 시 국민의 생명 신체, 재산을 보호하기 위한 일련의 활동을 말함.
	복구	재난발생 이전의 상태로 회복하는 단계이며, 복구계획 수립을 위한 원인조사 지방자치단체 상호간 협력, 재발방지를 위한 활동 경제적, 심리적 안정 등을 위한 활동

(3) 재난관리의 원칙

재난관리의 원칙(방재학회, 2014 : 5-6)의 목표는 국민의 생명과 재산을 보호하고 안정된 삶을 유지하는데 있다.

① 사전대비의 원칙

재난은 관리가 가능하다는 인식하에 단계적인 대비 및 대응을 통한 체계적인 관리가 필요하다. 발생이 불가피한 자연재난에 대해서는 즉각적인 대응을 통해 피해를 최소화하는 것이 중요하며, 예방이 가능한 사회재난은 발생 가능한 원인을 파악하는 것은 물론, 그에 맞는 적절한 대비가 요구된다. 이를 위해 각종 정책과 예방·대비계획을 발전시켜야 하며, 실제적인 훈련, 점검보완 등을 통해 사전 예방 및 철저한 대비태세를 갖추어야 한다.

② 현장중심의 원칙

재난대응 최적기는 재난의 초기 단계로써 피해 최소화를 위해 사고현장의 가용한 수단을 이용한 초기대응이 중요하다. 따라서 신속한 신고접수 및 경보발령체계 유지, 즉각적인 현장조치능력 그리고 효과적인 대응수단 운용 등이 핵심요소이다.

③ 지휘통일의 원칙

효과적인 재난대응을 위해서 다양한 대응요소를 통합하고, 집중 운용할 수 있는 단일 지휘통제체계 유지가 중요하다. 즉, 중앙정부에서 지방정부까지 상·하 기관과 유관기관 및 민간기관, NGO 등을 통합운용하고, 특히 재난현장대응조직 등을 총괄하여 조정·통제할 수 있는 지휘통제시스템 확립이 중요하다.

④ 정보공유의 원칙

재난대응은 정확한 재난 정보를 기초로 적합한 대응요소를 시의 적절하게 활용하기 위해 관련 기관들의 정보공유가 중요하다. 평소에 가용자원에 대한 통제가 유지되고, 재난에 대한 각종 정보가 생산 및 통합되는 종합상황실을 운용하여 생산된 정보를 적시에 전파하는 등 원활한 의사소통을 위한 유무선 통신체계가 수립되어야 한다.

⑤ 상호협력의 원칙

형태와 성격, 규모가 다양한 각종 재난에 대응하기 위해서는 능력이 상이한 각각의 대응자원을 통합하는 것이 중요하며, 모든 대응요소들이 협력된 가운데 상호협력 대응이 원칙이다. 따라서 이들 재난관련 조직들을 수시로 기밀하게 정보교환을 통한 가용한 인적·물적 자원의 현황을 관리·유지하고 능력을 숙지하는 것이 상호협력의 기본이다.

(4) FEMA의 재난관리 원칙(Disaster Management Principle)

지난 2007년 FEMA는 로우렌스(Lawrence)의 지도하에 학계 전문가들과 재난관리실무자들이 함께 참여하여 재난관리 원칙 8가지를 정의하였다. 이 연구팀은 재난관리를 재난을 대처하고, 위험에 대한 취약성을 줄이는 틀을 만드는 것을 담당하는 관리적 기능이라(Progressive), 위험에 근거한(Risk-driven), 통합적(Intergrated), 협력적(Collaborative), 조정적(Coordinative), 유연적(Flexible), 전문적(professional) 재난관리를 정의하고 있다.

① 포괄적(Comprehensive)

재난관리자들은 모든 위험, 모든 단계, 모든 관계자와 재난관련 모든 영향을 고려하여 한다. 모든 위험(All Hazards)은 발생가능성과 영향 측면에서 위험평가와 우선순위화를 통해 관할 내의 모든 위험들이 고려되어져야 한다는 것이다. 하지만 재난요인별 특별한 계획들도 고려되어져야 한다는 것이다. 모든 단계(All Phases)는 재난관리의 모든 단계(위험평가, 완화, 준비, 대응, 복구)들을 근거로 한다는 것이다. 모든 충격(All impacts)은 재난의 영향은 인적, 물적, 서비스, 인프라 시설, 경제적 영향에 걸쳐 다양하기 때문에 재난관리는 모든 영향을 고려하여 한다는 것이다.

② 진보적(Progressive)

재난관리자들은 미래 재난을 예측하고 재난에 강하고 복원력 있는 지역사회 건설을 위해 예방적이고 준비적인 조치를 하여한다. 오늘날 재난은 더욱더 빈발하고, 강하며, 역동적이고, 복잡화되고 있다. 따라서 전통적인 대응위주의 재난관리에서 벗어나 예방과 완화활동에 더 많은 관심을 기울여야 한다는 것이다.

③ 위험에 근거(Risk-driven)

우선순위와 자원의 할당에 있어 위험관리 원칙(위험인지, 위험분석, 영향분석)을 활용하여야 한다. 위험을 관리하기 위해서 재난관리자는 가용자원을 효과적이고 효율적으로 관리할 필요가 있으며, 정책과 프로그램의 우선순위는 상정된 인적, 물적, 환경적인 위험의 수준에 근거하여야 한다는 것이다. 효과적인 위험관리는 자연적, 인적 위험요소의 정의, 이들 위험에 대한 분석, 위험에 대한 영향분석에 근거한다고 했다.

④ 통합적(intergrated)

모든 수준의 정부, 지역사회의 모든 요소들의 노력을 통합해야 한다. 통합적 재난관리(IEM)는 위치, 규모, 복잡성에 관계없이 모든 위험 관리적 접근으로 재난을 조정, 통제를 하는 것을 말한다. 통합의 노력은 수직적 수평적인 통합에 의존한다. 즉, 민간기업의 사업연속성 계획(Business Continuity Plan)들도 지역사회의 재난관리 계획 속에 포함되어야 한다는 것이다.

⑤ **협력적(Collaborative)**

다양한 참여조직들은 신뢰 조성과 팀 분위기, 공감대형성, 의사소통의 촉진을 위해 개인과 조직 간의 관계를 폭넓게 유지 형성해야 한다.

⑥ **조정적(Coordinated)**

일반적 공통의 목표 달성을 위해 모든 관계자들의 활동을 일치·조정되어야 한다. 재난관리는 재난관리 프로그램들은 일반적 목표를 달성하기 위해 모든 관계자들의 활동들은 일치되어야 한다는 것이다. 모든 참여자들은 큰 그림의 단위 모자이크 속에 참여해서 큰 그림을 표현할 수 있어야 한다는 것이다.

⑦ **유연한(Flexible)**

재난관리 과정의 도전을 해결하기 위해 창조적이고 혁신적인 접근을 사용하여야 한다.

⑧ **전문적(Professional)**

교육 훈련 경험에 중심을 둔 과학과 지식에 근거한 접근에 가치를 두어야한다.

(5) 재난관리정책의 대상 영역

재난은 그 자체로서 사회나 제도, 조직의 기초적인 이익과 구조에 대해 심각한 위협을 가하는 동시에 사회의 근본적인 가치와 규범에 대해서도 위협이 된다. 따라서 재난발생 이후보다 재난발생 이전에 철저하게 준비하는 것이 바람직하다.

① **재난관리정책의 독특성**

- 재난의 실체가 시간 경과에 따라 변화한다.
- 재난을 예방하고 대응하는 등의 관리를 할 때 정책결정자들이 관리와 통제의 의미를 규정하는데 어려움
- 정책결정과정의 어느 부분이 재난에 관련되어 있는지를 결정하기 어렵다.
- 정부가 재난에 대응하여 무엇을 할 수 있는가?
- 재난관리정책 결정을 할 때 제기될 수 있는 어려움은 조직 지도자의 재난에 대한 인식에서 나타나는 '흡연자 증후군(smokers' syndrome)'[1)]

1) 흡연으로 인해 발생할 수 있는 각종 질병이나 폐암 등에 관한 일반적인 증거가 있음에도 불구하고 흡연자 본인은 자신이 폐암에 걸릴 수 있다는 사실을 결코 느끼지 못하고 있다.

- 재난관리정책 결정환경은 불확실성과 예측 불가능성을 특징으로 하고, 결정자에 따라 급박성을 다르게 느낄 수 있고, 재난에 대한 대응책은 상황에 따라 달라질 수 있다. 따라서 재난은 상황에 따라 주기성, 간헐성, 예외성을 지니고 있다는 점에서 일상정책과는 차이가 있다.

표 3-2 우발 상황적 재난 의사결정

유형	의사결정환경	결정방식
유형1	계산(calculation) + 평온 무작위(placid-reactive)	연산(algorithm), 일상적인 정책
유형2	판단(judgement) + 평온 집약(placid-clus m/sed)	기회-비용(opportunity-cost) 과업수행의 대안적 수단
유형3	협상(compromise) + 요란반응(disturbed-reactive)	점증적 해결(muddling-Through) 복잡, 불확실한 환경에서 결정(조직 의사결정)
유형4	영감(inspiration) + 소용돌이(turbulent)	재난(crisis), 대혼란으로 테러, 폭동

② 재난관리정책의 대상 영역

- 재난관리정책의 재난 영역 모형 : 재난 영향의 범위와 강도를 중심으로
  - 강도(intensity) : 재난으로 인해 지역사회의 전통적 구조가 붕괴된 정도
  - 저강도(low-intensity)재난 : 사회의 전통적·제도적 구조가 상대적으로 적게 붕괴
  - 고강도(high-intensity)재난 : 사회의 전통적·제도적 구조 붕괴 정도가 심각
- 범위(scope) : 재난에 의해 붕괴된 사회 체계의 포괄성(inclusiveness)
  - 협소범위(narrow scope) : 가족, 비공식집단 등 미시수준의 체계
  - 중범위(middle scope) : 지역사회
  - 광범위(wide scope) : 사회(societies)와 같은 거시수준의 체계

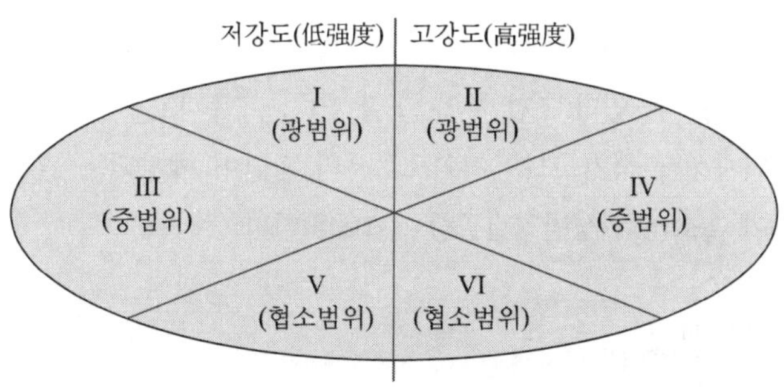

그림 3-2 재난관리정책의 재난 영역 모형

표 3-3 재난관리정책의 재난 영역 조합

조합	재난 영향 범위와 강도	
조합 I	광범위	저강도
조합 II	광범위	고강도
조합 III	중범위	저강도
조합 IV	중범위	고강도
조합 V	협소범위	저강도
조합 VI	협소범위	고강도

국가 재난관리정책 대상으로서의 재난으로 설정되기 위해서는 재난의 강도가 상대적으로 커야 한다. 즉, 한 사건이 미치는 영향이 중범위 이상 되어야 한다. 재난이 지니는 피해의 강도가 크다고 할지라도 피해가 미치는 영향의 범위가 개인, 가족, 비공식집단 등 협소범위에 국한된다면 재난관리 정책대상으로 인식되지 않는다. 재난의 피해 강도가 크고, 미치는 영향의 범위가 중범위 이상의 경우 국가 재난관리 정책 대상으로서의 재난으로 인식한다. 따라서 재난관리 정책 대상으로서의 재난은 강도가 고강도이고, 영향의 범위는 중범위 이상이어야 한다(조합 II와 조합 IV).

표 3-4 재난관리정책 대상으로서의 재난 사례

조합	범위 및 강도	재난사례
조합 IV	중범위 고강도	구조물 붕괴, 폭동, 폭발, 홍수, 태풍, 지진, 위험물질 유출
조합 II	광범위 고강도	전쟁, 쿠데타, 테러, 지역간 폭력적 갈등, 오존층 파괴, 해양오염, 대기오염, 산성비 등

조합 V와 조합 VI는 우기 영향 범위가 협소하기 때문에 강도에 관계없이 민간 영역에서 해결 방안이 강구되어 있다고 볼 수 있다(조합 V와 조합 VI : 교통사고). 예외적으로 비록 영향범위가 협소할지라도 장래 지역사회나 국가 모든 지역으로서의 확산이 예상되는 경우에는 재난관리정책대상으로서 관리하는 것이 필요(후천성면역결핍증 : AIDS)하다.

(6) 재난관리의 성공요건

효과적인 재난관리를 위한 성공요건으로는 ① 효과적인 기관협력, ② 조화와 협력, ③ 지원 법률과 규정, ④ 효과적인 정보관리 시스템, ⑤ 유능한 관리자와 팀원, ⑥ 주요 이해관계자와 수혜자들에 대한 효과적인 상담, ⑦ 효과적인 통신 체계, ⑧ 정확히 정의된 임무와 목표, ⑨ 효과적인 자원관리, ⑩ 충분한 이동과 자원의 분배를 들 수 있다. 모든 사회와 사람들은 본능적으로 재난으로부터 노출을 줄이려고 노력한다. 하지만 국가, 단체, 지역사회, 개인과 같은 재난관리 주체들의 정치적, 문화적, 경제적, 차이로 인해 재난을 관리하고 대처하는 수행능력은 각각 다르다.

재난관리 활동에 있어 중앙정부와 지방정부의 역할에 대한 접근방식은 ① 중앙정부 주도의 Top down 방식과, ② 지방정부 주도의 Bottom up 방식이 있다. 대부분의 국가들은 재난관리의 책임을 직각적인 대응, 현장 활동성 등과 같은 재난의 특성상 지방정부에 둔다. 하지만 중앙정부의 역할도 분명히 있어 오늘날 재난관리 활동은 이들 두 가지 방식을 적절하게 혼합한 중앙정부와 지방정부 공동의 책임과 활동으로 이루어지고 있다.

제 2 절

재난관리의 제이론

재난발생의 원인과 배경에 관하여 주요 이론적 접근이 있다. 다양한 이론은 재난을 이해하는데 관점이 다르기 때문에, 합리적인 국가재난관리체계의 구축을 위하여 각각의 이론의 관점과 초점을 이해하여 논리적으로 종합하는 과정이 필요하다.

1 재난배양이론

재난배양이론(disaster incubation theory)은 터너(Barry Turner)의 1978년 「인적재난(Man Made Disaster)」에서 제기된 것으로, 주로 재난 발생의 사회적·문화적 측면에 주목한다. 터너의 주된 관심은 재난이 발생하는 **사회의 사전조건**(precondition)을 규명하는 것이다. 터너는 재난이 이미 사회 속에 내재되어 있다는 것을 강조한다.

재난 발전의 초기 단계인 배양(incubation)단계에서부터 사회 속에는 재난이 잠재되어 누적되어 가고 있다는 것이다. 이러한 재난의 배양에 대한 강조는 재난 그 자체보다는 재난을 야기하는 사회적 상황에 대하여 사전적인 관심을 기울여야 함을 의미한다. 재난의 사전적 배양에 대하여 관심을 기울이는 것이 재난의 발생 이후의 대비나 대응단계에서 재난을 측정하고 대처하는 것 자체를 소홀히 한다는 것은 아니다. 다만 문제는 소위 재난평가에서 흔히 무시되었던 사회문화적인 조건들을 제대로 인식하고, 재난과 관련된 조직문화의 맹점, 부적절한 정보, 의사소통의 문제점, 오차 수정의 실패, 안전 규제 도입의 실패 등을 성찰해야 한다는 것이다.

즉, 조직의 문화, 정보를 수집하고 처리할 때 모호성, 복잡성 등으로 야기되는 불확실성 등을 심각하게 다루어야 한다는 것이다. 페로(Charles Perrow)는 이후에 이러한 인식을 더욱 발전시켜서 후술하는 **정상사건이론**(Normal Accidents Theory)을 제시하였다.

2 정상사건 이론

정상사건 이론은 페로의 1984년 저작 「정상사고(Normal Accident)」에 처음 소개되었다. 페로는 현대사회의 기술적·조직적 시스템의 특성을 복잡(complex)하고, 꽉 짜여진(tightly-couples) 데에서 찾는다. 복잡하고 꽉 짜여진 기술적 체계는 필연적으로 사고(accidents)를 발생시킬 수밖에 없다는 것이 정상사건이론의 핵심 주장인데, 우선 복잡성의 문제부터 살펴보자. 체계가 복잡하다는 것은 그 체계를 구성하는 요소들 간의 복잡한 상호작용으로 말미암아 인간이 요소들 간의 상호작용을 정확하게 이해하기 어렵게 되어, 결과적으로 불확실성이 높아지는 것을 의미한다. 또 체계의 요소들이 다중적인 기능을 수행하기 때문에 그만큼 실패가 다양하게 나타나게 되며, 요소들 간의 관계가 밀접하기 때문에 그러한 실패는 연속적으로 발생하게 된다.

또한 '꽉 짜여진 체계'란 단일성이 높고, 변형이 적으며, 시간 의존적인 생산 과정을 거치는 체계를 의미한다. 흔히 전문가 집단으로 구성되어 있고, 각각의 구성 요소들의 대체가 쉽지 않은 속성을 지닌다. 이러한 체계는 체계 내에 안전 기제가 내장되어 있지만, 그 개선이 용이하지 않다는 문제가 있다. 이러한 복잡하고 꽉 짜여진 체계에서 예기치 않은 조그만 사건이 발생하게 되면 그것은 곧 가속화 과정을 거쳐 거대한 재난으로 확대되는 경향이 존재한다. 즉, 복잡성과 꽉 짜여짐의 조합은 재난의 발생을 불가피하게 만들며 재난의 확대를 촉진하게 된다. 페로(Perrow)는 이렇게 발생하는 재난을 '정상'사고(Normal Accident)라고 명명하였다. 이러한 견해는 재난 발생의 필연성을 강조하는 것으로 그 관리에 대하여는 일종의 비관적 자세를 취하는 입장이다.

3 고신뢰이론

버클리(Berkely)학파는 뛰어난 안전 기록을 성취하고 있는 조직들이 지니고 있는 독특한 조직 전략을 연구했다. 재난 예방이 가능하다는 전제 아래, 복잡성과 꽉 짜여진 체계에서 위험 발생 가능성을 낮출 수 있는 조직의 전략을 발전시킬 수 있으며, 따라서 재난은 예방할 수 있고, 조직의 안전에 관한 신뢰성도 높일 수 있다는 것이 고신뢰이론(High Reliability Theory)의 핵심이다. 고신뢰이론을 정상사건이론의 비관적 측면에 대한 반발과, 과거 결정론적인 세계관에 근거한 합리적 의사 결정의 전통에 대한 수정을 근간으로 한다. **고신뢰이론의 재난관리 전략**으로는 구체적으로 ① 가외성(redundancy)의 전략, ② 의사결정 분권화(de-centralization)전략, ③ 관점의 유연화(conceptual slacks) 전략, ④ 조직학습(organization learning) 전략 등이 있으며, 이들은 현대 재난관리의 핵심적인 내용을 구성하고 있다.

(1) 가외성의 전략

고신뢰이론은 실패한 영역이나 인물들을 복구(back-up)하기 위하여 조직에 가외성(redundancy)을 도입한다. 가외성의 원리란 부분이 실패하더라도 다른 부분이 그 역할을 보충하거나 실패를 막을 수 있도록 하는 전략을 의미한다. 이는 자연스럽게 다양한 관점을 유지하여 의사 결정의 분권화를 도모하는 것으로 이어진다.

(2) 의사 결정 분권화 전략

고신뢰이론은 기본적인 의사 결정의 전제들(decision premises)에 기반하여 의사 결정(decision making)의 탈 집중화 혹은 분권화를 도모한다. 문제가 발생하였을 때 신속한 대응을 위하여 의사 결정을 분권화하는 전략을 택하는 것이다. 그러나 복잡하고 꽉 짜여진 기술조직 체계에서는 한 부분의 의사 결정의 결과가 미칠 영향을 알 수 없을 경우가 있다. 즉, 부분적인 대응이 오히려 문제를 악화시킬 수 있는 가능성이 존재하기 때문에 의사 결정의 분권화 전략은 체계 전체의 의사 결정의 조정과 체계 하에서 이루어져야 한다.

(3) 관점의 유연화 전략

조직 한 부분의 성급하고 부적절한 의사 결정을 제도적으로 막기 위하여 조직의 기술 체계화 생산 과정에 대한 다양한 관점과 접근법을 동시에 유지함으로써 문제가 발생하였을 때, 강도 높은 토론과 협의를 통하여 의사 결정을 하는 전략이 관점의 유연화 전략이다.

(4) 조직학습 전략

어떠한 부분 조직도 전체 체계의 기술과 생산 과정에 대한 완벽한 지식을 가지지 않도록 조직을 설계함으로써 상호 조정과 협의를 거쳐 의사 결정을 하도록 유도하는 것을 말한다. 장기간의 시도 및 비용을 수반하는 시행착오에 의한 학습, 즉 훈련과 모의실험 등을 통한 학습을 수행하는 것이다.

4 재난관리 학습이론

재난관리의 조직학습이란 재난경험에 대한 지속적인 검증(test)을 통해 이 경험들을 지식으로 전환하여 조직 전체가 공유하고, 이를 조직의 핵심 목표인 재난관리에 활용할 수 있도록 하는 일련의 행위를 말한다.

즉, 재난관리 조직학습은 재난에 의해 발생되는 위험요소를 사전에 제거하거나 피해를 경감시키기 위한 제반활동으로, 시간의 흐름에 따라 예방, 대비, 대응, 복구 등 전 과정에 대한 관리 및 학습과정을 총칭한다. 따라서 재난관리 학습조직은 시간국면에 따라 재난발생 이전의 예방, 대비 단계의 학습과 재난발생 이후의 대응, 복구 단계의 학습으로 이루어지며, 이 네 단계의 학습은 독립적인 것이 아니라 밀접한 관계를 가지고 있다.

5 재난관리 거버넌스

(1) 재난관리 거버넌스의 의의

정부부문 주도의 재난관리 시스템으로부터 전 국민의 참여를 통한 재난관리시스템 구축이 요구된다. 민간 NGO와 시민의 참여를 통한 재난관리 거버넌스 시스템이 이루어질 때 비로소 국가 재난관리 시스템 완비가 가능하다고 판단된다. 이와 관련하여 재난관리 거버넌스는 지역사회 주민의 안전한 생활을 위하여 중앙행정기관, 지방자치단체, 기업, 주민, NGO 등의 다양한 행위 주체들이 의사결정권을 공유한 채 상호조정과 협력의 네트워크를 구성하여 재난관리 기능을 수행하는 것이라고 정의할 수 있다. 재난관리시스템은 재난관리와 관련된 각 중앙부처, 유관기관, 광역 및 기초자치단체, 민간기업, NGO, 주민 등과의 업무 조정 및 협력, 지시 등이 원활하게 이루어질 수 있도록 만들어져야 한다(이재은 외, 2005).

(2) 재난관리 거버넌스의 내용

재난관리 거버넌스는 지역사회 시민의 안전한 생활을 위하여 시민, NGO, 지방자치단체 등의 다양한 행위주체들이 의사결정권을 공유한 채 상호조정과 협력의 네트워크를 구성하여 재난관리정책을 집행해나가는 체계라고 정의하였다. 재난관리 거버넌스의 정의는 <그림 3-3>과 같이 목적, 주체, 전제, 방법, 실체의 다섯 가지 측면에서 다음과 같은 의미를 지닌다.

① 재난관리 거버넌스의 목적

시민의 안전한 생활을 실현하고자 하는 것이다. 이는 각 지역사회 시민의 안전한 생활 실현의 총합은 곧 국민 전체의 안전한 생활 확보를 가능하게 한다고 보기 때문이다. 따라서 해당 지역의 지방자치단체는 우선적으로 그 지역에서 특수하게 나타나는 위기의 유형과 종류를 파악하고 이에 대한 극복방안과 전략을 마련하는 것이 필요하다.

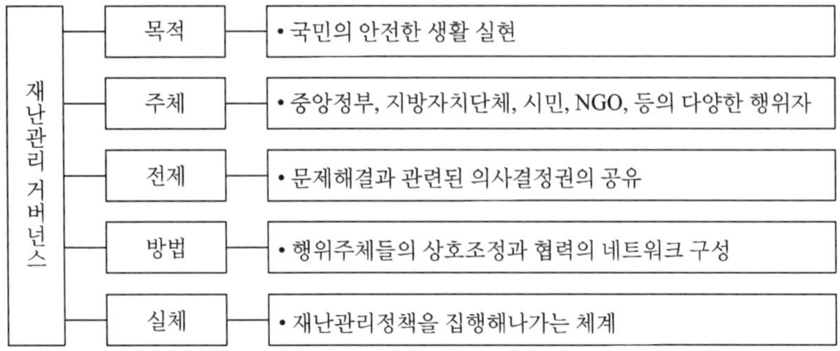

그림 3-3 재난관리 거버넌스의 구성요소[출처 : 이재은(2003) 재구성]

② 재난관리 거버넌스의 주체

시민, NGO, 지방자치단체 등의 다양한 행위자들이다. 그동안 재난이 발생하면 정부지방자치단체가 문제를 파악하고 해결책을 마련하여 이를 집행해왔다. 즉, 재해의 발생으로 인하여 피해를 보는 피해자는 문제해결 과정에서 소외되어 왔던 것이다. 그렇기 때문에 문제의 적절한 해결책이 제시되지 않거나 문제해결이 미진한 상태로 남는 경우에는 지방자치단체가 비판의 대상이 되어 왔다. 시민들의 자발적 결사체인 NGO는 제3자의 위치에 있었던 것이다. 그러나 시민이야말로 재난의 원인은 물론 이에 대한 해결방안 역시 가장 잘 알고 있는 행위주체이다. NGO는 가장 객관적인 위치에서 문제를 해결할 수 있는 행위주체이다.

③ 재난관리 거버넌스의 전제

다양한 행위주체들이 문제해결과 관련된 의사결정권을 공유하고 있다는 것이다. 의사결정과정에서 배제된 채 집행과정에만 참여한다는 것은 진정한 의미에서의 행위주체라고 할 수 없는 동시에 목표달성을 위한 수단적인 의미만을 지니기 때문이다. 또한 로컬 재난관리 거버넌스에서의 의사결정권 공유를 위해서는 관련된 정보의 공유, 결정과정에서의 평등한 권리의 공유, 그리고 결과에 대한 책임의 공유가 함께 요구된다. 정보가 공유되지 않을 경우에는 정확한 의사결정을 내리는 것이 불가능하고, 결정과정에서의 평등한 권리가 보장되지 않을 경우에는 단지 의사결정의 정당성만을 확보시켜주는 역할만 하게 되며, 결과에 대한 책임이 공유되지 않고는 무책임한 의사결정을 가져올 확률이 커지기 때문이다.

④ 재난관리 거버넌스의 방법

행위주체들이 상호조정과 협력의 네트워크를 구성함으로써 문제를 해결하는 것이다. 네트워크 구성은 목표달성을 위한 노력의 결집체로서의 네트워크를 의미한다. 따라서 문제의 원인 파악과 해결방법의 모색을 위한 상호조정과 협력의 네트워크가 필요한 것이다. 행위주체들 사이의 공식적인 연계와 비공식적인 연계 모두를 포함한다.

⑤ **재난관리 거버넌스의 실체**

시민의 안전한 생활을 실현하기 위하여 재난관리정책을 집행해 나가는 체계라고 할 수 있다. 재난관리 거버넌스에서는 정책의 집행과 관련된 다수의 조직이 참여하는 다조직적 관계에 의해 형성되는 체계인 것이다. 즉, 오늘날의 정책집행은 하나의 정책을 단일 조직이 집행하기보다는 둘 이상의 다수 조직이 하나의 정책을 집행하기 위하여 공동의 노력을 기울인다는 특징을 보인다. 특히, 재난은 그 속성상 발생 원인이 복잡·다양하기 때문에 재난관리정책을 집행하기 위해서는 다수의 조직이 복합적이고 총체적인 노력을 기울이는 것이 필요하다.

이상에서 재난관리와 관련된 주요 이론을 살펴보았다. 재난배양이론과 정상사건이론은 재난은 이미 사회 속에 내재되어 있는 것으로 보고 현대 사회의 복잡하고 꽉 짜여진 조직에서는 필연적으로 재난이 발생하게 된다는 것으로 상당히 비관적인 관점이고, 그에 반하여 고신뢰이론은 적절한 전략을 통하여 재난을 방지하여 조직 안전에 신뢰성을 높일 수 있다는 것으로 상당히 낙관적인 관점이다. 그러나 국가재난관리체계 설계를 모색하고자 할 경우 어느 한 이론적 관점에 치우치기보다는, 다양한 관점의 조화가 필요할 것이다.

제 3 절 재난관리의 단계별 정의

1 예방단계

예방(mitigation)은 위험 감소 계획을 결정·집행하고, 각종 재난으로부터 인간의 생명과 재산에 대한 위험의 정도를 감소시키는 장기적인 정책으로 이루어졌다. 따라서 예방은 재난이 실제로 발생하기 전에 재난 촉발 요인을 제거하거나 재난 요인이 표출되지 않도록 억제 또는 예방활동을 의미한다.

예방단계 활동으로는 사전 예방 대책의 수립, 재난 피해 감소방안의 마련, 재난 영향의 예측 및 평가, 이전 기준 설정, 재난 요인 사전 제거, 위험 요인에의 노출 감소 등이 있다. 구체적인 세부 활동에는 규제 및 법령의 정비, 재난취약시설에 대한 주기적 점검 및 규제, 주요 재난시설에 대한 연계 관리계획의 수립, 재난업무의 전담요원 확보, 위험시설이나 취약시설에 대한 보수·보강 계획, 위험요소에 대한 사전관리, 발생 가능한 것으로 판단되는 재난의 탐색 및 조치, 개발 사업에 대한 사전 재난영향 평가, 재난영향 감소를 위한 강제 규제 방안 마련, 기상정보 및 재난 취약 요인에 대한 분석 등이 있다.

이러한 예방활동을 통해 재난으로 인한 인명과 재산의 피해를 최소화하고, 사회적 혼란과 스트레스의 최소화, 중요시설물의 유지, 사회 기반시설의 보호, 정신적 건강 보호, 정부와 공무원의 법적 책임 감소, 정부 활동을 위한 긍정적인 정치적 결과 제공 등과 같은 성과나 편익을 얻을 수 있다.

2 대비단계

대비(preparedness)는 재난 발생 시의 대응 활동을 사전에 준비하기 위한 대응 능력 개발 활동을 말한다(Clary, 1985 : 20; Petack, 1985 : 3; McLoughlin, 1985 : 166).

대비단계에서의 활동은 사전 훈련 및 협조 체계의 유지, 대응 자원의 확보 및 비축, 그리고 재난경보 체계의 구축 등이 포함된다. 세부 사항으로는 재난 유형별 사전 교육훈련 실시, 표준운영절차(SOP)의 확립, 재난 종류별 유관 기관 확인, 자원 보유기관의 확인 및 응급 복구를 위한 자재 비축 및 장비의 가동 준비, 자원 수송 및 통제 계획의 수립, 필요한 자원의 긴급 자원 대책 수립,

재난 예보·경보 시설 및 체계의 구축, 주민 대피를 위한 홍보 업무의 체계화, 그리고 재난 관련 비상 방송 협조 체계의 구축 등이 있다.

3 대응단계

대응(response)은 재난이 발생한 경우 재난관리 기관들의 각종 임무 및 기능을 실제 적용하는 활동으로서, 대응 활동은 예방, 대비 단계의 활동과 연계하여 제2의 손실 발생 가능성을 줄이고, 복구단계에서 발생할 수 있는 문제들을 미리 최소화시키는 활동을 의미한다(Drabeck, 1985 : 85 : Petak, 1985 : 3). 대응단계의 주요 활동으로는 대응 기관 사이의 협조 및 조정, 피해자 보호 및 구호 조치, 피해 상황 파악 및 응급 복구 등이 있다. 그리고 세부 활동으로는 현장지휘소 및 상황실 운영, 관련 기관 사이의 의견 조정 및 의사 결정, 대응 기관별 활동 목표와 역할의 명확화, 피해자 및 이재민의 수용시설 확보 및 관리, 희생자 탐색구조와 응급의료 지원, 의연금품과 구호물자 전달체계, 긴급복구계획의 수립 등이 있다.

4 복구단계

복구(recovery)는 피해지역이 재난 발생 직후부터 재난 발생 이전 상태로 회복될 때까지의 장기적인 활동 과정으로서, 초기 재난 상황으로부터 정상 상태로 돌아올 때까지 지원을 제공하는 지속적인 활동을 의미한다. 복구단계의 활동으로는 복구 상황의 점검 및 관리, 피해 파악 및 긴급 지원, 재난 발생 원인에 대한 분석 및 평가가 있으며, 세부 활동으로는 중장기 복구계획 수립 및 복구의 우선순위 결정, 복구장비 및 복구예산 확보를 위한 방안 마련, 복구 지원을 위한 관계 기관들과의 협조, 피해 상황의 집계, 긴급 지원물품의 제공, 피해자 보상 및 배상관리, 재난 발생원인 및 문제점 조사, 개선안의 마련 및 유사 재난 재발 방지책 마련, 피해 유발 책임자 및 책임기관에 대한 법적 처리 등이 있다.

표 3-5 재난관리 단계별 정의 및 수단(미국 FEMA, 1998)

단계	정의	일반적 수단
예방	재난 예방이란 인간의 생명과 재산에 미치는 자연적 또는 인위적 위험성 정도를 줄이거나 제거하기 위하여 장기적 관점에서 취해지는 모든 활동을 말한다. 예방 및 경감 단계는 당해 사회가 과거에 비상상황이 발생했는지 여부를 떠나 어떤 위험성에 노출되어 있다는 것을 전제로 한다.	• 건축법규, 재난재해보험, 소송(기소) • 토지 사용 관리 • 감시감독/조사 • 공공 교육, 과학적 연구 • 위험지도 제작 • 안전법규, 기타 관련법령 및 조례 • 세금 경감 및 세금 인상
대비	재난 대비란 비상시 효과적인 대응을 용이하게 하고 작전 능력을 향상시키기 위하여 취해지는 사전 준비활동을 말한다.	• 비상방송 시스템 구축 • 대응활동을 위한 비상통신 시스템 구축 및 관리 • 대응조직(기구)관리 • 대응계획을 포함하는 관리계획 • 재난방송 및 공공 정보자료(방송 및 홍보 시나리오) • 대응계획과 재난관련 시스템의 적용연습 • 재난위험성 분석 • 지역 간 상호원조협정 체결 • 자원관리 체계 • 대응요원들의 교육훈련 • 경보 시스템 구축
대응	대응활동이란 재난 발생 직전과 직후 또는 재난이 진행되고 있는 동안에 취해지는 인명구조, 재산손실의 경감, 복구의 효과성을 향상시키기 위한 일련의 활동을 총칭하는 개념이다.	• 비상방송 시스템의 가동 • 시민들에 대한 비상 대비 및 방어활동을 유발하도록 하는 긴급지시 • 긴급 의료 지원 활동 전개 • 재난관리계획의 적용(활성화) • 대책본부 및 긴급구조본부의 가동 • 긴급대피(evacuation) 및 은신(shelter) • 탐색 및 구조 • 대응자원 동원 • 경보 시스템의 가동
복구	복구활동은 일반적으로 단기 복구와 중장기 복구활동으로 구분하여 관리하는데, 단기 복구는 최소한의 필수불가결한 생활지원 활동을 말하며, 중장기 복구는 정상적인 생활 상태로의 복귀 및 좀 더 향상된 상태로의 복귀를 위하여 취해지는 활동을 말한다.	• 위기 상담 • 피해평가 • 장해물 제거 • 보험금 지급 • 대부 및 보조금 지원 • 재난으로 인한 실직자 지원 • 유익한 재난 관련 공공정보 제공 • 대응계획 평가 • 대응계획 수정 및 수정 내용 배포 • 임시 거주지(주택) 마련

5 재난 및 안전관리 기본법상의 재난관리 과정

재난 및 안전관리 기본법은 재난의 예방, 대비, 대응, 그리고 복구 과정을 상정하고 입법화하였다. 재난 및 안전관리 기본법은 각종 재난으로부터 국토를 보존하고 국민의 생명·신체 및 재산을 보호하기 위하여 국가와 지방자치단체의 재난 및 안전관리 체제를 확립하고, 재난의 예방·대비·대응·복구와 안전문화 활동, 그 밖에 재난 및 안전관리에 필요한 사항을 규정함을 목적으로 한다(동법 §1).

재난 및 안전관리 기본법에서 규정하고 있는 **재난관리의 예방, 대비, 대응 및 복구 단계**의 주요 내용을 살펴보면 다음과 같다.

첫째, 기본법에서 규정하고 있는 중요한 예방(mitigation)단계에서의 내용으로는 재난안전상황실 등(§18-21), 안전관리계획(§22-25), 재난관리 책임기관의 장의 재난 예방조치(§25조의2), 국가기반시설의 지정 및 관리 등(§26), 특정 관리대상 시설 등의 지정 및 관리 등(§27), 지방자치단체에 대한 지원 등(§28), 재난방지시설의 관리(§29), 재난안전 분야 종사자 교육(§29조의2), 재난 예방을 위한 긴급 안전 점검 등(§30), 재난 예방을 위한 긴급 안전 조치(§31), 정부 합동 안전 점검(§32), 안전관리 전문기관에 대한 자료 요구 등(§33), 재난관리체계 등에 대한 평가 등(§33조의2), 재난관리 실태 공시 등(§33조의3)이 있다.

둘째, 대비(preparedness)단계의 주요 내용에는 재난관리 자원의 비축·관리(§34), 재난 현장 긴급통신 수단의 마련(§34조의2), 국가재난 관리 기준의 제정·운영 등(§34조의3), 기능별 재난 대응 활동계획의 작성·활용(§34조의4), 재난분야 위기관리 매뉴얼 작성·운용(§34조의5), 안전기준의 등록 및 심의 등(§34조의6), 재난대비 훈련(§35) 등이 있다.

셋째, 대응(response)단계의 주요 골자로는 재난사태 선포(§36), 응급조치(§37), 재난 예보·경보의 발령 등(§38), 재난예보·경보 체계 구축 종합계획의 수립(§38조의2), 동원명령 등(§39), 대피명령(§40), 위험구역의 설정(§41), 강제대피 조치(§42), 통행제한 등(§43), 응원(§44), 응급 부담(§45), 시·도지사가 실시하는 응급조치 등(§46), 재난관리 책임기관의 장의 응급조치(§47), 지역통제단장의 응급조치 등(§48), 중앙긴급구조통제단(§49), 지역긴급구조통제단(§50), 긴급구조(§51), 긴급구조 현장지휘(§52), 긴급구조 활동에 대한 평가(§53), 긴급구조 대응계획의 수립(§54), 재난 대비능력 보강(§55), 긴급구조 지원기관의 능력에 대한 평가(§55조의2), 해상에서의 긴급구조(§56), 항공기 등 조난사고 시의 긴급구조 등(§57), 등이 있다.

넷째, 기본법에서 규정하고 있는 복구(recovery)단계의 주요 규정으로는 재난 피해의 조사(§58), 재난 복구계획의 수립·시행(§59), 특별재난지역의 선포(§60), 특별 재난지역에 대한 지원(§61), 비용 부담의 원칙(§62), 응급 지원에 필요한 비용(§63), 손실보상(§64). 치료 및 보상(§65), 재난 지역에 대한 국고 보조 등의 지원(§66) 등을 들 수 있다.

제 4 절

재난관리 방식

1 재난관리 접근방법

(1) 재난관리 접근방법(Approaches)

재난을 관리하기 위한 접근방법은 두 가지로 구분된다. ① 위험요소에 초점을 둔 기술 관료적 접근방법과 ② 취약성에 초점을 둔 취약성 접근방법이 있다. 이처럼 재난관리는 크게 위험요소들(Hazards)에 대한 관리와 취약성(Vulnerability)에 대한 관리로 나누어진다. 왜냐하면 재난은 자연적, 사회적 위험요소(Hazards)들이 사회적으로 조성된 취약성(Vulnerability)과 결합하여 재난의 결과(Consequences)를 만드는 것으로 이해되기 때문이다.

과거 전통적인 재난관리는 다양한 재난 위험요소들(Hazards)에 초점을 둔 준비와 대응관리 위주로 이루어졌다고 볼 수 있다. 이후 재난관리는 사전적 완화와 위험관리 단계의 중요성을 강조하고 관리적 초점의 전환을 가져왔다. <표 3-6>은 재난관리의 두 가지 접근방법의 차이를 보여준다.

① 기술 관료적 접근방식

기술 관료적 재난관리 방식은 전통적인 재난관리 방식으로 지진, 태풍, 산사태, 화재 등과 같은 자연적 현상을 유발하는 위험요소(Hazard)들의 물리적인 과정에 초점을 두고 관리하는 방식이다.

표 3-6 재난관리 접근방법 비교

구분	기술 관료적 (Technocratic Approach)	취약성 (Vulnerability Approach)
초점(Focus)	물리적 과정 피해경감	사회적 과정 사람들의 취약성 경감
스타일(Style)	관리적(Managerial) 위계적(Hierarchical) 핵심 개인과 조직들이 문제해결 기술, 공학, 돈을 이용	비차등적(Collegial) 분산적(Decentralized) 문제이해를 위해 지역사회적 접근 창의성, 상상, 압력을 활용
철학적 지향	실용주의적(Utilitarian) 자연을 정복(Conquer nature)	평등주의적(Egalitarian) 자연과 공존(Live with nature)
방법	파괴주의자(Deconstructionist)	총체적(Holistic)

이 관료적 접근방식은 재난을 자연의 행동(Acts of Nature)으로 인식하는 것에서부터 출발한다. 따라서 재난관리는 주로 위험요소들의 발생차단, 규모축소, 2차적 확산방지 등에 관한 관리적 방식으로 접근한다. 즉, 위험요소들의 물리적 과정의 이해를 통한 피해경감을 초점을 두었으며, 기술과 공학을 적극적으로 활용한 실용주의적인 관리방식을 지향하였다. 또한 위험요소의 관리를 위해 자본과 노력을 적극적으로 투자한다.

② 취약성 접근방식

취약성 접근방식은 사회적인 다양한 취약성에 초점을 둔 재난관리 방식이다. 이 접근 방식은 재난의 사회 조성적(Act of Society)인식에서 출발한다. 대형재난 사고의 결과는 자연적 위험요소들에 의해 발생하는 것이 아니라 인간의 선택에 의한 사회적으로 조성된 많은 요인들의 취약성 때문에 재난이 발생한다는 인식을 하게 된다. 이러한 인식에서 출발하여 빈곤, 취약한 인프라 등 사회적으로 조성된 취약성에 초점을 둔 관리 방식이다.

오늘날 재난관리는 단순히 위험요소들(Hazards)에 대한 관리를 넘어 지역사회의 다양한 취약성(Vulnerability)에 대한 관리까지도 포함하고 있다. 지역사회의 취약성은 사회적, 경제적, 물리적, 환경적, 제도적 취약성에 이르기까지 구성요소들은 다양하다. 이 관리방식은 사람들의 다양한 취약성 경감에 관리적인 초점을 둔다. 그 결과 재난관리는 보다 종합적이고, 포괄적이며, 정치적 비중이 확대된다. 재난관리는 정부의 기본적인 역할로 인식한다. 그래서 국가는 재난관리조직, 법률, 예산 등을 제정하고 운영한다.

이들 재난관련 제도들은 정치적 관심과 경제적 수준, 문화적 차이에서 국가별로 다양할 수 있다. 오늘날 국가는 모든 재난에 완화, 준비, 대응, 복구할 수 있는 국가능력을 갖추어야 한다. 이러한 국가능력은 다수의 정부, 기관, 분야, 관할, 기능, 인력, 자원들의 관리와 통합의 문제이다.

수많은 자연적, 인적 위험요소들은 다양한 재난을 유발한다. 이 같은 다양한 위험요소는 재난의 피해를 줄이거나 회피할 수 있는 재난발생 이전의 완화적인 측면을 강조하고 있다. 재난 발생 이전의 재난예방이나 완화를 위한 관리활동들을 일반적으로 재난관리 과정상의 위험관리라고 볼 수 있다.

쉴베스(Sylves, 1998)는 재난관리는 모든 위험 요소들의 충격으로부터 완화, 준비, 대응, 복구하기 위하여 조직화된 분석, 계획, 의사결정을 하고, 가용자원을 할당하는 것이라고 했다. 또한 재난관리를 극한 사고를 다루기 위하여 과학, 기술, 계획과 관리를 적용하는 직업분야라고 했다. 재난관리에 관한 접근방법은 <표 3-7>과 같이 두 가지 방식이 있다. 오늘날 이들 두 가지 방식의 적절한 조합이 중요하다.

표 3-7 재난관리에 대한 접근방법

종류	접근 방법
기술 관료적 접근 (Technocratic Approach)	① 위험요소들의 물리적 과정에 초점 ② 관리적 문제해결을 적용 ③ 기술, 공학, 자본의 활용 ④ Top-Down 접근 경향
취약성 접근 (Vulnerability Approach)	① 사회·경제·정치적 요인에 초점 ② 사람들의 취약성 경감에 추구 ③ 위험요소의 경감내의 사회적 정의와 평등에 민감 ④ Bottom-Up 접근

2 재난관리 방식

재난을 관리하는 방식은 크게 두 가지로 나누어 볼 수 있다. 하나는 재난의 종류에 따라서 각 부처별로 분산하여 관리하는 유형별 관리 방식이며, 다른 하나는 통합된 하나의 기관을 설립하여 모든 재난을 통합 관리하는 방식이다.

(1) 분산관리 방식

전통적 재난관리 제도는 유형별 재난의 특징을 강조하는 것에서부터 시작된다. 이것은 1930년대 전통적인 조직이론의 등장과 함께 합리성을 목표로 하는 조직이 전문화의 원리를 택하도록 하는 행정 이론적 환경과 일치하는 시기에 생겨났다. 이러한 재난관리의 분산관리 방식은 지진, 수해, 유독물, 설해, 화재 등 재난의 종류에 상응하여 대응 방식에 차이가 있다는 것을 강조한다. 따라서 재난 종류별 계획이 마련되어 대응 책임기관도 각각 다르게 배정되어 관리하는 방식이다.

(2) 통합관리 방식

분산관리 방식은 재난 시 유사 기관 간의 중복 대응과 과잉 대응의 문제를 야기하였고, 난해한 계획서의 비현실성과 다수 기관 간의 조정·통제에 대하여 여러 가지 반복되는 문제를 야기하게 되었다. 이러한 분산 관리의 문제점을 보완하고자 제시된 것이 통합관리 방식이다.

FEMA의 창설에 이론적 근거로 제시된 통합관리 방식(Integrated Emergency Management System : IEMS)은 재난관리의 전체과정이라 할 수 있는 예방－대비－대응－복구활동을 종합 관리한다는 의미이며, 모든 재난은 피해 범위, 대응 지원, 대응 방식에서 유사하다는 것을 그 이론적 근거로 삼고 있다. 그러나 제도론적 관점에서의 통합관리의 개념은 재난대응 단계에서의 모든 자원을 통합 관리한다는 의미가 아니라 재난 대응에 필요한 대응 기능별 책임기관을 지정하여 유사시 참가 기관들을 조정하고 통제한다는 조정적 의미이다.

분산관리 방식과 통합관리 방식 간의 장단점을 비교해 보면 <표 3-8>과 같다.

표 3-8 재난관리 방식별 장단점 비교

유형	유형별 관리 방식	통합관리 방식
성격	분산관리 방식	통합적 관리 방식
관련부처 및 기관	다수 부처 및 기관의 단순 병렬	단일 부처 조정하의 병렬적 다수 부처 및 기관
책임범위와 부담	소관 재난에 대한 관리 책임, 부담 분산	모든 재난에 대한 관리 책임, 과도한 부담 가능성
관련부처의 활동 범위	특정 재난에 대한 관리활동	모든 재난에 대한 종합적 관리활동과 독립적 활동의 병행
정보전달 체계	정보 전달의 다원화	정보 전달의 일원화
재난 대응	대응 조직 없음(사실상 소방)	통합 대응/지휘통제 용이(소방)
재난에 대한 인지 능력	미약, 단편적	강력, 종합적
장점	• 한 재해 유형을 한 부처가 지속적으로 담당하므로 경험축적 및 전문성 제고가 용이 • 한 사안에 대한 업무의 과다 방지	• 재난 발생 시 총괄적 자원 동원과 신속한 대응성 확보 • 자원봉사자 등 가용자원을 효과적으로 활용
단점	• 복잡한 재난에 대한 대처 능력에 한계 • 각 부처간 업무의 중복 및 연계 미흡 • 재원 마련과 배분의 복잡성	• 종합관리 체계를 구축하는 데 많은 어려움이 따름. • 부처 이기주의 및 기존 조직들의 반대 가능성이 높고 업무와 책임이 과도하게 한 조직에 집중됨.
대표적인 국가	일본	미국

3 우리나라의 재난관리 방식

우리나라의 재난관리체계는 <표 3-9>과 같이 정리할 수 있다. 중앙의 행정안전부와 지방정부의 재난관리 조직(대부분 소방과 방재조직의 분리)의 체제가 다르게 되어 있다. 그렇다면 우리나라의 재난관리 방식은 분산관리 방식인가, 통합관리 방식인가? 우리나라의 중앙정부는 2004년 6월 1일 소방방재청 출범으로 통합관리방식으로 보아야 할 것이다. 그러나 지방정부는 일부 분산관리방식을 선택한 곳도 있다.

표 3-9 우리나라의 재난관리체계

구분		내용
기본법		재난 및 안전관리 기본법
관리 체계		통합관리
중앙 조직	최고기관	행정안전부
	기능	상설
	기구	행정안전부
지방조직		• 광역 : 소방안전(재난 또는 방재)본부 혹은 건설도시(교통)국+소방본부, 통합관리 형태로 정비되어 가고 있는 추세 • 시·군 : 인적재난-재난관리부서, 자연재난-복구지원부서, 국가기반재난-지역협력부서, 민방위-민방위부서 등 유형별 관리
재난관리 방식		행정안전부를 중심으로 한 통합적 관리 방식
재난 시 활동		• 지방자치단체가 일차적으로 대응 • 규모가 클 경우 중앙정부에서 지원

제 5 절

재난관리 커뮤니케이션

1 재난관리 커뮤니케이션의 의의

(1) 재난관리 커뮤니케이션의 정의

재난관리 커뮤니케이션은 재난이 발생했을 때 재난정보를 정확하고 시의적절하게 제공함으로써 그 피해를 최소화하고, 언론에 대한 원활한 취재지원을 하는 한편, 재난 관련 기관 간 통일된 입장을 유지하여 국민의 신뢰를 확보하고 나아가 국민의 생명과 재산을 지키는 것을 목적으로 한다.

재난이 발생했을 때 다양한 이해관계자(정부, 기업, 지역주민, 시민단체, 언론 등)와의 커뮤니케이션 과정을 관리하여 위험이 재난으로 발전하는 것을 막고, 조직의 명성을 방어하기 위한 전략적 커뮤니케이션 과정을 의미한다.

(2) 재난관리 커뮤니케이션의 필요성

재난관리 커뮤니케이션을 수행하는 것은 재난과 같은 위기관리 과정에서 매우 중요한 위치를 차지하고 있다. 아무리 좋은 재난관리 계획을 수립했다 하더라도 재난관리 커뮤니케이션을 위기상황에서 적절하게 수행하지 못한다면 그 의미는 발휘되지 못하기 때문이다. 따라서 재난관리 커뮤니케이션 업무 수행에 요구되는 홍보, 공공 정보, 설득과 수락, 협상과 중재 등 필요한 커뮤니케이션 기술을 습득하는 것은 재난관리 커뮤니케이션의 유능성이 확보될 수 있는 관건이 되기도 한다(백진숙, 2009 : 73 ; 이재은, 2012 : 321).

재난은 피할 수 없는 반면에 관리 가능성을 지니고 있다. 재난을 관리하기 위해서는 두 가지 측면, 즉 **장악력**(control)**과 배려**(compassion)가 있다. 지금까지는 재난관리의 장악력 측면을 강조해온 경향이 있지만, 국민들의 진정한 참여와 이해, 재난관리를 담당하는 정부기관과 국민 사이의 상호호혜와 협력이 없는 경우에는 아무리 좋은 제도적 장치나 선진 기술도 무용지물이 될 가능성이 있다. 즉, 국민들과의 커뮤니케이션 통로를 끊임없이 확보하고, 국민들을 재난관리에 참여시키려는 노력을 게을리 해서는 안 된다. 이 모든 활동이 커뮤니케이션이고 홍보이기 때문이다(김영욱, 2004 : 79 ; 이재은, 2012 : 317-318).

재난관리 커뮤니케이션은 재난 등 위기가 확대되지 않도록 통제하고, 재난으로 인한 손실 및 위험을 최소화하고, 관련 공중의 이해를 높이는 역할을 한다. 그리고 재난이 발생하기 전에 사전 계획을 수립하는 것 또한 재난관리 커뮤니케이션에 속한다. 조직은 최악의 시나리오에 대비하고 모든 발생 가능한 재난에 대한 준비를 철저히 해야 한다. 이를 위해서 조직과 관련된 모든 이슈에 대한 모니터링 체계와 쟁점 분석 체계를 지니는 것이 필요하다(김희정, 2004 : 8 ; 이재은, 2012 : 318).

재난관리를 훌륭히 수행하는 조직은 손실과 이미지 약화의 확산 고리를 초기에 차단할 수 있으며, 이를 계기로 재난의 대처에 뛰어난 체계적이고 믿을만한 조직 이미지를 생성하기도 한다. 이 경우에 위기를 기회로 삼아 정책이나 조직의 신뢰성을 회복하고 일반의 이해를 넓히는 계기가 될 수도 있다. 따라서 조직은 모든 업무에 대해 문제의식을 가지고 세심하게 위기요인을 점검하는 등 사전에 철저한 재난관리를 통해 이를 예방하거나 그 피해를 최소화해야 할 것이다(김희정, 2004 : 6-7 ; 이재은, 2012 : 318-319).

2 재난관리 커뮤니케이션의 원칙과 전략

(1) 재난관리 커뮤니케이션의 원칙

① 신속성의 원칙

재난관리 커뮤니케이션에서 '신속함'이란 위기 발생 후 조직의 대변인이 언론에게 첫 성명서를 제공하기까지의 시간을 의미한다. 현재의 일반적인 지침은 조직의 위기가 언론에 알려진 후 3시간 내에 초기 대응을 실시하는 것이다.

② 일관성의 원칙

정부 위기 상황 속에서 언론이나 국민들을 대상으로 일관된 메시지를 전달하는 것은 매우 중요하다. 일관성 확보를 위해 한 사람의 대변인이 커뮤니케이션 창구를 독점하는 것이 관례인데, 보다 중요한 것은 언론에 대해 훈련되지 않은 조직원(공무원)들이 위기 상황에서 조직의 비공식적 대변인 역할을 수행할 가능성이 높다는 점이다. 비교적 대언론 관계 커뮤니케이션 훈련이 잘 되어 있는 대변인과는 달리 이러한 비공식적 대변인들에게서 메시지의 일관성이나 정확성을 기대하기는 어려운 것이 현실이다. 그러나 위기관련 정보를 조직 구성원들과 충분히 공유한다면 이들은 비공식적 대변인의 역할을 충실히 수행해 나갈 수 있다.

③ 개방성의 원칙

위기상황에서 개방성은 다양한 개념으로 해석되고 있다. 보다 구체적으로 미디어의 이용 가능성, 정보의 공개성, 그리고 정직성 등의 개념을 통해 개방성의 원칙을 설명할 수 있겠다. 먼저, 이용 가능성 차원에서의 개방성은 미디어의 정보욕구 충족을 위한 시설제공과 커뮤니케이션 채널 제공을 의미한다. 즉, 기자실을 설치하여 통신망구축 등의 기본 커뮤니케이션 시설을 제공함은 물론이고, 미디어의 추가정보 요구에 신속하게 대응하는 커뮤니케이션 채널을 가동해야 한다.

④ 공감성의 원칙

재난상황에서 희생자가 발생된다면 재난관련 최초 브리핑에서 희생자에 대한 동정심과 유감을 적극적으로 표명해야 한다. 재난희생자란 재난으로 인한 육체적, 정신적, 재정적 고통을 받는 사람을 말한다. 이러한 희생자의 존재 유무는 최초 재난대응 내용과 형식을 결정하는데 중요한 전략적 시사점을 지닌다. 희생자에 대한 적극적인 관심표명은 조직의 신뢰성 회복의 일환으로 받아들여질 것이다.

⑤ 신뢰성의 원칙

재난관리 커뮤니케이션의 핵심은 조직의 신뢰성을 회복하는 것이다. 신뢰성을 확보하기 위해 조직의 상징이라고 할 수 있는 최고 책임자를 재난관리에 개입시켜 재난 극복에 적극적으로 개입하고 있다는 인식을 통해 신뢰성을 구축하는데 노력해야 한다(이민우, 2001).

⑥ 긍정의 원칙

신속한 정상업무 재개 가능성, 충분한 피해보상 약속, 희생자 수습 등 긍정적인 요소를 강조해 재난 상황 외에 다른 측면까지 재난이 확대되는 것을 방지하기 위한 적극적인 커뮤니케이션 원칙이다.

(2) 재난관리 커뮤니케이션의 전략

재난으로 인해 발생하는 피해를 최소화하고 실추된 이미지를 회복하기 위해 재난관리 커뮤니케이션을 실행하여야 하며, 이러한 행위는 신속하고 적극적으로 행해져야 한다. 재난 상황에 직면하게 되면 이를 벗어나기 위해 다양한 커뮤니케이션 전략을 사용하게 된다(차희원, 2002; 이재은, 2012 : 316). 첫째, 처음 문제에 직면하는 대부분은 재난 자체를 부인하거나 무시하는 등의 전략을 사용한다. 둘째, 이러한 방법이 수용되지 않을 때 자신을 변명하거나 정당화하는 전략으로 전환되기도 한다. 셋째, 그럼에도 불구하고 사태가 더 악화되거나 확산되는 경우, 용서를 구하거나 사과하는 커뮤니케이션으로 방향을 선회하기도 한다.

표 3-10 재난관리 커뮤니케이션 전략

공격전략	위기가 존재한다고 주장하는 사람 또는 그룹에 맞서는 전략을 말한다. 조직을 비난하는 사람들을 상대로 법적 소송도 불사하겠다고 위협하는 식의 대응을 지칭한다.
공격전략	위기가 존재하지 않는다고 주장하는 전략을 말한다. 위기가 존재하지 않는 이유를 설명하는 행동이 동반된다.
변명전략	위기에 대한 조직의 책임을 최소화하려는 전략을 말한다. 조직이 위기를 유발한 사건에 대한 통제력이 전혀 없었다고 주장하거나, 부정적 결과에 대한 조직의 의도성을 부인하는 방법을 사용한다.
합리화전략	위기로 인하여 발생된 피해가 대수롭지 않다는 인식을 형성하기 위한 전략을 지칭한다. 심각한 피해나 부상자가 존재하지 않는다고 말하거나 희생자들이 희생당할 만한 이유가 있다고 주장하는 방법 등을 사용한다.
환심사기 전략	이익집단을 칭찬하거나 조직의 과거 선행을 이익집단에게 상기시키는 방법을 사용한다.
시정조치전략	위기로 인한 피해를 회복하기 위한 방법을 찾거나 위기 재발 방지를 위한 조치를 취하는 방법을 사용한다.
사과전략	위기에 대한 전적인 책임을 지며, 위기에 대한 용서를 구한다. 금전이나 원조와 같은 보상을 제공하는 방법 등을 사용한다.

3 재난보도

(1) 재난보도란?

재난보도는 특정시점에 발생되어 특정지역에 인적, 물적, 정신적 피해를 초래하는 재난에 관련된 정보를 제공하는 언론활동이다. 또한, 재난방송은 "긴급한 재난사태가 발생할 경우 재난에 대비하기 위해 긴급하게 재난정보를 전달하는 긴급방송(emergency broadcasting)"을 의미한다. 방송은 매스미디어 중에서 가장 속보성이 뛰어난 매체다. 방송은 미디어의 특성상 속보성이 가장 뛰어날 뿐만 아니라 가장 생생한 현장영상을 전달할 수 있어서 재난정보를 전달하는데 가장 효과적인 매체다.

(2) 재난보도의 기능

① 보도기능 : 재난방송의 본질로서 재난의 규모나 피해상황을 전달한다.

② 방재기능 : 불안이나 혼란 속에 있는 국민의 삶을 안심시키는 행동지시 정보와 안부 정보, 생활정보 등을 전달한다.

③ 복구기능 : 재난발생의 문제점 등을 추적 보도하는 등 복구나 새로운 건설의 역할도 수행한다.

(3) 재난보도 가이드라인(한국기자협회)

① 언론은 재난 발생 사실과 피해 및 구조상황 등 재난 관련 정보를 국민에게 최대한 정확하고 신속하게 보도해야 한다.

② 재난현장 취재는 긴급한 인명구조와 보호, 사후수습 등의 활동에 지장을 주지 않는 범위 안에서 이루어져야 한다. 재난관리 당국이 설정한 폴리스라인, 포토라인 등 취재제한은 특별한 사유가 없는 한 준수한다.

③ 언론의 역할 중에는 방재와 복구기능도 있음을 유념해 재난 피해를 최소화하는데 기여해야 한다.

④ 언론은 사실 전달뿐만 아니라 새로 발생할지도 모르는 피해를 예방하기 위해 안내와 사전 정보를 제공하고, 피해자 및 지역주민에게 필요한 생활정보나 행동요령 등을 전달하는데도 노력해야 한다.

⑤ 취재를 할 때는 신분을 밝혀야 한다. 신분 사칭이나 비밀 촬영 및 녹음 등 비윤리적인 수단과 방법을 통한 취재는 하지 않는다.

⑥ 병원, 피난처, 수사기관 등 출입을 통제하는 곳에서의 취재는 특별한 사유가 없는 한 관계기관의 동의를 얻어야 한다.

⑦ 언론사는 충실한 재난 보도를 위해 가급적 현장 데스크를 두며, 본사 데스크는 현장 상황이 왜곡돼 보도되지 않도록 현장 데스크와 취재기자의 의견을 최대한 존중한다.

⑧ 언론사와 제작책임자는 속보 경쟁에 치우쳐 현장기자에게 무리한 취재나 제작을 요구함으로써 정확성을 소홀히 하도록 해서는 안 된다.

⑨ 피해 규모나 피해자 명단, 사고 원인과 수사 상황 등 중요한 정보에 관한 보도는 책임 있는 재난관리당국이나 관련기관의 공식 발표에 따르되 공식발표의 진위와 정확성에 대해서도 최대한 검증해야 한다. 공식 발표가 늦어지거나 발표 내용이 의심스러울 때는 자체적으로 취재한 내용을 보도하되 정확성과 객관성을 최대한 검증하고 자체 취재임을 밝혀야 한다.

⑩ 재난과 관련해 인터뷰나 코멘트를 하는 인물에 대해서는 사전에 신뢰성과 전문성을 충분히 검증해야 한다. 재난 발생 시 급박한 취재 여건상 충실한 검증이 어려운 점을 감안해 평소 검증된 재난 전문가들의 명단을 확보해놓고 수시로 검증하여 활용하도록 한다.

⑪ 모든 정보는 출처를 공개하고 실명으로 보도하는 것을 원칙으로 한다. 확인되지 않거나 불확실한 정보는 보도를 자제함으로써 유언비어의 발생이나 확산을 막아야 한다.

⑫ 사건 사고의 전체상이 파악되지 않은 상황에서 불가피하게 단편적이고 단락적인 정보를 보도할 때는 부족하거나 더 확인돼야 할 사실이 무엇인지를 함께 언급함으로써 독자나 시청자가 정보의 한계를 인식할 수 있도록 노력한다.

⑬ 피해자 가족의 오열 등 과도한 감정 표현, 부적절한 신체 노출, 재난 상황의 본질과 관련이 없는 흥미위주의 보도 등은 하지 않는다. 자극적인 장면의 단순 반복 보도는 지양한다. 불필요한 반발이나 불쾌감을 유발할 수 있는 지나친 근접 취재도 자제한다.

⑭ 개인적인 감정이 들어간 즉흥적인 보도나 논평은 하지 않으며 냉정하고 침착한 보도 태도를 유지한다. 자극적이거나 선정적인 용어, 공포심이나 불쾌감을 줄 수 있는 용어는 사용하지 않는다.

⑮ 보도한 내용이 사실과 다를 경우에는 독자나 시청자가 납득할 수 있는 적절한 방법으로 신속하고 분명하게 바로잡아야 한다. 반론 보도 요구가 타당하다고 판단될 때는 전향적으로 수용해야 한다.

⑯ 취재 보도 과정에서 사망자와 부상자 등 피해자와 그 가족, 주변사람들의 의견이나 희망사항을 존중하고, 그들의 명예나 사생활, 심리적 안정 등을 침해해서는 안 된다.

⑰ 피해자와 그 가족, 주변사람들의 상세한 신상 공개는 인격권이나 초상권, 사생활 침해 등의 우려가 있으므로 최대한 신중해야 한다.

⑱ 피해자와 그 가족, 주변사람들에게 인터뷰를 강요해서는 안 된다. 인터뷰를 원치 않을 경우에는 그 의사를 존중해야 하며 비밀 촬영이나 녹음 등은 하지 않는다. 인터뷰에 응한다 할지라도 질문 내용과 질문 방법, 인터뷰 시간 등을 세심하게 배려해 피해자의 심리적 육체적 안정을 해치지 않도록 각별히 유의해야 한다.

⑲ 13세 이하의 미성년자는 원칙적으로 취재를 하지 않는다. 꼭 필요하다고 판단될 경우에는 부모나 보호자의 동의를 얻어야 한다.

⑳ 피해자와 그 가족들이 대표자를 정했을 경우에는 이들의 의견을 적절히 수용하고 보도에 반영함으로써 피해자와 언론 사이에 불필요한 마찰이나 갈등, 오해가 생기지 않도록 노력한다. 자원봉사자와의 접촉도 이와 같다.

㉑ 과거에 발생했던 유사한 사건 사고의 기사 사진 영상 음성 등을 사용하는 것은 해당 사건 사고와 관련된 사람의 아픈 기억을 되살리고 불필요한 불안감을 부추길 수 있으므로 가급적 자제한다. 부득이 사용할 경우에는 과거 자료라는 점을 분명히 밝힌다.

Check point 〈취재원 검증 사항〉

① 취재원의 전문성은 충분하며, 믿을만한가
② 취재원이 고의, 또는 실수로 사실과 다른 발언을 할 가능성은 없는가
③ 취재원은 어떤 경위로 그런 정보를 입수했는가
④ 취재원의 정보는 다른 취재원을 통해서도 확인할 수 있는가
⑤ 취재원의 정보는 문서나 자료 등을 통해서도 검증할 수 있는가

4 기자회견(Press Conference)

(1) 정의

뉴스가치가 높거나 사안이 중요할 때 기자들을 초청하여 언론을 대상으로 회견문 낭독과 질의응답 시간을 가짐으로써 언론에게 충분한 취재 기회를 제공하는 것이다.

(2) 기자회견 시점

① 사안이 중요해서 적극적으로 언론에 노출하고자 할 때
② 새로운 정책의 내용을 보여줄 필요성이 있을 때

(3) 기자회견 요령

① 사실에 근거한 인터뷰
② 비공식적 인터뷰 자제
③ 애매모호한 표현 자제
④ 전문기술적인 용어 사용자제
⑤ 추측성 내용 인터뷰 금지
⑥ 재난 발생 후 24시간 내 공식성명 발표
⑦ 사고 재발방지 내용 포함

제 6 절 재난경감 정책

1 재난경감의 특성

재난경감이란 발생할 가능성이 있는 여러 형태의 재난을 사전에 방지하거나 재난 발생 시 재난으로 인한 인적, 물적 피해를 최소화하기 위한 장기적이고 지속적인 노력을 의미한다. 재난경감을 위한 국제적 전략기구인 UNISDR (The United Nations office for Disaster Risk Reduction)은 재난경감에 대하여 "재난 원인에 대해 분석하고 원인을 없애기 위한 체계적인 노력을 통하여 재난 피해를 줄이는 것"으로 정의하고 있다. 재난의 불확실성으로 인하여 그 발생과 피해를 사전에 완전히 방지하는 것은 불가능하지만, 장기적인 계획 및 적극적인 사전적 준비활동은 재난 발생으로 인한 피해를 최소화하고, 복구에 드는 시간과 노력을 줄일 수가 있다. 재난경감을 위한 사전적 준비활동 및 작업 단계에는 재난 발생 전에 행하는 완화 단계(Mitigation)와 대비 단계(Preparedness)가 있다. **완화와 대비의 차이점**은 다음과 같다.

먼저, **재난 완화**(Disaster Mitigation)는 재난이 발생하기 전 피해를 줄이기 위해 행해지는 지속적인 노력이다. 완화 단계는 상황에 따라 재난 발생 전 몇 달 혹은 몇 년에 걸쳐 이루어질 수 있으며, 피해 발생 후에도 지속적으로 진행된다. 대비 단계와 다르게 완화 단계는 장기적인 관점에서 진행된다는 것이 특징이다. 따라서 대비 활동의 효과를 바로 확인할 수 있는 재난대비와는 달리, 재난 완화로 인한 재난경감의 효과는 재난이 발생한 후에나 알 수 있어 완화 단계의 중요성은 상대적으로 간과되어 왔다. 하지만, 역사적으로 재해경감을 위한 장기적인 재난 완화 계획이 없을 때, 건물과 교각의 붕괴나 사상자와 같은 재난 피해가 훨씬 심각했다. 비록 즉각적인 효과를 확인할 수는 없지만 재난 예방의 목적에서 보다 큰 피해를 막기 위해서는 재난경감에 대한 지속적인 노력이 필요하다(Schwab et al., 2007).

반면, **재난 대비**(Disaster Preparedness)는 재난 발생 직후의 응급상황에 대비하는 단계이다. 대비 단계에서는 주어진 자원들을 가지고 재난이 일어났을 때 무엇을 해야 하는지를 계획한다. 즉, 대비는 재난 직후의 대응활동 과정에서 발생할 수 있는 것들에 대하여 재난 발생 전에 해결책을 찾는 일련의 과정이라고 할 수 있다(Schwab et al., 2007).

재난 피해를 줄이기 위한 장기적이고 지속적인 노력인 재난경감에는 다양하고 많은 방법들이 개발되어 사용되고 있다. 이러한 재난경감 방법은 크게 구조적 경감 방법과 비구조적인 경감 방법으로 나누어진다. 구조적 경감 방법으로는 공학적인 기술을 이용하여 댐, 제방 등과 같은 보호 구조물을 건설(Structural Engineering Project)하거나 재난에 노출되어 있는 건물을 강화하여 자연 재해로부터 건물을 보호(Property Protection)하는 방법 등이 있다. 비구조적인 경감 방법으로는 법령, 규제, 규칙 등을 이용하여 재해에 취약한 지역의 개발을 억제하고, 모래언덕, 자연습지, 삼림과 녹초 등의 자연환경을 보존하여 재난 영향을 완화하는 방법뿐만 아니라 사람들에게 재난에 대한 정보를 제공하여 경각심을 유발하고 비상시 효과적으로 대처할 수 있도록 하는 교육, 훈련 등이 속한다. <표 3-11>은 구조적 경감방법과 비구조적인 경감방법의 예를 보여준다.

표 3-11 구조적·비구조적 경감방법 예시

대분류	소분류	개별대책
구조적 경감	구조적 보호 시설물 설치 (Structural Engineering Project)	• 댐, 저수지, 사방댐 • 하천제방 - 제방(둑, Levee), 홍수방벽, 보 • 해안제방 - 방조제(Seawall), 방파제(Breakwater) • 방사제(Groin), 도제(Jetty) • 양빈(Beach nourishment) • 배수시설
	건축물 보호 (Property Protection)	• 건물기반 올리기(Elevation) • 건물방수 및 방풍 • 건물 강화
비구조적 경감	예방(Prevention)	• 법령, 규제, 기준 • 계획 • 보험 • 이주 및 토지수용 • 세금과 제정정책
	자연자원보호 (Natural Resource Protection)	• 보호구역(습지) 완충지 조성 • 범람원 보호 • 급경사지 보존
	재난정보 (Public Information)	• 재해위험지도 정보공유(Hazard map information) • 교육 및 훈련

2 구조적 경감

(1) 구조적 경감의 정의

구조적 경감은 크게 구조적 보호 시설물 건설(Structural Engineered Project)과 건축물 보호(Property Protection)로 나눠진다. 구조적 보호 시설물 건설을 통한 구조적 경감은 건축물 및 시설물 건설을 통해 자연재해의 피해를 줄이는 모든 방법을 일컫는다. 구조적 보호 시설물에는 우리가 흔히 알고 있는 댐, 저수지, 제방, 하천의 정비 등이 포함된다. 이러한 시설물의 건설을 통해 재해 취약지역의 재해 발생 가능성을 낮추거나, 재해에 대한 저항력을 강화시켜 재해가 발생하였을 때 피해를 줄이는 것이 구조적 보호 시설물 건설의 목적이다. 건축물 보호를 통한 구조적 경감은 여러 가지 형태의 자연 재해에 대하여 건축물의 탄성력(resilience)과 저항력을 강화하는 것을 목적으로 한다.

즉, 건축물들을 보강(reinforcing) 또는 강화(retrofitting)하여 지진, 강풍, 홍수 등의 재난으로부터 견딜 수 있도록 함으로써 재난으로 인한 재산 및 인명 피해를 최소화하는 것이다. 건축물 보호를 통한 구조적 경감의 예로는 저지대에 위치하여 홍수에 취약한 건축물의 기반을 올리거나, 해안가에 위치한 건물들이 태풍과 해풍의 피해로부터 견딜 수 있도록 방풍시설을 설치하고, 내진 설계를 통해 고층 건물들이 하중이나 흔들림에 견딜 수 있도록 하는 방법들이 있다.

(2) 구조적 보호 시설물 설치를 통한 방재

① 댐(Dam)

댐은 산간계곡이나 하천을 가로막아 하천의 흐름을 차단하여 저수 또는 토사유출방지 등을 위해 축조된 인공적인 구조물이다. 댐은 하류로 흘려보내는 물의 수위를 조절하여 홍수를 제어할 수 있을 뿐만 아니라 가뭄 시 저장한 물을 공급할 수도 있고, 수력발전을 통한 전기를 생산하는 등 다양한 목적과 기능을 가지고 있다. 댐은 목적과 유량제어방법, 구성 재료 등 여러 가지 기준에 따라 분류할 수 있다. 목적에 따라서는 저수댐, 취수댐, 사방댐 등으로 구분하며, 유량제어방법에 따라 고정댐(fixed dam)과 가동댐(movable dam), 구성 재료에 따라 콘크리트댐, 록필댐(rock fill dam), 흙댐(earth dam), 철재댐(steel dam) 등으로 분류한다.

국내에는 현재 전국적으로 약 18,000개의 댐이 있으며, 그 중 가장 높은 댐은 평화의 댐(높이 125m)이며, 이들 댐 중 약 98% 이상이 흙댐(earth dam)이나 록필댐(rock-fill dam) 등의 필댐(fill dam) 형식이다. 이러한 댐들은 건설목적에 따라 여러 기관들에 의해 관리되고 있는데 다목적댐과 홍수조절댐은 한국수자원공사가 관리하며, 관개용수댐과 방조제는 한국농어촌공사가 관리하고 있다. 지방 시·군·구에서 관리하는 14,328개소의 소규모 댐은 전체의 80% 이상이 경상도, 전라도 지역에 분포하고 있으며, 이 지역의 유효저수량이 전체의 70% 이상을 차지하고 있다(한국대댐회, 2013).

② 저수지(Reservoir)

저수지는 흐르는 물을 저장하여 물의 수위를 조절할 수 있는 시설물이다. 강우량이 매우 많을 때 물을 저장해 둠으로써 홍수 제어의 기능 및 상수원 혹은 수력발전의 기능을 하는 저수지도 있다. 저수지는 하천의 중간에 댐과 함께 설치된 것과 하천의 물을 다른 곳에 빼내어 따로 저수하는 두 종류가 있다.

③ 사방댐(Check dam)

사방댐은 풍수해 발생 시 산사태로 인한 산간계곡 등의 상류에서 흘러 내려오는 계류의 침식 붕괴와 토석류의 유동을 저지하고 호우 시 산지 내의 유목의 이동을 차단하여 하류의 피해를 예방하는 목적으로 축조되는 소규모의 댐이다. 사방댐의 종류에는 중력식 댐인 블록 사방댐, 전석 사방댐, 콘크리트 사방댐과 투과형 댐인 토석 및 유목차단을 위한 Grid 사방댐과 버트리스 댐 등이 있다.

④ 제방

제방은 하천이나 해안, 호수나 늪의 물을 일정한 유로 내로 제한하여 범람을 방지하고, 해안에 접한 지역에서 폭풍, 해일, 조수, 파도에 의한 해안의 침식을 방지하거나 항만의 시설물을 보호하기 위해 설치하는 토목 구조물이다. 제방은 크게 하천제방과 해안제방(방조설비)으로 나뉘며, 하천제방에는 둑과 홍수 방벽, 보 등이 있으며, 해안제방에는 방조제(seawall), 방파제(breakwater), 방사제(groin), 도제(jetty) 등이 있다.

⑤ 양빈(Beach Nourishment)

양빈은 다른 지역의 모래를 인위적으로 공급하여 자연 상태와 유사한 해안을 조성하는 것이다. 해안이 폭풍으로부터의 방재능력을 갖추려면 해안과 거주지(혹은 시설물) 사이의 거리는 30 m 가량, 모래의 높이는 최소한 3 m 이상이 되어야 한다. 파도나 폭풍에 의해 지속적인 모래의 누출이 일어나는 해안은 지속적인 모래의 공급이 원활하게 이루어지지 않으면 방재 능력을 상실할 수 있다.

⑥ 배수시설(Storm, Sewer, and Drainage System)

도심 홍수의 대부분은 배수시설이 빗물을 제대로 감당하지 못하여 발생하는데 배수시설은 이러한 빗물들이 땅 위에 머무르지 않고 배수통이나 저수조로 흘러갈 수 있게 하는 것이다. 배수시설을 설계할 때는 그 지역의 강수량을 적절히 판단하여, 예상치 못한 높은 강수상황에서도 배수용량이 충분하도록 해야 한다. 또한 직접적인 강수량 이외에도 도시화로 인한 불투수성 지역의 면적 증가에 따른 배수용량도 고려하여 설계해야 한다.

(3) 건축물 보호를 통한 경감

건축물 보호 방법은 재난이 발생하였을 때 피해 대상이 되는 건축물, 학교, 도서관, 소방서, 경찰서 등 각종 관공서 건물들과 하수처리시설, 수도관, 송전선, 도로, 다리 등의 사회 기반 시설물들의 자체를 보강하여 재난 피해를 예방하는 방법이다. 대표적인 건축물 보호 방법에는 건물기반 올리기(elevation), 방수(waterproof) 공사, 방풍(wind protection) 공사, 건물의 강화 등이 있다.

① 건물기반 올리기(Elevation)

건물기반 올리기(Elevation)는 상습 침수지역 건물의 가장 낮은 층을 100년 단위의 홍수로 인하여 피해를 최소화 하는 방법이다. 건물기반 올리기는 홍수 피해를 막는 것에는 효과적이지만 지진이나 강풍에는 오히려 취약성을 증가시키는 단점도 있다. 건물기반 올리기는 건물의 난방, 환기, 공지 조절시설(HVAC)의 위치를 상승시키는 방법으로도 이루어 질 수 있다. 이러한 시설들은 침수에 취약하고 화재의 위험이 있기 때문에 침수 위험 높이보다 더 높이 배치해 두는 것이 안전하다. 이 방법은 홍수 취약지역의 건물들을 정부에서 구입하여 안전한 지역으로 이동시키는 비구조적 경감방법보다 상대적으로 비용이 적게 들기 때문에 비용 면에서 효율적이다.

② 방수(Waterproof)

건물의 방수방법으로는 건식방수와 습식방수가 있다. 건식방수는 침수가 예상되는 건물의 층을 완전히 방수화 시키는 것이다. 건물의 외벽을 방수자재나 플라스틱 시트로 코팅하거나 모래주머니 등을 쌓아서 침수를 막는 방법을 건식방수라고 한다. 습식방수는 물을 의도적으로 건물에 들어오게 하여 건물 주변의 높아진 물로 인한 외부의 압력을 줄여 건축물의 손상을 막게 하는 방법이다. 이때 물이 들어올 수 있는 위치에는 습기에 민감한 장비나 물건을 두지 않아야 한다.

③ 방풍(Wind Protection)

방풍은 건물이 강풍에 좀 더 잘 버틸 수 있도록 공기 역학적으로 건물의 외관을 변화시키거나 건축물의 재질을 바꾸는 것을 의미한다. 건축물 자체뿐만 아니라 바람에 취약한 유리창에 방풍 셔터를 달거나 유리창 자체를 더 튼튼한 것으로 교체하는 것도 방풍공사에 포함된다.

④ 건물 강화(Retrofitting)

건물 강화의 목적은 외부의 충격이나 지진 등으로 인한 지반의 흔들림에 잘 견뎌낸 수 있도록 건축물을 보강하는 것이다. 내진 보강 공사는 건축물에 버팀대를 추가하고 돌출되어 있는 부위를 제거하는 것이 가장 흔한 방법이다. 스프링클러 파이프나 수도관 및 가스관 등은 건축물이 붕괴될 때 함께 파손되기 쉬우며 한 번 파손될 경우 아주 큰 재해로 이어질 수 있기 때문에 지진이 발생했을 때 재빨리 차단할 수 있는 차단밸브를 다는 식의 보강을 할 수 있다. 거대한 연료 탱크나 그 공급선 같은 경우도 대형 재난으로 이어질 수 있기 때문에 지진이 일어나도 쓰러지거나 제 위치에서 벗어나지 않도록 연결부위를 튼튼히 해놓는 것이 중요하다.

(4) 구조적 경감의 문제점들

공학과 기술을 이용하여 재해의 강도를 줄이거나 발생을 줄이는 구조적 경감방법은 재해피해 경감에 효과가 있음은 분명하지만 여러 문제점들도 제기되고 있다.

가장 대표적인 문제점으로 첫 번째는 재난경감을 위해 설치한 시설물들로 인해서 재해 위험지역(hazard-prone area)이 보다 안전해졌다고 믿게 되는 안전에 대한 **잘못된 인식**(a false sense of security)이다. 구조적 경감을 통해 일시적으로 지역의 위험성이 줄어들면, 사람들은 실제로는 재난에 안전한 지역이 아님에도 불구하고 그 지역이 안전하다도 믿고 개발을 진행하려고 한다. 이러한 인식에 기인한 개발 행위는 지역에 설치된 구조적 방재시설물의 한계능력을 뛰어넘는 재해가 발생하게 되었을 경우 더 큰 피해를 발생시킬 수 있다.

두 번째로는 구조적 시설물로 인한 **자연 본연의 방재능력 감소**가 있다. 예를 들어, 강가에 설치하는 제방은 기존의 물의 흐름을 바꾸어 홍수를 더 악화시킬 수 있으며, 수로를 건설하여 물의 흐름을 조정하면 이는 주변습지의 토사 공급을 방해하여 습지 자체의 흡수력을 저하시키게 된다. 또한, 해안가의 모래 누출을 막기 위해 설치하는 시설물들은 해당 해안가의 모래 누출은 막을 수 있으나, 주변 해안가의 모래 누출을 오히려 심화시키기도 한다. 이러한 상황에서 구조적 방재 시설물이 파손되거나 시설물 자체의 방재 능력을 넘어선 재난 등으로 그 기능이 상실되면 더욱 큰 피해가 발생하게 된다.

마지막으로 **방재 시설물 축조에 드는 고비용**을 들 수 있다. 방재 시설물을 건설하기 위해서는 토지, 자재, 장비 구입 등에 많은 비용이 들어가며, 건설 이후에도 유지와 보수를 위해 지속적인 비용이 요구된다(Schwab et al., 2007).

3 비구조적 경감

(1) 비구조적 경감의 정의

자연재해로 인한 피해를 줄이는 가장 효과적인 방법은 범람원, 가파른 경사를 가진 산사태 취약지역, 침식이 많이 발생하는 해안지역 등 자연재해에 취약한 지역의 개발을 억제하는 것이었다. 이러한 자연재해 취약지역에서의 개발을 방지하여 결과적으로 재해 위험지역에 사람들이 거주하지 않게 함으로서 재난 피해를 막을 수 있는 것이다. 이처럼 재해 취약지역의 개발을 방지하여 재해 가능성을 없앰으로써 재해를 미리 예방하는 것을 비구조적 경감이라고 한다. 비구조적 경감방법은 계획이나 규제 등을 통한 예방적 경감, 자연자원 보호를 통한 경감, 그리고 홍보 및 교육을 통한 공적정보를 이용한 경감으로 나눌 수 있다.

(2) 예방을 통한 경감

예방을 통한 경감은 법령, 규제, 안전기준 등을 이용하여 재해 취약지역의 개발을 방지하거나, 개발이 이루어질 경우 각종 재난에 대한 개발 및 건축기준을 마련하여 인명과 재산 피해를 최소화하는 것이다.

① 법령, 규제, 기준(Law, Regulation, Standard)

우리나라에서는 각 정부 부처별로 재난의 피해 예방 및 대응을 위해서 방재관련 법령을 제정하고 있다. 재난 및 안전관리에 관해서는 행정안전부에서 제정·운영하는 「재난 및 안전관리 기본법」을 최상위법으로 하며, 태풍, 홍수와 같은 자연재해의 예방, 복구 및 그 밖의 대책에 관해서도 행정안전부에서 운영하는 「자연재해대책법」을 따른다.

② 계획(Plan)

계획은 장래 일정기간 내에 도달하고자 하는 어떤 목표와 방향을 설정하고, 이를 달성하기 위한 방법과 과정, 사업 및 활동의 기준을 만들어내는 과정이다. 재해에 안전한 도시 및 지역을 만들기 위한 방재계획이란 방재사업 및 활동 등을 통하여 여러 형태의 재난을 미연에 방지하거나 재난으로부터의 피해를 최소화하고, 피해복구를 신속하고 원활하게 진행하기 위한 사전준비 계획이다(한국방재학회, 2012).

자연재해에 대비하기 위한 우리나라의 방재분야 최상위 계획으로는 풍수해의 예방 및 저감을 위해 수립된 풍수해 저감 종합계획이 있다. 풍수해 저감 종합계획은 2005년에 개정된 자연재해 대책법 제16조에 따라 풍수해(태풍, 홍수, 호우, 강풍, 풍랑, 해일, 조수, 대설)의 예방 및 피해 저감을 위하여 지역별로 특별시장, 광역시장, 도지사, 특별자치도지사 및 시장, 군수, 구청장이 지역안전도에 대한 진단 등을 거쳐 수립하는 중장기적인 지역 방재계획이다. 풍수해 저감 종합계획은 해당 지역의 풍수해 위험 요인을 전반적으로 조사·분석하여 피해 예방 및 저감을 위한 각종 구조적 대책과 비구조적 대책을 종합적인 관점에서 제시하도록 하며, 풍수해에 보다 안전하고 강한 지역을 조성하는 것을 목표로 5년마다 수립하도록 정하고 있다. 수립된 풍수해 저감 종합계획은 시도지사를 거쳐 대통령령으로 정하는 바에 따라 행정안전부장관의 승인을 받아야 한다. 풍수해 저감 종합계획은 유역현황, 기상현황, 방재시설현황, 재해위험지구 지정현황 등의 일반 현황과 풍수해 이력, 재해 복구현황 등의 지역적 특성을 조사하고, 재해 위험성 평가를 통해 단위지구별, 수계별, 전 지역별로 풍수해 저감 사업을 계획하고 투자 우선순위를 결정하는 것으로 구성되어 있다(한국방재학회, 2012). 재해 위험성 평가는 풍수해를 저감하기 위한 사업계획을 수립하는데 중요한 역할을 하는 과정으로서, 일반 현황 및 재해 이력과 피해 원인 분석을 통해 지역의 재해 특성을 분석하는 것을 의미한다. 미국 연방 재난관리청(FEMA)에 따르면 재해 위험성 평가는 <표 3-12>와 같이 네 단계로 이루어진다.

표 3-12 재난 위험성 평가 과정

분석단계	내용
재난식별 (Hazard identification)	첫 번째 단계인 재난 식별은 발생 가능성이 있는 모든 재난들을 목록화하고 각 재난에 대한 유형별 특징 및 원인을 조사하는 것이다.
재난정보 (Hazard profile)	두 번째 단계인 재해 정보는 과거의 재난 유형별 피해 이력을 조사하는 것이다. 과거의 재해기록을 통하여 각 재난의 세기(magnitude), 규모(scale), 강도(intensity), 빈도(frequency), 발생위치, 피해의 정도를 분석하는 것이다. 재해를 파악할 때는 그 재해가 주기적인지(cyclical), 계절적인지(seasonal) 혹은 예측 가능한지(predictable)를 알아내는 것과 각 재해의 발생 위치와 지형 정보를 분석·조사하는 것이 중요하다.
취약자산 및 인구 목록화 (Inventory vulnerable assets and populations)	세 번째 단계인 취약 자산 및 인구 목록화는 피해 규모 예측을 위하여 지역 내의 취약 인구와 자산(여기서 자산은 지역 내의 인프라와 건물, 시설물, 문화재 등을 포함한 그 지역의 모든 종류의 자산을 의미)의 수와 양을 파악하고 목록화하여 취약성을 파악하는 단계이다. 지역 내의 모든 자산과 인구에 관한 정보를 조사하고 재해 위험 지역에 위치한 자산과 인구를 분석한다. 분석 결과를 반영한 지도를 만들어 위험에 노출된 자산과 인구의 비율을 알 수 있다.
피해 추정 (Loss estimation)	마지막 단계인 피해 추정은 재해로 인한 경제적인 손해를 추정하는 단계이다. 피해액 추정은 각 재해에 대해 목록화된 각 자산에 대해 분석하며, 건물 값과 관련해 건물에 끼칠 피해액, 각 건물 내부에 있는 고정자산의 피해액, 사용 및 기능의 손실액(피해로 인해 건물을 사용하지 못하거나 기능을 하지 못함으로 인한 2차적인 손실액)을 합하여 구할 수 있다.

이러한 재해 위험성 평가를 통해서 지역의 취약성 정도와, 발생 가능한 재난에 대한 정보를 종합하고 분석하여, 각 상황에 맞게 적절한 방재사업 전략과 계획들을 수립할 수 있다.

방재사업은 그 사업의 시급성과 필요성, 투자 효율을 고려한 경제성, 사업의 용이성 등을 고려하여 우선순위를 정하여 시행하여야 한다.

③ 개발규제(Development regulations)

토지 이용에 대한 규제와 도시 계획을 통한 지역의 성장과 개발을 직접 관리하는 것은 효과적인 경감 전략 중 하나이다. 홍수 범람원, 산사태 위험지역, 산불 취약지역과 같은 재난에 취약한 지역에서는 방재대책을 고려한 토지이용계획 및 시설배치 등이 이루어져야 한다. 개발 사업지 선정이나 개발 유형 및 크기 등을 제한하는 용도지역제(zoning)와 택지분할규제(subdivision ordinances)를 통해 재해영향을 고려한 토지이용관리를 해야 한다. 이러한 규제는 지역의 성장을 막는 장애물로 보일 수 있지만, 장기적인 관점에서 안전하고 지속 가능한 사회를 만드는 역할을 한다.

④ **풍수해 보험**

풍수해 보험은 예기치 못한 풍수해를 사전에 대비함으로써 국민들이 피해에 능동적으로 대처할 수 있도록 정부가 주관하고 민영보험사가 운영하는 정책보험이다. 풍수해 보험은 2006년 3월 3일 풍수해 보험법을 제정하고 2년 동안 31개 지역을 대상으로 한 시범사업을 거쳐 2008년 4월부터 전국적으로 확대 실시하게 되었다.

풍수해 보험은 풍수해 피해에 대한 기존의 무상의 재해복구 지원제도를 기준 복구비의 90%까지 보상하는 유상의 보험제도로 전환하여 국가의 재해 복구에 대한 재정 부담을 줄이고, 국민의 자율적인 재난관리 책임의식을 고취시키기 위하여 개인부담 보험료를 국가와 지자체에서 일정부분 지원해주고 있다(김광호, 2011). 특히 풍수해에 사회적으로 취약한 계층을 위하여 기초생활수급자 기준으로 전체 보험료의 86%(국가 69%, 지방 17%)를 정부에서 지원해주고 있다. 또한, 중앙정부와 지자체는 민간보험사에 운영사업비와 일정 수준 이상의 손실에 대하여 지원을 한다. 풍수해 보험은 주택, 온실(비닐하우스 포함)에 대하여 태풍, 홍수, 호우, 강풍, 풍랑, 해일, 대설, 지진(지진해일 포함)으로 인해 입은 손해를 보상한다. 2012년 8월부터는 일본대지진으로 인하여 지진(해인)도 풍수해로 포함되어 지진(지진해일 포함)으로 인한 피해도 풍수해보험으로 보상 받을 수 있게 되었다.

⑤ **이주 및 토지수용(Relocation and acquisition)**

토지수용은 재해 위험지역에 대한 권리를 자치단체나 정부에서 구입하여 재해 위험지역 내의 개발을 막고, 재해에 안전한 지역으로 개발을 유도하는 방법이다. 재해 위험지역에서 이미 사람이 거주하거나 소유물이 있는 경우, 재해 위험지역의 거주자나 소유자가 안전한 지역으로 이주할 수 있도록 보상하고 위험지역내의 건물들을 소거하여 재해 위험지역 내의 위험가능성을 사전에 제거하도록 하는 것이다.

⑥ **세금과 재정정책(Taxation and fiscal policies)**

세금 및 재정정책은 지방정부가 재해 위험지역의 개발 강도를 약화시키기 위해 세금우대 정책을 이용하거나, 재해 위험지역을 개발하는 사업자에게 개발영향 부담금(Impact fee)을 부과함으로써 도로 및 하수도와 같은 사회기반 시설물을 제공하도록 하는 공적비용 분배정책을 이용하는 것이다.

(3) 자연자원 보호를 통한 경감

잘 보존되고 관리된 범람원(flood plain), 습지(wetlands), 비탈(hillside), 해안가(shoreline), 삼림과 같은 자연환경들은 홍수, 산사태, 태풍 등의 자연재난으로부터 피해를 줄여주는 완충지로서의 역할을 한다.

① 범람원(Floodplain) 보호

범람원은 홍수가 발생했을 때 하천이 흘러넘치면서 퇴적물들이 하천 양쪽에 쌓여 형성된 지형이다. 범람원은 평소에 건조한 지역이지만 홍수나 강우에 의해 주변 지역에서 넘친 물이 흘러드는 지역이다. 이는 범람원이 홍수가 발생했을 때 위험한 지역이면서, 동시에 완충지대 역할을 수행할 수 있음을 의미한다. 범람원 보호를 통해 자연자원 보호를 할 수 있을 뿐만 아니라 재산 및 인명피해를 막을 수 있다.

② 습지(Wetlands) 보호

습지는 하천, 연못, 늪으로 둘러싸여 자연적으로 최소 일 년에 몇 회씩 범람하는 지역으로써, 환경에 의해 항상 수분이 유지되는 가치 있는 자연자원 중 하나이다. 습지는 범람한 물을 저장함으로써 자연적으로 홍수를 조절하는 기능을 갖고 있으며, 하류로 흘러가는 유량을 줄이고 유속을 느리게 하는 역할을 하여 하류와 주변지역의 홍수나 범람에 의한 피해를 줄일 수 있다.

(4) 재난정보를 통한 경감

자연 재해에 대한 정보 전달과 교육을 제공함으로써 재해에 대한 대중의 인식을 제고하는 것 또는 매우 중요하다. 재해 취약 정보를 제공하거나 방재에 대한 교육하고 훈련하는 것은 재난경감에 있어서 중요한 방법이다. 교육을 통하여 시민들은 재난 발생 시 부상과 피해, 경제적 손실 등을 최소화할 수 있는 방향으로 행동할 수 있게 된다. 재난에 대한 정보를 전달하는 많은 방법으로는 재해 위험지도 안내, 재난 경보발송, 재해경감 캠페인 등이 있다.

① 재해 위험지도(Hazard map) 정보공유

재해 위험지역, 재해 취약 건물 등의 정보를 담고 있는 재해 위험지도를 만들어 지역주민에게 정보를 제공한다. 재해지도는 재해피해 지역을 보여주는 간단한 지도부터 GIS를 통한 멀티플레이어 지도까지 다양하다. 이러한 재해지도는 지역 정부 오피스나 인터넷 홈페이지로부터 제공할 수 있다. 위험에 대한 정확한 정보를 제공하는 위험지도의 작성은 재해위험에 대한 경각심을 제공할 뿐만 아니라 방재정책에 대한 이해를 도울 수 있다.

② 교육 및 훈련

재난 피해의 규모가 커짐에 따라, 재난 대응에 대해서 정부의 행정력이 미치지 못하는 사각지대가 생길 수 있다. 교육과 훈련은 이와 같은 행정력의 사각지대를 보충하여 인명피해를 줄이고 시민들이 방재 기본 능력을 갖도록 유도한다. 현재 우리나라에서 수행하고 있는 재난대응 안전한국훈련은 「재난 및 안전관리 기본법」 제73호에 근거하여 전국적으로 실시되는 대규모 훈련이며, 약 3일에 걸쳐 집중적으로 이루어진다. 민방위 훈련은 「민방위 기본법」 제25조 및 동법 시행령 제34

조를 근거로 해, 매년 2월에서 11월 사이에 총 9회 실시된다(한국방재학회, 2012). 을지훈련(연습)은 국가 비상시를 대비하여 민·관·군이 합동으로 나라를 지키기 위해 매년 1회 실시하는 범정부적 훈련이다. 충무훈련은 「비상자원대비관리법」 제14조에 의거하여 비상대비계획의 실효성을 검증하기 위하여 매년 5~6개 시·도를 대상으로 실제 동원 훈련 위주로 실시하는 지역별 종합훈련이다. 하지만 미국, 일본 등의 선진방재국과 비교할 경우, 방재안전에 대한 사회적 인식부족, 방재교육 강화를 위한 법적 제도적인 의무 규정의 부재, 교육 훈련 인프라의 낙후, 강의실 중심의 교육 프로그램 등의 문제점을 안고 있어 실효성 있는 방재교육훈련을 실시하지 못하고 있는 실정이다(서정표 외 1명, 2012).

제7절

재난 대피소 지정 및 관리

1 대피소의 정의

① 대피소란 비상시 대피할 수 있도록 만들어 놓은 곳으로 재난위험요소나 지역으로부터 안전을 확보할 수 있는 기능을 제공하는 시설을 총칭하는 것을 말한다.

② 일시대피소는 재난위험으로부터 일정기간 동안 대피자의 안전을 확보할 수 있는 시설로 주거기능이 없는 대피소를 말한다.

③ 임시주거시설은 재난으로 주거시설을 상실하거나 주거가 사실상 불가능한 상황에 처한 이재민 또는 일시대피자를 위해 주거기능의 제공이 가능한 대피소를 말한다.

④ 임시주택은 재난으로 주거시설을 상실한 사람을 위해 주택의 복구 전까지 가구단위로 제공되는 가설주택을 말한다.

2 대피소 지정 고려사항

① 안전 및 적합성 확인 : 위험의 잠재적 영향범위에서 벗어나 안전한 장소에 위치하고 사용목적에 적합

② 수용능력 : 이재민이 잘 수 있는 충분한 공간(3.3 m^2/인) 확보

③ 개인 또는 공동취사구역, 후생시설 등의 제공을 위한 적절한 공간 확보

④ 편의시설 : 화장실, 샤워실, 세탁시설 등 확보

⑤ 접근성 : 건물 및 생활 편의시설의 재난약자의 접근성 확보

⑥ 통신, 전력, 급수시설 확보

⑦ 냉난방 가능 여부

⑧ 가용성 : 재난기간 동안 사용가능성

⑨ 사용계약 : 학교, 공공건물, 민간건물의 사용계획

⑩ 보상 : 사용에 따른 파손 등을 고려하여 보상대책 마련

⑪ 교통관리 : 주차, 차량출입, 보안 및 교통급증상황, 기타 교통수단에 대한 관리 필요

3 대피소 지정 절차

대피소 지정은 6단계의 절차를 거쳐 지정되며 단계별 주요 업무 및 절차는 다음과 같다.

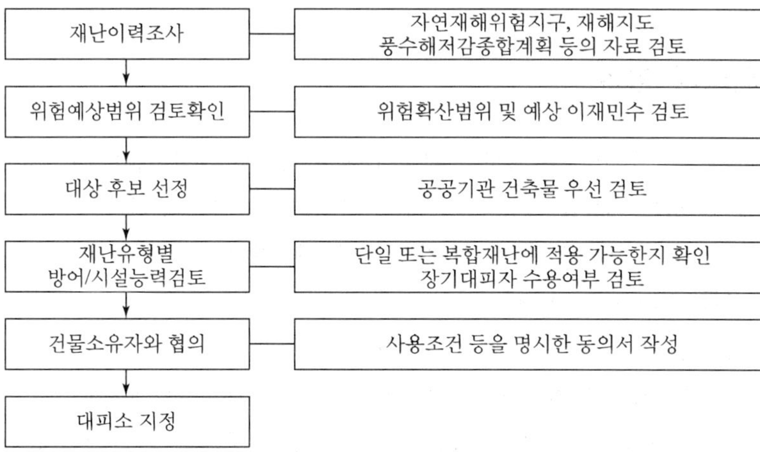

4 재난유형별 고려사항

(1) 침수

① 재해지도(침수흔적도, 홍수위험지도, 범람예상도 등) 등의 자료를 이용하여 위험지역 외측에 대피소 선정한다.

② 해일 및 내·외수 침수의 홍수위보다 건축물 1층의 층고가 높을지 확인한다.

③ 지하실 등의 침수로 기계실 또는 변전실 등의 가동불능 위험성을 고려한다.

④ 침수우려 건축물은 피하고, 고립가능성이 있는 지역은 피해야 한다.

⑤ 대피소의 접근경로를 고려하고, 천변도로 등의 침수로 진출입에 어려움이 없는지 확인한다.

(2) 강풍/폭설

① 풍하중 및 설하중을 견딜 수 있는지 확인한다.

② 목조건물, 슬레이트 지붕 등의 건물은 강풍 또는 많은 눈에 취약할 수 있으므로 대피소 지정을 피해야 한다.

③ 대피소 접근경로 등에 나무가 늘어서 있는 경우 강풍으로 가로수가 넘어져 대피소 접근에 어려움을 줄 수 있다.
④ 강풍으로 유리창 등이 파손되는 것을 막을 수 있는 방호시설 또는 안전성을 확보하고 있는지 확인한다.

(3) 산사태/사면붕괴

① 산사태위험지도를 확인하여 위험등급 2등급 이상 지역 주변은 대피소 지정을 피하는 것이 좋다.
② 산사태 또는 사면붕괴로 대피소의 매몰 위험이 있는 지역의 대피소 선정은 피해야 한다.
③ 비탈면에 위치하여 축대나 옹벽이 있는 건축물은 축대 및 옹벽의 안전진단 결과를 고려하여 대피소로 선정하여야 한다.

(4) 위험물질 유출

① 유해물질을 저장하고 있는 곳은 대피소로 사용하기 부적합하다.
② 원자력발전소 또는 유류탱크 저장소 등의 위험물질을 저장하고 있는 시설 주변의 건축물은 대피소 선정시 제외하여야 한다.
③ 화학사고 등 위험물질이 유출될 경우 위험물질이 대피소로 내로 진입하는 것을 차단할 수 있는 방호시설 유무를 확인하고 대피소로 활용한다.
④ 위험물질이 대기흐름에 따라 확산하는 경우 풍향을 고려하여 대피소로 선정할 수 있도록 한다(겨울철 풍향은 주로 북서풍으로 위험물질 유출지점의 북서쪽에 대피소를 지정하여 운영하는 것이 좋다. 위험물질 유출 지점보다 남동 측에 위치할 경우 독성물질의 지속적인 영향을 받을 수 있다.).

5 대피소 관리

(1) 고려사항

① 대피소로 지정된 시설에 대하여 시·군·구청장은 관리책임자를 선임하여 관리하여야 한다.
② 관리책임자를 선임하고 시설물의 규모에 따라 필요한 담당인원을 확인하여 담당자의 역할과 임무를 명확히 해야 한다.
③ 재난 발생 직후 불가피하게 총괄관리자 도착이 늦어질 경우 각 시설소유자 또는 시설관리자

에게 대피소 개설을 할 수 있도록 평소에 알려주고, 위급상황시 활용할 수 있도록 한다.

④ 야간 또는 휴일에 대피소 대상시설물에 상주하고 있는 직원이 있는지 확인하고, 시설소유자 또는 관리자와 연락체계를 구축하여 야간 또는 휴일에 긴급상황이 발생할 경우 즉시 활용할 수 있도록 연락망을 구축하고 대비해야 한다.

⑤ 대피소 대상시설물의 직원 중 대피소 운영시 활용 가능한 인력이 있는지 사전에 파악하고, 활용 가능한 인력을 대피소 운영계획 수립시 반영하여 대피소 운영시 인력의 효율적 활용을 도모할 수 있도록 한다.

⑥ 자연재난이 많이 발생하는 우기철 전에 시설의 관리상태를 점검하고 이상이 있는 시설은 시설소유자 또는 관리자와 협의하여 대피소로 활용하는데 지장이 없도록 해야 한다.

(2) 주요 점검사항

① 시설의 점검은 관리책임자 및 담당자를 지정하여 분기당 1회 실시한다.

② 시설의 고장 또는 유지보수 등의 사항이 발생할 경우 시설소유자 또는 관리자가 대피소 관리책임자에게 보고할 수 있도록 유도한다.

③ 점검필수 사항은 다음과 같다.

- 식수 : 상수도 공급이 어려울 경우에 대비하여 인근의 약수터, 우물, 생수업체 등을 사전에 파악하고, 식수공급 가능성을 확인하다.
- 급수 : 저수조, 양수펌프, 배관 등의 상태를 점검하고, 작동매뉴얼 및 사용법을 확인하여 위급상황에 대비할 수 있도록 한다(파손, 녹, 기능상실 여부, 청소여부 등).
- 화장실 : 청결상태. 고장여부, 수용인원 대비 화장실 수 파악(75인당 1개)한다.

Chapter 3

적중예상문제

01 다음 중 재난관리에 관한 설명으로 옳지 않은 것은?

① 예방단계는 재난발생을 사전에 억제하기 위한 일련의 활동으로 비구조적 예방활동은 포함하지만 구조적 경감활동을 포함하지 않는다.

② 대비단계는 실제 수행해야 할 제반 사항을 사전에 조직, 예산확보, 계획, 준비, 재난관리시스템 구축, 교육, 훈련을 평가함으로서 실제 상황에서 신속하게 대응하기 위한 사전 준비활동이다.

③ 대응단계는 재난발생 또는 발생 임박 시 국민의 생명 신체, 재산을 보호하기 위한 활동으로 재난피해를 최소화하기 위한 활동이다.

④ 복구단계는 재난발생 이전의 상태로 회복하는 단계이며, 복구계획 수립을 위한 원인조사 지방자치단체 상호간 협력, 재발방지를 위한 활동, 경제적, 심리적 안정 등을 위한 활동이다.

Solution 예방은 재난 발생을 사전에 억제하기 위한 일련의 활동이며, 비구조적 예방활동과 구조적 경감활동을 포함한다.

02 다음 중 재난관리 이론에 관한 설명으로 옳은 것은?

① 재난배양론은 페로(Perrow)의 「인적재난」에 제기된 것으로, 주로 재난 발생의 사회적·문화적 측면에 주목한다.

② 정상사건 이론은 터너(Barry Turner)의 「정상사고」에 소개되어 현대사회의 기술적·조직적 시스템의 특성을 복잡하고, 꽉 짜여진 데에서 찾는다.

③ 고도신뢰 이론은 버클리(Berkely)학파는 뛰어난 안전기록을 성취하고 있는 조직들이 지니고 있는 독특한 조직 전략을 연구했다.

④ 고신뢰이론은 재난 발생의 필연성을 강조하는 것으로 비관적 자세를 취하는 입장이다.

Solution 재난배양론 - 터너, 정상사건 이론 - 페로, 재난 발생의 필연성의 비관적 자세는 정상사건 이론이다.

Answer 01 ❶ 02 ❸

03 버클리(Berkely)학파가 뛰어난 안전기록을 성취하고 있는 조직들이 지니고 있는 독특한 조직전략을 연구했다. 다음 중 고도신뢰조직의 재난관리 전략에 해당하지 않은 것은?

① 가외성의 전략
② 의사결정 집권화 전략
③ 관점의 유연화 전략
④ 조직학습 전략

Solution 고신뢰이론의 재난관리 전략은 ① 가외성(redundancy)의 전략, ② 의사결정 분권화(de-centralization) 전략, ③ 관점의 유연화(conceptual slacks) 전략, ④ 조직학습(organization learning) 전략 등이다.

04 다음 중 〈보기〉의 내용을 설명한 것으로 옳은 것은?

> 재난경험에 대한 지속적인 검증(test)을 통해 이 경험들을 지식으로 전환하여 조직 전체가 공유하고, 이를 조직의 핵심 목표인 재난관리에 활용할 수 있도록 하는 일련의 행위

① 재난관리 거버넌스
② 재난배양 이론
③ 정상사건 이론
④ 재난관리 학습이론

Solution 〈보기〉의 내용은 재난관리 학습이론을 설명한 내용이다.

05 다음 중 재난관리 거버넌스에 관한 설명으로 옳지 않은 것은?

① 재난관리 거버넌스의 목적은 시민의 안전한 생활을 실현하고자 하는 것이다.
② 재난관리 거버넌스의 주체는 중앙정부, 지방자치단체 등의 다양한 공공행위자들이다.
③ 재난관리 거버넌스의 전제는 다양한 행위주체들이 문제해결과 관련된 의사결정권을 공유하고 있다는 것이다.
④ 재난관리 거버넌스의 방법은 행위주체들이 상호조정과 협력의 네트워크를 구성함으로써 문제를 해결하는 것이다.

Solution 재난관리 거버넌스의 주체는 시민, NGO, 지방자치단체 등의 다양한 행위자들이다. 그동안 재난이 발생하면 정부지방자치단체가 문제를 파악하고 해결책을 마련하여 이를 집행해 왔다.

Answer 03 ❷ 04 ❹ 05 ❷

06 다음 중 재난관리의 각 단계별 설명이 옳지 않은 것은?

① 예방단계는 재난이 발생하기 전에 재난 촉발 요인을 제거하거나 표출되지 않도록 억제하는 활동이다.

② 대비단계는 재난발생 시의 대응 활동을 사전에 준비하기 위한 대응 능력 개발 활동을 말한다.

③ 대응단계는 피해자 보호 및 구호 조치, 피해 상황 파악 등이다.

④ 복구단계는 재난 확산을 방지하여 제2의 손실 발생 가능성을 줄이는 활동이다.

Solution 재난 확산을 방지하여 제2의 손실 발생 가능성을 줄이는 활동은 대응단계이다.

07 다음 중 <보기>의 내용을 설명한 것으로 옳은 것은?

> 위험감소계획을 결정·집행하고, 각종 재난으로부터 인간의 생명과 재산에 대한 위험의 정도를 감소시키는 장기적인 정책으로 이루어졌다. 따라서 재난이 실제로 발생하기 전에 재난 촉발 요인을 제거하거나 재난 요인이 표출되지 않도록 억제활동

① 예방단계 ② 대비단계 ③ 대응단계 ④ 복구단계

Solution <보기>의 내용은 예방단계를 설명한 내용이다.

08 다음 중 <보기>의 내용을 설명한 것으로 옳은 것은?

> 재난유형별 사전 교육훈련 실시, 표준운영절차(SOP)의 확립, 재난 종류별 유관 기관 확인, 자원 보유기관의 확인 및 응급 복구를 위한 자재 비축 및 장비의 가동 준비 등의 활동

① 예방단계 ② 대비단계 ③ 대응단계 ④ 복구단계

Solution <보기>의 내용은 대비단계를 설명한 내용이다.

Answer 06 ❹ 07 ❶ 08 ❷

09 **다음 중 〈보기〉의 내용을 활동하는 재난관리 단계는?**

– 대책본부 및 긴급구조본부의 가동	– 긴급대피 및 은신
– 탐색 및 구조	– 대응자원 동원

① 예방단계 ② 대비단계 ③ 대응단계 ④ 복구단계

Solution 〈보기〉의 내용은 대응단계를 설명한 내용이다.

10 **다음 중 〈보기〉의 내용을 활동하는 재난관리 단계는?**

– 장해물 제거	– 보험금 지급
– 대부 및 보조금 지원	– 유익한 재난 관련 공공정보 제공

① 예방단계 ② 대비단계 ③ 대응단계 ④ 복구단계

Solution 〈보기〉의 내용은 복구단계를 설명한 내용이다.

11 **다음 중 〈보기〉의 내용을 활동하는 재난관리 단계는?**

– 감시감독/조사	– 위험지도 제작
– 안전법규, 기타 관련법령 및 조례	– 세금 경감 및 세금 인상

① 예방단계 ② 대비단계 ③ 대응단계 ④ 복구단계

Solution 〈보기〉의 내용은 예방단계를 설명한 내용이다.

12 **다음 중 재난관리 방식에 관한 설명으로 옳지 않은 것은?**

① 분산관리방식은 재난에 대한 관리 책임이 감소한다.
② 분산관리방식은 정보전달 체계가 다원화 된다.
③ 통합관리방식은 모든 재난에 대한 종합적 관리활동과 독립적 활동의 병행이 가능하다.
④ 통합관리방식은 일본에서 주로 채택하고 있다.

Solution 통합관리방식은 미국에서 주로 채택하고 있고, 일본은 분산관리방식을 채택하고 있다.

Answer 09 ❸ 10 ❹ 11 ❶ 12 ❹

13 **다음의 〈보기〉에서 재난관리 방식 중 통합관리방식에 해당한 것을 고르시오?**

> 가. 모든 재난에 대한 관리 책임, 과도한 부담 가능성
> 나. 재원 마련과 배분의 복잡성
> 다. 일사불란한 지휘체계 확보
> 라. 정보전달 체계가 다원화

① 가, 나　　② 가, 다　　③ 나, 라　　④ 나, 다

Solution 통합관리방식을 통해 일사불란한 지휘체계 확보가 가능하지만, 모든 재난을 하나의 기구에서 관리하기 때문에 과도한 책임이 부담으로 작용한다.

14 **다음 중 재난관리 통합관리방식의 이론적 근거에 해당하지 않은 것은?**

① 피해범위의 유사성　　② 대응지원의 유사성
③ 대응방식의 유사성　　④ 대응자원의 통합성

Solution 통합관리방식은 모든 재난은 피해범위, 대응지원, 대응방식에서 유사하다는 것을 그 이론적 근거로 삼고 있다.

15 **다음의 〈보기〉에서 재난관리 방식 중 분산관리방식에 해당한 것을 고르시오?**

> 가. 다수 부처 및 기관의 단순 병렬　　나. 재난에 대한 인지능력 강력
> 다. 재난대응의 지휘통제 용이　　라. 전통적 재난관리 제도

① 가, 나　　② 가, 라　　③ 나, 다　　④ 나, 라

Solution 분산관리방식 다수 부처 및 기관의 단순 병렬로 참여하며, 전통적 재난관리 제도이다.

16 **우리나라의 재난관리 패러다임 변화 중 성숙기(1990~2000년대)에 해당한 것은?**

① 민방위기본법 제정
② 재난관리법 제정
③ 재난 및 안전관리 기본법 제정
④ 홍수범람 예방을 위한 재해예방대책 사업 수행

Answer 13 ② 14 ④ 15 ② 16 ②

Solution 성숙기(1990~2000년대)는 대형 자연재난·인적재난 빈번한 발생 및 피해규모 증가, 재난관리법 제정, 재해영향평가제 도입 등이다.

17 우리나라의 재난관리 패러다임 변화 중 도약기(2000년대)에 해당한 것은?

① 풍수해대책법 제정
② 재해영향평가제 도입
③ 소방방재청 개청
④ 풍수해대책법을 자연재해대책법으로 개정

Solution 도약기(2000년대)는 대형 재난 발생에 따른 범정부적 대책 수립, 국가재난관리종합대책, 소방방재청 개청에 따른 재난관리업무 전문화, 재난 및 안전관리 기본법 제정

18 다음 중 새로운 재난 안전관리 패러다임에 해당하지 않는 것은?

① 대응과 복구 중심에서 예방과 대비 중심으로 변화
② 지방정부 및 지역사회 중심에서 중앙정부 중심으로 변화
③ 명령, 지시, 통제, 감독의 방식에서 협력, 지원, 조정, 연계의 방식으로 변화
④ 단기적 처방 중심에서 중장기적 제도화와 계획 중심으로 변화

Solution 최근 재난관리 패러다임 변화는 중앙정부 중심에서 지방정부 및 지역사회 중심으로 변화하고 있다.

19 다음 중 재난관리의 발전 방향에 관한 설명으로 옳지 않은 것은?

① 재난관리 책임이 1차적으로는 지방정부 중심의 재난관리 정책을 수행한다.
② 정부 중심의 재난관리체계가 한계를 드러냄에 따라 공공과 민간 부문이 재난관리 거버넌스를 구축한다.
③ 지방정부의 예방·대비 중심으로의 재난관리 정책의 지향한다.
④ 재난관리의 전문성 제고하고, 재난은 불확실성의 특성을 가지고 있으므로 매뉴얼에 의한 훈련은 효과가 떨어진다.

Solution 다양한 재난을 염두에 둔 재난관리 매뉴얼이 만들어지고, 이에 근거하여 많은 훈련과정이 이루어지고 훈련을 바탕으로 재난관리 매뉴얼은 지속적으로 수정 보완되어야 한다.

Answer 17 ❸ 18 ❷ 19 ❹

20 재난관리방식에 대한 설명으로 옳은 것만 모두 고른 것은?

ㄱ. 관련부처 및 기관의 수 측면에서, 분산(유형별)관리방식은 다수부처 및 기관과 관련되는 반면, 통합관리방식은 소수부처 및 기관과 관련된다.
ㄴ. 책임범위와 부담 측면에서, 분산(유형별)관리방식은 소관재난에 대한 관리책임을 지고, 통합관리방식은 모든 재난에 대한 관리책임을 진다.
ㄷ. 정보의 전달 측면에서, 분산(유형별)관리방식은 정보의 단일화(일원화)가 이루어지는 반면, 통합관리방식에서는 정보의 다원화가 이루어진다.
ㄹ. 재난대응 측면에서, 분산(유형별)관리방식은 통합대응/지휘통제가 용이하고, 통합관리방식은 대응 조직이 없는 것이 특징이다.

① ㄱ, ㄴ　② ㄱ, ㄹ　③ ㄴ, ㄷ　④ ㄷ, ㄹ

Solution ㄷ. 정보의 전달 측면에서, 분산(유형별)관리방식은 정보의 다원화가 이루어지는 반면, 통합관리방식에서는 정보의 단일화(일원화)가 이루어진다. ㄹ. 재난대응 측면에서, 분산(유형별)관리방식은 단일 대응조직이 없으며 ,통합관리방식은 통합대응/지휘통제가 용이하다.

21 다음의 재난관리방식 중 통합관리방식에 해당하는 것으로 옳게 나열한 것은?

ㄱ. 전통적 재난관리제도
ㄴ. 재난대응에 참여하는 모든 비상대응기관들을 통합관리
ㄷ. 정보전달의 단일화
ㄹ. 재난의 종류에 따라 책임기관을 각각 다르게 배정하여 관리

① ㄱ, ㄴ　② ㄱ, ㄹ　③ ㄴ, ㄷ　④ ㄷ, ㄹ

Solution 통합관리방식은 단일 기관에서 재난을 관리하므로 모든 비상대응기관들을 통합관리하고, 정보전달의 단일화가 이루어진다.

22 재난관리방식 중 통합관리방식의 특징을 모두 고른 것은?

ㄱ. 재난 유형별 관리　ㄴ. 지휘체계의 단일화
ㄷ. 과도한 책임 부담　ㄹ. 다수 부처 참여

① ㄱ, ㄷ　② ㄱ, ㄹ　③ ㄴ, ㄷ　④ ㄴ, ㄹ

Answer 20 ❶ 21 ❸ 22 ❸

Solution 통합관리방식은 단일기관이 지휘체계를 확립하므로 과도한 책임 부담이 있다.

23 **고도신뢰 이론(High Reliability Theory, HRT)의 위기관리 전략에 해당하지 않는 것은?**

① 의사결정의 집중화 전략　　② 관점의 유연화 전략
③ 조직학습 전략　　④ 가외성 전략

Solution 고신뢰이론의 재난관리 전략은 ① 가외성(redundancy)의 전략, ② 의사결정 분권화(de-centralization) 전략, ③ 관점의 유연화(conceptual slacks) 전략, ④ 조직학습(organization learning) 전략 등이다.

24 **재난관리 관계기관 간 유사성과 대응자원 공통성 문제를 보완하여 의사결정의 신속성을 확보하기 위한 재난관리 방식은?**

① 아네스(Anesth)방식　　② 존스(Jones)방식
③ 통합관리방식　　④ 분산관리방식

Solution 분산관리 방식은 재난 시 유사 기관 간의 중복 대응과 과잉 대응의 문제를 야기하였고, 난해한 계획서의 비현실성과 다수 기관 간의 조정·통제에 대하여 여러 가지 반복되는 문제를 야기하게 되었다. 이러한 분산관리의 문제점을 보완하고자 제시된 것이 통합관리 방식이다.

25 **재난관리에 있어 통합관리 방식의 특징을 설명한 것으로 적합한 것은?**

① 관리체계가 복잡하다.
② 관련 부처의 수가 줄어든다.
③ 정보의 전달이 다양화된다.
④ 소관 재난에 대한 관리책임이 분산된다.

Solution 통합적 관리 방식 : 단일 부처 조정하의 병렬적 다수 부처 및 기관, 모든 재난에 대한 관리 책임, 과도한 부담 가능성, 모든 재난에 대한 종합적 관리활동과 독립적 활동의 병행, 정보 전달의 일원화, 통합 대응/지휘통제 용이(소방), 재난에 대한 인지능력이 강력하고 종합적이다. 재난 발생 시 총괄적 자원 동원과 신속한 대응성 확보, 자원봉사자 등 가용자원을 효과적으로 활용, 종합관리 체계를 구축하는데 많은 어려움이 따름, 부처 이기주의 및 기존 조직들의 반대 가능성이 높고 업무와 책임이 과도하게 한 조직에 집중된다.

Answer 23 ❶ 24 ❸ 25 ❷

26 풍수해 저감대책을 구조적 대책과 비구조적 대책으로 구분할 경우, 비구조적 대책에 가장 적합한 것은?

① 하천제방 신·개축
② 하수관로 용량 확대
③ 위험지역 안내판 설치
④ 유수지 및 펌프장 신·증설

Solution 구조적 경감방법은 공학적인 기술을 이용하여 댐, 제방 등과 같은 보호 구조물을 건설하거나 재난에 노출되어 있는 건축물을 보호하는 방법이다. 그리고 비구조적 경감방법은 법령, 규제, 규칙 등 제도적으로 접근하는 방법입니다.

27 우리나라 국가안전관리 기본계획의 기조 변화로 옳지 않은 것은?

① 자연재해 및 인적재난 대상 → 전 재해 대상
② 지방자치단체 중심의 자율적 안전관리 체계 → 중앙 통제 및 제어 비중 확대
③ 대응 중심 재난안전 관리 정책 → 예방 중심 재난안전 관리 정책
④ 하향식 명령 통제시스템 중심 → 다양한 부문의 참여 강조

Solution 중앙 통제 및 제어 비중 확대 → 지방자치단체 중심의 자율적 안전관리 체계

28 재난발생의 원인과 배경에 관한 대표적 재난관리 이론이 아닌 것은?

① 재난배양이론(Disaster Incubation Theory)
② 불확실성이론(Uncertainty Theory)
③ 정상사고이론(Normal Accident Theory)
④ 고도신뢰이론(High Reliability Theory)

Solution 불확실성은 재난의 특성 중 하나이다.

Answer 26 ❸ 27 ❷ 28 ❷

29 **재난관리 방식 중 통합관리방식에 대한 설명으로 옳지 않은 것은?**

① 재난의 유형별 특징과 대응방식의 차이를 강조하는 방식이다.

② FEMA 창설의 이론적 근거로 제시되었다.

③ 활동범위가 특정재난에 국한되지 않고, 일반적으로 재난에 대한 활동범위가 확대된다.

④ 일반적으로 정보전달체계가 일원화된다.

Solution ① 재난관리의 분산관리 방식은 지진, 수해, 유독물, 설해, 화재 등 재난의 종류에 상응하여 대응 방식에 차이가 있다는 것을 강조한다. 따라서 재난 종류별 계획이 마련되어 대응 책임기관도 각각 다르게 배정되어 관리하는 방식이다. 분산관리 방식은 재난 시 유사 기관 간의 중복 대응과 과잉 대응의 문제를 야기하였고, 난해한 계획서의 비현실성과 다수 기관 간의 조정·통제에 대하여 여러 가지 반복되는 문제를 야기하게 되었다. ② 이러한 분산 관리의 문제점을 보완하고자 제시된 것이 통합관리 방식이다. FEMA의 창설에 이론적 근거로 제시된 통합관리 방식(Integrated Emergency Management System : IEMS)은 재난관리의 전체과정이라 할 수 있는 예방 – 대비 – 대응 – 복구활동을 종합 관리한다는 의미이며, 모든 재난은 피해 범위, 대응 지원, 대응 방식에서 유사하다는 것을 그 이론적 근거로 삼고 있다. 그러나 제도론적 관점에서의 통합관리의 개념은 대응 단계에서의 모든 자원을 통합 관리한다는 의미가 아니라 재난 대응에 필요한 대응 기능별 책임기관을 지정하여 유사시 참가 기관들을 조정하고 통제한다는 조정적 의미이다.

Answer 29 ❶

CHAPTER _04

재난관리 패러다임의 변화

제1절 재난관리 패러다임 변화의 의의

1 복구 중심에서 예방·대비 중심으로 재난관리 패러다임의 전환

최근 자연재난 및 인적재난의 빈번한 발생과 피해 규모의 대형화에 따른 사회경제적인 문제가 크게 대두되고 있다. 전 세계적으로 급속한 산업화에 따른 환경오염, 도시 개발 등에 따른 지구온실 효과 등 기후 변화가 발생하여 기상이변을 겪고 있으며, 미국·파키스탄·인도네시아 등지에서는 허리케인 및 지진으로 인한 큰 피해를 입었고, 우리나라의 경우, 기상조건으로 인하여 풍수해 등의 자연재난 유발 가능성이 높은 편이다. 미국의 9·11사태와 같은 테러에서부터 각종 화재 및 건물 붕괴 등으로 인한 인적재난의 발생도 빈번하게 발생하고, 피해 규모 또한 매우 커지고 있다.

최근 재난의 복구보다는 예방 및 대비로 패러다임이 전환됨에 따라 미국, 일본과 같은 선진국에서는 과학기술을 활용한 재난의 예방 및 대비를 가속화하고 있다. 과거 재난 발생 시 재난 피해를 복구하는 '복구' 중심의 재난관리는 최근에 들어서면서 '예방' 및 '대비'를 중시하는 기조로 변하고 있다. 미국의 경우, 1990년대 들어 재난 대응과 복구에 의존하던 것에서 벗어나 위험과 재난으로 인한 피해 규모를 줄이기 위한 예방 및 대비 중심으로 재난정책의 방향을 바꾸고 있다.

우리나라의 경우 복구 중심의 재난관리에서 탈피하여 예방 및 대비를 위한 다양한 국가 차원의 제도가 시행되고 있고, 재난 예방을 위한 R&D 투자도 점차 증가하기 시작하였다. 그러므로 우리나라 **재난관리의 패러다임** 역시 변화해가고 있다고 볼 수 있다. 우리나라의 재난 정책은 1960년대 건설부 수자원국에 방재과 신설과 1967년 2월 28일 「풍수해대책법」을 제정함으로써 자연재난에 대한 근대적 업무가 시작되면서 추진되었다. 이후 1970~1980년대에는 무분별한 개발로 인하여 자연재난의 규모가 대형화되면서 빈번히 발생하는 홍수 예방을 위한 사업이 시작되었고, 1975년 「민방위기본법」 제정으로 국가가 재난에 직접 대처하기 시작하였다. 1990년대에는 점차 재난의 발생이 빈번해지고, 그 피해가 커지게 되면서 이를 효과적으로 예방하고 대비하기 위하여 1995년 「재난관리법」 제정과 재해영향평가제와 같은 법·제도적 기반이 확충되고 있다. 2000년대에는 수해방지대책과 국가재난관리 종합대책 등을 통하여 범정부적 차원의 대책이 마련되었고, 2004년 6월 1일 소방방재청 개청에 따라 재난관리의 전문화 및 일원화가 가능하게 되었으며, 2004년 3월 11일 「재난 및 안전관리 기본법」 제정 및 법·제도적 기반이 더욱 확고해졌다. 이러한 정부의 정책 추진 방향은 재난 대응, 복구 중심의 패러다임에서 재난 예방, 대비 중심의 패러다임으로의 변화 양상을 보여 주고 있다. 세월호 참사를 계기로 2014년 11월 19일 소방방재청을 폐지하고 국민

안전처를 신설하여 육상재난과 해상재난을 통합·관리하는 재난관리 컨트롤타워를 새로이 조직하였다. 한편, 2017년 7월 26일 문재인정부의 출범과 함께 육상재난의 총괄대응 책임기관인 소방청을 독립시켜 국민이 안심하고 생활할 수 있는 대한민국을 만들기 위하여 모든 역량을 집중해 나갈 것이다.

태동기 (1960년대)	성장기 (1970～1980년대)	성숙기 (1990～2000년대)	도약기 (2000년대)
• 1963년 건설부 수자원국 방재과 신설로 자연재난에 대한 근대적 업무 시작 • 1967년 풍수해대책법 제정	• 무분별한 토지개발사업 등으로 재난규모의 대형화 • 홍수 범람 예방을 위한 재해예방대책 사업 수행 • 1975년 민방위기본법 제정으로 국가가 재난에 직접 대처	• 대형 자연재난, 인적재난 빈번한 발생 및 피해규모 증가 • 1995년 재난관리법 제정(중앙/지자체 전담기구 및 인력확보) • 재해영향평가제 도입 • 1995년 재연재해대책법 제정	• 대형 재난 발생에 따른 범정부적 대책 수립(수해방지대책(2003), 국가재난관리종합대책(2003) • 소방방재청 개청(2004)에 따른 재난관리업무 전문화, 일원화 • 재난 및 안전관리 기본법(2004)

패러다임 변화

재난 수용 (복구중심)	➡ 재난 대응 (현장대응중심)	➡ 재난 예방 (대비중심)
• 재난 발생의 피해에 대한 광범위한 노출 • 사후 복구 활동	• 예측 및 관측 시설 • 재난 발생 시 신속한 대응	• 예측 - 취약성 평가 - 저감활동 등 프로세스별 재난위험 통합적 관리

그림 4-1 재난관리 정부정책의 패러다임 변화

2 재난관리 패러다임 변화와 현실

21세기에 요구되는 정부의 역할은 매우 다양하다. 투명한 정부, 경제 촉진 정부, 신뢰받는 정부, 학습 능력을 갖춘 정부, 경쟁력 있는 정부 등 다양한 역할이 요구되지만, 가장 중요한 정부의 역할 중 하나는 안전사회 구축이다.

이러한 재난 및 안전관리를 위한 정부의 역할은 사회 환경의 변화에 따라 변화되어 왔다. 1948년 정부수립 이후 1990년대 초까지 풍수해를 중심으로 하는 자연재난 관리에 초점을 두었으나, 1990년대 성수대교붕괴(1994), 충주 훼리호 화재(1994), 아현동 도시가스 폭발(1994), 대구 지하철 공사장 가스 폭발(1995), 삼풍백화점 붕괴(1995) 등의 재난이 잇달아 발생하면서 1995년 우리나라의 재난관리 정책은 자연재난 관리 정책과 인적재난 관리 정책으로 이원화되어 발전하게 되었다.

그 후 2003년 대구지하철 화재와 함께 태풍 매미, 화물연대 파업, 철도 노조 파업, 급성호흡기 증후군(SARS), 조류독감(AI) 등의 출현으로 2004년 6월 1일 소방방재청이 개청되고 통합 재난관리 방식으로 변화하는 등 재난환경 변화에 따라 재난관리 정책에서도 변화와 발전이 요구되었다.

또한 2014년 4월 16일 진도 해상에서 침몰한 세월호 참사를 계기로 우리나라의 재난관리체계에 대한 많은 문제점이 드러나 이를 보완하고 강력한 재난관리체계를 갖추기 위해 2014년 11월 19일 국민안전처가 출범하였다. 국민안전처(Ministry of Public Safety and Security)는 안전 및 재난에 관한 정책의 수립·운영 및 총괄·조정, 비상대비, 민방위, 방재, 소방, 해양에서의 경비·안전·오염 방제 및 해상에서 발생한 사건의 수사에 관한 사무를 관장하는 대한민국의 중앙행정기관이다. 한편, 2017년 7월 26일 문재인정부의 출범과 함께 육상재난의 총괄대응 책임기관인 소방청을 독립시켰다.

재난관리 정책 변화의 필요성은 최근 많은 연구자가 대응과 복구 중심에서 예방과 대비 중심으로, 중앙정부 중심에서 지방정부 및 지역사회 중심으로, 그리고 명령, 지시, 통제, 감독의 방식에서 협력, 지원, 조정, 연계의 방식으로 재난관리 패러다임의 전환에서 우선 찾아볼 수 있다.

그러나 우리나라의 재난관리 현실은 여전히 대응과 복구 중심으로, 중앙정부 중심으로, 명령과 지시, 통제와 감독의 방식으로 이루어지고 있는 듯하다.

표 4-1 재난관리 패러다임의 변화 방향

구분	기존의 재난 안전관리 패러다임	→	새로운 재난 안전관리 패러다임
정부 내	중앙정부 중심으로		지방정부 중심으로
사회 내	중앙 부분 중심으로		정부 + 민간 + 시민사회의 협력 네트워크 중심으로
방식	명령, 지시, 통제, 감독의 방식으로부터		협력, 지원, 조정, 연계의 방식으로
시간	단기적 처방 중심으로		중장기적 제도화와 계획 중심으로
재난 과정	대응·복구 중심으로		예방·대비 중심으로

3 신 재난관리의 발전 방향

우리나라는 거의 매년 대규모 자연재난과 크고 작은 인적재난들을 경험하고 있으며, 이로 인하여 많은 인명 피해와 재산 손실이 발생하고 있다. 재난은 사전에 미리 예방하고 대비하는 경우 그 피해 규모를 줄일 수 있다. 그러나 우리나라의 재난관리는 이러한 기대에 미치지 못하고 있다.

재난관리의 발전 방향은 다음과 같다.

첫째, 중앙과 지방의 역할 분담과 협조이다. 1차적으로는 지방정부 중심의 재난관리 정책을 수행하되, 지방정부의 범위를 넘어서는 재난 발생 시에는 2차적으로 중앙정부와 지방정부가 유기적 협력 하에 재난을 관리할 수 있도록 재난관리체계를 정립하여야 한다. 이러한 주장은 지금까지 많이 제시되어 왔지만, 여전히 우리의 현실은 그렇지 못하다. 따라서 대규모 재난 시의 중앙 - 지방의 유기적 재난관리 연계 체계가 요구된다.

둘째, 지방정부의 예방·대비 중심으로의 재난관리 정책의 지향과 이를 가능하게 하는 중앙정부의 유인설계(incentive design)이다. 재난관리에서 예방사업의 중요성은 아무리 강조하여도 부족하지만, 문제는 어떻게 예방과 대비 중심의 재난관리 정책을 추진할 수 있도록 하느냐이다.

셋째, 재난관리 거버넌스 구축이다. 오늘날 재난관리체계의 특징은 정부-기업-민간 부문의 협력을 강조하는 재난관리 거버넌스이다. 이는 기존의 정부 중심의 재난관리체계가 어느 정도 한계를 드러냄에 따라 공공과 민간 부문이 파트너십을 발휘하여 재난에 대비하고 대응하자는 것이다. 사실 재난의 비상시성과 예측 불가능성과 같은 재난의 특성으로 인하여 평상시의 완벽한 재난관리 조직과 인력 및 예산의 운용은 일면 비효율적일 수밖에 없다. 따라서 우리 사회의 역량을 넘는 공공 부문의 과도한 재난관리 조직과 인력 및 예산을 요구하는 것은 합리적이지 못하므로, 적정한 재난관리 조직과 인력 및 예산을 편성 운영하되 재난 발생 시에는 지역사회의 모든 자원을 동원한 재난관리 역량을 발휘할 수 있도록 평소 재난관리 거버넌스를 구축해놓아야 한다는 것이다.

넷째, 재난관리의 전문성 제고 및 재난관리 부서의 위상 제고이다. 우리의 경우 재난관리 부서들은 한직(閑職)으로 취급되어 유능한 공무원들이 가기를 꺼리는 부서이다. 따라서 재난관리 부서의 위상과 역량을 제고하여야 한다. 또한 재난관리 담당 공무원의 전문성을 제고할 필요가 있다. 2013년 신설된 방재안전 직렬의 활성화 등을 통하여 우수한 공무원들이 재난관리 분야에서 열심히 일할 수 있도록 제반 여건을 정비해나가야 할 것이다.

다섯째, 지역사회 차원의 발생 가능한 다양한 재난을 염두에 둔 재난관리 매뉴얼이 만들어지고, 이에 근거하여 많은 훈련과정이 이루어지고 훈련을 바탕으로 재난관리 매뉴얼은 지속적으로 수정 보완되어야 한다. 재난관리 매뉴얼이 없다면, 실제 재난 발생 상황에서는 우왕좌왕하다 많은 피해를 낳게 될 것이다. 재난이 발생하였을 때 실시간으로 어떤 상황이 전개되는지, 누가 출동하여야 하는지, 누구에게 지원을 요청하여야 하는지, 생수나 빵 같은 재난 필수품들은 어디서 구해서 나누어줄 것인지 등이 매뉴얼화 되어 있어야 한다. 이를 위하여 평소에 지역의 대형 할인마트와 협약을 체결해놓거나, 대형 건설장비 업체나 건설회사와 계약을 맺는 것 등이 재난 발생과 같은 비상시에 중요한 것들이다. 매뉴얼에 근거한 재난관리가 이루어지기 위해서는 먼저 현장의 다양한 사례들을 수집하고 분석하여야 한다. 이러한 작업들은 재난관리 예방·대비 단계에서 평소에 만들어져야 한다. 따라서 예방·대비 단계에서 하여야 할 일들이 생각보다 많을 것이다. 우리의 재난관리는 이러한 예방·대비 차원에서 하여야 할 일을 간과하고 있는 것이 늘 때 늦은 후회를 가져오게 했던 것 같다.

재난은 늘 발생하거나 자주 있는 일이 아님이 분명하다. 그러다보니 대응·복구 중심의 관점에서 보게 되면, 언제 있을지도 모를 재난을 위한 평소의 재난관리 조직 및 인력과 예산은 비효율적으로만 보여 정책의 우선순위에서 늘 뒤로 밀리기 마련이다. 그러나 재난은 예측할 수 없는 곳에서 늘 발생해온 것도 사실이다. 일단 발생한 재난 피해의 불가역성과 그 재난 피해의 대규모성을 감안한다면 평소의 재난관리 조직 및 인력과 예산의 비효율성만을 따져 재난관리 조직과 인력, 예산을 축소하고 감축할 것이 아니라, 복구 중심에서 예방·대비 중심으로 재난관리의 관점을 전환하여 늘 적정한 재난관리 조직과 인력 및 예산을 편성·운영하여야 한다. 왜냐하면, 위에서 논의한 것처럼 예방·대비 중심의 관점에서 바라보던 평소 재난관리를 위하여 해야 할 일들이 많기 때문이다. 철저하게 준비된 재난관리 대책만이 재난 없는 안전한 사회를 약속해 줄 것이다.

제2절

재난관리와 시민 참여

우리사회는 지난 10여 년 동안 대형재난으로 5천명 이상이 목숨을 잃고, 삶의 질 향상을 위한 복지 예산의 20배가 넘는 손실을 한 해의 홍수 재난으로 지출하는 나라, 그럼에도 사전예방 정책과 기술 개발을 위해서는 국가연구개발사업 전체 예산의 0.1%에도 못 미치는 비용을 투자하는 나라, 이것이 안전관리에 대한 우리 사회의 현주소이다. 그동안 우리는 부산 구포역 열차사고, 위도 페리호 침몰사고, 성수대교 붕괴사고, 대구지하철 가스 폭발사고, 삼풍백화점 붕괴사고, 씨랜드 화재사고 등 전 세계적으로 사례를 찾아보기 힘든 대형 사고를 경험했고, 더 이상 재난이 발생하지 않기를 바랐지만 2002년 대한민국 역사상 최대 피해를 유발시킨 태풍 루사에 이어 또다시 2003년 2월 대구지하철 참사와 천안초등학교 축구부 합숙소 화재사고, 2004년 3월에는 폭설 피해와 9월의 태풍 매미 피해를 경험하게 되었다. 대규모 재난이 발생할 때마다 사회적 물의를 빚으면서 사고 원인에 대한 인재(人災) 또는 천재(天災), 심지어 관재(官災)라는 책임과 관련된 논의가 팽배하고, 관계 정부기관에서는 더 이상의 재난이 발생하지 않도록 하겠다는 조치를 발표하지만 지속적으로 대형 재난의 가능성을 모두 우려하고 있는 시점에서 매년 우리는 반복적으로 크고 작은 재난을 겪으면서 별다른 대책 없이 살아가고 있다는 생각이 든다.

안전관리에 대한 연구를 수행해오면서 얻은 하나의 교훈은 우리의 안전 문제는 사고가 발생할 때마다 단순히 특정 지역에서 한시적으로 논의할 대상이 아니며 일시적 논의와 조치로써 해결되는 것이 아닌, 사회 속에 내재되어 있는 안전관리 시스템의 근원적 개선을 위한 담론을 통해 지속적이고 구체적인 대처 방안을 개발하고 실천해야 한다는 것이다. 다시 말해서, 안전대책은 시간 차원에서는 피해가 발생한 이후의 문제가 아니라 평상시부터 검토되고 개선되어야 할 것이며, 대상 차원에서는 재난관련 공무원이나 전문가에 국한되어 강구해야 할 대책이 아닌 일반 지역 주민이 함께 고민하고 개선해 나가야 할 과제인 것이다. 이러한 의미에서 이 장에서는 지역의 방재 역량을 강화하기 위해 필요한 개선 대책 중에서 지역 주민과 시민단체가 참여하는 방식의 실천적 대안에 대해 중점적으로 검토하고, 이에 필요한 기본 방향을 제시하고자 한다.

1 기존 재난관리 정책의 한계

21세기 미래 사회는 인류가 지금까지 경험하지 못했던 변화를 겪게 될 대변혁의 시대로 예측되고, 이러한 변혁은 사회구조·생활양식·가치 체계에서부터 경제·산업환경의 변화에 이르기까지 매우 광범위한 분야에서 전면적으로 새롭게 변하하는 패러다임의 질적 혁신적 변화가 될 것으로 예상된다(과학기술부, 1999 : 3-80). 그럼에도 불구하고 최근 지구온난화 현상 등 지구환경 변화에 따른 기상 이변의 빈발과 세계화·지식정보화로 대변되는 전 지구적인 급변의 소용돌이 속에서 우리나라의 안전관리정책은 20세기 정책에서 크게 발전되지 못해 왔다고 생각된다. 이러한 문제는 단지 안전관리 정책에 국한되는 것이 아닌 국가 운영 전략 전반에 걸친 문제로서 이를 세분해서 살펴보면 다음과 같다.

(1) 경제성장 위주의 국가운영 체계 유지

굳이 독일의 사회학자 벡(Ulrich Beck)의 주장을 빌리지 않더라도 우리는 과거 20세기와는 다른 사회에서 살고 있음을 깨닫게 된다. 즉, 과거 20세기 이데올로기의 대립에 의한 전쟁 위협이 사라졌다는 점에서는 안전한 사회로의 진입이 가능해졌다고도 볼 수 있지만, 세계화와 신자유주의의 물결 속에서 세계는 과거에 비해 상당히 증폭된 테러 및 기상 이변 등에 따른 각종 재난의 위협에 직면하고 있다. 서구 사회의 근대화 과정은 경제 성장이라는 목적을 위해 산업화와 과학화를 추진하면서 인구와 시설의 집중을 통한 대량 생산을 체계화하는 과정이었다고 생각되는데, 20세기 후반까지는 근대화를 통해 많은 부(富)와 역량을 축적할 수 있었던 것이 사실이다. 그러나 근대화 과정에서 빛에 해당하는 경제성장만을 추구하다 보니 그림자에 해당하는 위험과 재난이라는 요소를 지나치게 간과한 나머지, 위험이라는 요소가 여과 장치나 대책 없이 확대 되었고, 21세기 초반인 현 시점에서는 경제성장만큼이나 위험 또한 체계화되고 극대화되기에 이르렀다. 이와 같이 우리가 사는 현대 사회는 서구 사회의 운영 기조 속에 내포된 위험이 표면화된 사회이며, 더 이상 이에 대한 근본적인 반성과 대책 없이는 경제성장조차 불가능한 위험사회(risk society)에서 살게 된 것이다.

따라서 위험이라는 부정적 요소와 지속적 경제 성장이라는 긍정적 요소를 양축으로 병행하여 고려하는 사회 시스템으로의 전환, 좀 더 구체적으로 말하자면 도시화·산업화가 야기한 위험을 겸손하게 받아들이고 이를 수용하여 발전시키는 개념의 실천적 대안을 이제부터라도 구상해야 한다.

(2) 중앙집중적 재난관리정책의 추진

한 마디로 요약하자면 기존의 우리나라 재난관리정책은 사후 위주, 복구 위주의 중앙집중적인 행정으로 일관해 왔다고 해도 과언이 아니다. 그동안 우리나라는 경제 성장을 제1의 정책 기조로 선정하고 경제 활성화 정책을 시행하는 가운데 도시화와 산업화에 따른 도시로의 인구 과밀, 각종 시설의 집중을 유발하게 되었고, 이러한 과밀 수준에 따라 유발되는 안전장치나 대책이 이루어지지 않음에 따라 여러 가지 예상하지 못했던 재난을 겪는 어리석음을 범하게 되었다. 특히 전통적인 권력구조로서 채택한 중앙집권적 구조는 모든 국가 권력이 중앙에 집중하여 효율성과 형평성이라는 명분으로 획일적인 의사 결정을 통해 통일된 자본과 인력, 기술의 집중을 통한 국가경쟁력 강화를 이루어 왔던 것이 사실이다. 즉, 이러한 체제는 단기적이고 효율성 있는 국가 운영을 이룰 수는 있었으나 안전관리 행정에서는 각종 재난이 지역의 현장에서 일어남에도 불구하고 이를 통제하는 시스템은 중앙에 위치하게 됨으로써 여러 가지 문제점을 유발하는 원인을 제공하게 되었다. 재난의 단계별 대책을 살펴보면 **예방**(mitigation) 및 **대비**(preparedness) 차원에서는 지역의 위험성을 누구보다도 잘 알고 있는 지역에서 자발적으로 일차적인 대책을 추진하기보다 중앙정부의 지침에 의존하는 경향을 야기하고, **대응**(response) 차원에서도 일차적인 대응은 지역에서 하더라도 대규모 재난에 대해서는 지역 간 연계가 부족하여 신속한 대응을 곤란하게 하는 동시에, **복구**(recovery) 차원에서도 국고 및 광역자치단체의 지원에 전적으로 의존하는 피동적인 형태를 가지게 하는 직접적 원인이 되었다.

(3) 시대 변화에 따른 관료주의의 한계 및 전문성 미흡

과거의 행정 패러다임은 주민을 위한 봉사자인 공무원이 모든 중요한 결정을 하고 시민이 따라오게 하는 지도형 행정 패턴이었다. 그렇기 때문에 공무원 활동의 대부분은 시민을 계도하고 지도하는 행정지도가 차지했다.

그러나 오늘날 정보화 사회에서 공무원의 지적·의식적인 수준은 주민을 능가하지 못하고 있으며, 많은 부분에서 민간 부문에 뒤지게 되었다(이기우, 2003 : 6-20). 특히 21세기는 공통의 사회규범과 가치 아래 사회적 합의를 모아 공동체를 운영하던 집단 중시 사회에서 과학 기술력에 바탕을 둔 풍요로운 삶의 질을 전제로 개인마다 다양한 생활양식과 가치를 자유롭게 선택해 추구하고 정부는 이를 제대로 보장하는 개인 존중, 인간 중심 사회로 전환될 것이다. 따라서 과거와 같이 정부나 공적 권위에 의한 개인 생활과 사회 가치의 획일화는 더 이상 지지받지 못할 것이며, 국가·사회적 현안 문제 해결에서 민간의 참여폭은 크게 확대될 것이다. 방재안전 분야는 학제간(interdisciplinary)의 연계가 어느 분야보다 필요한 종합적인 학문이 요구되기 때문에 최근의 정보와 기술 동향에 민감할 수밖에 없다. 따라서 방재안전 관리를 담당하는 공무원은 지속적인 교육과 훈련을 통해 담당 업무에 대한 최신 정책과 기술에 대한 정보를 습득하고 체화(體化)되도록 해야 한다. 그럼에도 불구하고 실제 일선 행정관서에서 안전관리 담당 분야는 어느 업무보다도 우선순위에서 뒤처지고 있고, 담당 공무원들은 다른 부서로의 전근을 희망하는 경우가 대다수인 상황이다. 즉, 관료주의의 잔재로서 주민 지도, 계도 위주의 행정에 익숙한 체제가 21세기의 변화에 대응하지 못하고 있는 동시에, 안전관리의 중요성이 행정조직의 예산 및 인사 등에 반영되지 못하고 있으며, 이에 대한 문제점을 해소하기 위한 어떠한 조치도 일선에서 개선되지 못하고 있는 상황이다.

따라서 과거 경제와 의식주 문제가 국민의 주요 관심사이던 시대를 지나 국가의 안위(安危)와 국민의 생명과 재산 보호, 그리고 인간으로서의 기본권을 보장하기 위한 정부의 기본적 책무가 더욱 중요하게 요구되고 있는 현 시점에서 안전 관련 문제를 해결하기 위한 노력이 조속히 실행되어야 한다.

(4) 지역 주민의 재난 안전 의식 결여

1959년 우리나라와 일본은 사라호 태풍과 이세만(伊勢灣) 태풍이라는 대규모 태풍을 각각 겪으면서 국가 차원의 재난대책을 마련하게 되는데, 각 나라법의 패러다임이 상이했기 때문에 이후 완전히 다른 치수(治水) 정책으로 고착되는 원인을 제공하게 된다. 당시 어려운 경제 상황에서 재해가 삶의 의욕마저 잃게 될 수 있다는 우려 속에 국가가 무상 지원을 할 수 있도록 재해구호 원칙을 설정하게 되었다. 안타깝게도 40여 년이 지나 국가의 경제적 여건이 완전히 바뀐 현재에도 원칙이 그대로 적용되고 있으며, 재난이 발생하게 되면 보상과 배상이라는 용어까지 사용하면서 국가 지원 범위를 확대하라는 요구가 일상화되고 있다. 국민이 일선 현장에서 스스로를 방어하는 최소한의 노력조차 찾아보기 어렵고, 사후 보상에 관심을 가지게 한 원인 중의 하나를 국가가 제공하는 셈이다(심재현, 2003 : 322-330). 이와 같이 우리나라는 위험이라는 요소는 국가가 담당해야 할 일이고 개인과는 관계가 없다는 인식이 다른 나라에 비해 팽배한데, 이러한 의식을 심리학적으로 **'타자의 논리**(theory of the other)'라고 한다. 한 마디로 정의하면, 타자의 논리는 문제 있고 사악한 외부집단과 위험을 결합시키는 것이 자신은 그 위험에 책임이 없으며, 따라서 자신은 위험 자체로부터 안전할 수 있다는 자아의 안정성을 보호하기 위한 메커니즘이라고 할 수 있다.

그러나 이러한 심리적인 경향은 실제 위험 앞에서 스스로를 지키기보다는 오히려 무력하게 만드는 태도로서, 심리학적으로는 단지 위험에 대한 사람들의 반응을 적절하게 이론화하지 못하는 차원을 넘어 실제 위험을 과소평가하게 만드는 현실적인 효과를 가진다는 데에 문제가 있다고 영국의 심리학자 조페(Helen Joffe)는 경고하고 있다(심재현, 2004 : 82-85). 수해에 국한하더라도 타자의 논리에 대한 사례를 쉽게 찾아볼 수 있는데, 이를 우리 사회의 구성원을 크게 피해 당사자, 일반대중, 매스미디어, 전문가와 행정가, 정치가 등에 의한 조직화된 무책임성이라는 개념으로도 생각할 수 있다. 우선 피해 당사자의 경우만을 살펴보아도 1998년 지리산 호우에서 경험한 바 있듯이 야영이나 취사가 금지된 지역에서 이를 어긴 결과 참변을 당했던 사례, 대피 권유에도 이를 무시하다가 실종된 사례 등과 같이 피해 이전에 자신만은 안전할 것이라고 믿다가 사고를 당하는 타자의 논리가 적용되는 경우를 쉽게 찾아볼 수 있다. 또한 피해 당사자가 아닌 일반 대중들은 매스미디어를 통해 피해의 참상을 간접적으로 인지하면서 피해 당사자를 측은히 여김과 동시에 피해 당사자와 자신을 동일시하지 않고 타자로서 인지하는 경향이 매우 크다.

따라서 피해는 자기가 살고 있는 지역에서는 발생하지 않을 것이라는 막연한 심리 때문에 자기 지역의 위험성을 스스로 살펴보고 자주적인 보수, 보강을 하려는 노력이나 공공기관에 대해 이에 대한 시정 요구하려는 자조(自助)적인 측면보다는 수재의연금을 납부하는 정도에서 본인들의 할 일은 끝났다고 믿는 경향이 매우 크다는 것을 쉽게 이해할 수 있을 것이다.

2 21세기 재난 여건의 변화

21세기에 들어서면서 여러 가지의 재난과 관련된 여건들이 변화되었거나 변화될 것으로 예상되는데, 여기에는 부정적인 여건이 존재함과 동시에 긍정적인 여건이 존재한다. 따라서 재난관리에 대한 정책의 성패는 부정적 요소의 최소화와 동시에 긍정적 요소의 극대화라고 볼 수 있으며, 이를 위해서는 부정적 요소와 긍정적 요소를 파악할 필요가 있다.

표 4-2 재난안전 분야 21세기 패러다임의 예측되는 변화

20세기 패러다임		21세기 패러다임
경제적 안정 요구 단계	⇒	문화적 욕구 및 안정성 요구 증대
부문별 안전대책	⇒	종합적 안전대책
경험적 안전대책	⇒	과학적·분석적 안전대책
비용 개념의 안전대책	⇒	투자 개념의 안전대책
사후 수습 및 복구 위주	⇒	사전 예방 위주
국지적 대응	⇒	범지역적 대응
발생 빈도가 큰 소규모 재난	⇒	발생 빈도는 작으나 대형화·다양화
국가에 의한 관(官) 주도 대응	⇒	전 국민의 참여를 통한 총체적 대응
노동집약적인 인력 투입	⇒	첨단장비를 활용한 업무 능력 배양

3 21세기 선진국형 재난관리 패러다임

이상의 내용을 통해 새로운 개념의 혁신적인 재난관리 패러다임을 전환할 필요가 있는데, 이를 위해서는 과거 20세기 중앙정부 주도형의 재난관리를 기능과 역할 분담이라는 새로운 체제 정립을 통해 전환할 필요가 있다.

우선, 기능적인 측면에서 중앙정부와 지방정부의 적극적인 재난관리 정책이 요구되며, 이를 위해서는 지방정부가 일차적으로 예방부터 사후복구에 이르는 일련의 재난관리 기능을 우선적으로 갖추도록 예산과 인력을 확보해야 한다. 또한 중앙정부는 각 부처에 분산된 업무를 총괄 조정하고 평가 지원하는 기능을 중심으로 지방정부를 지원해주는 방식의 역할 분담을 하는 것이 타당하다고 판단된다. 또한 종래에 소극적으로 이루어져 왔던 재난관리정책에 대한 시민의 적극적인 참여가 21세기 선진국형 재난관리의 초석이 된다는 것을 재확인할 필요가 있다. 일선 지역의 주민이 각종 재난에 대한 자주적인 의식과 방어 능력을 확보할 수 있도록 정부가 지원하고 주민이 적극적으로 정책 결정의 방향을 제시하고 실현하는 방식은 단지 재난관리에 국한된 논의는 아닐 것이다.

마지막으로 과학적인 기술 개발과 합리적인 재난관리정책 개발과 실천을 위한 연구 개발의 기능은 반드시 필요하다고 판단된다. 전문가에 의한 실천적 대안 마련과 이를 현실 행정에서 실천하기 위한 단계적 정책 개발은 선진국형 재난관리의 필수 요소임을 재확인해야 하며, 이를 위한 국가 연구 개발의 지속적 투자와 실효성 확보 방안은 지금부터라도 적극적으로 검토되어야 한다(심재현, 2003 : 65-81). 지금까지 우리나라가 매년 크고 작은 자연재난과 인적재난, 심지어는 인적재난으로 인해 인명과 재산 피해를 입게 되는 가장 큰 이유 중 하나는 재난이 어떻게 어떠한 이유로 발생할 수 있는지, 어떻게 예방할 수 있는지, 일단 발생하면 어떻게 해야 하는지를 알고 있는 사람들의 대상이 전문가나 담당 공무원 등 일부에 한정되어 있고, 일반 국민들의 관심 대상이 되지 않았다는 데에 있다. 서구 사회에서도 마찬가지이지만 우리 사회 역시 이러한 의미로 판단하건대 짧은 기간 내에 경제 성장을 위해 사회 주변에 상존하는 각종 재난이라는 위험요소를 부수적인 것으로 생각하거나 혹은 간과해도 되는 것으로 오인하고 있는지도 모른다는 생각을 하게 된다.

그러나 2002, 2003년 반복되었던 유례없는 태풍 피해와 같이 해마다 발생하고 있는 홍수 피해로 발생하는 연평균 1조 2천억 원 이상의 재산 피해와 120명이 넘는 인명 피해를 생각할 때, 그리고 거의 매일 TV와 신문지상을 통해 접하게 되는 각종 화재와 교통사고 등을 생각하면 경제 성장과 사회 발전을 위해 감수해야만 하는 수준 이상이라는 것을 지금이라도 깨달아야 하는 것이 아닌가 생각된다. 굳이 독일과 영국의 저명한 사회학자인 벡(Ulrich Beck), 기든스(Anthony Giddens)의 성찰적 근대화라는 철학적인 개념을 생각하지 않더라도 이제 우리는 고도성장을 위해 감수해 오고 부차적으로 생각해왔던 안전에 대한 패러다임을 전환할 시점이라고 생각한다. 도시화·산업화로 대변되는 수많은 개발 사업은 인적재난 요인을 제공할 뿐만 아니라 자연재난의 가중 요인으로도 작용하고 있다는 점은 지금부터라도 방재적인 검토가 없이는 개발이 더 이상 묵인될 수 없는 사회로의 전환을 요구하고 있는 것이다. 어쩌면 경제적 부를 희생할지라도 위험을 사전에 봉쇄하는 것, 이것만이 지속 가능한 근대화라는 궁극적인 목표를 우리 사회가 도달할 수 있는 유일한 방법이 될지도 모른다. 따라서 위험사회에서 위험을 사전에 파악하고 이를 경계하는 것, 일단 재난이 발생하면 신속하게 대처할 수 있는 역량을 일반 국민까지도 가질 수 있는 사회로 전환하기 위해서는 일반 국민을 대상으로 한 다양한 방식의 교육과 홍보가 필요하며, 이를 위한 시민단체와 자원봉사자의 육성은 가장 우선적으로 필요한 정책이 된다.

Chapter 4

적중예상문제

01 **우리나라의 재난관리 패러다임 변화 중 성숙기(1990～2000년대)에 해당한 것은?**

① 민방위기본법 제정
② 재난관리법 제정
③ 재난 및 안전관리 기본법 제정
④ 홍수범람 예방을 위한 재해예방대책 사업 수행

Solution 성숙기(1990～2000년대)는 대형 자연재난·인적재난 빈번한 발생 및 피해규모 증가, 재난관리법 제정, 재해영향평가제 도입 등이다.

02 **우리나라의 재난관리 패러다임 변화 중 도약기(2000년대)에 해당한 것은?**

① 풍수해대책법 제정
② 재해영향평가제 도입
③ 소방방재청 개청
④ 풍수해대책법을 자연재해대책법으로 개정

Solution 도약기(2000년대)는 대형 재난 발생에 따른 범정부적 대책 수립, 국가재난관리종합대책, 소방방재청 개청에 따른 재난관리업무 전문화, 재난 및 안전관리 기본법 제정

03 **다음 중 새로운 재난 안전관리 패러다임에 해당하지 않는 것은?**

① 대응과 복구 중심에서 예방과 대비 중심으로 변화
② 지방정부 및 지역사회 중심에서 중앙정부 중심으로 변화
③ 명령, 지시, 통제, 감독의 방식에서 협력, 지원, 조정, 연계의 방식으로 변화
④ 단기적 처방 중심에서 중장기적 제도화와 계획 중심으로 변화

Solution 최근 재난관리 패러다임 변화는 중앙정부 중심에서 지방정부 및 지역사회 중심으로 변화하고 있다.

Answer 01 ❷ 02 ❸ 03 ❷

04 다음 중 재난관리의 발전 방향에 관한 설명으로 옳지 않은 것은?

① 재난관리 책임이 1차적으로는 지방정부 중심의 재난관리 정책을 수행한다.
② 정부 중심의 재난관리체계가 한계를 드러냄에 따라 공공과 민간 부문이 재난관리 거버넌스를 구축한다.
③ 지방정부의 예방·대비 중심으로의 재난관리 정책의 지향한다.
④ 재난관리의 전문성 제고하고, 재난은 불확실성의 특성을 가지고 있으므로 매뉴얼에 의한 훈련은 효과가 떨어진다.

Solution 재난관리의 전문성 제고하고, 재난은 불확실성의 특성을 가지고 있으므로 매뉴얼에 의한 훈련은 효과가 떨어진다.

05 재난시 기자회견 방법으로 옳지 않은 것은?

① 그래프 또는 차트를 사용하여 답변한다.
② 사실에 근거하여 정직한 인터뷰를 한다.
③ 잘못된 정보에 대하여 정중하게 반박한다.
④ 시청자를 고려하여 기술적인 전문용어를 사용한다.

Solution

※ 재난보도 요령
정보전달에 있어 사실적 보도
피해상황은 객관적 정보전달
피해예방과 피해복구를 포함 보도
전문가 검증
추청이 아닌 공식기관이 통계
피해자와 가족에 대한 흥미위주 보도 자제
인명구조활동을 방해하는 인터뷰는 자제
그래픽보도에 있어 객관적인 내용과 색체 유지

※ 기자회견 요령
사실에 근거한 인터뷰
비공식적 인터뷰 자제
애매모호한 표현 자제
전문기술적인 용어 사용자제
추측성 내용 인터뷰 금지
재난 방생 후 24시간 내 공식성명 발표
사고 재발방지 내용 포함인터뷰 창구 단일화

Answer 04 ❹ 05 ❹

06 다음 중 재난 시 기자회견 방법으로 옳지 않은 것은?

① 인터뷰 시 기자의 질문에 즉시 해명한다.
② 추측성 내용의 인터뷰를 금지한다.
③ 인터뷰 창구를 단일화한다.
④ 사실에 근거한 인터뷰를 한다.

Solution 인터뷰 시 기자의 질문에 즉시 해명할 필요는 없다.

07 재난관리체계의 협력적 구조에 관한 설명으로 옳은 것은?

① 재난발생에 관한 임무가 완료되어도 임시로 만들어진 팀이나 조직은 존속한다.
② 국가재난관리체계에서 정책결정과 집행은 통합되어 신속한 절차를 거친다.
③ 환경이 복잡하고 예측 불가능한 현대 사회에서 국가재난관리체계는 하나의 기관을 통해 지속적으로 문제를 해결할 수 있어야 한다.
④ 재난이 발생하기 전에 예방단계에서부터 유관기관의 협력구조를 구축해야 한다.

Solution
① 임시로 만들어진 팀이나 조직은 해체한다.
② 정책결정과 집행은 분리한다.
③ 국가재난관리체계는 다양한 기관을 통해 문제를 해결할 수 있다.
④ 신속하고 정확한 정보 및 자원 전달 네트워크 마련이 필요하고, 예방단계에서부터 다양한 유관기관의 참여를 통해 협력구조를 구축해야 한다.

08 1990년대 성수대교 붕괴, 대구지하철 공사장 도시가스 폭발사고 등을 계기로 제정된 법률은?

① 재난관리법 ② 지진재해대책법
③ 자연재해대책법 ④ 재난 및 안전관리 기본법

Solution 1994년 10월 21일 성수대교 붕괴, 1995년 4월 28일 대구지하철 공사장 도시가스 폭발사고, 1995년 6월 29일 삼풍백화점 붕괴 계기로 재난관리법이 제정되어 우리나라 재난관리의 근간을 마련하였다.

Answer 06 ❶ 07 ❹ 08 ❶

09 우리나라 재난관리체계의 변천과정을 순서대로 바르게 나열한 것은?

ㄱ. 건설부 내 방재시설과 신설	ㄴ. 내무부 내 소방국 설치
ㄷ. 내무부 내 재난관리국 신설	ㄹ. 건설부 내 방재계획관직 신설

① ㄱ → ㄴ → ㄷ → ㄹ ② ㄱ → ㄷ → ㄴ → ㄹ
③ ㄴ → ㄱ → ㄹ → ㄷ ④ ㄴ → ㄹ → ㄱ → ㄷ

Solution ㉠ 건설부 내 방재시설과 신설 1987년 12월, ㉡ 내무부 민방위본부에 소방국 설치 : 1975년 8월, ㉢ 내무부 내 재난관리국 신설 : 1995년 11월, ㉣ 건설부 내 방재계획관직 신설 : 1994년 4월

10 안전한 미래를 위한 우리나라 재난관리의 추진방향으로 적절하지 않은 것은?

① 예방과 대비 중심에서 대응과 복구 중심으로 변화한다.
② 도시계획 수립단계부터 재난관리대책을 적극 반영한다.
③ 재난관리활동에 일반시민의 적극적인 참여 및 실천을 유도한다.
④ 명령, 지시, 통제, 감독의 방식에서 협력, 지원, 조정, 연계의 방식으로 변화한다.

Solution 재난관리 패러다임의 변화 방향

구분	기존의 재난 안전관리 패러다임	→	새로운 재난 안전관리 패러다임
정부 내	중앙정부 중심으로		지방정부 중심으로
사회 내	중앙 부분 중심으로		정부 + 민간 + 시민사회의 협력 네트워크 중심으로
방식	명령, 지시, 통제, 감독의 방식으로부터		협력, 지원, 조정, 연계의 방식으로
시간	단기적 처방 중심으로		중장기적 제도화와 계획 중심으로
재난 과정	대응·복구 중심으로		예방·대비 중심으로

Answer 09 ③ 10 ①

CHAPTER _05

재난관리 4단계

제1절 예방활동 단계

재난관리는 재난의 예방·대비·대응 및 복구를 위하여 행하는 모든 활동을 말하는 것으로서, 재난관리 단계의 활동은 예방·대비·대응 및 복구의 단계별로 활동을 하는 것이다.

그러나 이러한 단계별 활동은 독립적이지 않고, 재난 발생 전과 후인 4단계로 구분하고 있다. 먼저 재난 발생 전에는 예방활동 단계, 대비활동 단계로 구분하고, 재난 발생 후에는 대응활동 단계와 복구활동 단계로 구분하며, 이들 단계는 상호 연계적이고 순환적인 관계를 가지고 있다. 오늘날 많은 나라와 기관에서 채택하고 있는 재난관리의 활동과 목표는 **총체적 재난관리 모형**(Comprehensive Emergency Management Model : CEM)에 기반하고 있다.

페탁(Petak, 1985 : 3)은 총체적 재난관리체계의 모형으로 재난관리 기능을 4단계로 구분하고 있다. 재난관리 과정을 재난의 진행과정과 대응활동에 따라서 재난발생 이전과 이후, 즉 사전재난관리와 사후재난관리로 나누고, 이를 다시 시계열적으로 이루어지는 예방, 대비, 대응, 복구의 4단계로 구분하고 있다. 이러한 4단계 모형은 1970년대 말 미국의 '전국주지사협회(National Governors Association : NGA)'에서의 연구 결과로서 일반적으로 많은 재난관리자와 연구자들이 이러한 모형을 채택하고 있다(Waugh, 1994 : 254).

재난의 경우에 우선 사고 발생의 원인과 조건을 찾아내어 이를 소멸시키는 일이 중요하고, 그것이 발생하였을 경우를 대비한 작업을 갖추어야 하고, 다음으로 재난 발생 시 어떤 식으로 대응할지를 그 과정에서 체계적인 계획이 있어야 하며, 마지막으로 복구 및 재발 방지를 위한 노력이 필요하다.

재난관리 4단계 활동은 시간의 흐름에 따른 활동으로서 각 단계의 활동과 경험 과정이 다음 단계의 활동에 직접적인 영향을 끼쳐서 마지막 단계인 복구활동 단계의 결과는 처음 예방활동 단계로 환류된다. 이러한 과정을 통하여 장기적으로 재난관리 향상에 큰 영향을 주고, 재난 발생 이후에 각 단계에서 활동 업무 영역이 확대되기 때문에 재난관리 전 과정에서 여러 조직 및 구성원 간의 신속한 정보교환, 협조 및 조정 등이 중요한 과제이다.

재난관리 4단계 활동의 구체적인 내용은 다음과 같다.

예방활동 단계는 미래에 발생할 가능성이 있는 재난을 사전에 예방하고, 재난 발생 가능성을 감소시키며, 발생 가능한 재난의 피해를 최소화시키기 위한 활동을 말한다. 즉, 사회와 그 구성원의 건강, 안전, 복지에 대한 위험이 있는지 알아보고 위험 요인을 줄여서 재난 발생의 가능성을 낮추는 활동을 수행하는 단계로, 장기적 관점에서 장래의 모든 재난에 대비하고자 하며, 정치적·정책

지향적 기술이 필요하다는 점에서 다른 단계의 활동과 구분될 수 있다. 예방 단계에는 재난관리를 위한 장기계획의 마련, 화재 방지 및 기타 재난 피해 축소를 위한 건축 기준 법규의 마련, 위험 요인과 지역을 조사하여 위험지도의 작성, 수해 상습지구의 설정과 수해방지시설의 공사, 안전 기준의 설정 등이 있다. 위험 감소 계획을 결정·집행하고, 각종 재난으로부터 인간의 생명과 재산에 대한 위험의 정도를 감소시키려는 장기적인 정책으로 이루어지고 있는데, 예방은 위기가 실제로 발생하기 전에 위기 촉발 요인을 제거하거나 위기 요인이 표출되지 않도록 억제 또는 예방하는 활동을 의미하고(McLaughlin, 1985 : 166), 예방 단계의 활동은 가능한 한 재난의 원인을 제거하거나 재난이 발생할 수 있는 가능성을 크게 감소시키는 방향으로 맞추어져 있다(Perry, 1985 : 5).

예방은 주로 장기적·일반적인 위기 감소 문제를 다루고, 미래의 위기를 극복할 능력을 향상시키는데 초점을 두며, 위기 종류에 따라 목표가 변화한다는 특성을 지니므로 이러한 지역 사회의 예방단계는 세 가지 주요 목표를 추구한다. 첫째, 둑이나 방파제 등의 구조물을 설치하여 위기를 억제하거나 약화시키고, 둘째, 건물 높이나 홍수 방지시설을 통하여 위해지역에 거주하는 사람과 시설을 보호하며, 셋째, 토지 이용 및 인구 집중을 규제함으로써 위험지역에 대한 이용을 제한하는 것이 그것이다. 홍수나 가뭄 등의 자연재난은 주기적·반복적으로 발생한다는 관점으로 보면 어느 정도 예측 가능하다는 입장이 견지되어 왔는데, 자연재난관리정책의 예방활동으로는 사전 예방대책의 수립, 재난 피해 감소 방안의 마련, 재난 영향의 예측 및 평가 등이 있고, 구체적인 세부 활동에는 재난 취약 시설물에 대한 주기적 점검 및 규제, 주요 방재 시설물에 대한 연계 관리 계획의 수립, 방재 업무의 전담요원 확보, 위험 시설이나 취약 시설에 대한 보수·보강 계획, 위험 요소에 대한 사전 관리, 발생 가능한 것으로 판단되는 자연재난의 탐색 및 조치, 개발 사업에 대한 사전 재난영향 평가, 재난영향의 감소를 위한 강제 규제 방안 마련, 기상정보 및 재난 취약 요인에 대한 분석 등이 있다.

또한 인적재난 역시 불확실성을 지니고는 있지만 과거 경험으로부터 예견·예측이 가능한 것으로 볼 수 있는데, 인적재난 관리정책의 예방활동에는 재난 요인의 사전 제거, 안전 기준의 설정, 위험에의 노출 감소 등이 있고, 구체적인 활동에는 규제, 법령의 정비, 위험측정 분석 및 관리, 위험시설물 보수 및 보강, 홍보 및 경보 등이 해당된다. 이러한 예방활동을 통하여 인명구조와 부상의 감소, 재산상 손실 예방이나 손실의 감소, 사회적 혼란과 스트레스의 최소화, 중요시설물의 유지, 사회 기반시설의 보호, 정신적 건강 보호, 정부와 공무원의 법적 책임 감소, 정부 활동을 위한 긍정적인 정치적 결과의 제공 등과 같은 성과나 편익을 얻을 수 있다.

예방활동 단계는 단순히 정부 혼자만이 그 목적에 달성하는 것은 불가능하다. 개인, 기업, 지방자치단체와 중앙정부들이 다 함께 각자의 분야에서 최선을 다할 때 비로소 최대의 성과를 달성할 수 있는 것이다.

첫째, 개인은 각 가정에서 안전 생활을 몸소 실천하여야 한다. 즉, 가정의 전기·가스시설 사용 시 주의사항 등을 숙지하고, 각종 안전규칙을 철저히 준수하여야 하며, 주거지역에서 발견되는 여러 가지 위험 요소를 관할구청에 신고하여야 한다.

둘째, 기업은 각종 안전 관련 법률에 의거하여 건축물을 건설하고, 재난 시 기업의 중요 정보 손실을 예방하기 위한 구체적인 대안을 모색하여야 한다.

셋째, 지방자치단체와 중앙정부는 각 관할구역의 위험 요소들을 평상시 파악하여 그에 대한 대책을 마련하고, 대국민 안전교육을 실시하며, 소방 대상물에 대한 철저한 소방검사와 화재영향평가, 교통영향평가, 환경영향평가 등 국민과 기업의 각종 안전규제정책을 철저히 실행하여야 한다.

특히 정부의 역할로 종합개발계획이 있는데, 개발계획 수립 시 사전의 위험 요소 및 위험지역의 파악, 위험도의 측정, 그리고 재난 시 위험 요소들이 삶의 환경에 미칠 영향을 파악해서 도시기반시설 계획, 구획 정리, 단지 개발 시 위험지역의 개발을 억제하고, 대신에 녹지공간 또는 공원 등으로 지정하여 미래에 있을지도 모를 재난의 영향으로부터 피해를 줄여야 한다(North Carolina Division of Emergency Management, 2002 : 1-2). 미래는 여전히 다양한 재난과 관련하여 불확실성을 지니기 때문에 예방활동은 매우 조심스럽게 활용되어야 하고(Wildavsky, 1988 : 80), "노아가 홍수에 살아남은 것은 홍수를 예견한 것이 아니라 홍수에 대비하여 배를 만든 준비성 때문이었다"는 말은 재난관리에 시사하는 바가 크다. 유해화학물질의 유출 등으로 인한 기술적 재난과 관련하여 재난 예방활동 단계에서 잠재적 사고의 원천에 대한 규제와 계획이 검토된다고 하면서 계획을 장기적 계획과 상황의존계획으로 구분하였다. 장기적 계획은 재난의 원천과 영역을 명확히 하고, 재난에 대처하는 표준운영절차(SOP)를 준비하며, 집행 체계를 설계하는 등의 광범위한 프로그램과 집행과정을 포함하고 있고, 상황의존계획은 장기적 계획과 재난 대비 단계를 연결시켜준다. 또한 물질의 유해 여부와 긴급 상황에 대한 기준 설정을 직접 규제하는 활동과 주로 재정적인 활동, 즉 보험, 세금, 보조금, 대부금 등을 통하여 자율적으로 규제하도록 하는 자율규제 등의 활동이 이 단계에서 이루어진다. 재앙이 발생하였을 때 기관 간의 책임을 구체화하는 활동도 재난 예방활동 단계에서 이루어지는 것이다.

특히 현재 요구되는 것은 더 이상 소극적인 재난관리가 아니라 이미 예방단계에서부터 심혈을 기울여 재난 자체의 발생을 저지하고 방지하는 적극적인 재난관리이다. 이러한 적극적인 예방 노력은 무엇보다도 재난 관련 홍보 및 교육의 강화, 일상적인 예방 전담 요원들의 활동 강화를 의미할 수 있다. 예방활동 단계는 우리 사회에서 발생할 수 있는 위험 요소들에 대하여 어떻게 예방하여야 할 것인가를 결정하고, 위험 요소를 감소시키기 위한 단계이다. 대응과 복구활동 단계가 재난관리에서 대부분을 차지하였던 과거에 비하여 현대 사회의 재난관리는 예방활동 단계에 많은 비중을 두고 있다. 이것은 과거의 경험하였던 각종 재난에 대한 학습 효과의 현상으로 좀 더 장기적인 관점에서 예방활동을 진행시켜서 일반적인 위험 요소들을 감소시켜야 할 것이다.

이러한 예방활동을 위하여 행정안전부 산하 재난연구·개발 기능을 관장하는 국립방재연구소와 민방위교육 전담기관인 민방위교육관이 통합하여 재난관리 전문가 양성을 위하여 민방위교육관에서 2006년 개편한 국립방재교육연구원을 개원하였다. 행정안전부는 교육 및 연구개발 기능을 관장하는 2개의 소속기관을 통합하여 국립방재교육연구원을 신설한 것으로 앞으로 재난관리 공무원의 전문성을 강화하여 방재전문가로 육성하고, 대국민 안전 의식을 확보하기 위하여 재난안전 전문교육 및 연구를 강화하고 있다. 방재 및 재난관리 행정에 대한 국민의식 조사에서 실습·체험 중심의 대국민 교육과 홍보 강화가 가장 시급한 것으로 조사되어 선진형 자율책임 안전 의식 정착을 위한 범국민 방재(防災) 전문 교육을 실시하기 위한 전략을 수립한다. 교육 대상자의 방재 지식 정도에 따라 교육훈련 내용을 선택할 수 있도록 교육 대상자에 따라 수준에 맞는 내용을 교육하여 방재에 대한 지식을 높이고, 재난에 능동적으로 대처할 수 있는 시민을 육성하기 위한 교육을 실시한다. 재난 및 안전관리 기본법에 의하면, 재난관리 책임기관장의 재난 예방 조치로는 재난에 대응할 조직의 구성 및 정비, 재난의 예측과 정보 전달 체계의 구축, 재난발생에 대비한 교육·훈련과 재난관리 예방에 관한 홍보, 재난이 발생할 위험이 높은 분야에 대한 안전관리 체계의 구축 및 안전관리규정의 제정, 지정된 국가기반시설의 관리, 특정 관리 대상 시설의 지정·관리 및 정비, 재난방지시설의 점검·관리, 재난관리자원의 비축 및 장비·인력의 지정 등이 있다.

제 2 절

대비활동 단계

대비는 비상대응, 복구, 재활을 위한 대비를 통하여 효율적으로 재난의 영향을 최소화하는 것이다. 대비활동 단계는 재난관리 능력을 측정하여 대응 능력을 강화하거나, 적절한 능력을 유지하고 관리하는 과정으로 발생 가능성이 높은 위기에 대비하여 대응계획 수립과 대응조직의 훈련 등이 이루어진다. 재난대응계획이 재난 대비활동 단계 주요 내용으로 정부 차원의 전략적인 비상대비계획과 지방 및 민간 분야의 세부 비상계획이 있다.

예방활동 단계의 제반 활동에도 불구하고 재난 발생 확률이 높아진 경우, 재난 발생 후에 효과적으로 대응할 수 있도록 사전에 대응활동을 위한 메커니즘을 구성하는 등 운영적인 준비 장치들을 갖추는 단계이다. 각 재난 상황에 적절한 재난 계획을 수립하고, 부족한 대응자원에 대한 보강작업, 비상연락망과 통신망을 정비하여 유사시 활용할 수 있는 경보 시스템 구축, 일반 국민에 대한 홍보 및 대응 요인에 대한 훈련과 재난 발생 시 실제적인 대응활동을 통한 현장 대응상의 체계 보완 등이 대비단계의 활동에 속한다.

대비활동 단계에서는 우선 각 분야 간의 조정과 협조를 이루는 것이 필요하다. 예를 들어 의료재난관리는 조직간·지역 간의 조정 문제를 야기하고, 여기서 조정을 어렵게 만드는 것은 사회적, 경제적 그리고 정치적 장벽으로 이들 문제들을 극복할 경우에만 조정과 협조의 문제가 해결될 수 있다(Tierney, 1985 : 77-78). 재난 시 자원의 신속한 배분을 가능하게 하기 위하여 재난관리 우선순위 체계를 세우는 것이 필요하며, 대응 단계를 위한 특정한 자원 조달 기제를 확인하여야 한다(Zimmerman, 1985 : 35). 즉, 재난 시 사용할 수 있는 정상적인 자금원 이외에도 예측하지 못한 사건에 대하여 자금을 투입할 수 있는 간접적인 자금원까지도 확보해놓아야 한다는 것이다. 따라서 재난관리가 정상 상태로의 신속한 복귀를 목표로 한다면 지속적·연속적 과정으로서의 대비 과정은 대응 과정과 연계되어야만 하고, 과학적 지식과 계획에 의하여 합리적으로 이루어져야 한다(Kreps, 1991 : 33-36). 재난 시의 대응활동을 사전에 대비하기 위한 대응 능력 개발 활동으로서, 구체적인 활동은 다음과 같다. 먼저, 자연재난 관리정책과 관련된 활동으로는 사전 훈련 및 협조체제의 유지, 대응자원의 확보 및 비축, 그리고 재난경보 체계의 구축이 있다. 세부 사항으로는 재난 유형별 사전 교육훈련 실시, 응급 복구를 위한 자재 비축 및 장비의 가동 준비, 자원 수송 및 통제 계획 수립, 필요한 자원의 긴급 지원 대책 수립, 재난 경보시설 및 체계의 구축, 주민 대피를 위한 홍보 업무의 체계화, 그리고 재난 관련 비상방송 협조 체계 구축 등이 있다. 인적재난 관리정책과 관련해서는 대응훈련의 실시, 기관 간 사전 조정 및 협조의 확보, 대응자원의 확보 활동이 있다. 세부 활동에는 재난 종류별 대응훈련, 표준운영절차의 확립, 재난 종류별 유관 기관 확인, 자원 보유기관의 확인, 자원의 수송 및 통제 계획 수립 등이 있다(Clary, 1985 : 20).

즉, 대비활동 단계는 재난 시에 대비하여 필요한 구체적인 비상안전대책계획 수립과 인명 및 재산 피해를 최소화하기 위한 비상발령 경보 체계를 구축하고, 재난대응 조직의 일사불란한 대응을 위한 훈련활동을 하는 단계인 것이다. 또한 각종 재난 유형에 적합한 계획을 수립하고, 특히 재난 시에 투입될 자원이 신속하게 배분될 수 있도록 우선순위를 선정하여야 하며, 만약 투입될 자원이 부족할 경우에 대비하여 별도의 특별자원도 확보하여야 한다.

재난 및 안전관리 기본법에 의하면, 재난관리책임기관의 장은 재난의 수습활동에 필요한 장비, 물자 및 자재 비축·관리하여야 하고, 행정안전부장관, 시·도지사 또는 시장·군수·구청장은 재난 발생에 대비하여 민간기관·단체 또는 소유자와 협의하여 응급조치에 사용할 장비와 인력을 지정·관리할 수 있다. 행정안전부장관은 재난관리 책임기관의 장이 비축·관리하는 재난관리 자원을 체계적으로 관리 및 활용할 수 있도록 재난관리자원 공동 활용 시스템을 구축·운영할 수 있고, 행정안전부장관은 자원관리 시스템을 공동으로 활용하기 위하여 재난관리자원의 공동 활용 기준을 정하여 재난관리 책임기관의 장에게 통보할 수 있다.

제3절

대응활동 단계

대응활동 단계는 예방·대비활동 단계와 밀접하게 연계되어 재난 유형에 관계없이 재난관리의 총체적 차원에서 재난을 파악·대응하는 통합 재난관리체계 확립을 통하여 피해 복구와 원조를 제공하여야 한다(Drabek, 1985 : 85). 즉, 재난 시 재난관리 기관들이 수행해야 할 각종 임무 및 기능을 실제 적용하는 단계이다. 일단 재난이 발생한 경우 신속한 대응활동을 통하여 재난으로 인한 인명 및 재산 피해를 최소화하고, 재난의 확산을 방지하며, 순조롭게 복구가 이루어질 수 있도록 활동하는 단계이다. 여기에서는 대비단계에서 수립된 각종 재난관리계획 실행, 대책본부의 활동 개시, 긴급대피계획의 실천, 긴급의약품 조달, 생필품 공급, 피난처 제공, 이재민 수용 및 보호, 후송, 탐색 및 구조 등의 활동이 포함된다. 재난관리 대응 국면에 대한 주민의 인식 정도도 중요한 요소로 제기된다. 즉, 재난관리 과정에서 지역사회의 재난대응계획이 진행 중에 있고, 특정 공무원이 그 활동에 대하여 책임을 지고 있다는 것을 지역주민들이 알 수 있게 해야 한다(Perry & Nigg, 1985 : 72). 이것은 재난관리 조직에 대한 지역주민들의 신뢰성 확보로서 재난관리자가 효과적으로 업무 수행을 하는데 필요한 것이다.

자연재난 관리정책과 관련한 주요 대응활동으로는 대응기관 사이의 협조 및 조정, 피해자 보호 및 구호 조치, 피해 상황 파악 및 응급 복구가 있고, 세부 활동으로는 현장지휘소 및 통합상황실 운영, 관련 기관 사이의 의견 조정 및 의사 결정, 대응기관별 활동 목표와 역할의 명확화, 피해자 및 이재민의 수용시설 확보 및 관리, 현장 수습 및 관리가 있다. 이와 관련한 세부 활동에는 재난상황실 운영, 대응 목표 기관별 역할 명확성, 구조·탐색 및 응급의료 활동 전개, 수용시설의 확보 및 관리, 긴급 복구계획의 수립 등이 있다(Drabek, 1985 : 85-92).

대응조직의 주요 임무는 인명을 보호하고 피해의 확산을 막기 위한 것이므로 대응조직은 재난에 적절히 대응할 수 있는 지식, 기술, 능력을 갖추어야 한다(Sigel, 1985 : 110). 지식은 재난이 발생한 현장에서 위험요소가 무엇인지 파악하고, 향후 재난이 어떻게 진행되는지를 예측하는 것을 말하고, 기술은 대응활동에서 실제 적용하는 기술로서 화재 전술 및 진압 등을 말하며, 능력은 대응조직의 충분한 인력 및 장비를 뜻한다. 실제로 재난 현장에서 대부분 소방조직이 재난대응을 담당하는 조직이다. 또한 대응활동 단계에서 대형 재난 시 재난안전대책본부, 긴급구조통제단 등으로 구성된 비상설 재난관리 조직이 운영되어 이전 단계에서 계획하였던 비상계획이 실행되고, 비상대응 활동으로 재난 현장의 수색과 인명구조 비상대피소 등을 설치한다.

또한 대응활동 단계는 적실성이 가장 강조되는 단계이다. 지금까지 단위 사회가 준비한 대책과 비상계획이 가동되고, 계획의 합리성과 훈련의 실효성이 검증된다. 재난 대응활동 단계에서의 적시성, 적절성, 효과성이 확보되어야 한다. 적시성은 재난 초기에 재난 피해가 확대되지 않도록 적시에 신속히 대응하여야 하며, 적절성은 재난 규모에 따라 적절한 대응 규모를 결정하여야 한다는 것을 의미한다. 효과성은 투입 대비 산출이 높은 단순한 산술적 효율성보다 인명과 재산 보호라는 대응활동의 질을 강조하는 개념이다.

인적재난 대응활동을 위한 조직 측면에서는 재난관리기관 간의 활동을 조정하기 위한 의사 결정의 중심 장소로서 인적재난 운영센터를 활용하여야 하고, 인적재난에 대한 형태적 대응에서는 재난 희생자와 인적재난 관리 인력들이 일상적인 재난대응 유형에 익숙해지는 것이 필요하다. 이를 통하여 재난 대응 시간을 줄이고 신속하게 상황관리에 초점을 둘 수 있기 때문이다. 또한 인적재난 대응 국면에서는 경보, 피난, 대피, 응급의료, 희생자 탐색·구조, 재산 보호 기능이야말로 대응 과정에서 필수적인 기능이다. 인적재난 관리자의 역할과 관련하여 오늘날 발생하고 있는 많은 재난 유형은 지역 주민들의 생명과 재산에 대하여 심각한 영향을 미칠 수 있는 것으로 이를 관리하고 대응하기 위하여 지방정부가 감당할 수 없는 많은 자원이 필요하므로 인적재난 대응에 필요한 자원을 확보하고, 주민들의 지지를 획득하는 과정에서 다른 누구보다도 재난관리자의 재난관리 정책 결정에 대한 통찰력이 필요하다.

재난의 예방·대비·대응·복구의 과정이 좀 더 과학적이고 효과적으로 이루어지도록 하기 위하여 행정적·전문적인 관리가 필요하다. 특히 재난 시 피해자가 수십 명에서 수백 명까지 일시에 발생하는 반면에 제한된 인원과 장비로 재난 수습 및 구조·구급 업무를 수행하여야 하므로 체계적인 재난대응체계가 확립되어야 한다. 또한 재난으로 인한 전기·통신시설, 수도공급, 도로망, 의료시설 등이 파괴되어 기존 재난 대응 능력이 저하되므로 치밀한 대응 대책과 훈련이 요구된다. 국가의 잠재력은 1인당 배분받을 수 있는 자연자원의 양에 비례한다는 물리적 측면도 중요하지만 국민 개개인이 각종 사고나 재난 시 생명의 위험으로부터 상담·구조·이송 및 진료 등의 조치를 신속히 받을 수 있느냐 하는 응급 의료적 역량에 의하여 평가된다.

제 4 절

복구활동 단계

복구활동 단계는 재난 상황이 어느 정도 안정된 후 취하는 활동 단계로, 재난으로 인한 피해지역을 재난 이전의 상태로 회복시키는 활동을 포함한다. 단기적으로는 피해 주민들이 최소한의 생활을 영위할 수 있도록 지원하고, 장기적으로는 피해지역의 원상 복구 또는 개량 복구를 추구한다. 이 복구 작업은 쓰러진 전선이나 전화의 복구 또는 온갖 잡동사니와 쓰레기로 뒤덮인 거리나 도시를 청소하는 단기적인 것일 수도 있고, 무너지거나 파괴된 도로나 건물 또는 도시 전체를 재 건립하는 장기적인 것일 수도 있다. 즉, 복구활동은 재난이 발생한 이후부터 피해지역이 재난이 발생하기 이전의 원상태로 회복될 때까지의 장기적인 활동 과정이고, 동시에 초기 회복 기간으로부터 그 지역이 정상적인 상태로 돌아올 때까지 지원을 제공하는 지속적인 활동이다. 복구활동 단계는 피해지역이 원상 복구를 하는데 필요한 원조 및 지원 활동으로 전형적인 배분정책의 영역에 속하는 활동으로 볼 수 있다(Petak, 1985 : 3, 남궁근, 1995 : 968).

특히 복구활동에는 생존 지원 체계로서 임시대피소, 식량, 의복 제공 등이 포함되고, 재난 발생 이전과 같은 수준의 삶의 질을 포함하여 지역사회의 물리적 부분까지 복원하는 것으로서 재난 충격의 강도에 따라서 활동기간이 크게 달라진다. 재난의 종류별로 그 활동 단계가 조금씩 다르게 진행되지만, 복구활동 단계는 재난의 종류와 상관없이 대부분 동일한 활동들이 진행된다. 복구활동 단계는 재난 발생원인 규명, 현장의 피해 규모 및 상황 파악, 생존자에 대한 구조 및 구급 활동, 피해 규모에 따른 신속한 복구계획 수립, 복구에 필요한 장비와 예산 확보 방안 마련, 복구 지원을 위한 유관 기관들과의 업무 협조, 피해자들에 대한 긴급 지원 물품 제공 및 보상 협의, 피해 유발 책임자 및 책임기관의 법적 처리 등이 있다.

페리(Perry, 1985 : 2-4)에 의하면, 복구활동 단계는 취약한 환경에서 이루어지는 것이기 때문에 예방·대비·대응·복구 모든 과정의 활동 단계가 서로 연계되어 있어야만 한다고 주장한다. 예방과 대비활동은 일반적으로 재난 발생 이전에 기능하는 것이고, 대응과 복구활동은 재난 발생 이후에 기능하는 것으로서 이들 단계 중 재난 발생 자체를 억제하거나 예방, 대비하는 활동 과정이 중시되어야 함에도 불구하고, 현실에서는 정치적 성격에 의하여 재난관리에 소요되는 대부분의 자금과 각종 자원들은 복구 과정에 집중되어 있다.

따라서 각 단계들이 상호 유기적이고 순환적인 관계를 가지고 있어서 마지막 단계인 복구활동 단계의 결과는 처음 예방활동 단계로 환류된다는 것이고, 각 단계별 담당조직도 개별적인 활동을 하는 것이라기보다는 서로가 혼합되고 함께 공동으로 기능을 협조할 때 효율적인 복구활동을 할 수 있다는 것이다. 재난관리의 각 단계별로 균형 있게 자원을 배분하는 노력이 필요하며, 예방과 대비 단계에 더 많은 예산과 인원 및 장비를 투입하여야 한다.

Chapter 5

적중예상문제

01 다음 중 재난관리 4단계를 옳게 나열한 것은?

① 예방－대비－복구－대응
② 대비－예방－대응－복구
③ 예방－대비－대응－복구
④ 대비－대응－복구－예방

Solution 1985년 미국 행정학보(특별호)에 William. J . Petak의 Emergency Management : A Challenge for Public Administration 논문에서 예방–대비–대응–복구를 설명하고 있다.

02 다음 중 재난관리의 단계에 포함되지 않은 것은?

① 경보단계　　② 예방단계
③ 대응단계　　④ 복구단계

Solution "재난관리"란 재난의 예방·대비·대응 및 복구를 위하여 하는 모든 활동을 말한다.(「재난 및 안전관리 기본법」 제3조)

03 다음 중 〈보기〉의 내용을 설명한 것으로 옳은 것은?

> 미래에 발생할 가능성이 있는 재난을 사전에 예방하고, 재난 발생 가능성을 감소시키며, 발생 가능한 재난의 피해를 최소화시키기 위한 활동을 말한다.

① 예방단계　　② 대비단계
③ 대응단계　　④ 복구단계

Solution 〈보기〉의 내용은 예방단계를 설명한 내용이다.

Answer 01 ❸ 02 ❶ 03 ❶

04 「재난 및 안전관리 기본법」 중 "대비단계"에 대한 설명으로 옳은 것은?

① 미래에 발생할 가능성이 있는 재난을 사전에 제거하기 위한 활동
② 재난발생 확률이 높아진 경우, 재난발생 후에 효과적으로 대응할 수 있도록 사전에 대응활동을 위한 메커니즘을 구성하는 등 운영적인 장치들을 갖추는 단계
③ 신속한 활동을 통하여 재난으로 인한 인명 및 재산피해를 최소화하고, 재난의 확산을 방지하며, 순조롭게 복구가 이루어질 수 있도록 활동하는 단계
④ 재난상황이 어느 정도 안정된 후 취하는 활동단계로 재난으로 인한 피해지역을 재해 이전의 상태로 회복시키는 활동을 포함한다.

Solution 재난발생확률이 높아진 경우, 재난발생 후에 효과적으로 대응할 수 있도록 사전에 대응활동을 위한 메커니즘을 구성하는 등 운영적인 장치들을 갖추는 활동은 재난대비단계이다.

05 다음 중 〈보기〉의 내용을 설명한 것으로 옳은 것은?

> 재난관리 능력을 측정하여 대응 능력을 강화하거나, 적절한 능력을 유지하고 관리하는 과정으로 대응계획 수립과 대응조직의 훈련 등이 이루어진다. 또한 사전 훈련 및 협조체제의 유지, 대응자원의 확보 및 비축, 그리고 재난경보 체계의 구축을 한다.

① 예방단계　② 대비단계　③ 대응단계　④ 복구단계

Solution 〈보기〉의 내용은 대비단계를 설명한 내용이다.

06 다음 중 〈보기〉의 내용을 설명한 것으로 옳은 것은?

> 재난이 발생한 경우 신속한 대응활동을 통하여 재난으로 인한 인명 및 재산 피해를 최소화하고, 재난의 확산을 방지하며, 순조롭게 복구가 이루어질 수 있도록 활동하는 단계이다. 각종 재난관리계획 실행, 대책본부의 활동 개시, 긴급대피계획의 실천, 긴급의약품 조달, 생필품 공급, 피난처 제공, 이재민 수용 및 보호, 후송, 탐색 및 구조 등의 활동이 포함된다.

① 예방단계　② 대비단계　③ 대응단계　④ 복구단계

Solution 〈보기〉의 내용은 대응단계를 설명한 내용이다.

Answer 04 ② 05 ② 06 ③

07 다음 중 〈보기〉의 내용을 설명한 것으로 옳은 것은?

> 재난 상황이 어느 정도 안정된 후 취하는 활동 단계로, 재난으로 인한 피해지역을 재난 이전의 상태로 회복시키는 활동을 포함한다. 단기적으로는 피해 주민들이 최소한의 생활을 영위할 수 있도록 지원하고, 장기적으로는 피해지역의 원상 복구 또는 개량 복구를 추구한다.

① 예방단계 ② 대비단계 ③ 대응단계 ④ 복구단계

Solution 〈보기〉의 내용은 복구단계를 설명한 내용이다.

08 다음 중 〈보기〉의 내용을 수행할 재난관리 단계에 속하는 것은?

> 재난 요인의 사전 제거, 안전 기준의 설정, 위험에의 노출 감소 등이 있고, 구체적인 활동에는 규제, 법령의 정비, 위험측정 분석 및 관리, 위험시설물 보수 및 보강, 홍보 및 경보 등

① 예방단계 ② 대비단계 ③ 대응단계 ④ 복구단계

Solution 〈보기〉의 내용을 수행할 단계는 예방단계이다.

09 다음 중 〈보기〉의 내용을 수행할 재난관리 단계에 속하는 것은?

> 재난 유형별 사전 교육훈련 실시, 응급 복구를 위한 자재 비축 및 장비의 가동 준비, 자원 수송 및 통제 계획 수립, 필요한 자원의 긴급 지원 대책 수립, 재난 경보시설 및 체계의 구축, 주민 대피를 위한 홍보 업무의 그리고 재난 관련 비상방송 협조 체계 구축 등

① 예방단계 ② 대비단계 ③ 대응단계 ④ 복구단계

Solution 〈보기〉의 내용을 수행할 단계는 대비단계이다.

Answer 07 ❹ 08 ❶ 09 ❷

10 **다음 중 〈보기〉의 내용을 수행할 재난관리 단계에 속하는 것은?**

> 대응기관 사이의 협조 및 조정, 피해자 보호 및 구호 조치, 피해 상황 파악 및 응급 복구가 있고, 세부 활동으로는 현장지휘소 및 통합상황실 운영, 관련 기관 사시의 의견 조정 및 의사 결정, 대응기관별 활동 목표와 역할의 명확화, 피해자 및 이재민의 수용 시설 확보 및 관리, 현장 수습 및 관리 등

① 예방단계　② 대비단계　③ 대응단계　④ 복구단계

Solution 〈보기〉의 내용을 수행할 단계는 대응단계이다.

11 **재난관리를 예방-대비-대응-복구의 4단계로 구분하고 있는 학자는?**

① 터너(Barry Turner)　② 페로(Charles Perrow)
③ 페탁(William. J . Petak)　④ 멕로린(David McLoughlin)

Solution 1985년 미국 행정학보(특별호)에 William. J . Petak의 Emergency Management : A Challenge for Public Administration 논문에서 예방-대비-대응-복구를 설명하고 있다.

12 **재난분야 위기관리 매뉴얼 작성·운용, 재난대비훈련은 재난관리 4단계 중 어디에 속하는가?**

① 예방　② 대비　③ 대응　④ 복구

Solution 재난분야 위기관리 매뉴얼 작성·운용, 재난대비훈련은 재난관리 4단계 중 대비단계에 속한다.

13 **다음 중 재난관리 단계의 활동에 관한 설명으로 옳지 않은 것은?**

① 재난관리 4단계 활동은 다음단계의 활동에 직접적인 영향을 끼쳐서 마지막 단계인 복구 활동 단계의 결과는 처음 예방활동 단계로 환류된다.
② 재난관리 전 과정에서 여러 조직 및 구성원 간의 신속한 정보교환, 협조 및 조정 등이 중요한 과제이다.
③ 재난관리는 재난의 예방·대비·대응 및 복구를 위하여 행하는 모든 활동을 말하는 것
④ 예방단계는 주로 단기적·특정사안 위기감소 문제를 다루고 있다.

Solution 예방단계는 주로 장기적·일반적인 위기 감소 문제를 다루고 있다.

Answer 10 ❸ 11 ❸ 12 ❷ 13 ❹

14 **다음에서 설명하고 있는 재난관리 활동단계는?**

> 피해 지역이 재난이 발생하기 이전의 원상태로 회복될 때까지 장기적으로 활동하는 과정인 동시에, 초기 회복기간으로부터 그 지역이 정상적인 상태로 돌아올 때까지 지원을 제공하는 지속적인 활동단계이다.

① 예방 ② 대비 ③ 대응 ④ 복구

Solution "원상태로 회복"(재난발생 이전 상태로 회복)은 복구단계를 설명한 것이다.

15 **재난관리 4단계 중 재난의 근본적인 대책과 위험요인의 제거를 통해 피해를 원칙적으로 제거하거나 최소화시키는 과정으로 재난관리의 경제적 측면에서 가장 큰 효과를 기대할 수 있는 단계는?**

① 예방단계 ② 대비단계 ③ 대응단계 ④ 복구단계

Solution 위험요인을 사전에 제거하는 것은 예방단계이다.

16 **재난관리 활동 중 복구단계와 가장관련이 깊은 것은?**

① 관련법 제정 ② 인명구조 ③ 전염병 예방 ④ 현장지휘

Solution 관련법 제정은 예방단계, 인명구조와 현장지휘는 대응 단계이다. 재난발생 이후에 2차 재난으로 전염병이 발생할 수 있어 복구 단계에서는 전염병 예방이 중요하다.

17 **재난발생 이후 대응단계에서 활동 내용이 아닌 것은?**

① 비상 의료 지원
② 현장지휘활동 개시
③ 탐색 및 구조·구급 실시
④ 이재민 지원 및 임시거주지 마련

Solution 이재민 지원 및 임시거주지 마련은 복구단계의 활동이다.

Answer 14 ④ 15 ① 16 ③ 17 ④

18 재난관리 복구단계에서 활동 내용으로 옳은 것은?

① 비상경보 체제 구축
② 안전문화활동 및 홍보
③ 잔해물 제거 및 방역활동
④ 재해영향성검토협의제도 운영

Solution 비상경보 체제 구축은 대비단계, 안전문화활동 및 홍보는 예방 단계, 잔해물 제거 및 방역활동은 복구단계, 재해영향성검토협의제도 운영은 예방단계이다.

19 재난관리 단계 중 대응단계의 활동으로 가장 적절한 것은?

① 재난예방에 관한 홍보
② 구호물자 확보·비축
③ 긴급의약품 조달과 생필품 공급
④ 각 재난 상황에 적절한 사고 대응계획 수립

Solution 대응단계의 활동은 대비단계에서 수립된 각종 재난관리계획 실행, 대책본부의 활동 개시, 긴급대피계획의 실천, 긴급의약품 조달, 생필품 공급, 피난처 제공, 이재민 수용 및 보호, 후송, 탐색 및 구조 등의 활동 등이다.

20 재난관리의 예방·대비·대응 및 복구 단계에 대한 설명으로 옳은 것은?

① 재난관리의 각 단계들은 상호연계 되어 있지 않으므로 엄격하게 분리해서 관리하여야 한다.
② 재난예방단계는 재난이 실제로 발생하기 이전에 이루어지는 활동으로 장기적 관점보다는 단기적 처방에 입각하여 취해지는 활동이다.
③ 재난대비단계란 비상 시 효과적인 대응을 용이하게 하고 작전능력을 향상시키기 위해 취하는 사전준비 활동을 말한다.
④ 재난복구단계는 장기적인 복구만을 의미하며, 장기복구는 정상적인 생활 상태로의 복구로 충분하다.

Solution 재난관리의 각 단계들은 상호연계 되어 있다. 예방단계는 장기적인 관점에서 사전에 위험요소를 제거하는 단계이다. 복구단계는 응급복구와 항구복구로 나누어진다.

Answer 18 ③ 19 ③ 20 ③

21 **「재난 및 안전관리 기본법」상 재난의 대비 단계에서의 활동에 해당하지 않는 것은?**

① 국가기반시설의 지정 및 관리
② 국가재난관리기준의 제정·운용
③ 안전기준의 등록 및 심의
④ 재난안전통신망의 구축·운영

Solution 국가기반시설의 지정 및 관리는 예방단계이다.(「재난 및 안전관리 기본법」 제26조(국가기반시설의 지정 및 관리 등))

22 **재난안전 관련 용어에 대한 설명으로 적절하지 않은 것은?**

① 특정관리－자연재해에 영향을 미치는 각종 행정계획 및 개발 사업으로 인한 재해 유발 요인을 예측·분석하고 이에 대한 대책을 마련하는 것
② 위기관리－천재지변이나 비상사태, 전쟁 등의 위기로부터 국민의 생명과 재산을 보호하고 위험을 극복하기 위한 사업계획을 집행하는 과정
③ 안전관리－재난이나 그 밖의 각종 사고로부터 사람의 생명·신체 및 재산의 안전을 확보하기 위하여 하는 모든 활동
④ 재난관리－재난의 예방·대비·대응 및 복구를 위하여 하는 모든 활동

Solution 특정관리대상시설 : 재난이 발생할 위험이 높거나 재난예방을 위하여 계속적으로 관리할 필요가 있다고 인정되는 시설 및 지역. 재해영향성검토 : 자연재해에 영향을 미치는 각종 행정계획 및 개발 사업으로 인한 재해 유발 요인을 예측·분석하고 이에 대한 대책을 마련하는 것

23 **재난관리의 단계와 단계별 활동내용을 짝지은 것이다. 이 중 옳지 않은 것은?**

① 예방 단계－이재민 수용 시설 지정·관리
② 대비 단계－재난분야 위기관리 매뉴얼 작성·운용
③ 대응 단계－재난 예·경보 발령
④ 복구 단계－이재민 지원 및 임시주거지 마련

Solution 이재민 수용 시설 지정·관리는 대응단계이다.

Answer 21 ❶ 22 ❶ 23 ❶

CHAPTER _06

우리나라의 재난관리체계

제 1 절

재난관리체계의 의의

사회적 위험이나 재난으로부터 안전한 삶을 누리고자 하는 인간의 욕구는 물질적 풍요와 더불어 삶의 질에서 보면 가장 기본적인 구성 요소라는 점에서 안전한 삶을 위해 재난과 위험을 회피하거나 방지하고 통제하는 재난관리체계는 풍요로운 사회의 가장 기본적인 관리체계의 하나이다. 따라서 재난관리체계는 기본적인 관리체계의 하나로서 위험과 재난이 발생하는 복합적인 원인으로 인해 매우 복합적인 내용을 가지게 된다.

1 재난관리체계의 개념

재난관리체계(disaster management system)는 재난을 예방하고 그 위험으로부터 국민의 생명과 재산을 보호하고 재난위험시설의 안전관리와 재난의 조기 대응체계를 구축해 재난 발생 시 신속한 대응으로 재난 피해의 최소화를 궁극적인 목표로 하는 체계이다. 이러한 재난관리 목표를 달성하기 위한 재난관리체계는 재난관리를 담당하는 조직으로 구성된 체계이고, 재난 발생이라는 환경에 대비해 국민의 생명과 재산을 보호할 목적으로 재난과 관련된 기관과 상호 협조와 조정을 통해 재난을 예방하고 대비하며, 재난 발생 시 대응하고 복구하는 체계이다. 그러므로 재난관리체계는 가장 기본적인 정부기능을 담당하는 체계의 하나이다.

우리나라는 「헌법」 제34조제6항에서 "국가는 재해(災害)를 예방하고 그 위험으로부터 국민을 보호하기 위하여 노력해야 한다."라고 규정하고 있어 국가의 가장 기본적인 행정기능의 하나가 바로 재난관리기능이라고 할 수 있다.

2 재난관리체계의 기능

일반적으로 조직체계는 개방체계로 내적으로 다양한 하위체계가 존재하고, 체계 외적으로는 환경과 끊임없이 상호작용하는 체계이다. 재난관리체계도 일반조직 체계의 하위체계로서 재난관리의 목표를 효과적으로 달성하기 위해 기구를 구성하고 유지하며 환경과 끊임없이 상호작용하는 하나의 체계인 것이다. 이러한 재난관리체계는 재난환경에 적응하는 기능과 조직 내부의 부문 요소들의 활동을 원활히 조직화 하고, 요소들 간의 활동을 상호 조정·통합하는 기능을 수행하게 된다.

3 재난관리체계의 특징

재난관리체계의 특징을 살펴보면 다음과 같다.

첫째, 재난관리체계는 **복잡성과 연계성**의 특징을 갖는다. 즉, 재난관리체계는 자연재난, 인적재난, 사회재난에 대응하기 위해 존재하는 하나의 네트워크 체계로서 구성 요소들 간의 연계를 통해 재난관리 기능을 수행한다. 이러한 네트워크 체계는 정부 간 관계(intergovernmental relations)를 포함할 뿐만 아니라 이질적인 분야의 조직들이 관여하게 된다.

둘째, 재난관리체계의 경계는 매우 **유동적**이다. 재난발생 이전과 비교할 때 재난발생 이후의 단계에서는 그 영역이 대폭 확장하게 된다. 그러므로 재난관리체계의 구성원들은 단일의 상관이 아니라, 여러 명의 직속상관 또는 기관을 갖는 형태의 조직구조를 가진다. 그러나 사후 관리를 위해 경계가 크게 확장된 재난관리체계는 목적이 완료됨과 동시에 경계가 축소되어 조직이 해체되거나 구성원들이 본래의 조직이나 집단으로 돌아가므로 그 존속 기간이 잠정적인 프로젝트 조직의 성격도 가지고 있다.

셋째, 재난관리체계는 **경계성과 과외성**의 특징을 갖는다. 일반적인 행정체계는 능률성의 원리가 우선하지만 재난관리체계는 경계성의 논리가 우선해야 한다. 즉, 재난관리는 최악의 상황을 대비할 수 있는 모든 자원과 기술, 인력을 갖추고 있으면서 위험의 경계를 게을리 하지 않아야 하는 경계성의 원리(principle alertness)에 따라야 한다. 또한 재난관리 업무는 과업의 일상화, 표준화가 불가능할 뿐만 아니라 소관업무가 서로 중첩되어 있어야만 각종 재난 발생 시 적절히 대응할 수 있으므로 가외성(redundancy)이 확보되어야 한다.

넷째, 재난관리체계의 특징은 조직 대응면에서 **규모 열세성**의 특징을 갖는다. 재난은 소규모 사고에서부터 많은 사상자가 발생하는 대형재난에 이르기까지 그 규모는 예측하기 어려우며 발생여부의 불확실성과 그로 인해 예산배정이 개발예산에 비해 그 우선순위가 낮고, 재난관리 상설조직은 재난발생 규모보다 조직의 대응규모가 열세성을 띠게 된다.

다섯째, 재난관리체계는 대응·복구조직에서 **보충성**의 특징을 갖는다. 재난 대응 및 복구조직은 재난규모에 비해 능력이 열세하므로 관련 기능을 가진 주변조직을 임시로 조직·통합하여 대응하는 보충적 성격을 가지게 된다.

4 재난관리체계의 한계

재난이 발생하면 단시간 내에 모든 구성원과 재난관리 책임기관, 긴급구조기관 등 관련기관들이 적극적으로 대응하고, 신속한 정보교류와 상호 협력이 이루어져야 한다. 그러나 실제 재난상황에서 많은 문제점이 발생하여 효과적인 운영을 방해받게 된다. 이러한 **재난관리체계가 안고 있는 한계**는 다음과 같다.

첫째, 재난관리체계는 다양한 구성원들로 조직되어 있어 재난발생 시 신속하게 이루어져야 할 재난정보의 공유가 어렵다. 또한 사후에 자신들에게 돌아올 책임 문제를 회피하기 위해 정보를 숨기는 경우가 종종 발생한다.

둘째, 재난발생 시 여러 부처의 우수한 인적자원이 파견되고, 소속 부처 간의 상호 이해관계 때문에 지휘·감독·조정의 어려움이 발생한다.

셋째, 재난관리 조직은 다양한 직렬들로 구성되어 있어 조직 이기주의가 팽배해 있으며, 재난발생 시 심각한 문제를 발생하게 된다. 조직 이기주의는 부하나 상관 사이에 특정한 사람만이 자신의 부하나 상관이라는 획일적인 상하관계에 대한 인식에서 비롯되며, 이와 같은 획일적인 사고는 상호협력과 조정이 어려워 효과적인 재난관리 조직 운영을 저해하게 된다.

넷째, 재난관리체계에는 두 사람 이상의 상관이 존재한다. 하나는 본래 조직의 상관이며, 다른 하나는 재난관리체계상의 상관이다. 그렇기 때문에 명령체계의 권위가 없는 재난관리체계의 상관은 그 구성원에 대한 통제가 어렵다. 구성원들도 마찬가지로 특정 재난의 수습이 끝나면 다시 본래조직으로 돌아가기 때문에 재난관리체계상의 상관보다 본래 조직상의 상관의 명령에 더 복종하게 된다.

다섯째, 재난관리체계의 구성원들은 조직에 대한 충성심이 낮다. 재난관리 행정체계의 구성원은 활동 시 적극적이고 신속한 대응을 요구받게 되는데, 임시조직(재난안전대책본부 등)의 성격이 강한 재난관리체계의 구성원은 대개 파견에 의해서 형성되기 때문에 임시조직의 상관은 실제 권한보다 형식적 권한을 가진 경우가 많아 업무에 적극적인 성향을 보이지 않는 경향이 있다.

제2절 우리나라 재난관리체계의 연원

삼국 시대 이래 고려를 거쳐 조선 시대까지 내려온 부역 제도는 요역(徭役)이라고도 하는데, 남자는 16세가 되면 정(丁)이라 하여 국가 부역의 의무를 지고 60세가 되면 그 임무를 면제 받았다. 이들은 주로 관청 부역을 위하여 노역을 제공하는 한편, 나라를 방비하기 위한 축성 공사에도 투입되었다. 특히, 재난 예방을 위한 제방 축조 또는 재난의 뒤처리를 위한 자원으로 활용되었다. 조선 시대의 향약(鄕約)은 지방 주민의 상부상조와 미풍양속의 배양을 위하여 만든 규약이다. 향약은 주자학의 전래와 더불어 우리나라에 소개된 것으로 태조 이성계가 중종 때 조광조 등의 진언에 따라 여씨향약이 전국 각지에 공포 보급되었다. 여씨향약의 내용은 덕업상권, 과실상규, 예속상교, 환난상휼의 네 가지를 덕목으로 삼았다. 이외에도 이황 선생의 예안향약과 이이 선생의 해주향약 등이 우리나라 실정에 맞도록 조정·보완 되었는데 이러한 향약 중 환난상휼의 정신은 재난 수습을 위하여 주민 모두가 힘을 모아 재난에 대처하는 주민 협동정신의 모범이 되었다.

삼국 시대에는 도성이나 읍성 등에 큰 건축물이 축조되어 화재가 사회적 재난으로 등장하였고, 「삼국사기」에 신라 미추왕 원년(262) 금성 서문에 화재가 발생하여 인가 100여 동이 연소되었다는 기록이 있다.

통일 신라 시대에는 서기 668년(문무왕 8년) 무렵 도읍지 서라벌에 만여 호에다 재성(在城)이 1,630방으로서 더욱이 건물을 초옥으로 하지 않고 기와집으로 지었고, 취사로서 목탄을 사용한 것을 볼 때 방화 의식과 예방 소방의 측면을 볼 수 있다.

고려 시대에는 현종 12년(1021)에 인수문 외 2,000여 호가 소실되었다고 하고, 통일 신라 시대보다 화재가 많이 발생하였는데 민가가 200호 이상 소실된 화재만도 20건 이상 달한 것으로 기록되어 있으나, 별도의 금화(禁火) 관서와 금화 조직은 없었으며 각 관아에서는 금화하는 일을 엄격히 하도록 하고 화재사고가 있을 때에는 이를 규찰하며, 대창(大倉)에는 금화를 담당하는 관리를 배치하고 화재를 방어하기 위하여 지하에 창고를 쌓았고 사요(私窯)를 설치하여 기와집을 짓게 하는 등의 제도가 있었다, 즉, 별도의 소방조직으로 금화조직은 없었지만 금화제도를 시행하고, 금화관리자를 배치, 실화(失火) 및 방화자에 대한 처벌제도, 초가를 기와로 교체하고 화재 대비를 위하여 지하창고 설치, 화평도감을 설치하였으며, 화약제조에 대한 특별한 관리를 하였다.

조선시대에는 소방사무를 관장하는 기구로서 세종 때에 새로 금화도감이라는 일종의 소화사영을 두었다. 이는 병조 산하에 둔 하나의 소방관리 부서였고, 화재가 발생하면 타종하여 화재 발생을 일반 백성들에게 알리도록 하는 동시에 그 진화작업에 적극 협력하도록 했다. 이를 병조 산하에 둔 것은 궁궐 내 종묘, 관가 등에서 발생하는 화재에 대하여 군대로 하여금 진화작업을 담당하게 하였기 때문이다. 이에 금화도감은 우리나라 최초의 소방행정 기관이라 할 수 있다. 이 후 금화도감은 같은 해 수성금화도감으로 개칭 되었고, 세조 6년(1460)에 폐지되었다.

그 이후 광무 9년(1905)에 경무청이 전국 경찰과 소방 업무를 관장하면서부터 점차 근대적 의미의 소방제도가 모습을 갖추기 시작했고, 해방 이후 국가가 재난에 직접 대처하기 시작한 것은 1975년 7월 25일 제정된 민방위기본법을 제정하면서부터 인데 이때부터 재난 발생 시 정부와 함께 민방위대원의 자위 활동으로 인명구조와 피해 확산 방지에 노력해왔다.

산업혁명은 인간의 사회를 농업과 수공업 위주의 사회에서 공업과 기계를 사용하는 제조업 위주의 사회로 변화시켰고, 나아가 농업 인구의 비율을 감소시켜 도시 인구의 비율을 늘어나게 하는 등 경제 성장과 사회계층의 집중화를 가져왔다. 이러한 현상은 특정 지역에 인구가 집중하여 도시적 특성이 확대되어 가는 과정으로 주거공간은 고밀도화 되고, 건축물들은 대형화·복잡화·지하화(地下化)로 가는 추세이다. 또한 석탄·석유·철강 등의 자원과 전기·원자력·내연기관 등과 같은 새로운 에너지원의 이용으로 사회는 급속히 공업화와 산업화가 진행이 되어 자연을 정복할 수 있다는 인간 자신의 능력에 대한 확신이 커졌다. 하지만 이러한 인간 사회의 급격한 사회구조적 변화는 오존층 파괴, 산림 감소와 사막화, 산성비, 지구 온난화 현상 등 심각한 환경문제를 발생시키는 원인을 제공하여 인류의 위기를 자초했고, 자연재난인 가뭄·홍수·해일·태풍·폭설·지진 등의 환경문제가 원인된 이상기후가 동반되어 전 세계적으로 피해 규모가 확대되고 있다. 또한 급격한 도시화 현상은 질적 성장보다는 양적 성장으로 건축물 유지관리의 부재, 인간의 무관심과 부주의, 실수 등으로 인적재난인 화재·폭발·건축물 붕괴·테러 등 대형사고가 전 세계적으로 계속 발생하였다.

우리나라 경우에도 지리적·기상학적 원인으로 집중호우·태풍·가뭄·폭설 등 자연재난과 1990년대 이후에 들어와서 다양한 유형의 인적재난이 계속적으로 발생하였다. 개발도상국의 선두주자로 세계 각국으로부터 한강의 기적으로 불리며 고도의 경제성장을 이루었으나, 고도의 경제성장에 따른 대가를 치르고 있다. 정부와 안전 관련 기관 및 단체의 노력, 그리고 국민들의 안전 의식 성장에도 불구하고, 계속적으로 재난사고는 발생하고 있고, 기상이변과 사회구조의 복잡화에 따라 새로운 유형의 재난사고가 발생하여 그 피해 규모도 확대되어 가고 있다.

우리나라는 1990년 이후에 대구지하철 공사장 가스폭발사고, 삼풍백화점 붕괴사고 등으로 1995년 7월 18일 재난관리법이 제정되어 민방위재난통제본부로 확대·개편 되었고, 중앙119구조대가 신설되어 그간의 자연재난 관리에서 벗어나 인적재난까지 다루게 되는 등 재난관리 정책의 변화를 가져왔다. 또한 2003년 대구지하철 방화사건을 계기로 그동안 재난관리를 각 부처에서 분산 관리함으로써 빚어지는 업무의 혼선과 중복 등 재난 발생 시 긴급을 요하는 재난 현장의 대응 체계에 심각한 문제가 발생된다는 인식에 따라 유형별로 분산관리 운영되어 오던 재난 관련 조직 체계의 통합 필요성을 제기하였다. 이에 행정자치부 내 국가재난관리시스템기획단을 발족시켜 자연재난과 인적재난으로 분리 관리되어 왔던 관련법을 재난 및 안전관리 기본법으로 대부분 통합하였고, 2004년 6월 1일 소방, 방재, 민방위 운영 및 안전관리에 대한 통합관리, 즉 재난관리 총괄기구인 소방방재청이 개청됨에 따라 중앙정부에 통합된 재난관리체계가 이루어졌다.

과거의 불균형, 집중 개발 시대의 부실·노후시설들은 그간의 안전 조치강화와 재개발로 머지않아 상당 부분 해소될 것으로 예상되나 공사장 안전사고, 가정용 가스폭발, 도로교통사고 등 생활주변의 재난 발생률은 앞으로도 크게 줄어들지 않을 것으로 보인다. 또한 산업시설의 대형, 집중과 노후화, 다중이용시설의 증가, 생활공간의 밀집화로 재난 발생 시 그 피해 규모는 더욱 커질 것으로 예상되며, 관광·산업인구의 증가와 유동성이 높아지면서 유원시설 및 산업 안전사고, 철도·항공사고 또한 늘어날 가능성이 많고, 환경오염사고도 광역화될 개연성이 높다 할 것이다. 이와 같이 각종 재난에 노출되어 있는 재난환경에 대비한 향후 정부의 재난관리 정책방향은 재난 관리 인력과 장비의 전문·고도화를 서둘러야 할 것이며, 재난 발생 시의 재난관리 능력 배양과 병행하여 선진국 수준으로 국민 안전 의식을 더욱 높여 나가는데 민·관이 협력해야 할 것이다.

제 3 절

중앙정부의 재난관리체계

현대 조직이론의 분화와 통합은 수레의 두 바퀴처럼 병진되고 있다. 분화 위에 통합이 추진되고, 통합의 노력이 진행되는 가운데 다시 분화가 촉진되고 있다. 복잡한 조직 현상을 좀 더 정밀하게 이해하려면 한정된 국면들에 대한 분화된 연구를 발전시켜야 한다. 그런가 하면 조직 현상의 온전한 이해를 위해서는 분화된 연구의 지혜를 총동원하는 통합적 접근을 발전시켜야 한다. 오늘날 우리는 조직연구에 관하여 '유일의', '지배적인' 또는 '만족할 만한' 통합적 모형을 아직 발전시키지 못하고 있다. 그러나 좀 더 완전한 통합적 모형의 발전을 위한 노력은 줄기차게 진행되고 있다. 그리고 그러한 노력을 인도할 통합적 관점은 상당히 성숙되어 있다. 통합적 관점은 복잡한 인간 그리고 복잡한 조직의 과정을 받아들인다. 통합적 관점은 인간을 거의 무한한 잠재력과 가변성을 지닌 복잡한 존재로 보고 조직을 복잡한 체제로 보기 때문에 그에 관한 처방의 무모한 획일화를 경계한다. 조직 현상의 다양성, 상황별 고유성, 그리고 개별적 변칙의 가능성을 이해하고 용납하면서 한정된 범위 내의 보편성 내지 규칙성이라도 확인하려는 것이 통합적 관점의 입장이다. 그러한 통합적 관점을 받아들여 통합적 연구모형을 개발하는 사람들은 대체로 '모든 것은 모든 것에 연관되어 있다'고 보는 체제 개념을 사용하고 있다. 그리고 "상황에 따라 최적 대안은 달라질 수 있다"는 명제를 받아들이는 상황 적응적 접근 방법에 입각하여 여러 가지 유형론을 발전시키고 있다.

조직관리란 조직과 관련한 여러 가지 변수를 한가지 씩 다루거나 이들을 잘 배합해서 원하는 목표를 달성할 수 있도록 하는 의도적인 행위의 결정이다. 이러한 조직 관리의 중요성과 유용성은 첫째, 사회 변동의 심화이다. 현대 사회는 하루가 멀다 하고 변화를 계속하고 있으며, 그 속도도 과거에 비교할 수 없을 정도로 매우 빠르다. 더구나 변동의 폭 또한 넓고 다양하다. 이처럼 급변하는 환경에 적절히 대응하지 못하고서는 조직은 생존은 물론 성장할 수도 없다. 따라서 조직은 생존과 변영을 위하여 사회 변동의 심화에 대응하고 조직을 동태화 시키고 다양화시킨다. 요컨대 조직에 대한 관리적 대응의 여부는 현재 사회에서 매우 중요하고 유용한 것이다. 둘째, 조직 규모의 거대화와 조직 형태의 다양화이다. 현대 사회는 날로 복잡해지고 대규모화되었다. 이러한 현대 사회의 특성은 그 속에서 존재하는 조직을 팽창시키며, 예산을 증대시키고, 직원 수를 늘리며, 관리하여야 할 시설을 증가시켜 왔다. 일반적인 조직이론만으로 현대 사회의 조직을 성공적으로 운영할 수 없다. 다양한 이론, 상황론적 접근, 구체적인 관리 기술 등이 요구된다. 효율적인 관리 없이는 조직의 업적이나 성과를 높일 수 없다. 셋째, 고객 서비스의 질 제고이다. 조직은 궁극적으로 조직 목표를 효율적으로 달성하여 대상 고객에게 최고의 서비스를 제공하고, 최적의 제품을 제공해야 한다. 관리의 부실은 조직구조나 절차 등을 낡은 유물로 만들며 조직구성원들을 능력 없고 일하기 싫어하는 존재로 전락시켜 상품과 재화의 질은 저절로 저하될 수밖에 없다. 따라서 서비스와 제품의 질을 높이려면 효율적인 조직관리가 바탕이 되어야 한다.

특히 재난의 특성인 불확실성, 상호작용성, 복잡성과 재난관리의 특성인 경계성 및 가외성의 원리, 현장 위주의 관리 등으로 재난관리 조직은 능률성 원리가 반영되는 일반행정 조직보다 효율적인 관리가 필요하겠다.

1 자연재난 관리체계의 변천과정

(1) 1960~1970년대

자연재난은 인간이 존재하기 이전부터 발생된 재난으로 오래된 역사를 가지고 있는데, 우리나라에서 현재와 같은 재난관리체계가 나타나기 시작한 것은 1960년대 이후라고 할 수 있다. 1961년 7월 전북 남원과 경북 영주지방에서 발생한 수해를 위한 복구 업무와 1961년 7월 경제기획원의 국토건설청이 신설되어 재해 대책 업무를 처음으로 시작하는 발판이 되었다. 또한 1962년에는 국토건설청을 건설부로 확대 개편하였고, 1963년 7월 건설부 수자원국에 방재과를 설치하여 자연재난 관리를 위한 본격적인 기틀과 1967년 2월 풍수해대책법 제정을 계기로 조직이 체계화되기 시작하였다. 1970년대 초 제1차 국토종합개발계획에서 한강, 낙동강, 금강, 영산강 등 4대강 유역 종합개발계획의 완료와 댐 건설을 착공하여 광역 상수도권을 조성하였고, 농업 공업용수를 확보하였다. 특히 홍수 가뭄 등 재해예방 대책에 크게 기여하였다. 그러나 경부 축 중심의 인구와 산업 중심으로 지역 격차가 심화되었고, 대도시의 급격한 성장으로 도시문제와 환경오염 문제 등이 발생되었다.

(2) 1980년대

1980년대 초 제2차 국토종합개발계획에서 안정적인 경제성장과 지역 간의 균형 있는 개발로서 복지사회를 건설하고, 도시로 집중된 인구를 지방으로 분산 및 정착을 유도하였으며, 특히 전국에 하천 유역 등 지역의 특성에 맞는 개발을 추진하였고, 5개소의 댐 건설과 방조제의 건설로 수자원(水資源)을 확보하는 등 제2차 국토종합개발계획의 수립 및 추진으로 많은 성과를 거두었다. 계속된 경제 발전을 이룩한 시기였지만 도시를 개발하는 과정에서 방재 개념을 무시한 대형 토지개발 사업으로 자연재난에 의한 피해 규모도 대형화되기 시작하였다. 1987년 12월 방재조직 확대 개편 및 방재행정 강화로 수자원국 방재과를 방재계획과로 개편하고, 방재시설과를 신설하였다.

(3) 1990년대

1990년 12월 풍수해 대책 업무가 건설부에서 내무부로 변경되었고, 1991년 3월 재해대책 업무를 효율적으로 추진하기 위하여 방재조직은 지방행정조직과 민방위조직을 관장하고 있는 내무부로 이관되면서 민방위본부 산하에 방재계획관을 신설하였다.

또한 1994년 12월 방재계획관이 방재국(방재기획과, 재해대책과, 재해복구과)으로 확대 개편되었으며, 1999년 10월 행정자치부 민방위재난통제본부의 방재국이 폐지되고, 민방위방재국으로 조직이 개편되었다. 1990년대는 자연재난을 담당하는 조직이 자주 개편되어 담당 공무원의 업무 혼란을 가져오는 결과를 초래하였다.

표 6-1 자연재난 관리체계의 변천과정

연도	주요내용
1961.7	경제기획원의 국토건설청 신설
1961.8	국토건설청 소속 하에 임시 수해복구사업소 설치
1961.10	수자원국 이수과로 방재업무 이관(내무부 → 국토건설청)
1961.12	하천법 제정 공포
1962.9	건설부 장관 소속 하에 순천수해복구본부 설치
1963.7	건설부 수자원국에 방재과 설치, 방재 업무 개시
1967.2	풍수해대책법 제정 공포
1987.12	방재과를 방재계획과와 방재시설과로 확대
1990.12	풍수해 대책 업무가 건설부에서 내무부로 변경
1991.3	내무부 민방위본부에 방재계획관 신설
1994.4	방재계획관에 방재담당관, 재해복구담당관 보강
1994.12	빙재계획관이 방재국(방재기획과, 재해대책과, 재해복구과)으로 확대 개편
1995.12	풍수해대책법을 자연재해대책법으로 전문 개정 공포
1999.10	행정자치부 산하 민방위재난통제본부의 방재국이 폐지되고, 민방위방재국으로 조직개편
2004.3	재난 및 안전관리 기본법 제정 공포
2004.6	소방방재청 개청
2014.11	국민안전처 신설
2017.7	소방청 독립, 재난안전관리본부 신설

(4) 2000년대

2004년 6월 1일 자연재난과 인적재난을 완전 통합하여 담당하는 행정자치부의 외 청으로 소방방재청이 개청되어 그 동안의 재난 시 각 부서의 업무 중복으로 인한 문제점이 해결되는 업무의 효율화를 가져왔다. 2014년 11월 19일 국민안전처가 신설되어 통합적 재난관리 중앙부처가 만들어졌다. 2017년 7월 26일 문재인정부의 출범과 함께 육상재난의 총괄대응 책임기관인 소방청을 독립시켰다.

2 사회재난 관리 체계의 변천 과정

우리나라의 인적재난 관리 체계는 자연재난 관리 체계보다 뒤늦게 구축되었는데, 인적재난 관리 체계는 주로 화재를 담당하는 소방에서부터 출발하였다.

1975년 8월 내무부 민방위본부가 창설되면서 그 산하에 소방국(소방과, 방호과, 예방과)이 신설되었고, 1995년 5월 소방국에 구조구급과가 신설되었다.

본격적인 인적재난에 대한 재난관리는 1990년대 수많은 인적재난을 경험하면서 특히 1995년 6월 29일 발생한 삼풍백화점 붕괴사고를 계기로 1995년 7월 18일 재난관리법이 제정되었고, 1995년 11월 내무부의 민방위본부가 민방위재난통제본부로 확대 개편되면서 재난관리국(재난총괄과, 재난관리과, 안전지도과)이 신설되어 인적재난을 체계적으로 관리하기 시작하였다. 그 이후에 1998년 2월 행정자치부 민방위통제본부의 재난관리국이 폐지하면서 그 업무가 민방위재난관리국의 재난관리과, 안전지도과로 이관되었고, 1999년 10월 민방위재난관리국이 민방위방재국으로 명칭이 변경되면서 재난관리과에서 인적재난 관리 업무를 담당하게 되었다.

중앙정부는 1995년 7월 18일 재난관리법을 제정하면서 중앙부처는 물론 지방자치단체에 재난관리 전담기구와 인력 확보를 서두르게 되었다. 공공 및 민간시설물 등 제반 시설물에 대한 일제 안전점검 실시와 위험시설물의 보수 재건축 추진과 동시에 60여 개의 재난 관련 법령 재정비를 통하여 재난 예방 장치를 강화하였고, 국무총리를 위원장으로 하는 중앙안전대책위원회를 중심으로 각 부처장관이 소관 분야별로 예방·수습 대책을 마련하는 한편, 각 분야별 재난관리계획을 종합화한 국가재난관리계획을 수립하여 집행해 나가게 하였다. 광역 및 기초자치단체에서는 단체장을 중심으로 관내 유관기관·단체가 참여한 지역안전대책위원회를 구성 운영하고, 지역 실정에 맞는 재난관리계획을 수립하여 재난의 예방·대응·수습·사후관리를 체계적으로 감당하기에 이르렀으며, 동시에 안전문화운동도 적극적으로 전개하여 왔다. 2001년부터는 국무총리 소속 하에 발족한 안전관리개선기획단을 중심으로 그간 정부의 많은 기관에서 각각 관리하는 재난관리 기능을 종합·조정함은 물론 점검·평가함으로써 안전관리 업무의 실효성을 확보하는 한편 관계 행정기관간 역할 분담으로 안전관리 개선 업무에 관하여 원활한 추진 체계가 구축되었다.

또한 2003년 2월 18일 발생한 대구지하철 방화는 사망 192명의 엄청난 인명 피해를 초래하는 등 국가적 재난관리상 총체적인 문제가 제기되어서 국가재난관리체계를 획기적으로 개선하기 위하여 소방방재청 개청 준비단과 국가 재난관리 시스템 기획단을 설치하여 국가재난관리 종합대책을 수립함으로써 범정부적인 재난관리 기반 체계를 구축하였다. 그 동안 재난과 재해로 이원화된 개념을 재난으로 통합하였으며, 재난관리 시스템 개선을 통하여 국가 최초의 자연 및 인적재난 관리의 전담기구로서 상설 재난관리 조직인 완전통합형 소방방재청을 설치하게 되었다. 민방위, 방재 및 소방 기능을 포괄적으로 수용하는 한편 안전관리 기능을 추가함으로써 명실공이 국가 재난을 총괄관리하는 전담기구로서 우리나라 재난관리사에 큰 획을 그은 것으로 평가된다.

표 6-2 인적재난 관리 체계의 변천 과정

연도	주요내용
1975.7	민방위기본법 제정 공포
1975.8	내무부 민방위본부 산하 소방국(소방과, 방호과, 예방과) 신설
1995.5	소방국의 구조구급과 신설
1995.7	재난관리법 제정 공포
1995.11	내무부 민방위재난통제본부 재난관리국(재난총괄과, 재난관리과, 안전지도과)신설
1998.2	행정자치부 민방위재난통제본부 재난관리국 폐지, 민방위재난관리국(재난관리과, 안전지도과)
1999.10	안전지도과 폐지, 민방위방재국(재난관리과)
2004.3	재난 및 안전관리 기본법 제정 공포
2004.6	소방방재청 개청
2014.11	국민안전처 출범

제4절

지방정부의 재난관리체계

각 지방이 대내외적인 행정 수요에 대해 자신의 특성과 사정에 맞는 정책을 개발하고 집행할 수 있도록 하기 위해서는 자치단체의 운영에 가능한 자율권이 부여되어야 한다. 과거 집권 시대에는 중앙정부가 대부분의 공공 업무에 대한 책임을 독점함으로써 지방자치단체의 책임 문제는 부수적일 수 있었으나 지방자치의 시행에 따라 지방자치단체의 자율적 권한으로 수행되는 업무가 증대됨에 따라, 지방자치단체는 한정된 재원으로 증대된 주민 욕구에 대응하기 위하여 능률행정을 구현하기 위하여 노력하고 있다.

중앙집권의 역사적 전통은 1980년대 중반 이후부터 나타나기 시작한 국민들의 자유민주주의 정치 체계의 확립에 대한 열망과 더불어 변화하기 시작하였고, 지속적으로 성장해 온 국민들의 민주의식과 정치 참여에 대한 욕구는 사회 전반적인 민주화를 요구하였으며, 이에 따라 지방자치의 조속한 실시가 요망되었던 것이다. 1988년과 1989년 두 차례의 지방자치법 개정을 거쳐 1990년 12월 여·야 합의에 의한 제9차 지방자치법 개정 법률안이 통과됨으로써 지방자치의 실시를 위한 제도적 장치가 마련되었다. 1995년 6월 27일 지방선거의 계기로 지방자치가 재개된 후 현재까지 본격적인 지방자치제도가 실시되고 있는데, 1990년 이후에 각 지방자치단체에서 발생한 다양한 대형 인적재난을 경험하면서 지방자치단체의 재난관리체계에 대한 변화를 가져왔다.

지방 소방조직은 국가소방 체계로 유지되었다가 1971~1974년 동안에 있었던 정부조직법의 개정으로 서울과 부산이 자치소방인 소방본부를, 기타 지역은 국가소방인 도의 경찰국 소방과로 개편되었다. 그 이후에 대구·인천·광주·대전·울산시도 직할시(현재 광역시)로 승격됨에 따라서 소방본부를 각각 설치하게 되었고, 1992년 1월 1일부터 광역자치소방 체계로 전환되었다. 1992년 4월에 각 도에 소방본부를 설치하여 국가직과 지방직으로 소방본부장과 지방소방학교장을 제외한 나머지 소방공무원의 신분을 지방직화하고, 이와 더불어 소방사무도 지방사무화하였다(행정자치부 소방국, 1999 : 87-94). 또한 초기에는 대부분 광역자치단체의 자연재난 업무는 건설방재국의 치수방재과에서, 인적재난 업무는 건설방재국의 재난관리과에서 담당하였다. 하지만 인력 감축이 원인이 된 조직 개편 등으로 건설방재국의 재난관리과로 통합되어 운영되는 조직이 증가하고 있는 실정이다.

이처럼 우리나라 16개 광역자치단체의 재난관리체계는 소방업무는 소방(안전/재난)본부에서 담당하고, 자연재난, 인적재난, 민방위 업무는 건설방재국의 재난관리과에서 담당하는 분산형 재난관리체계로 시작하였고, 그 이후에 광역자치단체는 부분적으로 또는 완전 통합된 재난관리체계로 개편되기 시작되었으나, 박근혜 정부에서 행정안전부가 안전행정부로 명칭이 변경되었고, 세월호 참사를 계기로 국민안전처를 신설하여 자연재난 및 사회재난을 담당하는 조직이 대부분 이관되었다. 2017년 5월 문재인정부의 출범과 함께 육상재난, 해상재난, 특수재난을 관리하던 국민안전처의 재난업무를 행정안전부로 이관시키고, 육상재난은 소방청으로, 해상재난은 해양수산부의 해양경찰청으로 독립시켰으며, 특수재난업무는 행정안전부에서 관리하게 되었다.

1 분산형 재난관리체계

분산형 재난관리체계는 1930년대 전통적 조직이론의 등장과 함께 합리성을 목표로 하는 조직이 전문화의 원리를 택하도록 하는 행정 이론적 환경과 일치하는 시기에 생겨났는데, 재난 대응의 분산 대응 방식은 지진, 수해, 유독물, 풍수해, 설해, 화재 등 재난의 종류에 상응하여 대응 방식에 차이가 있다는 것을 강조한다. 또한 재난의 유형별로 분산 대응계획이 마련되고, 대응 책임기관도 각각 다르게 배정되어 있었다. 따라서 대응 방식은 재난 시 유사 기관 간의 중복 대응과 과잉 대응의 문제를 야기하였고, 난해한 계획서의 비현실성과 다수 기관 간의 조정·통제에 대해 반복되는 문제를 야기하게 되었다.

이처럼 재난의 업무를 소관 부처별로 책임을 분산시키는 분산형 재난관리체계는 과거에는 재난에 대한 책임감이 분산되고, 특정 재난에 대한 관리활동으로 경험이 축적되어 전문성 제고가 용이하였지만, 현재에 발생되고 있는 재난의 규모를 고려해보면 그 효율성에 심각한 문제점이 존재하고, 재난관리체계의 단계별 활동인 예방, 대비, 대응, 복구활동을 위한 종합적이고 통합된 정책의 결여로 전체적인 재난 대응 능력을 저하시킬 것이다.

따라서 분산형 재난관리체계가 책임을 분산하여 업무의 경감을 가져다 줄 수는 있겠으나 인력 및 예산 절감과 업무의 효율적인 운영 측면에서는 바람직하지 못하다. 특히 인적재난이 발생하였을 때는 대응활동과 복구활동은 소방에서 주도적으로 담당하고 있고, 자연재난이 발생했을 때도 실제 대응활동과 복구활동 중 구조·구급 업무는 소방에서 담당하고 있으므로 재난의 예방·대비·대응·복구를 위하여 행하는 재난관리가 체계적으로 이루어지기가 힘들다.

우리나라 광역자치단체의 소방본부는 명칭이 서로 상이하여 대부분 본연의 소방 업무만을 하는 본부는 소방본부다. 소방 업무에 인적 및 자연재난 업무를 포함하면 소방재난본부 및 소방안전본부로 칭하는데, 가스 안전관리, 위험물 안전관리 업무까지도 담당하는 소방본부도 있다. 대구는 2009년 11월 10일 소방본부에서 소방안전본부로 명칭이 변경되었고, 특히 부산은 2013년 7월 10일 소방 업무가 화재 진압만을 한다는 과거의 고정 관념을 탈피하고자 소방안전본부로 명칭을 변경하였다. 전북은 소방본부에서 인적재난을 담당하는 부서가 안전정책관으로 이관되었고, 충남은

2013년 7월 15일 소방안전본부가 소방본부로 명칭이 변경되면서 재난민방위과가 안전행정국 안전총괄과로 이관되었으며, 제주는 소방방재본부에서 소방안전본부로 명칭이 변경되면서 재난방재과가 안전총괄기획단으로 이관되었다. 이에 부산·대구·전북·충남·제주도·대전·울산·경기도 북부·강원도·충북·경남·경북·전남 등은 분산형 재난관리체계로 운영되고 있는데 전북·충남·제주도는 기존의 통합 재난관리체계에서 분산형 재난관리체계로 운영되고 있음을 알 수 있다.

이 책에서 분산형 재난관리체계는 소방, 인적재난, 자연재난, 민방위의 업무에 대한 예방·대비·대응·복구활동의 재난관리를 한 조직에서 담당하지 않고, 소방 업무는 소방본부에서 담당하고, 인적재난 및 자연재난, 민방위 업무는 안전정책관 등에서 담당하는, 즉 재난관리 업무를 분산되어 담당하는 것으로 정의한다. 분산형 재난관리체계로 운영되는 광역자치단체의 재난관리체계를 분석하면, 대부분 안전행정국 안전총괄과에서 인적재난과 민방위를 담당하고, 건설방재국 치수방재과에서 자연재난 업무를 담당하고 있다.

2 통합형 재난관리체계

전통적인 재난 대응 방식인 분산형 재난관리체계와 민방위 중심의 하향식 기획과정은 여러 가지 문제점이 제기되면서 미국을 중심으로 통합형 재난관리체계의 모형이 제시되었다.

맥로린(D. McLaughlin)은 조직의 생존을 위협하는 사건이나 조건을 재난으로 정의하면서 재난 관련 대응 조직들이 수많은 공공 및 민간 조직과 혼합되어 대응 단계에서의 협조 문제가 재난 대응의 전통적인 문제로 반복되는데 관심을 가지면서, 미국의 통합형 재난관리체계는 연방정부, 주정부, 지방정부의 협조 하에 일련의 순환 과정을 통하여 인명과 재산을 보호하고 행정 능력을 유지할 수 있다고 하면서 행정이 주가 된 재난관리의 모형을 제시하였다(McLaughlin, 1985 : 170). 통합형 재난관리체계는 효율적이고 효과적인 재난관리 능력을 개발하고, 유지 관리하는데 정부에 기여할 수 있는 수많은 구성 요소로 이루어진 체계를 의미한다. 콰란텔리(Quarantelli, 1991)는 **분산형 재난관리체계가 통합형 재난관리체계로 전환되어야 한다는 근거**를 다음과 같이 제시하고 있다.

첫째, 재난 개념의 변화이다. 재난 개념에 대한 물리적 관점은 재난의 유형별 특징을 강조하게 되지만, 재난은 오로지 사회적으로 충격적인 사건이라는 점에서 식별될 수 있고, 재난에 대한 사회지향적 개념은 자연적 요인 및 기술적 요인의 물리적 특징과 영향에서 사회적 사건의 공통성 또는 유사성으로 초점이 이동되었다는 것이다. 따라서 재난은 그 지역사회의 정상적인 기능을 파괴하는 충격적 사건으로서의 공통성을 가지며 자연재난이든 인적재난이든 구별할 실익은 없게 된다.

둘째, 재난 대응의 유사성이다. 경험적 측면에서 볼 때 사회과학적 연구들은 재난의 사회 형태적 특징들이 대부분 재난 유형별로 나타나는 것이 아니라 상이한 유형의 자연적·기술적 재난에서 일반적으로 유사하다는 것을 밝히고 있다. 이들 연구자는 재난을 준비하고, 관리하는데 많은 인적·조직적 문제들을 해결하는데 어떠한 구체적인 재난이 관련되어 있는지는 중요하지 않다고 생각한다. 이들은 어떠한 재난이든 간에 요구되는 작업이 경고, 대피, 구호, 탐색, 구조, 구급, 사망자 처리, 자원의 동원, 통신교류, 조직 간 조정 등 동일한 일반적인 활동이 취해져야 한다고 보는 것이다.

셋째, 계획 내용의 유사성이다. 재난계획에서 종합적 접근법을 택해야 한다고 주장하는 연구자들은 재난 유형의 차이에도 불구하고, 재난 시 취해야 할 일들이 크게 다르지 않다고 생각한다. 부상자 간호, 재난지역의 안전성 확립, 공공에 대한 정보 제공, 대응상의 전반적인 조정, 그리고 많은 유사한 일 등 모든 업무가 지역사회의 위기 상황에서 수행될 것이다. 소방 및 경찰을 비롯한 지역사회 재난관리조직의 대부분은 재난의 유형에 관계없이 모든 재난의 대처에 관계된다. 따라서 재난 대응상의 계획들은 거의 동일한 내용과 구조를 가지게 된다. 수많은 계획의 통합 작성을 통하여 좀 더 단순하고 적용성 있는 계획으로 발전시켜야 한다는 것이다.

표 6-3 재난관리체계 유형별 장·단점 비교 분석

유형	분산형 재난관리체계	통합형 재난관리체계
관련 부처 및 기관	다수 부처 및 기관의 단순 병렬	단일 부처 조정 하의 병렬적 다수 부처 및 기관
책임 범위와 부담	소관 재난에 대한 관리책임, 부담 분산	모든 재난에 대한 관리 책임, 과도한 부담 가능성
관련 부처의 활동 범위	특정 재난에 대한 관리활동	모든 재난에 대한 종합적 관리활동과 독립적 활동의 병행
정보전달 체계	정보 전달의 다원화	정보 전달의 일원화
재난 대응	대응조직 없음(사실상 소방)	통합 대응/지휘 통제 용이(소방)
재난에 대한 인지 능력	미약, 단편적	강력, 종합적
장점	한 재해 유형을 한 부처가 지속적으로 담당하므로 경험 축적 및 전문성 제고가 용이하고, 한 사안에 대한 업무의 과다 방지	재난 시 총괄적 자원동원과 신속한 대응성을 확보하고, 자원봉사자 등 가용자원을 효과적으로 활용
단점	복잡한 재난에 대한 대처 능력에 한계가 있고, 각 부처 간 업무의 중복 및 연계 미흡하며, 재원 마련과 배분의 복잡성	종합관리 체계를 구축하는 데 많은 어려움이 따르고, 부처 이기주의 및 기존 조직들의 반대 가능성이 높고 업무와 책임이 과도하게 한 조직에 집중

넷째, 대응자원의 공통성이다. 재난 유형과 이에 대처하기 위하여 필요한 인적·물적 자원이 조금씩 다르더라도 구체적인 위협에 관계없이 동일한 일반적 활동들이 예방·대비·대응·복구활동 시기에 진행되고, 따라서 거의 유사한 자원 동원 체계와 자원 유형을 필요로 한다는 점이다. 통합책임기관의 책임은 중앙 및 광역 차원의 자원을 통합·조정하여 지방자치단체의 대응활동을 위한 단일의 지원 창구를 제공하고, 자연재난 및 인적재난을 포함한 모든 유형의 재난에 걸쳐서 기획 및 대응활동의 유사성이라는 이점을 취함으로써 재난 준비 및 대응자원의 활용을 최적화하는 것이다. 특히 통합형 재난관리체계는 대응활동 단계에서의 모든 자원을 통합 관리한다는 의미보다는 재난 대응활동에 필요한 대응 기능별 책임기관을 지정하여 재난 시 참가기관들을 통제하고 조정하는 의미를 갖는다고 볼 수 있다.

제5절

국가 비상설 재난관리체계

국가 비상설 재난관리체계는 재난 및 안전관리 기본법이 제정되기 이전에는 자연재난과 인적재난 발생 시의 관련 법률과 재난관리체계가 서로 다르게 구성되었다. 자연재난이 발생하면 중앙정부, 시·도 및 시·군·구에 재해대책위원회와 재해대책본부가 구성되었고, 인적재난이 발생하면 중앙정부, 시·도 및 시·군·구에 안전대책위원회와 사고대책본부가 구성되었다. 그리고 중앙정부, 시·도 및 시·군·구에 구조구난으로 긴급구조본부가 구성되었다.

재난 관련 법령이 70여개로 각 부처가 소관별로 이를 담당하고 있고, 법률 상호간 수평적 연계성이 부족하여 신속한 협조 체계의 구축과 대응이 어려울 뿐만 아니라, 재난의 예방·대비·대응·복구의 정책과 기능이 분산되어 책임 소재가 분명하지 않아 재난을 통합 관리하는 체계의 도입 필요성에 따라 2004년 3월 11일 재난 및 안전관리 기본법을 제정하였다.

재난 및 안전관리 기본법 제정 이후의 국가 비상설 재난관리체계는 과거의 자연재난과 인적재난 발생 시 각각 담당하던 위원회에서 국무총리를 위원장으로 하는 중앙안전관리위원회로 통합하여 안전관리에 관한 중요 정책의 심의 및 총괄·조정 등을 하도록 하였고, 각 부처 장관이 소관 분야별로 예방·수습 대책을 마련하며, 각 분야별 재난관리계획을 종합화한 국가재난관리계획을 수립하여 집행해 나가게 되었다. 그리고 재난 수습을 위하여 시안별로 각 부처에 설치되었던 중앙사고대책본부를 행정안전부의 중앙재난안전대책본부로 일원화하였고, 소방청장이 통제하는 중앙긴급구조통제단을 설치하여 재난 발생 시 현장 지휘 체계를 구성하였다.

Chapter 6

적중예상문제

01 다음 중 재난관리체계에 관한 설명으로 옳지 않은 것은?

① 안전한 삶을 위해 재난과 위험을 회피하거나 방지하고 통제하는 재난관리체계는 풍요로운 사회의 가장 기본적인 관리체계의 하나이다.
② 재난관리체계는 기본적인 관리체계의 하나로서 위험과 재난이 발생하는 복합적인 원인으로 인해 매우 복합적인 내용을 가지게 된다.
③ 재난관리체계는 재난관리의 목표를 효과적으로 달성하기 위해 기구를 구성하고 유지하며 환경과 단절된 폐쇄적인 체계인 것이다.
④ 재난관리 목표를 달성하기 위한 재난관리체계는 재난관리를 담당하는 조직으로 구성된 체계이다.

Solution 재난관리체계도 일반조직 체계의 하위체계로서 재난관리의 목표를 효과적으로 달성하기 위해 기구를 구성하고 유지하며 환경과 끊임없이 상호작용하는 하나의 체계인 것이다.

02 다음 중 재난관리체계의 특징에 관한 설명으로 옳지 않은 것은?

① 재난관리체계는 복잡성과 연계성의 특징을 갖는다.
② 재난관리체계의 경계는 매우 유동적이다.
③ 재난관리체계의 특징은 조직 대응면에서 규모 열세성의 특징을 갖는다.
④ 재난관리체계는 예방·대비 조직에서 보충성의 특징을 갖는다.

Solution 재난관리체계는 대응·복구조직에서 보충성의 특징을 갖는다.

Answer 01 ❸ 02 ❹

03 다음 중 재난관리체계의 한계에 관한 설명으로 옳지 않은 것은?

① 재난관리체계는 다양한 구성원들로 조직되어 있어 재난관리 네트워크가 구축되지 않아 재난정보의 공유가 어렵다.

② 재난 발생 시 부처 간의 상호 이해관계 때문에 지휘·감독·조정의 어려움이 발생한다.

③ 재난관리 조직은 다양한 직렬들로 구성되어 있어 조직 이기주의가 팽배해있으며, 재난발생 시 심각한 문제를 발생하게 된다.

④ 재난관리체계에는 두 사람 이상의 상관이 존재한다. 하나는 본래 조직의 상관이며, 다른 하나는 재난관리체계상의 상관이다.

Solution 재난관리체계는 다양한 구성원들로 조직되어 있어 재난발생 시 신속하게 이루어져야 할 재난정보의 공유가 어렵다. 또한 사후에 자신들에게 돌아올 책임 문제를 회피하기 위해 정보를 숨기는 경우가 종종 발생한다. 네트워크는 잘 구축되어 있으나 재난정보가 활발하게 이루어지고 있지 않다.

04 다음 중 우리나라의 재난관리체계에 관한 설명으로 옳지 않은 것은?

① 1975년 민방위기본법을 제정하여 재난 발생 시 정부와 함께 민방위대원의 자위 활동으로 인명구조와 피해 확산 방지에 노력해 왔다.

② 1995년 재난관리법이 제정되어 민방위재난통제본부로 확대·개편 되었고, 중앙119구조대가 신설되었다.

③ 조선시대에는 소방사무를 관장하는 기구로서 세종 때에 새로 금화도감을 두었다.

④ 1995년 삼풍백화점 붕괴 이후 재난관리법 제정과 소방방재청이 개청되어 자연재난과 인적재난을 통합하는 기구가 신설되었다.

Solution 1995년 삼풍백화점 붕괴 이후 재난관리법 제정은 옳으나, 소방방재청은 대구지하철화재(2003년), 태풍매미(2002년)을 계기로 2004년 6월 1일 개청되었다.

05 다음 중 우리나라의 재난관리 관련법에 관한 설명으로 옳지 않은 것은?

① 1961년 하천법 제정 및 공포

② 1967년 풍수해대책법 제정 및 공포

③ 1995년 풍수해대책법이 자연재해대책법으로 개정

④ 1995년 재난 및 안전관리 기본법 제정 및 공포

Solution 재난 및 안전관리 기본법 제정 및 공포는 2004년이다.

Answer 03 ❶ 04 ❹ 05 ❹

06 **콰란텔리(Quarantelli)의 분산형 재난관리체계가 통합형 재난관리체계로 전환되어야 한다는 근거로 옳지 않은 것은?**

① 재난 대응의 유사성
② 계획 내용의 유사성
③ 재난 개념의 변화
④ 대응 자원의 집중성

Solution 대응자원의 공통성이다. 재난 유형과 이에 대처하기 위하여 필요한 인적·물적 자원이 조금씩 다르더라도 구체적인 위협에 관계없이 동일한 일반적 활동들이 예방·대비·대응·복구활동 시기에 진행되고, 따라서 거의 유사한 자원 동원 체계와 자원 유형을 필요로 한다는 점이다.

07 **다음 중 재난 및 사고의 유형과 재난관리 주관기관이 옳지 않게 연결된 것은?**

① 우주전파 재난 – 과학기술정보통신부
② 저수지 사고 – 농림축산식품부
③ 전력 사고 – 산업통상자원부
④ 산사태 – 행정안전부

Solution 산사태는 산림청이 재난관리 주관기관이다.

08 **다음 중 재난 및 사고의 유형과 재난관리 주관기관이 옳지 않게 연결된 것은?**

① 지하철 사고 – 행정안전부
② 해양 분야 환경오염 사고 – 해양수산부
③ 원자력안전 사고 – 원자력안전위원회
④ 공연장에서 발생한 사고 – 문화체육관광부

Solution 지하철 사고는 국토교통부가 재난관리 주관기관이다.

09 **재난관리주관기관이 지정되지 아니한 재난 및 사고에 대해서는 재난관리주관기관을 누가 정하는가?**

① 행정안전부장관
② 국무총리
③ 중앙재난안전대책본부장
④ 대통령

Solution 재난관리주관기관이 지정되지 아니한 재난 및 사고에 대해서는 행정안전부장관이 「정부조직법」에 따른 관장 사무를 기준으로 재난관리주관기관을 정한다.

Answer 06 ❹ 07 ❹ 08 ❶ 09 ❶

10 **다음 중 통합형 재난관리에 관한 설명으로 옳지 않은 것은?**

① 모든 재난에 대한 관리 책임, 과도한 부담
② 정보 전달의 일원화
③ 통합 대응/지휘 통제 용이
④ 한 재난 유형을 지속적으로 담당하므로 전문성 제고가 용이

Solution 한 재난 유형을 지속적으로 담당하므로 전문성 제고가 용이는 분산형 재난관리의 장점이다.

11 **다음 중 우리나라의 재난관리체계의 변천내용과 그 시기의 연결이 옳지 않은 것은?**

① 1961－국토건설청 소속 하에 임시 수해복구사업소(사무소) 설치
② 1961－「하천법」 제정 공포
③ 1963－「자연재해대책법」 제정 공포
④ 1967－「풍수해대책법」 제정 공포

Solution 1995년 「풍수해대책법」이 「자연재해대책법」으로 명칭이 개정되었다.

12 **「재난 및 안전관리 기본법 시행령」상 재난 및 사고 유형별 재난관리주관기관 중 식용수(지방상수도를 포함한다) 사고를 주관하는 기관은?**

① 환경부 ② 보건복지부 ③ 소방청 ④ 행정안전부

Solution 식용수(지방상수도를 포함한다) 사고를 주관하는 재난관리주관기관은 환경부이다.

13 **다음 중 재난관리체계에 관한 설명으로 옳지 않은 것은?**

① 방사능 재난의 경우에는 중앙방사능방재대책본부의 장이 권한을 행사한다.
② 중앙대책본부장은 행정안전부장관으로 하며 예방, 대비, 대응, 복구 등의 사항을 총괄·조정하고 조치한다.
③ 중앙대책본부장, 수습본부장, 시·도지사, 시장·군수·구청장은 재난예보 또는 경보를 실시할 수 있다.
④ 중앙통제단장은 행정안전부장관이 되며 시·도 긴급구조통제단장은 시·도지사, 시·군·구 긴급구조통제단장은 시·군·구청장이 된다.

Answer 10 ❹ 11 ❸ 12 ❶ 13 ❹

Solution 중앙통제단장은 소방청장이 되며 시·도 긴급구조통제단장은 소방본부장, 시·군·구 긴급구조통제단장은 소방서장이 된다.(재난 및 안전관리 기본법 제49조, 제50조)

14 재난관리 법령 흐름에 대한 설명으로 옳지 않은 것은?

① 1961년에는 전북 남원과 경북 영주에 홍수가 발생하여 국가 차원에서 하천법 과 수난구호법이 제정되었다.

② 1967년에는 호우나 폭풍뿐만 아니라, 폭설과 해일 등이 포함된 풍수해대책법이 추가로 제정되었고, 1975년에는 안보의 필요성으로 민방위기본법이 제정되었다.

③ 1980~1990년대 전반기에는 자연재난 및 인적재난과 관련하여 농어업재해대책법, 소방법, 철도법, 도로법, 건축법 등의 개별 법령들이 개정되었다.

④ 1990년대 후반기에는 범국가 차원의 재난전담관리 시스템과 법령 정비의 필요성이 대두되어, 재난 및 안전관리 기본법을 제정하여 시행함으로써 국가 재난대비 법령의 기본 틀을 갖추게 되었다.

Solution 우리나라의 재난관리는 1967년 풍수해대책법이 제정되면서 자연재난관리가 제도적으로 시작되었다고 볼 수 있으며, 1995년 재난관리법이 제정되면서 인적, 사회적 재난관리가 제도적으로 도입되었다. 2004년 재난 및 안전관리 기본법이 제정되어 오늘에 이르고 있다.

15 「재난 및 안전관리 기본법 시행령」상 재난 및 사고유형별 재난관리주관기관이 옳은 것만을 모두 고른 것은?

ㄱ. 위성항법장치(GPS) 전파혼신－과학기술정보통신부
ㄴ. 저수지 사고－해양수산부
ㄷ. 가스 수급 및 누출 사고－산업통상자원부
ㄹ. 산사태－산림청
ㅁ. 인접국가 방사능 누출 사고－환경부
ㅂ. 지하철 사고－행정안전부
ㅅ. 다중 밀집시설 대형화재－국토교통부

① ㄱ, ㄴ, ㅂ
② ㄱ, ㄷ, ㄹ
③ ㄴ, ㄹ, ㅁ, ㅅ
④ ㄷ, ㄹ, ㅂ, ㅅ

Solution 저수지 사고 : 농림축산식품부, 인접국가 방사능 누출 사고 :원자력안전위원회, 지하철 사고 : 국토교통부, 다중 밀집시설 대형화재 : 소방청

Answer 14 ❹ 15 ❷

CHAPTER _07

외국의 재난관리체계

제 1 절

미국의 재난관리체계

1 재난관리 관련법

미국에서 재난에 대응하기 위한 최초의 입법은 1803년 뉴햄프셔주의 포츠머스에서 발생한 대화재 이후 주정부나 지방정부의 요청이 있을 경우에는 연방정부가 지원할 수 있도록 한 1803년의 포츠머스법(The Portsmouth Act)이라 할 수 있다. 그 후 1934년에 미국 공병부대에 치수(治水) 조절계획 수립계획에 관한 권한을 부여하는 치수법(The Flood Control Act)이 제정되기도 하였으나, 행정상 최초의 재난 관련법은 1950년 제정된 연방재난방지법(The Federal Disaster Act)으로서 이 법은 정규적인 재해기금과 연방정부의 지원 근거를 밝히고, 재난의 발생 전에도 예방 차원의 재정지원이 가능하도록 규정하고 있다. 1968년의 국가홍수보험법(The Federal National Flood Insurance Act)은 시장 기능을 활용하여 홍수보험제도를 도입하였으며, 1974년의 재난구호법(The Disaster Relief Act)은 '중앙재난지원부(The Federal Disaster Assistance Administration : 연방재난관리청의 전신)'를 설립하고 과거 민방위 주도의 정책을 비상 프로그램 중심으로 전환시킴으로써 통합적인 위기관리를 하였으며, 공공기관뿐만 아니라 민간 부문의 손실에 대한 지원을 제도화하였다. 이후의 재난 관련 법률들은 1988년의 스태퍼드법(The Robert T. Stafford Disaster Assistance and Emergency Relief Act)에 근거하여 제정·시행되고 있으며, 스태퍼드법은 주정부와 지방정부에서 자신들의 능력만으로는 대응할 수 없을 때 이를 지원하기 위한 법으로서 대통령이 비상사태를 선포할 수 있도록 하고 있다. 2000년의 재난경감법(The Disaster Mitigation Act)은 재난 예방과 경감 기금에 대한 계획을 수립하고, 주정부와 지방정부의 책임을 강화하였으며, 2001년의 테러대책법(The Anti-Terrorism Legislation)은 테러 및 범죄수사에 대한 편의를 목적으로 미국 시민의 자유권을 제한하여 수사권을 강화하였으나, 이에 대해서는 인권 침해의 소지를 유발시켰다는 이유로 비판하는 견해들이 있다. 2001년 9·11테러 이후에는 각 부처에 분산된 대테러 기능을 통합하기 위하여 국토안보법(The Homeland Security Act)이 제정되어 국토안보부(U.S. Department of Homeland Security DHS) 설립의 근거를 마련하였다. 허리케인 카트리나 이후 2006년의 포스트-카트리나 재난개혁법(The Post-Katrina Emergency Reform Act)을 통하여 국토안보부는 연방재난관리청에 확대된 임무와 권한을 부여하였다.

2 재난관리 조직 체계

미국은 인재(人災)와 자연재난 등을 총괄하는 대통령 직속조직을 구성하여 부처별로 분산된 기능을 통합·조정하도록 하고 있어 강력하고 효과적인 재난 대응이 가능하다. 즉, 재난에 대한 1차적인 대응책임은 지방정부에 일임하고 연방정부는 2차적인 대응책임을 부담함으로써 대규모 재난에 대한 효율적인 재난관리가 이루어지고 있는 것이다.

공공 안전의 1차적 책임을 지고 재난 대응의 최 일선에서 활동하는 지방정부가 미국 재난 대책의 핵심적인 역할을 수행한다. 지방정부는 재난에 대하여 사전 예방과 사후 대응으로 구분하여 관련 기능을 수행하고 있는데, 전자의 경우에는 각종 재난 예방 프로그램의 개발 및 홍보, 교육, 지역재난 관리계획의 수립, 시정 재난 위험성 검토 등이 해당되고, 후자는 재난 발생 시 피해 경감(mitigation), 대응(response), 복구(recovery)를 위한 체계적인 조직 및 대응 시스템의 운용 등이 해당된다. 위기 발생 시에 미국의 대응 방침은 지방자치 정신에 따라 철저하게 지방분권적으로 이루어져 있다. 그러나 대규모 지진이나 대규모 재난사고가 발생하는 경우에는 주정부나 연방정부 차원에서 적극적으로 직접 지원에 나서고 있다.

미국의 재난관리체계는 연방재난관리청(The Federal Emergency Management Agency : FEMA)이 재난 대비 체계를 주관하는 것으로 구성되어 있다. 또한 위기관리 용어, 위기관리 단계별 필수 업무와 절차를 국가적으로 표준화한 '국가재난관리체계(The National Incident Management System : NIMS)'를 구축하고, 재난 대응과 관련 모든 자원 및 역량의 통합관리 체계를 구축하고 위기 대응 상의 효율성 증대를 위한 '국가대응계획(The National Response Plan : NRP)'을 수립하고 있다. 주정부와 지방정부에는 일반적으로 재난을 총괄하는 위기관리국(EMA)이 있으며, 위기관리국은 경찰국, 소방국, 교통국, 연방정부 등 관련 기관과 유기적인 협조 하에 활동을 수행한다. 미국은 상부로부터 하부로의 명령전달(top-down command) 체계가 아니라 **공유권한**(shared authority) 체계를 특징으로 한다. 따라서 연방재난관리청은 주정부나 지방정부에 대하여 특정한 조치 등을 직접 명령할 수 없고, 요청이 있을 경우 그 요청에 따른 지원을 하는 것이 가능할 뿐이다. 연방재난관리청과 주정부는 협정(memorandum of understanding)을 체결하여 상호간의 업무를 분장하여 행정 낭비를 최대한 억제하고 유연하게 재난에 대비하고 있다. 이러한 협정은 협의에 따라 주마다 다르게 체결할 수 있으며, 법적인 구속력은 없다.

(1) 연방정부의 재난관리 조직

미국 연방정부의 재난관리체계는 1979년 연방재난관리청의 창설로 '총체적 비상관리(Comprehen-sive Emergency Agency : CEM)'를 위한 적극적 재난관리 방식으로 변경되었으며, 9·11 테러 이후 제정된 국토안보법에 근거하여 2003년 국토안보부를 설립하고 재난 및 국가 위기를 통합적으로 관리하고 있다.

표 7-1 미국의 재난관리 조직 체계

구분	방재 관리조직	기능
연방정부	국토안보부 연방재난관리청	• 주정부와 지방정부의 재난관리 활동 지원 • 주정부 및 지방정부의 위기관리 부서 그리고 비영리단체 및 민간단체의 집단과 함께 팀을 구성하여 재난에 대비·대응 • 수행비상정보·조정센터(EICC), 연방조정관(FCO), 비상대응팀(ERT) 등 12개의 비상지원 기능이 있음
주정부	위기관리본부 작전센터 조정센터	• 중앙정부와 지방정부 사이에 연결고리 역할 수행 • 지방정부의 대응 범위를 넘어선 대규모 재난관리 • 재난 발생 시 지휘 감독권
지방정부	위기관리국 (EMA)	• 재난관리의 최 일선 책임 • 재난 발생 시 비상운영센터(Emergency Operation Center : EOC)를 운영하며, 자체현장 지휘체계(Incident Command System : ICS)를 갖추고 있음 • 재난 대비 기회 기능뿐만 아니라 재난 발생 기간 중 경찰, 소방 및 기타 서비스에 대한 조정 기능을 수행

① 국토안보부

국토안보부는 2001년 9·11 테러 이후 22개 연방기관의 전부 또는 일부의 기관을 통합하여 창설되었으며, 미국과 보호령을 포함한 미국의 영역을 테러, 인적 재난 및 자연재난으로부터 방어할 일차적인 책임을 부담하고 있다. 국방부가 외국에서의 군사 활동을 담당함에 반하여, 국토안보부는 민간 영역에서 미국 영역 내 외부로부터 미국을 보호하는 역할을 담당한다. 즉, 국토안보부의 주요 목표는 특히 테러리즘과 같은 국내적 비상사태를 대비하고 방지하며 이에 대응하는 것이다. 22개의 연방기관에는 종전의 재난관리기관 역할을 담당하였던 연방재난관리청뿐 아니라 이민귀화국(United States Citizenship and Immigration Service : USCIS), 해안경비대(United States Coast Guard : USCG), 경호실 등이 흡수되었고, 중앙정보국(Central Intelligence Agency : CIA), 연방수사국(Federal Bureau of Investigation : FBI) 등의 관련 부서가 이관되었다. 총 100개 이상의 관련 기관들이 통일된 단일 안전관리 부처로서 여러 가지 유형의 위협으로부터 국가와 국민의 안전을 보장하고, 국가 핵심 기반 체제를 보호하도록 조직을 구성하고 있다.

구체적으로 국토안보부의 산하기관으로는 모든 종류의 재난에 대비하고, 방어하며 재난에 대응하고 재난으로부터의 회복 및 재난을 경감시키는 능력을 키우고 유지·향상시키는 역할을 담당하는 연방재난관리청, 법의 집행을 담당하는 공무원들에게 그 임무를 안전하고 숙련되게 수행할 수 있는 교육을 제공하는 연방법집행연수원(Federal Law Enforcement Training Center : FLETC), 사람과 상품의 이동의 자유를 보장하는 교통 체계의 보호를 담당하는 교통보안국(Transportation Security Administration : TSA), 미국으로의 이민을 관리하는 이민·귀화국, 미국 영역 외의 테러리스트와 그들의 무기를 감시하는 것을 주 임무로 하며, 이민법과 약물법 등을 집행하며 동시에 무역과 여행의 안전 보장을 책임지는 세관·국경보안국(United States Customs and Border Protection : CBP), 국토안보부 산하의 유일한 군사조직이며, 해상 경제와 환경 및 영해의 경비를 담당하는 해안경비대, 미국 국경 및 세관·무역·이민 등에 대한 통제를 통하여 범죄 등으로부터 공공의 안전을 보호하며, 민간에의 법집행을 담당하는 이민·세관집행국(United States Immigration and Customs Enforcement : ICE), 국가의 지도자들을 보호하며, 경제활동의 유지를 위하여 재정 관련 사회간접시설과 지불 체계를 보호하는 비밀경호국(United States Secret Service : USSS)이 있다.

국토안보부의 내부 조직은 예산과 지출, 기금의 사용, 회계·재정, 인적 자원의 관리, 정보처리 체계, 시설 및 장비 그리고 성과 달성의 확인과 측정을 담당하는 관리국(Management Directorate), 국토안보부의 위험 감소 업무는 현실적이고 사실적인 위협 및 그에 관련된 인적 요소들을 포괄하는 것인 바, 이러한 위험 감소 업무를 추진하는 국가 보호·계획국(National Protection and Programs Directorate : NPPD), 국토안보부의 기술을 연구하며, 이를 연방·주·지방정부들에 제공하는 역할을 수행하는 과학·기술국(Science and Technology Directorate : S&T), 연방·주·지방정부와 민간 영역에서의 핵 탐지 활동을 강화하고, 그러한 위협에 대한 통합적인 활동을 조정하는 국내핵감시실(Domestic Nuclear Detection Office : DNDO), 의학적 중요성이 인정되는 사고에 적절히 대비하고 대응하는 국토안보부의 모든 의료 활동을 조정하는 보건실(Office of Health Affairs : OHA), 미국에 대한 현재 또는 장래의 위협과 관련한 다양한 출처를 가진 정보를 확인하고 평가하는 정보·분석실(Office of Intelligence and Analysis : I&A), 1일 단위로 미국의 안보 상황을 파악하고 미국 전역의 50개 주와 50개 이상의 도시지역에서의 핵심적인 사회 간접시설의 운영자와 법집행 담당관, 국토 안보 자문위원 및 자치단체장 등을 포함한 정부기관들의 활동을 조율하는 활동조정·기획실(Office of Operations Coordination and Planning), 마지막으로 부처를 포괄하는 장기적 계획을 수립하고 기본적인 정책을 수립하며, 국토안보부 내의 조직들의 활동을 조율하는 정책실(Office of Policy)로 구성되어 있다.

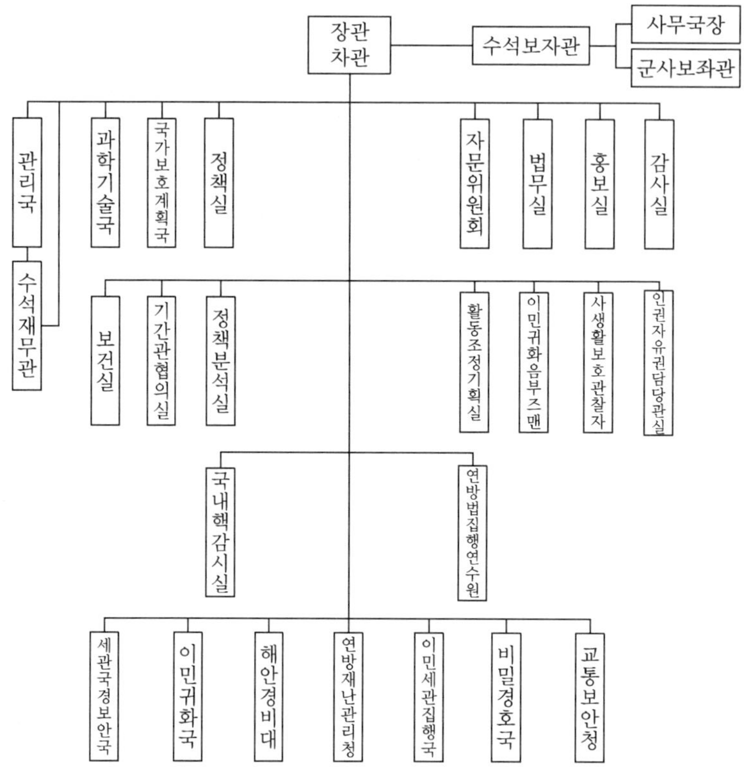

그림 7-1 미국 국토안보부 조직도

② 연방재난관리청

연방재난관리청(FEMA)은 국토안보부에 편입된 한 부분 조직이지만, 재난에 관련된 실질적인 업무를 전적으로 담당하고, 연방정부의 내부에서 독립기관으로 운영되고 있다. 미국 연방 차원의 방재관리조직으로서 대통령 직속의 재난관리 전담기관인 연방재난관리청은 1961년 설립된 국방성 산하의 민방위청을 모태로 다섯 개의 연방정부기관이 통폐합되어 1979년 카터 행정부 때 신설되었다. 연방재난관리청은 전국에 10개 지방청을 두어 50개 주를 10개 광역권으로 묶어 효과적으로 통제하고 있으며, 행정의 연속성을 확보하기 위한 계획과 재난 발생 시의 자원 동원을 총괄하고 광범위한 자원관리, 예방, 대비 등의 업무와 대응 및 복구 활동에서 주정부와 지방정부의 요청에 따라 주정부 등의 재난관리 업무를 지원한다. 또한 대통령이 대규모 재난 또는 비상사태를 선포할 때 연방정부 차원의 총괄 지원을 담당한다. 연방재난관리청은 재난 위험의 사전 경감을 국가재난관리체계의 근간으로 하여 ① 연방정부·주정부·지방정부·자원봉사기관·기업체 등과의 재난관리 협력 강화, ② 모든 재난에 대비하여 종합적인 국가재난관리체계 구축, ③ 신속하고 효과적인 대응 및 복구 체계 구축, ④ 주정부 및 지방정부의 재난관리 능력 강화 등을 그 주요 업무로 하고 있다.

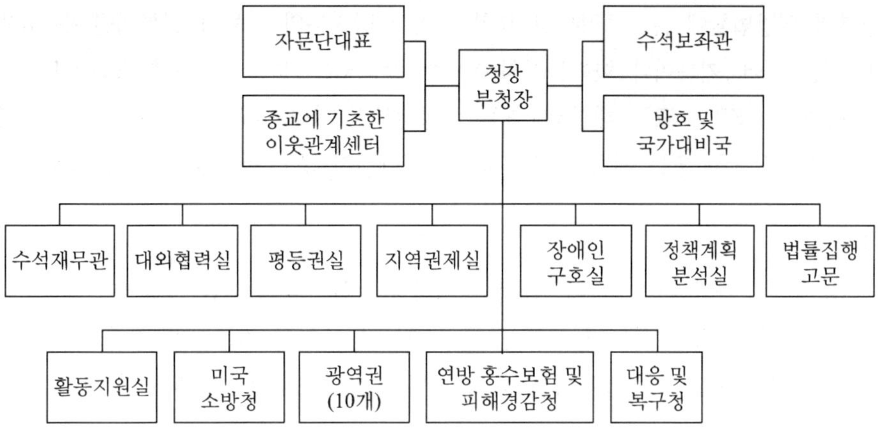

그림 7-2 연방재난관리청 조직도

표 7-2 국토안보부 및 연방재난관리청의 주요 업무

재난 관리조직	주요업무	비고
국토 안보부	미국에 대한 테러 공격 방지	국가안보전략 및 2002년 국가안보법에 근거하여 2003년 신설
	테러에 대한 취약성 감소	
	장래적인 공격 및 재난으로부터 피해 최소화	
연방재난 관리청	모든 재난 상황을 고려한 위험기반 재난관리 시스템 구축	모든 형태의 재난에 대한 예방, 대비, 대응, 복구 등을 지원하는 연방기구로서 국토안보부가 신설되면서 국토안보부의 산하기관으로 편입됨.
	재난 피해 경감을 관리 시스템의 최우선 과제로 시행	
	관련 연방기관, 주정부 및 지방정부, 자원봉사단체, 민간기업 등과 재난관리 협조 체제 구축	
	주 및 지방정부의 안전관리 체제 강화를 위한 지원·협조	

(2) 주정부의 재난관리조직

주정부의 재난관리체계는 자연재난, 인적재난, 그리고 전쟁으로 인한 위난(危難) 상황에 신속하게 대처하며, 지방정부의 재난 대비, 대응 및 복구 노력을 지원·독려할 수 있도록 구축되어 있다. 주정부는 업무 연결 상으로 상위조직인 연방재난관리청과 하부 조직으로 볼 수 있는 지방정부와의 수직적 연계를 갖고 있는 중개기관 역할을 수행한다.

주정부는 1차적으로 주가 보유하고 있는 자원으로 재난의 발생 전후에 걸쳐 지역을 지원한다. 이러한 자원이 초과적으로 소요될 것이라고 예상되는 경우에 주지사는 다른 주 또는 연방정부에 대하여 지원을 요청할 수 있다. 연방정부의 지원은 스태퍼드법 또는 다른 연방법률에 의하여 이루어진다. 일부의 연방법률에서는 주정부의 요청 없이 연방정부의 활동이 이루어질 수 있음을 규정하고 있다. 예를 들어, 기름이나 화학물질의 유출이 보고되는 경우 환경보호국(The Environmental Protection Agency : EPA) 또는 해안경비대는 연방정부의 개입 필요성을 판단하여 그러한 필요성이 인정되는 경우에는 주 또는 지방정부의 요청을 기다리지 않고 조치를 취할 수 있다.

① 주지사

주의 주민들의 안전과 복지의 유지는 모든 주지사들의 본질적인 책임 사항이다.

주지사는 주의 자원들을 통합하고 모든 종류의 재난에 대하여 기본적인 지침을 제공한다. 이는 요청에 의하여 지방정부를 지원하고 다른 주 및 연방정부와 협력하는 것도 포함되어 있다. 주지사는 또한

- 주의 법률에 의하여 재난 대응과 관련한 명령이나 규정들을 제정, 개정 또는 정지할 수 있다.
- 활용 가능한 방법을 사용하여 공중과 정보를 교류하고, 재난 이후에 사람, 사업 또는 조직을 지원한다.
- 주 내의 부족정부(tribal governments) 등과 협력한다.
- 주의 군사력을 지휘한다.
- 재난관리지원협정(Emergency Management Assistance Compact : EMAC)과 같은 주정부 상호간의 지원 협정을 통하여 다른 주와 협력한다.
- 필요한 경우, 스태퍼드법에 의한 비상사태 또는 대규모 재난의 선언 등의 방법으로 연방정부의 지원을 요청한다.

② 주정부의 각 기관 및 조직의 책임

주정부의 재난관리기관은 각 주정부에 따라서 다섯 가지 조직의 형태 중 하나의 형태를 취하고 있다. 즉, 국(The State Emergency Management Office : 주정부재난관리국) 또는 과, 주지사 직속의 독립기관(The Governor's Office of Emergency Services : 주지사재난관리국), 민간부서, 주경찰 소속 또는 주 재난대비위원회 직속 등으로 되어 있다. 주정부의 각종 조직 및 기관의 책임자들과 그 구성원들은 대응과 복구에의 필요를 충족시키기 위한 내부적인 정책과 절차를 작성·계획하고, 이에 대한 연습을 실시하며 또한 필요한 역량을 발전시키고 유지하기 위한 통합적인 훈련에도 참여한다. 그들은 다양한 대응 활동에서 전문적인 의견을 제공하며, 주의 재난관리 상황실(Emergency Operation Center : EOC) 및 현장지휘소(Incident Command Post)의 핵심적인 인원으로 활동하기 때문에 주정부의 전반적인 재난관리계획에서 중요한 역할을 수행한다. 이들의 대부분은 전체 지역사회에서 재난 대응활동을 수행한 직접적인 경험을 가지고 있다. 주정부의 각 기관 및 조직은 다른 주정부 및 연방정부와 합동하여 활동할 때 자신들에 대응하는 상대 기관들과 밀접히 연계하며, 일부의 연방 법률에 의하는 경우에는 연방정부의 기관에 대하여 직접 지원을 요청할 수도 있다. 이상

의 논의로부터 주정부 차원의 방재 관련 조직 및 기능을 요약, 제시하면 <표 7-3>과 같다.

표 7-3 주정부 차원의 방재 관련 조직 및 기능

구분	조직	구성·역할 및 기능
지휘 및 의사결정자	주지사	주정부기관 안전관리에 관한 역할 담당
		주정부 비상사무국을 통해 주정부 차원의 지원활동을 총괄적으로 조정
		지방정부 간의 상호 지원 조정
		대통령에게 주요 재난 선포 건의
		주재난관리 상황실 설치
		SOC (주조정관리관)의 선임
	주조정관리관(SOC)	연방정부와 주정부의 수습과 복구활동을 조정하기 위하여 주지사에 의하여 임명되며, 주 단위의 재난에 대한 총괄적 관리
		연방조정관(FCO)과 직접 협조
		재난현장사무소(DFO) 운영
		충족되지 못한 수요와 추가 지원 요청 사항을 포함한 모든 요구 사항 확인
상설조직	주재난관리국 (State Emergency Management Office : SEMO)	주정부 상설기구
		주 안전관리의 집행 기능 수행
		지방정부 간의 상호 지원을 관리
		재난에 대한 대응활동을 행정적·관리적 차원에서 통합·조정
비상대책 기구	주재난관리본부 (State Emergency Operation Center)	재난 발생 후 실질적인 구난활동 총괄
		지방정부의 구난활동 지원
		지역 간 상호 지원 체계의 원활한 구축
		지방정부와 연방정부 간의 연계
	자문·업무지원기구	주지사를 지원하는 공식적인 자문기구
		부지사, 검찰총장, 지방정부 대표, 적십자사, 지역 소방서장, 상·하의 원장 등으로 구성
	재난현장 수습팀 선발대(ERT-A)	재난 현장의 초기 수습 역할을 담당
		재난현장사무소(DFO) 설치
		재난현장사무소(DFO)에 운영되는 재난 현장 수습팀의 핵심
		상황평가 활동을 지원
		주정부 공무원들과 초기 조정 업무 수행

(3) 지방정부의 재난관리 조직

지방정부라 함은 시·군 등 각급의 지방자치단체를 의미하며, 이들은 재난관리계획(Emergency Operation Plan)을 작성, 유지하여야 하는 책임이 있다. 일반적으로 대피명령을 내릴 수 있고, 재해경보와 통신을 책임진다. 방재 개념에 입각하여 개발 사업에 대한 제제를 가할 수도 있으며, 건축물 사용 규정도 제정하여 위법여부를 판단한다. 지방정부 역시 재난관리 전담부서인 재난관리국을 설치하여 운영하고 있지만, 실질적인 재난관리 활동은 산하에 설치되어 있는 지역 재난관리본부를 중심으로 이루어진다. 재난관리본부는 주정부 재난관리본부와 지방정부 재난관리본부 사이에서 연결 역할을 수행하며, 재난 발생 시 신속히 가용한 자원을 동원할 수도 있도록 조직화되어 있다. 또한 주정부처럼 효율성을 위하여 관할구역을 여러 담당지역으로 구분하여 관리하며, 담당지역의 재난관리본부는 4개의 부서로 구성되어 있다. 재난은 지방정부의 관할구역에서 발생하기 때문에 지방정부는 재난관리에서 1차적인 책임을 지고 있으므로, 이를 성실히 수행하기 위한 재난관리 시스템의 구축은 매우 중요하게 취급되고 있다. 즉, 효율적이고 적절한 재난관리체계의 구축을 통하여 재난 대비, 대응 및 복구와 관련된 기획, 조직 관리를 집중화시켜 통제하고 일정 방향으로 유도함으로써 인명이나 재산 피해를 최소화할 수 있다는 것이다.

그러나 지방정부의 관할 범위를 넘어서는 거대 재난이 발생하는 경우에는, 지방정부 단독으로 이에 대응하기 어렵기 때문에 주정부나 연방정부 등의 상위정부와 인접 정부와의 상호 협력이 요구된다. 따라서 이러한 상호 협력이 원활하게 기능하기 위해서는 지방정부의 재난관리 능력을 향상시켜야 할 필요가 있다.

이하에서는 국가재난대응체계 하에서 비상사태에 대한 관리의 책임이 있는 각 지역의 공무원 등이 부담하는 역할을 살펴보기로 한다.

① 선출 또는 임명된 지방정부의 장

지방정부의 장은 자신의 관할권이 미치는 범위 내에 있는 공적 안전과 시민의 보호에 대한 책임이 있다. 이들 지방정부의 장들은 예방－방어－경감－대응－복구로 이루어지는 재난에 대한 5단계 업무에 대해 기본적인 지침과 이러한 업무에 소요되는 자원을 제고하여야 하며, 정기적으로 법령과 정책, 예산을 정비하여 재난관리와 대응 능력을 향상시켜야 한다. 지방정부 장의 업무에는 다음의 내용이 포함된다.

- 다른 정부기관들로 부터의 지원
- 대응활동에 대한 지침
- 일반 시민들에 대한 적절한 정보 제공

② 비상조정관

관할권이 있는 비상조정관(Emergency Manager)은 하루 단위의 비상관리계획과 활동을 총괄한다. 비상조정관은 지방정부의 장들과 함께 관할지역의 비상사태 대비계획과 활동을 통합하는 역할을 수행하며, 이러한 역할에는 해당 지역 공동체의 모든 자원을 조직화하고 통합하는 일이 포함된다. 비상조정관은 지역의 비상관리계획의 수립에 협조하며, 이에는 사태 대응 능력에 대한 평가와 사고 발생 시 필요한 곳에 역량을 집중시킬 준비를 갖추고 부족이 있는 경우 이를 파악하고 조정하는 역할 또는 수행한다.

지역 비상조정관의 역할에는 다음의 것이 포함된다.

- 비상사태 대응 시 지역의 장에게 조언
- 국가재난관리체계와 연계하여 대응활동 수행
- 지역 내 국가 기관들의 기능 조정
- 다른 지역 기관, 자치조직, 민간조직 등과 연계한 대응 계획 및 활동의 개선
- 상호 지원 협정의 개선 및 유지
- 재난 발생 시 재난관리상황실의 운영을 통하여 필요 자원에 대한 요청 조정
- 재난 발생 시 손해의 측정
- 재난 발생 시 지역의 공무원들과 민간인들에게 재난관리 활동에 대한 홍보
- 민간인에 대한 교육 프로그램 개발 및 실시
- 계획과 체계를 실험하고 결과를 반영하기 위한 연습의 실시

③ 각 기관 및 조직의 책임자

각 기관 및 조직의 책임자는 비상조정관과 협력하여 지역의 재난대응계획을 발전시키고 핵심적인 대응 자원을 제공하며, 계획 수립 절차에 참여하는 것을 통하여 특정한 역량이 지역사회의 보호를 위한 실현 가능한 계획에 융합되는 것을 확보할 수 있도록 한다. 이러한 책임자들과 그 구성원들은 필요에 적절하게 대응하기 위한 내부적인 정책과 절차를 발전시키고 계획하며, 훈련을 실시하며 또한 필요한 역량을 발전·유지하기 위한 훈련과 연습에도 참여한다.

이상으로부터 미국 지방정부 위기관리국의 조직 및 주요 업무를 살펴보면 <표 7-4>와 같다.

표 7-4 미국 지방정부 차원의 위기관리국의 조직 및 주요 업무

<table>
<tr><th colspan="2">구분</th><th>조직</th><th>주요업무</th></tr>
<tr><td rowspan="12">시</td><td rowspan="2">지휘 및
의사결정자</td><td rowspan="2">시장, 카운티의 장</td><td>재난관리상황실의 설치, 주지사와의 연락망 구축</td></tr>
<tr><td>재난 현장 지휘본부장(IC) 선임</td></tr>
<tr><td rowspan="7">상설
행정조직</td><td rowspan="7">위기관리실
(OEM)</td><td>재난 관련 행정 업무</td></tr>
<tr><td>재난을 초래할 수 있는 위험의 사전 파악</td></tr>
<tr><td>위험관리계획의 수정·보완</td></tr>
<tr><td>재난 발생 가능 지역의 정보 수집·관리</td></tr>
<tr><td>재난 발생 시 자원의 동원·운영을 위한 사전계획 수립</td></tr>
<tr><td>구조 지원 요청 시의 행정 절차 수립</td></tr>
<tr><td>재난 피해의 측정 및 보고</td></tr>
<tr><td rowspan="2">비상대책기구</td><td rowspan="2">재난관리상황실</td><td>재난 발생 후, 실질적인 구난활동 총괄</td></tr>
<tr><td>재난 발생지역의 보안관을 중심으로 지방·주·연방정부에서 파견된 인력으로 구성</td></tr>
<tr><td rowspan="9">재난 시 현장 대응 조직</td><td>지휘 및
의사 결정</td><td>자문 / 업무
지원기구</td><td>지역 단위 재난의 유형별 지휘책임 및 업무 분담(단일지휘 또는 통합지휘)</td></tr>
<tr><td rowspan="4">비상대책기구</td><td rowspan="3">재난현장사무소
(DFO : Disaster Field Office)</td><td>1차적인 현장 대응 기관</td></tr>
<tr><td>연방조정관(FCO)과 위기대응팀(ERT)에 의식주 제공</td></tr>
<tr><td>연방조정관 및 주조정관리관(SCO)은 재난현장 사무소에 위치</td></tr>
<tr><td>합동정보센터
(JIC : Joint Information Center)</td><td>재난 관련 활동정보의 공개 및 홍보</td></tr>
<tr><td rowspan="4">지원 및
실무대응
조직</td><td rowspan="4">위기대응팀
(ERT : Emergency Response Team)</td><td>재난현장사무소(DFO)에서 연방조정관과 함께 활동</td></tr>
<tr><td>현장의 지역구호 활동에 행정적인 병참활동을 지원하는 기관 간 단체</td></tr>
<tr><td>긴급지원활동 담당자 및 연방재난관리청의 요원으로 구성</td></tr>
<tr><td>대중매체, 의회, 대중에 대한 정보 제공 지원</td></tr>
</table>

3 통합적 재난관리체계

미국의 재난관리체계는 연방주의의 특성상 중앙과 지방의 적절한 재난 업무 분담구조가 확립되어 있다. 연방-주-지방정부로 이어지는 단계별로 그 역할이 명확히 구분되어 있으므로 지방정부의 경우 연방정부와 주 및 다른 지방정부와의 신속하고 체계적인 재난관리 활동이 가능하게 된다.

(1) 중앙정부 내부의 조정

대통령이 대규모의 재난에서 신속하고 효율적으로 필요한 자원을 제공하기 위한 연방정부의 대응을 지휘한다. 만일 연방정부의 대응활동에 조정이 필요한 경우에는 대통령의 지시에 의하여 국토안보부 장관(The Secretary of Homeland Security)이 그 역할을 수행하며 다른 연방 부처와 기관들을 이러한 포괄적인 구조 아래에서 자신들의 권한을 행사하고 책임을 이행한다. 국토안보부 장관은 미국 내에서의 테러리스트의 공격, 주요 재난 및 다른 비상사태에의 대응, 회복을 위한 준비 활동을 조정한다. 이러한 책임의 일환으로서 국내의 재난관리를 위한 연방 차원의 통합 처분(unity of effort)을 할 수 있도록 연방기관들을 조정하며, 연방재난관리청과 국토안보부 산하의 다른 기관들의 광범위한 '재난관리' 및 '대응'의 권한을 관리하는 것 또한 국토안보부 장관의 임무에 포함된다. 또한 필요한 경우, 국내의 재난관리와 연방의 대응을 위한 행정부 내의 포괄적인 조직을 구성한다.

통합 처분은 통합 지시(unity of command)와는 구분된다. 다양한 연방의 부처와 기관들은 규정에 의한 책임을 가지고 있으며 재난의 고유한 성격에 따라 역할을 수행한다. 통합 처분은 협력과 공동의 이해관계에 기초한 것으로서 연방 부처와 기관들의 감독권, 명령권 및 규정상의 권한과 충돌하지 않는다. 국토안보부 장관은 연방정부의 포괄적인 처분에 흠결이 존재하지 않도록 전체적인 연방정부의 활동이 통일적이고 완결적으로 조화를 이룰 수 있도록 하며, 이러한 통합 방식은 국토안보부 또는 다른 연방기관에 의하여 수행되는 활동이 조화를 이루고 상호 보완적인 것이 되도록 한다. 국토안보부를 구성하고 있는 기관의 장들은 재난의 종류나 심각성에 따라 주도적인 역할을 수행하거나 다른 중요한 역할을 수행한다. 예를 들어 비밀경호국은 경호계획의 설계 및 작성, 국가 특별경비 행사(National Special Security Event)를 실시할 때 주도적인 역할을 수행함에 반하여 사이버보안 및 통신담당 차관보(Assistant secretary for Cybersecurity and Communications)는 중대한 사이버 재난에 대한 대응을 수행한다.

다른 연방 부처나 기관들 또한 통합 활동에서 주도적인 역할을 수행하거나 보조적인 역할을 수행할 수 있다. 즉, 자신들의 고유한 법령상의 권한 또는 대통령의 지시에 의하여 연방의 활동을 조정할 수 있고 그러한 권한에 상응하는 대응조직을 가동시킬 수도 있다. 모든 재난사고에서 연방

부처와 기관의 장은 자신들의 책임 분야에 대하여 행정부에 대한 자문의 역할을 수행하며, 나아가 국가재난대응체계는 연방의 부처와 기관들이 자신의 권한을 행사하는 것을 금하지 않는다. 연방의 부처, 기관 또는 국토방위부의 구성 기관들이 국토방위청 장관에 의하여 통합된 재난 대응의 주요한 부분에 대한 지시 또는 관리의 책임을 지는 경우에는 그 기관 등이 재난에 대한 국가 지도권을 행사하는 것이며 현장, 지역 그리고 지휘본부에서 통일적인 명령권을 행사하며 통합조직을 지휘한다.

(2) 중앙과 지방과의 협력적 관계

앞서 본 바와 같이 미국의 조직 체계의 특징은 상부로부터 하부로의 명령전달체계(top-down command)가 아니라 공유 권한(shared authority) 체계를 취하고 있다는 점이다. 따라서 연방재난관리청은 주정부나 지방정부에게 무엇을 하여야 하는지를 명령할 수 있는 권한은 가지고 있지 않으며, 다만 요청이 있을 경우 그에 상응하는 지원을 해줄 뿐이다.

재난관리와 관련하여 중앙정부와 지방정부의 책임과 역할이 명확히 구분되어 있는데, 즉 재난의 규모와 성격에 따라 지방정부, 주정부, 연방정부 등 정부의 개입 수준이 달라지며, 재난 발생 시 각 정부가 감당할 수 있는 범위를 넘어설 경우 지방정부 → 주정부 → 연방정부의 개입 순서로 일이 진행된다. 이러한 진행 속에서도 각 정부가 맡은 역할과 책임이 체계화되어 그 시스템 내에서 각 정부가 작동한다.

재난에 대한 1차적인 책임을 지는 지방정부의 경우에 재난관리행정은 지방정부 차원의 재난관리 기구를 통하여 운영되고 있으며, 재난관리 기구는 여러 부서가 연계되어 있다. 주정부의 경우 주재난관리국이 재난관리 체제 개선·통합, 재난 대응 및 복구 프로그램을 개발·보완하고, 대규모 재난 발생 시 지방정부를 지원하기 위하여 부서 및 관계 기관들의 역할을 조직하며 신속하게 대처하도록 가용자원을 활용한다. 연방재난관리청 또한 주정부 내지 지방정부의 재난 관련 정책이나 자원 지원의 관리를 위한 연방 차원의 중요한 기관이지만 주정부와의 협정에 따라 행정 낭비를 최대한 억제하고 유연하게 재난을 대비하고 있다. 주정부와 협정은 협의에 따라 각기 다른 내용으로 체결될 수 있으며, 법적 구속력은 없다.

(3) 정보 교환 체계

미국의 재난관리 시스템은 연방주의의 특성상 중앙과 지방의 다양한 행위자가 참여하는 분권화된 네트워크 체계이고 이에 따라서 정보의 교류와 조정이 매우 중요한 요소이다. 이는 정보화 기술의 발전에 따른 결과였는데, 기본적으로 미국의 방재 정보 시스템은 중앙정부 차원에서는 국가비상관리 정보 시스템(National Emergency Management Information System : NEMIS), 비상정보 시스템(Emergency Information System : EIS)을 사용하고 있다. 그리고 지방정부 차원에서는 재난관리상황실 정보 관리 시스템(EOC Information System : EOCIM)과 비상정보 시스템을 사용하고 있다. 또한 재난 관련 기관의 역할과 조정·통제를 위한 매뉴얼인 표준 비상사태 관리 시스템(Standardized Emergency Management System : SEMS)을 마련하여 사용하고 있다. 이는 주정부간 협력 체계 구축을 위하여 연결이 되도록 네트워크를 지정하고, 각 위기관리 부서들이 공통으로 사용할 수 있는 표준화된 자료 형식 시스템을 사용하여 시스템 간의 호환성을 높이고, 수집된 자료를 분석하여 의사결정자의 의사 결정을 지원하고 이를 이용하여 행정보고 자료를 자동화하는 데이터 웨어하우스(data warehouse) 기능을 수행하고 있다. 또한 재난 관련 기관에서의 각종 정보의 보급과 연락 기능을 향상시킬 수 있는 온라인 참여도서관 기능을 수행한다.

또한 사고지휘 체계(Incident Command System : ICS)는 생명과 자산, 환경을 보호하는 등 재난을 안정화하려는 공통 목적으로 함께 작업하는 기관들의 노력을 지휘·통제·조정하는 시스템으로서 재난관리에 임하는 모든 단계에서 정부기관들이 이를 사용한다. 사건지휘 체계는 개념적이고 운용적인 시스템으로서 화재 혹은 재난과 관련하여 2곳 이상의 기관이 개입하게 되는 경우 자원 및 활동을 효율적으로 기획하고 조정하기 위하여 인원 구성에 필요한 공통적인 조직의 절차 및 용어에 대한 합의 사항을 나타낸다. 이러한 사건지휘 체계 개발의 가장 중요한 목적은 참가하는 단체 간의 통합지휘 체계를 수립하여 각 기관 간의 긴밀한 관계를 형성하고 동시에 주도권 쟁탈이나 월권행위를 방지하고자 하는 것이었다. 이러한 사건 지휘 체계는 화재로 인한 비상재난뿐만 아니라 홍수, 태풍, 허리케인, 지진, 폭동 및 기타 자연재난 혹은 인적재난을 전제로 한다. 사건지휘 체계가 적용되는 사고에는 위험물질 사고, 행사, 자연재난, 법집행 사고, 광범위한 자원 관련 전략이 부족할 때, 화재·지진 등 대형 사상자 발생 재난, 항공·철도·수상·육상교통사고, 광범위한 지역에서 탐색 및 구조 임무 수행, 해충 근절 프로그램, 민간분야의 위기관리 프로그램 등을 들 수 있다.

통합지휘 체계(Unified Command)란 다양한 배경을 가진 많은 기관을 상이한 재난대응체계에 흡수하는 방안이며, 관련 모든 기관이 임무를 가장 효율적으로 수행할 수 있게 하는 총체적인 시스템이다. 그리고 이러한 통합지휘 체계의 기본 정신과 특징은 사건 지휘 체계에 근간을 둔다. 즉, 사건지휘 체계와 마찬가지로 통합 지휘 체계도 각 기관의 기능이 명확하게 구분되며 동시에 서로 공통적인 관리 체계를 갖는다. 따라서 통합지휘 체계에 의하여 일관된 체계 없이 많은 기관이 함께 작업해야 하는 경우 발생하는 여러 가지 문제점이 해결될 수 있다.

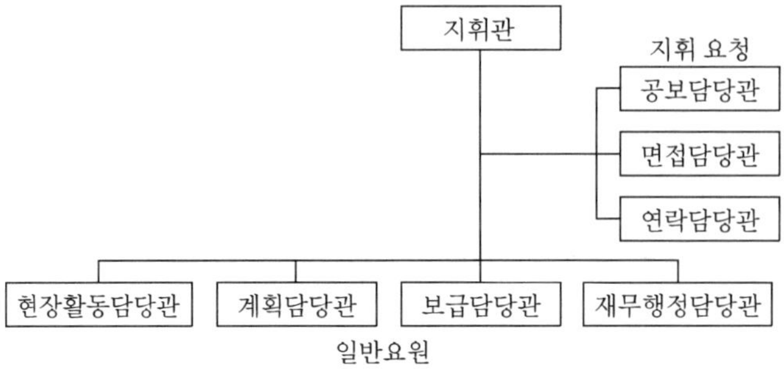

그림 7-3 지휘체계의 개념도

(4) 교육 및 훈련

재난 대응 능력을 향상시키기 위하여 지방의 재난대비 계획, 주·지방정부와의 협력 관계 구축을 목적으로 한 체계적인 교육이 실시되고 있다. 이에 미국 정부는 재난관리 분야의 과학화 교육을 위한 예산의 2배 증액을 계획하고 있다. 또한 위기관리를 위한 인력 양성 기반이 잘 구축되어 있는데, 연방제 특성에 의하여 교육을 주관하는 기관이 크게 연방정부와 주정부가 주관하는 기관으로 구분되어 운영되고 있다. 방재인력 양성을 위한 교과과정은 다른 국가에 비하여 프로그램이 다양하고 교육과정의 심도가 깊으며 관련 자격증과 인증 프로그램 제도를 시행하고 있다.

(5) 국가재난대응체계

국가재난대응체계(National Response Framework : NRF)는 모든 종류와 재난의 비상사태에 대하여 국가가 어떻게 대응하여야 하는지에 대한 지침으로서, 대통령의 정책지침(Presidential Policy Directive : PPD) 제8호에서 규정한 **국가 대비 태세**(The National Preparedness System)의 핵심 부분이다. 대통령의 정책지침 제8호는 국가의 안전에 중대한 위험을 내포하고 있는 위협에 대한 체계적인 대비를 통하여 미국을 보호하고 복구를 촉진하는 것을 목표로 한다. 국가재난대응체계는 국가 대비 태세의 목적을 달성하기 위하여 규정된 핵심적인 대응 역량을 국가가 어떻게 형성·유지·활용하는지에 대한 원칙을 정하고 있다. 이는 자연재난뿐만 아니라 테러리스트의 공격을 방어하기 위한 통일되고 유기적인 협력 체계를 갖춘 대응계획이다. 이 계획은 국가적으로 중요 사건 발생 시 필요한 자원, 기획, 자원배분, 복구 프로그램, 긴급 서비스 등을 제공하기 위한 긴급 지원활동(Emergency Support Function : ESF) 체계를 구축하는 것을 내용으로 한다. 즉, 국가재난대응체계는 재난사고가 발생할 경우에 대비하여 재난 유형별 책임기관을 지정하고 보조 역할을 제시하며, 자원을 빠르고 효율적으로 분배하기 위한 긴급 지원활동 체계를 마련해두고 있다.

표 7-5 국가재난 대응계획에 따른 긴급 지원활동

구분	주요내용
ESF #1 수송(Transportation)	• 수송 방식의 관리와 통제 • 수송의 안전 확보 • 수송설비에 대한 복구 및 안정화 • 이동의 제한 • 피해 및 영향에 대한 평가
ESF #2 통신(Communication)	• 통신 및 정보기술 회사들과의 협력 • 통신설비의 복구 • 국가의 사이버·정보기술 자원에 대한 보호·복구·유지 • 연방의 대응 조직 사이의 통신관리
ESF #3 토목·엔지니어링 (Public Works and Engineering)	• 사회간접시설의 보호 및 긴급수리 • 핵심적 사회간접시설에 대한 복구 • 기술적 지원 및 건설관리 • 생명구조 및 생명 유지를 위한 응급 지원
ESF #4 소방(firefighting)	• 도시 및 교외지역의 소방 활동 지원
ESF #5 정보·계획 (Information and Planning)	• 사고 발생에 대비한 행동 계획 • 정보의 수합, 분석 및 확산
ESF #6 대중구호·응급원호·임시숙소·복지활동(Mess Care, Emergency Assistance, Temporary Housing and Human Service)	• 대중 구호활동 • 응급 구호활동 • 재난 대응 임시주거지 제공 • 복지 활동
ESF #7 보급(Logistics)	• 복합적이고 국가적인 차원의 사고에 대비한 보급계획의 수립, 관리 및 유지 역량 확충 • 자원공급(예 : 각종설비용 부지, 사무용품, 구매계약 등)
ESF #8 공중보건·의료지원 (Public Health & Medical Services)	• 공중보건 활동 • 보호자를 포함한 응급환자 이송 지원 • 행동장애에 대한 의료 지원 • 대규모 사상자 관리
ESF #9 수색·구조 (Search and Rescue)	• (도심지역) 건물 붕괴 시 수색 및 구조작업 • 해양/연안/호소지역 수색 및 구조작업 • 육상에서의 수색 및 구조작업
ESF #10 원유 및 유해물질 대응 (Oil and Hazardous Materials Response)	• 원유 및 유해물질의 오염의 성격과 환경에 미치는 피해 범위에 대한 평가 • 오염 제거 및 정화작업
ESF #11 농업 및 자연자원 (agriculture and Natural Resources)	• 영양 공급에 대한 보조 조치 • 가축 및 농업 문제에 대한 대응 • 가축 및 농업 비상 관리에 대한 기술적 조언, 협조 및 지원 • 육류, 가공 달걀 등의 생산 안전의 유지와 보호 • 천연자원, 문화자원 및 역사적 유물의 보호

구분	주요내용
ESF #12 에너지(Energy)	• 에너지 공급시설의 점검 및 수리·보수 • 에너지 사업 간 조정 • 에너지 관련 전망
ESF #13 공공안전 및 보호 (Public safety & Security)	• 시설 및 자원 보호 • 보호계획 및 기술적 자원 지원 • 공공안전 및 보호에 대한 지원 • 출입, 교통 및 군중관리에 대한 지원
ESF #14 국가재난 회복 체계(National Disaster Recovery Framework)에 의하여 삭제	
ESF #15 대외 관계	• 일반 공중 및 합동정보센터와의 협력 • 정부(지방, 주 등) 사이의 협력 • 의회와의 협력 • 민간 부문과의 정보 교류 • 지역사회와의 관계

4 재난관리와 시민 참여

미국의 민간조직들은 지역, 주 정부와의 관계 및 국가적인 차원에서도 재난에 대한 대응의 핵심적인 역량(response core capabilities)과의 관계를 포함하여 중요한 역할을 수행한다.

자원봉사단체 등을 포함하는 민간조직들은 피난처를 제공하고 응급 구호식량을 조달하는 등의 역할을 수행한다. 민간조직들은 본질적으로 독립적이며 특정한 이익과 가치를 위하여 봉사한다. 이러한 이익과 가치는 그 조직의 활동 우선순위를 결정하며 나아가 그들이 제공하는 자원을 형성한다. 민간조직들은 정부의 활동을 어떠한 단계에서도 지원하며, 아동들과 장애인들을 포함한, 종교적·인종적·민족적으로 상이한 배경을 가지고 있거나 영어 구사 능력이 부족하여 기능적 접근이 필요한 지역 공동체의 특정한 구성원들에 대하여 맞춤형의 서비스를 제공한다. 민간조직은 재난의 예방과 대응활동에서 핵심적인 협력자이다.

민간조직의 활동에 대한 예를 들어보면 다음과 같다.

① 자원봉사자(volunteer resources)에 대한 교육 및 관리

② 물리적으로 접근 가능한 피난처와 재난에 의하여 고립된 지역에 필요한 물품의 확인

③ 식수, 식량, 피난처, 의복, 재난 후 정화를 위한 보급품 및 가족의 재결합을 위한 지원 등 서비스의 제공

④ 재난에 의하여 고립된 동물들의 소개, 구조, 보호 및 피난처 제공의 지원

⑤ 구조, 운송 및 물류 서비스의 제공 및 지원

⑥ 필요가 충족되지 못한 사람들의 확인 및 제공

⑦ 신체적, 정신적, 의약적 건강을 위한 자원 제공

⑧ 영어 구사 능력이 부족한 사람들을 위한 언어적 지원 등

민간조직들이 재난에 대한 대응의 핵심적인 역량을 지원하지만 동시에 그들 또한 정부의 지원을 필요로 한다. 지역 공동체의 재난관리계획을 작성할 때 정부조직들은 민간조직이 그들의 주요한 대응활동을 좀 더 잘 수행할 수 있도록 잠재적인 필요성을 감안하여야 한다.

일부의 민간조직들은 공식적으로 국가적 대응 역량의 보조적인 요소로 지정되어 있다.

⑨ 미국 적십자사 : 미국 적십자사(The American Red Cross)는 재난의 생존자를 구조하고 사람들이 재난을 예방하고 대비하며, 대응하는 일에 도움을 주도록 의회로부터 인가를 받았다. 적십자사는 '연방기구'로서의 법적인 지위를 가지고 있으며, 연방정부와 특별한 관계를 유지하고 있다. 이러한 역할을 바탕으로 미국 적십자사는 여러 가지 긴급 지원활동을 보조하며 다양한 핵심적인 활동을 수행한다.

⑩ 재난대비 국가자원 봉사기구 : 재난대비 국가지원 봉사기구(National Voluntary Organization Active in Disaster : VOAD)는 예방, 대응, 회복이라는 재난에 대응하는 순환 체계에 맞추어 재난의 생존자와 그들의 공동체를 지원하기 위하여 민간조직들이 지식과 자원을 공유하기 위하여 조직한 협의체이다. 이는 약 50개의 국가적 조직과 55개의 주 및 지역 조직으로 구성되어 있다.

5 미국의 재난관리 시사점

미국은 인적재난과 자연재난을 총괄하는 대통령 직속조직을 구성하여 부처별로 분산되어 있는 기능을 통합·조정할 수 있어 강력하고 효과적인 재난대응이 가능한 특성을 보이고 있다. 또한 재난에 대한 일차적인 책임을 지방정부에 일임하고, 대규모 재난에 대해 중앙정부가 인력과 예산을 지원해주는 체계는 정부간의 역할분담을 명확하게 구분할 수 있어 효율적인 것으로 판단된다. 이외에도 연방재난관리청(FEMA)에 충분한 예산과 인력을 배정하여 재난에 효율적인 대응할 수 있는 체계가 구축되어 있으며, 재난 유형에 따라 기초연구부터 실무적용에 이를 수 있는 연구기관이 존재하여 재난으로 인한 피해를 경감시킬 수 있는 합리적인 대책이 수립 가능한 것으로 판단된다(한국방재학회, 2014 : 46).

미국의 **재난관리체계의 시사점**은 다음 몇 가지로 요약된다.

첫째, 미국은 재난에 대한 종합적 접근을 위해 국토안보부(DHS)의 산하조직인 대통령 직속기관의 연방재난관리청(FEMA)을 중심으로 체계적이고 협력적인 중앙과 주정부 및 지방정부의 역할, 권한 및 책임 등을 명시한 국가재난관리계획(NRP)을 수립했다. 또한 사고지휘시스템(ICS)를 통한 체계적인 구조과정 등 재난을 관리하기 위한 사회적·기술적 기반 인프라를 보유하여 강력한 국가주도의 사전예방 중심의 통합안전관리체제를 구축하고 있다.

둘째, 미국은 방재정보시스템이 표준화되어 있어 중앙정부와 주정부, 지방정부간의 정보공유가 자유롭고 용이할 뿐만 아니라, 시스템이 사고지휘시스템(ICS)과 연계되어 있어 현장과 비상운영센터간의 정보전달도 손쉽게 이루어지고 있다.

셋째, 미국은 재난관리 기관에 충분한 예산과 전문 인력을 배치하여 효과적인 재난대응이 가능한 관리체계를 구축하고, 재난관리에 관한 기초 및 실무연구를 위한 연구기관과 다양한 교육 및 훈련프로그램을 마련하여 적극적이고 장기적인 재난대책을 수립하고 있다.

넷째, 미국과 우리나라 양국은 복구활동에서 현격한 차이가 나타나고 있다. 자연재난으로 인한 이주사업이나 기간산업 복구활동에서 미국은 이미 법과 정책으로 어느 부서가 어느 정도의 예산으로 누구를 정책대상자로 하여 어느 정도의 성과를 거둘 것인지에 대하여 예상할 수 있다는 점에서 우리와 확연한 차이를 보인다(윤종설, 2011 : 177-178).

제 2 절

일본의 재난관리체계

일본은 지진 및 화산활동이 활발한 지역으로 지리적·지형적·기상적 조건 등으로 인한 태풍, 호우, 폭설 등도 빈번하여 해마다 자연재해로 인한 많은 재산 피해가 발생하였다. 이에 따라 방재체제에 대한 정비 및 강화 등 재난 대처 능력을 향상시켜 왔다. 일본의 재난관리는 긴급한 상황에서 신속한 명령 체계와 정보 전달을 통하여 효율적인 재난관리가 가능하도록 관련 부처 및 기관들을 종합적으로 조정할 수 있는 체계를 갖추고 있다.

1 재난관리 관련 법체계

(1) 자연재해대책법과 관계 법령

일본의 재난관리는 1962년 종합적이고 계획적인 방재행정을 정비하고 집행할 것을 규정하기 위하여 제정한 「재해대책기본법」을 기본법으로 하고 있다. 이후 재난의 유형이 다양해짐에 따라 효율적인 방재 체계를 수립하기 위하여 각 유형별로 기본법을 제정하였다. 이에 따라 「재해대책기본법」(1961년 법률 제223호, 내각부, 소방청), 「석유콤비나이트재해방지법」(1970년 법률 제136호, 소방청, 경제산업성), 「해양오염 및 해상재해방지에 관한 법률」(1970년 법률 제136호, 해상보안청, 환경성), 「대규모지진대책특별조치법」(1978년 법률 제73호, 내각부, 소방청), 「원자력재해대책특별조치법」(1999년 법률 제73호, 문부과학성, 경제산업성, 국토교통성), 「동남해·남해지진에 관련된 지진방재대책 추진에 관한 특별조치법」(2002년 법률 제92호, 내각부, 소방청), 「일본해구·천도해구 주변 해구형 지진에 관련된 지진방재대책 추진에 관한 특별조치법」(2004년 법률 제27호, 내각부, 소방청)이 마련되어 있다. 또한, 재난 발생 시 신속히 대처하기 위하여 일본은 재난 발생 지역에 1차적 책임을 부여하고, 주관기관을 지정하는 재해응급대책 관련법들을 별도로 제정하고 있다. 대표적으로는 「소방법」(1948년 법률 제186호, 소방청), 「수방법」(1949년 법률 제193호, 국토교통성), 「재해구조법」(1947년 법률 제118호, 후생노동성) 등이 이에 해당한다.

이 외에도 재난관리 관련 조직법으로는 재난을 예방, 대비와 복구할 수 있는 국가조직인 소방청, 해상보안청, 경찰청 등이 각 유형별 재난 발생 시 각 단계에서 효율적인 업무 수행이 가능하도록 지원하기 위하여 「소방조직법」(소방청), 「해상보안청법」(해상보안청), 「경찰법」(경찰청), 「자위대법」(방위청), 「일본적십자법」(후생노동성)을 마련하고 있다. 이러한 법률 구도는 매우 체계적이며 더욱 나아가서는 서로 간에 연계적인 측면을 보이고 있다. 즉, 일본에서는 재해대책기본법이 가장 중요하고 기존적인 법으로 위치하고 있으며, 동시에 일련의 법들이 재해대책기본법을 지원하는 형태를 보이고 있다. 구체적인 법률관계를 살펴보면 재해대책기본법의 하위 법률로는 재해 예방 관련 법률 17개, 재해 응급대책 관련 법률 3개, 재해복구와 부흥 그리고 재정금융 조치와 관련된 법률이 25개로 제정되어 있으며, 방재조직 관련 법률 5개와 동시에 중앙정부와 지방정부의 연계를 규정하고 있다. 일본 재해대책기본법과 관련하여 큰 특징 중 하나는 일본에서 큰 재해나 정책적 수정이 발생할 때마다 관련된 경험과 교훈에 기초하여 재해대책기본법을 개정하고 있으며, 방재기본계획의 수립 과정에도 새로운 사항들이 많이 반영되고 있다는 점이다. 그뿐만 아니라 재해대책기본법의 개정은 이와 관련된 관계 법률에도 동일하게 필요한 개정을 함께하고 있다.

(2) 방재기본계획

재해대책기본법에 따라 일본의 재난관리는 재해 예방, 재해 응급대책, 재해 복구와 부흥을 포함한 세 개의 단계로 구성된다. 재해대책기본법은 세부적으로 이러한 재난관리를 몇 개의 기본 영역으로 다시 분류하고 있다. 이러한 영역들의 목적은 국민의 생명과 재산을 보호하고, 국토를 보존하며, 사회 질서를 유지하고, 공공복지를 증진시키며, 방재행정을 종합적이고 계획적으로 정비하는 것이다. 이러한 영역들에는 방재 업무를 담당하고 있는 국가와 지방의 공공단체와 기타의 지정된 공공기관들이 수행하고 있는 책임 영역, 방재계획의 작성과 관련된 의무 조항, 일본 재난관리 세 단계에 관한 재정금융 조치 등이 포함되어 있다. 또한 재해대책기본법은 국가 및 지방공공단체가 수행하는 방재와 관련하여 다양한 시책을 구체적으로 제시하고 있다.

방재계획의 관점에서 살펴보면, 재해대책기본법에 의거하여 일본의 국가, 지방의 공공단체, 기타 지정된 공공기관은 관련된 방재계획을 수립하여 실행하고 있다. 이러한 일련의 방재계획 중에서 특히 재해대책기본법 제34조에 따라 내각부 산하의 중앙방재회의가 수립하여 실행하는 방재기본계획은 일본 방재 영역에서 가장 최상위에 위치한 방재계획으로 분류가 되고 있다. 일본은 방재기본계획에 기초하여 지정공공기관과 지정행정기관이 방재업무 계획을 수립하여 실행하고 있다. 지정공공기관은 방재 업무를 수행하는 공공기관으로 NHK, 일본은행, 일본적십자사 등이 포함되어 있다. 지정행정기관은 내각총리가 지정한 방재 업무를 추진하는 기관으로 소방청, 경찰청 등을 포함한다. 방재업무계획은 방재와 관련된 조치나 업무 그리고 지역의 계획이 포함되어 있다.

한편 지방공공단체는 지역방재계획을 수립하여 실행하고 있다. 지방공공단체는 도도부현(都道府縣)과 시정촌(市町村)을 포함하며, 지역방재계획은 해당 지역에서 필요한 방재에 관한 대책을 수립하여 실행하는 계획이다.

2 재난관리 조직 체계

(1) 중앙정부의 재난관리 조직

일본은 2001년 중앙부처 개편에 따라 내각부 산하에 방재담당대신을 신설하여 범정부 차원에서 관련 행정기구의 원활한 협력과 연계를 위한 기본 정책과 재난 대처방안에 관한 기획 수립 및 종합적 조정 역할을 수행하도록 하고 있으며, 국정상 중요한 사항을 기획하고 종합적인 조정 역할을 수행하는 소방청, 국토교통성, 문부과학성, 후생노동성, 방위성 등의 다양한 부처가 관여하고 있다. 이 가운데 일본의 핵심적인 중앙정부 재난관리 조직으로 중앙방재회의, 내각부 정책총괄반 방재담당, 그리고 지정행정기관과 지정공공기관이 중요한 역할을 수행하고 있다.

① 중앙방재회의

일본 중앙정부 재난관리 조직 중 가장 대표적인 중앙방재회의는 종합적인 재난관리 행정을

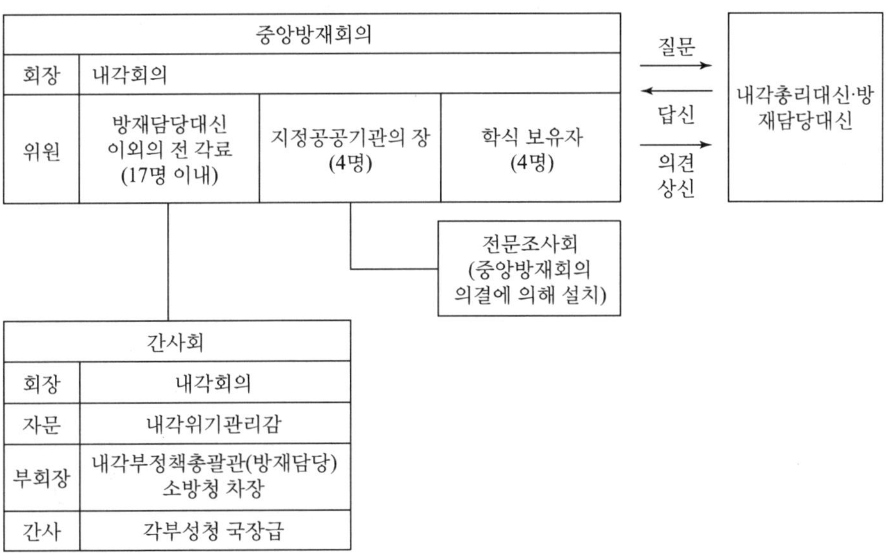

【역할】
- 방재기본계획, 지진방재계획의 작성 및 실시의 추진
- 비상재해 시에 응급 배치에 관한 계획의 작성과 그 실시의 추진
- 내각총리대신, 방재담당재신의 질문에 응하여 방재에 관한 중요 사항의 심의(방재의 기본 방침, 방재에 관한 시책의 종합 조정, 재해응급사태의 포고 등)
- 방재에 관한 중요 사항에 관해 내각총리대신, 방재담당재신에게 의견 상신

그림 7-4 일본 중앙방재회의 기구

위해 관련 대책을 조정, 결정하는 기관이다. 중앙방재회의의 의장은 내각총리대신이며, 여기에는 다양한 공공기관의 대표자가 소속되어 있다. 세부적으로 과거의 각료, 일본은행의 대표, 일본 적십자사 대표, 학자 등이 참여한다. 중앙방재회의는 국가재난관리대책의 종합성, 계획성을 확보하기 위하여 설치된 행정조직으로 재난관리를 위하여 내각총리대신을 자문하는 총리부의 부속기관이다. 그러나 단순한 자문기관이 아니고, 방재기본계획을 작성하여 추진하는 집행기관의 성격을 갖는다. 주요 업무로는 방재기본계획의 작성과 실시, 비상재해에 대한 긴급조치계획의 작성 및 실시, 내각총리의 자문에 따른 위기관리에 관한 중요 사항의 심의 등이 있다.

② 내각부 정책총괄반 방재담당

일본은 국가재난관리 상설조직으로 내각부 산하에 방재담당조직을 두고 있다. 내각부 정책총괄반 방재담당 조직은 일본의 방재기본계획을 추진하는 실시기관으로 방재담당대신은 내각부 정책총괄반 방재담당 부국의 지원을 받아 방재정책의 기본 사항과 대규모 재해에 관한 대처 사항을 기획하고, 입안하여, 조정을 하고 있다. 또한 내각부 정책총괄반 방재담당은 재해가 발생하는 동안에 정보 수집과 긴급대응의 내각관방과 긴밀하게 업무를 제휴하고 있다.

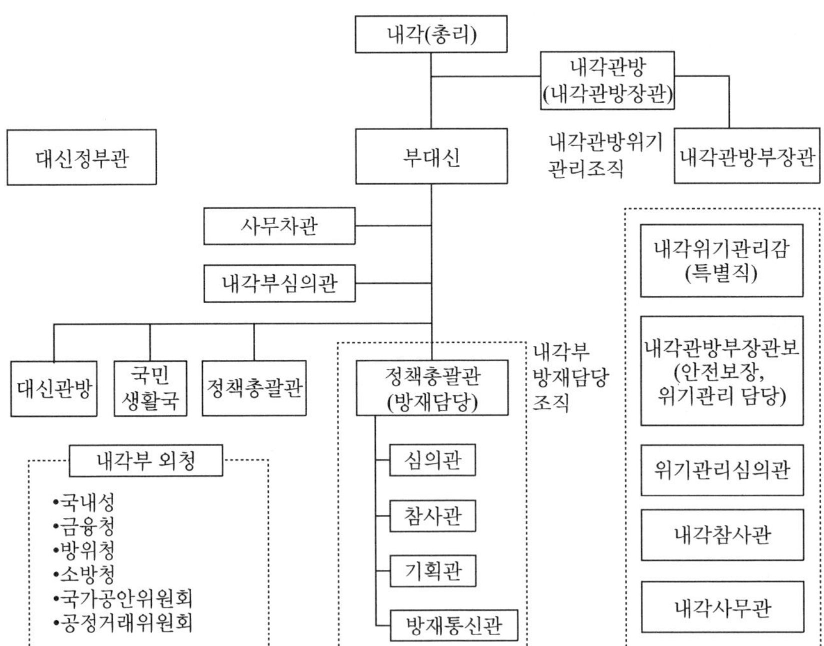

그림 7-5 일본 재난관리 중앙조직도

③ 지정행정기관 및 지정공공기관

지정행정기관과 지정공공기관은 모두 내각총리가 방재의 차원에서 지정한 기관이다. 지정행정기관은 방재와 관련하여 내각총리가 지정한 29개 국가기관(총리부, 경찰청, 건설성, 소방청, 기상청 등)이다. 이들 기관은 방재업무계획을 작성하고 국가 방재에 맞추어 필요한 조치를 강구할 수 있도록 방재 업무와 관련하여 다른 기관들과 상호 협력하고 있다. 지정공공기관은 방재와 관련된 공공기관으로 일본전신전화(주), 일본은행, 일본적십자사, 일본방송협회 등 공공적 기관과 전기, 가스, 수송, 통신 등 공익적 사업을 영위하는 인가법인, 독립행정법인, 민간기업체를 대상으로 내각총리가 지정한 63개 기관이다(일본 내각부, 2011 : 8). 지정공공기관은 지정이 된 이후에 할당된 재해대책의 업무와 관련된 방재계획을 작성하고 실시함과 동시에 도도부현(都道府縣), 시정촌(市町村)과의 협력을 통하여 방재활동에 기여하게 되어 있다(재해대책기본법, 제6조제1항과 2항).

④ 총무성 소방청

총무성 소방청은 1960년 7월 1일 자치성 설치법의 일부를 개정하는 법률(소화 35년 법률 제113호)에 의한 기존의 국가소방본부가 개편되어 자치청의 외국(外局)으로서 설치되었다. 2001년 1월 6일 「총무성 설치법」(평성 11년 법률 제91호)에 의하여 총무성 산하 외청으로서 현재 총무과, 소방과, 예방과, 방재과 및 구조구급과의 5개과에 위험물보관실, 방재정보실, 지진재해대책지도실, 특수재해실과 소방대학교 및 소방심의회가 설치되어 있다.

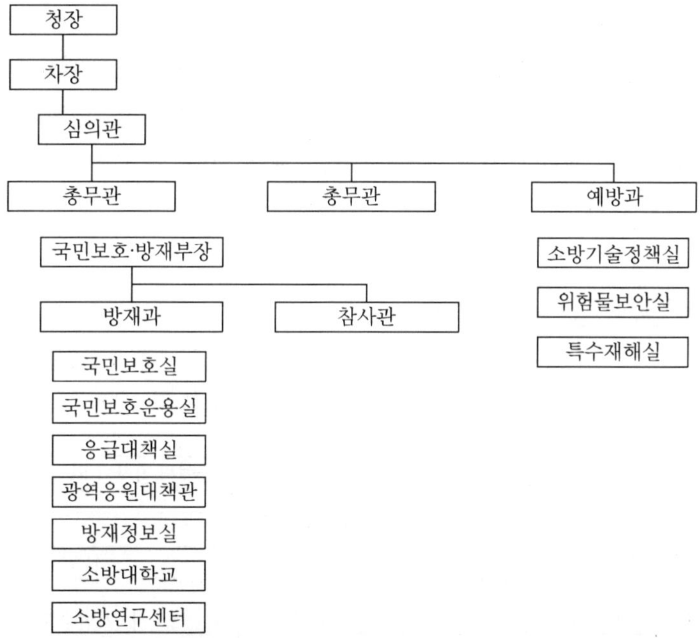

그림 7-6 일본 총무성 소방청 조직도

(2) 지방정부의 재난관리

일본은 재난이 발생하면 중앙정부의 정책을 반영하면서 도도부현(都道附縣)이 지방의 재난 대응을 총괄적으로 관리하고 가장 기본적인 차원에서 해당 지역에 위치한 시정촌(市町村)이 발생한 재난에 대응하고 있다. 즉, 지방정부의 재해대책은 시정촌(市町村) 등 기초자치 단체 차원에서 이루어지며, 도도부현(都道附縣)은 이에 대한 총괄관리를 담당한다. 또한 일본은 평소 방재계획 및 행정, 시정촌(市町村)의 방재행정 전반지도·조언 등의 업무를 수행하고 재해 발생 시 소방무선시설을 이용하여 응급대책, 복구대책 업무를 수행하고 있다. 상비소방기관으로서 시정촌(市町村)에는 소방본부 및 소방서가 설치되어 있으며, 비상시 소방기관으로서 소방단이 있는데 이는 우리나라의 의용소방대와 유사하다.

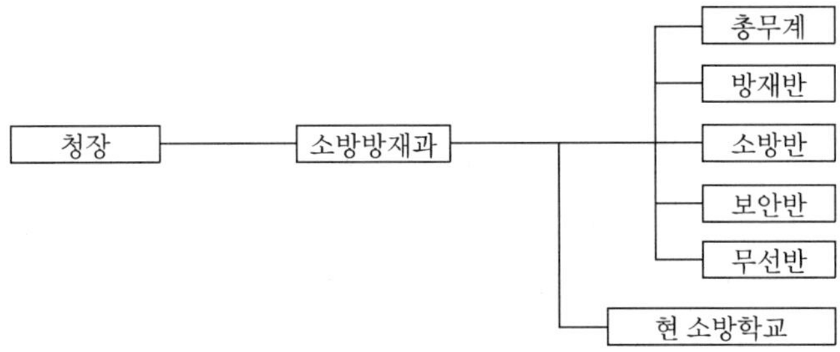

그림 7-7 지방정부의 방재담당 조직

중앙방재회의와 유사하게 도도부현(都道附縣)과 시정촌(市町村)에는 각각 도도부현(都道附縣) 방재회의와 시정촌(市町村) 방재회의가 설치되어 있다. 먼저 도도부현(都道附縣) 방재회의는 재해대책기본법 제 14조에 의거하여 도도부현(都道附縣)의 방재대책에 일관성을 주기 위해 설치하며, 지역방재계획의 작성과 실시, 재난에 관한 정보의 수집, 재난 발생 시 관계 기관의 연락 조정 등의 업무를 담당하고 있다. 또한 재해 예방, 재해 응급대책 및 재해 복구의 각 단계에 유효하게 대처하기 위하여 방재계획의 수립과 원활한 실시를 추진한다.

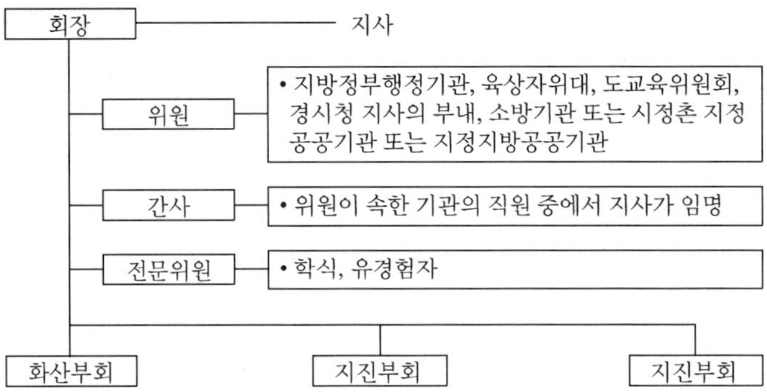

그림 7-8 도도부현(都道附縣) 방재회의 기구

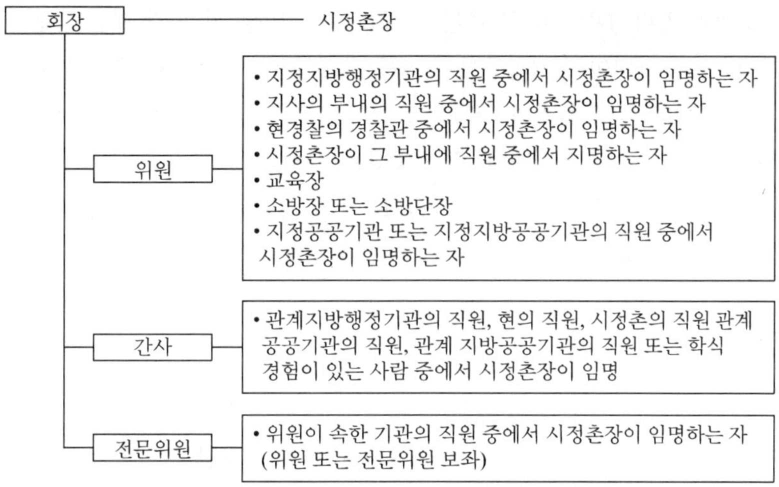

그림 7-9 시정촌(市町村) 방재회의 기구

3 재난관리와 시민 참여

일본은 지역밀착형의 자율방재조직이 활성화된 특징을 지니고 있으며 다양한 자원봉사단체를 조정하는 비영리조직으로서 일본재난자원봉사활동네트워크(National Volunteer Network Active in Disaster : NVNAD)를 중심으로 네트워크를 구축하고 있다. 또한 행정조직과 연계된 지역사회복지협의회는 민간단체와 정부를 연계하는 역할을 수행하고 있으며, 각 도도부현(都道附縣)과 시정촌(市町村)에 설치·운영하고 있다. 재해 약자지원의 핵심은 재해 약자들의 일상과 함께, 의료복지, 보건 및 재난과 관련하여 재해 약자의 실태를 파악하고 관찰하는 이웃 사람들과 자원봉사자들이다. 이에 따라 재난 발생 시 각 주체들의 연결은 평상시에 구축된 네트워크를 활용하고 있다.

(1) 일본 재난 자원봉사 활동 네트워크(NVNAD)

일본은 1995년 한신·아와지(阪神·淡路) 대지진을 계기로 민간 부문이 재난 대응에 활발하게 참여하고 있으며, 당시 형성된 대표적인 네트워크가 NVN(니시노미야 볼런티어 네트워크)으로 일본의 민간 분야 재난대응 네트워크의 시초라 할 수 있다.

NVN은 이후 NVNAD로 확대되어 재해로부터 시민의 생명과 재산을 지키기 위하여 재해 구호에 관련된 국내외 자원봉사단체 등과 서로 협동하고 동시에 행정기관과 긴밀한 연계를 유지하면서 신속한 피해자의 구호, 피해지역의 부흥활동 지원을 목적으로 활동하고 있다. NVNAD는 평상 시 각 지역에서 지역 밀착형의 다양한 활동을 하는 단체들을 재해 발생 시 유기적으로 활동할 수 있도록 연결하는 고리와 같다. NVNAD의 주된 역할은 재난 발생 시 민간 부문의 관련 조직들을 공공 부문과 유기적으로 연계하여 구호활동의 효과를 극대화하는데 초점을 두고 재해구호 활동을 실시하며, 평상시에도 방재마을 만들기의 추진을 도모하는 활동, 지역안전 활동, 어린이의 건전 육성을 도모하는 활동, 그리고 이상의 내용으로 활동하는 단체의 운영 또는 활동에 관한 연락, 조언 또는 원조활동을 규정하고 있으며, 미국의 NVOAD와 달리 직접적 서비스 제공과 협력·조정의 협의체 역할을 동시에 수행한다.

(2) 일본적십자사

일본적십자사는 일본의 내각총리가 지정하는 지정 공공기관인 동시에 국제구호기관으로 재난 발생 시에 민간 부문 참여자들과 공공 부문을 연계한 재해 구호활동을 맡고 있다는 점에서 역할을 이해할 필요가 있다. 일본적십자사를 통한 재해 구호활동은 각종 적십자봉사단, 각종 구호활동을 행하는 적십자 개인 자원봉사 등록자, 재해 발생 후 협력을 한 시민, 단체 등에 의하여 형성된다. 일본적십자사는 재해 발생 직후로부터 복구에 걸친 기간에 일본적십자사 본사의 조정 하에 각 공공기관과 연계하여 재난 피해자의 자립을 지원하고 피해지역의 부흥 지원을 목적으로 참여하고 있다.

재난 발생 시 일본적십자사는 크게 재난대응팀, 긴급의료단, 심리치료팀을 현장에 파견하여 **재해 구호활동**을 실시하고 있다. 구체적인 활동 내용은 다음과 같다.

첫째, 재난관리 특별팀을 편성하여 대응책을 수립하고, 전국의 적십자 네트워크를 토대로 재난 상황을 파악하여 재난 대응팀을 현지에 급파하여 피해현장 현지조사 및 응급 구조활동을 펼친다.

둘째, 긴급의료단은 현장에서 피해 상황을 파악하고 기존 병원을 중심으로 거점을 구축하여 구호활동을 진행하는 동시에 이동진료소를 운영하며, 의료시설에 대한 접근성이 떨어지는 재난 피해자들을 진료한다.

셋째, 심리치료팀은 재난 발생으로 재난 피해자가 정신적 공황 상태에 빠지는 등 심리적으로 더 크고 장기적인 손상을 겪게 될 것에 대비하여 긴급의료와 함께 심리치료를 병행한다. 예를 들어 심리치료팀은 긴급의료단과 함께 파견되어 재난 피해 지역의 아이들에 대한 미술심리치료, 노인 등을 대상으로 한 심리치료를, 복구 단계에서는 임시거주지에서 재난 피해자에 대한 심리적 안정 상태 유지를 위한 활동을 실시한다.

이외에도 일본적십자는 대피소 생활환경 개선을 위하여 생활가전제품, 수도시설, 식음료 등을 제공하며, 국제구호단체와 일본 국내 구호단체들 간의 활동을 조정하는 역할, 그리고 자원봉사 활동을 실시하고 있다.

4 일본의 재난관리 시사점

일본의 방재조직은 우리나라와 각종 안전관련 조직이 분산되어 있으나 내각제의 특성을 살려 총리부에서 중앙정부의 안전관련 각종 사고에 대비한 조직과 기능을 총괄, 운영하고 있다. 광역자치단체들은 중앙정부의 기능과 조직에 못지않은 방재시스템을 갖추고 있으며, 적절한 법과 조례를 통해 재난의 사전예방대책 수립과 조직의 기능을 극대화하고 있다. 또한, 재난에 대한 최우선 대책인 예방대책의 수립을 위해 기초연구부터 실무응용에 이르는 연구를 하는 기관의 기능 및 역할이 활성화 되어 있다(한국방재학회, 2014 : 43).

일본의 재난관리체계가 우리에게 주는 시사점은 다음 몇 가지로 요약된다.

첫째, 일본 국가재난관리시스템의 큰 특징은 중앙차원의 역할이 강화됨과 동시에 지방정부차원에서는 상호 협력하여 재난대응 시스템을 구축하였다. 이는 중앙정부가 재난정보의 흐름체계에 역점을 두고 재난현장에 대한 지원과 지지를 보내며, 지방정부차원에서는 지방정부의 주어진 자연환경이나 지역실정을 고려한 방재정보시스템을 구축하고, 지방정부 특유의 재해유형에 대해 서로 정보를 공유함과 동시에 인근 지방정부와의 연계를 위한 시스템을 구축하고 있다.

둘째, 지방정부와 중앙정부의 재난관리 역할과 기능을 재조정하고 명확화 하였다. 일본의 경우 재난안전관리는 인근정부인 지방정부에 의해 일차적으로 이루어지고, 이차적으로는 중앙정부의 지원과 지지 속에서 효율적으로 이루어지고 있다. 이를 위해서는 무엇보다 재난 대응의 일차적 책임이 지방정부에 있다는 것을 법률적으로 명확하게 규정하고 있다. 또한 중앙과 지방정부에 방재회의가 설치되어 있어 주요 재난사항을 심의·결정함으로써 기관·단체의 역할분담체계를 갖추고 있다.

셋째, 재난관리 조직의 위상을 제고하였다. 1995년 한신·아와지 대지진 이후 재난으로 인한 긴급사태에 대한 정부의 위기관리 기능을 강화하기 위하여 내각위기관리감, 내각정보집약센터 설치 등을 통해 재난관리체계를 강화하였다. 또한 2001년의 중앙성청 개편에 따라 내각부가 방재행정에 관련된 정부전체의 연계를 확보토록하고, 특명담당장관인 방재담당장관이 신설되는 등 재난관리 조직의 위상을 높여 왔다.

넷째, 재난으로 인한 피해를 줄이고 재난을 효율적으로 관리하기 위해서 재난관리 조직의 전문성을 제고시켰다. 중앙정부의 경우 총무성 소방청에 소방대학교와 소방연구소가 설치되었고, 지방정부인 도·도·부·현별로 소방학교와 소방연구소가 있어 방재교육 및 연구가 활성화 되어 있다.

다섯째, 평소 국민 스스로가 사회질서 유지가 안전의 출발임을 인식하게 하고, 부단한 공공질서 유지 및 안전관리 교육훈련을 통해 국민 개개인이 위기관리 매뉴얼을 체화하도록 교육하고 있다. 일본의 대지진의 사례에서 볼 수 있듯이 재난발생 시에 국민들은 은행인출 러시, 식품 사재기 등에 전혀 동요되지 않고, 차분하면서도 신속한 대피·대응은 평소 부단한 교육·훈련으로 이루어진 결과라 할 것이다(윤종설, 2011 : 180-181).

제 3 절

독일의 재난관리체계

1 재난관리 관련법

독일 헌법에서는 재난관리와 관련하여 제35조에서 규정하고 있는 바, 그 내용은 다음과 같다.

① 연방과 주의 모든 관청은 상호간에 법적 및 직무상으로 공조하여야 한다.

② 공공 안전 또는 질서를 유지, 회복하기 위하여 주는 특별히 중요한 경우에 경찰이 이러한 지원 없이는 그의 과제를 수행할 수 없거나 수행에 상당한 곤란이 예상될 때에는 연방국경수비대의 병력이나 설비가 그 주의 경찰을 지원하도록 요청할 수 있다. 자연재난이나 특별히 중대한 재난 시의 지원을 위하여 주는 다른 주의 경찰력, 행정력 또는 행정시설 및 연방국경수비대의 병력 지원을 요청할 수 있다.

③ 자연재난과 재난이 한 주 이상의 영역을 위협하는 경우에는 연방정부는 효과적인 대처가 필요한 주정부에게 다른 주에 경찰력을 제공하도록 하고 연방군에게 경찰력을 지원하기 위하여 그 병력을 투입하도록 명령할 수 있다. 제1문에 따른 연방정부의 조치는 연방참사원이 요구하면 언제든지, 그 외에는 위험이 제거된 후 지체 없이 폐지하여야 한다.

재난 방지의 영역에 대한 입법적 규율은, 연방의 배타적 입법 사항인 독일 헌법 제73조제1항제1호에 해당하는 것을 제외하고는, 입법권에 관한 독일 헌법 제70조 이하 및 위에서 본 제35조에 의하여 각 주정부에 의하여 이루어지도록 되어 있는 바, 주정부의 재난 극복에 대한 법률적 근거는 대부분의 주 법률에서 발견할 수 있다. 즉, 각 주의 화재 예방 법률들은 급박한 화재 및 폭발의 위험을 제거하고, 화재를 진화하며 특정한 재난의 발생 시에 충분한 지원을 제공하는 것을 기초지방자치단체(Gemeinde)의 의무로 하는 등 중요한 사항들을 규정하고 있다. 화재 방위, 구조 활동 및 재난관리에 관한 사항들은 바이에른 주의 경우처럼 각각의 특정한 법률에 의하여 규율되거나, 헤센주나 브레멘주의 경우처럼 포괄적인 하나의 법률에 의하여 구율된다. 나아가 경찰행정의 영역에 속하는 위험 예방에 관한 사항에 대하여는 각 주의 경찰법에서 규정하고 있다.

독일 헌법은 연방정부에 대하여 전쟁에 관련된 위험 상황에서의 시민 보호를 포함하는 방어에 대한 권한을 부여하고 있다. 전체적인 방위의 영역은 군사 방위와 민간 방위로 구분되며, 민간 방위에는 국가 및 정부의 공권력의 유지, 시민 보호 및 병력의 유지 등이 포함된다.

나아가 독일 헌법은 위험 및 방위 사태(Spannungs-Verteidigungsfall)의 경우에 이른바 비상 법률의 적용을 허용하고 있다. 이에 긴급사태(내적·외적인 안전 및 질서를 위협하는 생존에 대한 위험)의 극복을 위하여 허용되고, 민간인 및 자유법치국가의 생활 질서를 보호하기 위한 신속하고 효과적인 국가적 조치를 취할 목적을 갖는 모든 법률 규정이 포함되며, 여기에는 또한 위험 및 방위 사태에만 적용되는 각종 통제 법률(Sicherstellungesetz)들이 포함된다. 이러한 법률들은 독일 헌법 제35조를 통하여 완성된다. 즉, 이를 통하여 주정부들은 자연재난 또는 특히 중요한 사태가 발생하였을 때에 다른 주의 경찰이나, 기술지원단(Technische Hilfswerk : THW)과 같은 다른 정부기관에 대하여 인력과 설비 또는 연방경찰이 군병력의 지원을 요청할 수 있다.

2 재난관리 조직 체계

독일의 재난관리의 기본 목표는 국가 및 국민 보호이며 재난관리 연방계획은 정부 기능의 연속성 보장, 국민 보호, 물자 조달, 정규군 지원 등 위기 상황에서 사회기능이 유지되도록 그 방안을 마련하는데 목적이 있다. 독일의 재난관리는 연방(Bund)정부, 주(Land)정부, 시 또는 군(Kreis)정부, 기초지방자치단체(Gemeinde)의 4단계로 나누어 이루어진다(독일 헌법, 제28조제1항 참조). 독일은 두 가지 독립된 법적·행정적 기초 위에서, 전시 국가방위 개념의 민방위와 평상시의 긴급관리 및 계획을 구분하는 바, 평시 재난관리는 주정부가 담당하며 대규모 재난 및 전시에는 연방정부가 그 책임을 맡게 된다. 연방 차원의 국가재난 및 안전관리 체계는 연방총리, 연방안보위원회, 국방부, 내무부, 법무부 등 유관 부처의 협력을 바탕으로 구성되어 있으며, 전시 대비는 국방부에서 주관하고 재난 및 비군사 분야의 국가상황관리 총괄은 연방 내무부가 주관한다. 독일 정부는 2001년 9·11테러 이후 연방정부 차원의 국가 재난관리 시스템의 재정비를 감행하였으며, 이를 통해 그 동안 주정부의 권한과 책임 하에 독자적으로 재난 관리에 대응하는 방식에서 필요한 경우 연방정부가 주정부를 지원하는 체제로 전환되었다. 이를 위하여 연방정부는 연방 내무부 산하에 연방 국민보호 및 재난지원청(Bundesamt für Bevölkerungsschutz und Katastrophenhilfe : BBK), 연방기술지원단, 민간방위아카데미(Akadeemie für Kriesenmanagement, Notfallplanung und Zivilschutz : AKNZ)를 두어 주정부와 지방자치단체와의 사이에서 유기적인 정보 보유 체계를 유지하고 있다.

독일의 재난관리체계는 행정 수준에 따라서 연방, 주, 관구정부, 시·군 기초자치단체의 단계로 지원이 이루어지고 있다. 시·군 등 기초자치단체의 경우 재난 발생 시 현장에서 문제를 해결하도록 하나 규모 및 강도에 따라서 상급 행정기관인 관구·주의 부처, 연방의 부처들이 단계별로 개입하여 지원하고, 이에 대한 책임을 맡게 된다.

앞서 본 바와 같이 독일 헌법에 따르면 재난 방지에 대한 일반적인 입법권은 연방에 있다. 그러나 법률의 집행은 연방의 위임을 받은 행정 내에서 개별 주(州)를 통하여 대부분 이루어지고 있다. 주정부는 각종 위험으로부터 국민을 보호하는 종합적인 업무를 담당하고 있다. 소방 및 구급 등 재난 상황 대비는 지방정부에서 담당하고 시정부는 소방법에 근거하여 소방 관련 예산의 운영을 담당하고 있다. 연방의 과제는 연방내무성의 관할권 테두리 안에 있는 다른 행정 부처들, 연방기술지원단 및 연방행정청(Bundesverwalutngsamt)에 의하여 이행된다. 특히, 2004년 연방행정청인 '연방 국민보호 및 재난지원청'이 확대 개편되어 국가 재난관리의 총괄적인 책임을 담당하고 있으며, 이를 통하여 연방정부는 재난관리에 대한 새로운 전략을 추진하고 있다.

(1) 연방정부의 재난관리 조직

독일은 연방 내무부의 제2행정차관실에 위기관리 및 국민보호국, 연방, 국민보호 및 재난지원청, 그리고 기술지원단이 있다.

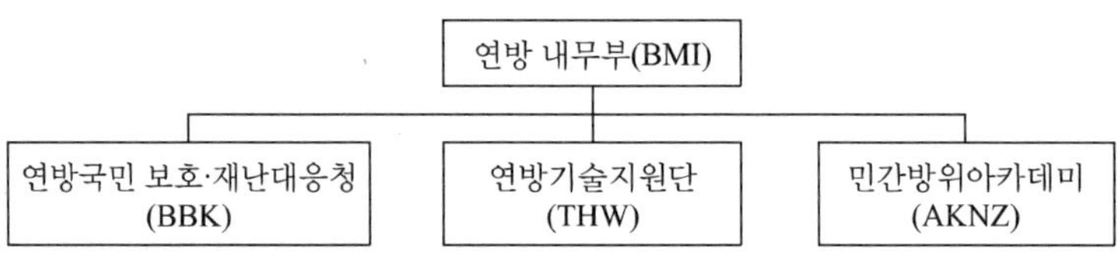

그림 7-10 독일의 국가재난관리체계도

① 연방 내무부

연방내무부(Bundesministrium des Innern : BMI)는 국가 재난의 총괄적인 책임기관이다. 연방 내무부는 총 11개의 국(局, Abteilung)으로 조직되어 있다. 독일에서의 국민 보호(Bevölkerungsschutz)와 재난관리(Kriesenmanagement)는 연방 내무부의 주요 업무로서, 국민 보호는 재난 방위에 대한 지방자치단체와 주정부 및 시민보호를 위한 연방정부의 모든 업무와 조치에 대한 상위 개념이며, 재난관리는 재난에 대한 예방, 대비, 파악과 극복 및 회복을 위한 모든 조치를 포괄하는 것으로 이해되고 있다.

연방 내무부는 장관 아래 2명의 정무차관(Parlamentarischer Staatssekretär)과 2명의 행정차관(Staatssekretär)을 두고 있으며, 제2행정차관 산하에 위기관리 및 국민보호국(abteilung KM : Kriesenmanagement und Bevölkerungschutz)을 두어 연방정부의 위기관리에 대한 종합적인 중앙센터 기능을 수행하도록 하고 있다. 구체적으로 위기관리 및 국민보호국은 재난관리에서 조정센터 역할을 수행하는 제1과, 시민 및 국민 보호와 연방 국민 보호 및 재난지원청을 관할하고, EU를 포함한 국제 관련 업무를 수행하는 제2과, 기술지원단을 관할하며, 기술지원단의 외국 파견 업무를 수행하는 제3과, 필수적인 사회간접자본 및 기술집약적인 설비, 시설, 교통수단의 방위와 보호를 담당하는 제4과, 총기류 및 폭발물 기타의 보호 관련 업무를 수행하는 제5과 등으로 구성되어 있다.

② 연방 국민 보호·재난지원청

2001년 9월 11일 미국에서 발생한 테러와 2002년 8월의 엘베강 홍수로 인하여 새로운 위협에 대처하기 위한 연방정부와 주정부 간의 효과적인 협력을 위한 새로운 방안이 필요하게 되었다. 이에 연방정부는 2004년 5월 1일 연방 국민 보호·재난지원청을 설립하여, 연방정부와 주정부의 위기관리에 대한 통합적 위기 방지 시스템을 구축하였다.

연방 국민 보호·재난지원청(BBK)의 주요 업무는 ㉠ 통일적인 시민 보호계획을 수립할 때 관할권이 있는 상위 연방관청을 지원, ㉡ 시민보호조직 소속원의 요청에 대한 지시, 시민 방위 업무의 영역에서의 재난 방위 체계의 수립 및 이의 수행 능력 형성, 민방위법 제5조제1항에서 규정하고 있는 자위를 포함한 지방자치단체 지원, ㉢ 민간에 대한 경보에의 협력, ㉣ 보호와 지원 가능성을 포함한 민간인 보호에 대한 정보 제공 등이며, 민간 보호 영역에 대한 독일 헌법 제85조제4항의 연방정부의 권한은 연방 국민 보호·재난지원청에 위임한다(민방위법, 제4조).

주요 부서로는 제1국(재난관리), 제2국(재난대비, 핵심 사회간접자본, 국제협력 업무), 제3국(기술연구 및 국민보건 보호), 제4국(민방위교육, 재난관리아카데미, 비상기획 및 시민 보호) 등이 있다.

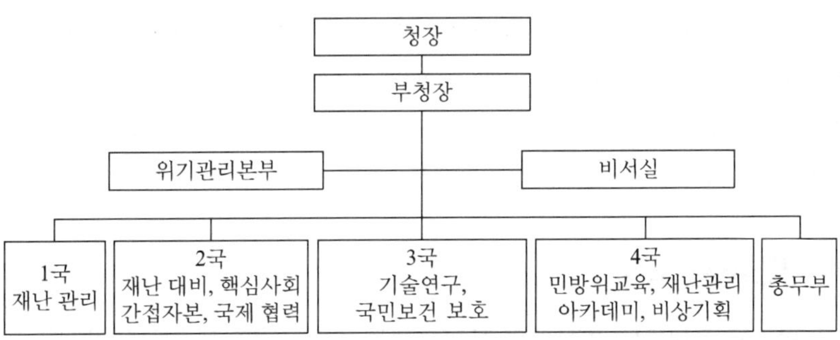

그림 7-11 연방 국민 보호·재난지원청의 구조

③ 연방기술지원단

연방기술지원단(TWH)이란 독일이 제2차 세계대전 후 전쟁으로 인한 화재, 그리고 폭우 폭설 등의 자연재난으로부터 주민을 보호하기 위한 구호단체를 설립하면서 조직화된 독일 고유의 재난 방지 조직이다. 연방정부가 자발적인 민간구조단체에 예산을 지원하면서 연방행정기구를 발전시켰기 때문에 연방청 산하에 주정부, 지방자치단체 단위와 같이 다른 연방행정조직과 비슷한 형태를 취하고 있다. 독일은 연방정부가 단지 법률을 제정하는 권한만 갖고, 집행권은 주정부에 위임하고 있기 때문에 연방기술지원단은 전체 연방을 8개로 통괄하여 각각의 주연합에 8개의 통합본부(Landedverbände), 66개의 지역 기술지원단(Ortsverbände)으로 구성된 조직을 가지고 있다. 본(Bonn)에 소재하는 연방기술지원청(Technisches Hilfswerk-Leitung)에는 청장이 전국의 기술지원단을 대표하고 기술 지원단 행정을 총괄한다. 그러나 실질적인 기술지원 관할권은 각 주에 분포되어 있는 66개 기술지원단 사업본부에 있다. 기술지원단 사업본부는 약 800명의 구조전문직 공무원들로 구성되어 산하 자치 단체별 기술지원단의 기술구조사업을 총괄 지휘하고 구조작업을 지원하고 있으며, 지방자치단체 소재 668개 지역 기술지원단에는 총 8만 여 명의 구조단원이 각종 재난방재 기술장비 및 구조 차량을 보유하고 있다. 특수 임무를 수행하는 전문구조팀으로 식수 공급 및 정수처리팀, 잔해제거팀, 조명지원팀, 기반시설복구팀, 운송팀 등이 있다.

전문구조장비와 기술 인력을 갖추고 정기적인 훈련을 실시하며 소방서, 경찰 등 다른 재난 관련 조직과 상호 협력체계를 유지하고 있으며, 외국의 재난 발생 시 인력 및 기술을 지원하고 있다. 특히 내전 발생 국가의 복구재건 사업에 참여함으로써 UN과 EU로부터 신뢰를 얻고 있다고 한다.

④ 위기관리센터

연방 국민 보호·재난관리청 내에 설치된 위기관리센터(Zentrum Für Kriesnmana-gement)는 연방 내에 발생한 재난 상황을 신속하게 전파하여 피해를 최소화하는데 그 목적이 있다. 이러한 위기관리센터는 재난 대비 정보 체계(das deutsche Notfallvorsorgeund Informationssystem : deNIS), 연방-주 공동 상황신고센터(Gemein-sames Melde-und Lagezentrum von Bund und Ländern : GMLZ), 시민정보국(Aufgabenbereich “Information der Bevölkerung” : InfoBev), 대규모 재난 이후의 국외의 독일인 희생자 및 그 가족의 보호를 위한 조정국(Nachsorge, Opferund Angehörigen-Hilfe : NOAH), 경보센터(Warnzen trale : WarnZ)의 다섯 개 기구로 조직되어 있다.

(2) 주정부의 재난관리 조직

독일 헌법에 의하여 주정부는 경찰력을 통한 위험 예방, 구호단체, 화재 및 재난방위의 영역에 대한 고유한 입법권을 가지고 있다. 이에 따라 주정부의 법률들은 그 형성과 시행의 구조 등에서 상이한 구조를 가지고 있다. 그러나 재난관리에 대한 업무는 주정부의 내무부에서 관장하는 것이 일반적이다. 현재 연방정부는 시민 보호를 위한 민방위 관련 전체 활동을 기획하며, 주정부는 재난에 대한 업무관리와 실무를 담당한다. 여기서 주정부가 독자적으로 재난관리를 하는데 어려움이 있는 경우에 관련된 업무에 대하여 연방정부와 협의할 수 있으며, 재원에 관한 경우도 연방정부의 민방위 재원을 지원받을 수 있다.

최근 독일의 주정부들은 세계 테러 증가와 자연재난의 발생으로 재난관리의 필요성을 잘 인식하고 있다. 그 대표적인 경우로 노르트라인-베스트팔렌(Nordrhein-Westfalen)주를 들 수 있다. 노르트라인-베스트팔렌주는 2001년 테러 공격과 과거 엘베강의 범람으로 발생한 인명과 재산 피해를 겪은 후, 새로운 제도적 장치를 보완하는데 역점을 두고 일련의 조치들을 단행했다. 즉, 2003년 4월 "미래 재난보호법 초안"을 만들어 그해 10월 주정부 내무부에 위험보호국(Gefahrenabwehr)을 신설하였다. 주정부 내무부의 차관(Staatssekretär) 아래 7개국의 국(Abteilung)들이 편성되어 있으며, 그 중 제7국이 위험 보호를 담당한다.

이와 같이 독일의 각 주 들은 주정부 차원에서 재난관리 조직을 강화하기 위한 조직 개편을 단행하고 있다. 평상시 재난에 대비한 지원은 주정부의 과제이다. 각각의 주는 독립적인 안전관리 계획을 수립하고 소신껏 업무를 수행하며, 주정부는 법령이 정하는 바에 따라서 복수의 기초지방자치단체, 기초지방자치단체 조합이 전부 또는 일부의 시민 보호 업무를 함께 수행하도록 결정하고 누가 지도권을 갖는지 결정할 수 있으며, 이러한 권한을 가장 상급의 주 관청에게 위임할 수 있다(시민 보호 및 재난지원법(Zivilschutz-und Katastrohilfegesetz) 제2조제2항).

① 주의 재난관리체계

각 주정부의 내무부에는 소방 및 재난관리국이 있으며, 국민의 생명과 재산보호에 대한 국가책무로 규정되어 있다. 주정부의 내무부는 관할구역 내의 재난에 대한 기본 계획과 예산계획을 수립한다. 각 주의 내무부는 민방위본부와 협의하여 재난 발생 시 대응계획을 수립하며, 주의 민방위본부가 대처하고 사고 수습을 지원한다. 각 주의 민방위본부는 7개의 협력기관의 인력을 공동으로 관리하여 비상시 활용 가능한 인력으로 유지 관리하고 있다. 민방위본부 산하에는 응급구조본부, 기술지원단 등이 주 내무부의 인적·재정적 지원을 받아 운영되고 있으며, 주는 이에 대한 지도·감독 권한이 있다.

바이에른주의 경우 다른 주정부와 구별되는 독자적인 재난관리 시스템을 구축하여 운영하고 있는 것이 특징이다. 바이에른주는 내무부 아래 일반 내무행정과 국가건설행정 및 최고건설청 등으로 양분된 조직 체계를 갖추고 있다. 일반내무행정국은 중앙사무국(Z), 국가행정국(A), 지방사무국(B), 공공안녕질서국(C), 재난방재국(D) 등으로 세분화되어 있다. 국민의 재난 위험에 관한 재난관리는 일반 내무행정 분야의 안전국(Sicherheit)의 소속으로 되어 있고, 내무부 하부 조직인 7개 관구행정에 각 7개의 재난방재청과 71개의 광역군(Landkreisen)과 25개 지방자치단체에 방재청이 설치되어 있다. 주정부 방재청 산하에 7개 관구행정청에 96개 방재청을 두고 있는데, 이들 방재청은 국민의 안전과 생명을 보호하기 위한 예방적 조치의 틀 속에서 일반적인 재난 보호 및 위험 방어 계획을 수립하는 것을 주요 업무로 삼고 있다. 바이에른 주 재난관리 시스템의 특징은 재난 발생 시 신속한 재난 대응을 확보하기 위한 방안으로 권한과 책임을 분권화하는데 있다. 이러한 정책은 바이에른 주에서 주관하는 전자정보처리 시스템(EDV-Programm)인 바이에른 경보안전정보 시스템(Bayer-nisches Alarmierungs Sicherheits und Information System : BASIS)을 바탕으로 하여 통일적으로 수행된다. 재난방재청기관은 다른 재난방재기관과 유기적으로 협력하여 주요한 자료 및 정보를 교환하면서 협력적 통합 시스템을 운영하고 있다. 아인란트-팔츠(Rheinland-Palz)주의 민방위 사무는 내무·체육부에서 담당한다.

② 재난관리의 지휘 체계 및 운영 시스템

주정부의 실질적 실무기관으로서는 지도·감독 및 직무청이 있으며, 지도·감독 직무청이 주 내무 체육부의 지휘 감독을 받아 민방위 사태 또는 재난에 대한 대응을 총괄 지도한다. 주 정부에 모든 민방위 사태에 대한 책임과 의무가 주어지며, 지도·감독청 및 직무청은 업무의 효율성을 제고하기 위한 조직으로 볼 수 있으며, 연방행정청은 지도·감독 및 협력기관으로 활동하게 된다.

지도·감독 및 직무청의 재난 사태에 대한 대응은 주 소방대, 기술지원청의 협력을 얻어 수행하는 것이 원칙이며, 나아가 실제로 각종 재난 사태가 발생하는 경우 지도·감독 및 직무청은 각급 봉사단체의 협력을 통하여 대응하게 된다. 연방과 주정부에서 조직한 국가단체를 비롯한 민간단체는 직능별로 국가 과제를 위임받아 자발적으로 임무를 수행하며, 이러한 활동은 주정부로부터 재정 및 장비를 지원을 받아 이루어지는 것이 일반적이다.

라인란트-팔츠주의 주정부 민방위 및 재난관리 실무기관으로서 지도·감독 및 직무청은 트리어(Trier) 시에 설치되어 운영되고 있다. 함부르크 시의 경우, 바이에른 재난보호법(Bayernisches Katastrophenschutzgesetz : BayKSG) 제5조는 재난관리의 성공적인 수행을 위하여 모든 지방자치단체로 하여금 소방방재청 조직을 설치하도록 규정하고 있다. 또한 재난보호법 제5조는 방재청은 기본적으로 재난관리에 필요한 인적·물적 자원 동원에 대한 포괄적인 명령권을 가진다고 명시하여 효율적인 지휘명령 체계를 위한 법적 장치를 마련하고 있다.

방재본부의 주요 업무는 예방적 조치와 위기관리로 나뉜다. 예방적 조치는 크게 계획과 규정 및 훈련 등 세 가지로 분류된다. 첫째로, 계획은 화재 및 재난 보호에 대한 경보계획·일반적인 재난보호계획·특별 잠재 재난에 대비한 시설물에 대한 재난보호 특별계획 등으로 구성된다. 둘째로, 재난과 대규모 피해사건 투입 및 지위 관리에 대한 지침과 교육 및 재교육을 준비하는 임무이다. 셋째로, 일반 예비훈련 관련 업무의 준비 활동이다. 긴급재난이 발생할 경우, 방재본부는 최고 지휘 단계로서 필요에 따라 다른 관련 방재청의 대표자와 다른 기관의 방재시설 사용 및 외부기관의 지원 요청, 방재정책에 대한 종합적인 조정을 임무로 한다. 중간 단계의 지역 지휘권자, 즉 현장 지휘자는 해당 지역에 재난 위기가 발생할 경우 방재청의 규율·명령권의 범위 안에서 모든 방재 조치를 취할 수 있다. 이는 바이에른 재난보호법 제6조의 규정에 따라 방재청의 위임과 지시의 범위 안에서 현장에서 취해지는 모든 대응 조치를 지휘하며 또는 모든 투입된 인적·물적 자원에 대한 명령·지시권을 가진다. 재난보호법상 재난에 해당하지 않는 재난이 발생하는 경우도 당해 지방행정청은 그에 상응하는 권한, 즉 현장지휘자를 지명하여야 하며, 또 지명된 현장지휘자 역시 재난 방지를 위한 조치를 취할 포괄적인 권한을 위임받고 있다.

(3) 지방정부의 재난관리 조직체계

일반적인 독일연방의 주법에 따르면 군(郡, Landkreis), 군에 속하지 않는 시, 또는 내무부가 재난 예방에 대하여 책임을 진다. 재난으로 인한 다양한 위험은 일차적으로 기초 지방자치단체 차원의 조치를 통하여 해결되어야 한다. 위기관리를 위한 관리조직은 소방업무규정에 따라 설치되나 주에 따라서 다른 규칙을 도입하고 있는 것으로 나타난다. 독일 지방정부의 재난관리체계에 대하여 함부르크시의 재난관리체계를 예를 들어 살펴보도록 한다.

① 함부르크시 재난관리의 지휘체계 및 운영 시스템

함부르크시는 1962년 대홍수 재난사고를 경험한 이후 현재의 재난관리체계로 변화하였다. 현재에는 주정부 내무부(Behörde für Inneres und Sport)가 재난 방위에 주요한 역할을 차지하고 있으며, 시의회는 재난 방위를 위한 모든 조치의 지시자로서 통일적인 지시를 위한 행정적인 조치에 대한 책임을 부담한다. 재난이 발생한 경우에는 시의회가 함부르크시의 모든 관청에 대한 지시권을 행사하며, 이를 통하여 교통의 통제와 같이 필요한 본질적인 조치를 지체 없이 유기적으로 취할 수 있도록 하여 준다.

현재 소방본부의 사무 분장 체계에서 함부르크 중앙방재본부(Zentraler Katastro-phenschutzdienst-stab : ZKD)의 역할이 매우 중요하다. 중앙방재본부는 재난 발생 시 함부르크의 모든 참여기관을 조정하는 기능을 수행하며, 주요 정책 결정에 대한 원칙 및 재난 보호 담당자에게 신속한 대안을 제시한다. 한편 중앙방재본부는 주어진 재난 상황에서 상호간 조정 및 재난관리의 감독 기능을 하며, 필요한 경우 인적·물적 자원을 지원하는 연계적 기능을 하고 있다. 더불어 재난에 참여하는 여러 행정기관과 인접 주정부 및 국가와 협의하는 역할도 한다. 그 밖에 재난 관련 상황을 알리는 중앙언론공보 업무까지 담당하고 있으며, 이를 위하여 라디오 방송을 통한 지역 경보와 국민에 대한 정확한 정보 제공 및 개인에게 적절한 안내 위치를 설정해주는 주민콜센터의 기능을 겸비하고 있다. 또한 전문가 집단이 편성되어 재난 발생 시에 투입되며, 이들은 중앙재난본부를 위하여 재방의 건설 및 홍수대비, 교량, 터널, 도로의 운영, 재난 대비 물품의 생산 및 적재, 해상 및 항공 교통에 대한 조언을 행한다.

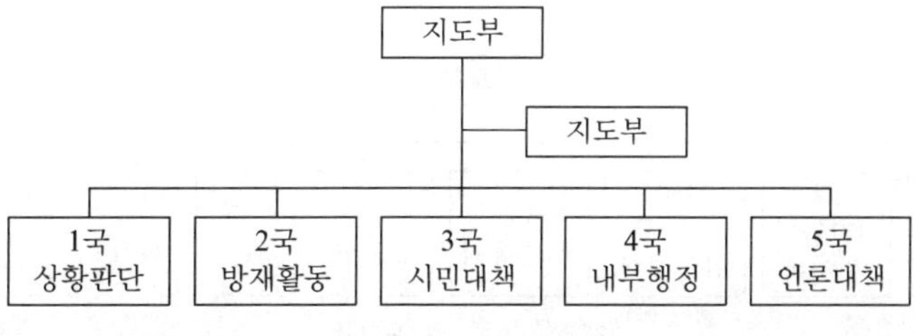

그림 7-12 함부르크주 내무부 중앙방재본부 구성

② 함부르크시의 재난 발생 시 네트워크 연계 시스템

함부르크시의 경우, 바다에 인접한 주요 시설물은 대규모 재난 발생에 취약하고, 또 예측할 수 없는 영역에서 대형사고가 발생되기 때문에 항상 다른 구조단체와 보조기관이 긴밀히 협조하는 연계 시스템을 구축하고 있다. 이처럼 함부르크 주정부는 재난 발생 시 체계적이고, 조직적인 연계 시스템을 통하여 신속한 대응을 하고 있다. 즉, 주정부 내무부 산하에 소방서, 경찰과 긴밀한 협조를 하고 있으나, 필요에 따라 다른 구조단체와 긴밀한 연계 체계를 갖는다.

이와 같이 함부르크시는 대규모 재난사고에 대비하여 가능한 한 많은 사전 예방 및 교육에 노력을 쏟고 있으며, 재난관리청 또한 다양한 사고결과를 분석·검토하여 재난 예방 조치를 기획하고, 주민 대응력을 높이는데 초점을 맞추고 있다. 예를 들면, 재난 발생 시 지역학교를 지역 주민의 비상숙소로 활용하는 계획과 안내 등에 필요한 대피 인원을 사전에 정확히 분석·관리하고 있다. 더불어 예방적 차원에서 재난관리에 대한 사전기획은 주민의 생명과 안전을 목표로 반복된 훈련과 교육 및 재교육을 주기적으로 실시하고 있다. 이를테면, 재난훈련을 화학사고, 공항사고, 열차사고, 원자력 기술사고 등에 대비하여 모든 행정기관이 참여하는 교육훈련으로 확대하였다.

3 통합적 재난관리체계

재난에 대한 대응에서도 연방제의 원칙이 적용되므로 재난 대비 및 원조 체계 또한 본질적으로 보충성의 원칙에 따라 구성된다. 이러한 긴급 상황을 극복하기 위한 관할권, 책임 및 조치는 1차적으로 기초지방자치단체와 주정부에 있으며, 따라서 주정부와 기초지방자치단체들은 구호조직 및 소방조직과 긴밀하게 연결되어 있다. 연방정부 또한 이러한 체계의 일부분이기 때문에 재난이 발생한 경우 주정부는 연방에 대하여 도움을 요청하게 된다.

2004년 8월에는 연방 차원에서 재난관리본부를 통일적으로 구성하기 위한 모형을 제시하였으나, 재난이 발생한 경우에 담당 행정청은 이러한 모형에 현장에서의 조치를 위한 현장요원과 지시를 위한 지도요원을 함께 배치한다. 이는 관할권을 통합하고 의사 결정 과정을 단축시키는 효과를 가져오며 양자의 요원들은 독립적으로 소집된다.

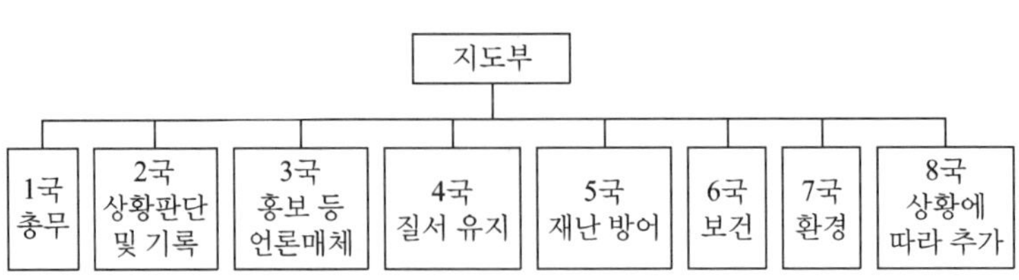

그림 7-13 재난관리본부의 구성

(1) 중앙정부 내부의 조정

국가재난은 예측할 수 없는 상황에서 발생하기 때문에 중앙정부 차원에서 종합적인 대응책과 전략을 마련하는 것이 당연한 일로 여겨지고 있다. 특히 독일은 연방주의를 채택하고 있기 때문에 연방정부와 주정부 간 의사 전달 체계가 원활하지 못할 경우 상호 협력적 공조 체계에 차질이 빚어질 수 있다. 그런 배경에서 연방정부는 위기관리에 좀 더 신속하고 체계적으로 관리하기 위하여 연방정부와 주정부 및 각 지방자치단체의 협력을 강조하고 있다.

구체적인 재난 발생 상황에서의 연방 차원의 재난관리는 각각의 상황에 대하여 주도적인 역할을 담당하는 행정청이 주도적인 책임을 부담하는 것으로 되어 있다. 재난의 극복을 담당하는 행정청에서는 빠른 시간 내에 위기관리본부(Kriesenstab)를 구성할 수 있도록 조직적 기술적 준비작업과 연락 체계의 구축 등 필요한 대비를 하여둔다. 담당 행정청의 위기관리본부는 연방 내부 및 긴급 상황이 발생한 주와의 조정을 담당한다. 그와 동시에 다른 행정청들에서는 주도적인 조정 역할을 수행하는 행정청의 위기관리본부에 연락담당관을 단기간 동안 파견한다. 연방정부의 모든 행정청에서는 근무시간 외의 연락 체계를 구축하고 이를 연방총리실(Bundeskanzleramt) 및 연방내무부의 상황실(Lagezentrum)과 공유한다.

독일 국내에서의 재난관리에는 연방 내무부(BMI)가 중요한 역할을 수행한다. 독일 국내에서 중대한 위험이 발생한 경우에는 연방 내무부의 위기관리본부가 그 상황의 극복을 위하여 소집된다. 그의 임무는 연방 내무부와 연방 내무부의 업무 범위 내에서 이루어지는 조치와 각 행정청 및 주정부와의 조정 및 경찰에 관한 협의이다. 위기관리본부의 소집은 연방 내무부의 상황실에 의하여 이루어지며, 연방 내무부의 산하기관과 다른 연방 행정청 및 연방 주정부의 고문 및 연락담당관에 의하여 구성된다. 재난 상황의 극복을 위한 다양한 측면에서의 위기관리본부의 협동 작업은 연락담당관, 나아가 전화 또는 화상회의를 비롯한 기술적 방법에 의하여 실현된다.

주정부의 차원을 넘어서는 사태에서는 더 많은 연방관청이 개입하여 연방 차원에서 선행적 보호 조치가 가능하도록 하는 바, 원자력 물질을 이용한 범죄행위에 의하여 야기된 중대한 재난 상황에 대해서는 연방 내무부와 연방 환경, 자연, 원자력 보호부(Bundesministrium für Umwelt, Naturschutz und Reaktorsicherheit : BMUB)가 전염병 및 생화학 테러의 경우에는 연방 내무부와 연방 보건부(Bundesministrium für Gesundheit)가 각각 연방 내무부의 모델에 따라 합동위기관리본부를 구성한다. 부처를 초월하는 위기관리본부의 구성을 통하여 각 부처의 특수한 이해를 통합시키고, 기조의 모든 조치에 대한 선택 가능성을 활용할 수 있는 능력을 증가시키는 통합적인 재난극복 수단을 선택할 수 있게 하여 준다.

(2) 중앙과 지방의 협력적 관계

연방정부와 주정부의 부처간 협력단(Interministerlielle Koordinierungsgruppe des Bundes und der Länder : IntMinKoGr)은 연방정부와 주정부의 합동 조정기구로서, 특별하고 장기간 지속되며 주정부의 관할을 넘어서는 재난 상황(예컨대 국내·외의 원자력 사고, 전염병, 광범위한 자연재난 등)에서 보조적인 역할을 수행한다. 이러한 상황이 발생한 경우에 부처 간 협력단은 복합적인 사실 관계에 대한 판단 및 협의를 진행하는 바, 그때그때의 전문가 의견에 따라 특정한 연방 행정청의 관할권을 확정하고 당해 주정부를 지원한다. 그에 더하여 상황 판단, 위험 평가 및 예측을 시행하며, 상황에 적합한 공동의 해결책을 제시하고 연방과 주 사이의 연락 체계를 구축한다.

재난이 발생한 경우에 주정부에서 사용 가능한 인력과 물자가 부족한 경우에는 외부에서의 지원이 필요하게 된다. 이러한 경우 당해 주정부는(독일 헌법 제35조제2항 제2문에 따라) 다른 주의 경찰력, 연방의 경찰력과 군 병력 및 다른 행정청의 인력과 설비의 지원을 요청할 수 있으며 기술지원단의 지원 또한 가능하다. 이러한 지원에 대한 요청은 지역의 담당자 또는 주정부의 내무부에 직접 전달된다.

(3) 정보 교환 체계

① 공동 상황 신고센터

공동 상황 신고센터는 국가적으로 광범위한 재난이 발생한 경우에 주 또는 기관 상호간의 정보와 자원의 교류를 담당한다. 전체적인 상황을 파악하기 위해서는 계속적으로 재난에 대한 상이한 정보를 관측하고 파악하여야 한다. 공동상황신고센터의 임무 또는 보고 및 정보의 수령, 제공, 분석, 가공, 조정, 전파와 교환이다. 이를 통하여 사후에 재난의 복합적인 배경을 이해하고, 재난이 발생하는 경우에 사건의 진행을 예측하고자 하는 것이다.

② 재난 대비 정보 체계

독일의 재난 대비 정보 체계는 데이터베이스로서, 대규모 재난의 관리를 위하여 정보를 종합하는 기능을 한다. 위에서의 공동상황신고센터의 활동은 이 데이터베이스를 유지하는 데에 중요한 역할을 한다. 모든 시민에게 공개되는 재난 대비 정보 체계는 2002년 5월부터 인터넷을 통하여 제공되기 시작하였다. 재난 대비 정보 체계의 데이터베이스는 연방, 주, 지방자치단체 및 여러 단체가 이를 통하여 서로 연결하여 '시민 보호 및 재난관리'를 위하여 방대한 정보를 확보하여 처리하는 것을 가능하게 하였다. 구체적으로 경험한 사실의 보고 및 재난관리를 위하여 취해진 조치에 관한 설명뿐만 아니라 재난 시 행동 방침 및 대응 조치의 공포 또한 이를 통하여 이루어질 수 있다. 나아가 2005년부터는 2단계로서 시민과 재난관리기관과의 사이에서 내부적으로 정보의 교환 또한 가능하게 되었다. 즉, 시민 및 재난방위의 영역에서 포괄적이고 효율적인 네트워크가 구축되었으며, 이를 통하여 예외적인 위험 발생 상황에서의 재난관리를 효과적으로 뒷받침하는 것이 가능하게 되었다.

(4) 교육 및 훈련

최근에 연방차원의 재난관리체계는 주도권을 가지고 있는 연방 행정청의 위기관리본부를 통하여 연방정부 행정청 상호간의 현장에서의 협력 및 재난이 발생한 주정부와의 협의가 이루어지는 방향으로 발전되어 왔다. 이에 더하여 연방정부와 주정부의 위기관리본부의 효율적인 협동을 위하여 연방 차원의 재난관리훈련(Län-derübergreifende Kriesenmanagement-Übung / LÜKEX)과 부처 간 협력단의 계획에 대한 평가를 실시하고 있다. 연방정부와 주정부의 합의에 따라 이러한 훈련은 2년마다 실시된다. 재난을 극복하여야 하는 고유한 책임이 있는 연방 행정청은 자신들의 기존 재난관리체계를 바탕으로 정기적인 연습을 수행한다. 2007년의 재난관리 훈련에는 모든 16개 주정부가 참여하고 연방정부와 함께 국가적인 사태에 대한 극복 방법을 연습하여 자신들의 고유한 조직을 협동 작업을 위하여 재편성하는 연습을 실시하였다. 연방과 주정부 사이에 형성된 재난관리체계는 연방제에서 국가적 차원에 발생하는 재난에서 연방정부의 권한과 주정부의 협력에의 요청을 충족시키는 방향으로 발전하였다. 그러나 이는 재난관리에 참여하는 모든 관계자가 전체적인 재난의 극복을 위하여 상호 협력하여야 한다는 것을 전제로 하고 있다.

독일에서의 위기관리는 위험분석과 계획, 교육훈련과 지도, 테러 진압훈련, 재난보호 장비·시설 및 정보 교류, 특정 상황에서의 공조 체제, 통합된 위험 방어 체계의 지속적 평가 등 다양한 영역에서 전개되고 있다. 현재 ‘위기관리, 비상계획 및 시민보호 아카데미(aknz)’는 연방과 주정부 사이의 조정자로서 긴급 지원 및 투입에 대한 적합한 틀을 제공하는 역할을 수행할 수 있다. 국가적 위기에 처하거나 국제적 테러리스트의 공격으로부터 위협을 받을 경우 연방정부는 유럽연합과 주정부, 각 지방자치단체, 그리고 민간단체 및 기업들과 전략적 공조 체제를 운영하는 것이 필수적이다. 따라서 독일 연방정부는 일방적인 협력 체제를 강요하는 것이 아니라 상호 수평적·수직적 협력 관계를 중시하고, 재난 방지 및 사후 대책에 대한 신속한 대처 능력을 강화하여 시너지 효과를 극대화하는데 관심을 기울이고 있다.

4 재난관리와 시민 참여

(1) 의의

독일에서는 약 170만 명의 명예직 자원봉사자가 있다. 그 중 110만 명은 의용소방대에 근무하고 있으며, 52만 명은 민간 지원조직에서, 8만 명은 연방 기술지원단의 산하 조직 및 지역사무소에서 활동하고 있다. 조직화된 자원봉사자의 협력이 없으면 현재와 같은 독일의 재난구조 체계는 운영되기 어려울 것이다. 상이하고 전문화되어가는 조직들의 자원봉사 업무를 촉진하고 장래에 대비하여 지원하는 것은 독일 연방 내무부의 명시적인 목표이다. 과거에는 독일 연방 내무부가 공식적으로 시민 보호 영역에서 자원봉사의 촉진을 강조하였으나, 2009년 4월 이후에는 연방정부도 시민 및 재난 보호의 토대로서 자원봉사를 촉진하여야 할 법적 의무를 부담하게 되었다(시민보호 및 재난지원법, 제20조). 이러한 법률의 규정에 의하여 자원봉사 활동이 국가적인 재난방위 체계의 토대로 편입됨으로써, 시민 및 재난방위에서 자원봉사의 특성을 적절하게 활용할 수 있게 되고 자원봉사자들의 국가적인 재난방위 활동에 대한 기여의 가치를 인정할 수 있게 되었다. 유·청소년들의 봉사단체에서의 활동 또한 중요한 역할을 수행한다. 봉사단체에서의 활동은 매우 다양하며, 놀이와 학습 및 실습이 혼합된 다채로운 모임으로 이루어져 있다. 청소년들은 이를 통하여 책임감, 협동의 의미 및 사회적 책임을 경험하게 된다. 독인 연방 내무부가 연방 국민 보호 및 재난지원청 등의 협력을 받아 시행하는 "도와주는 사람들을 돕자(Rette die Retter)"는 사업은 학령기 전의 아동들을 대상으로 한다. 이미 봉사의 개념에 친숙해진 아동들은 협동과 자원봉사에 중요한 기초가 되므로, 이러한 봉사활동을 장래에도 안정적으로 유지하는 것은 이 사업의 거시적인 목표가 된다.

독일의 자원봉사자는 주로 명예직 봉사자를 의미하며, 여기에는 군복무 대체근무로서 일정기간 재난 보호 관련 기관에서 의무적으로 근무해야 하는 의무봉사자를 포함하고 있다. 독일에서의 자원봉사는 우리나라와 달리 대부분 장기간에 걸쳐서 활동을 수행하며, 소속된 기관에서 관련 업무를 수행하는데 필요한 교육을 이수하고 있다.

(2) 자원봉사단체

① 독일 생명구조협회

독일 생명구조협회(Deutsche Lebens-Rettungs-Gesellschaft : DLRG)는 110만 명이 넘는 활동가와 후원자를 가지고 있는 세계에서 가장 큰 자발적인 수상구조단체이다. 수상사고로부터 인명을 구조하는 것을 그 임무로 설립되었으며, 그 주된 임무는 수영 강습, 계몽, 수상 구조 활동이다. 약 4만 명의 활동가가 매년 190만 시간 이상 수상 스포츠 등에서 안전 유지를 하고 있다. 그 조직은 독일의 연방제에 따라서 각 주 및 지방자치단체별로 그에 상응하는 형태를 갖추고 있다. 즉, 연방 차원의 연맹(Bundesverbänd)과 주에 상응하는 주 연맹(Landesverbänd)이 있고, 그 아래에 광역 지방자치단체 연맹(Bezirken-oder Kreis-verbank)이 있으며, 기초 지방자치단체에는 지역조직(Ortsgruppe oder Ortsverband)이 존재한다. 지역조직에 가입한 회원은 동시에 상위연맹의 회원이 된다.

② 독일적십자사

150년 이상의 역사를 가지고 있는 독일 적십자사(Deutsches Rotes Kreuz : DRK)는 인도, 공평, 중립, 자발적 봉사, 단일, 보편의 국제 적십자의 이상을 공유하고 있다. 독일 적십자사는 연방협회(Bundesverbänd), 19개의 주협회(Landesverbänd), 광역자치단체협회(Kreisverbänd)와 지역협회(Ortsverein) 및 33개의 자매회사들로 구성되어 있다. 베를린에 소재하는 핵심적인 조직과 통일적인 규율을 통하여 협력기관과의 협조를 증진하는 역할을 수행하고 있으며, 적십자 원칙의 준수를 위하여 노력하며 협회의 정책적인 목적을 결정한다.

③ 노동자봉사연맹

2013년에 125주년을 맞은 노동자봉사연맹(Arbeiter-Samariter-Bund : ASB)은 자발적인 자원봉사단체이며, 노년층에 대한 봉사, 사고 발생 시 긴급 구조활동, 장애인에 대한 봉사활동을 수행하고 있다. 노동자봉사연맹은 독일 전역에서 활동하는 자원봉사단체이며 사회복지단체이다. 이는 연방협회(Bundesverbänd), 16개의 주협회(Landesverbänd) 및 223개의 지회(regionale Gliederung)와 118개의 유한책임회사(gesellschaft mit beschränkter Hafrung : GmbH)로 이루어져 있으며, 회원 수는 105만 여 명에 이른다.

④ 성 요한 구호협회

성 요한 구호협회(Johanniter-Unfall-Hilfe : JUH)는 십자군전쟁 당시 예루살렘에서 창설된 성 요한 기사단을 그 모체로 하는 것으로서, 현재 개신교 정신을 바탕으로 하여 환자를 비롯한 도움이 필요한 사람들을 구호하는 것을 그 목적으로 하는 성 요한 기사단의 소속단체로서 1952년에 설립되었다. 1개 내지 3개의 주를 하나로 묶어 9개의 주협회(Landesverbänd)로 구성되어 있으며, 주협회 아래에 지역협회(Regionaleverbänd)를 두고 있다. 1만 4천 명 이상의 직업적 활동가와 약 3만 명의 자원봉사자 및 140만 명 이상의 후원자로 이루어져 있다.

⑤ 말타 자선회

말타 자선회(Malteser Hilfstdienst : MHD)는 성 요한 구호협회와 마찬가지로 성 요한 기사단을 그 모체로 하는 것으로서, 100만 명 이상의 활동가와 후원자로 이루어져 있으며 700여 개의 지부를 가지고 있는 가톨릭 계통의 구호단체이다. 1953년 말타기사단(Malteserorden)과 카리타스협회(Caritasverbänd)가 통합하여 설립되었으며, 그 조직은 가톨릭의 교구조직을 따라서 편성되어 있다.

말타자선회는 독자적인 양로원, 요양소, 병원 등을 운영하고 있으며, 재난 방위·환자 간호 및 사고 시 긴급 구조활동 내지는 자원 사회봉사 활동을 수행하고 있다.

5 독일의 재난관리 시사점

독일의 재난관리체계가 우리에게 주는 시사점은 다음 몇 가지로 요약된다.

첫째, 재난 발생 시 재난관리조직 상호간 권한 충돌 해소의 측면이다. 즉, 독일의 경우 독립적으로 재난관리조직을 주정부가 운영함으로써 지휘체계에 대한 독립성과 일관성을 유지하고 있다. 이를테면, 주정부는 화재 및 재난에 대비한 최일선 조직으로써 여러 조직 상호간에 보완적 관계를 유지하고 있으며 경쟁적 성격을 띠지 않는 것이 특징이다.

둘째, 조직체계의 효율적 운영과 지역여건에 맞는 재난관리 대책을 마련하고 있다. 예를 들면, 함부르크시의 경우와 같이 위험지역에 대한 지구단위를 설정하여 구역에 대한 차별적 관리를 할 필요가 있다. 이는 함부르크시가 위험지구를 1구역에서 9구역까지 세분화하여 각각의 위험에 따른 관리감독을 차별화하고, 특정지역에 대한 재난위험을 차등 관리하여 예산을 투입하며 피해를 최소화하려는 노력을 하고 있다.

셋째, 소방교육의 다양한 프로그램 개발을 통해 실재 재난상황의 대응력을 향상시킨다. 유치원부터 실질적 소방교육이 실시될 수 있도록 제도적인 보완을 통해 유소년들이 소방교육에 흥미를 가지고 적극적으로 참여할 수 있는 다양한 교육프로그램을 개발·운용하고 있다. 또한 재난의 발생으로 인한 직접적 피해 당사자인 지역주민이 재난에 적절히 대응하고 피해를 최소화할 수 있도록 지방정부 수준의 시민의식교육이 시민체험 훈련 프로그램과 병행 운영되고 있다.

넷째, 재난안전 분야에 유비쿼터스 시스템의 도입 및 활용방안을 통해 재난예방의 효율성을 제고시킨다. 독일처럼 향후 발생할 수 있는 재난발생 가능성에 대해 긴급정보체계에 의한 시뮬레이션을 통해 재난유형별 가상시나리오에 따라 위성 경보시스템을 발동한다. 예를 들면, GIS-HN 시뮬레이션은 엘베강의 홍수를 관리함으로써 향후 발생할 수 있는 자연재난을 철저히 관리하고 있고, 소방존의 설치 및 운영과 소방차 주차구역에 절대 주차금지 규정을 철저히 지키도록 시스템적으로 관리하고 있다(윤종설, 2011 : 178-188).

제4절

영국의 재난관리체계

1 재난관리 법체계

(1) 재난관리 관련 법체계

영국의 재난관리 법체계는 1948년 제정되어 2002년 개정된 민방위법(Civil Defence Act)에 기초하고 있다. 민방위법은 제정 초기 냉전 시대 적대국의 공격 가능성 대비에 초점을 두었다. 그러나 영국은 2000년 가을 대홍수, 석유 값 상승이 대형 시위로 번진 연료 봉쇄(Fuel Blockade) 사건, 그리고 2001년 수족구 전염병 확산 등과 같은 대규모 위기 상황을 경험하면서 국가 재난 안전관리 체계에 대한 근본적인 변화를 시도하였다. 이 과정에서 영국은 2004년 시민안전보호법(Civil Contingencies Act : CCA)을 제정하여 민방위법 하에서의 국민 방위 개념을 국민 보호 개념으로 확대하여 영국 비상사태 관리의 근본적인 개혁을 시도하였다.

표 7-7 영국의 재난관리 법령 변천 과정

연도	법규명	법규 내용
1920	비상조치권한법(Emergency Power Act)	비상사태의 개념 최초로 등장
1948	민방위법(Civil Defence Act)	비상사태의 개념을 외부의 적대적인 공격으로 정의
1974	산업안전보건법 (Health and Safety at Work Act)	작업장 내 개인 안전과 복지, 위험물질관리, 오염물질 배출 등에 대하여 규정
1986	평화 시 민방위법 (The Civil Protection in Peacetime Act)	비상사태를 자연재난을 포괄한 시민의 긴급사태에 기인한 위기로 확대
1995	환경법 (The Environment Act)	환경규제를 통한 재난을 간접적으로 저감하고 예방
1999	주요 재난관리 규정(Control of Major Accident Hazards Regulations)	재난발생 시 종합 비상체제 관리, 응급환자관리, 지방정부의 역할 등을 명시
2000	테러법(Terrorism Act)	테러 및 테러조직 관련 활동 금지, 테러활동조사를 위한 경찰력의 강화
2001	반 테러법(Anti-Terrorism, Crime and Security Act)	2000년 제정된 테러법 더욱 강화, 테러자금 근절, 출입국 수속강화 등 포함
2004	시민안전보호법 (Civil Contingencies Act)	21세기 영국의 시민 보호를 위한 통합된 프레임워크 제시

따라서 시민안전보호법은 영국 재난관리 기본법으로서의 위상을 지닌다. 시민안전보호법은 전 2부로 구성하며, 제1부에서는 비상 대응 및 비상 대비와 관련한 지방 차원에서의 시민 보호 관련 법규를, 제2부에서는 1920년 비상조치 권한법을 개정하여 새로운 비상조치 권한을 규정하고 있다. 이 법에 따라 지방 차원에서의 비상대응 처리기관은 제1차 및 제2차 대응처리기관(재난안전책임기관)으로 구분되나 이 두 기관 모두 지방경찰의 행정 관할구역에 기반을 둔 지방복구대책위원회(Local Resilience Forums)를 구성하여 비상 상황에 대응하고 있다. 또한 시민안전보호법은 산업기반시설에 대한 위기재난 관리규정(Control of Major Accident Hazards Regulation : COMAH), 송유관안전규정, 방사능사고 대비 주민홍보규정 등을 주요 정부(시행)령으로 명문화하고 있다.

(2) 재난관리 관련 계획

지방자치제도가 일찍부터 정착된 영국은 중앙정부와 지방정부의 분권화 특징을 반영하여 비상관리계획을 마련하고 있다. 중앙정부는 비상관리계획의 가이드라인을 제시하며, 지역비상복구위원회에서 지역의 비상관리계획을 수립한다. 지역비상복구위원회는 지역별로 위치하며 지방정부, 군, 언론매체, 기업과 시민단체 등의 기관이 참여하고 지역적 특성에 대하여 효율적인 정보 공유를 이루어 현실적인 계획을 수립하도록 하고 있다.

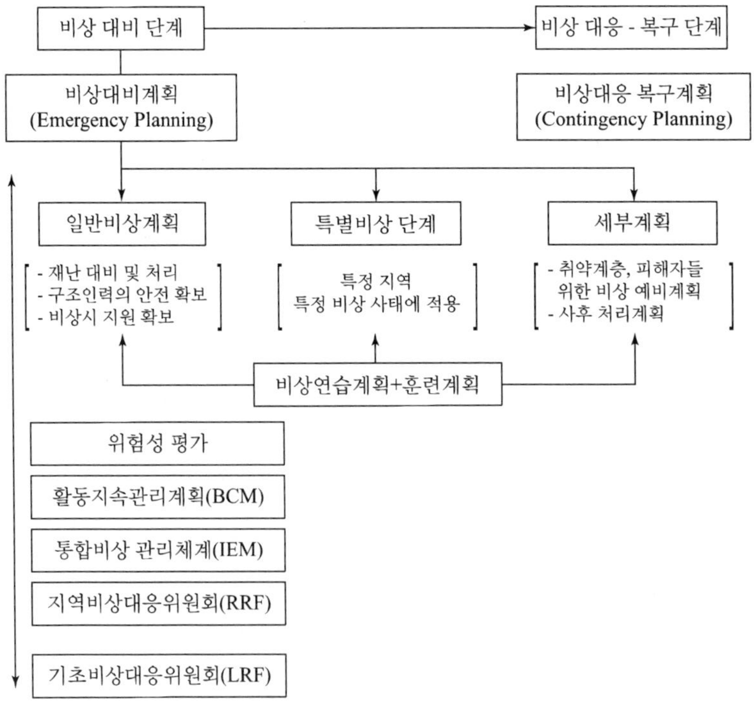

그림 7-14 영국의 국가비상계획 체계

그 내용은 명령 및 통제 규약, 언론·공적 정보 규약, 대량 사상자 처리, 대규모 지역 방재, 현장 정리, 재난기금 등의 여섯 가지 분야로 수립한다. 이에 따른 영국의 비상관리계획은 크게 **비상대비계획과 비상대응 복구계획**으로 구분되며, 그 내용은 다음과 같다.

첫째, 비상대비계획은 비상사태 발생을 예방하거나 발생 후의 피해 확산을 막고 피해와 영향을 최소화하기 위한 계획으로 시민안전보호법 상의 모든 재난관리 책임기관은 이 계획을 수립하고 이에 따른 연습을 이행하여야 한다.

둘째, 비상대응 복구계획은 시민안전보호법에 근거하여 제1차 재난관리 책임기관이 수립하여 시행하여야 하며, 중앙정부 차원과 지방정부 차원의 비상복구계획으로 구분된다. 중앙정부 차원의 비상대응 복구계획은 지난 5년간의 위험성 평가에 기초하여 일반적인 대응복구 역량을 확인하고 대응 태세를 발전시킨다. 반면, 지방정부 차원의 비상대응 복구계획은 지역 차원에서 재난관리 책임기관과 재난구조 지원기관, 중앙정부 상호간 협력 조정의 역할을 중심으로 실행한다. 이 과정에서 재난관리 책임기관은 비상사태 발생에 따른 비상대응 복구계획을 수립하고 일정한 조치를 이행하여야 한다. 또한 관련 계획서를 관련자들에게 배포하고 게시하여야 하며, 계획에 따른 예방 및 처리 조치들을 알려 주고 경보 체제를 갖추어야 한다.

2 재난관리 조직 체계

영국은 일찍부터 지방자치제도가 발달하면서 재난관리체계가 초기 단계부터 지방자치단체가 주관하는 형태로 되어 있다.

(1) 중앙정부의 재난관리 조직

영국의 중앙정부는 국가 위기 상황을 3단계로 구분한다. Level 3의 경우 최악의 비상사태로 간주하여 중앙정부의 지휘 및 원조가 필요한 상황으로 수상과 국가안보위원회(civil Contingencies Committee)가 전담하며, Level 2는 심각한 위기 상황으로 중앙정부의 조정 및 관련 부처의 지원이 필요한 상황으로 내무장관의 지휘 하에 국가안보위원회가 대응하며, Level 1은 비상대책본부 또는 지역당국 등으로부터 지원을 요청하는 중대한 위기 상황으로 국가안보위원회가 전부 가동되지는 않는다.

따라서 영국 중앙정부의 재난관리 조직은 수상을 정점으로 한 내각사무처, 중앙비상관리위원회로 구분하여 살펴볼 수 있다.

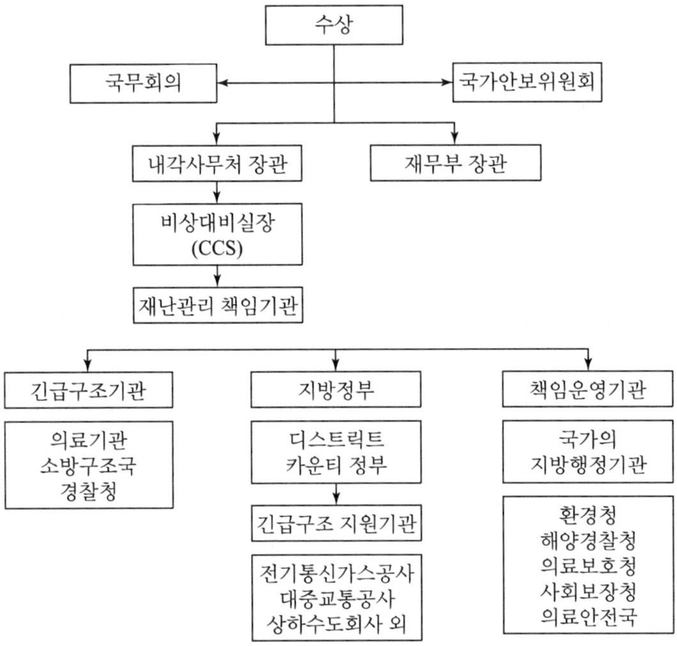

그림 7-15 영국 재난 관련 조직 체계

① 내각사무처와 내각사무처 비상대비실

영국 중앙정부는 수상 직속의 내각사무처와 재무부가 수상을 지원하여 국가 재난관리 정책의 목표를 수립하고 이행하며, 내각사무처의 시민안전보호 비상대비실(Civil Contingencies Secretariat at The Cabinet Office : CCS)이 실무적으로 총괄 책임부서를 맡고 있다.

- 내각사무처

  내각사무처 장관은 시민안전보호법에 근거하여 비상사태 처리를 위하여 지방정부 차원의 책임처리기관에 대하여 이행하여야 할 규정 등의 의무 사항을 제정할 수 있으며, 카운티 정부의 행정구역 내에 위치한 디스트릭트(district) 지방정부를 대신하여 카운티 정부에 비상사태 처리 의무를 위한 권한을 허가하거나 이와 관련한 의무수행, 또는 특정한 협력 의무, 권한의 위임 등을 요구할 수 있다. 또한 내각사무처 장관은 비상사태 대응을 위하여 제1차 및 제2차 재난관리 책임기관에 대하여 필요한 정보, 특정 정보를 요구할 수 있을 뿐만 아니라 재난관리 책임기관의 비상 대비 활동에 대한 정보열람권(정보요구권, 감독권)을 요구할 수 있고 이들이 수립한 비상 대비 처리계획에 대한 세부 내용, 훈련 수행 등에 관하여 세부적으로 관련 규정을 제정할 수 있다. 한편, 영국은 내각사무처 장관에게 재난 발생 시 시민 보호를 위한 특별한 권한을 허락하고 있다. 구체적으로 내각사무처 장관은 시민 보호를 위하여 다음과 같은 **명령권**을 발동하거나 **비상대비계획**에 명시할 수 있다.

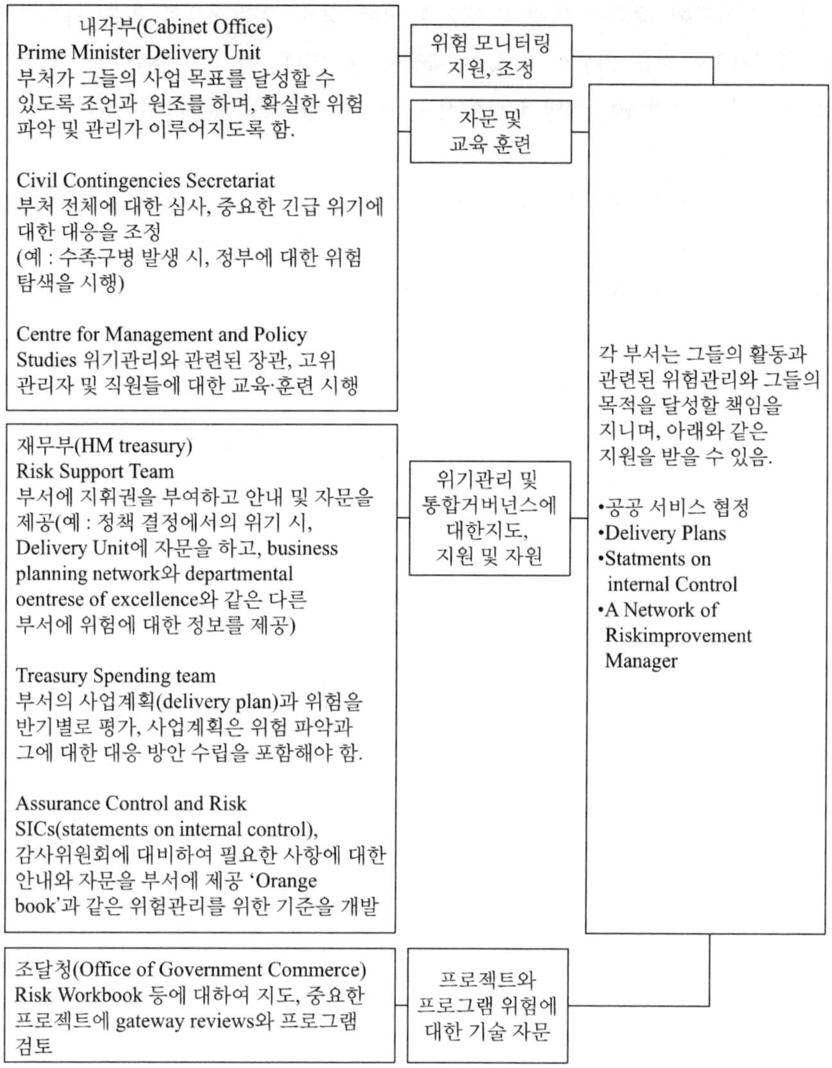

자료 : 김은성 외(2009 : 67) 재인용

그림 7-16 영국의 재난 관련 중앙부처의 역할 구분

첫째, 재난관리 책임기관에 대하여 특정한 전문가 또는 전문기관의 자문을 요구하도록 규정할 수 있다. 둘째, 재난관리 책임기관에 대하여 특정한 사안과 관련하여, 또는 예방 및 비상사태 처리를 위하여 협력을 요구하거나 또는 이를 금지할 수 있다. 셋째, 재난관리 책임기관에 대하여 특정한 사안과 관련하여 위임권을 허가하거나 또는 이를 금지할 수 있다. 넷째, 재난관리 책임기관에 대하여 특정한 사안과 관련하여 정보를 제공하도록 할 수 있다. 다섯째,

재난관리 책임기관에 대하여 특정한 상황에 처한 경우, 일반적으로 또는 특정하게 개인이나 특정기관에 대하여 적용 가능한 규정을 제정할 수 있다. 여섯째, 재난관리 책임기관에 대하여 특정한 상황과 관련하여 개별적으로 적용 가능한 규정을 제정할 수 있다.

- 내각사무처 비상대비실

내각사무처 비상대비실(CCS)은 2001년부터 설치되어 운영되고 있으며, 내각사무처 장관이 총괄책임자로서 국회에 보고하고, 실무 총괄은 비상대비실장(차관)이 관리한다. 내각사무처 비상대비실의 주요 기능은 대테러 및 재난복구 업무를 포함한 비상 대비 업무를 수행하고, 비상사태의 위기를 파악·대비하며 국제 최고 수준의 기능을 관장하는데 있다. 비상대비실장 산하에 비상대비국장 및 2센터 7팀 1원으로 구성된다. 비상대비국장은 국방부 주요의 국장 근무 경력을 가진 자로서 비상대비실장을 지원한다. 센터는 중앙 위기관리센터와 비상대비 총괄조정 센터로 구분되며, 비상사태가 발생하였을 때 비상사태의 전개 추이 등을 즉각적으로 또 정기적인 평가 및 분석을 거쳐 중앙 위기관리 센터에 정보 제공을 지원하며, 위기 대응을 위한 인프라 구축 및 대응 역량 프로그램의 개발을 수행한다. 팀은 총 7개 팀으로 구성하며 조사대응팀, 대응역량팀, 전략정보팀, 시민안전보호법 및 지역대응 역량팀, 국제대응팀, 비상훈련 운영팀, 총괄지원팀이 있다. 조사대응팀은 5개 전문 분야별 비상사태에 대한 예측 및 평가를 수행하며, 평가보고서를 국가평가위원회에 보고하여 위기재난관리 대처 방안과 기본 계획을 수립하는데 활용한다. 대응역량팀은 복구역량 기본계획(Resilience Capability Framework)을 통하여 복구 및 대응 역량 프로그램을 개발하고, 전국 및 지방 수준에서 재난 발생의 위험 수위 등을 평가한 후 복구계획 수립을 발전시키는데 활용하며 국가 역량분석 결과와 함께 재난 복구에도 활용한다. 전략정보팀은 비상대비실장 및 내각사무처 장관에게 정보 제공 등 직접적인 지원을 한다. 시민안전보호법 및 지역대응 역량팀은 시민 안전보호법의 성공적인 이행을 책임지며, 이 외에도 지역 대응 역량의 관리, 지방의 시민 보호 원칙 등을 맡고 있고, 지방행정기관의 시민안전기금 관리, 중앙의 비상대비실과 지방의 대응기관 상호간의 계약 프로그램을 관리한다. 또한 지방복구기관과 협력하여 복구 작업에도 참여한다. 국제대응팀은 유럽연합, 유엔 등 국제 위기재난관리 및 복구를 위한 협력 지원 등을 담당한다. 비상훈련 운영팀은 중앙부처 차원에서 비상대응훈련계획을 수립하고 이를 집행하는 책임 부서이다. 총괄지원팀은 비상대비실 내부의 업무를 총괄한다. 비상기획연수원은 이징월드(Easingworld)에 위치한 국가재난 및 위기관리에 관한 훈련, 정책 개발 등의 교육기관으로 연간 약 6,000명 정도 교육을 제공하고, 정책 토론과 우수 사례의 정보 교류 등 중추적 역할을 수행하고 있다.

② 국가안보위원회

국가안보위원회(civil contingencies Committee)는 내각사무처 비상대비실을 통하여 평상시 상황 및 재난 대비에 대한 대(對) 국민 홍보를 수행하며, 비상사태 발생 시에는 국가안보상황실(Cabinet Office Briefing Rooms : CORB)에서 연락·지원·조정 업무를 수행한다. CORB는 비상 시 여왕의 재가 하에 의회를 중지시킬 수 있는 권한까지 행사할 수 있다.

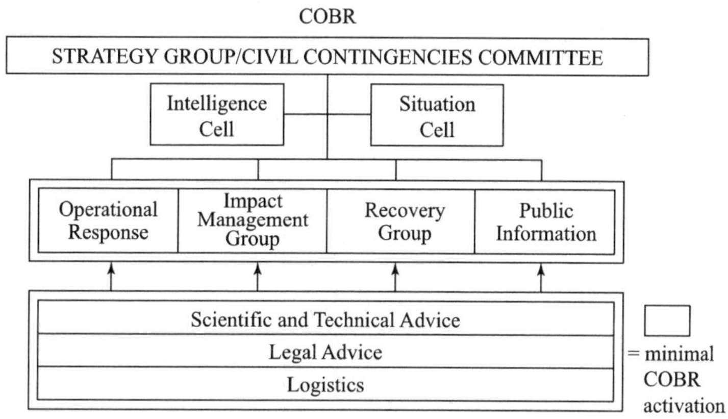

그림 7-17 국가안보위원회의 구성과 임무

또한 지역의 비상시 조직인 전략조정그룹(Strategic Coordinating, Group : SCG)이 설치되거나 중앙정부의 대응이 요구되는 경우 국가안보위원회가 현장과 중앙정부 사이의 통신 채널로 이용되며, 통합행정청(Government Office : GO)이 지역 비상 대응 원조 및 중앙과 지역 대책반 간 정보 교환의 채널 역할을 한다.

(2) 지방정부의 재난관리 조직

영국 중앙정부의 재난관리 책임기관은 주요 중앙부처, 지방행정기관, 기타 비상대비 및 복구 업무와 직접 관련 기관 등으로 구성되며, 법적으로는 시민안전보호법(Civil Contingencies Act, 2004) 부칙 제1조에 제1차 재난안전관리 책임기관이 지정되어 있다. 영국은 지방자치제도의 특성상 지방정부가 재난관리의 1차적 책임 주체가 되며, 따라서 지방정부에 해당하는 카운티 지방정부, 디스트릭트 지방정부, 런던자치구가 재난관리책임기관이 된다. 또한 비상대응기관으로 지방경찰청, 영국교통경찰청, 소방방재기관, 국민보건의료도 관련법에 귀속되는 의사, 의료원, 병원 등의 의료보호청이 제1차 재난관리 책임기관에 포함된다. 영국의 지방정부는 지역 레벨의 비상사태 발생 시 경찰, 소방구조국, 의료기관, 지역 당국들이 각자의 역할을 수행한다. 또한 최종적 수단으로서 군부대의 지원을 받기 위하여 국방부 소속 하의 민간지원청(Military Aid to the Civil Authority : MACA)이 관여할 수 있도록 하고 있다.

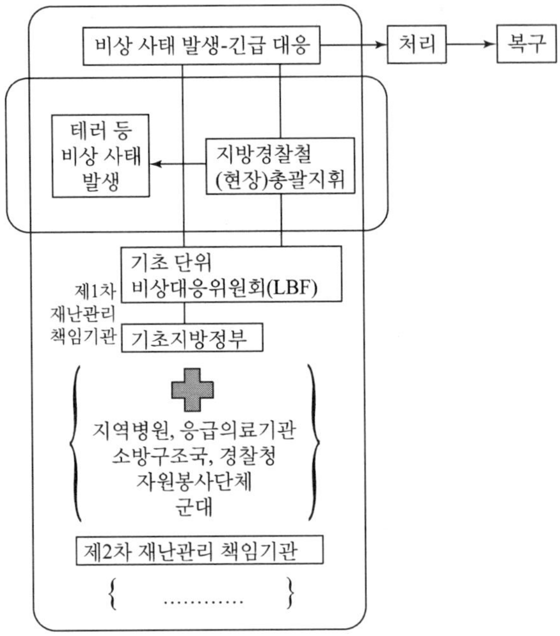

그림 7-18 영국 지방정부 재난관리 대응 체계

이외에도 공공 부문의 실무 대표기관으로 지방정부협의회, 지방위기관리자협의회, 소방협의회, 앰뷸런스협의회, 비상기획협의회 등이 포함되며, 재난 발생 시 관할 지방행정구역상 시의회의장 또는 시장이 재난관리의 전반을 통괄 지휘한다.

3 통합적 재난관리체계

(1) 재난 대응 체계

영국의 재난관리는 기본적으로 지방정부가 책임을 맡도록 하고 있으나, 실제 재난 발생 시 대응 단계는 기본적으로 지방경찰청이 주체가 된다. 지방경찰청은 모든 비상사태와 관련된 관할지역을 전담하면서, 인명구조 활동을 진행한다. 지방정부 이외에도 비상사태 관련 긴급구조기관들을 통합 조정하고, 비상경계선을 중심으로 주민, 재산, 구조 인명 등을 총괄한다. 이에 따라 지역 재난 발생 시 지방경찰청은 지역의 비상대응 협력을 위한 기초비상대응위원회(Local Resilience forum : LRF)의 의장 역할을 수행하며, 경찰행정구역에 따라 42개의 기초 단위 비상대응위원회로 구분된다. 기초비상대응위원회는 제1차 재난관리 책임기관이 반드시 참여하도록 하고 있으며, 기관 간에는 정보를 공유하고 협력한다. 다만, 기초 단위 비상대응위원회 내에 별도의 지휘관이나 통제권은 없다.

다만, 시민안전보호법(CCA)상 제2차 재난관리 책임기관들이 재난 발생 시 재난구조 지원기관으로서 긴급 지원 활동을 실시하며, 이외에도 전기가스통신회사, 대중교통회사, 상하수도회사, 의료안전관 등이 재난대응에 참여하여 지방경찰청과 협력한다.

또한, 영국은 비상사태가 지속적으로 확산되는 경우, 다양한 관련 기관 간의 통합 조정을 위하여 전략조정그룹(SCG)이 대응 과정에서는 지방경찰청을 본부로 제1차 및 제2차 재난관리 책임기관 간의 협력 대응 프로토콜을 공유하여 현장 임무나 전술적 전략적 관리에 필요한 정보를 교류하며, 복구 단계에서는 카운티 지방정부나 소방구조국을 본부로 설치·운영된다.

Check point 〈영국의 중앙 – 지방 간 사무 배분 특징〉

영국은 지방분권에 기초한 중앙–지방 정부간 관계 속에서 모든 종류의 지방정부가 법인격을 갖고 있으며, 따라서 중앙정부와 지방정부 상호간의 관계가 일방적인 명령, 지시, 통제에 의한 것이 아닌 권한의 배분 체계 내에서 역할, 책임, 기능 및 사무배분이 이루어지는 것을 기본 원리로 하고 있다. 영국의 지방정부 사무 배분의 근거는 1972년 개정된 지방정부법에 기초하며, 대륙법계 국가와 달리 지역 주민을 위한 일반 행정사무의 권능을 포괄적으로 갖지 못하면(전권한성의 원칙 불인정), 중앙정부의 장관, 고급공무원들의 지방정부에 대한 행정행위의 능력도 제한된다(월권행위 금지의 원리).

(2) 긴급 지원 체계

영국은 시민안전보호법에서 각종 위기와 재난에 대하여 비상사태(emergency)용어를 사용하고 있다. 이에 따라 영국은 비상사태를 **비상 대비 단계와 비상 대응 복구 단계**로 구분하고 있다.

비상사태 대비 단계에서는 시민안전보호법에 근거하여 위험성 평가 및 활동지속 관리계획상의 업무를 수행한다. 또한 통합관리 체계는 주로 예견, 평가, 예방, 준비, 대응, 복구 등 여섯 개 분야의 활동으로 구분하고 있다. 사후처리를 위한 비상 대응 및 복구 단계에서는 중앙 비상 처리 개념과 시민의료 지원 및 치료 등을 근간으로 업무를 수행한다.

비상사태에 대한 비상 대비 및 대응 주체는 제1~2차 재난안전관리 책임기관이며, 비상 대응 및 복구 주체는 지역비상처리위원회(regional Civil Contingence Committees : RCCCs)로 구분하고 있다. 비상사태 발생 시 기본적으로 각 재난관리 책임기관이 현장 대응을 하지만 특정한 상황에서 지역적으로 대응이 필요한 경우에는 지역비상처리위원회가 그 책임을 맡는다.

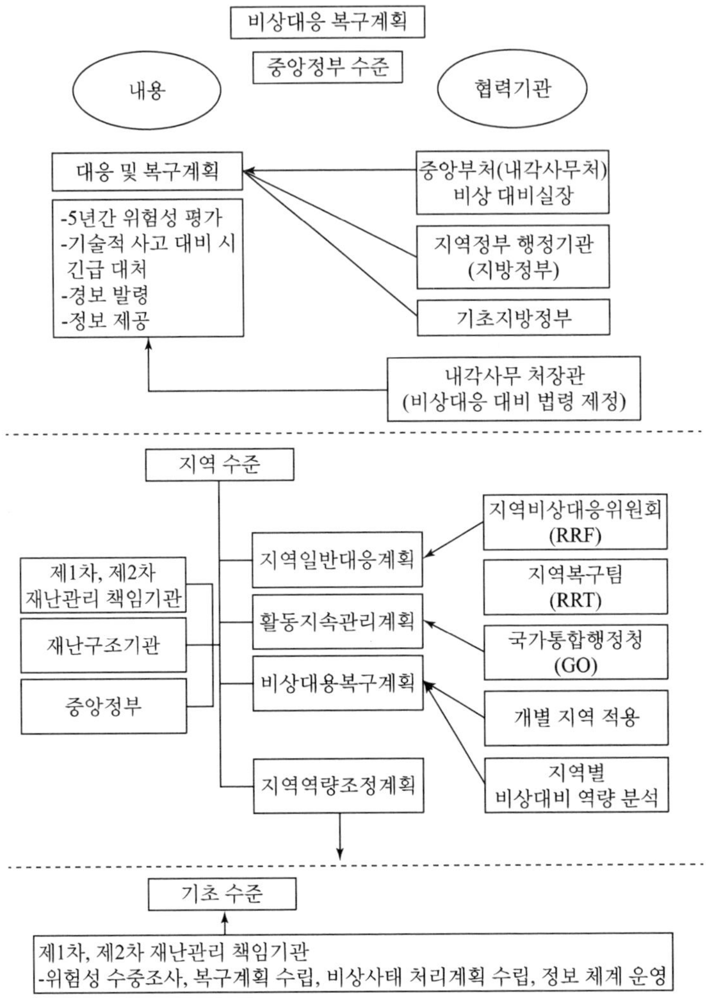

그림 7-19 영국의 비상 대응-복구 체계

(3) 재난관리정보 네트워크

영국은 비상사태 발생 시 라디오, TV 등의 공중파를 통하여 주민들에게 경보하며, 재난관리 책임기관별로 지휘 체계를 확립하고 있어 재난관리 책임기관 간에는 일상적인 연락 채널을 기초로 상황을 전달한다. 다만, 영국은 비상사태에 따른 통신기기의 결함에 대비하여 각 재난관리 책임기관들이 상시적으로 위성통신 수단을 확보해두어야 하며, 전체 통신 수단의 관리는 통합행정청이 하도록 하고 있다.

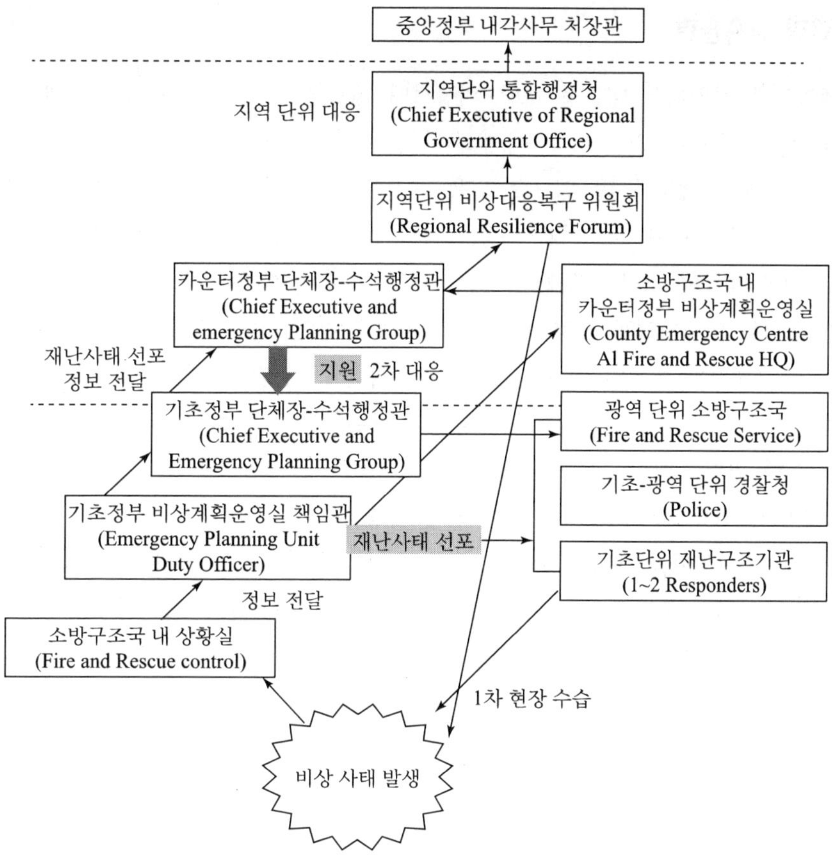

그림 7-20 영국의 재난 사태 선포 및 정보 전달, 대응 체계

(4) 비상사태 발생 시 민간 부문의 역할

영국은 비상사태 발생 시 자원봉사 활동을 효과적으로 수행하기 위하여 정부의 적극적인 지원을 받고 있는 다양한 민간조직들이 조직되어 있으며, 상시 정비 체계를 유지하고 있다. 특히 이들 민간조직은 정부에 의한 보험 가입의 혜택이 주어지는 것이 특징이다. 구체적으로 민간 부문 실무 대표기관으로 기업유지연구소, 보험협의회, 손실평가협의회, 전국소매업협의회 등이 있으며, 자원봉사 실무 대표기관으로 영국적십자, 구세군 등이 참여한다. 이들 민간 부문 기관은 재난관리 책임기관들과 마찬가지로 평상시 비상관리계획의 가이드라인에 따라 계획을 수립하고 훈련·연습을 실시하며, 비상사태 발생 시 각 기관 최고책임자의 지휘 하에 비상 대응 및 복구활동에 협력한다.

(5) 재난관리 교육훈련

영국은 중앙정부 차원에서 내무성 소방·비상사태 계획국 산하의 비상사태계획대학이 대표적인 교육훈련 기능을 수행하고 있다. 비상사태계획대학은 비상사태에 대한 대응을 위하여 필요한 정보 등을 제공하기 위하여 세미나 및 워크숍 등을 개최하며, 세미나의 내용은 재난 피해자의 정신적 치료, 환경오염, 핵시설 피해, 보도기관 대응, 피난시설 관리 등 매우 광범위하게 이루어진다. 참가 대상은 주로 비상대비 및 계획의 입안자, 비상 대응 복구 등에 종사하는 자, 또는 이러한 업무에 관심을 가지고 있는 민간기업체 직원 및 유관 기관의 민간인, 기타 지원자로 연간 6,000명 정도가 수강하고 있다. 구체적인 교육의 내용은 비상관리계획 기초 강좌, 국가보건 서비스를 위한 비상관리계획, 지방의회 의원을 위한 세미나, 지방정부의 사무총장 워크숍, 피난시설 관리, 자원봉사단체를 위한 비상사태 관리 세미나, 피해자 보호 세미나, 보도 및 정보 세미나, 기술 서비스 및 공익기업을 위한 세미나, 지방정부의 관리자 세미나, 도시형 재난 세미나, 핵시설 재난 시 관련 단체의 협력에 관한 세미나, 위험물 세미나 등으로 이루어지며 유료로 제공 된다. 비상사태계획대학의 세미나는 교육뿐만 아니라 중앙정부, 지방정부, 긴급 서비스(소방경찰, 구급, 해양경비), 기업, 자원봉사자 등의 관계자 상호간에 비상관리계획에 대한 의견과 정보를 교환하는 장으로 활용된다는 데 의의가 있다.

4 영국의 재난관리 시사점

영국은 산업혁명의 진전과 함께 진행된 산업안전 관리로부터 시작하여 2차세계대전을 거치면서 국민방위의 관점 하에 명령과 통제 시스템을 강화시켰다. 이후 냉전의 종식 등 국제적인 환경 변화에 따른 국민보호 패러다임으로의 전환과 영국 정부개혁을 위해 도입한 신공공관리론과 이에 따른 ERM 개념의 도입이 진행되었다. 그러나 미국 9·11 테러 및 영국 런던 테러 등을 겪으면서 인권 침해의 우려가 있는 「반테러법」의 제정 등, 오히려 이전의 명령과 통제 시스템으로 회귀하려는 경향성도 보이고 있다.

국제적으로 영국의 재난안전관리 시스템의 가장 큰 장점으로는 그 체계성을 들 수 있을 것이다. 재난안전관리에 있어 위험관리 방법론 표준을 활용하였고, 이를 단순히 실행적 차원이 아니라 국가 전략적 차원에서 활용하는 선진적 시스템을 구축하고 있다. 이러한 체계성을 바탕으로 영국 정부는 ERM의 방법론을 재난안전 관련업무뿐만 아니라 모든 부처의 업무 영역에 도입하는 프로그램을 총리 주도로 실시하였다. 2004년 영국 감사원의 보고에 따르면, 정부 주도 위험 프로그램은 정부 각 부처의 위험관리를 위한 도구, 절차, 전반적인 프레임웍을 수립하는데 많은 도움이 되었다고 보고하고 있다. 이러한 체계적인 접근은 영국의 재난안전 관련 위기관리 체계도 한 단계 업그레이드 시켰다고 볼 수 있다. 예를 들어, 「민간긴급사태대처법」은 영국 응급 서비스가 제공하는 모든 기능(단지 긴급 사태 대응 기능이 아니라)에 대하여 연속성 계획(continuity plans)을 갖출 것을 요구하고 있고, 부가적으로, 지방 당국 역시 사업연속성 경영(Business Continuity Management; BCM)의 권고를 기업체와 자원봉사 조직에 제공할 것을 요구하고 있다. 이러한 ERM적 요소와는 다른 양상으로, CCS 설립 이후 영국 재난안전관리 시스템의 변화의 큰 틀은 중앙에 집중하는 전반적인 명령과 통제 시스템의 강화로 볼 수 있는 측면도 있다. 「민간긴급사태대처법」은 CCS와 통신 및 정보공유를 위한 단일라인을 갖춘 지역별 위기관리포럼(Regional Resilience Forums; RRF)의 설립을 요구한다. 이는 중앙과 지방의 연결을 통한 협력의 증진을 목표로 하는 것이다.

그러나 오브라이언(O'Brien, 2006)과 같은 학자들은 이러한 구조가 오히려 명령과 통제 구조를 강화시키고 이로 인하여 지방의 책임 부족 현상이 나타날 수 있다고 지적하고 있다. 영국 위기관리 시스템에 대하여 최근 제기되고 있는 여러 비판의 핵심은 결국 국민방위에서 국민보호로의 패러다임 전환을 가장 빨리 이룩한 나라 중 하나이며, 위험관리 방법론의 체계적 접합을 통한 ERM의 구축에 성공한 영국이 왜 다시 국민방위 시절의 낡은 명령과 통제 시스템으로 회귀하려 하느냐에 대한 것이다. 이는 결국 9·11 테러와 런던 테러 이후, 외적의 공격에 대한 대비에 너무 집중한 나머지, 기후변화 등 영국이 경험하고 있는 수많은 재난과 위기 상황을 도외시하고 테러에만 집중하는 양상에 대한 비판으로 볼 수 있다. 또한 테러의 대비를 위하여 변화와 개혁의 방향을 시민 사회 전체가 아닌 정부 조직의 복원력에만 초점을 맞추었다는 점, 따라서 재난안전관리 체계 전체가 다시 명령과 통제 시스템으로 회귀하려는 경향을 보인다는 점 역시 비판의 핵심으로 볼 수 있다(O'Brien, 2008, 김은성 외 2009 : 68-69 재인용).

Chapter 7

적중예상문제

01 **다음 중 미국 FEMA(Federal Emergency Management Agency)의 재난관리체계에 관한 설명으로 옳지 않은 것은?**

① 1979년 카터 대통령 때 대통령 직속기관으로 설립하였다.

② 9·11 테러를 계기로 국토안보부 산하로 소속되었다.

③ 연방소방국은 FEMA의 지휘 하에 소방행정을 추진한다.

④ 자연재난, 인적재난, 사회재난, 환경재난 등을 포괄하여 대응한다.

Solution 연방소방국은 FEMA와 협력하여 재난대응을 하지만 독립적으로 소방행정을 추진한다.

02 **2001년 미국 9·11 테러 이후, 분산된 국가 위기관리 관련 조직을 통합하기 위하여 창설된 국토안보부(Department of Homeland Security)에 포함(소속)되지 않은 조직은?**

① 연방위기관리청(Federal Emergency Management Agency)

② 교통안전국(Transportation Security Administration)

③ 해안경비대(United States Coast Guard)

④ 중앙정보국(Central Intelligence Agency)

Solution 미국 중앙정보국(CIA, Central Intelligence Agency)은 국내와 국외 정보수집에 관한 제반 사항을 수행한다. 대통령 등 고위정책 입안자에게 국가안보에 대한 정보제공의 책임을 지고 있는 독립적인 정부기관이다. 국장은 대통령이 지명한 뒤 상원의 자문과 동의에 따라 임명된다.

Answer 01 ③ 02 ④

03 다음 중 미국의 재난관리체계에 관한 설명으로 옳지 않은 것은?

① 주정부나 지방정부의 요청이 있을 경우에는 연방정부가 지원할 수 있도록 한 것은 1803년의 포츠머스법(the Portsmouth Act)이라 할 수 있다.

② 미국의 행정상 최초의 재난 관련법은 1950년 제정된 연방재난방지법(the Federal Disaster Act)이다.

③ 1968년의 국가홍수보험법(the Federal National Flood Insurance Act)은 시장 기능을 활용하여 홍수보험제도를 도입하였다.

④ 2000년의 재난경감법(the Disaster Mitigation Act)은 재난 예방과 경감 기금에 대한 계획을 수립하고, 연방정부의 책임을 강화하였다.

Solution 2000년의 재난경감법(the Disaster Mitigation Act)은 재난 예방과 경감 기금에 대한 계획을 수립하고, 주정부와 지방정부의 책임을 강화하였다.

04 다음 중 미국의 재난관리체계에 관한 설명으로 옳지 않은 것은?

① 2006년의 포스트-카트리나 재난개혁법을 통하여 국토안보부는 연방재난관리청에 확대된 임무와 권한을 부여하였다.

② 재난에 대한 1차적인 책임을 지는 지방정부는 지방정부 차원의 재난관리 기구를 통하여 운영되고 있다.

③ 적십자사는 사단법인의 지위를 가지고 있으며, 연방정부와 특별한 관계를 유지하고 있다.

④ 재난 관련 법률들은 1988년의 스태퍼드법에 근거하여 제정·시행되고 있다.

Solution 적십자사는 '연방기구'로서의 법적인 지위를 가지고 있으며, 연방정부와 특별한 관계를 유지하고 있다.

05 미국의 위기관리 연방기관으로서 국가적인 재난관리 전략과 프로그램을 제공하는 대통령직속기관은?

① FEMA　② DHS　③ EOC　④ EMAC

Solution FEMA(Federal Emergency Management Agency)는 1979년 카터 대통령 때 대통령 직속기관으로 설립하여 자연재난, 인적재난, 사회재난, 환경재난 등을 포괄하여 대응한다.

Answer 03 ❹ 04 ❸ 05 ❶

06 다음 중 일본의 재난관리체계에 관한 설명으로 옳지 않은 것은?

① 1962년 종합적이고 계획적인 방재행정을 정비하고 집행할 것을 규정하기 위하여 제정한 「재해대책기본법」을 기본법으로 하고 있다.
② 재난 발생 시 신속히 대처하기 위하여 일본은 중앙정부에 1차적 책임을 부여하고 있다.
③ 재해응급대책 관련법 「소방법」, 「수방법」, 「재해구조법」 등 별도로 제정하고 있다.
④ 재난 발생 시 지원하기 위하여 「소방조직법」, 「해상보안청법」, 「경찰법」, 「자위대법」, 「일본적십자법」을 마련하고 있다.

Solution 재난 발생 시 신속히 대처하기 위하여 일본은 재난 발생 지역에 1차적 책임을 부여하고, 주관기관을 지정하는 재해응급대책 관련법들을 별도로 제정하고 있다.

07 다음 중 일본의 재난관리체계에 관한 설명으로 옳지 않은 것은?

① 일본 전역에 걸쳐 방재정보 네트워크를 구축하여 운영하고 있다.
② 일본은 2011년 동일본 대지진을 계기로 민간 부문이 재난 대응에 활발하게 참여하고 있다.
③ 일본 적십자사는 내각총리가 지정하는 지정 공공기관인 동시에 국제구호기관이다.
④ 일본은 재난이 발생하면 지방공공단체가 일차적으로 대응하고 있다.

Solution 일본은 1995년 한신·아와지(阪神·淡路) 대지진을 계기로 민간 부문이 재난 대응에 활발하게 참여하고 있다.

08 다음 중 일본의 재난관리체계에 관한 설명으로 옳지 않은 것은?

① 재난이 발생하면 내각부가 총괄하며, 국토교통성, 소방청 등이 지원한다.
② 재난이 국가경제 및 공공의 이익에 심각한 영향을 미친다고 판단되면 비상재난대책본부를 설치한다.
③ 재난방생으로 국가경제의 질서유지와 공공부리를 확립하기 위해 긴급정령을 제정할 수 있다.
④ 재난응급대책이 필요하다고 인정되면 의회의 승인을 받아 재난긴급사태를 선포한다.

Solution 재난응급대책이 필요하다고 인정되면 재난긴급사태를 선포 후 의회의 승인을 받는다.

Answer 06 ❷ 07 ❷ 08 ❹

09 **일본 종합적인 재난관리 행정을 위해 관련 방재기본계획을 수립하고 비상재해 발생 긴급조치계획을 작성 및 주요사항을 심의하는 기관은?**

① 중앙방재회의 ② 중앙소방청
③ 비상재해대책본부 ④ 중앙재난안전대책본부

Solution 일본 중앙정부 재난관리 조직 중 가장 대표적인 중앙방재회의는 종합적인 재난관리 행정을 위해 관련 대책을 조정, 결정하는 기관이다.

10 **다음 중 독일의 재난관리체계에 관한 설명으로 옳지 않은 것은?**

① 독일의 재난관리의 기본 목표는 국가 및 국민 보호이다.
② 재난관리 연방계획은 정부기능의 연속성 보장, 국민 보호, 물자 조달, 정규군 지원 등 위기 상황에서 사회기능이 유지되도록 방안을 마련하는데 목적이 있다.
③ 독일의 재난관리는 연방(Bund)정부, 주(Land)정부, 시 또는 군(Kreis)정부의 3단계로 나누어 이루어진다.
④ 2001년 9·11테러 이후 연방정부 차원의 국가 재난관리 시스템의 재정비하여 연방정부가 주정부를 지원하는 체제로 전환되었다.

Solution 독일의 재난관리는 연방(Bund)정부, 주(Land)정부, 시 또는 군(Kreis)정부, 기초지방자치단체(Gemeinde)의 4단계로 나누어 이루어진다.

11 **다음 중 독일의 재난관리체계에 관한 설명으로 옳지 않은 것은?**

① 연방기술지원단(TWH)이란 독일이 제1차 세계대전 후 재난으로부터 주민을 보호하기 위한 구호단체로 설립한 독일 고유의 재난방지 조직이다.
② 위기관리센터는 연방 내에 발생한 재난 상황을 신속하게 전파하여 재난피해를 최소화하는데 목적이 있다.
③ 주정부는 경찰력을 통한 위험예방, 구호단체, 화재 및 재난방위의 영역에 대한 고유한 입법권을 가지고 있다.
④ 재난으로 인한 다양한 위험은 일차적으로 기초 지방자치단체 차원의 조치를 통하여 해결되어야 한다.

Solution 연방기술지원단(TWH)이란 독일이 제2차 세계대전 후 전쟁으로 인한 화재, 그리고 폭우 폭설 등의 자연재해로부터 주민을 보호하기 위한 구호단체로 설립하면서 조직화된 독일 고유의 재난방지 조직이다.

Answer 9 ❶ 10 ❸ 11 ❶

12 다음 중 영국의 재난관리체계에 관한 설명으로 옳지 않은 것은?

① 영국의 재난관리 법체계는 1948년 제정되어 2002년 개정된 민방위법에 기초하고 있다.
② 2004년 시민안전보호법을 제정하여 국민방위 개념을 국민보호 개념으로 확대하여 비상사태 관리의 근본적인 개혁을 시도하였다.
③ 중앙정부는 수상 직속의 내각사무처와 재무부가 수상을 지원하여 국가 재난관리 정책의 목표를 수립하고 이행한다.
④ 재난관리는 기본적으로 중앙정부가 책임을 맡도록 하고 있으나, 실제 재난 발생 시에 대응 단계는 기본적으로 경찰청이 주체가 된다.

Solution 영국의 재난관리는 기본적으로 지방정부가 책임을 맡도록 하고 있으나, 실제 재난 발생 시에 대응 단계는 기본적으로 지방경찰청이 주체가 된다.

13 미국의 연방재난관리청(FEMA)에 대한 설명으로 옳지 않은 것은?

① 1979년 재난관리재조직계획에 따라 설립되었으며 미국의 재난관리기능을 통합하는 계기가 되었다.
② FEMA는 인적재난, 자연재난, 환경재난 등을 포괄 대응한다.
③ FEMA는 연방정부 및 지방정부의 재난관리기구를 구성·운영한다.
④ 본부는 워싱턴시 특별행정구역에 있고 미국 전역 10개소에 지역사무소를 설치·운영한다.

Solution 연방재난관리청(FEMA)은 국토안보부에 편입된 한 부분 조직이지만, 재난에 관련된 실질적인 업무를 전적으로 담당하고, 연방정부의 내부에서 독립기관으로 운영되고 있다. 미국 연방 차원의 방재관리조직으로서 대통령 직속의 재난관리 전담기관인 연방재난관리청은 1961년 설립된 국방성 산하의 민방위청을 모태로 다섯 개의 연방정부기관이 통폐합되어 1979년 카터 행정부 때 신설되었다.

14 미국의 재난 관련 기관 및 대응계획에 대한 설명으로 옳은 것은?

① FEMA(Federal Emergency Management Agency : 연방재난관리청)는 DHS(Department of Homeland Security : 국토안보부)의 신설로 DHS의 산하기관으로 편입되었다.
② DHS는 1979년에 신설되었으며, 2001년 9.11테러 이후 FEMA로 하여금 테러 대응 기능을 전담하게 하였다.
③ NRF(National Response Framework : 국가재난대응프레임워크)는 NRP(National Response Plan : 국가재난대응계획)의 시행으로 대체·폐기되었다.
④ FEMA는 1961년 케네디 행정부에 의해 설립되어 NRF를 총괄하여 운용하고 있다.

Answer 12 ④ 13 ③ 14 ①

Solution ② DHS는 2003년에 신설되었으며, ③ 2008년 NRP(국가재난대응계획)가 NRF(국가재난대응프레임워크)로 바뀌었다. ④ FEMA는 카터행정부에 의해 1979년 신설되었다.

15 **미국 연방재난관리청(FEMA)의 재난관리원칙 중 종합성에 해당하지 않는 것은?**

① 육상, 해상, 산간 등에서 발생하는 다양한 재난에 효과적으로 대응할 수 있어야 한다.
② 재난관리 단계는 유기적으로 상호 연계되어야 하고, 모든 단계에서 필요한 기능을 조정해 나갈 때 효과적이다.
③ 효과적인 재난관리를 위해서는 정부, 민간부문, 일반국민 등이 협력할 수 있도록 노력해야 한다.
④ 가장 큰 손실을 초래하는 피해 및 영향 중심으로 재난관리를 수행하여야 한다.

Solution 연방재난관리청(FEMA)은 재난관리에 대한 원칙(Principles of Emergency Management)으로 8가지를 제시하고 있다. 즉 재난관리는 포괄적이고(comprehensive), 진보적이며(progressive), 위험을 감안하고(risk-driven), 통합적이며(integrated), 협동적이고(collaborative), 조정되며(coordinated), 유연하고(flexible), 전문적(professional)으로 이루어져야 한다는 것이다. 통합성은 모든 수준의 정부, 지역사회의 모든 요소들의 노력을 통합해야 한다. 통합적 재난관리(IEM)는 위치, 규모, 복잡성에 관계없이 모든 위험 관리적 접근으로 재난을 조정, 통제를 하는 것을 말한다. 통합의 노력은 수직적 수평적인 통합에 의존한다. "가장 큰 손실을 초래하는 피해 및 영향 중심으로 재난관리를 수행하여야 한다."는 것은 위험에 근거의 원칙이다. 위험에 근거의 원칙은 우선순위와 자원의 할당에 있어 위험관리 원칙을 활용하여야 한다. 위험을 관리하기 위해서 재난관리자는 가용자원을 효과적이고 효율적으로 관리할 필요가 있으며, 정책과 프로그램의 우선순위는 산정된 인적, 물적, 화경적인 위험의 수준에 근거해야 한다는 것이다.

16 **미국의 재난관리 관련 법령을 제정된 시기 순으로 바르게 나열한 것은?**

ㄱ. 포스트-카트리나 재난개혁법(the Post-Katrina Emergency Reform Act)
ㄴ. 국토안보법(the Homeland Security Act)
ㄷ. 스태퍼드법(the Robert T. Stafford Disaster Relief and Emergency Assistance Act)

① ㄴ → ㄷ → ㄱ
② ㄷ → ㄴ → ㄱ
③ ㄱ → ㄷ → ㄴ
④ ㄷ → ㄱ → ㄴ

Solution 포스트-카트리나 재난개혁법(the Post-Katrina Emergency Reform Act) : 2006년
국토안보법(the Homeland Security Act) : 2001년
스태퍼드법(the Robert T. Stafford Disaster Relief and Emergency Assistance Act) : 1988년

Answer 15 ❹ 16 ❷

CHAPTER _08

재난 및 안전관리 기본법의 개요

제1절 목적 및 용어 정의

「재난 및 안전관리 기본법」의 입법 취지는

① 국민의 생명과 재산보호를 최우선 가치로, 안전하고 지속가능한 안전사회를 지향하는 국가재난관리체계를 구현한다.

② 재난관련법 통합 및 안전관련 타 법령과의 유기적인관계 설정을 통한 명실상부한 재난 및 안전관리 기본법으로서의 성격을 확립한다.

③ 이원화된 전통적 재난과 국가기반체계 마비 등 새로운 형태의 재난을 포함하였다.

④ 국가재난관리정책, 정책심의기구, 재난대책기구 등 재난유형별로 다원화되어 있던 재난 및 안전관리 정책기구를 통합하여 일원화하였다.

⑤ 지방자치단체의 재난관리 기능을 제고, 유관기관과의 협력체계를 강화, 현장지휘체계 확립 등 현장대응 능력 강화를 위한 실질적 법적 지위를 부여하였다.

⑥ 재난관리를 위한 과학기술의 진흥, 관련사업 육성 등 전문화된 재난관리시스템 기반조성을 위한 제도적 장치를 마련하였다.

「재난 및 안전관리 기본법」은 2004년 제정된 이래 수차례 개정을 거쳐 현재에 이른다. 「재난 및 안전관리 기본법」의 목적은 각종 재난으로부터 국토를 보존하고 국민의 생명·신체 및 재산을 보호하기 위하여 국가와 지방자치단체의 재난 및 안전관리체제를 확립하고, 재난의 예방·대비·대응·복구와 안전문화 활동, 그 밖에 재난 및 안전관리에 필요한 사항을 규정함을 목적으로 하고 있다. 특히 2013년 8월 6일 일부 개정으로 재난관리 활동에 안전문화 활동을 추가하였으며, 재난의 종류를 자연재난과 사회재난으로 단순화한 것이 특징이다.

「재난 및 안전관리 기본법」의 기본 이념은 재난을 예방하고 재난이 발생할 경우 그 피해를 최소화하는 것이 국가와 지방자치단체의 기본적인 임무임을 확인하고, 모든 국민과 국가·지방자치단체가 국민의 생명 및 신체의 안전과 재산 보호에 관련된 행위를 할 때에는 안전을 우선적으로 고려함으로써 국민이 재난으로부터 안전한 사회에서 생활할 수 있도록 함을 기본 이념으로 하고 있다. 이처럼 재난 및 안전관리 기본법은 우리나라 국민의 안전권 확보를 위한 법령이라고 볼 수 있다. 우리나라 헌법 제34조제6항에서도 "국가는 재해를 예방하고 그 위험으로부터 국민을 보호하기 위하여 노력해야 한다."라고 명시되어 있는 것처럼, 국가와 지방자치단체는 국민의 생명과 신체 및 재산을 보호를 위하여 우선적으로 노력하여야 하고, 이를 통하여 안전한 사회를 만들어야 한다.

「재난 및 안전관리 기본법」은 10장으로 구성되어 있다. 1장은 총칙으로 목적, 기본 이념, 정의,

국가 및 국민의 책무 등의 내용을 담고 있다. 2장은 안전관리기구 및 기능으로 중앙안전관리위원회, 중앙재난안전대책본부, 재난안전상황실 등에 대하여 설명하고 있다. 3장은 안전관리계획을 포함하고 있으며, 4장은 재난의 예방, 5장은 재난의 대비, 6장은 재난의 대응, 7장은 재난의 복구로 각각 구성되어 있다. 8장은 안전문화진흥에 대한 규정이 있고, 9장은 보칙, 10장은 벌칙으로 구성되어 있다.

1 용어 정의

(1) 재난의 종류

재난의 유형은 일반적으로 자연재난, 인적재난, 사회재난으로 구분하고 있는데, 자연현상에 의해 발생하는 자연재난과 인간의 실수, 관리소홀, 부주의에 의해 발생하는 인적재난, 그리고 의도적으로 사람이 일으키거나 재난의 영향이 사회적으로 큰 충격을 받는 사회재난 등으로 구분하는 것이 일반적인 분류이다. 그러나 「재난 및 안전관리 기본법」에서는 자연에 의하여 발생하는 자연재난과 인간에 의해 발생하는 사회재난으로 단순화하였다. 「재난 및 안전관리 기본법」의 재난에 대한 용어 정의는 "국민의 생명·신체·재산과 국가에 피해를 주거나 줄 수 있는 것"으로서 자연재난과 사회재난으로 구분하고 있다.

① 자연재난

태풍, 홍수, 호우(豪雨), 강풍, 풍랑, 해일(海溢), 대설, 한파, 낙뢰, 가뭄, 폭염, 지진, 황사(黃砂), 조류(藻類) 대발생, 조수(潮水), 화산활동, 「우주개발 진흥법」에 따른 자연우주물체의 추락·충돌, 그 밖에 이에 준하는 자연현상으로 인하여 발생하는 재해를 말한다.

② 사회재난

화재·붕괴·폭발·교통사고(항공사고 및 해상사고를 포함한다)·화생방사고·환경오염사고·다중운집인파사고 등으로 인하여 발생하는 대통령령으로 정하는 규모 이상의 피해와 국가핵심기반의 마비, 「감염병의 예방 및 관리에 관한 법률」에 따른 감염병 또는 「가축전염병예방법」에 따른 가축전염병의 확산, 「미세먼지 저감 및 관리에 관한 특별법」에 따른 미세먼지, 「우주개발 진흥법」에 따른 인공우주물체의 추락·충돌 등으로 인한 피해를 말한다.

③ 해외재난

대한민국의 영역 밖에서 대한민국 국민의 생명·신체 및 재산에 피해를 주거나 줄 수 있는 재난으로서 정부차원에서 대처할 필요가 있는 재난을 말한다.

(2) 재난관리와 안전관리

「재난 및 안전관리 기본법」은 재난관리와 안전관리를 구분하고 있다.

① 재난관리는 재난의 예방·대비·대응 및 복구를 위하여 하는 모든 활동을 말한다.

② 안전관리란 재난이나 그 밖의 각종 사고로부터 사람의 생명·신체 및 재산의 안전을 확보하기 위하여 하는 모든 활동을 말한다.

③ 안전기준이란 각종 시설 및 물질 등의 제작, 유지관리 과정에서 안전을 확보할 수 있도록 적용하여야 할 기술적 기준을 체계화한 것을 말하며, 안전기준의 분야, 범위 등에 관하여는 대통령령으로 정하도록 하고 있다.

(3) 재난관리책임기관

재난관리업무를 수행하는 기관을 말한다.

① 중앙행정기관 및 지방자치단체

② 지방행정기관·공공기관·공공단체 및 재난관리의 대상이 되는 중요시설의 관리기관 등

표 8-1 재난관리책임기관 (시행령 제3조 관련)

재난관리책임기관	
1. 재외공관	23. 수도권매립지관리공사
2. 농림축산검역본부	24. 한국토지주택공사
3. 지방우정청	25. 한국수자원공사
4. 국립검역소	26. 한국도로공사
5. 유역환경청, 지방환경청 및 수도권대기환경청	27. 인천교통공사
6. 지방고용노동청	28. 인천국제공항공사
7. 지방항공청	29. 한국공항공사
8. 지방국토관리청	30.~31. 삭제
9. 홍수통제소	32. 국립공원공단
10. 지방해양수산청	33. 한국산업안전보건공단
11. 지방산림청	34. 한국산업단지공단
12. 시·도의 교육청 및 시·군·구의 교육지원청	35. 부산교통공사
13. 한국철도공사	36. 국가철도공단
14. 서울교통공사	37. 국토안전관리원
15. 대한석탄공사	38. 한국원자력연구원
16. 한국농어촌공사	39. 한국원자력안전기술원
17. 한국농수산식품유통공사	40. 농업협동조합중앙회
18. 한국가스공사	41. 수산업협동조합중앙회
19. 한국가스안전공사	42. 산림조합중앙회
20. 한국전기안전공사	43. 대한적십자사
21. 한국전력공사	44. 「하천법」 제39조에 따른 댐 등의 설치자(관리자를 포함)
22. 한국환경공단	

45. 「원자력안전법」 제20조에 따른 발전용 원자로 운영자
46. 「방송통신발전 기본법」 제40조에 따른 재난방송 사업자
47. 국립수산과학원
48. 국립해양조사원
49. 한국석유공사
50. 대한송유관공사
51. 한국전력거래소
52. 서울올림픽기념국민체육진흥공단
53. 한국지역난방공사
54. 삭제
55. 한국관광공사
56. 국립자연휴양림관리소
57. 한국마사회
58. 지방자치단체 소속 시설관리공단
59. 지방자치단체 소속 도시개발공사
60. 한국남동발전주식회사
61. 한국중부발전주식회사
62. 한국서부발전주식회사
63. 한국남부발전주식회사
64. 한국동서발전주식회사
65. 한국수력원자력주식회사
66. 「유료도로법」 제10조에 따라 유료도로관리청으로부터 유료도로관리권을 설정 받은 자
67.~69. 삭제
70. 공항철도주식회사
71. 서울시메트로9호선주식회사
72. 여수광양항만공사
73. 한국해양교통안전공단
74. 사단법인 한국선급
75. 한국원자력환경공단
76. 독립기념관
77. 예술의전당
78. 대구교통공사
79. 광주교통공사
80. 대전교통공사
81. 부산항만공사
82. 인천항만공사
83. 울산항만공사
84. 경기평택항만공사
85. 의정부경량전철주식회사
86. 용인경량전철주식회사
87. 신분당선주식회사
88. 부산김해경전철주식회사
89.~94. 삭제
95. 해양환경공단
96. 가축위생방역지원본부
97. 국토지리정보원
98. 항공교통본부
99. 김포골드라인운영 주식회사
100. 경기철도주식회사
101. 주식회사에스알
102. 남서울경전철주식회사
103. 서해철도주식회사
104. 우이신설경전철주식회사
105. 제1호부터 제29호까지, 제32호부터 제53호까지, 제55호부터 제66호까지, 제70호부터 제88호까지 및 제95호부터 제104호까지에서 규정한 사항 외에 행정안전부장관이 재난의 예방·대비·대응·복구를 위하여 특별히 필요하다고 인정하여 고시하는 기관·단체(민간단체를 포함한다) 및 민간업체. 이 경우 민간단체 및 민간업체에 대해서는 해당 단체·업체와 협의를 거쳐야 한다.

(4) 재난관리주관기관

재난이나 그 밖의 각종 사고에 대하여 그 유형별로 예방·대비·대응 및 복구 등의 업무를 주관하여 수행하도록 하는 관계 중앙행정기관을 말한다.

표 8-2 재난 및 그 밖의 각종 사고 유형별 재난관리주관기관(시행령 제3조의2 관련)

1. 자연재난 유형별 재난관리주관기관

재난관리주관기관	자연재난 유형
가. 과학기술정보통신부 및 우주항공청	1) 「우주개발 진흥법」 제2조제3호나목에 따른 자연우주물체의 추락·충돌 등으로 인해 발생하는 재해 2) 「전파법」 제51조에 따른 우주전파재난
나. 행정안전부	1) 「자연재해대책법」 제2조제2호에 따른 자연재해로서 낙뢰, 가뭄, 폭염 및 한파로 인해 발생하는 재해 2) 「자연재해대책법」 제2조제3호에 따른 풍수해(조수로 인해 발생하는 재해는 제외한다) 3) 「지진·화산재해대책법」 제2조제1호에 따른 지진재해 4) 「지진·화산재해대책법」 제2조제2호에 따른 화산재해
다. 환경부	1) 황사로 인해 발생하는 재해 2) 하천·호소 등의 조류 대발생으로 인해 발생하는 재해
라. 해양수산부	1) 「농어업재해대책법」 제2조제3호에 따른 어업재해 중 적조현상 및 해파리의 대량 발생으로 인해 발생하는 수산양식물 및 어업용 시설의 피해 2) 「자연재해대책법」 제2조제3호에 따른 풍수해 중 조수로 인해 발생하는 재해
마. 산림청	「산림보호법」 제2조제10호에 따른 산사태로 인해 발생하는 재해
바. 비고 제1호 및 제3호에 따른 중앙행정기관	가목부터 마목까지의 규정에 따른 자연재난 유형 외의 자연재난
사. 비고 제2호 및 제3호에 따른 중앙행정기관	가목부터 바목까지의 규정에 따른 자연재난 유형으로 인해 발생하는 재해로서 각종 시설 및 장소(이하 "시설등"이라 한다)에서 발생하는 재해

비고
1. 바목에 따른 자연재난 유형의 경우에는 「정부조직법」, 관계 법령 및 중앙행정기관별 직제(이하 "정부조직법등"이라 한다)에 따라 해당 재난에 관한 사무를 관장하는 중앙행정기관(이하 "재난사무관장기관"이라 한다)이 재난관리주관기관이 된다.
2. 사목에 따른 자연재난 유형의 경우에는 정부조직법등에 따라 해당 시설등의 관리 등 관련 사무를 관장하는 중앙행정기관(이하 "시설사무관장기관"이라 한다)이 재난관리주관기관이 된다.
3. 제1호 및 제2호에도 불구하고 재난사무관장기관 및 시설사무관장기관이 불분명한 경우에는 행정안전부장관이 조정하여 재난관리주관기관을 정한다.
4. 가목부터 사목까지의 규정에 따른 자연재난 유형이 복합적으로 발생하는 경우에는 각 자연재난 유형별 재난사무관장기관 또는 시설사무관장기관이 각각 재난관리주관기관이 된다.
5. 제4호에도 불구하고 자연재난 유형이 복합적으로 발생하는 경우로서 특별히 신속하고 긴급한 예방·대비·대응 또는 복구 등(이하 "신속대응등"이라 한다)이 필요한 경우에는 신속대응등이 필요한 사무를 주관하는 재난관리주관기관이 신속대응등을 우선적으로 수행해야 한다.
6. 제5호에도 불구하고 신속대응등의 필요 여부 및 신속대응등을 우선적으로 수행하는 재난관리주관기관(이하 "신속대응주관기관"이라 한다)이 불분명한 경우에는 행정안전부장관이 조정하여 신속대응등의 필요 여부 및 신속대응주관기관을 정한다.

2. 사회재난 유형별 재난관리주관기관

재난관리주관기관	사회재난 유형
가. 교육부	1) 「교육시설 등의 안전 및 유지관리 등에 관한 법률」 제2조제1호에 따른 교육시설(「연구실 안전환경 조성에 관한 법률」 제2조제2호에 따른 연구실은 제외한다)의 화재·붕괴·폭발·다중운집인파사고 등(이하 "화재등"이라 한다)으로 인해 발생하는 국가 또는 지방자치단체 차원의 대처가 필요한 인명 또는 재산의 피해 등 이 영 제2조에 따른 피해(이하 "대규모 피해"라 한다) 2) 「영유아보육법」 제2조제3호에 따른 어린이집의 화재등으로 인해 발생하는 대규모 피해
나. 과학기술정보통신부	1) 「방송통신발전 기본법」 제35조에 따른 방송통신재난(자연재난은 제외한다) 2) 「연구실 안전환경 조성에 관한 법률」 제2조제12호에 따른 연구실사고로 인해 발생하는 대규모 피해 3) 「전파법」 제2조제1호에 따른 전파의 혼신(같은 법 제9조의 주파수분배에 따른 위성항법시스템 관련 전파의 혼신으로 한정한다)으로 인해 발생하는 대규모 피해
다. 과학기술정보통신부 및 우주항공청	「우주개발 진흥법」 제2조제3호가목에 따른 인공우주물체의 추락·충돌 등으로 인해 발생하는 피해
라. 외교부	1) 주한외국공관 및 이에 준하는 기관의 화재등으로 인해 발생하는 대규모 피해 2) 해외재난
마. 법무부	1) 다음의 어느 하나에 해당하는 시설 및 그 밖에 이와 유사한 시설의 화재등으로 인해 발생하는 대규모 피해 가) 「형의 집행 및 수용자의 처우에 관한 법률」 제2조제1호에 따른 교정시설 나) 「보호관찰 등에 관한 법률」 제14조에 따른 보호관찰소 및 같은 법 제65조제3항에 따른 갱생보호시설 다) 「보호소년 등의 처우에 관한 법률」 제3조제1항에 따른 소년원 및 같은 조 제2항에 따른 소년분류심사원 라) 「치료감호 등에 관한 법률」 제16조의2에 따른 치료감호시설 2) 다음의 어느 하나에 해당하는 시설 및 그 밖에 이와 유사한 시설의 화재등으로 인해 발생하는 대규모 피해 가) 「난민법」 제41조에 따른 난민신청자의 주거시설 및 같은 법 제45조에 따른 난민지원시설 나) 「출입국관리법」 제2조제12호에 따른 외국인보호실 및 같은 조 제13호에 따른 외국인보호소
바. 국방부	「국방·군사시설 사업에 관한 법률」 제2조제1호에 따른 국방·군사시설의 화재등으로 인해 발생하는 대규모 피해
사. 행정안전부[4) 및 6)의 경우에는 각각 관계 법령에 따라 해당 정보시스템의 구축·운영에 관한 사무 및 해당 청사의 관리에 관한 사무를 관장하는 중앙행정기관을 말한다]	1) 「승강기 안전관리법」 제48조제1항에 따른 승강기의 사고 또는 고장으로 인해 발생하는 대규모 피해 2) 「유선 및 도선 사업법」 제28조 및 제29조에 따른 사고로 인해 발생하는 대규모 피해 3) 「전자정부법」 제2조제13호에 따른 정보시스템(행정안전부장관이 구축·운영하는 정보시스템으로 한정한다)의 장애로 인해 발생하는 대규모 피해 4) 「전자정부법」 제2조제13호에 따른 정보시스템(행정안전부장관이 구축·운영하는 정보시스템은 제외한다)의 장애로 인해 발생하는 대규모 피해 5) 「정부청사관리규정」 제2조에 따른 청사[6)에 따른 청사는 제외한다]의 화재등으로 인해 발생하는 대규모 피해

	6) 「정부청사관리규정」 제3조에 따라 행정안전부장관이 관리하지 않는 청사의 화재등으로 인해 발생하는 대규모 피해
아. 행정안전부 및 경찰청	일반인이 자유로이 모이거나 통행하는 도로, 광장 및 공원의 다중운집인파사고로 인해 발생하는 대규모 피해
자. 행정안전부 및 소방청	1) 「소방기본법」 제2조제1호에 따른 소방대상물의 화재로 인해 발생하는 대규모 피해 2) 「위험물안전관리법」 제2조제1항제1호에 따른 위험물의 누출·화재·폭발 등으로 인해 발생하는 대규모 피해
차. 문화체육관광부	1) 「관광진흥법」 제4조에 따라 야영장업의 등록을 한 자가 관리하는 야영장의 화재등으로 인해 발생하는 대규모 피해 2) 「관광진흥법」 제33조의2제1항에 따른 유기시설 또는 유기기구의 중대한 사고로 인해 발생하는 대규모 피해 3) 「공연법」 제2조제4호에 따른 공연장의 화재등으로 인해 발생하는 대규모 피해 4) 「체육시설의 설치·이용에 관한 법률」 제5조에 따른 전문체육시설 및 같은 법 제6조에 따른 생활체육시설의 화재등으로 인해 발생하는 대규모 피해
카. 농림축산식품부	1) 「가축전염병 예방법」 제2조제2호에 따른 가축전염병의 확산으로 인한 피해 2) 「농어촌정비법」 제2조제6호에 따른 농업생산기반시설 중 저수지의 붕괴·파손 등으로 인해 발생하는 대규모 피해 3) 「농수산물 유통 및 가격안정에 관한 법률」 제2조제2호에 따른 농수산물도매시장(축산물도매시장은 포함하며, 수산물도매시장은 제외한다) 및 같은 조 제12호에 따른 농수산물종합유통센터(수산물종합유통센터는 제외한다)의 화재등으로 인해 발생하는 대규모 피해
타. 산업통상자원부	1) 「고압가스 안전관리법」 제26조제1항, 「도시가스사업법」 제41조제3항 및 「액화석유가스의 안전관리 및 사업법」 제56조제1항에 따른 가스사고로 인해 발생하는 대규모 피해 2) 「석유 및 석유대체연료 사업법」 제2조제1호에 따른 석유의 정제시설·비축시설 및 같은 법 시행령 제2조제3호에 따른 주유소의 화재등으로 인해 발생하는 대규모 피해 3) 「에너지법」 제2조제1호에 따른 에너지의 중대한 수급 차질로 인해 발생하는 대규모 피해 4) 「유통산업발전법」 제2조제3호에 따른 대규모점포의 화재등으로 인해 발생하는 대규모 피해 5) 「전기안전관리법 시행령」 제15조에 따른 전기사고로 인해 발생하는 대규모 피해 6) 「제품안전기본법」 제15조에 따른 제품사고(「어린이제품 안전 특별법」 제2조제13호에 따른 안전관리대상어린이제품 및 「전기용품 및 생활용품 안전관리법」 제3조제1항제1호에 따른 안전관리대상제품으로 인한 사고로 한정한다)로 인해 발생하는 대규모 피해
파. 보건복지부	1) 다음의 어느 하나에 해당하는 시설의 화재등으로 인해 발생하는 대규모 피해 가) 「노인복지법」 제31조에 따른 노인복지시설 나) 「아동복지법」 제52조제1항에 따른 아동복지시설 다) 「장애인복지법」 제58조에 따른 장애인복지시설(「의료법」 제3조제2항제3호라목에 따른 요양병원에 해당하는 장애인 의료재활시설은 제외한다) 2) 「의료법」 제3조제2항제3호에 따른 병원급 의료기관의 화재등으로 인해 발생하는 대규모 피해
하. 보건복지부 및 질병관리청	「감염병의 예방 및 관리에 관한 법률」 제2조제1호에 따른 감염병의 확산으로 인한 피해

거. 환경부	1) 「댐건설·관리 및 주변지역지원 등에 관한 법률」 제2조제1호에 따른 댐[산업통상자원부 소관의 발전(發電)용 댐은 제외한다]의 붕괴·파손 등으로 인해 발생하는 대규모 피해 2) 「미세먼지 저감 및 관리에 관한 특별법」 제2조제1호에 따른 미세먼지로 인한 피해 3) 「수도법」 제3조제5호에 따른 수도의 화재등으로 발생하는 대규모 피해 4) 「먹는물관리법」 제3조제1호에 따른 먹는물의 수질오염으로 인해 발생하는 대규모 피해 5) 「생활화학제품 및 살생물제의 안전관리에 관한 법률」 제3조제4호에 따른 안전확인대상생활화학제품 및 같은 조 제6호에 따른 살생물제 관련 사고(「제품안전기본법」 제15조에 따른 제품사고에 해당하는 경우로 한정한다)로 인해 발생하는 대규모 피해 6) 「화학물질관리법」 제2조제13호에 따른 화학사고로 인해 발생하는 대규모 피해 7) 「환경오염시설의 통합관리에 관한 법률」 제2조제1호에 따른 오염물질등으로 인한 환경오염(「먹는물관리법」 제3조제1호에 따른 먹는물의 수질오염은 제외한다)으로 인해 발생하는 대규모 피해
너. 고용노동부	「산업안전보건법」 제2조제1호 및 제44조제1항에 따른 산업재해 및 중대산업사고로 인해 발생하는 대규모 피해
더. 국토교통부[3)의 경우에는 공동구에 공동 수용되는 공급설비 및 통신시설 등으로서 화재등의 원인이 되는 설비·시설 등의 관리에 관한 사무를 관장하는 중앙행정기관을 포함한다]	1) 「건축물관리법」 제2조제1호에 따른 건축물의 붕괴·전도 등으로 인해 발생하는 대규모 피해 2) 「공항시설법」 제2조제3호에 따른 공항의 화재등으로 인해 발생하는 대규모 피해 3) 「국토의 계획 및 이용에 관한 법률」 제2조제9호에 따른 공동구의 화재등으로 인해 발생하는 대규모 피해 4) 「도로법」 제2조제1호에 따른 도로의 화재등으로 인해 발생하는 대규모 피해 5) 「물류시설의 개발 및 운영에 관한 법률」 제7조 및 제21조의2에 따라 국토교통부장관에게 등록한 복합물류터미널사업자 및 물류창고업자가 관리하는 물류시설(다른 중앙행정기관 소관의 시설은 제외한다)의 화재등으로 인해 발생하는 대규모 피해 6) 「철도안전법」 제2조제11호에 따른 철도사고로 인해 발생하는 대규모 피해 7) 「항공안전법」 제2조제6호부터 제8호까지의 규정에 따른 항공기사고, 경량항공기사고 및 초경량비행장치사고로 인해 발생하는 대규모 피해
러. 해양수산부	1) 「농수산물 유통 및 가격안정에 관한 법률」 제2조제2호에 따른 농수산물도매시장(수산물도매시장으로 한정한다) 및 같은 조 제12호에 따른 농수산물종합유통센터(수산물종합유통센터로 한정한다)의 화재등으로 인해 발생하는 대규모 피해 2) 「항만법」 제2조제1호에 따른 항만의 화재등으로 인해 발생하는 대규모 피해 3) 「해수욕장의 이용 및 관리에 관한 법률」 제2조제1호에 따른 해수욕장의 안전사고로 인해 발생하는 대규모 피해 4) 「해양사고의 조사 및 심판에 관한 법률」 제2조제1호에 따른 해양사고(해양에서 발생한 사고로 한정하며, 해양오염은 제외한다)로 인해 발생하는 대규모 피해
머. 해양수산부 및 해양경찰청	「해양환경관리법」 제2조제2호에 따른 해양오염으로 인해 발생하는 대규모 피해
버. 중소벤처기업부	「전통시장 및 상점가 육성을 위한 특별법」 제2조제1호에 따른 전통시장의 화재등으로 인해 발생하는 대규모 피해
서. 여성가족부	1) 「청소년복지 지원법」 제31조에 따른 청소년복지시설의 화재등으로 인해 발생하는 대규모 피해 2) 「청소년활동 진흥법」 제10조제1호에 따른 청소년수련시설의 화재등으로 인해 발생하는 대규모 피해

어. 금융위원회	「금융위원회의 설치 등에 관한 법률」 제38조에 따른 기관(이하 "금융기관"이라 한다) 중 「정보통신기반 보호법」 제2조제1호에 따른 정보통신기반시설을 관리하는 금융기관의 화재등으로 인해 발생하는 대규모 피해
저. 원자력안전위원회	1) 「원자력시설 등의 방호 및 방사능 방재 대책법」 제2조제8호에 따른 방사능재난 2) 인접 국가의 방사능 누출로 인해 발생하는 대규모 피해
처. 국가유산청	1) 「문화유산의 보존 및 활용에 관한 법률」 제2조제1항에 따른 문화유산·같은 조 제5항에 따른 보호구역·같은 조 제6항에 따른 보호물과 문화유산 보관시설의 화재등으로 인해 발생하는 대규모 피해 2) 「자연유산의 보존 및 활용에 관한 법률」 제2조제1호에 따른 자연유산·같은 조 제6호에 따른 보호물 및 같은 조 제7호에 따른 보호구역의 화재등으로 인해 발생하는 대규모 피해
커. 산림청	1) 「사방사업법」 제2조제3호에 따른 사방시설의 붕괴·파손 등으로 인해 발생하는 대규모 피해 2) 「산림보호법」 제2조제7호에 따른 산불로 인해 발생하는 대규모 피해
터. 법 제26조제1항에 따라 해당 국가핵심기반을 지정하는 중앙행정기관	국가핵심기반의 마비(「노동조합 및 노동관계조정법」 제2조제6호에 따른 쟁의행위 또는 이에 준하는 행위로 인한 마비를 포함한다)로 인한 피해
퍼. 행사를 주최·주관하는 중앙행정기관(주최·주관하는 중앙행정기관이 다수인 경우에는 주최·주관의 주된 역할을 담당하는 중앙행정기관을 말한다)	중앙행정기관이 주최·주관하는 각종 행사가 개최되는 시설등에서 발생하는 대규모 피해
허. 비고 제1호 및 제3호에 따른 중앙행정기관	가목부터 퍼목까지의 규정에 따른 사회재난 유형란의 시설등 외의 시설등에서 발생하는 대규모 피해
고. 비고 제2호 및 제3호에 따른 중앙행정기관	가목부터 허목까지의 규정에 따른 사회재난 유형 외의 사회재난

비고

1. 허목에 따른 사회재난 유형의 경우에는 시설사무관장기관이 재난관리주관기관이 된다.
2. 고목에 따른 사회재난 유형의 경우에는 재난사무관장기관이 재난관리주관기관이 된다.
3. 제1호 및 제2호에도 불구하고 시설사무관장기관 및 재난사무관장기관이 불분명한 경우에는 행정안전부장관이 조정하여 재난관리주관기관을 정한다.
4. 가목부터 고목까지의 규정에 따른 사회재난 유형이 복합적으로 발생하는 경우에는 각 사회재난 유형별 시설사무관장기관 또는 재난사무관장기관이 각각 재난관리주관기관이 된다.
5. 제4호에도 불구하고 사회재난 유형이 복합적으로 발생하는 경우로서 신속대응등이 필요한 경우에는 신속대응등이 필요한 사무를 주관하는 재난관리주관기관이 신속대응등을 우선적으로 수행해야 한다.
6. 제5호에도 불구하고 신속대응등의 필요 여부 및 신속대응주관기관이 불분명한 경우에는 행정안전부장관이 조정하여 신속대응등의 필요 여부 및 신속대응주관기관을 정한다.

3. 그 밖의 각종 사고 유형별 재난관리주관기관

재난관리주관기관	사고 유형
제2호 각 목에 따른 해당 중앙행정기관	제2호 각 목에 따른 사회재난 유형으로 인해 발생하거나 해당 시설등에서 발생하는 인명 또는 재산의 피해로서 사회재난에 해당하지 않는 피해

비고
1. 사고 유형에 따른 재난관리주관기관 등이 불분명한 경우에는 제2호 비고를 준용한다.
2. 사고 유형에 따른 재난관리주관기관은 필요한 범위에서 사고의 예방·대비·대응 및 복구 등의 사무를 적극적으로 수행해야 한다.

(5) 긴급구조 기관과 긴급구조 지원기관

① 긴급구조란 재난이 발생할 우려가 현저하거나 재난이 발생하였을 때에 국민의 생명·신체 및 재산을 보호하기 위하여 긴급구조기관과 긴급구조지원기관이 하는 인명구조, 응급처치, 그 밖에 필요한 모든 긴급한 조치를 말한다.

② 긴급구조기관은 소방청, 소방본부, 소방서, 다만, 해양에서 발생한 재난의 경우에는 해양경찰청, 지방해양경찰청, 해양경찰서를 말한다.

③ 긴급구조지원기관은 긴급구조에 필요한 인력·시설 및 장비, 운영체계 등 긴급구조능력을 보유한 기관이나 단체로서 대통령령으로 정하는 기관과 단체를 말한다.

표 8-3 긴급구조지원기관 (시행령 제4조)

긴급구조지원기관
① 교육부, 과학기술정보통신부, 국방부, 산업통상자원부, 보건복지부, 환경부, 국토교통부, 해양수산부, 방송통신위원회, 경찰청, 산림청, 질병관리청 및 기상청
② 국방부장관이 법 제57조제3항제2호에 따른 탐색구조부대로 지정하는 군부대와 그 밖에 긴급구조지원을 위하여 국방부장관이 지정하는 군부대
③ 「대한적십자사 조직법」에 따른 대한적십자사
④ 「의료법」 제3조제2항제3호마목에 따른 종합병원
⑤ 「응급의료에 관한 법률」 제2조제5호에 따른 응급의료기관, 같은 법 제25조에 따른 중앙응급의료센터, 같은 법 제27조에 따른 응급의료지원센터 및 같은 법 제44조제1항제1호·제2호에 따른 구급차등의 운용자
⑥ 「재해구호법」 제29조에 따른 전국재해구호협회
⑦ 법 제3조제7호에 따른 긴급구조기관과 긴급구조활동에 관한 응원협정을 체결한 기관 및 단체
⑧ 그 밖에 긴급구조에 필요한 인력과 장비를 갖춘 기관 및 단체로서 행정안전부령으로 정하는 기관 및 단체

(6) 국가재난관리기준과 재난관리정보

효과적인 재난관리를 위해서는 국가와 지방자치단체 및 재난관리에 참여하는 기관들의 재난관리 전 과정이 통일되고 표준화되는 것이 필요하다. 이를 위해 「재난 및 안전관리 기본법」에서는 "국가재난관리기준"을 정하고 있다.

① 국가재난관리기준이란 모든 유형의 재난에 공통적으로 활용할 수 있도록 재난관리의 전 과정을 통일적으로 단순화·체계화한 것으로서 행정안전부장관이 고시한 것을 말한다. 따라서 효과적인 재난관리를 위해서 재난관리정보를 정하고 있다.

② 재난관리정보란 재난관리를 위하여 필요한 재난상황정보, 동원가능 자원정보, 시설물정보, 지리정보를 말한다.

③ 재난안전통신망이란 재난관리책임기관·긴급구조기관 및 긴급구조지원기관이 재난 및 안전관리업무에 이용하거나 재난현장에서의 통합지휘에 활용하기 위하여 구축·운영하는 무선통신망을 말한다.

(7) 안전문화활동과 안전취약계층

안전에 대한 의식을 높이고 안전을 생활화하기 위하여 안전문화 활동을 규정하고 있다.

① 안전문화활동이란 안전교육, 안전훈련, 홍보 등을 통하여 안전에 관한 가치와 인식을 높이고 안전을 생활화하도록 하는 등 재난이나 그 밖의 각종 사고로부터 안전한 사회를 만들어가기 위한 활동을 말한다.

② 안전취약계층이란 어린이, 노인, 장애인, 저소득층 등 신체적·사회적·경제적 요인으로 인하여 재난에 취약한 사람을 말한다.

(8) 재난안전의무보험

재난안전의무보험이란 재난이나 그 밖의 각종 사고로 사람의 생명·신체 또는 재산에 피해가 발생한 경우 그 피해를 보상하기 위한 보험 또는 공제(共濟)로서 이 법 또는 다른 법률에 따라 일정한 자에 대하여 가입을 강제하는 보험 또는 공제를 말한다.

(9) 국가핵심기반과 재난안전데이터

① 국가핵심기반이란 에너지, 정보통신, 교통수송, 보건의료 등 국가경제, 국민의 안전·건강 및 정부의 핵심기능에 중대한 영향을 미칠 수 있는 시설, 정보기술시스템 및 자산 등을 말한다.

② 재난안전데이터란 정보처리능력을 갖춘 장치를 통하여 생성 또는 처리가 가능한 형태로 존재하는 재난 및 안전관리에 관한 정형 또는 비정형의 모든 자료를 말한다.

2 국가와 국민의 책임 및 다른 법률과의 관계

(1) 국가 등의 책임

「재난 및 안전관리 기본법」에서는 국가 등의 책무와 국민의 책무를 규정하고 있다. 우선 국가와 지방자치단체는 재난이나 그 밖의 각종 사고로부터 국민의 생명·신체 및 재산을 보호할 책무를 지고, 재난이나 그 밖의 각종 사고를 예방하고 피해를 줄이기 위하여 노력하여야 하며, 발생한 피해를 신속히 대응·복구하여 일상으로 회복할 수 있도록 지원하기 위한 계획을 수립·시행하여야 한다.

또한, 국가와 지방자치단체는 안전에 관한 정보를 적극적으로 공개하여야 하며, 누구든지 이를 편리하게 이용할 수 있도록 하여야 한다.

국가와 지방자치단체는 재난이나 그 밖의 각종 사고를 수습하는 과정에서 피해자의 인권이 침해받지 않도록 노력하여야 한다.

이를 위하여, 재난관리책임기관의 장은 소관 업무와 관련된 안전관리에 관한 계획을 수립하고 시행하여야 하며, 그 소재지를 관할하는 특별시·광역시·특별자치시·도·특별자치도와 시·군·구(자치구를 말한다)의 재난 및 안전관리업무에 협조하여야 한다.

(2) 국민의 책무

국민은 국가와 지방자치단체가 재난 및 안전관리 업무를 수행할 때 최대한 협조하여야 하고, 자기가 소유하거나 사용하는 건물·시설 등으로부터 재난이나 그 밖의 각종 사고가 발생하지 아니하도록 노력하여야 한다.

또한, 재난 및 안전관리에 관하여 다른 법률을 제정하거나 개정하는 경우에는 이 법의 목적과 기본 이념에 맞도록 하여야 하고, 재난 및 안전관리에 관하여 「자연재해대책법」 등 다른 법률에 특별한 규정이 있는 경우를 제외하고는 재난 및 안전관리 기본법이 정하는 바를 따르도록 규정하고 있다.

3 재난 및 안전관리 업무의 총괄·조정

행정안전부장관은 국가 및 지방자치단체가 행하는 재난 및 안전관리 업무를 총괄·조정한다.

제 2 절 안전관리기구 및 기능

우리나라의 재난관리 상시조직으로 중앙부처에서는 행정안전부를 들 수 있고, 지방자치단체의 경우, 시·도 재난안전 담당 부서와 시·군·구 재난안전 담당 부서를 들 수 있다. 「재난 및 안전관리 기본법」상의 국가재난관리체계는 중앙안전관리위원회, 중앙재난안전대책본부, 중앙사고수습본부, 중앙긴급구조통제단 등으로 구성되어 있다.

1 중앙안전관리위원회

(1) 중앙안전관리위원회

중앙안전관리위원회는 재난 및 안전관리에 관한 사항을 심의하기 위하여 국무총리 소속으로 중앙안전관리위원회의 위원장은 국무총리가 되고, 간사는 행정안전부장관이 맡게 된다. 위원은 대통령령으로 정하는 중앙행정기관 또는 관계기관·단체의 장이 되며, 중앙위원회의 위원장이 사고 또는 부득이한 사유로 직무를 수행할 수 없을 때에는 행정안전부장관, 대통령령으로 정하는 중앙행정기관의 장 순으로 위원장의 직무를 대행한다. 특히 중앙안전관리위원회는 심의 사항 중 국가 안전 보장과 관련된 경우에는 국가안전보장회의와 협의하여야 하고, 중앙안전관리위원회의 위원장은 그 소관사무에 관하여 재난관리 책임기관의 장이나 관계인에게 자료의 제출, 의견 진술, 그 밖에 필요한 사항에 대하여 협조를 요청할 수 있다.

(2) 안전정책조정위원회

중앙위원회에 상정될 안건을 사전에 검토하고 다음의 사무를 수행하기 위하여 중앙위원회에 안전정책조정위원회를 둔다.

① 중앙행정기관의 장이 수립·시행하는 계획, 점검·검사, 교육·훈련, 평가 등 재난 및 안전관리업무의 조정에 관한 사항, 안전기준관리에 관한 사항, 재난이나 그 밖의 각종 사고가 발생하거나 발생할 우려가 있는 경우 이를 수습하기 위한 관계 기관 간 협력에 관한 중요 사항, 중앙행정기관의 장이 시행하는 대통령령으로 정하는 재난 및 사고의 예방사업 추진에 관한 사항에 대한 사전 조정

② 국가안전관리집행계획의 심의

③ 국가핵심기반의 지정에 관한 사항의 심의

④ 재난 및 안전관리기술 종합계획의 심의

⑤ 그 밖에 중앙위원회가 위임한 사항

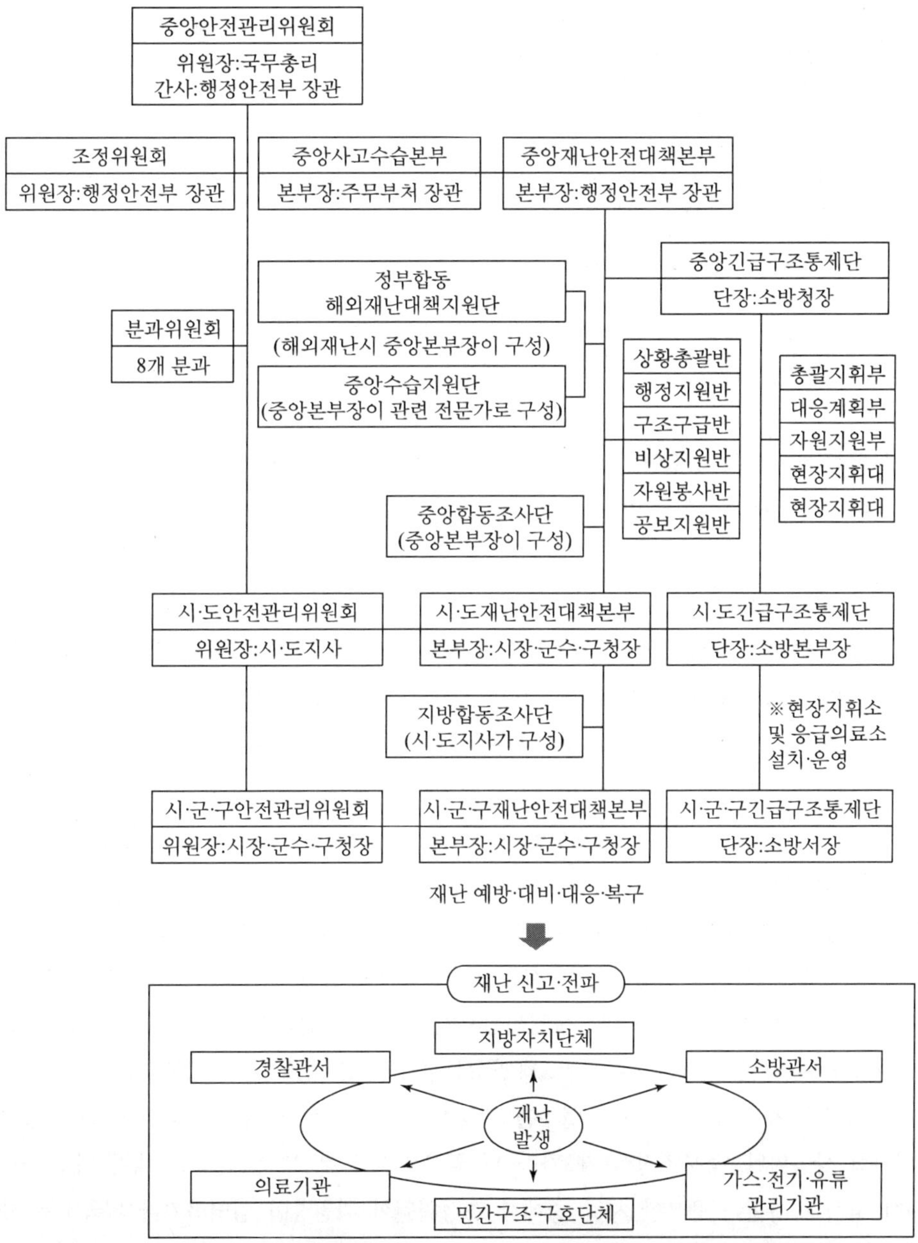

그림 8-1 국가재난관리체계

표 8-4 중앙안전관리위원회의 심의 사항

	중앙안전관리위원회(위원장 : 국무총리)
심의 사항	① 재난 및 안전관리에 관한 중요 정책에 관한 사항 ② 국가안전관리 기본계획에 관한 사항 ③ 재난 및 안전관리 사업 관련 중기사업계획서, 투자우선순위 의견 및 예산요구서에 관한 사항 ④ 중앙행정기관의 장이 수립·시행하는 계획, 점검·검사, 교육·훈련, 평가, 안전기준 등 재난 및 안전관리 업무의 조정에 관한 사항 ⑤ 안전기준관리에 관한 사항 ⑥ 재난 사태의 선포에 관한 사항 ⑦ 특별재난지역의 선포에 관한 사항 ⑧ 재난이나 그 밖의 각종 사고가 발생하거나 발생할 우려가 있는 경우 이를 수습하기 위한 관계 기관 간 협력에 관한 중요 사항 ⑨ 재난안전의무보험의 관리·운용 등에 관한 사항 ⑩ 중앙행정기관의 장이 시행하는 대통령령으로 정하는 재난 및 사고의 예방사업 추진에 관한 사항 ⑪ 「재난안전산업 진흥법」 제5조에 따른 기본계획에 관한 사항 ⑫ 그 밖에 위원장이 회의에 부치는 사항

조정위원회의 위원장은 행정안전부장관이 되고, 위원은 대통령령으로 정하는 중앙행정기관의 차관 또는 차관급 공무원과 재난 및 안전관리에 관한 지식과 경험이 풍부한 사람 중에서 위원장이 임명하거나 위촉하는 사람이 된다. 조정위원회에 간사위원 1명을 두며, 간사위원은 행정안전부의 재난안전관리사무를 담당하는 본부장이 된다.

조정위원회의 업무를 효율적으로 처리하기 위하여 조정위원회에 실무위원회를 둘 수 있다. 조정위원회의 위원장은 조정위원회에서 심의·조정된 사항 중 대통령령으로 정하는 중요 사항에 대해서는 조정위원회의 심의·조정 결과를 중앙위원회의 위원장에게 보고하여야 한다. 조정위원회의 위원장은 중앙위원회 또는 조정위원회에서 심의·조정된 사항에 대한 이행상황을 점검하고, 그 결과를 중앙위원회에 보고할 수 있다. 조정위원회 및 실무위원회의 구성 및 운영 등에 필요한 사항은 대통령령으로 정한다.

안전정책조정위원회 구성 : ① 기획재정부차관, 교육부차관, 과학기술정보통신부차관, 외교부차관, 통일부차관, 법무부차관, 국방부차관, 행정안전부의 재난안전관리사무를 담당하는 본부장, 문화체육관광부차관, 농림축산식품부차관, 산업통상자원부차관, 보건복지부차관, 환경부차관, 고용노동부차관, 여성가족부차관, 국토교통부차관, 해양수산부차관 및 중소벤처기업부차관. 이 경우 복수차관이 있는 기관은 재난 및 안전관리 업무를 관장하는 차관으로 한다. ② 국가정보원 제2차장, 방송통신위원회 상임위원, 국무조정실 제2차장 및 금융위원회 부위원장, ③ 그 밖에 재난 및 안전관리에 관한 지식과 경험이 풍부한 사람 중에서 조정위원회 위원장이 임명하거나 위촉하는 사람

조정위원회의 회의는 위원이 요청하거나 위원장이 필요하다고 인정하는 경우에 위원장이 소집한

다. 조정위원회의 회의는 재적위원 과반수의 출석으로 개의하고, 출석위원 과반수의 찬성으로 의결한다. 위원장은 회의 안건과 관련하여 필요하다고 인정하는 경우에는 관계 공무원과 민간전문가 등을 회의에 참석하게 하거나 관계 기관의 장에게 자료 제출을 요청할 수 있다. 이 경우 요청을 받은 관계 공무원과 관계 기관의 장은 특별한 사유가 없으면 요청에 따라야 한다. 규정한 사항 외에 조정위원회의 구성 및 운영 등에 필요한 사항은 위원장이 정한다.

(3) 지역위원회

지역별로 해당 지역에 대한 재난 및 안전관리정책에 관한 사항, 안전관리계획에 관한 사항, 해당 지역을 관할하는 재난관리 책임기관이 수행하는 재난 및 안전관리 업무의 추진에 관한 사항, 재난이나 그 밖의 각종 사고가 발생하거나 발생할 우려가 있는 경우 이를 수습하기 위한 관계 기관 간 협력에 관한 사항, 다른 법령이나 조례에 따라 해당 위원회의 권한에 속하는 사항 등의 사항을 심의·조정하기 위하여 특별시장·광역시장·특별자치시장·도지사·특별자치도지사 소속으로 시·도 안전관리위원회를 두고, 시장·군수·구청장 소속으로 시·군·구 안전관리위원회를 두고 있다. 시·도위원회의 위원장은 시·도지사가 되고, 시·군·구위원회의 위원장은 시장·군수·구청장이 되며, 지역위원회에 안전정책실무조정위원회를 두어, 시·도위원회와 시·군·구위원회의 회의에 부칠 의안을 검토하고, 재난 및 안전관리에 관한 관계기관 간의 협의·조정 등을 하도록 규정하고 있다.

표 8-5 지역위원회의 심의·조정사항

① 해당 지역에 대한 재난 및 안전관리정책에 관한 사항
② 제24조 또는 제25조에 따른 안전관리계획에 관한 사항
③ 제36조에 따른 재난사태의 선포에 관한 사항(시·군·구위원회는 제외한다)
④ 해당 지역을 관할하는 재난관리책임기관(중앙행정기관과 상급 지방자치단체는 제외한다)이 수행하는 재난 및 안전관리업무의 추진에 관한 사항
⑤ 재난이나 그 밖의 각종 사고가 발생하거나 발생할 우려가 있는 경우 이를 수습하기 위한 관계 기관 간 협력에 관한 사항
⑥ 다른 법령이나 조례에 따라 해당 위원회의 권한에 속하는 사항
⑦ 그 밖에 해당 위원회의 위원장이 회의에 부치는 사항

(4) 재난방송협의회

재난에 관한 예보·경보·통지나 응급조치 및 재난관리를 위한 재난방송이 원활히 수행될 수 있도록 중앙위원회에 중앙재난방송협의회를 두어야 한다. 지역 차원에서 재난에 대한 예보·경보·통지나 응급조치 및 재난방송이 원활히 수행될 수 있도록 시·도위원회에 시·도 재난방송협의회를 두어야 하고, 필요한 경우 시·군·구위원회에 시·군·구 재난방송협의회를 둘 수 있다. 중앙재난방

송협의회의 구성 및 운영에 필요한 사항은 대통령령으로 정하고, 시·도 재난방송협의회와 시·군·구 재난방송협의회의 구성 및 운영에 필요한 사항은 해당 지방자치단체의 조례로 정한다.

중앙재난방송협의회는 위원장 1명과 부위원장 1명을 포함한 25명 이내의 위원으로 구성한다. 중앙재난방송협의회의 효율적 운영을 위하여 중앙재난방송협의회에 간사 1명을 두되, 간사는 과학기술정보통신부의 재난방송 업무를 담당하는 공무원 중에서 과학기술정보통신부장관이 지명하는 사람이 된다. 중앙재난방송협의회는 구성원 과반수의 출석과 출석위원 과반수의 찬성으로 의결한다.

표 8-6 재난방송협의회 심의사항

① 재난에 관한 예보·경보·통지나 응급조치 및 재난관리를 위한 재난방송 내용의 효율적 전파 방안
② 재난방송과 관련하여 중앙행정기관, 특별시·광역시·특별자치시·도·특별자치도(이하 "시·도"라 한다) 및 「방송법」 제2조제3호에 따른 방송사업자 간의 역할분담 및 협력체제 구축에 관한 사항
③ 「언론중재 및 피해구제 등에 관한 법률」 제2조제1호에 따른 언론에 공개할 재난 관련 정보의 결정에 관한 사항
④ 재난방송 관련 법령과 제도의 개선 사항
⑤ 그 밖에 재난방송이 원활히 수행되도록 하기 위하여 필요한 사항으로서 방송통신위원회위원장과 미래창조과학부장관이 요청하거나 중앙재난방송협의회 위원장이 필요하다고 인정하는 사항

(5) 안전관리민관협력위원회

조정위원회의 위원장은 재난 및 안전관리에 관한 민관 협력 관계를 원활히 하기 위하여 중앙안전관리민관협력위원회를 구성·운영할 수 있다. 지역위원회의 위원장은 재난 및 안전관리에 관한 지역 차원의 민관 협력 관계를 원활히 하기 위하여 시·도 또는 시·군·구 안전관리민관협력위원회를 구성·운영할 수 있다. 중앙민관협력위원회의 구성 및 운영에 필요한 사항은 대통령령으로 정하고, 지역민관협력위원회의 구성 및 운영에 필요한 사항은 해당 지방자치단체의 조례로 정하도록 하고 있다.

한편, 행정안전부장관은 시·도위원회의 운영과 지방자치단체의 재난 및 안전관리 업무에 대하여 필요한 지원과 지도를 할 수 있으며, 시·도지사는 관할구역의 시·군·구위원회의 운영과 시·군·구의 재난 및 안전관리 업무에 대하여 필요한 지원과 지도를 할 수 있다.

중앙안전관리민관협력위원회는 공동위원장 2명을 포함하여 35명 이내의 위원으로 구성한다. 중앙민관협력위원회의 공동위원장은 행정안전부의 재난안전관리사무를 담당하는 본부장과 위촉된 민간위원 중에서 중앙민관협력위원회의 의결을 거쳐 행정안전부장관이 지명하는 사람이 된다. 중앙민관협력위원회의 공동위원장은 중앙민관협력위원회를 대표하고, 중앙민관협력위원회의 운영 및 사무에 관한 사항을 총괄한다.

표 8-7 중앙민관협력위원회의 위원

당연직 위원	민간위원
① 행정안전부 안전예방정책실장 ② 행정안전부 자연재난실장 ③ 행정안전부 사회재난실장 ④ 행정안전부 재난복구지원국장	① 재난 및 안전관리 활동에 적극적으로 참여하고 전국 규모의 회원을 보유하고 있는 협회 등의 민간단체 대표 ② 재난 및 안전관리 분야 유관기관, 단체·협회 또는 기업 등에 소속된 재난 및 안전관리 전문가 ③ 재난 및 안전관리 분야에 학식과 경험이 풍부한 사람

민간위원의 임기는 2년으로 하며, 위원의 사임 등으로 새로 위촉된 위원의 임기는 전임위원 임기의 남은 기간으로 한다. 중앙민관협력위원회의 회의는 재적위원 과반수의 출석으로 개의하고, 출석위원 과반수의 찬성으로 의결한다. 중앙민관협력위원회의 회의 등에 참석하는 위원 등에게는 예산의 범위에서 수당 등을 지급할 수 있다. 다만, 공무원이 그 소관 업무와 관련하여 참석하는 경우에는 그러하지 아니하다. 중앙민관협력위원회의 회의는 다음의 어느 하나에 해당하는 경우에 공동위원장이 소집할 수 있다.

① 제14조제1항에 따른 대규모 재난의 발생으로 민관협력 대응이 필요한 경우

② 재적위원 4분의 1 이상이 회의 소집을 요청하는 경우, ③ 그 밖에 공동위원장이 회의 소집이 필요하다고 인정하는 경우

표 8-8 중앙민관협력위원회의 기능

① 재난 및 안전관리 민관협력활동에 관한 협의 ② 재난 및 안전관리 민관협력활동사업의 효율적 운영방안의 협의 ③ 평상시 재난 및 안전관리 위험요소 및 취약시설의 모니터링·제보 ④ 재난 발생 시 인적·물적 자원 동원, 인명구조·피해복구 활동 참여, 피해주민 지원서비스 제공 등에 관한 협의

재난 발생 시 신속한 재난대응 활동 참여 등 중앙민관협력위원회의 기능을 지원하기 위하여 중앙민관협력위원회에 대통령령으로 정하는 바에 따라 재난긴급대응단을 둘 수 있다. 재난긴급대응단은 중앙민관협력위원회에 참여하는 유관기관, 단체·협회 또는 기업에서 파견된 인력으로 구성한다. 재난긴급대응단은 재난현장에서 임무의 수행에 관하여 통합지원본부의 장 또는 현장지휘를 하는 긴급구조통제단장)의 지휘·통제를 따른다.

표 8-9 재난긴급대응단의 임무

① 재난 발생 시 인명구조 및 피해복구 활동 참여
② 평상시 재난예방을 위한 활동 참여
③ 그 밖에 신속한 재난대응을 위하여 필요한 활동

2 중앙재난안전대책본부

(1) 중앙재난안전대책본부

재난관리에서 특히 대규모 재난의 예방·대비·대응·복구 등 재난관리를 총괄 및 조정하기 위한 기구가 필요한데, 재난 및 안전관리 기본법에서는 이를 재난안전대책본부로 정하고 있다 즉, 대통령령으로 정하는 대규모 재난의 예방·대비·대응·복구 등에 관한 사항을 총괄·조정하고 필요한 조치를 하기 위하여 행정안전부에 중앙재난안전대책본부를 두고, 중앙대책본부의 본부장은 행정안전부장관이 되며, 중앙대책본부장은 중앙대책본부의 업무를 총괄하고 필요하다고 인정하면 중앙재난안전대책본부 회의를 소집할 수 있다.

다만, 해외재난의 경우에는 외교부 장관이 중앙대책본부장의 권한을 행사하게 되고, 「원자력시설 등의 방호 및 방사능 방재 대책법」에 따른 방사능 재난의 경우에는 중앙방사능방재대책본부의 장이 중앙대책본부장의 권한을 행사하도록 규정하고 있다. 재난의 효과적인 수습을 위하여 ① 국무총리가 범정부적 차원의 통합 대응이 필요하다고 인정하는 경우, ② 행정안전부장관이 국무총리에게 건의하거나, 수습본부장의 요청을 받아 행정안전부장관이 국무총리에게 건의하는 경우에는 국무총리가 중앙대책본부장의 권한을 행사할 수 있다. 이 경우 행정안전부장관, 외교부장관(해외재난의 경우에 한정한다) 또는 원자력안전위원회 위원장(방사능 재난의 경우에 한정)이 차장이 된다.

중앙대책본부장은 대규모 재난이 발생하거나 발생할 우려가 있는 경우에는 대통령령으로 정하는 바에 따라 실무반을 편성하고 중앙재난안전대책본부 상황실을 설치하는 등 해당 대규모 재난에 대하여 효율적으로 대응하기 위한 체계를 갖추어야 하고, 중앙재난안전상황실 및 재난안전상황실과 인력, 장비, 시설 등을 통합·운영할 수 있다. 또한 중앙대책본부장은 국내 또는 해외에서 발생한 대규모재난의 수습을 지원하기 위하여 관계 중앙행정기관 및 관계 기관·단체의 재난관리에 관한 전문가 등으로 수습지원단을 구성하여 현지에 파견할 수 있고, 중앙대책본부장은 구조·구급·수색 등의 활동을 신속하게 지원하기 위하여 행정안전부·소방청 또는 해양경찰청 소속의 전문 인력으로 구성된 특수기동구조대를 편성하여 재난현장에 파견할 수 있다. 수습지원단의 구성과 운영 및 특수기동구조대의 편성과 파견 등에 필요한 사항은 대통령령으로 정하도록 하고 있다.

중앙대책본부장의 권한을 살펴보면, ① 중앙대책본부장은 대규모 재난을 효율적으로 수습하기 위하여 관계 재난관리 책임기관의 장에게 행정 및 재정상의 조치, ② 소속 직원의 파견, 그 밖에 필요한 지원을 요청할 수 있고, 요청을 받은 관계 재난관리 책임기관의 장은 특별한 사유가 없으면 요청에 따라야 한다. 이때 파견된 직원은 대규모 재난의 수습에 필요한 소속 기관의 업무를 성실히 수행하여야 하며, 대규모 재난의 수습이 끝날 때까지 중앙대책본부에서 상근하여야 한다. 또한, ③ 중앙대책본부장은 해당 대규모 재난의 수습에 필요한 범위에서 수습본부장 및 지역대책본부장을 지휘할 수 있다.

표 8-10 중앙대책본부회의 심의·협의 사항

① 재난복구계획에 관한 사항을 심의·확정
② 재난예방대책에 관한 사항 협의
③ 재난응급대책에 관한 사항 협의
④ 국고지원 및 예비비 사용에 관한 사항 협의
⑤ 그 밖에 중앙대책본부장이 회의에 부치는 사항 협의

표 8-11 중앙재난안전대책본부 운영기준 포함사항

① 중앙대책본부 구성원의 임무와 역할에 관한 사항
② 재난 및 안전사고에 대한 중앙대책본부의 단계별 운영체계 및 실무반 편성에 관한 사항
③ 법 제14조의2제1항에 따른 수습지원단의 파견 등에 관한 사항
④ 법 제14조의2제2항에 따른 특수기동구조대의 편성 및 파견 등에 관한 사항
⑤ 법 제18조제1항제1호에 따른 중앙재난안전상황실의 운영에 관한 사항
⑥ 중앙대책본부의 회의 운영에 관한 사항
⑦ 그 밖에 중앙대책본부의 본부장이 필요하다고 인정하는 사항

① 수습지원단

중앙대책본부장은 국내 또는 해외에서 발생한 대규모재난의 수습을 지원하기 위하여 관계 중앙행정기관 및 관계 기관·단체의 재난관리에 관한 전문가 등으로 수습지원단을 구성하여 현지에 파견할 수 있다.

중앙대책본부장은 구조·구급·수색 등의 활동을 신속하게 지원하기 위하여 행정안전부·소방청 또는 해양경찰청 소속의 전문 인력으로 구성된 특수기동구조대를 편성하여 재난현장에 파견할 수 있다. 수습지원단의 구성과 운영 및 특수기동구조대의 편성과 파견 등에 필요한 사항은 대통령령으로 정한다.

수습지원단은 재난 유형별로 관계 재난관리책임기관의 전문가 및 민간 전문가로 구성한다. 다만, 해외재난의 경우에는 따로 수습지원단을 구성하지 아니하고 「119구조·구급에 관한 법률」 제9

조에 따른 국제구조대로 갈음할 수 있다.

수습지원단의 단장은 수습지원단원 중에서 중앙대책본부장이 지명하는 사람이 되고, 단장은 수습지원단원을 지휘·통솔하며 운영을 총괄한다. 중앙대책본부장은 신속한 재난상황의 파악, 현장 지도·관리 등을 위하여 수습지원단을 현지에 파견하기 전에 중앙대책본부 소속 직원을 재난현장에 파견할 수 있다.

표 8-12 수습지원단의 업무

① 지역대책본부장 등 재난 발생지역의 책임자에 대하여 사태수습에 필요한 기술자문·권고 또는 조언
② 중앙대책본부장에 대하여 재난수습을 위한 재난현장 상황, 재난발생의 원인, 행정적·재정적으로 조치할 사항 및 진행 상황 등에 관한 보고

② 특수기동구조대

중앙대책본부장은 구조·구급·수색 등의 활동을 신속하게 지원하기 위하여 행정안전부 소속의 전문 인력으로 구성된 특수기동구조대를 편성하여 재난현장에 파견할 수 있다. 중앙대책본부장은 특수기동구조대의 대원을 행정안전부 중앙119구조본부 및 중앙해양특수구조단 소속 공무원 중에서 선발하고, 특수기동구조대 대장을 특수기동구조대의 대원 중에서 지명한다. 중앙대책본부장은 재난유형별로 필요한 전문 인력을 추가할 수 있다.

중앙대책본부장은 다음에 해당하는 경우 특수기동구조대를 재난 현장에 파견할 수 있다

- 각급 통제단장 또는 「수상에서의 수색·구조 등에 관한 법률」 제7조에 따른 중앙구조본부의 장, 광역구조본부의 장, 지역구조본부의 장이 중앙대책본부장에게 요청하는 경우
- 중앙대책본부장이 구조·구급·수색 등의 활동을 신속하게 지원하기 위하여 필요하다고 인정하는 경우

외교부장관, 원자력안전위원회 위원장은 중앙대책본부장의 권한을 행사하는 경우 특수기동구조대를 파견하기 위해서는 행정안전부장관과 협의하여야 한다. 특수기동구조대는 재난현장에서 구조·구급·수색 등의 활동에 관하여 각급통제단장의 지휘·통제를 따른다. 다만, 해양에서 발생하는 재난에 관하여는 「수상에서의 수색·구조 등에 관한 법률」 제7조에 따른 중앙구조본부의 장, 광역구조본부의 장, 지역구조본부의 장의 지휘·통제를 따른다.

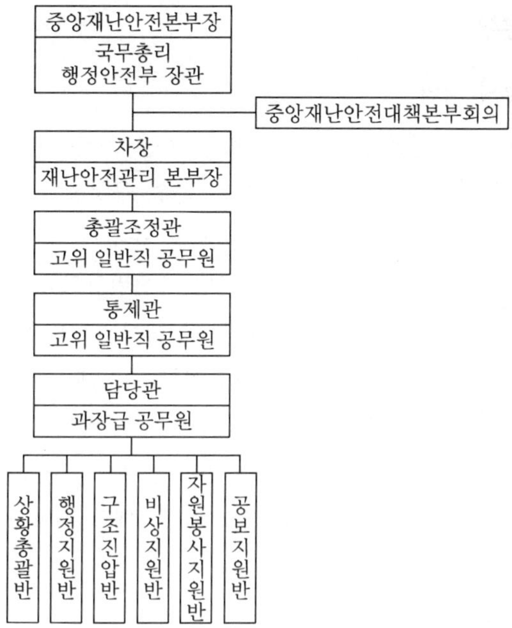

그림 8-2 중앙재난안전대책본부의 조직도

(2) 중앙사고수습본부

재난관리 주관기관의 장은 재난이 발생하거나 발생할 우려가 있는 경우에는 재난상황을 효율적으로 관리하고 재난을 수습하기 위한 중앙사고수습본부를 신속하게 설치·운영하여야 하고, 수습본부의 장은 해당 재난관리 주관기관의 장이 된다. 수습본부장은 재난정보의 수집·전파, 상황관리, 재난발생 시 초동 조치 및 지휘 등을 위한 수습본부상황실을 설치·운영하여야 하고, 이 경우, 재난안전상황실과 인력, 장비, 시설 등을 통합·운영할 수 있다. 또한, 수습본부장은 재난을 수습하기 위하여 필요하면 관계 재난관리 책임기관의 장에게 행정상 및 재정상의 조치, 소속 직원의 파견, 그 밖에 필요한 지원을 요청할 수 있다. 이 경우 요청을 받은 관계 재난관리 책임기관의 장은 특별한 사유가 없으면 요청에 따라야 한다. 수습본부장은 지역사고수습본부를 운영할 수 있으며, 지역사고수습본부의 장은 수습본부장이 지명한다.

또한 수습본부장은 해당 재난의 수습에 필요한 범위에서 시·도지사 및 시장·군수·구청장(시·도 대책본부 및 시·군·구 대책본부가 운영되는 경우에는 해당 본부장)을 지휘할 수 있고, 수습본부장은 재난을 수습하기 위하여 필요하면 대통령령으로 정하는 바에 따라 수습지원단을 구성·운영할 것을 중앙대책본부장에게 요청할 수 있으며, 수습본부의 구성·운영 등에 필요한 사항은 대통령령으로 정한다.

(3) 지역재난안전대책본부

① 지역재난안전대책본부의 의의

해당 관할구역에서 재난 및 안전관리에 관한 사항을 총괄·조정하고 필요한 조치를 위하여 시·도지사는 시·도 재난안전대책본부를 두고 있고, 시장·군수·구청장은 시·군·구 재난안전대책본부를 둔다. 지역대책본부의 본부장은 시·도지사 또는 시장·군수·구청장이 되며, 지역대책본부장은 지역대책본부의 업무를 총괄하고, 필요하다고 인정하면 대통령령으로 정하는 바에 따라 지역재난안전대책본부 회의를 소집할 수 있다. 그리고 시·군·구 대책본부의 장은 재난 현장의 총괄·지휘 및 조정을 위하여 재난 현장 통합지원본부를 설치·운영할 수 있다. 이 경우 통합지원본부의 장은 긴급구조에 대해서는 제52조에 따른 시·군·구 긴급구조통제단장의 현장지휘에 협력하여야 한다. 통합지원본부의 장은 관할 시·군·구의 부단체장이 되며, 실무반을 편성하여 운영할 수 있다. 지역대책본부 및 통합지원본부의 구성과 운영에 필요한 사항은 해당 지방자치단체의 조례로 정하도록 규정하고 있다.

② 지역대책본부장의 권한

지역대책본부장의 권한을 살펴보면, 지역대책본부장은 재난의 수습을 효율적으로 하기 위하여 해당 시·도 또는 시·군·구를 관할구역으로 하는 재난관리 책임기관의 장에게 행정 및 재정상의 조치나 그 밖에 필요한 업무 협조를 요청할 수 있고, 이 경우 요청을 받은 재난관리 책임기관의 장은 특별한 사유가 없으면 요청에 따라야 한다. 또한, 지역대책본부장은 재난의 수습을 위하여 필요하다고 인정하면 해당 시·도 또는 시·군·구의 전부 또는 일부를 관할구역으로 하는 재난관리 책임기관의 장에게 소속 직원의 파견을 요청할 수 있다. 이 경우 요청을 받은 재난관리 책임기관의 장은 특별한 사유가 없으면 즉시 요청에 따라야 한다. 특히, 파견된 직원은 지역대책본부장의 지휘에 따라 재난수습의 필요한 소속 기관의 업무를 성실히 수행하여야 하며, 재난수습이 끝날 때까지 지역대책본부에서 상근하여야 한다.

표 8-13 지역대책본부의 심의·확정 사항

① 자체 재난복구계획에 관한 사항	② 재난예방대책에 관한 사항
③ 재난응급대책에 관한 사항	④ 재난에 따른 피해지원에 관한 사항
⑤ 그 밖에 지역대책본부장이 필요하다고 인정하는 사항	

③ 지방자치단체의 장의 재난안전관리교육

지방자치단체의 장은 대통령령으로 정하는 바에 따라 행정안전부장관이 실시하는 재난 및 안전관리에 관한 교육을 받아야 한다.

행정안전부장관은 필요하다고 인정하면 대통령령으로 정하는 전문인력 및 시설기준을 갖춘 교육기관으로 하여금 교육을 대행하게 할 수 있다.

표 8-14 지방자치단체의 장에 대한 재난안전관리교육의 내용

① 재난 및 안전관리 체계의 구성 및 운영에 관한 사항
② 재난관리 단계별 지방자치단체의 임무와 역할

④ 재난현장 통합자원봉사지원단의 설치

지역대책본부장은 재난의 효율적 수습을 위하여 지역대책본부에 통합자원봉사지원단을 설치·운영할 수 있다.

표 8-15 통합자원봉사지원단의 업무

① 자원봉사자의 모집·등록	② 자원봉사자의 배치 및 운영
③ 자원봉사자에 대한 교육훈련	④ 자원봉사자에 대한 안전조치
⑤ 자원봉사 관련 정보의 수집 및 제공	⑥ 그 밖에 자원봉사 활동의 지원에 관한 사항

행정안전부장관은 통합자원봉사지원단의 원활한 운영을 위하여 필요한 경우 지방자치단체에 대하여 행정 및 재정적 지원을 할 수 있다. 행정안전부장관, 시·도지사 및 시장·군수·구청장은 통합자원봉사지원단의 원활한 운영을 위하여 필요한 경우 자원봉사 관련 업무 종사자에 대한 교육훈련을 실시할 수 있다. 통합자원봉사지원단의 구성·운영에 관하여 필요한 사항은 해당 지방자치단체의 조례로 정한다.

3 재난안전상황실

(1) 재난안전상황실

대규모 재난 발생 시 초동 조치 및 지휘를 효과적으로 수행하기 위해서는 상황실이 필요한데, 재난 및 안전관리 기본법에서는 재난안전상황실을 두도록 규정하고 있다. 즉, 행정안전부, 시·도지사 및 시장·군수·구청장은 재난정보의 수집·전파, 상황관리, 재난 발생 시 초동 조치 및 지휘 등의 업무를 수행하기 위하여, 행정안전부의 경우에는 중앙재난안전상황실을, 시·도지사 및 시장·군수·구청장의 경우에는 시·도별 및 시·군·구별 재난안전상황실을 상시 설치·운영하도록 하고 있

다. 또한, 중앙행정기관의 장은 소관 업무 분야의 재난 상황을 관리하기 위하여 재난안전상황실을 설치·운영하거나 재난 상황을 관리할 수 있는 체계를 갖추어야 한다. 그리고 재난관리 책임기관의 장도 재난에 관한 상황 관리를 위하여 재난안전상황실을 설치·운영할 수 있으며, 재난안전상황실은 중앙재난안전상황실 및 다른 기관의 재난안전상황실과 유기적인 협조체계를 유지하고, 재난관리 정보를 공유하여야 한다.

표 8-16 재난안전상황실 갖추어야할 요건

① 신속한 재난정보의 수집·전파와 재난대비 자원의 관리·지원을 위한 재난방송 및 정보통신체계
② 재난상황의 효율적 관리를 위한 각종 장비의 운영·관리체계
③ 재난안전상황실 운영을 위한 전담인력과 운영규정
④ 그 밖에 행정안전부장관이 정하여 고시하는 사항

(2) 재난 신고

누구든지 재난의 발생이나 재난이 발생할 징후를 발견하였을 때에는 즉시 그 사실을 시장·군수·구청장·긴급구조기관, 그 밖의 관계 행정기관에 신고하여야 한다. 신고를 받은 시장·군수·구청장과 그 밖의 행정기관의 장은 관할 긴급구조기관의 장에게, 긴급구조기관의 장은 그 소재지 관할 시장·군수·구청장 및 재난 관리 주관기관의 장에게 통보하여 응급 대처 방안을 마련할 수 있도록 조치하여야 한다.

(3) 재난상황의 보고

시장·군수·구청장, 소방서장, 해양경찰서장, 재난관리책임기관의 장, 국가핵심기반을 관리하는 기관·단체의 장은 그 관할구역, 소관 업무 또는 시설에서 재난이 발생하거나 발생할 우려가 있으면 재난상황에 대해서는 즉시, 응급조치 및 수습현황에 대해서는 지체 없이 각각 행정안전부장관, 관계 재난관리주관기관의 장 및 시·도지사에게 보고하거나 통보하여야 한다. 이 경우 재난관리 주관기관의 장 및 시·도지사는 보고받은 사항을 확인·종합하여 행정안전부장관에게 통보하여야 한다.

시장·군수·구청장이나 소방서장 또는 해양경찰서장은 재난이 발생한 경우 또는 재난 발생을 신고 받거나 통보받은 경우에는 즉시 관계 재난관리 책임기관의 장에게 통보하여야 한다.

표 8-17 재난상황의 보고 및 통보에 포함되어야 할 사항

① 재난 발생의 일시·장소와 재난의 원인
② 재난으로 인한 피해내용
③ 응급조치 사항
④ 대응 및 복구활동 사항
⑤ 향후 조치계획
⑥ 그 밖에 해당 재난을 수습할 책임이 있는 중앙행정기관의 장이 정하는 사항

표 8-18 재난상황보고

① 최초 보고 : 인명피해 등 주요 재난 발생 시 지체 없이 서면(전자문서를 포함한다), 팩스, 전화 중 가장 빠른 방법으로 하는 보고
② 중간 보고 : 별지 제1호 서식(법 제3조제1항 가목에 따른 재난의 경우에는 별지 제2호 서식)에 따라 전산시스템 등을 활용하여 재난 수습기간 중에 수시로 하는 보고
③ 최종 보고 : 재난 수습이 끝나거나 재난이 소멸된 후 영 제24조제1항에 따른 사항을 종합하여 하는 보고

표 8-19 재난상황보고 대상

① 「산림보호법」 제36조에 따라 신고 및 보고된 산불
② 법 제26조에 따라 지정된 국가핵심기반에 발생한 화재·붕괴·폭발
③ 국가기관, 지방자치단체, 「공공기관의 운영에 관한 법률」 제4조에 따른 공공기관, 「지방공기업법」 제3장 및 제4장에 따른 지방공사 및 지방공단, 「유아교육법」 제2조제2호에 따른 유치원, 「초·중등교육법」 제2조에 따른 학교 또는 「고등교육법」 제2조에 따른 학교에서 발생한 화재, 붕괴, 폭발
④ 「접경지역 지원 특별법」 제2조제1호에 따른 접경지역에 있는 하천의 급격한 수량 증가나 제방의 붕괴 등을 일으켜 인명 또는 재산에 피해를 줄 수 있는 댐의 방류
⑤ 「감염병의 예방 및 관리에 관한 법률」 제2조제1호에 따른 감염병의 확산 또는 해외 신종감염병의 국내 유입으로 인한 재난
⑥ 단일 사고로서 사망 3명 이상(화재 또는 교통사고의 경우에는 5명 이상을 말한다) 또는 부상 20명 이상의 재난
⑦ 「가축전염병 예방법」 제11조제1항 각 호에 해당하는 가축의 발견
⑧ 「문화유산의 보존 및 활용에 관한 법률」 제2조제3항에 따른 지정문화유산의 화재 등 관련 사고
⑨ 「수도법」 제7조에 따른 상수원보호구역의 수질오염 사고
⑩ 「물환경보전법」 제16조에 따른 수질오염 사고
⑪ 「유선 및 도선 사업법」 제29조제1항 각 호에 따른 유선·도선의 충돌, 좌초, 그 밖의 사고
⑫ 「화학물질관리법」 제43조제2항에 따른 화학사고
⑬ 「지진·화산재해대책법」 제2조제1호에 따른 지진재해의 발생
⑭ 그 밖에 행정안전부장관이 정하여 고시하는 재난

(4) 해외 재난 상황의 보고 및 관리

해외 재난 상황의 경우에는 외교부 장관에게 보고하여야 한다. 즉, 재외공관의 장은 관할구역에서 해외재난이 발생하거나 발생할 우려가 있으면 즉시 그 상황을 외교부 장관에게 보고하여야 한다. 보고를 받은 외교부 장관은 지체 없이 해외재난 발생 또는 발생 우려 지역에 거주하거나 체류하는 대한민국 국민의 생사 확인 등 안전 여부를 확인하고, 행정안전부장관과 관계 중앙행정기관의 장과 협의하여 해외 재난 국민의 보호를 위한 방안을 마련하여 시행하여야 한다. 해외 재난 국민의 가족 등은 외교부 장관에게 해외 재난 국민의 생사 확인 등 안전 여부 확인을 요청할 수 있고, 이 경우 외교부 장관은 특별한 사유가 없으면 그 요청에 따라야 한다.

4 재난 및 안전관리 사업 예산

(1) 재난 및 안전관리 사업예산의 사전협의

관계 중앙행정기관의 장은 「국가재정법」 제28조에 따라 기획재정부장관에게 제출하는 중기사업계획서 중 재난 및 안전관리 사업(행정안전부장관이 기획재정부장관과 협의하여 정하는 사업)과 관련된 중기사업계획서와 해당 기관의 재난 및 안전관리 사업에 관한 투자우선순위 의견을 매년 1월 31일까지 행정안전부장관에게 제출하여야 한다. 관계 중앙행정기관의 장은 기획재정부장관에게 제출하는 「국가재정법」 제31조제1항에 따른 예산요구서 중 재난 및 안전관리 사업 관련 예산요구서를 매년 5월 31일까지 행정안전부장관에게 제출하여야 한다. 행정안전부장관은 중기사업계획서, 투자우선순위 의견 및 예산요구서를 검토하고, 중앙위원회의 심의를 거쳐 매년 6월 30일까지 기획재정부장관에게 통보하여야 한다. 기획재정부장관은 국가재정상황과 재정운용원칙에 부합하지 아니하는 등 부득이한 사유가 있는 경우를 제외하고 통보받은 결과를 토대로 재난 및 안전관리 사업에 관한 예산안을 편성하여야 한다.

표 8-20 중앙위원회의 심의대상 재난 및 안전관리 사업

① 재난 및 안전관리 사업의 투자 방향
② 관계 중앙행정기관별 재난 및 안전관리 사업의 투자우선순위, 투자적정성, 중점 추진방향 등에 관한 사항
③ 재난 및 안전관리 사업의 유사성·중복성 검토결과
④ 그 밖에 재난 및 안전관리 사업의 투자효율성을 높이기 위하여 필요한 사항

(2) 재난 및 안전관리 사업에 대한 평가

행정안전부장관은 매년 재난 및 안전관리 사업의 효과성 및 효율성을 평가하고, 그 결과를 관계 중앙행정기관의 장에게 통보하여야 한다. 행정안전부장관은 평가를 위하여 중앙행정기관의 장 또는 지방자치단체의 장 등에게 해당 기관에서 추진한 재난 및 안전관리 사업의 집행실적 등에 관한 자료 제출을 요청할 수 있다. 이 경우 자료 제출을 요청받은 중앙행정기관의 장 또는 지방자치단체의 장 등은 특별한 사유가 없으면 이에 따라야 한다. 관계 중앙행정기관의 장은 제1항에 따른 평가 결과를 다음 연도 재난 및 안전관리 사업에 반영하여야 한다. 평가의 범위·방법 등에 관하여 필요한 사항은 대통령령으로 정한다.

관계 중앙행정기관의 장은 재난 및 안전관리 사업의 효과성 및 효율성 평가를 위하여 매년 9월 30일까지 다음 연도 소관 사업의 성과목표 및 성과지표를 정하여 행정안전부장관에게 제출하여야 한다.

행정안전부장관은 제출받은 성과목표 등에 대하여 관계 전문가 등으로 구성된 평가자문위원회의 자문과 관계 중앙행정기관의 장의 의견을 들은 후 매년 1월 31일까지 성과목표 등을 확정하여야 한다.

행정안전부장관은 전년도의 사업평가를 위한 실시계획을 매년 1월 31일까지 수립하여 관계 중앙행정기관의 장에게 통보하여야 한다.

행정안전부장관은 사업평가 실시계획에 따라 전년도의 재난 및 안전관리 사업에 대하여 평가를 실시하고, 그 결과를 매년 4월 30일까지 중앙행정기관의 장에게 통보하여야 한다.

(3) 지방자치단체의 재난 및 안전관리 사업예산의 사전검토

지방자치단체의 장은 「지방재정법」 제36조에 따라 예산을 편성하기 전에 다음에 해당하는 재난 및 안전관리 사업에 대하여 사업의 집행 실적 및 성과, 향후 사업 추진 필요성 등 행정안전부령으로 정하는 사항을 고려하여 투자우선순위를 검토하고, 시·도 안전관리위원회 또는 시·군·구 안전관리위원회의 심의를 거쳐야 한다.

① 재난 및 안전관리 체계의 구축 및 운영
② 재난 및 안전관리를 목적으로 하는 시설의 구축 및 기능 강화
③ 재난취약 지역·시설 등의 위험요소 제거 및 기능 회복
④ 재난안전 관련 교육·훈련 및 홍보
⑤ 그 밖에 재난 및 안전관리와 관련된 사업 중 행정안전부령으로 정하는 사업

행정안전부장관은 지방자치단체의 장에게 심의 결과의 제출을 요청할 수 있다. 이 경우 요청을 받은 지방자치단체의 장은 특별한 사유가 없으면 이에 따라야 한다. 지방자치단체의 장은 해당 지방자치단체의 예산이 확정된 날부터 2개월 이내에 재난 및 안전관리 사업에 대한 예산 현황을 행정안전부장관에게 제출하여야 한다. 이 경우 시장(「제주특별자치도 설치 및 국제자유도시 조성을 위한 특별법」 제11조제1항에 따른 행정시장은 제외한다. 이하 이 조에서 같다)·군수·구청장(자치구의 구청장)은 특별시장·광역시장·도지사를 거쳐 제출하여야 한다.

지방자치단체의 장은 해당 지방자치단체의 결산이 승인된 날부터 2개월 이내에 재난 및 안전관리 사업에 대한 결산 현황을 행정안전부장관에게 제출하여야 한다. 이 경우 시장·군수·구청장은 특별시장·광역시장·도지사를 거쳐 제출하여야 한다.

제 3 절

안전관리계획

1 국가안전관리기본계획

국무총리는 대통령령으로 정하는 바에 따라 5년마다 국가의 재난 및 안전관리업무에 관한 기본계획의 수립지침을 작성하여 관계 중앙행정기관의 장에게 통보하여야 한다.

수립지침에는 부처별로 중점적으로 추진할 안전관리기본계획의 수립에 관한 사항과 국가재난관리체계의 기본방향이 포함되어야 한다. 관계 중앙행정기관의 장은 수립지침에 따라 5년마다 그 소관에 속하는 재난 및 안전관리업무에 관한 기본계획을 작성한 후 국무총리에게 제출하여야 한다.

국무총리는 관계 중앙행정기관의 장이 제출한 기본계획을 종합하여 국가안전관리기본계획을 작성하여 중앙위원회의 심의를 거쳐 확정한 후 이를 관계 중앙행정기관의 장에게 통보하여야 한다. 중앙행정기관의 장은 제4항에 따라 확정된 국가안전관리기본계획 중 그 소관 사항을 관계 재난관리책임기관(중앙행정기관과 지방자치단체는 제외한다)의 장에게 통보하여야 한다.

국가안전관리기본계획을 변경하는 경우에도 위의 사항을 준용한다. 국가안전관리기본계획과 집행계획, 시·도안전관리계획 및 시·군·구안전관리계획은 「민방위기본법」에 따른 민방위계획 중 재난관리분야의 계획으로 본다.

관계 중앙행정기관의 장은 국가안전관리기본계획을 이행하기 위하여 필요한 예산을 반영하는 등의 조치를 하여야 한다.

관계 중앙행정기관의 장은 소관 개별 법령에 따른 재난 및 안전과 관련된 계획을 수립하는 때에는 국가안전관리기본계획 및 집행계획과 연계하여 작성하여야 한다.

표 8-21 국가안전관리기본계획 포함사항

① 재난에 관한 대책
② 생활안전, 교통안전, 산업안전, 시설안전, 범죄안전, 식품안전, 안전취약계층 안전 및 그 밖에 이에 준하는 안전관리에 관한 대책

2 집행계획

관계 중앙행정기관의 장은 통보 받은 국가안전관리기본계획에 따라 매년 그 소관 업무에 관한 집행계획을 작성하여 조정위원회의 심의를 거쳐 국무총리의 승인을 받아 확정하고, 관계 중앙행정기관의 장은 확정된 집행계획을 행정안전부장관에게 통보하며, 시·도지사 및 재난관리 책임기관의 장에게 시달하여야 한다. 이 경우, 재난관리 책임기관의 장은 시달 받은 집행계획에 따라 세부 집행계획을 작성하여 관할 시·도지사와 협의한 후 소속 중앙행정기관의 장의 승인을 받아 이를 확정하여야 하고, 재난관리 책임기관의 장이 공공기관이나 공공단체의 장인 경우에는 그 내용을 지부 등 지방조직에 통보하여야 한다(재난 및 안전관리 기본법, § 23). 관계 중앙행정기관의 장은 소관 개별 법령에 따른 재난 및 안전과 관련된 계획을 수립하는 때에는 국가안전관리 기본계획 및 집행계획과 연계하여 작성하여야 한다(재난 및 안전관리 기본법, § 23②).

관계 중앙행정기관의 장은 매년 10월 31일까지 다음 연도의 집행계획을 작성하여 행정안전부장관에게 통보하여야 한다. 행정안전부장관은 집행계획을 효율적으로 수립하기 위하여 필요한 경우에는 집행계획의 작성지침을 마련하여 관계 중앙행정기관의 장에게 통보할 수 있다. 관계 중앙행정기관의 장은 집행계획을 작성하는 경우에 필요하면 세부집행계획을 작성하여야 하는 재난관리책임기관의 장에게 집행계획의 작성에 필요한 자료의 제출을 요청할 수 있다. 중앙행정기관의 장은 확정된 집행계획에 변경 사항이 있을 때에는 그 변경 사항을 행정안전부장관과 협의한 후 국무총리에게 보고하여야 한다.

3 시·도 안전관리계획

행정안전부장관은 국가안전관리기본계획과 집행계획에 따라 매년 시·도의 재난 및 안전관리업무에 관한 계획의 수립지침을 작성하여 이를 시·도지사에게 통보하여야 한다. 시·도의 전부 또는 일부를 관할구역으로 하는 재난관리 책임기관의 장은 그 소관 재난 및 안전관리 업무에 관한 계획을 작성하여 관할 시·도지사에게 제출하여야 한다. 이 경우, 시·도지사는 시달 받은 수립지침과 제출 받은 재난 및 안전관리 업무에 관한 계획을 종합하여 시·도 안전관리계획을 작성하고 시·도 위원회의 심의를 거쳐 확정하여야 하며, 시·도지사는 확정된 시·도 안전관리계획을 행정안전부장관에게 보고하고, 재난관리 책임기관의 장에게 통보하여야 한다(재난 및 안전관리 기본법, § 24).

4 시·군·구 안전관리계획

시·도지사는 확정된 시·도 안전관리계획에 따라 매년 시·군·구의 재난 및 안전관리업무에 관한 계획의 수립지침을 작성하여 시장·군수·구청장에게 통보하여야 한다. 시·군·구의 전부 또는 일부를 관할 구역으로 하는 재난관리 책임기관의 장은 그 소관 재난 및 안전관리 업무에 관한 계획을 작성하여 시장·군수·구청장에게 제출하여야 한다. 시장·군수·구청장은 시달 받은 수립지침과 제출 받은 재난 및 안전관리 업무에 관한 계획을 종합하여 시·군·구 안전관리계획을 작성하고 시·군·구 위원회의 심의를 거쳐 확정하여야 하며, 시장 군수·구청장은 확정된 시·군·구 안전관리계획을 시·도지사에게 보고하고, 재난관리 책임기관의 장에게 통보하여야 한다(재난 및 안전관리 기본법, § 25).

시·도지사 및 시장·군수·구청장은 소관 안전관리계획에 대하여 실무위원회의 사전검토 및 심의를 거칠 수 있다. 시·도지사는 전년도 12월 31일까지, 시장·군수·구청장은 해당 연도 2월 말일까지 소관 안전관리계획을 확정하여야 한다.

표 8-22 시·도 안전관리계획 및 시·군·구 안전관리계획 포함사항

① 소관 재난 및 안전관리에 관한 기본방향
② 재난별 대응 시 관계 기관 간의 상호 협력 및 조치에 관한 사항
③ 소관 재난 및 안전관리를 위한 사업계획에 관한 사항
④ 그 밖에 재난 및 안전관리에 필요한 사항

5 집행계획 등 추진실적의 제출 및 보고

관계 중앙행정기관의 장은 확정된 전년도 집행계획의 추진실적을 매년 행정안전부장관에게 제출하여야 한다.

재난관리책임기관의 장(시·도 또는 시·군·구의 전부 또는 일부를 관할 구역으로 하는 제3조제5호나목에 따른 재난관리책임기관은 제외한다)은 제23조제3항에 따라 확정된 전년도 세부집행계획의 추진실적을 매년 소속 중앙행정기관의 장에게 제출하여야 하고, 이를 제출받은 소속 중앙행정기관의 장은 해당 추진실적을 행정안전부장관에게 제출하여야 한다.

시·군·구의 전부 또는 일부를 관할 구역으로 하는 재난관리책임기관은 확정된 전년도 시·군·구안전관리계획에 따른 그 소관 재난 및 안전관리업무에 관한 계획의 추진실적을 매년 시장·군수·

구청장에게 제출하여야 한다.

시장·군수·구청장은 확정된 전년도 시·군·구안전관리계획의 추진실적 및 제3항에 따라 제출받은 추진실적을 매년 시·도지사에게 제출하여야 한다.

시·도의 전부 또는 일부를 관할 구역으로 하는 재난관리책임기관은 확정된 전년도 시·도안전관리계획에 따른 그 소관 재난 및 안전관리업무에 관한 계획의 추진실적을 매년 시·도지사에게 제출하여야 한다.

시·도지사는 확정된 전년도 시·도안전관리계획의 추진실적 및 제출받은 추진실적을 매년 행정안전부장관에게 제출하여야 한다.

행정안전부장관은 제출받은 추진실적을 점검하고 종합 분석·평가한 보고서를 작성하여 매년 국무총리에게 제출하여야 한다.

Chapter 8

적중예상문제

01 **재난이나 각종 사고에 대하여 유형별로 예방·대비·대응 및 복구 등의 업무를 수행하도록 하는 관계 중앙행정기관은?**

① 재난관리주관기관 ② 재난관리책임기관
③ 재난관리기관 ④ 긴급구조기관

Solution 재난관리주관기관은 재난이나 그 밖의 각종 사고에 대하여 그 유형별로 예방·대비·대응 및 복구 등의 업무를 주관하여 수행하도록 하는 관계 중앙행정기관을 말한다.

02 **다음 중 ( ) 안에 알맞은 내용은?**

> "( )"란 재난이 발생할 우려가 현저하거나 재난이 발생하였을 때에 국민의 생명·신체 및 재산을 보호하기 위하여 인명구조, 응급처치, 그 밖에 필요한 모든 긴급한 조치를 말한다.

① 긴급구조 ② 긴급대응 ③ 재난관리 ④ 안전관리

Solution 긴급구조에 대한 설명이다.

03 **다음 중 ( ) 안에 알맞은 내용은?**

> "( )"란 재난이나 그 밖의 각종 사고로부터 사람의 생명·신체 및 재산의 안전을 확보하기 위하여 하는 모든 활동을 말한다.

① 긴급구조 ② 긴급대응 ③ 재난관리 ④ 안전관리

Solution 안전관리에 대한 설명이다.

Answer 01 ❶ 02 ❶ 03 ❹

04 「재난 및 안전관리 기본법」에서 용어의 뜻이 다른 것은?

① 긴급구조기관은 소방청, 소방본부 및 소방서를 말한다.
② 화재·붕괴·폭발·교통사고·화생방사고·환경오염사고는 인적재난에 속한다.
③ 해외재난은 대한민국 영역 밖에서 정부차원의 대처가 필요한 재난을 말한다.
④ 재난관리책임기관은 중앙행정기관, 지방자치단체, 지방행정기관·공공기관·공공단체 등을 말한다.

Solution 화재·붕괴·교통사고·화생방사고·환경오염사고는 사회재난에 속한다(재난 및 안전관리 기본법 제3조).

05 「재난 및 안전관리 기본법」에서 정의하는 내용이 옳지 않은 것은?

① 재난관리책임기관－중앙행정기관, 지방자치단체, 지방행정기관·공공기관·공공단체 및 재난관리의 대상이 되는 중요시설의 관리기관 등으로서 대통령령으로 정하는 기관
② 해외재난－대한민국의 영역 밖에서 대한민국 국민의 생명·신체 및 재산에 피해를 주거나 줄 수 있는 재난으로서 정부차원에서 대처할 필요가 있는 재난
③ 긴급구조기관－행정안전부, 소방청, 소방본부, 소방서, 해양경찰청, 지방해양경찰청, 해양경찰서
④ 안전관리－시설, 물질 등으로부터 사람의 생명·신체, 재산의 안전 확보를 위한 모든 활동

Solution 긴급구조기관－소방청, 소방본부, 소방서, 해양경찰청, 지방해양경찰청, 해양경찰서

06 「재난 및 안전관리 기본법」 용어의 정의로서 옳지 않은 것은?

① 에너지, 통신, 교통, 금융, 의료, 수도 등의 국가기반체계 마비와 감염병, 가축전염병확산 등은 사회재난이다.
② 재난관리란 재난, 각종 사고로부터 사람의 생명·신체·재산의 안전 확보를 위한 모든 활동을 말한다.
③ 국가재난관리기준은 모든 유형의 재난에 공통적으로 활용할 수 있도록 재난관리의 전 과정을 통일적으로 단순화, 체계화한 것으로서 행정안전부장관이 정한다.
④ 재난관리의 4대원칙은 예방, 대응, 대비, 복구이다.

Solution 재난, 각종 사고로부터 사람의 생명·신체·재산의 안전 확보를 위한 모든 활동은 안전관리를 설명한 것이다.

Answer 04 ❷ 05 ❸ 06 ❷

07 다음 중 재난관리체계에 관한 설명으로 옳지 않은 것은?

① "재난관리책임기관"이란 재난관리업무를 하는 중앙행정기관 및 지방자치단체와 지방행정기관·공공기관·공공단체 및 재난관리의 대상이 되는 중요시설의 관리기관 등으로서 대통령령으로 정하는 기관을 말한다.

② "재난관리주관기관"이란 재난이나 그 밖의 각종 사고에 대하여 그 유형별로 예방·대비·대응 및 복구 등의 업무를 주관하여 수행하도록 대통령령으로 정하는 관계 중앙행정기관을 말한다.

③ "국가재난관리기준"이란 국가적 재난에 공통적으로 활용할 수 있도록 재난관리의 전 과정을 통일적으로 단순화·체계화한 것으로서 행정안전부장관이 고시한 것을 말한다.

④ "재난관리정보"란 재난관리를 위하여 필요한 재난상황정보, 동원가능 자원정보, 시설물정보, 지리정보를 말한다.

Solution "국가재난관리기준"이란 모든 유형의 재난에 공통적으로 활용할 수 있도록 재난관리의 전 과정을 통일적으로 단순화·체계화한 것으로서 행정안전부장관이 고시한 것을 말한다.

08 재난관리체계의 설명 중 옳지 않은 것은?

① 시·도지사는 재난안전상황실을 설치·운영하여야 한다.

② 긴급재난 시 소방청장이 중앙통제단장이 된다.

③ 행정안전부장관은 대통령에게 특별재난선포를 건의할 수 있다.

④ 행정안전부장관은 재난사태가 선포된 지역에 대하여 여행을 금지할 수 있다.

Solution 행정안전부장관은 재난사태가 선포된 지역에 대하여 여행 등 이동 자제 권고할 수 있다.

09 다음 중 긴급구조기관에 해당 되지 않은 것은?

① 소방청 ② 경찰청 ③ 소방본부 ④ 소방서

Solution 긴급구조기관은 소방청, 소방본부, 소방서, 해양경찰청, 지방해양경찰청, 해양경찰서이다.(「재난 및 안전관리 기본법」 제3조)

Answer 07 ❸ 08 ❹ 09 ❷

10 「재난 및 안전관리 기본법」상의 긴급구조기관으로 옳지 않은 것은?

① 울산광역시 소방본부　　② 울산광역시 중구 경찰서
③ 남해 지방해양경찰청　　④ 울산광역시 중구 소방서

Solution 긴급구조기관은 소방청, 소방본부, 소방서, 해양경찰청, 지방해양경찰청, 해양경찰서이다.(「재난 및 안전관리 기본법」 제3조)

11 「재난 및 안전관리 기본법」에 따른 긴급구조기관으로 옳지 않은 것은?

① 소방청　　② 지방해양경찰청
③ 경찰청　　④ 소방서, 소방본부

Solution 긴급구조기관은 소방청, 소방본부, 소방서, 해양경찰청, 지방해양경찰청, 해양경찰서이다.(「재난 및 안전관리 기본법」 제3조)

12 다음 중 「재난 및 안전관리 기본법」상의 긴급구조기관으로 옳지 않은 것은?

① 응급의료기관　　② 소방서　　③ 소방본부　　④ 소방청

Solution 긴급구조기관은 소방청, 소방본부, 소방서, 해양경찰청, 지방해양경찰청, 해양경찰서이다.(「재난 및 안전관리 기본법」 제3조)

13 다음 중 중앙안전관리위원회의 위원장은?

① 대통령　　② 국무총리　　③ 행정안전부　　④ 국가안보실장

Solution 중앙안전관리위원회의 위원장은 국무총리이다.(재난 및 안전관리 기본법 제9조)

14 다음 중 중앙안전관리위원회 위원장으로 옳은 것은?

① 행정안전부장관　　② 국무총리
③ 국기비상기획위원장　　④ 소방청장

Solution 중앙안전관리위원회의 위원장은 국무총리이다.(재난 및 안전관리 기본법 제9조)

Answer 10 ❷ 11 ❸ 12 ❶ 13 ❷ 14 ❷

15 **다음 중 중앙안전관리위원회의 심의사항이 아닌 것은?**

① 특별재난지역의 선포에 관한 사항
② 재난 사태의 선포에 관한 사항
③ 국가안전관리 기본계획에 관한 사항
④ 재난 및 안전관리기술 종합계획의 심의

Solution 재난 및 안전관리기술 종합계획의 심의는 안전정책조정위원회 심의사항이다.

16 **다음 중 중앙안전관리위원회의 심의사항으로 옳지 않은 것은?**

① 재난 및 안전관리에 관한 중요 정책의 사항
② 국가 및 지방자치 안전관리기본계획에 관한 사항
③ 재난사태 또는 특별재난지역의 선포에 관한 사항
④ 중앙행정기관의 장이 수립·시행하는 계획, 점검·검사, 교육·훈련, 평가, 안전기준 등 재난 및 안전관리업무의 조정에 관한 사항

Solution 중앙안전관리위원회 심의사항으로 국가안전관리기본계획에 관한 사항이 해당된다. 지방자치는 국가안전관리기본계획의 심의사항이 아니다.(재난 및 안전관리 기본법 제9조)

17 **「재난 및 안전관리 기본법」에서 중앙안전관리위원회에 관한 설명으로 옳은 것은?**

① 중앙위원회에 간사 1명을 두며, 간사는 행정안전부 차관이 된다.
② 중앙위원회의 위원장은 국무총리가 되고, 위원은 대통령령으로 정하는 중앙행정기관의 장이 된다.
③ 중앙위원회 의결은 재적의원 2/3 출석과 1/2 찬성으로 한다.
④ 중앙위원회는 사무가 국가안전보장과 관련된 경우에는 국가정보원과 협의하여야 한다.

Solution ① 중앙위원회 위원장의 간사위원은 행정안전부장관이다. ③ 중앙위원회의 회의는 재적위원 과반수의 출석으로 개의(開議)하고, 출석위원 과반수의 찬성으로 의결한다. ④ 중앙위원회는 사무가 국가안전보장과 관련된 경우에는 국가안전보장회의와 협의하여야 한다.

Answer 15 ❹ 16 ❷ 17 ❷

18 다음 중 재난에 관한 내용으로 옳지 않은 것은?

① 중앙긴급구조통제단장은 소방청장이다.
② 긴급구조기관은 소방청, 소방본부, 소방서이다.
③ 국가안전관리기본계획은 행정안전부장관이 5년마다 수립한다.
④ 매월 4일은 안전점검의 날이다.

Solution 국가안전관리기본계획은 국무총리가 5년마다 수립한다.

19 다음 중 안전정책조정위원회의 심의사항이 아닌 것은?

① 재난예방대책에 관한 사항 심의
② 국가안전관리 집행계획의 심의
③ 국가기반시설의 지정에 관한 사항의 심의
④ 재난 및 안전관리기술 종합계획의 심의

Solution 재난예방대책에 관한 사항은 중앙재난안전대책본부의 심의사항이다.

20 다음 중 중앙재난안전대책본부의 심의사항이 아닌 것은?

① 재난예방대책에 관한 사항
② 재난 및 사고의 예방사업 추진에 관한 사항
③ 재난응급대책에 관한 사항
④ 국고지원 및 예비비 사용에 관한 사항

Solution 재난 및 사고의 예방사업 추진에 관한 사항은 중앙안전관리위원회의 심의사항이다.

21 다음 중 우리나라의 재난관리체계에 관한 설명으로 옳지 않은 것은?

① 중앙안전관리위원회 위원장은 국무총리이다.
② 안전정책조정위원회의 위원장은 행정안전부 차관이다.
③ 중앙재난안전대책본부장은 행정안전부장관이다.
④ 중앙긴급구조통제단장은 소방청장이다.

Solution 안전정책조정위원회의 위원장은 행정안전부장관이다.

Answer 18 ❸ 19 ❶ 20 ❷ 21 ❷

22 다음 중 중앙재난안전대책본부에 관한 설명으로 옳지 않은 것은?

① 대규모 재난의 대응·복구 등에 관한 사항을 총괄·조정하고 필요한 조치를 한다.
② 중앙대책본부의 본부장은 행정안전부장관이 된다.
③ 중앙재난안전대책본부상황실을 설치하는 등 해당 대규모재난에 대하여 효율적으로 대응하기 위한 체계를 갖추어야 한다.
④ 소방공무원으로 중앙재난안전대책본부회의의 구성원이 될 수 있는 사람은 소방정감 이상의 소방공무원이다.

Solution 소방공무원으로 중앙재난안전대책본부의 구성원이 될 수 있는 사람은 소방감 이상의 소방공무원이다.

23 다음 중 중앙재난안전대책본부의 책임자로 옳은 것은?

① 재난 시 소방본부장의 책임자는 국무총리가 된다.
② 중앙안전관리위원회의 위원장은 대통령이 된다.
③ 중앙재난안전대책본부장은 행정안전부장관이 된다.
④ 재난의 유형에 따라 본부장이 각각 다르다.

Solution ① 재난 시 소방본부장의 책임자는 시·도지사가 된다. ② 중앙안전관리위원회의 위원장은 국무총리가 된다. ③ 중앙재난안전대책본부장은 행정안전부장관이 된다. ④ 재난의 유형과 상관없이 중앙재난안전대책본부장은 행정안전부장관이 된다.

24 다음 중 안전관리 사업예산의 중앙위원회의 심의 대상이 아닌 것은?

① 재난 및 안전관리 사업의 투자 방향
② 관계 중앙행정기관별 재난 및 안전관리 사업의 투자우선순위 등에 관한 사항
③ 재난 및 안전관리 사업의 유사성·중복성 검토결과
④ 재난 및 안전관리 사업의 재정운용원칙

Solution 심의 사항은 ① 재난 및 안전관리 사업의 투자 방향, ② 관계 중앙행정기관별 재난 및 안전관리 사업의 투자우선순위, 투자적정성, 중점 추진방향 등에 관한 사항, ③ 재난 및 안전관리 사업의 유사성·중복성 검토결과, ④ 그 밖에 재난 및 안전관리 사업의 투자효율성을 높이기 위하여 필요한 사항 등이다.

Answer 22 ❹ 23 ❸ 24 ❹

25 **다음 중 ( ) 안에 알맞은 내용은?**

( )는(은) ( )마다 대통령령으로 정하는 바에 따라 국가의 재난 및 안전관리 업무에 관한 기본계획의 수립지침을 작성하여 관계 중앙행정기관의 장에게 시달하여야 한다.

① 국무총리, 5년 ② 국무총리, 3년
③ 행정안전부장관, 5년 ④ 행정안전부장관, 3년

Solution 국무총리는 5년마다 대통령령으로 정하는 바에 따라 국가의 재난 및 안전관리 업무에 관한 기본계획의 수립지침을 작성하여 관계 중앙행정기관의 장에게 시달하여야 한다.

26 **다음 중 「재난 및 안전관리 기본법」상 국가안전관리기본계획의 대책으로 옳지 않은 것은?**

① 긴급구호대책 ② 교통안전대책
③ 범죄안전대책 ④ 생활안전대책

Solution 「재난 및 안전관리 기본법」상 국가안전관리기본계획의 대책은 재난에 관한 대책, 생활안전, 교통안전, 산업안전, 시설안전, 범죄안전, 식품안전, 그 밖에 이에 준하는 안전관리에 관한 대책 등이다.

27 **다음 중 긴급구조기관에 해당 되지 않는 것은?**

① 소방청 ② 경찰서
③ 지방해양경찰청 ④ 소방서

Solution 긴급구조기관은 소방청, 소방본부, 소방서, 해양경찰청, 지방해양경찰청, 해양경찰서이다.

28 **다음은 국가안전관리기본계획에 관한 내용이다. (ㄱ), (ㄴ)에 들어갈 내용으로 옳게 짝지어진 것은?**

국가안전관리기본계획은 재난의 예방·대비·대응·복구 등 재난 및 안전관리를 위한 기본방향과 관련부처가 추진할 안전관리계획 등을 포함하는 것으로 (ㄱ)마다 수립하는 국가재난관리의 장기적인 마스터플랜이다. 각종 재난 및 안전관련 계획 간의 중복을 방지하고 연계성을 강화한 국가안전관리기본계획의 수립지침 작성책임은 (ㄴ)에게 있다.

Answer 25 ❶ 26 ❶ 27 ❷ 28 ❶

① ㄱ : 5년, ㄴ : 국무총리
② ㄱ : 5년, ㄴ : 행정안전부장관
③ ㄱ : 3년, ㄴ : 국무총리
④ ㄱ : 3년, ㄴ : 행정안전부장관

Solution 국무총리는 5년마다 대통령령으로 정하는 바에 따라 국가의 재난 및 안전관리 업무에 관한 기본계획의 수립지침을 작성하여 관계 중앙행정기관의 장에게 시달하여야 한다.

29 **다음 중 우리나라 재난관리조직의 구성에 관한 설명으로 옳지 않은 것은?**

① 중앙안전관리위원회 위원장은 국무총리이다.
② 중앙재난안전대책본부장은 행정안전부장관이다.
③ 중앙긴급구조통제단장은 소방청장이 된다.
④ 시·도 긴급구조통제단장은 시·도지사이다.

Solution 시·도긴급구조통제단의 단장은 시·도의 소방본부장이다.

30 **다음 중 국가안전관리기본계획 수립 시 포함되어야 할 대책과 가장 거리가 먼 것은?**

① 산업안전대책
② 식품안전대책
③ 범죄안전대책
④ 테러안전대책

Solution 「재난 및 안전관리 기본법」상 국가안전관리기본계획의 대책은 재난에 관한 대책, 생활안전, 교통안전, 산업안전, 시설안전, 범죄안전, 식품안전, 그 밖에 이에 준하는 안전관리에 관한 대책 등이다.

31 **재외공관의 장은 관할 구역에서 해외재난이 발생하거나 발생할 우려가 있으면 즉시 그 상황을 누구에게 보고하여야 하는가?**

① 국무총리
② 행정안전부장관
③ 외교통상부장관
④ 국가안보실장

Solution 재외공관의 장은 관할 구역에서 해외재난이 발생하거나 발생할 우려가 있으면 즉시 그 상황을 외교부장관에게 보고하여야 한다.

Answer 29 ❹ 30 ❹ 31 ❸

32 「재난 및 안전관리 기본법」상 다음의 기능을 하는 안전관리기구의 장은?

- 재난 및 안전관리에 관한 중요 정책에 관한 심의
- 국가안전관리기본계획에 관한 사항 심의
- 중앙행정기관의 장이 수립·시행하는 계획 등 재난 및 안전관리업무의 조정에 관한 사항 심의

① 행정안전부장관 ② 국무총리 ③ 대통령 ④ 국정원장

Solution 보기의 내용은 중앙안전관리위원회에 관한 설명이다. 위원장은 국무총리이다.

33 「재난 및 안전관리 기본법」상 용어 정의로 옳지 않은 것은?

① "재난관리"란 재난의 예방·대비·대응 및 복구를 위하여 하는 모든 활동을 말한다.
② "재난관리정보"란 재난관리를 위하여 필요한 재난상황정보, 동원가능 자원정보, 시설물정보, 지리정보를 말한다.
③ "안전관리"란 재난이나 그 밖의 각종 사고로부터 사람의 생명·신체 및 재산의 안전을 확보하기 위하여 하는 모든 활동을 말한다.
④ "안전기준"이란 모든 유형의 재난에 공통적으로 활용할 수 있도록 재난관리의 전 과정을 통일적으로 단순화·체계화한 것으로서 행정안전부장관이 고시한 것을 말한다.

Solution 모든 유형의 재난에 공통적으로 활용할 수 있도록 재난관리의 전 과정을 통일적으로 단순화·체계화한 것으로서 행정안전부장관이 고시한 것은 "국가재난관리기준"을 말한다.

34 다음 중 「재난 및 안전관리 기본법」상 용어 정의로 틀린 것은?

① "재난"이라 함은 국민의 생명·신체·재산과 국가에 피해를 주거나 줄 수 있는 것을 말한다.
② "재난관리"라 함은 시설 및 물질 등으로부터 사람의 생명·신체 및 재산의 안전을 확보하기 위하여 행하는 모든 활동을 말한다.
③ "긴급구조기관"이라 함은 소방청, 소방본부 소방서 및 해양경찰청, 지방해양경찰청, 해양경찰서를 말한다.
④ "긴급구조지원기관"이란 긴급구조에 필요한 인력·시설 및 장비, 운영체계 등 긴급구조능력을 보유한 기관이나 단체로서 대통령령으로 정하는 기관과 단체를 말한다.

Solution "재난관리"란 재난의 예방·대비·대응 및 복구를 위하여 하는 모든 활동을 말한다.

Answer 32 ② 33 ④ 34 ②

35 **다음 중 「재난 및 안전관리 기본법」상 재난상황보고에 관한 설명으로 옳지 않은 것은?**

① 누구든지 재난의 발생이나 재난이 발생할 징후를 발견하였을 때에는 즉시 그 사실을 시장·군수·구청장·긴급구조기관, 그 밖의 관계 행정기관에 신고하여야 한다.

② 중앙행정기관의 장은 소관 업무분야의 재난상황을 관리하기 위하여 재난안전상황실을 설치·운영하거나 재난상황을 관리할 수 있는 체계를 갖추어야 한다.

③ 시장·군수·구청장, 소방서장, 해양경찰서장, 재난관리책임기관의 장, 국가기반시설의 장은 그 관할구역, 소관 업무 또는 시설에서 재난이 발생하거나 발생할 우려가 있으면 재난상황에 대해서는 즉시, 응급조치 및 수습현황에 대해서는 지체 없이 각각 행정안전부장관, 관계 재난관리주관기관의 장 및 시·도지사에게 연락하여야 한다.

④ 재난관리주관기관의 장 및 시·도지사는 보고받은 사항을 확인·종합하여 행정안전부장관에게 통보하여야 한다.

Solution 시장·군수·구청장, 소방서장, 해양경찰서장, 재난관리책임기관의 장, 국가기반시설의 장은 그 관할구역, 소관 업무 또는 시설에서 재난이 발생하거나 발생할 우려가 있으면 재난상황에 대해서는 즉시, 응급조치 및 수습현황에 대해서는 지체 없이 각각 행정안전부장관, 관계 재난관리주관기관의 장 및 시·도지사에게 보고하거나 통보하여야 한다.

36 **다음 중 중앙재난안전대책본부장이 될 수 없는 자는?**

① 국무총리 ② 행정안전부장관
③ 외교부장관 ④ 환경부장관

Solution 중앙재난안전대책본부장이 될 수 없는 자는 국무총리, 행정안전부장관, 외교부장관(해외재난), 원자력안전관리 위원장(방사능 재난)

37 **「재난 및 안전관리 기본법」상 대통령령으로 정하는 대규모 재난의 대응·복구 등에 관한 사항을 총괄·조정하고 필요한 조치를 하기 위하여 행정안전부에 두는 기구는?**

① 중앙안전관리위원회 ② 중앙재난안전대책본부
③ 재난안전상황실 ④ 안전정책조정위원회

Solution 「재난 및 안전관리 기본법」 제14조 대통령령으로 정하는 대규모 재난(이하 "대규모재난"이라 한다)의 대응·복구(이하 "수습"이라 한다) 등에 관한 사항을 총괄·조정하고 필요한 조치를 하기 위하여 행정안전부에 중앙재난안전대책본부를 둔다.

Answer 35 ③ 36 ④ 37 ②

CHAPTER _09
재난 및 안전관리 기본법의 주요내용

제1절

재난의 예방

우리나라의 재난관리는 재난 및 안전관리 기본법에 따라 예방, 대비, 대응, 복구의 단계별로 재난관리 활동이 명시되어 있다.

표 9-1 재난 및 안전관리 기본법의 주요내용

단계		주요내용	
예방		① 재난관리책임기관의 장의 재난예방조치 등 ② 국가핵심기반의 지정 및 관리 등 ③ 특정관리대상지역의 지정 및 관리 등 ④ 지방자치단체에 대한 지원 등 ⑤ 재난방지시설의 관리 ⑥ 재난안전분야 종사자 교육 ⑦ 재난예방을 위한 긴급안전점검 등 ⑧ 재난예방을 위한 안전조치	⑨ 안전취약계층에 대한 안전 환경 지원 ⑩ 재난안전분야 제도개선 ⑪ 정부합동 안전 점검 ⑫ 사법경찰권 ⑬ 집중 안전점검 기간 운영 등 ⑭ 안전관리전문기관에 대한 자료요구 등 ⑮ 재난관리체계 등에 대한 평가 등 ⑯ 재난관리 실태 공시 등
대비		① 재난관리자원의 관리 ② 재난현장 긴급통신수단의 마련 ③ 국가재난관리기준의 제정·운용 등 ④ 기능별 재난대응 활동계획의 작성·활용 ⑤ 재난분야 위기관리 매뉴얼 작성·운용	⑥ 다중이용시설 등의 위기상황 매뉴얼 작성·관리 및 훈련 ⑦ 안전기준의 등록 및 심의 등 ⑧ 재난안전통신망의 구축·운영 ⑨ 재난대비훈련 기본계획 수립 ⑩ 재난대비훈련 실시
대응	응급조치 등	① 재난사태 선포 ② 응급조치 ③ 위기경보의 발령 등 ④ 재난 예보·경보체계 구축·운영 등 ⑤ 동원명령 등 ⑥ 대피명령 ⑦ 위험구역의 설정	⑧ 강제대피조치 ⑨ 통행제한 등 ⑩ 응원 ⑪ 응급부담 ⑫ 시·도지사가 실시하는 응급조치 등 ⑬ 재난관리책임기관의 장의 응급조치 ⑭ 지역통제단장의 응급조치 등
	긴급구조	① 중앙긴급구조통제단 ② 지역긴급구조통제단 ③ 긴급구조 ④ 긴급구조 현장지휘 ⑤ 긴급대응협력관 ⑥ 긴급구조활동에 대한 평가	⑦ 긴급구조대응계획의 수립 ⑧ 긴급구조 관련 특수번호 전화서비스의 통합·연계 ⑨ 재난대비능력 보강 ⑩ 긴급구조지원기관의 능력에 대한 평가 ⑪ 해상에서의 긴급구조 ⑫ 항공기 등 조난사고 시의 긴급구조 등

단계		주요내용	
복구	피해조사 및 복구계획	① 재난피해 신고 및 조사 ② 재난복구계획의 수립·시행 ③ 재난복구계획에 따라 시행하는 사업의 관리	
	특별재난지역 선포 및 지원	① 특별재난지역의 선포 ② 특별재난지역에 대한 지원	
	재정 및 보상 등	① 비용 부담의 원칙 ② 응급지원에 필요한 비용 ③ 손실보상 ④ 치료 및 보상	⑤ 포상 ⑥ 재난지역에 대한 국고보조 등의 지원 ⑦ 복구비등의 선지급 ⑧ 복구비등의 반환

1 재난관리책임기관의 장의 재난예방조치 등

우리나라의 「재난 및 안전관리 기본법」의 재난예방을 위한 활동으로 재난관리책임기관의 장의 재난예방조치 등, 국가핵심기반의 지정 및 관리 등, 특정관리대상지역의 지정 및 관리 등, 지방자치단체에 대한 지원 등, 재난방지시설의 관리, 재난안전분야 종사자 교육, 재난예방을 위한 긴급안전점검 등, 재난예방을 위한 안전조치, 안전취약계층에 대한 안전 환경 지원, 재난안전분야 제도개선, 정부합동 안전 점검, 사법경찰권, 집중 안전점검 기간 운영 등, 안전관리전문기관에 대한 자료요구 등, 재난관리체계 등에 대한 평가 등, 재난관리 실태 공시 등이 명시되어 있다.

재난관리책임기관의 장은 소관 관리대상 업무의 분야에서 재난 발생을 사전에 방지하기 위하여 다음과 같이 조치를 하여야 한다.

표 9-2 재난관리책임기관의 장의 재난예방조치 사항

① 재난에 대응할 조직의 구성 및 정비 ② 재난의 예측 및 예측정보 등의 제공·이용에 관한 체계의 구축 ③ 재난 발생에 대비한 교육·훈련과 재난관리예방에 관한 홍보 ④ 재난이 발생할 위험이 높은 분야에 대한 안전관리체계의 구축 및 안전관리규정의 제정 ⑤ 지정된 국가핵심기반의 관리 ⑥ 특정관리대상지역에 관한 조치 ⑦ 재난방지시설의 점검·관리 ⑧ 재난관리자원의 관리 ⑨ 그 밖에 재난을 예방하기 위하여 필요하다고 인정되는 사항

또한, 재난관리책임기관의 장은 재난예방조치를 효율적으로 시행하기 위하여 필요한 사업비를 확보하여야 하고, 재난관리책임기관의 장은 다른 재난관리책임기관의 장에게 재난을 예방하기 위

하여 필요한 협조를 요청할 수 있다. 이 경우 요청을 받은 다른 재난관리책임기관의 장은 특별한 사유가 없으면 요청에 따라야 한다. 또한 재난관리책임기관의 장은 재난관리의 실효성을 확보할 수 있도록 안전관리체계 및 안전관리규정을 정비·보완하도록 규정하고 있다.

재난관리책임기관의 장 및 국회·법원·헌법재판소·중앙선거관리위원회의 행정사무를 처리하는 기관의 장은 재난상황에서 해당 기관의 핵심기능을 유지하는데 필요한 계획(기능연속성계획)을 수립·시행하여야 한다. 행정안전부장관이 재난상황에서 해당 기관·단체의 핵심 기능을 유지하는 것이 특별히 필요하다고 인정하여 고시하는 기관·단체(민간단체를 포함) 및 민간업체는 기능연속성계획을 수립·시행하여야 한다. 이 경우 민간단체 및 민간업체에 대해서는 해당 단체 및 업체와 협의를 거쳐야 한다. 행정안전부장관은 재난관리책임기관과 기관·단체 및 민간업체의 기능연속성계획 이행실태를 정기적으로 점검하고, 재난관리책임기관에 대해서는 그 결과를 재난관리체계 등에 대한 평가에 반영할 수 있다. 기능연속성계획에 포함되어야 할 사항 및 계획수립의 절차 등은 국회규칙, 대법원규칙, 헌법재판소규칙, 중앙선거관리위원회규칙 및 대통령령으로 정한다.

행정안전부장관은 재난 발생을 사전에 방지하기 위하여 재난발생 징후 정보를 수집·분석하여 다음 ① 재난 발생 징후가 포착된 위치, ② 위험요인 발생원인 및 상황, ③ 위험요인 제거 및 조치 사항, ④ 그 밖에 재난 발생의 사전 방지를 위하여 필요한 사항이 포함된 사항을 관계 재난관리책임기관의 장에게 미리 필요한 조치를 하도록 요청할 수 있다.

행정안전부장관은 재난징후정보의 효율적 조사·분석 및 관리를 위하여 재난징후정보 관리시스템을 운영할 수 있다.

2 기능연속성계획의 수립

재난관리책임기관의 장은 재난상황에서 해당 기관의 핵심기능을 유지하는데 필요한 계획(기능연속성계획)을 수립·시행하여야 한다. 행정안전부장관은 재난관리책임기관의 기능연속성계획 이행실태를 정기적으로 점검하고, 그 결과를 재난관리체계 등에 대한 평가에 반영할 수 있다. 기능연속성계획에 포함되어야 할 사항 및 계획수립의 절차 등은 대통령령으로 정한다.

행정안전부장관은 재난상황에서 각 재난관리책임기관의 핵심기능을 유지하는데 필요한 계획의 수립을 위한 지침을 작성하여 재난관리책임기관의 장에게 통보하여야 한다.

기능연속성계획의 수립을 위한 지침을 통보받은 관계 중앙행정기관의 장 및 시·도지사는 소관 업무 또는 관할 지역의 특수성을 반영한 지침을 작성하여 관계 재난관리책임기관의 장 및 관할 지역의 재난관리책임기관의 장에게 각각 통보할 수 있다.

표 9-3 기능연속성계획 포함사항

① 재난관리책임기관의 핵심기능의 선정과 우선순위에 관한 사항
② 재난상황에서 핵심기능을 유지하기 위한 의사결정권자 지정 및 그 권한의 대행에 관한 사항
③ 핵심기능의 유지를 위한 대체시설, 장비 등의 확보에 관한 사항
④ 재난상황에서의 소속 직원의 활동계획 등 기능연속성계획의 구체적인 시행절차에 관한 사항
⑤ 소속 직원 등에 대한 기능연속성계획의 교육·훈련에 관한 사항
⑥ 그 밖에 재난관리책임기관의 장이 재난상황에서 해당 기관의 핵심기능을 유지하는데 필요하다고 인정하는 사항

재난관리책임기관의 장은 기능연속성계획을 수립하거나 변경한 경우에는 수립 또는 변경 후 1개월 이내에 행정안전부장관에게 통보하여야 한다. 이 경우 시장·군수·구청장은 시·도지사를 거쳐 통보하고, 재난관리책임기관의 장은 관계 중앙행정기관의 장 또는 시·도지사를 거쳐 통보한다.

행정안전부장관은 기능연속성계획의 이행실태를 확인·점검(이하 이 조에서 "이행실태점검"이라 한다)하는 경우에는 재난관리책임기관의 장에게 미리 이행실태점검 계획을 통보하여야 한다. 행정안전부장관은 재난관리책임기관에 대하여 이행실태점검을 하는 경우에는 관계 중앙행정기관의 장 또는 소관 지방자치단체의 장과 합동으로, 시·군·구에 대하여 이행실태점검을 하는 경우에는 시·도지사와 합동으로 점검할 수 있다.

행정안전부장관은 이행실태점검 결과 시정 또는 보완 등이 필요한 사항에 대하여 해당 재난관리책임기관의 장에게 시정 또는 보완 등을 요청할 수 있고, 시정 또는 보완 등을 요청한 사항이 적정하게 반영되었는지 여부를 재난관리체계 등에 대한 평가에 반영할 수 있다.

3 국가핵심기반의 지정 및 관리 등

국가핵심기반이란 에너지, 정보통신, 교통수송, 보건의료 등 국가경제, 국민의 안전·건강 및 정부의 핵심기능에 중대한 영향을 미칠 수 있는 시설, 정보기술시스템 및 자산 등을 말한다.

관계 중앙행정기관의 장은 소관 분야의 국가핵심기반을 다음의 기준에 따라 ① 다른 국가핵심기반 등에 미치는 연쇄효과, ② 둘 이상의 중앙행정기관의 공동대응 필요성, ③ 재난이 발생하는 경우 국가안전보장과 경제·사회에 미치는 피해 규모 및 범위, ④ 재난의 발생 가능성 또는 그 복구의 용이성 등의 기준에 따라 조정위원회의 심의를 거쳐 지정할 수 있도록 하고 있다. 이 경우 관계 중앙행정기관의 장은 지정 여부를 결정하기 위하여 필요한 자료의 제출을 소관 재난관리책임기관의 장에게 요청할 수 있고, 관계 중앙행정기관의 장은 소관 재난관리책임기관이 해당 업무를 폐지·정지 또는 변경하는 경우에는 조정위원회의 심의를 거쳐 국가핵심기반의 지정을 취소할 수 있다.

표 9-4 국가핵심기반의 지정 대상

① 다른 국가핵심기반 등에 미치는 연쇄효과
② 둘 이상의 중앙행정기관의 공동대응 필요성
③ 재난이 발생하는 경우 국가안전보장과 경제·사회에 미치는 피해 규모 및 범위
④ 재난의 발생 가능성 또는 그 복구의 용이성

관계 중앙행정기관의 장은 국가핵심기반을 지정한 경우에는 대통령령으로 정하는 바에 따라 소관 분야 국가기반체계 보호계획을 수립하여 해당 국가핵심기반을 관리하는 기관·단체 등의 장(관리기관의 장)에게 통보하여야 한다. 관리기관의 장은 통보받은 국가핵심기반 보호계획에 따라 소관 국가핵심기반에 대한 보호계획을 수립·시행하여야 한다. 행정안전부장관 또는 관계 중앙행정기관의 장은 대통령령으로 정하는 바에 따라 국가기반시설의 보호 및 관리 실태를 확인·점검할 수 있다. 행정안전부장관은 국가핵심기반에 대한 데이터베이스를 구축·운영하고, 관계 중앙행정기관의 장이 재난관리정책의 수립 등에 이용할 수 있도록 통합 지원할 수 있다

관계 중앙행정기관의 장은 소관 재난관리책임기관의 장이나 해당 시설 관리자의 의견을 들어 국가핵심기반을 지정하여야 한다. 관계 중앙행정기관의 장은 국가핵심기반을 지정하려는 경우에는 미리 행정안전부장관과 협의를 거쳐 조정위원회에 심의를 요청하여야 한다. 관계 중앙행정기관의 장은 국가핵심기반을 지정하거나 취소하는 경우에는 관보에 공고하여야 한다. 공고사항은 ① 국가핵심기반의 명칭, ② 국가핵심기반의 관리 기관 또는 업체 및 그 장의 명칭, ③ 국가핵심기반의 지정 또는 취소 사유 등이다. 다만, 관계 중앙행정기관의 장이 국가의 안전보장을 위하여 필요하다고 인정하는 경우에는 공고를 생략할 수 있다.

행정안전부장관은 국가핵심기반으로 지정하여 관리할 필요가 있다고 인정되는 시설, 정보기술시스템 및 자산 등을 관계 중앙행정기관의 장에게 국가핵심기반으로 지정하도록 권고할 수 있다.

행정안전부장관은 국가핵심기반 보호계획의 수립을 위한 지침을 작성하여 관계 중앙행정기관의 장에게 통보하여야 한다. 행정안전부장관 또는 관계 중앙행정기관의 장은 국가핵심기반의 보호 및 관리 실태를 확인·점검(관리실태 점검)하는 경우에는 국가핵심기반을 관리하는 기관·단체 등의 장(관리기관의 장)에게 미리 관리실태점검 계획을 통보하여야 한다. 다만, 긴급한 사유가 있는 경우에는 관리실태점검 계획의 통보를 생략할 수 있다. 관계 중앙행정기관의 장은 관리실태점검을 실시한 경우에는 그 결과를 행정안전부장관에게 통보하여야 한다. 행정안전부장관 또는 관계 중앙행정기관의 장은 관리실태점검 결과 시정 등이 필요한 사항에 대하여 해당 관리기관의 장에게 시정 등을 권고할 수 있다.

4 특정관리대상지역의 지정 및 관리 등

중앙행정기관의 장 또는 지방자치단체의 장은 재난이 발생할 위험이 높거나 재난예방을 위하여 계속적으로 관리할 필요가 있다고 인정되는 시설 및 지역을 대통령령으로 정하는 바에 따라 특정관리대상지역으로 지정할 수 있다. 재난관리책임기관의 장은 지정된 특정관리대상지역에 대하여 대통령령으로 정하는 바에 따라 재난 발생의 위험성을 제거하기 위한 조치 등 특정관리대상지역의 관리·정비에 필요한 조치를 하여야 한다. 행정안전부장관은 지방자치단체의 조치 등에 필요한 지원 및 지도를 할 수 있고, 관계 중앙행정기관의 장에게 협조를 요청할 수 있다.

중앙행정기관의 장, 지방자치단체의 장 및 재난관리책임기관의 장은 특정관리대상시설 지정 및 조치 결과를 대통령령으로 정하는 바에 따라 행정안전부장관에게 보고하거나 통보하여야 한다. 행정안전부장관은 보고받거나 통보받은 사항을 대통령령으로 정하는 바에 따라 정기적으로 또는 수시로 국무총리에게 보고하여야 한다.

국무총리는 행정안전부장관으로부터 보고받은 사항 중 재난을 예방하기 위하여 필요하다고 인정하는 사항에 대해서는 중앙행정기관의 장, 지방자치단체의 장 또는 재난관리책임기관의 장에게 시정조치나 보완을 요구할 수 있다.

중앙행정기관의 장, 지방자치단체의 장 및 재난관리책임기관의 장은 제1항 및 제2항에 따른 지정 및 조치 결과를 대통령령으로 정하는 바에 따라 행정안전부장관에게 보고하거나 통보하여야 한다. 행정안전부장관은 제3항에 따라 보고받거나 통보받은 사항을 대통령령으로 정하는 바에 따라 정기적으로 또는 수시로 국무총리에게 보고하여야 한다.

국무총리는 보고받은 사항 중 재난을 예방하기 위하여 필요하다고 인정하는 사항에 대해서는 중앙행정기관의 장, 지방자치단체의 장 또는 재난관리책임기관의 장에게 시정조치나 보완을 요구할 수 있다.

중앙행정기관의 장 또는 지방자치단체의 장은 특정 관리대상 시설 및 지역(특정관리대상시설 등)을 지정하기 위하여 소관 시설 및 지역의 현황을 매년 정기적으로 또는 수시로 조사하여야 한다. 중앙행정기관의 장 또는 지방자치단체의 장은 다음 각 호의 어느 하나에 해당하는 시설 및 지역을 특정관리대상시설 등의 지정·관리 등에 관한 지침에서 정하는 세부지정기준 등에 따라 특정관리대상시설 등으로 지정하거나 그 지정을 해제하여야 한다.

특정관리대상시설 등의 안전등급은 ① A등급 : 안전도가 우수한 경우, ② B등급 : 안전도가 양호한 경우, ③ C등급 : 안전도가 보통인 경우, ④ D등급 : 안전도가 미흡한 경우, ⑤ E등급 : 안전도가 불량한 경우 재난관리책임기관의 장은 D등급 또는 E등급에 해당하거나 D등급 또는 E등급에서 상위 등급으로 조정되는 특정관리대상시설 등에 관한 사항을 해당 기관에서 발행하거나 관리하는 공보 또는 홈페이지 등에 공고하고, 이를 행정안전부장관에게 통보하여야 한다. D등급 또는

E등급에 해당하는 특정관리대상시설 등의 지정이 해제되는 경우에도 또한 같다.

공고사항은 ① 특정관리대상시설 등의 명칭 및 위치, ② 특정관리대상시설 등의 관계인의 인적 사항, ③ 해당 등급의 평가 사유(D등급 또는 E등급에 해당하는 특정관리대상시설 등의 지정이 해제되는 경우에는 그 사유를 말한다) 등이다.

재난관리책임기관의 장은 특정관리대상시설 등에 대한 안전점검을 실시하여야 한다. 정기안전점검은 ① A등급, B등급 또는 C등급에 해당하는 특정관리대상시설 등 : 반기별 1회 이상, ② D등급에 해당하는 특정관리대상시설 등 : 월 1회 이상, ③ E등급에 해당하는 특정관리대상시설 등 : 월 2회 이상, 수시안전점검 : 재난관리책임기관의 장이 필요하다고 인정하는 경우이다.

표 9-5 특정관리대상 시설의 지정 대상

① 자연재난으로 인한 피해의 위험이 높거나 피해가 우려되는 시설 및 지역
② 주요 구조부 또는 보조부재의 노후화 또는 결함으로 보수·보강 등의 정비가 필요한 시설 또는 재난예방을 위하여 관리할 필요가 있다고 인정되는 지역으로서 별표 2의 2에 해당하는 시설 및 지역
③ 그 밖에 재난관리책임기관의 장이 재난의 예방을 위하여 특별히 관리할 필요가 있다고 인정하는 시설 및 지역

표 9-6 특정관리대상시설 등의 지정·관리 등에 필요한 포함사항

① 특정관리대상시설 등의 지정을 위한 세부기준에 관한 사항
② 특정관리대상시설 등에 대한 조사 방법 및 특정관리대상시설 등의 지정·해제 절차 등에 관한 사항
③ 특정관리대상시설 등의 안전등급의 평가기준에 관한 사항
④ 특정관리대상시설 등의 안전점검과 유지·관리의 방법에 관한 사항
⑤ 그 밖에 관계 중앙행정기관의 장이 특정관리대상시설 등의 지정·관리 등에 필요하다고 인정하는 사항

표 9-7 특정관리대상시설 및 지역의 지정대상

① 「건축법」 제2조제2항제2호부터 제17호까지, 제19호, 제23호부터 제25호까지 및 제27호에 따른 건축물 및 같은 법 제83조에 따른 공작물
② 「도로법 시행령」 제2조제2호에 따른 터널·교량·지하도 및 육교
③ 「농어촌도로 정비법 시행령」 제2조제1호 및 제3조제7호에 따른 터널, 교량, 지하도 또는 육교
④ 「체육시설의 설치·이용에 관한 법률 시행령」 별표 1에 따른 스키장
⑤ 「궤도운송법」 제2조제3호에 따른 궤도시설
⑥ 「관광진흥법」 제3조제6호에 따른 유기시설 또는 유기기구
⑦ 「건설산업기본법」 제2조제4호에 따른 건설공사의 현장
⑧ 「유선 및 도선 사업법」 제2조제1호부터 제3호까지에 따른 유선, 도선, 유선장 또는 도선장
⑨ 「수상레저안전법」 제2조제3호에 따른 수상레저기구
⑩ 법 제41조제1항에 따른 위험구역
⑪ 「산업입지 및 개발에 관한 법률」 제26조에 따른 공공시설이 설치된 지역
⑫ 「산업집적활성화 및 공장설립에 관한 법률」 제33조제6항에 따른 산업시설구역

등급	기준	정기안전점검
A등급	안전도가 우수한 경우	반기별 1회 이상
B등급	안전도가 양호한 경우	
C등급	안전도가 보통인 경우	
D등급	안전도가 미흡한 경우	월 1회 이상
E등급	안전도가 불량한 경우	월 2회 이상

행정안전부장관은 특정관리대상시설 등을 체계적으로 관리하기 위하여 정보화시스템을 구축·운영할 수 있다. 재난관리책임기관의 장은 정보화시스템을 이용하여 특정관리대상시설 등을 관리하여야 한다.

5 재난방지시설의 관리

재난관리책임기관의 장은 관계 법령 또는 안전관리계획에서 정하는 바에 따라 대통령령으로 정하는 재난방지시설을 점검·관리하여야 하고, 행정안전부장관은 재난방지시설의 관리 실태를 점검하고 필요한 경우 보수·보강 등의 조치를 재난관리책임기관의 장에게 요청할 수 있다. 이 경우 요청을 받은 재난관리책임기관의 장은 신속하게 조치를 이행하여야 한다.

표 9-8 재난방지시설

① 「소하천정비법」 제2조제3호에 따른 소하천부속물 중 제방·호안·보 및 수문
② 「하천법」 제2조제3호에 따른 하천시설 중 댐·하구둑·제방·호안·수제·보·갑문·수문·수로터널·운하 및 같은 법 제2조제7호에 따른 수문조사시설 중 홍수발생의 예보를 위한 시설
③ 「국토의 계획 및 이용에 관한 법률」 제2조제6호 마목에 따른 방재시설
④ 「하수도법」 제2조제3호에 따른 하수도 중 하수관로 및 공공하수처리시설
⑤ 「농어촌정비법」 제2조제6호에 따른 농업생산기반시설 중 저수지, 양수장, 우물 등 지하수이용시설, 배수장, 취입보(取入洑), 용수로, 배수로, 웅덩이, 방조제, 제방
⑥ 「사방사업법」 제2조제3호에 따른 사방시설
⑦ 「댐건설 및 주변지역지원 등에 관한 법률」 제2조제1호에 따른 댐
⑧ 「어촌·어항법」 제2조제5호 다목(4)에 따른 유람선·낚시어선·모터보트·요트 또는 윈드서핑 등의 수용을 위한 레저용 기반시설
⑨ 「도로법」 제2조제2호에 따른 도로의 부속물 중 방설·제설시설, 토사유출·낙석 방지 시설, 공동구, 같은 법 시행령 제2조제2호에 따른 터널·교량·지하도 및 육교
⑩ 법 제38조에 따른 재난 예보·경보시설
⑪ 「항만법」 제2조제5호에 따른 항만시설
⑫ 그 밖에 행정안전부장관이 정하여 고시하는 재난을 예방하기 위하여 설치한 시설

6 재난안전분야 종사자 교육

재난관리책임기관에서 재난 및 안전관리업무를 담당하는 공무원이나 직원은 행정안전부장관이 실시하는 전문교육을 행정안전부령으로 정하는 바에 따라 정기적으로 또는 수시로 받아야 하고, 행정안전부장관은 필요하다고 인정하면 대통령령으로 정하는 전문인력 및 시설기준을 갖춘 교육기관으로 하여금 전문교육을 대행하게 할 수 있다. 행정안전부장관은 정당한 사유 없이 전문교육을 받지 아니한 자에 대하여 소속 재난관리책임기관의 장에게 징계할 것을 요구할 수 있다. 전문교육의 종류 및 대상, 그 밖에 전문교육의 실시에 필요한 사항은 행정안전부령으로 정한다.

① 전문교육의 교육기간은 3일 이내로 한다.
② 전문교육의 대상자는 해당 업무를 맡은 후 1년 이내에 신규교육을 받아야 한다.
③ 신규교육을 받은 후 매 2년마다 정기교육을 받아야 한다.

표 9-9 재난관리 종사자 교육의 종류

① 관리자 전문교육 : 재난관리책임기관에서 재난 및 안전관리 업무를 담당하는 부서의 장
② 실무자 전문교육 : 재난관리책임기관에서 재난 및 안전관리 업무를 담당하는 부서의 공무원 또는 직원으로서 제1호에 해당하지 아니하는 사람

7 재난예방을 위한 긴급안전점검 등

행정안전부장관 또는 재난관리책임기관의 장은 대통령령으로 정하는 시설 및 지역에 재난이 발생할 우려가 있는 등 대통령령으로 정하는 긴급한 사유가 있으면 소속 공무원으로 하여금 긴급안전점검을 하게 하고, 행정안전부장관은 다른 재난관리책임기관의 장에게 긴급안전점검을 하도록 요구할 수 있다. 이 경우 요구를 받은 재난관리책임기관의 장은 특별한 사유가 없으면 요구에 따라야 한다. 특히, 긴급안전점검을 하는 공무원은 관계인에게 필요한 질문을 하거나 관계 서류 등을 열람할 수 있고, 이에 따른 긴급안전점검의 절차 및 방법, 긴급안전점검결과의 기록·유지 등에 필요한 사항은 대통령령으로 정한다. 또한, 긴급안전점검을 하는 공무원은 그 권한을 표시하는 증표를 지니고 이를 관계인에게 보여주어야 하고, 행정안전부장관은 긴급안전점검을 하면 그 결과를 해당 재난관리책임기관의 장에게 통보하여야 한다.

표 9-10 긴급안전점검이 필요한 긴급한 사유

① 사회적으로 피해가 큰 재난이 발생하여 피해시설의 긴급한 안전점검이 필요하거나 이와 유사한 시설의 재난예방을 위하여 점검이 필요한 경우
② 계절적으로 재난 발생이 우려되는 취약시설에 대한 안전대책이 필요한 경우

8 재난예방을 위한 안전조치

재난예방을 위한 안전조치를 살펴보면, 행정안전부장관 또는 재난관리책임기관의 장은 안전점검 결과 또는 긴급안전점검 결과 재난 발생의 위험이 높다고 인정되는 시설 또는 지역에 대하여는 대통령령으로 정하는 바에 따라 그 소유자·관리자 또는 점유자에게 ① 정밀안전진단(시설만 해당), ② 보수(補修) 또는 보강 등 정비, ③ 재난을 발생시킬 위험요인의 제거 등의 안전조치를 명할 수 있다. 이 경우 안전조치명령을 받은 소유자·관리자 또는 점유자는 이행계획서를 작성하여 행정안전부장관 또는 재난관리책임기관의 장에게 제출한 후 안전조치를 하고, 행정안전부령으로 정하는 바에 따라 그 결과를 행정안전부장관 또는 재난관리책임기관의 장에게 통보하여야 한다. 행정안전부장관 또는 재난관리책임기관의 장은 안전조치명령을 받은 자가 그 명령을 이행하지 아니하거나 이행할 수 없는 상태에 있고, 안전조치를 이행하지 아니할 경우 공중의 안전에 위해를 끼칠 수 있어 재난의 예방을 위하여 긴급하다고 판단하면 그 시설 또는 지역에 대하여 사용을 제한하거나 금지시킬 수 있다. 이 경우 그 제한하거나 금지하는 내용을 보기 쉬운 곳에 게시하여야 한다.

표 9-11 안전조치명령서 기재사항

① 안전점검의 결과	② 안전조치를 명하는 이유
③ 안전조치의 이행기한	④ 안전조치를 하여야 하는 사항
⑤ 안전조치 방법	
⑥ 안전조치를 한 후 관계 재난관리책임기관의 장에게 통보하여야 하는 사항	

표 9-12 안전조치안내 게시내용

① 시설명	② 소유자·관리자 또는 점유자
③ 지정 연월일 및 지정 등급	④ 제한 또는 금지 사항
⑤ 그 밖에 재난예방을 위하여 필요한 사항	

행정안전부장관 또는 재난관리책임기관의 장은 안전조치명령을 받아 이를 이행하여야 하는 자가 그 명령을 이행하지 아니하거나 이행할 수 없는 상태에 있고, 재난예방을 위하여 긴급하다고 판단하면 그 명령을 받아 이를 이행하여야 할 자를 갈음하여 필요한 안전조치를 할 수 있다. 이 경우 「행정대집행법」을 준용한다. 행정안전부장관 또는 재난관리책임기관의 장은 안전조치를 할 때에는 미리 해당 소유자·관리자 또는 점유자에게 서면으로 이를 알려 주어야 한다. 다만, 긴급한 경우에는 구두로 알리되, 미리 구두로 알리는 것이 불가능하거나 상당한 시간이 걸려 공중의 안전에 위해를 끼칠 수 있는 경우에는 안전조치를 한 후 그 결과를 통보할 수 있다.

표 9-13 이행계획서 포함사항

① 안전조치를 이행하는 관계인의 인적사항	② 이행할 안전조치의 내용 및 방법
③ 안전조치의 이행기한	

안전조치명령을 받은 소유자·관리자 또는 점유자는 안전조치를 하였을 때에는 안전조치 결과통보서에 안전조치 결과를 증명할 수 있는 서류·사진 등을 첨부하여 행정안전부장관 또는 해당 재난관리책임기관의 장에게 통보하여야 한다.

9 안전취약계층에 대한 안전 환경 지원

재난관리책임기관의 장은 안전취약계층이 재난이나 그 밖의 각종 사고로부터 안전을 확보할 수 있는 생활환경을 조성하기 위하여 안전용품의 제공 및 시설 개선 등 필요한 사항을 지원하기 위하여 노력하여야 한다.

안전취약계층에 대한 지원의 대상, 범위, 방법 및 절차 등에 필요한 사항은 대통령령 또는 해당 지방자치단체의 조례로 정한다.

행정안전부장관은 재난관리책임기관의 장에게 안전취약계층에 대한 지원이 원활히 수행되는데 필요한 사항을 요청할 수 있다. 이 경우 요청을 받은 재난관리책임기관의 장은 특별한 사유가 없으면 요청에 따라야 한다. 행정안전부장관은 지원과 관련하여 지방자치단체에 필요한 지원 및 지도를 할 수 있다.

표 9-14 분야별 국가핵심기반의 지정기준(시행령 제30조제1항 관련)

분야별	지정기준
에너지	전력·석유·가스 공급에 필요한 생산·공급시설과 비축시설
정보통신	교환기 등 주요 통신장비가 집중된 시설 및 정보통신 서비스의 전국상황 감시시설 국가행정을 운영·관리하는 데에 필요한 기간망과 주요 전산시스템
교통수송	인력 수송과 물류 기능을 담당하는 체계와 실제 운용하는 데에 필요한 교통·운송시설 및 이를 통제하는 시설
금융	은행 및 투자매매업·투자중개업을 운영하는 데에 필요한 시설이나 체계
보건의료	응급의료서비스를 제공하는 시설과 이를 지원하는 혈액관리 업무를 담당하는 시설
원자력	원자력시설의 안정적 운영에 필요한 주제어장치(主制御裝置)가 집중된 시설과 방사성폐기물을 영구 처분하기 위한 시설
환경	「폐기물관리법」에 따른 생활폐기물 처리를 위한 수집부터 소각·매립까지의 계통상의 시설
정부중요시설	중앙행정기관이 입주하고 있는 주요 시설
식용수	식용수 공급을 위한 담수(湛水)부터 정수(淨水)까지 계통상의 시설
문화재	「문화재보호법」 제2조제3항제1호에 따른 국가지정문화재로서 문화재청장이 특별히 관리할 필요가 있다고 인정하는 문화재
공동구	「국토의 계획 및 이용에 관한 법률」 제2조제9호에 따른 공동구로서 행정안전부장관 또는 국토교통부장관이 특별히 관리할 필요가 있다고 인정하는 공동구

표 9-15 안전취약계층에 대한 안전 환경 지원 대상

① 13세 미만의 어린이
② 65세 이상의 노인
③ 「장애인복지법」 제2조에 따른 장애인
④ 그 밖에 재난이나 그 밖의 각종 사고에 취약하다고 인정되는 사람

표 9-16 안전취약계층 지원내용

① 안전관리를 위하여 필요한 소방·가스·전기 등
② 어린이 보호구역 등 취약지역의 안전 확보를 위한 환경 개선
③ 재난 및 사고 예방을 위하여 필요한 안전장비 및 용품의 제공
④ 그 밖에 안전취약계층의 안전한 생활환경을 조성하기 위하여 필요하다고 인정되는 사항

10 재난안전분야 제도개선

행정안전부장관은 재난 예방 및 국민 안전 확보를 위하여 재난안전분야 제도개선 과제를 선정하여 재난관리주관기관의 장에게 개선과제의 이행을 요청할 수 있다. 행정안전부장관은 개선과제의 선정을 위하여 일반 국민, 지방자치단체 또는 민간단체 등으로부터 의견을 수렴할 수 있으며, 관련 분야 전문가에게 자문할 수 있다.

요청을 받은 재난관리주관기관의 장은 행정안전부령으로 정하는 바에 따라 개선과제의 이행 요청에 대한 수용 여부를 행정안전부장관에게 통보하여야 한다. 재난관리주관기관의 장은 개선과제의 이행 요청을 수용하기로 한 경우 해당 개선과제의 이행상황을 분기별로 점검하고 그 결과를 행정안전부장관에게 통보하여야 한다.

11 정부합동 안전 점검

행정안전부장관은 재난관리책임기관의 재난 및 안전관리 실태를 점검하기 위하여 대통령령으로 정하는 바에 따라 정부합동안전점검단을 편성하여 안전 점검을 실시할 수 있다. 행정안전부장관은 정부합동점검단을 편성하기 위하여 필요하면 관계 재난관리책임기관의 장에게 관련 공무원 또는 직원의 파견을 요청할 수 있다. 이 경우 요청을 받은 관계 재난관리책임기관의 장은 특별한 사유가 없으면 요청에 따라야 한다.

행정안전부장관은 점검을 실시하면 점검결과를 관계 재난관리책임기관의 장에게 통보하고, 보완이나 개선이 필요한 사항에 대한 조치를 관계 재난관리책임기관의 장에게 요구할 수 있다. 점검결과 및 조치 요구사항을 통보받은 관계 재난관리책임기관의 장은 보완이나 개선이 필요한 사항에 대한 조치계획을 수립하여 필요한 조치를 한 후 그 결과를 행정안전부장관에게 통보하여야 한다.

행정안전부장관은 제4항에 따른 조치 결과를 점검할 수 있다. 행정안전부장관은 안전 점검 결과와 조치 결과를 안전정보통합관리시스템을 통하여 공개할 수 있다. 다만, 「공공기관의 정보공개에 관한 법률」 제9조제1항 각 호의 어느 하나에 해당하는 정보에 대해서는 공개하지 아니할 수 있다.

표 9-17 정부합동 안전 점검

① 정기점검 : 계절적 요인 등을 고려하여 정기적으로 실시하는 점검
② 수시점검 : 사회적 쟁점, 유사한 사고의 방지 등을 위하여 수시로 실시하는 점검

정부합동 안전 점검을 실시할 때에는 점검을 받는 재난관리책임기관의 장에게 미리 점검계획을 통보하여야 한다. 다만, 긴급한 수시점검의 경우에는 점검계획의 통보를 생략할 수 있다. 정부합동 안전 점검을 효율적으로 실시하기 위하여 필요한 경우에는 재난관리책임기관의 장에게 미리 점검에 필요한 자료를 제출하도록 요청하거나 점검 대상 시설 등의 관계인 또는 전문가의 의견을 들을 수 있다. 전문가의 의견을 들은 경우에는 예산의 범위에서 그 전문가에게 수당 등을 지급할 수 있다. 행정안전부장관은 정부합동 안전 점검의 효율성 제고와 업무의 중복 등을 방지하기 위하여 필요한 경우에는 관계 중앙행정기관으로부터 재난 및 안전관리 분야 점검계획을 제출받아 점검시기, 대상 및 분야 등을 조정할 수 있다.

12 사법경찰권

긴급안전점검을 하는 공무원은 「재난 및 안전관리 기본법」에 규정된 범죄에 관하여는 「사법경찰관리의 직무를 수행할 자와 그 직무범위에 관한 법률」에서 정하는 바에 따라 사법경찰관리의 직무를 수행한다.

13 집중 안전점검 기간 운영 등

행정안전부장관은 재난을 예방하고 국민의 안전의식을 높이기 위하여 재난관리책임기관의 장의 의견을 들어 매년 집중 안전점검 기간을 설정하고 그 운영에 필요한 계획을 수립하여야 한다. 행정안전부장관 및 재난관리책임기관의 장은 집중 안전점검 기간 동안에 재난이나 그 밖의 각종 사고의 발생이 우려되는 시설 등에 대하여 집중적으로 안전점검을 실시할 수 있다.

행정안전부장관은 집중 안전점검 기간에 실시한 안전점검 결과로서 재난관리책임기관의 장이 관계 법령에 따라 공개하는 정보를 안전정보통합관리시스템을 통하여 공개할 수 있다. 집중 안전점검 기간의 설정 및 운영 등에 필요한 사항은 대통령령으로 정한다.

표 9-18 집중안전점검기간운영계획 포함사항

① 집중 안전점검 기간, 추진 일정, 점검 대상 및 방법에 관한 사항
② 재난예방 및 국민의 안전의식 개선에 관한 사항
③ 집중 안전점검 기간 운영 실적 평가에 관한 사항
④ 집중 안전점검 결과에 대한 이력관리 및 후속조치 등에 관한 사항
⑤ 그 밖에 집중 안전점검 기간 운영에 필요한 사항

14 안전관리전문기관에 대한 자료요구 등

행정안전부장관은 재난 예방을 효율적으로 추진하기 위하여 대통령령으로 정하는 안전관리전문기관에 안전점검결과, 주요시설물의 설계도서 등 대통령령으로 정하는 안전관리에 필요한 자료를 요구할 수 있다. 자료를 요구받은 안전관리전문기관의 장은 특별한 사유가 없으면 요구에 따라야 한다.

안전관리전문기관

1. 「소방산업의 진흥에 관한 법률」 제14조에 따른 한국소방산업기술원
2. 「한국농어촌공사 및 농지관리기금법」에 따른 한국농어촌공사
3. 「고압가스 안전관리법」에 따른 한국가스안전공사
4. 「전기안전관리법」에 따른 한국전기안전공사
5. 「에너지이용 합리화법」에 따른 한국에너지공단
6. 「한국산업안전보건공단법」에 따른 한국산업안전보건공단
7. 「국토안전관리원법」에 따른 국토안전관리원
8. 「한국교통안전공단법」에 따른 한국교통안전공단
9. 「한국도로교통공단법」에 따른 한국도로교통공단
10. 「자연재해대책법」에 따른 한국방재협회
11. 「소방기본법」에 따른 한국소방안전원
12. 「승강기 안전관리법」에 따른 한국승강기안전공단
13. 그 밖에 행정안전부장관이 안전관리에 관한 자료를 요구할 필요가 있다고 인정하여 고시하는 기관

15 재난관리체계 등에 대한 평가 등

행정안전부장관은 재난관리책임기관에 대하여 대통령령으로 정하는 바에 따라 ① 대규모 재난의 발생에 대비한 단계별 예방·대응 및 복구과정, ② 재난에 대응할 조직의 구성 및 정비 실태, ③ 안전관리체계 및 안전관리규정, ④ 재난관리기금의 운용 현황 등의 사항을 정기적으로 평가할 수 있다.

공공기관에 대하여는 관할 중앙행정기관의 장이 평가를 하고, 시·군·구에 대하여는 시·도지사

가 평가를 한다. 행정안전부장관은 ① 우수한 기관을 선정하기 위하여 필요한 경우, ② 그 밖에 행정안전부장관이 재난 및 안전관리를 위하여 필요하다고 인정하는 경우 평가에 대한 확인평가를 할 수 있다. 행정안전부장관은 평가결과를 중앙위원회에 종합 보고한다.

행정안전부장관은 필요하다고 인정하면 해당 재난관리책임기관의 장에게 시정조치나 보완을 요구할 수 있으며, 우수한 기관에 대하여는 예산지원 및 포상 등 필요한 조치를 할 수 있다. 다만, 공공기관의 장 및 시장·군수·구청장에게 시정조치나 보완 요구를 하려는 경우에는 관할 중앙행정기관의 장 및 시·도지사에게 한다. 행정안전부장관은 공공기관에 대한 평가 결과를 「공공기관의 운영에 관한 법률」 제48조에 따른 공공기관 경영실적 평가에 반영하도록 기획재정부장관에게 요구할 수 있다. 재난관리체계 등의 평가는 서면조사 또는 현지조사의 방법으로 한다.

표 9-19 행정안전부장관의 대규모 재난 발생에 대비한 단계별 예방·대응 및 복구과정 평가사항

① 집행계획, 세부집행계획, 시·도안전관리계획 및 시·군·구안전관리계획의 평가
② 재난예방을 위한 교육·홍보 실태
③ 재난 및 안전관리 분야 종사자의 전문교육 이수 실태
④ 특정관리대상지역과 국가기반시설의 관리 실태
⑤ 응급대책을 위한 자재·물자·장비·이재민수용시설 등의 지정 및 관리 실태
⑥ 재난상황 관리의 운용 실태
⑦ 자체복구계획 또는 같은 조 제4항에 따른 재난복구계획에 따라 시행하는 사업의 추진 사항 등

16 재난관리 실태 공시 등

시장·군수·구청장(③의 경우에는 시·도지사를 포함한다)은 ① 전년도 재난의 발생 및 수습 현황, ② 재난예방조치 실적, ③ 재난관리기금의 적립 및 집행 현황, ④ 현장조치 행동매뉴얼의 작성·운용 현황, ⑤ 대통령령으로 정하는 재난관리에 관한 중요 사항 등이 포함된 재난관리 실태를 매년 1회 이상 관할 지역 주민에게 공시하여야 하고, 행정안전부장관 또는 시·도지사는 평가결과를 공개할 수 있다. 시장·군수·구청장은 매년 3월 31일까지 재난관리 실태를 해당 지방자치단체의 인터넷 홈페이지 또는 공보에 공고해야 한다.

표 9-20 대통령령으로 정하는 재난관리에 관한 중요 사항

①「자연재해대책법」 제75조의2에 따른 지역안전도 진단 결과
② 그 밖에 재난관리를 위하여 시장·군수·구청장이 지역주민에게 알릴 필요가 있다고 인정하는 사항

제 2 절 재난의 대비

1 재난관리자원의 관리

재난대비를 효과적 수행하기 위해서는 재난관리자원을 사전에 비축하고 평상시 관리를 하는 것이 필요하다. 우리나라의 「재난 및 안전관리 기본법」에서는 재난관리책임기관의 장은 재난관리를 위하여 필요한 물품, 재산 및 인력 등의 물적·인적자원(이하 "재난관리자원"이라 한다)을 비축하거나 지정하는 등 체계적이고 효율적으로 관리하여야 한다. 재난관리자원의 관리에 관하여는 따로 법률로 정한다.

재난관리자원이란 「재난 및 안전관리 기본법」 재난관리를 위하여 필요한 물품, 재산 및 인력 등 물적·인적 자원을 말한다.

재난관리물품이란 ① 「물품관리법」 제2조제1항에 따른 물품, ② 「공유재산 및 물품 관리법」 제2조제2호에 따른 물품, ③ 그 밖에 가목 및 나목에 준하는 물품으로서 대통령령으로 정하는 물품으로서 재난관리자원으로 관리하는 물품을 말한다.

재난관리재산이란 ① 「국유재산법」 제5조제1항제1호부터 제3호까지에 해당하는 국유재산, ② 「공유재산 및 물품 관리법」 제4조제1항제1호부터 제3호까지에 해당하는 공유재산, ③ 그 밖에 가목 및 나목에 준하는 재산으로서 대통령령으로 정하는 재산으로서 재난관리자원으로 관리하는 재산을 말한다.

표 9-21 재난관리재산의 범위

① 행정기관외관리기관이 소유하거나 관리하는 재산으로서 소관 재난관리업무에 필요한 재산
② 국가재난관리지원기업 및 지역재난관리지원기업이 소유하거나 관리하는 재산으로서 재난관리자원의 관리 및 동원에 관한 임무와 관련하여 필요한 재산
③ 국가재난관리물류기업이 소유하거나 관리하는 재산으로서 재난관리물류에 관한 임무와 관련하여 필요한 재산
④ 그 밖에 계약체결공급업자가 계약의 이행을 위하여 소유하거나 관리하는 재산으로서 관리기관의 재난관리업무에 필요한 재산

표 9-22 재난관리재산의 한정

① 부동산과 그 종물(從物)
② 선박, 부잔교(浮棧橋), 부선거(浮船渠) 및 항공기와 그 종물
③ 기관차·전차·객차(客車)·화차(貨車)·기동차(汽動車) 등의 궤도차량
④ 그 밖에 행정안전부장관이 행정기관외관리기관, 국가재난관리지원기업, 지역재난관리지원기업, 국가재난관리물류기업 및 계약체결공급업자와 협의하여 정하는 기계 및 기구

재난관리인력이란 관리기관 및 관리기관의 장이 미리 협의하거나 협약한 기관·단체 또는 법인에 소속된 ①「국가기술자격법」이나 그 밖의 법령(외국의 법령을 포함한다)에 따른 자격이나 면허를 취득한 사람, ②「자원봉사활동 기본법」 제3조제2호에 따른 자원봉사자, ③ 그 밖에 재난관리에 관한 학식과 경험이 풍부한 사람 등 인력으로서 재난관리자원으로 관리하는 인력을 말한다.

국가 및 지방자치단체는 재난관리자원의 관리에 필요한 시책을 수립·시행하여야 한다. 사업자와 국민은 국가 또는 지방자치단체가 실시하는 재난관리자원의 관리에 관한 시책에 적극 협력하여야 한다.

행정안전부장관은 국가 및 지방자치단체가 행하는 재난관리자원의 관리에 관한 업무를 총괄·조정한다. 행정안전부장관은 재난관리를 위하여 공급망관리체계를 안정적으로 구축하여야 한다. 관계 중앙행정기관의 장은 대통령령으로 정하는 바에 따라 소관 재난관리업무에 필요한 재난관리자원의 공급망관리체계를 행정안전부장관과 공동으로 구축할 수 있다.

행정안전부장관은 공급망관리체계를 구축하기 위하여 공급업자의 현황 등 대통령령으로 정하는 공급망관리에 필요한 정보를 조사할 수 있다. 행정안전부장관은 공급망관리체계의 원활한 구축 및 국가적 차원의 재난관리를 위하여 필요하다고 인정하는 경우에는 공급업자 중에서 임무에 관하여 미리 동의를 받은 공급업자를 국가재난관리지원기업으로 지정할 수 있다.

2 재난현장 긴급통신수단의 마련

재난관리책임기관의 장은 재난의 발생으로 인하여 통신이 끊기는 상황에 대비하여 미리 유선이나 무선 또는 위성통신망을 활용할 수 있도록 긴급통신수단을 마련하여야 하며, 행정안전부장관은 재난현장에서 긴급통신 수단이 공동 활용될 수 있도록 하기 위하여 재난관리책임기관, 긴급구조기관 및 긴급구조지원기관에서 보유하고 있는 긴급통신수단의 보유 현황 등을 조사하고, 긴급통신수단을 관리하기 위한 체계를 구축·운영할 수 있다.

행정안전부장관은 조사를 위하여 필요한 자료의 제출을 재난관리책임기관, 긴급구조기관 및 긴급구조지원기관의 장에게 요청할 수 있으며, 이 경우 요청을 받은 관계 기관의 장은 특별한 사유가 없으면 요청에 따라야 한다. 긴급통신수단을 관리하기 위한 체계를 구축·운영하는데 필요한 사항은 대통령령으로 정한다. 행정안전부장관은 긴급통신수단이 효율적으로 활용될 수 있도록 긴급통신수단 관리지침을 마련하여 재난관리책임기관, 긴급구조기관 및 긴급구조지원기관의 장에게 통보하여야 한다. 재난관리책임기관의 장은 긴급통신수단 관리지침에 따라 보유 중인 긴급통신수단이 효과적으로 연계되도록 수시로 점검하여야 한다. 행정안전부장관은 긴급통신수단이 효율적으로 활용될 수 있도록 긴급통신수단 관리지침을 마련하여 재난관리책임기관, 긴급구조기관 및 긴급구조지원기관의 장에게 통보하여야 한다. 재난관리책임기관의 장은 긴급통신수단 관리지침에 따라 보유 중인 긴급통신수단이 효과적으로 연계되도록 수시로 점검하여야 한다.

3 국가재난관리기준의 제정·운용 등

행정안전부장관은 재난관리를 효율적으로 수행하기 위하여 ① 재난분야 용어 정의 및 표준체계 정립, ② 국가재난 대응체계에 대한 원칙, ③ 재난경감·상황관리·자원관리·유지관리 등에 관한 일반적 기준 등의 사항이 포함된 국가재난관리기준을 제정하여 운용하여야 한다.

이 경우, 「산업표준화법」 제12조에 따른 한국산업표준을 적용할 수 있는 사항에 대하여는 한국산업표준을 반영할 수 있다. 기준을 제정 또는 개정할 때에는 미리 관계 중앙행정기관의 장의 의견을 들어야 한다. 또한, 행정안전부장관은 재난관리책임기관의 장이 재난관리업무를 수행함에 있어 국가재난관리기준을 적용하도록 권고할 수 있다.

표 9-23 국가재난관리기준 포함사항(대통령령)

① 재난에 관한 예보·경보의 발령 기준
② 재난상황의 전파
③ 재난 발생 시 효과적인 지휘·통제 체제 마련
④ 재난관리를 효과적으로 수행하기 위한 관계기관 간 상호협력 방안
⑤ 재난관리체계에 대한 평가 기준이나 방법
⑥ 그 밖에 재난관리를 효율적으로 수행하기 위하여 행정안전부장관이 필요하다고 인정하는 사항

4 기능별 재난대응 활동계획의 작성·활용

재난관리책임기관의 장은 재난관리가 효율적으로 이루어질 수 있도록 대통령령으로 정하는 바에 따라 기능별 재난대응 활동계획을 작성하여 활용하여야 하고, 행정안전부장관은 재난대응활동계획의 작성에 필요한 작성지침을 재난관리책임기관의 장에게 통보할 수 있다. 또한, 행정안전부장관은 재난관리책임기관의 장이 작성한 재난대응활동계획을 확인·점검하고, 필요하면 관계 재난관리책임기관의 장에게 시정을 요청할 수 있다. 이 경우 시정 요청을 받은 재난관리책임기관의 장은 특별한 사유가 없으면 요청에 따라야 한다. 재난대응활동계획의 작성·운용·관리 등에 필요한 사항은 대통령령으로 정한다. 재난관리책임기관의 장은 재난대응활동계획 작성지침에 따라 기능별 재난대응활동계획을 작성·활용하여야 한다.

표 9-24 기능별 재난대응 활동계획

① 재난상황관리 기능	② 긴급 생활안정 지원 기능
③ 긴급 통신 지원 기능	④ 시설피해의 응급복구 기능
⑤ 에너지 공급 피해시설 복구 기능	⑥ 재난관리자원 지원 기능
⑦ 교통대책 기능	⑧ 의료 및 방역서비스 지원 기능
⑨ 재난현장 환경 정비 기능	⑩ 자원봉사 지원 및 관리 기능
⑪ 사회질서 유지 기능	⑫ 재난지역 수색, 구조·구급지원 기능
⑬ 재난 수습 홍보 기능	

5 재난분야 위기관리 매뉴얼 작성·운용

재난관리책임기관의 장은 재난을 효율적으로 관리하기 위하여 재난유형에 따라 위기관리 매뉴얼을 작성·운용하여야 하고, 재난대응활동계획과 위기관리 매뉴얼이 서로 연계되도록 하여야 한다.

(1) 위기관리 표준매뉴얼

위기관리 표준매뉴얼은 국가적 차원에서 관리가 필요한 재난에 대하여 재난관리체계와 관계 기관의 임무와 역할을 규정한 문서로 위기대응 실무매뉴얼의 작성 기준이 되며, 재난관리주관기관의 장이 작성한다. 다만, 다수의 재난관리주관기관이 관련되는 재난에 대해서는 관계 재난관리주관기관의 장과 협의하여 행정안전부장관이 위기관리 표준매뉴얼을 작성할 수 있다.

(2) 위기대응 실무매뉴얼

위기대응 실무매뉴얼은 위기관리 표준매뉴얼에서 규정하는 기능과 역할에 따라 실제 재난대응에 필요한 조치사항 및 절차를 규정한 문서로 재난관리주관기관의 장과 관계 기관의 장이 작성한다. 이 경우 재난관리주관기관의 장은 위기대응 실무매뉴얼과 위기관리 표준매뉴얼을 통합하여 작성할 수 있다.

(3) 현장조치 행동매뉴얼

현장조치 행동매뉴얼은 재난현장에서 임무를 직접 수행하는 기관의 행동조치 절차를 구체적으로 수록한 문서로 위기대응 실무매뉴얼을 작성한 기관의 장이 지정한 기관의 장이 작성한다. 다만, 시장·군수·구청장은 재난 유형별 현장조치 행동매뉴얼을 통합하여 작성할 수 있다.

(4) 위기관리 매뉴얼의 작성·운용

행정안전부장관은 재난유형별 위기관리 매뉴얼의 작성 및 운용기준을 정하여 재난관리책임기관의 장에게 통보할 수 있고, 재난관리주관기관의 장이 작성한 위기관리 표준매뉴얼은 행정안전부장관의 승인을 받아 이를 확정하고, 위기대응 실무매뉴얼과 연계하여 운용하여야 하며, 재난관리주관기관의 장은 위기관리 표준매뉴얼 및 위기대응 실무매뉴얼을 정기적으로 점검하고 그 결과를 행정안전부장관에게 통보하여야 한다. 이 경우 매뉴얼의 점검을 위하여 필요한 때에는 관계 전문가의 의견을 들을 수 있다.

또한, 행정안전부장관은 재난유형별 위기관리 매뉴얼의 표준화 및 실효성 제고를 위하여 대통령령으로 정하는 위기관리 매뉴얼협의회를 구성·운영할 수 있고, 재난관리주관기관의 장은 소관 분야 재난유형의 위기대응 실무매뉴얼 및 현장조치 행동매뉴얼을 조정·승인하고 지도·관리를 하여야 하며, 소관분야 위기관리 매뉴얼을 새로이 작성하거나 변경한 때에는 이를 행정안전부장관에게 통보하여야 한다.

시장·군수·구청장이 작성한 현장조치 행동매뉴얼에 대하여는 시·도지사의 승인을 받아야 한다. 시·도지사는 현장조치 행동매뉴얼을 승인하는 때에는 재난관리주관기관의 장이 작성한 위기대응 실무매뉴얼과 연계되도록 하여야 하며, 승인 결과를 재난관리주관기관의 장 및 행정안전부장관에게 보고하여야 한다.

행정안전부장관은 위기관리 매뉴얼의 체계적인 운용을 위하여 관리시스템을 구축·운영할 수 있으며, 위기관리 매뉴얼의 작성·운용 등 필요한 사항은 대통령령으로 정한다. 행정안전부장관은 매뉴얼의 체계적인 운용을 위하여 관리시스템을 구축·운영하기 위하여 재난관리책임기관의 장에게 관련 자료의 제출을 요청하거나 관리시스템을 통하여 위기관리 매뉴얼을 관리하도록 요청할 수 있다. 위기관리 매뉴얼의 작성 및 운용에 관하여 필요한 사항은 행정안전부장관이 정한다.

행정안전부장관은 재난관리업무를 효율적으로 하기 위하여 대통령령으로 정하는 바에 따라 위기관리에 필요한 표준화된 매뉴얼을 연구·개발하여 보급할 수 있다.

표 9-25 위기관리에 필요한 표준화된 매뉴얼을 연구·개발 고려사항

① 재난유형에 따른 국민행동요령의 표준화
② 재난유형에 따른 예방·대비·대응·복구 단계별 조치사항에 관한 연구 및 표준화
③ 재난현장에서의 대응 및 상호협력 절차에 관한 연구 및 표준화
④ 안전취약계층의 특성을 반영한 연구·개발
⑤ 그 밖에 위기관리 매뉴얼의 개선·보완에 필요한 사항

행정안전부장관은 위기관리 매뉴얼의 작성·운용 실태를 정기적으로 점검하여야 하며, 필요한 경우 이를 시정 또는 보완하기 위하여 위기관리 매뉴얼을 작성·운용하는 기관의 장에게 필요한 조치를 하도록 권고할 수 있다. 이 경우 권고를 받은 기관의 장은 특별한 사유가 없으면 이에 따라야 한다.

(5) 위기관리 매뉴얼협의회의 구성·운영

행정안전부장관은 재난유형별 위기관리 매뉴얼의 표준화 및 실효성 제고를 위하여 대통령령으로 정하는 위기관리 매뉴얼협의회를 구성·운영할 수 있다.

위기관리 매뉴얼협의회는 위원장 1명을 포함하여 200명 이내의 위원으로 구성한다. 협의회의 위원은 다음의 사람 중에서 행정안전부장관이 임명하거나 위촉한다. ① 재난관리주관기관에서 재난 및 안전관리 업무를 담당하는 부서의 과장급 이상 공무원, ② 재난관리책임기관에서 위기관리 매뉴얼에 관한 업무를 담당하는 공무원 또는 직원, ③ 재난 및 안전관리 또는 위기관리 매뉴얼에 관한 학식과 경험이 풍부한 사람, 협의회의 위원장은 위원 중에서 행정안전부장관이 지명한다.

위촉위원의 임기는 2년으로 하며, 위원의 사임 등으로 새로 위촉된 위원의 임기는 전임위원 임기의 남은 기간으로 한다. 협의회의 회의에 출석하는 위원에게는 예산의 범위에서 수당과 여비 등을 지급할 수 있다. 다만, 공무원인 위원이 그 업무와 관련하여 회의에 참석하는 경우에는 그러하지 아니하다.

표 9-26 매뉴얼협의회 심의사항

① 위기관리 표준매뉴얼 및 위기대응 실무매뉴얼의 검토에 관한 사항
② 위기관리 매뉴얼의 작성방법 및 운용기준 등에 관한 사항
③ 위기관리 매뉴얼의 개선에 관한 사항
④ 그 밖에 행정안전부장관이 위기관리 매뉴얼의 표준화 및 실효성 제고를 위하여 필요하다고 인정하는 사항

6 다중이용시설 등의 위기상황 매뉴얼 작성·관리 및 훈련

대통령령으로 정하는 다중이용시설 등의 소유자·관리자 또는 점유자는 대통령령으로 정하는 바에 따라 위기상황에 대비한 매뉴얼을 작성·관리하여야 한다. 다만, 다른 법령에서 위기상황에 대비한 대응계획 등의 작성·관리에 관하여 규정하고 있는 경우에는 그 법령에서 정하는 바에 따른다. 소유자·관리자 또는 점유자는 대통령령으로 정하는 바에 따라 위기상황 매뉴얼에 따른 훈련을 주기적으로 실시하여야 한다. 다만, 다른 법령에서 위기상황에 대비한 대응계획 등의 훈련에 관하여 규정하고 있는 경우에는 그 법령에서 정하는 바에 따른다.

표 9-27 대통령령으로 정하는 다중이용시설

① 「건축법 시행령」 제2조제17호 가목에 따른 다중이용 건축물
② 그 밖에 제1호에 따른 건축물에 준하는 건축물 또는 시설로서 행정안전부장관이 법 제34조의6제1항 본문에 따른 위기상황에 대비한 매뉴얼(이하 "위기상황 매뉴얼"이라 한다)의 작성·관리가 필요하다고 인정하여 고시하는 건축물 또는 시설

행정안전부장관, 관계 중앙행정기관의 장 또는 지방자치단체의 장은 위기상황 매뉴얼(위기상황에 대비한 대응계획 등을 포함한다)의 작성·관리 및 훈련실태를 점검하고 필요한 경우에는 개선명령을 할 수 있다. 위기상황 매뉴얼을 작성·관리하는 관계인은 매년 1회 이상 위기상황 매뉴얼에 따른 훈련을 실시하여야 하고, 위기상황 매뉴얼을 작성·관리하는 관계인은 훈련 결과를 반영하여 위기상황 매뉴얼이 실제 위기상황에서 무리 없이 작동하도록 지속적으로 보완·발전시켜야 한다.

행정안전부장관은 관계 중앙행정기관의 장 또는 지방자치단체의 장에게 소관 분야의 위기상황에 대비한 위기상황 매뉴얼의 표준안을 작성·보급할 것을 요청할 수 있고, 기타 위기상황 매뉴얼의 작성 방법 및 기준 등에 관하여 필요한 사항은 행정안전부장관이 정하여 고시한다.

표 9-28 다중이용시설 등의 위기상황 매뉴얼 포함사항

① 위기상황 대응조직의 체계
② 위기상황 발생 시 구성원의 역할에 관한 사항
③ 위기상황별·단계별 대처방법에 관한 사항
④ 응급조치 및 피해복구에 관한 사항
⑤ 그 밖에 행정안전부장관이 위기상황의 효율적인 극복을 위하여 필요하다고 인정하여 고시하는 사항

7 안전기준의 등록 및 심의 등

행정안전부장관은 안전기준을 체계적으로 관리·운용하기 위하여 안전기준을 통합적으로 관리할 수 있는 체계를 갖추어야 한다. 중앙행정기관의 장은 관계 법률에서 정하는 바에 따라 안전기준을 신설 또는 변경하는 때에는 행정안전부장관에게 안전기준의 등록을 요청하여야 하고, 행정안전부장관은 안전기준의 등록을 요청받은 때에는 안전기준심의회의 심의를 거쳐 이를 확정한 후 관계 중앙행정기관의 장에게 통보하여야 한다. 중앙행정기관의 장이 신설 또는 변경하는 안전기준은 국가재난관리기준에 어긋나지 아니하여야 하며, 안전기준의 등록 방법 및 절차와 안전기준심의회 구성 및 운영에 관하여는 대통령령으로 정한다.

표 9-29 안전기준심의회의 심의·의결 사항

① 안전기준의 등록에 관한 사항	② 안전기준의 신설, 조정 및 보완에 관한 사항
③ 그 밖에 의장이 회의에 부치는 사항	

안전기준심의회는 의장을 포함한 20명 이내의 위원으로 구성하고, 심의회의 의장은 행정안전부의 재난안전관리사무를 담당하는 본부장이 된다.

심의회의 위원은 ① 관계 중앙행정기관의 고위공무원단에 속하는 일반직공무원 또는 이에 상당하는 공무원, ② 안전기준에 관한 학식과 경험이 풍부한 사람 중에서 성별을 고려하여 행정안전부장관이 임명하거나 위촉한다.

위촉위원의 임기는 2년으로 하며, 두 차례만 연임할 수 있다. 위원의 사임 등으로 새로 위촉된 위원의 임기는 전임위원 임기의 남은 기간으로 한다. 심의회는 재적위원 과반수의 출석으로 개의하고, 출석위원 과반수의 찬성으로 의결한다.

심의회의 사무를 처리하기 위하여 간사 1명을 두며, 간사는 행정안전부 소속 공무원 중에서 의장이 지명하고, 심의회는 심의의 전문성을 확보하기 위하여 필요한 경우에는 안전기준 분과위원회를 둘 수 있다.

심의회의 사무를 처리하기 위하여 간사 1명을 두며, 간사는 행정안전부 소속 공무원 중에서 의장이 지명하고, 심의회는 심의의 전문성을 확보하기 위하여 필요한 경우에는 안전기준 분과위원회를 둘 수 있다. 심의회의 회의에 출석한 위원에게는 예산의 범위에서 수당과 여비 등을 지급할 수 있다. 다만, 공무원인 위원이 그 업무와 관련하여 회의에 참석하는 경우에는 그러하지 아니하다. 기타 심의회의 운영과 안전기준 분과위원회의 구성·운영 등에 필요한 사항은 행정안전부장관이 정한다. 행정안전부장관은 안전기준을 통합적 관리체계를 갖추기 위하여 등록대상이 되는 안전기준을 조사하여 관계 중앙행정기관의 장에게 통보할 수 있으며, 관계 중앙행정기관의 장은 안전기준을 등록하는 등 필요한 조치를 하여야 한다. 행정안전부장관은 안전기준이 안전기준심의회를 거쳐 확정되었을 때에는 관보에 고시하여야 하고, 기타 안전기준의 등록 및 고시 등에 필요한 사항은 행정안전부장관이 정한다.

표 9-30 안전기준의 분야 및 범위

안전기준의 분야	안전기준의 범위
① 건축 시설 분야	다중이용업소, 문화재 시설, 유해물질 제작·공급시설 등 관련 구조나 설비의 유지·관리 및 소방 관련 안전기준
② 생활 및 여가 분야	생활이나 여가활동에서 사용하는 기구, 놀이시설 및 각종 외부활동과 관련된 안전기준
③ 환경 및 에너지 분야	대기환경·토양환경·수질환경·인체에 위험을 유발하는 유해성 물질과 시설, 발전시설 운영과 관련된 안전기준
④ 교통 및 교통시설 분야	육상교통·해상교통·항공교통 등과 관련된 시설 및 안전 부대시설, 시설의 이용자 및 운영자 등과 관련된 안전기준
⑤ 산업 및 공사장 분야	각종 공사장 및 산업현장에서의 주변 시설물과 그 시설의 사용자 또는 관리자 등의 안전부주의 등과 관련된 안전기준(공장시설을 포함한다)
⑥ 정보통신 분야(사이버 안전 분야는 제외한다)	정보통신매체 및 관련 시설과 정보보호에 관련된 안전기준
⑦ 보건·식품 분야	의료·감염, 보건복지, 축산·수산·식품 위생 관련 시설 및 물질 관련 안전기준
⑧ 그 밖의 분야	제1호부터 제7호까지에서 정한 사항 외에 제43조의9에 따른 안전기준심의회에서 안전관리를 위하여 필요하다고 정한 사항과 관련된 안전기준

※ 비고 : 위 표에서 규정한 안전기준의 분야, 범위 등에 관한 세부적인 사항은 행정안전부장관이 정한다.

8 재난안전통신망의 구축·운영

행정안전부장관은 체계적인 재난관리를 위하여 재난안전통신망을 구축·운영하여야 하며, 재난관리책임기관·긴급구조기관 및 긴급구조지원기관("재난관련기관")은 재난관리에 재난안전통신망을 사용하여야 한다. 재난안전통신망의 운영, 사용 등에 필요한 사항은 다른 법률로 정한다.

행정안전부장관은 재난안전통신망의 상시적인 운영을 위하여 필요한 인력, 시설 및 장비를 갖추어야 한다. 행정안전부장관은 재난안전통신망의 효율적 운영 및 관리를 위하여 필요하다고 인정하는 경우에는 다른 행정기관 및 공공기관에 대하여 해당 기관이 운영하는 재난안전 관련 통신망과의 연계를 요청할 수 있다. 재난관리책임기관·긴급구조기관 및 긴급구조지원기관(재난관련기관)은 재난관리에 관한 다음의 활동에 재난안전통신망을 사용하여야 한다.

표 9-31 재난관련기관의 재난안전통신망

① 재난관리를 위한 상황의 보고 및 전파
② 응급조치 등 재난 대응의 지시 및 보고
③ 그 밖에 체계적인 재난관리를 위하여 행정안전부장관이 재난안전통신망의 사용이 필요하다고 인정하여 고시하는 활동

재난관련기관은 재난안전통신망을 사용할 때 재난안전통신망의 사용에 관하여 행정안전부장관이 정하여 고시하는 절차와 방법을 따라야 한다. 행정안전부장관은 재난안전통신망의 운영 및 사용 등에 필요한 사항을 협의하기 위하여 재난관련기관이 참여하는 협의회를 구성·운영할 수 있다. 행정안전부장관은 재난안전통신망의 효율적 운영 및 사용을 위하여 재난관련기관의 재난안전통신망 사용 현황에 관한 자료를 수집·분석할 수 있다. 이 경우 행정안전부장관은 재난관련기관에 대하여 자료 수집·분석에 필요한 협조를 요청할 수 있다.

9 재난대비훈련

행정안전부장관은 매년 재난대비훈련 기본계획을 수립하고 재난관리책임기관의 장에게 통보하여야 한다. 재난관리책임기관의 장은 재난대비훈련 기본계획에 따라 소관분야별로 자체계획을 수립하여야 한다. 행정안전부장관은 수립한 재난대비훈련 기본계획을 국회 소관상임위원회에 보고하여야 한다.

행정안전부장관, 중앙행정기관의 장, 시·도지사, 시장·군수·구청장 및 긴급구조기관("훈련주관기관")의 장은 대통령령으로 정하는 바에 따라 매년 정기적으로 또는 수시로 재난관리책임기관, 긴급구조지원기관 및 군부대 등 관계 기관("훈련참여기관")과 합동으로 재난대비훈련(위기관리 매뉴얼의 숙달훈련을 포함)을 실시하여야 한다. 행정안전부장관, 시·도지사, 시장·군수·구청장 및 긴급구조기관의 장("훈련주관기관의 장")은 관계 기관과 합동으로 참여하는 재난대비훈련을 각각 소관 분야별로 주관하여 연 1회 이상 실시하여야 한다. 재난대비훈련에 참여하는 기관은 자체 훈련을 수시로 실시할 수 있다. 행정안전부장관은 매년 재난대비훈련 기본계획을 수립하고 재난관리책임기관의 장에게 통보하여야 한다. 재관리책임기관의 장은 재난대비훈련 기본계획에 따라 소관 분야별로 자체계획을 수립하여야 한다. 행정안전부장관은 수립한 재난대비훈련 기본계획을 국회

소관상임위원회에 보고하여야 한다.

표 9-32 재난대비훈련 기본계획의 수립 포함사항

① 재난대비훈련 목표
② 재난대비훈련 유형 선정기준 및 훈련프로그램
③ 재난대비훈련 기획, 설계 및 실시에 관한 사항
④ 재난대비훈련 평가 및 평가결과에 따른 교육·재훈련의 실시 등에 관한 사항
⑤ 그 밖에 재난대비훈련의 실시를 위하여 행정안전부장관이 필요하다고 인정하여 정하는 사항

훈련주관기관의 장은 재난대비훈련을 실시하려면 재난대비훈련계획을 수립하여 훈련참여기관의 장에게 통보하여야 한다. 훈련참여기관의 장은 재난대비훈련을 실시하면 훈련 상황을 점검하고, 그 결과를 대통령령으로 정하는 바에 따라 훈련주관기관의 장에게 제출하여야 한다. 훈련주관기관의 장은 재난대비훈련을 실시하는 경우에는 훈련일 15일 전까지 ① 훈련일시, ② 훈련장소, ③ 훈련 내용, ④ 훈련방법, ⑤ 훈련참여 인력 및 장비, ⑥ 그 밖에 훈련에 필요한 사항을 훈련참여기관의 장에게 통보하여야 한다. 훈련주관기관의 장은 ① 훈련참여기관의 훈련과정 및 훈련결과에 대한 점검·평가, ② 훈련참여기관의 장에게 훈련과정에서 나타난 미비사항이나 개선·보완이 필요한 사항에 대한 보완조치 요구, ③ 훈련과정에서 나타난 위기관리 매뉴얼의 미비점에 대한 개선·보완 및 개선·보완조치 요구 등의 조치를 하여야 한다. 재난대비훈련의 효율적인 추진을 위한 절차·방법 등에 필요한 사항은 대통령령으로 정한다.

훈련주관기관의 장은 재난대비훈련 수행에 필요한 능력을 기르기 위하여 재난대비훈련 참석자에게 재난대비훈련을 실시하기 전에 사전교육을 하여야 한다. 다만, 다른 법령에 따라 해당 분야의 재난대비훈련 교육을 받은 경우에는 교육을 받은 것으로 본다. 재난관리책임기관 및 긴급구조지원기관의 장은 훈련 상황을 점검하고, 재난대비훈련 실시 후 10일 이내에 그 결과를 훈련주관기관의 장에게 제출하여야 한다. 훈련참여기관의 장은 재난대비훈련을 실시하면 훈련 상황을 점검하고, 그 결과를 대통령령으로 정하는 바에 따라 훈련주관기관의 장에게 제출하여야 한다. 재난대비훈련에 참여하는 데에 필요한 비용은 참여 기관이 부담한다. 다만, 민간 긴급구조지원기관에 대해서는 훈련주관기관의 장이 부담할 수 있다. 훈련주관기관의 장은 재난대비훈련평가의 결과를 훈련 실시일부터 30일 이내에 재난관리책임기관의 장 및 관계 긴급구조지원기관의 장에게 통보하고, 통보를 받은 재난관리책임기관의 장 및 긴급구조지원기관의 장은 평가 결과가 다음 훈련계획 수립 및 훈련을 실시하는데 반영되도록 하는 등의 재난관리에 필요한 조치를 하여야 한다. 행정안전부장관은 평가 결과 우수기관에 대해서는 포상 등 필요한 조치를 할 수 있다.

표 9-33 재난훈련 평가항목

① 분야별 전문인력 참여도 및 훈련목표 달성 정도
② 장비의 종류·기능 및 수량 등 동원 실태
③ 유관기관과의 협력체제 구축 실태
④ 긴급구조대응계획 및 세부대응계획에 의한 임무의 수행 능력
⑤ 긴급구조기관 및 긴급구조지원기관 간의 지휘통신체계
⑥ 긴급구조요원의 임무 수행의 전문성 수준
⑦ 그 밖에 행정안전부장관이 정하는 평가에 필요한 사항

제 3 절

재난의 대응

「재난 및 안전관리 기본법」에서는 재난대응을 응급조치와 긴급구조로 나누어 정리하고 있다. 따라서 여기서도 응급조치와 긴급구조로 나누어 살펴보겠다.

1 응급조치 등

(1) 재난사태 선포

① 선포권자 : 행정안전부장관

행정안전부장관은 대통령령으로 정하는 재난(재난 중 극심한 인명 또는 재산의 피해가 발생하거나 발생할 것으로 예상되어 시·도지사가 중앙대책본부장에게 재난사태의 선포를 건의하거나 중앙대책본부장이 재난사태의 선포가 필요하다고 인정하는 재난(「노동조합 및 노동관계조정법」의 쟁의행위로 인한 국가기반시설의 일시 정지는 제외)을 말한다.)이 발생하거나 발생할 우려가 있는 경우 사람의 생명·신체 및 재산에 미치는 중대한 영향이나 피해를 줄이기 위하여 긴급한 조치가 필요하다고 인정하면 중앙위원회의 심의를 거쳐 재난사태를 선포할 수 있다. 다만, 행정안전부장관은 재난상황이 긴급하여 중앙위원회의 심의를 거칠 시간적 여유가 없다고 인정하는 경우에는 중앙위원회의 심의를 거치지 아니하고 재난사태를 선포할 수 있다. 다만, 행정안전부장관은 재난사태를 선포한 경우에는 지체 없이 중앙위원회의 승인을 받아야 하고, 승인을 받지 못하면 선포된 재난사태를 즉시 해제하여야 한다. 행정안전부장관은 재난으로 인한 위험이 해소되었다고 인정하는 경우 또는 재난이 추가적으로 발생할 우려가 없어진 경우에는 선포된 재난사태를 즉시 해제하여야 한다.

표 9-34 대통령령으로 정하는 재난

극심한 인명 또는 재산의 피해가 발생하거나 발생할 것으로 예상되어 시·도지사가 행정안전부장관에게 재난사태의 선포를 건의하거나 행정안전부장관이 재난사태의 선포가 필요하다고 인정하는 재난(「노동조합 및 노동관계조정법」 제4장에 따른 쟁의행위로 인한 국가핵심기반의 일시 정지는 제외한다)을 말한다.

② 재난사태 선포지역 조치

행정안전부장관 및 지방자치단체의 장은 재난사태가 선포된 지역에 대하여 다음 사항을 조치를 할 수 있다.

- 재난경보의 발령, 인력·장비 및 물자의 동원, 위험구역 설정, 대피명령, 응급지원 등 이 법에 따른 응급조치
- 해당 지역에 소재하는 행정기관 소속 공무원의 비상소집
- 해당 지역에 대한 여행 등 이동 자제 권고
- 그 밖에 재난예방에 필요한 조치

(2) 응급조치

① 응급조치권자

시·도 긴급구조통제단, 시·군·구 긴급구조통제단의 단장, 시장·군수·구청장

② 응급조치 내용

시·도긴급구조통제단 및 시·군·구긴급구조통제단의 단장과 시장·군수·구청장은 재난이 발생할 우려가 있거나 재난이 발생하였을 때에는 즉시 관계 법령이나 재난대응활동계획 및 위기관리 매뉴얼에서 정하는 바에 따라 수방(水防)·진화·구조 및 구난(救難), 그 밖에 재난 발생을 예방하거나 피해를 줄이기 위하여 ㉠ 경보의 발령 또는 전달이나 피난의 권고 또는 지시, ㉡ 안전조치, ㉢ 진화·수방·지진방재, 그 밖의 응급조치와 구호, ㉣ 피해시설의 응급복구 및 방역과 방범, 그 밖의 질서 유지, ㉤ 긴급수송 및 구조 수단의 확보, ㉥ 급수 수단의 확보, 긴급피난처 및 구호품의 확보, ㉦ 현장지휘통신체계의 확보, ㉧ 그 밖에 재난 발생을 예방하거나 줄이기 위하여 필요한 사항 등의 응급조치를 하여야 한다.

다만, 지역통제단장의 경우에는 ㉢ 진화에 관한 응급조치, ㉤ 긴급수송 및 구조 수단의 확보, ㉦ 현장지휘통신체계의 확보의 응급조치만 하여야 한다.

③ 응원 및 협력

시·군·구의 관할 구역에 소재하는 재난관리책임기관의 장은 시장·군수·구청장이나 지역통제단장이 요청하면 관계 법령이나 시·군·구 안전관리계획에서 정하는 바에 따라 시장·군수·구청장이나 지역통제단장의 지휘 또는 조정 하에 그 소관 업무에 관계되는 응급조치를 실시하거나 시장·군수·구청장이나 지역통제단장이 실시하는 응급조치에 협력하여야 한다.

④ **응급조치를 위한 공무원의 파견 요청**

시·도 긴급구조통제단 및 시·군·구 긴급구조통제단의 단장은 응급조치를 위하여 ㉠ 파견요청 사유, ㉡ 파견대상 인원 및 직급, ㉢ 파견기간, ㉣ 그 밖에 파견에 필요한 사항 등의 사항을 분명하게 밝혀 다른 지역통제단장 또는 시장·군수·구청장에게 소속 공무원의 파견을 요청할 수 있다.

(3) 위기경보의 발령 등

① **발령권자**

재난관리주관기관의 장은 대통령령으로 정하는 재난에 대한 징후를 식별하거나 재난발생이 예상되는 경우에는 그 위험 수준, 발생 가능성 등을 판단하여 그에 부합되는 조치를 할 수 있도록 위기경보를 발령할 수 있다. 다만, 다수의 재난관리주관기관이 관련되는 재난 상황인 경우에는 행정안전부장관이 위기경보를 발령할 수 있다.

표 9-35 대통령령으로 정하는 재난

① 자연재난 및 사회재난
② 그 밖에 인명 또는 재산의 피해 정도가 매우 크고 그 영향이 광범위할 것으로 예상되어 재난관리주관기관의 장이 위기경보의 발령이 필요하다고 인정하는 재난

② **위기경보의 구분**

위기경보는 재난 피해의 전개 속도, 확대 가능성 등 재난상황의 심각성을 종합적으로 고려하여 관심·주의·경계·심각으로 구분할 수 있다. 다만, 다른 법령에서 재난 위기경보의 발령 기준을 따로 정하고 있는 경우에는 그 기준을 따른다.

재난관리주관기관의 장은 심각 경보를 발령 또는 해제할 경우에는 행정안전부장관과 사전에 협의하여야 한다. 다만, 긴급한 경우에 재난관리주관기관의 장은 우선 조치한 후 지체 없이 행정안전부장관과 협의하여야 한다. 재난관리책임기관의 장은 위기경보가 신속하게 발령될 수 있도록 재난과 관련한 위험정보를 얻으면 즉시 행정안전부장관, 재난관리주관기관의 장, 시·도지사 및 시장·군수·구청장에게 통보하여야 한다.

표 9-36 위기경보

관심 (Blue)	위기징후와 관련된 현상이 나타나고 있으나 그 활동수준이 낮아 국가위기로 발전될 가능성이 적은 상태 [징후 감시활동을 하고, 비상연락망 등 관련기관 간 협조체계를 점검]
주의 (Yellow)	위기징후의 활동이 비교적 활발하여 국가위기로 발전할 수 있는 일정 수준의 경향이 나타나는 상태 [정보수집 및 정보공유 활동을 강화하여 관련기관과 협조체계 가동]
경계 (Orange)	위기징후의 활동이 활발하여 국가위기의 발생 가능성이 농후한 상태 [재난관리 주관기관은 재난대비태세 정비]
심각 (Red)	위기징후의 활동이 매우 활발하여 국가위기의 발생이 확실시 되는 상태 [재난관리 주관기관은 즉각 위기경보를 발령하여 위기대응 태세유지]

표 9-37 위기경보 적용사례(감염병)

관심 (Blue)	• 해외의 신종감염병 발생 • 국내의 원인불명 감염환자 발생	징후활동감시 대비계획점검
주의 (Yellow)	• 해외 신종감염병의 국내 유입 ※ 세계보건기구의 감염병 주의보 발령 • 국내에서 신종·재출현 감염병 발생	협조체제가동
경계 (Orange)	• 해외 신종감염병의 국내 유입 후 타지역으로 전파 • 국내 신종·재출현 감염병 타 지역으로 전파	대응체제가동
심각 (Red)	• 해외 신종감염병의 전국적 확산 징후 • 국내 신종감염병의 전국적 확산 징후 • 재출현 감염병의 전국적 확산 징후	대응역량총동원

(4) 재난 예보·경보체계 구축·운영 등

① 재난관리책임기관의 장

재난관리책임기관의 장은 사람의 생명·신체 및 재산에 대한 피해가 예상되면 그 피해를 예방하거나 줄이기 위하여 재난에 관한 예보 또는 경보 체계를 구축·운영할 수 있다. 재난관리책임기관의 장은 재난에 관한 예보 또는 경보가 신속하게 실시될 수 있도록 재난과 관련한 위험정보를 얻으면 즉시 행정안전부장관, 재난관리주관기관의 장, 시·도지사 및 시장·군수·구청장에게 통보하여야 한다.

② 중앙대책본부장 및 지역대책본부장

중앙대책본부장 및 지역대책본부장은 「방송법」 제2조제3호에 따른 방송사업자에게 방송을 요청하는 경우에는 ㉠ 기상상황, ㉡ 재난 예보·경보 및 재난 상황, ㉢ 피해를 줄이기 위하여 조치하여야 하는 사항, ㉣ 국민 또는 주민의 협조 사항, ㉤ 재난유형별 국민행동 요령, ㉥ 그 밖에 피해를 예방하거나 경감하기 위하여 필요한 사항 등을 분명하게 밝혀야 한다.

③ 주요 전기통신사업자

- 시내전화 역무
- 시외전화 역무
- 국제전화 역무
- 초고속인터넷 역무
- 주파수를 배정받아 제공하는 역무 중 이동전화 역무 또는 가입자가 10만 명 이상인 주파수 공용통신 역무
- 「전기통신사업법」 제2조제12호에 따른 부가통신역무(정보통신서비스의 유형별 일일 평균 이용자 수가 10만 명 이상인 부가통신역무에 한정)

④ 재난문자방송에 대한 기준·운영

재난문자방송에는 태풍·호우(豪雨)·대설·산불 등의 재난이 발생할 경우에 대비한 행동요령 등이 포함되어야 한다. 재난문자방송과 관계되는 재난관리책임기관의 장은 재난이 발생하거나 발생할 우려가 있을 때에는 재난정보를 중앙대책본부장에게 제공하여야 하며, 중앙대책본부장은 전기통신사업자에게 재난정보를 재난문자방송으로 송출하도록 요청할 수 있다.

⑤ 행정안전부장관, 시·도지사 또는 시장·군수·구청장

행정안전부장관, 시·도지사 또는 시장·군수·구청장은 재난에 관한 예보·경보·통지나 응급조치를 실시하기 위하여 필요하면 다음의 조치를 요청할 수 있다.

- 전기통신시설의 소유자 또는 관리자에 대한 전기통신시설의 우선 사용
- 「전기통신사업법」 제2조제8호에 따른 전기통신사업자 중 대통령령으로 정하는 주요 전기통신사업자에 대한 필요한 정보의 문자나 음성 송신 또는 인터넷 홈페이지 게시
- 「방송법」 제2조제3호에 따른 방송사업자에 대한 필요한 정보의 신속한 방송
- 「신문 등의 진흥에 관한 법률」 제2조제3호 및 제4호에 따른 신문사업자 및 인터넷신문사업자 중 대통령령으로 정하는 주요 신문사업자 및 인터넷신문사업자에 대한 필요한 정보의 게재
- 「옥외광고물 등의 관리와 옥외광고산업 진흥에 관한 법률」 제2조제1호에 따른 디지털광고물의 관리자에 대한 필요한 정보의 게재

⑥ 기상청장

재난에 관한 예보·경보·통지 중 「지진·지진해일·화산의 관측 및 경보에 관한 법률」 제2조제1

호부터 제3호까지에 따른 지진·지진해일·화산과 대통령령으로 정하는 규모 이상의 호우 또는 태풍, 그 밖에 대통령령으로 정하는 자연재난에 대해서는 기상청장이 예보·경보·통지를 실시한다. 이 경우 기상청장은 응급조치를 요청할 수 있다. 요청을 받은 전기통신시설의 소유자 또는 관리자, 전기통신사업자, 방송사업자, 신문사업자, 인터넷신문사업자 및 디지털광고물 관리자는 정당한 사유가 없으면 요청에 따라야 한다. 전기통신사업자나 방송사업자, 휴대전화 또는 내비게이션 제조업자는 재난의 예보·경보 실시사항이 사용자의 휴대전화 등의 수신기 화면에 반드시 표시될 수 있도록 소프트웨어나 기계적 장치를 갖추어야 한다.

표 9-38 대통령령으로 정하는 규모 이상의 호우 또는 태풍

① 호우 또는 태풍에 의한 1시간 누적 강우량이 50 mm 이상이면서 3시간 누적 강우량이 90 mm 이상 관측되는 경우
② 호우 또는 태풍에 의한 1시간 누적 강우량이 72 mm 이상 관측되는 경우

⑦ 시·도지사

시장·군수·구청장은 위험구역 및 「자연재해대책법」 제12조에 따른 자연재해위험개선지구 등 재난으로 인하여 사람의 생명·신체 및 재산에 대한 피해가 예상되는 지역에 대하여 그 피해를 예방하기 위하여 시·군·구 재난 예보·경보체계 구축 종합계획을 5년 단위로 수립하여 시·도지사에게 제출하여야 한다. 시·도지사는 제7항에 따른 시·군·구 종합계획을 기초로 시·도 재난 예보·경보체계 구축 종합계획을 수립하여 행정안전부장관에게 제출하여야 하며, 행정안전부장관은 필요한 경우 시·도지사에게 시·도 종합계획의 보완을 요청할 수 있다. 시·도지사와 시장·군수·구청장은 각각 시·도 종합계획과 시·군·구 종합계획에 대한 사업시행계획을 매년 수립하여 행정안전부장관에게 제출하여야 한다.

⑧ 종합계획 포함 사항

시·도 종합계획과 시·군·구 종합계획에는 ㉠ 재난 예보·경보체계의 구축에 관한 기본방침, ㉡ 재난 예보·경보체계 구축 종합계획 수립 대상지역의 선정에 관한 사항, ㉢ 종합적인 재난 예보·경보체계의 구축과 운영에 관한 사항, ㉣ 그 밖에 재난으로부터 인명 피해와 재산 피해를 예방하기 위하여 필요한 사항이 포함되어야 한다.

⑨ 재난 예보·경보체계 구축 종합계획 검토사항

- 종합계획의 타당성
- 재원확보 방안
- 민방위시설 등 다른 사업과의 중복 또는 연계성 여부

- 사업의 수혜도 등 평가 분석
- 지역주민의 의견수렴 결과
- 대피계획 등과 연계한 재해 예방활동
- 그 밖에 여건변동 등의 반영여부

⑩ 시·도 종합계획과 시·군·구 종합계획에 대한 사업시행계획 포함사항

- 사업의 필요성
- 사업의 효과
- 사업의 시행 기간
- 사업비 조달계획
- 재난 예보·경보체계 구축 대상지역을 관할하는 지방자치단체의 재정 현황

(5) 동원명령 등

① 동원명령권자

중앙대책본부장, 시장·군수·구청장(시·군·구 대책본부가 운영되는 경우에는 해당 본부장)

② 동원명령 내용

- 「민방위기본법」 제26조에 따른 민방위대의 동원
- 응급조치를 위하여 재난관리책임기관의 장에 대한 관계 직원의 출동 또는 재난관리자원의 동원 등 필요한 조치의 요청
- 동원 가능한 재난관리자원 등이 부족한 경우에는 국방부장관에 대한 군부대의 지원 요청

③ 중앙대책본부장과 시장·군수·구청장은 재난관리자원 등의 동원을 요청할 경우에는 행정안전부령으로 정하는 바에 따라 동원시기, 동원지역, 동원대상, 동원사유 및 동원 중의 행동요령 등을 분명하게 밝혀 관계 기관의 장에게 동원 요청을 해야 한다.

(6) 대피명령

① 대피명령권자

시장·군수·구청장, 지역통제단장(긴급구조에 관한 권한)

② 대피명령대상

재난이 발생하거나 발생할 우려가 있는 경우에 사람의 생명 또는 신체에 대한 위해를 방지하기 위하여 해당 지역 주민이나 그 지역 안에 있는 사람들

③ **대피명령 내용**

대피하도록 명하거나 선박·자동차 등을 그 소유자·관리자 또는 점유자에게 대피시킬 것을 명할 수 있다. 이 경우 미리 대피장소를 지정할 수 있으며, 대피명령을 받은 경우에는 즉시 명령에 따라야 한다.

(7) 위험구역의 설정

① **위험구역의 설정권자**

시장·군수·구청장, 지역통제단장

② **위험구역의 설정대상**

재난이 발생하거나 발생할 우려가 있는 경우에 사람의 생명 또는 신체에 대한 위해 방지나 질서의 유지를 위하여 필요하면 위험구역을 설정한다.

③ **위험구역의 필요한 조치**

- 위험구역에 출입하는 행위나 그 밖의 행위의 금지 또는 제한
- 위험구역에서의 퇴거 또는 대피

④ **위험구역의 게시의무와 게시내용**

시장·군수·구청장과 지역통제단장은 위험구역을 설정할 때에는 그 구역의 범위와 금지되거나 제한되는 행위의 내용, 그 밖에 필요한 사항을 보기 쉬운 곳에 게시하여야 한다.

⑤ **위험구역의 설정 요청**

관계 중앙행정기관의 장은 재난이 발생하거나 발생할 우려가 있는 경우로서 사람의 생명 또는 신체에 대한 위해 방지나 질서의 유지를 위하여 필요하다고 인정되는 경우에는 시장·군수·구청장과 지역통제단장에게 위험구역의 설정을 요청할 수 있다.

(8) 강제대피 조치

① **강제대피 조치권자**

시장·군수·구청장, 지역통제단장(긴급구조에 관한 권한)

② **강제대피 조치의 대상**

시장·군수·구청장과 지역통제단장은 대피명령을 받은 사람 또는 위험구역에서의 퇴거나 대피명령을 받은 사람이 그 명령을 이행하지 아니하여 위급하다고 판단되면 그 지역 또는 위험구역 안

의 주민이나 그 안에 있는 사람을 강제로 대피 또는 퇴거시키거나 선박·자동차 등을 견인시킬 수 있다.

③ **지원요청**

시장·군수·구청장 및 지역통제단장은 주민 등을 강제로 대피 또는 퇴거시키기 위하여 필요하다고 인정하면 관할 경찰관서의 장에게 필요한 인력 및 장비의 지원을 요청할 수 있다. 요청을 받은 경찰관서의 장은 특별한 사유가 없는 한 이에 응하여야 한다. 시장·군수·구청장 및 지역통제단장은 지원을 요청하려는 경우에는 요청내용과 요청사유를 적은 서면으로 하여야 한다. 다만, 긴급한 경우에는 구두로 요청할 수 있다.

(9) 통행제한 등

① **통행제한권자 : 시장·군수·구청장, 지역통제단장**

시장·군수·구청장과 지역통제단장은 응급조치에 필요한 물자를 긴급히 수송하거나 진화·구조 등을 하기 위하여 필요하면 대통령령으로 정하는 바에 따라 경찰관서의 장에게 도로의 구간을 지정하여 해당 긴급수송 등을 하는 차량 외의 차량의 통행을 금지하거나 제한하도록 요청할 수 있고, 요청을 받은 경찰관서의 장은 특별한 사유가 없으면 요청에 따라야 한다.

시장·군수·구청장 및 지역통제단장은 경찰관서의 장에게 차량의 통행을 금지하거나 제한하도록 요청하는 경우에는 그 금지 또는 제한의 대상 구간 및 기간을 분명하게 밝혀야 한다. 요청을 받은 경찰관서의 장은 차량 통행의 금지 또는 제한조치 결과를 관할 시장·군수·구청장 및 지역통제단장에게 통보하여야 한다.

(10) 응원

① **응원요청권자 : 시장·군수·구청장**

시장·군수·구청장은 응급조치를 위하여 필요하면 다른 시·군·구나 관할 구역에 있는 군부대 및 관계 행정기관의 장, 그 밖의 민간기관·단체의 장에게 인력·장비·자재 등 필요한 응원(應援)을 요청할 수 있다. 이 경우 응원을 요청받은 군부대의 장과 관계 행정기관의 장은 특별한 사유가 없으면 요청에 따라야 한다. 응원에 종사하는 사람은 그 응원을 요청한 시장·군수·구청장의 지휘에 따라 응급조치에 종사하여야 한다.

재난수습을 위하여 인력·장비·자재 등의 응원(應援)을 요청하는 경우에는 문서로 하여야 한다. 다만, 긴급한 응급조치를 위하여 불가피한 경우에는 말로 요청한 후 사후에 문서로 통보할 수 있다. 재난관리자원공동활용시스템을 통하여 전자적인 방법으로 응원을 요청한 경우에는 문서에 의한 것으로 본다. 응원 요청을 받은 기관의 장 또는 사람은 지체 없이 동의 여부를 알려 주어야 한다.

행정안전부장관 또는 시·도지사는 원활한 응원을 위하여 재난관리책임기관의 장에게 직접 응원을 요청할 수 있다. 이 경우 응원 요청을 받은 재난관리책임기관의 장은 특별한 사유가 없으면 이에 협력하여야 한다. 응원 요청, 응원 요청에 대한 동의 통보 등에 관한 사항은 행정안전부령으로 정한다.

(11) 응급부담

① 응급부담권자

시장·군수·구청장, 지역통제단장

② 응급부담 내용

관할 구역에서 재난이 발생하거나 발생할 우려가 있어 응급조치를 하여야 할 급박한 사정이 있으면 해당 재난현장에 있는 사람이나 인근에 거주하는 사람에게 응급조치에 종사하게 하거나 대통령령으로 정하는 바에 따라 다른 사람의 토지·건축물·인공구조물, 그 밖의 소유물을 일시 사용할 수 있으며, 장애물을 변경하거나 제거할 수 있다.

시장·군수·구청장 및 지역통제단장은 응급조치종사명령을 할 때에는 그 대상자에게 행정안전부령으로 정하는 바에 따라 응급조치종사명령서를 발급하여야 한다. 다만, 긴급한 경우에는 구두로 응급조치 종사를 명한 후 행정안전부령으로 정하는 바에 따라 응급조치종사명령에 따른 사람에게 응급조치종사확인서를 발급하여야 한다.

시장·군수·구청장 및 지역통제단장은 다른 사람의 토지·건축물·공작물, 그 밖의 소유물을 일시 사용하거나 장애물을 변경 또는 제거할 때에는 행정안전부령으로 정하는 바에 따라 그 관계인에게 응급부담의 목적·기간·대상 및 내용 등을 분명하게 적은 응급부담명령서를 발급하여야 한다. 다만, 긴급한 경우에는 구두로 응급부담을 명한 후 행정안전부령으로 정하는 바에 따라 관계인에게 응급부담확인서를 발급하여야 한다.

응급부담명령서를 발급할 대상자를 알 수 없거나 그 소재지를 알 수 없을 때에는 이를 해당 시·군·구의 게시판에 15일 이상 게시하여야 한다. 구두로 응급부담을 명할 대상자가 없거나 그 소재지를 알 수 없을 때에는 응급부담조치를 한 후 그 사실을 해당 시·군·구의 게시판에 15일 이상 게시하여야 한다.

표 9-39 분야별 응급조치권자

구분	응급조치권
재난 예보·경보의 발령	중앙대책본부장, 수습본부장 시·도지사 또는 시장·군수·구청장
동원명령	중앙대책본부장, 시장·군수·구청장
대피명령	시장·군수·구청장과 지역통제단장
위험구역의 설정	시장·군수·구청장과 지역통제단장
강제대피 조치	시장·군수·구청장과 지역통제단장
통행제한	시장·군수·구청장과 지역통제단장
응원	시장·군수·구청장
응급부담	시장·군수·구청장과 지역통제단장

※ 지역통제단장 응급조치할 수 없는 것 : 재난 예보·경보의 발령, 동원명령, 응원

(12) 시·도지사가 실시하는 응급조치 등

시·도지사는 ① 관할 구역에서 재난이 발생하거나 발생할 우려가 있는 경우로서 대통령령(인명 또는 재산의 피해정도가 매우 크고 그 영향이 광범위하거나 광범위할 것으로 예상되어 시·도지사가 응급조치가 필요하다고 인정하는 경우)으로 정하는 경우, ② 둘 이상의 시·군·구에 걸쳐 재난이 발생하거나 발생할 우려가 있는 경우 응급조치를 할 수 있고, 응급조치를 위하여 필요하면 응급조치를 하여야 할 시장·군수·구청장에게 필요한 지시를 하거나 다른 시장·군수·구청장에게 응원을 요청할 수 있다.

(13) 재난관리책임기관의 장의 응급조치

재난관리책임기관의 장은 재난이 발생하거나 발생할 우려가 있으면 즉시 그 소관 업무에 관하여 필요한 응급조치를 하고, 시·도지사, 시장·군수·구청장 또는 지역통제단장이 실시하는 응급조치가 원활히 수행될 수 있도록 필요한 협조를 하여야 한다.

(14) 지역통제단장의 응급조치

지역통제단장은 긴급구조를 위하여 필요하면 중앙대책본부장, 시·도지사 또는 시장·군수·구청장에게 응급대책을 요청할 수 있고, 중앙대책본부장, 시·도지사 또는 시장·군수·구청장은 특별한 사유가 없으면 요청에 따라야 한다. 지역통제단장은 응급조치 및 응급대책을 실시하였을 때에는 이를 즉시 해당 시장·군수·구청장에게 통보하여야 한다. 다만, 인명구조 및 응급조치 등 긴급한 대응이 필요한 경우에는 우선 조치한 후에 통보할 수 있다.

2 긴급구조

(1) 긴급구조통제단

① 중앙긴급구조통제단

- 설치 : 소방청
- 단장 : 중앙통제단의 단장은 소방청장
- 기능
  - 국가 긴급구조대책의 총괄·조정
  - 긴급구조활동의 지휘·통제(긴급구조활동에 필요한 긴급구조기관의 인력과 장비 등의 동원을 포함한다)
  - 긴급구조지원기관간의 역할분담 등 긴급구조를 위한 현장활동계획의 수립
  - 긴급구조대응계획의 집행
  - 그 밖에 중앙통제단의 장이 필요하다고 인정하는 사항
- 파견요청 : 중앙통제단장은 긴급구조를 위하여 필요하면 긴급구조지원기관 간의 공조체제를 유지하기 위하여 관계 기관·단체의 장에게 소속 직원의 파견을 요청할 수 있다. 이 경우 요청을 받은 기관·단체의 장은 특별한 사유가 없으면 요청에 따라야 한다.
- 구성 및 운영 : 중앙통제단장은 중앙통제단을 대표하고, 그 업무를 총괄한다. 중앙통제단에는 부단장을 두고 부단장은 중앙통제단장을 보좌하며 중앙통제단장이 부득이한 사유로 직무를 수행할 수 없을 경우에는 그 직무를 대행한다. 부단장은 소방청 차장이 되며, 중앙통제단에는 대응계획부·현장지휘부 및 자원지원부를 둔다.

② 지역긴급구조통제단

- 설치 : 시·도의 소방본부, 시·군·구의 소방서
- 단장 : 시·도의 소방본부장, 시·군·구의 소방서 서장
- 기능 : 지역별 긴급구조에 관한 사항의 총괄·조정, 해당 지역에 소재하는 긴급구조기관 및 긴급구조지원기관 간의 역할분담과 재난현장에서의 지휘·통제
- 파견요청 : 지역통제단장은 긴급구조를 위하여 필요하면 긴급구조지원기관 간의 공조체제를 유지하기 위하여 관계 기관·단체의 장에게 소속 직원의 파견을 요청할 수 있다. 이 경우 요청을 받은 기관·단체의 장은 특별한 사유가 없으면 요청에 따라야 한다.

(2) 긴급구조

① 구조요원의 출동

지역통제단장은 재난이 발생하면 소속 긴급구조요원을 재난현장에 신속히 출동시켜 필요한 긴급구조활동을 하게 하여야 한다.

② 지원요청

지역통제단장은 긴급구조를 위하여 필요하면 긴급구조지원기관의 장에게 소속 긴급구조지원요원을 현장에 출동시키거나 긴급구조에 필요한 장비·물자를 제공하는 등 긴급구조활동을 지원할 것을 요청할 수 있다. 이 경우 요청을 받은 기관의 장은 특별한 사유가 없으면 즉시 요청에 따라야 한다.

③ 경비부담

요청에 따라 긴급구조활동에 참여한 민간 긴급구조지원기관에 대하여는 대통령령으로 정하는 바에 따라 그 경비의 전부 또는 일부를 지원할 수 있다.

④ 헬기운항

긴급구조활동을 위하여 회전익항공기(헬기)를 운항할 필요가 있으면 긴급구조기관의 장이 헬기의 운항과 관련되는 사항을 헬기운항통제기관에 통보하고 헬기를 운항할 수 있다. 이 경우 관계법령에 따라 해당 헬기의 운항이 승인된 것으로 본다.

(3) 민간 긴급구조지원기관에 대한 지원

① 지역통제단장의 따른 요청에 따라 긴급구조활동에 참여한 민간 긴급구조지원기관에 대하여는 대통령령으로 정하는 바에 따라 그 경비의 전부 또는 일부를 지원할 수 있다. 긴급구조활동에 참여한 민간 긴급구조지원기관에 지원하는 경비는 긴급구조 참여자의 수, 동원장비 및 사용물품 등 긴급구조활동에 필요한 인적·물적 요소를 기준으로 지역통제단장이 정한다. 경비 지원을 받으려는 민간 긴급구조지원기관은 행정안전부령으로 정하는 바에 따라 지역통제단장에게 지원금의 지급신청을 하여야 한다. 원금의 지급신청을 받은 지역통제단장은 긴급구조활동에 대한 지원 사실을 확인한 후 예산의 범위에서 지원금의 전부 또는 일부를 지원한다.

② 민간 긴급구조지원기관에 대한 지원

- 긴급구조활동에 필요한 인력 및 장비의 지원
- 긴급구조활동의 전문성 향상을 위한 교육 및 훈련 장소의 지원
- 그 밖에 긴급구조능력 향상을 위한 홍보·세미나 등의 행사지원

(4) 긴급구조 현장지휘

① 현장지휘권자

시·군·구의 긴급구조통제단장

다만, 치안활동과 관련된 사항은 관할 경찰관서의 장과 협의하여야 한다.

② 현장지휘사항

- 재난현장에서 인명의 탐색·구조
- 긴급구조기관 및 긴급구조지원기관의 인력·장비의 배치와 운용
- 추가 재난의 방지를 위한 응급조치
- 긴급구조지원기관 및 자원봉사자 등에 대한 임무의 부여
- 사상자의 응급처치 및 의료기관으로의 이송
- 긴급구조에 필요한 물자의 관리
- 현장접근 통제, 현장 주변의 교통정리,
- 그 밖에 긴급구조활동을 효율적으로 하기 위하여 필요한 사항 등이다.

③ 중앙통제단장의 직접지휘

시·도 긴급구조통제단장은 필요하다고 인정하면 직접 현장지휘를 할 수 있고, 중앙통제단장은 대통령령으로 정하는 대규모 재난이 발생하거나 그 밖에 필요하다고 인정하면 직접 현장지휘를 할 수 있다.

④ 지휘·통제

재난현장에서 긴급구조활동을 하는 긴급구조요원과 긴급구조지원기관의 인력·장비·물자에 대한 운용은 현장지휘를 하는 긴급구조통제단장의 지휘·통제에 따라야 한다. 지역대책본부장은 각급통제단장이 수행하는 긴급구조활동에 적극 협력하여야 한다. 시·군·구 긴급구조통제단장은 통합지원본부의 장에게 긴급구조에 필요한 인력이나 물자 등의 지원을 요청할 수 있다. 이 경우 요청받은 기관의 장은 최대한 협조하여야 한다.

재난현장의 구조활동 등 초동 조치상황에 대한 언론 발표 등은 각급통제단장이 지명하는 자가 한다. 각급통제단장은 재난현장의 긴급구조 등 현장지휘를 효과적으로 하기 위하여 재난현장에 현장지휘소를 설치·운영할 수 있고, 이 경우 긴급구조활동에 참여하는 긴급구조지원기관의 현장지휘자는 현장지휘소에 대통령령으로 정하는 바에 따라 연락관을 파견하여야 한다. 현장지휘소에 파견하는 연락관은 긴급구조지원기관의 공무원 또는 직원으로서 재난 관련 업무 실무책임자로 한다.

지역통제단장의 현장지휘에 관한 사항은 긴급구조활동이 끝나거나 지역대책본부장이 필요하다고

판단하는 경우에는 지역통제단장과 지역대책본부장이 협의하여 행정안전부령으로 정하는 바에 따라 지역대책본부장이 수행할 수 있다.

각급 통제단장은 긴급구조 활동을 종료하려는 때에는 재난현장에 참여한 지역사고수습본부장, 통합지원본부의 장 등과 협의를 거쳐 결정하여야 한다. 이 경우 각급통제단장은 긴급구조 활동 종료 사실을 지역대책본부장 및 긴급구조지원기관의 장에게 통보하여야 한다.

해양에서 발생한 재난의 긴급구조활동에 관하여는 위의 사항을 준용하고, 이 경우 시·군·구 긴급구조통제단장, 시·도 긴급구조통제단장, 중앙긴급구조통제단장은 「수상에서의 수색·구조 등에 관한 법률」 제7조에 따른 지역구조본부의 장, 광역구조본부의 장, 중앙구조본부의 장으로 각각 본다.

(5) 긴급대응협력관

긴급구조기관의 장은 긴급구조지원기관의 장에게 다음의 업무를 수행하는 긴급대응협력관을 대통령령으로 정하는 바에 따라 지정·운영하게 할 수 있다. 긴급구조기관의 장은 긴급구조지원기관의 장으로 하여금 같은 조에 따른 긴급대응협력관을 지정·운영하게 하려는 경우에는 긴급구조지원기관의 장에게 사전에 문서로 요청하여야 한다.

요청을 받은 긴급구조지원기관의 장은 긴급대응협력관 업무와 관련된 부서의 실무책임자를 긴급대응협력관으로 지정하여야 한다. 긴급구조지원기관의 장은 긴급대응협력관을 지정하였거나 지정 변경 또는 해제하였을 때에는 그 사실이 있는 날부터 30일 이내에 해당 긴급구조기관의 장에게 통보하여야 한다. 긴급대응협력관의 지정·운영에 필요한 사항은 소방청장이 정하여 고시한다.

① 평상시 해당 긴급구조지원기관의 긴급구조대응계획 수립 및 보유자원관리
② 재난대응업무의 상호 협조 및 재난현장 지원업무 총괄

(6) 긴급구조활동에 대한 평가

중앙통제단장과 지역통제단장은 재난상황이 끝난 후 대통령령으로 정하는 바에 따라 긴급구조지원기관의 활동에 대하여 종합평가를 하여야 하고, 종합평가결과는 시·군·구 긴급구조통제단장은 시·도 긴급구조통제단장 및 시장·군수·구청장에게, 시·도 긴급구조통제단장은 소방청장에게 보고하거나 통보하여야 한다.

표 9-40 긴급구조활동에 대한 평가에 포함되어야 할 내용(시행령 62조)

① 긴급구조 활동에 참여한 인력 및 장비	② 긴급구조대응계획의 이행 실태
③ 긴급구조요원의 전문성	④ 통합 현장 대응을 위한 통신의 적절성
⑤ 긴급구조교육 수료자 현황	⑥ 긴급구조 대응상의 문제점 및 개선이 필요한 사항

(7) 긴급구조대응계획의 수립

긴급구조기관의 장은 재난이 발생하는 경우 긴급구조기관과 긴급구조지원기관이 신속하고 효율적으로 긴급구조를 수행할 수 있도록 대통령령으로 정하는 바에 따라 재난의 규모와 유형에 따른 긴급구조대응계획을 수립·시행하여야 한다. 긴급구조대응계획은 기본계획, 기능별 긴급구조대응계획, 재난유형별 긴급구조대응계획으로 구분하되, 구분된 계획에 포함되어야 하는 사항은 다음과 같다.

소방청장은 매년 시·도 긴급구조대응계획의 수립에 관한 지침을 작성하여 시·도 긴급구조기관의 장에게 전달하여야 한다. 시·도 긴급구조기관의 장은 지침에 따라 시·도 긴급구조대응계획을 작성하여 행정안전부장관에게 보고하고 시·군·구 긴급구조대응계획의 수립에 관한 지침을 작성하여 시·군·구 긴급구조기관에 시달하여야 한다. 시·군·구 긴급구조기관의 장은 시·군·구 긴급구조대응계획의 수립에 관한 지침에 따라 시·군·구 긴급구조대응계획을 작성하여 시·도 긴급구조기관의 장에게 보고하여야 한다.

표 9-41 긴급구조대응계획에 포함되어야 할 사항(시행령 63조)

1. 기본계획	① 긴급구조대응계획의 목적 및 적용범위 ② 긴급구조대응계획의 기본방침과 절차 ③ 긴급구조대응계획의 운영책임에 관한 사항
2. 기능별 긴급구조대응계획 (11개 기능)	① 지휘통제 : 긴급구조체제 및 중앙통제단과 지역통제단의 운영체계 등에 관한 사항 ② 비상경고 : 긴급대피, 상황 전파, 비상연락 등에 관한 사항 ③ 대중정보 : 주민보호를 위한 비상방송시스템 가동 등 긴급 공공정보 제공에 관한 사항 및 재난상황 등에 관한 정보 통제에 관한 사항 ④ 피해상황분석 : 재난현장상황 및 피해정보의 수집·분석·보고에 관한 사항 ⑤ 구조·진압 : 인명 수색 및 구조, 화재진압 등에 관한 사항 ⑥ 응급의료 : 대량 사상자 발생 시 응급의료서비스 제공에 관한 사항 ⑦ 긴급오염통제 : 오염 노출 통제, 긴급 감염병 방제 등 재난현장 공중보건에 관한 사항 ⑧ 현장통제 : 재난현장 접근 통제 및 치안 유지 등에 관한 사항 ⑨ 긴급복구 : 긴급구조활동을 원활하게 하기 위한 긴급구조차량 접근 도로 복구 등에 관한 사항 ⑩ 긴급구호 : 긴급구조요원 및 긴급대피 수용주민에 대한 위기 상담, 임시 의식주 제공 등에 관한 사항 ⑪ 재난통신 : 긴급구조기관 및 긴급구조지원기관 간 정보통신체계 운영 등에 관한 사항
3. 재난유형별 긴급구조 대응계획	① 재난 발생 단계별 주요 긴급구조 대응활동 사항 ② 주요 재난유형별 대응 매뉴얼에 관한 사항 ③ 비상경고 방송메시지 작성 등에 관한 사항

(8) 긴급구조 관련 특수번호 전화서비스의 통합·연계

행정안전부장관은 긴급구조 요청에 대한 신속한 대응을 위하여 대통령령으로 정하는 긴급구조 관련 특수번호 전화서비스의 통합·연계 체계를 구축·운영하여야 한다. 행정안전부장관은 통합·연계되는 특수번호 전화서비스의 운영 실태를 조사·분석하여 그 결과를 특수번호 전화서비스의 통합·연계 체계의 운영 개선에 활용할 수 있다. 행정안전부장관은 필요한 경우 관계 중앙행정기관의 장 또는 대통령령으로 정하는 공공기관의 장에게 특수번호 전화서비스의 통합·연계 및 조사·분석 결과의 활용 등에 관한 협조를 요청할 수 있다. 이 경우 요청을 받은 해당 기관의 장은 특별한 사유가 없으면 협조하여야 한다. 규정한 사항 외에 특수번호 전화서비스의 통합·연계 체계의 구축·운영 등에 필요한 사항은 대통령령으로 정한다.

표 9-42 긴급구조 관련 특수번호 전화서비스

① 화재·구조·구급 등에 관한 긴급구조 특수번호 전화서비스 : 119
② 범죄 피해 등으로부터의 구조 등에 관한 긴급구조 특수번호 전화서비스 : 112
③ 그 밖에 긴급구조와 관련하여 과학기술정보통신부장관이 전기통신번호자원관리계획에 따라 부여하여 중앙행정기관, 지방자치단체 또는 제3항에 따른 공공기관에서 사용하는 특수번호 전화서비스

행정안전부장관은 특수번호 전화서비스의 운영 실태를 조사·분석하여 사용실적이 저조하거나 사용이 불필요한 특수번호는 통합 또는 회수하도록 과학기술정보통신부장관에게 요청할 수 있다. "대통령령으로 정하는 공공기관"이란 전기통신번호자원관리계획에 따라 긴급구조와 관련하여 특수번호를 부여받은 공공기관을 말한다.

표 9-43 특수번호 전화서비스의 통합·연계체계를 구축·운영 업무

① 특수번호 전화서비스를 통한 구조 요청 관련 정보의 공동활용 기반 구축 및 통계관리
② 특수번호 전화서비스의 통합·연계를 위한 공동관리운영시스템, 통합관제시스템 등 공동자원의 관리
③ 특수번호 전화서비스 기술의 표준화
④ 특수번호 전화서비스의 운영실태 조사·분석 결과의 활용
⑤ 그 밖에 특수번호 전화서비스의 통합·연계체계의 구축·운영을 위하여 필요한 사항

(9) 재난대비능력 보강

국가와 지방자치단체는 재난관리에 필요한 인력·장비·시설의 확충, 통신망의 설치·정비 등 긴급구조능력을 보강하기 위하여 노력하고, 필요한 재정상의 조치를 마련하여야 한다. 긴급구조기관의 장은 긴급구조활동을 신속하고 효과적으로 할 수 있도록 긴급구조지휘대 등 긴급구조체제를 구

축하고, 상시 소속 긴급구조요원 및 장비의 출동태세를 유지하여야 한다.

표 9-44 긴급구조지휘대 구성요원

① 현장지휘요원	② 자원지원요원
③ 통신지원요원	④ 안전관리요원
⑤ 상황조사요원	⑥ 구급지휘요원

긴급구조지휘대는 소방서현장지휘대, 방면현장지휘대, 소방본부현장지휘대 및 권역현장지휘대로 구분하되, 구분된 긴급구조지휘대의 설치기준은 ① 소방서현장지휘대는 소방서별로 설치·운영, ② 방면현장지휘대는 2개 이상 4개 이하의 소방서별로 소방본부장이 1개를 설치·운영, ③ 소방본부현장지휘대는 소방본부별로 현장지휘대 설치·운영, ④ 권역현장지휘대는 2개 이상 4개 이하의 소방본부별로 소방청장이 1개를 설치·운영한다.

긴급구조기관의 장은 재난이 발생한 경우 사상자의 신속한 분류·응급처치 및 이송을 위하여 「의료법」 제3조에 따른 의료기관 및 「응급의료에 관한 법률」 제2조에 따른 응급의료기관등에 현장 응급의료에 필요한 재난관리자원 등에 관한 자료를 요청할 수 있다. 이 경우 자료의 요청을 받은 관계 기관의 장은 정당한 사유가 없으면 이에 따라야 한다.

표 9-45 긴급구조기관의 장이 요청할 수 있는 자료

① 응급의료 종사자 수 등 해당 의료기관의 응급의료 인력
② 구급차량, 특수의료장비 등 해당 의료기관의 응급의료 장비
③ 병상, 수술실 등 해당 의료기관의 응급환자 수용능력

(10) 긴급구조 교육

① 긴급구조업무와 재난관리책임기관(행정기관 외의 기관만 해당)의 재난관리업무에 종사하는 사람은 대통령령으로 정하는 바에 따라 긴급구조에 관한 교육을 받아야 한다. 다만, 다른 법령에 따라 긴급구조에 관한 교육을 받은 경우에는 이 법에 따른 교육을 받은 것으로 본다. 소방청장과 시·도지사는 교육을 담당할 교육기관을 지정할 수 있다.

② 긴급구조지원기관에서 긴급구조업무와 재난관리업무를 담당하는 부서의 담당자 및 관리자는 다음과 같이 긴급구조에 관한 교육을 받아야 한다.

- 신규교육 : 해당 업무를 맡은 후 1년 이내에 받는 긴급구조교육
- 정기교육 : 신규교육을 받은 후 2년마다 받는 긴급구조교육

③ 재난관리업무에 종사하는 사람에 대한 긴급구조에 관한 교육 내용은 다음과 같다.

- 긴급구조대응계획 및 긴급구조세부대응계획의 수립·집행 및 운용방법
- 재난 대응 행정실무
- 긴급재난 대응 이론 및 기술
- 긴급구조활동에 필요한 인명구조, 응급처치, 건축물구조 안전조치, 특수재난 대응방법 및 중앙긴급구조통제단장이 필요하다고 인정하는 사항

④ 교육은 다음의 과정으로 구분하여 시행하여야 한다.

- 긴급구조 대응활동 실무자과정
- 긴급구조 대응 행정실무자과정
- 긴급구조 대응 현장지휘자과정
- 중앙긴급구조통제단장이 필요하다고 인정하는 교육과정
- 그 밖에 시·도 재난안전대책본부의 본부장 및 시·군·구 재난안전대책본부의 본부장과 시·도 긴급구조통제단의 단장 및 시·군·구 긴급구조통제단의 단장이 필요하다고 인정하는 교육과정

⑤ 소방청장 또는 특별시장·광역시장·특별자치시장·도지사·특별자치도지사는 긴급구조에 관한 교육을 담당할 교육기관을 지정하려는 경우에는 해당 기관의 장으로 하여금 긴급구조교육과정 운영계획을 제출하도록 할 수 있다.

⑥ 규정한 사항 외에 긴급구조에 관한 교육의 운영 등에 필요한 세부 사항은 소방청장이 정하여 고시한다.

(11) 긴급구조지원기관의 능력에 대한 평가

긴급구조지원기관은 대통령령으로 정하는 바에 따라 긴급구조에 필요한 능력을 유지하여야 한다. 긴급구조기관의 장은 긴급구조지원기관의 능력을 평가할 수 있다. 그러나 상시 출동체계 및 자체 평가제도를 갖춘 기관과 민간 긴급구조지원기관에 대하여는 대통령령으로 정하는 바에 따라 평가를 하지 아니할 수 있다. 긴급구조기관의 장은 평가 결과를 해당 긴급구조지원기관의 장에게 통보하여야 한다. 긴급구조기관의 장은 긴급구조에 필요한 능력의 구성요소를 평가대상으로 하여 **매년** 긴급구조지원기관의 능력을 평가할 수 있다. 긴급구조기관의 장은 긴급구조지원기관의 능력 평가 결과를 긴급구조지원기관의 장에게 통보할 때에는 해당 기관의 긴급구조에 필요한 능력의 개선 및 보완에 필요한 사항을 포함할 수 있다. 긴급구조지원기관의 장은 개선 및 보완 사항을 통보받은 때에는 그에 따라 긴급구조에 필요한 능력을 개선·보완하여 긴급구조에 필요한 능력을 유지하여야 한다.

표 9-46 긴급구조지원기관이 유지하여야 하는 긴급구조에 필요한 능력의 구성요소

① 다음의 어느 하나에 해당하는 전문인력
- 법 제55조제3항에 따른 긴급구조에 관한 교육을 14시간 이상 이수한 사람
- 긴급구조 관련 업무에 3년 이상 종사한 경력이 있는 사람
- 해당 기관의 긴급구조 분야와 관련되는 국가자격 또는 민간자격을 보유한 사람

② 긴급구조활동에 필요한 다음의 시설이나 장비
- 긴급구조기관으로부터 재난발생 상황 및 긴급구조 지원 요청을 접수하고 처리할 수 있는 상시 운영시설
- 재난이 발생할 우려가 현저하거나 재난이 발생하였을 때 긴급구조기관과 연락할 수 있는 정보통신 시설이나 장비
- 긴급구조지원기관의 해당 분야별 긴급구조활동을 수행하는 데에 필요한 시설이나 장비
- 전문인력과 시설·장비를 재난 현장으로 수송할 수 있는 장비

③ 재난 현장에서 긴급구조활동을 지속적으로 수행하는 데에 필요한 다음의 물자
- 전문인력의 안전 확보 및 휴식·대기 등을 위한 물자
- 시설 및 장비의 운영과 유지·보수 및 정비에 필요한 물자

④ 재난 현장에서 전문인력, 시설·장비 및 물자를 긴급구조기관과 연계하여 운영하기 위한 다음의 운영체계
- 재난 현장에서의 의사전달 및 조정 체계
- 재난 현장에 투입된 인력, 시설·장비, 물자 등의 상황을 신속하게 파악하고, 효율적으로 배치·관리할 수 있는 자원관리체계
- 긴급구조기관과의 협조체제를 유지하기 위한 현장지휘체계

(12) 해상에서의 긴급구조

해상에서 발생한 선박이나 항공기 등의 조난사고의 긴급구조활동에 관하여는 「수상에서의 수색·구조 등에 관한 법률」 등 관계 법령에 따른다.

① 해수면에서의 수난구호에 관한 사항의 총괄·조정, 수난구호협력기관과 수난구호민간단체 등이 행하는 수난구호활동의 역할조정과 지휘·통제 및 수난구호활동의 국제적인 협력을 위하여 해양경찰청에 중앙구조본부를 둔다.

② 해역별 수난구호에 관한 사항의 총괄·조정, 해당 지역에 소재하는 수난구호협력기관과 수난구호민간단체 등이 행하는 수난구호활동의 역할조정과 지휘·통제 및 수난현장에서의 지휘·통제를 위하여 지방해양경찰청에 광역구조본부를 두고, 해양경찰서에 지역구조본부를 둔다.

③ 중앙구조본부, 광역구조본부 및 지역구조본부의 장은 신속한 수난구호를 위하여 수난구호협력기관의 장에게 소속 직원의 파견 및 장비의 지원을 요청할 수 있다. 이 경우 요청을 받은 기관·단체의 장은 특별한 사유가 없는 한 이에 응하여야 한다.

④ 구조본부의 구성·운영 등에 필요한 사항은 대통령령으로 정한다.

(13) 항공기 등 조난사고 시의 긴급구조 등

소방청장은 항공기 조난사고가 발생한 경우 항공기 수색과 인명구조를 위하여 항공기 수색·구조계획을 수립·시행하여야 한다. 다만, 다른 법령에 항공기의 수색·구조에 관한 특별한 규정이 있는 경우에는 그 법령에 따른다. 항공기의 수색·구조에 필요한 사항은 대통령령으로 정한다.

국방부장관은 항공기나 선박의 조난사고가 발생하면 관계 법령에 따라 긴급구조업무에 책임이 있는 기관의 긴급구조활동에 대한 군의 지원을 신속하게 할 수 있도록 다음의 조치를 취하여야 한다. 탐색구조본부의 구성과 운영에 필요한 사항은 국방부령으로 정한다.

① 탐색구조본부의 설치·운영
② 탐색구조부대의 지정 및 출동대기태세의 유지
③ 조난 항공기에 관한 정보 제공

표 9-47 항공기 수색·구조계획에 포함될 사항

① 항공기 수색·구조 체계의 구성 및 운영
② 항공기 수색·구조와 관련하여 다른 기관과의 협조체제 구축
③ 항공기 수색·구조에 필요한 교육 및 훈련
④ 항공기 수색·구조에 필요한 장비 및 시설의 확보 및 유지·관리
⑤ 그 밖에 항공기 수색과 인명구조를 위하여 소방청장이 필요하다고 인정하는 사항

Check point 〈대응활동 중 긴급구조통제단이 할 수 없는 것들〉

재난 예보·경보의 발령(38조)
재난 예보·경보체계 구축 종합계획의 수립(38조의2)
동원명령(39조)
응원(44조)

제 4 절

재난의 복구

1 피해조사 및 복구계획

(1) 재난피해 신고 및 조사

① 피해조사 및 통보

재난으로 피해를 입은 사람은 피해상황을 행정안전부령으로 정하는 바에 따라 시장·군수·구청장에게 신고할 수 있으며, 피해 신고를 받은 시장·군수·구청장은 피해상황을 조사한 후 중앙대책본부장에게 보고하여야 한다. 재난관리책임기관의 장은 재난으로 인하여 피해가 발생한 경우에는 피해상황을 신속하게 조사한 후 그 결과를 중앙대책본부장에게 통보하여야 한다.

② 중앙재난피해합동조사단 편성

중앙대책본부장은 재난피해의 조사를 위하여 필요한 경우에는 대통령령으로 정하는 바에 따라 관계 중앙행정기관 및 관계 재난관리책임기관의 장과 합동으로 중앙재난피해합동조사단을 편성하여 재난피해 상황을 조사할 수 있다.

③ 파견요청

중앙대책본부장은 중앙재난피해합동조사단을 편성하기 위하여 관계 재난관리책임기관의 장에게 소속 공무원이나 직원의 파견을 요청할 수 있다. 이 경우 요청을 받은 관계 재난관리책임기관의 장은 특별한 사유가 없으면 요청에 따라야 한다. 피해상황 조사의 방법 및 기준 등 필요한 사항은 중앙대책본부장이 정한다.

(2) 재난복구계획의 수립·시행

① 자체복구계획의 수립·시행

재난관리책임기관의 장은 사회재난으로 인한 피해(사회재난 중 특별재난지역으로 선포된 지역의 사회재난으로 인한 피해는 제외한다)에 대하여 피해조사를 마치면 지체 없이 자체복구계획을 수립·시행하여야 한다.

시·도지사 또는 시장·군수·구청장은 특별재난지역 피해에 대하여 관할구역의 피해상황을 종합하는 재난복구계획을 수립한 후 수습본부장 및 관계 중앙행정기관의 장과 협의를 거쳐 중앙대책본부장에게 제출하여야 한다. 긴급하게 복구를 실시하여야 하는 등 대통령령으로 정하는 특별한 사유가 있는 경우에는 수습본부장이 특별재난지역 피해에 대한 재난복구계획을 직접 수립하여 중앙대책본부장에게 제출할 수 있다.

"대통령령으로 정하는 특별한 사유"란 다음의 어느 하나에 해당하는 경우를 말한다.

- 사회재난 중 법 제60조제3항에 따라 특별재난지역으로 선포된 지역의 사회재난으로 인한 피해(이하 "특별재난지역 피해"라 한다)에 대하여 긴급하게 복구를 실시하여야 하는 경우
- 2개 이상의 시·도에 걸쳐 특별재난지역 피해가 발생한 경우
- 항공사고, 해상사고, 철도사고, 화학사고, 원전사고 또는 이에 준하는 사고로 인하여 발생한 특별재난지역 피해로서 국가적 차원에서 복구할 필요성이 큰 경우

② 피해복구계획의 수립과 통보

중앙대책본부장은 중앙재난피해합동조사단을 편성한 경우에는 피해조사를 한 후 중앙재난안전대책본부회의의 심의를 거쳐 재난피해복구계획을 수립하고, 이를 관계 재난관리책임기관의 장에게 통보하여야 한다.

③ 필요경비

재난관리책임기관의 장은 재난피해복구계획을 통보받으면 이를 기초로 소관 사항에 대한 자체복구계획을 수립·시행하여야 하여, 이 경우 지방자치단체의 장은 자체복구계획을 수립하면 지체 없이 재해복구를 위하여 필요한 경비를 지방자치단체의 예산에 계상(計上)하여야 한다.

(3) 재난복구사업의 관리

재난관리책임기관의 장은 재난복구계획에 따라 시행하는 사업(재난복구사업)이 체계적으로 관리되도록 하여야 한다. 중앙대책본부장은 재난복구사업이 효율적으로 추진될 수 있도록 대통령령으로 정하는 사업에 대하여 지도·점검하고, 필요하면 시정명령 또는 시정요청(현지 시정명령과 시정요청을 포함한다)을 할 수 있다. 이 경우 시정명령 또는 시정요청을 받은 관계 기관의 장은 정당한 사유가 없으면 이에 따라야 한다. 재난복구사업의 지도·점검 등에 필요한 사항은 대통령령으로 정한다.

"대통령령으로 정하는 사업"이란 재난복구계획에 따라 시행하는 사업 중 다음의 어느 하나에 해당하는 재난관리책임기관이 관리하는 시설에 대한 재난복구사업을 말한다. ① 중앙행정기관 및 지방자치단체, ② 재난관리책임기관 중 지방행정기관, ③ 재난관리책임기관 중 재난복구사업의 규모 및 파급효과 등을 고려하여 해당 재난복구사업에 대한 지도·점검이 필요하다고 행정안전부장관이 인정하는 재난관리책임기관

중앙대책본부장은 지도·점검의 효율적 수행을 위하여 필요한 경우 관계 중앙행정기관 및 행정안전부 소속 공무원으로 이루어진 합동점검반을 구성·운영할 수 있다. 중앙대책본부장은 재난복구사업의 지도·점검을 하려는 경우에는 ① 지도·점검의 목적, ② 지도·점검의 일시 및 대상, ③ 그 밖에 지도·점검을 위하여 중앙대책본부장이 필요하다고 인정하는 사항 등의 사항이 포함된 지도·점검 계획을 수립하여 지도·점검 5일 전까지 대상 기관에 통지하여야 한다.

2 특별재난지역 선포 및 지원

(1) 특별재난지역의 선포

① 선포건의 : 중앙재난안전대책본부장(중앙대책본부장)

② 선포권자 : 대통령

중앙대책본부장은 대통령령으로 정하는 규모의 재난이 발생하여 국가의 안녕 및 사회질서의 유지에 중대한 영향을 미치거나 피해를 효과적으로 수습하기 위하여 특별한 조치가 필요하다고 인정하거나, 지역대책본부장의 요청이 타당하다고 인정하는 경우에는 중앙위원회의 심의를 거쳐 해당 지역을 특별재난지역으로 선포할 것을 대통령에게 건의할 수 있다. 특별재난지역의 선포를 건의받은 대통령은 해당 지역을 특별재난지역으로 선포할 수 있다. 또한, 지역대책본부장은 관할지역에서 발생한 재난의 경우에는 중앙대책본부장에게 특별재난지역의 선포 건의를 요청할 수 있다.

표 9-48 대통령령으로 정하는 규모의 재난

① 자연재난으로서 「자연재난 구호 및 복구 비용 부담기준 등에 관한 규정」 제5조제1항에 따른 국고 지원 대상 피해 기준금액의 2.5배를 초과하는 피해가 발생한 재난
② 자연재난으로서 「자연재난 구호 및 복구 비용 부담기준 등에 관한 규정」 제5조제1항에 따른 국고 지원 대상에 해당하는 시·군·구의 관할 읍·면·동에 같은 항 각 호에 따른 국고 지원 대상 피해 기준금액의 4분의 1을 초과하는 피해가 발생한 재난
③ 사회재난의 재난 중 재난이 발생한 해당 지방자치단체의 행정능력이나 재정능력으로는 재난의 수습이 곤란하여 국가적 차원의 지원이 필요하다고 인정되는 재난
④ 그 밖에 재난 발생으로 인한 생활기반 상실 등 극심한 피해의 효과적인 수습 및 복구를 위하여 국가적 차원의 특별한 조치가 필요하다고 인정되는 재난

(2) 특별재난지역에 대한 지원

국가나 지방자치단체는 특별재난지역으로 선포된 지역에 대하여는 대통령령으로 정하는 바에 따라 응급대책 및 재난구호와 복구에 필요한 행정상·재정상·금융상·의료상의 특별지원을 할 수 있다.

① 「자연재난 구호 및 복구비용 부담기준 등에 관한 규정」 제7조에 따른 국고의 추가지원
② 「자연재난 구호 및 복구비용 부담기준 등에 관한 규정」 제4조에 따른 지원
③ 의료·방역·방제(防除) 및 쓰레기 수거 활동 등에 대한 지원
④ 「재해구호법」에 따른 의연금품의 지원
⑤ 농어업인의 영농·영어·시설·운전 자금 및 중소기업의 시설·운전자금의 우선 융자, 상환 유예, 상환 기한 연기 및 그 이자 감면과 중소기업에 대한 특례보증 등의 지원
⑥ 그 밖에 재난응급대책의 실시와 재난의 구호 및 복구를 위한 지원

국가가 재난과 그에 준하는 재난과 관련하여 특별재난지역을 선포하는 경우에는 해당 재난을 수습하는 지방자치단체의 재정능력과 피해의 규모를 고려하여 지방자치단체가 행하는 행정·재정·금융·의료에 관한 다음의 지원에 필요한 비용의 일부를 지원할 수 있다.

① 「사회재난 구호 및 복구 비용 부담기준 등에 관한 규정」에 따른 지원
② 위의 ③ 및 ⑤에 해당하는 지원
③ 그 밖에 중앙대책본부장이 필요하다고 인정하는 지원

사망자 유족 및 부상당한 사람에게 지급하는 보상금은 다음의 구분에 따라 산정한 금액을 초과할 수 없다.

① 사망자 유족의 경우 : 사망 당시의 「최저임금법」에 따른 월 최저임금액에 240을 곱한 금액 또는 「국가배상법」 제3조제1항의 배상기준을 준용하여 산출한 금액 중 많은 금액
② 부상자의 경우 : 제1호에 따라 산출된 금액의 2분의 1 이하의 범위에서 부상의 정도에 따라 행정안전부령으로 정하는 금액

유족에 대한 보상금은 그 **배우자, 미성년자인 자녀, 부모, 조부모, 성년인 자녀, 형제자매 순**으로 지급한다. 이 경우 같은 순위의 유족이 2명 이상일 경우에는 같은 금액으로 나누어 지급하되, 태아는 그 지급순위에 관하여는 이미 출생한 것으로 본다. 중앙대책본부장은 지원을 위한 피해금액과 복구비용의 산정, 국고지원 내용 등을 관계 중앙행정기관의 장과의 협의 및 중앙대책본부회의의 심의를 거쳐 확정한다. 중앙대책본부장 및 지역대책본부장은 특별재난지역이 선포되었을 때에는 재난응급대책의 실시와 재난의 구호 및 복구를 위하여 재난복구계획의 수립·시행 전에 재난대책을 위한 예비비, 재난관리기금·재해구호기금 및 의연금을 집행할 수 있다.

① 재난사태선포 : 대응단계, 행정안전부장관 선포
② 특별재난지역선포 : 복구단계, 대통령 선포

3 재정 및 보상 등

(1) 비용 부담의 원칙

재난관리에 필요한 비용은 이 법 또는 다른 법령에 특별한 규정이 있는 경우 외에는 이 법 또는 안전관리계획에서 정하는 바에 따라 그 시행의 책임이 있는 자가 부담한다. 다만, 시·도지사나 시장·군수·구청장이 다른 재난관리책임기관이 시행할 재난의 응급조치를 시행한 경우 그 비용은 그 응급조치를 시행할 책임이 있는 재난관리책임기관이 부담한다. 이 경우 비용은 관계 기관이 협의하여 정산한다.

(2) 응급지원에 필요한 비용

응원을 받은 자는 그 응원에 드는 비용을 부담하여야 하고, 그 응급조치로 인하여 다른 지방자치단체가 이익을 받은 경우에는 그 수익의 범위에서 이익을 받은 해당 지방자치단체가 그 비용의 일부를 분담하여야 하며, 비용은 관계 기관이 협의하여 정산한다.

(3) 손실보상

국가나 지방자치단체는 동원명령과 응급부담 조치로 인하여 손실이 발생하면 보상하여야 한다.

① 협의

손실보상에 관하여는 손실을 입은 자와 그 조치를 한 중앙행정기관의 장, 시·도지사 또는 시장·군수·구청장이 협의하여야 한다.

② 재결

협의가 성립되지 아니하면 대통령령으로 정하는 바에 따라 「공익사업을 위한 토지 등의 취득 및 보상에 관한 법률」 제51조에 따른 관할 토지수용위원회에 재결을 신청할 수 있다. 손실보상에 관한 협의는 조치가 있는 날부터 60일 이내에 하여야 하며, 재결의 신청은 조치가 있는 날부터 180일 이내에 하여야 한다.

(4) 치료 및 보상

① 치료 및 보상 대상자

재난 발생 시 긴급구조활동과 응급대책·복구 등에 참여한 자원봉사자, 응급조치 종사명령을 받은 사람 및 긴급구조활동에 참여한 민간 긴급구조지원기관의 긴급구조지원요원이 응급조치나 긴급구조활동을 하다가 부상을 입은 경우에는 치료를 실시하고, 사망(부상으로 인하여 사망한 경우를 포함)하거나 신체에 장애를 입은 경우에는 그 유족이나 장애를 입은 사람에게 보상금을 지급한다. 다만, 다른 법령에 따라 국가나 지방자치단체의 부담으로 같은 종류의 보상금을 받은 사람에게는 그 보상금에 상당하는 금액을 지급하지 아니한다.

② 장비 등 수리비용의 보상

재난의 응급대책·복구 및 긴급구조 등에 참여한 자원봉사자의 장비 등이 응급대책·복구 또는 긴급구조와 관련하여 고장나거나 파손된 경우에는 그 자원봉사자에게 수리비용을 보상할 수 있다.

- 고장나거나 파손된 장비 등의 수리가 불가능한 경우에는 참여 당시 장비 등의 교환가격
- 고장나거나 파손된 장비 등의 수리가 가능한 경우에는 수리에 필요한 실비

③ 치료 및 보상금의 부담자

치료 및 보상금은 국가나 지방자치단체가 부담하며, 그 기준과 절차 등에 관한 사항은 대통령령으로 정한다. 국가와 지방자치단체는 긴급구조 등의 활성화를 위하여 긴급구조활동과 응급대책·복구 등에 참여하여 현저한 공로가 있는 자원봉사자에게 「상훈법」에 따라 훈장 또는 포장을 수여할 수 있다.

④ 치료 및 보상금의 지급절차

「재난 및 안전관리 기본법」 제65조제1항에 따른 부상자의 치료절차에 관하여는 「민방위기본법 시행령」 제44조를 준용한다.

(5) 재난지역에 대한 국고보조 등의 지원

① 특별재난지역에 대한 국고보조 등 지원

국가는 자연재난, 사회재난 중 특별재난지역으로 선포된 지역의 재난 중 어느 하나에 해당하는 재난의 원활한 복구를 위하여 필요하면 대통령령으로 정하는 바에 따라 그 비용의 전부 또는 일부를 국고에서 부담하거나 지방자치단체, 그 밖의 재난관리책임자에게 보조할 수 있다. 다만, 대피명령을 방해하거나 위반하여 발생한 피해에 대하여는 그러하지 아니하다.

국가 또는 지방자치단체는 지원의 원인이 되는 사회재난에 대하여 그 원인을 제공한 자가 따로

있는 경우에는 그 원인제공자에게 국가 또는 지방자치단체가 부담한 비용의 전부 또는 일부를 청구할 수 있다. 지원되는 금품 또는 이를 지급받을 권리는 양도·압류하거나 담보로 제공할 수 없다.

② 재난복구사업의 재원

재난복구사업의 재원은 대통령령으로 정하는 재난의 구호 및 재난의 복구비용 부담기준에 따라 국고의 부담금 또는 보조금과 지방자치단체의 부담금·의연금 등으로 충당하되, 지방자치단체의 부담금 중 시·도 및 시·군·구가 부담하는 기준은 행정안전부령으로 정한다.

국가와 지방자치단체는 재난으로 피해를 입은 시설의 복구와 피해주민의 생계 안정을 위하여 다음 사항을 지원할 수 있다. 다만, 다른 법령에 따라 국가 또는 지방자치단체가 같은 종류의 보상금 또는 지원금을 지급하거나, 재난으로, 피해를 유발한 원인자가 보험금 등을 지급하는 경우에는 그 보상금, 지원금 또는 보험금 등에 상당하는 금액은 지급하지 아니한다. 생계 안정을 위해 지원되는 금품 또는 이를 지급받을 권리는 양도·압류하거나 담보로 제공할 수 없다.

표 9-49 지방자치단체의 재난복구 비용 부담기준

① 자연재난 : 「재난구호 및 재난복구비용부담기준 등에 관한 규칙」 제2조에 따른 비율에 따라 부담
② 사회재난 : 시·군·구의 부담률이 50퍼센트를 넘지 아니하는 범위에서 시·도의 조례로 정하는 비율에 따라 부담

표 9-50 재난피해 시설의 복구와 피해주민의 생계 안정 지원

① 사망자·실종자·부상자 등 피해주민에 대한 구호
② 주거용 건축물의 복구비 지원
③ 고등학생의 학자금 면제
④ 자금의 융자, 보증, 상환기한의 연기, 그 이자의 감면 등 관계 법령에서 정하는 금융지원
⑤ 세입자 보조 등 생계안정 지원
⑥ 관계 법령에서 정하는 바에 따라 국세·지방세, 건강보험료·연금보험료, 통신요금, 전기요금 등의 경감 또는 납부유예 등의 간접지원
⑦ 주 생계수단인 농업·어업·임업·염생산업(鹽生産業)에 피해를 입은 경우에 해당 시설의 복구를 위한 지원
⑧ 공공시설 피해에 대한 복구사업비 지원
⑨ 그 밖에 중앙재난안전대책본부회의에서 결정한 지원 또는 지역재난안전대책본부회의에서 결정한 지원

(6) 재난피해자에 대한 상담 활동 지원

① 국가와 지방자치단체는 재난으로 피해를 입은 사람에 대하여 심리적 안정과 사회 적응을 위한 상담 활동을 지원할 수 있다. 행정안전부장관 또는 지방자치단체의 장은 법 제66조제5항에 따라 재난으로 피해를 입은 사람에 대하여 심리적 안정과 사회 적응("심리회복")을 위한 상담 활동을 체계적으로 지원하기 위하여 상담활동지원계획을 수립·시행하여야 한다.

표 9-51 상담활동지원계획

① 재난 및 피해 유형별 상담 활동의 세부 지원방안
② 재난으로 피해를 입은 사람에 대하여 심리적 안정과 사회 적응을 신속하게 지원하기 위한 전문가 연락 체계 구축
③ 상담 활동 지원에 필요한 재원의 확보
④ 그 밖에 재난으로 피해를 입은 사람에 대하여 심리적 안정과 사회 적응을 위한 상담 활동 지원에 필요하다고 행정안전부장관 또는 지방자치단체의 장이 필요하다고 인정하는 사항

② 행정안전부장관과 지방자치단체의 장은 다음의 어느 하나에 해당하는 지역에 대하여는 상담 활동 지원을 우선적으로 실시할 수 있다.

표 9-52 상담활동 우선지원

① 법 제60조제2항에 따라 특별재난지역으로 선포된 지역
② 제13조 각 호의 어느 하나에 해당하는 재난이 발생한 지역

(7) 복구비 등의 선지급

지방자치단체의 장은 재난의 신속한 구호 및 복구를 위하여 필요하다고 판단되면 제66조에 따라 재난의 구호 및 복구를 위하여 지원하는 비용 중 대통령령으로 정하는 항목에 대해서는 제59조 또는 「자연재해대책법」 제46조에 따른 복구계획 수립 전에 미리 지급할 수 있다. 복구비 등을 선지급 받으려는 자는 대통령령으로 정하는 바에 따라 재난으로 인한 피해 물량 등에 관하여 신고하여야 한다. 지방자치단체의 장은 미리 복구비 등을 지급하기 위하여 피해 주민의 주(主) 생계수단을 판단하기 위한 다음의 사항에 대한 확인을 해당하는 자에게 요청할 수 있다. 이 경우 확인을 요청받은 자는 특별한 사유가 없으면 요청에 따라야 한다.

표 9-53 주민의 생계수단 확인 기관장

① 근로소득 및 사업소득 수준에 관한 사항 : 국세청장 또는 관할 세무서장
② 국민연금 가입·납입에 관한 사항 : 「국민연금법」 제24조에 따른 국민연금공단의 이사장
③ 국민건강보험 가입·납입에 관한 사항 : 「국민건강보험법」 제13조에 따른 국민건강보험공단의 이사장

재난의 구호 및 복구를 위하여 지원하는 비용("복구비 등")을 선지급 받으려는 자는 지체 없이 거주지, 사무소 또는 영업소의 소재지를 관할하는 시장·군수·구청장에게 재난으로 인한 피해 물량 등에 관하여 신고하여야 한다. 선지급의 비율은 시설의 종류 및 피해 규모 등에 따라 국고와

지방비에서 지원하는 금액을 합한 금액의 100분의 20 이상으로 하며, 구체적인 선지급 비율 및 절차 등에 관한 사항은 행정안전부장관이 관계 중앙행정기관의 장과 협의한 후 고시하여야 한다.

재난의 구호 및 복구를 위하여 지원하는 비용을 직접 지급한 국가기관의 장 또는 지방자치단체의 장은 복구비 등을 받은 자가 그 사실을 안 날부터 7일 이내에 서식에 따른 복구비 등 반납 고지서를 그 당사자에게 발송하여야 한다.

(8) 복구비 등의 반환

국가와 지방자치단체는 복구비 등을 받은 자가 ① 부정한 방법으로 복구비 등을 받은 경우, ② 복구비 등을 받은 후 그 지급 사유가 소급하여 소멸된 경우, ③ 그 밖에 대통령령으로 정하는 사유가 발생한 경우(㉠ 행정 착오 등으로 인하여 재난복구계획 및 「자연재해대책법」 제46조에 따른 재해복구계획에 포함되지 아니하였어야 하는 복구비 등이 포함된 경우, ㉡ 행정 착오 등으로 인하여 복구비 등이 잘못 지급된 경우), 어느 하나에 해당하는 경우에는 행정안전부령으로 정하는 바에 따라 그 받은 복구비등을 반환하도록 명하여야 한다.

반환명령을 받은 자는 즉시 복구비등을 반환하여야 한다. 반환하여야 할 반환금을 지정된 기한까지 반환하지 아니하면 국세 체납처분 또는 지방세 체납처분의 예에 따라 징수한다. 반환금의 징수는 국세와 지방세를 제외하고는 다른 공과금에 우선한다.

표 9-54 복구비 반환 사유

① 행정 착오 등으로 인하여 법 제59조에 따른 재난복구계획 및 「자연재해대책법」 제46조에 따른 재해복구계획에 포함되지 아니하였어야 하는 복구비 등이 포함된 경우
② 행정 착오 등으로 인하여 복구비 등이 잘못 지급된 경우

제 5 절

안전문화 진흥

1 안전문화 진흥을 위한 시책의 추진

중앙행정기관의 장과 지방자치단체의 장은 소관 재난 및 안전관리업무와 관련하여 국민의 안전의식을 높이고 안전문화를 진흥시키기 위하여 <표 9-55>의 안전문화활동을 적극 추진하여야 한다. 행정안전부장관은 안전문화활동의 추진에 관한 총괄·조정 업무를 관장한다.

지방자치단체의 장은 지역 내 안전문화활동에 주민이 참여할 수 있는 제도를 마련하여 시행할 수 있다. 국가와 지방자치단체는 국민이 안전문화를 실천하고 체험할 수 있는 안전체험시설을 설치·운영할 수 있다. 국가는 지방자치단체 및 그 밖의 기관·단체에서 추진하는 안전문화활동을 위하여 필요한 예산을 지원할 수 있다. 국가와 지방자치단체는 지방자치단체 또는 그 밖의 기관·단체에서 추진하는 안전문화활동을 위하여 필요한 예산을 지원할 수 있다.

행정안전부장관과 지방자치단체의 장은 안전문화활동과 그 밖에 안전문화의 진흥에 필요한 사업을 효율적으로 추진하기 위하여 안전문화 관련 기관 및 단체로 구성된 중앙협의체 또는 지역협의체를 각각 구성·운영할 수 있다. 중앙협의체 또는 지역협의체의 구성·운영에 필요한 사항은 행정안전부장관 또는 해당 지방자치단체의 장이 각각 정한다.

표 9-55 안전문화활동 추진사항

① 안전교육 및 안전훈련(응급상황시의 대처요령을 포함한다)
② 안전의식을 높이기 위한 캠페인 및 홍보
③ 각종 사고를 예방하기 위한 안전신고 활동 장려·지원
④ 안전행동요령 및 기준·절차 등에 관한 지침의 개발·보급
⑤ 안전문화 우수사례의 발굴 및 확산
⑥ 안전 관련 통계 현황의 관리·활용 및 공개
⑦ 안전에 관한 각종 조사 및 분석
⑧ 안전취약계층의 안전관리 강화
⑨ 그 밖에 안전문화를 진흥하기 위한 활동

2 국민안전의 날 등

국가는 국민의 안전의식 수준을 높이기 위하여 매년 4월 16일을 국민안전의 날로 정하여 필요한 행사 등을 한다. 국가는 대통령령으로 정하는 바에 따라 국민의 안전의식 수준을 높이기 위하여 안전점검의 날 매월 4일로 하고, 방재의 날은 매년 5월 25일로 정하여 필요한 행사 등을 할 수 있다. 재난관리책임기관은 안전점검의 날에는 재난취약시설에 대한 일제점검, 안전의식 고취 등 안전 관련 행사를 실시하고, 방재의 날에는 자연재난에 대한 주민의 방재의식을 고취하기 위하여 재난에 대한 교육·홍보 등의 관련 행사를 실시한다.

- 국민안전의 날 : 매년 4월 16일
- 방재의 날 : 매년 5월 25일
- 안전점검의 날 : 매월 4일

3 안전관리헌장

국무총리는 재난을 예방하고, 재난이 발생할 경우 그 피해를 최소화하기 위하여 재난 및 안전관리업무에 종사하는 자가 지켜야 할 사항 등을 정한 안전관리헌장을 제정·고시하여야 한다. 재난관리책임기관의 장은 안전관리헌장을 실천하는데 노력하여야 하며, 안전관리헌장을 누구나 쉽게 볼 수 있는 곳에 항상 게시하여야 한다.

4 대국민 안전교육

중앙행정기관의 장 및 지방자치단체의 장은 안전문화의 정착을 위하여 대국민 안전교육 및 학교·사회복지시설·다중이용시설 등 안전에 취약한 시설의 종사자 등에 대하여 대통령령으로 정하는 바에 따라 정기적으로 안전교육을 실시할 수 있다.

안전교육은 안전점검의 날과 방재의 날 관련 행사와 연계하여 실시할 수 있고, 행정안전부장관은 안전교육의 활성화를 위하여 안전교육 표준교재를 개발·보급하고, 안전교육프로그램 및 안전교육 전문강사에 대한 데이터베이스를 구축하여 제공하여야 한다. 안전교육 활성화를 위하여 필요한 사항은 행정안전부장관이 정하여 고시한다.

표 9-56 안전교육의 대상과 방법

① 일반 국민 : 재난의 예보 및 경보 시 안전행동요령과 사례 등에 대하여 신문·방송·인터넷포털 등 대중매체를 통한 안전교육의 실시
② 학교·사회복지시설·다중이용시설의 장과 재난 및 안전관리업무에 종사하는 사람 : 안전관리현장, 해당 시설별 재난대응요령, 사례 등에 대하여 이론 및 현장 위주의 안전교육 실시

5 안전교육 전문인력 양성

국가 및 지방자치단체는 안전교육 전문인력의 양성을 위하여 <표 9-57>의 시책을 수립·추진할 수 있다. 국가 및 지방자치단체는 안전교육 전문인력 양성을 위한 시책을 추진할 때 필요하면 안전교육 전문인력 양성 등과 관련된 대학, 연구기관 등 대통령령으로 정하는 기관 및 단체를 지원할 수 있다.

표 9-57 안전교육 전문인력 양성을 위한 시책을 수립·추진 내용

① 안전교육 전문인력의 수급 및 활용에 관한 사항
② 안전교육 전문인력의 육성 및 교육훈련에 관한 사항
③ 안전교육 전문인력의 경력관리와 경력인증에 관한 사항
④ 그 밖에 안전교육 전문인력의 양성에 필요한 사항으로서 대통령령으로 정하는 사항

표 9-58 안전교육 전문인력 양성 기관 및 단체

① 「고등교육법」에 따른 대학·산업대학·전문대학 및 기술대학
② 국공립 연구기관
③ 「민법」 또는 다른 법률에 따라 설립된 법인으로서 재난 또는 안전관리 분야 교육을 전문으로 하는 기관 또는 단체

6 안전정보의 구축·활용

행정안전부장관은 재난 및 각종 사고로부터 국민의 생명과 신체 및 재산을 보호하기 위하여 정보(안전정보)를 수집하여 체계적으로 관리하여야 한다.

표 9-59 안전정보 수집내용

① 재난이나 그 밖의 각종 사고에 관한 통계, 지리정보 및 안전정책에 관한 정보
② 안전취약계층의 재난 및 각종 사고 피해에 관한 통계
③ 제32조제1항에 따른 안전 점검 결과
④ 제32조제4항에 따른 조치 결과
⑤ 제33조의2제1항부터 제3항까지에 따른 재난관리체계 등에 대한 평가 결과
⑥ 제55조의2제2항에 따른 긴급구조지원기관의 능력 평가 결과
⑦ 제69조제1항 및 제2항에 따른 재난원인조사 결과
⑧ 제69조제5항 후단에 따른 개선권고 등의 조치결과에 관한 정보
⑨ 그 밖에 재난이나 각종 사고에 관한 정보로서 행정안전부장관이 수집·관리가 필요하다고 인정하는 정보

행정안전부장관은 안전정보를 체계적으로 관리하고 안전정보 및 다른 법령에 따라 재난관리책임기관의 장이 공개하는 시설 등에 대한 각종 안전점검·진단 등의 결과를 통합적으로 공개하기 위하여 안전정보통합관리시스템을 구축·운영하여야 한다. 행정안전부장관은 안전정보통합관리시스템을 관계 행정기관 및 국민이 안전수준을 진단하고 개선하는데 활용할 수 있도록 하여야 한다.

행정안전부장관은 안전정보통합관리시스템을 구축·운영하기 위하여 관계 행정기관의 장에게 필요한 자료를 요청할 수 있다. 이 경우 요청을 받은 관계 행정기관의 장은 특별한 사유가 없으면 요청에 따라야 한다. 안전정보 등의 수집·공개·관리, 안전정보통합관리시스템의 구축·활용 등에 필요한 사항은 대통령령으로 정한다.

표 9-60 행정안전부장관이 관계 행정기관의 장에게 요청할 수 있는 안전정보 자료

① 자연재난, 사회재난이나 그 밖의 각종 사고의 지역별 통계, 내용 및 지리정보
② 안전관리와 관련하여 행정기관에서 수립한 안전정책에 관한 자료
③ 재난 등의 유발, 예방 및 대응활동에 영향을 미치는 시설정보, 지역별 통계, 지리정보
④ 재난 등의 원인조사 결과(관계 행정기관의 장이 실시한 경우로 한정한다)
⑤ 재난관리책임기관의 장이 다른 법령에 따라 공개하는 시설 등에 대한 각종 안전점검·진단 등의 일정, 대상, 내용 등 점검결과 등에 관한 자료
⑥ 그 밖에 재난등에 관한 안전정보로서 행정안전부장관이 필요하다고 인정하는 정보

행정안전부장관으로부터 자료 제공을 요청받은 관계 행정기관의 장은 요청받은 자료를 「전자정부법」 제2조제10호에 따른 정보통신망 또는 같은 조 제13호에 따른 정보시스템 등을 통하여 연계하여 제공해야 한다. 행정안전부장관은 제공받은 정보를 「전자정부법」 제2조제10호에 따른 정보통신망, 같은 조 제13호에 따른 정보시스템, 문서 및 우편 등을 통하여 중앙행정기관, 지방자치단체 및 민간기관 등에 제공할 수 있다. 이 경우 자료를 제공받은 기관은 본래의 목적 외의 용도로 사용해서는 안 된다. 행정안전부장관은 효율적인 안전정보의 수집·공개·관리 및 공동이용 활성화 등을 위하여 안전정보 공동이용 협의회(안전정보공동이용협의회)를 설치·운영할 수 있다.

안전정보공동이용협의회는 ① 안전정보의 구축, 표준화, 품질관리 등에 관한 사항, ② 안전정보 공동이용의 목표, 방법, 추진전략 및 공개 등에 관한 사항, ③ 안전정보 관련 정보시스템 간 연계에 관한 사항, ④ 그 밖에 안전정보의 수집·공개·관리 및 공동이용 활성화 등을 위하여 필요한 사항 등을 협의한다.

안전정보공동이용협의회의 위원장은 행정안전부 소속 고위공무원 중에서 행정안전부장관이 임명한다. 안전정보공동이용협의회의 위원은 ① 중앙행정기관 및 지방자치단체에서 안전정보 관련 업무를 담당하는 부서의 과장급 이상 공무원, ② 그 밖에 필요하다고 인정되는 기관의 안전정보 관련 업무를 담당하는 부서의 장 및 민간전문가 중에서 행정안전부장관이 임명하거나 위촉한다.

7 안전지수의 공표

행정안전부장관은 지역별 안전수준과 안전의식을 객관적으로 나타내는 지수를 개발·조사하여 그 결과를 공표할 수 있다. 행정안전부장관은 안전지수의 조사 및 안전진단의 실시를 위하여 관계 행정기관의 장에게 필요한 자료를 요청할 수 있다. 이 경우 요청을 받은 관계 행정기관의 장은 특별한 사유가 없으면 요청에 따라야 한다. 행정안전부장관은 지역별 안전지수를 인터넷 등을 통하여 공표할 수 있다. 행정안전부장관은 안전지수의 개발·조사 및 안전진단의 실시에 관한 업무를 효율적으로 수행하기 위하여 필요한 경우 대통령령으로 정하는 기관 또는 단체로 하여금 그 업무를 대행하게 할 수 있다. 행정안전부장관은 해당 지방자치단체에 대하여 안전환경 분석 및 개선방안 마련 등 안전진단을 실시할지 여부를 결정할 때에는 ① 지역별 안전지수, ② 재난 및 안전사고 발생 현황, ③ 그 밖에 안전지수 개선이 필요하다고 인정되는 사항을 고려해야 한다.

표 9-61 안전지수의 조사 항목

① 지역별 재난 등의 발생 현황 ② 재난 등에 대한 국민의 안전의식 ③ 그 밖에 행정안전부장관이 필요하다고 인정하는 사항

8 지역축제 개최 시 안전관리 조치

중앙행정기관의 장 또는 지방자치단체의 장은 대통령령으로 정하는 지역축제를 개최하려면 해당 지역축제가 안전하게 진행될 수 있도록 지역축제 안전관리계획을 수립하고, 그 밖에 안전관리에 필요한 조치를 하여야 한다.

표 9-62 안전관리 조치가 요구되는 지역축제

① 축제기간 중 순간 최대 관람객이 1천명 이상이 될 것으로 예상되는 지역축제 ② 축제장소나 축제에 사용하는 재료 등에 사고 위험이 있는 지역축제로서 다음의 지역축제 • 산 또는 수면에서 개최하는 지역축제 • 불, 폭죽, 석유류 또는 가연성 가스 등의 폭발성 물질을 사용하는 지역축제

행정안전부장관 또는 시·도지사는 지역축제 안전관리계획의 이행 실태를 지도·점검할 수 있으며, 점검결과 보완이 필요한 사항에 대해서는 관계 기관의 장에게 시정을 요청할 수 있다. 이 경우 시정 요청을 받은 관계 기관의 장은 특별한 사유가 없으면 요청에 따라야 한다.

중앙행정기관의 장 또는 지방자치단체의 장 외의 자가 대통령령으로 정하는 지역축제를 개최하려는 경우에는 해당 지역축제가 안전하게 진행될 수 있도록 지역축제 안전관리계획을 수립하여 대통령령으로 정하는 바에 따라 관할 시장·군수·구청장에게 사전에 통보하고, 그 밖에 안전관리에 필요한 조치를 하여야 한다. 지역축제 안전관리계획을 변경하려는 때에도 또한 같다. 통보를 받은 관할 시장·군수·구청장은 필요하다고 인정되는 때에는 지역축제 안전관리계획에 대하여 보완을 요구할 수 있다. 이 경우 보완을 요구받은 자는 정당한 사유가 없으면 이에 따라야 한다.

중앙행정기관의 장 또는 지방자치단체의 장은 지역축제 안전관리계획을 수립하려면 개최지를 관할하는 지방자치단체, 소방관서 및 경찰관서 등 안전관리 유관기관의 의견을 미리 들어야 한다.

지역축제 안전관리계획은 지역축제(지역축제 외의 지역축제로서 관할 시장·군수·구청장이 참여 예상 인원의 규모와 장소 등을 고려하여 지역축제 안전관리계획의 수립이 필요하다고 인정하는 지역축제를 포함한다)로서 개최자가 없거나 불분명한 경우 관할 시장·군수·구청장이 수립한다.

다음의 어느 하나에 해당하는 경우에는 시·도지사가 관할 시·군·구의 지역축제 안전관리계획을 받아 이를 종합하여 지역축제 안전관리계획을 수립할 수 있다. 이 경우 해당 시·도지사 및 관할 시장·군수·구청장은 지역축제 안전관리계획에 따라 안전관리에 필요한 조치를 해야 한다.

① 시장·군수·구청장이 해당 지역축제에 대해 시·군·구의 안전관리 역량을 넘는 규모로 판단하거나 광범위한 지역에서의 다중운집이 있을 것으로 예상하여 시·도지사에게 지역축제 안전관리계획의 수립을 요청하는 경우

② 동일한 지역축제가 2개 이상의 시·군·구에서 동시에 열리는 경우

③ 그 밖에 지역축제의 안전한 진행을 위해 시·도지사가 지역축제 안전관리계획을 수립할 필요가 있다고 인정하는 경우

지역축제를 개최하려는 자는 지역축제 안전관리계획을 수립하여 축제 개최일 3주 전까지 관할 시장·군수·구청장에게 제출해야 한다. 이 경우 지역축제 안전관리계획을 변경하려는 경우에는 해당 축제 개최일 7일 전까지 변경된 내용을 제출해야 한다.

행정안전부장관은 지역축제 안전관리계획이 효율적으로 수립·관리될 수 있도록 하기 위하여 지역축제 안전관리 매뉴얼을 작성하여 중앙행정기관의 장 또는 지방자치단체의 장에게 통보하고 행정안전부 인터넷 홈페이지 등을 통하여 공개할 수 있다.

중앙행정기관의 장 또는 지방자치단체의 장은 관할 경찰관서, 소방관서 및 그 밖의 관계 기관의 장에게 다음의 구분에 따른 사항의 협조 또는 역할 분담을 요청할 수 있다. 다만, 법 제66조의11 제3항에 따른 지역축제의 경우에는 개최자가 시장·군수·구청장에게 신청하는 경우에만 관할 경찰관서 등의 장에게 요청할 수 있다.

① 관할 경찰관서의 장

가. 교통 및 보행 안전관리, 질서유지 등을 위한 경찰관 배치

나. 범죄 예방을 위한 순찰

다. 다중운집 위험정보 수집 및 관계기관 공유

라. 지역축제 행사장 현장 경찰연락관 운영

마. 그 밖에 가목부터 라목까지의 규정에 준하는 사항으로서 관할 경찰관서의 소관 업무 중 지역축제 안전관리를 위해 필요한 사항

② 관할 소방관서의 장

가. 긴급자동차 대기 및 소방관 배치

나. 소방안전점검

다. 지역축제 행사장 현장 소방연락관 운영

라. 그 밖에 가목부터 다목까지의 규정에 준하는 사항으로서 관할 소방관서의 소관 업무 중

지역축제 안전관리를 위해 필요한 사항

③ 그 밖의 관계 기관의 장

중앙행정기관의 장 또는 지방자치단체의 장이 지역축제의 안전관리를 위해 필요하다고 인정하는 사항

지역축제의 안전관리에 관한 다음의 사항을 협의하기 위하여 시·도지사 소속으로 시·도 지역안전협의회를, 시장·군수·구청장 소속으로 시·군·구 지역안전협의회를 둔다.

① 지역축제 안전관리계획의 수립·이행에 관한 사항

② 지역축제 안전관리계획 이행 및 비상시 대처를 위한 기관 간 협조체계의 구축에 관한 사항

③ 지역축제의 안전점검에 관한 사항

④ 그 밖에 지역축제의 안전관리를 위해 필요한 사항

지역축제 안전관리계획에 관한 세부 사항은 행정안전부장관이 정하고, 시·도 지역안전협의회 및 시·군·구 지역안전협의회의 구성 및 운영에 관한 세부 사항은 해당 지방자치단체의 조례로 정한다.

표 9-63 지역축제 안전관리계획 포함사항

① 지역축제의 개요
② 해당 지역축제의 안전관리업무를 담당하는 사람 및 관리조직과 임무에 관한 사항
③ 화재예방 및 다중운집 등에 따른 인명피해 방지조치에 관한 사항
④ 안전관리인력의 확보 및 배치계획
⑤ 비상시 대응요령, 담당 기관과 담당자 연락처

9 안전사업지구의 지정 및 지원

행정안전부장관은 지역사회의 안전수준을 높이기 위하여 시·군·구를 대상으로 안전사업지구를 지정하여 필요한 지원을 할 수 있다. 안전사업지구의 지정기준, 지정절차 등 필요한 사항은 대통령령으로 정한다. 안전사업지구로 지정을 받으려는 시장·군수·구청장은 안전사업지구를 지정하는 목적 달성에 필요한 사업에 관한 추진계획서 및 관련 자료를 첨부하여 행정안전부장관에게 제출하여야 한다. 안전사업지구로 지정받아 안전사업을 추진하는 시장·군수·구청장은 매년 말까지 해당 연도 안전사업의 추진실적을 행정안전부장관에게 제출하여야 한다. 행정안전부장관은 제출된 추진실적을 분석한 결과 필요하다고 인정하는 경우에는 사업계획의 조정 요청, 지원내용의 축소 또는

확대 등의 조치를 할 수 있다.

표 9-64 안전사업 추진계획 내용

① 안전사업 추진개요
② 안전사업 추진기간
③ 안전사업에 지원하는 예산·인력 등의 내용
④ 지역주민의 안전사업 추진에 대한 참여 방안
⑤ 안전사업의 추진에 따른 기대효과

표 9-65 안전사업지구의 지정기준

① 안전사업에 대한 해당 지역주민의 참여 가능성 및 정도
② 안전사업에 관한 재원조달계획의 적정성 및 실현가능성
③ 안전사업지구 지정으로 지역사회 안전수준의 향상에 기여할 것으로 예상되는 정도

제6절 보칙 및 벌칙

1 재난 및 안전관리를 위한 특별교부세 교부

「지방교부세법」 제9조제1항제2호에 따른 특별교부세는 「지방교부세법」에 따라 행정안전부장관이 교부 등을 행한다. 이 경우 특별교부세의 교부는 지방자치단체의 재난 및 안전관리 수요에 한정한다.

2 재난관리기금

지방자치단체는 재난관리에 드는 비용을 충당하기 위하여 매년 재난관리기금을 적립하여야 한다. 재난관리기금의 매년도 최저적립액은 최근 3년 동안의 「지방세법」에 의한 보통세의 수입결산액의 평균연액의 100분의 1에 해당하는 금액으로 한다. 재난관리기금에서 생기는 수입은 그 전액을 재난관리기금에 편입하여야 하며, 매년도 최저적립액 중 대통령령으로 정하는 일정 비율(21/100) 이상은 응급복구 또는 긴급한 조치에 우선적으로 사용하여야 한다. 재난관리기금의 용도·

표 9-66 재난관리기금의 용도

① 지방자치단체가 수행하는 공공분야 재난관리 활동의 범위에서 해당 지방자치단체의 조례로 정하는 것. 다만, 다음의 어느 하나에 해당하는 것은 제외한다.
   ㉠ 「보조금 관리에 관한 법률」 제4조에 따라 보조금의 예산 계상을 신청하여 보조금에 관한 예산이 확정된 보조사업에 대한 지방비 부담분
   ㉡ 「자연재해대책법」 등 재난관련 법령에 따른 재난 및 안전관리 사업 계획에 반영되지 않은 사항에 드는 비용. 다만, 응급 복구 및 긴급한 조치에 소요되는 비용은 제외한다.

② 지방자치단체 외의 자가 소유하거나 점유하는 시설에 대한 다음의 어느 하나에 해당하는 안전조치 비용으로서 해당 지방자치단체의 조례로 정하는 것
   ㉠ 공중의 안전에 위해를 끼칠 수 있는 경우로서 다음의 요건을 모두 충족하는 시설에 대한 안전조치
      ⓐ 「자연재해대책법」 등 재난관련 법령에 따라 지정된 지역 또는 지구에 위치한 시설일 것
      ⓑ 소유자 또는 점유자의 부재나 주소·거소가 불분명한 경우 등 소유자 또는 점유자를 특정하기 어렵거나 경제적 사정 등으로 인해 소유자 또는 점유자에게 안전조치를 기대하기 어려운 경우일 것
   ㉡ 법 제31조제4항에 따라 지방자치단체의 장이 재난예방을 위해 실시하는 안전조치

운용 및 관리에 필요한 사항은 대통령령으로 정한다. 재난관리기금의 용도는 <표 9-66>의 범위에서 해당 지방자치단체의 조례로 정하는 것으로 한다.

시·도지사 및 시장·군수·구청장은 전용 계좌를 개설하여 매년 적립하는 재난관리기금을 관리하여야 한다. 시·도지사 및 시장·군수·구청장은 매년도 최저적립액의 100분의 15 이상의 금액(의무예치금액)을 금융회사 등에 예치하여 관리하여야 한다. 다만, 의무예치금액의 누적 금액이 해당 연도를 기준으로 매년도 최저적립액의 10배를 초과한 경우에는 해당 연도의 의무예치금액을 매년도 최저적립액의 100분의 5로 낮추어 예치할 수 있다. 제74조에 따른 용도로 사용할 수 있는 재난관리기금은 제2항에 따른 금액을 제외하고 남은 금액과 그 이자를 초과할 수 없다. 다만, 「자연재난 구호 및 복구 비용 부담기준 등에 관한 규정」 제5조제1항에 따른 국고 지원 대상 피해기준금액의 5배를 초과하는 피해가 발생한 경우에는 의무예치금액의 일부를 사용할 수 있다. 기타 재난관리기금의 운용·관리에 필요한 사항은 해당 지방자치단체의 조례로 정한다.

시·도지사 및 시장·군수·구청장은 코로나바이러스감염증-19로 인해 경제적 어려움을 겪고 있는 소상공인·취약계층에 대한 지원, 코로나바이러스감염증-19 재난관리, 2020년에 발생한 호우·태풍 피해 복구 및 의사 집단행동과 관련하여 「의료법」 제3조제2항제1호가목, 같은 항 제3호가목·바목에 따른 의료기관의 비상진료체계 유지를 위한 지방재원(보조사업에 대한 지방비 부담분을 포함)으로 재난관리기금 및 의무예치금액을 사용할 수 있다.

3 재난원인조사

행정안전부장관은 재난이나 그 밖의 각종 사고의 발생 원인과 재난 발생 시 대응과정에 관한 조사·분석·평가(제34조의5제1항에 따른 위기관리 매뉴얼의 준수 여부에 대한 평가를 포함한다. 이하 "재난원인조사"라 한다)가 필요하다고 인정하는 경우 직접 재난원인조사를 실시하거나, 재난관리책임기관의 장으로 하여금 재난원인조사를 실시하고 그 결과를 제출하게 할 수 있다.

행정안전부장관은 다음의 어느 하나에 해당하는 재난의 경우에는 재난안전 분야 전문가 및 전문기관 등이 공동으로 참여하는 정부합동 재난원인조사단을 편성하고, 이를 현지에 파견하여 재난원인조사를 실시할 수 있다.

재난원인조사단은 대통령령으로 정하는 바에 따라 재난원인조사 결과를 조정위원회에 보고하여야 한다. 행정안전부장관은 재난원인조사를 위하여 필요하면 관계 기관의 장 또는 관계인에게 소속직원의 파견(관계 기관의 장에 대한 요청의 경우로 한정한다), 관계 서류의 열람 및 자료제출 등의 요청을 할 수 있다. 이 경우 요청을 받은 관계 기관의 장 또는 관계인은 특별한 사유가 없으면 요청에 따라야 한다.

표 9-67 전문가 및 전문기관 등이 공동으로 참여하는 재난원인 조사대상

① 인명 또는 재산의 피해 정도가 매우 크거나 재난의 영향이 사회적·경제적으로 광범위한 재난으로서 대통령령으로 정하는 재난
※ 대통령령으로 정하는 재난
- 특별재난지역을 선포하게 한 재난
- 중앙재난안전대책본부, 지역재난안전대책본부 또는 중앙사고수습본부를 구성·운영하게 한 재난
- 반복적으로 발생하는 재난으로서 행정안전부장관이 재발 방지를 위하여 재난원인조사가 필요하다고 판단하는 재난

② 제1호에 따른 재난에 준하는 재난으로서 행정안전부장관이 체계적인 재난원인조사가 필요하다고 인정하는 재난

재난원인조사단은 대통령령으로 정하는 바에 따라 재난원인조사 결과를 조정위원회에 보고하여야 한다. 행정안전부장관은 재난원인조사를 위하여 필요하면 관계 기관의 장 또는 관계인에게 소속직원의 파견(관계 기관의 장에 대한 요청의 경우로 한정한다), 관계 서류의 열람 및 자료제출 등의 요청을 할 수 있다. 이 경우 요청을 받은 관계 기관의 장 또는 관계인은 특별한 사유가 없으면 요청에 따라야 한다.

행정안전부장관은 실시한 재난원인조사 결과 개선 등이 필요한 사항에 대해서는 관계 기관의 장에게 그 결과를 통보하거나 개선권고 등의 필요한 조치를 요청할 수 있다. 이 경우 요청을 받은 관계 기관의 장은 대통령령으로 정하는 바에 따라 개선권고 등에 따른 조치계획과 조치결과를 행정안전부장관에게 통보하여야 한다. 행정안전부장관은 재난원인조사단의 재난원인조사 결과를 신속히 국회 소관 상임위원회에 제출·보고하여야 한다. 정부합동 재난원인조사단은 재난원인조사단의 단장을 포함한 50명 내외의 조사단원으로 편성한다.

표 9-68 재난원인조사단의 조사단원 선발 인력풀

① 행정안전부 소속 재난 및 안전관리 업무 담당 공무원
② 관계 중앙행정기관 소속 재난 및 안전관리 업무 담당 공무원 중에서 해당 중앙행정기관의 장이 추천하는 공무원
③ 국립재난안전연구원에서 해당 재난 및 사고 분야의 업무를 담당하는 연구원
④ 발생한 재난 및 사고분야에 대하여 학식과 경험이 풍부한 사람
⑤ 그 밖에 재난원인조사의 공정성 및 전문성을 확보하기 위하여 행정안전부장관이 필요하다고 인정하는 사람

재난원인조사단은 최종적인 조사를 마쳤을 때에는 조사결과보고서를 작성하여야 하고, 조사결과의 공정성 및 신뢰성을 확보하기 위하여 지방자치단체, 관계 기관 및 관계 전문가 등을 참여시켜 그 조사결과보고서를 검토하게 할 수 있다.

표 9-69 최종 조사결과보고서 포함 사항

① 조사목적, 피해상황 및 현장정보
② 현장조사 내용
③ 재난원인 분석 내용
④ 재난대응과정에 대한 조사·분석·평가(법 제34조의5제1항에 따른 위기관리 매뉴얼의 준수 여부에 대한 평가를 포함한다)에 대한 내용
⑤ 권고사항 및 개선대책 등 조치사항
⑥ 그 밖에 재난의 재발방지 등을 위하여 필요한 내용

재난원인조사단은 조사결과보고서 작성을 완료한 날부터 3개월 이내에 그 결과를 조정위원회에 보고하여야 한다. 개선권고를 받은 관계 기관의 장은 1개월 이내에

① 개선권고 사항별 추진계획
② 개선권고 이행에 필요한 법령 등 제도개선 계획
③ 개선권고 이행에 필요한 업무처리 기준·방법·절차 등 업무 체계 개선 계획
④ 개선권고 이행에 필요한 교육·훈련·점검·홍보 등 안전문화 개선 계획
⑤ 개선권고 이행에 필요한 예산·시설·인력 등 인프라 확충 계획

을 행정안전부장관에게 서면으로 통보하여야 한다. 행정안전부장관은 관계 기관의 장에게 개선 권고한 사항에 관하여 매년 그 조치결과를 점검·확인하고, 점검·확인 결과 미흡한 사항에 대하여 시정 또는 보완 등을 요구할 수 있다. 행정안전부장관은 유사한 재난 및 사고의 재발을 방지하기 위하여 국립재난안전연구원으로 하여금 과학적인 재난원인 조사·분석을 수행하고 이와 관련한 자료를 관리하도록 할 수 있다.

행정부장관은 ① 재난이나 사고와 관련해 수사나 재판이 진행 중인 경우, ② 다른 법령에서 재난관리책임기관의 장이 해당 재난이나 사고의 원인을 조사하도록 규정하고 있는 경우, 어느 하나에 해당하는 경우에는 재난원인조사를 실시하지 않을 수 있다.

행정안전부장관은 다른 법령에 따라 재난원인조사를 실시하는 관계 기관 상호 간의 정보 공유·활용과 제도개선 등의 협의를 위해 행정안전부장관이 정하는 바에 따라 협의회를 구성·운영할 수 있다.

행정안전부장관이 직접 재난원인조사를 실시할 경우에는 행정안전부장관이 정하는 바에 따라 재난원인조사반을 편성하여 운영할 수 있다. 이 경우 재난원인조사반의 구성·운영·권한 등에 관하여는 제2항부터 제6항까지를 준용하며, "재난원인조사단"은 "재난원인조사반"으로, "조사단장"은 "조사반장"으로, "조사단원"은 "조사반원"으로 본다.

재난원인조사와 관련한 조사·연구·자문 등에 참여한 관계 전문가에게는 예산의 범위에서 수당·여비·연구비 및 그 밖에 필요한 경비를 지급할 수 있다. 다만, 공무원이 소관 업무와 직접적으로

관련되어 참여하는 경우에는 그렇지 않다.

규정한 사항 외에 재난원인조사의 실시 및 개선권고 등에 필요한 사항은 행정안전부령으로 정하고, 재난원인조사단의 운영에 필요한 사항은 행정안전부장관이 정한다.

4 재난상황의 기록 관리

재난관리책임기관의 장은 ① 소관 시설·재산 등에 관한 피해상황을 포함한 재난상황, ② 재난 발생 시 대응과정 및 조치사항, ③ 제69조제1항에 따른 재난원인조사(재난관리책임기관의 장이 실시한 재난원인조사에 한정한다) 결과, ④ 제69조제5항 후단에 따른 개선권고 등의 조치결과, ⑤ 그 밖에 재난관리책임기관의 장이 기록·보관이 필요하다고 인정하는 사항을 기록하고, 이를 보관하여야 한다. 이 경우 시장·군수·구청장을 제외한 재난관리책임기관의 장은 그 기록사항을 시장·군수·구청장에게 통보하여야 한다.

또한, 행정안전부장관은 매년 재난상황 등을 기록한 재해연보 또는 재난연감을 작성하여야 하며, 행정안전부장관은 재해연보 또는 재난연감을 작성하기 위하여 필요한 경우 재난관리책임기관의 장에게 관련 자료의 제출을 요청할 수 있다. 이 경우 요청을 받은 재난관리책임기관의 장은 요청에 적극 협조하여야 한다. 재난관리주관기관의 장은 특별재난지역으로 선포된 사회재난 또는 재난상황 등을 기록하여 관리할 특별한 필요성이 인정되는 재난에 관하여 재난수습 완료 후 수습상황 등을 기록한 재난백서를 작성하여야 한다. 이 경우 관계 기관의 장이 재난대응에 참고할 수 있도록 재난백서를 통보하여야 한다. 재난관리주관기관의 장은 재난백서를 신속히 국회 소관 상임위원회에 제출·보고하여야 한다.

표 9-70 재난상황의 기록 포함사항

① 피해상황 및 대응 등
- 피해일시 및 피해지역
- 피해원인, 피해물량 및 피해금액
- 동원 인력·장비 등 응급조치 내용
- 피해지역 사진, 영상, 도면 및 위치 정보
- 인명피해 상황 및 피해주민 대처 상황
- 자원봉사자 등의 활동 사항

② 복구상황
- 재난복구사업의 종류별 복구물량 및 복구금액의 산출내용
- 복구공사의 명칭·위치, 공사발주 및 복구추진 현황

③ 그 밖에 미담·모범사례 등 기록으로 작성하여 보관·관리할 필요가 있는 사항

시·도지사 및 시장·군수·구청장은 제1항에 따라 작성된 재난상황의 기록을 재난복구가 끝난 해의 다음 해부터 5년간 보관하여야 한다. 재해연보 및 재난연감은 책자 형태 또는 전자적 형태의 기록물로 발행할 수 있으며, 발행한 재해연보 및 재난연감은 관계 재난관리책임기관의 장에게 송부하거나 전자적 방법으로 게시하여 열람할 수 있도록 하여야 한다.

5 재난 및 안전관리에 필요한 과학기술의 진흥 등

정부는 재난 및 안전관리에 필요한 연구·실험·조사·기술개발(이하 "연구개발사업") 및 전문인력 양성 등 재난 및 안전관리 분야의 과학기술 진흥시책을 마련하여 추진하여야 하고, 행정안전부장관은 연구개발사업을 하는 데에 드는 비용의 전부 또는 일부를 예산의 범위에서 출연금으로 지원할 수 있다. 행정안전부장관은 연구개발사업을 효율적으로 추진하기 위하여 해당하는 기관·단체 또는 사업자와 협약을 맺어 연구개발사업을 실시하게 할 수 있다.

표 9-71 연구개발사업 기관·단체 또는 사업자

① 국공립 연구기관
② 「특정연구기관 육성법」에 따른 특정연구기관
③ 「과학기술분야 정부출연연구기관 등의 설립·운영 및 육성에 관한 법률」에 따라 설립된 과학기술분야 정부출연연구기관
④ 「고등교육법」에 따른 대학·산업대학·전문대학 및 기술대학
⑤ 「민법」 또는 다른 법률에 따라 설립된 법인으로서 재난 또는 안전 분야의 연구기관
⑥ 「기초연구진흥 및 기술개발지원에 관한 법률」 제14조제1항제2호에 따른 기업부설연구소 또는 기업의 연구개발전담부서

행정안전부장관은 연구개발사업을 효율적으로 추진하기 위하여 행정안전부 소속 연구기관이나 그 밖에 대통령령으로 정하는 기관·단체 또는 사업자 중에서 연구개발사업의 총괄기관을 지정하여 그 총괄기관에게 연구개발사업의 기획·관리·평가, 협약의 체결, 개발된 기술의 보급·진흥 등에 관한 업무를 하도록 할 수 있다. 행정안전부장관은 재난·안전관리 분야 과학기술 진흥시책의 하나로 재난·안전기술 및 재난·안전산업에 관한 국제공동연구를 촉진하는 데에 필요한 시책을 마련하여야 한다. 행정안전부장관은 연구개발사업으로 추진하는 연구개발과제의 규모, 연구의 착수시기 및 정부의 재정여건 등을 고려하여 출연금을 한꺼번에 지급하거나 나누어 지급할 수 있다.

표 9-72 국제공동연구를 촉진하기 위하여 다음 각 호의 사업을 추진

① 재난·안전기술 및 재난·안전산업의 국제협력을 위한 조사·연구
② 재난·안전기술 및 재난·안전산업에 관한 인력·정보의 국제교류
③ 재난·안전기술 및 재난·안전산업에 관한 전시회·학술회의의 개최
④ 재난·안전기술 및 재난·안전산업의 해외시장 개척
⑤ 그 밖에 국제공동연구를 촉진하기 위하여 행정안전부상관이 필요하다고 인정하는 사업

표 9-73 출연금 사용용도

① 연구원의 인건비
② 연구장비 및 재료비, 연구 활동비, 연구 수당 등 직접비
③ 인력지원비, 연구지원비, 성과활용지원비 등 간접비
④ 위탁연구개발비

주관연구기관의 장은 매년 그 해의 연구개발사업이 끝난 후 2개월 이내에 ① 행정안전부장관이 정하는 서식에 따른 출연금 사용계획과 그 집행실적, ② 주관연구기관의 자체 회계감사 의견서 등의 서류에 따른 출연금의 사용실적을 적어 출연금을 지급한 행정안전부장관에게 보고하여야 한다. 주관연구기관의 장은 연구개발사업에 드는 비용 중 일부를 정부 외의 자의 출연금 또는 기업의 기술개발비(현물을 포함한다)로 충당하려면 그 비용을 부담하는 자와 미리 계약을 체결하여야 한다.

표 9-74 협약에 포함 사항

① 연구개발과제의 범위, 수행방법, 연구책임자 등 연구개발계획
② 연구개발비의 지급·사용·관리에 관한 사항
③ 연구개발결과의 보고에 관한 사항
④ 연구개발결과의 귀속 및 활용에 관한 사항
⑤ 연구개발결과의 활용에 따른 기술료의 징수 및 사용에 관한 사항
⑥ 연구개발결과의 평가 및 그에 따른 조치
⑦ 연구개발비의 부정사용에 대한 조치
⑧ 협약의 변경 및 해약에 관한 사항
⑨ 협약 위반에 대한 조치
⑩ 제1호부터 제9호까지의 사항 외에 연구개발에 수반되는 사항

6 재난 및 안전관리기술개발 종합계획의 수립 등

행정안전부장관은 재난 및 안전관리에 관한 과학기술의 진흥을 위하여 5년마다 관계 중앙행정기관의 재난 및 안전관리기술개발에 관한 계획을 종합하여 조정위원회의 심의와 「과학기술기본법」

국가과학기술심의회의 심의를 거쳐 재난 및 안전관리기술개발 종합계획을 수립하여야 한다. 관계 중앙행정기관의 장은 개발계획에 따라 소관 업무에 관한 해당 연도 시행계획을 수립하고 추진하여야 한다.

표 9-75 재난 및 안전관리기술개발 종합계획 포함 사항

① 국가안전관리기본계획에 기초한 재난·안전기술 수준의 현황과 장기 전망
② 재난·안전기술의 단계별 개발목표와 이를 달성하기 위한 대책
③ 재난·안전기술의 경쟁력 강화 등 재난·안전산업의 활성화 방안
④ 정부가 추진하는 재난·안전기술 개발에 관한 사업의 연도별 투자 및 추진 계획
⑤ 학교·학술단체·연구기관 등에 대한 재난·안전기술의 연구 지원
⑥. 재난·안전기술정보의 수집·분류·가공 및 보급
⑦ 산·학·연·정 협동연구 및 국제 재난·안전기술 협력을 촉진할 수 있는 방안
⑧ 그 밖에 재난·안전기술의 개발과 재난·안전산업의 육성

행정안전부장관은 개발계획의 수립을 위하여 관계 중앙행정기관의 장에게 소관 분야의 재난·안전기술 현황 및 예측 자료를 요청하거나 재난·안전기술 개발에 관한 계획의 수립 등을 요청할 수 있다. 행정안전부장관은 제공받은 자료 또는 계획 등을 종합하여 개발계획을 작성한 후 「국가과학기술자문회의법」에 따른 국가과학기술자문회의의 심의를 거쳐 확정한다.

표 9-76 재난 및 안전기술개발 시행계획 포함 사항

① 개발계획에 따른 연구개발사업의 구체적인 추진계획
② 전년도 연구개발사업의 추진 실적 및 성과
③ 해당 연도 연구개발사업의 추진 과제 및 계획

7 연구개발사업 성과의 사업화 지원

행정안전부장관은 연구개발사업의 성과를 사업화하는 「중소기업기본법」 중소기업이나 그 밖의 법인 또는 사업자 등에 대하여 지원을 할 수 있다. 이 경우 중소기업에 대한 지원을 우선적으로 실시할 수 있다.

표 9-77 연구개발사업 성과의 사업화 지원

① 시제품(試製品)의 개발·제작 및 설비투자에 필요한 비용의 지원
② 연구개발사업의 성과로 발생한 특허권 등 지식재산권의 전용실시권(專用實施權) 또는 통상실시권(通常實施權)의 설정·허락 또는 그 알선
③ 사업화로 생산된 재난 및 안전 관련 제품 등의 우선 구매
④ 연구개발사업에 사용되거나 생산된 기기·설비 및 시제품 등의 사용권 부여 또는 그 알선
⑤ 그 밖에 사업화를 위하여 필요한 사항으로서 행정안전부령으로 정하는 사항

연구개발사업의 성과를 사업화하는 데에 필요한 지원을 받으려는 「중소기업기본법」 제2조에 따른 중소기업이나 그 밖의 법인 또는 사업자 등은 사업계획서 및 지원요청 내용을 그 소관에 따라 행정안전부장관에게 제출하여야 한다. 행정안전부장관은 지원요청 내용 중 일부가 행정안전부 외의 기관 또는 단체의 소관일 때에는 연구개발사업 성과의 사업화를 위하여 필요하다고 인정되면 신청인이 사업화에 필요한 지원을 받을 수 있도록 해당 기관 또는 단체에 추천할 수 있다.

8 기술료의 징수 및 사용

행정안전부장관은 연구개발사업의 성과를 사업화함으로써 수익이 발생할 경우에는 사업자로부터 그 수익의 일부에 해당하는 금액(기술료)을 징수할 수 있다.

행정안전부장관은 기술료를 ① 재난 및 안전관리 연구개발사업, ② 그 밖에 재난 및 안전관리와 관련된 기술의 육성을 위한 사업으로서 대통령령으로 정하는 사업 등의 사업에 사용할 수 있다.

표 9-78 대통령령으로 정하는 사업

① 법 제72조에 따른 연구개발사업 성과의 사업화 지원
② 우수한 기술을 개발한 기관·단체 또는 사업자 및 연구원에 대한 포상 등의 지원
③ 그 밖에 행정안전부장관이 재난 및 안전관리와 관련된 기술의 육성을 위하여 필요하다고 인정하는 사업

징수하는 기술료는 행정안전부장관이 출연한 금액에 상당하는 범위에서 법 제71조제3항에 따른 협약에서 정한 금액으로 한다. 행정안전부장관은 기술료를 법 제71조제3항에 따른 협약에서 정하는 바에 따라 일정기간 균등분할 납부하게 할 수 있으며, 기술료를 한꺼번에 또는 미리 납부하는 자에 대해서는 기술료 중 일정 금액을 감면할 수 있다.

9 재난안전제품의 인증

행정안전부장관은 재난안전기술을 이용한 각종 제품(이하 "재난안전제품"이라 한다) 중 대통령령으로 정하는 국민생활과 밀접한 재난안전제품에 대하여 신청을 받아 적합성 인증(이하 "인증"이라 한다)을 할 수 있다. 인증의 유효기간은 인증을 받은 날부터 3년으로 하되, 재심사를 거쳐 그 기간을 연장할 수 있다.

행정안전부장관은 인증을 받은 제품이 ① 거짓이나 그 밖의 부정한 방법으로 인증을 받은 경우, ② 인증기준에 미치지 못하는 경우 중 어느 하나에 해당하면 인증을 취소할 수 있다. 다만, ①에 해당하는 경우에는 그 인증을 취소하여야 한다. 행정안전부장관은 인증을 취소하려면 청문을 하여야 한다.

재난안전제품 인증 대상 및 기준

① 인증 대상 재난안전제품
- 재난의 예방·대비·대응 및 복구 활동에 사용할 수 있는 제품
- 재난이나 그 밖의 각종 사고로부터 사람의 생명·신체 또는 재산을 보호할 수 있는 제품
- 그 밖에 국민이 사용·활용함으로써 재난으로 인한 피해를 경감하거나 안전관리 수준을 높일 수 있는 제품

② 인증 기준
- 재난안전제품으로서의 기능이 제품 설계 또는 사용 목적대로 정확히 실행될 것
- 재난안전제품의 효율성, 사용성 및 유지관리 편의성 등이 행정안전부장관이 정한 수준 이상일 것

※ 제1호에 따른 인증 대상 재난안전제품과 제2호에 따른 인증 기준의 세부사항은 행정안전부장관이 정하여 고시한다.

인증을 받으려는 자 또는 인증의 유효기간을 연장하려는 자는 행정안전부령이 정하는 바에 따라 행정안전부장관에게 신청서 및 관련 서류를 제출하여야 한다. 이 경우 인증의 유효기간 연장 신청은 유효기간 만료일 3개월 전까지 하여야 한다.

행정안전부장관은 인증 또는 유효기간 연장을 하기 전에 관보 게재 등을 통하여 이해관계자의 의견을 수렴하고, 신청된 제품의 성능확인을 위하여 관련 기관에 시험·검사 등을 의뢰하거나 관련 분야 전문가의 의견을 들을 수 있다. 행정안전부장관은 심사 결과 해당 재난안전제품이 인증 기준에 적합한 것으로 판정된 경우에는 행정안전부령으로 정하는 바에 따라 재난안전제품 인증서를 발급하여야 한다. 행정안전부장관은 인증 또는 유효기간 연장을 신청하는 자에게 인증 또는 유효기간 연장에 필요한 비용을 부담하게 할 수 있다. 행정안전부장관은 인증의 유효기간 내에 인증된 제품에 대한 품질검사 등을 실시하여 인증기준에 적합한지 확인할 수 있다. 인증된 제품에는 해당 제품이나 그 포장 및 홍보물 등에 인증된 제품임을 표시할 수 있다.

10 재난관리정보통신체계의 구축·운영

행정안전부장관과 재난관리책임기관·긴급구조기관 및 긴급구조지원기관의 장은 재난관리업무를 효율적으로 추진하기 위하여 대통령령으로 정하는 바에 따라 재난관리정보통신체계를 구축·운영할 수 있다. 재난관리책임기관·긴급구조기관 및 긴급구조지원기관의 장은 재난관리정보통신체계의 구축에 필요한 자료를 관계 재난관리책임기관·긴급구조기관 및 긴급구조지원기관의 장에게 요청할 수 있다. 이 경우 요청을 받은 기관의 장은 특별한 사유가 없으면 요청에 따라야 한다.

표 9-79 재난관리정보통신체계 구비사항

① 재난 및 안전관리업무를 수행하기 위한 표준화된 정보시스템과 정보통신망 및 운영·관리 체계
② 법 제18조에 따른 재난안전상황실의 효율적인 운영을 위하여 필요한 정보시스템과 정보통신망
③ 그 밖에 행정안전부장관이 재난관리정보통신체계 구축·운영을 위하여 필요하다고 인정하는 사항

행정안전부장관은 재난관리책임기관·긴급구조기관 및 긴급구조지원기관의 장이 구축하는 재난관리정보통신체계가 연계 운영되거나 표준화가 이루어지도록 종합적인 재난관리정보통신체계를 구축·운영할 수 있으며, 재난관리책임기관·긴급구조기관 및 긴급구조지원기관의 장은 특별한 사유가 없으면 이에 협조하여야 한다.

표 9-80 재난관리정보통신체계를 구축·운영을 위한 업무

① 재난관리책임기관, 긴급구조기관 및 긴급구조지원기관이 구축·운영하는 재난관리정보통신체계에 대한 현황 조사
② 제1호에 따른 재난관리정보통신체계를 상호 연결하기 위하여 필요한 범정부 공용의 표준화된 프로그램 개발·보급 및 연계 시스템의 구축·운영
③ 재난관리책임기관, 긴급구조기관 및 긴급구조지원기관의 정보시스템과 정보통신망 상호연계, 공동이용, 중복성 검토를 위한 예산확보 및 개발 전단계(前段階)에서의 사전 협의 및 조정
④ 재난관리정보통신체계의 중복 개발 및 운영 방지에 대한 대책 수립 및 시행
⑤ 재난관리정보통신체계가 유사하거나 중복되는 경우에 해당 기관에 대한 개선 권고
⑥ 다른 법령에 따른 재난관리정보통신체계 간의 연계

11 재난관리정보의 공동이용

재난관리책임기관·긴급구조기관 및 긴급구조지원기관은 재난관리업무를 효율적으로 처리하기 위하여 수집·보유하고 있는 재난관리정보를 다른 재난관리책임기관·긴급구조기관 및 긴급구조지

원기관과 공동 이용하여야 하며, 공동 이용되는 재난관리정보를 제공하는 기관은 해당 정보의 정확성을 유지하도록 노력하여야 한다. 재난관리정보의 처리를 하는 재난관리책임기관·긴급구조기관·긴급구조지원기관 또는 재난관리업무를 위탁받아 그 업무에 종사하거나 종사하였던 자는 직무상 알게 된 재난관리정보를 누설하거나 권한 없이 다른 사람이 이용하도록 제공하는 등 부당한 목적으로 사용하여서는 아니 된다.

표 9-81 재난관리정보의 공동 신청서

① 이용하려는 기관의 명칭
② 이용하려는 재난관리정보의 내용 및 범위
③ 이용의 목적
④ 재난관리정보의 보유기관
⑤ 공동이용의 방식과 안전성 확보방안

12 안전관리자문단의 구성·운영

지방자치단체의 장은 재난 및 안전관리업무의 기술적 자문을 위하여 민간전문가로 구성된 안전관리자문단을 구성·운영할 수 있다. 안전관리자문단의 구성과 운영에 관하여는 해당 지방자치단체의 조례로 정한다.

13 안전책임관의 임명 및 운영

재난관리책임기관의 장은 해당 기관의 재난 및 안전관리업무를 총괄하는 안전책임관 및 담당직원을 소속 공무원 또는 임직원 중에서 임명할 수 있다. 안전책임관은 해당 기관의 재난 및 안전관리업무와 관련하여 다음 사항을 담당한다. 안전책임관은 해당 기관에서 재난 및 안전관리 업무를 실질적으로 총괄·관리하는 직위에 있는 사람으로 임명하며, 필요한 경우에는 여러 명을 임명할 수 있다. 해당 기관의 장이 안전책임관을 임명 또는 변경하였을 때에는 그 사실을 행정안전부장관에게 통보하여야 한다.

표 9-82 안전책임관의 안전관리업무

① 재난이나 그 밖의 각종 사고가 발생하거나 발생할 우려가 있는 경우 초기대응 및 보고에 관한 사항
② 위기관리 매뉴얼의 작성·관리에 관한 사항
③ 재난 및 안전관리와 관련된 교육·훈련에 관한 사항
④ 그 밖에 해당 중앙행정기관의 장이 재난 및 안전관리업무를 위하여 필요하다고 인정하는 사항

표 9-83 안전책임관의 수행업무

① 재난 및 안전관리 연간 활동계획의 수립 및 평가에 관한 사항
② 재난·안전사고 모니터링 및 경보시스템 구축·운영 지원에 관한 사항
③ 재난·안전사고 예방을 위한 안전성 진단에 관한 사항
④ 재난 및 안전관리 유관기관, 민간 등과의 협력체제 구축에 관한 사항
⑤ 재난 및 안전관리 관련 정보의 공개·활용 등에 관한 사항
⑥ 재난·안전사고 통계의 기록 및 관리에 관한 사항

14 공인재난관리사 자격

행정안전부장관은 재난의 예방·대비·대응·복구 등의 업무수행 역량을 검정하는 자격시험에 합격하고 행정안전부령으로 정하는 연수과정을 수료한 사람에게 공인재난관리사의 자격증을 교부할 수 있다.

누구든지 교부받은 자격증을 다른 사람에게 빌려주거나 빌려서는 아니 되며, 이를 알선하여서도 아니 된다. 행정안전부장관은 제6항에 따라 자격을 취소하려면 청문을 하여야 한다. 공인재난관리사 자격시험의 시험과목, 시험방법, 응시자격, 공인재난관리사자격심의위원회의 구성 및 운영, 그 밖에 시험에 관하여 필요한 사항은 대통령령으로 정한다.

다음의 어느 하나에 해당하는 사람은 공인재난관리사가 될 수 없다.

① 피성년후견인
② 금고 이상의 실형을 선고받고 그 집행이 끝나거나 집행을 받지 아니하기로 확정된 후 2년이 지나지 아니한 사람
③ 금고 이상의 형의 집행유예를 선고받고 그 유예기간 중에 있는 사람

공인재난관리사 자격시험은 제1차 시험과 제2차 시험으로 구분하여 실시하되 「국가기술자격법」 또는 다른 법률에 따른 재난 및 안전관리와 관련된 자격을 보유한 사람 등 대통령령으로 정하는 사람에 대하여는 제1차 시험을 면제할 수 있다.

공인재난관리사 자격의 취득과 관련된 다음의 사항을 심의하기 위하여 행정안전부에 공인재난관리사자격심의위원회를 둘 수 있다.

① 공인재난관리사 자격시험 과목 등 시험에 관한 사항
② 공인재난관리사 자격시험 선발 인원의 결정에 관한 사항
③ 공인재난관리사 자격시험의 일부면제 대상자의 요건에 관한 사항
④ 그 밖에 공인재난관리사 자격의 취득과 관련한 주요 사항

부정한 방법으로 공인재난관리사 자격시험에 응시한 사람 또는 공인재난관리사 자격시험에서 부정행위를 한 사람에 대해서는 그 시험을 정지시키거나 합격을 무효로 한다. 이 경우 공인재난관리사 자격시험이 정지되거나 합격이 무효처리된 사람은 그 처분일부터 3년간 공인재난관리사 자격시험에 응시할 수 없다.

행정안전부장관은 공인재난관리사가 다음의 어느 하나에 해당하는 경우 그 자격을 취소하여야 한다.

① 거짓이나 그 밖의 부정한 방법으로 자격을 취득한 경우
② 결격 사유 중 어느 하나에 해당하게 된 경우
③ 자격증을 다른 사람에게 빌려주거나 양도한 경우

재난관리책임기관의 장은 재난 및 안전관리 업무의 전문성 및 효율성을 위하여 공인재난관리사 자격을 가진 사람 등 대통령령으로 정하는 재난관리 전문인력을 해당 업무에 배치하도록 노력하여야 한다. 행정안전부장관은 재난관리 전문인력 배치의 이행실태를 확인·점검할 수 있고, 그 결과에 따라 필요한 경우 재난관리책임기관에 행정적·재정적 지원을 할 수 있다.

15 재난안전 관련 보험·공제의 개발·보급 등

국가는 국민과 지방자치단체가 자기의 책임과 노력으로 재난이나 그 밖의 각종 사고에 대비할 수 있도록 재난안전 관련 보험 또는 공제를 개발·보급하기 위하여 노력하여야 한다. 국가는 대통령령으로 정하는 바에 따라 예산의 범위에서 보험료·공제회비의 일부 및 보험·공제의 운영과 관리 등에 필요한 비용의 일부를 지원할 수 있다.

관계 중앙행정기관의 장은 보험료 등의 일부를 지원할 때에는 그 지원금을 재난안전 관련 보험·공제(共濟) 사업을 할 수 있는 자에게 지급할 수 있다. 보험료 등의 지원금을 받으려는 자는 보험가입 현황서와 운영사업비 사용계획서 등 관계 중앙행정기관의 장이 요구하는 서류를 제출해야 한다. 서류를 제출받은 관계 중앙행정기관의 장은 보험가입자 기준 및 재난안전 관련 보험·공제

사업을 할 수 있는 자에 대한 재정지원에 관한 사항 등을 확인하여 보험료 등의 지원금을 결정·지급한다. 관계 중앙행정기관의 장으로부터 지원금을 받은 자는 회계종료일부터 2개월 이내에 재난안전 관련 보험·공제 사업결산서를 관계 중앙행정기관의 장에게 제출해야 한다.

16 재난안전의무보험에 관한 법령이 갖추어야 할 기준 등

재난안전의무보험에 관한 법령을 주관하는 중앙행정기관의 장은 재난안전의무보험에 관한 법령을 제정·개정하는 경우에는 해당 법령에 다음의 기준이 적정하게 반영되도록 노력하여야 한다.

① 재난이나 그 밖의 각종 사고로 인한 사람의 생명·신체에 대한 손해를 적절히 보상하도록 대통령령으로 정하는 수준의 보상 한도를 정할 것
② 법률에 따른 재난안전의무보험의 가입의무자를 신속히 확인하고 관리할 수 있는 체계를 갖출 것
③ 법률에 따른 재난안전의무보험의 가입의무자에 해당함에도 가입을 게을리 한 자 또는 가입하지 아니한 자 등에 대하여 가입을 독려하거나 제재할 수 있는 방안을 마련할 것
④ 보험회사, 공제회 등 재난안전의무보험에 관한 법령에 따라 재난안전의무보험 관련 사업을 하는 자(이하 "보험사업자"라 한다)가 대통령령으로 정하는 정당한 사유 없이 재난안전의무보험에 대한 가입 요청 또는 계약 체결을 거부하거나 보험계약 등을 해제·해지하는 것을 제한하도록 할 것
⑤ 재난이나 그 밖의 각종 사고의 발생 위험이 높은 가입의무자에 대하여 다수의 보험사업자가 공동으로 재난안전의무보험 계약을 체결할 수 있는 방안을 마련할 것
⑥ 재난이나 그 밖의 각종 사고로 피해를 입은 자가 최소한의 생활을 유지할 수 있도록 보험금 청구권에 대한 압류금지 등 피해자를 보호하는 조치를 마련할 것
⑦ 그 밖에 재난안전의무보험의 적절한 운용을 위하여 대통령령으로 정하는 기준을 갖출 것

행정안전부장관은 재난안전의무보험의 관리·운용 등에 공통적으로 적용될 수 있는 업무기준을 마련할 수 있다.

"대통령령으로 정하는 수준의 보상 한도"란 피해자 1명당 다음의 기준을 모두 충족하는 금액의 보상 한도를 말한다.
① 사망의 경우 : 1억 5천만 원 이상
② 부상의 경우 : 3천만 원 이상

③ 부상에 대한 치료를 마친 후 더 이상의 치료효과를 기대할 수 없고 그 증상이 고정된 상태에서 그 부상이 원인이 되는 신체적 장해가 생긴 경우 : 1억 5천만 원 이상

"대통령령으로 정하는 정당한 사유"란 다음의 사유를 말한다.

① 재난안전의무보험의 가입대상(의무보험가입대상)에 대한 허가·인가·등록·신고수리(이하 "허가 등"이라 한다)가 취소 또는 변경되어 관련 법령에 따라 의무보험가입대상에 해당하지 않게 된 경우
② 영업정지, 휴업·폐업, 천재지변이나 그 밖에 이에 준하는 사유로 의무보험가입대상을 본래의 사용 목적으로 더 이상 사용할 수 없게 된 경우
③ 의무보험가입대상을 양도한 경우
④ 재난안전의무보험의 가입의무자가 법령에 따른 정기검사 등 의무보험가입대상의 유지·관리에 필요한 법령상 의무를 이행하지 않은 경우로서 보험회사, 공제회 등 재난안전의무보험에 관한 법령에 따라 재난안전의무보험 관련 사업을 하는 자(보험사업자)가 기간을 정하여 그 의무의 이행을 요구했음에도 의무를 이행하지 않은 상태가 지속되는 경우
⑤ 의무보험가입대상이 다른 재난안전의무보험에 이중으로 가입되어 재난안전의무보험의 가입의무자가 하나의 가입 계약을 해제하거나 해지하려는 경우
⑥ 보험사업자가 해당 재난안전의무보험을 판매하고 있지 않은 경우
⑦ 「상법」 제650조제1항·제2항, 제651조, 제652조제1항 또는 제654조에 따른 계약 해지의 사유가 발생한 경우
⑧ 그 밖에 제1호부터 제7호까지의 규정에 준하는 사유로서 행정안전부장관이 정하여 고시하는 경우

17 재난안전의무보험의 평가 및 개선권고 등

행정안전부장관은 재난안전의무보험에 관한 법령과 재난안전의무보험의 관리·운용 등이 기준에 적합한지 등을 분석·평가하기 위하여 필요한 경우에는 재난안전의무보험 관련 법령을 주관하거나 재난안전의무보험의 운용을 주관하는 중앙행정기관의 장 등에게 관련 자료의 제출을 요청할 수 있다. 이 경우 자료의 제출을 요청받은 중앙행정기관의 장 등은 특별한 사유가 없으면 이에 따라야 한다.

행정안전부장관은 재난안전의무보험 등의 분석·평가 결과 해당 재난안전의무보험 등이 기준에 적합하지 아니하다고 인정하는 경우에는 재난안전의무보험 관련 법령을 주관하거나 재난안전의무

보험의 운용을 주관하는 중앙행정기관의 장 등에게 관련 법령의 개정권고, 재난안전의무보험의 관리·운용에 대한 개선권고 등을 할 수 있다.

행정안전부장관은 관련 법령의 개정권고 및 재난안전의무보험의 관리·운용에 대한 개선권고에 관한 사항이 효과적으로 추진될 수 있도록 재난안전의무보험에 관한 법령을 주관하는 중앙행정기관의 장으로부터 재난안전의무보험 제도개선에 관한 계획을 제출받아 이를 종합한 정비계획을 수립할 수 있다.

규정한 사항 외에 재난안전의무보험의 분석·평가, 개선권고의 절차·방법 및 정비계획의 수립 절차·방법 등에 관하여 필요한 사항은 대통령령으로 정한다.

18 재난안전의무보험 종합정보시스템의 구축·운영 등

행정안전부장관은 재난안전의무보험 관리·운용의 효율성을 높이고, 재난안전의무보험 관련 자료 또는 정보를 체계적으로 수집하여 종합적으로 관리할 수 있도록 재난안전의무보험 종합정보시스템을 구축·운영할 수 있다.

행정안전부장관은 재난안전의무보험 종합정보시스템의 구축·운영을 위하여 필요한 경우에는 관계 중앙행정기관의 장, 지방자치단체의 장, 공공기관, 보험사업자 또는 「보험업법」에 따른 보험 관계 단체의 장 등에게 관련 자료 또는 정보의 제공을 요청하거나 그가 관리·운영하는 재난안전의무보험 관련 전산시스템과 연계하여 자료 또는 정보를 수집할 수 있다. 이 경우 관련 자료 또는 정보의 제공을 요청받거나 전산시스템과의 연계 요청을 받은 자는 「개인정보 보호법」 제18조제1항에도 불구하고 특별한 사유가 없으면 이에 따라야 한다.

행정안전부장관은 「개인정보 보호법」 제18조제1항에도 불구하고 이 조 제1항에 따른 재난안전의무보험 종합정보시스템에 수집된 자료 또는 정보를 다른 재난관리책임기관과 공동이용할 수 있고, 보험사업자 또는 「보험업법」에 따른 보험 관계 단체 등이 재난안전의무보험 관련 업무의 수행을 위하여 자료 또는 정보의 제공을 요청하는 경우 그 사용 목적에 해당하는 범위에서 관련 자료 또는 정보를 제공할 수 있다.

재난안전의무보험 관련 자료 또는 정보를 공동이용하거나 제공받은 자(관련 업무를 위탁받아 그 업무에 종사하거나 종사하였던 자를 포함한다)는 업무상 알게 된 재난안전의무보험 관련 자료 또는 정보를 누설하거나 권한 없이 다른 사람이 이용하도록 제공하는 등 부당한 목적으로 사용해서는 아니 된다.

규정한 사항 외에 재난안전의무보험 종합정보시스템의 구축·운영, 재난안전의무보험 관련 자료 또는 정보의 공동이용 및 제공 등에 필요한 사항은 대통령령으로 정한다.

19 재난취약시설 보험·공제의 가입 등

다음 ①「시설물의 안전 및 유지관리에 관한 특별법」 제2조에 따른 시설물, ② 그 밖에 재난이 발생할 경우 타인에게 중대한 피해를 입힐 우려가 있는 시설에 해당하는 시설 중 대통령령으로 정하는 시설을 소유·관리 또는 점유하는 자는 해당 시설에서 발생하는 화재, 붕괴, 폭발 등으로 인한 타인의 생명·신체나 재산상의 손해를 보상하기 위하여 보험 또는 공제에 가입하여야 한다. 이 경우 다른 법률에 따라 그 손해의 보상내용을 충족하는 보험 또는 공제에 가입한 경우에는 이 법에 따른 보험 또는 공제에 가입한 것으로 본다.

보험 또는 공제의 종류, 보상한도액 및 그 밖에 필요한 사항은 대통령령으로 정한다. 행정안전부장관은 보험 또는 공제의 가입관리 업무를 위하여 필요한 경우 대통령령으로 정하는 바에 따라 중앙행정기관의 장 또는 지방자치단체의 장에게 행정적 조치를 하도록 요청하거나 관계 행정기관, 보험회사 및 보험 관련 단체에 보험 또는 공제의 가입관리 업무에 필요한 자료를 요청할 수 있다. 이 경우 요청을 받은 자는 정당한 사유가 없으면 이에 따라야 한다.

표 9-84 재난취약시설 보험 또는 공제의 가입대상 시설

① 「공중위생관리법」 제2조제1항제2호에 따른 숙박업을 하는 시설
② 「관광진흥법」 제3조제1항제2호에 따른 관광숙박업을 하는 시설
③ 「과학관의 설립·운영 및 육성에 관한 법률」 제2조제1호에 따른 과학관
④ 「물류시설의 개발 및 운영에 관한 법률」 제21조의2제1항제1호에 따른 물류창고업의 등록 대상 물류창고
⑤ 「박물관 및 미술관 진흥법」 제16조제1항에 따라 등록을 하는 박물관 및 미술관
⑥ 「식품위생법 시행령」 제21조제8호 가목에 따른 휴게음식점영업 또는 같은 호 나목에 따른 일반음식점영업을 위하여 영업장으로 사용하는 바닥면적의 합계가 100 m^2 이상인 시설
⑦ 「장사 등에 관한 법률」 제28조의2제1항 또는 제29조제1항에 따라 설치되는 장례식장
⑧ 「경륜·경정법」 제5조제1항에 따라 설치되는 경륜장 또는 경정장
⑨ 「경륜·경정법」 제9조제2항에 따라 경주장 외의 장소에 설치되는 승자투표권의 발매, 환급금 및 반환금의 지급사무 등을 처리하기 위한 시설
⑩ 「국제회의산업 육성에 관한 법률」 제2조제3호에 따른 국제회의시설
⑪ 「국토의 이용 및 관리에 관한 법률」 제43조제2항에 따른 도시·군계획시설로 설치되는 지하도상가
⑫ 「도로법 시행령」 제55조제5호에 따른 점용허가를 받는 지하상가
⑬ 「도서관법」 제2조제1호에 따른 도서관
⑭ 「석유 및 석유대체연료사업법 시행령」 제2조제3호에 따른 주유소
⑮ 「여객자동차 운수사업법」 제2조제5호에 따른 여객자동차터미널
⑯ 「전시산업발전법」 제2조제4호에 따른 전시시설
⑰ 「주택법 시행령」 제3조제1항에 따른 공동주택으로서 15층 이하의 공동주택[「공동주택관리법」 제2조제1항제2호에 따른 의무관리대상 공동주택 및 「민간임대주택에 관한 특별법」 제51조제2항(「공공주택 특별법」 제50조제1항에 따라 준용되는 경우를 포함한다)에 따라 주택관리업자에게 관리를 위탁하거나 자체관리해야 하는 임대주택으로 한정한다] 및 부속건물
⑱ 「한국마사회법」 제4조제1항에 따라 설치되는 경마장
⑲ 「한국마사회법」 제6조제2항에 따라 경마장 외의 장소에 설치되는 마권의 발매 등을 처리하기 위한 시설
⑳ 「농어촌정비법」 제2조제16호 라목에 따른 농어촌민박사업을 하는 시설

표 9-85 재난취약시설 보험·공제의 보상한도액

① 사망 또는 부상의 경우 : 피해자 1명당 「자동차손해배상 보장법 시행령」 제3조제1항 및 제2항에 따른 금액의 범위에서 피해자에게 발생한 손해액을 지급할 것
② 재산상 손해의 경우 : 사고 1건당 10억원의 범위에서 피해자에게 발생한 손해액을 지급할 것

표 9-86 보험 또는 공제에 가입해야 하는 자

① 가입대상시설의 소유자와 점유자가 동일한 경우 : 소유자
② 가입대상시설의 소유자와 점유자가 다른 경우 : 점유자
③ 소유자 또는 점유자와의 계약에 따라 가입대상시설에 대한 관리책임과 권한을 부여받은 자(관리자)가 있거나 다른 법령에 따라 관리자로 규정된 자가 있는 경우 : 관리자

20 재난관리 의무 위반에 대한 징계 요구 등

국무총리 또는 행정안전부장관은 재난관리책임기관의 장이 이 법에 따른 조치를 하지 아니한 경우에는 대통령령으로 정하는 바에 따라 기관경고 등 필요한 조치를 할 수 있다. 행정안전부장관, 시·도지사 또는 시장·군수·구청장은 재난응급조치·안전점검·재난상황관리 등의 업무를 수행할 때 지시를 위반하거나 부과된 임무를 게을리 한 재난관리책임기관의 공무원 또는 직원의 명단을 해당 공무원 또는 직원의 소속 기관의 장 또는 단체의 장에게 통보하고, 그 소속 기관의 장 또는 단체의 장에게 해당 공무원 또는 직원에 대한 징계 등을 요구할 수 있다. 이 경우 그 사실을 입증할 수 있는 관계 자료를 그 소속 기관 또는 단체의 장에게 함께 통보하여야 한다. 중앙통제단장 또는 지역통제단장은 현장지휘에 따르지 아니하거나 부과된 임무를 게을리 한 긴급구조요원의 명단을 해당 긴급구조요원의 소속 기관 또는 단체의 장에게 통보하고, 그 소속 기관의 장 또는 단체의 장에게 해당 긴급구조요원에 대한 징계를 요구할 수 있다. 이 경우 그 사실을 입증할 수 있는 관계 자료를 그 소속 기관 또는 단체의 장에게 함께 통보하여야 한다. 통보를 받은 소속 기관의 장 또는 단체의 장은 해당 공무원 또는 직원에 대한 징계 등 적절한 조치를 하고, 그 결과를 해당 기관의 장에게 통보하여야 한다.

행정안전부장관, 시·도지사, 시장·군수·구청장, 중앙통제단장 및 지역통제단장은 사실 입증을 위하여 소속 공무원으로 하여금 필요한 조사를 하게 할 수 있다. 이 경우 조사공무원은 그 권한을 표시하는 증표를 제시하여야 한다.

기관경고는 해당 기관에 대하여 기관경고장을 교부하는 방법으로 한다. 기관경고장을 교부받은 기관의 장은 해당 기관의 인터넷 홈페이지에 30일 이상 그 내용을 공개하여야 한다. 다만, 해당

기관의 장이 정당한 사유 없이 공개하지 아니하는 경우에는 행정안전부장관이 인터넷 홈페이지 등을 통하여 직접 공개할 수 있다. 통보는 서면으로 하여야 한다.

징계 등의 요구를 통보받은 기관의 장은 자체조사를 실시하여 징계 등 적절한 조치를 하고, 그 조치내용을 60일 이내에 징계 등을 요구한 기관의 장에게 알려야 한다. 다만, 자체조사가 완료되지 아니하는 등 특별한 사유가 있는 경우에는 30일을 넘지 아니하는 범위에서 그 기간을 연장할 수 있다. 사실 입증에 필요한 조사를 하는 공무원은 관련 자료의 제출 및 관련 공무원 또는 직원과의 면담을 요구할 수 있다. 이 경우 사실 입증을 위하여 확인서, 질문서, 문답서 등의 자료를 작성할 수 있다.

기관경고장을 교부받은 기관의 장은 특별한 사유가 없는 한 교부받은 날부터 10일 이내에 해당 기관의 인터넷 홈페이지에 그 내용을 게재하여야 한다. 서면에는 징계 등 요구의 대상자, 대상 행위 및 이유 등을 구체적으로 명시하여야 한다.

21 적극행정에 대한 면책

재난관리책임기관의 공무원, 직원 및 긴급구조요원이 재난안전 사고를 예방하고 피해를 최소화하기 위하여 업무를 적극적으로 추진한 결과에 대하여 그의 행위에 고의 또는 중대한 과실이 없는 경우에는 명단 통보 및 징계 등 요구를 하지 아니하거나 징계 등의 책임을 묻지 아니한다.

다음의 사람이 지원업무를 적극적으로 처리한 결과에 대하여 그의 행위에 고의나 중대한 과실이 없는 경우에는 관계 법령에 따른 징계 또는 제재 등 책임을 묻지 아니한다.

① 「감사원법」 제22조부터 제24조까지에 따른 회계검사와 감찰 대상 공무원 및 임직원
② 「금융위원회의 설치 등에 관한 법률」 제38조에 따른 검사 대상 기관 소속 임직원

면책의 구체적인 기준, 운영절차 및 그 밖에 필요한 사항은 대통령령으로 정한다. 재난관리책임기관의 공무원, 직원 및 긴급구조요원이 적극행정에 대한 면책을 받기 위해서는 다음의 요건을 모두 갖추어야 한다.

① 재난예방조치·재난응급조치·안전점검·재난상황관리·재난복구·긴급구조활동 등의 업무의 처리가 공공의 안전과 국민의 생명을 보호하기 위한 것일 것
② 대상 업무를 적극적으로 처리한 결과일 것
③ 면책 대상자의 행위에 고의나 중대한 과실이 없을 것

면책 대상자가 다음의 요건을 모두 갖추어 업무를 처리한 것으로 인정되는 경우에는 그 행위에 고의나 중대한 과실이 없는 경우에 해당하는 것으로 추정한다.

① 면책 대상자와 대상 업무 사이에 사적인 이해관계가 없을 것
② 대상 업무를 처리하면서 중대한 절차상의 하자가 없었을 것

22 벌금

(1) 3년 이하의 징역 또는 3천만 원 이하의 벌금

제31조제1항에 따른 안전조치명령을 이행하지 아니한 자

(2) 2년 이하의 징역 또는 2천만 원 이하의 벌금

제74조의3제5항을 위반하여 재난 예방·대비·대응 이외의 목적으로 정보를 사용하거나 업무가 종료되었음에도 해당 정보를 파기하지 아니한 자

(3) 1년 이하의 징역 또는 1000만 원 이하의 벌금

① 정당한 사유 없이 제30조제1항에 따른 긴급안전점검을 거부 또는 기피하거나 방해한 자
② 정당한 사유 없이 제41조제1항제1호(제46조제1항에 따른 경우를 포함한다)에 따른 위험구역에 출입하는 행위나 그 밖의 행위의 금지명령 또는 제한명령을 위반한 자
③ 정당한 사유 없이 제74조의3제1항에 따른 행정안전부장관, 시·도지사 또는 시장·군수·구청장의 요청에 따르지 아니한 자
④ 정당한 사유 없이 제74조의3제2항에 따른 행정안전부장관, 시·도지사 또는 시장·군수·구청장의 요청에 따르지 아니한 자
⑤ 제75조의3제7항을 위반하여 다른 사람에게 자격증을 빌려주거나 빌린 자 또는 이를 알선한 자
⑥ 제76조의4제4항을 위반하여 업무상 알게 된 재난안전의무보험 관련 자료 또는 정보를 누설하거나 권한 없이 다른 사람이 이용하도록 제공하는 등 부당한 목적으로 사용한 자

(4) 500만 원 이하의 벌금

① 정당한 사유 없이 토지·건축물·인공구조물, 그 밖의 소유물의 일시 사용 또는 장애물의 변경이나 제거를 거부 또는 방해한 자

② 직무상 알게 된 재난관리정보를 누설하거나 권한 없이 다른 사람이 이용하도록 제공하는 등 부당한 목적으로 사용한 자
③ 정당한 사유 없이 행정안전부장관 또는 지방자치단체의 장의 요청에 따르지 아니한 자

(5) 양벌규정

법인의 대표자나 법인 또는 개인의 대리인, 사용인, 그 밖의 종업원이 그 법인 또는 개인의 업무에 관하여 제78조의3, 제79조 또는 제80조의 위반행위를 하면 그 행위자를 벌하는 외에 그 법인 또는 개인에게도 해당 조문의 벌금형을 과(科)한다. 다만, 법인 또는 개인이 그 위반행위를 방지하기 위하여 해당 업무에 관하여 상당한 주의와 감독을 게을리 하지 아니한 경우에는 그러하지 아니하다.

23 과태료

(1) 300만 원 이하의 과태료

① 제76조의5제2항을 위반하여 보험 또는 공제에 가입하지 않은 자
② 제76조의5제5항을 위반하여 재난취약시설보험등의 가입에 관한 계약의 체결을 거부한 보험사업자

(2) 200만 원 이하의 과태료

① 위기상황 매뉴얼을 작성·관리하지 아니한 소유자·관리자 또는 점유자
② 훈련을 실시하지 아니한 소유자·관리자 또는 점유자
③ 개선명령을 이행하지 아니한 소유자·관리자 또는 점유자
④ 대피명령을 위반한 사람
⑤ 위험구역에서의 퇴거명령 또는 대피명령을 위반한 사람

Check point 〈조례로 정하는 것들〉

지역재난방송협의회의 구성 및 운영
지역민관협력위원회의 구성 및 운영
지역대책본부 및 통합지원본부의 구성과 운영에 필요한 사항
안전관리자문단의 구성과 운영

Chapter 9

적중예상문제

01 다음 중 「재난 및 안전관리 기본법」상 재난예방에 속하는 것은?

① 재난분야 위기관리 매뉴얼 작성·운용
② 재난 예방을 위한 긴급 안전 점검
③ 재난예보·경보 체계 구축
④ 특별재난지역의 선포

Solution 재난분야 위기관리 매뉴얼 작성·운용은 대비단계, 재난예보·경보 체계 구축은 대응단계, 특별재난지역의 선포는 복구단계이다.

02 다음 중 「재난 및 안전관리 기본법」상 재난대비에 속하는 것은?

① 안전기준의 등록 및 심의
② 재난관리체계 등에 대한 평가
③ 위험구역의 설정
④ 재난 복구계획의 수립·시행

Solution 재난관리체계 등에 대한 평가는 예방단계, 위험구역의 설정 대응단계, 재난 복구계획의 수립·시행은 복구단계이다.

03 다음 중 「재난 및 안전관리 기본법」상 재난대응에 속하는 것은?

① 사법경찰권
② 재난현장 긴급통신 수단의 마련
③ 재난 피해의 조사
④ 재난사태 선포

Solution 사법경찰권은 예방단계, 재난현장 긴급통신 수단의 마련은 대비단계, 재난 피해의 조사는 복구단계에 속한다.

Answer 01 ❷ 02 ❶ 03 ❹

04 재난관리단계별 내용이 대응단계로서 옳은 것은?

① 화재가 일어나지 않도록 화재방지 및 기타 재해피해축소 단계
② 재해로 인한 인명 및 재산피해를 최소화하고, 2차 재해의 확산을 방지하며, 순조롭게 복구가 이루어질 수 있도록 활동하는 단계
③ 재난발생확률이 높아진 경우, 재해발생 후에 효과적으로 대응할 수 있도록 사전에 대응활동을 위한 매커니즘을 구성하는 등 운영적인 준비 장치들을 갖추는 단계
④ 재해 상황이 어느 정도 안정된 후 취하는 활동단계로 재해로 인한 피해지역을 재해 이전의 상태로 회복시키는 활동 단계

Solution 재난이 발생한 경우 신속한 대응활동을 통하여 재해로 인한 인명 및 재산 피해를 최소화하고, 재해의 확산을 방지하며, 순조롭게 복구가 이루어질 수 있도록 활동은 대응단계이다.

05 다음 중 「재난 및 안전관리 기본법」상 재난복구에 속하는 것은?

① 재난관리 실태 공시
② 재난관리 자원의 비축·관리
③ 응급 지원에 필요한 비용
④ 응급 부담

Solution 재난관리 실태 공시는 예방단계, 재난관리 자원의 비축·관리는 대비단계, 응급 부담은 대응단계에 속한다. 응급 지원에 필요한 비용은 재난복구단계에 해당한다.

06 행정안전부장관은 재난 발생을 사전에 방지하기 위하여 재난발생 징후 정보를 수집·분석하여 관계 재난관리책임기관의 장에게 미리 필요한 조치를 하도록 요청할 수 있다. 다음 중 재난 사전 방지조치에 포함 되지 않는 것은?

① 재난 발생 징후가 포착된 위치
② 재난의 예측과 정보전달체계의 상황
③ 위험요인 발생원인 및 상황
④ 위험요인 제거 및 조치 사항

Solution ※ 재난 사전 방지조치
1. 재난 발생 징후가 포착된 위치
2. 위험요인 발생원인 및 상황
3. 위험요인 제거 및 조치 사항
4. 그 밖에 재난 발생의 사전 방지를 위하여 필요한 사항

Answer 04 ② 05 ③ 06 ②

07 **다음 중 「재난 및 안전관리 기본법」상 재난관리책임기관 장의 재난예방조치에 해당하지 않는 것은?**

① 재난에 대응할 조직의 구성 및 정비
② 재난의 예측과 정보전달체계의 구축
③ 재난 발생에 대비한 교육·훈련과 재난관리예방에 관한 홍보
④ 추가 재난의 방지를 위한 응급조치

Solution ※ 재난관리책임기관 장의 재난예방조치
1. 재난에 대응할 조직의 구성 및 정비
2. 재난의 예측과 정보전달체계의 구축
3. 재난 발생에 대비한 교육·훈련과 재난관리예방에 관한 홍보
4. 재난이 발생할 위험이 높은 분야에 대한 안전관리체계의 구축 및 안전관리규정의 제정
5. 제26조에 따라 지정된 국가기반시설의 관리
6. 제27조제2항에 따른 특정관리대상시설 등에 관한 조치
7. 제29조에 따른 재난방지시설의 점검·관리
7의 2. 제34조에 따른 재난관리자원의 비축 및 장비·인력의 지정
8. 그 밖에 재난을 예방하기 위하여 필요하다고 인정되는 사항
추가 재난의 방지를 위한 응급조치는 긴급구조통제단장의 긴급구조활동 지휘사항이다

08 **「재난 및 안전관리 기본법」 재난관리책임기관에 대한 설명이다. 가장 바른 것은?**

① 중앙재난안전대책본부의 본부장은 국무총리이다.
② 대통령 직속기관으로 중앙재난안전대책본부를 둔다.
③ 국무총리는 해외재난 대책 지원단을 구성하고 재난안전상황실을 설치·운영한다.
④ 해외재난 외교부장관이 중앙재난안전대책본부장의 권한을 행사한다.

Solution ① 중앙재난안전대책본부의 본부장은 행정안전부장관이다.
② 행정안전부에 중앙재난안전대책본부를 둔다.
③ 행정안전부장관, 시·도지사 및 시장·군수·구청장은 상시 재난안전상황실을 설치·운영하여야 한다.

09 **관계 중앙행정기관의 장은 소관 분야의 기반시설 중 국가기반체계를 보호하기 위하여 계속적으로 관리할 필요가 있다고 인정되는 시설(국가기반시설)을 조정위원회의 심의를 거쳐 지정할 수 있다. 지정기준으로 옳지 않은 것은?**

① 다른 기반시설이나 체계 등에 미치는 연쇄효과
② 다수의 중앙행정기관의 공동대응 필요성

Answer 07 ❹ 08 ❹ 09 ❷

③ 재난이 발생하는 경우 국가안전보장과 경제·사회에 미치는 피해 규모 및 범위
④ 재난의 발생 가능성 또는 그 복구의 용이성

Solution ※ 국가기반시설의 지정기준
1. 다른 기반시설이나 체계 등에 미치는 연쇄효과
2. 둘 이상의 중앙행정기관의 공동대응 필요성
3. 재난이 발생하는 경우 국가안전보장과 경제·사회에 미치는 피해 규모 및 범위
4. 재난의 발생 가능성 또는 그 복구의 용이성

10 **다음 중 「재난 및 안전관리 기본법」상 특정관리대상시설 등의 지정 및 관리에 관한 설명으로 옳지 않은 것은?**

① 지정권자는 중앙행정기관의 장 또는 지방자치단체이다.
② 특정관리대상시설 등으로 지정된 시설 중에서 대통령령으로 정하는 시설의 소유자·관리자 또는 점유자는 안전점검을 하고 결과를 시장·군수·구청장에게 제출하여야 한다.
③ 중앙행정기관의 장, 지방자치단체의 장 및 재난관리책임기관의 장은 지정 및 조치 결과를 행정안전부장관에게 보고하거나 통보하여야 한다.
④ 행정안전부장관은 보고받은 사항 중 재난을 예방하기 위하여 필요하다고 인정하는 사항에 대해서는 중앙행정기관의 장, 지방자치단체의 장 또는 재난관리책임기관의 장에게 시정조치나 보완을 요구할 수 있다.

Solution 국무총리는 보고받은 사항 중 재난을 예방하기 위하여 필요하다고 인정하는 사항에 대해서는 중앙행정기관의 장, 지방자치단체의 장 또는 재난관리책임기관의 장에게 시정조치나 보완을 요구할 수 있다.

11 **다음 중 국가기반시설을 지정하거나 취소하는 경우 관보에 공고할 내용이 아닌 것은?**

① 국가기반시설의 명칭
② 국가기반시설의 관리 기관 또는 업체 및 그 장의 명칭
③ 국가기반시설의 지정 또는 취소 사유
④ 국가기반시설의 지정기관

Solution ※ 국가기반시설 공고 내용
1. 국가기반시설의 명칭
2. 국가기반시설의 관리 기관 또는 업체 및 그 장의 명칭
3. 국가기반시설의 지정 또는 취소 사유

Answer 10 ④ 11 ④

12 **다음 중 「재난 및 안전관리 기본법」상 국가기반시설의 지정 및 관리에 관한 설명으로 옳지 않은 것은?**

① 관계 중앙행정기관의 장은 국가기반시설의 지정 여부를 결정하기 위하여 필요한 자료의 제출을 소관 재난관리책임기관의 장에게 요청할 수 있다.

② 관계 중앙행정기관의 장은 소관 재난관리책임기관이 해당 업무를 폐지·정지 또는 변경하는 경우에는 중앙재난안전대책본부 심의를 거쳐 국가기반시설의 지정을 취소할 수 있다.

③ 행정안전부장관은 국가기반시설에 대한 데이터베이스를 구축·운영한다.

④ 행정안전부장관은 관계 중앙행정기관의 장이 재난관리정책의 수립 등에 이용할 수 있도록 통합지원할 수 있다.

Solution 관계 중앙행정기관의 장은 소관 재난관리책임기관이 해당 업무를 폐지·정지 또는 변경하는 경우에는 조정위원회의 심의를 거쳐 국가기반시설의 지정을 취소할 수 있다.

13 **다음 중 「재난 및 안전관리 기본법」상 특정관리대상시설의 안전등급에 관한 설명으로 옳지 않은 것은?**

① A등급 : 안전도가 우수한 경우
② B등급 : 안전도가 양호한 경우
③ C등급 : 안전도가 보통인 경우
④ D등급 : 안전도가 불량한 경우

Solution D등급 : 안전도가 미흡한 경우, E등급 : 안전도가 불량한 경우

14 **다음 중 「재난 및 안전관리 기본법」상 재난안전분야 종사자 교육에 관한 설명으로 옳지 않은 것은?**

① 관리자 전문교육 대상자는 재난관리책임기관에서 재난 및 안전관리 업무를 담당하는 부서의 장이다.

② 실무자 전문교육 대상자는 재난관리책임기관에서 재난 및 안전관리 업무를 담당하는 부서의 공무원 또는 직원이다.

③ 전문교육의 교육기간은 3일 이내로 하고, 전문교육의 대상자는 해당 업무를 맡은 후 1년 이내에 신규교육을 받아야 한다.

④ 신규교육을 받은 후 매 1년마다 정기교육을 받아야 한다.

Solution 신규교육을 받은 후 매 2년마다 정기교육을 받아야 한다.

Answer 12 ❷ 13 ❹ 14 ❹

15 **행정안전부장관 또는 재난관리책임기관의 장은 긴급안전점검 결과 재난 발생의 위험이 높다고 인정되는 시설 또는 지역에 대하여는 소유자·관리자 또는 점유자에게 안전조치를 할 것을 명할 수 있다. 다음 중 안전조치의 내용이 아닌 것은?**

① 정밀안전진단 ② 보수 또는 보강 등 정비
③ 재난을 발생시킬 위험요인의 제거 ④ 구조물 정비

Solution ※ 안전조치 명령 내용
1. 정밀안전진단(시설만 해당한다).
2. 보수(補修) 또는 보강 등 정비
3. 재난을 발생시킬 위험요인의 제거

16 **행정안전부장관 또는 재난관리책임기관의 장은 긴급안전점검 결과 재난 발생의 위험이 높다고 인정되는 시설 또는 지역에 대하여는 대통령령으로 정하는 바에 따라 그 소유자·관리자 또는 점유자에게 다음 각 호의 안전조치를 할 것을 명할 수 있다. 재난준비단계에서 그 내용으로 옳지 않은 것은?**

① 정밀안전진단 ② 보수(補修) 또는 보강 등 정비
③ 재난을 발생시킬 위험요인의 제거 ④ 대피명령

Solution ※ 안전조치 명령 내용
1. 정밀안전진단(시설만 해당한다).
2. 보수(補修) 또는 보강 등 정비
3. 재난을 발생시킬 위험요인의 제거

17 **다음 중 ( ) 안에 알맞은 내용은?**

> (ㄱ)은 재난관리 실태를 (ㄴ) 이상 관할 지역 주민에게 공시하여야 한다.

	ㄱ	ㄴ
①	시·도·지사	매년 1회
②	시·도·지사	매년 2회
③	시장·군수·구청장	매년 1회
④	시장·군수·구청장	매년 2회

Solution 시장·군수·구청장은 재난관리 실태를 매년 1회 이상 관할 지역 주민에게 공시하여야 한다.

Answer 15 ④ 16 ④ 17 ③

18 **시장·군수·구청장은 재난관리 실태를 매년 1회 이상 관할 지역 주민에게 공시하여야 한다. 다음 중 공시내용이 아닌 것은?**

① 전년도 재난의 발생 및 수습 현황
② 재난예방조치 실적
③ 재난관리기금의 적립 현황
④ 위기관리 표준매뉴얼의 작성·운용 현황

Solution ※ 재난관리실태 주민공시 사항
1. 전년도 재난의 발생 및 수습 현황
2. 제25조의2제1항에 따른 재난예방조치 실적
3. 제67조에 따른 재난관리기금의 적립 현황
4. 제34조의5에 따른 현장조치 행동매뉴얼의 작성·운용 현황
5. 그 밖에 대통령령으로 정하는 재난관리에 관한 중요 사항

19 **다음 중 행정안전부장관이 재난관리체계에 대해 정기적으로 평가할 수 있는 사항이 아닌 것은?**

① 대규모재난의 발생에 대비한 단계별 예방·대응 및 복구과정
② 유관기관과의 협력체제 구축 실태
③ 재난에 대응할 조직의 구성 및 정비 실태
④ 안전관리체계 및 안전관리규정

Solution ※ 재난관리체계 평가 사항
1. 대규모재난의 발생에 대비한 단계별 예방·대응 및 복구과정
2. 제25조의2제1항제1호에 따른 재난에 대응할 조직의 구성 및 정비 실태
3. 제25조의2제4항에 따른 안전관리체계 및 안전관리규정

20 **다음 중 재난관리자원의 비축·관리에 관한 설명으로 옳지 않은 것은?**

① 재난관리책임기관의 장은 재난의 수습활동에 필요한 장비, 물자 및 자재를 비축·관리하여야 한다.
② 행정안전부장관, 시·도지사 또는 시장·군수·구청장은 재난 발생에 대비하여 민간기관·단체 또는 소유자와 협의하여 응급조치에 사용할 장비와 인력을 지정·관리할 수 있다.
③ 행정안전부장관은 재난관리책임기관의 장이 비축·관리하는 재난관리자원을 체계적으로 관리 및 활용할 수 있도록 재난관리자원공동활용시스템을 구축·운영해야 한다.
④ 행정안전부장관은 자원관리시스템을 공동으로 활용하기 위하여 재난관리자원의 공동활용 기준을 정하여 재난관리책임기관의 장에게 통보할 수 있다.

Answer 18 ④ 19 ② 20 ③

Solution 행정안전부장관은 제1항에 따라 재난관리책임기관의 장이 비축·관리하는 재난관리자원을 체계적으로 관리 및 활용할 수 있도록 재난관리자원공동활용시스템을 구축·운영할 수 있다.(즉, 재량사항이다.)

21 다음 중 국가재난관리기준에 포함되지 않은 것은?

① 재난분야 용어 정의 및 표준체계 정립
② 국가재난 대응체계에 대한 원칙
③ 재난사태의 선포에 관한 사항
④ 재난경감·상황관리·자원관리·유지관리 등에 관한 일반적 기준

Solution ※ 재난관리기준
1. 재난분야 용어 정의 및 표준체계 정립
2. 국가재난 대응체계에 대한 원칙
3. 재난경감·상황관리·자원관리·유지관리 등에 관한 일반적 기준
4. 그 밖의 대통령령으로 정하는 사항

〈대통령령〉
1. 재난에 관한 예보·경보의 발령 기준
2. 재난상황의 전파
3. 재난 발생 시 효과적인 지휘·통제 체제 마련
4. 재난관리를 효과적으로 수행하기 위한 관계기관 간 상호협력 방안
5. 재난관리체계에 대한 평가 기준이나 방법
6. 그 밖에 재난관리를 효율적으로 수행하기 위하여 행정안전부장관이 필요하다고 인정하는 사항

22 재난관리책임기관의 장은 재난관리가 효율적으로 이루어질 수 있도록 기능별 재난대응 활동계획을 작성하여 활용하여야 한다. 다음 중 기능별 재난대응 활동계획에 포함되지 않은 것은?

① 긴급 생활안정 지원 기능
② 자원봉사 지원 및 관리 기능
③ 교통대책 기능
④ 환경오염대책 기능

Solution ※ 기능별 재난대응 활동계획 사항
1. 재난상황관리 기능
2. 긴급 생활안정 지원 기능
3. 긴급 통신 지원 기능
4. 시설피해의 응급복구 기능
5. 에너지 공급 피해시설 복구 기능
6. 재난관리자원 지원 기능
7. 교통대책 기능
8. 의료 및 방역서비스 지원 기능

Answer 21 ③ 22 ④

9. 재난현장 환경 정비 기능
10. 자원봉사 지원 및 관리 기능
11. 사회질서 유지 기능
12. 재난지역 수색, 구조·구급지원 기능
13. 재난 수습 홍보 기능

23 다음 중 재난분야 위기관리 매뉴얼의 종류가 아닌 것은?

① 위기관리 표준매뉴얼
② 위기관리 실무매뉴얼
③ 위기관리 기능매뉴얼
④ 현장조치 행동매뉴얼

Solution 재난분야 위기관리 매뉴얼은 위기관리 표준매뉴얼, 위기관리 실무매뉴얼, 현장조치 행동매뉴얼 등이 있다.

24 다음 중 재난분야 위기관리 매뉴얼에 관한 설명으로 옳지 않은 것은?

① 재난관리책임기관의 장은 재난을 효율적으로 관리하기 위하여 재난유형에 따라 위기관리 매뉴얼을 작성·운용하여야 한다.
② 위기관리 표준매뉴얼은 재난관리주관기관의 장이 작성한다.
③ 위기대응 실무매뉴얼은 재난관리주관기관의 장과 관계 기관의 장이 작성한다.
④ 시장·군수·구청장이 작성한 현장조치 행동매뉴얼에 대하여는 행정안전부장관의 승인을 받아야 한다.

Solution 시장·군수·구청장이 작성한 현장조치 행동매뉴얼에 대하여는 시·도지사의 승인을 받아야 한다.

25 다음 중 위기관리 매뉴얼협의회의 심의사항이 아닌 것은?

① 위기관리 매뉴얼의 승인에 관한 사항
② 위기관리 표준매뉴얼의 검토
③ 위기관리 매뉴얼의 작성방법 및 운용기준 등에 관한 사항
④ 위기관리 매뉴얼의 개선에 관한 사항

Solution ※ 위기관리 매뉴얼협의회의 심의사항
1. 위기관리 표준매뉴얼의 검토
2. 위기관리 매뉴얼의 작성방법 및 운용기준 등에 관한 사항
3. 위기관리 매뉴얼의 개선에 관한 사항
※ 매뉴얼 승인은 행정안전부장관과 시·도지사의 권한이다.

Answer 23 ❸ 24 ❹ 25 ❶

26 다음 중 ( ) 안에 알맞은 내용은?

- 훈련주관기관의 장은 재난대비훈련을 실시하는 경우에는 훈련일 (ㄱ) 전까지 훈련일시, 훈련장소, 훈련내용, 훈련방법, 훈련참여 인력 및 장비, 그 밖에 훈련에 필요한 사항을 훈련참여기관의 장에게 통보하여야 한다.
- 재난관리책임기관 및 긴급구조지원기관의 장은 훈련 상황을 점검하고, 재난대비훈련 실시 후 (ㄴ) 이내에 그 결과를 훈련주관기관의 장에게 제출하여야 한다.

① ㄱ : 10일, ㄴ : 10일
② ㄱ : 15일, ㄴ : 15일
③ ㄱ : 10일, ㄴ : 15일
④ ㄱ : 15일, ㄴ : 10일

Solution 훈련주관기관의 장은 재난대비훈련을 실시하는 경우에는 훈련일 15일 전까지 훈련일시, 훈련장소, 훈련내용, 훈련방법, 훈련참여 인력 및 장비, 그 밖에 훈련에 필요한 사항을 훈련참여기관의 장에게 통보하여야 한다. 재난관리책임기관 및 긴급구조지원기관의 장은 훈련 상황을 점검하고, 재난대비훈련 실시 후 10일 이내에 그 결과를 훈련주관기관의 장에게 제출하여야 한다.

27 다음 중 재난대비 훈련주관기관의 장이 훈련참여기관의 장에게 통보하여야 하는 사항이 아닌 것은?

① 훈련내용
② 훈련방법
③ 훈련비용 부담
④ 훈련참여 인력 및 장비

Solution 훈련주관기관의 장은 재난대비훈련을 실시하는 경우에는 훈련일 15일 전까지 훈련일시, 훈련장소, 훈련내용, 훈련방법, 훈련참여 인력 및 장비, 그 밖에 훈련에 필요한 사항을 통보하여야 한다.

28 다음 중 재난대비훈련의 평가항목이 아닌 것은?

① 유관기관과의 협력체제 구축 실태
② 긴급구조대응계획 및 세부대응계획에 의한 임무의 수행 능력
③ 긴급구조요원의 임무 수행의 전문성 수준
④ 재난에 대응할 조직의 구성 및 정비 실태

Solution ※ 재난대비훈련의 평가항목

1. 분야별 전문인력 참여도 및 훈련목표 달성 정도
2. 장비의 종류·기능 및 수량 등 동원 실태
3. 유관기관과의 협력체제 구축 실태
4. 긴급구조대응계획 및 세부대응계획에 의한 임무의 수행 능력
5. 긴급구조기관 및 긴급구조지원기관 간의 지휘통신체계
6. 긴급구조요원의 임무 수행의 전문성 수준
7. 그 밖에 행정안전부장관이 정하는 평가에 필요한 사항

Answer 26 ④ 27 ③ 28 ④

29 **다음 중 ( ) 안에 알맞은 내용은?**

> (ㄱ)은 재난이 발생하거나 발생할 우려가 있는 경우 사람의 생명·신체 및 재산에 미치는 중대한 영향이나 피해를 줄이기 위하여 긴급한 조치가 필요하다고 인정하면 (ㄴ)의 심의를 거쳐 재난사태를 선포할 수 있다.

	ㄱ	ㄴ
①	행정안전부장관	중앙대책본부
②	행정안전부장관	중앙위원회의
③	국무총리	중앙대책본부
④	국무총리	중앙위원회의

Solution 행정안전부장관은 대통령령으로 정하는 재난이 발생하거나 발생할 우려가 있는 경우 사람의 생명·신체 및 재산에 미치는 중대한 영향이나 피해를 줄이기 위하여 긴급한 조치가 필요하다고 인정하면 중앙위원회의 심의를 거쳐 재난사태를 선포할 수 있다.

30 **다음 중 재난사태 선포권자에 해당하는 사람을 고르시오.**

① 대통령
② 국무총리
③ 행정안전부장관
④ 소방청장

Solution 행정안전부장관은 재난이 발생하거나 발생할 우려가 있는 경우 사람의 생명·신체 및 재산에 미치는 중대한 영향이나 피해를 줄이기 위하여 긴급한 조치가 필요하다고 인정하면 중앙위원회의 심의를 거쳐 재난사태를 선포할 수 있다.

31 **세종특별자치시에 태풍으로 인한 대형 재난이 발생한 경우 시민생활을 조속히 안정시키고 효과적인 사고 수습과 복구를 위하여 이곳을 특별재난지역으로 지정할 수 있는 자는?**

① 대통령
② 세종특별자치시장
③ 중앙재난대책본부장
④ 행정안전부장관

Solution 특별재난지역으로 지정할 수 있는 자는 대통령에 해당한다.

Answer 29 ❷ 30 ❸ 31 ❶

32 **국가의 안녕 및 사회질서의 유지에 중대한 영향을 미치거나 피해를 효과적으로 수습하기 위하여 특별한 조치가 필요하다고 인정하거나 중앙위원회의 심의를 거쳐 해당 지역을 특별재난지역으로 선포할 수 있는 자는?**

① 행정안전부장관
② 대통령
③ 국무총리
④ 시·도지사

Solution 특별재난지역의 선포를 건의 받은 대통령은 해당 지역을 특별재난지역으로 선포할 수 있다.

33 **재난 및 안전관리 기본법에서 중앙대책본부장·지역본부장이 재난사태가 선포된 지역에 할 수 있는 조치가 아닌 것은?**

① 재난경보의 발령, 인력·장비 및 물자의 동원, 위험구역 설정, 대피명령, 응급지원 등을 할 수 있다.
② 해당지역에 근무하는 행정기관 소속 공무원의 비상소집
③ 재난예방에 필요한 조치
④ 해당지역에 대한 여행의 금지

Solution 해당지역에 대한 여행 등의 자제 권고에 해당한다.(재난 및 안전관리 기본법 제36조)

34 **다음 중 행정안전부장관 및 지방자치단체의 장이 재난사태가 선포된 지역에 조치를 할 수 없는 내용은?**

① 인력·장비 및 물자의 동원
② 위험구역 설정
③ 해당 지역에 소재하는 행정기관 소속 공무원의 비상소집
④ 해당 지역에 대한 여행의 금지

Solution 재난사태선포 지역 조치사항

1. 재난경보의 발령, 인력·장비 및 물자의 동원, 위험구역 설정, 대피명령, 응급지원 등
2. 해당 지역에 소재하는 행정기관 소속 공무원의 비상소집
3. 해당 지역에 대한 여행 등 이동 자제 권고

Answer 32 ② 33 ④ 34 ④

35 **재난상황이 긴급하여 중앙위원회의 심의를 거칠 시간적 여유가 없다고 인정하는 경우에는 중앙위원회의 심의를 거치지 아니하고 재난사태를 선포할 수 있는 자는?**

① 대통령 ② 국무총리
③ 행정안전부장관 ④ 국정원장

Solution 행정안전부장관은 재난상황이 긴급하여 중앙위원회의 심의를 거칠 시간적 여유가 없다고 인정하는 경우에는 중앙위원회의 심의를 거치지 아니하고 재난사태를 선포할 수 있다.

36 **「재난 및 안전관리 기본법」과 관련하여 (ㄱ)과 (ㄴ)에 들어갈 내용으로 옳은 것은?**

> (ㄱ)은 대통령령으로 정하는 규모의 재난이 발생하여 국가의 안녕 및 사회질서의 유지에 중대한 영향을 미치거나 피해를 효과적으로 수습하기 위하여 특별한 조치가 필요하다고 경우에는 중앙위원회의 심의를 거쳐 해당 지역을 (ㄴ)으로 선포할 것을 대통령에게 건의할 수 있다.

	(ㄱ)	(ㄴ)
①	중앙재난안전대책본부장	특별재난지역
②	중앙긴급구조통제단장	특별재난지역
③	중앙재난안전대책본부장	특별재해지역
④	중앙긴급구조통제단장	특별재해지역

Solution 중앙대책본부장은 대통령령으로 정하는 규모의 재난이 발생하여 국가의 안녕 및 사회질서의 유지에 중대한 영향을 미치거나 피해를 효과적으로 수습하기 위하여 특별한 조치가 필요하다고 인정하는 경우에는 중앙위원회의 심의를 거쳐 해당 지역을 특별재난지역으로 선포할 것을 대통령에게 건의할 수 있다.

37 **다음 중 특별재난지역 선포건의권자와 선포권자의 연결이 옳은 것은?**

① 중앙재난안전대책본부장－행정안전부장관
② 중앙안전관리위원장－대통령
③ 중앙안전관리위원장－국무총리
④ 중앙재난안전대책본부장－대통령

Answer 35 ❸ 36 ❶ 37 ❹

Solution 중앙대책본부장은 대통령령으로 정하는 규모의 재난이 발생하여 국가의 안녕 및 사회질서의 유지에 중대한 영향을 미치거나 피해를 효과적으로 수습하기 위하여 특별한 조치가 필요하다고 인정하는 경우에는 중앙위원회의 심의를 거쳐 해당 지역을 특별재난지역으로 선포할 것을 대통령에게 건의할 수 있다. 특별재난지역의 선포를 건의 받은 대통령은 해당 지역을 특별재난지역으로 선포할 수 있다(기본법 제60조).

38 재난 및 안전관리 기본법에 관한 설명으로 옳지 않은 것은?

① 특별재난지역 선포권자는 중앙재난안전대책본부장이다.
② 국가나 지방자치단체는 특별재난지역으로 선포된 곳에 응급대책 및 재난구호와 복구 필요한 행정, 재정, 금융, 의료상의 특별지원이 가능하다.
③ 재난관리는 재난의 예방, 대비, 대응 및 복구를 위한 활동을 말한다.
④ 중앙긴급구조통제단장은 소방청장, 시·도 긴급구조통제단장은 소방본부장, 시·군·구 긴급구조통제단장은 소방서장이 된다.

Solution 특별재난지역 선포권자는 대통령이다(재난 및 안전관리 기본법 제60조).

39 다음 중 재난현장에서 긴급구조통제단장의 조합으로 옳은 것은?

① 중앙통제단장－소방청장, 시·도 통제단장－소방서장, 시·군·구 통제단장－소방본부장
② 중앙통제단장－대통령, 시·도 통제단장－소방본부장, 시·군·구 통제단장－소방서장
③ 중앙통제단장－소방청장, 시·도 통제단장－소방본부장, 시·군·구 통제단장－소방서장
④ 중앙통제단장－국무총리, 시·도 통제단장－소방서장, 시·군·구 통제단장－소방본부장

Solution 중앙통제단장은 소방청장이며 지역긴급구조통제단장은 소방본부장 및 소방서장에 해당한다(재난 및 안전관리 기본법 제49조·제50조).

40 다음 중 시·도 긴급구조통제단의 단장이 될 수 있는 자는?

① 소방청장
② 행정안전부장관
③ 소방본부장
④ 소방서장

Solution 중앙통제단장은 소방청장이며 지역긴급구조통제단장은 소방본부장 및 소방서장에 해당한다(재난 및 안전관리 기본법 제49조·제50조).

Answer 38 ❶ 39 ❸ 40 ❸

41 **다음 중 지역통제단장이 응급조치를 할 수 있는 사항은?**

① 피해시설의 응급복구 및 방역과 방범
② 긴급수송 및 구조 수단의 확보
③ 긴급피난처 및 구호품의 확보
④ 경보의 발령 또는 전달이나 피난의 권고 또는 지시

Solution ※ 응급조치 사항(지역통제단장의 경우에는 제2호 중 진화에 관한 응급조치와 제4호 및 제6호의 응급조치만 하여야 한다.)
1. 경보의 발령 또는 전달이나 피난의 권고 또는 지시
1의 2. 제31조에 따른 안전조치
2. 진화·수방·지진방재, 그 밖의 응급조치와 구호
3. 피해시설의 응급복구 및 방역과 방범, 그 밖의 질서 유지
4. 긴급수송 및 구조 수단의 확보
5. 급수 수단의 확보, 긴급피난처 및 구호품의 확보
6. 현장지휘통신체계의 확보
7. 그 밖에 재난 발생을 예방하거나 줄이기 위하여 필요한 사항

42 **다음 중 ( ) 안에 알맞은 내용은?**

> 시장·군수·구청장은 재난으로 인하여 사람의 생명·신체 및 재산에 대한 피해가 예상되는 지역에 대하여 그 피해를 예방하기 위하여 시·군·구 재난 예보·경보체계 구축 종합계획을 (ㄱ) 단위로 수립하여 (ㄴ)에게 제출하여야 한다.

	ㄱ	ㄴ
①	3년	행정안전부장관
②	3년	행정안전부장관
③	3년	시·도지사
④	5년	시·도지사

Solution 시장·군수·구청장은 재난으로 인하여 사람의 생명·신체 및 재산에 대한 피해가 예상되는 지역에 대하여 그 피해를 예방하기 위하여 시·군·구 재난 예보·경보체계 구축 종합계획을 5년 단위로 수립하여 시·도지사에게 제출하여야 한다.

43 **다음 중 재난 예보·경보의 발령권자가 아닌 것은?**

① 국무총리
② 중앙대책본부장
③ 시·도지사
④ 시장·군수·구청장

Answer 41 ❷ 42 ❹ 43 ❶

Solution 중앙대책본부장, 수습본부장, 시·도지사 또는 시장·군수·구청장은 대통령령으로 정하는 재난으로 인하여 사람의 생명·신체 및 재산에 대한 피해가 예상되면 그 피해를 예방하거나 줄이기 위하여 재난에 관한 예보 또는 경보를 발령할 수 있다.

44 **중앙대책본부장과 시장·군수·구청장은 재난이 발생하거나 발생할 우려가 있다고 인정하면 동원명령의 조치를 할 수 있다. 동원명령에 필요한 조치에 해당하지 않는 것은?**

① 민방위대의 동원
② 응급조치를 위하여 재난관리책임기관의 장에 대한 관계 직원의 출동
③ 동원 가능한 장비와 인력 등이 부족한 경우에는 국방부장관에 대한 군부대의 지원 요청
④ 119구조대원의 동원 요청

Solution ※ 동원명령에 필요한 조치사항
1. 「민방위기본법」 제26조에 따른 민방위대의 동원
2. 응급조치를 위하여 재난관리책임기관의 장에 대한 관계 직원의 출동 또는 재난관리자원 및 제34조제2항에 따라 지정된 장비·인력의 동원 등 필요한 조치의 요청
3. 동원 가능한 장비와 인력 등이 부족한 경우에는 국방부장관에 대한 군부대의 지원 요청

45 **중앙대책본부장 및 지역대책본부장은 「방송법」 제2조제3호에 따른 방송사업자에게 방송을 요청하는 경우에 분명하게 밝혀야 할 사항이 아닌 것은?**

① 재난 예보·경보 및 재난 상황
② 피해를 줄이기 위하여 조치하여야 하는 사항
③ 재난유형별 국민행동 요령
④ 재난피해 상황

Solution ※ 방송요청사항
1. 기상상황
2. 재난 예보·경보 및 재난 상황
3. 피해를 줄이기 위하여 조치하여야 하는 사항
4. 국민 또는 주민의 협조 사항
5. 재난유형별 국민행동 요령
6. 그 밖에 피해를 예방하거나 경감하기 위하여 필요한 사항

46 **다음 중 중앙대책본부장에게 부여된 권한으로 옳은 것은?**

① 동원명령 ② 대피명령
③ 위험구역의 설정 ④ 응원

Answer 44 ❹ 45 ❹ 46 ❶

Solution 대피명령은 시장·군수·구청장과 지역통제단장, 위험구역의 설정은 시장·군수·구청장과 지역통제단장, 응원은 시장·군수·구청장의 권한이다.

구분	응급조치권
재난 예보·경보의 발령	중앙대책본부장, 수습본부장, 시·도지사 또는 시장·군수·구청장
동원명령	중앙대책본부장, 시장·군수·구청장
대피명령	시장·군수·구청장과 지역통제단장
위험구역의 설정	시장·군수·구청장과 지역통제단장
강제대피 조치	시장·군수·구청장과 지역통제단장
통행제한	시장·군수·구청장과 지역통제단장
응원	시장·군수·구청장
응급부담	시장·군수·구청장과 지역통제단장

※ 지역통제단장 응급조치할 수 없는 것 : 재난 예보·경보의 발령, 동원명령, 응원

47 **다음 중 지역통제단장의 권한으로 옳지 않은 것은?**

① 동원명령 ② 대피명령 ③ 통행제한 ④ 응급부담

Solution 동원명령은 중앙대책본부장, 시장·군수·구청장의 권한이다.

48 **다음 중 재난현장에서는 시·군·구 긴급구조통제단장이 긴급구조활동을 지휘할 수 없는 것은?**

① 추가 재난의 방지를 위한 응급조치
② 사상자의 응급처치 및 의료기관으로의 이송
③ 긴급구조에 필요한 물자의 관리
④ 치안활동과 관련된 사항

Solution 치안활동과 관련된 사항은 관할 경찰관서의 장과 협의하여야 한다.
※ 긴급구조활동을 지휘사항
1. 재난현장에서 인명의 탐색·구조
2. 긴급구조기관 및 긴급구조지원기관의 인력·장비의 배치와 운용
3. 추가 재난의 방지를 위한 응급조치
4. 긴급구조지원기관 및 자원봉사자 등에 대한 임무의 부여
5. 사상자의 응급처치 및 의료기관으로의 이송
6. 긴급구조에 필요한 물자의 관리
7. 현장접근 통제, 현장 주변의 교통정리
그 밖에 긴급구조활동을 효율적으로 하기 위하여 필요한 사항

Answer 47 ❶ 48 ❹

49 다음 중 긴급구조지휘대 구성이 아닌 것은?

① 상황분석요원 ② 자원지원요원
③ 통신지휘요원 ④ 대응지원요원

Solution ※ 긴급구조지휘대 구성
1. 상황분석요원
2. 자원지원요원
3. 통신지휘요원
4. 안전담당요원
5. 경찰관서에서 파견된 연락관
6. 「응급의료에 관한 법률」 제26조에 따른 권역응급의료센터에서 파견된 연락관

50 긴급구조지휘대의 구성 및 기능에서 긴급구조지휘대를 구성에 해당하는 자는 통제단이 설치·운영되는 경우 구분에 따라 해당부서에 배치되는데 구조진압반과 가장 관계가 있는 요원은?

① 통신지휘요원 ② 안전담당요원
③ 자원지원요원 ④ 상황분석요원

Solution ※ 긴급구조지휘대의 구성
1. 상황분석요원 : 대응계획부
2. 자원지원요원 : 자원지원부
3. 통신지휘요원 : 구조진압반
4. 안전담당요원 : 연락공보담당 또는 안전담당
5. 경찰파견 연락관 : 현장통제반
6. 응급의료파견 연락관 : 응급의료반

51 다음 중 「긴급구조지휘대」의 구성이 아닌 것은?

① 상황분석요원 ② 자원지원요원
③ 안전담당요원 ④ 인근병원에서 파견된 연락관

Solution ※ 긴급구조지휘대의 구성
1. 상황분석요원 : 대응계획부
2. 자원지원요원 : 자원지원부
3. 통신지휘요원 : 구조진압반
4. 안전담당요원 : 연락공보담당 또는 안전담당
5. 경찰파견 연락관 : 현장통제반
6. 응급의료파견 연락관 : 응급의료반

Answer 49 ❹ 50 ❶ 51 ❹

52 다음 중 긴급구조지휘대에 관한 설명으로 옳지 않은 것은?

① 소방서현장지휘대는 소방서별로 설치·운영한다.
② 방면현장지휘대는 2개 이상 4개 이하의 소방서별로 소방본부장이 1개를 설치·운영한다.
③ 소방본부현장지휘대는 소방본부별로 현장지휘대 설치·운영
④ 권역현장지휘대는 2개 이상 4개 이하의 소방본부별로 소방청장이 1개를 설치·운영한다.

Solution 권역현장지휘대 : 2개 이상 4개 이하의 소방본부별로 소방청장이 1개를 설치·운영한다.

53 다음 중 항공기 수색·구조계획에 포함될 사항이 아닌 것은?

① 항공기 수색·구조와 관련하여 다른 기관과의 협조체제 구축
② 항공기 수색·구조에 필요한 교육 및 훈련
③ 항공기 수색·구조에 필요한 장비 및 시설의 확보 및 유지·관리
④ 항공기 수색·구조에 필요한 조종사 및 정비사 확보 사항

Solution ※ 항공기 수색·구조계획(재난 및 안전관리 기본법 시행령 제66조의5)
1. 항공기 수색·구조 체계의 구성 및 운영
2. 항공기 수색·구조와 관련하여 다른 기관과의 협조체제 구축
3. 항공기 수색·구조에 필요한 교육 및 훈련
4. 항공기 수색·구조에 필요한 장비 및 시설의 확보 및 유지·관리
5. 그 밖에 항공기 수색과 인명구조를 위하여 소방청장이 필요하다고 인정하는 사항

54 다음 긴급구조대응계획 중 기본계획이 아닌 것은?

① 긴급구조대응계획의 목적 및 적용범위
② 긴급구조대응계획의 대응 매뉴얼에 관한 사항
③ 긴급구조대응계획의 기본방침과 절차
④ 긴급구조대응계획의 운영책임에 관한 사항

Solution ※ 긴급구조대응계획 중 기본계획
가. 긴급구조대응계획의 목적 및 적용범위
나. 긴급구조대응계획의 기본방침과 절차
다. 긴급구조대응계획의 운영책임에 관한 사항

Answer 52 ④ 53 ④ 54 ②

55 다음 기능별 긴급구조대응계획에 관한 설명으로 옳지 않은 것은?

① 지휘통제는 긴급구조체제 및 중앙통제단과 지역통제단의 운영체계 등에 관한 사항이다.
② 비상경고는 긴급대피, 상황 전파, 비상연락 등에 관한 사항이다.
③ 구조·진압은 인명 수색 및 구조, 화재진압 등에 관한 사항이다.
④ 긴급복구는 긴급구조요원 및 긴급대피 수용주민에 대한 위기 상담, 임시 의식주 제공 등에 관한 사항이다.

Solution ※ 기능별 긴급구조대응계획

가. 지휘통제 : 긴급구조체제 및 중앙통제단과 지역통제단의 운영체계 등에 관한 사항
나. 비상경고 : 긴급대피, 상황 전파, 비상연락 등에 관한 사항
다. 대중정보 : 주민보호를 위한 비상방송시스템 가동 등 긴급 공공정보 제공에 관한 사항 및 재난상황 등에 관한 정보 통제에 관한 사항
라. 피해상황분석 : 재난현장상황 및 피해정보의 수집·분석·보고에 관한 사항
마. 구조·진압 : 인명 수색 및 구조, 화재진압 등에 관한 사항
바. 응급의료 : 대량 사상자 발생 시 응급의료서비스 제공에 관한 사항
사. 긴급오염통제 : 오염 노출 통제, 긴급 감염병 방제 등 재난현장 공중보건에 관한 사항
아. 현장통제 : 재난현장 접근 통제 및 치안 유지 등에 관한 사항
자. 긴급복구 : 긴급구조활동을 원활하게 하기 위한 긴급구조차량 접근 도로 복구 등에 관한 사항
차. 긴급구호 : 긴급구조요원 및 긴급대피 수용주민에 대한 위기 상담, 임시 의식주 제공 등에 관한 사항
카. 재난통신 : 긴급구조기관 및 긴급구조지원기관 간 정보통신체계 운영 등에 관한 사항

56 재난현장에서 긴급대피, 상황 전파, 비상연락 등을 담당하는 기능별 긴급구조 대응계획으로 옳은 것은?

① 비상경고 ② 대중정보 ③ 피해상황분석 ④ 지휘통제

Solution 긴급대피, 상황 전파, 비상연락 등에 관한 사항은 비상경고에 해당한다.

57 다음 재난유형별 긴급구조대응계획이 아닌 것은?

① 재난 발생 단계별 주요 긴급구조 대응활동 사항
② 주요 재난유형별 대응 매뉴얼에 관한 사항
③ 재난현장 접근 통제 등에 관한 사항
④ 비상경고 방송메시지 작성 등에 관한 사항

Answer 55 ④ 56 ① 57 ③

Solution ※ 재난유형별 긴급구조대응계획
가. 재난 발생 단계별 주요 긴급구조 대응활동 사항
나. 주요 재난유형별 대응 매뉴얼에 관한 사항
다. 비상경고 방송메시지 작성 등에 관한 사항

58 「재난 및 안전관리 기본법」에서 기능별 긴급구조 대응계획으로 옳지 않은 것은?

① 지휘통제 ② 화재조사 ③ 대중정보 ④ 피해상황분석

Solution ※ 기능별 긴급구조대응계획
가. 지휘통제 : 긴급구조체제 및 중앙통제단과 지역통제단의 운영체계 등에 관한 사항
나. 비상경고 : 긴급대피, 상황 전파, 비상연락 등에 관한 사항
다. 대중정보 : 주민보호를 위한 비상방송시스템 가동 등 긴급 공공정보 제공에 관한 사항 및 재난상황 등에 관한 정보 통제에 관한 사항
라. 피해상황분석 : 재난현장상황 및 피해정보의 수집·분석·보고에 관한 사항
마. 구조·진압 : 인명 수색 및 구조, 화재진압 등에 관한 사항
바. 응급의료 : 대량 사상자 발생 시 응급의료서비스 제공에 관한 사항
사. 긴급오염통제 : 오염 노출 통제, 긴급 감염병 방제 등 재난현장 공중보건에 관한 사항
아. 현장통제 : 재난현장 접근 통제 및 치안 유지 등에 관한 사항
자. 긴급복구 : 긴급구조활동을 원활하게 하기 위한 긴급구조차량 접근 도로 복구 등에 관한 사항
차. 긴급구호 : 긴급구조요원 및 긴급대피 수용주민에 대한 위기 상담, 임시 의식주 제공 등에 관한 사항
카. 재난통신 : 긴급구조기관 및 긴급구조지원기관 간 정보통신체계 운영 등에 관한 사항

59 다음은 긴급구조지원기관이 유지하여야 하는 긴급구조에 필요한 능력의 구성요소 중 전문인력의 자격에 관한 기준이다. ( ) 안에 들어갈 내용으로 옳은 것은?

- 긴급구조에 관한 교육을 (ㄱ) 시간 이상 이수한 사람
- 긴급구조 관련 업무에 (ㄴ)년 이상 종사한 경력이 있는 사람

① ㄱ : 40, ㄴ : 3 ② ㄱ : 40, ㄴ : 5
③ ㄱ : 50, ㄴ : 3 ④ ㄱ : 50, ㄴ : 5

Solution ※ 전문인력
가. 법 제55조제3항에 따른 긴급구조에 관한 교육을 50시간 이상 이수한 사람
나. 긴급구조 관련 업무에 5년 이상 종사한 경력이 있는 사람
다. 해당 기관의 긴급구조 분야와 관련되는 국가자격(「자격기본법」 제2조제4호에 따른 국가자격을 말한다) 또는 민간자격(「자격기본법」 제2조제5호에 따른 민간자격을 말한다)을 보유한 사람

Answer 58 ❷ 59 ❹

60 다음 중 ( ) 안에 알맞은 내용은?

> ( )은 재난으로 인하여 피해가 발생한 경우에는 피해상황을 신속하게 조사한 후 그 결과를 중앙대책본부장에게 통보하여야 한다.

① 행정안전부장 ② 재난관리책임기관의 장
③ 시장·군수·구청장 ④ 지역통제단장

Solution 재난관리책임기관의 장은 재난으로 인하여 피해가 발생한 경우에는 피해상황을 신속하게 조사한 후 그 결과를 중앙대책본부장에게 통보하여야 한다.

61 다음 중 특별재난지역선포 대상이 되는 규모의 재난이 아닌 것은?

① 자연재난으로서 「재난구호 및 재난복구 비용 부담기준 등에 관한 규정」 제5조제1항에 따른 국고 지원 대상 피해 기준금액의 2.5배를 초과하는 피해가 발생한 재난
② 사회재난의 재난 중 재난이 발생한 해당 지방자치단체의 행정능력이나 재정능력으로는 재난의 수습이 곤란하여 국가적 차원의 지원이 필요하다고 인정되는 재난
③ 재난 발생으로 인한 생활기반 상실 등 극심한 피해의 효과적인 수습 및 복구를 위하여 국가적 차원의 특별한 조치가 필요하다고 인정되는 재난
④ 재난이 발생하여 사회질서가 파괴되어 피해를 효과적으로 수습하기 위하여 특별한 조치가 필요하다고 인정되는 재난

Solution ※ 특별재난지역선포 규모의 재난

1. 자연재난으로서 「재난구호 및 재난복구 비용 부담기준 등에 관한 규정」 제5조제1항에 따른 국고 지원 대상 피해 기준금액의 2.5배를 초과하는 피해가 발생한 재난
2. 사회재난의 재난 중 재난이 발생한 해당 지방자치단체의 행정능력이나 재정능력으로는 재난의 수습이 곤란하여 국가적 차원의 지원이 필요하다고 인정되는 재난
3. 그 밖에 재난 발생으로 인한 생활기반 상실 등 극심한 피해의 효과적인 수습 및 복구를 위하여 국가적 차원의 특별한 조치가 필요하다고 인정되는 재난

62 다음 중 특별재난지역으로 선포할 수 있는 자는?

① 대통령 ② 국무총리 ③ 행정안전부장 ④ 중앙대책본부장

Solution 특별재난지역의 선포를 건의 받은 대통령은 해당 지역을 특별재난지역으로 선포할 수 있다.

Answer 60 ❷ 61 ❹ 62 ❶

63 **우리나라 재난관리체계상 태풍 등 대형재난 발생으로 인하여 특별재난지역 선포를 할 수 있는 권한을 가진 사람으로 옳은 것은?**

① 대통령
② 국무총리(중앙안전관리위원회 위원장)
③ 행정안전부장관(중재난안전대책본부장)
④ 소방본부장, 소방서장(지역긴급구조통제단장)

Solution 특별재난지역 선포를 할 수 있는 권한을 가진 사람은 대통령이다.(「재난 및 안전관리 기본법」 제60조)

64 **다음 중 특별재난지역에 대한 특별지원이 아닌 것은?**

① 응급대책 및 재난구호와 복구에 필요한 행정상의 특별지원
② 응급대책 및 재난구호와 복구에 필요한 재정상의 특별지원
③ 응급대책 및 재난구호와 복구에 필요한 의료상의 특별지원
④ 응급대책 및 재난구호와 복구에 필요한 보험상의 특별지원

Solution 국가나 지방자치단체는 특별재난지역으로 선포된 지역에 대하여는 대통령령으로 정하는 바에 따라 응급대책 및 재난구호와 복구에 필요한 행정상·재정상·금융상·의료상의 특별지원을 할 수 있다.

65 **국가와 지방자치단체는 재난으로 피해를 입은 시설의 복구와 피해주민의 생계 안정을 위하여 지원을 할 수 있다. 다음 중 지원할 수 없는 것은?**

① 주거용 건축물의 복구비 지원
② 대학생의 학자금 지원
③ 세입자 보조 등 생계안정 지원
④ 공공시설 피해에 대한 복구사업비 지원

Solution ※ 시설의 복구와 피해주민의 생계 안정을 위한 지원

1. 사망자·실종자·부상자 등 피해주민에 대한 구호
2. 주거용 건축물의 복구비 지원
3. 고등학생의 학자금 면제
4. 관계 법령에서 정하는 바에 따라 농업인·임업인·어업인의 자금 융자, 농업·임업·어업 자금의 상환기한 연기 및 그 이자의 감면 또는 중소기업 및 소상공인의 자금 융자
5. 세입자 보조 등 생계안정 지원
6. 관계 법령에서 정하는 바에 따라 국세·지방세, 건강보험료·연금보험료, 통신요금, 전기요금 등의 경감 또는 납부유예 등의 간접지원
7. 주 생계수단인 농업·어업·임업·염생산업(鹽生産業)에 피해를 입은 경우에 해당 시설의 복구를 위한 지원
8. 공공시설 피해에 대한 복구사업비 지원
9. 그 밖에 제14조제3항 본문에 따른 중앙재난안전대책본부회의에서 결정한 지원

Answer 63 ❶ 64 ❹ 65 ❷

66 다음 "국민안전의 날"과 "방재의 날"로 옳은 것은?

① 매년 4월 15일, 매년 5월 15일
② 매년 4월 16일, 매년 5월 25일
③ 매년 5월 16일, 매년 4월 25일
④ 매년 5월 15일, 매년 4월 15일

Solution 국가는 국민의 안전의식 수준을 높이기 위하여 매년 4월 16일을 국민안전의 날로 정하여 필요한 행사 등을 한다. 안전점검의 날은 매월 4일로 하고, 방재의 날은 매년 5월 25일로 한다.

67 다음 중 지역축제의 안전관리계획을 수립하고, 안전관리에 필요한 조치를 하여야 하는 축제가 아닌 것은?

① 축제기간 중 순간 최대 관람객이 3천명 이상이 될 것으로 예상되는 지역축제
② 축제장소나 축제에 사용하는 재료 등에 사고 위험이 있는 지역축제로서 산 또는 수면에서 개최하는 지역축제
③ 축제장소나 축제에 사용하는 재료 등에 사고 위험이 있는 지역축제로서 산 또는 수면에서 불, 폭죽, 석유류 또는 가연성 가스 등의 폭발성 물질을 사용하는 지역축제
④ 축제장소나 축제에 사용하는 재료 등에 사고 위험이 있는 지역축제로서 대규모의 운동장 및 체육관에서 개최하는 지역축제

Solution 1. 축제기간 중 순간 최대 관람객이 3천명 이상이 될 것으로 예상되는 지역축제
2. 축제장소나 축제에 사용하는 재료 등에 사고 위험이 있는 지역축제로서 다음 각 목의 어느 하나에 해당하는 지역축제
가. 산 또는 수면에서 개최하는 지역축제
나. 불, 폭죽, 석유류 또는 가연성 가스 등의 폭발성 물질을 사용하는 지역축제

68 다음 중 재난관리기금의 최저적립액 기준으로 옳은 것은?

① 최근 3년 동안의 보통세의 수입결산액의 평균연액의 100분의 5에 해당하는 금액
② 최근 3년 동안의 보통세의 수입결산액의 평균연액의 100분의 1에 해당하는 금액
③ 최근 5년 동안의 보통세의 수입결산액의 평균연액의 100분의 5에 해당하는 금액
④ 최근 5년 동안의 보통세의 수입결산액의 평균연액의 100분의 1에 해당하는 금액

Solution 재난관리기금의 매년도 최저적립액은 최근 3년 동안의 「지방세법」에 의한 보통세의 수입결산액의 평균연액의 100분의 1에 해당하는 금액으로 한다.

Answer 66 ② 67 ④ 68 ②

69 **다음 중 「재난 및 안전관리 기본법」의 "1년 이하의 징역 또는 500만 원 이하의 벌금"에 해당하지 않는 것은?**

① 정당한 사유 없이 긴급안전점검을 거부 또는 기피하거나 방해한 자
② 안전조치명령을 이행하지 아니한 자
③ 정당한 사유 없이 위험구역에 출입하는 행위나 그 밖의 행위의 금지명령 또는 제한명령을 위반한 자
④ 대피명령을 위반한 사람

Solution ※ 1년 이하의 징역 또는 500만 원 이하의 벌금
① 정당한 사유 없이 긴급안전점검을 거부 또는 기피하거나 방해한 자
② 안전조치명령을 이행하지 아니한 자
③ 정당한 사유 없이 위험구역에 출입하는 행위나 그 밖의 행위의 금지명령 또는 제한명령을 위반한 자

70 **다음 중 「재난 및 안전관리 기본법」의 "200만 원 이하의 과태료"에 해당하는 것은?**

① 위험구역에서의 퇴거명령 또는 대피명령을 위반한 사람
② 정당한 사유 없이 토지·건축물·인공구조물, 그 밖의 소유물의 일시 사용 또는 장애물의 변경이나 제거를 거부 또는 방해한 자
③ 직무상 알게 된 재난관리정보를 누설하거나 권한 없이 다른 사람이 이용하도록 제공하는 등 부당한 목적으로 사용한 자
④ 안전조치명령을 이행하지 아니한 자

Solution ※ 200만 원 이하의 과태료
① 대피명령을 위반한 사람
② 위험구역에서의 퇴거명령 또는 대피명령을 위반한 사람

71 **시장·군수·구청장 및 지역통제단장이 조치하는 응급대책이 아닌 것은?**

① 대피명령　② 재난예방교육　③ 위험구역의 설정　④ 응급부담

Solution 중앙행정기관의 장 및 지방자치단체의 장은 안전문화의 정착을 위하여 대국민 안전교육 및 학교·사회복지시설·다중이용시설 등 안전에 취약한 시설의 종사자 등에 대하여 대통령령으로 정하는 바에 따라 정기적으로 안전교육을 실시할 수 있다.

Answer 69 ④ 70 ① 71 ②

72 **재난예방을 위한 긴급안전점검과 관련된 내용으로 옳지 않은 것은?**

① 행정안전부장관은 다른 재난관리책임기관의 장에게 긴급안전점검을 하도록 요구할 수 있다.
② 긴급안전점검을 실시할 때에는 미리 긴급안전점검 대상 시설 및 지역의 관계인에게 긴급안전점검의 목적·날짜 등을 말로 통지하면 안 된다.
③ 긴급안전점검을 하는 공무원은 그 권한을 표시하는 증표를 지니고 이를 관계인에게 보여주어야 한다.
④ 긴급안전점검을 하는 공무원은 관계인에게 필요한 질문을 하거나 관계 서류 등을 열람할 수 있다.

Solution 긴급안전점검을 실시할 때에는 미리 긴급안전점검 대상 시설 및 지역의 관계인에게 긴급안전점검의 목적·날짜 등을 서면으로 통지하여야 한다. 다만, 서면 통지로는 긴급안전점검의 목적을 달성할 수 없는 경우에는 말로 통지할 수 있다.

73 **재난사태가 선포된 지역에서 행정안전부장관 및 지방자치단체의 장의 조치와 거리가 먼 것은?**

① 해당 지역에 대한 여행 금지
② 해당 지역에 소재하는 행정기관 소속 공무원의 비상소집
③ 재난경보의 발령, 위험구역 설정
④ 인력·장비 및 물자의 동원

Solution 1. 재난경보의 발령, 인력·장비 및 물자의 동원, 위험구역 설정, 대피명령, 응급지원 등 이 법에 따른 응급조치
2. 해당 지역에 소재하는 행정기관 소속 공무원의 비상소집
3. 해당 지역에 대한 여행 등 이동 자제 권고
4. 그 밖에 재난예방에 필요한 조치

74 **다음 중 (ㄱ), (ㄴ)의 내용으로 옳은 것은?**

> 재난관리기금의 매년도 (ㄱ)은 최근 3년 동안의 (ㄴ)에 의한 보통세의 수입결산액의 평균연액의 100분의 1에 해당하는 금액으로 한다.

① ㄱ : 최저적립액, ㄴ : 지방세법　　② ㄱ : 최저적립액, ㄴ : 국세법
③ ㄱ : 최고적립액, ㄴ : 지방세법　　④ ㄱ : 최고적립액, ㄴ : 국세법

Answer 72 ❷ 73 ❶ 74 ❶

Solution 재난관리기금의 매년도 최저적립액은 최근 3년 동안의 「지방세법」에 의한 보통세의 수입결산액의 평균연액의 100분의 1에 해당하는 금액으로 한다.

75 다음 중 재난대비능력 보강에 관한 내용으로 틀린 것은?

① 국가와 지방자치단체는 재난관리에 필요한 인력·장비·시설의 확충, 통신망의 설치·정비 등 긴급구조능력을 보강하기 위하여 노력하여야 한다.

② 긴급구조기관의 장은 긴급구조활동을 신속하고 효과적으로 할 수 있도록 긴급구조지휘대 등 긴급구조체제를 구축하여야 한다.

③ 긴급구조업무와 재난관리책임기관의 재난관리업무에 종사하는 사람은 대통령령으로 정하는 바에 따라 긴급구조에 관한 교육을 받아야 한다.

④ 소방청장은 긴급구조에 관한 교육을 담당할 교육기관을 지정할 수 있다.

Solution 소방청장과 시·도지사는 교육을 담당할 교육기관을 지정할 수 있다.

76 시장·군수·구청장과 지역통제단장은 재난이 발생하거나 발생할 우려가 있는 경우에 사람의 생명 또는 신체에 대한 위해를 방지하기 위하여 필요하면 해당 지역 주민이나 그 지역 안에 있는 사람에게 대피하거나 선박·자동차 등을 대피시킬 것을 명할 수 있다. 이러한 대피명령을 방해한 경우의 조치사항으로 옳은 것은?

① 과태료 100만 원 이하

② 과태료 200만 원 이하

③ 벌금 100만 원 이하

④ 벌금 200만 원 이하

Solution ※ 200만 원 이하의 과태료

① 대피명령을 위반한 사람

② 위험구역에서의 퇴거명령 또는 대피명령을 위반한 사람

77 「재난 및 안전관리 기본법」상 국가와 지방자치단체는 재난으로 피해를 입은 시설의 복구와 피해주민의 생계 안정을 위해 지원을 할 수 있는 사항이 아닌 것은?

① 고등학생의 학자금 면제

② 상업용 건축물의 복구비 지원

③ 세입자 보조 등 생계안정 지원

④ 공공시설 피해에 대한 복구사업비 지원

Answer 75 ④ 76 ② 77 ②

Solution ※ 시설의 복구와 피해주민의 생계 안정을 위한 지원

1. 사망자·실종자·부상자 등 피해주민에 대한 구호
2. 주거용 건축물의 복구비 지원
3. 고등학생의 학자금 면제
4. 관계 법령에서 정하는 바에 따라 농업인·임업인·어업인의 자금 융자, 농업·임업·어업 자금의 상환기한 연기 및 그 이자의 감면 또는 중소기업 및 소상공인의 자금 융자
5. 세입자 보조 등 생계안정 지원
6. 관계 법령에서 정하는 바에 따라 국세·지방세, 건강보험료·연금보험료, 통신요금, 전기요금 등의 경감 또는 납부유예 등의 간접지원
7. 주 생계수단인 농업·어업·임업·염생산업(鹽生産業)에 피해를 입은 경우에 해당 시설의 복구를 위한 지원
8. 공공시설 피해에 대한 복구사업비 지원
9. 그 밖에 제14조제3항 본문에 따른 중앙재난안전대책본부회의에서 결정한 지원

78 재난 및 안전관리 기본법령상의 200만 원 이하의 과태료가 부과 되는 자는?

① 위험구역에서의 대피명령을 위반한 자
② 정당한 사유 없이 긴급안전점검을 방해한 자
③ 안전조치명령을 받고 이를 이행하지 아니한 자
④ 당한 사유 없이 위험구역의 출입금지명령을 위반한 자

Solution ※ 200만 원 이하의 과태료

① 대피명령을 위반한 사람
② 위험구역에서의 퇴거명령 또는 대피명령을 위반한 사람

79 재난 및 안전관리 기본법령상 시장·군수·구청장이 매년 1회 이상 관할 지역 주민에게 공시하여야 재난관리 실태에 포함되지 않는 것은?

① 재난훈련의 실적
② 재난예방조치 실적
③ 재난관리기금의 적립 현황
④ 전년도 재난의 발생 및 수습 현황

Solution ※ 재난관리실태 주민공시 사항

1. 전년도 재난의 발생 및 수습 현황
2. 제25조의2제1항에 따른 재난예방조치 실적
3. 제67조에 따른 재난관리기금의 적립 현황
4. 제34조의5에 따른 현장조치 행동매뉴얼의 작성·운용 현황
5. 그 밖에 대통령령으로 정하는 재난관리에 관한 중요 사항

Answer 78 ❶ 79 ❶

80 재난 및 안전관리 기본법령상 특별재난지역에 대한 지원과 관련된 내용이다. ( ) 안에 들어갈 내용으로 옳은 것은?

> 지방자치단체가 특별재난으로 인하여 사망한 자의 유족에게 국가로부터 지원받은 비용을 사용하여 보상금을 지급하는 경우, (ㄱ)의 「최저임금법」에 따른 월 최저임금액에 (ㄴ)을 곱한 금액 또는 「국가배상법」 제3조제1항의 배상기준을 준용하여 산출한 금액 중 많은 금액을 초과하여 지급할 수 없다.

① ㄱ : 사망 당시, ㄴ : 120　　② ㄱ : 사망 당시, ㄴ : 240
③ ㄱ : 지급 당시, ㄴ : 120　　④ ㄱ : 지급 당시, ㄴ : 240

Solution 사망자 유족의 경우 : 사망 당시의 「최저임금법」에 따른 월 최저임금액에 240을 곱한 금액 또는 「국가배상법」 제3조제1항의 배상기준을 준용하여 산출한 금액 중 많은 금액을 초과하여 지급할 수 없다.

81 「재난 및 안전관리 기본법」상 국가기반시설의 지정 기준에 해당하지 않은 것은?

① 다른 기반시설이나 체계 등에 미치는 연쇄효과
② 둘 이상의 중앙행정기관의 공동대응 필요성
③ 민간기업과 개인의식에 미치는 피해규모와 범위
④ 재난의 발생 가능성 또는 그 복구의 용이성

Solution ※ 국가기반시설의 지정기준
1. 다른 기반시설이나 체계 등에 미치는 연쇄효과
2. 둘 이상의 중앙행정기관의 공동대응 필요성
3. 재난이 발생하는 경우 국가안전보장과 경제·사회에 미치는 피해 규모 및 범위
4. 재난의 발생 가능성 또는 그 복구의 용이성

82 「재난 및 안전관리 기본법 시행령」상 안전책임관의 업무에 해당하지 않는 것은?

① 재난 및 안전관리 유관기관, 민간 등과의 협력체제 구축에 관한 사항
② 재난·안전사고 대응을 위한 긴급구조기관의 실설과 운영에 관한 사항
③ 재난·안전사고 통계의 기록 및 관리에 관한 사항
④ 재난 및 안전관리 연간 활동계획의 수립 및 평가에 관한 사항

Answer 80 ❷ 81 ❸ 82 ❷

Solution ※ 재난 및 안전관리 기본법의 안전책임관 업무

1. 재난이나 그 밖의 각종 사고가 발생하거나 발생할 우려가 있는 경우 초기대응 및 보고에 관한 사항
2. 위기관리 매뉴얼의 작성·관리에 관한 사항
3. 재난 및 안전관리와 관련된 교육·훈련에 관한 사항
4. 그 밖에 해당 중앙행정기관의 장이 재난 및 안전관리업무를 위하여 필요하다고 인정하는 사항

※ 재난 및 안전관리 기본법 시행령의 안전책임관 업무

1. 재난 및 안전관리 연간 활동계획의 수립 및 평가에 관한 사항
2. 재난·안전사고 모니터링 및 경보시스템 구축·운영 지원에 관한 사항
3. 재난·안전사고 예방을 위한 안전성 진단에 관한 사항
4. 재난 및 안전관리 유관기관, 민간 등과의 협력체제 구축에 관한 사항
5. 재난 및 안전관리 관련 정보의 공개·활용 등에 관한 사항
6. 재난·안전사고 통계의 기록 및 관리에 관한 사항

83 **「재난 및 안전관리 기본법」상 안전기준의 등록 및 심의에 대한 설명으로 옳지 않은 것은?**

① 행정안전부장관은 안전기준을 체계적으로 관리·운용하기 위하여 안전기준을 통합적으로 관리할 수 있는 체계를 갖추어야 한다.

② 중앙행정기관의 장은 관계 법률에서 정하는 바에 따라 안전기준을 신설 또는 변경하는 때에는 행정안전부장관에게 안전기준의 등록을 요청하여야 한다.

③ 중앙행정기관의 장이 신설 또는 변경하는 안전기준은 국가재난관리기준에 어긋나지 아니하여야 한다.

④ 안전기준의 등록 방법 및 절차와 안전기준심의회 구성 및 운영에 관하여는 행정안전부령으로 정한다.

Solution 안전기준의 등록 방법 및 절차와 안전기준심의회 구성 및 운영에 관하여는 대통령령으로 정한다.

84 **「재난 및 안전관리 기본법」상 징역형에 처할 수 없는 자는?**

① 정당한 사유 없이 긴급안전점검을 거부 또는 기피하거나 방해한 자

② 안전조치명령을 이행하지 아니한 자

③ 정당한 사유 없이 위험구역에 출입한 자

④ 직무상 알게 된 재난관리정보를 누설한 자

Answer 83 ④ 84 ④

Solution ※ 1년 이하의 징역 또는 500만 원 이하의 벌금
① 정당한 사유 없이 긴급안전점검을 거부 또는 기피하거나 방해한 자
② 안전조치명령을 이행하지 아니한 자
③ 정당한 사유 없이 위험구역에 출입하는 행위나 그 밖의 행위의 금지명령 또는 제한명령을 위반한 자
※ 직무상 알게 된 재난관리정보를 누설한 자는 200만 원 이하의 벌금

85 다음 중 재난리관리기금의 용도에 해당하지 않은 것은?

① 재난 및 안전관리를 위한 공공분야 재난 예방활동
② 지방자치단체의 긴급구조능력 확충사업
③ 재난의 예측과 정보전달체계의 구축
④ 재난의 원인분석 및 피해 경감 등을 위한 조사·연구

Solution ※ 재난관리기금의 용도
1. 재난 및 안전관리를 위한 공공분야 재난 예방활동
2. 「자연재해대책법 시행령」 제55조에 따른 방재시설의 설치(같은 조 제9호에 따른 재난 예보·경보시설의 설치로 한정한다) 및 보수·보강
3. 재난피해시설(국가 또는 지방자치단체가 소유하거나 관리하는 시설로 한정한다)에 대한 응급복구 또는 긴급한 조치
4. 지방자치단체의 긴급구조능력 확충사업
5. 감염병 또는 가축전염병의 확산 방지를 위한 긴급대응 및 응급복구
6. 법 제40조부터 제42조까지의 규정에 따른 대피명령 또는 퇴거명령을 이행하는 주민에 대한 임대주택으로의 이주 지원 및 주택 임차비용 융자
7. 재난의 원인분석 및 피해 경감 등을 위한 조사·연구
8. 재난피해자에 대한 심리적 안정과 사회 적응을 위한 상담활동

86 다음 보기의 ( ) 안에 들어 갈 내용으로 옳은 것은?

> ① 법 제64조제2항에 따른 손실보상에 관한 협의는 법 제39조 및 제45조에 따른 조치가 있는 날부터 (ㄱ) 이내에 하여야 한다.
> ② 법 제64조제3항에 따른 재결의 신청은 법 제39조 및 제45조에 따른 조치가 있는 날부터 (ㄴ) 이내에 하여야 한다.

① ㄱ : 60일, ㄴ : 180일
② ㄱ : 90일, ㄴ : 180일
③ ㄱ : 60일, ㄴ : 1년
④ ㄱ : 90일, ㄴ : 1년

Solution ※ 손실보상에 관한 협의는 법 제39조 및 제45조에 따른 조치가 있는 날부터 60일 이내에 하여야 한다. 재결의 신청은 법 제39조 및 제45조에 따른 조치가 있는 날부터 180일 이내에 하여야 한다.

Answer 85 ❸ 86 ❶

87 다음 ㉠~㉢에 들어갈 법률명으로 옳은 것을 모두 고른 것은?

1990년대에 각종 재해 및 재난별로 관련 법률들을 통합 규율하는 것이 시도되어 자연현상으로 인한 재난에 관한 사항은 (㉠)으로, 자연재해가 아닌 재난에 관련된 사항은 (㉡)으로 제정 및 전부 개정되었다. 2000년대 이후에는 범 국가차원의 안전 및 재난전담관리 시스템과 법령 정비의 필요성이 대두되었고, 이를 반영하여 (㉢)을 제정하여 시행하고 있다.

	㉠	㉡	㉢
①	소방법	재난관리법	자연재해대책법
②	재난관리법	소방법	재난 및 안전관리 기본법
③	자연재해대책법	소방법	재난관리법
④	자연재해대책법	재난관리법	재난 및 안전관리 기본법

Solution 1967년 풍수해대책법이 제정되었으며 1995년 풍수해대책법이 자연재해대책법으로 개정되었다. 1995년 삼풍백화점 붕괴를 계기로 인적재난에 대한 대책으로 재난관리법이 제정되었으며, 2003년 대구지하철화재를 계기로 2004년 재난 및 안전관리 기본법이 제정되어 오늘에 이르고 있다.

88 「재난 및 안전관리 기본법」상 재난 분야의 위기관리 매뉴얼의 체계를 바르게 나열한 것은?

① 위기관리 기본가이드 – 위기관리 실무매뉴얼 – 위기대응 표준매뉴얼
② 위기관리 기본가이드 – 위기대응 실무매뉴얼 – 위기관리 표준매뉴얼
③ 위기대응 표준매뉴얼 – 위기관리 실무매뉴얼 – 현장조치 행동매뉴얼
④ 위기관리 표준매뉴얼 – 위기대응 실무매뉴얼 – 현장조치 행동매뉴얼

Solution 재난분야 위기관리 매뉴얼

① 위기관리 표준매뉴얼 : 국가적 차원에서 관리가 필요한 재난에 대하여 재난관리체계와 관계 기관의 임무와 역할을 규정한 문서로 위기대응 실무매뉴얼의 작성 기준이 되며, 재난관리주관기관의 장이 작성한다.

② 위기대응 실무매뉴얼 : 위기관리 표준매뉴얼에서 규정하는 기능과 역할에 따라 실제 재난대응에 필요한 조치사항 및 절차를 규정한 문서로 재난관리주관기관의 장과 관계 기관의 장이 작성한다. 이 경우 재난관리주관기관의 장은 위기대응 실무매뉴얼과 제1호에 따른 위기관리 표준매뉴얼을 통합하여 작성할 수 있다.

③ 현장조치 행동매뉴얼 : 재난현장에서 임무를 직접 수행하는 기관의 행동조치 절차를 구체적으로 수록한 문서로 위기대응 실무매뉴얼을 작성한 기관의 장이 지정한 기관의 장이 작성한다. 다만, 시장·군수·구청장은 재난유형별 현장조치 행동매뉴얼을 통합하여 작성할 수 있다.

Answer 87 ❹ 88 ❹

89 「재난 및 안전관리 기본법령」상 다음 중앙안전관리위원회 및 지역위원회에 대한 설명으로 옳은 것은 모두 몇 개인가?

> ㄱ. 지역위원회에는 시·도 안전관리위원회와 시·군·구 안전관리위원회가 있다.
> ㄴ. 지역위원회 및 안전정책실무조정위원회의 구성과 운영에 필요한 사항은 해당 지방자치단체의 조례로 정한다.
> ㄷ. 안전정책조정위원회 실무위원회의 회의는 재적위원 과반수의 출석으로 개의(開議)하고, 출석위원 과반수의 찬성으로 의결한다.
> ㄹ. 안전정책조정위원회 실무위원회의 위원은 실무위원회의 위원장이 임명하거나 위촉한다.

① 1개　　② 2개　　③ 3개　　④ 4개

Solution ㄱ : ○, ㄴ : ○, ㄷ : 실무회의는 구성원 과반수의 출석으로 개의(開議)하고, 출석위원 과반수의 찬성으로 의결한다. ㄹ : 실무위원회의 위원은 행정안전부장관이 임명하거나 위촉하는 사람으로 한다. ※ 출석위원과 구원성을 같은 개념으로 본다면 3개가 답이 될 수 있다.

90 「재난 및 안전관리 기본법령」상 중앙재난안전대책본부에 대한 설명으로 옳은 것은?

① 재난예방대책에 관한 사항은 중앙재난안전대책본부 회의의 심의사항이다.
② 해외재난의 경우 중앙재난안전대책본부의 본부장은 외교부 장관이 되며, 차장은 외교부 차관이 된다.
③ 중앙재난안전대책본부의 본부장은 대규모재난이 발생하거나 발생할 우려가 있는 경우 행정안전부 소속 공무원을 포함하여 실무반을 편성하여야 한다.
④ 해외에서 발생한 대규모재난의 수습을 지원하기 위한 수습 지원단은 재난의 특수성으로 인하여 119구조·구급에 관한 법률 에 따른 국제구조대로 갈음한다.

Solution ① 중앙재난안전대책본부 회의의 심의사항 : ㉠ 재난예방대책에 관한 사항, ㉡. 재난응급대책에 관한 사항, ㉢ 국고지원 및 예비비 사용에 관한 사항, ㉣ 그 밖에 중앙대책본부장이 회의에 부치는 사항
② 중앙재난안전대책본부의 차장은 재난의 종류와 관계없이 행정안전부의 재난안전관리사무를 담당하는 본부장이 된다.
③ 실무반은 행정안전부 소속 공무원과 재난관리책임기관에서 파견된 사람으로 편성한다.
④ 해외재난의 경우에는 따로 수습지원단을 구성하지 아니하고 「119구조·구급에 관한 법률」 제9조에 따른 국제구조대로 갈음할 수 있다.

Answer 89 ❷ 90 ❶

91 「재난 및 안전관리 기본법령」상 대통령령으로 정하도록 규정하고 있는 것은?

① 정밀안전진단에 관한 기준
② 점검·관리 대상 재난방지시설의 범위
③ 재난 및 안전관리 공로자에 대한 포상금의 지급 기준
④ 주요 전기통신사업자에게 요청하는 재난문자방송에 대한 기준과 운영사항

Solution ① 정밀안전진단에 관한 기준 : 행정안전부령, ② 점검·관리 대상 재난방지시설의 범위 : 대통령령, ③ 재난 및 안전관리 공로자에 대한 포상금의 지급 기준 : 행정안전부령, ④ 주요 전기통신사업자에게 요청하는 재난문자방송에 대한 기준과 운영사항 : 행정안전부령

92 다음은 「재난 및 안전관리 기본법 시행령」의 일부이다. ㉠~㉢에 들어갈 내용으로 옳은 것을 모두 고른 것은?

> 재난관리책임기관의 장은 다음 각 호의 구분에 따라 특정 관리대상시설 등에 대한 안전점검을 실시하여야 한다.
> 1. 정기안전점검
> 가. A등급, B등급 또는 C등급에 해당하는 특정관리대상 시설 등 : (㉠)
> 나. D등급에 해당하는 특정관리대상시설 등 : (㉡)
> 다. E등급에 해당하는 특정관리대상시설 등 : (㉢)
> 2. 수시안전점검 : 재난관리책임기관의 장이 필요하다고 인정하는 경우

	㉠	㉡	㉢
①	반기별 2회 이상	월 1회 이상	월 2회 이상
②	반기별 2회 이상	월 2회 이상	월 3회 이상
③	반기별 1회 이상	월 1회 이상	월 2회 이상
④	반기별 1회 이상	월 2회 이상	월 3회 이상

Solution 정기안전점검
① A등급, B등급 또는 C등급에 해당하는 특정관리대상시설 등 : 반기별 1회 이상
② D등급에 해당하는 특정관리대상시설 등 : 월 1회 이상
③ E등급에 해당하는 특정관리대상시설 등 : 월 2회 이상

Answer 91 ❷ 92 ❸

93 「재난 및 안전관리 기본법」상 긴급구조 현장지휘에 대한 설명으로 옳지 않은 것은?

① 대통령령으로 정하는 대규모 재난이 발생한 경우 중앙긴급 구조통제단장이 직접 현장지휘를 할 수 있다.
② 재난현장에서는 시·군·구 긴급구조통제단장이 긴급구조활동을 지휘하는 것이 원칙이다.
③ 소방본부, 소방서 및 해양경찰서는 긴급구조기관에 포함된다.
④ 재난현장에서 치안활동과 관련된 사항은 관할 경찰관서의 장이 지휘한다.

Solution 재난현장에서는 시·군·구 긴급구조통제단장이 긴급구조활동을 지휘한다. 다만, 치안활동과 관련된 사항은 관할 경찰관서의 장과 협의하여야 한다.

94 다음 중 「재난 및 안전관리 기본법」상 반드시 두어야 하는 기구만을 모두 고른 것은?

ㄱ. 중앙안전관리위원회	ㄴ. 안전정책조정위원회
ㄷ. 중앙재난방송협의회	ㄹ. 중앙안전관리민관협력위원회

① ㄱ ② ㄱ, ㄴ
③ ㄱ, ㄴ, ㄷ ④ ㄱ, ㄴ, ㄷ, ㄹ

Solution ㉠ 재난 및 안전관리에 관한 사항을 심의하기 위하여 국무총리 소속으로 중앙안전관리위원회를 둔다. ㉡ 중앙위원회에 상정될 안건을 사전에 검토하고 사무를 수행하기 위하여 중앙위원회에 안전정책조정위원회를 둔다. ㉢ 재난에 관한 예보·경보·통지나 응급조치 및 재난관리를 위한 재난방송이 원활히 수행될 수 있도록 중앙위원회에 중앙재난방송협의회를 둘 수 있다. ㉣ 조정위원회의 위원장은 재난 및 안전관리에 관한 민관 협력관계를 원활히 하기 위하여 중앙안전관리민관협력위원회를 구성·운영할 수 있다.

95 「재난 및 안전관리 기본법」상 다음의 피해가 속하는 재난의 유형은?

화재·붕괴·폭발·교통사고(항공사고 및 해상사고를 포함)·화생방사고·환경오염사고 등으로 인하여 발생하는 대통령령으로 정하는 규모 이상의 피해와 에너지·통신·교통·금융·의료·수도 등 국가기반체계의 마비, 「감염병의 예방 및 관리에 관한 법률」에 따른 감염병 또는 「가축전염병예방법」에 따른 가축전염병의 확산 등으로 인한 피해

① 인적재난 ② 해외재난 ③ 자연재난 ④ 사회재난

Answer 93 ❹ 94 ❷ 95 ❹

Solution 「재난 및 안전관리 기본법」 제3조(정의) 사회재난

96 「재난 및 안전관리 기본법」상 행정안전부장관의 업무에 대한 설명으로 옳지 않은 것은?

① 안전문화활동의 추진에 관한 총괄·조정 업무를 관장한다.

② 특별재난지역의 선포를 건의 받은 해당 지역을 특별재난지역으로 선포할 수 있다.

③ 안전정보의 체계적인 관리를 위하여 안전정보통합관리시스템을 구축·운영하여야 한다.

④ 재난대응활동계획의 작성에 필요한 작성지침을 재난관리책임 기관의 장에게 통보할 수 있다.

Solution 특별재난지역의 선포는 대통령의 업무이다.

구 분	재난관리단계	선포권자	조치사항
재난사태 선포	대응단계	행정안전부 장관	1. 재난경보의 발령, 인력·장비 및 물자의 동원, 위험구역 설정, 대피명령, 응급지원 등 이 법에 따른 응급조치 2. 해당 지역에 소재하는 행정기관 소속 공무원의 비상소집 3. 해당 지역에 대한 여행 등 이동 자제 권고 4. 그 밖에 재난예방에 필요한 조치
특별재난지역 선포	복구단계	대통령	응급대책 및 재난구호와 복구에 필요한 행정상·재정상·금융상·의료상의 특별지원을 할 수 있다.

97 「재난 및 안전관리 기본법」상 재난관리기금의 매년도 최저적립액은?

① 최근 3년 동안의 지방세법에 의한 보통세의 수입결산액의 평균연액의 0.5%에 해당하는 금액

② 최근 3년 동안의 지방세법에 의한 보통세의 수입결산액의 평균연액의 1.0%에 해당하는 금액

③ 최근 5년 동안의 지방세법에 의한 보통세의 수입결산액의 평균연액의 0.5%에 해당하는 금액

④ 최근 5년 동안의 지방세법에 의한 보통세의 수입결산액의 평균연액의 1.0%에 해당하는 금액

Solution 재난 및 안전관리 기본법」 제67조(재난관리기금의 적립) 재난관리기금의 매년도 최저적립액은 최근 3년 동안의 「지방세법」에 의한 보통세의 수입결산액의 평균연액의 100분의 1에 해당하는 금액으로 한다.

Answer 96 ❷ 97 ❷

98 「재난 및 안전관리 기본법」상 재난관리 활동에 대한 설명으로 옳지 않은 것은?

① 재난현장의 구조활동 등 초동 조치상황에 대한 언론 발표 등은 각급통제단장이 지명하는 자가 한다.

② 재난현장에서의 긴급구조활동은 시·군·구 재난안전대책본부장의 지휘를 따른다.

③ 국무총리가 범정부적 차원의 통합대응이 필요하다고 인정하는 경우, 국무총리가 중앙재난안전대책본부장의 권한을 행사할 수 있다.

④ 행정안전부장관은 매년 재난 및 안전관리사업의 효과성 및 효율성을 평가하고, 그 결과를 관계 중앙행정기관의 장에게 통보하여야 한다.

Solution 재난 및 안전관리 기본법」 제52조(긴급구조 현장지휘)재난현장에서는 시·군·구 긴급구조통제단장이 긴급구조활동을 지휘한다.

99 「재난 및 안전관리 기본법」상 안전문화 진흥에 대한 설명으로 옳지 않은 것은?

① 국가와 지방자치단체는 국민이 안전문화를 실천하고 체험할 수 있는 안전체험시설을 설치·운영할 수 있다.

② 중앙행정기관의 장과 지방자치단체의 장은 안전문화활동을 추진하여야 한다.

③ 국가는 국민의 안전의식 수준을 높이기 위하여 매년 4월 16일을 국민안전의 날로 정하여 필요한 행사 등을 한다.

④ 유치원생 및 초·중학생의 안전문화를 높이기 위하여 실시하는 안전교육의 대상 및 방법 등에 관하여는 행정안전부장관이 정한다.

Solution 제66조의5(대국민 안전교육의 실시) ③ 교육부장관은 「유아교육법」 제2조제2호에 따른 유치원 및 「초·중등교육법」 제2조에 따른 학교에서 수학하는 유치원생 및 학생의 안전문화를 높이기 위하여 안전에 관한 교육과정을 편성하여 안전교육을 실시하도록 하여야 한다. 이 경우 교육의 대상 및 방법 등에 관하여는 교육부장관이 정한다.

100 「재난 및 안전관리 기본법」상 재난관리책임기관의 장이 소관 관리대상 업무의 분야에서 재난 발생을 사전에 방지하기 위하여 해야 하는 조치에 해당하지 않는 것은?

① 재난에 대응할 조직의 구성 및 정비

② 재난의 예측과 정보전달체계의 구축

Answer 98 ❷ 99 ❹ 100 ❹

③ 재난이 발생할 위험이 높은 분야에 대한 안전관리체계의 구축

④ 재난관리기금 적립을 위해 기업이나 개인으로부터 자금 충당

Solution 재난관리책임기관의 장의 재난예방조치 : ① 재난에 대응할 조직의 구성 및 정비, ② 재난의 예측과 정보전달체계의 구축, ③ 재난 발생에 대비한 교육·훈련과 재난관리예방에 관한 홍보, ④ 재난이 발생할 위험이 높은 분야에 대한 안전관리체계의 구축 및 안전관리규정의 제정, ⑤ 제26조에 따라 지정된 국가기반시설의 관리, ⑥ 제27조제2항에 따른 특정관리대상시설 등에 관한 조치, ⑦ 제29조에 따른 재난방지시설의 점검·관리, ⑧ 제34조에 따른 재난관리자원의 비축 및 장비·인력의 지정, ⑨ 그 밖에 재난을 예방하기 위하여 필요하다고 인정되는 사항 등

101 「재난 및 안전관리 기본법」상 특정관리대상시설 및 지역에 대한 설명으로 옳지 않은 것은?

① 행정자치부장관은 특정관리대상시설 및 지역을 체계적으로 관리하기 위하여 정보화시스템을 구축·운영할 수 있다.

② 재난관리책임기관의 장은 특정관리대상시설 및 지역을 지정·관리 및 정비하기 위해 소관 시설 및 지역의 현황을 매년 정기적으로 또는 수시로 조사해야 한다.

③ 특정관리대상시설 및 지역의 안전등급은 A, B, C, D, E로 구분된다.

④ 재난관리책임기관의 장은 특정관리대상시설 및 지역으로 지정된 시설 및 지역에 대하여 재난발생의 위험성을 제거하기 위한 장기·단기 계획을 수립·시행하여야 한다.

Solution 「재난관리 및 안전관리 기본법 시행령」 제34조의2(특정관리대상시설 등의 안전등급 및 안전점검 등) 행정안전부장관은 특정관리대상시설 등을 체계적으로 관리하기 위하여 정보화시스템을 구축·운영할 수 있다.

102 「재난 및 안전관리 기본법」상 재난관리의 대비단계 활동사항에 해당하는 것은?

① 재난 예·경보 발령

② 정기적인 재난대비훈련

③ 재난 정보전달체계의 구축

④ 재난에 대응할 조직의 구성 및 정비

Solution ① 재난 예·경보 발령 : 대응, ② 정기적인 재난대비훈련 : 대비, ③ 재난 정보전달체계의 구축 : 대응, ④ 재난에 대응할 조직의 구성 및 정비 : 예방

Answer 101 ❶ 102 ❷

103 **다음 경우에 행정안전부장관이 취할 수 있는 조치로써 적절하지 않은 것은?**

> 특정관리대상시설물에 대한 안전조치명령을 받은 자가 그 명령을 이행하지 아니하거나 이행할 수 없는 상태에 있고, 안전조치를 이행하지 아니할 경우 공중의 안전에 위해를 끼칠 수 있어, 행정안전부장관이 재난의 예방을 위하여 긴급하다고 판단한 경우

① 시설물에 대한 개선명령
② 시설물에 대한 사용제한명령
③ 시설물에 대한 사용금지명령
④ 행정대집행법에 따른 강제집행

Solution 「재난 및 안전관리 기본법」 제31조(재난예방을 위한 안전조치) ③ 행정안전부장관 또는 재난관리책임기관의 장은 제1항에 따른 안전조치명령을 받은 자가 그 명령을 이행하지 아니하거나 이행할 수 없는 상태에 있고, 안전조치를 이행하지 아니할 경우 공중의 안전에 위해를 끼칠 수 있어 재난의 예방을 위하여 긴급하다고 판단하면 그 시설 또는 지역에 대하여 사용을 제한하거나 금지시킬 수 있다. ※ 사용을 제한하거나 금지는 행정상 강제집행이다.

104 **「재난 및 안전관리 기본법」상 적조류 대발생의 재난관리주관 기관은?**

① 해양수산부
② 보건복지부
③ 행정안전부
④ 산업통상자원부

Solution 해양수산부 : 조류 대발생(적조에 한정), 조수(潮水), 해양 분야 환경오염 사고, 해양 선박 사고

105 **「재난 및 안전관리 기본법」상 재난의 대응단계에서 시장·군수·구청장이 취할 수 있는 조치에 해당하지 않는 것은?**

① 차량의 통행금지 또는 통행제한
② 위험구역에 출입하는 행위나 그 밖의 행위의 금지 또는 제한
③ 동원 가능한 장비와 인력 등이 부족한 경우에 국방부장관에 대한 군부대의 지원 요청
④ 재난이 발생하거나 발생할 우려가 있는 지역 주민이나 그 지역 안에 있는 사람에 대한 대피명령

Solution 법 제43조(통행제한 등) ①시장·군수·구청장과 지역통제단장은 응급조치에 필요한 물자를 긴급히 수송하거나 진화·구조 등을 하기 위하여 필요하면 대통령령으로 정하는 바에 따라 경찰관서의 장에게 도로의 차량의 통행금지를 구간을 지정하여 해당 긴급수송 등을 하는 차량 외의 차량의 통행을 금지하거나 제한하도록 요청할 수 있다. ※ 요청할 수 있을 뿐이지 차량의 통행금지 또는 통행제한 조치를 할 수는 없다.

Answer 103 ❶ 104 ❶ 105 ❶

106 재난관리의 복구단계에서 수행되는 복구비 지원절차를 순서대로 바르게 나열한 것은?

ㄱ. 복구계획 수립을 위한 피해 조사
ㄴ. 복구계획안 작성
ㄷ. 재해복구비 예산 요구
ㄹ. 피해상황 보고
ㅁ. 복구 계획안 심의 확정
ㅂ. 재해복구비 예산 배정

① ㄱ－ㄹ－ㄴ－ㄷ－ㅁ－ㅂ
② ㄱ－ㄹ－ㄴ－ㅁ－ㄷ－ㅂ
③ ㄹ－ㄱ－ㄴ－ㄷ－ㅁ－ㅂ
④ ㄹ－ㄱ－ㄴ－ㅁ－ㄷ－ㅂ

Solution 복구비 지원절차 : 피해상황 보고 → 복구계획 수립을 위한 피해 조사 → 복구계획안 작성 → 복구계획안 심의 확정 → 재해복구비 예산 요구 → 재해복구비 예산 배정

107 「재난 및 안전관리 기본법」상 용어의 정의로 옳지 않은 것은?

① 긴급구조기관이란 긴급구조에 필요한 인력·시설 및 장비, 운영체계 등 긴급구조능력을 보유한 기관이나 단체로서 대통령령으로 정하는 기관과 단체를 말한다.
② 안전기준이란 각종 시설 및 물질 등의 제작, 유지관리 과정에서 안전을 확보할 수 있도록 적용하여야 할 기술적 기준을 체계화한 것을 말하며, 안전기준의 분야, 범위 등에 관하여는 대통령령으로 정한다.
③ 재난관리주관기관이란 재난이나 그 밖의 각종 사고에 대하여 그 유형별로 예방·대비·대응 및 복구 등의 업무를 주관하여 수행하도록 대통령령으로 정하는 관계 중앙행정기관을 말한다.
④ 국가재난관리기준이란 모든 유형의 재난에 공통적으로 활용할 수 있도록 재난관리의 전 과정을 통일적으로 단순화·체계화한 것으로서 행정안전부장관이 고시한 것을 말한다.

Solution "긴급구조기관"이란 소방청, 소방본부, 소방서, 해양경찰청, 지방해양경찰청, 해양경찰서 등의 기관을 말한다. "긴급구조지원기관"이란 긴급구조에 필요한 인력·시설 및 장비, 운영체계 등 긴급구조능력을 보유한 기관이나 단체로서 대통령령으로 정하는 기관과 단체를 말한다.

Answer 106 ④ 107 ①

108 **「재난 및 안전관리 기본법」상 재난분야 위기관리 매뉴얼 작성·운용에 대한 설명으로 옳지 않은 것은?**

① 재난관리책임기관의 장은 재난유형에 따라 위기관리 매뉴얼을 작성·운용하여야 하며, 재난대응활동계획과 위기관리 매뉴얼이 서로 연계되도록 하여야 한다.

② 위기관리 표준매뉴얼은 국가적 차원에서 관리가 필요한 재난에 대하여 재난관리체계와 관계 기관의 임무와 역할을 규정한 문서로, 국무총리의 승인을 받아 이를 확정하고 현장조치 행동매뉴얼과 연계하여 운용하여야 한다.

③ 현장조치 행동매뉴얼은 재난현장에서 임무를 직접 수행하는 기관의 행동조치 절차를 구체적으로 수록한 문서로, 위기대응 실무매뉴얼을 작성한 기관의 장이 지정한 기관의 장이 작성한다.

④ 위기대응 실무매뉴얼은 실제 재난대응에 필요한 조치사항 및 절차를 규정한 문서다.

Solution 위기관리 표준매뉴얼 : 국가적 차원에서 관리가 필요한 재난에 대하여 재난관리체계와 관계 기관의 임무와 역할을 규정한 문서로 위기대응 실무매뉴얼의 작성 기준이 되며, 재난관리주관기관의 장이 작성한다. 재난관리주관기관의 장이 작성한 위기관리 표준매뉴얼은 행정안전부장관의 승인을 받아 이를 확정하고, 위기대응 실무매뉴얼과 연계하여 운용하여야 한다.

109 **「재난 및 안전관리 기본법」상 재난정보의 수집·전파, 상황관리, 재난발생 시 초동조치 및 지휘 등의 업무를 수행하기 위하여 상시 재난안전상황실을 설치·운영하여야 하는 기관에 해당하지 않는 것은?**

① 행정안전부장관
② 시·도지사
③ 시장·군수·구청장
④ 국무조정실장

Solution 행정안전부장관, 시·도지사 및 시장·군수·구청장은 재난정보의 수집·전파, 상황관리, 재난발생 시 초동조치 및 지휘 등의 업무를 수행하기 위하여 다음 각 호의 구분에 따른 상시 재난안전상황실을 설치·운영하여야 한다.

110 **「재난 및 안전관리 기본법」상 긴급구조에 대한 설명으로 옳지 않은 것은?**

① 재난현장에서는 시·군·구 긴급구조통제단장이 긴급구조활동을 지휘하나, 치안활동과 관련된 사항은 관할 경찰관서의 장과 협의하여야 한다.

② 지역통제단장의 요청에 따라 긴급구조활동에 참여한 민간 긴급구조지원기관에 대하여는 그 경비의 전부 또는 일부를 지원할 수 있다.

Answer 108 ❷ 109 ❹ 110 ❹

③ 긴급구조활동을 하기 위하여 헬기를 운항할 필요가 있으면 긴급구조기관의 장이 헬기의 운항과 관련되는 사항을 헬기운항 통제기관에 통보하고 헬기를 운항할 수 있다.
④ 중앙긴급구조통제단의 단장은 긴급구조에 관한 사항을 총괄·조정하는 행정안전부장관이 된다.

Solution 중앙통제단의 단장은 소방청장의 소방사무를 담당하는 본부장이 된다.

111 「재난 및 안전관리 기본법령」상 지역축제 안전관리계획 수립 및 안전관리 조치를 하여야 하는 지역축제에 해당하지 않는 것은?

① 축제 장소에 사고 위험이 있는 지역축제로서 산에서 개최하는 지역축제
② 축제 장소에 사고 위험이 있는 지역축제로서 축제의 예산 규모가 30억 이상 될 것으로 예상되는 지역축제
③ 축제 장소에 사고 위험이 있는 지역축제로서 수면에서 개최 하는 지역축제
④ 축제에 사용하는 재료에 사고 위험이 있는 지역축제로서 불, 폭죽, 석유류 또는 가연성 가스 등의 폭발성 물질을 사용 하는 지역축제

Solution 제73조의9(지역축제 개최 시 안전관리조치) ① 법 제66조의9제1항에서 "대통령령으로 정하는 지역축제"란 다음 각 호의 어느 하나에 해당하는 지역축제를 말한다.
1. 축제기간 중 순간 최대 관람객이 3천명 이상이 될 것으로 예상되는 지역축제
2. 축제장소나 축제에 사용하는 재료 등에 사고 위험이 있는 지역축제로서 다음 각 목의 어느 하나에 해당하는 지역축제
가. 산 또는 수면에서 개최하는 지역축제
나. 불, 폭죽, 석유류 또는 가연성 가스 등의 폭발성 물질을 사용하는 지역축제

112 「재난 및 안전관리 기본법」상 사회재난에 해당하지 않는 것은?

① 지진, 황사, 조류 대발생 등으로 인하여 발생하는 대통령령으로 정하는 규모 이상의 피해
② 화재·붕괴·환경오염사고로 인하여 발생하는 대통령령으로 정하는 규모 이상의 피해
③ 감염병의 예방 및 관리에 관한 법률 에 따른 감염병의 확산 등으로 인한 피해
④ 가축전염병예방법 에 따른 가축전염병의 확산 등으로 인한 피해

Solution ① 사회재난 : 화재·붕괴·폭발·교통사고(항공사고 및 해상사고를 포함한다)·화생방사고·환경오염사고 등으로 인하여 발생하는 대통령령으로 정하는 규모 이상의 피해와 에너지·통신·교통·금융·의료·수도 등 국가기반체계의 마비, 「감염병의 예방 및 관리에 관한 법률」에 따른 감염병 또는 「가축전염병예방법」에 따른 가축전염병의 확산 등으로 인한 피해
② 자연재난 : 태풍, 홍수, 호우(豪雨), 강풍, 풍랑, 해일(海溢), 대설, 낙뢰, 가뭄, 지진, 황사(黃砂), 조류(藻類) 대발생, 조수(潮水), 화산활동, 그 밖에 이에 준하는 자연현상으로 인하여 발생하는 재해

Answer 111 ❷ 112 ❶

113 「재난 및 안전관리 기본법」상 특별재난지역 선포권자는?

① 대통령 ② 국무총리
③ 중앙재난안전대책본부장 ④ 중앙긴급구조통제단장

Solution 특별재난지역의 선포는 대통령의 업무이다.

구 분	재난관리단계	선포권자	조치사항
재난사태 선포	대응단계	행정안전부 장관	1. 재난경보의 발령, 인력·장비 및 물자의 동원, 위험구역 설정, 대피명령, 응급지원 등 이 법에 따른 응급조치 2. 해당 지역에 소재하는 행정기관 소속 공무원의 비상소집 3. 해당 지역에 대한 여행 등 이동 자제 권고 4. 그 밖에 재난예방에 필요한 조치
특별재난지역 선포	복구단계	대통령	응급대책 및 재난구호와 복구에 필요한 행정상·재정상·금융상·의료상의 특별지원을 할 수 있다.

114 「재난 및 안전관리 기본법」상 긴급구조기관에 해당하지 않는 것은?

① 보건소 ② 소방서 ③ 소방본부 ④ 지방해양경찰청

Solution 긴급구조기관 : 소방청, 소방본부, 소방서 및 해양경찰청, 지방해양경찰청, 해양경찰서

115 「재난 및 안전관리 기본법」상 재난관리자원의 비축·관리에 대한 내용으로 옳지 않은 것은?

① 재난관리책임기관의 장은 재난의 수습활동에 필요한 대통령령으로 정하는 장비, 물자 및 자재를 비축·관리하여야 한다.
② 행정안전부장관은 재난 발생에 대비하여 민간기관·단체 또는 소유자와 협의하여 응급조치에 사용할 장비와 인력을 지정·관리할 수 있다.
③ 재난관리책임기관의 장은 비축·관리하는 재난관리자원을 체계적으로 관리 및 활용하기 위한 기관별 자원관리시스템을 구축·운영하여야 한다.
④ 행정안전부장관은 자원관리시스템을 공동으로 활용하기 위하여 재난관리자원의 공동활용 기준을 정하여 재난관리책임기관의 장에게 통보할 수 있다.

Solution 행정안전부장관은 제1항에 따라 재난관리책임기관의 장이 비축·관리하는 재난관리자원을 체계적으로 관리 및 활용할 수 있도록 재난관리자원공동활용시스템을 구축·운영할 수 있다.

Answer 113 ❶ 114 ❶ 115 ❸

116 다음은 「재난 및 안전관리 기본법」의 일부이다. ㉠~㉣에 들어갈 내용으로 옳은 것은?

> (㉠)는(은) 재난 및 안전관리 기본법 제41조에 따른 위험구역 및 자연재해대책법 제12조에 따른 자연재해위험 개선지구 등 재난으로 인하여 사람의 생명·신체 및 재산에 대한 피해가 예상되는 지역에 대하여 그 피해를 예방하기 위하여 (㉡) 재난 예보·경보 체계 구축 종합계획을 (㉢) 단위로 수립하여 (㉣)에게 제출하여야 한다.

	㉠	㉡	㉢	㉣
①	시장·군수·구청장	시·도	3년	시·도지사
②	시장·군수·구청장	시·군·구	5년	시·도지사
③	시·도지사	시·군·구	3년	행정안전부장관
④	시·도지사	시·도	5년	행정안전부장관

Solution 시장·군수·구청장은 제41조에 따른 위험구역 및 「자연재해대책법」 제12조에 따른 자연재해위험개선지구 등 재난으로 인하여 사람의 생명·신체 및 재산에 대한 피해가 예상되는 지역에 대하여 그 피해를 예방하기 위하여 시·군·구 재난 예보·경보체계 구축 종합계획(이하 이 조에서 "시·군·구종합계획"이라 한다)을 5년 단위로 수립하여 시·도지사에게 제출하여야 한다.

117 「재난 및 안전관리 기본법」상 안전관리계획의 작성권자에 대한 설명으로 옳지 않은 것은?

① 국가안전관리기본계획의 수립지침은 국무총리가 작성한다.
② 국가안전관리기본계획은 행정안전부장관이 작성한다.
③ 관계 중앙행정기관의 장은 소관 업무에 관한 집행계획을 작성한다.
④ 재난관리책임기관의 장은 집행계획에 따라 세부집행계획을 작성한다.

Solution 법 제22조(국가안전관리기본계획의 수립 등) ① 국무총리는 대통령령으로 정하는 바에 따라 국가의 재난 및 안전관리업무에 관한 기본계획의 수립지침을 작성하여 관계 중앙행정기관의 장에게 시달하여야 한다.
② 수립지침에는 부처별로 중점적으로 추진할 안전관리기본계획의 수립에 관한 사항과 국가재난관리체계의 기본방향이 포함되어야 한다.
③ 관계 중앙행정기관의 장은 수립지침에 따라 그 소관에 속하는 재난 및 안전관리업무에 관한 기본계획을 작성한 후 국무총리에게 제출하여야 한다.

Answer 116 ❷ 117 ❷

118 「국가위기관리 기본지침」에 의한 위기경보의 구분 개념 가운데 '징후활동이 비교적 활발하고 국가위기로 발전할 경향성이 나타남'의 상태에 발령하는 경보단계는?

① 관심(Blue) ② 주의(Yellow) ③ 경계(Orange) ④ 심각(Red)

Solution ※ 위기경보의 내용

관심 (Blue)	위기징후와 관련된 현상이 나타나고 있으나 그 활동수준이 낮아 국가위기로 발전될 가능성이 적은 상태(징후 감시활동을 하고, 비상연락망 등 관련기관 간 협조체계를 점검)
주의 (Yellow)	위기징후의 활동이 비교적 활발하여 국가위기로 발전할 수 있는 일정 수준의 경향이 나타나는 상태(정보수집 및 정보공유 활동을 강화하여 관련기관과 협조체계 가동)
경계 (Orange)	위기징후의 활동이 활발하여 국가위기의 발생 가능성이 농후한 상태 (재난관리 주관기관은 재난대비태세 정비)
심각 (Red)	위기징후의 활동이 매우 활발하여 국가위기의 발생이 확실시 되는 상태 (재난관리 주관기관은 즉각 위기경보를 발령하여 위기대응 태세유지)

119 「재난 및 안전관리 기본법」상 안전관리기구에 대한 설명이다. ㉠~㉢에 들어갈 내용을 바르게 연결한 것은?

> 재난관리를 위한 안전관리기구 중 중앙안전관리위원회의 위원장은 (㉠)이(가) 되고, 안전정책조정위원회의 위원장은 (㉡)이(가), 중앙재난안전대책본부장은 (㉢)이 된다.

	㉠	㉡	㉢
①	대통령	국무총리	소방청장
②	국무총리	행정안전부장관	행정안전부장관
③	국무총리	행정안전부장관	소방청장
④	대통령	국무총리	행정안전부장관

Solution 중앙안전관리위원회의 위원장 : 국무총리, 안전정책조정위원회의 위원장 : 행정안전부장관, 중앙재난안전대책본부장 : 행정안전부장관

Answer 118 ❷ 119 ❷

120 「재난 및 안전관리 기본법」상 사회재난에 해당하지 않는 것은?

① 철도 사고로 인한 수도권 철도망 마비
② 댐 붕괴 사고로 인한 도시 침수
③ 유성체의 추락·충돌로 인한 재난
④ 두 개군 이상에 걸친 구제역 발생

Solution 사회재난 : 화재·붕괴·폭발·교통사고(항공사고 및 해상사고를 포함한다)·화생방사고·환경오염사고 등으로 인하여 발생하는 대통령령으로 정하는 규모 이상의 피해와 에너지·통신·교통·금융·의료·수도 등 국가기반체계의 마비, 「감염병의 예방 및 관리에 관한 법률」에 따른 감염병 또는 「가축전염병예방법」에 따른 가축전염병의 확산 등으로 인한 피해
※ 유성체의 추락·충돌로 인한 재난은 「재난 및 안전관리 기본법」상에 근거를 두고 있지 않다.

121 「재난 및 안전관리 기본법」상 정부부처 업무에 대한 설명으로 옳은 것은?

① 특별재난지역의 선포를 건의 받은 국무총리는 해당 지역을 특별재난지역으로 선포할 수 있다.
② 행정안전부장관은 3년마다 재난 및 안전관리 사업의 효과성 및 효율성을 평가하고, 그 결과를 관계 중앙행정기관의 장에게 통보하여야 한다.
③ 행정안전부장관은 재난관리책임기관의 재난 및 안전관리 실태를 점검하기 위하여 정부합동안전점검단을 편성하여 안전점검을 실시할 수 있다.
④ 국무총리는 대통령령으로 정하는 재난이 발생하거나 발생할 우려가 있는 경우 중앙안전관리위원회의 심의를 거쳐 재난 사태를 선포할 수 있다.

Solution ① 특별재난지역의 선포를 건의 받은 대통령은 해당 지역을 특별재난지역으로 선포할 수 있다.
② 행정안전부장관은 매년 재난 및 안전관리 사업의 효과성 및 효율성을 평가하고, 그 결과를 관계 중앙행정기관의 장에게 통보하여야 한다.
③ 행정안전부장관은 재난관리책임기관의 재난 및 안전관리 실태를 점검하기 위하여 정부합동안전점검단을 편성하여 안전 점검을 실시할 수 있다.
④ 행정안전부장관은 대통령령으로 정하는 재난이 발생하거나 발생할 우려가 있는 경우 중앙위원회의 심의를 거쳐 재난사태를 선포할 수 있다.

Answer 120 ③ 121 ③

122 **「재난 및 안전관리 기본법」상 정부합동 재난원인조사에 대한 설명으로 옳지 않은 것은?**

① 행정안전부장관은 재난의 발생원인과 재난발생 시 대응과정에 관한 조사·분석·평가를 효율적으로 수행하기 위하여 정부 합동 재난원인조사단을 편성할 수 있다.

② 재난원인조사단은 재난원인조사를 위하여 필요하면 관계 기관의 장 또는 관계인에게 자료제출 등의 요청을 할 수 있다.

③ 행정안전부장관은 재난원인조사 결과를 관계 기관의 장에게 통보하거나 개선권고 등의 필요한 조치를 요청할 수 있다.

④ 재난원인조사단은 대통령령으로 정하는 바에 따라 재난발생 원인조사 결과를 국무총리에게 보고하여야 한다.

Solution 제69조(정부합동 재난원인조사) ① 행정안전부장관은 재난이나 그 밖의 각종 사고의 발생 원인과 재난 발생 시 대응과정에 관한 조사·분석·평가를 효율적으로 수행하기 위하여 재난안전분야 전문가 및 전문기관 등이 공동으로 참여하는 정부합동 재난원인조사단을 편성하고, 현지에 파견하여 원인조사·분석을 실시할 수 있다.② 재난원인조사단은 대통령령으로 정하는 바에 따라 재난발생원인조사 결과를 조정위원회에 보고하여야 한다. ③ 재난원인조사단은 재난원인조사를 위하여 필요하면 관계 기관의 장 또는 관계인에게 자료제출 등의 요청을 할 수 있다. ④ 행정안전부장관은 재난원인조사 결과를 관계 기관의 장에게 통보하거나 개선권고 등의 필요한 조치를 요청할 수 있다.

123 **「재난 및 안전관리 기본법」상 재난신고 및 재난상황의 보고와 관련한 설명으로 옳지 않은 것은?**

① 해양경찰서는 자신의 관할구역에서 재난상황이 발생한 경우 즉시 행정안전부장관, 관계 재난관리주관기관의 장 및 시·도지사에게 보고하여야 한다.

② 해외재난국민의 가족 등은 해외재난국민의 생사확인 등을 행정안전부장관에게 요청할 수 있다.

③ 해양경찰서는 재난발생을 신고 받거나 통보받은 경우에는 즉시 관계 재난관리책임기관의 장에게 통보하여야 한다.

④ 재난신고를 받은 시장·군수·구청장과 그 밖의 관계 행정 기관의 장은 관할 긴급구조기관의 장에게 통보하여야 한다.

Solution 해외재난국민의 가족 등은 외교부장관에게 해외재난국민의 생사확인 등 안전 여부 확인을 요청할 수 있다.

Answer 122 ④ 123 ②

124 「재난 및 안전관리 기본법 시행령」상 재난관리주관기관이 나머지 셋과 다른 재난 및 사고 유형은?

① 공동구 재난(국토교통부가 관장하는 공동구는 제외)
② 유해화학물질 유출 사고
③ 해양에서 발생한 유도선 등의 수난사고
④ 위험물 사고

Solution ① 행정안전부 : 공동구 재난(국토교통부가 관장하는 공동구는 제외), 화재·위험물 사고, 내륙에서 발생한 유도선 등의 수난사고, 다중 밀집시설 대형화재, 풍수해(조수는 제외)·지진·화산·낙뢰·가뭄으로 인한 재난 및 사고로서 다른 재난관리주관기관에 속하지 아니하는 재난 및 사고, 해양에서 발생한 유도선 등의 수난사고 ② 환경부 : 수질분야 대규모 환경오염 사고, 식용수(지방 상수도를 포함) 사고, 유해화학물질 유출 사고, 조류 대발생(녹조에 한정), 황사

125 「재난 및 안전관리 기본법」상 재난관리체계 등과 관련하여 국민 안전처장관이 정기적으로 할 수 있는 평가 사항이 아닌 것은?

① 재난발생 위험이 높은 분야의 안전관리체계 및 안전관리규정
② 재난에 대응할 조직의 구성 및 정비 실태
③ 대규모재난의 발생에 대비한 단계별 예방·대응 및 복구과정
④ 공공기관의 재난관리체계

Solution 재난관리체계 등에 대한 평가 : ① 대규모재난의 발생에 대비한 단계별 예방·대응 및 복구과정, ② 제25조의2제1항제1호에 따른 재난에 대응할 조직의 구성 및 정비 실태, ③ 제25조의2제4항에 따른 안전관리체계 및 안전관리규정, ④ 제68조에 따른 재난관리기금의 운용 현황

126 「재난 및 안전관리 기본법」상 다음 설명에 해당하는 기구는?

- 평상시 재난 및 안전관리 위험요소 및 취약시설의 모니터링·제보 기능을 한다.
- 재적위원 4분의 1 이상이 회의 소집을 요청하는 경우 회의가 소집될 수 있다.
- 기구 내에 재난긴급대응단을 둘 수 있다.

① 중앙안전관리위원회
② 중앙재난방송협의회
③ 중앙안전관리민관협력위원회
④ 안전정책조정위원회

Answer 124 ❷ 125 ❹ 126 ❸

Solution 제12조의3(중앙민관협력위원회의 기능)

※ 중앙민관협력위원회의 기능 : ① 재난 및 안전관리 민관협력활동에 관한 협의, ② 재난 및 안전관리 민관협력활동사업의 효율적 운영방안의 협의, ③ 평상시 재난 및 안전관리 위험요소 및 취약시설의 모니터링·제보, ④ 재난 발생 시 인적·물적 자원 동원, 인명구조·피해복구 활동 참여, 피해주민 지원서비스 제공 등에 관한 협의

※ 중앙민관협력위원회의 회의 : ① 제14조제1항에 따른 대규모 재난의 발생으로 민관협력 대응이 필요한 경우, ② 재적위원 4분의 1 이상이 회의 소집을 요청하는 경우, ③ 그 밖에 공동위원장이 회의 소집이 필요하다고 인정하는 경우

※ 재난 발생 시 신속한 재난대응 활동 참여 등 중앙민관협력위원회의 기능을 지원하기 위하여 중앙민관협력위원회에 대통령령으로 정하는 바에 따라 재난긴급대응단을 둘 수 있다.

127 「재난 및 안전관리 기본법」상 재난의 예방·대비·대응 및 복구의 단계 중 재난의 대응을 위한 활동이 아닌 것은?

① 긴급피난처 및 구호품의 확보 ② 긴급통신수단 마련
③ 위험구역의 설정 ④ 재난대비능력 보강

Solution 「재난 및 안전관리 기본법」 제34조의2 재난현장 긴급통신수단 마련은 대비단계이다.

128 「재난 및 안전관리 기본법」상 재난예방을 위한 긴급안전점검에 대한 설명으로 옳지 않은 것은?

① 공공기관인 재난관리책임기관의 장은 소속 직원이나 다른 재난관리책임기관의 장에게 긴급안전점검을 하도록 요구할 수 있다.
② 행정안전부장관은 긴급안전점검을 하면 그 결과를 해당 재난 관리책임기관의 장에게 통보하여야 한다.
③ 긴급안전점검을 하는 공무원은 그 권한을 표시하는 증표를 지니고 이를 관계인에게 보여주어야 한다.
④ 긴급안전점검을 하는 공무원은 관계인에게 필요한 질문을 하거나 관계 서류 등을 열람할 수 있다.

Solution 「재난 및 안전관리 기본법」 제30조 ① 행정안전부장관 또는 재난관리책임기관의 장은 대통령령으로 정하는 시설 및 지역에 재난이 발생할 우려가 있는 등 대통령령으로 정하는 긴급한 사유가 있으면 소속 공무원으로 하여금 긴급안전점검을 하게하고, 행정안전부장관은 다른 재난관리책임기관의 장에게 긴급안전점검을 하도록 요구할 수 있다. 이 경우 요구를 받은 재난관리책임기관의 장은 특별한 사유가 없으면 요구에 따라야 한다.

Answer 127 ❷ 128 ❶

129 「재난 및 안전관리 기본법」상 재난의 대응에 대한 설명으로 옳지 않은 것은?

① 행정안전부장관은 재난사태가 선포된 지역에 대하여 위험구역 설정, 대피명령을 할 수 있다.

② 행정안전부장관은 재난이 추가적으로 발생할 우려가 없어진 경우에는 선포된 재난사태를 즉시 해제하여야 한다.

③ 시·도 긴급구조통제단의 단장은 재난이 발생하였을 때에는 즉시 피해를 줄이기 위해 경보의 발령이나 피난의 지시와 수방·지진방재에 관한 응급조치를 하여야 한다.

④ 시·군·구 긴급구조통제단장은 재난현장에서 치안활동과 관련된 긴급구조활동을 지휘할 경우 관할 경찰관서의 장과 협의하여야 한다.

Solution 「재난 및 안전관리 기본법」 제37조(응급조치) 시·도긴급구조통제단 및 시·군·구 긴급구조통제단의 단장(이하 "지역통제단장"이라 한다)과 시장·군수·구청장은 재난이 발생할 우려가 있거나 재난이 발생하였을 때에는 즉시 관계 법령이나 재난대응활동계획 및 위기관리 매뉴얼에서 정하는 바에 따라 수방(水防)·진화·구조 및 구난(救難), 그 밖에 재난 발생을 예방하거나 피해를 줄이기 위하여 필요한 다음 각 호의 응급조치를 하여야 한다. 다만, 지역통제단장의 경우에는 제2호 중 진화에 관한 응급조치와 긴급수송 및 구조 수단의 확보 및 현장 지휘통신체계의 확보의 응급조치만 하여야 한다.

130 「재난 및 안전관리 기본법」상 재난관리책임기관의 장의 재난예방조치에 대한 설명으로 옳지 않은 것은?

① 소관 관리대상 업무의 분야에서 재난 발생을 사전에 방지하기 위하여 재난에 대응할 조직의 구성 및 정비를 하여야 한다.

② 재난발생 위험이 높은 시설을 특정관리대상시설로 지정하여 그 시설의 소유자에게 안전점검을 하게하고 그 결과를 행정안전부장관에게 즉시 보고하여야 한다.

③ 소관 관리대상 업무의 분야에서 재난 발생을 사전에 방지하기 위한 재난예방조치를 효율적으로 시행하기 위하여 필요한 사업비를 확보하여야 한다.

④ 다른 재난관리책임기관의 장에게 재난을 예방하기 위하여 필요한 협조를 요청할 수 있다.

Solution 「재난 및 안전관리 기본법」 제25조의2(재난관리책임기관의 장의 재난예방조치) ① 재난에 대응할 조직의 구성 및 정비, ② 재난의 예측과 정보전달체계의 구축, ③ 재난 발생에 대비한 교육·훈련과 재난관리예방에 관한 홍보, ④ 재난이 발생할 위험이 높은 분야에 대한 안전관리체계의 구축 및 안전관리규정의 제정, ⑤ 지정된 국가기반시설의 관리, ⑥ 특정관리대상시설 등에 관한 조치, ⑦ 재난방지시설의 점검·관리, ⑧ 재난관리자원의 비축 및 장비·인력의 지정, ⑨ 그 밖에 재난을 예방하기 위하여 필요하다고 인정되는 사항

Answer 129 ❸ 130 ❷

131 「주관기관이 위험수준을 평가하여 결정하는 4단계의 국가위기관리 수준 중에서 다음에 해당하는 위기관리수준은?

> 징후활동이 활발하고 전개속도나 경향성이 현저하여 국가위기로 발전할 가능성이 농후한 상태로 주관기관이 조치계획을 점검하고 관련기관과 동조하여 인적·물적 자원의 동원을 준비하는 단계

① 관심경보(Blue)
② 주의경보(Yellow)
③ 경계경보(Orange)
④ 심각경보(Red)

Solution 〈위기경보〉

관심 (Blue)	위기징후와 관련된 현상이 나타나고 있으나 그 활동수준이 낮아 국가위기로 발전될 가능성이 적은 상태(징후 감시활동을 하고, 비상연락망 등 관련기관 간 협조체계를 점검)
주의 (Yellow)	위기징후의 활동이 비교적 활발하여 국가위기로 발전할 수 있는 일정 수준의 경향이 나타나는 상태(정보수집 및 정보공유 활동을 강화하여 관련기관과 협조체계 가동)
경계 (Orange)	위기징후의 활동이 활발하여 국가위기의 발생 가능성이 농후한 상태 (재난관리 주관기관은 재난대비태세 정비)
심각 (Red)	위기징후의 활동이 매우 활발하여 국가위기의 발생이 확실시 되는 상태 (재난관리 주관기관은 즉각 위기경보를 발령하여 위기대응 태세유지)

132 「재난 및 안전관리 기본법」상 안전관리기구 및 기능에 대한 설명으로 옳지 않은 것은?

① 재난에 관한 예보·경보·통지나 응급조치 및 재난관리를 위한 재난방송이 원활히 수행될 수 있도록 중앙위원회에 중앙재난방송협의회를 둘 수 있다.
② 행정안전부장관은 재난정보의 수집·전파, 상황관리, 재난 발생 시 초동조치 및 지휘 등의 업무를 수행하기 위하여 상시 중앙재난안전상황실을 설치·운영하여야 한다.
③ 중앙대책본부장은 국내에서 발생한 대규모재난의 수습을 지원하기 위하여 수습지원단을 구성하여 현지에 파견할 수 있지만, 해외에서 발생한 대규모재난의 수습을 지원하기 위하여 수습지원단을 현지에 파견할 수는 없다.
④ 재난관리주관기관의 장은 재난이 발생할 우려가 있는 경우에는 재난상황을 효율적으로 관리하고 재난을 수습하기 위한 중앙사고수습본부를 신속하게 설치·운영하여야 한다.

Solution 「재난 및 안전관리 기본법」 ① 중앙대책본부장은 국내 또는 해외에서 발생한 대규모재난의 수습을 지원하기 위하여 관계 중앙행정기관 및 관계 기관·단체의 재난관리에 관한 전문가 등으로 수습지원단을 구성하여 현지에 파견할 수 있다.

Answer 131 ❸ 132 ❸

133 **재난 및 안전관리 기본법령상 안전관리계획에 대한 설명으로 옳지 않은 것은?**

① 국무총리는 대통령령으로 정하는 바에 따라 국가의 재난 및 안전관리업무에 관한 기본계획의 수립지침을 작성하여 관계 중앙행정기관의 장에게 통보하여야 한다.

② 국무총리는 국가안전관리기본계획을 5년마다 수립하여야 한다.

③ 시·도의 전부 또는 일부를 관할 구역으로 하는 재난관리책임기관의 장은 그 소관 재난 및 안전관리업무에 관한 계획을 작성하여 관할 시·도지사에게 제출하여야 한다.

④ 관계 중앙행정기관의 장은 국가안전관리기본계획의 수립지침에 따라 집행계획을 작성하여 조정위원회의 심의를 거쳐 확정한 후 시·도지사 또는 재난관리책임기관의 장에게 통보하여야 한다.

Solution 「재난 및 안전관리 기본법」 제23조(집행계획) ① 관계 중앙행정기관의 장은 통보받은 국가안전관리기본계획에 따라 그 소관 업무에 관한 집행계획을 작성하여 조정위원회의 심의를 거쳐 국무총리의 승인을 받아 확정한다. ② 관계 중앙행정기관의 장은 확정된 집행계획을 행정안전부장관, 시·도지사 및 재난관리책임기관의 장에게 각각 통보하여야 한다.

134 **재난 및 안전관리 기본법령상 재난 신고와 재난상황의 보고에 대한 설명으로 옳지 않은 것은?**

① 재난 신고를 받은 긴급구조기관의 장은 그 소재지 관할 시장·군수·구청장 및 재난관리주관기관의 장에게 통보하여 응급대처방안을 마련할 수 있도록 조치하여야 한다.

② 재난관리책임기관 중 시·도의 전부 또는 일부를 관할구역으로 하는 재난관리책임기관의 장은 해당 지역에서 소관 업무에 관계되는 재난이 발생하였을 때에는 즉시 그 사실을 재난이 발생한 지역의 관할 시·도지사 및 시장·군수·구청장에게 통보하여야 한다.

③ 시장·군수·구청장은 재난 발생의 신고를 받은 경우에는 즉시 관계 재난관리책임기관의 장에게 통보하여야 한다.

④ 해외재난 발생 지역에 거주하는 대한민국 국민의 가족은 해외재난국민의 생사확인을 요청하려면 재난 발생 지역에 있는 재외공관의 장에게 요청하여야 한다.

Solution 「재난 및 안전관리 기본법」 제21조(해외재난상황의 보고 및 관리) ③ 해외재난국민의 가족 등은 외교부장관에게 해외재난국민의 생사확인 등 안전 여부 확인을 요청할 수 있다. 이 경우 외교부장관은 특별한 사유가 없으면 그 요청에 따라야 한다.

Answer 133 ❹ 134 ❹

135 **「재난 및 안전관리 기본법령」상 안전문화 진흥에 대한 설명으로 옳지 않은 것은?**

① 국가는 국민의 안전의식 수준을 높이기 위하여 매년 4월 16일을 국민안전의 날로 정하여 필요한 행사 등을 한다.

② 재난관리책임기관은 안전점검의 날을 지정하여 안전점검의 날에는 특정관리대상지역에서 안전훈련을 실시하며 안전체험 시설을 운영하여야 한다.

③ 지방자치단체의 장은 소관 재난 및 안전관리업무와 관련하여 국민의 안전의식을 높이고 안전문화를 진흥시키기 위하여 안전문화 우수사례의 발굴 및 확산 등 안전문화활동을 적극 추진하여야 한다.

④ 재난관리책임기관은 방재의 날에는 자연재난에 대한 주민의 방재의식을 고취하기 위하여 재난에 대한 교육·홍보 등의 관련 행사를 실시한다.

Solution 「재난 및 안전관리 기본법 시행령」 제73조의4(안전점검의 날 등) ② 재난관리책임기관은 안전점검의 날에는 재난취약시설에 대한 일제점검, 안전의식 고취 등 안전 관련 행사를 실시하고, 방재의 날에는 자연재난에 대한 주민의 방재의식을 고취하기 위하여 재난에 대한 교육·홍보 등의 관련 행사를 실시한다.

136 **「재난 및 안전관리 기본법」상 재난에 대한 설명으로 옳지 않은 것은?**

① 대한민국의 영역 밖에서 대한민국 국민의 생명·신체 및 재산에 피해를 줄 수 있는 재난으로서 정부차원에서 대처할 필요가 있는 재난은 해외재난에 해당한다.

② 에너지·통신·교통·금융·의료·수도 등 국가기반체계의 마비로 인한 피해가 발생한 재난은 사회재난에 해당한다.

③ 환경오염사고 등으로 인하여 대통령령으로 정하는 규모 이상의 피해가 발생한 재난은 자연재난에 해당한다.

④ 가축전염병예방법에 따른 가축전염병의 확산 등으로 인한 피해가 발생한 재난은 사회재난에 해당한다.

Solution 「재난 및 안전관리 기본법」 제3조(정의) 사회재난 : 화재·붕괴·폭발·교통사고(항공사고 및 해상사고를 포함)·화생방사고·환경오염사고 등으로 인하여 발생하는 대통령령으로 정하는 규모 이상의 피해와 에너지·통신·교통·금융·의료·수도 등 국가기반체계의 마비, 「감염병의 예방 및 관리에 관한 법률」에 따른 감염병 또는 「가축전염병예방법」에 따른 가축전염병의 확산 등으로 인한 피해다. 즉, 환경오염사고는 사회재난이다.

Answer 135 ❷ 136 ❸

137 「재난 및 안전관리 기본법령」상 재난지역 및 특별재난지역에 대한 설명으로 옳은 것은?

① 중앙대책본부장은 특별한 조치가 필요한 재난이 발생한 경우 해당 지역을 특별재난지역으로 선포한다.

② 국가는 특별재난지역으로 선포된 지역에 대하여 재해구호법에 따른 의연금품의 지원을 할 수 있다.

③ 지역대책본부장은 관할지역에서 사회질서 유지에 영향을 미치는 재난이 발생한 경우에는 중앙대책본부장에게 특별재난지역으로 선포할 것을 요청하여야 한다.

④ 국가와 지방자치단체는 특별재난지역으로 선포된 지역에서 자연재난으로 피해를 입은 주민에 한하여 심리적 안정과 사회 적응을 위한 상담활동을 지원할 수 있다.

Solution ① 특별재난지역의 선포를 건의 받은 대통령은 해당 지역을 특별재난지역으로 선포할 수 있다. ③ 지역대책본부장은 관할지역에서 발생한 재난으로 인하여 제1항에 따른 사유가 발생한 경우에는 중앙대책본부장에게 특별재난지역의 선포 건의를 요청할 수 있다. ④ 국가와 지방자치단체는 재난으로 피해를 입은 사람에 대하여 심리적 안정과 사회 적응을 위한 상담 활동을 지원할 수 있다.

138 「재난 및 안전관리 기본법」상 행정안전부장관의 직무에 해당하지 않는 것은?

① 중앙안전관리위원회의 위원장이 사고로 직무를 수행할 수 없을 때 위원장의 직무대행

② 방사능재난 발생 시 중앙재난안전대책본부의 업무 총괄

③ 재난 및 안전관리 사업의 효과성 및 효율성 평가

④ 시·도의 재난 및 안전관리업무에 관한 계획의 수립지침 작성

Solution 「재난 및 안전관리 기본법」 제14조(중앙재난안전대책본부 등) ③ 중앙대책본부의 본부장은 행정안전부장관이 되며, 중앙대책본부장은 중앙대책본부의 업무를 총괄하고 필요하다고 인정하면 중앙재난안전대책본부 회의를 소집할 수 있다. 다만, 해외재난의 경우에는 외교부장관이, 「원자력시설 등의 방호 및 방사능 방재 대책법」에 따른 방사능재난의 경우에는 중앙방사능방재대책본부의 장이 각각 중앙대책본부장의 권한을 행사한다.

Answer 137 ❶ 138 ❷

139 **재난 및 안전관리 기본법령상 특별재난지역의 선포 및 지원에 대한 설명으로 옳은 것은?**

① 자연재난이 발생한 경우에는 특별재난지역으로 선포될 수 있으나, 사회재난이 발생한 경우에는 특별재난지역으로 선포될 수 없다.

② 중앙재난안전대책본부장으로부터 특별재난지역의 선포를 건의 받은 대통령은 중앙안전관리위원회의 심의를 거쳐 해당 지역을 특별재난지역으로 선포할 수 있다.

③ 지역재난안전대책본부장으로부터 특별재난지역의 선포 건의를 요청받은 중앙재난안전대책본부장은 그 요청이 타당하다고 인정하는 경우에는 특별재난지역을 선포할 수 있다.

④ 지역재난안전대책본부장은 특별재난지역이 선포되었을 때에는 재난 복구를 위하여 재난복구계획의 수립·시행 전에 재난대책을 위한 예비비를 집행할 수 있다.

Solution ① 자연재난뿐만 아니라 사회재난도 특별재난지역으로 선포될 수 있다. ②, ③ 중앙대책본부장은 재난이 발생하여 국가의 안녕 및 사회질서의 유지에 중대한 영향을 미치거나 피해를 효과적으로 수습하기 위하여 특별한 조치가 필요하다고 인정하거나 지역대책본부장의 요청이 타당하다고 인정하는 경우에는 중앙위원회의 심의를 거쳐 해당 지역을 특별재난지역으로 선포할 것을 대통령에게 건의할 수 있다. 특별재난지역의 선포를 건의 받은 대통령은 해당 지역을 특별재난지역으로 선포할 수 있다(선포를 심의하는 것이 아니라 건의한 것을 심의한다). ④ 중앙대책본부장 및 지역대책본부장은 특별재난지역이 선포되었을 때에는 재난응급대책의 실시와 재난의 구호 및 복구를 위하여 재난복구계획의 수립·시행 전에 재난대책을 위한 예비비, 재난관리기금·재해구호기금 및 의연금을 집행할 수 있다.

140 **「재난 및 안전관리 기본법」상 재난 발생 시의 응급조치 등에 대한 설명으로 옳은 것은?**

① 시·도긴급구조통제단의 단장은 재난이 발생한 경우, 응급조치로써 긴급피난처 및 구호품의 확보를 하여야 한다.

② 재난관리주관기관의 장이 경계 단계의 위기경보를 발령하려는 경우에는 행정안전부장관과 사전에 협의하여야 한다.

③ 시장·군수·구청장이 재난의 발생으로 인해 해당 지역 주민에게 대피명령을 내리는 경우, 미리 대피장소를 지정하여 대피를 명할 수 있다.

④ 관계 중앙행정기관의 장은 재난의 발생으로 사람의 생명 또는 신체에 대한 위해 방지에 필요하다고 인정하는 경우에는 위험구역을 설정할 수 있다.

Solution ① 지역통제단장의 경우에는 진화에 관한 응급조치와 긴급수송 및 구조 수단의 확보 및 현장지휘통신체계의 확보의 응급조치만 하여야 한다. ② 재난관리주관기관의 장은 재난에 대한 징후를 식별하거나 재난발생이 예상되는 경우에는 그 위험 수준, 발생 가능성 등을 판단하여 그에 부합되는 조치를 할 수 있도록 위기경보를 발령할 수 있다. 심각 경보를 발령 또는 해제할 경우에는 행정안전부장관과 사전에 협의하여야 한다. ④ 관계 중앙행정기관의 장은 재난이 발생하거나 발생할 우려가 있는 경우로서 사람의 생명 또는 신체에 대한 위해 방지나 질서의 유지를 위하여 필요하다고 인정되는 경우에는 시장·군수·구청장과 지역통제단장에게 위험구역의 설정을 요청할 수 있다.

Answer 139 ④ 140 ③

141 **「재난 및 안전관리 기본법 시행령」상 특정관리대상시설 등의 안전등급 및 안전점검 등에 대한 설명으로 옳지 않은 것은?**

① 재난관리책임기관의 장은 특정관리대상시설 등을 특정관리대상시설 등의 지정·관리 등에 관한 지침에서 정하는 안전등급의 평가기준에 따라 다섯 등급으로 구분하여 관리하여야 한다.

② 재난관리책임기관의 장은 C등급에 해당하는 특정관리대상시설 등에 대하여 월 1회 이상 정기안전점검을 실시하여야 한다.

③ 행정안전부장관은 특정관리대상시설 등을 체계적으로 관리하기 위하여 정보화시스템을 구축·운영할 수 있다.

④ 재난관리책임기관의 장은 운영되는 정보화시스템을 이용하여 특정관리대상시설 등을 관리하여야 한다.

Solution 특정관리대상시설의 등급, 기준, 정기안전점검(「재난 및 안전관리 기본법 시행령」 제34조의2)

등급	기준	정기안전점검
A등급	안전도가 우수한 경우	반기별 1회 이상
B등급	안전도가 양호한 경우	
C등급	안전도가 보통인 경우	
D등급	안전도가 미흡한 경우	월 1회 이상
E등급	안전도가 불량한 경우	월 2회 이상

142 **「재난 및 안전관리 기본법」상 재난관리정보에 해당하지 않는 것은?**

① 지리정보
② 시설물정보
③ 방재관리정보
④ 동원가능 자원정보

Solution 「재난 및 안전관리 기본법 시행령」 제3조 재난관리정보란 재난관리를 위하여 필요한 재난상황정보, 동원가능 자원정보, 시설물정보, 지리정보를 말한다.

Answer 141 ❷ 142 ❸

143 **「재난 및 안전관리 기본법」에서 정의한 재난의 유형 중 성격이 나머지 셋과 다른 것은?**

① 구제역의 확산으로 인한 피해
② 조류(藻類) 대발생으로 인한 피해
③ 저병원성 조류인플루엔자의 확산으로 인한 피해
④ 중동 호흡기 증후군의 확산으로 인한 피해

Solution ①, ③, ④는 「재난 및 안전관리 기본법」 제3조의 분류에 따라 사회재난이고, ②는 자연재난이다.

144 **「재난 및 안전관리 기본법 시행령」상 국가재난관리기준에 포함되는 사항만을 모두 고른 것은?**

ㄱ. 재난상황의 전파
ㄴ. 재난에 관한 예보·경보의 발령 기준
ㄷ. 재난 발생 시 효과적인 지휘·통제 체제 마련
ㄹ. 재난관리를 효과적으로 수행하기 위한 관계기관 간 상호협력 방안

① ㄱ, ㄴ　② ㄷ, ㄹ　③ ㄱ, ㄴ, ㄷ　④ ㄱ, ㄴ, ㄷ, ㄹ

Solution 「재난 및 안전관리 기본법 시행령」 제43조의4 국가재난관리기준에 포함될 사항 : 재난에 관한 예보·경보의 발령 기준, 재난상황의 전파, 재난 발생 시 효과적인 지휘·통제 체제 마련, 재난관리를 효과적으로 수행하기 위한 관계기관 간 상호협력 방안, 재난관리체계에 대한 평가 기준이나 방법, 그 밖에 재난관리를 효율적으로 수행하기 위하여 행정안전부장관이 필요하다고 인정하는 사항

145 **「재난 및 안전관리 기본법령」상 안전문화 진흥에 대한 설명으로 옳지 않은 것은?**

① 행정안전부장관은 안전관리헌장을 제정·고시하여야 한다.
② 국민안전의 날은 매년 4월 16일이며, 방재의 날은 매년 5월 25일이다.
③ 지방자치단체의 장은 축제기간 중 순간 최대 관람객이 3천명 이상이 될 것으로 예상되는 지역축제를 개최하려면 지역축제 안전관리계획을 수립하여야 한다.
④ 행정안전부장관은 안전문화활동의 추진에 관한 총괄·조정 업무를 관장한다.

Solution 「재난 및 안전관리 기본법」 제66조의4(안전관리헌장) ① 국무총리는 재난을 예방하고, 재난이 발생할 경우 그 피해를 최소화하기 위하여 재난 및 안전관리업무에 종사하는 자가 지켜야 할 사항 등을 정한 안전관리헌장을 제정·고시하여야 한다.

Answer 143 ❷ 144 ❹ 145 ❶

146 「재난 및 안전관리 기본법」상 중앙안전관리위원회 등에 대한 설명으로 옳지 않은 것은?

① 재난 및 안전관리에 관한 중요 정책에 관한 사항 등을 심의하기 위하여 국무총리 소속으로 중앙안전관리위원회를 둔다.

② 중앙안전관리위원회는 특별재난지역의 선포에 관한 사항을 심의하는 사무가 국가안전보장과 관련된 경우에는 국가안전보장회의와 협의하여야 한다.

③ 중앙안전관리위원회와 함께 안전정책조정위원회를 두고, 그 위원장은 국무총리가 되며, 간사는 행정안전부장관이 된다.

④ 재난에 관한 예보·경보·통지나 응급조치 및 재난관리를 위한 재난방송이 원활히 수행될 수 있도록 중앙안전관리위원회에 중앙재난방송협의회를 둘 수 있다.

Solution 「재난 및 안전관리 기본법」 제10조(안전정책조정위원회) ① 중앙위원회에 상정될 안건을 사전에 검토하고, 사무를 수행하기 위하여 중앙위원회에 안전정책조정위원회를 둔다. ② 조정위원회의 위원장은 행정안전부장관이 된다.

147 「재난 및 안전관리 기본법」상 중앙안전관리위원회 등에 대한 설명으로 옳지 않은 것은?

① 국가기반시설은 행정안전부장관이 관계 중앙행정기관의 장과협의를 거쳐 지정한다.

② 국가기반시설의 지정을 취소하는 경우에는 안전정책조정위원회의 심의를 거치지 않아도 된다.

③ 중앙행정기관의 장 또는 지방자치단체의 장은 재난예방을 위하여 계속적으로 관리할 필요가 있다고 인정되는 시설 및 지역을 대통령령으로 정하는 바에 따라 특정 관리대상 시설 및 지역으로 지정하여야 한다.

④ 행정안전부장관은 특정 관리대상 시설 및 지역에 대한 안전점검의 결과 필요하다고 인정되는 경우에는 지방자치단체의 장 또는 재난관리책임기관의 장에게 시정조치나 보완을 명할 수 있다.

Solution ① 관계 중앙행정기관의 장은 소관 분야의 기반시설 중 국가기반체계를 보호하기 위하여 계속적으로 관리할 필요가 있다고 인정되는 시설을 조정위원회의 심의를 거쳐 지정할 수 있다. ② 관계 중앙행정기관의 장은 소관 재난관리책임기관이 해당 업무를 폐지·정지 또는 변경하는 경우에는 조정위원회의 심의를 거쳐 국가기반시설의 지정을 취소할 수 있다. ④ 국무총리는 재난을 예방하기 위하여 필요하다고 인정하는 사항에 대해서는 중앙행정기관의 장, 지방자치단체의 장 또는 재난관리책임기관의 장에게 시정조치나 보완을 요구할 수 있다.

Answer 146 ③ 147 ③

148 **다음 중 특별재난지역으로 선포된 재난이 아닌 것은?**

① 1993년 해남 아시아나항공 기체 추락 사고
② 2003년 대구 지하철 화재 사고
③ 2005년 양양 산불
④ 2012년 구미 불산 누출 사고

Solution 1993년 해남 아시아나항공 기체 추락 사고는 특별재난지역으로 선포된 재난이 아니다.

149 **「재난 및 안전관리 기본법」상 재난분야 위기관리 매뉴얼에 대한 설명으로 옳지 않은 것은?**

① '위기관리 표준매뉴얼'은 국가적 차원에서 관리가 필요한 재난에 대하여 재난관리체계와 관계 기관의 임무와 역할을 규정한 문서로, 위기대응 실무매뉴얼의 작성 기준이 된다.
② '위기대응 실무매뉴얼'은 실제 재난대응에 필요한 조치사항 및 절차를 규정한 문서로, 지방자치단체의 장이 현장조치행동매뉴얼과 통합하여 작성할 수 있다.
③ '현장조치 행동매뉴얼'은 재난현장에서 임무를 직접 수행하는 기관의 행동조치 절차를 구체적으로 수록한 문서로, 시장·군수·구청장이 작성한 현장조치 행동매뉴얼에 대하여는 시·도지사의 승인을 받아야 한다.
④ 재난관리주관기관의 장은 소관분야 위기관리 매뉴얼을 새로이 작성하거나 변경한 때에는 이를 행정안전부장관에게 통보하여야 한다.

Solution ② 위기대응 실무매뉴얼 : 위기관리 표준매뉴얼에서 규정하는 기능과 역할에 따라 실제 재난대응에 필요한 조치사항 및 절차를 규정한 문서로 재난관리주관기관의 장과 관계 기관의 장이 작성한다. 이 경우 재난관리주관기관의 장은 위기대응 실무매뉴얼과 위기관리 표준매뉴얼을 통합하여 작성할 수 있다.

Answer 148 ❶ 149 ❷

150 **「재난 및 안전관리 기본법」상 중앙재난안전대책본부 등에 대한 설명으로 옳지 않은 것은?**

① 대통령령으로 정하는 대규모 재난의 대응·복구 등에 관한 사항을 총괄·조정하고 필요한 조치를 하기 위하여 행정안전부에 중앙재난안전대책본부를 둔다.

② 재난의 효과적인 수습을 위하여 국무총리가 범정부적 차원의 통합 대응이 필요하다고 인정하는 경우에는 국무총리가 중앙재난안전대책본부의 본부장의 권한을 행사할 수 있다.

③ 중앙재난안전대책본부의 본부장은 구조 활동을 신속하게 지원하기 위하여 행정안전부·소방청 또는 해양경찰청 소속의 전문 인력으로 구성된 특수기동구조대를 편성하여 재난현장에 파견할 수 있다.

④ 중앙재난안전대책본부의 본부장은 재난이 발생하거나 발생할 우려가 있는 경우에는 재난상황을 효율적으로 관리하고 재난을 수습하기 위한 중앙사고수습본부를 신속하게 설치·운영하여야 한다.

Solution 「재난 및 안전관리 기본법」 제15조의2(중앙 및 지역사고수습본부) ① 재난관리주관기관의 장은 재난이 발생하거나 발생할 우려가 있는 경우에는 재난상황을 효율적으로 관리하고 재난을 수습하기 위한 중앙사고수습본부(이하 "수습본부"라 한다)를 신속하게 설치·운영하여야 한다.

151 **「재난 및 안전관리 기본법」상 긴급구조에 대한 설명으로 옳지 않은 것은?**

① 시·도긴급구조통제단의 단장은 긴급구조를 위하여 필요하면 긴급구조지원기관의 장에게 긴급구조에 필요한 장비·물자를 제공할 것을 요청할 수 있다.

② 긴급구조활동을 하기 위하여 헬기를 운항할 필요가 있으면 긴급구조기관의 장이 헬기의 운항과 관련되는 사항을 헬기운항 통제기관에 통보하고 헬기를 운항할 수 있다.

③ 긴급구조기관의 장은 긴급구조활동을 신속하고 효과적으로 할 수 있도록 긴급구조지휘대 등 긴급구조체제를 구축하고, 상시 소속 긴급구조요원 및 장비의 출동태세를 유지하여야 한다.

④ 국방부장관은 항공기 조난사고가 발생한 경우 항공기 수색과 인명구조를 위하여 항공기 수색·구조계획을 수립·시행하여야한다.

Solution 「재난 및 안전관리 기본법」 제57조(항공기 등 조난사고 시의 긴급구조 등) ① 소방청장은 항공기 조난사고가 발생한 경우 항공기 수색과 인명구조를 위하여 항공기 수색·구조계획을 수립·시행하여야 한다.

Answer 150 ④ 151 ④

152 **재난 및 안전관리 기본법령상 재난피해 신고 및 조사에 대한 설명으로 옳지 않은 것은?**

① 재난으로 피해를 입은 사람으로부터 대통령령으로 정하는 바에 따라 피해 신고를 받은 시장·군수·구청장은 피해상황을 조사한 후 재난관리책임기관의 장에게 보고하여야 한다.
② 재난관리책임기관의 장은 재난으로 인하여 피해가 발생한 경우에는 피해상황을 신속하게 조사한 후 그 결과를 중앙재난안전대책본부의 본부장에게 통보하여야 한다.
③ 중앙재난안전대책본부의 본부장은 재난피해의 조사를 위하여 필요한 경우에는 대통령령으로 정하는 바에 따라 관계 중앙행정기관 및 관계 재난관리책임기관의 장과 합동으로 중앙재난피해합동조사단을 편성하여 재난피해 상황을 조사할 수 있다.
④ 중앙재난안전대책본부의 본부장은 재난 피해의 유형·규모에 따라 전문조사가 필요한 경우 전문조사단을 구성·운영할 수 있다.

Solution 「재난 및 안전관리 기본법」 제58조(재난피해 신고 및 조사) ① 재난으로 피해를 입은 사람은 피해상황을 행정안전부령으로 정하는 바에 따라 시장·군수·구청장에게 신고할 수 있으며, 피해 신고를 받은 시장·군수·구청장은 피해상황을 조사한 후 중앙대책본부장에게 보고하여야 한다.

153 **「재난 및 안전관리 기본법」상 시장·군수·구청장이 매년 1회 이상 관할 지역 주민에게 공시하도록 명시된 재난관리 실태항목으로 옳지 않은 것은?**

① 전년도 재난의 발생 및 수습 현황
② 위기관리 표준매뉴얼
③ 법률상 요구되는 재난예방조치 실적
④ 재난관리기금의 적립 현황

Solution 「재난 및 안전관리 기본법」 제33조의3(재난관리 실태 공시 등) 전년도 재난의 발생 및 수습 현황 2. 제25조의2제1항에 따른 재난예방조치 실적, 제67조에 따른 재난관리기금의 적립 현황, 제34조의5에 따른 현장조치 행동매뉴얼의 작성·운용 현황, 그 밖에 대통령령으로 정하는 재난관리에 관한 중요 사항

154 **「재난 및 안전관리 기본법」상 재난의 대비활동과 구분되는 대응활동에 해당하는 것은?**

① 기능별 재난대응 활동계획의 작성
② 통행제한
③ 재난대비훈련 실시
④ 재난안전통신망의 구축

Solution 「재난 및 안전관리 기본법」 제43조의 "통행제한"은 대응단계이다.

Answer 152 ❶ 153 ❷ 154 ❷

155 「재난 및 안전관리 기본법 시행령」상 조류 대발생 중 녹조를 담당하는 재난관리주관기관의 담당 재난 및 사고 유형으로 옳은 것은?

① 저수지 사고
② 식용수(광역상수도에 한정) 사고
③ 조류 대발생 중 적조
④ 황사

Solution 조류 대발생 중 녹조를 담당하는 재난관리주관기관은 환경부이다. 황사의 재난관리주관기관은 환경부이다. 저수지 사고의 재난관리주관기관은 농림축산식품부, 식용수(광역상수도에 한정) 사고의 재난관리주관기관은 국토교통부, 조류 대발생 중 적조의 재난관리주관기관은 해양수산부이다.

156 「재난 및 안전관리 기본법」상 ㉠~㉢에 들어갈 내용을 바르게 연결한 것은?

- 해외재난의 경우 (㉠)이(가) 중앙재난안전대책본부본부장의 권한을 행사하고, 재난의 효과적인 수습을 위하여 범정부적 차원의 통합 대응이 필요하다고 인정하는 경우에는 (㉡)이(가) 중앙재난안전대책본부장의 권한을 행사할 수 있다.
- (㉢)은(는) 대통령령으로 정하는 재난이 발생하거나 발생할 우려가 있는 경우 사람의 생명·신체 및 재산에 미치는 중대한 영향이나 피해를 줄이기 위하여 긴급한 조치가 필요하다고 인정하면 중앙안전관리위원회의 심의를 거쳐 재난사태를 선포할 수 있다.

	㉠	㉡	㉢
①	외교부장관	대통령	국무총리
②	외교부장관	국무총리	행정안전부장관
③	행정안전부장관	국무총리	행정안전부장관
④	행정안전부장관	대통령	국무총리

Solution 제14조 (중앙재난안전대책본부 등) ③ 중앙대책본부의 본부장은 행정안전부장관이 되며, 중앙대책본부장은 중앙대책본부의 업무를 총괄하고 필요하다고 인정하면 중앙재난안전대책본부회의를 소집할 수 있다. 다만, 해외재난의 경우에는 외교부장관이, 「원자력시설 등의 방호 및 방사능 방재 대책법」 제2조제1항제8호에 따른 방사능재난의 경우에는 같은 법 제25조에 따른 중앙방사능방재대책본부의 장이 각각 중앙대책본부장의 권한을 행사한다. ④ 재난의 효과적인 수습을 위하여 다음 각 호의 어느 하나에 해당하는 경우에는 국무총리가 중앙대책본부장의 권한을 행사할 수 있다. 1. 국무총리가 범정부적 차원의 통합 대응이 필요하다고 인정하는 경우 2. 행정안전부장관이 국무총리에게 건의하거나 수습본부장의 요청을 받아 행정안전부장관이 국무총리에게 건의하는 경우

Answer 155 ❹ 156 ❷

157 「재난 및 안전관리 기본법 시행령」상 재난상황 보고의 내용이 아닌 것은?

① 재난 발생의 일시·장소와 재난의 원인

② 재난으로 인한 피해내용

③ 긴급안전점검 사항

④ 응급조치 사항

Solution 재난상황 보고의 내용 : ① 재난 발생의 일시·장소와 재난의 원인, ② 재난으로 인한 피해내용, ③ 응급조치 사항, ④ 대응 및 복구활동 사항, ⑤ 향후 조치계획, ⑥ 그 밖에 해당 재난을 수습할 책임이 있는 중앙행정기관의 장이 정하는 사항

158 다음의 설명에 해당되는 위기경보 단계는?

징후가 있으나 그 활동수준이 낮으며, 가까운 기간 내에 국가위기로 발전 가능성 낮음

① 관심(Blue)　② 주의(Yellow)　③ 경계(Orange)　④ 심각(Red)

Solution 위기경보

관심(Blue)	위기징후와 관련된 현상이 나타나고 있으나 그 활동수준이 낮아 국가위기로 발전될 가능성이 적은 상태(징후 감시활동을 하고, 비상연락망 등 관련기관 간 협조체계를 점검)
주의(Yellow)	위기징후의 활동이 비교적 활발하여 국가위기로 발전할 수 있는 일정 수준의 경향이 나타나는 상태(정보수집 및 정보공유 활동을 강화하여 관련기관과 협조체계 가동)
경계(Orange)	위기징후의 활동이 활발하여 국가위기의 발생 가능성이 농후한 상태(재난관리 주관기관은 재난대비태세 정비)
심각(Red)	위기징후의 활동이 매우 활발하여 국가위기의 발생이 확실시 되는 상태 (재난관리 주관기관은 즉각 위기경보를 발령하여 위기대응 태세유지)

159 다음은 「재난 및 안전관리 기본법 시행령」상 재난대비훈련 등에 대한 설명이다. ( )에 알맞은 내용은?

- 훈련주관기관의 장은 재난대비훈련을 실시하는 경우에는 훈련일 (ㄱ) 전까지 훈련일시, 훈련장소, 훈련내용, 훈련방법, 훈련참여 인력 및 장비, 그 밖에 훈련에 필요한 사항을 훈련참여기관의 장에게 통보하여야 한다.
- 재난관리책임기관 및 긴급구조지원기관의 장은 훈련 상황을 점검하고, 재난대비훈련 실시 후 (ㄴ) 이내에 그 결과를 훈련주관기관의 장에게 제출하여야 한다.

Answer 157 ❸ 158 ❶ 159 ❸

	ㄱ	ㄴ
①	10일	10일
②	10일	15일
③	15일	10일
④	15일	15일

Solution 시행령 제43조의14(재난대비훈련 등) ③ 훈련주관기관의 장은 재난대비훈련을 실시하는 경우에는 훈련일 15일 전까지 훈련일시, 훈련장소, 훈련내용, 훈련방법, 훈련참여 인력 및 장비, 그 밖에 훈련에 필요한 사항을 재난관리책임기관, 긴급구조지원기관 및 군부대 등 관계 기관의 장에게 통보하여야 한다. ⑥ 훈련참여기관의 장은 재난대비훈련 실시 후 10일 이내에 그 결과를 훈련주관기관의 장에게 제출하여야 한다.

160 **「재난 및 안전관리 기본법 시행령」상 긴급구조기관의 장이 수립하는 긴급구조대응계획의 기본계획에 포함되어야 할 내용이 아닌 것은?**

① 긴급구조대응계획의 목적 및 적용범위
② 긴급구조대응계획의 기본방침과 절차
③ 긴급구조대응계획의 평가 및 보고사항
④ 긴급구조대응계획의 운영책임에 관한 사항

Solution 시행령 제63조 (긴급구조대응계획의 수립) 기본계획 : ① 긴급구조대응계획의 목적 및 적용범위, ② 긴급구조대응계획의 기본방침과 절차, ③ 긴급구조대응계획의 운영책임에 관한 사항

161 **「재난 및 안전관리 기본법」상 재난 발생을 사전에 방지하기 위한 재난관리책임기관장의 조치에 해당하지 않는 것은?**

① 재난에 대응할 조직의 구성 및 정비
② 재난 발생에 대비한 교육·훈련과 재난관리예방에 관한 홍보
③ 재난이 발생할 위험이 높은 분야에 대한 안전관리체계의 구축 및 안전관리 규정의 제정
④ 재난방지시설의 개발

Solution 재난관리책임기관의 장의 재난예방조치 사항 : ① 재난에 대응할 조직의 구성 및 정비, ② 재난의 예측과 정보전달체계의 구축, ③ 재난 발생에 대비한 교육·훈련과 재난관리예방에 관한 홍보, ④ 재난이 발생할 위험이 높은 분야에 대한 안전관리체계의 구축 및 안전관리규정의 제정, ⑤ 제26조에 따라 지정된 국가기반시설의 관리, ⑥ 제27조제2항에 따른 특정관리대상시설 등에 관한 조치, ⑦ 제29조에 따른 재난방지시설의 점검·관리, ⑧ 제34조에 따른 재난관리자원의 비축 및 장비·인력의 지정, ⑨ 그 밖에 재난을 예방하기 위하여 필요하다고 인정되는 사항

Answer 160 ❸ 161 ❹

162 **「재난 및 안전관리 기본법 시행령」상 재난 및 사고 예방 사업의 범위가 아닌 것은?**

① 「기상관측표준화법」에 따른 기상관측의 표준화를 위하여 시행하는 사업
② 「국토의 계획 및 이용에 관한 법률」에 따른 방재시설 사업
③ 「연안관리법」에 따른 연안정비사업
④ 「지진·화산재해대책법」에 따른 기존 공공시설물의 내진보강사업

Solution 재난 및 사고 예방사업의 범위 : ① 「기상관측표준화법」 제2조제2항제1호에 따른 기상관측의 표준화를 위하여 시행하는 사업, ② 「농어촌정비법」 제2조제5호에 따른 농업생산기반 정비사업 중 수리시설(水利施設) 개수·보수 사업, 농경지 배수(排水) 개선사업, 저수지 정비사업, 방조제 정비사업, ③ 「댐건설 및 주변지역지원 등에 관한 법률」 제18조의2에 따른 댐의 관리를 위한 사업, ④ 「도로법」 제31조에 따른 도로공사 중 재난 및 안전관리를 위하여 시행하는 사업, ⑤ 「산림기본법」 제15조에 따른 산림재해 예방사업, ⑥ 「사방사업법」 제3조에 따른 사방사업(砂防事業), ⑦ 「어촌·어항법」 제2조제6호 나목에 따른 어항정비사업, ⑧ 「연안관리법」 제2조제4호에 따른 연안정비사업, ⑨ 「지진·화산재해대책법」 제15조에 따른 기존 공공시설물의 내진보강사업, ⑩ 「하천법」 제27조에 따른 하천공사사업, ⑪ 「항만법」 제9조에 따른 항만공사 중 재난 예방을 위한 사업, ⑫ 그 밖에 중앙위원회의 위원장이 정하는 사업

163 **다음은 「재난 및 안전관리 기본법」상 항공기 등 조난사고 시의 긴급구조에 대한 설명이다. 빈칸에 순서대로 알맞게 들어간 것은?**

- ( )은 항공기 조난사고가 발생한 경우 항공기 수색과 인명구조를 위하여 항공기 수색·구조계획을 수립·시행하여야 한다.
- ( )은 항공기나 선박의 조난사고가 발생하면 관계 법령에 따라 긴급구조업무에 책임이 있는 기관의 긴급구조활동에 대한 군의 지원을 신속하게 할 수 있도록 조치를 취하여야 한다.

① 소방청장 – 행정안전부장관
② 행정안전부장관 – 국방부장관
③ 행정안전부장관 – 국토교통부장관
④ 소방청장 – 국방부장관

Solution 제57조(항공기 등 조난사고 시의 긴급구조 등) ① 소방청장은 항공기 조난사고가 발생한 경우 항공기 수색과 인명구조를 위하여 항공기 수색·구조계획을 수립·시행하여야 한다. ③ 국방부장관은 항공기나 선박의 조난사고가 발생하면 관계 법령에 따라 긴급구조업무에 책임이 있는 기관의 긴급구조활동에 대한 군의 지원을 신속하게 할 수 있도록 다음 각 호의 조치를 취하여야 한다.

Answer 162 ③ 163 ④

164 「재난 및 안전관리 기본법」상 용어의 정의로 옳지 않은 것은?

① 재난관리란 재난의 예방·대비·대응 및 복구를 위하여 하는 모든 활동을 말한다.

② 안전관리란 안전교육, 안전훈련, 홍보 등을 통하여 안전에 관한 가치와 인식을 높이고 안전을 생활화하도록 하는 등 재난이나 그 밖의 각종 사고로부터 안전한 사회를 만들어 가기 위한 활동을 말한다.

③ 국가재난관리기준이란 모든 유형의 재난에 공통적으로 활용할 수 있도록 재난관리의 전 과정을 통일적으로 단순화·체계화한 것으로서 행정안전부장관이 고시한 것을 말한다.

④ 재난관리정보란 재난관리를 위하여 필요한 재난상황정보, 동원가능 자원정보, 시설물정보, 지리정보를 말한다.

Solution "안전관리"란 재난이나 그 밖의 각종 사고로부터 사람의 생명·신체 및 재산의 안전을 확보하기 위하여 하는 모든 활동을 말한다. 안전교육, 안전훈련, 홍보 등을 통하여 안전에 관한 가치와 인식을 높이고 안전을 생활화하도록 하는 등 재난이나 그 밖의 각종 사고로부터 안전한 사회를 만들어 가기 위한 활동은 안전문화활동이다.

Answer 164 ❷

CHAPTER _10

자연재해대책법

제1절 총칙

1 목적

태풍, 홍수 등 자연현상으로 인한 재난으로부터 국토를 보존하고 국민의 생명·신체 및 재산과 주요 기간시설(基幹施設)을 보호하기 위하여 자연재해의 예방·복구 및 그 밖의 대책에 관하여 필요한 사항을 규정함을 목적으로 한다.

2 정의

① 재해

「재난 및 안전관리 기본법」 제3조제1호에 따른 재난으로 인하여 발생하는 피해를 말한다.

② 자연재해

"자연재해"란 「재난 및 안전관리 기본법」 자연재난으로 인하여 발생하는 피해를 말한다.

③ 풍수해(風水害)

태풍, 홍수, 호우, 강풍, 풍랑, 해일, 조수, 대설, 그 밖에 이에 준하는 자연현상으로 인하여 발생하는 재해를 말한다.

④ 재해영향성 검토

자연재해에 영향을 미치는 행정계획으로 인한 재해 유발 요인을 예측·분석하고 이에 대한 대책을 마련하는 것을 말한다.

⑤ 재해영향평가

자연재해에 영향을 미치는 개발사업으로 인한 재해 유발 요인을 조사·예측·평가하고 이에 대한 대책을 마련하는 것을 말한다.

⑥ 자연재해저감 종합계획

지역별로 자연재해의 예방 및 저감(低減)을 위하여 특별시장·광역시장·특별자치시장·도지사·특별자치도지사(이하 "시·도지사"라 한다) 및 시장·군수가 자연재해 안전도에 대한 진단 등을 거쳐 수립한 종합계획을 말한다.

⑦ 우수유출저감시설

우수(雨水)의 직접적인 유출을 억제하기 위하여 인위적으로 우수를 지하로 스며들게 하거나 지하에 가두어두는 시설을 말한다.

⑧ 수방기준(水防基準)

풍수해로부터 시설물의 수해 내구성(耐久性)을 강화하고 지하 공간의 침수를 방지하기 위하여 관계 중앙행정기관의 장 또는 행정안전부장관이 정하는 기준을 말한다.

⑨ 침수흔적도

풍수해로 인한 침수 기록을 표시한 도면을 말한다.

⑩ 재해복구보조금

중앙행정기관이 재해복구사업을 위하여 특별시·광역시·특별자치시·도·특별자치도 및 시·군·구에 지원하는 보조금을 말한다.

⑪ 지구단위 홍수방어기준

상습침수지역이나 재해위험도가 높은 지역에 대하여 침수 피해를 방지하기 위하여 행정안전부장관이 정한 기준을 말한다.

⑫ 재해지도

풍수해로 인한 침수 흔적, 침수 예상 및 재해정보 등을 표시한 도면을 말한다.

⑬ 방재관리대책 대행자

재해영향성 검토 등 방재관리대책에 관한 업무를 전문적으로 대행하기 위하여 제38조제2항에 따라 행정안전부장관에게 등록한 자를 말한다.

⑭ 자연재해 안전도 진단

자연재해 위험에 대하여 지역별로 안전도를 진단하는 것을 말한다.

⑮ **방재기술**

자연재해의 예방·대비·대응·복구 및 기후변화에 신속하고 효율적인 대처를 통하여 인명과 재산 피해를 최소화시킬 수 있는 자연재해에 대한 예측·규명·저감·정보화 및 방재 관련 제품생산·제도·정책 등에 관한 모든 기술을 말한다.

⑯ **방재산업**

방재시설의 설계·시공·제작·관리, 방재제품의 생산·유통, 이와 관련된 서비스의 제공, 그 밖에 자연재해의 예방·대비·대응·복구 및 기후변화 적응과 관련된 산업을 말한다.

3 국가의 책무

국가는 「재난 및 안전관리 기본법」 및 「자연재해대책법」의 목적에 따라 자연재난으로부터 국민의 생명·신체 및 재산과 주요 기간시설을 보호하기 위하여 자연재해의 예방 및 대비에 관한 종합계획을 수립하여 시행할 책무를 지며, 그 시행을 위한 최대한의 재정적·기술적 지원을 하여야 한다.

4 재난관리 책임기관의 소관업무

(1) 자연재해 경감 협의 및 자연재해위험 개선 지구 정비 등

① 자연재해 원인 조사 및 분석
② 자연재해위험 개선 지구 지정·관리
③ 자연재해저감 종합계획 및 시행계획의 수립

(2) 풍수해 예방 및 대비

① 수방기준 제정·운영
② 우수유출저감시설 설치 기준 제정·운영
③ 내풍(耐風)설계기준 제정·운영
④ 그 밖에 풍수해 예방에 필요한 사항

(3) 설해(雪害)대책

① 설해 예방대책
② 각종 제설자재 및 물자 비축
③ 그 밖에 설해 예방에 필요한 사항

(4) 낙뢰대책

① 낙뢰피해 예방대책
② 각 유관기관 지원·협조 체제 구축
③ 그 밖에 낙뢰피해 예방에 필요한 사항

(5) 가뭄대책

① 상습가뭄재해지역 해소를 위한 중·장기대책
② 가뭄 극복을 위한 시설 관리·유지
③ 빗물 모으기 시설을 활용한 가뭄 극복대책
④ 그 밖에 가뭄대책에 필요한 사항

(6) 폭염대책

① 폭염피해 예방대책
② 폭염 대비를 위한 자재 및 물자 비축
③ 각 유관기관 지원·협조 체제 구축
④ 그 밖에 폭염피해 예방에 필요한 사항

(7) 한파대책

① 한파피해 예방대책
② 한파 대비를 위한 자재 및 물자 비축
③ 각 유관기관 지원·협조 체제 구축
④ 그 밖에 한파피해 예방에 필요한 사항

(8) 재해정보 및 긴급지원

① 재해 예방 정보체계 구축

② 재해정보 관리·전달 체계 구축
③ 재해 대비 긴급지원체계 구축
④ 비상대처계획 수립

(9) 그 밖에 자연재해 예방을 위하여 재난관리책임기관의 장이 필요하다고 인정하는 사항

5 재난관리책임기관의 장의 정기점검 및 수시점검

재난관리책임기관의 장은 자연재해 예방을 위하여 재해 발생이 우려되는 시설 또는 지역에 대하여 정기점검 및 수시점검을 하여야 한다. 자연재해 예방을 위한 점검 대상 시설 및 지역, 점검 방법, 점검 결과의 기록·유지 등에 필요한 사항은 대통령령으로 정한다.

6 자연재해 대처요령 작성 및 배포

시장·군수·구청장은 자연재해의 유형별로 지역 특성을 고려한 구체적인 대처 요령을 정하여 관계 공무원의 업무지침, 주민 교육·홍보자료 등으로 적극 활용하여야 한다.

7 국민의 협조 및 주의의무

국민은 국가, 지방자치단체 및 재난관리책임기관이 수행하는 자연재난의 예방·복구 및 대책에 관한 업무 수행에 최대한 협조하여야 하고, 자기가 소유하거나 사용하는 건물·시설 등에서 재난이 발생하지 아니하도록 노력하여야 한다.

제2절 자연재해의 예방 및 대비

1 자연재해 경감 협의 및 자연재해위험개선지구 정비 등

(1) 재해영향평가 등의 협의

① 재해영향의 검토에 관한 사전협의

관계 중앙행정기관의 장, 시·도지사, 시장·군수·구청장 및 특별지방행정기관의 장은 자연재해에 영향을 미치는 행정계획을 수립·확정(지역·지구·단지 등의 지정을 포함)하거나 개발사업의 허가·인가·승인·면허·결정·지정 등을 하려는 경우에는 그 행정계획 또는 개발사업의 확정·허가 등을 하기 전에 행정안전부장관과 재해영향성검토 및 재해영향평가에 관한 협의("재해영향평가 등의 협의")를 하여야 한다.

② 재해영향평가 등의 협의 요청

관계행정기관의 장이 재해영향평가 등의 협의를 하려는 경우에는 대통령령으로 정하는 바에 따라 해당 개발계획 등으로 인한 재해 영향을 검토 및 평가하는데 필요한 서류를 갖추어 재해영향평가 등의 협의를 요청하여야 한다.

③ 사전검토

관계행정기관의 장은 서류에 대하여 대통령령으로 정하는 기관의 사전검토를 받아야 한다. 사전검토를 실시한 기관은 그에 대한 검토 의견을 관계행정기관의 장에게 통보하여야 한다.

관계행정기관의 장으로부터 사전검토 요청을 받아 사전검토를 실시한 기관은 특별한 사정이 없는 한 그 요청을 받은 날부터 14일 이내에 사전검토 결과를 관계행정기관의 장에게 통보해야 한다.

④ 재해영향성 검토 협의에 포함하여야 할 사항

- 사업의 목적, 필요성, 추진 배경, 추진 절차 등 사업계획에 관한 내용(관계 법령에 따라 해당 계획에 포함하여야 하는 내용을 포함)
- 배수처리계획도, 침수흔적도, 사면경사 현황도 등 재해영향의 검토에 필요한 도면(행정계획의 수립·확정 등 상세 검토가 필요 없는 경우는 제외)
- 행정계획 수립 시 재해 예방에 관한 사항

- 개발사업 시행으로 인한 재해 영향의 예측 및 저감대책에 관한 사항
- 제6조제2항에 따른 고시 내용에 대한 검토 사항

⑤ 사전검토요청

행정기관의 장이 재해영향평가 등의 협의를 하려는 경우에는 대통령령으로 정하는 바에 따라 해당 개발계획 등으로 인한 재해 영향을 검토 및 평가하는 데 필요한 서류를 갖추어 재해영향평가 등의 협의를 요청하여야 한다.

관계행정기관의 장은 재해영향평가 등의 협의를 효율적으로 하기 위하여 대통령령으로 정하는 기관에 서류에 대하여 사전검토를 요청할 수 있다. 사전검토를 실시한 기관은 그에 대한 검토 의견을 관계행정기관의 장에게 통보하여야 한다.

관계행정기관의 장은 사전검토를 거친 후 재해영향평가 등의 협의를 요청하는 경우에는 통보받은 검토 의견과 그 의견의 반영 여부(반영하지 아니하는 경우에는 그 이유를 포함한다)를 첨부하여야 한다.

⑥ 재해영향평가의 협의 갈음

관계행정기관의 장은 재해영향평가 등의 협의를 완료한 개발계획 등이 취소 또는 지연 등의 사유로 실효되어 해당 개발계획 등의 확정·허가 등을 다시 하여야 하는 경우로서 기존의 개발계획 등이 다음의 요건들을 모두 갖춘 경우에는 그 완료한 재해영향평가 등의 협의로 재해영향평가 등의 협의를 갈음할 수 있다.

- 해당 개발계획 등의 부지의 경계 및 토지이용계획이 변경되지 아니하였을 것(부지의 경계 또는 토지이용계획의 변경이 있는 경우 중 대통령령으로 정하는 경미한 사항의 변경만 있는 경우를 포함한다)
- 해당 개발계획 등에 따라 통보받은 재해영향평가 등의 협의 결과가 반영되었을 것
- 재해영향평가 등의 협의 결과를 통보받은 날부터 대통령령으로 정하는 기간(5년)이 지나지 아니하였을 것

대통령령으로 정하는 경미한 사항의 변경이란 행정계획 또는 개발사업이 다음의 요건을 모두 갖춘 경우를 말한다.

- 개발계획등의 부지 면적이 100분의 10 이상 늘거나 줄지 않았을 것
- 개발계획등의 부지 위치가 변경되는 경우에는 위치가 변경되는 부분의 면적이 100분의 10 미만일 것
- 토지이용계획의 세부 항목별 면적이 변경되는 경우에는 변경되는 항목의 평균 면적 변경률이 100분의 10 미만일 것. 이 경우 세부 항목별 면적 변경률 산정방법은 행정안전부장관이

정한다.

- 불투수층(不透水層: 빗물 또는 눈 녹은 물 등이 지하로 스며들 수 없게 하는 아스팔트·콘크리트 등으로 만들어진 도로, 주차장, 보도, 건물 등을 말한다. 이하 같다)의 면적이 늘어나지 않았을 것

⑦ 행정안전부장관의 검토결과 통보

행정안전부장관은 관계행정기관의 장으로부터 개발계획 등에 대하여 재해영향평가 등의 협의를 요청받았을 때에는 대통령령으로 정하는 바에 따라 관계행정기관의 장에게 재해영향평가 등의 협의 결과를 통보하여야 한다.

행정안전부장관은 재해영향평가 검토협의를 요청받은 경우에는 요청을 받은 날부터 30일 이내에 관계행정기관의 장에게 재해영향평가 검토 결과를 통보하여야 한다. 부득이한 사유가 있으면 협의 기간을 10일의 범위에서 연장할 수 있다. 다만, 「산업집적활성화 및 공장설립에 관한 법률」 제13조에 따른 공장설립 등의 승인의 경우에는 20일 이내에 검토 결과를 통보하여야 한다.

행정안전부장관은 법 제4조제3항에 따라 관계행정기관의 장이 협의 요청한 내용을 검토한 결과, 보완이 필요한 경우에는 30일 이내의 범위에서 기간을 정하여 보완을 요청할 수 있다.

행정안전부장관은 보완 요청을 하였음에도 불구하고 요청한 내용의 중요한 사항이 누락된 경우 등 재해영향평가등의 협의 서류가 적정하게 작성되지 않아 협의를 진행할 수 없다고 판단하는 경우에는 재해영향평가등의 협의 요청을 반려할 수 있다. 행정안전부장관은 협의 서류의 보완을 요청하거나 협의 요청을 반려하는 경우 보완 또는 반려의 사유를 관계행정기관의 장에게 알려야 한다. 기간 계산에 있어서는 토요일 및 「관공서의 공휴일에 관한 규정」에 따른 공휴일을 산입하지 않는다.

- 재해영향성검토 : 30일
- 재해영향평가 : 다음 각 목의 구분에 따른 기간
  가. 개발사업의 부지면적이 50,000 m^2 이상이거나 개발사업의 길이가 10 km 이상인 개발사업 : 45일
  나. 가목에 따른 개발사업 외의 개발사업 : 30일

⑧ 재해영향평가 심의위원회 구성·운영

행정안전부장관은 재해영향평가 검토협의 요청 사항을 전문적으로 검토하기 위하여 재해영향평가 검토위원회를 구성·운영할 수 있고, 위원회의 구성·운영에 필요한 사항은 각각 대통령령으로 정한다. 행정안전부장관이 구성·운영하는 재해영향평가심의위원회는 위원장 및 부위원장을 포함하여 20명 이상 100명 이하의 위원으로 구성한다. 심의위원회의 위원장은 행정안전부에서 재해영향

평가등의 협의 업무를 담당하는 국장급 공무원으로 하고 부위원장은 위원 중에서 호선(互選)한다. 재해영향평가심의위원회의 위원은 행정안전부의 자연재해 업무를 담당하는 부서의 장 중에서 행정안전부장관이 지명하는 사람과 방재에 관한 학식과 경험이 풍부한 사람 중에서 행정안전부장관이 위촉하는 사람이 된다.

위원 중 위촉위원의 임기는 2년으로 한다. 다만, 위원의 사임 등으로 새로 위촉된 위원의 임기는 전임위원 임기의 남은 기간으로 한다. 심의위원회의 위원장은 심의위원회를 대표하고 위원회의 사무를 총괄한다. 심의위원회의 회의는 위원장과 위원장이 회의마다 사안별로 지정하는 5명 이상 10명 이하의 위원으로 구성한다. 위원에게는 예산의 범위에서 수당과 여비를 지급할 수 있다. 다만, 공무원인 위원이 그 소관 업무와 직접적으로 관련되어 심의위원회에 출석하는 경우에는 그러하지 아니하다. 심의위원회의 운영에 필요한 사항은 위원장이 정한다.

표 10-1 심의위원회의 개발계획등 검토사항

① 지형 여건 등 주변 환경에 따른 재해 위험 요인
② 해당 사업으로 인하여 인근지역이나 시설에 미치는 재해 영향
③ 사업시행자가 제출한 재해저감계획
④ 제6조제2항에 따라 행정안전부장관이 고시하는 중점 검토항목

위원이 다음의 어느 하나에 해당하는 경우에는 심의위원회 심의·의결에서 제척(除斥)된다.

- 위원 또는 그 배우자나 배우자였던 사람이 해당 개발계획등, 재해영향평가등 또는 재해복구사업의 당사자(당사자가 법인·단체 등인 경우에는 그 임원을 포함)가 되거나 해당 개발계획등, 재해영향평가등 또는 재해복구사업의 당사자와 공동권리자 또는 공동의무자인 경우
- 위원이 해당 안건의 당사자와 친족이거나 친족이었던 경우
- 위원이 해당 안건에 관하여 용역, 자문, 감정 또는 조사를 한 경우
- 위원이나 위원이 속한 법인이 해당 안건의 당사자의 대리인이거나 대리인이었던 경우

당사자는 위원에게 공정한 심의·의결을 기대하기 어려운 사정이 있는 경우에는 심의위원회에 기피 신청을 할 수 있고, 심의위원회는 의결로 이를 결정한다. 이 경우 기피 신청의 대상인 위원은 그 의결에 참여하지 못한다. 위원이 제척 사유에 해당하는 경우에는 스스로 해당 안건의 심의·의결에서 회피(回避)하여야 한다.

표 10-2 위원의 지명 철회 및 해촉

행정안전부장관은 위원이 다음의 어느 하나에 해당하는 경우에는 해당 위원의 지명을 철회하거나 해촉(解囑)할 수 있다.

- 심신장애로 인하여 직무를 수행할 수 없게 된 경우
- 직무와 관련된 비위사실이 있는 경우
- 직무 태만, 품위 손상, 그 밖의 사유로 인하여 위원으로 적합하지 아니하다고 인정되는 경우
- 제척사항에 해당하는 데에도 불구하고 회피하지 아니한 경우
- 위원 스스로 직무를 수행하는 것이 곤란하다고 의사를 밝히는 경우

⑨ 방재안전관리 전문기관 설립

행정안전부장관은 재해영향평가 등의 수행, 재해의 예방·복구 등 재해 경감업무의 전문성 확보와 효율적 추진을 위하여 필요하면 방재 안전관리에 관한 전문기관을 설립할 수 있다.

(2) 재해영향성 검토협의 대상

① 재해영향성 검토협의 대상 개발계획

- 국토·지역 계획 및 도시의 개발
- 산업 및 유통 단지 조성
- 에너지 개발
- 교통시설의 건설
- 하천의 이용 및 개발
- 수자원 및 해양 개발
- 산지 개발 및 골재 채취
- 관광단지 개발 및 체육시설 조성
- 그 밖에 자연재해에 영향을 미치는 계획 및 사업으로서 대통령령으로 정하는 계획 및 사업

② 재해영향성 검토협의 제외 사업

- 기본법 제37조에 따른 응급조치를 위한 사업
- 국방부장관이 군사상의 기밀 보호가 필요하거나 군사적으로 긴급히 수립할 필요가 있다고 인정하여 행정안전부장관과 협의한 사업

③ 재해영향평가등의 협의 대상 및 협의 방법 등

관계행정기관의 장이 재해영향평가등의 협의를 요청하여야 하는 개발계획등의 범위와 협의 시기는 시행령 별표 1과 같다. 다만, 행정계획의 경우 행정안전부장관이 관계행정기관의 장으로부터

관계 법령에 따른 협의 요청을 받아 해당 행정계획에 관한 재해 영향을 검토한 경우에는 재해영향성검토 협의 절차를 이행한 것으로 보고, 다음의 어느 하나에 해당하는 개발사업의 경우에는 재해영향평가 협의 대상 사업에서 제외한다.

- 법 제55조제2항에 따른 재해복구사업
- 개별 법령에 따라 부지 조성이 끝났거나 시행 중인 지구에서 하는 개발사업(개발사업으로 인하여 토지의 형질 변경이 발생하지 않고, 불투수층의 면적이 증가하지 않는 경우로 한정한다)

행정안전부장관은 재해영향평가등의 협의 대상인 개발계획등의 특성 및 해당지역과 주변지역의 입지여건을 고려하여 자연재해 경감을 위하여 필요하다고 인정되는 경우에는 관계 중앙행정기관의 장과 협의하여 개발계획등별로 중점적으로 검토 및 평가하여야 할 항목 및 방법 등에 관한 사항을 정하여 고시할 수 있다.

(3) 재해영향평가 재협의

관계행정기관의 장은 재해영향평가 검토협의를 완료한 개발계획 등이 변경되는 경우에는 그 변경되는 개발계획 등의 확정·허가 등을 하기 전에 행정안전부장관과 재해영향평가 등의 협의를 다시 하여야 한다. 재해영향평가 등의 협의를 다시 하여야 하는 개발계획 등의 범위 및 방법·절차 등에 필요한 사항은 대통령령령으로 정한다.

관계행정기관의 장은 재해영향평가등의 협의를 완료한 개발계획등이 다음의 어느 하나에 해당하는 경우에는 행정안전부장관과 재해영향평가등의 협의를 다시 해야 한다.

① 개발계획등의 부지면적이 30%(개발계획등이 2회 이상 변경되는 경우에는 누적된 증가 비율이 30%인 경우를 말한다) 이상 증가하는 경우

② 개발사업의 부지면적이 50,000 m^2(개발사업이 2회 이상 변경되는 경우에는 누적된 증가 규모가 50,000 m^2인 경우를 말한다) 이상 증가하는 경우

③ 개발사업에 포함된 저류시설(영구적으로 설치하는 저류시설로 한정한다)의 위치가 변경되거나 저류용량이 10%(개발사업이 2회 이상 변경되는 경우에는 누적된 변경 비율이 10%인 경우를 말한다) 이상 변경되는 경우

④ 개발사업의 토지이용에 관한 계획에 따른 토지이용 면적이 30%(개발사업이 2회 이상 변경되는 경우에는 누적된 변경 비율이 30%인 경우를 말한다) 이상 변경되는 경우

⑤ 개발사업이 시행되는 토지의 불투수층의 면적이 10%(개발사업이 2회 이상 변경되는 경우에는 누적된 변경 비율이 10%인 경우를 말한다) 이상 증가하는 경우

⑥ 개발계획등에 포함된 노선의 길이, 경로 등을 30%(개발계획등이 2회 이상 변경되는 경우에는 누적된 변경 비율이 30%인 경우를 말한다) 이상 변경하는 경우

⑦ 개발계획등에 포함된 노선 중 지하를 통과하는 노선 구간의 10%(개발계획등이 2회 이상 변경되는 경우에는 누적된 변경 비율이 10%인 경우를 말한다) 이상이 지상을 통과하는 것으로 변경되는 경우

⑧ 그 밖에 행정안전부장관이 재해영향평가등의 협의를 다시 해야 할 필요가 있다고 인정하여 고시하는 경우

(4) 재해영향평가등의 협의 내용의 이행

행정안전부장관으로부터 재해영향평가 등의 협의 결과를 통보받은 관계행정기관의 장은 특별한 사유가 없으면 이를 해당 개발계획 등에 반영하기 위하여 필요한 조치를 하여야 하며, 조치한 결과 또는 향후 조치계획을 행정안전부장관에게 통보하여야 한다. 재해영향평가 등의 협의 결과가 해당 개발계획 등에 반영된 경우 관계행정기관의 장과 개발사업의 허가 등을 받은 자(사업시행자)는 이를 이행하여야 한다.

사업시행자는 개발사업에 대한 재해영향평가 등의 협의 내용의 이행을 관리하기 위하여 재해영향평가 등의 협의 내용 관리책임자(관리책임자)를 지정하여 행정안전부장관 및 관계행정기관의 장에게 통보하여야 한다. 이 경우 지정된 관리책임자는 행정안전부장관이 실시하는 재해영향평가등에 관한 교육을 받아야 한다. 사업시행자는 개발사업에 대한 재해영향평가 등의 협의 내용을 이행하기 위하여 관리대장에 재해영향평가 등의 협의 내용의 이행 상황 등을 기록하고, 관리대장을 공사 현장에 갖추어 두어야 한다. 사업시행자는 이행상황의 관리대장을 매년 5월 31일까지 관계행정기관의 장에게 제출해야 한다.

관계행정기관의 장은 제출받은 이행상황의 관리대장을 검토하여 재해영향평가등의 협의 내용의 이행 여부를 확인해야 한다.

사업시행자는 개발사업을 착공 또는 준공하거나 3개월 이상 공사를 중지하려는 경우에는 행정안전부령으로 정하는 바에 따라 행정안전부장관 및 관계행정기관의 장에게 그 내용을 통보하여야 한다. 개발사업의 사업시행자는 해당 개발사업의 공사를 시작한 날부터 20일 이내에 재해영향평가 등의 협의 내용 관리책임자를 지정하여 행정안전부장관 및 관계행정기관의 장에게 통보하여야 한다. 사업시행자는 관리책임자를 통보한 이후 관리책임자를 변경한 경우에는 변경한 날부터 20일 이내에 행정안전부장관 및 관계행정기관의 장에게 그 사실을 통보하여야 한다. 사업시행자는 개발사업을 착공 또는 준공하거나 3개월 이상 공사를 중지하려는 경우에는 그 사유가 발생한 날부터 20일 이내에 행정안전부장관 및 관계행정기관의 장에게 통보하여야 한다.

(5) 재해영향평가등의 협의 내용 등에 대한 이행의무의 승계

사업시행자가 개발사업을 양도하거나 사망한 경우 또는 사업시행자인 법인이 분할·합병한 경우

에는 그 양수인이나 상속인 또는 분할·합병 후 존속하는 법인이나 분할·합병에 따라 설립되는 법인이 의무를 승계한다.

종전의 사업시행자의 의무를 승계한 사업시행자는 협의 내용의 이행 상황과 승계 사유 등 행정안전부령으로 정하는 사항을 승계한 날부터 30일 이내에 관계행정기관의 장과 행정안전부장관에게 통보하여야 한다.

(6) 재해영향평가 검토협의 이행의 관리·감독

관계행정기관의 장은 사업시행자가 재해영향평가 등의 협의 내용을 이행하는지를 확인하여야 한다. 행정안전부장관 또는 관계행정기관의 장은 사업시행자에게 재해영향평가 등의 협의 내용의 이행에 관련된 자료를 제출하게 하거나, 소속 공무원으로 하여금 사업장을 출입하여 조사하게 할 수 있다. 관계행정기관의 장은 개발사업의 준공검사를 하는 경우에는 재해영향평가 등의 협의 내용의 이행 여부를 확인하고 그 결과를 행정안전부장관에게 통보하여야 한다.

(7) 재해영향평가 검토협의 이행 조치 명령

관계행정기관의 장은 사업시행자가 재해영향평가 등의 협의 내용을 이행하지 아니하였을 때에는 그 이행에 필요한 조치를 명하여야 한다. 관계행정기관의 장은 조치명령을 이행하지 아니하여 재해에 중대한 영향을 미치는 것으로 판단되는 경우에는 해당 개발사업의 전부 또는 일부에 대한 공사 중지를 명하여야 한다.

행정안전부장관은 재해영향평가 등의 협의 내용의 이행 관리를 위하여 필요한 경우 관계행정기관의 장에게 공사 중지나 그 밖에 필요한 조치를 명할 것을 요청할 수 있다. 이 경우 관계행정기관의 장은 정당한 사유가 없으면 이에 따라야 한다. 관계행정기관의 장은 조치명령 또는 공사 중지명령을 하였을 때에는 지체 없이 그 내용을 행정안전부장관에게 통보하여야 한다.

(8) 개발사업의 사전 허가의 금지

관계행정기관의 장은 재해영향평가 등의 협의 절차가 끝나기 전에 개발사업에 대한 허가 등을 하여서는 아니 된다. 개발사업의 허가 등을 받으려는 자는 재해영향평가 등의 협의 절차가 끝나기 전에는 개발사업에 대한 공사를 하여서는 아니 된다. 다만, 착공을 준비하기 위한 현장사무소 설치 공사 또는 다른 법령에 따른 의무를 이행하기 위한 공사 등 행정안전부령으로 정하는 경미한 사항에 대한 공사의 경우에는 그러하지 아니하다.

관계행정기관의 장은 개발사업의 허가 등을 받으려는 자가 법 제7조제2항을 위반하여 공사를 시행하였을 때에는 해당 개발사업의 전부 또는 일부에 대한 공사중지를 명하여야 한다.

행정안전부장관은 개발사업의 허가 등을 받으려는 자가 법 제7조제2항을 위반하여 시행한 개발사업에 대하여는 관계행정기관의 장에게 공사중지 등 필요한 조치를 할 것을 요청할 수 있다. 이 경우 관계행정기관의 장은 특별한 사유가 없으면 요청에 따라야 한다.

(9) 방재 분야 전문가의 개발 관련 위원회 참여

관계행정기관의 장은 자연재해에 영향을 미치는 개발계획 등을 자문·심의·의결하기 위하여 구성·운영하는 위원회에 자연재해 예방을 위한 재해영향성검토 의견이 반영될 수 있도록 방재 분야 전문가를 위원으로 참여시켜야 한다. 행정안전부장관은 위원회에 방재 분야 전문가를 추천할 수 있고 필요하다고 판단되면 방재업무를 담당하는 공무원을 함께 추천할 수 있다.

(10) 재해 원인 조사·분석

재난관리책임기관의 장은 소관 시설 등에서 자연재해가 발생한 경우 그 원인에 대한 조사 및 분석을 실시할 수 있다. 행정안전부장관 또는 지방자치단체의 장은 재난관리책임기관의 장 조치에도 불구하고 재해발생 원인을 규명하고 예방대책을 수립하기 위하여 직접 조사·분석·평가할 수 있다.

재해의 발생원인 조사 등을 할 때에는 그 결과를 관계 재난관리책임기관의 장에게 통보하여야 한다. 지방자치단체의 장이 재해 원인을 조사·분석·평가하기 위하여 필요한 사항은 해당 지방자치단체의 조례로 정한다.

(11) 재해경감대책협의회의 구성

행정안전부장관은 재해 원인의 조사·분석·평가 등에 필요한 업무 협조, 재해 경감을 위한 조사·연구, 그 밖의 재해경감대책 수립을 위하여 지방자치단체 및 관련 분야 전문단체들이 참여하는 재해경감대책협의회를 구성·운영할 수 있다. 재해경감대책협의회의 구성·기능 및 운영에 필요한 사항은 행정안전부령으로 정한다. 행정안전부장관은 재해경감대책협의회를 원활하게 운영하기 위하여 필요하다고 판단되면 행정안전부령으로 정하는 바에 따라 행정적·재정적 지원을 할 수 있다.

재해경감대책협의회는 다음의 어느 하나에 해당하는 단체 또는 기관으로 구성한다.

① 지방자치단체

② 행정안전부장관이 정하는 바에 따라 등록한 재해 관련 분야 전문단체 또는 기관

협의회의 회장은 행정안전부장관이 되며, 회장은 협의회의 업무를 총괄한다. 협의회의 사무를 처리하기 위하여 협의회에 간사 몇 명을 두며, 간사는 행정안전부 소속 공무원 중에서 행정안전부

장관이 임명한다.

표 10-3 협의회의 기능

① 자연재해 사전 대비·대응 및 복구 활동 등에 관한 조사·분석 및 평가
② 시설물별 피해 발생 원인의 조사·분석
③ 재해경감대책 수립을 위한 심층 조사·연구
④ 피해 발생 원인의 조사·분석 및 재해경감대책의 수립을 위한 의견 제시
⑤ 그 밖에 재해 경감을 위하여 필요한 사항

협의회의 회장은 재해가 발생한 경우에는 등록한 회원으로 하여금 해당 분야별로 재해 현장에서 제1항에 따른 업무를 수행할 수 있도록 조치할 수 있다. 협의회의 회장은 업무를 수행한 회원이 재해 경감을 위한 후속조치 또는 정밀연구가 필요하다는 의견을 제시한 경우 필요한 내용을 방재정책에 반영하거나 추가적인 연구를 하도록 할 수 있다. 협의회의 회장은 제2항에 따른 업무 수행에 필요한 자료구입에 드는 비용을 부담할 수 있고, 업무를 수행한 회원에 대하여 예산의 범위에서 수당과 여비 및 기술 검토 비용 등을 지급할 수 있다.

(12) 토지 출입

① 타인의 토지에의 출입·일시사용 및 장애물 변경·제거

행정안전부장관, 지방자치단체의 장 또는 행정안전부장관이나 지방자치단체의 장으로부터 명령이나 위임·위탁을 받은 자는 시설물 등의 점검, 재해 원인 분석·조사, 재해 흔적 조사 및 피해조사 등을 위하여 필요하면 타인의 토지에 출입하거나 타인의 토지를 일시 사용할 수 있으며, 특히 필요한 경우에는 나무, 흙, 돌, 그 밖의 장애물을 변경하거나 제거할 수 있다.

② 사전 동의 또는 시장·군수·구청장의 허가

타인의 토지에의 출입, 토지의 일시 사용 또는 나무, 흙, 돌, 그 밖의 장애물을 변경하거나 제거하려는 자는 미리 그 토지 또는 장애물의 소유자·점유자 또는 관리인 동의를 받아야 한다. 다만, 해당 관계인이 현장에 없거나 주소 또는 거소(居所)가 분명하지 아니하여 동의를 받을 수 없을 때에는 관할 시장·군수·구청장의 허가를 받아야 한다.

③ 증표 제시

토지 출입 등의 행위를 하려는 사람은 그 권한을 나타내는 증표를 지니고 이를 관계인에게 보여주어야 한다.

(13) 자연재해위험개선지구의 지정

① 시장·군수·구청장의 지정·고시

시장·군수·구청장은 상습침수지역, 산사태위험지역 등 지형적인 여건 등으로 인하여 재해가 발생할 우려가 있는 지역을 자연재해위험개선지구로 지정·고시하고, 그 결과를 시·도지사를 거쳐 행정안전부장관과 관계 중앙행정기관의 장에게 보고하여야 한다. 이 경우 「토지이용규제 기본법」 제8조제2항에 따라 지형도면을 함께 고시하여야 한다.

표 10-4 자연재해위험개선지구의 지정기준

① 재해 위험 원인에 따라 침수위험지구, 유실위험지구, 고립위험지구, 취약방재시설지구, 붕괴위험지구, 해일위험지구, 상습가뭄재해지구로 구분하여 지정하되, 행정안전부장관이 관계 중앙행정기관의 장과 협의하여 정하는 지정 요건을 충족할 것. 다만, 해일위험지구의 지정기준은 법 제25조의3제1항에 따른다. ② 지구 유형별 피해 발생 빈도, 피해 발생 가능성 등을 고려하여 행정안전부장관이 관계 중앙행정기관의 장과 협의하여 정하는 등급 분류방식에 따르되, 가·나·다 및 라 등급으로 구분하여 지정할 것

② 재해 예방을 위한 점검·정비의 조치

시장·군수·구청장은 지정된 자연재해위험개선지구를 관할하는 관계 기관(군부대를 포함) 또는 그 지구에 속해 있는 시설물의 소유자·점유자 또는 관리인("관계인")에게 행정안전부령으로 정하는 바에 따라 재해 예방에 필요한 한도에서 점검·정비 등 필요한 조치를 할 것을 요청하거나 명할 수 있다.

③ 조치결과 통보 및 비용보조

재해 예방에 필요한 조치를 하도록 요청받거나 명령받은 관계 기관 또는 관계인은 필요한 조치를 하고 그 결과를 시장·군수·구청장에게 통보하여야 한다. 시장·군수·구청장은 대통령령으로 정하는 자연재해위험개선지구에 대하여 직권으로 조치를 하거나 소유자에게 그 조치에 드는 비용의 일부를 보조할 수 있다.

표 10-5 대통령령으로 정하는 자연재해위험개선지구 비용보조 대상

• 집단적인 인명과 재산 피해가 우려되는 지역 중에서 소유자나 점유자 등의 자력에 의한 정비가 불가능한 지구 • 침수, 산사태, 급경사지 붕괴 등의 우려가 있는 지역으로 시장·군수·구청장이 방재 목적상 특별히 정비가 필요하다고 인정하는 지구

④ **자연재해위험개선지구의 해제**

시장·군수·구청장은 자연재해위험개선지구 정비사업 시행 등으로 재해 위험이 없어진 경우에는 관계 전문가의 의견을 수렴하여 자연재해위험개선지구 지정을 해제하고 그 결과를 고시하여야 한다.

⑤ **행정안전부장관 및 시·도지사 지정 권고**

행정안전부장관 및 시·도지사는 자연재해위험개선지구의 지정이 필요함에도 불구하고 시장·군수·구청장이 자연재해위험개선지구로 지정하지 아니하는 경우에는 해당 지역을 자연재해위험개선지구로 지정·고시하도록 권고할 수 있다. 이 경우 시장·군수·구청장은 특별한 사유가 없는 한 이에 따라야 한다.

(14) 자연재해위험개선지구 정비계획의 수립

① **정비계획의 수립권자**

시장·군수·구청장은 지정된 자연재해위험개선지구에 대하여 정비 방향의 지침이 될 자연재해위험개선지구 정비계획을 5년마다 수립하고 시·도지사(특별자치시장의 경우에는 행정안전부장관)에게 제출하여야 한다.

② **시·도지사는 정비계획 제출**

시·도지사는 정비계획을 받아 행정안전부장관에게 제출하여야 하며, 행정안전부장관은 필요하면 시·도지사에게 정비계획의 보완을 요청할 수 있다.

표 10-6 자연재해위험개선지구 정비계획 수립 검토사항

• 정비사업의 타당성 검토	• 다른 사업과의 중복 및 연계성 여부
• 정비사업의 수혜도 등 효과분석	• 지역주민의 의견 수렴 결과

③ **정비계획 내용**

- 자연재해위험개선지구의 정비에 관한 기본 방침
- 자연재해위험개선지구 지정 현황 및 연도별 지구 정비에 관한 사항
- 재해 예방 및 자연재해위험개선지구의 점검·관리에 관한 사항

④ **정비계획의 포함 사항**

- 자연재해위험개선지구의 정비에 관한 기본 방침
- 자연재해위험개선지구 지정 현황 및 연도별 지구 정비에 관한 사항

- 재해 예방 및 자연재해위험개선지구의 점검·관리에 관한 사항
- 그 밖에 자연재해위험개선지구의 정비 등에 관하여 대통령령으로 정하는 사항

표 10-7 대통령령으로 정하는 사항

- 자연재해위험개선지구의 주변 여건
- 자연재해위험개선지구의 재해 발생 빈도
- 정비사업 완료 시의 재해 예방 효과
- 자연재해위험개선지구 정비에 필요한 사업비 및 재원대책
- 그 밖에 정비사업의 우선순위 등 행정안전부장관이 정하는 사항

(15) 개발계획과의 관련성 검토·반영

시장·군수·구청장은 정비계획을 수립할 때에는 그 지역에 관한 개발계획 등과의 관련성 등을 검토·반영하여야 한다. 정비계획을 변경하는 경우에는 제1항과 제2항을 준용한다. 제1항부터 제5항까지에서 규정한 사항 외에 정비계획의 수립 및 절차 등에 관하여 필요한 사항은 대통령령으로 정한다.

(16) 자연재해위험개선지구의 정비사업계획의 수립

① 시장·군수·구청장은 정비계획에 따라 매년 다음 해의 자연재해위험개선지구 정비사업계획("사업계획")을 수립하여 시·도지사(특별자치시장의 경우에는 행정안전부장관)에게 제출하여야 한다.

② 시·도지사는 사업계획을 받으면 행정안전부장관에게 보고하여야 한다.

③ 사업계획을 변경하는 경우에는 제1항과 제2항을 준용한다.

④ 제1항부터 제3항까지에서 규정한 사항 외에 사업계획의 수립 및 절차 등에 관하여 필요한 사항은 대통령령으로 정한다.

(17) 자연재해위험개선지구 정비사업계획수립 검토사항

① 정비사업의 우선순위

② 다른 사업과의 중복 또는 연계성 여부

③ 재원 확보 방안

④ 지역주민의 의견 수렴 결과

⑤ 그 밖에 투자우선순위 등 행정안전부장관이 정하는 사항

(18) 자연재해위험개선지구 정비사업 실시계획의 수립·공고

시장·군수·구청장은 사업계획을 바탕으로 대통령령으로 정하는 바에 따라 자연재해위험개선지구 정비사업 실시계획을 수립하여 공고하고, 설계도서(設計圖書)를 일반인이 열람할 수 있도록 하여야 한다. 자연재해위험개선지구 정비사업 실시계획을 변경하려는 경우에도 또한 같다. 시장·군수·구청장이 자연재해위험개선지구 정비사업 실시계획을 수립하거나 변경하여 공고하면 허가·인가·승인·결정·지정·협의·신고수리 등에 관하여 관계 행정기관의 장과 협의한 사항에 대하여는 해당 인·허가 등을 받아 고시 또는 공고를 한 것으로 본다.

시장·군수·구청장이 자연재해위험개선지구 정비사업 실시계획을 수립·변경하고 공고할 때에는 관계 행정기관의 장과 미리 협의하여야 한다. 이 경우 관계 행정기관의 장은 시장·군수·구청장으로부터 협의 요청을 받은 날부터 15일 이내에 협의 내용을 회신하여야 한다.

시장·군수·구청장은 자연재해위험개선지구 정비사업 실시계획을 수립하거나 변경하였을 때에는 제1항 각 호의 사항을 해당 시·군·구에서 발행하는 공보나 인터넷 홈페이지 등에 공고하고, 설계도서 등 관계 서류의 사본을 15일 이상 일반인이 열람할 수 있도록 하여야 한다.

표 10-8 자연재해위험개선지구 정비사업 실시계획 포함사항

① 사업의 종류 및 명칭	② 사업시행자의 성명 및 주소
③ 사업시행 면적 및 규모	④ 사업 착수예정일 및 준공예정일
⑤ 사용하거나 수용할 토지 또는 건물의 소재지·지번·지목 및 면적, 소유권과 소유권 외의 권리에 관한 명세서 및 그 소유자·권리자의 성명·주소	

(19) 토지 등의 수용 및 사용

시장·군수·구청장은 자연재해위험개선지구 정비사업을 시행하기 위하여 필요하다고 인정하면 사업구역에 있는 토지·건축물 또는 그 토지에 정착된 물건의 소유권이나 그 토지·건축물 또는 물건에 관한 소유권 외의 권리를 수용하거나 사용할 수 있다.

(20) 자연재해위험개선지구 내 건축, 형질 변경 등의 행위 제한

시장·군수·구청장은 자연재해위험개선지구로 지정·고시된 지역에서 재해 예방을 위하여 필요하면 건축, 형질 변경 등의 행위를 제한할 수 있다. 다만, 건축, 형질 변경 등의 행위와 병행하여 그 행위로 발생할 수 있는 자연재해에 관한 예방대책이 마련되어 추진되는 경우에는 그러하지 아니하다. 행위 제한에 관한 구체적인 사항은 해당 지방자치단체의 조례로 정한다.

(21) 자연재해위험개선지구 정비사업의 분석·평가

시장·군수·구청장은 대통령령으로 정하는 규모 이상의 자연재해위험개선지구 정비사업을 완료하였을 경우에는 그 사업의 효과성 및 경제성을 분석·평가하고, 그 결과를 시·도지사를 거쳐 행정안전부장관에게 제출하여야 한다. 다만, 특별자치시장은 직접 행정안전부장관에게 제출하여야 한다.

표 10-9 자연재해위험개선지구 정비사업의 효과성 및 경제성에 대한 분석·평가 포함사항

① 재해예방의 효과 및 지역발전 기여도	② 예산 투자의 효율성
③ 사업계획의 타당성 및 공사의 적정성	④ 사업의 문제점 및 개선방안
⑤ 해당 지역 주민의 만족도	
⑥ 그 밖에 시장·군수·구청장이 필요하다고 인정하는 사항	

자연재해위험개선지구 정비사업의 효과성 및 경제성에 대한 분석·평가는 ① 수행성과 : 사업비, 사업기간 등 정량적 성과, ② 사업효과 : 재해 저감성, 경제적 효과, 지역에 미치는 영향, 주민 호응도 등으로 구분하여 실시한다. 시장·군수·구청장은 자연재해위험개선지구 정비사업의 효과성 및 경제성에 대한 분석·평가를 완료한 경우에는 30일 이내에 그 결과를 시·도지사를 거쳐 행정안전부장관에게 제출하여야 한다.

(22) 풍수해 생활권 종합정비계획 수립

시장·군수·구청장은 관할구역 내 풍수해로 인하여 위험하다고 판단되어 일괄 정비가 필요한 경우 다음을 종합적으로 검토하여 지역단위의 풍수해 생활권 종합정비계획(풍수해 종합정비계획)을 수립할 수 있다.

① 제12조에 따라 지정·고시된 자연재해위험개선지구
② 「급경사지 재해예방에 관한 법률」 제6조에 따라 지정·고시된 붕괴위험지역
③ 「저수지·댐의 안전관리 및 재해예방에 관한 법률」 제9조에 따라 지정·고시된 위험저수지
④ 「소규모 공공시설 안전관리 등에 관한 법률」 제7조에 따라 지정·고시된 소규모 위험시설
⑤ 그 밖에 지방자치단체장이 필요하다고 인정하는 지역이나 시설

(23) 자연재해저감 종합계획의 수립

① 자연재해저감 종합계획의 수립

시장(특별자치시장 및 행정시장은 제외)·군수는 자연재해의 예방 및 저감을 위하여 10년마다 시·군 자연재해저감 종합계획(시·군 종합계획)을 수립하여 시·도지사를 거쳐 대통령령으로 정하

는 바에 따라 행정안전부장관의 승인을 받아 확정하여야 한다.

시·도지사는 직접 또는 시·군 종합계획을 기초로 시·도 자연재해저감 종합계획(시·도 종합계획)을 수립하여 대통령령으로 정하는 바에 따라 행정안전부장관의 승인을 받아 확정하여야 한다. 시장·군수 및 시·도지사는 각각 시·군 종합계획 및 시·도 종합계획을 수립한 날부터 5년이 지난 경우 그 타당성 여부를 검토하여 필요한 경우에는 그 계획을 변경할 수 있다. 시장·군수 및 시·도지사가 각각 시·군 종합계획 및 시·도 종합계획을 변경하려는 경우에는 제1항과 제2항에 따른 절차를 준용한다. 다만, 긴급한 변경이 필요한 경우로서 대통령령으로 정하는 경우에는 그러하지 아니한다.

「국토의 계획 및 이용에 관한 법률」 제11조, 제18조 및 제24조에 따른 광역도시계획, 도시·군 기본계획 및 도시·군 관리계획의 수립·변경권자가 광역도시계획, 도시·군 기본계획 및 도시·군 관리계획을 수립하거나 변경하는 경우에는 시·군 종합계획과 시·도 종합계획을 반영하여야 한다. 시·군 종합계획과 시·도 종합계획에 포함되어야 할 자연재해의 범위 및 그 수립기준 등에 필요한 사항은 대통령령으로 정한다.

② 자연재해저감 종합계획에 포함하여야 할 사항

시·도지사 및 시장·군수는 자연재해저감 종합계획을 수립하거나 변경할 때에는 미리 관계 기관과 협의하고, 지역주민 및 관계 전문가의 의견을 수렴하기 위한 공청회를 개최하며, 해당 지방의회의 의견을 들어야 한다. 시·군 자연재해저감 종합계획과 시·도 자연재해저감 종합계획에 포함되어야 할 자연재해는 태풍, 홍수, 호우, 강풍, 풍랑, 해일, 조수, 대설, 가뭄, 그 밖에 이에 준하는 자연현상으로 인하여 발생하는 재해로 한다.

표 10-10 자연재해저감 종합계획에 포함하여야 할 사항

① 지역적 특성 및 계획의 방향·목표에 관한 사항
② 유역 현황, 하천 현황, 기상 현황, 방재시설 현황 등 재해 발생 현황 및 재해 위험 요인 실태에 관한 사항
③ 자연재해 복구사업의 평가·분석에 관한 사항
④ 지역별, 주요 시설별 자연재해 위험 분석에 관한 사항
⑤ 법 제18조의 지구단위 홍수방어기준을 적용한 저감대책에 관한 사항
⑥ 자연재해 저감을 위한 자연재해위험개선지구 지정 및 정비에 관한 사항
⑦ 자연재해 예방 및 저감을 위한 종합대책 등에 관한 사항
⑧ 제14조제7항에 따른 자연재해저감 종합계획 세부 수립기준에서 정하는 사항

③ 자연재해저감 종합계획의 승인

시·도지사 및 시장·군수는 자연재해저감 종합계획을 승인받으려면 자연재해저감 종합계획안에 다음의 서류를 첨부하여 행정안전부장관에게 제출하여야 한다.

- 자연재해저감 종합계획 수립을 위한 기초조사 자료
- 공청회 개최 등 의견 수렴 결과
- 지방의회 의견 청취 결과
- 관계 기관과의 협의 등에 필요한 서류

행정안전부장관은 제출된 자연재해저감 종합계획안이 행정안전부장관이 정한 자연재해저감 종합계획 세부 수립기준에 맞지 아니할 때에는 보완을 요구할 수 있다. 행정안전부장관은 자연재해저감 종합계획을 승인하기 전에 관계 분야 전문가의 검토를 거쳐 계획에 반영할 수 있다. 전문가 위촉 등 전문가의 검토를 위하여 필요한 사항은 행정안전부령으로 정한다. 행정안전부장관은 자연재해저감 종합계획을 승인할 때에는 미리 관계 중앙행정기관의 장과 협의하여야 한다.

행정안전부장관은 자연재해저감 종합계획을 승인하였을 때에는 관계 중앙행정기관의 장과 관계 시·도지사 및 시장·군수에게 관계 서류를 보내야 하며, 시·도지사 및 시장·군수는 행정안전부령으로 정하는 바에 따라 이를 공고하고 일반인이 열람할 수 있도록 하여야 한다.

④ 자연재해저감 종합계획의 긴급한 변경

긴급한 변경이 필요한 경우로서 대통령령으로 정하는 경우에는 그러하지 아니한다. “대통령령으로 정하는 경우”란 다음의 어느 하나에 해당하는 경우를 말한다.

- 「소하천정비법」 등 다른 법령에 따른 자연재해 관련 대책 또는 계획이 변경되어 관련 사항을 긴급히 반영하여야 하는 경우로서 변경 사항 등이 행정안전부장관이 정하여 고시하는 사항에 해당되는 경우
- 자연재해저감 종합계획 수립 시에는 예상하지 못했던 새로운 위험 요인에 대한 대책을 긴급히 반영하여야 하는 경우로서 시장·군수 또는 시·도지사가 행정안전부장관과 협의한 경우

⑤ 자연재해저감 종합계획의 수립·변경을 위한 세부기준

자연재해저감 종합계획 수립·변경을 위한 세부기준에는 다음의 사항이 포함되어야 한다.

- 세부기준의 제정 목적 및 적용 기준에 관한 사항
- 자연재해저감 종합계획의 내용 및 작성 원칙에 관한 사항
- 기초조사 및 그 방법에 관한 사항
- 자연재해저감대책 수립 내용 및 방법·기준 등에 관한 사항
- 그 밖에 자연재해저감 종합계획 수립 및 변경에 필요한 사항

자연재해저감 종합계획의 공고는 지방자치단체에서 발행하는 공보 및 해당 지방자치단체의 인터넷 홈페이지에 게재하는 방법으로 한다. 관계 서류의 열람기간은 30일 이상으로 하여야 한다.

(24) 자연재해저감 시행계획의 수립

시장·군수는 매년 시·군 종합계획에 대한 다음 해의 시·군 시행계획(시·군 시행계획)을 작성하여 시·도지사에게 제출하여야 한다. 이 경우 시장·군수는 미리 관계 행정기관의 장 및 제19조의5제1항 각 호의 공공기관의 장과 협의하여야 한다.

시·도지사는 직접 또는 제1항에 따라 제출된 시·군 시행계획을 반영하여 매년 시·도 종합계획에 대한 다음 해의 시·도 시행계획(시·도 시행계획)을 작성하여 행정안전부장관에게 제출하여야 한다. 이 경우 시·도지사는 미리 관계 행정기관 등의 장과 협의하여야 한다.

행정안전부장관은 제2항에 따라 제출받은 시·도 시행계획에 보완이 필요한 경우 시·도지사에게 그 보완을 요청할 수 있다. 이 경우 시·도지사는 정당한 사유가 없으면 시·도 시행계획을 보완하여 제출하여야 한다.

행정안전부장관은 제출받은 시·도 시행계획을 심사한 후 자연재해저감사업비의 일부를 국고로 지원할 수 있다. 시·군 시행계획 및 시·도 시행계획을 변경하는 절차에 관하여는 제1항 및 제2항을 준용한다. 규정한 사항 외에 시·군 시행계획 및 시·도 시행계획의 수립 절차·방법 등에 필요한 사항은 대통령령으로 정한다.

시장·군수는 다음의 사항이 포함된 다음 해의 시·군 자연재해저감 시행계획을 작성하여 매년 11월 30일까지 시·도지사에게 제출하여야 한다.

① 기본방향 및 개요
② 다음의 사항이 포함된 단위사업별 계획
- 사업의 명칭 및 위치
- 사업의 규모 및 시행자의 명칭
- 사업비와 자금의 조달 계획(연차별 투자계획을 포함한다)

③ 그 밖에 자연재해 저감을 위하여 행정안전부장관이 필요하다고 인정하여 고시하는 사항

시·도지사는 제1항에 따라 제출된 시·군 시행계획을 반영한 다음 해의 시·도 자연재해저감 시행계획을 작성하여 매년 12월 31일까지 행정안전부장관에게 제출하여야 한다. 시장·군수 및 시·도지사는 관계 행정기관의 장 및 공공기관의 장에게 시·군 시행계획 또는 시·도 시행계획의 작성을 위한 자료의 제출 등 필요한 협조를 요청할 수 있다.

(25) 자연재해저감 시행계획의 시행 등

행정안전부장관은 시·도 시행계획이 제출된 경우 그 내용을 지체 없이 관계 행정기관 등의 장에게 통보하여야 한다. 통보를 받은 관계 행정기관 등의 장은 시행계획의 시행에 필요한 조치를

하여야 하며, 연도별 시행계획의 추진 실적을 매년 행정안전부장관에게 제출하여야 한다.

시·도 시행계획을 통보받은 관계 행정기관 등의 장은 소관 사항에 대한 다음 각 호의 사항이 포함된 해당 연도의 시·도 시행계획 추진 실적을 다음 연도 2월 말일까지 행정안전부장관에게 제출하여야 한다.

① 단위사업별 추진 실적(사업진도와 예산집행실적을 포함한다)
② 사업 추진상 문제점 및 개선 대책
③ 그 밖에 시·도 시행계획의 추진 실적 관리를 위하여 행정안전부장관이 필요하다고 인정하여 고시하는 사항

2 풍수해

(1) 지역별 방재성능목표 설정·운용

① 방재성능목표의 설정 기준

행정안전부장관은 홍수, 호우 등으로부터 재해를 예방하기 위한 방재정책 등에 적용하기 위하여 처리 가능한 시간당 강우량 및 연속강우량의 목표(방재성능목표다)를 지역별로 설정·운용할 수 있도록 관계 중앙 행정기관의 장과 협의하여 방재성능목표 설정 기준을 마련하고, 이를 특별시장·광역시장·시장 및 군수(광역시에 속한 군의 군수를 포함한다.)에게 통보하여야 한다.

② 방재성능목표를 설정·공표

방재성능목표 설정 기준을 통보받은 특별시장·광역시장·시장 및 군수는 해당 특별시·광역시·시 및 군에 대한 10년 단위의 지역별 방재성능목표를 설정·공표하고 운용하여야 한다.

③ 타당성 여부 검토

특별시장·광역시장·시장 및 군수는 지역별 방재성능목표를 공표한 날부터 5년마다 그 타당성 여부를 검토하여 필요한 경우에는 설정된 방재성능목표를 변경·공표하여야 한다. 특별시장·광역시장·시장 및 군수(시장은 특별자치도의 행정시장을 포함하고, 군수는 광역시에 속한 군수를 포함한다)는 지역별 방재성능목표를 공표하려는 경우에는 해당 지방자치단체의 공보 또는 인터넷 홈페이지에 공고하여야 한다.

(2) 방재시설에 대한 방재성능 평가

① 특별시장·광역시장·시장 및 군수는 해당 특별시·광역시·시 및 군에 있는 제64조에 따른 방재시설 중 대통령령으로 정하는 방재시설의 성능이 지역별 방재성능목표에 부합하는지를 평가하고, 방재성능목표에 부합하지 아니하는 경우에는 방재성능을 향상시킬 수 있는 통합 개선대책을 수립·시행하여야 한다.

표 10-11 방재성능 평가대상 방재시설(대통령령)

① 「소하천정비법」 제2조제3호에 따른 소하천부속물 중 제방
② 「국토의 계획 및 이용에 관한 법률」 제2조제6호 마목에 따른 방재시설 중 유수지
③ 「하수도법」 제2조제3호에 따른 하수도 중 하수관로
④ 제55조제12호에 따라 행정안전부장관이 고시하는 시설 중 행정안전부장관이 정하는 시설

표 10-12 개선대책에 포함되어야 하는 사항

① 방재성능 평가 결과에 관한 사항
② 방재성능 향상을 위한 개선대책[유하(流下)시설, 저류(貯留)시설 및 침투(浸透)시설과 연계한 개선대책을 포함]에 관한 사항
③ 개선대책에 필요한 예산 및 재원대책
④ 방재시설의 경제성, 시공성(施工性) 등을 고려한 연차별 정비계획에 관한 사항
⑤ 그 밖에 행정안전부장관이 정하는 사항

(3) 방재기준 가이드라인의 설정 및 활용

① 행정안전부장관은 기후변화에 따른 재해에 선제적이고 효과적으로 대응하기 위하여 미래 기간별·지역별로 예측되는 기온, 강우량, 풍속 등을 바탕으로 방재기준 가이드라인을 정하고, 재난관리책임기관의 장에게 이를 적용하도록 권고할 수 있다.

② 권고를 받은 재난관리책임기관의 장은 방재기준 가이드라인을 소관 업무에 관한 장기 개발 계획 수립·시행 및 방재시설의 유지·관리 등에 적용할 수 있다.

(4) 수방기준의 제정·운영

① 수방기준의 제정

수방기준 중 시설물의 수해 내구성을 강화하기 위한 수방기준은 관계 중앙행정기관의 장이 정하고, 지하공간의 침수를 방지하기 위한 수방기준은 행정안전부장관이 관계 중앙행정기관의 장과 협의하여 정한다.

② **수방기준의 제정 대상**

- 시설물
  - 「소하천정비법」의 소하천부속물
  - 「하천법」의 하천시설
  - 「국토의 계획 및 이용에 관한 법률」의 기반시설
  - 「하수도법」의 하수도
  - 「농어촌정비법」의 농업생산기반시설
  - 「사방사업법」의 사방시설
  - 「댐건설·관리 및 주변지역지원 등에 관한 법률」의 댐
  - 「도로법」의 도로
  - 「항만법」의 항만시설
- 지하공간
  - 「국토의 계획 및 이용에 관한 법률」의 기반시설 및 공동구
  - 「시설물의 안전 및 유지관리에 관한 특별법」의 시설물
  - 「철도의 건설 및 철도시설 유지관리에 관한 법률」의 철도시설
  - 「도시철도법」의 도시철도시설
  - 「건축법」의 건축물

표 10-13 수방기준의 제정 대상 시설물(대통령령)

① 수해내구성 강화를 위하여 수방기준을 제정하여야 하는 시설물
- 「소하천정비법」에 따른 소하천부속물 중 제방
- 「하천법」에 따른 하천시설 중 제방
- 「국토의 계획 및 이용에 관한 법률」에 따른 방재시설 중 유수지
- 「하수도법」에 따른 하수도 중 하수관로 및 공공하수처리시설
- 「농어촌정비법」에 따른 농업생산기반시설 중 저수지
- 「사방사업법」에 따른 사방시설 중 사방사업에 따라 설치된 공작물
- 「댐건설·관리 및 주변지역지원 등에 관한 법률」에 따른 댐 중 높이 15 m 이상의 공작물 및 여수로(餘水路), 보조댐
- 「도로법 시행령」에 따른 교량
- 「항만법」에 따른 방파제(防波堤), 방사제(防砂堤), 파제제(波除堤) 및 호안(護岸)

② 지하공간의 침수 방지를 위하여 수방기준을 제정하여야 하는 대상 시설물
- 「국토의 계획 및 이용에 관한 법률 시행령」에 따른 지하도로, 지하광장 및 「국토의 계획 및 이용에 관한 법률」에 따른 공동구
- 「시설물의 안전 및 유지관리에 관한 특별법」에 따른 1종 시설물·2종 시설물 중 지하도상가
- 「철도의 건설 및 철도시설 유지관리에 관한 법률」에 따른 철도의 역 시설 중 지하에 설치된 역사 및 「도시철도법」에 따른 도시철도의 역사 중 지하에 설치된 역사
- 「건축법 시행령」에 따른 변전소 중 지하에 설치된 변전소(이 영의 시행일 전에 설치된 지하 변전소는 제외한다)
- 「건축법」에 따른 건축허가 또는 건축협의 대상 건축물 중 바닥이 지표면 아래에 있는 건축물로서 행정안전부장관이 침수 피해가 우려된다고 인정하여 고시하는 지역의 건축물

③ 행정안전부령으로 정하는 침수방지시설

- 물막이판
- 역류방지 밸브
- 배수펌프 및 집수정

시설물의 소유자·관리자 또는 점유자는 시설이 다음의 사항을 갖출 수 있도록 유지·관리하여야 한다.

- 정상적으로 작동할 것
- 수밀성(물의 침투, 흡수 및 투과를 막는 성질)이 확보될 것
- 그 밖에 지하공간의 침수를 방지하기 위하여 행정안전부장관이 필요하다고 인정하는 사항

④ 수방기준의 적용

관계 중앙행정기관의 장 또는 지방자치단체의 장은 수방기준제정대상의 준공검사 또는 사용승인을 할 때에는 수방기준 적용 여부를 확인하고, 수방기준을 충족하였으면 준공검사 또는 사용승인을 하여야 한다.

(5) 지구단위 홍수방어기준의 설정 및 활용

행정안전부장관은 상습침수지역, 홍수피해예상지역, 그 밖의 수해지역의 재해 경감을 위하여 필요하면 지구단위 홍수방어기준을 정하여야 한다. 재난관리책임기관의 장은 개발사업, 자연재해위험개선지구 정비사업, 수해복구사업, 그 밖의 재해경감사업 중 대통령령으로 정하는 개발사업 등에 대한 계획을 수립할 때에는 지구단위 홍수방어기준을 적용하여야 한다. 중앙행정기관의 장, 시·도지사 및 시장·군수·구청장은 개발사업 등의 허가 등을 할 때에는 재해 예방을 위하여 사업 대상 지역 및 인근지역에 미치는 영향을 분석하여 사업시행자에게 지구단위 홍수방어기준을 적용하도록 요청할 수 있다. 이 경우 요청을 받은 사업시행자는 특별한 사유가 없으면 이에 따라야 한다.

표 10-14 지구단위 홍수방어기준의 적용 대상 사업

① 제6조제1항 및 별표 1에 따라 재해영향평가의 협의를 요청하여야 하는 개발사업 중 별표 1의2에 해당하는 개발사업
② 제8조제1항제1호에 따른 자연재해위험개선지구 중 침수위험지구, 유실위험지구 및 취약방재시설지구에 대한 정비사업
③ 제40조제1항에 따라 사전심의를 받아야 하는 재해복구사업
④ 「재해위험 개선사업 및 이주대책에 관한 특별법」 제2조제1호에 따른 재해위험 개선사업
⑤ 그 밖에 행정안전부장관이 필요하다고 인정하여 고시하는 재해경감사업

(6) 우수유출저감대책 수립

특별시장·광역시장·특별자치시장 및 시장·군수는 관할구역의 지역특성 등을 고려하여 우수의 침투 또는 저류를 통한 재해의 예방을 위하여 우수유출저감대책을 5년마다 수립하여야 한다.

수립한 우수유출저감대책을 특별시장·광역시장·특별자치시장은 행정안전부장관에게 제출하여야 하며, 시장·군수는 도지사를 경유하여 행정안전부장관에게 제출하여야 한다.

시·도지사 또는 시장·군수는 우수유출저감대책을 수립하는 자연재해저감 종합계획에 반영하여야 한다.

① 우수유출저감대책에 포함되어야할 사항

- 우수유출저감 목표와 전략
- 우수유출저감대책의 기본 방침
- 우수유출저감시설의 연도별 설치에 관한 사항
- 우수유출저감시설 설치를 위한 재원대책
- 재해의 예방을 위한 우수유출저감시설 관리방안
- 유휴지, 불모지 등을 이용한 우수유출저감대책

② 우수유출저감시설 설치를 위한 토지의 사용 요청

관계 중앙행정기관의 장 또는 지방자치단체의 장은 침수 피해가 발생하였거나 발생할 위험이 높은 도심 지역의 침수 피해를 방지하기 위하여 공공기관이 소유·관리하는 운동장·주차장·공원 등 공공시설물의 지하공간에 우수유출저감시설을 설치할 필요가 있는 경우에는 해당 공공기관의 장에게 우수유출저감시설의 설치에 필요한 범위에서 토지의 사용을 요청할 수 있다.

표 10-15 우수유출저감시설 설치를 위한 토지의 사용 요청대상

① 국가 및 지방자치단체의 기관	② 국립·공립학교
③ 「공공기관의 운영에 관한 법률」 공공기관	④ 「지방공기업법」 지방공사 또는 지방공단

③ **우수유출저감대책 수립대상**

- 「건축법」 제29조에 따른 건축 협의 대상 중 대지 면적이 2천 m^2 이상이거나 건축연면적이 3천 m^2 이상인 건축(신축·증축·개축·재축 또는 이전을 포함)
- 「고등교육법」 제2조에 따른 학교를 설립하는 경우의 건축공사
- 「공공주택 특별법」 제2조제3호 가목에 따른 공공주택지구조성사업
- 「관광진흥법」 제2조제6호 및 제7호에 따른 관광지 및 관광단지 개발사업
- 「국토의 계획 및 이용에 관한 법률」 제2조제6호에 따른 기반시설 중 유원지, 공원, 운동장, 유통업무설비, 유수지 또는 주차장의 도시·군 계획시설사업
- 「농어촌정비법」 제2조제10호에 따른 생활환경정비사업
- 「도시공원 및 녹지 등에 관한 법률」 제2조제3호에 따른 도시공원의 조성사업
- 「도시개발법」 제2조제1항제2호에 따른 도시개발사업
- 「도시 및 주거환경정비법」 제2조제2호 나목 및 라목에 따른 주택재개발사업 및 도시환경정비사업
- 「도시철도법」 제2조제4호에 따른 도시철도사업(부지조성이 수반되는 경우만 해당)
- 「물류시설의 개발 및 운영에 관한 법률」 제2조제3호에 따른 물류터미널사업 또는 같은 조 제9호에 따른 물류단지개발사업
- 「산림자원의 조성 및 관리에 관한 법률」 제28조에 따른 특수산림사업지구로 지정된 지역에서의 청소년수련사업 및 휴양시설 조성사업
- 「산업입지 및 개발에 관한 법률」 제2조제8호에 따른 산업단지 조성사업
- 「산업집적활성화 및 공장설립에 관한 법률」 제13조에 따른 공장의 설립
- 「산지관리법」 제25조에 따른 토석채취허가를 받아 시행하는 사업
- 「수도권신공항건설 촉진법」 제2조제2호에 따른 신공항건설사업(부지조성이 수반되는 경우만 해당)
- 「온천법」 제10조의 온천개발계획에 따른 개발사업
- 「유통산업발전법」 제2조제16호에 따른 공동집배송센터의 조성사업
- 「임업 및 산촌 진흥촉진에 관한 법률」 제25조의 산촌개발사업계획에 따른 개발사업
- 「장사 등에 관한 법률」 제13조에 따른 공설묘지의 설치
- 「주택법」 제2조제12호에 따른 주택단지 조성사업 또는 같은 법 제15조에 따른 주택건설사업계획의 승인 대상 사업
- 「중소기업진흥에 관한 법률」 제31조제1항에 따른 단지조성사업
- 「지방소도읍 육성 지원법」 제4조의 지방소도읍 지역에 대한 종합적인 육성계획에 따른 개발사업

- 「지역 개발 및 지원에 관한 법률」 제7조제1항제1호 및 제11조에 따른 지역개발사업구역의 지역개발사업
- 「체육시설의 설치·이용에 관한 법률」 제2조제1호에 따른 체육시설 중 골프장사업
- 「택지개발촉진법」 제2조제3호에 따른 택지개발지구로 지정하여 추진하는 택지개발사업
- 「항공법」 제2조제10호에 따른 공항개발사업(부지조성이 수반되는 경우만 해당한다)
- 지방자치단체의 조례로 정하는 개발사업 또는 시설물

④ 개발사업 시행자 등의 우수유출저감시설 설치

개발사업 등을 시행하거나 공공시설을 관리하는 자는 대통령령으로 정하는 바에 따라 우수유출저감대책을 수립하고 우수유출저감시설을 설치하여야 한다. 지방자치단체의 장은 우수유출저감시설을 설치·운영하는 민간사업자에게 조례로 정하는 바에 따라 수도요금 또는 하수도사용료를 일부 감면할 수 있다.

표 10-16 우수유출저감시설 설치 대상 개발사업

① 국토·지역 계획 및 도시의 개발
② 산업 및 유통 단지 조성
③ 관광지 및 관광단지 개발
④ 그 밖에 우수유출에 영향을 미치는 사업으로서 대통령령으로 정하는 사업

⑤ 우수유출저감시설 사업계획의 수립

특별시장·광역시장·특별자치시장 및 시장·군수는 우수유출저감대책에 따라 매년 다음 연도의 우수유출저감시설 사업계획을 수립하여야 한다. 수립한 우수유출저감시설 사업계획을 특별시장·광역시장·특별자치시장은 행정안전부장관에게 제출하여야 하며, 시장·군수는 도지사를 경유하여 행정안전부장관에게 제출하여야 한다. 특별시장·광역시장·특별자치시장 및 시장·군수는 다음 연도의 사업계획을 매년 4월 30일까지 행정안전부장관에게 제출하여야 한다.

표 10-17 우수유출저감시설 사업계획 포함사항

① 우수유출저감시설 사업의 우선순위
② 다른 사업과의 중복 또는 연계성 여부
③ 재원 확보 방안
④ 지역주민의 의견 수렴 결과
⑤ 그 밖에 투자우선순위 등 행정안전부장관이 정하는 사항

⑥ 우수유출저감시설 설치를 위한 토지의 사용 요청

관계 중앙행정기관의 장 또는 지방자치단체의 장은 침수 피해가 발생하였거나 발생할 위험이 높은 도심 지역의 침수 피해를 방지하기 위하여 다음의 어느 하나에 해당하는 공공기관이 소유·관리하는 운동장·주차장·공원 등 공공시설물의 지하공간에 우수유출저감시설을 설치할 필요가 있는 경우에는 해당 공공기관의 장에게 우수유출저감시설의 설치에 필요한 범위에서 토지의 사용을 요청할 수 있다.

- 국가 및 지방자치단체의 기관
- 국립·공립학교
- 「공공기관의 운영에 관한 법률」에 따른 공공기관
- 「지방공기업법」에 따라 설립된 지방공사, 지방공단

관계 중앙행정기관의 장 또는 지방자치단체의 장이 토지의 사용을 요청할 때에는 시설계획, 안전관리계획 등 관련 계획을 제출하여야 하며, 요청을 받은 공공기관의 장은 공익성, 안전성 등을 검토하여 특별한 사유가 없으면 이에 협조하여야 한다.

⑦ 개발사업 시행자 등의 우수유출저감시설 설치

개발사업 등을 시행하거나 공공시설을 관리하는 자는 대통령령으로 정하는 바에 따라 우수유출저감대책을 수립하고 우수유출저감시설을 설치하여야 한다. 지방자치단체의 장은 우수유출저감시설을 설치·운영하는 민간사업자에게 조례로 정하는 바에 따라 수도요금 또는 하수도사용료를 일부 감면할 수 있다. 따른 우수유출저감시설 설치 대상 개발사업 등은 다음과 같다.

- 국토·지역 계획 및 도시의 개발
- 산업 및 유통 단지 조성
- 관광지 및 관광단지 개발
- 그 밖에 우수유출에 영향을 미치는 사업으로서 대통령령으로 정하는 사업

지방자치단체의 장은 개발사업 등 및 공공시설에 대하여 준공검사 또는 사용승인을 할 때에는 우수유출저감시설기준의 적합 여부를 확인하고, 그 기준에 맞으면 준공검사나 사용승인을 하여야 한다.

⑧ 우수유출저감시설에 관한 기준

우수유출저감시설은 풍수해 및 가뭄피해 경감을 위하여 우수의 순간유출량을 저감하는 기능을 갖추어야 한다. 우수유출저감시설은 설치 지역의 연간강수량 및 지형적·지리적 조건, 집수 및 배수계통, 안전성 등을 고려하여 설치하여야 한다. 그 밖에 우수유출저감시설의 종류·설치·구조 및 유지관리 등에 필요한 기준은 대통령령으로 정한다. 관계 중앙행정기관의 장은 기준에 따라 사업별 특성에 적합한 우수유출저감기법을 개발·보급하여야 한다.

⑨ **우수유출저감시설의 종류**

- 침투시설 : 침투통, 침투측구, 침투트렌치, 투수성 포장, 투수성 보도블록 등이다. 침투시설은 단위설계 침투량, 시설의 배치계획 등을 충분히 검토한 후 침투시설의 설치 수량을 설정하여야 한다.
- 저류시설 : 쇄석공극(碎石空隙)저류시설, 운동장저류, 공원저류, 주차장저류, 단지내저류, 건축물저류, 공사장 임시저류지, 유지(溜池)·습지 등 자연형 저류시설 등이다. 저류시설은 해당 지역 내에서 개발 등으로 인하여 증가되는 유출량을 저류할 수 있도록 계획되어야 한다.

(7) 내풍설계기준의 설정

관계 중앙행정기관의 장은 태풍, 강풍 등으로 인하여 재해를 입을 우려가 있는 아래(내풍설계 이행대상)의 시설 중 대통령령으로 정하는 시설에 대하여 관계 법령 등에 내풍설계기준을 정하고 그 이행을 감독하여야 한다. 관계 중앙행정기관의 장이 내풍설계기준을 정하였을 때에는 행정안전부장관에게 통보하여야 하며 행정안전부장관은 필요하면 보완을 요구할 수 있다. 지방자치단체의 장은 내풍설계 대상 시설물에 대하여 허가 등을 할 때에는 내풍설계기준 적용에 관한 사항을 확인하고 그 기준을 충족하였으면 허가 등을 하여야 한다.

① **내풍설계 이행대상**

- 「건축법」에 따른 건축물
- 「공항시설법」에 따른 공항시설
- 「관광진흥법」에 따른 테마파크시설
- 「도로법」 및 「국토의 계획 및 이용에 관한 법률」에 따른 도로
- 「궤도운송법」에 따른 삭도시설
- 「산업안전보건법」에 따른 크레인 및 리프트
- 「옥외광고물 등의 관리와 옥외광고산업 진흥에 관한 법률」에 따른 옥외광고물
- 「전기사업법」 및 「전원개발 촉진법」에 따른 송전·배전 시설
- 「항만법」에 따른 항만시설
- 「철도산업발전 기본법」에 따른 철도시설
- 그 밖에 대통령령으로 정하는 시설

표 10-18 내풍설계기준의 설정 대상 시설

①「건축법」 제2조에 따른 건축물
②「공항시설법」 제2조제7호 및 제8호에 따른 공항시설 및 비행장시설
③「관광진흥법」 제3조에 따른 유원시설업상의 안전성검사 대상 유기기구(遊技機具)
④「도로법」 제2조제2호에 따른 도로의 부속물
⑤「궤도운송법」 제2조제3호에 따른 궤도시설
⑥「산업안전보건법」 제80조 및 제81조에 따른 유해하거나 위험한 기계·기구 및 설비
⑦「옥외광고물 등의 관리와 옥외광고산업 진흥에 관한 법률」 제2조제1호에 따른 옥외광고물
⑧「전기사업법」 제2조제16호에 따른 전기설비
⑨「항만법」 제2조제5호에 따른 항만시설 중 고정식 또는 이동식 하역장비
⑩「도시철도법」 제2조제2호에 따른 도시철도

(8) 재해지도의 제작·활용

관계 중앙행정기관의 장 및 지방자치단체의 장은 하천 범람 등 자연재해를 경감하고 신속한 주민 대피 등의 조치를 하기 위하여 대통령령으로 정하는 재해지도를 제작·활용하여야 한다. 다만, 다른 법령에 재해지도의 제작·활용에 관하여 특별한 규정이 있는 경우에는 그 법령에서 정하는 바에 따라 재해지도를 제작·활용할 수 있다. 지방자치단체의 장은 침수 피해가 발생하였을 때에는 침수, 범람, 그 밖의 피해 흔적(침수흔적)을 조사하여 침수흔적도를 작성·보존하고 현장에 침수흔적을 표시·관리하여야 한다.

행정안전부장관은 관계 중앙행정기관의 장 및 지방자치단체의 장이 작성한 재해지도를 자연재해의 예방·대비·대응·복구 등 전분야 대책에 기초로 활용하고 업무추진의 효율성을 증진하기 위한 재해지도통합관리연계시스템을 구축·운영하여야 한다. 행정안전부장관은 재해지도통합관리연계시스템의 구축을 위하여 필요한 자료를 관계 중앙행정기관의 장 및 지방자치단체의 장에게 요청할 수 있다. 이 경우 요청을 받은 관계 중앙행정기관의 장 및 지방자치단체의 장은 특별한 사유가 없으면 이에 따라야 한다. 재해지도 및 침수흔적도의 작성·보존·활용, 침수흔적의 설치 장소, 표시방법 및 유지·관리 등에 관한 세부 사항과 제3항에 따른 재해지도통합관리연계시스템의 표준화, 각종 재해 관련 지도의 통합·관리, 재해지도의 유형별 분류 등에 관한 세부 사항은 대통령령으로 정한다.

① 재해지도의 종류

- 침수흔적도 : 태풍, 호우(豪雨), 해일 등으로 인한 침수흔적을 조사하여 표시한 지도
- 침수예상도 : 현 지형을 기준으로 예상 강우 및 태풍, 호우, 해일 등에 의한 침수범위를 예측하여 표시한 지도로서 다음 각 목의 어느 하나에 해당하는 지도
  - 홍수범람위험도 : 홍수에 의한 범람 및 내수배제(內水排除) 불량 등에 의한 침수지역을 예측하여 표시한 지도와 「하천법」 제21조제1항 및 제5항에 따른 홍수위험지도

- 해안침수예상도 : 태풍, 호우, 해일 등에 의한 해안침수지역을 예측하여 표시한 지도

- 재해정보지도 : 침수흔적도와 침수예상도 등을 바탕으로 재해 발생 시 대피 요령, 대피소 및 대피 경로 등의 정보를 표시한 지도로서 다음 각 목의 어느 하나에 해당하는 지도
  - 피난활용형 재해정보지도 : 재해 발생 시 대피 요령, 대피소 및 대피 경로 등 피난에 관한 정보를 지도에 표시한 도면
  - 피난활용형 재해정보지도 : 재해 발생 시 대피 요령, 대피소 및 대피 경로 등 피난에 관한 정보를 지도에 표시한 도면
  - 방재정보형 재해정보지도 : 침수예측정보, 침수사실정보 및 병원 위치 등 각종 방재정보가 수록된 생활지도
  - 방재교육형 재해정보지도 : 재해유형별 주민 행동 요령 등을 수록하여 교육용으로 제작한 지도

② 재해 상황의 기록 및 보존

지방자치단체의 장은 행정안전부령으로 정하는 일정 규모 이상의 자연재해(「재난구호 및 재난복구 비용 부담기준 등에 관한 규정」 제5조에 따라 국고의 부담 및 지원 대상이 되는 자연재해)가 발생하였을 때에는 재해 발생 현황, 예방 및 대처 사항, 응급조치 등 재해 상황에 대한 상세한 기록을 작성하여 보존하여야 한다. 행정안전부장관이나 지방자치단체의 장은 피해지역의 피해 원인 분석·조사 및 복구사업 등에 활용하기 위하여 필요하다고 판단하면 피해 현장에 대한 공간영상정보 자료를 수집하거나 항공사진측량 등을 할 수 있다. 행정안전부장관은 필요하다고 판단하면 지방자치단체의 장이 실시하는 항공사진측량 비용의 전부 또는 일부를 지원할 수 있다. 재해 상황의

표 10-19 재해 상황의 기록 작성·보존사항

① 피해 상황 및 대응 • 재해명, 재해 일시, 피해지역 및 시설 • 피해 발생 당시의 기상 상황, 하천 및 댐 수위 등 주변 상황을 알 수 있는 각종 자료 • 인명 또는 재산 피해 내용, 이재민 발생 및 대처 상황 • 동원 인력·장비·자재 등 응급조치 내용 • 피해 상황을 알 수 있는 사진 • 자원봉사자 등의 활동 사항 • 재해 발생 시 대비·대응 상황을 알 수 있는 상황처리일지 • 재해 원인 분석 결과 ② 복구 상황 • 재해복구공사의 종류별 복구 물량 및 복구 금액의 산출 명세 • 복구공사의 명칭·위치, 공사 발주 및 복구 추진 현황 ③ 그 밖의 사항 • 피해 상황 대응 및 복구 관련 미담·모범 사례 • 그 밖에 기록으로 작성하여 보관·관리할 필요가 있는 사항

기록·보존 및 활용에 필요한 사항이나 항공사진측량 대상 지역, 방법 및 시기 등에 관하여 필요한 사항은 행정안전부령으로 정한다. 행정안전부장관은 매년도 말을 기준으로 자연재해 관련 기록 등을 종합하여 재해연보를 발행하여야 한다. 지방자치단체의 장은 작성한 재해 상황의 기록을 재난대응 시스템에 기록·관리하여야 한다.

③ 재해지도의 작성·활용 및 유지·관리

지방자치단체의 장은 침수 피해가 발생한 날부터 6개월 이내에 침수흔적도를 작성하여 행정안전부장관에게 제출하여야 한다. 지방자치단체의 장은 재해지도를 전산화하여 관리하여야 한다. 지방자치단체의 장은 침수흔적도를 활용하려는 자가 특정 지역·시설 등에 대하여 침수흔적도에 따른 침수흔적의 확인을 요청하는 경우에는 행정안전부령으로 정하는 바에 따라 확인해주어야 한다.

④ 재해지도의 통합·관리

- 행정안전부장관은 관계 중앙행정기관의 장이 법 제21조제1항에 따라 작성한 재해지도의 통합·관리를 위하여 관계 중앙행정기관의 장에게 해당 기관의 재해지도 관련 시스템("재해지도시스템")을 재해지도통합관리연계시스템("통합시스템")에 연계하여 운영할 것을 요청할 수 있다. 행정안전부장관은 연계·운영되는 재해지도시스템의 표준화를 위하여 다음에 관한 사항을 정하여 고시하여야 한다. 이 경우 관계 중앙행정기관의 장과 협의하여야 한다.
  - 재해지도시스템의 표준사양에 관한 사항
  - 제1호에 따른 표준사양의 구축방법에 관한 사항
  - 그 밖에 행정안전부장관이 재해지도시스템의 표준화 등을 위하여 필요하다고 인정하는 사항

  지방자치단체의 장은 재해지도를 작성한 경우에는 그 재해지도를 통합시스템에 등재하여야 한다. 행정안전부장관은 통합시스템에 등재되는 재해지도의 통합·관리를 위하여 다음의 사항이 포함된 지침을 마련하여 지방자치단체의 장에게 통보할 수 있다.
  - 재해지도의 작성 표준 및 관리에 관한 사항
  - 재해지도의 통합시스템에의 등재 및 수정에 관한 사항
  - 그 밖에 행정안전부장관이 통합시스템의 운영 및 유지·관리를 위하여 필요하다고 인정하는 사항

(9) 침수흔적도 등 재해정보의 활용

행정안전부장관 또는 관계행정기관의 장은 다음의 행위 등을 할 때에는 침수흔적도 등 재해지도, 재해 상황 기록, 공간영상정보 또는 항공사진측량 자료 등을 활용하여야 한다.

① **침수흔적도 등 재해정보의 활용**

- 제4조에 따른 재해영향평가 검토협의
- 제12조에 따른 자연재해위험개선지구의 지정
- 제13조에 따른 자연재해위험개선지구 정비계획의 수립
- 제14조에 따른 자연재해위험개선지구 정비사업계획의 수립
- 제16조에 따른 자연재해저감종합계획의 수립
- 제19조에 따른 우수유출저감대책의 수립
- 제46조제1항에 따른 자체복구계획 또는 같은 조 제2항에 따른 재해복구계획의 수립
- 제46조의3에 따른 지구단위종합복구계획의 수립
- 「재해위험 개선사업 및 이주대책에 관한 특별법」 제6조에 따른 재해위험 개선사업지구의 지정
- 「재해위험 개선사업 및 이주대책에 관한 특별법」 제10조에 따른 재해위험 개선사업 시행계획의 승인
- 그 밖에 침수흔적도 등 재해정보의 활용이 필요하다고 대통령령으로 정하는 사항

(10) 홍수통제소의 협조

홍수통제소의 장은 홍수의 예보·경보, 각종 수문 관측 및 수문정보 등에 관한 사항에 대하여 행정안전부장관 및 지방자치단체의 장과 협조하여야 한다.

한강·낙동강·금강 및 영산강 등 각 수계별 홍수통제소의 장은 수위가 홍수위(洪水位)에 도달하거나 도달할 우려가 있는 경우에는 즉시 행정안전부장관, 환경부장관 등 관계 중앙행정기관의 장, 관할 시·도지사 및 시장·군수·구청장 등에게 홍수위 및 수위 상황을 보고하거나 통보하여야 한다.

시·도지사는 홍수통제소의 장으로부터 보고 또는 통보를 받은 홍수위를 수계별로 집계하여 같은 수계의 하류를 관할하는 인접 시·도지사에게 지체 없이 통보하여야 한다. 시장·군수·구청장은 홍수통제소의 장으로부터 통보를 받은 홍수위 및 수위 상황을 관계 주민 등에게 신속히 알리는 등 필요한 조치를 하여야 한다. 홍수위 및 수위 상황의 보고·통보에 필요한 사항은 환경부령으로 정한다.

(11) 해일 피해 경감을 위한 조사·연구

행정안전부장관, 지방자치단체의 장 및 관계 중앙행정기관의 장은 해일로 인한 피해를 줄이기 위하여 필요한 조사 및 연구를 하여야 한다. 행정안전부장관, 지방자치단체의 장 및 관계 중앙행정기관의 장은 해일 피해 경감을 위한 조사·연구를 위하여 해일 관련 자료를 소장하고 있는 관계 기관의 장이나 기상관측 연구기관의 장에게 협조를 요청할 수 있다. 이 경우 요청을 받은 관계 기관의 장 및 기상관측 연구기관의 장은 특별한 사유가 없으면 요청에 따라야 한다.

(12) 해일위험지구의 지정

시장·군수·구청장은 해일로 인하여 침수 등 피해가 예상되는 지역을 해일위험지구로 지정·고시하고, 그 결과를 시·도지사를 거쳐 행정안전부장관과 관계 중앙행정기관의 장에게 보고하여야 한다.

① 해일위험지구의 지정 지역

- 폭풍해일로 인하여 피해를 입었던 지역
- 지진해일로 인하여 피해를 입었던 지역
- 해일 피해가 우려되어 대통령령으로 정하는 지역

표 10-20 대통령령으로 정하는 지역

- 해수면 상승에 의한 하수도 역류현상 등으로 침수 피해가 발생하였거나 발생할 우려가 있는 지역
- 태풍, 강풍 등으로 인한 풍랑으로 침수 또는 시설물 파손 피해가 발생하였거나 발생할 우려가 있는 지역
- 그 밖에 자연환경 등의 변화로 해일 피해가 우려되는 지역으로서 시장·군수·구청장이 해일 피해 방지를 위하여 특별히 정비·관리가 필요하다고 인정하는 지역

② 지역대책본부장의 점검·정비 요청 : 지방자치단체의 장은 지정된 해일위험지구를 관할하는 관계 기관 또는 그 지구에 속해 있는 시설물의 소유자·점유자 또는 관리인[관계인]에게 행정안전부령으로 정하는 바에 따라 재해 예방에 필요한 한도에서 점검·정비 등 필요한 조치를 할 것을 요청하거나 명할 수 있다.

③ 재해 예방에 필요한 조치를 하도록 요청받거나 명령받은 관계 기관 또는 관계인은 필요한 조치를 하고 그 결과를 지방자치단체의 장에게 통보하여야 한다.

④ 지방자치단체의 장은 해일 피해를 입었던 지역 등 대통령령으로 정하는 해일위험지구에 대하여 직권으로 조치를 하거나 소유자에게 그 조치에 드는 비용의 일부를 보조할 수 있다.

표 10-21 대통령령으로 정하는 해일위험지구(직권조치 등을 할 수 있는 해일위험지구)

① 해일이 발생할 경우 인명 피해가 발생할 우려가 있는 해일위험지구
② 해일이 발생할 경우 주요 공공시설이 파손될 우려가 있는 해일위험지구

⑤ 시장·군수·구청장은 정비사업 시행 등으로 해일 피해의 위험이 없어진 경우에는 관계 전문가의 의견을 수렴하여 해일위험지구 지정을 해제하고 그 결과를 고시하여야 한다.

(13) 해일피해경감계획의 수립·추진

시장·군수·구청장은 지정·고시된 해일위험지구에 대하여 해일피해경감계획을 수립하여 시·도지사에게 제출하여야 한다. 시·도지사는 해일피해경감계획을 받아 행정안전부장관에게 제출하여야 하며, 행정안전부장관은 필요하면 시·도지사에게 그 보완을 요청할 수 있다.

① 해일피해경감계획 포함사항

- 해일 피해 경감에 관한 기본방침
- 해일위험지구 지정 현황
- 해일위험지구 정비를 위한 예방·투자 계획
- 제37조제2항에 따른 해일 대비 비상대처계획
- 그 밖에 해일 피해 경감에 관하여 대통령령으로 정하는 사항

시장·군수·구청장은 해일피해경감계획을 수립할 때에는 그 지역의 풍수해저감종합계획, 개발계획 등을 종합적으로 고려하여야 한다. 시장·군수·구청장은 해일피해경감계획을 효율적으로 추진하기 위하여 필요하다고 판단하면 정비계획과 사업계획에 해일피해경감계획을 포함하여 추진할 수 있다.

② 해일피해경감계획의 수립·추진 등에 필요한 사항

- 지역주민의 의견 수렴
- 재원 확보 방안
- 다른 사업과의 중복 또는 연계성에 관한 사항 등

3 설해

(1) 설해의 예방 및 경감 대책

① 재난관리책임기관 장의 설해 예방대책

재난관리책임기관의 장은 설해 발생에 대비하여 설해 예방대책에 관한 조사 및 연구를 하여야 하며, 설해로 인한 재해를 줄이기 위한 대책을 마련하여야 한다.

② 재난관리책임기관 장의 설해 예방 및 경감 조치

- 설해 예방조직의 정비

- 도로별 제설 및 지역별 교통대책 마련
- 설해 대비용 물자와 자재의 비축·관리 및 장비의 확보
- 고립·눈사태·교통두절 예상지구 등 취약지구의 지정·관리
- 산악지역 등산로의 통제구역 지정·관리
- 설해대책 교육·훈련 및 대국민 홍보
- 농수산시설의 설해 경감대책 마련
- 그 밖에 설해 예방 및 경감을 위하여 필요한 조치

③ 재난관리책임기관 장의 협조요청

재난관리책임기관의 장은 설해 예방 및 경감 조치를 위하여 필요하면 다른 재난관리책임기관의 장에게 협조를 요청할 수 있고, 협조 요청을 받은 재난관리책임기관의 장은 특별한 사유가 없으면 요청에 따라야 한다.

④ 친환경적 제설방안 권고

행정안전부장관은 환경피해를 최소화하기 위한 친환경적 제설방안의 시행을 재난관리책임기관의 장에게 권고할 수 있다

(2) 상습설해지역의 지정 등

① 상습설해지역 지정·고시

시장·군수·구청장은 대설로 인하여 고립, 눈사태, 교통 두절 및 농수산시설물 피해 등의 설해가 상습적으로 발생하였거나 발생할 우려가 있는 지역을 상습설해지역으로 지정·고시하고, 그 결과를 시·도지사를 거쳐 행정안전부장관과 관계 중앙행정기관의 장에게 보고하여야 한다. 다만, 특별자치시장은 직접 행정안전부장관과 관계 중앙행정기관의 장에게 보고하여야 한다.

시장·군수·구청장은 매년 관할 구역을 조사하여 상습설해지역을 지정하고, 그 결과를 행정안전부령으로 정하는 바에 따라 시·도지사를 거쳐 행정안전부장관과 관계 중앙행정기관의 장에게 보고하여야 한다. 시장·군수·구청장은 지정한 상습설해지역에 대해서는 행정안전부령으로 정하는 바에 따라 수시로 현황을 파악·관리하여야 하며, 설해 원인이 없어진 경우에는 지체 없이 지정을 해제하여야 한다.

② 관계기관 장과의 협의

시장·군수·구청장은 상습설해지역을 지정하려면 그 지역 공공시설물을 관할하는 관계 기관의 장과 협의하여야 하고, 협의 요청을 받은 관계 기관의 장은 특별한 사유가 없으면 요청에 따라야 한다.

③ **행정안전부장관의 상습설해지역 지정·고시 요청**

행정안전부장관은 설해가 상습적으로 발생할 우려가 있는 지역을 상습설해지역으로 지정·고시하도록 해당 시장·군수·구청장에게 요청할 수 있다.

④ **상습설해지역 지정해제 및 고시**

시장·군수·구청장은 중장기대책 시행 등으로 설해 위험이 없어졌으면 관계 전문가 등의 의견을 수렴하여 상습설해지역 지정을 해제하고, 그 결과를 고시하여야 한다.

⑤ **상습설해지역 지정요건(대통령령)**

- 대설로 인하여 고립이 발생하였거나 발생할 우려가 있는 지역
- 대설로 인하여 교통 두절이 발생하였거나 발생할 우려가 있는 지역
- 대설로 인하여 농업시설물에 피해가 발생하였거나 발생할 우려가 있는 지역
- 그 밖에 행정안전부장관이 상습설해에 대한 대책이 필요하다고 정하는 지역

⑥ **상습설해지역 지정 후 보고**

시장·군수·구청장은 매년 관할 구역을 조사하여 상습설해지역을 지정하고, 그 결과를 시·도지사를 거쳐 행정안전부장관과 관계 중앙행정기관의 장에게 보고하여야 한다.

(3) 상습설해지역 해소를 위한 중장기대책

① **상습설해지역 중장기대책 수립·시행**

상습설해지역에 대하여 시장·군수·구청장 또는 그 지역 공공시설물을 관할하는 관계 기관의 장은 설해저감시설의 설치 등 설해의 예방 및 경감을 위한 중장기대책을 5년마다 수립하여 시행하여야 한다.

② **중장기대책 포함사항**

- 위험지역 현황
- 피해 발생 빈도
- 중장기대책 추진 시의 설해예방 효과
- 중장기대책에 필요한 예산 및 재원대책
- 그 밖에 정비사업의 우선순위 등 행정안전부장관이 정하는 사항

③ **중장기대책 협의**

상습설해지역 내 공공시설물의 관리주체가 중장기대책을 수립할 때에는 관할 시장·군수·구청장

과 협의하여야 한다. 이 경우 해당 시장·군수·구청장은 그 보완을 요구할 수 있고, 요구를 받은 관리주체는 특별한 사유가 없으면 요구에 따라야 한다. 시장·군수·구청장은 필요하면 중장기대책의 수립 및 시행 실태를 점검할 수 있다.

(4) 내설설계기준의 설정대상

관계 중앙행정기관의 장은 대설로 인하여 재해를 입을 우려가 있는 시설에 대하여 관계 법령 등에 내설(耐雪)설계기준을 정하고 그 이행을 감독하여야 한다. 관계 중앙행정기관의 장은 내설설계기준을 정하였으면 행정안전부장관에게 통보하여야 하며 행정안전부장관은 필요하면 보완을 요구할 수 있다. 지방자치단체의 장은 내설설계 대상 시설물에 대하여 허가 등을 할 때에는 내설설계기준 적용에 관한 사항을 확인하고 그 기준을 충족하였으면 허가 등을 하여야 한다.

① 내설설계기준의 설정대상 시설

- 「건축법」에 따른 건축물
- 「공항시설법」에 따른 공항시설
- 「관광진흥법」에 따른 테마파크시설
- 「도로법」에 따른 도로
- 「국토의 계획 및 이용에 관한 법률」에 따른 도시·군계획시설
- 「궤도운송법」에 따른 삭도시설
- 「옥외광고물 등의 관리와 옥외광고산업 진흥에 관한 법률」에 따른 옥외광고물
- 「전기사업법」에 따른 전기설비
- 「항만법」에 따른 항만시설
- 「철도산업발전 기본법」에 따른 철도 및 철도시설
- 「도시철도법」에 따른 도시철도 및 도시철도시설
- 「농어업재해대책법」에 따른 농업용 시설, 임업용 시설 및 어업용 시설
- 그 밖에 대통령령으로 정하는 시설

표 10-22 대통령령으로 정하는 시설

① 「건축법」에 따른 건축물
② 「공항시설법」에 따른 공항시설 중 항공기의 이륙·착륙 및 여객·화물의 운송을 위한 시설
③ 「도로법 시행령」에 따른 교량
④ 「전기사업법」에 따른 전기설비 중 송전·배전시설
⑤ 「항만법」에 따른 항만시설
⑥ 「농어업재해대책법」에 따른 농업용 시설, 임업용 시설 및 어업용 시설

(5) 건축물관리자의 제설 책임

건축물의 소유자·점유자 또는 관리자로서 그 건축물에 대한 관리 책임이 있는 자는 관리하고 있는 ① 건축물 주변의 보도(步道), ② 이면도로, ③ 보행자 전용도로, ④ 시설물의 지붕(대통령령으로 정하는 시설물의 지붕으로 한정)에 대한 제설·제빙 작업을 하여야 한다. 건축물관리자의 구체적 제설·제빙 책임 범위 등에 관하여 필요한 사항은 해당 지방자치단체의 조례로 정한다.

표 10-23 대통령령으로 정하는 시설물

① 「건축법 시행령」에 따른 특수구조 건축물에 해당하는 시설물로서 행정안전부장관이 고시하는 구조로 된 시설물일 것 ② 다음 각 목의 어느 하나에 해당하는 시설물일 것 • 기본법 제27조제1항에 따라 특정 관리대상으로 지정된 시설 • 「건축법 시행령」에 따른 공장으로서 연면적이 500제곱미터 이상인 공장 • 「시설물의 안전 및 유지관리에 관한 특별법 시행령」에 따른 1종 시설물 및 2종 시설물

(6) 설해 예방 및 경감 대책 예산의 확보

재난관리책임기관의 장은 설해 예방 및 경감 대책의 원활한 시행을 위하여 필요한 예산을 확보하여야 한다.

4 가뭄

(1) 가뭄 방재를 위한 조사·연구

재난관리책임기관의 장은 가뭄 방재를 위하여 필요한 조사 및 연구를 하여야 한다. 재난관리책임기관의 장은 가뭄 방재를 위한 전문적인 조사·연구를 위하여 관계행정기관의 장이나 기상관측 연구기관의 장에게 가뭄의 현황, 가뭄의 피해상황, 가뭄의 극복 방안 등 필요한 자료를 요청할 수 있다. 요청을 받은 관계행정기관의 장 및 기상관측 연구기관의 장은 특별한 사유가 없으면 요청에 따라야 한다.

(2) 가뭄 방재를 위한 예보 및 경보

행정안전부장관은 가뭄 방재를 위하여 관계 중앙행정기관의 장과 합동으로 가뭄 예보 및 경보 체계를 운영하여야 한다. 행정안전부장관은 가뭄 예보 및 경보 체계의 운영에 필요한 자료를 관계

행정기관의 장에게 요청할 수 있다. 이 경우 요청을 받은 관계행정기관의 장은 특별한 사유가 없으면 이에 따라야 한다.

(3) 가뭄 극복을 위한 제한 급수 발전

관계 중앙행정기관의 장, 지방자치단체의 장 및 「한국수자원공사법」에 따른 한국수자원공사의 사장 등 수자원을 관리하는 자(수자원관리자)는 가뭄으로 인한 재해를 극복하기 위하여 제한 급수 및 제한 발전(發電) 등의 조치를 할 수 있다. 수자원관리자는 조치를 하려면 수혜자가 제한 급수 및 제한 발전 등에 관한 사실을 알 수 있도록 미리 공지하여야 한다. 수자원관리자는 지방자치단체의 장으로부터 가뭄 피해를 줄이기 위하여 수자원 관리와 관련한 협조 요청을 받았을 때에는 특별한 사유가 없으면 요청에 따라야 한다.

(4) 상습가뭄재해지역 해소를 위한 중장기대책

시장·군수·구청장은 가뭄 재해가 상습적으로 발생하였거나 발생할 우려가 있는 지구(地區)를 상습가뭄재해지역으로 지정·고시하고, 그 결과를 시·도지사를 거쳐 행정안전부장관과 관계 중앙행정기관의 장에게 보고하여야 한다. 시장·군수·구청장은 상습가뭄재해지역에 대한 중장기대책을 5년마다 수립하여야 하며, 매년 관할 구역을 조사하여 상습가뭄재해지역을 지정하고, 그 결과를 시·도지사를 거쳐 행정안전부장관과 관계 중앙행정기관의 장에게 보고하여야 한다.

① 상습가뭄재해지역의 지정 요건

- 생활용수 부족으로 인하여 급수대책이 필요한 지역
- 농업용수 부족으로 인하여 급수대책이 필요한 지역
- 그 밖에 행정안전부장관이 공업용수 부족 등으로 급수대책이 필요하다고 인정하여 고시하는 지역

시장·군수·구청장은 상습가뭄재해지역에 대하여 빗물 모으기 시설 설치 등 가뭄 피해를 줄이기 위한 중장기대책을 수립·시행하여야 한다. 관계 중앙행정기관의 장은 시장·군수·구청장이 수립한 중장기대책에 필요한 사업비의 일부를 지원할 수 있다.

시장·군수·구청장은 지정한 상습가뭄재해지역에 대하여 행정안전부령으로 정하는 바에 따라 관리카드를 작성하여 갖춰 두고 지역별 담당 공무원을 지정하여 수시로 가뭄 실태를 파악하여야 하며, 가뭄 원인이 없어진 경우에는 지체 없이 지정을 해제하여야 한다.

② **상습가뭄재해지역 중장기대책 포함사항**

- 생활·음용수 분야
  - 섬 및 농어촌 가뭄지역에 대한 상수도 확충대책
  - 지하수 개발, 해수담수화(섬·해안지역 등), 중수도 활용 등 수자원 확보대책
  - 물 절약대책
  - 가뭄단계별 제한급수대책
  - 수질오염사고 예방대책 등
- 농업·공업 용수 분야
  - 항구적인 용수공급원 확충을 위하여 관계 중앙행정기관, 특별시·광역시·특별자치시·도·특별자치도, 특별지방행정기관이 추진하고 있는 댐·저수지 등의 설치대책
  - 기존 수자원시설의 효율적 활용 방안
  - 지하수·간이용수원 개발대책
  - 인력·장비 지원대책
- 가뭄해소 중장기대책에 드는 재원 확보 방안 및 투자우선순위
- 그 밖에 빗물 모으기를 활용한 가뭄피해 경감대책

5 폭염

(1) 폭염피해 예방 및 경감 조치

재난관리책임기관의 장은 다음의 폭염피해 예방 및 경감 조치를 하여야 한다.

① 폭염피해 예방조직의 정비
② 지역별 폭염대책 마련
③ 폭염 대비용 자재와 물자의 비축·관리 및 장비의 확보
④ 폭염대책 교육 및 대국민 홍보
⑤ 그 밖에 폭염피해 예방 및 경감을 위하여 필요한 조치

재난관리책임기관의 장은 폭염피해 예방 및 경감 조치를 위하여 필요하면 다른 재난관리책임기관의 장에게 협조를 요청할 수 있다. 이 경우 협조 요청을 받은 재난관리책임기관의 장은 특별한 사유가 없으면 요청에 따라야 한다. 지방자치단체의 장은 지역별 폭염대책을 마련하는 경우 폭염피해 예방 및 대응체계 구축 등 대통령령으로 정하는 사항을 포함하여야 한다.

재난관리책임기관의 장은 폭염피해 예방 및 경감을 위하여 폭염피해 저감시설을 설치·운영할 수 있다. 행정안전부장관은 폭염피해 저감시설의 효율적인 관리를 위하여 필요한 경우 재난관리책임기관의 장과 협의하여 관련 지침을 작성·운용할 수 있다.

(2) 폭염피해 예방을 위한 조사 · 연구

재난관리책임기관의 장은 폭염피해 예방을 위하여 필요한 조사와 연구를 하여야 한다.

재난관리책임기관의 장은 폭염피해 예방을 위한 전문적인 조사·연구를 위하여 관계행정기관의 장이나 기상관측 연구기관의 장에게 폭염 현황, 폭염피해 상황, 폭염피해 예방 방안 등 필요한 자료를 요청할 수 있다. 이 경우 요청을 받은 관계행정기관의 장 및 기상관측 연구기관의 장은 특별한 사유가 없으면 요청에 따라야 한다.

6 한파

(1) 한파피해 예방 및 경감 조치

재난관리책임기관의 장은 다음의 한파피해 예방 및 경감 조치를 하여야 한다.

① 한파피해 예방조직의 정비
② 지역별 한파대책 마련
③ 한파 대비용 자재와 물자의 비축·관리 및 장비의 확보
④ 한파대책 교육 및 대국민 홍보
⑤ 그 밖에 한파피해 예방 및 경감을 위하여 필요한 조치

재난관리책임기관의 장은 한파피해 예방 및 경감 조치를 위하여 필요하면 다른 재난관리책임기관의 장에게 협조를 요청할 수 있다. 이 경우 협조 요청을 받은 재난관리책임기관의 장은 특별한 사유가 없으면 요청에 따라야 한다. 지방자치단체의 장은 지역별 한파대책을 마련하는 경우 한파피해 예방 및 대응체계 구축 등 대통령령으로 정하는 사항을 포함하여야 한다.

재난관리책임기관의 장은 한파피해 예방 및 경감을 위하여 한파피해 저감시설을 설치·운영할 수 있다. 행정안전부장관은 한파피해 저감시설의 효율적인 관리를 위하여 필요한 경우 재난관리책임기관의 장과 협의하여 관련 지침을 작성·운용할 수 있다.

(2) 한파피해 예방을 위한 조사 · 연구

재난관리책임기관의 장은 한파피해 예방을 위하여 필요한 조사와 연구를 하여야 한다. 재난관리책임기관의 장은 한파피해 예방을 위한 전문적인 조사·연구를 위하여 관계행정기관의 장이나 기상관측 연구기관의 장에게 한파 현황, 한파피해 상황, 한파피해 예방 방안 등 필요한 자료를 요청할 수 있다. 이 경우 요청을 받은 관계행정기관의 장 및 기상관측 연구기관의 장은 특별한 사유가 없으면 요청에 따라야 한다.

제 3 절

재해정보 및 비상지원

1 재해정보체계의 구축

(1) 재해정보체계 구축·운영

재난관리책임기관의 장은 자연재해의 예방·대비·대응·복구 등에 필요한 재해정보의 관리 및 이용 체계(재해정보체계)를 구축·운영하여야 한다. 재난관리책임기관의 장은 재해정보의 관리 및 이용 체계("재해정보체계")를 다음의 기준에 맞도록 구축·운영하여야 한다.

① 재난관리책임기관 간 재해정보체계를 공동으로 활용할 수 있도록 할 것

② 재해정보체계에서 생산되는 데이터베이스를 행정안전부장관이 구축하는 종합적인 재해정보체계와 공동으로 활용할 수 있도록 할 것

표 10-24 종합재해정보체계 구축·운영 기준

① 재해정보의 생산자·관리자 및 사용자를 통신망으로 서로 연결하는 재해정보유통망 설치가 가능하도록 할 것
② 재난관리책임기관 간 재난에 대한 공동 대응이 가능하도록 재해정보 데이터베이스 및 전달체계를 구축·관리할 것

행정안전부장관은 다음의 시스템이 포함되도록 종합재해정보체계를 구축하여야 한다.

표 10-25 종합재해정보체계 구축 포함사항

① 풍수해로 인한 피해의 예측·관리 등을 위하여 필요한 시스템
② 「재해구호법」 제2조제1호에 따른 이재민의 보호와 생활 안전 등의 관리를 위하여 필요한 시스템
③ 「풍수해·지진재해보험법」 제24조제1항에 따른 풍수해·지진재해보험사업의 적정한 운영을 위한 통계관리에 필요한 시스템
④ 자연재해 발생 시 긴급한 상황에서 인명 보호, 방역, 의료 제공, 재해쓰레기 처리, 공공시설물 관리 등 행정서비스를 연속적으로 제공하기 위하여 필요한 재난대응 시스템
⑤ 지진재해 발생 시 신속한 초기 대응에 필요한 시스템
⑥ 기본법 제20조, 제61조, 제66조에 따른 수습 상황 보고, 지원, 국고보조 등을 신속·정확하고 효율적으로 처리하기 위한 복구계획 수립, 복구 진도 관리 등에 필요한 시스템
⑦ 그 밖에 자연재해의 효율적인 관리를 위하여 행정안전부장관이 필요하다고 인정하는 시스템

(2) 자료 요청 및 정보공유

재난관리책임기관의 장은 재해정보체계 구축에 필요한 자료를 관계 재난관리책임기관의 장에게 요청할 수 있다. 요청을 받은 관계 재난관리책임기관의 장은 특별한 사유가 없으면 요청에 따라야 한다. 행정안전부장관은 종합재해정보체계 구축·운영에 필요한 자료를 주기적으로 수집할 수 있고, 재난관리책임기관의 장에게 종합재해정보체계의 구축·운영에 필요한 자료를 요청할 수 있다. 이 경우 재난관리책임기관의 장은 특별한 사유가 없으면 요청에 따라야 한다.

(3) 종합적인 재해정보체계의 구축·운영

행정안전부장관은 재난관리책임기관의 장이 구축한 재해정보체계의 연계·공유 및 유통 등을 위한 종합적인 재해정보체계를 구축·운영하여야 한다. 종합적인 재해정보체계는 재난관리책임기관이 자연재해의 발생·복구 현황 정보를 실시간으로 입력할 수 있도록 하여야 한다. 재난관리책임기관의 장은 자연재해가 발생하거나 자연재해를 복구하면 그 현황을 실시간으로 종합적인 재해정보체계에 입력하여야 한다.

(4) 재해정보체계의 활용

행정안전부장관은 재해정보체계 및 종합재해정보체계의 효율적인 활용을 위하여 재해정보체계 표준을 개발하여 보급하여야 한다. 재난관리책임기관의 장은 재해정보체계와 종합재해정보체계를 적극 활용하여야 하고, 이에 대한 소속 직원의 활용 능력을 높이기 위하여 매년 교육·훈련계획을 마련하여 그에 따른 교육을 하여야 한다. 행정안전부장관은 종합재해정보체계의 효율적인 구축·운영 및 활용을 위하여 필요한 경우 재난관리책임기관의 재난관리 담당 공무원에 대하여 교육·훈련을 실시할 수 있다.

(5) 민간위탁

재난관리책임기관의 장이나 행정안전부장관은 재해정보체계를 구축·운영할 때에는 해당 사업을 민간 부분에 맡길 수 없는 경우 또는 행정기관이 직접 개발하거나 운영하는 것이 경제성, 효과성 또는 보안성 측면에서 현저하게 우수하다고 판단되는 경우를 제외하고는 민간 부문에 그 개발 및 운영을 의뢰하여야 한다.

(6) 풍수해피해예측시스템의 구축·운영

행정안전부장관은 다음의 단계별로 풍수해로 인한 피해의 예측·관리 등을 위하여 필요한 시스템(이하 "풍수해피해예측시스템"이라 한다)을 구축·운영하여야 한다.

① 예방단계 : 풍수해를 사전에 예측하여 위험 분야에 대한 예방정책을 수립·추진하는 단계
② 대응단계 : 위험지역 주민을 사전에 대피시키고, 인력·물자·장비를 적재적소에 배치하는 등 피해를 최소화하기 위한 조치단계
③ 복구단계 : 개선·복구 대상 사업을 선정하는 등 예산 투자의 효율성을 높이고, 피해 재발을 방지할 수 있도록 복구계획을 수립하는 단계

「재난 및 안전관리 기본법」에 따른 재난관리책임기의 장은 풍수해가 발생하거나 발생할 우려가 있는 경우에는 단계별로 풍수해피해예측시스템을 활용하여 피해 예상시설의 대응체계를 신속하게 구축·운영하여야 한다.

(7) 재난대응시스템의 구축·운영

행정안전부장관은 재난관리책임기관의 장이 자연재해에 효율적으로 대응할 수 있도록 다음의 분야별로 재난대응시스템을 구축·운영하여야 한다. 재난관리책임기관의 장은 자연재해 발생 시에 행정서비스가 중단되지 아니하도록 다음의 분야별 사무를 담당하는 부서의 장으로 하여금 재난대응시스템을 활용하게 하여야 한다.

① 인명 피해
② 방역 및 의료
③ 재해쓰레기 처리
④ 자원봉사
⑤ 도로
⑥ 산사태
⑦ 상수도
⑧ 이재민 구호
⑨ 하천시설
⑩ 소규모 시설 [「소하천정비법」 제3조에 따라 그 명칭과 구간이 지정·고시되지 아니한 소하천(小河川), 농로(農路), 소교량(小橋梁), 그 밖에 마을공동회관 등 새마을사업으로 시행한 시설물]
⑪ 수리시설
⑫ 도시 방재시설(도시 배수펌프장을 포함한다)
⑬ 그 밖에 자연재해가 발생하였을 경우 긴급한 상황에서 행정서비스를 연속적으로 제공하기 위하여 재난대응시스템의 활용이 필요하다고 행정안전부장관이 인정하는 시설 또는 서비스 분야

2 중앙긴급지원체계의 구축

중앙행정기관의 장은 자연재해가 발생하거나 발생할 우려가 있는 경우에는 신속한 국가 지원을 위하여 다음 각 호의 사항 중 소관 사무에 해당하는 사항에 대하여 긴급지원계획을 수립하여야 한다.

중앙행정기관의 장은 해당 지원이 필요한 자연재해 발생에 대비하여 관계 행정기관 및 유관기관과 유기적인 협조 체계를 구축하여야 하며, 재해가 발생하였을 때에는 기본법 제14조에 따른 중앙재난안전대책본부의 본부장과 협의하여 제1항에 따른 소관 분야별 긴급지원계획에 따라 대응조치를 하여야 한다. 중앙행정기관의 장은 긴급지원계획을 수립하였을 때에는 중앙대책본부장에게 제출하여야 한다.

중앙대책본부장은 각 중앙행정기관의 장이 수립한 긴급지원계획의 내용 중 보완이 필요하다고 판단되는 사항에 대하여는 그 계획의 보완을 요청할 수 있다. 이 경우 보완 요청을 받은 관계 중앙행정기관의 장은 특별한 사유가 없으면 요청에 따라야 한다. 중앙대책본부장은 긴급지원이 필요한 자연재해가 발생하거나 발생할 우려가 있는 경우에는 대통령령으로 정하는 바에 따라 관계 중앙행정기관과 합동으로 지원단을 구성하여 현장에 파견할 수 있다.

표 10-26 중앙행정기관의 긴급지원 사항

중앙행정기관	긴급지원 사항
과학기술정보통신부	재해발생지역의 통신 소통 원활화 등에 관한 사항
국방부	인력 및 장비의 지원 등에 관한 사항
행정안전부	이재민의 수용, 구호, 긴급 재정 지원, 정보의 수집, 분석, 전파 등에 관한 사항
문화체육관광부	재해 수습을 위한 홍보 등에 관한 사항
농림축산식품부	농축산물 방역 등의 지원 등에 관한 사항
산업통상자원부	긴급에너지 수급 지원 등에 관한 사항
보건복지부	재해발생지역의 의료서비스 및 위생 등에 관한 사항
환경부	긴급 용수 지원, 허가물질, 제한물질, 금지물질, 유해화학물질의 처리 지원, 재해발생지역의 쓰레기 수거·처리 지원 등에 관한 사항
국토교통부	비상교통수단 지원 등에 관한 사항
해양수산부	해운물류 지원 등에 관한 사항
조달청	복구자재 지원 등에 관한 사항
경찰청	재해발생지역의 사회질서 유지 및 교통 관리 등에 관한 사항
질병관리청	감염병 예방 및 방역 지원 등에 관한 사항
해양경찰청	해상에서의 각종 지원 및 수난(水難) 구호 등에 관한 사항

중앙대책본부장은 중앙긴급지원체계를 효율적으로 구축·운영하기 위하여 긴급지원체계수립지침 작성·배포, 긴급지원계획에 따른 관계 중앙행정기관의 대응조치 점검, 긴급지원계획 평가·포상 등 필요한 조치를 할 수 있다.

중앙행정기관의 장은 자연재해가 발생하거나 발생할 우려가 있는 경우에는 신속한 국가 지원을 위하여 다음의 사항 중 소관 사무에 해당하는 사항에 대하여 긴급지원계획을 수립하여야 한다.

기본법 제14조제2항에 따른 중앙재난안전대책본부의 본부장은 관계 중앙행정기관과 합동으로 지원단을 구성하는 경우에는 재난의 유형에 따라 중앙합동지원단의 단장(이하 "지원단장"이라 한다)을 지명하여야 한다. 중앙합동지원단의 구성에 필요한 소속 직원, 관계 부처 파견 직원, 민간전문가 등에 관한 사항은 중앙대책본부장이 정한다.

3 중앙합동지원단

(1) 중앙합동지원단 구성

중앙대책본부장은 관계 중앙행정기관과 합동으로 지원단(중앙합동지원단)을 구성하는 경우에는 재난의 유형에 따라 중앙합동지원단의 단장(지원단장)을 지명하여야 한다. 중앙합동지원단의 구성에 필요한 소속 직원, 관계 부처 파견 직원, 민간전문가 등에 관한 사항은 중앙대책본부장이 정한다. 지원단장은 업무를 총괄하고 중앙합동지원단의 구성원을 지휘·감독한다.

자연재해가 발생한 지역을 관할하는 기본법 제16조제2항에 따른 시·도 재난안전대책본부의 본부장 또는 시·군·구 재난안전대책본부의 본부장은 중앙합동지원단이 업무를 수행하는 데에 필요한 지원을 하여야 한다.

(2) 중앙합동지원단의 업무

① 자연재해 발생지역의 재난수습 지원
② 자연재해 발생 원인의 조사·분석 지원
③ 재난 수습을 위하여 관계 중앙행정기관에서 행정적·재정적으로 지원할 사항을 중앙대책본부장에게 보고
④ 그 밖에 재난 수습 상황 등의 파악

(3) 재해대비 지역긴급지원체계의 구축

지방자치단체의 장과 시·도 및 시·군·구의 전부 또는 일부를 관할구역으로 하는 재난관리책임

기관의 장은 자연재해가 발생하거나 발생할 우려가 있으면 업무별 지원 기능에 따라 신속한 지원 체제를 가동하기 위하여 대통령령으로 정하는 바에 따라 소관 사무에 대하여 긴급지원계획을 수립하여야 한다. 지방자치단체의 장과 시·도 및 시·군·구의 전부 또는 일부를 관할하는 재난관리책임기관의 장은 다음의 사항 중 소관 사무에 대하여 긴급지원계획을 수립하여야 한다. 규정한 사항 외에 지역긴급지원체계의 구축에 필요한 사항은 지방자치단체의 장이 해당 지역을 관할하는 재난관리책임기관의 장과 협의하여 정한다.

표 10-27 긴급지원계획을 수립 사무

① 정보의 수집·분석·전파	② 인명구조
③ 이재민 수용·구호	④ 재해지역 통신소통의 원활화
⑤ 의료서비스, 감염병 예방·방역 및 위생점검	⑥ 시설 응급복구(장비·인력 및 자재의 동원을 포함)
⑦ 재해지역 사회질서 유지 및 교통관리	⑧ 유해화학물질 처리, 쓰레기 수거·처리
⑨ 긴급에너지 수급(需給)	⑩ 단기 지역안정(복구비·위로금 지급)
⑪ 재해 수습 홍보	

4 각종 시설물 등의 비상대처계획 수립

태풍, 지진, 해일 등 자연현상으로 인하여 대규모 인명 또는 재산의 피해가 우려되는 다중이용시설 또는 해안지역 등에 대하여 시설물 또는 지역의 관리주체는 피해 경감을 위한 비상대처계획을 수립하여야 한다. 비상대처계획을 수립하여야 하는 시설물 또는 지역의 종류 및 규모 등은 다음의 시설물 또는 지역 중에서 대통령령으로 정한다. 다만, 다른 법령에 따라 비상대처계획의 수립에 관하여 특별한 규정이 있는 경우에는 그 법령에 따라 수립할 수 있다.

① 비상대처계획 수립 시설물 또는 지역

- 내진설계 대상 시설물
- 해일, 하천 범람, 호우, 태풍 등으로 피해가 우려되는 시설물
- 자연재해위험개선지구 중 비상대처계획의 수립이 필요하다고 지역대책본부장이 인정하는 지역 등

행정안전부장관은 비상대처계획 수립을 효율적으로 지원하기 위하여 비상대처계획수립지침을 작성하여 배포할 수 있다. 비상대처계획 수립 절차 및 비상대처계획에 포함되어야 할 사항과 그 밖에 비상대처계획 수립을 위하여 필요한 사항은 대통령령으로 정한다. 시설물 또는 지역의 관리주

체는 비상대처계획을 수립할 때에는 관할 지방자치단체의 장과 사전에 협의하여야 한다. 이 경우 해당 지방자치단체의 장은 비상대처계획의 보완을 요구할 수 있고 요구를 받은 시설물 또는 지역의 관리주체는 특별한 사유가 없으면 요구에 따라야 한다. 지방자치단체의 장은 필요하면 비상대처계획의 수립 실태를 점검할 수 있다.

내진설계 대상 시설물의 관리주체는 관계 중앙행정기관의 장이 정하여 고시하는 다음 각 호의 시설 및 설비에 대하여 긴급대피, 비상운영계획, 긴급복구 등의 내용이 포함된 비상대처계획을 수립하여야 한다.

표 10-28 비상대처계획의 수립 대상 시설물

① 「공항시설법」에 따른 공항시설 중 여객터미널 등 지진으로 인한 재해가 우려되는 시설
② 「철도산업발전 기본법」에 따른 철도시설 중 철도의 선로·역 시설 등 지진으로 인한 재해가 우려되는 시설
③ 「도시철도법」에 따른 도시철도 중 철도모노레일 등 지진으로 인한 재해가 우려되는 시설
④ 「전기사업법」에 따른 전기설비 중 전기사업용 전기설비 등 지진으로 인한 재해가 우려되는 시설
⑤ 「도시가스사업법」에 따른 가스공급시설 및 「고압가스 안전관리법」 제3조제1호에 따른 저장소 중 지진으로 인한 재해가 우려되는 시설
⑥ 「전기통신기본법」에 따른 전기통신설비 중 전기통신을 하기 위한 기계·기구 등 지진으로 인한 재해가 우려되는 시설
⑦ 「원자력시설 등의 방호 및 방사능 방재 대책법」에 따라 원자력안전위원회가 원자력사업자의 방사선비상계획 수립 등에 관한 기준을 정하여 고시한 발전용 원자로 및 관계 시설, 사용 후 핵연료 저장·처리시설 및 그 밖의 원자력시설
⑧ 「항만법」에 따른 항만시설 중 방파제 등 지진으로 인한 재해가 우려되는 시설
⑨ 그 밖에 관계 중앙행정기관의 장 또는 지방자치단체의 장이 관리하는 시설 중 지진재해 경감을 위한 비상대처계획의 수립이 필요하다고 인정하여 고시하는 시설

표 10-29 댐 및 저수지 중 비상대처계획을 수립하여야 하는 시설물

① 다목적댐
② 발전용 댐
③ 제1호와 제2호의 댐에 해당하지 아니하는 총 저수용량 30만 세제곱미터 이상인 댐
④ 그 밖에 노후화 등으로 붕괴가 우려되어 행정안전부장관과 지방자치단체의 장이 비상대처계획의 수립이 필요하다고 인정하여 고시하는 댐 및 저수지

표 10-30 비상대처계획에 포함되어야 할 사항

① 주민, 유관기관 등에 대한 비상연락체계
② 비상시 응급행동 요령
③ 비상상황 해석 및 홍수의 전파 양상
④ 해일 피해 예상지도
⑤ 경보체계
⑥ 비상대피계획
⑦ 이재민 수용계획
⑧ 유관기관 및 단체의 공동 대응체계
⑨ 그 밖에 위험지역의 교통통제 등 비상대처를 위하여 필요한 사항

표 10-31 댐 및 저수지의 관리주체가 수립하는 비상대처계획에 포함되어야 할 사항

① 댐과 저수지의 일반정보
② 댐과 저수지의 하류부 하천 및 유역의 개요
③ 댐 및 저수지 붕괴 위험성 평가, 홍수류 해석
④ 비상상황 시 정보 취득 및 보고방법
⑤ 관계 기관별 책임·임무, 비상발령 및 상황관리 체계
⑥ 주민대피계획 및 위험지역의 교통통제
⑦ 응급의료활동 및 생필품 공급
⑧ 비상대처계획의 실습 및 훈련
⑨ 홍수 범람 지도(地圖)
⑩ 주민대피로 및 구조활동로
⑪ 그 밖에 추가피해 방지 등 비상대처를 위하여 필요한 사항

5 방재관리대책 업무의 대행

(1) 방재관리대책 업무의 대행 위탁

방재관리대책 업무를 수행하는 자는 기초·타당성 조사, 분석, 기본·실시 설계 등 전문성이 요구되는 사항에 대하여 방재관리대책대행자(대행자)로 하여금 대행하게 할 수 있다. 방재관리대책 업무를 대행하려는 자는 기술인력 등 대통령령으로 정하는 요건을 갖추고 행정안전부령으로 정하는 바에 따라 행정안전부장관에게 등록하여야 한다. 방재관리대책 업무를 수행하는 자는 대행자와 서류의 작성에 관한 대행계약을 체결하는 경우 해당 재해영향평가등의 협의 대상이 되는 개발계획 등의 수립·시행과 관련되는 계약과 분리하여 체결하여야 한다.

① 위탁대행 업무

- 제4조제3항에 따른 서류의 작성
- 제13조, 제14조 및 제14조의2에 따른 정비계획, 사업계획 및 실시계획의 수립
- 제15조의2에 따른 정비사업의 분석·평가
- 제16조에 따른 자연재해저감 종합계획의 수립
- 제19조에 따른 우수유출저감대책의 수립
- 제19조의2 및 제19조의3에 따른 우수유출저감시설 사업계획 및 우수유출저감시설 사업 실시계획의 수립
- 제21조제2항에 따른 침수흔적도 작성
- 제37조에 따른 비상대처계획의 수립

- 제57조에 따른 재해복구사업의 분석·평가
- 그 밖에 대통령령으로 정하는 방재관리대책에 관한 업무

(2) 방재관리대책 업무 대행 비용의 산정기준

행정안전부장관은 방재관리대책 업무의 대행에 필요한 비용 등의 산정기준을 정하여 고시하여야 한다. 방재관리대책 업무를 대행하게 하는 자는 대행 비용 등을 산정할 때에 산정기준을 반영하여야 한다.

(3) 위탁대행자 결격 사유

① 피성년후견인 또는 피한정후견인
② 이 법을 위반하여 징역 이상의 실형을 선고받고 그 형의 집행이 끝나거나 집행을 받지 아니하기로 확정된 후 2년이 지나지 아니한 사람
③ 임원 중 제1호부터 제3호까지의 어느 하나에 해당하는 사람이 있는 법인

(4) 대행자의 준수사항

① 다른 방재관리대책 업무의 대행 내용을 복제하지 아니할 것
② 방재관리대책 업무의 내용을 행정안전부령으로 정하는 바에 따라 보존할 것
③ 방재관리대책 업무 수행의 기초가 되는 자료를 거짓으로 작성하지 아니할 것
대행자는 등록증이나 명의를 다른 사람에게 빌려주거나 도급받은 방재관리대책 업무의 전부를 하도급하지 아니하여야 한다.

(5) 대행자의 권리·의무의 승계

대행자가 사업을 양도하거나 사망한 경우 또는 대행자인 법인이 분할·합병한 경우에는 그 양수인이나 상속인 또는 분할·합병 후 존속하는 법인이나 분할·합병에 따라 설립되는 법인은 종전의 대행자의 권리·의무를 승계한다.

종전의 대행자의 권리·의무를 승계한 자는 그 사유가 발생한 날부터 30일 이내에 그 사실을 행정안전부령으로 정하는 바에 따라 행정안전부장관에게 신고하여야 한다. 권리·의무 승계 사실을 신고한 자는 종전의 대행자의 방재관리대책업무 대행 실적을 승계한다.

(6) 업무의 휴업 또는 폐업

대행자는 업무의 전부 또는 일부를 휴업 또는 폐업하거나 휴업한 사업을 재개하려는 경우에는

행정안전부령으로 정하는 바에 따라 행정안전부장관에게 신고하여야 한다.

(7) 대행자 실태 점검

행정안전부장관은 대행자 등록 기준 적합 여부, 준수사항 준수 여부 등 대행자의 대행업무 운영 실태를 확인·점검할 수 있다. 행정안전부장관은 대행자 및 방재관리대책 업무를 대행하게 하는 자에게 실태 점검에 필요한 자료의 제출을 요청할 수 있다. 이 경우 자료의 제출을 요청받은 자는 특별한 사유가 없으면 요청에 따라야 한다.

(8) 대행자의 등록취소

행정안전부장관은 대행자가 다음 각 호의 어느 하나에 해당하면 그 등록을 취소하거나 6개월 이내의 기간을 정하여 업무의 전부 또는 일부의 정지를 명할 수 있다. 다만, 제1호부터 제4호까지의 어느 하나에 해당하는 경우에는 그 등록을 취소하여야 한다.

① 제39조 각 호의 어느 하나에 해당하는 경우. 다만, 법인의 임원 중에 제39조제1호 또는 제3호의 결격사유에 해당하는 사람이 있는 경우 6개월 이내에 그 임원을 바꾸어 임명하는 경우는 제외한다.
② 거짓이나 그 밖의 부정한 방법으로 등록한 경우
③ 최근 1년 이내에 2회의 업무정지처분을 받고 다시 업무정지처분 사유에 해당하는 행위를 한 경우
④ 대행자가 「부가가치세법」 제8조제6항 전단에 따라 관할 세무서장에게 폐업신고를 하였거나, 관할 세무서장이 같은 조 제7항에 따라 대행자의 사업자등록을 말소한 경우
⑤ 다른 사람에게 등록증이나 명의를 빌려 주거나 도급받은 방재관리대책 업무의 전부를 하도급한 경우
⑥ 제38조제2항에 따른 등록 요건을 갖추지 못하게 된 경우
⑦ 제41조를 위반하여 휴업한 사업을 신고하지 아니하고 재개한 경우
⑧ 방재관리대책 등을 거짓으로 작성하거나 고의 또는 중대한 과실로 방재관리대책 등을 부실하게 작성한 경우
⑨ 등록 후 2년 이내에 방재관리대책 대행 업무를 시작하지 아니하거나 계속하여 2년 이상 방재관리대책 업무 대행 실적이 없는 경우
⑩ 그 밖에 이 법 또는 이 법에 따른 명령을 위반한 경우

행정안전부장관은 제42조제1항(대행자의 사업자등록을 말소한 경우는 제외한다)에 따라 등록을 취소하려면 청문을 하여야 한다. 업무의 전부 또는 일부를 휴업 또는 폐업하거나 휴업한

사업을 재개하려는 경우에 방재관리대책대행자 업무 휴업·폐업·재개 신고서를 행정안전부장관에게 제출하여야 한다. 행정안전부장관은 신고를 받았을 때에는 이를 공고하여야 한다. 행정안전부장관은 대행자의 등록을 취소하거나 업무정지처분을 한 경우에는 이를 공고하고 해당 대행자에게 통지하여야 한다.

(9) 행정처분 효과의 승계

대행자가 사업을 양도하거나 사망한 경우 또는 대행자인 법인이 분할·합병한 경우에는 종전의 대행자에게 한 제42조에 따른 행정처분의 효과는 그 처분기간이 끝난 날부터 2년간 양수인이나 상속인 또는 분할·합병 후 존속하는 법인이나 분할·합병에 따라 설립되는 법인에 승계되며, 행정처분의 절차가 진행 중인 때에는 양수인이나 상속인 또는 분할·합병 후 존속하는 법인이나 분할·합병에 따라 설립되는 법인에 대하여 그 절차를 계속 진행할 수 있다. 다만, 양수인 또는 분할·합병 후 존속하는 법인이나 분할·합병에 따라 설립되는 법인이 양수 또는 분할·합병할 때 그 처분이나 위반사실을 알지 못하였음을 증명하는 경우에는 승계되지 아니한다.

(10) 청문

행정안전부장관은 등록을 취소하려면 청문을 하여야 한다.

(11) 등록취소 또는 업무 정지된 대행자의 업무 계속

등록취소처분 또는 업무정지처분을 받은 자는 그 처분 이전에 체결한 방재관리대책 대행계약의 대행 업무만을 계속할 수 있다. 방재관리대책 대행 업무를 계속하는 자는 그 대행 업무를 끝낼 때까지 이 법에 따른 대행자로 본다.

6 방재관리대책 정보체계의 구축

(1) 행정안전부장관의 방재관리대책 정보체계를 구축·운영

행정안전부장관은 방재관리대책 업무에 관한 자료 및 정보를 관리하고 이를 효율적으로 이용할 수 있도록 정보를 포함한 방재관리대책 정보체계를 구축·운영할 수 있다.

① 방재관리대책 정보체계의 정보

- 대행자의 현황에 관한 사항

- 대행자의 수주 실적 및 입찰 실적에 관한 사항
- 대행자가 보유한 기술인력의 현황에 관한 사항
- 그 밖에 대통령령으로 정하는 대행자에 관한 정보

② 행정안전부장관은 확인·점검을 하는 경우에는 다음의 사항을 확인·점검 14일 전까지 대행자에게 서면(전자문서를 포함한다)으로 통보하여야 한다.

- 점검날짜 및 시간
- 점검취지
- 점검내용
- 그 밖에 실태 점검에 필요한 사항

(2) 자료·정보의 요청

행정안전부장관은 중앙행정기관의 장, 지방자치단체의 장 또는 관계 기관·단체의 장에게 정보체계의 구축·운영을 위하여 필요한 자료 또는 정보(전자적 방식으로 구축된 자료 또는 정보를 포함한다)의 제출을 요청할 수 있다. 이 경우 자료 또는 정보의 제출을 요청받은 기관 또는 단체의 장은 특별한 사유가 없으면 요청에 따라야 한다.

(3) 방재관리대책 정보체계 촉진

행정안전부장관은 방재관리대책 정보체계의 효율적인 구축과 활용을 촉진하기 위하여 다음의 업무를 수행할 수 있다. 행정안전부장관은 정보체계의 구축·운영을 위하여 필요한 경우에는 대통령령으로 정하는 바에 따라 이용자에게 경비 또는 수수료를 부담하게 할 수 있다.

① 정보체계의 구성·운영에 관한 연구개발 및 기술지원
② 정보체계 구축을 위한 공동 사업의 시행
③ 정보체계의 표준화 및 고도화
④ 정보체계를 이용한 정보의 공동 활용 촉진
⑤ 그 밖에 정보체계의 구축·활용의 촉진 등에 필요한 사항

7 재해 유형별 행동 요령의 작성·활용

(1) 재해 유형별 행동요령 작성·활용

재난관리책임기관의 장은 자연재해가 발생하는 경우에 대비하여 기관 및 지역 여건에 적합한 재해 유형별 상황 수습 및 대처를 위한 행동 요령을 작성·활용하여야 한다. 행정안전부장관은 재난관리책임기관의 장이 작성한 재해 유형별 행동 요령을 평가할 수 있다. 재해 유형별 행동 요령에 포함할 내용은 대통령령으로 정한다.

(2) 재해 유형별 행동요령

① 단계별 행동 요령 : 재난의 예방·대비·대응·복구단계별 행동 요령
② 업무 유형별 행동 요령 : 재난취약시설 점검, 시설물 응급복구 등의 행동 요령
③ 담당자별 행동 요령 : 비상근무 실무반의 행동 요령 등
④ 주민 행동 요령 : 도시·농어촌·산간지역 주민 등의 행동 요령
⑤ 그 밖에 실과(室課)별 행동 요령 등 행정안전부장관이 필요하다고 인정하는 행동 요령

표 10-32 단계별 행동 요령 세부사항

단계	행동요령
예방	• 자연재해위험개선지구·재난취약시설 등의 점검·정비 및 관리에 관한 사항 • 방재물자·동원장비의 확보·지정 및 관리에 관한 사항 • 유관기관 및 민간단체와의 협조·지원에 관한 사항 • 그 밖에 행정안전부장관이 필요하다고 인정하는 사항
대비	• 재해가 예상되거나 발생한 경우 비상근무계획에 관한 사항 • 피해 발생이 우려되는 시설의 점검·관리에 관한 사항 • 유관기관 및 방송사에 대한 상황 전파 및 방송 요청에 관한 사항 • 그 밖에 행정안전부장관이 필요하다고 인정하는 사항
대응	• 재난정보의 수집 및 전달체계에 관한 사항 • 통신·전력·가스·수도 등 국민생활에 필수적인 시설의 응급복구에 관한 사항 • 부상자 치료대책에 관한 사항 • 그 밖에 행정안전부장관이 필요하다고 인정하는 사항
복구	• 방역 등 보건위생 및 쓰레기 처리에 관한 사항 • 이재민 수용시설의 운영 등에 관한 사항 • 복구를 위한 민간단체 및 지역 군부대의 인력·장비의 동원에 관한 사항 • 그 밖에 행정안전부장관이 필요하다고 인정하는 사항

제 4 절

재해복구

1 복구계획 수립

(1) 재해복구계획의 수립·시행

재난관리책임기관의 장은 소관 시설 또는 업무에 관계되는 자연재해가 발생하였을 때에는 이 법 또는 다른 법령에 특별한 규정이 있는 경우를 제외하고는 즉시 자체복구계획을 수립·시행하여야 한다. 중앙대책본부장은 대통령령으로 정하는 피해금액 이상의 자연재해(「자연재난 구호 및 복구비용 부담기준 등에 관한 규정」에 따라 국고의 지원이 필요한 자연재해로서 같은 영 제5조제1항에 따른 피해금액 이상의 자연재해를 말한다.)에 대해서는 자체복구계획과 지구단위종합복구계획을 토대로 재해복구계획을 수립한 후 이를 기본법 제14조제3항 본문에 따른 중앙재난안전대책본부회의의 심의를 거쳐 확정하고, 대통령령으로 정하는 바에 따라 재난관리책임기관의 장에게 통보하여야 한다. 중앙대책본부장은 확정된 재해복구계획을 관련 중앙행정기관의 장과 시·도 본부장에게 통보하고, 통보를 받은 중앙행정기관의 장 및 시·도 본부장은 지체 없이 이를 해당 재난관리책임기관의 장 및 시·군·구 본부장에게 각각 통보하여야 한다. 지방자치단체의 장은 재해복구계획을 통보받은 즉시 재해복구를 위하여 필요한 경비를 지방자치단체의 예산에 계상(計上)하여야 한다.

2 재해대장

지방자치단체의 장과 관계행정기관의 장은 소관 시설·재산 등에 관한 피해 상황 등을 재해대장에 기록하여 보관하여야 한다. 관계 중앙행정기관의 장과 지방자치단체의 장은 작성된 재해대장을 재해복구가 끝난 해의 다음 해부터 5년간 보관하되, 재해대장은 전자적 방법으로 작성·관리할 수 있다.

① 재해대장 포함사항

- 피해 상황
  - 피해 일시·지역 및 강우량(강설량)
  - 피해 원인, 피해 물량, 피해액
  - 응급조치 내용
  - 피해 사진 및 도면·위치도
  - 피해복구에 따른 기대효과
- 복구 상황
  - 공종별(工種別) 물량 및 복구비 산출명세 등 복구계획
  - 공사명, 위치, 복구 상황, 공사 발주 현황, 담당자 등 복구 추진 현황

3 지구단위종합복구계획 수립

(1) 중앙대책본부장의 지구단위종합복구계획 수립

중앙대책본부장은 해당 지방자치단체의 의견을 들은 후 지방자치단체 소관 시설에 자연재해가 발생한 지역 중 다음에 해당하는 지역에 대하여 지구단위종합복구계획을 수립할 수 있다. 기본법 제16조에 따른 지역재난안전대책본부의 본부장은 중앙합동조사단이 편성되기 전에 미리 자연재해가 발생한 지역의 피해상황 등을 조사하여 중앙대책본부장에게 지구단위종합복구계획을 수립하여 줄 것을 요청할 수 있다.

① 도로·하천 등의 시설물에 복합적으로 피해가 발생하여 시설물별 복구보다는 일괄 복구가 필요한 지역

② 산사태 또는 토석류로 인하여 하천 유로변경 등이 발생한 지역으로서 근원적 복구가 필요한 지역

③ 복구사업을 위하여 국가 차원의 신속하고 전문적인 인력·기술력 등의 지원이 필요하다고 인정되는 지역

④ 피해 재발 방지를 위하여 기능복원보다는 피해지역 전체를 조망한 예방·정비가 필요하다고 인정되는 지역

⑤ 자연재해의 근원적 복구와 예방이 필요한 지역으로서 대통령령으로 정하는 지역

표 10-33 대통령령으로 정하는 지역

① 법 제16조에 따른 자연재해저감 종합계획에 반영된 시설의 일괄 복구가 필요한 지역
② 2개 이상의 지방자치단체에 걸쳐 있는 도로, 교량, 하천 등의 일괄 복구가 필요한 지역
③ 「어촌·어항법」 제2조제5호 가목에 따른 방파제, 방조제(防潮堤) 및 호안 등의 일괄 복구가 필요한 지역
④ 「국토의 계획 및 이용에 관한 법률」 제2조제6호 마목에 따른 방재시설 등의 일괄 복구가 필요한 지역
⑤ 우수유출저감시설 등의 일괄 복구가 필요한 지역

(2) 지역대책본부장 지구단위종합복구계획 수립 요청

지역대책본부장은 중앙합동조사단이 편성되기 전에 미리 자연재해가 발생한 지역의 피해상황 등을 조사하여 중앙대책본부장에게 지구단위종합복구계획을 수립하여 줄 것을 요청할 수 있다.

4 중앙합동조사단

중앙대책본부장은 필요하다고 인정하면 관계 중앙행정기관과 합동으로 중앙합동조사단을 편성하여 자연재해 상황에 관한 조사를 하고, 재해복구계획을 수립·확정하여야 한다. 중앙대책본부장은 조사단의 편성을 위하여 관계 중앙행정기관의 장에게 소속 공무원의 파견을 요청할 수 있다. 이 경우 요청을 받은 관계 중앙행정기관의 장은 특별한 사유가 없으면 요청에 따라야 한다. 관계 중앙행정기관의 장은 소속 공무원의 파견 요청을 받으면 교육을 이수한 사람을 우선적으로 선발하여 파견하여야 한다.

중앙합동조사단의 단장은 행정안전부의 5급 이상 공무원 또는 고위공무원단에 속하는 일반직공무원으로 한다. 중앙합동조사단의 단장은 중앙대책본부장의 명을 받아 중앙합동조사단에 관한 사무를 총괄하고 중앙합동조사단에 소속된 직원을 지휘·감독한다. 중앙합동조사단에 소속되는 중앙합동조사단원의 수는 피해규모에 따라 중앙대책본부장이 정한다. 시·도 본부장에게 위임된 사무와 피해 조사의 원활한 수행을 위하여 시·도 본부장 소속으로 지방합동조사단을 편성·운영한다. 중앙대책본부장은 지진 피해에 대한 전문적인 조사를 위하여 필요하다고 인정될 때에는 중앙합동조사단과 별도로 관계 전문가를 포함한 지진조사단을 구성·운영할 수 있다.

5 재해조사 담당공무원의 육성

중앙대책본부장과 관계행정기관의 장은 재해조사의 전문성을 확보하기 위하여 재해조사 담당공무원을 육성하여야 한다. 중앙대책본부장은 관계 중앙행정기관의 장과 협의하여 제1항에 따른 재해조사 담당공무원의 육성을 위하여 재해조사 담당공무원들로 하여금 교육을 받도록 하고 그 밖에 필요한 조치를 하여야 한다.

6 재해복구사업 실시계획의 작성·공고

재해복구계획에 따라 시행하는 사업("재해복구사업")의 시행청은 관계 법령에 따른 허가·인가 등이 필요한 경우에는 사업별로 실시계획을 작성하여 해당 지역대책본부장(재해복구사업의 시행청이 행정안전부장관 또는 관계 중앙행정기관의 장인 경우에는 중앙대책본부장)에게 인가를 받은 후 공고하고 설계도서를 일반인이 열람할 수 있도록 하여야 한다. 재해복구사업의 시행청이 재해복구사업 실시계획을 작성·공고할 때에는 관계 기관과 사전에 협의하여야 한다. 재해복구사업의 시행청으로부터 협의 요청을 받은 관계 기관의 장은 협의 요청을 받은 날부터 15일 이내에 협의 내용을 회신하여야 한다. 재해복구사업 실시계획을 인가받아 공고하였을 때에는 허가·인가·승인·결정·지정·협의·신고수리 등을 받아 고시 또는 공고를 한 것으로 본다.

재난관리책임기관 또는 행정안전부장관으로부터 재해복구 업무를 위임받아 시행하고 있는 재해복구사업의 시행청은 재해복구사업 실시계획의 인가를 받으려는 경우에는 다음의 사항을 적은 인가신청서를 해당 시·도 본부장이나 시·군·구 본부장 또는 중앙대책본부장에게 제출하여야 한다.

- 사업의 종류 및 명칭
- 사업의 면적 및 규모
- 사업시행자의 성명 및 주소
- 사업 착수예정일 및 준공예정일
- 사업시행지의 위치도 및 계획평면도
- 공사설계도서

7 대규모 재해복구사업 및 지구단위종합복구사업의 시행

지방자치단체 소관 재해복구계획 중 대규모이거나 전문성과 기술력이 요구되는 재해복구사업은 행정안전부장관 또는 관계 중앙행정기관의 장이 직접 시행할 수 있다. 지구단위종합복구계획에 따라 시행하는 재해복구사업("지구단위종합복구사업") 중 근원적인 자연재해 원인의 해소가 필요하거나 국가 차원의 전문성과 기술력 등의 지원이 필요한 지구단위종합복구사업은 관계 중앙행정기관의 장이, 일정 규모 이상의 지구단위종합복구사업은 행정안전부장관이 직접 시행할 수 있다. 행정안전부장관 또는 관계 중앙행정기관의 장이 직접 시행하는 대규모 재해복구사업 또는 지구단위종합복구사업의 대상, 규모 및 시행절차 등에 필요한 사항은 대통령령으로 정한다.

행정안전부장관이 직접 시행할 수 있는 대규모 재해복구사업은 확정·통보된 재해복구계획을 기준으로 총 복구비(용지보상비를 포함한다)가 50억 원 이상인 사업을 말한다. 행정안전부장관이 직접 시행할 수 있는 일정 규모 이상의 지구단위종합복구사업은 확정·통보된 지구단위종합복구계획을 기준으로 총 복구비(용지보상비를 포함한다)가 300억 원 이상인 사업으로 한다.

중앙대책본부장은 관계 중앙행정기관의 장 또는 행정안전부장관이 직접 시행할 대상 사업에 대해서는 관계 중앙행정기관의 장 및 지방자치단체의 장과 협의하여 확정하고, 이를 재해복구계획에 반영하여야 한다. 지역대책본부장은 소관 재해복구사업 중 관계 중앙행정기관의 장 또는 행정안전부장관이 직접 시행할 필요가 있다고 인정하는 재해복구사업에 대해서는 관계 중앙행정기관의 장 또는 행정안전부장관에게 직접 시행해 줄 것을 요청할 수 있다. 이 경우 요청을 받은 관계 중앙행정기관의 장 또는 행정안전부장관은 이를 중앙대책본부장에게 통보하여야 하며, 통보를 받은 중앙대책본부장은 대상 사업 여부를 확정하여야 한다.

중앙대책본부장은 지구단위종합복구계획의 수립과 대규모 재해복구사업 및 지구단위종합복구사업의 시행에 필요한 지원을 효율적으로 수행하기 위하여 중앙복구지원단을 구성하여 운영할 수 있다. 이 경우 중앙복구지원단의 구성 및 운영에 필요한 사항은 행정안전부장관이 정한다. 규정한 사항 외에 관계 중앙행정기관의 장 또는 행정안전부장관이 직접 시행하는 대규모 재해복구사업 및 지구단위종합복구사업의 시행에 필요한 사항은 행정안전부장관이 관계 중앙행정기관의 장 및 지방자치단체의 장과 협의하여 정한다.

Check point 〈정리〉

- 행정안전부장관이 직접 시행할 수 있는 대규모 재해복구사업 : 총 복구비 50억 원 이상인 사업
- 행정안전부장관이 직접 시행할 수 있는 일정 규모 이상의 지구단위종합복구사업 : 총 복구비 300억 원 이상인 사업
- 지구단위종합복구계획 수립 : 중앙대책본부장

8 복구공사 발주 및 관리

① 관계 중앙행정기관의 장과 지방자치단체의 장은 신속한 자연재해 복구를 위하여 필요하다고 판단하면 대통령령으로 정하는 바에 따라 일괄입찰방식으로 발주·계약을 할 수 있다. "일괄입찰"이란 재해복구사업의 시행청이 제시하는 지침에 따라 입찰할 때 공사의 설계서, 시공에 필요한 도면 및 서류를 작성하여 입찰서와 함께 제출하는 설계·시공 입찰을 말한다.

② 관계 중앙행정기관의 장과 지방자치단체의 장은 재해발생 지역의 도로·하천·수리시설 등의 복구사업을 통합하여 발주하는 것이 필요한 경우 등 신속한 자연재해 복구를 위하여 필요하다고 인정되는 경우에는 행정안전부령으로 정하는 규모 이상의 복구사업에 대하여 일괄입찰 방식으로 발주계약을 할 수 있다.

9 복구예산의 정산

지방자치단체의 장은 재해복구사업별로 발생한 재해복구보조금의 집행 잔액을 「국가재정법」 제45조, 제47조제1항부터 제3항까지 및 「보조금의 예산 및 관리에 관한 법률」 제22조에도 불구하고 중앙대책본부장의 승인을 받아 사업비가 부족한 다른 재해복구사업에 충당할 수 있다. 중앙대책본부장은 승인을 하려면 기획재정부장관과 미리 협의하여야 한다.

10 복구용 자재 등의 우선 공급

① 관계 중앙행정기관의 장과 지방자치단체의 장은 재해복구사업에 필요한 각종 자재에 대하여는 다른 사업에 우선하여 조달·공급하여야 한다.

② 중앙대책본부장과 지역대책본부장은 관계행정기관의 장에게 재해복구용 자재 수급(需給)에 필요한 대책을 마련하도록 요청할 수 있다. 이 경우 요청을 받은 관계행정기관의 장은 특별한 사유가 없으면 요청에 따라야 한다.

11 복구사업의 관리

① 중앙대책본부장 및 기본법 제16조에 따른 시·도 재난안전대책본부의 본부장은 재해복구사업이 효율적으로 추진될 수 있도록 지도·점검·관리하고 필요하면 시정명령 또는 시정요청(현지 시정명령과 시정요청을 포함한다)을 할 수 있다. 이 경우 시정명령 또는 시정요청을 받은 관계 기관의 장은 특별한 사유가 없으면 명령에 따라야 한다.

② 지역대책본부장은 대통령령으로 정하는 일정 규모 이상의 재해복구사업(재해복구계획(용지보상비는 제외한다)을 기준으로 복구비가 10억 원 이상인 지방자치단체 소관 공공시설의 사업)을 시행할 때에는 실시설계 준공(사업계획이 변경되어 실시설계가 변경되는 경우를 포함) 이전에 중앙대책본부장 또는 시·도 본부장의 사전심의를 각각 거쳐야 한다.

표 10-34 사전심의 생략 재해복구사업

① 국가 차원의 주요 행사 등과 관련한 지역에 대규모 피해가 발생하여 긴급복구 등이 필요한 경우
② 피해 원인에 대한 정밀분석이나 어려운 복구공법이 필요하지 아니한 단순한 기능복원에 해당하는 경우
③ 그 밖에 제1호나 제2호에 준하는 것으로 중앙대책본부장 또는 시·도 본부장이 정하는 경우

지역대책본부장은 사전심의를 받은 재해복구사업을 변경하는 경우로서 다음의 어느 하나에 해당하는 경우에는 중앙대책본부장 또는 시·도 대책본부장의 사전심의를 거쳐야 한다.

표 10-35 재해복구사업계획 변경에 대한 사전심의

① 재해복구사업의 면적이 100분의 10 이상 증감하는 경우
② 재해복구사업의 길이가 100분의 10 이상 증감하는 경우
③ 재해복구사업의 사업비가 100분의 10 이상 증가하는 경우
④ 재해복구사업의 면적이 5천 제곱미터 이상 증감하는 경우
⑤ 재해복구사업의 길이가 2킬로미터 이상 증감하는 경우
⑥ 재해복구사업의 계획을 여러 차례 변경하는 경우로서 각 변경 규모의 합이 제1호부터 제5호까지의 어느 하나에 해당하는 경우
⑦ 그 밖에 주요 시설의 변경 등 사전심의가 필요하다고 인정되는 경우로서 행정안전부장관이 정하는 경우

③ 중앙대책본부장과 시·도 본부장은 사전심의를 위한 위원회를 각각 구성·운영할 수 있고, 위원회의 구성·운영에 필요한 사항은 행정안전부령이나 지방자치단체의 조례로 정할 수 있다.

④ 사전심의 대상 사업의 범위, 기준 및 절차, 사후관리, 사업계획 변경 등에 관하여 필요한 사항은 행정안전부령으로 정한다. 중앙대책본부장 또는 재난 및 안전관리 기본법 제16조에 따

른 시·도 재난안전대책본부의 본부장이 사전 심의하는 재해복구사업의 범위는 다음과 같다. 다만, 시·도지사가 시행하는 재해복구사업의 경우에는 중앙대책본부장이 사전 심의한다.

Check point

중앙대책본부장 또는 기본법 제16조에 따른 시·도재난안전대책본부의 본부장이 사전심의하는 재해복구사업의 범위는 다음과 같다.
① 중앙대책본부장 : 복구비(용지보상비는 제외)가 30억 원 이상인 사업
② 시·도 대책본부장 : 복구비(용지보상비는 제외)가 10억 원 이상 30억 원 미만인 사업

중앙대책본부장 및 시·도 대책본부장은 사전심의를 요청받은 날부터 30일 이내에 그 결과를 지역대책본부장에게 통보하여야 한다. 다만, 부득이한 경우에는 10일의 범위에서 그 기간을 연장할 수 있다.

표 10-36 재해복구사업의 사전심의 기준

① 시설별 피해 원인 분석과 피해 재발 방지대책 수립 여부
② 시설별 주변 여건을 고려한 복구공법 반영 여부
③ 지방자치단체 간 이해관계 해소대책의 수립 여부
④ 재해복구사업 시행의 효과
⑤ 그 밖에 중앙대책본부장이 필요하다고 인정하는 사항

⑤ 재해복구사업을 시행하는 재난관리책임기관의 장은 대통령령으로 정하는 바에 따라 중앙대책본부장 또는 시·도 본부장에게 그 추진 상황을 통보하여야 한다. 재난관리책임기관의 장과 관계 중앙행정기관의 장은 분기별로 추진 상황을 점검하고, 그 점검 결과를 중앙대책본부장 또는 시·도 본부장에게 통보하여야 한다.

표 10-37 추진 상황 점검내용

① 피해 현황 및 복구 개요	② 사유시설 복구추진 현황
③ 공공시설 복구추진 현황	④ 재해복구사업 추진관리에 필요한 사항

⑥ 관계 중앙행정기관의 장은 대통령령으로 정하는 바에 따라 소속 기관의 장이 시행하는 재해복구사업을 점검하고 그 결과를 중앙대책본부장에게 통보하여야 한다.

⑦ 시·도 본부장은 시장·군수·구청장이 시행하는 재해복구사업을 점검하고 그 결과를 중앙대

책본부장에게 보고하여야 한다.

표 10-38 재해복구사업의 점검 결과 보고 내용

① 피해 현황 및 재해복구사업 개요
② 사유시설(私有施設)의 재해복구사업 추진 현황
③ 공공시설의 재해복구사업 추진 현황
④ 재해복구사업 추진 현황에 대한 점검 결과
⑤ 그 밖에 중앙대책본부장이 재해복구사업의 점검에 필요하다고 인정하는 사항

⑧ 시장·군수·구청장은 신속한 재해복구사업을 위하여 필요한 조직과 인력 보강 등의 조치를 하여야 한다.

⑨ 중앙대책본부장은 재해복구사업의 추진 전반에 대하여 관계 중앙행정기관 및 행정안전부 소속 공무원으로 구성된 중앙합동점검반 또는 행정안전부 소속 공무원으로 구성된 중앙점검반을 운영할 수 있다. 중앙합동점검반 및 중앙점검반의 반장은 행정안전부 소속 5급 이상 공무원 중 중앙대책본부장이 지명하는 사람이 된다. 중앙대책본부장은 중앙합동점검반의 편성을 위하여 관계 중앙행정기관의 장에게 소속 공무원의 파견을 요청할 수 있다. 이 경우 요청을 받은 관계 중앙행정기관의 장은 특별한 사유가 없으면 요청에 따라야 한다. 중앙대책본부장은 중앙합동점검반 및 중앙점검반으로 하여금 재난관리책임기관의 장이 시행하는 재해복구사업의 추진 사항에 대하여 정기적으로 점검하게 할 수 있다. 이 경우 중앙대책본부장은 그 점검 결과를 지역대책본부장의 임무 평가에 반영할 수 있다.

⑩ 재해복구사업의 중앙합동점검반 및 중앙점검반의 구성·운영, 그 밖의 재해복구사업 추진 사항에 대한 관리·점검에 필요한 사항은 대통령령으로 정한다.

12 자연재해복구에 관한 연차보고

정부는 보고내용을 토대로 자연재해에 관한 연차보고서를 매년 작성하여 다음 연도 정기국회 전까지 국회에 제출하여야 한다. 연차보고서를 작성하기 위하여 관계 중앙행정기관의 장 및 재난관리책임기관의 장은 분기별로 점검하고 그 결과를 중앙대책본부장에게 통보하여야 한다. 중앙대책본부장은 자연재해에 관한 연차보고서를 작성하기 위하여 필요한 경우에는 관계 중앙행정기관의 장 및 재난관리책임기관의 장에게 자료 제출을 요청할 수 있다. 이 경우 관계 중앙행정기관의 장 및 재난관리책임기관의 장은 특별한 사유가 없으면 요청에 따라야 한다.

① **연차보고서 포함내용**

- 피해 현황 및 복구 개요
- 사유시설 복구추진 현황
- 공공시설 복구추진 현황
- 재해복구사업 추진관리에 필요한 사항
- 부처별·사업별 예산집행내역(지방자치단체의 실집행내역을 포함)
- 그 밖에 대통령령으로 정하는 사항

표 10-39 대통령령으로 정하는 사항

① 기본법 제36조에 따라 재난사태가 선포된 지역의 응급조치 현황
② 기본법 제60조제2항에 따라 특별재난지역으로 선포된 지역의 지원 현황

13 복구사업의 분석·평가

시장·군수·구청장은 대통령령으로 정하는 일정 규모 이상의 재해복구사업을 시행하였을 때에는 다음 해 말일을 기준으로 사업의 효과성, 경제성 등을 분석·평가하여야 한다.

표 10-40 대통령령으로 정하는 일정 규모 이상의 재해복구사업

① 법 제46조제2항에 따라 확정·통보된 재해복구계획 기준으로 공공시설의 복구비(용지보상비는 제외한다)가 300억 원 이상인 시·군·구의 사업
② 천 동 이상의 주택이 침수된 시·군·구에 대한 복구사업으로서 행정안전부장관이 그 효과성, 경제성 등을 분석·평가하는 것이 필요하다고 인정하는 시·군·구의 사업

행정안전부장관은 필요하다고 판단하면 시장·군수·구청장이 시행한 재해복구사업과 행정안전부장관 또는 관계 중앙행정기관의 장이 시행한 대규모 재해복구사업 및 지구단위종합복구사업에 대한 효과성, 경제성 등의 분석·평가를 직접 시행할 수 있다. 시장·군수·구청장은 분석·평가한 결과를 시·도지사를 거쳐 행정안전부장관에게 제출하여야 하고, 분석·평가한 결과를 시·군 종합계획의 수립 등에 반영하여야 한다. 특별시장 및 광역시장은 구청장이 분석·평가한 결과를 시·도 종합계획의 수립 등에 반영하여야 한다. 시장·군수·구청장은 재해복구사업 분석·평가를 완료한 경우에는 30일 이내에 그 결과를 시·도지사를 거쳐 행정안전부장관에게 제출하여야 한다.

표 10-41 재해복구사업의 분석·평가 내용

① 재해복구사업의 해당 시설별 피해 원인 분석의 적정성, 사업계획의 타당성 및 공사의 적정성
② 침수유역과 관련된 재해복구사업의 침수 저감 능력 및 경제성
③ 재해복구사업 계획·추진 및 사후관리 체제의 적정성
④ 재해복구사업에 따른 지역의 발전성 및 지역주민 생활환경의 쾌적성
⑤ 제1호부터 제4호까지의 사항에 관한 개별평가 및 종합평가

제 5 절 방재기술의 연구 및 개발

1 방재기술의 연구·개발 및 방재산업의 육성

정부는 국민의 생명, 재산 및 주요 기간시설을 보호하기 위한 자연재해 예방기법 등의 발전을 촉진하기 위하여 방재기술의 연구·개발 및 방재산업을 육성하여야 한다. 행정안전부장관과 재난관리책임기관의 장은 방재기술의 연구·개발 및 방재산업을 육성하기 위하여 행정적·재정적 지원을 할 수 있다. 출연금은 나누어 지급한다. 다만, 연구 과제의 규모, 착수 시기 등을 고려하여 필요하다고 인정하는 경우에는 한꺼번에 지급할 수 있다.

2 방재기술 진흥계획의 수립

행정안전부장관은 방재기술의 연구·개발 촉진과 방재산업의 육성을 위하여 「과학기술 기본법」 제9조에 따른 국가과학기술심의회의 심의를 거쳐 방재기술 진흥계획("진흥계획")을 수립하여야 한다. 행정안전부장관은 방재기술의 연구·개발, 기반 조성 및 방재산업 육성을 위하여 재난관리책임기관의 장 등에게 진흥계획이 효율적으로 달성될 수 있도록 필요한 협조를 요청할 수 있다.

① 진흥계획 포함사항

- 방재기술 진흥의 기본 목표 및 추진 방향
- 방재기술의 개발 촉진 및 그 활용을 위한 시책
- 방재기술 개발사업의 연도별 투자 및 추진 계획
- 이미 개발된 기술의 확산에 관한 사항
- 기술 개발, 기술 지원 등의 기능을 수행하는 기관·법인·단체 및 산업의 육성
- 방재기술의 정보관리
- 방재기술 인력의 수급·활용 및 기술인력의 양성
- 방재기술 진흥 연구기관의 육성
- 그 밖에 방재기술의 진흥에 관한 중요 사항

3 방재신기술 개발사업 추진

행정안전부장관은 국민의 생명·재산 보호 및 경제의 지속 가능한 발전을 위하여 대통령령으로 정하는 기관 또는 단체와 협약을 체결하여 방재기술의 발전에 필요한 방재기술 연구·개발 사업을 할 수 있다.

방재기술 연구·개발 사업에 필요한 경비는 정부 또는 정부 외의 자의 출연금이나 그 밖에 기업의 기술개발비로 충당한다. 행정안전부장관은 방재기술 연구·개발 사업을 효율적으로 추진하기 위하여 필요하면 방재기술을 개발하기 위한 전문기관을 지정하여 그 전문기관으로 하여금 이에 관한 업무를 수행하게 할 수 있다.

4 방재기술의 실용화

정부는 다음의 사업자 등을 육성하기 위하여 필요한 시책을 마련하여야 한다.

① 방재기술을 개발하거나 실용화하는 사업자
② 방재기술 개발을 위한 출자를 주된 사업으로 하는 자
③ 방재 분야 산업체
④ 그 밖에 대통령령으로 정하는 방재 관련 사업자

정부는 개발된 방재기술의 실용화를 촉진하기 위하여 다음의 사업을 할 수 있다.

① 방재기술의 실용화를 지원하는 전문기관의 육성
② 방재 관련 특허기술의 실용화사업
③ 방재기술의 실용화에 필요한 인력·시설·정보 등의 지원 및 기술지도
④ 방재 분야 전문가 양성을 위한 교육지원사업
⑤ 그 밖에 방재기술의 실용화를 촉진하기 위하여 필요한 사업

표 10-42 방재기술의 실용화를 촉진하기 위하여 필요한 사업

① 지방자치단체가 신기술을 사용하여 국가나 다른 지방자치단체로부터 보조를 받은 예산을 절약한 경우 그 절약액의 일부를 장려금으로 지급하는 등 지방자치단체의 신기술 사용을 촉진하는 사업
② 국가나 지방자치단체가 신기술을 사용하여 방재시설을 설치한 후 그 신기술이 성공한 것으로 판단되는 경우 그 시설의 설치비용을 지원하는 사업
③ 방재기술 개발을 위한 벤처기업을 발굴·육성·지원하는 사업

다음의 어느 하나에 해당하는 재원을 운영하는 자는 그 재원에서 필요한 자금을 지원할 수 있다.

① 「중소기업진흥에 관한 법률」에 따른 중소벤처기업창업 및 진흥기금

② 「과학기술 기본법」에 따른 과학기술진흥기금(융자사업만 해당한다)

③ 「한국산업은행법」에 따른 한국산업은행 또는 「중소기업은행법」에 따른 중소기업은행의 기술개발자금

④ 그 밖에 기술개발 지원을 위하여 정부가 조성한 특별 자금

5 방재기술평가의 지원

정부는 우수한 방재기술의 보급 촉진과 방재기술의 실용화를 위하여 방재기술, 방재제품 및 방재 분야 산업체에 대한 평가 신청을 받아 평가할 수 있다. 정부는 방재기술평가의 실시를 대통령령으로 정하는 전문기관으로 하여금 대행하게 할 수 있다.

표 10-43 방재기술평가의 구분

① 방재신기술 지정
② 방재기술 검증

행정안전부장관은 방재기술평가에 드는 비용을 행정안전부령으로 정하는 바에 따라 방재기술평가를 신청하는 자에게 부담하게 할 수 있다. 재원운영자는 방재기술평가를 촉진하고 우수한 방재기술의 보급을 지원하기 위하여 다음의 어느 하나에 해당하는 자에게 방재기술평가 또는 시범사업 등에 드는 비용의 전부 또는 일부를 재원에서 우선 지원할 수 있다.

① 대통령령으로 정하는 기준에 해당하는 중소기업으로서 방재기술평가를 받는 자

② 방재기술평가의 결과가 우수한 방재기술의 시범사업을 하는 자

③ 방재기술평가를 받은 방재기술로서 행정안전부장관이 공공의 목적을 위하여 보급할 필요가 있다고 인정하는 방재기술을 실용화하는 자

행정안전부장관은 방재기술평가 신청을 받았을 때에는 신청된 기술에 대하여 방재기술평가 전문기관의 심사를 거쳐 90일 이내에 방재신기술의 지정 또는 방재기술의 검증 여부를 결정하여야 한다. 행정안전부장관은 신청된 기술이 신기술에 해당하는지를 평가할 때 필요하다고 인정되면 이해관계인 및 소관 분야 전문기관의 의견을 들어야 한다. 행정안전부장관은 이해관계인의 의견을 들

으려면 신청된 기술에 관한 주요 내용을 30일 이상 관보에 공고하여야 한다. 방재기술평가 전문기관은 신청된 기술의 심사를 위하여 신기술심사위원회를 구성·운영하여야 한다. 신기술의 평가기준 및 평가절차 등에 관하여 필요한 사항은 행정안전부장관이 정하여 고시한다.

행정안전부장관은 방재기술평가를 하였을 때에는 다음의 사항을 관보에 공고하고, 행정안전부령으로 정하는 바에 따라 신청인에게 방재신기술 지정서 또는 방재기술 검증서를 발급하여야 하며, 지방자치단체에 그 사실을 통보하여야 한다.

① 방재신기술 또는 방재기술의 명칭
② 방재신기술 또는 방재기술의 내용 및 범위
③ 개발하였거나 개량한 사람의 성명(법인의 경우에는 그 명칭 및 대표자의 성명)
④ 제50조에 따른 방재신기술을 지정받은 자에 대한 보호 내용
⑤ 제52조에 따른 방재신기술의 보호기간

방재신기술 지정은 현장조사(기술의 내용, 현장 적용성 등이 방재기술평가 신청서의 내용과 일치하는지를 확인하는 것을 말한다) 및 서류심사의 방법으로 하고, 방재기술 검증은 현장조사·서류심사·현장평가(현장에 설치된 평가 대상 시설에 대하여 일정 기간 시험·분석 등을 하여 그 성능을 평가하는 것을 말한다) 및 종합평가를 통하여 방재기술의 우수성을 평가하고 검증하는 방법으로 한다.

6 국제공동연구의 촉진

정부는 국민경제의 지속 가능하고 균형 있는 발전을 위하여 방재기술 및 방재산업에 관한 국제공동연구를 촉진하기 위한 시책을 마련하여야 한다.

① 국제공동연구 촉진을 위하여 사업

- 방재기술 및 방재산업의 국제협력을 위한 조사·연구
- 방재기술 및 방재산업에 관한 인력·정보의 국제 교류
- 방재기술 및 방재산업에 관한 전시회·학술회의의 개최
- 방재기술 및 방재산업의 해외시장 개척
- 자연재해 예방을 위한 기술개발
- 그 밖에 국제공동연구를 촉진하기 위하여 필요하다고 인정하는 사업

7 방재기술정보의 보급

정부는 우수한 방재기술의 보급 및 방재기술정보의 수집·보급에 관한 구체적인 시책을 마련하여야 한다. 정부는 방재기술의 보급 및 방재기술정보의 수집·보급을 위하여 방재기술정보를 전산화하여 관리할 수 있다. 행정안전부장관은 방재기술정보의 전산화를 위하여 필요한 정보를 관계기관의 장에게 요청할 수 있다. 정부는 재난관리책임기관, 방재연구기관, 방재 분야 산업체, 그 밖의 재난 관련 단체에 방재기술의 개발, 우수한 방재기술의 도입 및 방재기술정보의 교환을 권고할 수 있다. 행정안전부장관은 재해 예방을 위하여 필요하다고 인정하면 관계 중앙행정기관 또는 지방자치단체의 장에게 우수한 방재기술을 사용하고 보급하도록 권고할 수 있다.

① 행정안전부장관의 방재기술정보 보급업무

- 방재기술정보의 유통망 구축
- 방재기술정보의 표준화
- 방재기술정보의 전산화 및 전산자료 제작
- 방재기술정보의 수집·관리 및 보급
- 제1호부터 제4호까지의 업무를 위한 방재 관련 기관 또는 단체와의 공동사업

제 6 절

보칙

1 방재시설의 유지·관리 평가

재난관리책임기관의 장은 재해 예방을 위하여 대통령령으로 정하는 소관 방재시설을 성실하게 유지·관리하여야 한다. 행정안전부장관은 재난관리책임기관별로 소관 방재시설의 유지·관리에 대한 평가를 할 수 있다.

표 10-44 방재시설의 유지·관리 평가의 구분

① 방재시설에 대한 정기 및 수시 점검사항의 평가
② 방재시설의 유지·관리에 필요한 예산·인원·장비 등 확보사항의 평가
③ 방재시설의 보수·보강계획 수립·시행 사항의 평가
④ 재해발생 대비 비상대처계획의 수립사항 평가

2 방재산업 관련 비영리법인의 육성

행정안전부장관은 방재기술 개발·보급 및 방재산업 육성의 촉진을 위하여 「민법」, 그 밖의 법률에 따라 설립된 방재산업 관련 비영리 법인이 다음의 사업을 수행하는 경우 관련 정보의 제공 등 사업추진에 필요한 지원을 할 수 있다.

① 비영리 법인 사업 추진사항

- 방재기술의 연구·개발 사업
- 방재산업의 시장동향, 방재기술의 활용실태, 방재제품 수요 등에 관한 정보의 수집·분석 등 조사사업
- 방재기술의 실용화 촉진을 위한 사업
- 국제공동연구 촉진을 위한 사업
- 새로운 방재기술의 실용화 및 방재산업 육성을 위한 공제사업

3 공무원 및 기술인 등의 교육

재해 관련 업무에 종사하는 공무원은 대통령령으로 정하는 바에 따라 방재교육을 받아야 한다. 재해 관련 기술인을 고용한 자는 대통령령으로 정하는 바에 따라 그 기술인에 대하여 행정안전부장관이 실시하는 교육을 받게 하여야 한다. 행정안전부장관은 교육을 위하여 필요하다고 판단되면 전문교육과정을 운영할 수 있다. 행정안전부장관은 교육에 드는 경비를 교육 대상자를 고용한 자로부터 징수할 수 있다. 재해 관련 업무에 종사한 경력이 2년 미만인 사람은 재해 관련 업무를 담당한 후 1년이 되기 전까지 1회 이상 제1항에 따른 방재교육을 받아야 한다.

① 방재교육을 받아야 하는 대상자

- 중앙행정기관 및 지방자치단체의 재해 관련 업무 담당 공무원
- 「재난 및 안전관리 기본법 시행령」 제3조에 따른 재난관리책임기관에 근무하는 재해 관련 업무 종사자
- 재해 관련 업종에 종사하는 기술인
- 자원봉사단체, 구호단체, 협의회, 학교 등 민간 분야의 교육 희망자

4 방재 분야 전문인력의 양성

국가와 지방자치단체는 방재정책의 고도화·전문화에 따른 방재 분야 전문인력의 양성을 위하여 필요한 시책을 마련하여야 한다. 행정안전부장관은 전문인력을 양성하기 위하여 「고등교육법」 제2조에 따른 학교를 전문인력 양성기관으로 지정하여 필요한 교육 및 훈련을 실시하게 할 수 있다.

5 지역자율방재단

(1) 지역자율방재단의 구성

시장·군수·구청장은 지역의 자율적인 방재 기능을 강화하기 위하여 지역주민, 봉사단체, 방재 관련 업체, 전문가 등으로 지역자율방재단을 구성·운영할 수 있다. 행정안전부장관 및 지방자치단체의 장은 지역자율방재단을 활성화하기 위하여 예산 등을 지원할 수 있으며, 시장·군수·구청장은 지역자율방재단 구성원의 재해 예방, 대응, 복구 활동 등 기여도에 따라 복구사업에 우선 참여

하게 하는 등 필요한 사항을 지원할 수 있다.

시장·군수·구청장은 지역자율방재단의 구성원이 재해 예방·대응·복구 활동 등에 참여 또는 교육·훈련으로 인하여 질병에 걸리거나 부상을 입거나 사망한 때에는 행정안전부령으로 정하는 범위에서 시·군·구의 조례로 정하는 바에 따라 보상금을 지급하여야 한다.

표 10-45 보상의 종류

① 요양보상	② 장해보상	③ 장제보상	④ 유족보상

(2) 지역자율방재단의 운영

지역자율방재단의 구성·운영 및 지원 등에 필요한 사항은 대통령령으로 정한다. 지역자율방재단은 시·군·구 단위로 구성·운영한다. 다만, 시장·군수·구청장이 지역자율방재단의 효율적 운영을 위하여 필요하다고 인정하는 경우에는 읍·면·동 단위로도 구성·운영할 수 있다.

시장·군수·구청장은 지역 안에서 자연재해 예방에 관심이 많으며 조직 구성 및 운영능력이 있다고 인정되는 단체로 하여금 지역자율방재단의 구성 및 운영을 선도하게 할 수 있다. 지역자율방재단의 단장("지역자율방재단장")은 재난 분야에 대한 학식과 경험이 있는 사람 중에서 단원이 호선(互選)하여 시장·군수·구청장이 임명한다. 지역자율방재단의 구성 및 운영에 필요한 사항은 해당 시·군·구의 조례로 정한다.

(3) 소집

재난의 예방·대비·대응·복구 등을 위하여 필요한 경우 지역자율방재단장 또는 시장·군수·구청장은 지역자율방재단을 소집할 수 있다. 다만, 시장·군수·구청장이 소집하려는 경우에는 미리 지역자율방재단장과 협의하여야 한다.

(4) 교육 및 훈련

시장·군수·구청장은 지역자율방재단원에 대하여 교육 및 훈련을 실시할 수 있다. 지역자율방재단원 교육은 시장·군수·구청장이 직접 실시하거나 전문기관 또는 단체 등에 위탁하여 실시할 수 있다. 지역자율방재단의 교육·훈련에 필요한 사항은 해당 시·군·구의 조례로 정한다.

(5) 평가

행정안전부장관 및 시·도지사는 지역자율방재단의 원활한 운영을 위하여 필요한 경우 지역자율방재단의 운영 등에 대하여 평가할 수 있다. 행정안전부장관 및 시·도지사는 평가를 한 경우에는 평가 결과에 따라 우수한 지역자율방재단 및 시·군·구에 대하여 포상 및 지원을 할 수 있다.

(6) 중앙지원단의 구성·운영

행정안전부장관은 지역자율방재단의 구성 및 운영의 활성화를 도모하기 위하여 민간전문가 등으로 구성된 중앙지원단을 구성·운영할 수 있다.

6 전국자율방재단연합회

지역자율방재단 상호간의 교류와 협력 증진을 위하여 전국자율방재단연합회를 설립할 수 있다.

전국연합회의 업무는 ① 지역자율방재단 구성원의 복리증진에 관한 사항, ② 지역자율방재단의 현안에 대한 협의 및 처리에 관한 사항 등이다.

전국연합회의 회원은 특별시·광역시·특별자치시·도·특별자치도 별로 해당 시·도의 지역자율방재단 구성원으로 구성된 연합회의 회장 및 부회장이 된다. 이 경우 시·도 자율방재단연합회의 부회장인 회원은 시·도별로 2명을 초과할 수 없다. 시·도 자율방재단연합회의 구성 및 운영 등에 필요한 세부 사항은 시·도의 조례로 정한다.

전국연합회의 임원은 회장 1명, 부회장 2명, 감사 2명, 사무총장 1명이고, 회장, 부회장 및 감사는 총회에서 선출한다. 그리고 사무총장은 회장이 임명한다. ① 전국연합회 회장의 임기는 3년으로 하며, 한 차례만 연임할 수 있다. ② 전국연합회 부회장, 감사 및 사무총장의 임기는 3년으로 한다.

전국연합회의 총회는 재적회원 3분의 2 이상의 출석으로 개회(開會)하고, 출석회원 과반수의 찬성으로 의결한다.

7 주민의사의 정책 반영

행정안전부장관과 지방자치단체의 장은 방재정책의 발전을 위하여 전문조사기관 등에 의뢰하여 주민여론 및 자연재해 의식조사 등을 할 수 있다. 행정안전부장관과 지방자치단체의 장은 실시한 주민여론 및 자연재해 의식조사 등의 결과를 각종 방재정책의 수립에 반영하여야 한다.

8 손실보상

국가나 지방자치단체는 제11조제1항에 따른 조치로 인하여 손실이 발생하였을 때에는 보상하여야 한다. 손실보상에 관하여는 손실을 입은 자와 그 조치를 한 중앙행정기관의 장, 시·도지사 또는 시장·군수·구청장이 협의하여야 한다. 협의가 성립되지 아니하였을 때에는 대통령령으로 정하는 바에 따라 「공익사업을 위한 토지 등의 취득 및 보상에 관한 법률」 제51조에 따른 관할 토지수용위원회에 재결을 신청할 수 있다.

재결을 신청하려는 자는 행정안전부령으로 정하는 바에 따라 다음의 사항을 적은 재결신청서를 관할 토지수용위원회에 제출하여야 한다. 재결에 관하여는 「공익사업을 위한 토지 등의 취득 및 보상에 관한 법률」 제83조부터 제86조까지의 규정을 준용한다.

Check point 재결신청서 기재사항

① 재결 신청인과 상대방의 주소 및 성명
② 손실 발생의 사실
③ 처분청이 결정한 손실보상액과 신청인이 제출한 손실액의 명세
④ 손실보상에 관한 협의의 경과

9 법률 등을 위반한 자에 대한 처분

행정안전부장관, 중앙대책본부장, 시·도지사, 시장·군수 또는 구청장은 다음의 어느 하나에 해당하는 자에 대하여 이 법에 따른 허가·인가 등의 취소, 공사의 중지, 인공구조물 등의 개축 또는 이전, 그 밖에 필요한 처분을 하거나 조치를 명할 수 있다.

- 이 법 또는 이 법에 따른 명령이나 처분을 위반한 자
- 부정한 방법으로 이 법에 따른 허가·인가 등을 받은 자
- 사정의 변경으로 인하여 개발사업 등을 계속 시행하는 것이 현저하게 공익을 해칠 우려가 있다고 인정되는 경우에 그 개발사업 등의 허가를 받은 자 또는 시행자

행정안전부장관, 시·도지사, 시장·군수 또는 구청장은 필요한 처분을 하거나 조치를 명하였을 때에는 이로 인하여 발생한 손실을 보상하여야 한다.

10 국고보조

국가는 자연재해위험개선지구 정비, 우수유출저감시설사업 등의 자연재해 예방대책, 자연재해 응급대책 또는 자연재해 복구사업을 원활하게 추진하기 위하여 필요하면 그 비용(제68조에 따른 손실보상금을 포함한다)의 전부 또는 일부를 국고에서 부담하거나 지방자치단체 또는 재난관리책임기관에 보조할 수 있다.

11 한국방재협회

(1) 한국방재협회의 설립

재해대책에 관한 연구 및 정보교류의 활성화와 국민방재역량 제고를 위하여 한국방재협회를 설립할 수 있다. 협회는 법인으로 하고, 협회는 주된 사무소의 소재지에서 설립등기를 함으로써 성립한다. 행정안전부장관 및 지방자치단체의 장은 재난 발생에 대응하여 신속한 처리가 필요한 경우 등에만 업무와 관련된 용역업무를 협회에 위탁할 수 있다.

(2) 협회 회원의 자격

① 재해대책 분야와 관련된 연구단체 및 용역업에 종사하는 사람
② 재해대책에 관한 학식과 경험이 풍부한 사람으로서 회원이 되려는 사람
③ 재해대책 분야와 관련된 용역·물자의 생산 및 공사 등을 하는 단체 및 업체
④ 그 밖에 정관으로 정하는 사람

(3) 협회 업무

① 재해 예방과 방재의식의 고취를 위한 교육 및 홍보
② 재해 예방, 재해 응급대책 및 재해 복구 등에 관한 자료의 조사·수집 및 보급
③ 재해 예방, 재해 응급대책 및 재해 복구 등에 관한 각종 간행물의 발간
④ 재해대책에 관한 정부 위탁사업의 수행
⑤ 방재 분야 기술발전을 위한 관련 산업의 육성·지원
⑥ 민간주도의 재해 관련 국내외 행사의 유치
⑦ 방재 분야 전문인력의 양성 지원 및 인력 데이터베이스 구축 관리

⑧ 그 밖에 재해대책에 관련되는 사항으로서 대통령령으로 정하는 사항

(4) 협회 임원의 정수 및 임기

협회의 임원은 회장·부회장·이사 및 감사로 하되, 70명 이내로 한다. 회장과 감사는 총회에서 선출하고, 그 밖의 임원은 정관에서 정하는 바에 따라 선출한다. 임원의 임기는 3년으로 한다. 다만, 보궐임원의 임기는 전임자의 남은 임기로 한다.

12 지역안전도 진단

행정안전부장관은 방재정책 전반의 환류(還流) 체계를 구축하고, 자주적인 방재 역량의 제고와 저변 확대를 위하여 특별자치시·특별자치도·시·군·구 별로 지역안전도 진단을 할 수 있다.

① 지역안전도 진단 포함사항

- 해당 지방자치단체의 피해 발생 빈도와 피해 규모의 분석
- 해당 지방자치단체의 피해 저감 능력을 진단하기 위한 진단지표 및 진단기준에 따른 분석

지역안전도 진단은 행정안전부장관이 시장·군수·구청장으로부터 신청을 받아 실시한다. 재해 예방 노력 등을 통해 지역안전도 등급이 향상된 시·군·구에 대해서는 행정적·재정적으로 인센티브를 줄 수 있다. 지역안전도 진단은 서면 및 현지조사의 방법으로 한다. 재해 예방 노력 등을 통해 지역안전도 등급이 향상된 시·군·구에 대해서는 행정적·재정적으로 인센티브를 줄 수 있다.

② 신청 없이 행정안전부장관이 직접 지역안전도 진단 경우

- 최근 지역안전도 진단일부터 5년이 지난 경우
- 최근 지역안전도 진단 결과가 전체 시·군·구의 하위 15퍼센트에 해당하는 경우

③ 지역안전도 진단 절차

지역안전도 진단은 서면진단과 현지진단의 방법으로 실시할 수 있다.

- 서면진단 : 매년
- 현지진단 : 격년

④ 행정안전부장관은 지역안전도 진단결과에 따라 특별자치시·특별자치도 및 시·군·구에 대하여 행정적·재정적 지원 등의 조치를 할 수 있다.

⑤ 행정안전부장관은 지역안전도 진단 결과에 대하여 시·군·구별로 1등급부터 10등급까지 구분하여 안전도 등급을 부여할 수 있다.

13 규제의 재검토

행정안전부장관은 기준일을 기준으로 3년마다(매 3년이 되는 해의 기준일과 같은 날 전까지를 말한다) 그 타당성을 검토하여 개선 등의 조치를 하여야 한다.

14 벌칙 적용에서 공무원 의제

다음의 어느 하나에 해당하는 사람은 「형법」 제127조 및 제129조부터 제132조까지의 규정을 적용할 때에는 공무원으로 본다.

① 제4조제8항에 따른 재해영향평가심의위원회의 위원 중 공무원이 아닌 사람
② 제65조제3항에 따라 위탁받은 전문교육과정 운영 업무에 종사하는 전문기관 또는 단체의 임직원
③ 제76조제2항에 따라 위탁받은 업무에 종사하는 전문 기관 또는 단체의 임직원

제7절

벌칙

1 징역 또는 벌금

(1) 2년 이하의 징역 또는 2천만 원 이하의 벌금

① 제6조의5제2항 또는 제3항에 따른 공사중지 명령을 이행하지 아니한 자
② 제7조제4항에 따른 공사중지 명령을 이행하지 아니한 자

(2) 1년 이하의 징역 또는 1천만 원 이하의 벌금

① 제6조의4제2항을 위반하여 정당한 사유 없이 자료의 제출을 거부하거나 출입·조사를 방해 또는 기피한 자
② 제38조제2항에 따른 대행자 등록을 하지 아니하고 방재관리대책 업무를 대행한 자

(3) 500만 원 이하의 벌금

① 제37조제1항에 따른 비상대처계획을 수립하지 아니한 자
② 제65조제3항에 따라 위탁받은 전문교육과정의 출석일수를 허위로 작성하는 등 거짓이나 부정한 방법으로 전문교육과정을 운영한 자

2 양벌규정

법인의 대표자나 법인 또는 개인의 대리인, 사용인, 그 밖의 종업원이 그 법인 또는 개인의 업무에 관하여 제77조(징역 또는 벌금)의 위반행위를 하면 그 행위자를 벌하는 외에 그 법인 또는 개인에게도 해당 조문의 벌금형을 과(科)한다. 다만, 법인 또는 개인이 그 위반행위를 방지하기 위하여 해당 업무에 관하여 상당한 주의와 감독을 게을리 하지 아니한 경우에는 그러하지 아니하다.

3 과태료

(1) 500만 원 이하의 과태료

① 제6조제2항을 위반하여 개발계획등에 반영된 협의 결과를 이행하지 아니한 자
② 제6조제3항 전단을 위반하여 관리책임자를 지정하여 통보하지 아니한 자
③ 제6조제4항을 위반하여 관리대장에 재해영향평가등의 협의 내용의 이행 상황 등을 기록하지 아니하거나 관리대장을 공사 현장에 갖추어 두지 아니한 자
④ 제6조의2를 위반하여 사업의 착공·준공 또는 중지의 통보를 하지 아니한 자
⑤ 제6조의5제1항 또는 제3항에 따른 조치 명령을 이행하지 아니한 자

(2) 300만 원 이하의 과태료

① 제12조제2항에 따른 자연재해위험개선지구의 재해 예방을 위한 점검·정비 명령을 이행하지 아니한 자
② 제17조제5항을 위반하여 침수방지시설을 유지·관리하지 아니한 자
③ 제19조의6제1항에 따른 우수유출저감시설을 설치하지 아니한 자
④ 제21조제2항에 따른 침수흔적 등의 조사를 방해하거나 무단으로 침수흔적 표지를 훼손한 자
⑤ 제25조의3제2항에 따른 해일위험지구의 재해 예방을 위한 점검·정비 명령을 이행하지 아니한 자
⑥ 제40조에 따른 준수사항을 위반한 자
⑦ 제41조에 따른 신고를 하지 아니하고 사업을 휴업하거나 폐업한 자
⑧ 제41조의2에 따른 실태 점검을 거부·기피·방해하거나 거짓 자료를 제출한 대행자 및 방재관리대책 업무를 대행하게 한 자

Chapter 10

적중예상문제

01 다음 중 「자연재해대책법」의 목적으로 옳지 않은 것은?

① 태풍, 홍수 등 자연현상으로 인한 재난으로부터 국토를 보존

② 국민의 생명·신체 및 재산의 보호

③ 국가와 지방자치단체의 재난 및 안전관리체제를 확립

④ 주요 기간시설(基幹施設)의 보호

Solution 자연재해대책법은 "태풍, 홍수 등 자연현상으로 인한 재난으로부터 국토를 보존하고 국민의 생명·신체 및 재산과 주요 기간시설(基幹施設)을 보호하기 위하여 자연재해의 예방·복구 및 그 밖의 대책에 관하여 필요한 사항을 규정함을 목적"으로 한다.

02 다음 중 「자연재해대책법」상의 풍수해가 아닌 것은?

① 태풍　　② 홍수　　③ 호우　　④ 폭설

Solution "풍수해"(風水害)란 태풍, 홍수, 호우, 강풍, 풍랑, 해일, 조수, 대설, 그 밖에 이에 준하는 자연현상으로 인하여 발생하는 재해를 말한다.

03 다음 중 「자연재해대책법」상의 재난관리책임기관 소관업무에 해당하지 않는 것은?

① 풍수해 예방 및 대비　　② 설해(雪害)대책

③ 낙뢰대책　　④ 황사대책

Solution ※ 재난관리책임기관 소관업무

1. 자연재해 경감 협의 및 자연재해위험개선지구 정비
   가. 자연재해 원인 조사 및 분석
   나. 자연재해위험개선지구 지정·관리
2. 풍수해 예방 및 대비
   가. 풍수해저감종합계획 수립
   나. 수방기준 제정·운영
   다. 우수유출저감시설 설치 기준 제정·운영

Answer 01 ❸ 02 ❹ 03 ❹

라. 내풍(耐風)설계기준 제정·운영
마. 그 밖에 풍수해 예방에 필요한 사항
3. 설해(雪害)대책
가. 설해 예방대책
나. 각종 제설자재 및 물자 비축
다. 그 밖에 설해 예방에 필요한 사항
4. 낙뢰대책
가. 낙뢰피해 예방대책
나. 각 유관기관 지원·협조 체제 구축
다. 그 밖에 낙뢰피해 예방에 필요한 사항
5. 가뭄대책
가. 상습가뭄재해지역 해소를 위한 중·장기대책
나. 가뭄 극복을 위한 시설 관리·유지
다. 빗물 모으기 시설을 활용한 가뭄 극복대책
라. 그 밖에 가뭄대책에 필요한 사항
6. 재해정보 및 긴급지원
가. 재해 예방 정보체계 구축
나. 재해정보 관리·전달 체계 구축
다. 재해 대비 긴급지원체계 구축
라. 비상대처계획 수립
7. 그 밖에 자연재해 예방을 위하여 재난관리책임기관의 장이 필요하다고 인정하는 사항

04 다음 중 「자연재해대책법」 용어 정의의 설명이 옳지 않은 것은?

① "재해영향성검토"란 자연재해에 영향을 미치는 각종 행정계획 및 개발 사업으로 인한 재해 유발 요인을 예측·분석하고 이에 대한 대책을 마련하는 것을 말한다.

② "수방기준"이란 풍수해로부터 시설물의 수해 내구성을 강화하고 지하 공간의 침수를 방지하기 위하여 관계 중앙행정기관의 장 또는 행정안전부장관이 정하는 기준을 말한다.

③ "침수흔적도"란 풍수해로 인한 침수 흔적, 침수 예상 및 재해정보 등을 표시한 도면을 말한다.

④ "방재기술"이란 자연재해의 예방·대비·대응·복구 및 기후변화에 신속하고 효율적인 대처를 통하여 인명과 재산 피해를 최소화시킬 수 있는 자연재해에 대한 예측·규명·저감·정보화 및 방재 관련 제품생산·제도·정책 등에 관한 모든 기술을 말한다.

Solution "침수흔적도"란 풍수해로 인한 침수 기록을 표시한 도면을 말하고, "재해지도"란 풍수해로 인한 침수 흔적, 침수 예상 및 재해정보 등을 표시한 도면을 말한다.

Answer 04 ③

05 **다음은 개발 사업에 따른 재해위험성을 최소화하기위한 재난예방단계의 방재정책이다. (ㄱ), (ㄴ)에 해당되는 것으로 옳게 짝지어진 것은?**

> 개발사업의 실기계획 단계에서 개발에 따른 재해영향요인을 예측·시행하기 위하여 (ㄱ) 제도가 1996년 실시되었다. 이후 이제도에 대한 지속적인 보안에도 불구하고 편법적 개발행위 및 제도자체의 한계성을 극복하기 위하여 개발계획수립의 초기단계에서서부터 계획전반에 대한 방재방안을 검토하는 절차를 거치도록 하는 (ㄴ) 제도가 2005년 시행되었다.

① ㄱ : 재해영향평가, ㄴ : 재해영향성검토협의
② ㄱ : 재해영향성검토협의, ㄴ : 재해영향평가
③ ㄱ : 재난관리 심사평가, ㄴ : 지역별 안전도 평가
④ ㄱ : 지역별 안전도 평가, ㄴ : 재난관리 심사평가

Solution "재해영향성검토"란 자연재해에 영향을 미치는 각종 행정계획 및 개발 사업으로 인한 재해 유발 요인을 예측·분석하고 이에 대한 대책을 마련하는 것을 말한다.
관계 중앙행정기관의 장, 시·도지사, 시장·군수·구청장 및 특별지방행정기관의 장은 자연재해에 영향을 미치는 행정계획을 수립·확정하거나 개발사업의 허가·인가·승인·면허·결정·지정 등을 하려는 경우에는 그 행정계획 및 개발사업의 확정·허가 등을 하기 전에 기본법 제14조에 따른 중앙재난안전대책본부의 본부장 또는 기본법 제16조에 따른 지역재난안전대책본부의 본부장과 재해 영향의 검토에 관한 사전협의를 하여야 한다.

06 **「자연재해대책법」상 자연재해에 영향을 미치는 각종 행정계획 및 개발사업으로 인한 재해 유발 요인을 예측·분석하고 이에 대한 대책을 마련하는 것은?**

① 사전환경영향성검토
② 재해영향성검토
③ 사전환경영향성평가
④ 사후재해영향성평가

Solution "재해영향성검토"란 자연재해에 영향을 미치는 각종 행정계획 및 개발사업으로 인한 재해 유발 요인을 예측·분석하고 이에 대한 대책을 마련하는 것을 말한다.

07 **「자연재해대책법 시행령」상 "자연재해 예방을 위한 점검 대상 시설 및 지역"에 해당하지 않는 것은?**

① 자연재해위험개선지구
② 고립·눈사태·교통두절 예상지구 등 취약지구
③ 상습침수재해지역
④ 상습가뭄재해지역

Answer 05 ❶ 06 ❷ 07 ❸

Solution 자연재해 예방을 위한 점검 대상 시설 및 지역(시행령)
1. 자연재해위험개선지구
2. 고립·눈사태·교통두절 예상지구 등 취약지구
3. 상습가뭄재해지역
4. 방재시설
5. 그 밖에 지진·해일 위험지역 등 지역 여건으로 인한 재해 발생이 우려되어 행정안전부장관이 정하여 고시하는 시설 및 지역

08 「자연재해대책법」상 재해영향성 검토협의를 하여야 하는 행정계획 및 개발 사업에 해당되지 않는 것은?

① 관광단지 개발 및 체육시설 조성
② 교통시설의 건설
③ 기본법 제37조에 따른 응급조치를 위한 사업
④ 수자원 및 해양 개발

Solution ※ 재해영향성 검토협의 대상 행정계획 및 개발사업
1. 국토·지역 계획 및 도시의 개발
2. 산업 및 유통 단지 조성
3. 에너지 개발
4. 교통시설의 건설
5. 하천의 이용 및 개발
6. 수자원 및 해양 개발
7. 산지 개발 및 골재 채취
8. 관광단지 개발 및 체육시설 조성
9. 그 밖에 자연재해에 영향을 미치는 계획 및 사업으로서 대통령령으로 정하는 계획 및 사업

09 「자연재해대책법」상 자연재해위험 개선지구 정비사업계획의 수립 시 검토할 사항에 해당되지 않는 것은?

① 정비사업의 우선순위
② 다른 사업과의 중복 또는 연계성 여부
③ 지역주민의 의견 수렴 결과
④ 정비사업 완료 시의 재해 예방 효과

Answer 08 ❸ 09 ❹

Solution ※ 정비사업계획의 수립 검토사항
1. 정비사업의 우선순위
2. 다른 사업과의 중복 또는 연계성 여부
3. 재원 확보 방안
4. 지역주민의 의견 수렴 결과
5. 그 밖에 투자우선순위 등 행정안전부장관이 정하는 사항

10 「자연재해대책법」상 시·군 풍수해저감종합계획의 수립 주기는?

① 1년　② 2년　③ 5년　④ 10년

Solution 시장·군수는 풍수해의 예방 및 저감을 위하여 5년마다 시·군 풍수해저감종합계획을 수립하여 시·도지사를 거쳐 대통령령으로 정하는 바에 따라 행정안전부장관의 승인을 받아 확정하여야 한다.

11 「자연재해대책법」상 "풍수해저감계획"에 관한 설명으로 옳지 않은 것은?

① 시장·군수는 풍수해의 예방 및 저감을 위하여 5년마다 시·군 풍수해저감종합계획을 수립하여 시·도지사를 거쳐 행정안전부장관의 승인을 받아 확정하여야 한다.
② 시·도지사는 시·군 종합계획을 기초로 시·도 풍수해저감종합계획을 수립하여 행정안전부장관의 승인을 받아 확정하여야 한다.
③ 시·도지사 및 시장·군수는 각각 시·도 종합계획 및 시·군 종합계획에 대한 사업시행계획을 3년마다 작성하여 행정안전부장관에게 제출하여야 한다.
④ 행정안전부장관은 제출받은 사업시행계획을 심사한 후 풍수해저감사업비의 일부를 국고로 지원할 수 있다.

Solution 시·도지사 및 시장·군수는 각각 시·도 종합계획 및 시·군 종합계획에 대한 사업시행계획을 매년 작성하여 행정안전부장관에게 제출하여야 한다.

12 「자연재해대책법 시행령」상 풍수해저감종합계획에 포함되어야 할 사항이 아닌 것은?

① 풍수해 재해복구사업의 평가·분석에 관한 사항
② 지역별, 주요 시설별 풍수해 위험 분석에 관한 사항
③ 풍수해 예방 및 저감을 위한 종합대책 등에 관한 사항
④ 풍수해 위험개선지구의 재해 발생 빈도에 관한 사항

Answer 10 ❸ 11 ❸ 12 ❹

Solution ※ 풍수해저감종합계획에 포함 사항
1. 지역적 특성 및 계획의 방향·목표에 관한 사항
2. 유역 현황, 하천 현황, 기상 현황, 방재시설 현황 등 재해 발생 현황 및 재해 위험 요인 실태에 관한 사항
3. 풍수해 재해복구사업의 평가·분석에 관한 사항
4. 지역별, 주요 시설별 풍수해 위험 분석에 관한 사항
5. 법 제18조의 지구단위 홍수방어기준을 적용한 저감대책에 관한 사항
6. 풍수해 저감을 위한 자연재해위험개선지구 지정 및 정비에 관한 사항
7. 풍수해 예방 및 저감을 위한 종합대책 등에 관한 사항
8. 제14조제7항에 따른 풍수해저감종합계획 세부 수립기준에서 정하는 사항

13 「자연재해대책법」상 행정안전부장관이 관계 중앙행정기관의 장과 협의하여 지하 공간 침수를 방지하기 위하여 수방기준을 제정해야 하는 대상은?

① 「소하천정비법」상 소하천부속물
② 「사방사업법」상 사방시설
③ 「도로법」상 도로
④ 「건축법」상 건축물

Solution ※ 수방기준제정대상
1. 시설물
가. 「소하천정비법」상 소하천부속물
나. 「하천법」상 하천시설
다. 「국토의 계획 및 이용에 관한 법률」상 기반시설
라. 「하수도법」상 하수도
마. 「농어촌정비법」상 농업생산기반시설
바. 「사방사업법」상 사방시설
사. 「댐건설 및 주변지역지원 등에 관한 법률」상 댐
아. 「도로법」상 도로
자. 「항만법」상 항만시설

2. 지하 공간
가. 「국토의 계획 및 이용에 관한 법률」상 기반시설 및 공동구(共同溝)
나. 「시설물의 안전관리에 관한 특별법」상 시설물
다. 「대도시권 광역교통관리에 관한 특별법」상 광역철도
라. 「건축법」상 건축물

14 「자연재해대책법」상 수방기준을 정하여야 하는 "시설물"에 해당하지 않는 대상은?

① 「시설물의 안전관리에 관한 특별법」상 시설물
② 「항만법」상 항만시설
③ 「도로법」상 도로
④ 「하수도법」상 하수도

Answer 13 ❹ 14 ❶

15 **「자연재해대책법」상 우수유출저감시설 설치대상 개발 사업이 아닌 것은?**

① 국토·지역 계획 및 도시의 개발
② 산업 및 유통 단지 조성
③ 우수유출에 영향을 미치는 사업으로서 지방자치단체장이 정하는 사업
④ 관광지 및 관광단지 개발

Solution ※ 우수유출저감시설 설치대상 개발 사업
1. 국토·지역 계획 및 도시의 개발
2. 산업 및 유통 단지 조성
3. 관광지 및 관광단지 개발
4. 그 밖에 우수유출에 영향을 미치는 사업으로서 대통령령으로 정하는 사업

16 **「자연재해대책법」상 태풍, 강풍 등으로 인하여 재해를 입을 우려가 있는 시설에 대하여 내풍설계기준 적용 대상이 아닌 것은?**

① 「항공법」에 따른 공항시설
② 「건축법」에 따른 건축물
③ 「관광진흥법」에 따른 유원시설
④ 「시설물의 안전관리에 관한 특별법」에 따른 시설물

Solution ※ 내풍설계 대상
1. 「건축법」에 따른 건축물
2. 「항공법」에 따른 공항시설
3. 「관광진흥법」에 따른 유원시설(遊園施設)
4. 「도로법」 및 「국토의 계획 및 이용에 관한 법률」에 따른 도로
5. 「궤도운송법」에 따른 삭도시설
6. 「산업안전보건법」에 따른 크레인 및 리프트
7. 「옥외광고물 등 관리법」에 따른 옥외광고물
8. 「전기사업법」 및 「전원개발 촉진법」에 따른 송전·배전 시설
9. 「항만법」에 따른 항만시설
10. 「철도산업발전 기본법」에 따른 철도시설
11. 그 밖에 대통령령으로 정하는 시설

17 **「자연재해대책법」상 지구단위 홍수방어기준을 정하여야 하는 대상이 아닌 것은?**

① 수해지역　② 해안침수지역
③ 홍수피해예상지역　④ 상습침수지역

Answer 15 ③ 16 ④ 17 ②

Solution 행정안전부장관은 상습침수지역, 홍수피해예상지역, 그 밖의 수해지역의 재해 경감을 위하여 필요하면 지구단위 홍수방어기준을 정하여야 한다.〈개정 2014.11.19.〉

18 「자연재해대책법」상 지방자치단체의 장은 하천 범람 등 자연재해를 경감하고 신속한 주민 대피 등의 조치를 하기 위하여 제작·활용하여야 하는 재해지도에 해당되지 않는 것은?

① 재해예상지도
② 재해정보지도
③ 해안침수예상도
④ 홍수범람위험도

Solution ※ 재해지도
1. 침수흔적도 : 태풍, 호우(豪雨), 해일 등으로 인한 침수흔적을 조사하여 표시한 지도
2. 침수예상도 : 현 지형을 기준으로 예상 강우 및 태풍, 호우, 해일 등에 의한 침수범위를 예측하여 표시한 지도로서 다음 각 목의 어느 하나에 해당하는 지도
가. 홍수범람위험도 : 홍수에 의한 범람 및 내수배제(內水排除) 불량 등에 의한 침수지역을 예측하여 표시한 지도와 「하천법」 제21조제1항 및 제5항에 따른 홍수위험지도
나. 해안침수예상도 : 태풍, 호우, 해일 등에 의한 해안침수지역을 예측하여 표시한 지도
3. 재해정보지도 : 침수흔적도와 침수예상도 등을 바탕으로 재해 발생 시 대피 요령, 대피소 및 대피 경로 등의 정보를 표시한 지도로서 다음 각 목의 어느 하나에 해당하는 지도
가. 피난활용형 재해정보지도 : 재해 발생 시 대피 요령, 대피소 및 대피 경로 등 피난에 관한 정보를 지도에 표시한 도면
나. 방재정보형 재해정보지도 : 침수예측정보, 침수사실정보 및 병원 위치 등 각종 방재정보가 수록된 생활지도
다. 방재교육형 재해정보지도 : 재해유형별 주민 행동 요령 등을 수록하여 교육용으로 제작한 지도

19 「자연재해대책법」상 재난관리책임기관의 장은 설해예방 및 경감 조치를 하여야 하는 사항이 아닌 것은?

① 도로별 제설 및 지역별 교통대책 마련
② 건축물관리자의 제설 책임에 관한 사항
③ 설해대책 교육·훈련 및 대국민 홍보
④ 농수산시설의 설해 경감대책 마련

Solution ※ 설해예방 및 경감 조치사항
1. 설해 예방조직의 정비
2. 도로별 제설 및 지역별 교통대책 마련
3. 설해 대비용 물자와 자재의 비축·관리 및 장비의 확보
4. 고립·눈사태·교통두절 예상지구 등 취약지구의 지정·관리
5. 산악지역 등산로의 통제구역 지정·관리
6. 설해대책 교육·훈련 및 대국민 홍보
7. 농수산시설의 설해 경감대책 마련

Answer 18 ❶ 19 ❷

8. 그 밖에 설해 예방 및 경감을 위하여 필요한 조치

20 **중앙행정기관의 장은 자연재해가 발생하거나 발생할 우려가 있는 경우에는 신속한 국가 지원을 위하여 긴급지원계획을 수립하여야 한다. 다음 중 관계기관과 소관사무의 연결이 잘못된 것은?**

① 국토교통부 : 비상교통수단 지원 등에 관한 사항
② 산업통상자원부 : 재해발생지역의 통신 소통 원활화 등에 관한 사항
③ 행정안전부 : 이재민의 수용·구호, 긴급 재정 지원 등에 관한 사항
④ 문화체육관광부 : 재해 수습을 위한 홍보 등에 관한 사항

Solution ※ 중앙긴급지원체계의 구축을 위한 관계기관과 소관사무
1. 과학기술정보통신부 : 재해발생지역의 통신 소통 원활화 등에 관한 사항
2. 국방부 : 인력 및 장비의 지원 등에 관한 사항
3. 문화체육관광부 : 재해 수습을 위한 홍보 등에 관한 사항
4. 농림축산식품부 : 농축산물 방역 등의 지원 등에 관한 사항
5. 산업통상자원부 : 긴급에너지 수급 지원 등에 관한 사항
6. 보건복지부 : 재해발생지역의 의료서비스, 위생, 감염병 예방 및 방역 지원 등에 관한 사항
7. 환경부 : 긴급 용수 지원, 유해화학물질의 처리 지원, 재해발생지역의 쓰레기 수거·처리 지원 등에 관한 사항
8. 국토교통부 : 비상교통수단 지원 등에 관한 사항
9. 해양수산부 : 해운물류 지원 등에 관한 사항
10. 행정안전부 : 이재민의 수용·구호, 긴급 재정 지원, 정보의 수집·분석·전파 등에 관한 사항
11. 조달청 : 복구자재 지원 등에 관한 사항
12. 경찰청 : 재해발생지역의 사회질서 유지 및 교통 관리 등에 관한 사항

21 **「자연재해대책법」상 방재관리대책 업무의 대행자로 등록할 수 없는 자는?**

① 파산선고를 받고 복권되지 아니한 사람
② 금치산자
③ 한정치산자
④ 「자연재해대책법」을 위반하여 징역 이상의 실형을 선고 받은 사람

Solution ※ 대행자 등록의 결격사유
1. 금치산자 또는 한정치산자
2. 파산선고를 받고 복권되지 아니한 사람
3. 이 법을 위반하여 징역 이상의 실형을 선고받고 그 형의 집행이 끝나거나 집행을 받지 아니하기로 확정된 후 2년이 지나지 아니한 사람
4. 임원 중 제1호부터 제3호까지의 어느 하나에 해당하는 사람이 있는 법인

Answer 20 ② 21 ④

22 「자연재해대책법」상 방재기술 진흥계획의 수립에 포함되어야 하는 내용으로 옳지 않은 것은?

① 방재기술의 정보관리
② 방재기술 진흥 연구기관의 육성
③ 신규 개발된 기술의 확산에 관한 사항
④ 방재기술 개발사업의 연도별 투자 및 추진 계획

Solution ※ 방재기술 진흥계획의 수립 사항
1. 방재기술 진흥의 기본 목표 및 추진 방향
2. 방재기술의 개발 촉진 및 그 활용을 위한 시책
3. 방재기술 개발사업의 연도별 투자 및 추진 계획
4. 이미 개발된 기술의 확산에 관한 사항
5. 기술 개발, 기술 지원 등의 기능을 수행하는 기관·법인·단체 및 산업의 육성
6. 방재기술의 정보관리
7. 방재기술 인력의 수급·활용 및 기술 인력의 양성
8. 방재기술 진흥 연구기관의 육성
9. 그 밖에 방재기술의 진흥에 관한 중요 사항

23 「자연재해대책법」상 상습가뭄재해지역에 대한 중장기대책 중 생활·음용수 분야의 대책으로 옳지 않은 것은?

① 섬 및 농어촌 가뭄지역에 대한 상수도 확충대책
② 지하수·간이용수원 개발대책
③ 가뭄단계별 제한급수대책
④ 수질오염사고 예방대책 등

Solution 상습가뭄재해지역에 대한 중장기대책
1. 생활·음용수 분야
  가. 섬 및 농어촌 가뭄지역에 대한 상수도 확충대책
  나. 지하수 개발, 해수담수화(섬·해안지역 등), 중수도 활용 등 수자원 확보대책
  다. 물 절약대책
  라. 가뭄단계별 제한급수대책
  마. 수질오염사고 예방대책 등
2. 농업·공업 용수 분야
  가. 항구적인 용수공급원 확충을 위하여 관계 중앙행정기관, 특별시·광역시·특별자치시·도·특별자치도, 특별지방행정기관이 추진하고 있는 댐·저수지 등의 설치대책
  나. 기존 수자원시설의 효율적 활용 방안
  다. 지하수·간이용수원 개발대책
  라. 인력·장비 지원대책

Answer 22 ❸ 23 ❷

24 **풍수해 저감대책은 구조적 대책과 비구조적 대책으로 구분할 수 있다. 다음 중 비구조적 대책에 가장 적합한 것은?**

① 위험지역 안내판 설치 ② 사면안정화 시설보강
③ 유수지 및 펌프장 건설 ④ 제방 신개·축

Solution 1. 구조적 저감대책 : 사면안정화 시설보강, 유수지 및 펌프장 건설, 제방 신개·축, 댐건설, 저수지 보수, 하천 정비
2. 비구조적 저감대책 : 홍수예보, SOP구축, 홍수보험제도 도입, 위험지역 안내판 설치, 주민계몽 및 홍보, 풍수해 저감대책을 위한 행정체계 개선, 물 관리 체계 일원화

25 **「자연재해대책법」상 재해정보체계의 구축에 관한 설명으로 옳지 않은 것은?**

① 재난관리책임기관의 장은 자연재해의 예방·대비·대응·복구 등에 필요한 재해정보의 관리 및 이용 체계를 구축·운영하여야 한다.
② 재난관리책임기관의 장은 재해정보체계 구축에 필요한 자료를 관계 재난관리책임기관의 장에게 요청할 수 있다.
③ 재난관리책임기관의 장은 재해정보체계의 연계·공유 및 유통 등을 위한 종합적인 재해정보체계를 구축·운영하여야 한다.
④ 재난관리책임기관의 장은 자연재해가 발생하거나 자연재해를 복구하면 그 현황을 실시간으로 종합적인 재해정보체계에 입력하여야 한다.

Solution 행정안전부장관은 재난관리책임기관의 장이 구축한 재해정보체계의 연계·공유 및 유통 등을 위한 종합적인 재해정보체계를 구축·운영하여야 한다.

26 **「자연재해대책법」상 방재성능 평가대상 방재시설이 아닌 것은?**

① 「소하천정비법」에 따른 소하천부속물 중 제방
② 「국토의 계획 및 이용에 관한 법률」에 따른 방재시설 중 유수지
③ 「하수도법」에 따른 하수도 중 하수관로
④ 「하천법」 제2조제3호에 따른 하천시설

Solution ※ 방재성능 평가대상 방재시설(대통령령)
① 「소하천정비법」 제2조제3호에 따른 소하천부속물 중 제방
② 「국토의 계획 및 이용에 관한 법률」 제2조제6호 마목에 따른 방재시설 중 유수지
③ 「하수도법」 제2조제3호에 따른 하수도 중 하수관로
④ 제55조제12호에 따라 행정안전부장관이 고시하는 시설 중 행정안전부장관이 정하는 시설

Answer 24 ❶ 25 ❸ 26 ❹

27 「자연재해대책법」상 재해유형별 행동요령에 포함되어야 할 세부 사항 중 대비단계의 내용이 아닌 것은?

① 재해가 예상되거나 발생한 경우 비상근무계획에 관한 사항
② 피해 발생이 우려되는 시설의 점검·관리에 관한 사항
③ 유관기관 및 방송사에 대한 상황 전파 및 방송 요청에 관한 사항
④ 방재물자·동원장비의 확보·지정 및 관리에 관한 사항

Solution ※ 재해유형별 행동요령에 포함되어야 할 세부 사항

1. 예방단계
   가. 자연재해위험개선지구·재난취약시설 등의 점검·정비 및 관리에 관한 사항
   나. 방재물자·동원장비의 확보·지정 및 관리에 관한 사항
   다. 유관기관 및 민간단체와의 협조·지원에 관한 사항
   라. 그 밖에 행정안전부장관이 필요하다고 인정하는 사항
2. 대비단계
   가. 재해가 예상되거나 발생한 경우 비상근무계획에 관한 사항
   나. 피해 발생이 우려되는 시설의 점검·관리에 관한 사항
   다. 유관기관 및 방송사에 대한 상황 전파 및 방송 요청에 관한 사항
   라. 그 밖에 행정안전부장관이 필요하다고 인정하는 사항
3. 대응단계
   가. 재난정보의 수집 및 전달체계에 관한 사항
   나. 통신·전력·가스·수도 등 국민생활에 필수적인 시설의 응급복구에 관한 사항
   다. 부상자 치료대책에 관한 사항
   라. 그 밖에 행정안전부장관이 필요하다고 인정하는 사항
4. 복구단계
   가. 방역 등 보건위생 및 쓰레기 처리에 관한 사항
   나. 이재민 수용시설의 운영 등에 관한 사항
   다. 복구를 위한 민간단체 및 지역 군부대의 인력·장비의 동원에 관한 사항
   라. 그 밖에 행정안전부장관이 필요하다고 인정하는 사항

28 중앙대책본부장은 해당 지방자치단체의 의견을 들은 후 지방자치단체 소관 시설에 자연재해가 발생한 지역에 대하여 지구단위종합복구계획을 수립할 수 있다. 다음 중 지구단위종합복구계획 수립 지역이 아닌 것은?

① 도로·하천 등의 시설물에 복합적으로 피해가 발생하여 시설물별 복구보다는 일괄 복구가 필요한 지역
② 폭우·침수로 인하여 하천 유로변경 등이 발생한 지역으로서 근원적 복구가 필요한 지역
③ 복구사업을 위하여 국가 차원의 신속하고 전문적인 인력·기술력 등의 지원이 필요하다고 인정되는 지역

Answer 27 ④ 28 ②

④ 피해 재발 방지를 위하여 기능복원보다는 피해지역 전체를 조망한 예방·정비가 필요하다고 인정되는 지역

Solution 지구단위종합복구계획을 수립 지역
1. 도로·하천 등의 시설물에 복합적으로 피해가 발생하여 시설물별 복구보다는 일괄 복구가 필요한 지역
2. 산사태 또는 토석류로 인하여 하천 유로변경 등이 발생한 지역으로서 근원적 복구가 필요한 지역
3. 복구사업을 위하여 국가 차원의 신속하고 전문적인 인력·기술력 등의 지원이 필요하다고 인정되는 지역
4. 피해 재발 방지를 위하여 기능복원보다는 피해지역 전체를 조망한 예방·정비가 필요하다고 인정되는 지역
5. 제1호부터 제4호까지에서 규정한 지역 외에 자연재해의 근원적 복구와 예방이 필요한 지역으로서 대통령령으로 정하는 지역

29 「자연재해대책법」상 지역자율방재단에 관한 설명으로 옳지 않은 것은?

① 시장·군수·구청장은 지역의 자율적인 방재 기능을 강화하기 위하여 지역주민, 봉사단체, 방재 관련 업체, 전문가 등으로 지역자율방재단을 구성·운영할 수 있다.
② 중앙대책본부장과 지역대책본부장은 지역자율방재단을 활성화하기 위하여 예산 등을 지원할 수 있다.
③ 중앙대책본부장과 지역대책본부장은 지역자율방재단 구성원의 재해 예방, 대응, 복구 활동 등 기여도에 따라 복구사업에 우선 참여하게 하는 등 필요한 사항을 지원할 수 있다.
④ 지역자율방재단 상호간의 교류와 협력 증진을 위하여 전국자율방재단연합회를 설립할 수 있다.

Solution 시장·군수·구청장은 지역자율방재단 구성원의 재해 예방, 대응, 복구 활동 등 기여도에 따라 복구사업에 우선 참여하게 하는 등 필요한 사항을 지원할 수 있다.

30 「자연재해대책법」상 한국방재협회의 업무로 옳지 않은 것은?

① 방재 분야 기술발전을 위한 방재기술의 정보관리
② 방재 분야 전문인력의 양성 지원 및 인력 데이터베이스 구축 관리
③ 민간주도의 재해 관련 국내외 행사의 유치
④ 재해 예방과 방재의식의 고취를 위한 교육 및 홍보

Solution ※ 한국방재협회의 업무
1. 재해 예방과 방재의식의 고취를 위한 교육 및 홍보
2. 재해 예방, 재해 응급대책 및 재해 복구 등에 관한 자료의 조사·수집 및 보급
3. 재해 예방, 재해 응급대책 및 재해 복구 등에 관한 각종 간행물의 발간
4. 재해대책에 관한 정부 위탁사업의 수행

Answer 29 ③ 30 ①

5. 방재 분야 기술발전을 위한 관련 산업의 육성·지원
6. 민간주도의 재해 관련 국내외 행사의 유치
7. 방재 분야 전문인력의 양성 지원 및 인력 데이터베이스 구축 관리
8. 그 밖에 재해대책에 관련되는 사항으로서 대통령령으로 정하는 사항

31 「자연재해대책법」상 복구공사 발주계약 방식으로 옳은 것은?

① 수의계약방식
② 일괄입찰방식
③ 공개경쟁입찰방식
④ 조달계약방식

Solution 관계 중앙행정기관의 장과 지방자치단체의 장은 신속한 자연재해 복구를 위하여 필요하다고 판단하면 대통령령으로 정하는 바에 따라 일괄입찰방식으로 발주·계약을 할 수 있다.

32 「자연재해대책법」상 재해복구비에 관한 설명으로 옳지 않은 것은?

① 시장·군수·구청장은 자연재해의 신속한 구호 및 복구를 위하여 복구 이전에 미리 복구비를 지급할 수 있다.
② 복구비를 선지급 받으려는 자는 피해 물량 등에 관하여 재난대책본부장에게 신고하여야 한다.
③ 복구비 등을 받은 후 그 지급 사유가 소급하여 소멸된 경우 즉시 반환하여야 한다.
④ 재해복구보조금의 집행 잔액은 다른 재해복구사업에 충당할 수 있다.

Solution 복구비를 선지급 받으려는 자는 피해 물량 등에 관하여 시장·군수·구청장에게 대통령령으로 정하는 바에 따라 신고하여야 한다.

33 「자연재해대책법」 "제37조제1항에 따른 비상대처계획을 수립하지 아니한 자"에 대한 벌칙은?

① 1년 이하의 징역 또는 1천만 원 이하의 벌금
② 500만 원 이하의 벌금
③ 300만 원 이하의 벌금
④ 200만 원 이하의 과태료

Solution 제37조제1항에 따른 비상대처계획을 수립하지 아니한 자는 500만 원 이하의 벌금에 처한다.

Answer 31 ❷ 32 ❷ 33 ❷

34 「자연재해대책법」상의 300만 원 이하의 과태료 대상이 아닌 것은?

① 자연재해위험개선지구의 재해 예방을 위한 점검·정비 명령을 이행하지 아니한 자
② 대행자 등록을 하지 아니하고 방재관리대책 업무를 대행한 자
③ 침수흔적 등의 조사를 방해하거나 무단으로 침수흔적 표지를 훼손한 자
④ 해일위험지구의 재해 예방을 위한 점검·정비 명령을 이행하지 아니한 자

Solution ※ 300만 원 이하의 과태료

1. 자연재해위험개선지구의 재해 예방을 위한 점검·정비 명령을 이행하지 아니한 자
2. 우수유출저감시설을 설치하지 아니한 자
3. 침수흔적 등의 조사를 방해하거나 무단으로 침수흔적 표지를 훼손한 자
4. 해일위험지구의 재해 예방을 위한 점검·정비 명령을 이행하지 아니한 자
5. 대행자의 준수사항을 위반한 자
6. 신고를 하지 아니하고 사업을 휴업하거나 폐업한 자
7. 실태점검을 거부·기피·방해하거나 거짓 자료를 제출한 대행자 및 방재관리대책 업무를 대행하게 한 자

☞ 대행자 등록을 하지 아니하고 방재관리대책 업무를 대행한 자는 1년 이하의 징역 또는 1천만 원 이하의 벌금

35 「자연재해대책법」상의 지역안전도 진단에 관한 설명으로 옳지 않은 것은?

① 행정안전부장관은 방재정책 전반의 환류체계를 구축하고, 자주적인 방재 역량의 제고와 저변 확대를 위하여 시·군·구별로 지역안전도 진단을 할 수 있다.
② 시·군·구별 피해 발생 빈도와 피해 규모의 분석은 지역안전도 진단에 포함되어야 한다.
③ 시·군·구별 피해저감 능력을 진단하기 위한 진단지표 및 진단기준에 따른 분석은 지역안전도 진단에 포함되어야 한다.
④ 최근 지역안전도 진단일로부터 5년이 지난 경우, 행정안전부장관은 시장·군수·구청장으로부터 신청을 받아 실시한다.

Solution ※ 신청 없이 행정안전부장관이 직접 지역안전도 진단

1. 최근 지역안전도 진단일로부터 5년이 지난 경우
2. 최근 지역안전도 진단 결과가 전체 시·군·구의 하위 15퍼센트에 해당하는 경우

36 「자연재해대책법 시행령」상 지역별로 풍수해의 예방 및 저감을 위하여 지역안전도에 대한 진단 등을 거쳐 수립하는 종합계획에 포함되어야 할 사항이 아닌 것은?

① 개발사업 시행으로 인한 재해 저감대책　② 풍수해 재해복구사업의 평가·분석
③ 자연재해위험개선지구 지정　④ 유역 및 하천 현황

Answer 34 ❷ 35 ❹ 36 ❶

Solution 「자연재해대책법 시행령」상 지역별로 풍수해의 예방 및 저감을 위하여 지역안전도에 대한 진단 등을 거쳐 수립하는 종합계획은 풍수해저감종합계획이다. 풍수해저감종합계획에 포함하여야 할 사항으로 ① 지역적 특성 및 계획의 방향·목표에 관한 사항, ② 유역 현황, 하천 현황, 기상 현황, 방재시설 현황 등 재해 발생 현황 및 재해 위험 요인 실태에 관한 사항, ③ 풍수해 재해복구사업의 평가·분석에 관한 사항, ④ 지역별, 주요 시설별 풍수해 위험 분석에 관한 사항, ⑤ 법 제18조의 지구단위 홍수방어기준을 적용한 저감대책에 관한 사항, ⑥ 풍수해 저감을 위한 자연재해위험개선지구 지정 및 정비에 관한 사항, ⑦ 풍수해 예방 및 저감을 위한 종합대책 등에 관한 사항, ⑧ 제14조제7항에 따른 풍수해저감종합계획 세부 수립기준에서 정하는 사항 등이다.

37 「자연재해대책법 시행규칙」상 풍수해피해예측시스템의 구축·운영과 관련하여, ㉠~㉢에 들어갈 내용으로 옳은 것을 모두 고른 것은?

(㉠) : 풍수해를 사전에 예측하여 위험 분야에 대한 정책을 수립·추진하는 단계
(㉡) : 위험지역 주민을 사전에 대피시키고, 인력·물자·장비를 적재적소에 배치하는 등 피해를 최소화하기 위한 조치단계
(㉢) : 개선·복구 대상 사업을 선정하는 등 예산 투자의 효율성을 높이고, 피해 재발을 방지할 수 있도록 계획을 수립하는 단계

	㉠	㉡	㉢
①	예방단계	대응단계	지원단계
②	예측단계	대비단계	개선단계
③	예방단계	대응단계	복구단계
④	예측단계	대비단계	복구단계

Solution 풍수해피해예측시스템의 구축·운영
① 예방단계 : 풍수해를 사전에 예측하여 위험 분야에 대한 예방정책을 수립·추진하는 단계
② 대응단계 : 위험지역 주민을 사전에 대피시키고, 인력·물자·장비를 적재적소에 배치하는 등 피해를 최소화하기 위한 조치단계
③ 복구단계 : 개선·복구 대상 사업을 선정하는 등 예산 투자의 효율성을 높이고, 피해 재발을 방지할 수 있도록 복구계획을 수립하는 단계

38 「자연재해대책법」상 재해영향성 검토협의를 해야 하는 행정계획 및 개발 사업에 해당하지 않는 것은?

① 산지개발 및 골재채취
② 국토·지역계획 및 도시의 개발
③ 관광단지 개발 및 체육시설 조성
④ 재난 및 안전관리 기본법에 따른 응급조치를 위한 사업

Answer 37 ❸ 38 ❹

Solution 재해영향성 검토협의를 해야 하는 행정계획 및 개발사업 : ①. 국토·지역 계획 및 도시의 개발, ② 산업 및 유통 단지 조성, ③ 에너지 개발, ④ 교통시설의 건설, ⑤ 하천의 이용 및 개발, ⑥ 수자원 및 해양 개발, ⑦ 산지 개발 및 골재 채취, ⑧ 관광단지 개발 및 체육시설 조성, ⑨ 그 밖에 자연재해에 영향을 미치는 계획 및 사업으로서 대통령령으로 정하는 계획 및 사업

39 **「자연재해대책법」상 시장·군수·구청장의 자연재해위험개선지구 정비사업계획 수립 주기는?**

① 1년 ② 3년 ③ 5년 ④ 10년

Solution 「자연재해대책법」 제14조(자연재해위험개선지구 정비사업계획의 수립) ① 시장·군수·구청장은 정비계획에 따라 매년 다음 해의 자연재해위험개선지구 정비사업계획(이하 "사업계획"이라 한다)을 수립하여 시·도지사에게 제출하여야 한다. ※ 종합계획, 기본계획 : 5년마다, 집행계획, 세부계획, 사업계획 : 매년

40 **「자연재해대책법」상 상습침수지역이나 재해위험도가 높은 지역에 대하여 침수피해를 방지하기 위해 행정안전부장관이 정한 기준은?**

① 수방기준 ② 지구단위 홍수방어기준
③ 우수유출저감시설설치기준 ④ 자연재해위험개선지구 지정기준

Solution "지구단위 홍수방어기준"이란 상습침수지역이나 재해위험도가 높은 지역에 대하여 침수 피해를 방지하기 위하여 행정안전부장관이 정한 기준을 말한다.

41 **자연재해로 발생한 피해에 대한 피해사실확인서의 발급권자는?**

① 관계 중앙행정기관장 ② 행정안전부장관
③ 시·도지사 ④ 시장·군수·구청장

Solution 법 제74조(자연재해로 인한 피해사실확인서 발급) ① 시장·군수·구청장은 자연재해로 발생한 피해에 대하여 피해사실확인서를 발급할 수 있다.

Answer 39 ❶ 40 ❷ 41 ❹

42 「자연재해대책법」상 자연재해 예방을 위해 행정안전부장관이할 수 없는 것은?

① 긴급지원계획수립

② 우수유출저감대책수립

③ 지구단위 홍수방어기준설정

④ 지하 공간의 침수를 방지하기 위한 수방기준제정

Solution 법 제19조(우수유출저감대책 수립) ① 특별시장·광역시장·특별자치시장 및 시장·군수는 관할구역의 지역특성 등을 고려하여 우수의 침투 또는 저류를 통한 재해의 예방을 위하여 우수유출저감대책을 5년마다 수립하여야 한다.

43 풍수해저감종합계획의 수립에 대한 내용으로 옳지 않은 것은?

① 시장·군수는 풍수해의 예방 및 저감을 위하여 5년마다 시·군 풍수해저감종합계획을 수립하여야 한다.

② 수립된 시·군 풍수해저감종합계획은 대통령령으로 정하는 바에 따라 시·도지사의 승인을 받아 확정한다.

③ 시·도지사는 시·군 풍수해저감종합계획을 기초로 시·도 풍수해저감종합계획을 수립하여야 한다.

④ 시·도지사 및 시장·군수는 각각 시·도 풍수해저감종합계획및 시·군 풍수해저감종합계획에 대한 사업시행계획을 매년 작성하여 행정안전부장관에게 제출하여야 한다.

Solution 시·도지사는 시·군 종합계획을 기초로 시·도 풍수해저감종합계획을 수립하여 대통령령으로 정하는 바에 따라 행정안전부장관의 승인을 받아 확정하여야 한다.

44 「자연재해대책법」상 방재관리대책 대행자가 대행할 수 없는 것은?

① 재해복구사업의 평가 ② 비상대처계획의 수립

③ 긴급구조대응계획의 수립 ④ 풍수해저감종합계획의 수립

Solution 방재관리대책 업무의 대행 : ① 제4조에 따른 재해영향성 검토협의, ② 제13조 및 제14조에 따른 정비계획 및 사업계획의 수립, ③ 제16조에 따른 풍수해저감종합계획의 수립, ④ 제19조에 따른 우수유출저감대책의 수립, ⑤ 제37조에 따른 비상대처계획의 수립, ⑥ 제57조에 따른 재해복구사업의 평가, ⑦ 그 밖에 대통령령으로 정하는 방재관리대책에 관한 업무

Answer 42 ❷ 43 ❷ 44 ❸

45 「자연재해대책법」상 손실보상에 대한 설명으로 옳지 않은 것은?

① 손실보상의 주체는 국가 또는 지방자치단체이다.

② 손실보상은 재해 예방을 위해 필요한 경우로써 토지의 일시적 사용으로 인한 손실에 한정된다.

③ 협의가 성립되지 아니하였을 때에는 관할 토지수용위원회에 재결을 신청할 수 있다.

④ 토지수용위원회의 재결에 불복할 때에는 재결서를 받은 날부터 60일 이내에 행정소송을 제기할 수 있다.

Solution 제11조(토지 출입 등) ① 중앙대책본부장, 지역대책본부장 또는 중앙대책본부장, 지역대책본부장으로부터 명령이나 위임·위탁을 받은 자는 시설물 등의 점검, 재해 원인 분석·조사, 재해 흔적 조사 및 피해 조사 등을 위하여 필요하면 타인의 토지에 출입하거나 타인의 토지를 일시 사용할 수 있으며, 특히 필요한 경우에는 나무, 흙, 돌, 그 밖의 장애물을 변경하거나 제거할 수 있다.
제68조(손실보상) ① 국가나 지방자치단체는 제11조제1항에 따른 조치로 인하여 손실이 발생하였을 때에는 보상하여야 한다.

46 「자연재해대책법」상 자연재해위험개선지구에 대한 설명으로 옳지 않은 것은?

① 시장·군수·구청장은 자연재해위험개선지구로 지정·고시된 지역에서 재해 예방을 위하여 필요하면 건축, 형질 변경 등의 행위를 제한할 수 있다.

② 시장·군수·구청장은 건축, 형질 변경 등의 행위와 병행하여 그 행위로 발생할 수 있는 자연재해에 관한 예방대책이 마련되어 추진되는 경우에는 제한할 수 없다.

③ 건축, 형질 변경 등의 행위제한에 관한 구체적인 사항은 대통령령으로 정한다.

④ 건축, 형질 변경 등의 행위를 제한하는 자연재해위험개선 지구는 다른 자연재해위험개선 지구보다 우선하여 정비하여야 한다.

Solution 제15조(자연재해위험개선지구 내 건축, 형질 변경 등의 행위 제한) ① 시장·군수·구청장은 자연재해위험개선지구로 지정·고시된 지역에서 재해 예방을 위하여 필요하면 건축, 형질 변경 등의 행위를 제한할 수 있다. 다만, 건축, 형질 변경 등의 행위와 병행하여 그 행위로 발생할 수 있는 자연재해에 관한 예방대책이 마련되어 추진되는 경우에는 그러하지 아니하다. ② 제1항 본문에 따라 건축, 형질 변경 등의 행위를 제한하는 자연재해위험개선지구는 다른 자연재해위험개선지구보다 우선하여 정비하여야 한다. ③ 제1항에 따른 행위 제한에 관한 구체적인 사항은 해당 지방자치단체의 조례로 정한다.

Answer 45 ❷ 46 ❸

47 「자연재해대책법」상 5년마다 시행하도록 규정하지 않는 것은?

① 우수유출저감대책 수립
② 시·군 풍수해저감종합계획 수립
③ 지구단위 홍수방어기준 설정
④ 자연재해위험개선지구 정비계획 수립

Solution 「자연재해대책법」 제14조(자연재해위험개선지구 정비사업계획의 수립) ① 시장·군수·구청장은 정비계획에 따라 매년 다음 해의 자연재해위험개선지구 정비사업계획(이하 "사업계획"이라 한다)을 수립하여 시·도지사에게 제출하여야 한다. ※ 종합계획, 기본계획 : 5년마다, 집행계획, 세부계획, 사업계획 : 매년

48 「자연재해대책법 시행령」상 규정한 재해지도에 해당하지 않는 것은?

① 해안침수예상도
② 홍수범람위험도
③ 토석류발생위험도
④ 방재교육형 재해정보지도

Solution 재해지도의 종류

㉠ 침수흔적도 : 태풍, 호우(豪雨), 해일 등으로 인한 침수흔적을 조사하여 표시한 지도
㉡ 침수예상도 : 현 지형을 기준으로 예상 강우 및 태풍, 호우, 해일 등에 의한 침수범위를 예측하여 표시한 지도 로서 다음 각 목의 어느 하나에 해당하는 지도
- 홍수범람위험도 : 홍수에 의한 범람 및 내수배제(內水排除) 불량 등에 의한 침수지역을 예측하여 표시한 지도와 「하천법」 제21조제1항 및 제5항에 따른 홍수위험지도
- 해안침수예상도 : 태풍, 호우, 해일 등에 의한 해안침수지역을 예측하여 표시한 지도

㉢ 재해정보지도 : 침수흔적도와 침수예상도 등을 바탕으로 재해 발생 시 대피 요령, 대피소 및 대피 경로 등의 정보를 표시한 지도로서 다음 각 목의 어느 하나에 해당하는 지도
- 피난활용형 재해정보지도 : 재해 발생 시 대피 요령, 대피소 및 대피 경로 등 피난에 관한 정보를 지도에 시한 도면
- 피난활용형 재해정보지도 : 재해 발생 시 대피 요령, 대피소 및 대피 경로 등 피난에 관한 정보를 지도에 표시한 도면
- 방재정보형 재해정보지도 : 침수예측정보, 침수사실정보 및 병원 위치 등 각종 방재정보가 수록된 생활지도
- 방재교육형 재해정보지도 : 재해유형별 주민 행동 요령 등을 수록하여 교육용으로 제작한 지도

49 「자연재해대책법」상 우수유출저감시설에 대한 설명으로 옳지 않은 것은?

① 설치 지역의 연간강수량 및 지형적·지리적 조건, 집수 및 배수계통, 안전성 등을 고려하여 설치하여야 한다.

② 풍수해 및 가뭄피해 경감을 위하여 우수의 기저유출량을 저감하는 기능을 갖추어야 하며, 종류는 침투시설과 저류시설이 있다.

Answer 47 ④ 48 ③ 49 ③

③ 침투시설에는 투수성 포장, 투수성 보도블록 등이 있으며, 단위설계 침투량 등을 충분히 검토한 후 설치 수량을 설정하여야 한다.

④ 저류시설에는 공사장 임시저류지, 습지 등 자연형 저류시설이 포함되며, 해당 지역 내에서 개발 등으로 인하여 증가되는 유출량을 저류할 수 있도록 계획되어야 한다.

Solution "우수유출저감시설"이란 우수(雨水)의 직접적인 유출을 억제하기 위하여 인위적으로 우수를 지하로 스며들게 하거나 지하에 가두어 두는 시설을 말한다.

우수유출저감시설의 종류

㉠ 침투시설 : 침투통, 침투측구, 침투트렌치, 투수성 포장, 투수성 보도블록 등이다. 침투시설은 단위설계 침투량, 시설의 배치계획 등을 충분히 검토한 후 침투시설의 설치 수량을 설정하여야 한다.

㉡ 저류시설 : 쇄석공극(碎石空隙)저류시설, 운동장저류, 공원저류, 주차장저류, 단지내저류, 건축물저류, 공사장 임시저류지, 유지(溜池)·습지 등 자연형 저류시설 등이다. 저류시설은 해당 지역 내에서 개발 등으로 인하여 증가되는 유출량을 저류할 수 있도록 계획되어야 한다.

50 「자연재해대책법 시행령」상 자연재해위험개선지구의 지정기준에서 재해위험원인에 따른 분류에 해당하지 않는 것은?

① 침수위험지구　　② 취약방재시설지구

③ 산사태위험지구　　④ 고립위험지구

Solution 제8조(자연재해위험개선지구의 지정 등) ① 법 제12조제1항에 따른 자연재해위험개선지구의 지정기준은 다음과 같다.

1. 재해 위험 원인에 따라 침수위험지구, 유실위험지구, 고립위험지구, 취약방재시설지구, 붕괴위험지구, 해일위험지구로 구분하여 지정하되, 행정안전부장관이 관계 중앙행정기관의 장과 협의하여 정하는 지정 요건을 충족할 것. 다만, 해일위험지구의 지정기준은 법 제25조의3제1항에 따른다.

51 「자연재해대책법 시행령」상 우수유출저감대책을 수립해야 되는 건축 협의 대상의 기준으로 옳은 것은?

① 건축 협의 대상 중 대지면적이 1,000 m^2 이상이거나 건축 연면적이 2,000 m^2 이상인 건축

② 건축 협의 대상 중 대지면적이 1,500 m^2 이상이거나 건축 연면적이 2,000 m^2 이상인 건축

③ 건축 협의 대상 중 대지면적이 1,500 m^2 이상이거나 건축 연면적이 2,500 m^2 이상인 건축

④ 건축 협의 대상 중 대지면적이 2,000 m^2 이상이거나 건축 연면적이 3,000 m^2 이상인 건축

Solution 「건축법」 제29조에 따른 건축 협의 대상 중 대지면적이 2,000 m^2 이상이거나 건축연면적이 3,000 m^2 이상인 건축

Answer 50 ❸ 51 ❹

52 **지역의 자율적인 방재 기능을 강화하기 위하여 지역주민, 봉사단체, 방재 관련 업체, 전문가 등으로 지역자율방재단을 구성·운영할 수 있는 근거가 되는 법률은?**

① 자연재해대책법 ② 민방위기본법
③ 재난 및 안전관리 기본법 ④ 비영리민간단체 지원법

Solution 자연재해대책법 제66조(지역자율방재단의 구성 등) ① 시장·군수·구청장은 지역의 자율적인 방재 기능을 강화하기 위하여 지역주민, 봉사단체, 방재 관련 업체, 전문가 등으로 지역자율방재단을 구성·운영할 수 있다.

53 **「자연재해대책법」상 지역별 방재계획 수립을 위한 기준이 되는 방재성능목표에 대한 설명으로 옳지 않은 것은?**

① 홍수, 호우 등으로부터 재해를 예방하기 위하여 설정·공표한 목표 강우량으로, 시간당 강우량과 연속강우량으로 표현된다.
② 행정안전부장관은 방재시설의 성능이 지역별 방재성능목표에 부합하는지를 평가한다.
③ 특별시장·광역시장·시장 및 군수는 해당 특별시·광역시(광역시에 속하는 군은 제외)·시 및 군에 대한 10년 단위의 지역별 방재성능목표를 설정하여야 한다.
④ 특별시장·광역시장·시장 및 군수는 방재성능목표를 공표한 날로부터 5년마다 타당성 여부를 검토하여 필요한 경우에는 변경·공표하여야 한다.

Solution 제16조의2(지역별 방재성능목표 설정·운용) ① 행정안전부장관은 홍수, 호우 등으로부터 재해를 예방하기 위한 방재정책 등에 적용하기 위하여 처리 가능한 시간당 강우량 및 연속강우량의 목표를 지역별로 설정·운용할 수 있도록 관계 중앙 행정기관의 장과 협의하여 방재성능목표 설정 기준을 마련하고, 이를 특별시장·광역시장·시장 및 군수(시장은 특별자치도의 행정시장을 포함하고, 군수는 광역시에 속한 군의 군수를 포함)에게 통보하여야 한다. ② 방재성능목표 설정 기준을 통보받은 특별시장·광역시장·시장 및 군수는 해당 특별시·광역시·시 및 군에 대한 10년 단위의 지역별 방재성능목표를 설정·공표하고 운용하여야 한다. ③ 특별시장·광역시장·시장 및 군수는 지역별 방재성능목표를 공표한 날부터 5년마다 그 타당성 여부를 검토하여 필요한 경우에는 설정된 방재성능목표를 변경·공표하여야 한다. 제16조의3(방재시설에 대한 방재성능 평가 등) ① 특별시장·광역시장·시장 및 군수는 해당 특별시·광역시·시 및 군에 있는 방재시설 중 대통령령으로 정하는 방재시설의 성능이 지역별 방재성능목표에 부합하는지를 평가하고, 방재성능목표에 부합하지 아니하는 경우에는 방재성능을 향상시킬 수 있는 통합 개선대책을 수립·시행하여야 한다.

Answer 52 ❶ 53 ❷

54 **「자연재해대책법」상 재해영향평가 협의에 대한 설명으로 옳지 않은 것은?**

① 관계행정기관의 장은 자연재해에 영향을 미치는 개발사업의 허가 등을 하려는 경우에는 그 허가 등을 하기 전에 행정안전부장관과 재해영향성검토에 관한 협의를 하여야 한다.

② 관계행정기관의 장은 사전재해영향성 검토협의를 완료한 개발 사업이 변경되는 경우에는 그 변경되는 개발사업의 허가 등을 하기 전에 행정안전부장관과 사전재해영향성 검토협의를 다시 하여야 한다.

③ 관계행정기관의 장은 개발사업의 허가 등을 받은 자가 사전재해영향성 검토협의 내용을 이행하는지를 확인하여야 한다.

④ 관계행정기관의 장은 개발 사업에 대한 허가의 지연으로 허가신청자의 재산상의 피해가 우려되는 경우에는 재해영향평가 협의 절차를 거치지 아니하고 개발 사업에 대한 허가를 할 수 있다.

Solution 「자연재해대책법」 제4조 (재해영향평가 등의 협의) ② 관계행정기관의 장은 재해영향평가 등의 협의를 완료한 개발계획 등이 취소 또는 지연 등의 사유로 실효되어 해당 개발계획 등의 확정·허가 등을 다시 하여야 하는 경우로서 기존의 개발계획 등이 다음 각 호의 요건들을 모두 갖춘 경우에는 그 완료한 재해영향평가 등의 협의로 재해영향평가 등의 협의를 갈음할 수 있다.

- 해당 개발계획 등의 내용이 변경되지 아니하였을 것
- 해당 개발계획 등에 재해영향평가 등의 협의 결과가 반영되었을 것
- 재해영향평가 등의 협의 결과를 통보받은 날부터 대통령령으로 정하는 기간이 지나지 아니하였을 것

55 **「자연재해대책법」상 자연재해가 발생하거나 발생할 우려가 있는 경우에 신속한 국가 지원을 위하여 중앙행정기관의 장이 수립하여야 하는 부처별 긴급지원계획 사항으로 옳지 않은 것은?**

① 과학기술정보통신부 : 재해발생지역의 통신 소통 원활화 등에 관한사항

② 보건복지부 : 긴급 용수 지원 및 이재민의 수용·구호 등에 관한 사항

③ 국방부 : 인력 및 장비의 지원 등에 관한 사항

④ 환경부 : 유해화학물질의 처리 지원, 재해발생지역의 쓰레기 수거·처리 지원 등에 관한 사항

Solution 「자연재해대책법」 제35조(중앙긴급지원체계의 구축)

① 과학기술정보통신부 : 재해발생지역의 통신 소통 원활화 등에 관한 사항

② 국방부 : 인력 및 장비의 지원 등에 관한 사항

③ 행정안전부 : 이재민의 수용·구호, 긴급 재정 지원, 정보의 수집·분석·전파 등에 관한 사항

④ 문화체육관광부 : 재해 수습을 위한 홍보 등에 관한 사항

⑤ 농림축산식품부 : 농축산물 방역 등의 지원 등에 관한 사항

⑥ 산업통상자원부 : 긴급에너지 수급 지원 등에 관한 사항

Answer 54 ❹ 55 ❷

⑦ 보건복지부 : 재해발생지역의 의료서비스, 위생, 감염병 예방 및 방역 지원 등에 관한 사항
⑧ 환경부 : 긴급 용수 지원, 유해화학물질의 처리 지원, 재해발생지역의 쓰레기 수거·처리 지원 등에 관한 사항
⑨ 국토교통부 : 비상교통수단 지원 등에 관한 사항
⑩ 해양수산부 : 해운물류 지원 등에 관한 사항
⑪ 조달청 : 복구자재 지원 등에 관한 사항
⑫ 경찰청 : 재해발생지역의 사회질서 유지 및 교통 관리 등에 관한 사항
⑬ 해양경찰청 : 해상에서의 각종 지원 및 수난(水難) 구호 등에 관한 사항

56 **「자연재해대책법 시행령」상 자연재해위험개선지구 정비계획에 포함되어야 할 사항이 아닌 것은?**

① 정비사업 완료 시의 재해 예방 효과
② 자연재해위험개선지구의 재해 발생 빈도
③ 사전재해영향성 검토협의에 필요한 배수처리계획도와 재해정보지도
④ 자연재해위험개선지구 정비에 필요한 사업비 및 재원대책

Solution 「자연재해대책법 시행령」 제11조(자연재해위험개선지구 정비계획에 포함되어야 할 사항)
1. 자연재해위험개선지구의 주변 여건
2. 자연재해위험개선지구의 재해 발생 빈도
3. 정비사업 완료 시의 재해 예방 효과
4. 자연재해위험개선지구 정비에 필요한 사업비 및 재원대책
5. 그 밖에 정비사업의 우선순위 등 행정안전부장관이 정하는 사항

57 **「자연재해대책법」상 용어의 정의로 옳지 않은 것은?**

① '침수흔적도'란 풍수해로 인한 침수 흔적, 침수 예상 및 재해정보 등을 표시한 도면을 말한다.
② '풍수해'란 태풍, 홍수, 호우, 강풍, 풍랑, 해일, 조수, 대설, 그 밖에 이에 준하는 자연현상으로 인하여 발생하는 재해를 말한다.
③ '수방기준'이란 풍수해로부터 시설물의 수해 내구성을 강화하고 지하 공간의 침수를 방지하기 위하여 관계 중앙행정기관의 장 또는 행정안전부장관이 정하는 기준을 말한다.
④ '재해복구보조금'이란 중앙행정기관이 재해복구사업을 위하여 특별시·광역시·특별자치시·도·특별자치도 및 시·군·자치구에 지원하는 보조금을 말한다.

Answer 56 ❸ 57 ❶

Solution "침수흔적도"란 풍수해로 인한 침수 기록을 표시한 도면을 말한다. "재해지도"란 풍수해로 인한 침수 흔적, 침수 예상 및 재해정보 등을 표시한 도면을 말한다.

58 **「자연재해대책법 시행령」상 사전재해영향성 검토협의의 대상에 포함되는 개발 사업에 대하여 협의를 하는 경우 그 범위와 협의시기 등에 대한 설명으로 옳지 않은 것은?**

① 같은 지역에서 사전재해영향성 검토협의 대상이 되는 개발 사업을 둘 이상 시행하려는 경우에는 가장 먼저 시행하는 개발 사업단계에서 협의하되, 그 단계에서 재해예방대책 제시가 어려운 경우에는 그 다음에 시행하는 개발사업 단계에서 협의할 수 있다.

② 같은 사업자가 같은 영향권역에서 같은 종류의 사업을 시행하는 경우 각 사업 규모의 합이 협의 대상 범위에 해당하는 경우에는 협의를 하여야 한다.

③ 다른 법령에 따라 승인 등을 받은 것으로 의제되는 사업은 개발사업의 대상 규모가 사전재해영향성 검토협의를 하여야 하는 개발사업의 범위에 해당하더라도 협의를 생략할 수 있다.

④ 개발사업 부지의 전부가 해일위험지구에 포함되는 경우에는 모든 대상 개발 사업에 대하여 사전재해영향성 검토협의를 하여야 한다.

Solution 「자연재해대책법 시행령」 제6조 ① 행정계획의 경우 행정안전부장관이 관계행정기관의 장으로부터 관계 법령에 따른 협의 요청을 받아 해당 행정계획에 관한 재해 영향을 검토한 경우에는 사전재해영향성 검토협의 절차를 이행한 것으로 보고, 다음 각 호의 어느 하나에 해당하는 개발사업의 경우에는 사전재해영향성 검토협의 대상 사업에서 제외한다.

59 **「자연재해대책법」상 풍수해로부터 시설물의 수해 내구성(耐久性)을 강화하고 지하 공간의 침수를 방지하기 위하여 관계 중앙행정기관의 장 또는 행정안전부장관이 정하는 기준은?**

① 수방기준　　② 지구단위 홍수방어기준
③ 우수유출저감시설설치에 관한 기준　　④ 지역별방재성능기준

Solution 수방기준(水防基準) : 풍수해로부터 시설물의 수해 내구성(耐久性)을 강화하고 지하 공간의 침수를 방지하기 위하여 관계 중앙행정기관의 장 또는 행정안전부장관이 정하는 기준을 말한다.

Answer 58 ③ 59 ①

60 「자연재해대책법」상 재해영향평가 협의 대상 사업으로 옳지 않은 것은?

① 에너지 개발 ② 수자원 및 해양 개발
③ 하천의 이용 및 개발 ④ 사방시설 조성

Solution 제5조(재해영향평가 등의 협의 대상) 국토·지역 계획 및 도시의 개발, 산업 및 유통 단지 조성, 에너지 개발, 교통시설의 건설, 하천의 이용 및 개발, 수자원 및 해양 개발, 산지 개발 및 골재 채취, 관광단지 개발 및 체육시설 조성, 그 밖에 자연재해에 영향을 미치는 계획 및 사업으로서 대통령령으로 정하는 계획 및 사업

61 「자연재해대책법」상 긴급지원계획을 수립하여야 하는 중앙행정기관장과 그 소관사무의 연결이 옳지 않은 것은?

① 국방부－인력 및 장비의 지원 등에 관한 사항
② 조달청－복구자재 지원 등에 관한 사항
③ 문화체육관광부－재해 수습을 위한 홍보 등에 관한 사항
④ 산업통상자원부－해운물류 지원 등에 관한 사항

Solution 제35조(중앙긴급지원체계의 구축) 1. 과학기술정보통신부 : 재해발생지역의 통신 소통 원활화 등에 관한 사항, 국방부 : 인력 및 장비의 지원 등에 관한 사항, 행정안전부 : 이재민의 수용·구호, 긴급 재정 지원, 정보의 수집·분석·전파 등에 관한 사항, 문화체육관광부 : 재해 수습을 위한 홍보 등에 관한 사항, 농림축산식품부 : 농축산물 방역 등의 지원 등에 관한 사항, 산업통상자원부 : 긴급에너지 수급 지원 등에 관한 사항, 보건복지부 : 재해발생지역의 의료서비스, 위생, 감염병 예방 및 방역 지원 등에 관한 사항, 환경부 : 긴급 용수 지원, 유해화학물질의 처리 지원, 재해발생지역의 쓰레기 수거·처리 지원 등에 관한 사항, 국토교통부 : 비상교통수단 지원 등에 관한 사항, 해양수산부 : 해운물류 지원 등에 관한 사항, 조달청 : 복구자재 지원 등에 관한 사항, 경찰청 : 재해발생지역의 사회질서 유지 및 교통 관리 등에 관한 사항, 해양경찰청 : 해상에서의 각종 지원 및 수난(水難) 구호 등에 관한 사항, 그 밖에 대통령령으로 정하는 부처별 긴급지원에 관한 사항

62 「자연재해대책법」상 지역자율방재단에 대한 설명으로 옳지 않은 것은?

① 시장·군수·구청장은 지역의 자율적인 방재기능을 강화하기 위하여 지역주민, 봉사단체, 방재관련업체, 전문가 등으로 지역자율방재단을 구성·운영할 수 있다.
② 행정안전부장관 및 지방자치단체의 장은 지역자율방재단을 활성화하기 위하여 예산 등을 지원할 수 있다.
③ 중앙대책본부장과 지역대책본부장은 지역자율방재단 구성원의 재해예방, 대응, 복구 활동 등 기여도에 따라 복구사업에 우선 참여하게 하는 등 필요한 사항을 지원할 수 있다.
④ 지역자율방재단 상호간의 교류와 협력 증진을 위하여 전국자율방재단연합회를 설립할 수 있다.

Answer 60 ④ 61 ④ 62 ③

Solution 제66조(지역자율방재단의 구성 등) ② 행정안전부장관 및 지방자치단체의 장은 지역자율방재단을 활성화하기 위하여 예산 등을 지원할 수 있으며, 시장·군수·구청장은 지역자율방재단 구성원의 재해 예방, 대응, 복구 활동 등 기여도에 따라 복구사업에 우선 참여하게 하는 등 필요한 사항을 지원할 수 있다.

63 「자연재해대책법」상 풍수해 예방 및 대비에 포함되지 않는 내용은?

① 내풍(耐風) 설계기준 제정·운영
② 수방기준 제정·운영
③ 재해 예방 정보 체계 구축
④ 풍수해저감종합계획 수립

Solution 「자연재해대책법」 제3조(책무) 풍수해 예방 및 대비 : 풍수해저감종합계획 수립, 수방기준 제정·운영, 우수유출저감시설 설치 기준 제정·운영, 내풍(耐風)설계기준 제정·운영, 그 밖에 풍수해 예방에 필요한 사항

Answer 63 ③

CHAPTER _11

긴급구조대응활동 및 현장지휘에 관한 규칙

제 1 절

총칙

1 목적

각종 재난이 발생하는 경우 현장지휘체계를 확립하고 긴급구조대응활동을 신속하고 효율적으로 수행하기 위하여 재난 및 안전관리 기본법 및 같은 법 시행령에서 위임된 사항 및 그 시행에 관하여 필요한 사항을 규정함을 목적으로 한다.

2 용어 정의

(1) 긴급구조관련기관

① 재난 및 안전관리 기본법 제3조제7호의 규정에 의한 긴급구조기관
② 재난 및 안전관리 기본법 제3조제8호 및 제4조의 규정에 의한 긴급구조지원기관
③ 현장에 참여하는 자원봉사기관 및 단체

(2) 기관별지휘소

재난현장에 출동하는 당해 기관 소속직원을 지휘·조정·통제하는 장소 또는 지휘차량

(3) 현장지휘소

중앙긴급구조통제단장 또는 지역긴급구조통제단장이 재난현장에서 기관별지휘소를 총괄하여 지휘·조정 또는 통제하는 등의 재난현장지휘를 효과적으로 수행하기 위하여 설치·운영하는 장소 또는 지휘차량

(4) 현장지휘관 : 긴급구조의 업무를 지휘하는 자

① 중앙통제단장
② 지역통제단장
③ 중앙통제단장 및 지역통제단장의 사전명령이나 위임에 의하여 현장지휘를 하는 소방관서의 지휘대장 또는 선착대의 장

(5) 재난대응구역

대규모 재난이 발생하여 특별시·광역시·도 긴급구조통제단장의 지휘통제가 마비된 경우에 시·군·구 긴급구조통제단장이 관할구역 안에서 자체적으로 재난에 대응하기 위하여 설정하는 구역

제 2 절

긴급구조 대비체제의 구축

1 재난의 최초접수자의 임무

종합상황실에 근무하는 상황근무자로서 재난을 최초로 접수한 자는 즉시 긴급구조기관에 긴급구조활동에 필요한 출동을 지령하고, 즉시 재난발생상황을 통제단장에게 보고함과 동시에 긴급구조 관련기관에 통보하여야 한다. 다만, 재난의 규모 등을 판단하여 종합상황실을 설치한 기관에서 자체대응이 가능하거나 소규모 재난인 경우에는 긴급구조관련기관에의 통보를 늦추거나 하지 아니할 수 있다.

2 현장지휘관 등의 임무

현장지휘관은 재난이 발생한 경우에 재난의 종류·규모 등을 통제단장에게 보고하여야 하고, 보고를 받은 통제단장은 통제단의 설치·운영과 지원출동여부를 결정해야 한다. 또한 재난현장 조치상황과 재난현장지원에 필요한 사항 등을 수시로 통제단장에게 보고해야 한다. 시·군·구 긴급구조통제단장 또는 시·도 긴급구조통제단장은 보고를 받은 경우에는 상급기관의 지원이 필요한 때에는 시·군·구 긴급구조통제단장은 시·도 긴급구조통제단장에게, 시·도 긴급구조통제단장은 중앙통제단장에게 각각 보고하여 시·도 또는 중앙의 긴급구조지원활동이 신속히 이루어질 수 있도록 해야 한다.

3 긴급구조체제의 구축

긴급구조기관의 장이 구축하여야 하는 긴급구조체제에는 다음의 모든 사항이 포함되어야 한다.

① 종합상황실과 재난관련 방송요청을 받은 방송사업자 간의 긴급방송체제

② 중앙본부장, 지역본부장, 통제단장 및 긴급구조지원기관의 장과의 비상연락통신체제

③ 아마추어무선통신(HAM) 등 긴급구조 보조통신체제
④ 비상경고체제
⑤ 긴급구조관련기관에 대한 통합지휘조정통제센터
⑥ 자원관리체제
⑦ 자원지원수용체제. 다만, 법 제54조에 따른 긴급구조대응계획에 자원지원수용체제에 관한 사항이 포함되어 있는 경우 또는 제6호의 자원관리체제가 구축되어 있는 경우에는 자원지원수용체제를 생략할 수 있다.
⑧ 표준현장지휘체계
⑨ 종합상황실과 해양경찰관서 상황실간의 연계체제

4 통합지휘조정통제센터의 구성 및 기능

통합지휘조정통제센터는 상시 운영체제를 갖추어야 한다. 통제센터의 운영요원은 연락관 중 통신 업무를 담당하는 연락관으로 구성·운영한다.

① 통제센터의 기능

- 재난신고 접수에 따라 긴급구조관련기관 소속 자원의 출동지시
- 긴급구조관련기관간의 상호연락 및 협조체제의 유지
- 긴급구조대응계획에 의한 비상지원임무
- 기관별지휘소 간 통합대응을 위한 통신연락 등에 관한 사항

5 자원지원수용체제의 수립

긴급구조기관의 장은 긴급구조관련기관과 협의하여 자원지원수용체제를 재난의 유형별로 수립하되, 다음의 모든 내용을 포함하여야 한다.

① 긴급구조관련기관의 명칭·위치와 기관장 또는 대표자의 성명
② 협조 담당부서 및 담당자의 긴급연락망
③ 전문인력과 장비의 배치계획 및 담당업무
④ 전문인력에 대한 국가기술자격 그 밖에 이에 준하는 자격보유현황의 파악 및 관리

⑤ 현장지휘자 및 연락관의 지정

긴급구조기관의 장은 자원지원수용체제의 원활한 운영을 위하여 재난이 발생하는 경우 필요한 전문지식과 기술에 대한 자문을 얻거나 중장비 운전원 및 용접공 등 특수기능인력을 민간으로부터 지원받기 위한 응원협정을 체결하고 그 협정의 내용을 수시로 점검하여야 한다.

제3절 표준현장지휘체계

1 표준현장지휘체계

(1) 연락관을 파견하는 긴급구조지원기관(예시)

① 국방부
② 경찰청
③ 산림청
④ 「재해구호법」 제29조에 따른 전국재해구호협회
⑤ 영 제4조제6호 및 제7호에 따른 기관 및 단체 중 긴급구조기관의 장이 지정하는 기관 및 단체

(2) 표준용어

① 자원집결지

현장지휘관이 긴급구조활동에 필요한 자원을 집결 및 분류하여 자원대기소와 재난현장에 수송·배치하기 위하여 설치·운영하는 특정한 장소 또는 시설

② 자원대기소

현장지휘관이 자원의 신속한 추가배치와 교대조의 휴식 및 대기 등을 위하여 현장지휘소 인근에 설치·운영하는 특정한 장소 및 시설

③ 수송대기지역

자원집결지에서 자원수송을 위하여 구급차 외의 교통수단이 대기하는 장소

④ 구급차대기소

현장응급의료소에서 사상자의 이송을 위하여 구급차의 도착순서 및 기능에 따라 구급차가 임시대기하는 장소

⑤ 선착대

재난현장에 가장 먼저 도착한 긴급구조관련기관의 출동대

⑥ **비상헬기장**

현장지휘소 인근에서 응급환자의 이송, 자원 수송 등의 활동을 위하여 현장지휘관이 지정·운영하는 헬기 이·착륙장소

2 재난현장 표준작전절차

재난현장 표준작전절차는 행정안전부장관이 다음의 구분에 따라 작성하고, 긴급구조기관의 장은 재난현장 표준작전절차를 사용하되 지역특성에 따라 변경하여 적용할 수 있다.

① **지휘통제절차**

표준작전절차(SOP) 100부터 199까지의 일련번호를 부여하여 작성한다.

② **화재유형별 표준작전절차**

표준작전절차(SOP) 200부터 299까지의 일련번호를 부여하여 작성한다.

③ **사고유형별 표준작전절차**

표준작전절차(SOP) 300부터 399까지의 일련번호를 부여하여 작성한다.

④ **구급단계별 표준작전절차**

표준작전절차(SOP) 400부터 499까지의 일련번호를 부여하여 작성한다.

⑤ **대응단계별 표준작전절차**

표준작전절차(SOP) 500부터 599까지의 일련번호를 부여하여 작성한다.

⑥ **현장 안전관리 표준지침**

표준지침(SSG) 1부터 99까지의 일련번호를 부여하여 작성한다.

제4절 긴급구조통제단

1 긴급구조지원기관의 역할

계획 번호	1	2	3	4	5	6	7	8	9	10	11
기능별 긴급 구조 대응계획 / 긴급구조 지원기관 등	지휘 통제	비상 경고	대중 정보	상황 분석	구조 진압	응급 의료	오염 통제	현장 통제	긴급 복구	긴급 구호	재난 통신
소방청	○	○	○	○	○	△	△	△	△	△	○
국방부	△				△	△	△	△	△	△	△
과학기술정보통신부		△	△	△			△		△	△	
산업통상자원부				△			△		△		
보건복지부					△	○	△	△		△	△
환경부						△	○		△		△
국토교통부	△		△				△		○		
방송통신위원회			△						△		△
경찰청	△	△	△	△	△		△	○			△
기상청			△								
산림청					△						△
대한적십자사						△	△		△	○	

1. “○”는 책임기관을 말한다.
2. “△”는 지원기관을 말한다.

2 통제단의 구성

(1) 중앙통제단의 구성

긴급구조지원기관의 장은 중앙통제단장이 파견을 요청하는 경우에는 중앙통제단 대응계획부에 상시연락관을 파견해야 한다. 중앙통제단의 구성 및 운영에 관한 세부사항은 긴급구조대응계획이 정하는 바에 따른다.

① 중앙통제단 조직도

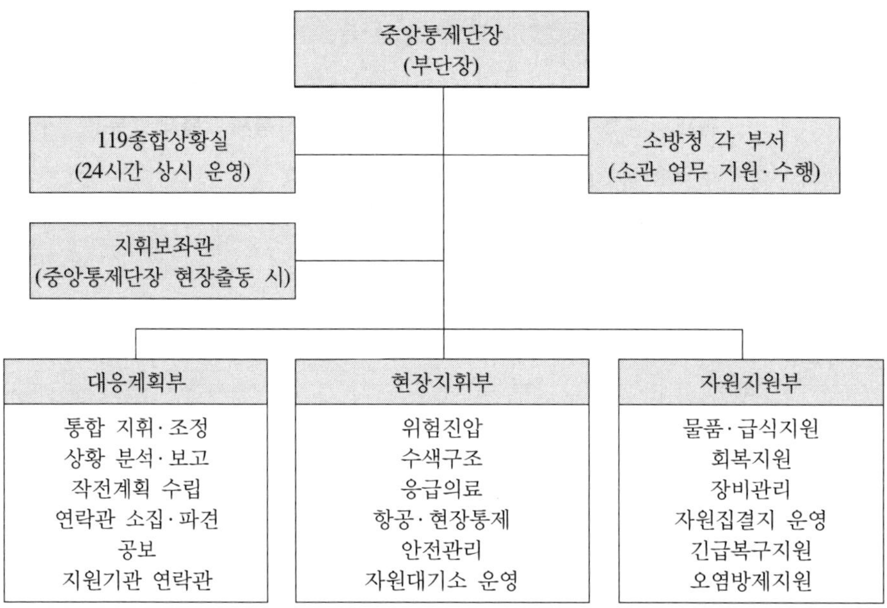

② 중앙통제단 부서별 임무

부서별	임무
중앙통제단장	가. 긴급구조활동의 총괄 지휘·조정·통제 나. 정부차원의 긴급구조대응계획의 가동
119종합상황실	가. 중앙통제단 지원기능 수행 나. 긴급구조대응계획 중 기능별 긴급구조대응계획 가동지원 다. 중앙재난안전대책본부 등 유관기관 등에 상황 전파 라. 대응계획부(공보)와 공동으로 긴급대피, 상황전파, 비상연락 등 실시
소방청 각 부서	가. 부서별 긴급구조대응계획 중 기능별 긴급구조대응계획 가동지원 나. 각 소속 기관·단체에 분담된 임무연락 및 이행완료 여부 보고
지휘보좌관	가. 중앙통제단장 보좌 나. 그 밖의 중앙통제단장 지원활동

부서별	임무	
대응계획부	통합지휘·조정	가. 긴급구조체제 및 중앙통제단 운영체계 가동 나. 시·도 소방본부 및 권역별 긴급구조지휘대 자원의 지휘·조정·통제
	상황분석·보고	가. 재난상황 정보 종합 분석·보고 나. 중앙재난안전대책본부 등 유관기관 등에 상황 보고
	작전계획 수립	시·도긴급구조통제단 대응계획부의 작전계획 수립·지원
	연락관 소집·파견	가. 지원기관 연락관 소집 나. 현장상황관리관 파견 다. 지원기관 지원·협력에 관한 사항
	공보	가. 긴급 공공정보 제공과 재난상황 등에 관한 정보 등 비상방송시스템 가동 나. 대중매체 홍보에 관한 사항 다. 119종합상황실과 공동으로 긴급대피, 상황전파, 비상연락 등 실시
	지원기관 연락관	가. 중앙통제단과 공동으로 지원기관의 긴급구조지원활동 조정·통제 나. 대규모 재난 및 광범위한 지역에 걸친 재난발생 시 탐색구조 활동(국방부), 현장통제(경찰청), 응급의료(보건복지부) 지원 등
현장지휘부	위험진압	정부차원의 화재 등 위험진압 지원
	수색구조	정부차원의 수색 및 인명구조 등 지원
	응급의료	가. 정부차원의 응급의료자원 지원활동 나. 정부차원의 재난의료체계 가동 다. 시·도 응급의료 자원의 지휘·조정·통제
	항공·현장통제	가. 헬기 등 현장활동 지휘·조정·통제 나. 응급환자 원거리 항공이송 지휘·조정·통제 다. 정부차원의 대규모 대피계획 지원 라. 지방 경찰관서 현장통제자원의 지휘·조정·통제
	안전관리	시·도긴급구조통제단의 안전관리 지원
	자원대기소 운영	시·도긴급구조통제단의 자원대기소 운영 지원
자원지원부	물품·급식지원	정부차원의 물품·급식 지원
	회복지원	정부차원의 긴급 구호 활동 및 회복 지원
	장비관리	가. 정부차원의 장비·시설 지원 나. 정부차원의 재난통신지원 활동 다. 시·도긴급구조통제단 기술정보 지원
	자원집결지 운영	소방청 자원관리시스템을 통한 시·도긴급구조통제단 자원집결지 요구사항 지원
	긴급복구지원	가. 정부차원의 긴급시설복구 지원활동 나. 다른 지역 자원봉사자의 재난현장 집단수송 지원
	오염·방제지원	정부차원의 긴급오염·통제·방제 지원활동

비고
1. 중앙통제단 조직은 재난상황에 따라 확대 또는 축소하여 운영할 수 있다.
2. 부서별 임무는 예시로서, 재난상황에 따라 임무를 선택하거나 새로운 임무를 추가할 수 있다.

(2) 지역통제단의 구성

시·도긴급구조통제단 및 시·군·구긴급구조통제단을 구성하는 경우에는 별표 4에 따른다. 다만, 시·군·구긴급구조통제단은 지역 실정에 따라 구성·운영을 달리할 수 있다. 지역통제단의 구성 및 운영에 관한 세부사항은 긴급구조대응계획이 정하는 바에 따른다.

다음의 기관 및 단체는 지역통제단장이 파견을 요청하는 경우에는 시·도긴급구조통제단 및 시·군·구긴급구조통제단의 대응계획부에 연락관을 파견해야 한다.

- 영 제4조제2호에 따른 군부대
- 시·도경찰청 및 경찰서(지방해양경찰청 및 해양경찰서를 포함한다)
- 보건소, 「응급의료에 관한 법률」 제26조제1항에 따른 권역응급의료센터, 같은 법 제27조제1항에 따른 응급의료지원센터 및 같은 법 제30조제1항에 따른 지역응급의료센터 중 지역통제단장이 지정하는 기관 또는 센터
- 그 밖에 지역통제단장이 지정하는 기관 및 단체

① 지역통제단 조직도

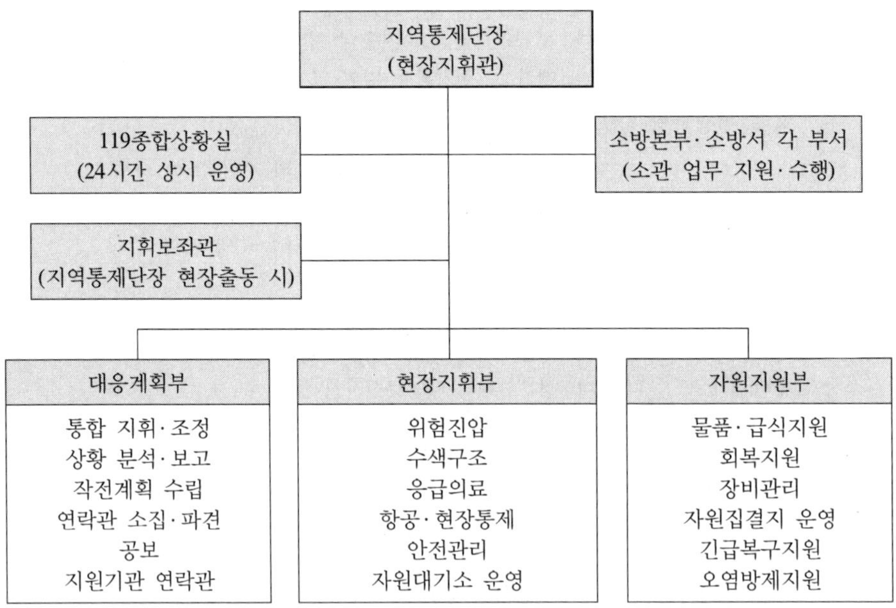

② 부서별 임무

부서별	임무
지역통제단장	가. 긴급구조활동의 총괄 지휘·조정·통제 나. 시·도 긴급구조대응계획의 가동

<table>
<tr><th>부서별</th><th colspan="2">임무</th></tr>
<tr><td>119종합상황실</td><td colspan="2">가. 지역통제단 지원기능 수행
나. 긴급구조대응계획 중 기능별 긴급구조대응계획 가동지원
다. 소방청 및 지역재난안전대책본부 등 유관기관 등에 상황 전파
라. 대응계획부(공보)와 공동으로 긴급대피, 상황전파, 비상연락 등 실시</td></tr>
<tr><td>소방본부·
소방서 각 부서</td><td colspan="2">가. 부서별 긴급구조대응계획 중 기능별 긴급구조대응계획 가동지원
나. 각 소속 기관·단체에 분담된 임무연락 및 이행완료 여부 보고</td></tr>
<tr><td>지휘보좌관</td><td colspan="2">가. 지역통제단장 보좌
나. 그 밖의 지역통제단장 지원활동</td></tr>
<tr><td rowspan="6">대응계획부</td><td>통합지휘·조정</td><td>가. 전반적 대응 목표 및 전략 결정
나. 대응활동계획의 공동 이행(소속기관별 임무분담 및 이행)
다. 전반적인 자원 활용 조정</td></tr>
<tr><td>상황분석·보고</td><td>가. 재난상황정보 수집·분석 및 대응목표 우선순위 설정
나. 재난상황 예측
다. 작전계획 임무담당자와 공동으로 대응활동계획 수립
라. 중앙통제단장 및 지역재난안전대책본부장 등에 상황 보고</td></tr>
<tr><td>작전계획 수립</td><td>가. 현장 대응활동계획 수립 및 배포
나. 작전계획에 따른 자원할당</td></tr>
<tr><td>연락관 소집·파견</td><td>가. 지원기관 연락관 소집
나. 현장상황관리관 파견
다. 지원기관 지원·협력에 관한 사항</td></tr>
<tr><td>공보</td><td>가. 긴급 공공정보 제공과 재난상황 등에 관한 정보 등 비상방송시스템 가동
나. 대중매체 홍보에 관한 사항
다. 119종합상황실과 공동으로 긴급대피, 상황전파, 비상연락 등 실시</td></tr>
<tr><td>지원기관 연락관</td><td>가. 지역통제단과 공동으로 지원기관의 긴급구조지원활동 조정·통제
나. 긴급구조지원기관 및 유관기관 별 긴급구조활동 지원</td></tr>
<tr><td rowspan="6">현장지휘부</td><td>위험진압</td><td>가. 시·도 차원의 화재 등 위험진압 지원
나. 각 시·군·구긴급구조통제단의 화재 등 위험진압 및 지원</td></tr>
<tr><td>수색구조</td><td>가. 시·도 차원의 수색 및 인명구조 등 지원
나. 각 시·군·구긴급구조통제단의 수색·인명구조 및 지원</td></tr>
<tr><td>응급의료</td><td>가. 시·도 차원의 응급의료 및 자원지원 활동
나. 대응구역별 응급의료자원의 지휘·조정·통제
다. 사상자 분산·이송 통제
라. 사상자 현황파악 및 보고자료 제공</td></tr>
<tr><td>항공·현장통제</td><td>가. 항공대 운항통제 및 비상헬기장 관리
나. 응급환자 원거리 항공이송 통제
다. 시·도 및 시·군·구 대피계획 지원
라. 지방 경찰관서 현장통제자원의 지휘·조정·통제</td></tr>
<tr><td>안전관리</td><td>가. 재난현장의 안전진단 및 안전조치
나. 현장활동 요원들의 안전수칙 수립 및 교육</td></tr>
<tr><td>자원대기소 운영</td><td>자원대기소 운영</td></tr>
</table>

부서별		임무
자원지원부	물품·급식지원	가. 긴급대응활동 참여자에 대한 물품 지원 나. 긴급구조요원 및 자원봉사자에 대한 의식주 지원
	회복지원	긴급대응활동 참여자에 대한 회복 지원
	장비관리	가. 통제단 운영지원 및 현장지휘소 설치 나. 현장 필요장비 동원 및 지원 다. 현장 필요시설 동원 및 지원 라. 현장지휘 및 자원관리에 필요한 통신지원
	자원집결지 운영	현장인력 지원 및 자원집결지 운영
	긴급복구지원	가. 시·도 차원의 긴급시설복구 및 자원지원 활동 나. 시·군·구긴급구조통제단 긴급시설복구 및 자원의 지휘·조정·통제 다. 긴급구조자원 수송지원
	오염·방제지원	가. 시·도 차원의 긴급오염통제 및 자원지원 활동 나. 시·군·구긴급구조통제단 긴급오염통제 및 자원의 지휘·조정·통제

비고
1. 지역통제단 조직은 재난상황에 따라 확대 또는 축소하여 운영할 수 있다.
2. 부서별 임무는 예시로서, 재난상황에 따라 임무를 선택하거나 새로운 임무를 추가할 수 있다.

3 현장지휘소의 시설 및 장비

통제단장은 현장지휘소를 설치하는 경우에는 다음의 시설 및 장비를 갖추어야 한다.

① 조명기구 및 발전장비
② 확성기 및 방송장비
③ 재난대응구역 지도 및 작전상황판
④ 개인용 컴퓨터·프린터·복사기·팩스·휴대전화·카메라·녹음기·간이책상 및 의자 등
⑤ 지휘용 무전기 및 자원봉사자 관리용 무전기
⑥ 종합상황실의 자원관리시스템과 연계되는 무선데이터 통신장비
⑦ 통제단 보고서양식 및 각종 상황처리대장

4 통제단의 운영기준

통제단은 다음과 같이 구분하여 운영되어야 한다.

표 11-1 통제단 운영기준

단계	운영내용
대비단계	재난이 발생하지 아니한 상황에서 긴급구조대응계획의 운용연습과 재난대비훈련을 실시하는 단계로서 긴급구조지휘대만 상시 운영한다.
대응 1단계	하나의 시·군·구(자치구)에 재난이 발생한 상황에서 해당 지역의 긴급구조지휘대가 현장지휘 기능을 수행한다. 이 경우 시·군·구긴급구조통제단은 필요에 따라 부분 또는 전면적으로 운영할 수 있다.
대응 2단계	둘 이상의 시·군·구에 걸쳐 재난이 발생한 상황이나 하나의 시·군·구에 재난이 발생하였으나 해당 지역의 시·군·구긴급구조통제단의 대응능력을 초과한 상황에서 해당 시·군·구긴급구조통제단을 전면적으로 운영하고 시·도긴급구조통제단을 필요에 따라 부분 또는 전면적으로 운영한다.
대응 3단계	둘 이상의 시·도에 걸쳐 재난이 발생한 상황이나 하나의 시·군·구 또는 시·도에서 재난이 발생하였으나 시·도긴급구조통제단이 대응할 수 없는 상황에서 해당 시·도긴급구조통제단을 전면적으로 운영하고 중앙통제단은 필요에 따라 부분 또는 전면적으로 운영한다.

5 긴급구조지휘대의 구성 및 기능

(1) 긴급구조지휘대 조직

긴급구조지휘대는 소방본부 및 소방서의 긴급구조지휘대는 상시 구성·운영하여야 한다.

① 구성

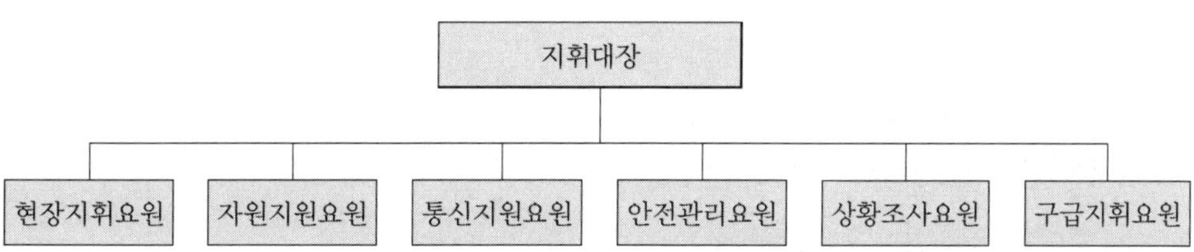

② 임무

구분	주요 임무
지휘대장	가. 화재 등 재난사고의 발생 시 현장지휘·조정·통제 나. 통제단 가동 전 재난현장 지휘활동 등
현장지휘요원	가. 화재 등 재난사고의 발생 시 지휘대장 보좌 나. 통제단 가동 전 재난현장 대응활동 계획 수립 등
자원지원요원	가. 자원대기소, 자원집결지 선정 및 동원자원 관리 나. 긴급구조지원기관 및 응원협정체결기관 동원요청 등
통신지원요원	가. 재난현장 통신지원체계 유지·관리 나. 지휘대장의 현장활동대원 무전지휘 운영 지원 등
안전관리요원	가. 현장활동 안전사고 방지대책 수립 및 이행 나. 재난현장 안전진단 및 안전조치 등
상황조사요원	가. 재난현장과 119종합상황실간 실시간 정보지원체계 구축 나. 현장상황 파악 및 통제단 가동을 위한 상황판단 정보 제공 등
구급지휘요원	가. 재난현장 재난의료체계 가동 나. 사상자 관리 및 병원수용능력 파악 등 의료자원 관리 등

(2) 긴급구조지휘대의 기능

① 통제단이 가동되기 전 재난초기 시 현장지휘
② 주요 긴급구조지원기관과의 합동으로 현장지휘의 조정·통제
③ 광범위한 지역에 걸친 재난 발생 시 전진지휘
④ 화재 등 일상적 사고의 발생 시 현장지휘

(3) 긴급구조지휘대의 부서배치

① 현장지휘요원 : 현장지휘부
② 자원지원요원 : 자원지원부
③ 통신지휘요원 : 현장지휘부
④ 안전관리요원 : 현장지휘부
⑤ 상황조사요원 : 대응계획부
⑥ 구급지휘요원 : 현장지휘부

6 통제선의 설치

통제단장 및 시·도경찰청장 또는 경찰서장은 재난현장 주위의 주민보호와 원활한 구조활동에 필요한 최소한의 통제규모를 설정하여 통제선을 설치할 수 있다. 통제선은 제1통제선과 제2통제선으로 구분하되, 제1통제선은 통제단장이 구조활동에 직접 참여하는 인력 및 장비만을 출입할 수 있도록 설치하고, 제2통제선은 시·도경찰청장 또는 경찰서장이 구조·구급차량 등의 출동주행에 지장이 없도록 긴급구조활동에 직접 참여하거나 긴급구조활동을 지원하는 인력 및 장비만을 출입할 수 있도록 설치·운영한다.

(1) 통제선 표지의 형식

① 재질 : 합성수지 또는 비닐류
② 색상 : 황색바탕, 흑색 글씨(형광처리)
③ 글씨크기 : 가로, 세로 각 6 cm
④ 글자의 간격 : 10 cm
⑤ 글씨체 : 고딕체
⑥ 출입통제선과 소방관서의 명칭은 1 m 간격 유지

(2) 제1통제선 안 출입자

① 제1통제선 구역내 소방대상물 관계자 및 근무자
② 전기·가스·수도·토목·건축·통신 및 교통분야 등의 구조업무 지원자
③ 의사·간호사 등 응급의료요원
④ 취재인력 등 보도업무 종사자
⑤ 그 밖에 통제단장이 긴급구조활동에 필요하다고 인정하는 자

7 자원집결지의 설치·운영

(1) 자원집결지 설치·운영 장소

① 버스터미널 및 기차역
② 선박터미널 및 공항

③ 체육관 및 운동장
④ 대형 주차장
⑤ 그 밖에 교통수단의 접근 및 활용이 편리한 장소

(2) 자원 수송 및 배치 순서

현장지휘관은 자원집결지를 설치하고자 하는 경우에는 지역통제단별로 1개소 이상을 미리 지정하고 유사시 즉시 운용 가능하도록 관리 및 운용계획을 수립·시행하여야 한다. 현장지휘관은 자원집결지에 다음의 반을 편성·운용해야 하며, 자원집결지 관리 및 운용계획에 그 편성에 관한 사항을 포함해야 한다.

① 자원집결반
② 자원분배반
③ 행정지원반
④ 그 밖에 현장지휘관이 필요하다고 인정하는 반

현장지휘관은 자원집결지에 모인 자원을 분류하고 다음의 순서에 따라 자원대기소에 자원을 수송 및 배치하여야 한다.

① 인명구조와 관련되어 긴급히 필요한 자원
② 안전, 보건위생 및 응급의료와 관련된 자원
③ 긴급구조 작전수행에 반드시 필요한 자원
④ 긴급구조 및 긴급복구에 일반적으로 필요한 자원

8 자원대기소의 설치·운영

현장지휘관은 재난현장에서의 체계적인 자원관리를 위하여 자원대기소를 설치·운영할 수 있다. 자원대기소는 재난현장에 자원을 효율적으로 배치·대기하기 용이하도록 현장지휘소 인근에 설치해야 한다. 긴급구조지원기관 및 자원봉사단체는 자원집결지를 거치지 않고 재난현장에 도착한 경우에는 자원대기소의 장에게 그 사실을 통보 또는 보고하고 자원대기소 장의 배치 지시가 있을 때까지 자원대기소에 대기하여야 한다. 자원대기소는 붕괴사고·대형화재 등 좁은 지역에서 발생하는 재난의 경우에는 자원집결지의 기능을 동시에 수행할 수 있다. 현장지휘관은 자원대기소에 모인 인적자원을 배치·대기·교대조로 분류하여 관리하여야 한다.

9 현장응급의료소의 설치

통제단장은 재난현장에 출동한 응급의료관련 자원을 총괄·지휘·조정·통제하고, 사상자를 분류·처치 또는 이송하기 위하여 사상자의 수에 따라 재난현장에 적정한 현장응급의료소를 설치·운영해야 한다. 통제단장은 「의료법」 제3조제2항에 따른 종합병원과 「응급의료에 관한 법률」 제2조제5호에 따른 응급의료기관에 응급의료기구의 지원과 의료인 등의 파견을 요청할 수 있다. 통제단장은 지역본부장으로부터 의료소의 설치에 필요한 인력·시설·물품 및 장비 등을 지원받아 구급차의 접근이 용이하고 유독가스 등으로부터 안전한 장소에 의료소를 설치해야 한다. 의료소에는 소장 1인과 분류반·응급처치반 및 이송반을 둔다. 의료소의 소장은 의료소가 설치된 지역을 관할하는 보건소장이 된다. 다만, 관할 보건소장이 재난현장에 도착하기 전에는 응급의료에 관한 법률 제26조의 규정에 의한 권역응급의료센터의 장, 응급의료정보센터의 장, 지역응급의료센터 중에서 긴급구조대응계획이 정하는 자가 의료소장의 업무를 대행할 수 있다.

의료소장은 통제단장의 지휘를 받아 응급의료자원의 관리, 사상자의 분류·응급처치·이송 및 사상자 현황파악·보고 등 의료소의 운영 전반을 지휘·감독한다. 분류반·응급처치반 및 이송반에는 반장을 두되, 반장은 의료소 요원 중에서 의료소장이 임명한다. 의료소장 및 제7항에 따른 각 반의 반원은 별표 6의 2에 따른 복장을 착용해야 한다. 의료소에는 응급의학 전문의를 포함한 의사 3인, 간호사 또는 1급 응급구조사 4인 및 지원요원 1인 이상으로 편성한다. 다만, 통제단장은 필요한 의료인 등의 수를 조정하여 편성하도록 요청할 수 있다.

소방공무원은 의료소장이 재난현장에 도착하여 의료소를 운영하기 전까지 임시의료소를 운영할 수 있다. 이 경우 의료소장이 재난현장에 도착하면 사상자 현황, 임시의료소에서 조치한 분류·응급처치·이송 현황 및 현장 상황 등을 의료소장에게 인계하고, 그 사실을 통제단장에게 보고해야 한다. 규정한 사항 외에 의료소의 설치 등에 관한 세부사항은 재난현장 표준작전절차 및 긴급구조대응계획이 정하는 바에 따른다.

표 11-2 응급환자분류표 (앞쪽)

응급환자분류표	No.
	#

이름 : 연령 : 성별 :
주소 및 전화 :
발견된 장소 :

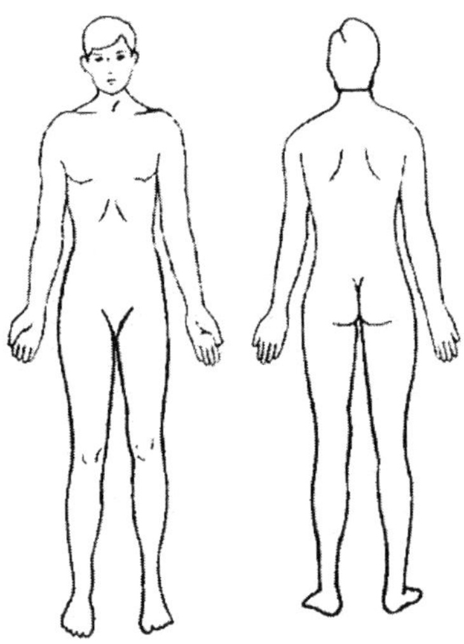

부상부위도

주요손상명

구급대·대원명	
이송의료기관	
이송시간	
사망(흑색)	
긴급(적색)	
응급(황색)	
비응급(녹색)	

(뒤쪽)

<table>
<tr><td colspan="9"></td></tr>
<tr><td colspan="9">생체징후 및 처치</td></tr>
<tr><td>맥박</td><td></td><td>호흡</td><td></td><td>혈압</td><td></td><td>의식</td><td></td></tr>
<tr><td>시간</td><td colspan="8">처치내역</td></tr>
<tr><td></td><td colspan="8"></td></tr>
<tr><td>사망(흑색)</td><td colspan="8">사망
생존불능</td></tr>
<tr><td>긴급(적색)</td><td colspan="8">기도, 호흡, 심장이상
조절 안 되는 출혈, 개방성 흉부 복부손상
심각한 두부손상, 쇼크, 기도화상
내과적 이상</td></tr>
<tr><td>응급(황색)</td><td colspan="8">척추손상, 다발성 주요골절
중증의 화상, 단순 두부손상</td></tr>
<tr><td>비응급(녹색)</td><td colspan="8">경상의 합병증 없는 골절, 외상, 손상, 화상
정신과적인 문제</td></tr>
</table>

※ 제작방법
- 세장으로 만들되 각 장이 동시에 기록될 수 있도록 제작
- 일련번호는 연번으로
- 환자의 분류부분은 떼어 낼 수 있도록 제작

10 구조활동상황의 보도안내

(1) 공동취재단의 구성

통제단장은 언론기관의 효율적인 재난현장 취재를 위하여 공동취재단을 구성·운영하도록 할 수 있다.

공동취재단은 신문·방송(유선방송 및 인터넷매체를 포함한다) 및 통신사가 서로 협의하여 구성하되, 재난현장에 출입할 수 있는 공동취재단의 규모 및 취재장소 등은 통제단장이 정한다.

공동취재단원은 공동취재단 표지를 가슴에 부착해야 한다.

(2) 재난방송을 위한 취재구역 등의 설정

통제단장은 「방송법」 제2조제3호에 따른 방송사업자의 재난방송이 원활하게 될 수 있도록 재난상황 및 현장여건 등을 감안하여 취재구역·촬영구역·취재시간 및 취재안내자를 정할 수 있다.

(3) 재난방송사업자에 대한 협조

통제단장은 재난방송을 하는 방송사업자에 대하여 다음 각 호의 조치를 할 수 있다.

① 재난관련 모든 정보의 최우선 제공

② 그 밖에 재난방송에 필요한 시설물, 전력의 공급 및 교통통제에 관한 정보 등의 제공

11 재난유형별 긴급구조대응계획의 작성체계

재난유형별 긴급구조대응계획은 재난유형별로 재난의 진행단계에 따라 조치하여야 하는 주요사항과 주민보호를 위한 대민정보사항을 포함하여 작성하여야 한다.

① 재난유형별 대응계획 작성 대상

- 홍수
- 태풍
- 폭설
- 지진
- 시설물 등의 붕괴
- 가스 폭발

- 다중이용시설의 대형화재
- 유해화학물질(방사능을 포함)의 누출 및 확산

12 긴급구조활동에 대한 평가

(1) 긴급구조활동 평가항목

① 긴급구조활동에 참여한 인력 및 장비 운용

- 자원 동원현황
- 필요한 대응자원의 확보·관리 및 배분

② 긴급구조대응계획서의 이행실태

- 지휘통제 및 비상경고체계
  - 작전 전략과 전술
  - 현장지휘소 운영
  - 현장통제대책
  - 긴급구조관련기관·단체간 상호협조
  - 통제·조정의 이행
  - 사전 경보전파 및 대피유도활동
- 대중정보 및 상황분석 체계
  - 대중매체와 주민들에 대한 재난정보 제공
  - 재난정보 제공에 따른 주민들의 대응행동
  - 통합작전계획의 수립을 위한 정보의 수집 및 분석
  - 긴급구조관련기관·단체의 정보 공유
  - 잘못 전달된 정보 및 유언비어의 시정
  - 대중매체와 주민의 불평
- 대피 및 대피소 운영체계
  - 대피를 위한 수송체계
  - 주민대피유도
  - 대피소 시설의 규모 및 편의성
  - 임시거주시설의 규모 및 편의성
  - 대피소 수용자들에 대한 음식·담요·전기공급 등 지원사항

- 현장통제 및 구조진압체계
  - 재난지역에 대한 경찰통제선 선정과 교통통제
  - 범죄발생 예방활동
  - 진압작전수행
  - 소방용수 등 자원공급
  - 탐색 및 구조활동
  - 「소방기본법」에 따른 자위소방대, 「의용소방대 설치 및 운영에 관한 법률」에 따른 의용소방대 및 「민방위기본법」에 따른 민방위대 등의 임무 수행
  - 긴급구조관련기관간 협조체제
- 응급의료체계
  - 환자분류체계
  - 현장응급처치
  - 환자 분산이송 및 병원선택
  - 의료자원 공급 및 의료기관간 협조체제
  - 현장 임시영안소의 설치·운영
  - 사상자 명단 관리 및 발표
- 긴급복구 및 긴급구조체계
  - 잔해물 제거 및 긴급구조활동 지원
  - 피해평가작업의 지원활동
  - 2차 피해방지 및 보호작업
  - 응급복구 및 피해조사의 시기
  - 구호기관의 지원활동
  - 상황 및 시기에 적합한 구호물자 제공

③ 긴급구조요원의 전문성

- 경보접수 후 긴급조치
- 긴급구조관련기관·단체가 제공한 재난상황정보의 정확성
- 자원집결지와 자원대기소의 운영 및 자원통제
- 상황정보 및 자원정보와 작전계획의 연계
- 단위책임자들의 작전계획서 활용
- 대피명령의 시기
- 위험물질 누출 및 확산 통제

④ 통합 현장대응을 위한 통신의 적절성

- 통신 시설·장비의 성능 및 작동
- 비상소집활동 및 책임자 등의 응소
- 대체 통신수단 확보

⑤ 긴급구조교육수료자의 교육실적

- 긴급구조 업무담당자 및 관리자의 교육이수율
- 긴급구조 현장활동요원의 긴급구조교육과정 및 교육이수율
- 긴급구조관련기관별 자체교육 및 훈련 실적

⑥ 그 밖에 긴급구조대응상의 개선을 요하는 사항

- 예방 가능하였던 사상자의 존재
- 수송수단의 확보
- 수송장비의 유지 및 수리작업
- 비상 및 임시수송로 확보
- 대응요원들의 불필요한 사상
- 대응자원의 분실
- 전문적 지식·기술·의학·법률 등에 관한 자문체계 운영
- 대응 및 긴급복구작업에 소요된 비용 근거자료 기록관리
- 통제단 운영에 대한 기록유지

(2) 긴급구조활동평가단의 구성

통제단장은 재난상황이 종료된 후 긴급구조활동의 평가를 위하여 긴급구조기관에 긴급구조활동평가단을 구성하여야 한다. 평가단은 단장 1명을 포함하여 5명 이상 7명 이하로 구성한다. 평가단의 단장은 통제단장으로 하고, 단원은 다음 각 호의 사람 중에서 통제단장이 임명하거나 위촉한다. 이 경우 제3호에 해당하는 사람 중 민간전문가 2명 이상이 포함되어야 한다.

① 긴급구조활동평가단의 구성원

1. 통제단의 각 부장. 다만, 단장이 필요하다고 인정하는 경우에는 각 부 소속 요원
2. 긴급구조지휘대의 장
3. 긴급구조활동에 참가한 기관·단체의 요원 또는 평가에 관한 전문지식과 경험이 풍부한 사람 중에서 단장이 필요하다고 인정하는 사람

Chapter 11

적중예상문제

01 **중앙긴급구조통제단장 또는 지역긴급구조통제단장에 의하여 재난현장에서 기관별지휘소를 총괄하여 지휘·조정 또는 통제하는 등의 재난현장지휘를 효과적으로 수행하기 위하여 설치·운영하는 장소 또는 지휘차량을 무엇이라 하는가?**

① 재난현장지휘소 ② 현장지휘소 ③ 재난현장통제소 ④ 현장통제소

Solution 현장지휘소라 함은 중앙긴급구조통제단장 또는 지역긴급구조통제단장에 의하여 재난현장에서 기관별 지휘소를 총괄하여 지휘·조정 또는 통제하는 등의 재난현장지휘를 효과적으로 수행하기 위하여 설치·운영하는 장소 또는 지휘차량을 말한다.

02 **대규모 재난이 발생하여 특별시·광역시·도 긴급구조통제단장의 지휘통제가 마비된 경우에 시·군·구 긴급구조통제단장이 관할구역 안에서 자체적으로 재난에 대응하기 위하여 설정하는 구역을 무엇이라 하는가?**

① 재난대응구역 ② 재난통제구역 ③ 재난수습구역 ④ 재난활동구역

Solution "재난대응구역"이라 함은 대규모 재난이 발생하여 특별시·광역시·도 긴급구조통제단장의 지휘통제가 마비된 경우에 시·군·구 긴급구조통제단장이 관할구역 안에서 자체적으로 재난에 대응하기 위하여 설정하는 구역을 말한다.

03 **「긴급구조대응활동 및 현장지휘에 관한 규칙」의 내용으로 옳은 것은?**

① 중앙통제단장은 현장지휘관이 아니다.
② 현장에 참여하는 자원봉사기관 및 단체는 긴급구조관련기관이다.
③ 재난의 최초 접수자는 소규모 재난의 경우에도 긴급구조관련기관에 즉시 통보하여야 할 의무가 있다
④ 긴급구조대응활동 및 현장지휘에 관한 규칙은 소방기본법에서 위임된 사항 및 그 시행에 관한 내용을 규정하고 있다.

Solution 중앙통제단장은 현장지휘관이고, 소규모 재난의 경우 긴급구조관련기관에의 통보를 늦추거나 하지 아니할 수 있다. 긴급구조대응활동 및 현장지휘에 관한 규칙은 재난 및 안전관리 기법에서 위임된 사항 및 그 시행에 관한 내용을 규정하고 있다.

Answer 01 ❷ 02 ❶ 03 ❷

04 다음 「긴급구조대응활동 및 현장지휘에 관한 규칙」에서 규정하는 "현장지휘관"에 해당되는 않은 것은?

① 중앙통제단장 ② 지역통제단장 ③ 현장통제관 ④ 선착대의 장

Solution ※ 현장지휘관
가. 중앙통제단장
나. 지역통제단장
다. 소방관서의 지휘대장 또는 선착대의 장

05 긴급구조기관의 장이 구축하여야 하는 긴급구조체제에 해당하지 않은 것은?

① 자원관리체제
② 아마추어무선통신(HAM) 등 긴급구조 보조통신체제
③ 비상경고체제
④ 자원동원체제

Solution ※ 긴급구조체제의 구축
1. 종합상황실과 법 제38조제2항의 규정에 의하여 재난관련 방송요청을 받은 방송국간의 긴급방송체제
2. 법 제14조제2항의 규정에 의한 중앙본부장, 법 제16조제2항의 규정에 의한 지역본부장, 통제단장 및 긴급구조지원기관의 장과의 비상연락통신체제
3. 아마추어무선통신(HAM) 등 긴급구조 보조통신체제
4. 비상경고체제
5. 긴급구조관련기관에 대한 제7조의 규정에 의한 통합지휘조정통제센터
6. 자원관리체제
7. 자원지원수용체제. 다만, 법 제54조의 규정에 의한 긴급구조대응계획
8. 제9조제2항의 규정에 의한 표준현장지휘체계
9. 종합상황실과 해양경찰관서 상황실간의 연계체제

06 다음 중 통합지휘조정통제센터의 기능에 해당하지 않은 것은?

① 재난신고 접수에 따라 긴급구조관련기관 소속 자원의 출동지시
② 긴급구조관련기관의 지휘본부 상호간 연락관 등에 관한 사항
③ 긴급구조관련기관간의 상호연락 및 협조체제의 유지
④ 긴급구조대응계획에 의한 비상지원임무

Answer 04 ❸ 05 ❹ 06 ❷

Solution ※ 통합지휘조정통제센터의 기능

1. 재난신고 접수에 따라 긴급구조관련기관 소속 자원의 출동지시
2. 긴급구조관련기관간의 상호연락 및 협조체제의 유지
3. 긴급구조대응계획에 의한 비상지원임무
4. 긴급구조관련기관의 지휘본부 상호간 통합대응을 위한 통신연락 등에 관한 사항

07 표준현장지휘체계의 표준 용어에 관한 설명으로 옳지 않은 것은?

① 자원집결지란 현장지휘관이 자원의 신속한 추가배치와 교대조의 휴식 및 대기 등을 위하여 현장지휘소 인근에 설치·운영하는 특정한 장소 및 시설을 말한다.

② 선착대란 재난현장에 가장 먼저 도착한 긴급구조관련기관의 출동대를 말한다.

③ 구급차대기소란 현장응급의료소에서 사상자의 이송을 위하여 구급차의 도착순서 및 기능에 따라 임시 대기하는 장소를 말한다.

④ 수송대기지역이란 자원집결지에서 자원수송을 위하여 구급차 외의 교통수단이 대기하는 장소를 말한다.

Solution 1. 자원집결지 : 현장지휘관이 긴급구조활동에 필요한 자원을 특정장소에 집결 및 분류하여 자원대기소와 재난현장에 수송·배치하기 위하여 설치·운영하는 자원의 임시집결지

2. 자원대기소 : 현장지휘관이 자원의 신속한 추가배치와 교대조의 휴식 및 대기 등을 위하여 현장지휘소 인근에 설치·운영하는 특정한 장소 및 시설
3. 수송대기지역 : 자원집결지에서 자원수송을 위하여 구급차외의 교통수단이 대기하는 장소
4. 구급차대기소 : 제20조의 규정에 의한 현장응급의료소에서 사상자의 이송을 위하여 구급차의 도착순서 및 기능에 따라 임시 대기하는 장소
5. 선착대 : 재난현장에 가장 먼저 도착한 긴급구조관련기관의 출동대
6. 단위지휘관 : 제3항의 규정에 의한 표준지휘조직구조의 팀·분대·소대·중대 및 반의 현장활동을 지휘·조정 및 통제하는 자
7. 지휘참모 : 통제단장의 임무수행을 보좌하거나 통제단장의 특정임무를 위임받아 수행하는 통제단의 각 부장과 제3항의 규정에 의한 표준지휘조직구조의 안전담당 및 연락공보담당
8. 비상헬기장 : 현장지휘소 인근에서 응급환자의 이송, 자원 수송 등의 활동을 위하여 현장지휘관이 지정·운영하는 헬기 이·착륙장소

08 「긴급구조대응활동 및 현장지휘에 관한 규칙」상 재난현장 표준작전절차의 유형이 아닌 것은?

① 화재유형별 표준작전절차 ② 사고유형별 표준작전절차
③ 재난유형별 표준작전절차 ④ 대응단계별 표준작전절차

Answer 07 ❶ 08 ❸

Solution 1. 지휘통제절차 : 표준작전절차(SOP) 101부터 199까지의 일련번호를 부여하여 작성한다.
2. 화재유형별 표준작전절차 : 표준작전절차(SOP) 201부터 299까지의 일련번호를 부여하여 작성한다.
3. 사고유형별 표준작전절차 : 표준작전절차(SOP) 301부터 399까지의 일련번호를 부여하여 작성한다.
4. 구급단계별 표준작전절차 : 표준작전절차(SOP) 401부터 499까지의 일련번호를 부여하여 작성한다.
5. 대응단계별 표준작전절차 : 표준작전절차(SOP) 501부터 599까지의 일련번호를 부여하여 작성한다.
6. 현장 안전관리 표준지침 : 표준지침(SSG) 1부터 99까지의 일련번호를 부여하여 작성한다.

09 다음 중 현장지휘소의 시설 및 장비에 해당하지 않은 것은?

① 조명기구 및 발전장비
② 지휘차량 및 대형모니터
③ 확성기 및 방송장비
④ 재난대응구역지도 및 작전상황판

Solution ※ 현장지휘소의 시설 및 장비
1. 조명기구 및 발전장비
2. 확성기 및 방송장비
3. 재난대응구역 지도 및 작전상황판
4. 개인용컴퓨터·프린터·복사기·팩스·휴대전화·카메라·녹음기·간이책상 및 걸상 등
5. 지휘용 무전기 및 자원봉사자 관리용 무전기
6. 종합상황실의 자원관리시스템과 연계되는 무선데이터 통신장비
7. 통제단 보고서양식 및 각종 상황처리대장

10 통제단의 운영에 의할 때 2 이상의 시·도에 걸쳐 재난이 발생한 상황이나 하나의 시·군·구 또는 시·도에서 재난이 발생하였으나 시·도 통제단이 대응할 수 없는 상황에서 해당 시·도 긴급구조통제단을 전면적으로 운영하고 중앙통제단은 필요에 따라 부분 또는 전면적으로 운영하는 단계는?

① 대비단계
② 대응1단계
③ 대응2단계
④ 대응3단계

Solution 1. 대비단계 : 재난이 발생하지 아니한 상황에서 긴급구조대응계획의 운용연습과 재난대비훈련을 실시하는 단계로서 법 제55조제2항의 규정에 의한 긴급구조지휘대만 상시 운영한다.
2. 대응1단계 : 일상적으로 발생되는 소규모 사고가 발생한 상황에서 긴급구조지휘대가 현장지휘기능을 수행한다. 다만, 시·군·구 긴급구조통제단은 필요에 따라 부분적으로 운영할 수 있다.
3. 대응2단계 : 2 이상의 시·군·구에 걸쳐 재난이 발생한 상황이나 하나의 시·군·구에 재난이 발생하였으나 당해 지역의 시·군·구 긴급구조통제단의 대응능력을 초과한 상황에서 해당 시·군·구 긴급구조통제단을 전면적으로 운영하고 시·도 긴급구조통제단을 필요에 따라 부분 또는 전면적으로 운영한다.
4. 대응3단계 : 2 이상의 시·도에 걸쳐 재난이 발생한 상황이나 하나의 시·군·구 또는 시·도에서 재난이 발생하였으나 시·도 통제단이 대응할 수 없는 상황에서 해당 시·도 긴급구조통제단을 전면적으로 운영하고 중앙통제단은 필요에 따라 부분 또는 전면적으로 운영한다.

Answer 09 ❷ 10 ❹

11 「긴급구조대응활동 및 현장지휘에 관한 규칙」상 긴급구조지휘대의 기능으로 옳지 않은 것은?

① 통제단이 가동되기 전 재난초기 시 현장지휘
② 광범위한 지역에 걸친 재난 발생 시 전진지휘
③ 긴급구조지원기관의 자원동원 통제
④ 화재 등 일상적 사고의 발생 시 현장지휘

Solution ※ 긴급구조지휘대의 기능
1. 통제단이 가동되기 전 재난초기 시 현장지휘
2. 주요 긴급구조지원기관과의 합동으로 현장지휘의 조정·통제
3. 광범위한 지역에 걸친 재난 발생 시 전진지휘
4. 화재 등 일상적 사고의 발생 시 현장지휘

12 「긴급구조대응활동 및 현장지휘에 관한 규칙」상 긴급구조지휘대의 기능으로 옳은 것은?

① 의료소 조직 편성·관리
② 긴급구조 대응계획의 작성
③ 진급구조활동에 대한 평가
④ 주요 긴급구조지원기관과의 합동으로 현장지휘의 조정·통제

Solution ※ 긴급구조지휘대의 기능
1. 통제단이 가동되기 전 재난초기 시 현장지휘
2. 주요 긴급구조지원기관과의 합동으로 현장지휘의 조정·통제
3. 광범위한 지역에 걸친 재난 발생 시 전진지휘
4. 화재 등 일상적 사고의 발생 시 현장지휘

13 「긴급구조대응활동 및 현장지휘에 관한 규칙」상 긴급구조지휘대와 통제단 부서의 연결이 옳지 않은 것은?

① 상황조사요원 : 대응계획부
② 자원지원요원 : 자원지원부
③ 통신지원요원 : 대응계획부
④ 구급지휘요원 : 현장지휘부

Solution ※ 긴급구조지휘대
1. 현장지휘요원 : 현장지휘부
2. 자원지원요원 : 자원지원부
3. 통신지원요원 : 현장지휘부
4. 안전관리요원 : 현장지휘부
5. 상황조사요원 : 대응계획부
6. 구급지휘요원 : 현장지휘부

Answer 11 ❸ 12 ❹ 13 ❸

14 「긴급구조대응활동 및 현장지휘에 관한 규칙」상 제1통제선 안으로 출입할 수 있는 자는?

① 전기·가스·수도·토목·건축·통신 및 교통분야 등의 종사자
② 수사업무에 종사하는 자
③ 의사·간호사 등 응급의료요원
④ 재난관련 부서에 근무하는 자

Solution ※ 제1통제선 안으로 출입할 수 있는 자
1. 제1통제선 구역내 소방대상물 관계자 및 근무자
2. 전기·가스·수도·토목·건축·통신 및 교통분야 등의 구조업무 지원자
3. 의사·간호사 등 응급의료요원
4. 취재인력 등 보도업무 종사자
5. 그 밖에 통제단장이 긴급구조활동에 필요하다고 인정하는 자

15 「긴급구조대응활동 및 현장지휘에 관한 규칙」상 자원집결지에 해당하지 않은 것은?

① 버스터미널 및 기차역
② 체육관 및 운동장
③ 군부대 운동장
④ 대형 주차장

Solution ※ 자원집결지
1. 버스터미널 및 기차역
2. 선박터미널 및 공항
3. 체육관 및 운동장
4. 대형 주차장
5. 그 밖에 교통수단의 접근 및 활용이 편리한 장소

16 「긴급구조대응활동 및 현장지휘에 관한 규칙」상 자원대기소의 설치·운영에 관한 설명으로 옳지 않은 것은?

① 현장지휘관은 재난현장에서의 체계적인 자원관리를 위하여 자원대기소를 설치·운영할 수 있다.
② 자원대기소는 현장지휘소 인근에 위치하여 재난현장에 자원을 효율적으로 배치·대기하기 용이한 장소이어야 한다.
③ 자원대기소는 붕괴사고·대형화재 등 좁은 지역에서 발생하는 재난의 경우에는 제18조의 규정에 의한 자원집결지의 기능을 동시에 수행할 수 있다.
④ 현장지휘관은 자원대기소에 모인 인적자원을 배치·대기조로 분류하여 관리하여야 한다.

Solution 현장지휘관은 자원대기소에 모인 인적자원을 배치·대기·교대조로 분류하여 관리하여야 한다.

Answer 14 ③ 15 ③ 16 ④

17 **현장지휘관은 자원집결지에 모인 자원을 분류하고 규정된 순서에 따라 자원대기소에 자원을 수송 및 배치하여야 한다. 다음 중 그 순서가 옳게 나열된 것은?**

ㄱ. 인명구조와 관련되어 긴급히 필요한 자원
ㄴ. 긴급구조 작전수행에 반드시 필요한 자원
ㄷ. 안전, 보건위생 및 응급의료와 관련된 자원
ㄹ. 긴급구조 및 긴급복구에 일반적으로 필요한 자원

① ㄱ - ㄴ - ㄷ - ㄹ　　② ㄱ - ㄷ - ㄴ - ㄹ
③ ㄱ - ㄴ - ㄹ - ㄷ　　④ ㄱ - ㄷ - ㄹ - ㄴ

Solution ※ 자원대기소 자원수송 및 배치 순서
1. 인명구조와 관련되어 긴급히 필요한 자원
2. 안전, 보건위생 및 응급의료와 관련된 자원
3. 긴급구조 작전수행에 반드시 필요한 자원
4. 긴급구조 및 긴급복구에 일반적으로 필요한 자원

18 **「긴급구조대응활동 및 현장지휘에 관한 규칙」상 현장응급의료소에 관한 설명으로 옳지 않은 것은?**

① 통제단장은 재난현장에 현장응급의료소를 설치·운영하여야 한다.
② 의료소에는 소장 1인과 분류반·응급처치반 및 이송반을 둔다.
③ 의료소의 소장은 의료소가 설치된 지역을 관할하는 응급의료센터장이 된다.
④ 의료소장은 통제단장의 지휘를 받아 의료소의 운영 전반에 관하여 지휘·감독한다.

Solution 의료소의 소장은 의료소가 설치된 지역을 관할하는 보건소장이 된다.

19 **「긴급구조대응활동 및 현장지휘에 관한 규칙」상 긴급구조대응계획을 작성해야 하는 재난유형으로 옳지 않은 것은?**

① 홍수　　② 폭설
③ 다중이용시설 대형화재　　④ 폭발

Solution 긴급구조대응계획을 작성대상
1. 홍수, 2. 태풍, 3. 폭설, 4. 지진, 5. 시설물 등의 붕괴, 6. 가스 등의 붕괴, 7. 다중이용시설의 대형화재
8. 유해화학물질(방사능을 포함)의 누출 및 확산

Answer 17 ❷ 18 ❸ 19 ❹

20 **「긴급구조대응활동 및 현장지휘에 관한 규칙」상 긴급구조활동평가 단원의 구성에 포함되지 않는 자는?**

① 총괄지휘부장 ② 자원지원부장
③ 긴급복구부장 ④ 긴급구조지휘대장

Solution ※ 긴급구조활동평가 단원
1. 통제단장
2. 통제단의 대응계획부장 또는 소속 반장
3. 자원지원부장 또는 소속 반장
4. 긴급구조지휘대장
5. 긴급복구부장 또는 소속 반장
6. 긴급구조활동에 참가한 기관·단체의 요원 또는 평가에 관한 전문지식과 경험이 풍부한 자중에서 통제단장이 필요하다고 인정하는 자

21 **「긴급구조대응활동 및 현장지휘에 관한 규칙」상 응급환자분류표에서 사상자의 상태와 색깔의 연결이 옳은 것은?**

① 비응급 – 녹색 ② 응급 – 적색
③ 긴급 – 흑색 ④ 사망 – 황색

Solution 사망(흑색), 긴급(적색), 응급(황색), 비응급(녹색)

22 **「긴급구조대응활동 및 현장지휘에 관한 규칙」상 응급환자 이송 우선순위를 바르게 연결한 것은?**

ㄱ : 사망자 ㄴ : 긴급환자 ㄷ : 응급환자 ㄹ : 비응급환자

① ㄱ – ㄴ – ㄷ – ㄹ ② ㄴ – ㄷ – ㄹ – ㄱ
③ ㄴ – ㄷ – ㄱ – ㄹ ④ ㄷ – ㄴ – ㄹ – ㄱ

Solution 사상자의 이송 우선순위는 긴급환자, 응급환자, 사망자 및 비응급환자 순으로 한다.

Answer 20 ❶ 21 ❶ 22 ❸

23 **재난현장의 현장응급의료소에는 응급의학 전문의를 포함한 의료인 및 관계인의 배치 수는?**

① 의사 1인, 간호사 2인, 보조인 1인
② 의사 2인, 간호사 3인, 보조인 2인
③ 의사 3인, 간호사 4인, 보조인 1인
④ 의사 4인, 간호사 3인, 보조인 2인

Solution 「긴급구조대응활동 및 현장지휘에 관한 규칙」 제20조 의료소에는 응급의학 전문의를 포함한 의사 3인, 간호사 4인 및 보조요원 1인 이상으로 편성한다.

24 **다음 중 긴급구조활동 평가단원의 구성원으로 옳은 것은?**

① 민간전문가 2인 이상을 포함하여 5인 이상 7인 이하로 구성한다.
② 민간전문가 2인 이상을 포함하여 3인 이상 7인 이하로 구성한다.
③ 민간전문가 1인 이상을 포함하여 5인 이상 7인 이하로 구성한다.
④ 민간전문가 1인 이상을 포함하여 3인 이상 7인 이하로 구성한다.

Solution 민간전문가 2인 이상을 포함하여 5인 이상 7인 이하로 구성한다.

25 **재난에 의한 환자이송 시 조치사항에 대한 설명으로 옳은 것만을 모두 고른 것은?**

ㄱ. 중증도분류표는 중증도 분류에 따라 환자의 발목이나 의류에 부착한다.
ㄴ. 긴급환자, 중상환자, 지연환자의 순으로 이송한다.
ㄷ. 비응급(경상)환자는 구급차로 이송한다.
ㄹ. 긴급환자의 경우는 원칙적으로 구급차 1대당 1인을 이송한다.

① ㄱ, ㄴ　　② ㄱ, ㄹ　　③ ㄴ, ㄹ　　④ ㄴ, ㄷ

Solution ① 분류된 사상자에게는 별표 7의 응급환자분류표를 총 3장 가슴부위에 부착하여 긴급·응급환자는 응급처치반으로 인계하고, 사망자와 비응급환자는 이송반으로 인계한다.
② 사상자의 이송 우선순위는 긴급환자, 응급환자, 비응급환자 및 사망자 순으로 한다.
③ 비응급(경상)환자는 이송하지 않거나 버스 등을 이용하여 이송한다.
④ 긴급환자의 경우는 원칙적으로 구급차 1대당 1인을 이송한다.

Answer 23 ❸ 24 ❶ 25 ❸

CHAPTER _12
재해경감을 위한 기업의 자율활동 지원에 관한 법률

제 1 절 기업재난관리

1 사업연속성계획(BCP : Business Continuity Plan)

비즈니스 운영의 연속성을 유지하기 위한 방법으로 자연, 인간, 기술에 관련된 각종 요인으로 발생하는 사고 또는 긴급사태로 인하여 비즈니스 운영상에 문제가 생길 경우 적정 시간 안에 순차적으로 업무비지니스 사이클을 확보하기 위해 계획을 수립하는 프로세스이다. 또한 각종 재난상황이나 업무마비상황이 발생함으로써 조직의 하나 또는 다수의 핵심기능이 마비된 경우에 그 마비로 인한 피해를 최소화하기 위하여 사전에 준비하여 수립해둔 절차, 정책과 방안을 말한다.

2 사업연속성관리(BCM : Business Continuity Management)

조직에 대한 잠재적 위협과 그 위협이 출현하였을 때 조직운영에 미치는 영향을 식별하고, 조직의 중요 이해관계자의 이익, 명성, 브랜드와 가치 창조활동을 안전하게 보호하는 효과적인 대응역량으로 조직의 복원력을 수립하는 프레임워크를 제공하기 위한 총체적 관리 프로세스이다. 또한 기업이 재해 발생 시에도 핵심 업무 기능을 계획된 수준 또는 중대한 변경 없이 지속할 수 있도록 전사적인 정책 및 절차를 수립하여 이행하는 것을 의미한다. 이러한 BCM에는 전체의 인력, 자원, 업무 프로세스를 대상으로 구축되므로 단순한 IT 영역만이 아닌 비즈니스 영역까지 포괄한다.

3 사업연속성관리(BCM) 도입효과

통합적인 위기대응체제 확보, 기업 신뢰도 향상, 기업 안전성 강화, 직원 및 자산 보호, 현재 고객 이탈 방지, 회사명성 유지 및 향상, 생산성 유지, 투자 이탈 방지 등이다.

4 왜 BCM이 주목 받는가?

글로벌 기업과 유럽사회의 일각에서 다루어져 오던 BCM이, 2010년을 넘어서면서부터 전 세계적으로 확산되고 있는 추세이다. 그 이유는 여러 가지 있겠지만 몇 가지 **특징적인 동기**들이 있다. 첫째, 기후 변화, 둘째, 공급망에 대한 거버넌스, 셋째, 기업의 사회적인 책임의식의 향상 등이다. BCM 영역이 이해관계자들의 인명보호와 사회안전을 포함하고 있으므로 기업의 사회적 책임을 위한 프로그램과 연계시킬 경우 더욱 좋은 결과를 얻을 수 있을 것으로 기대하기 때문이다.

5 기업재난관리 표준모델(PDCA Model)

구분	주요내용
Plan (계획수립)	기업의 정책 및 목표, 이해관계자의 요구사항에 따라 결과를 도출하는데 필요한 재해경감활동 목표 및 프로세스의 절차 수립
Do (운영 및 실행)	재해경감활동 목표 및 프로세스 절차의 시행
Check (감시 및 검토)	재해경감활동 정책 및 목표의 성과를 평가하고 검토하여 관리자에게 시정 및 개선 활동사항을 결정하도록 권한 위임
Act (유지관리 및 개선)	관리자 검토, 재해경감활동관리체계의 범위, 정책 및 목표에 대한 재검토와 시정조치를 통한 지속적인 개선

6 기업재난관리의 용어 정의

(1) 리스크 평가(Risk Assessment)

재난으로 분류되는 위기(risk)들 중에서 조직의 취약한 부분에 영향을 미칠 수 있는 리스크들을 분류하고 그 조직과 관련된 리스크의 발생 빈도와 영향의 크기를 예상한다. 위험감소 전략에 상대적 순위를 매기거나 위험목표를 비교함으로써 위험분석결과를 의사결정에 이용하는 과정이다.

(2) 리스크 분석(Risk Analysis)

공학적 평가와 수학적 기술을 토대로 사고 결과와 빈도의 예측을 모아 사고의 정량적 측정을 구현하는 것이다.

(3) 리스크 관리(Risk Management)

리스크를 최소화할 수 있는 전략을 수립하고 최선의 대안을 준비하고, 예방시스템을 구축한다.

(4) 업무 영향 평가(Business Impact Analysis)

업무절차를 상실했을 때 손실의 규모를 평가하고, 리스크평가에서 도출된 가장 위험한 위기요소가 현재의 운영업무에 얼마만큼의 영향을 주는가를 평가한다. 업무연속성을 보장하기 위하여 업무중단의 영향(재무, 운영, 법규)을 분석하여 핵심업무를 파악하고, 핵심 업무별 목표복구시간, 복구우선순위, 복구에 필요한 자원, 필수인력 등을 식별하는 활동을 의미한다.

(5) RTO (Recovery Time Objective)

조직에서 발생한 사건이나 사고가 감내하기 어려운 수준까지 악화되지 않도록 하기위해 핵심업무 또는 일반업무 기능을 복구시키고자 하는 목표 시간 값을 말한다.(실제 서비스 복구 시간까지 포함한다.)

(6) RPO (Recovery Point Objective)

특정 업무 프로세스가 중지되었을 때, 그 업무 프로세스 중지의 손실에 대한 감내 가능한 시간, 업무 재개까지의 복구 목표 시점이다.

(7) MTPD (Maximum Tolerable Period Disruption)

업무활동 별 최대 중단 허용시간을 말한다. 업무중단 기간에 따른 위기영향을 평가할 때 업무활동에 미치는 업무중단의 영향이 심각해지는 시점이 바로 최대 중단 허용시간이다.

제 2 절 재해경감을 위한 기업의 자율활동 지원에 관한 법률

1 목적

재난이 발생하는 경우 기업활동이 중단되지 아니하고 안정적으로 유지될 수 있도록 하기 위하여 기업의 재해경감활동을 지원함으로써 국가의 재난관리 능력을 증진함을 목적으로 한다.

2 정의

(1) 기업

기업이란 영리를 목적으로 「상법」 제172조에 따라 법인설립등기를 마친 기업 또는 「소득세법」 제168조 및 「부가가치세법」 제5조에 따라 사업자등록을 한 기업을 말한다.

(2) 재해경감활동계획

기업이 재난으로부터 피해를 최소화하기 위하여 수립하는 ① 전략계획, ② 경감계획, ③ 사업연속성확보계획, ④ 대응계획 및 복구계획을 말한다.

(3) 재난관리표준

"재난관리표준"이란 기업의 재해경감활동계획 수립을 위하여 행정안전부장관이 작성·고시하는 표준을 말한다.

(4) 재해경감 우수기업

재해경감 우수기업이란 재해경감을 위한 기업의 자율활동 지원에 관한 법률 제7조에 따라 우수기업 인증서를 발급받은 기업을 말한다.

3 재난관리표준 포함사항

① 재해경감활동 조직·체계 등의 구성에 관한 사항
② 재해경감활동 관계 법령 준수·절차 및 이행에 관한 사항
③ 위험요소의 식별, 위험평가, 영향분석 등 재난 위험요소의 경감에 관한 사항
④ 자원관리 및 기업과 재해경감 관련 단체와의 협정에 관한 사항
⑤ 재해경감을 위한 전략계획, 경감계획, 사업연속성확보계획, 대응계획 및 복구계획의 수립에 관한 사항
⑥ 재해경감활동과 관련된 지시·통제·협의조정 등 비상시 의사소통 및 상황전파 체계에 관한 사항
⑦ 교육·훈련을 통한 자체평가 및 개선에 관한 사항
⑧ 그 밖에 재난관리표준에 필요하다고 인정하여 대통령령으로 정하는 사항

4 재해경감활동에 대한 인증

(1) 우수기업 인증

재해경감 우수기업으로 인증 받고자 하는 기업은 행정안전부장관에게 신청하여야 한다. 행정안전부장관은 신청한 기업의 재해경감활동에 대하여 대통령령으로 정하는 기준에 따라 평가를 실시하고 우수기업 인증서를 발급할 수 있다. 평가 및 인증서 발급에 소요되는 비용은 신청하는 자가 부담한다. 평가의 실시 및 인증서 발급 등에 관하여 필요한 사항은 대통령령으로 정한다.

(2) 우수기업 인증서를 발급

행정안전부장관은 우수기업에 재해경감 우수기업 인증서를 발급한 경우 ① 인증 명칭, ② 인증받은 기업의 상호 및 대표자 성명, ③ 인증번호, ④ 인증연월일 및 유효기간을 행정안전부 인터넷 홈페이지에 공고하여야 한다. 행정안전부장관이 재해경감활동에 대한 평가 및 우수기업 인증서 발급 업무를 위하여 우수기업 인증 대행 전문기관을 지정한 경우 인증대행기관은 평가 결과 및 우수기업 인증서 발급 사실을 행정안전부장관에게 보고하여야 한다.

(3) 우수기업 인증의 유효기간

우수기업 인증의 유효기간은 인증일부터 3년으로 한다. 다만, 유효기간 만료 전에 행정안전부령

으로 정하는 중요한 사항이 변경된 때에는 인증 유효기간 만료 전이라도 새로 평가를 받아야 한다. 행정안전부장관은 우수기업으로 인증된 기업에 대하여 인증 유효기간이 끝나기 60일 전에 우수기업 인증기간 만료 사실을 통보하여야 한다.

(4) 우수기업 인증 변경

우수기업 인증서를 발급받은 기업이 상호 또는 대표자 변경, 우수기업 인증서 훼손·분실 등의 사유로 우수기업 인증서를 재발급 받으려는 경우에는 행정안전부령으로 정하는 재발급 신청서를 행정안전부장관이나 인증대행기관에 제출하여야 한다.

(5) 우수기업 인증 취소

행정안전부장관은 인증을 받은 우수기업이 다음의 어느 하나에 해당하는 때에는 인증을 취소할 수 있다. 다만, 첫 번째의 경우에는 인증을 취소하여야 한다.

① 거짓이나 그 밖의 부정한 방법으로 인증을 받은 경우
② 인증 평가기준에 미달되는 경우
③ 양도·양수·합병 등에 의하여 인증 받은 요건이 변경된 경우

5 우수기업 인증대행기관

(1) 우수기업 인증대행기관 지정

행정안전부장관은 재해경감을 위한 기업의 지원에 관한 법률 제7조에 따른 우수기업 인증을 효율적으로 추진하기 위하여 인증을 대행하는 전문기관을 지정할 수 있다. 행정안전부장관은 인증대행기관을 지정하는 경우에는 인증대행기관의 업무 중에서 해당 인증대행기관이 수행할 인증대행업무의 범위를 정하여 지정할 수 있다. 인증대행기관의 지정 기준 및 절차 등에 관하여 필요한 사항은 대통령령으로 정한다.

(2) 우수기업 인증대행기관 취소

행정안전부장관은 인증대행기관이 다음의 어느 하나에 해당하는 때에는 대통령령으로 정하는 기준에 따라 지정을 취소하거나 업무의 정지를 명할 수 있다. 다만, ①의 경우에는 지정을 취소하여야 한다.

① 거짓이나 그 밖의 부정한 방법으로 인증대행기관의 지정을 받은 때
② 제8조의2제3항에 따른 지정기준에 적합하지 아니하게 된 때

재해경감활동계획 수립 대행자로 등록하려는 자는 재해경감활동계획 수립 대행자 등록(변경) 신청서에 기술인력의 확보를 증명하는 서류를 첨부하여 행정안전부장관에게 제출하여야 한다.

(3) 우수기업 인증대행기관 변경

대행자 등록사항에 변경이 발생한 때에는 변경사항이 발생한 날로부터 30일 이내에 재해경감활동계획 수립 대행자 등록(변경) 신청서에 ① 변경내용을 증명하는 서류, ② 기존 대행자 등록증을 서류를 첨부하여 행정안전부장관에게 제출하여야 한다.

(4) 인증대행기관의 업무

행정안전부장관은 인증대행기관에 대하여 필요한 경우 행정적·재정적 지원을 할 수 있다.

① 기업의 재해경감활동에 대한 평가
② 우수기업 인증서의 발급
③ 우수기업에 대한 지도·감독
④ 그 밖에 재해경감활동의 인증에 관한 사항

6 재해경감활동계획

(1) 재해경감활동계획 수립

① 우수기업으로 인증을 받고자 하는 기업은 재난관리표준의 범위에서 대통령령으로 정하는 기준에 따라 재해경감활동계획을 수립·시행하여야 한다.
② 기업은 재해경감활동을 위하여 필요하다고 인정하는 때에는 등록된 재해경감활동계획 수립 대행자에게 재해경감활동계획의 수립 등을 의뢰할 수 있다.
③ 기업은 기업의 종사자 등에 대하여 재해경감활동 능력을 높이기 위하여 필요한 교육 등을 실시할 수 있다.

(2) 재해경감활동계획 수립 대행자 등록

① 재해경감활동계획의 수립을 대행하려는 자는 기술인력의 확보 등 대통령령으로 정하는 요건

을 갖추고, 행정안전부령으로 정하는 바에 따라 행정안전부장관에게 등록하여야 한다.

② 등록한 사항 중 대통령령으로 정하는 중요한 사항을 변경하는 때에는 행정안전부령으로 정하는 바에 따라 변경등록을 하여야 한다.

③ 대행자의 등록수수료 등에 관하여 필요한 사항은 행정안전부령으로 정한다.

(3) 대행자 등록의 결격사유

① 피성년후견인 또는 피한정후견인

② 이 법의 규정을 위반하여 징역 이상의 실형을 선고받고 그 형의 집행이 종료되거나 집행을 받지 아니하기로 확정된 후 2년이 경과되지 아니한 자

③ 임원 중 제1호부터 제3호까지의 규정 중 어느 하나에 해당하는 자가 있는 법인

(4) 우수기업 및 대행자의 준수사항

① 다른 기업의 재해경감활동계획서의 내용을 복제하지 아니할 것

② 기업의 재해경감활동계획 작성의 기초가 되는 자료를 거짓으로 작성하지 아니할 것

③ 대행자의 경우에는 등록증이나 명의를 다른 사람에게 대여하지 아니할 것

(5) 대행업무의 휴지 또는 폐지

대행자는 업무의 전부 또는 일부를 휴지(休止)·폐지(廢止)하거나 휴지한 사업을 재개(再開)하고자 하는 때에는 행정안전부령으로 정하는 바에 따라 행정안전부장관에게 신고하여야 한다.

(6) 대행자의 등록취소 또는 영업정지

행정안전부장관은 대행자가 다음의 어느 하나에 해당하는 경우에는 그 등록을 취소하여야 한다.

① 제14조의 결격사유에 해당하는 경우. 다만, 법인의 임원 중 제14조에 해당하는 자가 있는 경우 6개월 이내에 그 임원을 개임한 때에는 그러하지 아니하다.

② 거짓이나 그 밖의 부정한 방법으로 등록을 한 경우

③ 대행업무의 양도·양수 및 합병 등에 의하여 자격요건 및 기술인력 요건에 미달하게 되는 경우

행정안전부장관은 대행자가 다음 각 호의 어느 하나에 해당하는 경우에는 그 등록을 취소하거나 6개월 이내의 기간을 정하여 그 영업의 전부 또는 일부의 정지를 명할 수 있다.

① 1년에 2회 이상의 영업정지 처분을 받고 다시 영업정지 처분사유에 해당하는 행위를 한 경우

② 등록요건에 미달하게 된 경우

③ 다른 사람에게 자기의 명의를 사용하여 대행업무를 하게 하거나 등록증을 다른 사람에게 대여한 경우
④ 고의 또는 중대한 과실로 재해경감활동계획서 등을 부실하게 작성한 경우
⑤ 그 밖에 이 법 또는 이 법에 따른 명령을 위반한 경우

(7) 등록취소 또는 영업정지된 대행자의 업무 계속

① 등록취소 또는 영업정지 처분을 받은 자는 그 처분 이전에 체결한 재해경감활동계획의 수립 대행을 위한 계약에 한하여 대행업무를 계속할 수 있다. 다만, 등록취소 처분을 받은 자는 대행업무를 중단하고 지급받은 대행비용을 위탁기관에 반납하여야 한다.
② 재해경감활동계획의 수립 대행업무를 계속하는 자는 당해 업무를 완료할 때까지 이 법에 따른 대행자로 본다.

7 우수기업에 대한 지원

(1) 가산점 부여

① 국가 및 지방자치단체는 기업의 재해경감활동의 원활한 추진과 실효성이 확보되도록 필요한 조치를 하여야 한다.
② 행정안전부장관은 「중소기업제품 구매촉진 및 판로지원에 관한 법률」 제2조제2호에 따른 공공기관이 자금 등을 지원하고자 할 때에는 우수기업에 대하여 가산점 부여 등 필요한 조치를 요청할 수 있다.
③ 행정안전부장관은 우수기업이 「재난 및 안전관리 기본법」 제3조제5호에 따른 재난관리책임기관 에서 발주하는 물품구매·시설공사·용역 등의 사업에 대하여 입찰 참여를 하는 경우에는 가산점 부여 등 필요한 조치를 요청할 수 있다.
④ 제2항 및 제3항에 따른 가산점이란 다음의 어느 하나에 해당하는 경우에 부여하는 가점을 말한다.
1. 공공기관이 중소기업 정책자금 지원 대상업체를 선정·심사하는 경우의 가점
2. 책임기관에서 발주하는 물품조달·시설공사·용역의 적격심사를 하는 경우 신인도 평가에서의 가점
3. 그 밖에 공공기관이 자금지원을 하는 경우 필요하다고 인정하여 대통령령으로 정하는 가점

(2) 보험료 할인

① 기업의 재난 관련 보험운영기관은 우수기업에 대한 재난 관련 보험계약을 체결하는 경우 보험료율을 차등 적용할 수 있다.

② 보험운영기관이 보험료율을 차등 적용하고자 할 때에는 재난위험에 대비한 투자액 등 대통령령으로 정하는 사항을 고려하여야 한다.

(3) 세제지원

국가 및 지방자치단체는 기업의 재해경감활동을 촉진하기 위하여 우수기업에 대하여 「조세특례제한법」 또는 「지방세특례제한법」 등 조세 관련 법률로 정하는 바에 따라 세제상의 지원을 할 수 있다.

(4) 자금지원 우대

국가 및 지방자치단체는 중소기업에 대한 자금을 지원함에 있어서 우수기업을 우대하여야 한다. 국가 및 지방자치단체는 우수기업의 재해경감활동에 필요한 자금의 원활한 조달을 위하여 「신용보증기금법」에 따른 신용보증기금, 「기술보증기금법」에 따른 기술보증기금 및 「지역신용보증재단법」 제9조에 따라 설립한 신용보증재단으로 하여금 우수기업을 대상으로 하는 보증제도를 수립·운용하도록 할 수 있다.

(5) 재해경감 설비자금 등의 지원

국가 및 지방자치단체는 기업이 재해경감활동에 필요한 시설의 설치·개선, 설비의 개체(改替) 및 신·증설투자사업에 대하여 다음 각 호의 기금·회계 또는 자금에서 필요한 지원을 할 수 있다.

① 「중소기업진흥에 관한 법률」 제63조에 따른 중소기업창업 및 진흥기금

② 「한국산업은행법」에 따른 한국산업은행의 설비투자지원 관련 자금

③ 그 밖에 대통령령으로 정하는 기금·회계 또는 자금

8 기업 재해경감협회

기업의 재해경감활동에 관한 연구 및 정보교류의 활성화와 기업의 재해경감활동 능력 증진을 위하여 기업 재해경감협회를 설립할 수 있다. 협회는 법인으로 한다.

(1) 협회의 회원

① 기업의 재해경감활동분야와 관련된 연구단체 및 이와 관련된 용역업에 종사하는 사람
② 기업의 재해경감활동에 관한 학식과 경험이 풍부한 사람으로서 정관으로 정하는 사람
③ 기업의 재해경감활동분야와 관련된 용역, 물자의 생산, 공사 등을 하는 단체
④ 기업재난관리사
⑤ 그 밖에 정관으로 정하는 사람

(2) 협회의 업무

① 기업의 재해경감활동 전문교육과정의 운영 및 홍보
② 기업의 재해경감활동 등에 관한 자료의 조사·분석 및 평가
③ 기업의 재해경감활동에 관한 각종 간행물의 발간
④ 기업의 재해경감활동에 관한 정부 위탁사업의 수행
⑤ 기업의 재해경감활동 기술발전을 위한 연구개발사업 등 관련 산업의 육성·지원
⑥ 민간주도의 재해경감활동과 관련된 국내외 행사 유치
⑦ 기업의 재해경감활동과 관련된 국제교류협력사업
⑧ 그 밖에 기업의 재해경감활동과 관련하여 대통령령으로 정하는 사항

9 포상

행정안전부장관은 재해경감활동기술의 개발·보급을 촉진하고 재해경감활동 산업을 육성하기 위하여 다음의 어느 하나에 해당하는 자에 대하여 포상을 할 수 있다.

① 재해경감활동 기술의 확산에 기여한 자
② 기업의 재해경감활동을 지원하여 기업활동 유지에 기여한 자

10 벌칙 및 과태료

(1) 500만 원 이하의 벌금

① 재해경감활동 평가에 필요한 자료를 거짓으로 작성하여 제출한 자
② 재해경감 우수기업의 인증을 받지 아니하였음에도 불구하고 거짓으로 이를 표시하거나 인증에 관하여 거짓 광고를 한 자
③ 제10조제2항에 따라 위탁받은 전문교육과정의 출석일수를 허위로 작성하거나 미수료자에게 수료증을 발급하는 등 거짓이나 부정한 방법으로 전문교육과정을 운영한 자
④ 제10조의2제2항에 따라 위탁받은 인증시험의 실시 및 인증서의 발급을 거짓이나 부정한 방법으로 수행한 자

(2) 300만 원 이하의 과태료

제31조의2에 따른 보고 또는 자료의 제출을 하지 아니하거나 거짓으로 한 자 또는 검사를 거부·방해 또는 기피한 자

Chapter 12

적중예상문제

01 **「재해경감을 위한 기업의 자율활동 지원에 관한 법률」에 대한 설명으로 옳지 않은 것은?**

① '재해경감활동계획'이란 기업이 재난으로부터 피해를 최소화하기 위하여 수립하는 전략계획, 경감계획, 사업연속성확보계획, 대응계획 및 복구계획을 말한다.

② '재난관리표준'이란 기업의 재해경감활동계획 수립을 위하여 「재난 및 안전 관리기본법」 제14조에 따른 중앙긴급구조통제단의 단장이 작성·고시하는 표준을 말한다.

③ '재해경감활동계획 수립 대행자'란 기업의 재해경감활동을 위하여 계획수립 및 활동 등을 전문적으로 대행하는 법인 또는 단체를 말한다.

④ 동법은 재난이 발생하는 경우 기업활동이 중단되지 아니하고 안정적으로 유지될 수 있도록 하기 위하여 기업의 재해경감활동을 지원함으로써 국가의 재난관리 능력을 증진함을 목적으로 한다.

Solution '재난관리표준'이란 기업의 재해경감활동계획 수립을 위하여 「재난 및 안전 관리기본법」 제14조에 따른 중앙재난안전대책본부의 본부장이 작성·고시하는 표준을 말한다.

02 **「재해경감을 위한 기업의 자율활동 지원에 관한 법률」상의 재난관리표준 포함사항으로 옳지 않은 것은?**

① 재해경감활동 관계 법령 준수·절차 및 이행에 관한 사항

② 재해경감활동 및 기술 등에 관한 정보에 관한 사항

③ 자원관리 및 기업과 재해경감 관련 단체와의 협정에 관한 사항

④ 교육·훈련을 통한 자체평가 및 개선에 관한 사항

Solution ※ 재난관리표준 포함사항

1) 재해경감활동 조직·체계 등의 구성에 관한 사항
2) 재해경감활동 관계 법령 준수·절차 및 이행에 관한 사항
3) 위험요소의 식별, 위험평가, 영향분석 등 재난 위험요소의 경감에 관한 사항
4) 자원관리 및 기업과 재해경감 관련 단체와의 협정에 관한 사항
5) 재해경감을 위한 전략계획, 경감계획, 사업연속성확보계획, 대응계획 및 복구계획의 수립에 관한 사항
6) 재해경감활동과 관련된 지시·통제·협의조정 등 비상시 의사소통 및 상황전파 체계에 관한 사항
7) 교육·훈련을 통한 자체평가 및 개선에 관한 사항

Answer 01 ❷ 02 ❷

03 재해경감 우수기업으로 인증 받고자 하는 기업은 누구에게 신청해야 하는가?

① 국무총리
② 행정안전부장관
③ 중앙대책본부장
④ 중앙긴급구조통제단장

Solution 재해경감 우수기업으로 인증 받고자 하는 기업은 행정안전부장관에게 신청하여야 한다.

04 「재해경감을 위한 기업의 자율활동 지원에 관한 법률」상 우수기업에 대한 지원이 아닌 것은?

① 가산점 부여
② 보험료 할인
③ 세금 면제
④ 자금지원 우대

Solution ※ 우수기업에 대한 지원
1) 가산점 부여
2) 보험료 할인
3) 세제지원
4) 자금지원 우대
5) 재해경감 설비자금 등의 지원

05 「재해경감을 위한 기업의 자율활동 지원에 관한 법률」상 재해경감 우수기업의 인증을 받지 아니하였음에도 불구하고 거짓으로 이를 표시하거나 인증에 관하여 거짓 광고를 한 자에 대한 벌칙으로 옳은 것은?

① 1천만 원 이하의 벌금
② 500만 원 이하의 벌금
③ 300만 원 이하의 벌금
④ 300만 원 이하의 과태료

Solution ※ 500만 원 이하의 벌금
① 재해경감활동 평가에 필요한 자료를 거짓으로 작성하여 제출한 자
② 재해경감 우수기업의 인증을 받지 아니하였음에도 불구하고 거짓으로 이를 표시하거나 인증에 관하여 거짓 광고를 한 자

※ 300만 원 이하의 과태료
제31조의2에 따른 보고 또는 자료의 제출을 하지 아니하거나 거짓으로 한 자 또는 검사를 거부·방해 또는 기피한 자

Answer 03 ❷ 04 ❸ 05 ❷

06 **재해경감을 위한 기업의 자율활동 지원에 관한 법령상 다음의 재해경감활동계획 수립 대행자에 관한 사례 중 옳은 것만을 고른 것은?**

ㄱ. 재해경감활동계획 수립 대행자 등록증을 타인에게 대여하였음을 사유로 등록취소 처분을 받은 A는 그 처분 이후에 체결한 재해경감활동계획의 수립 대행을 위한 계약에 대하여도 대행 업무를 계속할 수 있다.
ㄴ. B법인의 기술인력의 확보 현황은 재해경감활동계획 수립 대행자가 되기 위한 등록 사항이자 변경등록 사항이다.
ㄷ. C법인의 임원 중 1인이 파산선고를 받고 복권되지 않았다면 C법인은 재해경감활동 계획 수립 대행자로 등록할 수 없다.
ㄹ. 재해경감활동계획 수립 대행자로 등록된 D가 1년에 3회 영업정지 처분을 받고 다시 영업정지 처분사유에 해당 하는 행위를 한 경우, 행정안전부장관은 D의 재해경감 활동계획 수립 대행자 등록의 취소를 명해야 한다.

① ㄱ, ㄴ ② ㄴ, ㄷ ③ ㄷ, ㄹ ④ ㄱ, ㄹ

Solution ㄱ : 등록취소 또는 영업정지 처분을 받은 자는 그 처분 이전에 체결한 재해경감활동계획의 수립 대행을 위한 계약에 한하여 대행 업무를 계속 할 수 있다. ㄷ : 2016.5.29. 법 개정으로 삭제되어 파산자라도 지금은 대행자로 등록할 수 있다. ㄹ : 1년에 2회 이상의 영업정지 처분을 받고 다시 영업정지 처분사유에 해당하는 행위를 한 경우 등록을 취소하거나 6개월 이내의 기간을 정하여 그 영업의 전부 또는 일부의 정지를 명할 수 있다.
※ 법이 개정되어 정답은 ㄴ 뿐이다.

07 **「재해경감을 위한 기업의 자율활동 지원에 관한 법률」상 기업의 재해경감활동계획 수립을 위한 재난관리표준에 포함되어야 하는 사항이 아닌 것은?**

① 피난시설 및 기업부지 이전에 관한 사항
② 교육·훈련을 통한 자체평가 및 개선에 관한 사항
③ 자원관리 및 기업과 재해경감 관련 단체와의 협정에 관한 사항
④ 위험요소의 식별, 위험평가, 영향분석 등 재난위험요소의 경감에 관한 사항

Solution 재난관리표준에 포함되어야 하는 사항 : ① 재해경감활동 조직·체계 등의 구성에 관한 사항, ② 재해경감활동 관계 법령 준수·절차 및 이행에 관한 사항, ③ 위험요소의 식별, 위험평가, 영향분석 등 재난 위험요소의 경감에 관한 사항, ④ 자원관리 및 기업과 재해경감 관련 단체와의 협정에 관한 사항, ⑤ 재해경감을 위한 전략계획, 경감계획, 사업연속성확보계획, 대응계획 및 복구계획의 수립에 관한 사항, ⑥ 재해경감활동과 관련된 지시·통제·협의조정 등 비상시 의사소통 및 상황전파 체계에 관한 사항, ⑦ 교육·훈련을 통한 자체평가 및 개선에 관한 사항, ⑧ 그 밖에 재난관리표준에 필요하다고 인정하여 대통령령으로 정하는 사항 등

Answer 06 ❷ 07 ❶

08 **재해경감을 위한 기업의 자율활동 지원에 관한 법률 상 재해경감 활동계획 수립 대행자에 대하여 행정안전부장관이 반드시 등록 취소처분을 해야 하는 경우는?**

① 고의 또는 중대한 과실로 재해경감활동계획서 등을 부실하게 작성한 경우
② 1년에 2회 이상의 영업정지 처분을 받고 다시 영업정지 처분 사유에 해당하는 행위를 한 경우
③ 대행업무의 양도·양수 및 합병 등에 의하여 자격요건 및 기술인력 요건에 미달하는 경우
④ 다른 사람에게 자기의 명의를 사용하여 대행 업무를 하게 하거나 등록증을 다른 사람에게 대여한 경우

Solution 대행자의 등록취소 : ① 제14조의 결격사유에 해당하는 경우, ② 거짓이나 그 밖의 부정한 방법으로 등록을 한 경우, ③ 대행업무의 양도·양수 및 합병 등에 의하여 자격요건 및 기술인력 요건에 미달하게 되는 경우
대행자의 영업정지 : ① 1년에 2회 이상의 영업정지 처분을 받고 다시 영업정지 처분사유에 해당하는 행위를 한 경우, ② 제12조제1항에 따른 등록요건에 미달하게 된 경우, ③ 다른 사람에게 자기의 명의를 사용하여 대행업무를 하게 하거나 등록증을 다른 사람에게 대여한 경우, ④ 고의 또는 중대한 과실로 재해경감활동계획서 등을 부실하게 작성한 경우, ⑤ 그 밖에 이 법 또는 이 법에 따른 명령을 위반한 경우

09 **재해경감을 위한 기업의 자율활동 지원에 관한 법령상 재해경감 활동 인증 및 우수기업 인증에 대한 설명으로 옳지 않은 것은?**

① 재해경감 우수기업으로 인증 받고자 하는 기업은 지방자치 단체장에게 신청하여야 한다.
② 기업의 재해경감활동 평가의 실시 및 우수기업 인증서 발급 등에 관하여 필요한 사항은 대통령령으로 정한다.
③ 중앙대책본부장은 우수기업으로 인증된 기업에 대하여 인증 유효기간이 끝나기 60일 전에 우수기업 인증기간 만료 사실을 통보하여야 한다.
④ 우수기업 인증의 유효기간은 인증일로부터 3년으로 한다.

Solution 법 제7조(재해경감활동에 대한 인증 등) ① 재해경감 우수기업으로 인증 받고자 하는 기업은 행정안전부장관에게 신청하여야 한다. ③ 행정안전부장관은 제1항에 따라 신청한 기업의 재해경감활동에 대하여 대통령령으로 정하는 기준에 따라 평가를 실시하고 우수기업 인증서를 발급 할 수 있다.
시행령 제7조(우수기업 인증 등) ④ 행정안전부장관은 우수기업으로 인증된 기업에 대하여 제3항에 따른 인증 유효기간이 끝나기 60일 전에 우수기업 인증기간 만료 사실을 통보하여야 한다.

Answer 08 ❸ 09 ❶

10 **기업의 방재 및 위기관리의 개념 중 비즈니스 운영의 연속성을 유지하기 위한 방법론으로 자연, 인간, 기술에 관련된 각종 요인으로 발생하는 사고 또는 긴급사태로 인하여 비즈니스 운영상에 문제가 생길 경우 적정 시간 안에 순차적으로 업무 비즈니스 사이클을 회복하기 위해 계획을 수립하는 프로세스는?**

① BCM (Business Continuity Management)

② BIA (Business Impact Analysis)

③ BCP (Business Continuity Planning)

④ BCCM (Business Crisis Continuity Management)

Solution ① 사업연속성계획(BCP : Business Continuity Plan) : 비즈니스 운영의 연속성을 유지하기 위한 방법으로 자연, 인간, 기술에 관련된 각종 요인으로 발생하는 사고 또는 긴급사태로 인하여 비즈니스 운영상에 문제가 생길 경우 적정 시간 안에 순차적으로 업무비지니스 사이클을 확보하기 위해 계획을 수립하는 프로세스이다.
② 사업연속성관리(BCM : Business Continuity Management) : 조직에 대한 잠재적 위협과 그 위협이 출현하였을 때 조직운영에 미치는 영향을 식별하고, 조직의 중요 이해관계자의 이익, 명성, 브랜드와 가치 창조활동을 안전하게 보호하는 효과적인 대응역량으로 조직의 복원력을 수립하는 프레임워크를 제공하기 위한 총체적 관리 프로세스이다. 또한 기업이 재해 발생 시에도 핵심 업무 기능을 계획된 수준 또는 중대한 변경 없이 지속할 수 있도록 전사적인 정책 및 절차를 수립하여 이행하는 것을 의미한다.
③ 업무 영향 평가(Business Impact Analysis) : 업무절차를 상실했을 때 손실의 규모를 평가하고, 리스크평가에서 도출된 가장 위험한 위기요소가 현재의 운영업무에 얼마만큼의 영향을 주는가를 평가한다. 업무연속성을 보장하기 위하여 업무중단의 영향(재무, 운영, 법규)을 분석하여 핵심 업무를 파악하고, 핵심 업무별 목표복구시간, 복구우선순위, 복구에 필요한 자원, 필수인력 등을 식별하는 활동을 의미한다.

11 **「재해경감을 위한 기업의 자율활동 지원에 관한 법률」상 재해경감에 대한 설명으로 옳은 것은?**

① 재해경감활동의 대상이 되는 재난은 사회재난을 말하며, 자연재난은 포함되지 않는다.

② 재해경감 우수기업의 인증을 위한 평가 및 인증서 발급에 소요되는 비용은 국가가 부담한다.

③ 행정안전부장관은 재해경감 우수기업의 인증을 받은 기업이 인증 평가기준에 미달하게 되는 경우에는 그 인증을 반드시 취소하여야 한다.

④ 기업의 재난 관련 보험운영기관은 재해경감 우수기업에 대한 재난 관련 보험계약을 체결하는 경우 보험료율을 차등 적용할 수 있다.

Solution ① 재난이란 「재난 및 안전관리 기본법」 제3조제1호에 따른 것을 말한다. ② 평가 및 인증서 발급에 소요되는 비용은 신청하는 자가 부담한다. ③ 행정안전부장관은 인증을 받은 우수기업이 다음 각 호의 어느 하나에 해당하는 때에는 인증을 취소할 수 있다. 다만, 제1호의 경우에는 인증을 취소하여야 한다.

1. 거짓이나 그 밖의 부정한 방법으로 인증을 받은 경우
2. 인증 평가기준에 미달되는 경우
3. 양도·양수·합병 등에 의하여 인증 받은 요건이 변경된 경우

Answer 10 ③ 11 ④

12 **「재해경감을 위한 기업의 자율활동 지원에 관한 법률」상 용어 정의 및 국가 등의 책무에 대한 설명으로 옳지 않은 것은?**

① "재해경감활동계획"이란 기업이 재난으로부터 피해를 최소화하기 위하여 수립하는 전략계획, 경감계획, 사업연속성확보계획, 대응계획 및 복구계획을 말한다.

② "재난관리표준"이란 기업의 재해경감활동계획 수립을 위하여 국무총리가 작성·고시하는 표준을 말한다.

③ "재해경감 우수기업"이란 재해경감활동에 대한 인증에 따라 우수기업 인증서를 발급받은 기업을 말한다.

④ 국가 및 지방자치단체는 기업이 재난으로부터 안정적인 기업 활동을 유지할 수 있도록 재해경감활동을 지원할 수 있다.

Solution "재난관리표준"이란 기업의 재해경감활동계획 수립을 위하여 행정안전부장관이 작성·고시하는 표준을 말한다.

Answer 12 ❷

CHAPTER _13

지진·화산 재해대책법

제 1 절

지진의 이해

1 지진의 이해

(1) 지진의 정의

지진이란 지구내부 특히 지각에서 장시간 쌓여진 에너지가 순간적으로 방출되면서 그 에너지의 일부가 지진파의 형태로 사방으로 전파되는 자연현상이다. 학술적으로는 탄성에너지원으로부터 지진파가 전파되면서 일으키는 지구의 진동을 말한다.

(2) 지진의 원인

지진의 직접적인 원인은 암석권에 있는 판(Plate)의 움직임으로 인하여 직접 지진을 일으키기도 하고, 다른 형태의 지진에너지원을 제공하기도 한다. 판구조론(Plate Tectonics)은 1960년대 제창된 이론으로 지진대의 문제가 이 이론에 의해 간단히 설명되었다. 전 지구의 표면이 두께 대략 100 km

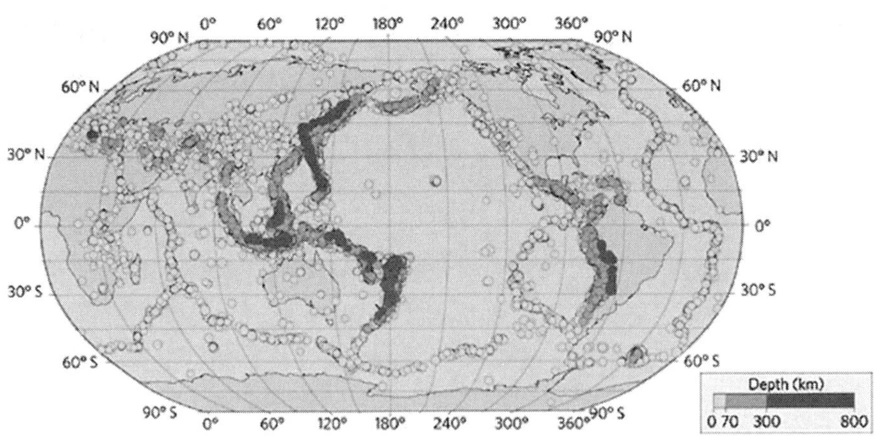

그림 13-1 세계의 지진활동 분포

(출처 : B. Romanowicz, Using seismic waves to image Earth's internal structure, 2008, Nature, 451, pp. 266-268)

정도의 조각들이 판으로 나누어져 있으며, 이 판들이 그 하부의 맨틀에서 발생하는 대류현상에 의해 매년 수 cm 정도로 대규모 수평이동을 할 때, 판의 경계에서 판들의 상대운동에 의하여 지층이 변형되다가 깨어지며 지진들이 발생하게 된다는 이론으로 판들의 경계가 지진대를 이루게 된다.

(3) 진앙과 진원

① 진앙

- 지진이 발생한 지표면의 위치
- 진앙이 해저인 지진은 지진 해일을 발생

② 진원

- 지진이 최초로 발생한 지구 내부의 위치

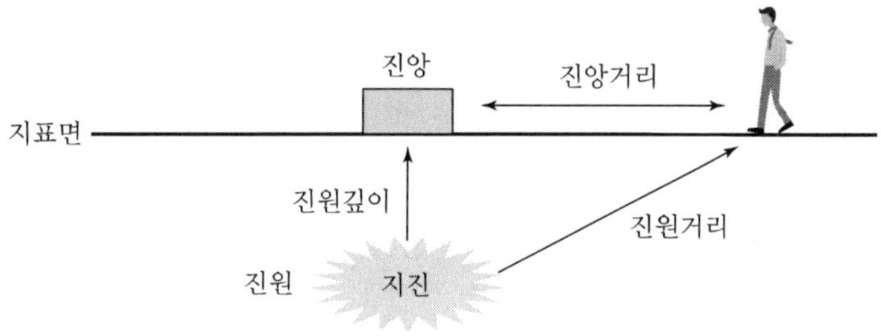

그림 13-2 진앙과 진원

(4) 지진의 종류

① 발생 원인에 따라

- 단층지진(Dislocation Earthquake) → 지각변동으로 지반에 축적된 힘이 단층이 생길 때 발산되어 일으키는 지진으로 대규모 지진은 대부분 단층지진이다.
- 화산지진(Volcanic Earthquake) → 지구 내부에 있는 고온의 마그마가 지표로 이동하면서 생기는 화산폭발시의 진동에 의한 지진
- 함몰지진(Downfall Earthquake) → 지하의 큰 공동(석회동굴 등)이 무너지면서 생기는 지진
- 인공지진(Man-made Earthquake) → 땅속에서 화약을 폭발시키거나 지하 핵실험 등으로 지진과 유사한 현상이 일어남으로써 생기는 지진

② 진원의 깊이에 따라

- 천발지진 : 진원의 깊이가 70 km 이하인 지진
- 중발지진 : 진원의 깊이가 70～300 km인 지진
- 심발지진 : 진원의 깊이가 300 km 이상인 지진

(5) 지진파

단층이 파열될 때 암석은 지진파의 형태로 에너지를 발산하면서 갑자기 심하게 깨진다. 이러한 파는 연못에 돌을 던져 물결이 퍼져나가는 것과 같이 진원으로부터 방사상으로 전파되어 나간다. 비록 지진이란 용어는 파를 발생시키는 단층의 파열도 언급하지만, 우리가 지진으로 감지하는 것은 지반을 통한 이러한 파들의 통과이다. 단층의 파열에 의해 만들어진 어떤 지진파들은 지구의 실체를 통해 전파가 되고 다른 파들은 표면을 따라 전파된다. 실체파에는 P파와 S파 두 가지 형태가 있다(그림 13-3). 압축(compressional) 또는 선두파(primary wave)라고도 불리는 P파(P wave)는 지진파들 중에 가장 빠르다. 이 P파는 고체, 액체, 기체를 통과할 수 있다. P파는 액체보다는 고체를 통해 더욱 빠르게 전파된다. 지각을 통한 P파의 평균속도는 초속 6 km이고 물을 통해서는 초속 1.5 km이다. 전단(shear) 또는 2차파(secondary wave)라고도 불리는 S파(S wave)는 고체물질을 통해서만 전파될 수 있다. 이 파는 P파보다 더 느리게 전파되며 지각을 통한 평균속도는 초속 3 km이다. S파는 파가 진행되는 방향에 대해 직각으로 상하 운동을 한다. 이 운동은 운동장에서 두 사람이 큰 줄넘기 줄을 잡고 앞뒤로 매진하는 것과 유사하다. 액체는 횡의 전단력을 받았을 때 복귀될 수 없기 때문에 S파가 액상을 통과하지 못하는 것이다. P파와 S파가 지표에 도달하면 복잡한 표면파(surface wave)가 형성되어 지표면을 따라 이동하게 된다. 이 파들은 P파나 S파보다 더 천천히 전파되며, 이들은 진앙 근처에 많은 피해를 주게 된다. 표면파는 복잡한 수평과 수직의 지반운동 또는 회전운동을 하기 때문에 이들은 건물, 교량 그리고 도로의 벽과 기초를 깨뜨린다. 표면파의 한 형태인 러브파(Love wave)는 기초에 치명적인 피해를 주는 수평의 진동을 일으킨다.

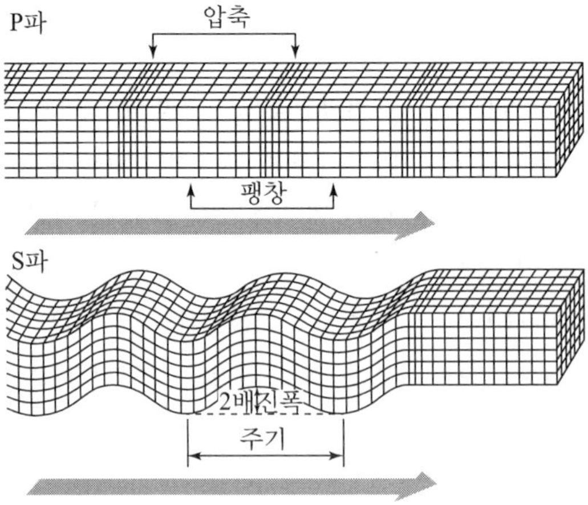

그림 13-3 P파와 S파(출처 : 두산백과사전)

(6) 규모와 진도

① 규모

지진에 대한 뉴스보도는 일반적으로 지진이 발생한 위치와 지진의 크기를 언급한다. 특히 지진의 크기는 소수점 단위의 모멘트 규모(moment magnitude)로 표시하는데, 이는 지진 동안 단층면을 따라 파열된 추정 면적, 단층을 따른 미끄러짐 또는 운동량 그리고 진원 근처에서의 암석의 강도로 결정된다.

미국의 지진학자인 찰스 리히터(Charles F. Richter)에 의해 개발된 단위로 지진에너지를 기재했었다. 리히터는 지진의 크기를 1에서 9 이하의 숫자로 나타내기 위하여 연구하였고, 1935년 최초로 규모(magnitude)라는 개념을 도입하여 지진의 크기를 나타내었다. 이것을 리히터 규모(Richter scale, 크기)라고 부른다. 리히터 규모는 로그함수이므로 1.0 증가할 때마다 지진의 진폭(강도)은 10이 증가한다.

규모는 진원에서 방출된 지진에너지의 양을 나타나며 지진계에 기록된 지진파의 진폭을 이용하여 계산한 절대적인 척도를 말한다. 즉, 규모란 진원에서 방출된 지진에너지의 양을 말한다.

리히터 규모 2는 규모 1의 약 31배의 강도를 갖게 되며, 리히터 규모 1이 늘 때마다 31배의 강도가 증가하게 된다.

② 진도

규모는 물리적 현상인 지진의 크기를 평가하는 절대적인 척도이므로, 관측점에 따라서 달라지지 않는다. 진원 지역의 단층면에서 발생한 지진파는 공간적으로 확산, 전파하면서 그 세기는 감소하게 된다. 따라서 진원으로부터 먼 거리에 있는 지역에 도달한 지진파는 세기가 미약하게 되고, 땅의 흔들림의 정도도 낮아지게 된다. 규모가 큰 지진이라도 진앙 거리 또는 진원 거리가 멀면 그 영향은 감소하게 되고, 지반 흔들림의 세기도 약하여 진다. 그러나, 규모가 작은 지진이라도 진앙 거리 또는 진원 거리가 가까우면 지반이 강하게 흔들릴 수 있고, 많은 지진 피해를 초래할 수 있다.

미국과 우리나라를 포함하여 국제적으로 널리 사용되는 진도는 크기를 I～XII등급으로 분류한 개정된 메르칼리 진도계급(MMI, Modified Mercalli Intensity)이다. 진도(I)는 발생지점과의 거리에 따라 다르게 되고 그 영향도 달라지지만, 규모(M)는 변하지 않는 것이다.

지진의 진도와 규모의 표기법과 의미에 대해서 잘못 사용되고 있는 경우가 있다. 국제적으로 '규모'는 소수 첫째 자리의 아라비아 숫자로 표기하고 '진도'는 정수 단위의 로마 숫자로 표기하는 것이 관례이다. 예를 들면 '규모 5.6'과 '진도 IV'와 같은 식이다. 때에 따라서는 진도를 아라비아 숫자로 표기하는 경우도 있으나, 틀린 것은 아니다. 하지만 '리히터지진계로 진도 5.6의 지진'은 틀린 표현이며 '리히터스케일' 혹은 '리히터 규모 5.6의 지진', 아니면 단순히 '규모 5.6의 지진'이라고 표현해야 한다. 리히터지진계라는 기계는 존재하지 않는다. 또한, '진도 5.6'은 틀린 표현이며

'규모 5.6'이라 표현하는 것이 옳은 표기법이다. '강도'라는 표현은 지진학에서 사용하지 않는 용어이다.

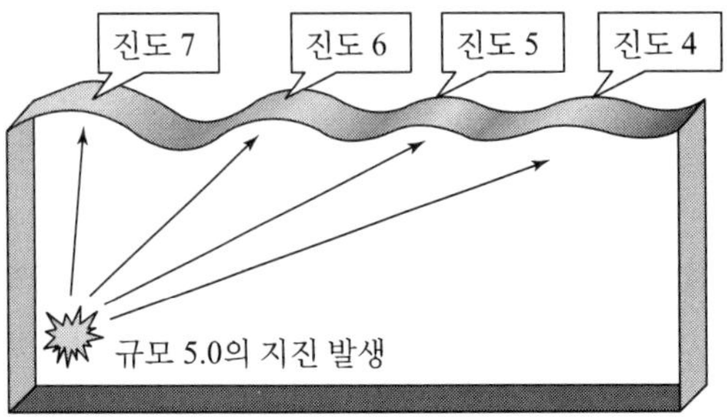

규모=지중진원의 에너지 크기
진도=지표면 진동의 크기

표 13-1 수정 메르칼리 진도계급과 규모의 관계

MMI	현상 및 내용	규모
I	지진계만이 느낄 정도의 지진으로 특별히 좋은 상태에서 극소수의 민감한 사람을 제외하고는 전혀 느낄 수 없다	2.9 미만
II	빌딩의 상층에 가만히 정지하고 있는 소수의 사람만이 느낄 정도의 지진. 섬세하게 매달린 물체는 흔들린다.	3.0~3.9
III	실내에서 현저하게 느끼게 되는데, 특히 빌딩상층의 옥내에서 현저히 느껴진다. 그러나 많은 사람들은 그것이 지진이라고 인식하지 못한다. 멈춰있는 자동차는 약간 흔들린다. 트럭이 지나가는 것과 같은 진동을 느낄 수 있다.	
IV	지진 동안 실내에 있는 많은 사람들이 느낄 수 있으나 옥외에서는 거의 느낄 수 없다. 밤에는 잠을 깨운다. 접시, 창문, 문 등이 흔들리고 벽이 갈라지는 소리를 낸다. 대형트럭이 벽을 받는 느낌을 준다. 멈춰있는 자동차가 움직인다.	4.0~4.9
V	거의 모든 사람에게 느껴지고 많은 사람이 잠을 깬다. 약간의 그릇과 창문 등이 깨지고 어떤 곳에서는 벽토에 금이 간다. 불안정한 물체는 뒤집어진다. 나무, 전신주 등 높은 물체의 교란이 심하다. 추시계가 멈춘다.	
VI	모든 사람에게 느껴지고 많은 사람들이 놀라서 집밖으로 뛰쳐나온다. 무거운 가구가 움직인다. 떨어진 벽토와 피해를 입은 굴뚝이 약간 있다.	5.0~5.9
VII	거의 모든 사람이 집밖으로 뛰쳐나온다. 구조적으로 잘 설계된 건축물에서는 피해가 무시될 정도이나, 보통 건축물에는 약간 피해가 있으며, 부실하게 설계된 건축물은 아주 크게 피해를 입는다. 굴뚝이 무너진다. 운전하고 있는 사람들이 느낄 수 있다..	
VIII	특별히 설계된 구조물에는 약간 피해가 있고 보통 건축물에는 부분적인 붕괴와 더불어 상당한 피해를 일으키며, 부실하게 설계된 건축물에는 아주 심하게 피해를 준다. 창틀로부터 창벽, 굴뚝, 공장, 재고품, 기둥, 기념비, 벽돌이 무너진다. 무거운 가구가 뒤집어진다. 모래와 진흙이 소량으로 분출된다. 우물물의 변화가 있고, 운전자가 방해를 받는다.	6.0~6.9

IX	특별히 설계된 구조물에도 상당한 피해를 준다. 잘 설계된 구조물이 기울어진다. 일반 구조물에는 큰 피해를 주며, 부분적인 붕괴가 일어난다. 건물은 기초에서 벗어난다. 땅에는 금이 명백하게 간다. 지하 파이프가 부러진다.	
X	잘 지어진 목조 구조물이 파괴된다. 대개의 석조 건물과 그 구조물이 기초와 함께 무너진다. 땅에 심하게 금이 간다. 철도가 휘어진다. 산사태가 강둑이나 경사면에서 생기며 모래와 진흙이 이동된다. 물이 솟아오르며, 둑을 넘어 쏟아진다.	7.0 이상
XI	남아 있는 건물은 거의 없다. 교량이 부서지고, 땅에 넓은 균열이 간다. 지하 파이프가 완전히 파괴된다. 연약한 땅이 푹 꺼지고 지층이 어긋난다. 기차선로가 심하게 휘어진다.	
XII	모든 것이 파괴된다. 지표면에서는 파형이 보이고 모든 것이 공중으로 내던져 진다. 시야와 수평선이 뒤틀린다.	

(7) 한반도의 지진

한반도는 유라시아 암판 내부에 위치하기 때문에 미국이나 일본과 같은 나라들에 비해 지진발생이 아주 적다. 그러나 발생빈도가 낮을 뿐이지 지진활동으로부터 완전히 벗어나 있는 것은 아니다. 지진에 관한 자료는 크게 분류해서 둘로 나눌 수 있는데, 하나는 역사적 문헌에서 찾아 볼 수 있는 역사지진이고, 다른 하나는 현대 지진계에 의해서 탐지되어 지진기록지에 기록되는 계기지진이다. 역사기록에 의하면 우리나라에서는 삼국시대 이래 인명 및 구조물 피해를 수반한 강진이 약 40회 이상 발생하였고, 특히 15~17세기 기간에는 지진활동이 매우 활발하였다. 그 후 지진활동이 다소 감소하였으나, 최근에 경주(2016), 홍성(1978), 백령도(1995), 영월(1996), 오대산(2007) 지진과 같은 중소규모의 지진 활동이 다시 증가하는 경향에 있으며, 중국이나 일본에서 발생한 지진으로 인한 피해기록 등을 비추어 볼 때 인명과 사회경제 시스템에 큰 피해를 초래할 수 있는 대형 지진재난 발생의 가능성을 배제할 수 없다.

2 지진의 피해

(1) 화재에 의한 피해

1923년 일본의 관동대지진에서는 화재로 인한 피해가 지진동 피해의 10배에 해당되었고 화재의 무서움을 보여주었다. 그 후 일본에서는 지진방화대책을 수립·시행하여 지진에 의한 대화재는 없을 것으로 생각되어 졌지만 1995년 한신·아와지 대지진에서는 대규모 시가지화재가 동시다발적으로 발생하여 지진화재의 무서움을 보여주었다. 2011년 동일본대지진에서도 정유소 고압가스 탱크가 낙하하여 아래에 있던 가스관이 파열, 폭발과 함께 불길이 치솟았고, 미야기현 게센누마시에서는 시가지를 포함한 광범위한 지역에서 화재가 발생하였다.

① 지진화재 발생의 메커니즘

지진화재의 메커니즘은 지진동에 의한 화기·가연물의 전도, 낙하, 가스관 파손 등이 원인으로 동시다발적인 화재발생, 초기소화활동의 곤란, 교통·통신·수도 등의 피해에 의한 소방력의 저하 등에 의하여 화재가 연소 확대되어 대화재로 된다는 것이다.

② 화재발생 원인

1923년 일본에서 일어난 관동대지진에서는 풍로, 아궁이, 화로 등에서의 화재발생이 절반이상을 차지하고 있었지만 최근에는 난로, 약품, 가스, 전기관련에서의 화재발생이 많게 되었다. 한신·아와지 대지진에서는 가스누출, 전기의 재통전에 동반하여 화재발생이 많았고 1971년 샌프란시스코 지진, 1994년 로스앤젤레스 지진에서도 같은 양상이었기 때문에 도시에 있어서의 화재발생 원인으로서 주목되고 있다.

③ 연소확대

연소속도는 풍속 등의 기상조건, 건물상황 등에 의하여 많이 변한다. 한신·아와지 대지진에서는 시속 20~30 m이었고, 관동대지진 시의 약 1/10이라는 대단히 느린 것이었지만 연소확대가 발전되면 쉽게 소화되지 않기 때문에 시민 등에 의한 화재초기단계에서 소화하는 것이 매우 중요하다고 하겠다.

표 13-2 지진에 의한 화재의 특징

① 동시 다발적 화재발생으로 소화능력 초과 ② 지반붕괴, 진동으로 구조물 피해 • 누전, 가스관파열, 인화물질 누출 등 ③ 도로망 파괴로 현장접근 곤란 ④ 기반시설, 기능의 와해로 체계적 소화 불가능 ⑤ 인구밀집 대도시에 가장 큰 피해

(2) 지진해일에 의한 피해

해저에서 수직단층운동이 일어나거나 연약한 퇴적지층이 잘 발달된 해저에서 지진이 발생할 경우 해수에 진동이 전달되어 파도를 일으키게 되며 이러한 해면파를 지진해일이라고 한다. 파도가 해안에 도착하면 파고가 급격히 증가하면서 해안에 큰 피해를 일으킨다. 1896년의 메이지 산리쿠 지진의 사망자는 약 2만 2천명이었다. 1896년 6월 15일, 이와테현 앞바다에서 지진 발생하였는데 최대진도는 8.5였다. 1896년 6월 15일 산리쿠는 마을 축제 중이었다. 저녁 7시 30분쯤 땅 밑이 우르릉거렸지만 사람들은 늘 있는 작은 지진 중의 하나로 여겼다. 육지에서 멀리 떨어진 지역에서 발생하여, 지진 자체에 의한 피해는 거의 없었다. 그러나 지진으로 일어난 쓰나미가 산리쿠 해안을 강타, 수많은 사람과 가옥이 이에 휩쓸렸다. 일본 기상청에서 정확한 사망자 집계가 되지 않은 유일한 지진이었다. 메이지 산리쿠지진의 쓰나미는 혼슈 동북부의 태평양연안을 습격, 최고 24.4 m의 파도가 2만 2천명 이상의 사람들의 목숨을 앗아갔다.

① 해일의 높이

해일의 높이는 먼 바다에서 기껏해야 수 미터라도 해안에 가까워짐에 따라 높아지게 된다. 특히 리아스식 해안과 같은 V자형만의 안쪽에서는 두드러지게 높게 되는 수가 있고 20 m 이상으로도 되는 큰 피해를 가져오는 수도 있다.

② 해일의 속도

해일의 전해지는 빠르기는 바다깊이(m)×9.8평 방근으로 가해지기 때문에 예를 들면, 깊이 4,000 m의 해역에서는 매초 약 200 m, 시속으로 하면 약 720 km/h로 제트기와 같은 빠르기이다. 20세기 최대 지진인 1960년 칠레 서해안에서 발생한 지진에 의한 지진해일이 하와이와 일본 동해안에까지 피해를 주었으며 거의 하루 만에 해일이 태평양을 횡단하여 일본에 피해를 가져다주었다. 육상에 올라오면 속도는 줄어들겠지만 그래도 초속 10 m 정도가 된다.

③ 해일의 도달시간

1993년 일본 홋카이도 남서해 지진에서는 지진발생 후 불과 3~5분 만에 해일이 육지에 들이닥쳐 약 170명이 사망하거나 행방불명되었다. 이외에도 일본에서는 일본 동해중부 지진에서는 7분 후, 일본남해지진에서는 약 6분 후, 관동 대지진에서는 약 5분 후 등이라고 하는 기록이 있다. 지진 발생장소가 육지에 가까울 경우에는 이와 같이 해일경보가 내려지기 전에 해일이 내습하는 수가 있다. 이 같은 지진해일의 피해를 최소화하기 위해서는 방파제, 방조림 등의 시설을 하는 이외에 마을을 고지대로 이전하는 방법 등이 있다.

(3) 지면변동에 의한 피해

산사태, 단층, 지반의 융기, 함몰, 침강 등에 의한 피해를 말하며, 지면변동에 의한 구조물의 피해는 입지조건, 환경조건 등을 충분히 고려하여 2차적인 피해를 최소화하여야 한다. 지면변동에 의한 지진피해의 예로는 일본 Nobi의 단층(상하 6 m, 수평 2 m), 알래스카지진시의 광범위한 산사태, 산페르난도 지진시 단층지대의 피해 등이다. 1970년 페루의 산악지대에서 발생한 지진은 14 km에 걸치는 산사태를 촉발시켜 40,000명에 달하는 인명손실을 일으켰다.

(4) 진동에 의한 피해

구조물의 진동적인 파괴형식은 건물 전체의 전도, 활동 등과 구조물 파손이 수반되는 붕괴, 경사파손 등으로 나누어진다. 전도의 예로는 철도의 플랫폼, 지붕, 담장, 수조 등 상부가 무거운 구조물 등이 있고 기초의 휨저항력이 약하며, 수평력에 내진요소가 약한 단순구조물 등에서 많이 볼 수 있다.

(5) 토목구조물의 지진피해

지진에 의한 구조물의 피해는 교량과 건축물을 포함한 사회기반시설물에 모두 발생할 수 있으나, 그 피해 유형과 원인은 구조물의 종류에 따라 다르게 나타난다. 교량구조물에서의 지진피해를 유형별로 분류하여 정리하고, 그 원인을 간략히 정리하면 다음과 같다.

① 지진피해의 유형

교량구조물의 지진피해의 유형은 교각, 교대, 상부구조, 교좌장치 및 지반의 변화 등으로 분류할 수 있다.

- 교각

  지진시 철근콘크리트 교각의 피해는 주로 휨과 전단에 의한 파괴로 나타나며, 교각의 파괴는 교량의 붕괴와 직접적인 관계를 가진다. 따라서 횡방향철근(나선철근 또는 띠철근)의 역할이 매우 중요하다. 소성영역에서의 횡방향철근은 지진시 종방향철근의 좌굴과 콘크리트의 압축강도저하를 방지하며, 전단보강철근으로도 중요한 역할을 하여 교각의 전단강도를 증가시킨다. 지진시 교각의 충분한 연성을 확보하기 위해서는 철근 배근상세가 매우 중요한데, 축방향철근의 정착길이 부족과 겹이음부의 존재여부가 교각파괴의 주요한 요인이 된다.

- 상부구조

  상부구조의 지진에 의한 피해는 주로 과다한 수평변위(교축방향 또는 교축직각방향)로 인하여 상판의 낙교나 주형의 좌굴, 신축이음부의 파괴, 인접경간과의 충돌 등의 형태로 나타난다. 이동단의 교좌부에서는 받침길이가 충분하지 않을 경우에 상부구조의 낙교현상이 발생하거나 과다한 수평변위로 교량의 기능이 마비된다. 또한 고정단의 경우에서는 교좌장치의 파괴로 인한 과다한 상부구조의 변위가 발생하던지 아니면 교좌장치가 파괴되지 않는 경우 주형의 심각한 변형을 유발하게 된다.

- 교좌장치 및 연결장치

  교좌장치는 상부구조와 하부구조 사이에서 지진시 발생하는 수평력을 전달하게 된다. 따라서 과다한 수평력이 작용하면 교좌장치가 파괴되고, 연단거리가 충분히 확보되지 않은 단순교의 경우에는 교좌장치의 파괴로 상판의 낙교로 이어지게 된다. 상부구조의 낙교를 방지하기 위해 사용되는 전단키 등을 포함한 낙교방지용 수평연결장치도 교좌장치와 마찬가지로 수평력을 견뎌야 하므로, 지진시 연결장치의 파괴나 좌굴현상이 발생한다.

- 지반파괴

  지진시 교량구조물에 주는 지반의 파괴형상으로는 지반액상화, 산사태 및 단층파괴 등이 있으나, 이 중에서 지반액상화로 인한 지반의 불안정화가 가장 위험한 파괴형상이다. 특히 연속교량이 아닌 경우나 교량의 하부구조에 연성이 불충분한 교량에 있어 지반액상화는 심각한 피해를 초래한다고 알려지고 있다.

② 교량구조물에 있어서 지진피해의 원인

지진발생 시 교량구조물의 피해는 교량의 전반적인 붕괴와 부분적인 기능손실로 크게 나누어 분류할 수 있으며, 그 원인은 대체적으로 다음과 같다.

- 과다한 수평력
- 과다한 수평변위
- 지반액상화
- 철근 배근 상세

지진에 의해 발생되는 수평력은 교좌장치 및 낙교방지용 연결장치 등의 파괴에 직접적인 원인을 제공할 뿐만 아니라 교각으로 전달된 수평력은 교각의 휨파괴나 전단파괴를 유발한다. 따라서 내진설계시 산정하는 수평력과 교각에서의 휨모멘트 및 전단력은 이상의 파괴를 방지하기 위한 노력이고, 따라서 내진성능이 우수한 교량이 되기 위해서는 지진시 발생되는 수평력의 크기가 작은 교량이 되도록 계획하여야 한다. 즉, 교량의 고유주기가 긴 교량을 계획할수록 내진성능이 우수하다고 볼 수 있다. 한편, 과다한 수평변위는 상부구조의 낙교를 유발하거나 인접구간과의 충돌 또는 상부구조와 교대와 충돌로 인한 파손을 유발하여, 교량의 전반적인 붕괴를 초래하거나 부분적인 기능손실을 가져온다. 따라서 충분한 연단거리를 확보하여 낙교를 방지하여야 한다. 지반액상화를 포함한 지반파괴는 교량의 부등침하를 유발하고, 구조적으로 충분히 지진에 대해 안전하다고 하여도 교량전체의 전도나 활동을 유발하여 교량의 붕괴나 기능손실을 가져오게 된다. 그러므로 구조물이 위치할 지역의 토질상태를 면밀히 검토하여야 한다. 또한, 교각의 충분한 연성을 확보하기 위해서는 횡방향 철근의 역할이 중요하며, 철근배근에 주의를 기울여야 한다.

(6) 도시형 지진의 2차 재난

도시는 다양한 기능이 밀접하게 연결되어 이루어져 있다. 특히 life - line이라고 하는 전력·가스·수도 등의 공급시설, 도로·철도 등의 운송시설, 전화·방송 등의 정보전달시설은 도시의 중추기능이나 시민의 생활을 유지해주는 글자 그대로 생명선으로서 이것들이 지진으로 피해를 받으면 전체

기능이 저하되고 도시는 혼란하여 2차 재해로 발전할 위험성이 크다.

① 전기

지진에 의하여 정전이 되는 원인으로서는 다음과 같은 것을 들 수 있다.

- 철탑, 전주의 도괴·기울어짐에 의한 송배전선의 단선, 혼선
- 전기사용건물의 도괴, 화재에 의한 단선
- 발전소, 변전소의 피해
- 안전장치의 작동

진도 V 정도의 강한 흔들림이 있을 때에는 반드시라고 말할 수 있을 정도로 정전이 된다. 다만 복구는 신속히 이루어지기 때문에 피난할 때에는 재통전으로 비롯되는 화재를 예방하기 위하여 차단기를 내려놓는 것이 중요하다.

② 정전의 영향

우선 조명이 없어지는 것으로 심리적 불안에 빠지는 것이 생각된다. 당연히 정보를 얻기 위한 TV, 라디오도 사용할 수 없게 되기 때문에 혼란을 일으키게 되며, 수도관이 손상을 받지 않아도 단수되는 수가 있다. 이것은 정수장에서 전동펌프로 보낼 수도 있기 때문이다. 특히 고층아파트 등에서는 그 영향이 확실히 나타나게 된다. 또한 도로는 정전으로 인하여 신호기가 제 기능을 못하게 되고 자동차는 통행하지 못하게 되며 빌딩 내에서는 공조설비가 정지하고 출입구의 자동문도 작동하지 않는다. 이 같이 전기가 멈추면 다방면으로 그 영향이 미치게 된다.

③ 가스

각 가정에서 도시가스의 통로인 지하매설관은 총연장이 길기 때문에 여러 가지 지반을 통하게 되어 있다. 특히 연약한 지반에서는 액상화, 땅 갈라짐 등의 현상이 일어나기 쉬워 매설관의 피해가 크게 된다. 최근에는 가스관로망을 몇 개의 블록으로 나누어 가스관의 손상으로 인한 화재·폭발 등의 우려가 있을 때에는 해당하는 블록 내에서 가스공급을 정지할 수 있도록 하고 있다. 각 가정에서는 마이콘메타에 의하여 강한 지진을 감지한 때에는 자동적으로 가스를 차단할 수 있도록 되어있지만 강열한 흔들림이 있은 경우 가정으로 오는 가스관이 파손되는 수가 있고 이것이 화재의 원인이 되기도 한다. 복구는 관이 지하매설 되어 있기 때문에 매우 많은 시간이 걸리게 된다. 이에 반하여 프로판가스는 복구에 거의 시간이 걸리지 않는다. 다만 용기의 전도방지에 충분히 주의하여야 한다.

④ 수도

저수·취수시설, 배수지 등은 내진설계가 되어 있기 때문에 흔들림에 의한 파손은 거의 없다고

생각되어지지만 1995년 일본의 한신·아와지 대지진에서는 많은 시설에서 피해가 발생하였다. 더욱이 배수관, 도수관에 피해가 집중하였다. 이 때문에 소화전을 사용하지 못하여 소화활동에 지장을 가져오게 되며, 또한 정전으로 인하여 수돗물이 단수되기도 하고, 이로 인하여 생활상의 불편은 이루 말할 수 없게 된다(식수부족, 수세식 화장실 사용불가 등).

⑤ 기타

전화는 비교적 사용 가능한 경우가 많지만 많은 사람이 일제히 전화를 사용하기 때문에 폭주가 일어나 통화불능이 된다. 이 같은 상태로 되면 피해상황의 파악, 방재·소방직원 등에의 연락곤란 등, 방재상 필요한 정보수집·전달에 지장이 생기고 더욱이 피해확대의 우려도 생기게 된다. 일반도로는 강한 지진을 받으면 노면에 균열이나 함몰로 인한 통행이 곤란할 수 있다. 다리도 액상화에 의하여 무너질 수 있다. 고속도로, 열차, 지하철이 도괴 등의 큰 피해가 생겨 장기간에 걸쳐 생활에 영향을 미치게 된다.

(7) 원자력발전소 피해

도호쿠 지역 일대의 원전 29기 가운데 11기의 가동이 중단되었다. 또한, 후쿠시마 현에 있는 후쿠시마 제1원자력 발전소 1호기와 2호기에 문제가 발생하여, 12일 오전부터 방사능이 담긴 증기를 방출하는 작업에 들어갔으며, 제2원자력발전소의 제 1, 2, 4호기에도 압력제어실의 온도가 상승하면서 억제 기능의 작동에 문제가 발생하여 1, 2 원전 부근의 10 km 이내에 있는 4만 명의 주민들에게 피난 명령을 내렸다. 이에 대해 일본 언론들은 "후쿠시마 1호기에서 노심용해가 진행되고 있을 가능성이 있다"고 보도하였다. 냉각수가 제대로 공급되지 않아 과열되어 노심용해가 될 경우 방사능이 누출될 가능성이 있다. 12일 오후, 후쿠시마 원자력 발전소 부근에서 일하던 근로자 3명이 세슘-137 유출에 의한 피해를 입어 피폭자가 발생했다고 일본 언론들이 보도했고, 이후 12일 15시 30분경 후쿠시마 제1원자력 발전소 1호기에서 외부보호벽이 폭발하였으나 내부보호벽은 안전하므로 "방사능 대량 유출은 발생하지 않는다."는 발표(13일)가 있었다. 하지만 이 사고는 지금 최악의 상황으로 진행되고 있으며 방사능이 많이 누출되고 있다.

제 2 절

지진·화산 재해대책법

1 총칙

(1) 목적

지진·지진해일 및 화산활동으로 인한 재해로부터 국민의 생명과 재산 및 주요 기간시설(基幹施設)을 보호하기 위하여 지진·지진해일 및 화산활동의 관측·예방·대비 및 대응, 내진대책(耐震對策)지진재해 및 화산재해를 줄이기 위한 연구 및 기술개발 등에 필요한 사항을 규정함을 목적으로 한다.

(2) 용어 정의

① 지진재해

「재난 및 안전 관리기본법」 제3조제1호 가목에 따른 지진 또는 지진해일로 인하여 발생하는 피해로서 지진동(地震動 : 지진으로 일어나는 지면의 진동)에 의한 직접 피해 및 화재, 폭발, 그 밖의 현상에 따라 발생되는 재해를 말한다.

② 화산재해

「재난 및 안전관리 기본법」에 따른 화산활동으로 인하여 발생하는 피해로서 화산재, 화쇄류, 화산이류, 화산가스, 용암, 화산성 지진·홍수 등에 의한 직접 피해 및 그로 인한 화재, 폭발, 그 밖의 현상에 따라 발생하는 재해를 말한다.

③ 지진방재

지진재해의 발생을 방지하고 지진재해가 발생한 경우 피해를 줄이기 위하여 조치하는 것을 말한다.

④ 화산방재

화산재해의 발생을 방지하고 화산재해가 발생한 경우 피해를 줄이기 위하여 조치하는 것을 말한다.

⑤ **지진위험도(地震危險度)**

내진설계(耐震設計)의 기초가 되는 지진구역을 설정하기 위하여 과거의 지진기록과 지질 및 지반특성 등을 종합적으로 분석하여 산정한 지진의 위험정도를 말한다.

⑥ **지진가속도계측**

지진가속도계를 이용하여 각종 구조물과 기기 등(시설물)을 설치하거나 관리하는 자가 시설물이 지진으로 인한 외부적인 힘에 반응하여 움직이는 특성(이하 "지진거동특성(地震擧動特性)"이라 한다)을 감지하는 행위를 말한다.

⑦ **내진보강**

지진으로부터 각종 시설물이 견딜 수 있는 성능을 향상시키는 일체의 행위를 말한다.

(3) 국가와 재난관리책임기관의 책무

① **국가와 지방자치단체의 의무**

- 국가와 지방자치단체는 「재난 및 안전관리 기본법」 및 이 법의 목적에 따라 지진재해 및 화산재해(지진·화산재해)로부터 국민의 생명과 재산, 주요 기간시설을 보호하기 위하여 지진·지진해일 및 화산활동의 관측·예방·대비 및 대응, 내진대책, 지진·화산재해를 줄이기 위한 연구 및 기술개발 등에 대한 계획을 수립하여 시행할 책무를 지며, 그 시행을 위하여 재정적·기술적 지원을 하여야 한다.
- 국가와 지방자치단체는 지진·화산재해의 예방 및 피해경감을 위한 국제적 공조, 지진·화산재해와 관련된 기술과 정보의 공유, 공동조사 및 연구개발 등 국제기구 및 관련 국가와의 협력을 강화하도록 노력하여야 하며, 이에 필요한 지원을 하여야 한다.

② **재난관리책임기관의 조치사항**

「재난 및 안전관리 기본법」 제3조제5호에 따른 재난관리책임기관의 장은 지진·화산재해를 줄이기 위하여 다음의 업무 중 소관 사항에 대하여 필요한 조치를 취하여야 한다.

- 지진·화산재해의 예방 및 대비
  - 지진·화산재해 경감대책의 강구
  - 소관 시설에 대한 비상대처계획의 수립·시행
  - 지진해일로 인한 해안지역의 해안침수예상도와 침수흔적도 등의 제작과 활용
  - 지진방재와 화산방재에 관한 교육·훈련 및 홍보
- 내진대책
  - 국가 내진성능의 목표 및 시설물별 허용피해의 목표 설정

- 내진등급 분류 기준의 제정과 지진위험도를 나타내는 지도(이하 “지진위험지도”라 한다)의 제작·활용
- 내진설계기준 설정·운영 및 적용실태 확인
- 기존 시설물의 내진성능에 대한 평가 및 보강대책 수립
- 공공시설과 저층 건물 등의 내진대책 강구

③ 지진·지진해일 및 화산활동의 관측·분석·통보·경보전파 및 대응

- 지진·지진해일 및 화산활동 관측시설·장비의 설치와 관리
- 지진·지진해일 및 화산활동의 관측·통보
- 지진·화산재해 대응 및 긴급지원체계의 구축
- 지진·지진해일 및 화산활동 대처요령 작성·활용
- 지진·화산재해를 줄이기 위한 연구와 기술개발
- 지진·화산재해의 원인 조사·분석 및 피해시설물의 위험도 평가

④ 그 밖에 재난관리책임기관의 장이 필요하다고 인정하는 사항

특별시장·광역시장·특별자치시장·도지사·특별자치도지 및 시장·군수·구청장은 지진·화산재해와 지역 특성을 고려한 구체적인 대처요령을 정하여 주민과 관계 공무원 교육 및 홍보자료 등으로 적극 활용하여야 한다.

2 지진·지진해일 및 화산활동 관측

(1) 지진·지진해일 또는 화산활동의 관측시설 설치

기상청장은 지진·지진해일 및 화산활동 관측망 종합계획을 수립하여 추진하여야 한다. 다만, 지진해일 관측망 종합계획에 관하여는 해양수산부장관과 공동으로 수립하여 추진하여야 한다.

관측기관의 장은 지진·지진해일 또는 화산활동의 관측시설 및 관측장비를 설치하려면 지진·지진해일 또는 화산활동 관측계획서를 작성하여야 한다. 이 경우 기상청장을 제외한 기관의 장은 기상청장과 미리 협의하여야 한다.

(2) 지진·지진해일 또는 화산활동 관측계획서 포함 사항

① 지진·지진해일 또는 화산활동 관측의 목적과 관측장비의 설치사유

② 지진·지진해일 또는 화산활동 관측장비의 설치 위치 및 성능·규격

③ 지진·지진해일 또는 화산활동 관측자료의 획득 및 전송·저장방법

④ 지진·지진해일 또는 화산활동 관측결과의 활용방안 등

(3) 주요 시설물의 지진가속도 계측

① 지진으로 인한 피해가 우려되는 주요 시설물을 설치하거나 관리하는 자는 그 시설물의 지진가속도계측을 하여야 한다. 지진가속도계측을 할 대상 시설과 규모 등에 대한 기준은 내진설계기준이 정하여진 시설 중 대통령령으로 정한다. 지진가속도계측을 실시한 자는 다음의 사항을 포함한 계측 자료를 행정안전부장관에게 제출하여야 한다. 이 경우 자료제출 시기와 방법 등에 관한 기준은 행정안전부령으로 정한다.

표 13-3 지진가속도계측 포함 사항

① 자료 획득 일자와 시간
② 자료를 획득한 지진가속도계측 장비의 제조회사, 일련번호 및 위치
③ 자료 획득 시의 특이사항
④ 지반조건에 대한 정보
⑤ 계측위치에 대한 정보
⑥ 시설물에 대한 정보 등

② 지진가속도계측 대상 시설

- 다음 각 목에 해당하는 건축물
  - 중앙행정기관 및 지방자치단체의 청사
  - 국립대학교
  - 높이 200 m 또는 50층 이상 공공건축물
- 「공항시설법」 제2조제7호에 따른 공항시설
- 「건설기술 진흥법」 제44조의 기준에 따른 내진 특등급의 댐 및 저수지
- 「건설기술 진흥법」 제44조의 기준에 따른 현수교(懸垂橋) 및 사장교(斜張橋)
- 「도시가스사업법」 제2조제5호에 따른 가스공급시설 중 같은 법 제12조의 기준에 따른 내진 특등급 및 1등급의 정압기지와 「고압가스 안전관리법」 제4조제4항의 기준에 따른 저장시설
- 「철도건설법」 제2조제2호에 따른 고속철도
- 제10조제1항제17호에 따른 시설
- 「전기사업법」 제2조제16호에 따른 전기설비 중 지진으로 인하여 전력계통 운영에 피해가 우려되는 345 kV 이상 급의 변전소

- 「전기사업법」 제2조제4호에 따른 발전사업자의 시설 중 발전용 수력설비 및 화력설비
- 제3호에 해당하지 아니하는 댐 및 저수지로서 내진 1등급의 댐 및 저수지와 그 밖에 노후화 등으로 붕괴가 우려되는 댐 및 저수지 중 행정안전부장관이 지진가속도계측이 필요하다고 인정하여 고시하는 댐 및 저수지

(4) 지진·지진해일 및 화산활동 관측결과 등의 통보

기상청장은 국내외의 지진·지진해일과 화산활동에 대한 예측 및 관측결과를 행정안전부장관에게 통보하여야 한다. 관측결과 등의 통보에 필요한 사항은 대통령령으로 정한다.

표 13-4 관측결과 등의 통보사항

① 통보 대상(지진·지진해일 및 화산활동)
- 국내(우리나라 영토 및 영해)에서 발생한 지진과 국외에서 발생한 지진 중 국내에서 감지된 지진
- 우리나라 해안가에의 내습(來襲)이 예상되는 지진해일
- 국내에서 관측되는 화산활동
- 국외에서 발생한 화산활동으로서 바람 등 기상상황에 따라 한반도에 영향을 미칠 수 있는 화산활동

② 통보 시기
지진, 지진해일 및 화산활동 등이 관측된 후 즉시 통보하여야 한다.

③ 통보기준
「기상법」 제2조에 따른 예보·특보의 기준에 따르고, 그 밖의 세부적인 사항은 행정안전부장관과 협의하여 기상청장이 정한다.

④ 통보방법
- 통보하는 기관과 통보받는 기관은 송수신에 관한 조치 담당자와 송수신설비에 대한 관리 담당자를 지정하여야 한다.
- 가목에서 규정한 조치 담당자와 관리 담당자를 지정하였을 때에는 지체 없이 그 사실을 연계된 기관에 통보하여야 한다. 그 내용이 변경되었을 때에도 또한 같다.
- 그 밖의 세부적인 통보방법 및 수신절차는 행정안전부장관과 협의하여 기상청장이 정한다.

3 예방과 대비

(1) 지진방재종합계획의 수립·추진

행정안전부장관은 지진재해로부터 국민의 생명과 재산, 주요 기간시설을 보호하고 지진방재업무의 지속적인 발전을 위하여 5년마다 지진방재종합계획을 수립하여 「재난 및 안전관리 기본법」 제9조에 따른 중앙안전관리위원회에 보고하여야 한다.

표 13-5 지진방재종합계획 포함사항

① 지진방재정책의 기본방향에 관한 사항
② 지진방재업무의 체계적 발전방안에 관한 사항
③ 지진방재 연구개발의 촉진에 관한 사항
④ 지진방재업무의 국내외 관계 기관 간 협력에 관한 사항
⑤ 그 밖에 행정안전부장관이 지진방재정책에 필요하다고 인정하는 사항

행정안전부장관은 종합계획을 수립하려면 미리 특별시장·광역시장·특별자치시장·도지사·특별자치도지사 및 시장·군수·구청장(시·도지사 등) 및 관계 중앙행정기관의 장과 협의하여야 하며, 종합계획을 수립한 경우에는 이를 지체 없이 관계 중앙행정기관의 장과 시·도지사 등에게 알려야 한다.

행정안전부장관은 종합계획을 수립하기 위하여 필요하다고 인정하는 경우에는 관계 중앙행정기관의 장과 시·도지사 등에게 관련 자료를 제출하도록 요구할 수 있다. 이 경우 요구를 받은 관계 중앙행정기관의 장과 시·도지사 등은 특별한 사유가 없으면 요구에 따라야 한다. 관계 중앙행정기관의 장과 시·도지사 등은 종합계획에 따라 필요한 시행계획을 수립·추진하고 그 추진상황을 행정안전부장관에게 보고하거나 통보하여야 한다.

표 13-6 지진방재시행계획 포함사항

① 소관 분야 지진방재종합계획의 추진방향	② 전년도 시행계획의 추진실적
③ 해당 연도 세부 추진계획	④ 연도별 추진계획 및 재원조달 계획

(2) 지진·화산방재정책위원회 및 전문위원회

지진·화산방재정책에 대한 심의하기 위하여 행정안전부장관 소속으로 지진·화산방재정책위원회를 둔다. 위원회는 위원장 및 부위원장 각 1명을 포함하여 대통령령으로 정하는 20명 이내의 위원으로 구성한다. 위원회의 업무를 효율적으로 수행하기 위하여 위원회의 위원과 외부 전문가로 구성되는 분야별 전문위원회를 둘 수 있다. 그 밖에 위원회 및 전문위원회의 구성 및 운영 등에 필요한 사항은 대통령령으로 정한다.

표 13-7 지진·화산방재정책 심의사항

① 종합계획
② 제14조제4항의 국가 내진성능의 목표와 내진설계기준 공통적용사항
③ 제15조의 기존시설물 내진보강기본계획
④ 그 밖에 지진·화산방재정책과 관련된 사항으로서 대통령령으로 정하는 사항

(3) 해안침수예상도의 제작·활용

행정안전부장관과 시·도지사 등은 지진재해를 줄이고 신속한 주민대피 등을 위하여 지진해일로 인한 해안지역의 침수범위를 예측한 침수예상도(해안침수예상도)를 제작·활용하여야 한다. 해안침수예상도 제작을 위하여 육상의 지형도와 해상의 해도 등을 제작·관리하는 기관에 관련 도면 등의 제공을 요청할 수 있다. 이 경우 요청받은 기관에서는 특별한 사유가 없으면 관련 도면 등을 제공하여야 한다.

시·도지사 등은 지진해일로 인하여 해안지역에 침수피해가 발생한 경우 그 피해흔적(이하 "침수흔적"이라 한다)을 조사하여 침수흔적도를 작성·보존하고 현장에 침수흔적을 표시·관리하여야 한다. 관계 행정기관의 장은 「자연재해대책법」 제4조에 따른 재해영향평가 등의 협의, 같은 법 제12조에 따른 자연재해위험개선지구의 지정, 같은 법 제13조에 따른 자연재해위험개선지구 정비계획의 수립, 같은 법 제14조에 따른 자연재해위험개선지구 정비사업계획의 수립, 같은 법 제16조에 따른 자연재해저감 종합계획의 수립 등에 제1항에 따른 해안침수예상도 및 제3항에 따른 침수흔적도를 활용하여야 한다. 그 밖에 제1항에 따른 해안침수예상도 및 침수흔적도의 작성·보존·활용, 침수흔적의 설치장소·표시방법 및 유지관리 등에 관한 세부적인 사항은 대통령령으로 정한다.

(4) 지진해일 대비 주민대피계획 수립

시·도지사 등은 지진해일로 인한 주민의 인명피해를 최소화하기 위하여 주민대피지구의 지정, 대피소 및 대피로의 정비 등 지진해일 대비 주민대피계획(지진해일 대피계획)을 수립·추진하여야 한다. 시·도지사 등은 지진해일 대피계획을 수립한 경우 이를 행정안전부장관에게 제출하여야 한다.

행정안전부장관은 제출받은 지진해일 대피계획의 내용 중 보완이 필요하다고 판단되는 사항에 대하여는 보완을 요청할 수 있다. 이 경우 보완요청을 받은 시·도지사 등은 특별한 사유가 없으면 이에 따라야 한다. 행정안전부장관은 지진해일 대피계획의 효율적 추진을 위하여 작성지침의 배포, 관련 시설 및 준비태세의 평가·점검·포상 등 행정적·재정적으로 필요한 조치를 취할 수 있다. 그 밖에 지진해일 대피계획의 효율적 추진을 위하여 필요한 사항은 대통령령으로 정한다.

표 13-8 지진해일 대피계획 지침 포함사항

① 주민대피지구의 지정 범위 및 대상지역에 관한 사항 ② 주민대피지구의 지정 및 해제에 관한 사항 ③ 정보 전달체계에 관한 사항 ④ 대피안내요원의 지정방법에 관한 사항 ⑤ 대피소와 대피로의 지정방법에 관한 사항 ⑥ 표지판과 대피안내지도 등의 제작 및 설치방법에 관한 사항 ⑦ 그 밖에 지진해일 대피계획의 수립·추진에 필요한 사항

표 13-9 지진해일 대피 관련 시설 및 준비태세에 대한 점검 사항

① 대피소 및 대피로의 관리 ② 표지판의 설치 및 관리 ③ 대피안내지도의 비치 및 배부 ④ 경보시설의 설치 및 관리 ⑤ 대피안내요원의 지정 및 관리 ⑥ 대피훈련의 실시 및 홍보 ⑦ 주민대피지구 관리대장의 기록 관리 ⑧ 그 밖에 행정안전부장관이 지진해일 관련 시설 및 준비태세의 점검 등에 필요하다고 인정하는 사항

행정안전부장관은지진해일 대비 주민대피계획의 수립·추진에 필요한 지침을 마련하여 시·도지사 등에게 통보하여야 한다.

(5) 지진 옥외대피장소 지정 및 관리

시·도지사 등은 지진 발생으로 인한 위험으로부터 주민의 안전을 확보하기 위하여 일시적 대피장소인 지진 옥외대피장소를 지정 및 관리하여야 한다. 시·도지사 등은 지진 옥외대피장소의 지정 및 관리 현황을 행정안전부장관에게 보고하여야 한다. 행정안전부장관은 시·도지사 등의 의견을 들어 지진 옥외대피장소의 지정 및 관리에 필요한 지침을 마련하고 시·도지사 등에게 통보해야 한다.

표 13-10 지진 옥외대피장소의 지정 및 관리 등에 관한 지침 포함사항

① 지진 옥외대피장소의 지정 요건 및 절차에 관한 사항 ② 지진 옥외대피장소의 관리 및 점검에 관한 사항 ③ 지진 옥외대피장소의 표지판 설치에 관한 사항 ④ 그 밖에 지진 옥외대피장소의 지정 및 관리 등에 필요한 사항

(6) 지진·화산방재 교육·훈련 및 홍보

중앙행정기관의 장 및 시·도지사 등은 소속 교육기관으로 하여금 지진·화산재해로부터 개인의 생명과 재산을 보호하고 자신이 근무하는 직장의 시설·설비 등을 보호하기 위하여 가정과 직장에서 필요한 행동요령 등에 대한 지진·화산방재 교육을 실시하도록 하여야 한다.

행정안전부장관과 시·도지사 등은 지진현상 및 화산현상을 체험하고, 지진 및 화산활동 발생 시 행동요령 등에 대한 교육 및 훈련 등을 위하여 지진·화산체험교육장을 설치할 수 있고, 지진·화산방재 기술의 발전을 위한 관련 행사를 개최하거나 관련 행사의 개최에 대하여 행정적·재정적

지원을 할 수 있다. 시·도지사 등은 관할 구역의 주민들에 대한 지진·화산방재 교육과 홍보를 실시하여야 한다. 재난관리책임기관의 장은 지진·화산재해 관련 업무종사자에 대한 지진·화산방재 교육을 실시하여야 한다.

(7) 화산재 피해경감 종합대책

재난관리책임기관의 장은 화산재로 인한 피해발생에 대비하여 소관 사항에 대한 화산재 피해경감 대책을 수립하고 그 이행에 필요한 조치를 취하여야 한다. 재난관리책임기관의 장은 소관 사항에 대한 화산재 피해경감 대책 추진을 위하여 필요하면 다른 재난관리책임기관의 장에게 협조를 요청할 수 있다. 이 경우 협조 요청을 받은 재난관리책임기관의 장은 특별한 사유가 없으면 요청에 따라야 한다.

재난관리책임기관의 장은 소관 사항에 대한 화산재 피해경감 대책을 수립하거나 변경한 경우에는 이를 행정안전부장관에게 제출하여야 한다. 행정안전부장관은 필요하면 재난관리책임기관의 장에게 제출받은 화산재 피해경감 대책의 보완을 요청할 수 있다. 행정안전부장관은 재난관리책임기관의 장으로부터 제출받은 화산재 피해경감 대책을 취합하여 화산재 피해경감 종합대책을 수립할 수 있다. 행정안전부장관은 화산재 피해경감 종합대책 등에 활용하기 위하여 환경, 산업 등 분야별 화산재 관리기준을 관계 중앙행정기관의 장과 협의하여 정할 수 있다.

표 13-11 화산재 피해경감 대책을 수립 포함사항

① 항공, 철도, 도로 등 교통대책
② 화산재 수거 및 처리대책
③ 상수원 및 하천의 수질오염 방지대책
④ 전력·통신시설의 화산재 피해경감 대책
⑤ 농·축·수산물 및 해당 시설의 화산재 피해경감 대책
⑥ 그 밖에 화산재 피해경감을 위하여 대통령령으로 정하는 사항

표 13-12 화산재 피해경감 대책을 수립 포함사항(대통령령으로 정하는 사항)

① 호흡기 질환 등 보건의료에 관한 사항
② 전기, 전자 등 관련 제조업의 피해경감에 관한 사항
③ 그 밖에 행정안전부장관이 화산재 피해경감을 위하여 관계 중앙행정기관의 장과 협의하여 정하는 사항

4 내진대책

(1) 국가지진위험지도의 제작·활용

행정안전부장관은 내진설계 등에 활용하기 위하여 전국적인 지진구역을 정한 지진위험지도(국가지진 위험지도)를 제작하여 공표할 수 있다. 행정안전부장관은 국가지진위험지도를 공표한 날부터 5년마다 그 타당성을 검토하여 필요한 경우에는 이를 변경할 수 있다. 국가지진위험지도를 제작하거나 변경하려면 관계 중앙행정기관의 장과 협의하여야 하며, 국가지진위험지도가 제작되거나 변경된 경우에는 이를 관계 중앙행정기관의 장에게 통지하여야 한다. 관계 중앙행정기관의 장은 국가지진위험지도를 내진설계 등 지진재해를 줄이는 데에 활용하여야 한다. 시·도지사 등은 관할 구역에 대한 지역지진위험지도를 제작·활용할 수 있다.

(2) 지질·지반조사 자료 축적·관리

행정안전부장관은 지진위험지도 작성과 지진·화산재해대응체계의 구축 등에 활용하기 위하여 지질 및 지반조사(시추조사 및 물리탐사, 지표지질조사, 기초터파기조사 등을 포함) 자료를 통합·관리할 수 있다.

재난관리책임기관의 장이 추진한 조사·연구 및 각종 계획수립, 사업시행 등과 관련하여 조사한 지질 및 지반 자료는 행정안전부장관이 정하는 기관에 제출하여야 한다. 행정안전부장관이 정한 기관은 지질 및 지반조사 자료를 성실히 관리하여야 하며, 관계 중앙행정기관 또는 관련 연구기관 및 단체, 학교 등에서 관련 자료를 요구할 경우 특별한 사유가 없으면 제공하여야 한다.

표 13-13 지질 및 지반 자료 포함사항

① 지질 및 지반조사의 위치, 목적, 일자	② 조사자와 조사방법
③ 지질 및 지반조사 자료	④ 그 밖에 행정안전부장관이 정하여 고시하는 사항

(3) 내진설계기준의 설정

관계 중앙행정기관의 장은 지진이 발생할 경우 재해를 입을 우려가 있는 시설 중 대통령령으로 정하는 시설에 대하여 관계 법령 등에 내진설계기준을 정하고 그 이행에 필요한 조치를 취하여야 한다.

관계 중앙행정기관의 장은 내진설계기준을 정하거나 변경하려는 경우에는 행정안전부장관과 미리 협의하여야 한다. 이 경우 행정안전부장관은 필요한 사항에 대하여 보완을 요구할 수 있다. 시·도지사 등은 내진설계 대상시설물에 대하여 허가 등을 하는 경우 내진설계 여부를 확인하여야 한다.

표 13-14 내진설계 기준의 대상시설

① 「건축법 시행령」 제32조제2항 각 호에 해당하는 건축물
② 「공유수면 관리 및 매립에 관한 법률」과 「방조제관리법」 등 관계 법령에 따라 국가에서 설치·관리하고 있는 배수갑문 및 방조제
③ 「공항시설법」 제2조제7호에 따른 공항시설
④ 「하천법」 제7조제2항에 따른 국가하천의 수문 중 국토교통부장관이 정하여 고시한 수문
⑤ 「농어촌정비법」 제2조제6호에 따른 저수지 중 총저수용량 30만 톤 이상인 저수지
⑥ 「댐건설 및 주변지역지원 등에 관한 법률」 제2조제2호에 따른 다목적댐
⑦ 「댐건설 및 주변지역지원 등에 관한 법률」 외에 다른 법령에 따른 댐 중 생활·공업 및 농업 용수의 저장, 발전, 홍수 조절 등의 용도로 이용하기 위한 높이 15 m 이상인 댐 및 그 부속시설
⑧ 「도로법 시행령」 제2조제2호에 따른 교량·터널
⑨ 「도시가스사업법」 제2조제5호에 따른 가스공급시설 및 「고압가스 안전관리법」 제4조제4항에 따른 고압가스의 제조·저장 및 판매의 시설과 「액화석유가스의 안전관리 및 사업법」 제5조제4항의 기준에 따른 액화저장탱크, 지지구조물, 기초 및 배관
⑩ 「도시철도법」 제2조제3호에 따른 도시철도시설 중 역사(驛舍), 본선박스, 다리
⑪ 「산업안전보건법」 제83조에 따라 고용노동부장관이 유해하거나 위험한 기계·기구 및 설비에 대한 안전인증기준을 정하여 고시한 시설
⑫ 「석유 및 석유대체연료 사업법」에 따른 석유정제시설, 석유비축시설, 석유저장시설, 「액화석유가스의 안전관리 및 사업법 시행령」 제8조에 따른 액화석유가스 저장시설 및 같은 영 제11조의 비축의무를 위한 저장시설
⑬ 「송유관 안전관리법」 제2조제2호에 따른 송유관
⑭ 「물환경보전법 시행령」 제61조제1호에 따른 산업단지 공공폐수처리시설
⑮ 「수도법」 제3조제17호에 따른 수도시설
⑯ 「어촌·어항법」 제2조제5호에 따른 어항시설
⑰ 「원자력안전법」 제2조제20호 및 같은 법 시행령 제10조에 따른 원자력이용시설 중 원자로 및 관계시설, 핵연료주기시설, 사용 후 핵연료 중간저장시설, 방사성폐기물의 영구처분시설, 방사성폐기물의 처리 및 저장시설
⑱ 「전기사업법」 제2조에 따른 발전용 수력설비·화력설비, 송전설비, 변전설비 및 배전설비
⑲ 「철도산업발전 기본법」 제3조제2호 및 「철도의 건설 및 철도시설 유지관리에 관한 법률」 제2조제6호에 따른 철도시설 중 다리, 터널 및 역사
⑳ 「폐기물관리법」 제2조제8호에 따른 폐기물처리시설
㉑ 「하수도법」 제2조제9호에 따른 공공하수처리시설
㉒ 「항만법」 제2조제5호에 따른 항만시설
㉓ 「국토의 계획 및 이용에 관한 법률」 제2조제9호에 따른 공동구
㉔ 「학교시설사업 촉진법」 제2조제1호 및 같은 법 시행령 제1조의2에 따른 학교시설 중 교사(校舍), 체육관, 기숙사, 급식시설 및 강당
㉕ 「궤도운송법」에 따른 궤도
㉖ 「관광진흥법」 제3조제1항제6호에 따른 유기시설(遊技施設) 및 유기기구(遊技機具)
㉗ 「의료법」 제3조에 따른 종합병원, 병원 및 요양병원
㉘ 「물류시설의 개발 및 운영에 관한 법률」 제2조제2호에 따른 물류터미널
㉙ 「집단에너지사업법」 제2조제6호에 따른 공급시설 중 열수송관
㉚ 제2항에 해당하는 시설

행정안전부장관은 내진설계기준 등에 활용하기 위하여 국가 내진성능의 목표와 내진설계기준별로 공통적으로 적용되는 설계지반운동 등 대통령령으로 정하는 사항에 대하여 관계 중앙행정기관의 장과 협의하여 정할 수 있다. 관계 중앙행정기관의 장은 해당 시설물의 특수성 등으로 인하여 필요한 경우 내진설계기준 공통적용사항에도 불구하고 행정안전부장관과 협의하여 별도의 기준을 정할 수 있다.

표 13-15 내진설계기준 공통적용사항

① 국가 내진성능의 목표
② 내진설계기준 공통적용사항
- 지역에 따른 설계지진의 세기
- 설계지반운동의 특성표현
- 설계지진 분류체계
- 지반분류
- 내진성능수준 분류체계
- 내진등급 분류체계

③ 그 밖에 시설물별로 공통적으로 적용되는 사항 중 행정안전부장관이 필요하다고 인정하는 사항

(4) 기존 시설물의 내진보강기본계획 수립

행정안전부장관은 내진설계 대상 시설물 중 관련 법령이 제정되기 전에 설치된 공공시설물이나 관계 법령의 제정 이후 내진설계기준이 강화된 공공시설물(기존시설물)의 내진성능 향상을 위하여 5년마다 기존시설물 내진보강기본계획을 수립하여 「재난 및 안전 관리기본법」 제9조에 따른 중앙안전관리위원회에 보고하여야 한다.

표 13-16 기존 시설물의 내진보강기본계획 포함사항

① 내진보강대책에 관한 기본방향
② 내진성능평가에 관한 사항
③ 내진보강 중·장기계획에 관한 사항
④ 내진보강사업 추진에 관한 사항
⑤ 내진보강대책에 필요한 기술의 연구·개발
⑥ 그 밖에 내진보강대책에 관하여 대통령령으로 정하는 사항

행정안전부장관은 기본계획을 수립하려면 미리 관계 중앙행정기관의 장과 협의하여야 하며, 기본계획을 수립한 경우에는 이를 관계 중앙행정기관의 장과 시·도지사 등에게 알려야 한다.

행정안전부장관은 기본계획을 수립하기 위하여 필요하다고 인정되는 경우에는 관계 중앙행정기관의 장과 시·도지사 등에게 관련 자료를 제출하도록 요구할 수 있다.

(5) 기존 시설물의 내진보강 추진

관계 중앙행정기관의 장과 시·도지사 등은 기본계획에 따라 소관 시설물에 대한 내진보강대책을 수립하여 추진하고, 그 추진상황 등을 행정안전부장관에게 통보하거나 보고하여야 한다. 관계 중앙행정기관의 장은 수립한 내진보강대책을 소관 시설물을 관리하는 재난관리책임기관의 장에게 지시하고 그 이행에 필요한 조치를 취하여야 한다. 재난관리책임기관의 장은 지시받은 내진보강대책에 따라 내진보강 등을 추진하여야 한다. 행정안전부장관은 내진보강대책 추진상황을 점검하거나 평가할 수 있다.

관계 중앙행정기관의 장과 시·도지사 등은 전년도 내진보강대책에 따른 추진상황 등을 매년 2월 말일까지 행정안전부장관에게 제출하여야 한다. 행정안전부장관은 제4항에 따라 제출받은 추진상황 등과 점검·평가한 결과를 토대로 매년 4월 30일까지 내진보강대책 추진결과를 작성하여 관보 또는 일간신문 등에 게재하여야 한다.

표 13-17 내진보강대책 포함사항

① 내진보강의 목적 및 대상 시설물 현황
② 내진성능 평가 및 내진보강 추진계획
③ 내진보강 대상 시설물별 내진보강방법
④ 연도별 시행계획(재정투자계획을 포함한다)
⑤ 그 밖에 관계 중앙행정기관의 장과 지방자치단체의 장이 필요하다고 인정하는 사항

(6) 민간소유 건축물의 내진보강 지원

내진설계가 적용되지 아니한 기존의 민간소유 건축물에 대한 내진보강을 권장하기 위하여 시·도지사 등은 「지방세특례제한법」에서 정하는 바에 따라 조세를 감면할 수 있고, 대통령령으로 정하는 보험 관련 단체나 기관 등은 지진재해 관련 보험료율을 차등 적용할 수 있다. 내진보강 지원 절차 등은 행정안전부령으로 정한다. 「건축법」에 따른 건축물 중 내진설계기준이 적용되지 아니하는 건축물로서 신축 시 내진설계를 적용한 민간소유 건축물에 대하여도 지원 사항을 적용할 수 있다.

(7) 재난안전상황실과 지역재난안전대책본부의 내진대책

다음의 시설을 관장하는 기관의 장은 소관 시설(그 기능을 유지하기 위하여 필요한 전력 및 통신 등의 관련 시설을 포함)을 내진보강이 끝난 시설물에 설치하여야 한다.

다음의 시설을 관장하는 기관의 장은 재난안전상황실과 지역대책본부의 기능유지를 위하여 전력과 통신 등 관련 설비에 대한 내진대책을 함께 강구하여 지진 등에 대비하여야 한다.

표 13-18 재난안전상황실과 지역재난안전대책본부의 내진대책

①「재난 및 안전관리 기본법」 제3조제5호에 따른 재난관리책임기관 중 같은 법 제26조의 국가기반시설을 관리하는 기관에 설치되는 재난안전상황실
②「재난 및 안전관리 기본법」 제3조제5호의2에 따른 재난관리주관기관에 설치되는 재난안전상황실
③「재난 및 안전관리 기본법」 제16조에 따른 지역재난안전대책본부
④「재난 및 안전관리 기본법」 제18조제1항제2호에 따른 재난안전상황실

5 대응과 연구·기술개발

(1) 지진·화산재해대응체계의 구축

「재난 및 안전관리 기본법」에 따른 중앙재난안전대책본부의 본부장과 시·도 재난안전대책본부의 본부장 또는 시·군·구 재난안전대책본부의 본부장은 지진·화산재해 발생 시 피해를 줄이기 위하여 신속한 지진정보 및 화산정보의 수집과 분석을 통하여 피해지역과 피해정도 등을 예측하고, 응급구조 및 구호, 화재진압 등 신속한 초기 대응을 위한 대응체계(지진·화산재해대응체계)를 구축·운영하여야 한다.

관측기관협의회는 지진·화산활동의 관측 자료를 실시간으로 공유하기 위한 체계를 구축하여 중앙대책본부장과 지역대책본부장에게 제공하여야 한다. 중앙대책본부장과 지역대책본부장은 지진·화산재해대응체계를 구축·운영하는 경우에 해당 사업을 민간부문에 맡길 수 없거나 행정기관이 직접 개발하거나 운영하는 것이 경제성·효과성 또는 보안성 측면에서 현저하게 우수하다고 판단되는 경우 외에는 민간부문에 그 개발과 운영을 의뢰할 수 있다. 지진·화산재해대응체계의 구축범위·운영절차 및 활용계획 등 세부적인 사항은 행정안전부령으로 정한다.

(2) 긴급지원체계의 구축

다음의 어느 하나에 해당하는 자는 「자연재해대책법」 제35조와 제36조에 따라 긴급지원계획을 수립할 경우 지진·화산재해대응체계를 활용하여 긴급지원계획을 수립하여야 한다.

① 중앙행정기관의 장

② 지역대책본부장

③ 특별시·광역시·특별자치시·도·특별자치도의 전부 또는 일부를 관할 구역으로 하는 재난관리책임기관의 장

④ 시(「제주특별자치도 설치 및 국제자유도시 조성을 위한 특별법」 제10조제2항에 따른 행정시

를 포함)·군·구(자치구를 포함)의 전부 또는 일부를 관할 구역으로 하는 재난관리책임기관의 장

(3) 지진·화산 재해경감 연구 및 기술개발

행정안전부장관과 대통령령으로 정하는 재난관리책임기관의 장은 지진 및 화산활동에 관한 연구를 수행하고 지진·화산재해를 줄이기 위하여 소관 사항에 대한 조사·기술개발 및 연구를 하여야 하며, 지진·화산방재 기술 및 제도 등에 관한 국제공동연구 사업을 추진할 수 있다.

행정안전부장관은 국가자원의 내진성능목표 설정 및 내진등급 분류 등에 대한 연구와 기술개발을 하여야 한다. 행정안전부장관과 관계 중앙행정기관의 장은 지진·화산방재대책을 연구하고 지진·화산재해를 줄이기 위하여 필요하면 관계 행정기관의 장이나 관측기관의 장에게 관련 자료의 제공을 요구하는 등 필요한 사항에 대한 협조를 요청할 수 있다. 이 경우 관계 행정기관의 장이나 관측기관의 장은 특별한 사유가 없으면 요청에 따라야 한다.

행정안전부장관과 관계 중앙행정기관의 장은 재난관리책임기관의 장의 연구 및 기술개발을 위하여 행정·재정적인 지원(「기초연구진흥 및 기술개발지원에 관한 법률」에 따라 연구를 수행하는 기관이나 단체에 대하여 출연하는 것을 포함한다)을 할 수 있다.

(4) 단층 조사·연구 및 활성단층 지도 작성

행정안전부장관은 도시, 「산업입지 및 개발에 관한 법률」에 따른 산업단지, 「사회기반시설에 대한 민간투자법」에 따른 사회기반시설, 「원자력안전법」 따른 원자로 및 관계시설 등에 대한 지반안전을 위하여 한반도 전역의 단층에 대한 조사와 연구를 하여야 한다.

행정안전부장관은 조사·연구 결과 지진이 일어날 가능성이 있는 단층(활성단층)에 대한 데이터베이스를 구축·관리하여야 하며, 활성단층 지도를 작성하여 공표할 수 있다. 행정안전부장관은 관계 중앙행정기관의 장과 협의하여 활성단층 지역의 기존 시설물을 보완하거나 보강하도록 권고할 수 있으며, 새로 시설물을 설치할 경우에는 활성단층이 고려된 내진기준에 맞게 설치하도록 권고할 수 있다.

행정안전부장관은 관계 중앙행정기관의 장과 공동으로 단층 관련 조사·연구를 실시할 수 있다. 이 경우 행정안전부장관 및 관계 중앙행정기관의 장은 조사·연구에 소요되는 비용을 공동으로 부담하여야 한다.

6 벌칙

(1) 200만 원 이하의 벌금

정당한 사유 없이 제24조에 따른 토지에의 출입, 일시 사용 또는 장애물의 변경이나 제거를 거부하거나 방해한 자

(2) 500만 원 이하의 과태료

① 제6조제1항을 위반하여 주요 시설물에 대하여 지진가속도계측을 실시하지 아니한 자
② 제6조의2제1항을 위반하여 성능검사에 합격하지 아니한 지진가속도계측기를 사용한 자
③ 거짓이나 그 밖의 부정한 방법으로 성능검사에 합격하거나 합격하였음을 표시한 자
④ 제10조제3항에 따른 침수흔적 등의 조사를 방해하거나 무단으로 침수흔적표지를 훼손한 자
⑤ 제13조제2항에 따른 지질·지반조사 자료의 제출을 거부하거나 거짓된 자료를 제출한 자
⑥ 거짓이나 그 밖의 부정한 방법으로 제16조의3제1항에 따른 지진안전 시설물의 인증을 받은 자
⑦ 제16조의3제4항을 위반하여 지진안전인증시설물이 아닌 시설물에 인증표시 또는 이와 유사한 표시를 한 자
⑧ 거짓이나 그 밖의 부정한 방법으로 제16조의4제1항에 따른 인증기관의 지정을 받은 자
⑨ 제16조의4제2항에 따른 업무정지의 기간 중 지진안전 시설물의 인증에 관한 업무를 수행한 자

Chapter 13

적중예상문제

01 지진의 규모 및 진도에 대한 설명으로 옳지 않은 것은?

① 리히터 규모(Richter magnitude)는 로그함수의 성질을 갖는다.
② 리히터 규모 1의 지진은 일반 사람들이 느끼기 어렵다.
③ 수정 메르칼리 진도(Mercalli intensity)는 지진의 절대적 크기를 나타낸다.
④ 수정 메르칼리 진도에서는 지진으로 인한 건물의 피해가 심할수록 진도가 높아진다.

Solution 미국과 우리나라를 포함하여 국제적으로 널리 사용되는 진도는 크기를 I~XII등급으로 분류한 개정된 메르칼리 진도계급(MMI, Modified Mercalli Intensity)이다. 진도(I)는 발생지점과의 거리에 따라 다르게 되고 그 영향도 달라지지만, 규모(M)는 변하지 않는 것이다.

02 지진파 중 고체와 액체를 모두 통과할 수 있는 실체파(Body Waves)는?

① 레일리파(Rayleigh Waves)
② 러브파(Love Waves)
③ S파(Secondary Waves)
④ P파(Primary Waves)

Solution P파는 종파이며, 고체·액체·기체 상태의 물질을 통과한다. 속도는 7~8 km/s로 비교적 빠르지만 진폭이 작아 피해가 적다. 지구 내부의 모든 부분을 통과한다. S파는 횡파이며, 고체 상태의 물질만 통과한다. 속도는 3~4 km/s로 비교적 느리지만 진폭이 커 피해가 크다. 지구 내부의 핵은 통과하지 못한다.

03 지반의 액상화(Liquefaction)현상에 가장 큰 영향을 주는 재해는?

① 홍수
② 대설
③ 지진
④ 화산활동

Solution 액상화란 모래지반에서 순간충격, 지진, 진동 등에 의해 간극수압의 상승으로, 유효응력이 감소되어 전단저항을 상실하고 지반이 액체와 같이 되는 현상을 말하며 액상화 발생 시 건물의 부상 및 부동침하가 발생한다.

Answer 01 ❸ 02 ❹ 03 ❸

04 지진의 특징에 대한 설명으로 옳지 않은 것은?

① S파는 고체상태의 매질에서 전파된다.
② 지진이 발생한 지구 내부의 지점을 진원이라 한다.
③ P파와 S파간 도달시간의 차를 이용하여 지진 발생지점에서 관측점까지의 거리를 계산할 수 있다.
④ 지진의 세기를 나타내는 물리량 중 지진이 발생할 때 방출된 에너지의 양을 나타낸 것을 진도라고 한다.

Solution 규모는 진원에서 방출된 지진에너지의 양을 수치로 환산한 것으로서 지진계에 기록된 지진파의 진폭을 이용하여 계산된 값이다. 진도는 어떤 한 지점에서 사람이 느낀 정도 또는 구조물 피해정도를 계급화한 것으로서 진앙으로부터 거리에 따라 차이가 난다.

05 「지진·화산재해대책법」상 지진방재종합계획의 수립권자와 수립주기를 바르게 연결한 것은?

① 국무총리 – 3년
② 행정안전부장관 – 3년
③ 국무총리 – 5년
④ 행정안전부장관 – 5년

Solution 행정안전부장관은 지진재해로부터 국민의 생명과 재산, 주요 기간시설을 보호하고 지진방재업무의 지속적인 발전을 위하여 5년마다 지진방재종합계획을 수립하여 「재난 및 안전관리 기본법」 제9조에 따른 중앙안전관리위원회에 보고하여야 한다.

06 「지진·화산 재해대책법」상 기존시설물의 내진보강기본계획에 관한 설명에서 괄호 안에 들어 갈 말을 순서대로 올바르게 나열한 것은?

> (　)은 내진설계 대상 시설물 중 관련 법령이 제정되기 전에 설치된 공공시설물이나 관계 법령의 제정 이후 내진설계기준이 강화된 공공시설물의 (　)을 위하여 5년마다 기존시설물 내진보강기본계획을 수립하여 (　)에 보고하여야 한다.

① 기상청장 – 내진보강 – 중앙재난안전대책본부
② 기상청장 – 내진성능 향상 – 중앙안전관리위원회
③ 행정안전부장관 – 내진보강 – 중앙재난안전대책본부
④ 행정안전부장관 – 내진성능 향상 – 중앙안전관리위원회

Answer 04 ❹ 05 ❹ 06 ❹

Solution 행정안전부장관은 내진설계 대상 시설물 중 관련 법령이 제정되기 전에 설치된 공공시설물이나 관계 법령의 제정 이후 내진설계기준이 강화된 공공시설물(기존시설물)의 내진성능 향상을 위하여 5년마다 기존시설물 내진보강기본계획을 수립하여 「재난 및 안전 관리기본법」 제9조에 따른 중앙안전관리위원회에 보고하여야 한다.

07 「지진·화산 재해대책법 시행령」상 지진가속도계측 대상 시설에 해당하지 않는 것은?

① 전기사업법에 따른 전기설비 중 지진으로 인하여 전력계통 운영에 피해가 우려되는 300 킬로볼트(kV)급의 변전소

② 국립대학교

③ 철도건설법에 따른 고속철도

④ 높이 200 m의 공공건축물

Solution 지진가속도계측 대상 시설

1. 다음 각 목에 해당하는 건축물
   가. 중앙행정기관 및 지방자치단체의 청사
   나. 국립대학교
   다. 높이 200 m 또는 50층 이상 공공건축물
2. 「공항시설법」 제2조제7호에 따른 공항시설
3. 「건설기술 진흥법」 제44조의 기준에 따른 내진 특등급의 댐 및 저수지
4. 「건설기술 진흥법」 제44조의 기준에 따른 현수교(懸垂橋) 및 사장교(斜張橋)
5. 「도시가스사업법」 제2조제5호에 따른 가스공급시설 중 같은 법 제12조의 기준에 따른 내진 특등급 및 1등급의 정압기지와 「고압가스 안전관리법」 제4조제4항의 기준에 따른 저장시설
6. 「철도건설법」 제2조제2호에 따른 고속철도
7. 제10조제1항제17호에 따른 시설
8. 「전기사업법」 제2조제16호에 따른 전기설비 중 지진으로 인하여 전력계통 운영에 피해가 우려되는 345킬로볼트(kV) 이상 급의 변전소
9. 「전기사업법」 제2조제4호에 따른 발전사업자의 시설 중 발전용 수력설비 및 화력설비
10. 제3호에 해당하지 아니하는 댐 및 저수지로서 내진 1등급의 댐 및 저수지와 그 밖에 노후화 등으로 붕괴가 우려되는 댐 및 저수지 중 행정안전부장관이 지진가속도계측이 필요하다고 인정하여 고시하는 댐 및 저수지

08 「지진·화산 재해대책법」상 용어의 정의로 옳지 않은 것은?

① 지진위험도는 내진설계의 기초가 되는 지진구역을 설정하기 위하여 과거의 지진기록과 지질 및 지반특성 등을 종합적으로 분석하여 산정한 지진의 위험정도를 말한다.

② 화산방재는 화산재해의 발생을 방지하고 화산재해가 발생한 경우 피해를 줄이기 위하여 조치하는 것을 말한다.

Answer 07 ❶ 08 ❸

③ 화산재해는 화산활동으로 인하여 발생하는 피해로서 지진동(地震動)에 의한 직접 피해 및 화재, 폭발, 그 밖의 현상에 따라 발생되는 재해를 말한다.

④ 지진가속도계측은 지진가속도계를 이용하여 각종 구조물과 기기 등을 설치하거나 관리하는 자가 시설물이 지진으로 인한 외부적인 힘에 반응하여 움직이는 특성을 감지하는 행위를 말한다.

Solution 재난 및 안전관리 기본법」에 따른 화산활동으로 인하여 발생하는 피해로서 화산재, 화쇄류, 화산이류, 화산가스, 용암, 화산성 지진·홍수 등에 의한 직접 피해 및 그로 인한 화재, 폭발, 그 밖의 현상에 따라 발생하는 재해를 말한다.

09 재난 및 재해 관리와 관련된 계획과 근거법의 연결이 옳지 않은 것은?

① 긴급구조대응계획 – 재난 및 안전관리 기본법
② 지진방재종합계획 – 지진·화산재해대책법
③ 붕괴위험지역 정비 중기계획 – 시설물의 안전관리에 관한 특별법
④ 우수유출저감시설 사업계획 – 자연재해대책법

Solution 붕괴위험지역 정비 중기계획 : 급경사지 재해예방에 관한 법률

10 「지진·화산재해대책법 시행령」상 내진설계기준의 설정 대상시설에 해당하는 것만을 모두 고른 것은?

ㄱ. 「건축법 시행령」 제32조제2항에 따른 3층의 단독주택
ㄴ. 「공항시설법」 제2조제7호에 따른 항공기의 이륙을 위한 시설
ㄷ. 「도로법 시행령」 제2조제1호에 따른 차도
ㄹ. 「농어촌정비법」 제2조제6호에 따른 총 저수용량이 45만 톤인 저수지
ㅁ. 「댐건설 및 주변지역지원 등에 관한 법률」 제2조제2호에 따른 다목적댐

① ㄱ, ㄴ, ㅁ　② ㄱ, ㄷ, ㄹ　③ ㄴ, ㄷ, ㄹ　④ ㄴ, ㄷ, ㅁ

Solution 내진설계기준의 설정 대상시설

Answer 09 ❸ 10 ❶

Check point 〈내진설계 기준의 대상시설〉

① 「건축법 시행령」 제32조제2항 각 호에 해당하는 건축물
② 「공유수면 관리 및 매립에 관한 법률」과 「방조제관리법」 등 관계 법령에 따라 국가에서 설치·관리하고 있는 배수갑문 및 방조제
③ 「공항시설법」 제2조제7호에 따른 공항시설
④ 「하천법」 제7조제2항에 따른 국가하천의 수문 중 국토교통부장관이 정하여 고시한 수문
⑤ 「농어촌정비법」 제2조제6호에 따른 저수지 중 총저수용량 30만 톤 이상인 저수지
⑥ 「댐건설 및 주변지역지원 등에 관한 법률」 제2조제2호에 따른 다목적댐
⑦ 「댐건설 및 주변지역지원 등에 관한 법률」 외에 다른 법령에 따른 댐 중 생활·공업 및 농업 용수의 저장, 발전, 홍수 조절 등의 용도로 이용하기 위한 높이 15미터 이상인 댐 및 그 부속시설
⑧ 「도로법 시행령」 제2조제2호에 따른 교량·터널
⑨ 「도시가스사업법」 제2조제5호에 따른 가스공급시설 및 「고압가스 안전관리법」 제4조제4항에 따른 고압가스의 제조·저장 및 판매의 시설과 「액화석유가스의 안전관리 및 사업법」 제5조제4항의 기준에 따른 액화저장탱크, 지지구조물, 기초 및 배관
⑩ 「도시철도법」 제2조제3호에 따른 도시철도시설 중 역사(驛舍), 본선박스, 다리
⑪ 「산업안전보건법」 제83조에 따라 고용노동부장관이 유해하거나 위험한 기계·기구 및 설비에 대한 안전인증기준을 정하여 고시한 시설
⑫ 「석유 및 석유대체연료 사업법」에 따른 석유정제시설, 석유비축시설, 석유저장시설, 「액화석유가스의 안전관리 및 사업법 시행령」 제8조에 따른 액화석유가스 저장시설 및 같은 영 제11조의 비축의무를 위한 저장시설
⑬ 「송유관 안전관리법」 제2조제2호에 따른 송유관
⑭ 「물환경보전법 시행령」 제61조제1호에 따른 산업단지 공공폐수처리시설
⑮ 「수도법」 제3조제17호에 따른 수도시설
⑯ 「어촌·어항법」 제2조제5호에 따른 어항시설
⑰ 「원자력안전법」 제2조제20호 및 같은 법 시행령 제10조에 따른 원자력이용시설 중 원자로 및 관계시설, 핵연료주기시설, 사용 후 핵연료 중간저장시설, 방사성폐기물의 영구처분시설, 방사성폐기물의 처리 및 저장시설
⑱ 「전기사업법」 제2조에 따른 발전용 수력설비·화력설비, 송전설비, 변전설비 및 배전설비
⑲ 「철도산업발전 기본법」 제3조제2호 및 「철도의 건설 및 철도시설 유지관리에 관한 법률」 제2조제6호에 따른 철도시설 중 다리, 터널 및 역사
⑳ 「폐기물관리법」 제2조제8호에 따른 폐기물처리시설
㉑ 「하수도법」 제2조제9호에 따른 공공하수처리시설
㉒ 「항만법」 제2조제5호에 따른 항만시설
㉓ 「국토의 계획 및 이용에 관한 법률」 제2조제9호에 따른 공동구
㉔ 「학교시설사업 촉진법」 제2조제1호 및 같은 법 시행령 제1조의2에 따른 학교시설 중 교사(校舍), 체육관, 기숙사, 급식시설 및 강당
㉕ 「궤도운송법」에 따른 궤도
㉖ 「관광진흥법」 제3조제1항제6호에 따른 유기시설(遊技施設) 및 유기기구(遊技機具)
㉗ 「의료법」 제3조에 따른 종합병원, 병원 및 요양병원
㉘ 「물류시설의 개발 및 운영에 관한 법률」 제2조제2호에 따른 물류터미널
㉙ 「집단에너지사업법」 제2조제6호에 따른 공급시설 중 열수송관
㉚ 제2항에 해당하는 시설

11 「지진·화산재해대책법」의 내용으로 옳은 것은?

① 지진위험도(地震危險度) 는 내진설계(耐震設計)의 기초가 되는 지진구역을 설정하기 위하여 다른 나라의 지진기록과 지질 및 지반특성 등을 종합적으로 분석하여 산정한 지진의 위험정도를 말한다.

② 행정안전부장관은 지진·지진해일 및 화산활동 관측망 종합계획을 수립하여 추진하여야 한다. 다만, 지진해일 관측망 종합계획에 관하여는 해양수산부장관과 공동으로 수립하여 추진하여야 한다.

③ 지진가속도계측을 실시한 자는 계측 자료를 행정안전부장관에게 제출하여야 한다. 이 경우 자료제출 시기와 방법 등에 관한 기준은 행정안전부령으로 정한다.

④ 행정안전부장관이 관측기관협의회를 설치할 때에는 중앙안전관리위원회의 위원장에게 그 내용을 통보하여야 한다.

Solution ① 지진위험도(地震危險度)는 내진설계(耐震設計)의 기초가 되는 지진구역을 설정하기 위하여 과거의 지진기록과 지질 및 지반특성 등을 종합적으로 분석하여 산정한 지진의 위험정도를 말한다. ② 기상청장은 지진·지진해일 및 화산활동 관측망 종합계획을 수립하여 추진하여야 한다. 다만, 지진해일 관측망 종합계획에 관하여는 해양수산부장관과 공동으로 수립하여 추진하여야 한다. ④ 기상청장이 관측기관협의회를 설치할 때에는 행정안전부장관에게 그 내용을 통보하여야 한다.

12 「지진·화산재해대책법」상 지진방재종합계획과 국가지진위험지도에 대한 설명으로 (가), (나)에 들어갈 내용을 바르게 연결한 것은?

- 행정안전부장관은 지진재해로부터 국민의 생명과 재산, 주요 기간시설을 보호하고 지진방재업무의 지속적인 발전을 위하여 (가) 년마다 지진방재종합계획을 수립하여야 한다.
- 행정안전부장관은 국가지진위험지도를 공표한 날부터 (나) 년마다 그 타당성을 검토하여 필요한 경우에는 이를 변경할 수 있다.

	(가)	(나)		(가)	(나)
①	3	3	②	5	3
③	3	5	④	5	5

Solution 「지진·화산재해대책법」 제9조의2 ① 행정안전부장관은 지진재해로부터 국민의 생명과 재산, 주요 기간시설을 보호하고 지진방재업무의 지속적인 발전을 위하여 5년마다 다음 각 호의 사항이 포함된 지진방재종합계획(이하 "종합계획"이라 한다)을 수립하여 「재난 및 안전관리 기본법」 제9조에 따른 중앙안전관리위원회에 보고하여야 한다.
「지진·화산재해대책법」 제12조 ② 행정안전부장관은 국가지진위험지도를 공표한 날부터 5년마다 그 타당성을 검토하여 필요한 경우에는 이를 변경할 수 있다.

Answer 11 ③ 12 ④

13 **「지진·화산재해대책법」상 지진 예방과 대비에 대한 설명으로 옳지 않은 것은?**

① 행정안전부장관은 5년마다 지진방재종합계획을 수립하여야 한다.

② 행정안전부장관 소속의 지진·화산방재정책위원회는 기존시설물 내진보강기본계획을 심의한다.

③ 행정안전부장관은 주민대피지구의 지정 등 지진해일 대비 주민대피계획을 수립하여야 한다.

④ 행정안전부장관은 내진설계 등에 활용하기 위하여 전국적인 지진구역을 정한 지진위험지도를 제작하여 공표할 수 있다.

Solution 「지진·화산재해대책법」 제10조의2 ① 시·도지사 등은 지진해일로 인한 주민의 인명피해를 최소화하기 위하여 주민대피지구의 지정, 대피소 및 대피로의 정비 등 지진해일 대비 주민대피계획을 수립·추진하여야 한다.

Answer 13 ③

CHAPTER _14

재해구호법

제1절 총칙

1 구호 목적

재해[2]를 입은 이재민과 재해가 예상되는 일시대피자에 대해 구호를 실시함으로써 이재민과 일시대피자 보호와 생활안정 도모

2 용어 정의

- 이재민 : 「재난 및 안전관리 기본법」 제3조제1호에 따른 재난으로 인한 피해를 입은 사람으로서 주거시설의 손실 정도 등 대통령령으로 정하는 기준에 해당되는 재해를 입은 사람을 말한다.
- 일시대피자 : 재해가 예상되어 일시대피한 사람을 말한다.
- 구호기관 : 구호 대상자("이재민 등")의 거주지 또는 재해 발생지를 관할하는 특별시장·광역시장·특별자치시장·도지사·특별자치도지사 및 시장·군수·구청장을 말한다.
- 구호지원기관 : 다음의 어느 하나에 해당하는 기관 또는 단체를 말한다.
  - 「대한적십자사 조직법」에 따른 대한적십자사
  - 제29조에 따른 전국재해구호협회
  - 그 밖에 구호기관의 업무를 지원하기 위하여 필요한 인력·시설 및 장비를 갖춘 기관 또는 단체로서 대통령령으로 정하는 기관 또는 단체
- 의연금품 : 「기부금품의 모집 및 사용에 관한 법률」에 따른 기부금품 중 「재난 및 안전관리 기본법」에 따른 자연재난으로 인한 피해의 구호를 위하여 반대급부 없이 취득하는 금전 또는 물품을 말한다.
- 모집 : 서신·광고·인터넷 또는 그 밖의 방법으로 의연금품을 내도록 타인에게 의뢰하거나 권유하는 행위를 말한다.
- 모집자 : 의연금품의 모집허가를 받은 자를 말한다.
- 모집종사자 : 모집자로부터 지시·의뢰를 받아 의연금품의 모집에 종사하는 자를 말한다.

2) 「재난 및 안전관리 기본법」 제3조제1호(자연재난, 사회재난)에 따른 재난으로 인한 피해

제 2 절 재해구호계획의 수립 및 구호기관의 활동

1 구호대상

(1) 이재민

이재민은 「재난 및 안전관리 기본법」 제3조제1호에 따른 재난으로 인한 피해를 입은 사람으로서 주거시설의 손실 정도 등 대통령령으로 정하는 기준에 해당되는 재해를 입은 사람을 말한다.

이재민은 재해 입은 사람으로서 다음의 어느 하나에 해당되는 사람

① 자연 또는 사회재난으로 사망한 사람의 유족 또는 실종된 사람의 가족
② 자연 또는 사회재난으로 일상생활에 지장을 줄 정도의 부상을 당한 사람
③ 자연 또는 사회재난으로 주거시설이 유실·붕괴 또는 전도(顚倒) 등으로 주거시설을 상실하였거나, 수리하지 않고는 주거가 불가능한 정도의 침수·파손된 사람
④ 감염병 또는 가축전염병의 확산 방지를 위하여 주거시설로부터의 격리 또는 출입 통제의 조치를 받은 사람
⑤ 기타 재해를 입은 사람으로서 행정안전부장관 또는 구호기관이 구호가 필요하다고 인정하는 사람

(2) 일시대피자

재해가 예상되어 일시대피한 사람을 말한다.

(3) 심리회복지원 대상자

① 이재민 및 일시대피자
② 재난을 직접 목격한 사람, 재해 현장에서 구호·자원봉사 또는 복구 활동에 참여한 사람(※ 심리회복지원에 한하여 구호)

(4) 기타

국내 거주 외국인(불법체류자 제외)도 구호 대상에 포함

2 구호 종류 및 방법

(1) 구호 종류 및 방법

① 임시주거시설 제공 : 공공시설의 숙박시설, 학교·마을회관·경로당·천막·병원급 의료시설 등 구호기관이 지정·관리하고 있는 시설 제공

※ 필요시, 전국재해구호협회에서 확보·관리하고 있는 임시주거용 조립식 주택(목조) 제공

② 급식·식품·의류·침구 그 밖의 생활필수품 제공 : 응급구호세트(개별구호물품 포함), 취사구호세트, 개별구호세트, 그 밖의 개별구호물품 제공

※ 개별구호물품(남성세트 : 치약, 물티슈, 생수 / 여성세트 : 치약, 물티슈, 생수, 생리대)은 반드시 응급구호세트와 동시제공

③ 의료서비스 제공, 감염병 예방 및 방역활동, 위생지도

④ 장사(葬事) 지원 : 장례비 지급 또는 장례시행

※ 장례비는 연고자가 있는 사망자의 유족에게 지급

※ 연고자가 없는 사망자는 사망자의 거주지 관할 시장·군수·구청장(사망자의 거주지가 확인된 경우) 또는 재난발생지 관할 시장군수구청장(사망자의 거주지가 확인되지 않은 경우)이 장례를 행함

⑤ 심리회복지원 : 심리회복 상담 및 심리진단, 정신보건시설과의 진료연계

(2) 구호기관은 필요하다고 인정하면 이재민에게 현금을 지급하여 구호 가능

3 구호기간

(1) 기본원칙

이재민의 피해정도 및 생활정도 등을 고려하여 6개월 이내

구분		피해규모	구호기간
급식 제공	단기구호	주택침수·반파(파손) 이상	재해를 입은 날부터 최초 7일간
	장기구호	주택붕괴(반파)	재해를 입은 날부터 1개월간
주택붕괴(전파) 유실·전도		재해를 입은 날부터 2개월간	
식품·의료·침구류 등 생필품제공		-	피해의 정도 및 가족 수 등을 고려하여 구호기관이 판단

(2) 운영

구호기관은 이재민의 주거 안정을 위하여 필요하다고 인정하는 경우 구호기간 연장 가능

4 구호기관 및 구호지원기관

(1) 구호기관

구호 대상자(이재민 등)의 거주지 또는 재해 발생지를 관할하는 시·도지사와 시장·군수·구청장

(2) 구호지원기관

대한적십자사, 전국재해구호협회, 그 밖에 구호기관의 업무를 지원하기 위하여 필요한 인력·시설 및 장비를 갖춘 기관 또는 단체로서 대통령령으로 정하는 기관 또는 단체

5 재해구호계획 수립

(1) 재해구호계획 수립 시기 및 절차

- 수립 시기 : 매년 초, 다만 재해구호법 및 정책의 변경 시 수시
- 수립주체 및 절차

(2) 재해구호계획 수립 시 포함하여야 할 내용

- 재해구호에 필요한 조직·인력 및 운영체계에 관한 사항
- 재해구호 교육 및 훈련에 관한 사항
- 응급구호·의료지원·감염병 관리 및 위생지도 등 보건의료에 관한 사항
- 구호에 필요한 물자 등의 조달(사전 구매처 지정에 관한 사항 포함)·운송·비축 및 관리(지원·배분에 관한 사항 포함)에 관한 사항
- 심리회복 지원에 관한 사항
- 재해구호를 위한 군부대·유관기관 및 민간구호단체와의 협력체계에 관한 사항
- 그 밖에 재해구호에 관하여 필요한 사항

재해구호계획 수립지침 작성·배포		재해구호계획 수립·통보·제출
• 작성주체 : 행정안전부장관 • 배포기관 : 시·도지사, 시장·군수·구청장, 구호지원기관(대한적십자사, 전국재해구호협회 등)	➡	• 수립주체 : 시장·군수·구청장, 시·도지사, 구호지원기관 ※ 계획수립 시 유의사항 : 지역실정 고려, 시·도지사는 시장·군수·구청장으로부터 제출 받은 내용 반영 • 제출(통보) - 시장·군수·구청장 → 시·도지사(→ 시장·군수·구청장) → 행정안전부장관 - 구호지원기관 → 행정안전부장관

6 재해구호물자 등의 확보 및 보관

① 시·도지사 등은 지역별 재해발생 현황 및 지역실정 등을 고려하여 물품·장비 등 구호에 필요한 물자를 확보하여야 하며, 구호에 필요한 조직·인력을 확보하여 응급 구호할 수 있는 체제를 갖추도록 노력하여야 한다.

② 행정안전부장관은 대통령령으로 정하는 바에 따라 시·도지사 등의 물품·장비 등 구호에 필요한 물자와 조직·인력("재해구호물자 등")의 확보 및 관리 실태를 정기적으로 또는 수시로 확인·점검하여야 한다.

③ 시장·군수·구청장은 구호활동을 할 때 재해구호물자 등이 부족하면 시·도지사에게 지원을 요청할 수 있으며, 지원요청을 받은 시·도지사는 그 지원요청에 대한 조치를 충분히 할 수 없는 경우에는 행정안전부장관에게 그 지원을 요청할 수 있다.

④ 지원요청을 받은 시·도지사 및 행정안전부장관은 최대한 지원하여야 한다.

⑤ 행정안전부장관은 구호지원기관이 재해구호물자를 관리하기 위하여 창고를 설치·운영할 경우 지원할 수 있다.

7 응급구호 및 재해구호 상황의 보고와 재해구호 정보체계의 구축

① 구호기관은 재해로 인하여 이재민이 발생하면 전체 재해발생 상황을 파악하기 전이거나 재해가 진행 중일 때라도 행정안전부령으로 정하는 기준에 따라 지체 없이 응급구호를 하고, 그 재해의 상황과 재해구호 내용을 행정안전부장관에게 보고하여야 한다.

② 행정안전부장관, 시·도지사 등 및 구호지원기관의 장은 재해구호물자 등의 관리와 응급구호

및 재해구호 상황의 보고 등에 필요한 재해구호 정보체계를 구축·운영하여야 한다. 행정안전부장관은 재해구호 정보체계가 상호 연계될 수 있도록 하여야 한다.

8 중앙 및 시·도 재난심리 회복지원단 설치

「재난 및 안전관리 기본법」 제14조제1항에 따른 대규모 재난이 발생한 경우 구호기관 또는 구호지원기관이 이재민 등에게 심리회복을 효과적으로 지원할 수 있도록 행정안전부에 중앙 재난심리 회복지원단을, 시·도에 시·도 재난심리 회복지원단을 각각 둘 수 있다.

중앙심리지원단은 대규모 재난 현장에서 심리회복지원 관련 업무를 총괄·조정하고, 관련기관 간 업무 연계 등의 지원 업무를 수행한다. 중앙심리지원단은 관계부처 공무원, 유관기관 임직원, 민간전문가 등으로 구성하며, 단장은 행정안전부장관이 지명한다.

시·도심리지원단은 심리회복지원 관련 중앙 및 지방 협력 네트워크 구축, 지역 보건·의료기관 총괄·조정 등의 업무를 수행한다. 시·도심리지원단은 시·도 관계부서 공무원, 지역 유관기관 임직원, 민간전문가 등으로 구성하며, 단장은 시·도지사가 지명한다.

중앙재난심리회복지원단은 다음의 업무를 수행한다.

① 범정부 재난심리회복지원의 총괄·조정 및 제도 개선·정비
② 관계부처 공통의 심리회복지원 표준지침 마련 및 보급
③ 중앙행정기관, 지방자치단체 및 유관기관 등과의 협력체계 구축
④ 「재난 및 안전관리 기본법」 제14조에 따른 중앙재난안전대책본부 및 같은 법 제16조에 따른 지역재난안전대책본부와의 협력체계 구축
⑤ 심리회복지원의 기초 조사
⑥ 심리회복지원계획 수립
⑦ 법 제8조의2제1항에 따른 시·도재난심리회복지원단의 활동 지원
⑧ 그 밖에 이재민 등에게 심리회복을 효과적으로 지원하기 위하여 중앙심리지원단의 단장이 필요하다고 인정하는 사항

중앙심리지원단은 단장 1명을 포함하여 30명 이내의 단원으로 구성한다. 이 경우 공무원이 아닌 단원이 전체 단원의 과반수가 되도록 해야 한다.

시·도 재난심리 회복지원단은 다음의 업무를 수행한다.

① 중앙행정기관, 지방자치단체 및 유관기관 등과의 협력체계 구축

② 지역 보건·의료기관의 심리회복지원 총괄 및 조정
③ 심리회복지원계획 수립
④ 심리회복지원 관련 재원 운영방안 마련
⑤ 중앙심리지원단의 활동 협력에 관한 사항
⑥ 그 밖에 이재민 등에게 심리회복을 효과적으로 지원하기 위하여 시·도 심리지원단의 단장이 필요하다고 인정하는 사항

시·도심리지원단은 단장 1명을 포함하여 20명 이내의 단원으로 구성한다. 이 경우 공무원이 아닌 단원이 전체 단원의 과반수가 되도록 해야 한다.

9 지역구호센터의 설치·운영과 토지 또는 건물 등의 사용

① 구호기관은 구호활동을 효율적으로 하기 위하여 시·도 및 시·군·구에 구호센터("지역구호센터")를 둔다.
② 지역구호센터의 장은 「재난 및 안전관리 기본법」 제16조에 따른 지역재난안전대책본부의 본부장이 된다.
③ 구호기관은 구호를 하기 위하여 특별히 필요하다고 인정하면 타인 소유의 토지 또는 건물 등을 사용할 수 있다. 구호기관은 타인 소유의 토지 또는 건물 등을 사용하는 경우에는 미리 토지 또는 건물 등의 소유자 또는 점유자에게 통지하여 승낙을 받아야 한다. 이 경우 소유자등은 정당한 사유가 없으면 적극 협조하여야 한다. 구호기관은 토지 등의 사용으로 인하여 소유자 등에게 손실이 발생하면 그 손실에 대하여 정당한 보상을 하여야 한다.

10 현장조사와 시설·물자의 우선사용

① 구호기관은 타인 소유의 토지 또는 건물 등을 사용하기 위하여 필요하다고 인정하면 소속 공무원으로 하여금 해당 토지 또는 건물 등을 조사하게 할 수 있다. 이 경우 미리 소유자 등에게 통지하여야 한다. 조사를 하는 공무원은 그 권한을 표시하는 증표를 지니고 이를 관계인에게 내보여야 한다.
② 구호기관은 구호를 하기 위하여 특별히 필요하다고 인정하면 의료·방역·급식 또는 물자의 취급이나 운송을 업(業)으로 하는 자에게 시설 또는 물자의 우선사용과 판매·운송에 관한

협력을 요청할 수 있다. 이 경우 협력을 요청받은 자는 정당한 사유가 없으면 협력하여야 한다. 구호기관은 재해구호업무에 협력하는 자에게 정당한 보상을 하여야 한다.

11 재해구호 관련 기관 등과의 협조와 구호비용의 부담

① 구호기관은 재해구호를 원활하게 수행하기 위하여 구호지원기관 및 자원봉사단체 등과 적극 협력하여야 한다. 이재민 등과 그 인근 거주자는 구호기관의 구호업무에 협력하여야 한다.

② 구호에 필요한 비용은 구호기관이 부담한다. 국가는 구호기관이 재해구호를 위하여 부담한 비용의 전부 또는 일부를 대통령령으로 정하는 바에 따라 국고 등으로 보조할 수 있다. 국가 또는 구호에 필요한 비용을 부담한 구호기관은 해당 구호의 원인이 되는 사회재난에 대하여 그 원인을 제공한 자가 따로 있는 경우에는 대통령령으로 정하는 바에 따라 그 원인제공자에게 구호기관이 부담한 비용의 전부 또는 일부를 청구할 수 있다.

12 재해구호기금의 적립과 재해구호기금의 최저적립액

① 시·도지사는 구호비용을 부담하기 위하여 매년 재해구호기금을 적립하여야 한다. 재해구호기금은 이재민의 구호 등 대통령령으로 정하는 용도 외에는 사용할 수 없다.

② 재해구호기금의 매년 최저적립액은 최근 3년 동안의 「지방세기본법」에 따른 보통세의 수입결산액 연평균액의 1천분의 5에 해당하는 금액으로 한다. 다만, 특별시의 경우에는 1천분의 2.5에 해당하는 금액으로 한다. 시·도지사는 적립된 재해구호기금의 누적집행잔액이 최근 3년 동안의 「지방세기본법」에 따른 보통세의 수입결산액 연평균액의 1천분의 30을 초과하는 경우에는 제1항에도 불구하고 해당 연도의 최저적립액 이하로 적립할 수 있다. 시·도지사는 재해구호기금을 운용하여 수입이 생기면 그 전액을 재해구호기금으로 적립하여야 한다.

13 재해구호기술 연구·개발 사업 추진과 재해구호 전문인력의 양성

① 행정안전부장관 및 시·도지사 등은 재해구호기술의 발전에 필요한 재해구호기술 연구·개발 사업을 할 수 있다. 행정안전부장관 및 시·도지사 등은 재해구호기술 연구·개발 사업을 효

율적으로 추진하기 위하여 필요한 경우 대통령령으로 정하는 전문기관으로 하여금 연구·개발을 수행하게 할 수 있다. 행정안전부장관 및 시·도지사 등은 재해구호기술 연구·개발을 수행하는 전문기관에 대하여 필요한 비용을 지원할 수 있다.

② 행정안전부장관 및 시·도지사 등은 이재민 등의 원활한 구호를 위하여 재해구호 전문인력을 양성하여야 한다. 행정안전부장관 및 시·도지사 등은 재해구호 전문인력의 양성을 위하여 다음의 어느 하나에 해당하는 기관 또는 단체를 재해구호 전문인력 양성기관으로 지정하여 필요한 교육훈련을 실시하게 할 수 있다.

- 「고등교육법」 제2조에 따른 학교
- 제16조의2제2항에 따른 전문기관
- 그 밖에 구호활동을 목적으로 설립된 기관 또는 단체

국가와 지방자치단체는 지정된 재해구호 전문인력 양성기관에 대하여 교육훈련에 필요한 비용의 전부 또는 일부를 지원할 수 있다.

14 전문인력 양성기관 지정의 취소와 재해구호 훈련의 실시

① 행정안전부장관 및 시·도지사 등은 전문 인력 양성기관이 다음의 어느 하나에 해당하는 경우에는 그 지정을 취소하거나 6개월의 범위에서 기간을 정하여 업무의 전부 또는 일부를 정지할 수 있다. 다만, 제1호에 해당하는 경우에는 그 지정을 취소하여야 한다.

- 거짓이나 부정한 방법으로 지정을 받은 경우
- 제16조의3제4항에 따른 지정기준에 적합하지 아니하게 된 경우

② 행정안전부장관 및 시·도지사 등은 재해 발생 시 신속하고 원활한 구호를 위하여 구호지원기관 등 관계 기관("훈련참여기관")과 합동하여 정기적으로 또는 필요 시 재해구호 훈련을 실시할 수 있다. 행정안전부장관 및 시·도지사 등은 재해구호 훈련을 실시하려면 사전에 재해구호 훈련계획을 수립하여 훈련참여기관의 장에게 통보하여야 한다.

제3절

의연금품의 모집

1 의연금품의 모집허가

① 의연금품을 모집하려는 자는 다음 각 호의 사항을 적은 모집계획서를 작성하여 행정안전부장관의 허가를 받아야 한다. 변경허가를 받으려는 경우에도 또한 같다.

- 모집허가신청자의 성명·주소·주민등록번호 및 연락처(모집허가신청자가 법인이나 단체인 경우에는 그 명칭, 주된 사무소의 소재지, 대표자의 성명·주소·주민등록번호 및 연락처)
- 모집목적, 모집금품의 종류 및 모집목표액, 모집지역, 모집방법, 모집기간, 모집금품의 보관방법 등을 구체적으로 밝힌 모집계획. 이 경우 모집기간은 1년 이내로 하여야 한다.
- 모집비용의 예정액 명세(明細)와 조달방법
- 모집비용을 제외한 모집금의 납입방법과 모집물품의 전달방법 등을 구체적으로 밝힌 전달계획
- 모집사무소를 두는 경우에는 그 소재지
- 그 밖에 의연금품 모집에 필요한 사항

② 모집자는 모집계획서의 내용을 변경하려는 경우에는 모집기간에 행정안전부장관의 변경허가를 받아야 한다.

③ 행정안전부장관은 허가의 신청 또는 제4항에 따른 변경허가의 신청이 있는 경우에는 다음의 어느 하나에 해당하는 경우를 제외하고는 허가 또는 변경허가를 하여야 한다.

- 신청자가 제5항 각 호의 어느 하나에 해당하는 경우
- 모집목적이 영리·정치·종교 활동 등 재해구호활동에 해당하지 아니하는 경우
- 모집장소, 모집방법 및 모집금품의 전달방법 등이 이 법의 관련 규정에 위반되는 경우
- 모집방법, 모집비용의 조달방법 등 모집계획서의 내용이 실현 가능성이 없는 경우
- 그 밖에 이 법 또는 다른 법령에 따른 제한에 위반되는 경우

④ 행정안전부장관은 허가 또는 변경허가를 하는 경우에는 행정안전부령으로 정하는 사항을 적은 허가증을 신청인에게 발급하여야 한다.

2 국가 등에 의한 의연금품의 모집 및 접수의 제한

① 국가 또는 지방자치단체 및 그 소속 기관과 공무원은 의연금품의 모집 및 접수를 할 수 없다.
② 지역구호센터의 장은 ①에도 불구하고 이재민 구호를 위하여 자발적으로 기탁하는 의연물품을 접수할 수 있다.

3 의연금품의 접수장소

① 의연금품은 국가기관, 지방자치단체, 언론기관, 금융기관, 그 밖의 공개된 장소에서 접수하여야 한다.
② 모집자나 모집종사자는 의연금품의 접수 사실을 장부에 기록하고, 기부자에게 영수증을 발급하여야 한다. 다만, 익명(匿名) 기부 등 기부자를 알 수 없는 경우에는 영수증을 발급하지 아니할 수 있다.
③ 모집종사자는 의연금품의 모집을 중단하거나 끝낸 후 5일 이내에 모집자에게 접수내용과 접수금품을 인계하여야 한다.

4 의연금품 출연 강요의 금지와 의연금품 모집에 관한 정보 공개

① 모집자나 모집종사자는 타인에게 의연금품을 내도록 강요하여서는 아니 된다. 모집종사자는 자신의 모집행위가 모집자를 위한 것임을 표시하여야 한다.
② 행정안전부장관은 「공공기관의 정보공개에 관한 법률」 제7조에 따라 의연금품의 모집과 사용에 관한 정보를 공개하여야 한다.

5 검사와 허가의 취소

① 행정안전부장관은 의연금품의 모집 또는 접수행위가 이 법 또는 이 법에 따른 명령을 위반하는지를 확인하기 위하여 필요하다고 인정하면 모집자나 모집종사자에게 관계 서류·장부 또는 그 밖의 사업보고서를 제출하게 하거나 소속 공무원으로 하여금 모집자의 사무소·모금장소 등에 출입하여 장부 등을 검사하게 할 수 있다. 검사를 하는 공무원은 그 권한을 표시하는 증표를 지니고 이를 관계인에게 내보여야 한다.

② 행정안전부장관은 모집자나 모집종사자가 다음 각 호의 어느 하나에 해당하는 경우에는 제17조제1항에 따른 허가를 취소할 수 있으며, 허가를 취소하는 경우에는 모집된 의연금품을 기부자에게 반환할 것을 명하여야 한다.

- 모집자가 속임수나 그 밖의 부정한 방법으로 제17조제1항에 따른 의연금품의 모집허가를 받은 경우
- 모집자가 제17조제1항에 따른 모집계획서와 다르게 의연금품을 모집한 경우
- 모집자가 제17조제5항 각 호의 결격사유에 해당하게 된 경우. 다만, 법인 또는 단체의 대표자 또는 임원 중 제17조제5항제6호에 해당하는 사람이 있는 경우 3개월 이내에 그 대표자 또는 임원을 바꾸어 임명한 경우에는 그러하지 아니하다.
- 모집자나 모집종사자가 제19조제1항을 위반하여 공개된 장소가 아닌 장소에서 의연금품을 접수한 경우
- 모집자나 모집종사자가 제20조제1항을 위반하여 의연금품을 내도록 강요한 경우
- 모집자나 모집종사자가 제22조제1항에 따른 관계 서류 등의 제출명령에 따르지 아니하거나 관계 공무원의 출입·검사를 거부·기피 또는 방해한 경우
- 모집자가 모집한 의연금을 제26조제2항에 따라 개설한 계좌에 납입하지 아니한 경우
- 모집자나 모집종사자가 제28조제1항에 따른 장부·서류 등을 갖추어 두지 아니한 경우

③ 반환명령을 받은 모집자는 의연금품을 기부한 자를 알 수 없거나 기부한 자가 수령을 거부하는 경우에는 반환할 의연금을 개설한 계좌에 납입하여야 하고, 반환할 의연물품을 해당 지역구호센터에 전달하여야 한다. 모집자가 의연금품의 반환을 마치면 지체 없이 그 결과를 행정안전부장관에게 보고하여야 한다.

④ 행정안전부장관은 모집자의 허가를 취소하려면 청문을 하여야 한다.

제 4 절 전국재해구호협회의 설립 및 운영

1 전국재해구호협회의 설립

연금품의 모집·관리 및 구호활동 등을 위하여 전국재해구호협회(이하 "협회"라 한다)를 설립한다. 협회는 법인으로 한다. 협회는 그 주된 사무소의 소재지에 설립등기를 함으로써 성립한다. 협회는 의연금품의 모집·배분 및 관리를 효율적으로 하기 위하여 이사회를 두며, 이 법에 규정된 것을 제외하고는 「민법」 중 사단법인에 관한 규정을 준용한다.

2 협회의 사업

① 의연금품의 모집·배분 및 관리
② 구호세트의 제작, 재해구호물자의 관리·공급 및 보관창고의 설치·운영
③ 재해구호에 관한 홍보 및 조사연구 등 재해구호 관련 사업
④ 의연금의 배분에 관한 사항을 심의·의결하기 위한 배분위원회의 설치·운영
⑤ 재해구호 활동지원, 자원봉사자 및 자원봉사단체 관리·운영지원
⑥ 그 밖에 대통령령으로 정하는 사업

제 5절

벌칙

1 벌칙

(1) 3년 이하의 징역 또는 3천만 원 이하의 벌금

① 제17조제1항에 따른 허가를 받지 아니하거나 속임수나 그 밖의 부정한 방법으로 허가를 받고 의연금품을 모집한 자
② 제20조제1항을 위반하여 의연금품을 내도록 강요한 자
③ 제23조제1항에 따른 반환명령에 따르지 아니한 자
④ 제23조제2항을 위반하여 의연금을 계좌에 납입하지 아니하거나 의연물품을 해당 지역구호센터에 전달하지 아니한 자
⑤ 제26조제1항을 위반하여 의연금품의 목록을 제출하지 아니하거나 거짓으로 제출한 자
⑥ 제26조제4항을 위반하여 의연금을 사용한 자
⑦ 제27조를 위반하여 의연금의 100분의 2를 초과하여 모집비용에 충당한 자
⑧ 제28조제2항을 위반하여 공개의무를 이행하지 아니하거나 거짓으로 공개한 자
⑨ 제28조제3항을 위반하여 감사보고서 또는 의연금품의 모집상황 및 목록, 구체적인 배분 내용 등에 대한 보고서를 제출하지 아니한 자
⑩ 제33조의2를 위반하여 행정안전부장관의 허가를 받지 아니하고 기본재산의 취득 등을 한 자
⑪ 속임수나 그 밖의 부정한 방법으로 이 법에 따른 구호를 받거나 다른 사람으로 하여금 구호를 받게 한 자

(2) 1년 이하의 징역 또는 1천만 원 이하의 벌금

① 제18조제1항을 위반하여 의연금품을 모집하거나 접수한 자
② 제19조제2항을 위반하여 장부에 의연금품 접수 사실을 기록하지 아니하거나 거짓으로 기록한 자
③ 제28조제1항을 위반하여 장부·서류 등을 작성하지 아니하거나 갖추어 두지 아니한 자
④ 정당한 이유 없이 제33조의3제3항에 따른 회계감사를 받지 아니한 자
⑤ 정당한 이유 없이 제33조의4제1항에 따른 사업의 시정 또는 정지 명령을 이행하지 아니한 자

2 500만 원 이하의 과태료

① 제9조제2항 후단을 위반하여 토지나 건물 등의 사용에 정당한 사유 없이 협조하지 아니한 자
② 제10조제1항 전단에 따른 공무원의 조사를 정당한 사유 없이 거부·방해 또는 기피한 자
③ 제11조제1항 후단을 위반하여 시설·물자의 우선사용 등 협력 요청에 정당한 사유 없이 협력하지 아니한 자
④ 제19조제1항을 위반하여 공개된 장소가 아닌 곳에서 의연금품을 접수한 자
⑤ 제20조제2항을 위반하여 모집행위가 모집자를 위한 것임을 표시하지 아니한 모집종사자
⑥ 제22조제1항에 따른 관계 서류 등의 제출명령에 따르지 아니하거나 관계 공무원의 출입·검사를 거부·기피 또는 방해한 자
⑦ 제33조의3제2항에 따른 서류 제출명령에 따르지 아니하거나 관계 공무원의 조사 또는 검사를 거부·기피 또는 방해한 자

Chapter 14

적중예상문제

01 **재해구호법상 구호기관 등에 대한 설명으로 옳은 것은?**

① 구호에 필요한 비용은 구호기관이 부담한다.

② 지역구호센터의 장은 구호지원기관의 장이 된다.

③ 구호기관은 이재민에게 임시주거시설, 급식이나 식품·의류·침구 등을 제공할 수 있으나, 현금을 지급하여 구호할 수 없다.

④ 구호기관은 구호지원기관의 재해구호업무에 관한 계획의 수립지침을 작성하여야 한다.

Solution ② 지역구호센터의 장은 「재난 및 안전관리 기본법」 제16조에 따른 지역재난안전대책본부의 본부장이 된다. ③ 구호기관은 필요하다고 인정하면 이재민에게 현금을 지급하여 구호할 수 있다. ④ 행정안전부장관은 매년 시·도지사, 시장·군수·구청장 및 구호지원기관의 재해구호업무에 관한 계획의 수립지침을 작성하여 시·도지사 등 및 구호지원기관의 장에게 통보하여야 한다.

Answer 01 ❶

참고문헌

▌국내 문헌▐

강인호(2008) : 미국 지방정부 재난관리체계와 정책 시사점. 「정책분석평가학회보」. 18(3) : 1-16.

국립재난안전연구원(2014) : 재난유형별 대피소 통합관리 및 대피생활지원 기술개발, 국립재난안전연구원

김경안·류충 (1998) : 「(이론과 실제) 재난대응론」. 도서출판 반.

김광수·김국래·이원희(2001) : 「소방조직관리론」. 도서출판 덕유.

김국래(2008) : 정부의 위기관리조직 재설계 필요성 연구 : 재난·비상 대비·민방위 업무를 중심으로, 「한국화재소방학회 논문지」, 22(2) : 1-8.

김국래·유병옥(2009) : 「재난관리론」. 정훈사 / (2013). 「재난관리론」. 정훈사

김근영(2008) : 「재난안전관리체계 개편 방안」. 행정안전부

김동욱(2003) : 국가 재해재난 관리체계 재정립 방안. 행정개혁시민연합.

김동호(2008) : 경기도의 최근 10년간 자연재난 분석을 통한 방재정책 방향 연구. 경기대학교 교육대학원 석사학위 논문.

김보현·박동균(1995) : 위기관리행정에 관한 지방공무원의 인식분석. 「도시행정학보」, 8(단일호) : 127 -148

김영규·임송태(1997) : 재난대응체계 모델에 관한 연구. 「지방행정연구」, 11(4) : 81-103.

김영평(1994) : 현대사회와 위험의 문제. 「한국행정연구」, 3(4) : 5-26.

김은성·안혁근(2009) : 중앙정부와 지방정부 재난안전 관리의 효과적 협력 방안 연구. 「KIPA 연구보고서 2009-20」. 한국행정연구원.

김은성·정지범·안혁근(2009) : 국가재난안전관리 정책패러다임에 대한 연구. 한국행정연구원.

김종한(2005) : 한국 재난관리 행정기구의 조직학습에 관한 연구. 조선대학교 대학원 박사학위 논문.

김중양(2004) : 대구지하철 참사 수습과 재난관리대책. 한국행정연구원 「행정포커스」, 1/2 : 38-56.

김태윤(2000) : 국가재해재난 관리체계 구축 방안. 한국행정연구원.

김태환(2010) : 「재난관리론」. 백산출판사.

나채준(1995) : 재해관리 행정체계의 국가간 비교연구 : 미국과 한국의 사례를 중심으로. 「한국 행정학보」, 29(3) : 957-981.

내무부 중앙재해대책본부(1995) : 「재해극복 30년사」.

라정일(2010) : 「재난환경 변화에 따른 과학적 재해관리체계 강화를 위한 법제연구 : 일본편」. 한국법제연구원.

류 충(2001) : 「재난관리론」. 한성문화 / (2004). 「재난관리론」. 중앙소방학교.

류상일(2008) : 지방자치단체의 재난대응 네트워크 분석. 「한국지방자치학회보」, 20(1) : 53-70.

민 진(2014) : 「조직관리론」. 대영문화사.

박근영·김근영(2011) : 우리나라의 대설 피해 특성과 피해 사례. 「한국방재학회지」, 11(4) : 64-75.

박동균(1995) : 지방정부의 위기관리 행정에 관한 연구 : 서울시 인적재난의 사전 대비를 중심으로. 동국대학교 대학원 박사학위 논문.

박동균·양기근·류상일·강용석(2012) : 유럽 지방자치단체의 재난관리시스템 : 영국과 독일 사례의 특징과 시사점. 「한국치안행정논집」, 8(4) : 55-76

배재현·박영원(2013) : 재난 및 안전관리 기본법 개정의 의의와 향후 과제. 「이슈와 논점」, 736 : 1-4. 국회입법조사처.

서울시 소방재난본부(2008) : 「서울시 재난 분야 IT 비전과 전략구축을 위한 종합재난관리 시스템 ISP 수립보고서」.

소방방재청(2010) : 「2010 재난연감」 / (2011). 「재난안전네트워크 행동지침」 / (2012). 「2012년 재난연감」 / (2013). 「2012 재해연보」.

송윤석 외(2012) : 「재난관리론」. 동화기술.

심우배(1997) : 미국의 방재조직 및 재난관리. 국토연구원, 「국토」, 28(5).

심재현(1997) : 홍수 피해 경감을 위한 방재대책의 개선방안, 한국지방행정연구원 / (1999) : 선진국의 재난관리를 통해 본 우리나라의 재난관리 개선방안. 「위험관리지」, 가을호.

안병만(2002) : 「한국정부론」. 다산출판사.

안영훈(2013) : 영국의 시민 보호를 위한 국가재난안전관리체계. 「지방자치(Focus)」, 한국지방행정연구원.

안영훈·박해육(2008) : 주요 선진국의 재난 및 안전관리체계 비교연구. 행정안전부 연구보고서.

안전행정부·국립재난안전연구원(2013) : 재난 대피·구호 기술개발 상세기획 연구.

양기근(2004a) : 위기관리 조직학습 체제에 관한 연구 : 한국과 미국의 위기관리 사례 비교분석을 중심으로. 경희대학교 대학원 박사학위 논문 / (2004b). 재난관리의 조직학습 사례연구 : 세계무역센터 붕괴와 대구지하철 화재를 중심으로. 「한국행정학보」, 38(6) : 47-70 / (2008). 지방자치단체의 재난관리체제 효율화 방안, 「공공정책 21」, 2008년 4월호 : 82-83 / (2008). 효율적 재난대응을 위한 재난현장 지휘체계의 개선 방안 : 한국과 미국의 비교론적 관점. 「사회과학연구」. 34(3) : 81-104 / (2009). 재난관리 과정 개념의 현황과 명확화 작업의 시사점. 희망제작소 재난관리연구소 세미나 발표 자료 / (2010). 선진적 재난관리를 위한 지방정부의 역할. 「행정포커스」, 86(3) : 13-18. / (2014). 행복 제주를 위한 필수품 안전 : 100만 제주의 재난안전 전망과 미래.

양기근·정원희·강창민(2006) : 지방정부 재난관리조직의 개선 방안 : 통합형 재난관리 조직설계. 한국행정학회·서울행정학회·한국거버넌스학회 / 2006년 하계공동학술대회 발표 논문집.

오금호(2007) : 재난복구시 재난관리 주체의 의사결정에 대한 비대칭정보 적용의 문제. 「한국위기관리논집」, 3(1) : 75-86

오석홍(2005) : 「조직이론」. 박영사

오성호(1988) : 「지방정부와 인사자치」. 자유기업센터.

원소연(2013) : 「한국형 협력적 거버넌스 체계 구축 방안 연구 : 네트워크분석을 통한 재난안전 분야 비교 사례연구」. 한국행정연구원.

위금숙·백민호·권건주·양기근(2007) : 「한국의 재난현장 대응체계 : 문제점과 향후 과제」. 대영문화사.

윤병준(2007) : 「재난과 위기관리 해설」. 한국학술정보(주).

윤종설(2011) : 재난안전 분야 지방조직의 활성화 방안. 한국행정연구원.

이강호(2005) : 「지방재난관리체계의 발전 방안에 관한 연구 : 경남소방방재조직을 중심으로」. 창원대학교 대학원 석사학위 논문.

이상윤(2011) : 「재해복구 관련법제 개선 방안 연구」, 한국법제연구원.

이상팔(1995) : 도시재난사고의 예방 단계에서의 정부조직학습 : 삼풍백화점 붕괴사고 사례를 중심으로. 「한국행정학보」, 29(4) : 335-361 / (1996). 위기관리체계의 지능적 실패에 의한 학습효과 분석 : 삼풍백화점 사고 전·후의 제도 변화를 중심으로. 「한국행정학보」, 30(2) : 113-127.

이석형(2002) : 「Basic 고교생을 위한 지구과학 용어사전」. 신원문화사.

이순태(2009) : 「국가위기관리 시스템으로서의 재난관리법제의 연구」. 한국법제연구원.

이승종(2005) : 「지방자치론(제2판)」. 박영사.

이재열(2009) : 위기관리 사회학이론 일반. 정지범 편저. 「국가종합위기관리」. 법문사.

이재은(1998) : 우리나라 위기관리 대응기능 개선 방안에 관한 연구 : 위기관리 조직과 법규 분석을 통해. 「한국정책학회보」, 7(2) : 229-252 / (2000). 한국의 위기관리정책에 관한 연구 : 집행구조의 다조직적 관계 분석을 중심으로. 연세대학교 대학원 박사학위 논문 / (2002). 지방자치단체의 자연재해관리정책과 인위재난관리정책 비교 연구 : AHP기법을 이용한 상대적 중요도 및 우선순위 측정을 중심으로. 「한국행정학보」, 36(2) : 160-180 / (2005). 통합위기관리 시스템의 효율화 방안. 「한국위기관리논집」, 1(2) : 25-43 / (2008). 한국 지방자치단체의 재난관리 문제점과 발전과제. 「지방자치」, 244 : 10-14 / (2012a). 「재난환경 변화에 따른 과학적

재해관리 체계 강화를 위한 법제연구 : 영국·독일편」. 한국법제연구원 / (2012b). 「위기관리학」. 대영문화사 / 외 (2006). 「재난관리론」. 대영문화사.
이창원·강제상·이원희(2003) : 국가 재해재난 관리 조직의 개편 방안에 관한 연구. 「한국행정학회 특별기획세미나 발표 논문」.
일본내각부(2011) : 「일본의 재해대책」.
재난 및 안전관리기본법 : [시행 2009.7.1.] [법률 제 9299호, 2008.12.31. 일부 개정].
재난 및 안전관리기본법 : [시행 2013.4.23.] [법률 제 11495호, 2012.10.22., 타법 개정]
정윤수(1994) : 긴급구조와 위기관리. 「한국행정연구」, 3(4) : 67-85.
정익재(1994) : 위험의 특성과 예방적 대책. 「한국행정연구」, 3(4) : 50-66.
정지범 편저(2009) : 「국가종합위기관리」. 법문사.
제주특별자치도(2013a) : 「2012 제주통계연보」. 제주특별자치도 / (2013b). 「제주국제안전도시 사고예방 프로그램 2012년 추진 성과」. 제주특별자치도 소방안전본부.
조승구(2012) : 강풍에 의한 고층건물의 옥상 통신시설물 풍하중 특성에 관한 연구. 서울벤처대학원대학교 U-City학과 박사학위 논문.
조호대(2003) : 우리나라의 재난관리체계의 문제점 및 개선 방안 : 재난 관련법 개선 방안을 중심으로, 「아태공법연구」, 11.
중앙119구조대(2001) : 「소방 2002년」.
차은정(2004) : 「위기관리정책론」. 대왕사.
최병선(1994) : 위험문제의 특성과 전략적 대응. 「한국행정연구」, 3(4) : 27-49.
채진(2009) : 소방행정에 있어 재난관리 효과성의 영향요인에 관한 연구 : 유비쿼터스 정보기술을 중심으로, 서울시립대학교 대학원 박사학위 논문.
채진(2012) : 다조직의 재난관리 협력체계 분석. 한국행정학보 46(1) : 57-78
채진(2009) : 재난관리 효과성의 영향요인 분석. 한국위기관리논집 제5권 제2호
채진(2009) : 재난관리 거버넌스의 효과성 영향요인 분석. 한국화재소방학회논문지 제23권 제4호
채진(2013) : 위험물질 사고 대응능력 향상방안에 관한 연구. 한국정책개발학회 제13권 제1호
채진(2009) : 재난관리를 위한 유비쿼터스 정보기술 활성화 방안. 한국화재소방학회논문지 제23권 제6호
김인범 외 (2014) : 재난관리론. 대영문화사
한국방재학회(2014) : 재난관리론. 구미서관
사마소방방재연구원(2014) : 재난관리론. 사마출판
이재은 외(206) : 재난관리론. 대영문화사
안형기(2002) : 위험의 사회·심리학적 속성, 한국행정연구
최성룡(2000) : 국가재난관리의 효율화 방안. 「중앙소방학교 소방논집」. 10 : 1-47.
최준영(2012) : 가뭄 현황 및 사전경보체계 구축 방안.
최호진(2013) : IT를 활용한 국가 재난 관리 조직간 소통 및 협력 강화 방안 연구. 한국행정연구원.
하규만(2009) : 우리나라 국가재난 대응체계의 기반 구축 방향. 국립방재교육연구원 방재연구소.
한국행정연구원(1995) : 「행정의 위기관리 능력 제고 방안」. KIPA 연구보고 95-04.
한상대(2004) : 「지방자치단체 재난관치제제에 관한 연구」. 아주대학교 공공정책대학원 석사 학위 논문.
행정안전부(2008) : 「재난안전 관련 국가 R&D사업 추진의 타당성 분석 및 핵심 과제 도출을 위한 연구」.
행정자치부(2007) : 통합적 재난관리체계 구축 방안 연구.
행정자치부 소방국(1999) : 「한국소방행정사」, 행정자치부.
e-나라 지표 http://www.index.go.kr

▌국외 문헌 ▌

Alecander, David(2005) : An Interpretation of Disaster in terms of Changes in Culture, Society and International Relations, in Ronald W. Perry & E. L. Quaratelli(ed). What is a Disaster? : New Answer to Old Questions. Delaware : Xlibris.

Beck. Ulrich(1992) : Risk Society : Toward a New Modernity. London : Sage Publications, Inc.

Bundesministrium des Innern(2012). System des Kriesenmanagements in Deutschland.

Clary, Bruce B.(1995) : The Evolution and Structure of Natural Hazard Policies. Public Administration Review, 45(Special Issue, jan.) : 20-28.

Cabinet Office(2010) : National Risk Rosister of Civil Emergencies, UK, Civil Contingencies Act(2004).

Comfort, Louis K.(1985) : Intergrating Organizitional Action in Emergency Management : Strategies for Change. Public Administration Review, 45. / (1988). Designing Policy for Action : The Emergency Management System, L. K. Comfort(ed.). Managing Disaster, Dorham, North Caroliana : Duke University Press. / (1999). Shared Risk : Complex System in Seismic Response. Pergamon, Elsevier Science Ltd.

Comfort, Louis K.(1985) : The Emergency Management System, L. K. Comfort(ed.). Managing Disaster, Dorham, North Caroliana : Duke University Press.

Comfort, Louis K. (1999). Shared Risk : Complex System in Seismic Response. Pergamon, Elsevier Science Ltd.

Comfort, L. K., hauskrecht, M., & Lin, J.s.(2005), Dynamic Networks : Modeling Change in Environment Exposed to Risk. Annual Research Conference of Public Management Research Association, Los Angelesm California, September 29-October 1, 2005.

Comfort, L. K., sungu, Yesim, Johnson, David, & Dunn, Mark(2001). complex Systems Crisis : Anticipation and Resilience in Dynamic Environments. Journal Contingencies and Crisis Management, 9(3) : 144-158.

Department Homeland Security(2008). National Response Framework. January 2008. available at http://www.fema.gov/NRF. / (2013). National Response Framework, 2nd edition.

Drabek, Thomas E.(1985). Managing the Emergency Response. Public Administration Review, 45(Special Issue, Jan.) : 85-92 / (1991). The Evolution of Emergency Management. Thomas E. Drabek & Gerard J. Hoetmer(eds). Emergency management : Principles and practice for Local Goverment. / Washington. DC : International City Management Association.

Fischer, Henry W. III.(1998). Response to Disaster : Fact Versus Fiction & Its Perpe-tuation. The Sociology of Disaster. Lanham, Md. : University Press of America, Inc.

French, Steven P.(1991). The Technical Feasibility of Risk Analysis. Raymond J. / Burdy.(ed). Sharing Environment Risks : How to Control Goverment's Losses in Natural Disasters. Boulder, Co : WEstview Press, Inc.

Fritz, C.(1961). Disasters, in R. Merton & R. Nisbeet(eds.). Social Problems. New York : Harcourt Brace.

GAO(1991). Disaster Assistance : Federal, State and Local Responses to Natural Disasters Need Improvement. Washington, D.C.

Gheradi, Silvia, Nicolini, Davide, & Odella, Francesca(1998). What Do You Mean By Safety? Conflicting Perspectives on Accident Caustion and Safety Management in a Construction Firm. Journal of Contingencies and Crisis Management, 6(4) : 202-213

Godschalk, David(1991). Disaster Mitigation and Hazard Management, in Thomas E. Drabek & Gerard J. Hoetmer(des.). Emergency Management : Principles and Practice for Local Goverment, Washington, DC

: International City Management Association.

Godschalk, David & Brower, David(1985), Mitigation Strategies and Intergrated Emergency Management. Public Administration Review, Vol. 45(Special Issue) : 64-71.

Hills, A.(1998). Seduced by recovery : The consequences of misunderstanding disaster. Journal of Contingencies and Crisis Management, 6(3) : 162-170.

Hy, Ronald John & Waugh Jr., William L. (1990). The Function of Emercency Management. William L. Waugh Jr., & Ronald John Hy(eds). Handbook of Emergency Management : Programs and Policies Dealing with Major Hazard and Disastes. Westport, CT : Greenwood Press.

Jones, David K. C.(1993). Environmental Hazards. Irvington Publishers Inc.

Karwan, Kirk R. & Wallace, William A.(1984). Can We Manage Natural Hazard? : Book Review. PAR, 44 : 177-181.

Kasperson, Roger & Pijawka, David(1985). Societal Response to Hazard and Major Hazard Events : Comparing Natural and Technological Hazards. Public Administration Review, Vol. 45(Special Issue) : 7-18

Kreps, Gary(1991). Organazing for Emergency Managing, in Thomas E. Drabek & Gerard J. Hoetmer(eds.). Emergency Management : Principles and Practice for Local Goverment, Washington, D.C. : International City Management Association.

Lagader, Patrick(1997). Learning Processes for Crisis Management in Complex Organizations. Journal of Contingencies and Crisis Management, 5(1) : 25-31.

Lawrence, P. R. & Lorsch, J. W.(1967). Organization and Environment : Managing Differentation and Intergration. Combridge. MA : Harvard University Press.

Lihphart, Arend(1971). Comparative Politics and the Compartive Method. American Political Science Review, 65 : 682-693.

May, Peter J.(1985). FEMA's Role in Emergency Management : EXamining Recent Experience. PAR, 45(Special Issue) : 165-172.

Mushkatel, A. H. & Weschler, L. F.(1985). Emergency System. Public Administration Review, 45.

North Carolina Division of Emergency Management(2002). Tools and Techniques : An Encyclopedia of Strategies Mitigation the Impacts of Natural Hazards, Raleigh, North Carolina.

Oliver-Smith, A.(1996). Anthropological Research on Hazards and Disasters. Annual Review of Anthropology, Vol.25.

Perrow, Charles(1984). Normal accidents : Living with high risk systems. New York : Basic Books.

Perry, Ronald & Nigg, Joanne(1985). Emergency Management Strategies for Com-municating Hazard Information, Public Administration Review, 45(Special Issue) : 72-76

Petak, William J.(1985). Emergency Management : A Challenge for Public Administration Public Administration Review, 45(Special Issue) : 3-7.

Pickett, John H. & Block, A. Barbara(1991). Day-to-Day Management, in Thomas E. Darabek & Gerard J. Hoetmer(eds.). Emergency Management : Principles and Practice for Local Goverment. Washington, DC : International City Management Association.

Poser, Holger & Melchert, Thomas(2008). Das Kriesenmanagement im Bevől-kerungsschutz, Bundesamt fŭr Bevől-kerungsschutz und Katastropgenhilife.

Quarantelli, Enrico L.(1991). Disaster Response : Generic of Agent-Specifics, in A. Kreimer & M. Munasinghe(eds). Managing Natural Disasters and the Environment, Washington, D.C. : The World Bank.

/ (1995). Technological and natural disasters and ecological problems : Similarities and differences in planning for and mana요ing them in Memorial del Coloquio Intem-acional El Reto de Desastres Techndo 요icosy Ecolofficos. Mexico City : Academia Mexicans de Ingenieria.

Reinbard, Klee (2008). Ein RMeiwerk starker Partner : Kriesemmna^ement in Daden-Wuttemberg, Nationales Kriesenmanagement im BevOlkcrungsschutz, Bundesamt fiir Bevolkerungsschutz und Katastrophenhilfe.

Rijpma, J. A. (1997). Complexity, tight - coupling and reliability : Connecting normal accidents theory and high reliability theory. Journal of Contingencies and Crisis Management, 5(1) : 15-23.

Roberts, K H. (1993). New chdlenges to understanding organi2ations. New York : Macmillan.

Rosenthal, U., Charles, M. T, & Hart, P. T. (1989). Coping with crises : The management of disasters, riots, and terrorism. Charles C Thomas Pub Ltd.

Rubin, Claire B. (1991). Recovery from Disaster, in Thomas E. Drabek & Gerard J. Hoetmer (eds.). Emergency Management- Principles and Practice for Local Gov-ernment. Washington, DC International City Management Association.

Sabatier, Paul & Mazmanian, Daniel (1980). The Implementation of Public Policy : A Framework of Analysis. Policy Studies Journal, 8 : 538-560.

Schmidt, Manfred (2008). Nationales Kriesenmanagement : Konzentration komplexer Fdhigkeit auf eine strategische Zielsetzung, Nationales Kriesenmanagement im

Bevolkerungsschutz, Bundesamt fiir Bevolkerungsschutz und Katastrophenhilfe.

Schneider, Saundra K (1992). Governmental Response to Disasters : The Conflict Between Bureaucratic Procedures and Emergent Norms. Public Administration Review, 52(2) : 135-145.

Short, J. F. & Rosa, E. A. (1998). Organizations, disasters, risk analysis and risk : Historical and contemporary contexts. Journal of Contingencies and Crisis Management, 6(2) : 93-96.

Sigel, Gilbert (1985), Human Resource Development for Emergency Management, Public Administration Review, 45(Special Issue) : 107—117.

The White House (2003). The National strategy for the Physical Protection of Critical Infrastructures and Key Assets. Washington : The White House.

Thompson, J. D. (1958). Organization in Action. New York : New York : McGraw Hill.

Tierney, Kathleen (1985). Emergency Medical Preparedness and Response in Disaster' The

Need for Interorganizational Coordination, Public Administration Review, 45(Special Issue) : 77-84.

Turner, B. A. (1978). Man-Made Disasters. Wykeham Science Press : London.

Van Meter, Donald S. & Van Horn, Carl E. (1975). The Policy Implementation Process : A Conceptual Framework. Administration & Society, 6(4) : 445-488.

Wallace, William A. & Balogh, Frank De (1985). Decision Support Systems for Disaster Management. Public Administration Review, 45(Special Issue) : 134-146.

Waugh, William L. Jr. (1994). Regional emergency Management* Counties as state and Local Government. Public Administration Review, 54(3) : 253-258.

Weick, K. E. (1987). Organizational Culture as a Source of High Reliability. California Management Review, 29-2.

Weinberg, Leonard & Davis, Paul (1989). Introduction to Political Terrorism. New York : McGraw-Hill Publishing Company.

Wildavsky, Aaron (1988), Searching for Scfety, New Brunswick and London : Transaction Books.

Zimmerman, Rae (1985), The Relationship of Emergency Management to Governmental Policies on

Man-Made Technological Disasters, Public Administration Review, 45(Special Issue) : 29-39.
http://www.fdma.go.jp
http://en.wMpedia.org/wiki/Incident_Cornmand_System
http://www.asb.de
http://www.bbk.bund.de
http://www.bmi.birnd.de
http://www.dhs.gov
http://www.dlrg.de
http://www.drk.de
http://www.fema.gov/about/stafact. shtm
http://www.fema.gov/employee-news-and-announcements/national-response-coordination-center-it-takes-whole-community
http://www.fema.gov/pd£/about/stafford_act.pdf
http://www.fema.gov/pdf/emergency/nims/NIMS_core.pdf
http://www.hamburg.de
http://www.j ibc.ca/course/cmdl 20
http://www.johanniter.de
http://www.malteser.de
http://www.mik.nrw.de
http://www.thw.de
http://www.undp.org
http://www.uscg.mil/hq/cg5/cg534/nsarc/Catastrophic_Incident.asp

찾아보기

(ㅅ)

(ㅇ)

(ㅈ)

(ㅊ)

(ㅌ)

(ㅍ)

(ㅎ)

(영문)

저자: **채 진**

- 현) 목원대학교 소방방재학과 교수
- 현) 목원대학교 신문 · 방송 주간
- 충북대학교 사회과학대학 행정학과 졸업
- 서울시립대학교 대학원 행정학과 행정학 석사(재난관리)
- 서울시립대학교 대학원 행정학과 행정학 박사(재난관리)
- 전) 소방청 중앙소방학교 전임교수
- 전) 경기도 소방학교 전임교수
- 방재안전직렬 출제위원
- 소방공무원 채용시험 출제위원
- 소방공무원 승진시험 출제위원
- 소방공무원 채용시험 면접위원
- 서울시 공무원 채용시험 출제위원
- 한국재난관리학회 부회장
- 국가위기관리학회 부회장
- 충청북도의회 자문위원
- 충북경제자유구역청 건축위원회 위원

저서

한국의 재난관리시스템 분석(2024, 윤성사), 소방학개론(2024, 윤성사), 인명구조학개론(동화기술, 2021 공저), 소방행정법총론(윤성사, 2022 공저), #공공면접(윤성사, 2023 공저), 키워드로 보는 생활과 안전(윤성사, 2022 공저), 소방정책학(윤성사, 2021), 화재진압론(동화기술, 2019), 재난관리론(동화기술, 2016), 안전관리론(동화기술, 2017), 소방학개론(윤성사, 2020 공저), 재난관리론(윤성사, 2020 공저), 방재학(구미서관, 2017 공저), 소방행정실무(예스미디어, 2013 공저)

재난관리론 정가 35,000원

발 행 2025년 3월 10일 7판 1쇄
저 자 채 진
발행인 정우용
발행처 도서출판 동화기술
경기도 파주시 광인사길 201(문발동, 파주출판도시)
Tel (031)955-4211~6 donghwapub@nate.com
Fax (031)955-4217 www.donghwapub.co.kr
(등록) 1977년 12월 19일/9-16호

ISBN 978-89-425-9652-2